研究生教学用书

教育部学位管理与研究生教育司推荐

全国优秀教材二等奖

中国科学院科学出版基金资助出版

现代电力系统分析

Modern Power System Analysis

王锡凡　主编

王锡凡　方万良　杜正春　编著

科学出版社

北　京

内 容 简 介

本书全面阐述电力系统分析所采用的理论模型和算法，介绍这一领域的最近发展。全书共分8章。第1章和第2章分别讨论电力网络的数学模型、潮流计算和静态安全分析。第3章介绍了在电力市场环境下电力系统稳态分析的有关问题。第4章阐述高压直流输电与柔性输电的原理、模型和潮流控制。第5章介绍发电机组与负荷的数学模型。第6章和第7章分别讨论了大干扰下及小干扰下电力系统稳定性分析方法。第8章阐述了电压稳定问题。附录给出了用C++编写的完整的*P-Q*分解法潮流程序。

本书可作为高等院校电力专业研究生及高年级学生的教材，可供从事电力系统运行、规划设计和科学研究的人员参考。

图书在版编目(CIP)数据

现代电力系统分析/王锡凡主编. —北京：科学出版社，2003
ISBN 978-7-03-011114-2

Ⅰ.现… Ⅱ.王… Ⅲ.电力系统-分析 Ⅳ.TM711

中国版本图书馆CIP数据核字(2003)第003373号

责任编辑：刘宝莉 杨家福 / 责任校对：郭瑞芝
责任印制：吴兆东 / 封面设计：智子文化

科学出版社 出版
北京东黄城根北街16号
邮政编码：100717
http://www.sciencep.com
北京凌奇印刷有限责任公司印刷
科学出版社发行 各地新华书店经销
*
2003年3月第 一 版 开本：787×1092 1/16
2024年8月第二十一次印刷 印张：30 1/4
字数：698 000
定价：98.00元
(如有印装质量问题，我社负责调换)

前　言

改革开放以来，我国电力工业得到了迅速发展，发电装机容量以每年7%以上的速度增长，2000年已接近3.2亿千瓦。目前我国电力工业的规模已居世界第二位，大部分地区初步缓解了多年来电力紧缺的状况。但是从电气化程度来看，我国和发达国家还有很大的差距，人均用电量大约仅为世界平均水平的1/3。

为了国民经济的持续发展，今后数十年我国仍需大力发展作为基础工业的电力工业，仍将面临着开发大型水电资源、大容量远距离输电和区域电网互联等艰巨任务。与此相适应，必须加强电力系统新课题的研究，培养电力系统研究与开发方面的专门人才，以保证我国能源的合理利用与配置和电力系统的安全、高效运营。

电力系统分析是研究电力系统规划运营问题的基础和重要手段。在20世纪70年代，我国的电力工作者在利用电子数字计算机进行电力系统运行分析方面做了大量的研究与开发工作，为其后我国电力系统的健康发展做出了贡献。1978年出版的《电子数字计算机的应用——电力系统计算》一书[1)]，标志着我国在这一领域的理论水平已经达到了当时的国际水平。该书不仅成为电力系统分析研究的重要参考书，而且作为电力专业研究生教材培养了众多的研究开发人才。

近20余年，电力系统及其周边发生的变化，对电力系统分析理论与技术产生了深刻的影响。

首先，数字计算机技术获得了长足的发展，硬件和软件的性能日新月异。目前，在电力系统应用方面已能处理上万个节点的潮流分析问题，从而使过去20年前认为难以处理的最优潮流问题、静态安全分析问题都已经达到了在线实用化的程度，动态安全分析的在线应用也进入了冲刺阶段。

其次，直流输电和柔性交流输电技术(FACTS)的应用，给电力系统增添了新的控制手段。这些装置在利用电力电子元件提高输电能力、控制运行状态、改善运行特性的同时，给电力系统分析领域带来新的挑战。我们必须为这些装置建立相应的数学模型，开发包含这些元件的电力系统稳态和动态分析的新算法。

此外，近年来通信技术的高速发展对电力系统在线监控提出了更高的要

1) 西安交通大学，清华大学，浙江大学，湖南大学，成都工学院，水利电力部电网调度研究所合编. 北京：水利电力出版社，1978年10月。

求，从而对电力系统分析在线软件的需求也日益迫切。

最后，20世纪80年代开始电力工业重组和电力市场化的进程，使得原先垂直一体化的电力系统被分割为互不隶属的几个部分，统一的电力系统调度转变为由发电供需方的双边合同和上网竞价来确定运行方式，出现了输电辅助服务、输电阻塞等问题。这些都给电力系统分析提出了必须面对的新课题。

电力工业是技术密集和资金密集的产业，又是国民经济的先行和基础产业，其安全性、可靠性、经济性对整个国民经济有着巨大而深远的影响。电力系统是一个典型的大系统，如何反映现代电力系统的特点，有效地、准确地分析其运行特性，从而改善其运行指标，一直是国内外电力领域研究的重点。

近年来，国内外电力系统曾发生多起大面积停电事故，特别是1996年美国WSCC电网连续两次事故，影响到1000万用户，损失负荷达4000万千瓦，造成了交通信息系统的中断及社会混乱，暴露出电力系统安全性方面存在的问题。电力市场化的改革对降低电价、改善电力系统运行的效率提出了迫切的要求。这一切无疑都要求进一步提供新的电力系统分析的理论、模型和算法。

在这种背景下，作者决心编写一部阐述现代电力系统分析理论、模型和算法的著作，作为广大电力系统研究人员的参考书和高校电力专业高年级学生和研究生的教材。

全书包括8章和1个附录。其中第1章介绍电力网络的数学模型及求解方法；第2章、第3章讨论电力系统稳态分析；第4章阐述直流输电系统和交流柔性输电系统的数学模型；第5章主要介绍同步发电机组和电力负荷的动态特性及数学模型；第6章、第7章讨论电力系统在大干扰和小干扰下的稳定性问题；第8章主要论述电力系统的电压稳定问题。现分别简述如下：

第1章介绍电力网络的数学模型及求解方法。本章除介绍节点导纳矩阵和节点阻抗矩阵以外，还重点讨论了稀疏电力网络节点方程的求解方法，包括稀疏向量法及节点编号优化问题，所有算法均用例题加以说明。

第2章围绕电力系统潮流计算及静态安全分析进行讨论。潮流计算以牛顿法及P-Q分解法为主，除详细讨论基本理论、算法流程以外，还介绍了一些新算法和改进收敛性能的措施，供读者进一步研究。在静态安全分析方面，以$N-1$校验为中心，阐述了补偿法、直流潮流及灵敏度法，并介绍了故障排序的概念。

第3章讨论了在电力市场环境下电力系统稳态分析方面的几个新进展，包括电力系统最优潮流及相关的节点电价、输电电价问题，潮流阻塞、潮流追踪和可用传输能力问题。这些模型和算法反映了电力市场环境下电力调度对决策支持系统的新要求。

第 4 章介绍了直流输电系统的概念和数学模型，交直流输电系统的潮流计算，FACTS 元件的概念和数学模型，以及具有 FACTS 元件的电力系统潮流计算和潮流控制，体现了现代电力电子技术对电力系统潮流问题的影响。

第 5 章重点讨论同步发电机组和电力负荷的动态特性及数学模型。本章严格推导了国际上通用的同步发电机、调压装置和调速装置以及负荷的数学模型。掌握了本章的基本理论和方法，读者不难触类旁通，根据实际情况建立相应的模型。

第 6 章讨论电力系统暂态稳定性问题，也就是大干扰下的系统稳定性问题。首先介绍了常微分方程初值问题的数值解法，在此基础上讨论了用改进欧拉法求解简单模型的暂态稳定分析算法及用隐式积分求解的考虑调节器的暂态稳定分析算法，对含有直流输电系统及 FACTS 元件的电力系统暂态稳定分析进行了专门的论述，最后还对暂态稳定的直接法进行了介绍。

第 7 章研究小干扰下电力系统稳定性问题，其数学基础是稀疏矩阵的特征值的求解方法。本章首先讨论了反映小干扰稳定性的系统线性化微分方程的形成，然后详细阐述了特征值的求解方法和灵敏度分析方法，并对电力系统低频振荡问题进行了专题讨论。

第 8 章重点讨论电力系统的电压稳定问题，阐明了电压稳定的基本概念，并介绍了两种典型的分析电压稳定的方法。

附录应用面向对象的 C++ 语言详细介绍了一个 P-Q 分解法潮流程序。这个附录可以帮助读者对开发程序形成较为完整的概念，从而为自己研究算法和程序设计奠定基础。

本书在写作上保留了《电子数字计算机的应用——电力系统计算》一书的风格，突出深入浅出和自成体系的特点，使大学本科水平的读者能理解、掌握直到应用。

本书由王锡凡负责主编工作。方万良负责第 4 章和第 5 章的编写，杜正春负责第 6 章到第 8 章的编写，其余章节由王锡凡编写。在本书编写过程中，得到了夏道止教授和王秀丽教授的热心帮助，他们提出了不少宝贵意见；别朝红博士、陈皓勇博士和博士生丁晓莺、硕士生崔雅莉、朱峰、牛振勇等完成了书中部分算法和算例；还有很多研究生帮助绘图和输入书稿。在此谨对他们表示衷心的感谢。

编著者

2003 年元月

目　录

第 1 章　电力网络的数学模型及求解方法

电力网络的数学模型是现代电力系统分析的基础。例如，正常情况下的电力潮流和优化潮流分析、故障情况下短路电流计算以及电力系统静态安全分析和动态稳定性的评估，都离不开电力网络的数学模型。这里所谓电力网络，是指由输电线路、电力变压器、并(串)联电容器等静止元件所构成的总体[1]。从电气角度来看，无论电力网络如何复杂，原则上都可以首先做出它的等值电路，然后用交流电路理论进行分析计算。本章所研究的电力网络均由线性的集中参数元件组成，适用于电力系统工频状态的分析。对于电磁暂态分析问题，当涉及高频现象及波过程时，需要采用分布参数的等值电路。

电力网络通常是由相应的节点导纳矩阵或节点阻抗矩阵来描述的[2,3]。在现代电力系统分析中，我们需要面对成千上万个节点及电力网络所连接的电力系统。对电力网络的描述和处理往往成为解决有关问题的关键[4]。电力网络的导纳矩阵具有良好的稀疏特性，可以用来高效处理电力网络方程，是现代电力系统分析中广泛应用的数学模型。因此，电力网络节点导纳矩阵及其稀疏特性是本章讨论的核心内容。节点阻抗矩阵的概念在处理电力网络故障时有广泛应用，将在 1.4 节中介绍。

此外，虽然关于电力网络的等值电路在一般输配电工程的教科书中都有论述，但在建立电力网络数学模型时，关于变压器和移相器的处理却有一些特点，因此 1.1 节中首先介绍这方面的内容。

1.1　基础知识

1.1.1　节点方程及回路方程

通常分析交流电路有两种方法，即节点电压法和回路电流法[3]。这两种方法的共同特点是把电路的计算归结为一组联立方程式的求解问题；其差别是前者采用节点方程，后者采用回路方程。目前在研究电力系统问题时，采用节点方程比较普遍，但有时以回路方程作为辅助工具。

以下首先以简单电力网络为例，说明利用节点方程计算电力网络的原理和特点。

图 1-1 表示了一个具有两个电源和一个等值负荷的系统。该系统有 5 个节点和 6 条支路，$y_1 \sim y_6$ 为各支路的导纳。

以地作为电压参考点，设各节点的电压分别为 $\dot{V}_1 \sim \dot{V}_5$。根据基尔霍夫第一定律可以分别列出以下节点的电流方程：

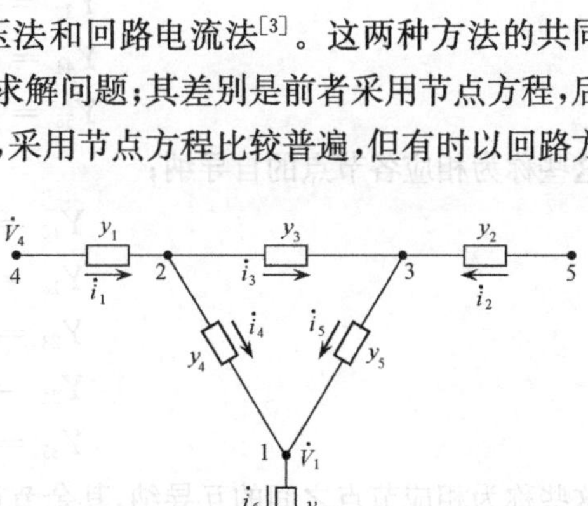

图 1-1　节点电压法的例子

$$\left.\begin{aligned}
&y_4(\dot V_2-\dot V_1)+y_5(\dot V_3-\dot V_1)-y_6\dot V_1=0\\
&y_1(\dot V_4-\dot V_2)+y_3(\dot V_3-\dot V_2)+y_4(\dot V_1-\dot V_2)=0\\
&y_2(\dot V_5-\dot V_3)+y_3(\dot V_2-\dot V_3)+y_5(\dot V_1-\dot V_3)=0\\
&y_1(\dot V_4-\dot V_2)=\dot i_1\\
&y_2(\dot V_5-\dot V_3)=\dot i_2
\end{aligned}\right\}\tag{1-1}$$

按节点电压整理以后，可以写出

$$\left.\begin{aligned}
&(y_4+y_5+y_6)\dot V_1-y_4\dot V_2-y_5\dot V_3=0\\
&-y_4\dot V_1+(y_1+y_3+y_4)\dot V_2-y_3\dot V_3-y_1\dot V_4=0\\
&-y_5\dot V_1-y_3\dot V_2+(y_2+y_3+y_5)\dot V_3-y_2\dot V_5=0\\
&-y_1\dot V_2+y_1\dot V_4=\dot I_1\\
&-y_2\dot V_3+y_2\dot V_5=\dot I_2
\end{aligned}\right\}\tag{1-2}$$

式(1-2)左端为由各节点流出的电流，右端为向各节点注入的电流。式(1-2)可以表示为规范的形式：

$$\left.\begin{aligned}
&Y_{11}\dot V_1+Y_{12}\dot V_2+Y_{13}\dot V_3+Y_{14}\dot V_4+Y_{15}\dot V_5=\dot I_1\\
&Y_{21}\dot V_1+Y_{22}\dot V_2+Y_{23}\dot V_3+Y_{24}\dot V_4+Y_{25}\dot V_5=\dot I_2\\
&Y_{31}\dot V_1+Y_{32}\dot V_2+Y_{33}\dot V_3+Y_{34}\dot V_4+Y_{35}\dot V_5=\dot I_3\\
&Y_{41}\dot V_1+Y_{42}\dot V_2+Y_{43}\dot V_3+Y_{44}\dot V_4+Y_{45}\dot V_5=\dot I_4\\
&Y_{51}\dot V_1+Y_{52}\dot V_2+Y_{53}\dot V_3+Y_{54}\dot V_4+Y_{55}\dot V_5=\dot I_5
\end{aligned}\right\}\tag{1-3}$$

和式(1-2)比较，可以看出，其中：

$$\begin{aligned}
Y_{11}&=y_4+y_5+y_6\\
Y_{22}&=y_1+y_3+y_4\\
Y_{33}&=y_2+y_3+y_5\\
Y_{44}&=y_1\\
Y_{55}&=y_2
\end{aligned}$$

这些称为相应各节点的自导纳；

$$\begin{aligned}
Y_{12}&=Y_{21}=-y_4\\
Y_{13}&=Y_{31}=-y_5\\
Y_{23}&=Y_{32}=-y_3\\
Y_{24}&=Y_{42}=-y_1\\
Y_{35}&=Y_{53}=-y_2
\end{aligned}$$

这些称为相应节点之间的互导纳，其余节点之间的互导纳为零。

式(1-3)为电力网络的节点方程，它反映了各节点电压与注入电流之间的关系。其右端的 $\dot I_1\sim\dot I_5$ 为各节点的注入电流。在此例中，除 $\dot I_4$、$\dot I_5$ 外，其余节点的注入电流均为零。

对式(1-3)进行求解，即可得到各节点的电压 $\dot V_1\sim\dot V_5$。当节点电压求出后，就可以求出各支路的电流，从而使网络变量得以求解。

在一般情况下，如果电力网络有 n 个节点，则可按式(1-3)的形式列出 n 个节点的方程式，用矩阵的形式可以表示为[1)]

$$I = YV \tag{1-4}$$

式中：

$$I = \begin{bmatrix} \dot{I}_1 \\ \dot{I}_2 \\ \vdots \\ \dot{I}_n \end{bmatrix}, \quad V = \begin{bmatrix} \dot{V}_1 \\ \dot{V}_2 \\ \vdots \\ \dot{V}_n \end{bmatrix}$$

分别为节点注入电流列向量及节点电压列向量；

$$Y = \begin{bmatrix} Y_{11} & Y_{12} & \cdots & Y_{1n} \\ Y_{21} & Y_{22} & \cdots & Y_{2n} \\ \vdots & \vdots & & \vdots \\ Y_{n1} & Y_{n2} & \cdots & Y_{nn} \end{bmatrix}$$

为节点导纳矩阵，其中对角元素 Y_{ii} 为节点 i 的自导纳，非对角元素 Y_{ij} 为节点 i 与节点 j 之间的互导纳。

以下介绍对形成网络方程非常重要的关联矩阵的概念。

关联矩阵是描述电力网络连接情况的矩阵。不同类型的关联矩阵在不同程度上反映网络的接线图形。关联矩阵中只含有 0、+1、−1 等 3 种元素，其中不包含网络各支路的具体参数。

例如，图 1-1 所示的简单网络有 5 个节点和 6 条支路，它的关联矩阵为一个 5 行、6 列的矩阵：

$$A = \begin{bmatrix} 0 & 0 & 0 & -1 & -1 & 1 \\ -1 & 0 & 1 & 1 & 0 & 0 \\ 0 & -1 & -1 & 0 & 1 & 0 \\ 1 & 0 & 0 & 0 & 0 & 0 \\ 0 & 1 & 0 & 0 & 0 & 0 \end{bmatrix}$$

关联矩阵的行号与节点号相对应，列号与支路号相对应。例如第一行有 3 个非零元素，表示节点 1 与 3 个支路相连，这 3 个非零元素在第四列、第五列、第六列，表示与节点 1 相连的 3 条支路为支路 4、5、6(图 1-1 中的 y_4、y_5 和 y_6)。当非零元素为−1 时，表示相应支路电流的规定方向是流向节点；为+1 时表示支路电流的规定方向是离开节点的。矩阵中每一列非零元素所在位置表示相应支路两端的节点号，例如第五列的非零元素在第一行和第三行，表示支路 5 与节点 1、3 相连。第六列只有一个非零元素，在第一行，表示支路 6 为连在节点 1 的接地支路。

可以看出，由节点关联矩阵可以反过来唯一地确定网络的接线图。

1) 在本书中，如无特别说明，规定节点电流的正方向为注入电力网络的方向。

节点关联矩阵和网络节点方程之间有密切的关系。设电力网络有 n 个节点，b 条支路。对每条支路都可列出如下的方程式：

$$\dot{I}_{Bk} = y_{Bk}\dot{V}_{Bk} \tag{1-5}$$

式中：$\dot{I}_{Bk}$ 为支路 k 的电流；$\dot{V}_{Bk}$ 为支路 k 的电压降，方向和电流方向一致；y_{Bk} 为支路 k 的导纳。

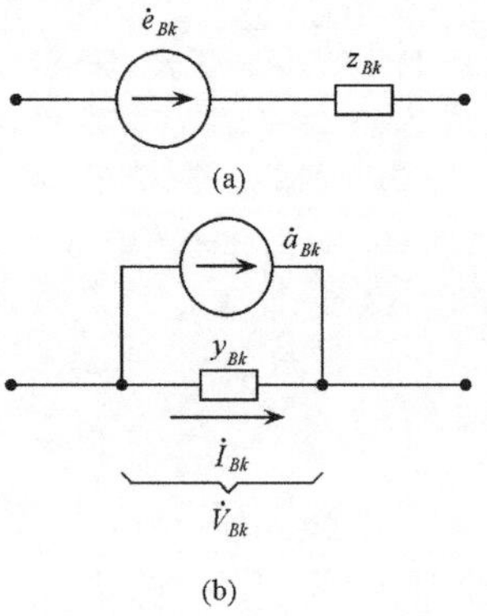

图 1-2　电压源转化为电流源

如果支路为有电压源的支路，如图 1-2(a)所示，则可先将该支路转化为电流源的形式，见图 1-2(b)，图中：

$$y_{Bk} = 1/z_{Bk}$$

$$\dot{a}_{Bk} = \dot{e}_{Bk}/z_{Bk} = y_{Bk}\dot{e}_{Bk}$$

这样，电流源可以看做是向电力网络有关节点的注入电流，因而支路仍可应用式(1-5)形的基本方程式。把这 b 条支路的基本方程式集中用矩阵的形式来表示，可以写出

$$\boldsymbol{I_B} = \boldsymbol{Y_B V_B} \tag{1-6}$$

式中：$\boldsymbol{I_B}$ 为支路电流列向量；$\boldsymbol{V_B}$ 为支路电压降列向量；$\boldsymbol{Y_B}$ 为支路导纳所组成的对角矩阵。

由基尔霍夫第一定律可知，电力网络中任意节点的注入电流 $\dot{I}_i$ 与各支路电流有以下关系：

$$\dot{I}_i = \sum_{k=1}^{b} a_{ik}\dot{I}_{Bk} \quad (i = 1,2,\cdots,n) \tag{1-7}$$

式中：a_{ik} 为一系数。当支路电流 $\dot{I}_{Bk}$ 流向节点 i 时，$a_{ik} = -1$；当支路电流 $\dot{I}_{Bk}$ 流出节点 i 时，$a_{ik} = 1$；当支路 k 与 i 点无直接联系时，$a_{ik} = 0$。可以看出，节点电流列向量 $\dot{\boldsymbol{I}}$ 与支路电流列向量 $\dot{\boldsymbol{I}}_{\boldsymbol{B}}$ 应有以下关系：

$$\boldsymbol{I} = \boldsymbol{A I_B} \tag{1-8}$$

式中：$\boldsymbol{A}$ 为网络的节点关联矩阵。

设整个电力网络消耗的功率为 S，从支路来看，可以得到

$$S = \sum_{i=1}^{b} \hat{I}_{Bk}\dot{V}_{Bk} = \hat{\boldsymbol{I}}_{\boldsymbol{B}} \cdot \dot{\boldsymbol{V}}_{\boldsymbol{B}}$$

式中：$\hat{I}_{Bk}$ 和 $\hat{\boldsymbol{I}}_{\boldsymbol{B}}$ 表示相应向量的共轭值；· 表示向量的标量积。

从节点输入总功率来看，可以得到

$$S = \sum_{i=1}^{b} \hat{I}_i\dot{V}_i = \hat{\boldsymbol{I}} \cdot \dot{\boldsymbol{V}}$$

显然

$$\hat{\boldsymbol{I}} \cdot \dot{\boldsymbol{V}} = \hat{\boldsymbol{I}}_{\boldsymbol{B}} \cdot \dot{\boldsymbol{V}}_{\boldsymbol{B}} \tag{1-9}$$

由式(1-8)可知

$$\hat{\boldsymbol{I}} = \hat{\boldsymbol{I}}_{\boldsymbol{B}}\boldsymbol{A}^{\mathrm{T}}$$

代入式(1-9)得

$$\hat{\boldsymbol{I}}_{\boldsymbol{B}}\boldsymbol{A}^{\mathrm{T}}\dot{\boldsymbol{V}} = \hat{\boldsymbol{I}}_{\boldsymbol{B}}\dot{\boldsymbol{V}}_{\boldsymbol{B}}$$

因此得到节点电压与支路电压降列向量有以下关系：

$$\boldsymbol{A}^{\mathrm{T}}\dot{\boldsymbol{V}} = \dot{\boldsymbol{V}}_{\boldsymbol{B}} \tag{1-10}$$

将式(1-6)和式(1-10)顺次代入式(1-8),就可以得到

$$\dot{\boldsymbol{I}} = \boldsymbol{A}\boldsymbol{Y}_{\boldsymbol{B}}\boldsymbol{A}^{\mathrm{T}}\dot{\boldsymbol{V}} = \boldsymbol{Y}\dot{\boldsymbol{V}} \tag{1-11}$$

式中:$\boldsymbol{Y}$ 为电力网络的节点导纳矩阵,

$$\boldsymbol{Y} = \boldsymbol{A}\boldsymbol{Y}_{\boldsymbol{B}}\boldsymbol{A}^{\mathrm{T}} \tag{1-12}$$

这样,利用节点关联矩阵就可以求得电力网络的节点方程式。

以下仍以图 1-1 所示的电力网络为例,来说明利用回路方程计算电力网络的基本原理。在利用回路电流法计算时,用阻抗表示各元件的参数比较方便,其等值电路如图 1-3 所示。该网络共有 3 个独立回路,其回路电流分别为 $\dot{I}_1$、$\dot{I}_2$、$\dot{I}_3$。根据基尔霍夫第二定律,可以列出 3 个回路的电压方程式:

$$\left.\begin{aligned} \dot{V}_4 &= (z_1 + z_4 + z_6)\dot{I}_1 + z_6\dot{I}_2 - z_4\dot{I}_3 \\ \dot{V}_5 &= z_6\dot{I}_1 + (z_2 + z_5 + z_6)\dot{I}_2 + z_5\dot{I}_3 \\ 0 &= - z_4\dot{I}_1 + z_5\dot{I}_2 + (z_3 + z_4 + z_5)\dot{I}_3 \end{aligned}\right\} \tag{1-13}$$

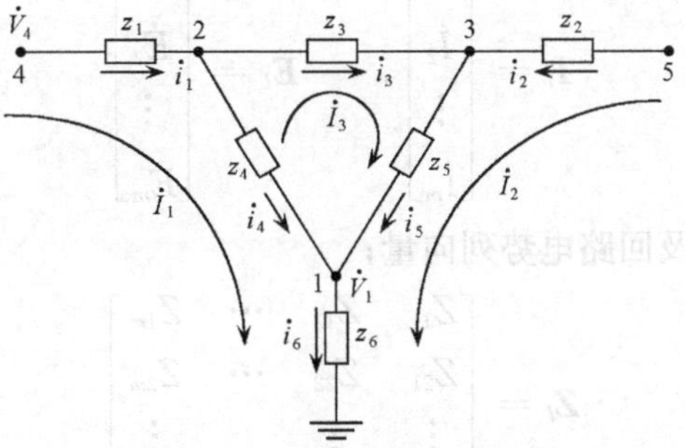

图 1-3　用电流源代替电压源的例子

并可进一步改写成规范的形式:

$$\left.\begin{aligned} \dot{E}_1 &= Z_{11}\dot{I}_1 + Z_{12}\dot{I}_2 + Z_{13}\dot{I}_3 \\ \dot{E}_2 &= Z_{21}\dot{I}_1 + Z_{22}\dot{I}_2 + Z_{23}\dot{I}_3 \\ \dot{E}_3 &= Z_{31}\dot{I}_1 + Z_{32}\dot{I}_2 + Z_{33}\dot{I}_3 \end{aligned}\right\} \tag{1-14}$$

式中:$\dot{E}_1 = \dot{V}_4$,$\dot{E}_2 = \dot{V}_5$,$\dot{E}_3 = 0$ 分别为 3 个回路的电源电势;$Z_{11} = z_1 + z_4 + z_6$,$Z_{22} = z_2 + z_5 + z_6$,$Z_{33} = z_3 + z_4 + z_5$ 为 3 个回路的自阻抗;$Z_{12} = Z_{21} = z_6$,$Z_{13} = Z_{31} = -z_4$,$Z_{23} = Z_{32} = z_5$ 分别为 3 个回路之间的互阻抗。

当回路电势 $\dot{E}_1$、$\dot{E}_2$、$\dot{E}_3$ 已知时,对式(1-14)求解,即可求出电力网络的回路电流 $\dot{I}_1$、$\dot{I}_2$、$\dot{I}_3$,并可进而求出各支路的电流

$$\dot{i}_1 = \dot{I}_1$$

$$\dot{i}_2 = \dot{I}_2$$

$$\dot{i}_3 = \dot{I}_3$$

$$\dot{i}_4 = \dot{I}_1 - \dot{I}_3$$
$$\dot{i}_5 = \dot{I}_2 + \dot{I}_3$$
$$\dot{i}_6 = \dot{I}_1 + \dot{I}_2$$

各节点电压为

$$\dot{V}_1 = z_6 \dot{i}_6$$
$$\dot{V}_2 = \dot{V}_4 - z_1 \dot{i}_1$$
$$\dot{V}_3 = \dot{V}_5 - z_2 \dot{i}_2$$

这样就得到了电力网络的全部运行情况。

在一般情况下，如果电力网络有 m 个独立回路，则可按式(1-14)的形式列出 m 个方程式，用矩阵的形式可以表示为

$$\boldsymbol{E}_l = \boldsymbol{Z}_l \boldsymbol{I}_l \tag{1-15}$$

式中：

$$\boldsymbol{I}_l = \begin{bmatrix} \dot{I}_1 \\ \dot{I}_2 \\ \vdots \\ \dot{I}_m \end{bmatrix}, \quad \boldsymbol{E}_l = \begin{bmatrix} \dot{E}_1 \\ \dot{E}_2 \\ \vdots \\ \dot{E}_m \end{bmatrix}$$

分别为回路电流列向量及回路电势列向量；

$$\boldsymbol{Z}_l = \begin{bmatrix} Z_{11} & Z_{12} & \cdots & Z_{1m} \\ Z_{21} & Z_{22} & \cdots & Z_{2m} \\ \vdots & \vdots & & \vdots \\ Z_{m1} & Z_{m2} & \cdots & Z_{mm} \end{bmatrix} \tag{1-16}$$

为回路阻抗矩阵。其中 Z_{ii} 为第 i 个回路的自阻抗，等于该回路各支路阻抗之和；Z_{ij} 为第 i 回路与第 j 回路间的互阻抗，其数值等于 i、j 回路公共支路阻抗之和，其符号取决于 i、j 回路电流假定的方向，方向一致时取正号，方向相反时取负号。

对于图 1-2 来说，我们可以根据图中的 3 个独立环路写出它的“环路关联矩阵”

$$\boldsymbol{B} = \begin{bmatrix} 1 & 0 & 0 & 1 & 0 & 1 \\ 0 & 1 & 0 & 0 & 1 & 1 \\ 0 & 0 & 1 & -1 & 1 & 0 \end{bmatrix}$$

环路关联矩阵的行号与环路号相对应，列号仍与支路号相对应。例如第三行在第 3 列、第 4 列、第 5 列共有 3 个非零元素，表示环路 3 通过支路 3、支路 4 和支路 5。当非零元素为 +1时，表示环路电流的规定方向与支路电流的规定方向一致；为 −1 时，表示环路电流的规定方向与支路电流方向相反。

应该指出，环路关联矩阵不能唯一地确定网络的接线图。换句话说，可以有不同的接线图对应于同一环路关联矩阵。

用类似的上面关于节点关联矩阵的方法，我们也可以由环路关联矩阵 $\boldsymbol{B}$ 求得电力网络的回路方程式，并得到回路阻抗矩阵 $\boldsymbol{Z}_L$ 的表达式：

$$Z_L = BZ_BB^{\mathrm{T}} \tag{1-17}$$

式中:Z_B 为由支路阻抗所组成的对角矩阵。

关联矩阵的应用当然不限于以上所举的例子,但是有了以上基本概念以后,就可以更灵活地处理网络问题,这些问题将在以后有关章节中详细论述。

1.1.2 变压器及移相器的等值电路

电力网络的等值电路是由输电线路和变压器等元件的等效电路连接而成的。交流输电线路一般用Ⅱ型等值电路描述,教科书中有详细的介绍。本节主要讨论变压器和移相器的等值电路,特别是关于其非标准变比的处理方法。由于灵活交流输电系统(FACTS)的逐步应用,电力网络将会包含愈来愈多的 FACTS 元件。关于 FACTS 元件的等值电路问题本节暂不涉及,将在后面有关章节中讨论。

当将变压器励磁回路忽略或作为负荷或阻抗单独处理时,一个变压器的其他性能可以用它的漏抗串联一个无损耗理想变压器来模拟[1)],如图 1-4(a)所示。可以看出,图中所示的电流及电压存在如下关系:

$$\left.\begin{aligned} \dot{I}_i + K\dot{I}_j &= 0 \\ \dot{V}_i - z_T\dot{I}_i &= \frac{\dot{V}_j}{K} \end{aligned}\right\}$$

由上式解 $\dot{I}_i$、$\dot{I}_j$ 可得

$$\left.\begin{aligned} \dot{I}_i &= \frac{1}{z_T}\dot{V}_i - \frac{1}{Kz_T}\dot{V}_j \\ \dot{I}_j &= -\frac{1}{Kz_T}\dot{V}_i + \frac{1}{K^2z_T}\dot{V}_j \end{aligned}\right\} \tag{1-18}$$

或者写成

$$\left.\begin{aligned} I_i &= \frac{K-1}{Kz_T}\dot{V}_i + \frac{1}{Kz_T}(\dot{V}_i - \dot{V}_j) \\ I_j &= \frac{1-K}{K^2z_T}\dot{V}_j + \frac{1}{Kz_T}(\dot{V}_j - \dot{V}_i) \end{aligned}\right\} \tag{1-19}$$

根据式(1-19)即可得到图 1-4(b)所示的等值电路。如果都用相应的导纳来表示,则可得到图 1-4(c)所示的等值电路,图中:

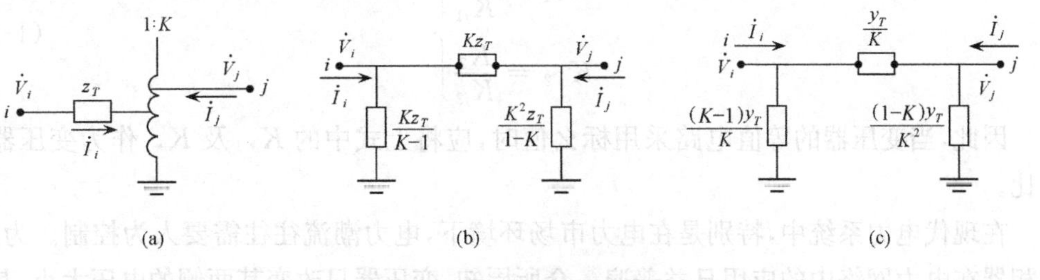

图 1-4 变压器的等值电路

1) 对于容量较大的变压器,在计算时往往忽略变压器的电阻。

$$y_T = \frac{1}{z_T}$$

应该特别指出，在图 1-4(a)的电路中漏抗 z_T 是放在变比为 1 的一侧。当漏抗 z_T 是放在变比为 K 的一侧时，可以用下面关系：

$$z'_T = z_T / K^2 \tag{1-20}$$

即可将 z'_T 放在变比为 1 的一侧，从而应用图 1-4 中的等值电路。

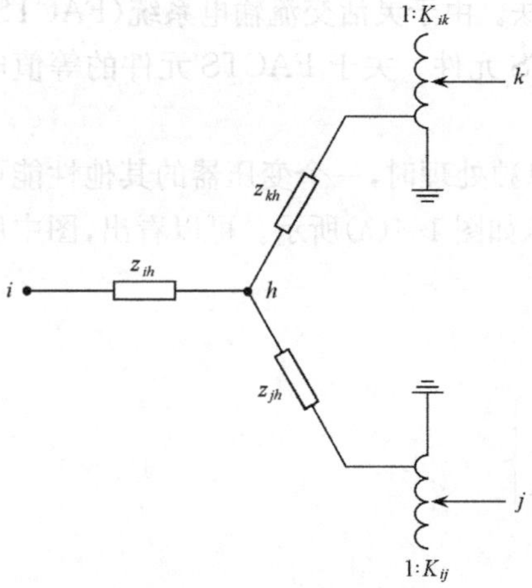

图 1-5　三绕组变压器的等值电路

以上介绍了双绕组变压器的等值电路。对于三绕组变压器，可以按同样的原理用星形或三角形电路来模拟。例如可以用图 1-5 所示的电路来模拟三绕组变压器，这样就把三绕组变压器的等值电路问题转变为两个双绕组变压器的等值电路问题。

掌握了变压器等值电路以后，就可以制定出多级电压的电力网络的等值电路。例如，对图 1-6(a)所示的电力网络，当变压器 T_1、T_2 的漏抗如已归算到①侧及④侧时，可以用图1-6(b)或图 1-6(c)来模拟，不难证明，这两种模型最终的等值电路是完全相同的，如图 1-6(d)所示。

在进行电力系统运行情况分析时，往往采用标幺值计算。这时电力网络等值电路中所有参数都应该用标幺值来表示。例如在图 1-6 中，设①侧的基准电压为 V_{j1}，②、③侧的基准电压为 V_{j2}，④侧的基准电压为 V_{j4}，则变压器 T_1、T_2 的基准变比(或叫标准变比)分别为

$$\left.\begin{aligned} K_{j1} &= \frac{V_{j2}}{V_{j1}} \\ K_{j2} &= \frac{V_{j2}}{V_{j4}} \end{aligned}\right\} \tag{1-21}$$

则变压器 T_1、T_2 的变比的标幺值(也叫非标准变比)应为

$$\left.\begin{aligned} K_{*1} &= \frac{K_1}{K_{j1}} \\ K_{*2} &= \frac{K_2}{K_{j2}} \end{aligned}\right\} \tag{1-22}$$

因此，当变压器的等值电路采用标幺值时，应将上式中的 K_{*1} 及 K_{*2} 作为变压器的变比。

在现代电力系统中，特别是在电力市场环境下，电力潮流往往需要人为控制。为此，移相器在电力网络中的应用日益普遍。众所周知，变压器只改变其两侧的电压大小，其变比是一个实数；而移相器还改变其两侧电压的相位，因此其变比是一个复数。当将移相器励磁回路忽略或作为负荷或阻抗单独处理时，一个移相器的其他性能可以用它的漏抗串

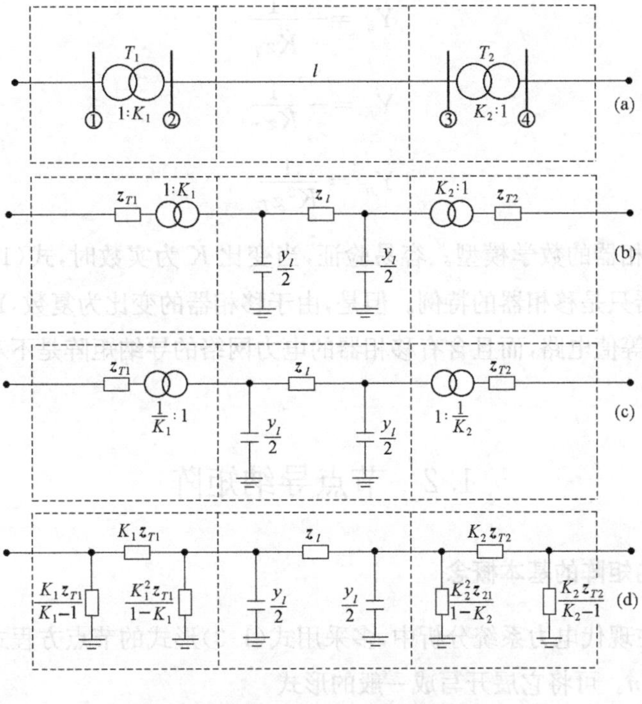

图 1-6　多级电压电力网络的等值电路

联一个无损耗理想变压器来模拟，只是其变比是一个复数，如图 1-7 所示。由图 1-7 可以得到以下方程：

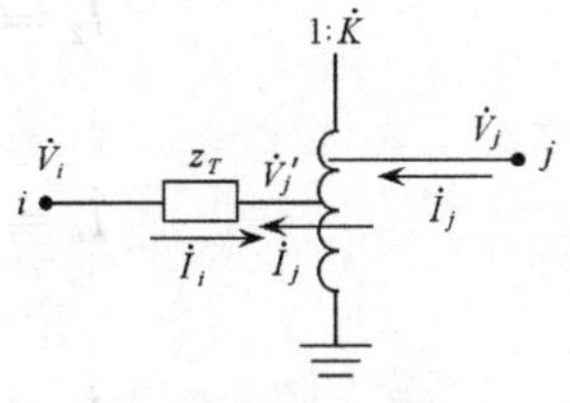

图 1-7　移相器的等值电路

$$\left.\begin{aligned}\dot{V}_i-\dot{I}_i z_T&=\dot{V}_j'\\ \dot{I}_i+\dot{I}_j'&=0\end{aligned}\right\}\tag{1-23}$$

显然，有以下关系：

$$\dot{V}_j'=\dot{V}_j/\dot{K}\tag{1-24}$$

现在需要知道 $\dot{I}_j'$和 $\dot{I}_j$ 的关系，为此要用功率守恒原理，

$$\dot{V}_j'\hat{I}_j'=\dot{V}_j\hat{I}_j$$

式中：$\hat{I}_j'$、$\hat{I}_j$ 分别为 $\dot{I}_j'$、$\dot{I}_j$ 的共轭值，从上式得到

$$\dot{I}_j'=\hat{K}\dot{I}_j\tag{1-25}$$

将式(1-24)、式(1-25)代入式(1-23)，最终得到

$$\left.\begin{aligned}\dot{I}_i&=\frac{\dot{V}_i}{z_T}-\frac{\dot{V}_j}{\dot{K}z_T}=Y_{ii}\dot{V}_i+Y_{ij}\dot{V}_j\\ \dot{I}_j&=-\frac{\dot{V}_i}{\hat{K}z_T}+\frac{\dot{V}_j}{K^2 z_T}=Y_{ji}\dot{V}_i+Y_{jj}\dot{V}_j\end{aligned}\right\}\tag{1-26}$$

式中：

$$Y_{ii}=\frac{1}{z_T}$$

$$Y_{ij} = -\frac{1}{\dot{K} z_T}$$

$$Y_{ji} = -\frac{1}{\dot{K} z_T}$$

$$Y_{jj} = \frac{1}{K^2 z_T}$$

式(1-26)即为移相器的数学模型。容易验证，当变比 $\dot{K}$ 为实数时，式(1-26)与式(1-18)一致，说明变压器只是移相器的特例。但是，由于移相器的变比为复数，$Y_{ij} \neq Y_{ji}$，因此，移相器没有相应的等值电路，而且含有移相器的电力网络的导纳矩阵是不对称的，这一点要特别注意。

1.2 节点导纳矩阵

1.2.1 节点导纳矩阵的基本概念

如前所述，在现代电力系统分析中，多采用式(1-3)形式的节点方程式，其阶数等于电力网络的节点数 n。可将它展开写成一般的形式

$$\left.\begin{aligned}
\dot{I}_1 &= Y_{11}\dot{V}_1 + Y_{12}\dot{V}_2 + \cdots + Y_{1i}\dot{V}_i + \cdots + Y_{1n}\dot{V}_n \\
\dot{I}_2 &= Y_{21}\dot{V}_1 + Y_{22}\dot{V}_2 + \cdots + Y_{2i}\dot{V}_i + \cdots + Y_{2n}\dot{V}_n \\
&\vdots \\
\dot{I}_i &= Y_{i1}\dot{V}_1 + Y_{i2}\dot{V}_2 + \cdots + Y_{ii}\dot{V}_i + \cdots + Y_{in}\dot{V}_n \\
&\vdots \\
\dot{I}_n &= Y_{n1}\dot{V}_1 + Y_{n2}\dot{V}_2 + \cdots + Y_{ni}\dot{V}_i + \cdots + Y_{nn}\dot{V}_n
\end{aligned}\right\} \tag{1-27}$$

该方程式系数所构成的矩阵即节点导纳矩阵

$$\boldsymbol{Y} = \begin{bmatrix}
Y_{11} & Y_{12} & \cdots & Y_{1i} & \cdots & Y_{1n} \\
Y_{21} & Y_{22} & \cdots & Y_{2i} & \cdots & Y_{2n} \\
\vdots & \vdots & & \vdots & & \vdots \\
Y_{i1} & Y_{i2} & \cdots & Y_{ii} & \cdots & Y_{in} \\
\vdots & \vdots & & \vdots & & \vdots \\
Y_{n1} & Y_{n2} & \cdots & Y_{ni} & \cdots & Y_{nn}
\end{bmatrix} \tag{1-28}$$

它反映了电力网络的参数及接线情况，因此导纳矩阵可以看成是对电力网络电气特性的一种数学抽象[4]。由导纳矩阵所构成的节点方程式是电力网络广泛应用的一种数学模型。当电力网络节点数为 n 时，描述它的导纳矩阵是 $n \times n$ 阶方阵。现在我们讨论其中各元素的物理意义。

如果在节点 i 加一单位电压，而把其余节点全部接地，即令

$$\dot{V}_i = 1$$

$$\dot{V}_j = 0 \qquad (j = 1,2,\cdots,n; j \neq i)$$

则由节点方程式(1-27)可知,在这种情况下:

$$\left.\begin{aligned} \dot{I}_1 &= Y_{1i} \\ \dot{I}_2 &= Y_{2i} \\ &\vdots \\ \dot{I}_i &= Y_{ii} \\ &\vdots \\ \dot{I}_n &= Y_{ni} \end{aligned}\right\} \tag{1-29}$$

由式(1-29)可以看出导纳矩阵[式(1-28)]第 i 列元素的物理意义。很明显,导纳矩阵中第 i 列对角元素 Y_{ii},即节点 i 的自导纳,在数值上等于节点 i 加单位电压,其他节点都接地时,节点 i 向电力网络注入的电流。导纳矩阵中第 i 列非对角元素 Y_{ij},即节点 i 与节点 j 间的互导纳,在数值上等于节点 i 加单位电压,其他节点都接地时,节点 j 向电力网络注入的电流。

以下我们进一步用图 1-8(a)所示的简单电力网络说明导纳矩阵各元素的具体意义。这个电力网络有 3 个节点,因此导纳矩阵为三阶方阵

$$\boldsymbol{Y} = \begin{bmatrix} Y_{11} & Y_{12} & Y_{13} \\ Y_{21} & Y_{22} & Y_{23} \\ Y_{31} & Y_{32} & Y_{33} \end{bmatrix}$$

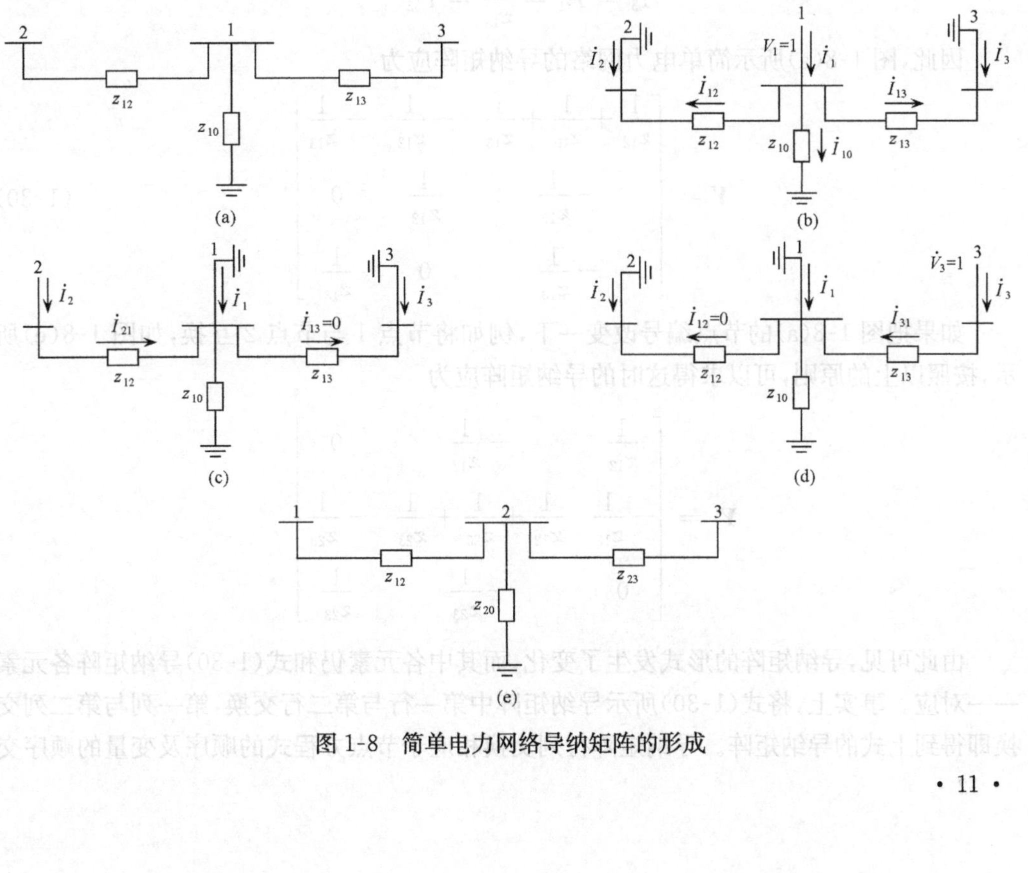

图 1-8 简单电力网络导纳矩阵的形成

首先讨论第一列元素 Y_{11}、Y_{21}、Y_{31}。根据上面的论述，这种情况下应在节点 1 加单位电压，将节点 2 及节点 3 接地，如图 1-8(b)所示。可以看出：

$$\dot{I}_1 = \dot{I}_{12} + \dot{I}_{13} + \dot{I}_{10} = \frac{1}{z_{12}} + \frac{1}{z_{13}} + \frac{1}{z_{10}} = Y_{11}$$

$$\dot{I}_2 = -\dot{I}_{12} = -\frac{1}{z_{12}} = Y_{21}$$

$$\dot{I}_3 = -\dot{I}_{13} = -\frac{1}{z_{13}} = Y_{31}$$

同样，为了求得导纳矩阵的第二列元素，应给节点 2 加单位电压，而将节点 1 及节点 3 接地，如图 1-8(c)所示。在这种情况下：

$$\dot{I}_1 = -\dot{I}_{21} = -\frac{1}{z_{12}} = Y_{12}$$

$$\dot{I}_2 = \dot{I}_{21} = \frac{1}{z_{12}} = Y_{22}$$

$$\dot{I}_3 = 0 = Y_{32}$$

为了得到导纳矩阵的第三列元素，应给节点 3 加单位电压，将节点 1 及节点 2 接地，如图 1-8(d)所示。在这种情况下：

$$\dot{I}_1 = -\dot{I}_{31} = -\frac{1}{z_{13}} = Y_{13}$$

$$\dot{I}_2 = 0 = Y_{23}$$

$$\dot{I}_3 = \dot{I}_{31} = \frac{1}{z_{13}} = Y_{33}$$

因此，图 1-8(a)所示简单电力网络的导纳矩阵应为

$$\boldsymbol{Y} = \begin{bmatrix} \frac{1}{z_{12}} + \frac{1}{z_{10}} + \frac{1}{z_{13}} & -\frac{1}{z_{12}} & -\frac{1}{z_{13}} \\ -\frac{1}{z_{12}} & \frac{1}{z_{12}} & 0 \\ -\frac{1}{z_{13}} & 0 & \frac{1}{z_{13}} \end{bmatrix} \tag{1-30}$$

如果把图 1-8(a)的节点编号改变一下，例如将节点 1 与节点 2 互换，如图 1-8(e)所示，按照以上的原则，可以求得这时的导纳矩阵应为

$$\boldsymbol{Y}' = \begin{bmatrix} \frac{1}{z_{12}} & -\frac{1}{z_{12}} & 0 \\ -\frac{1}{z_{12}} & \frac{1}{z_{12}} + \frac{1}{z_{20}} + \frac{1}{z_{23}} & -\frac{1}{z_{23}} \\ 0 & -\frac{1}{z_{23}} & \frac{1}{z_{23}} \end{bmatrix}$$

由此可见，导纳矩阵的形式发生了变化，而其中各元素仍和式(1-30)导纳矩阵各元素一一对应。事实上，将式(1-30)所示导纳矩阵中第一行与第二行交换，第一列与第二列交换即得到上式的导纳矩阵。导纳矩阵行列交换相应于节点方程式的顺序及变量的顺序交

换，并不影响方程式的解。因此从电力网络计算来说，节点编号的顺序可以是任意的。

通过上面的讨论，可以看出导纳矩阵有以下特点：

(1) 当不含移相器时，电力网络的导纳矩阵为对称矩阵。由式(1-30)可知

$$Y_{12} = Y_{21} = -\frac{1}{z_{12}}$$

$$Y_{13} = Y_{31} = -\frac{1}{z_{13}}$$

$$Y_{23} = Y_{32} = 0$$

在一般情况下，由网络的互易特性容易看出：

$$Y_{ij} = Y_{ji}$$

因此，导纳矩阵为对称矩阵。对含移相器的情况将在后面介绍。

(2) 导纳矩阵为稀疏矩阵。由以上的讨论可知，当电力网络中节点 i 与节点 j 不直接相连时，导纳矩阵中元素 Y_{ij} 及 Y_{ji} 应为零元素。例如在图 1-8(a)中，节点 2 与节点 3 不直接相连，因此在其导纳矩阵中 Y_{23} 及 Y_{32} 都是零元素。一般地说，导纳矩阵每行非对角元素中非零元素的个数与相应节点的出线数相等。通常，每个节点的出线数为 2～4 条。因而导纳矩阵中每行非对角元素中平均仅有 2～4 个非零元素，其余的非对角元素均为零元素。所以导纳矩阵中的零元素非常多，而且电力网络规模愈大，这种现象愈显著。例如有两个电力网络，节点数分别为 10 和 1 000，如果每个节点平均有 3 条出线，则前者导纳矩阵的非零元素数为 40，占矩阵总元素数(10×10)的 40%，而后者非零元素数 4 000 个，仅占矩阵总元素数的 0.4%。

导纳矩阵的对称性和稀疏性对于应用计算机解算电力系统问题有很大的影响。如果能充分利用这两个特点，就会大大提高计算的速度并节约内存。关于稀疏对称导纳矩阵的应用，还将在以后有关章节中介绍。

1.2.2 节点导纳矩阵的形成与修改

本节将讨论三部分内容：导纳矩阵的形成、特殊元件的处理与导纳矩阵修改。

首先讨论导纳矩阵的形成。当电力网络只包含输电线路时，导纳矩阵的形成可以归纳为以下几点：

(1) 导纳矩阵的阶数等于电力网络的节点数。

(2) 导纳矩阵各行非对角元素中非零元素的个数等于对应节点所连的不接地支路数。

(3) 导纳矩阵各对角元素，即各节点的自导纳等于相应节点所连支路的导纳之和：

$$Y_{ii} = \sum_{j \in i} y_{ij} \tag{1-31}$$

式中：y_{ij} 为节点 i 与节点 j 间的支路阻抗 z_{ij} 的倒数；符号“$j \in i$”表示 $\sum$ 号后只包括与节点 i 直接相连的节点，当节点 i 有接地支路时，还应包括 $j=0$ 的情况。例如在图 1-8 中，节点 1 的自导纳 Y_{11} 应为

$$Y_{11} = \frac{1}{z_{12}} + \frac{1}{z_{10}} + \frac{1}{z_{13}} = y_{12} + y_{10} + y_{13}$$

节点 2 的自导纳 Y_{22} 应为

$$Y_{22} = \frac{1}{z_{12}} = y_{12}$$

(4) 导纳矩阵非对角元素 Y_{ij} 等于节点 i 与节点 j 间支路的导纳并取负号：

$$Y_{ij} = -\frac{1}{z_{ij}} = -y_{ij} \tag{1-32}$$

例如图 1-8(a)中

$$Y_{12} = -\frac{1}{z_{12}} = -y_{12}$$

$$Y_{13} = -\frac{1}{z_{13}} = -y_{13}$$

等等。

按照以上原则，无论电力网络接线如何复杂，都可以根据给定的输电线路参数和接线拓扑，直接求出导纳矩阵。

以下讨论电力网络中包含变压器、移相器时，导纳矩阵的形成方法。

当支路 i、j 为变压器时，从原理上来说，先把变压器支路用图 1-4 所示 Ⅱ 型等值电路代替，然后按以上原则形成导纳矩阵，并无任何困难。但在实际应用程序中，往往直接计算变压器支路对导纳矩阵的影响。当节点 i、j 之间为变压器支路时，如果采用图 1-4(a)所示变压器模拟电路，则可以根据图 1-4(c)求得该支路对导纳矩阵的影响：

(1) 增加非零非对角元素

$$Y_{ij} = Y_{ji} = -\frac{y_T}{K} \tag{1-33}$$

(2) 改变节点 i 的自导纳，其改变量为

$$\Delta Y_{ii} = \frac{K-1}{K} y_T + \frac{1}{K} y_T = y_T \tag{1-34}$$

(3) 改变节点 j 的自导纳，其改变量为

$$\Delta Y_{jj} = \frac{1}{K} y_T + \frac{1-K}{K^2} y_T = \frac{y_T}{K^2} \tag{1-35}$$

当支路 i、j 为移相器时，采用图 1-7 的等值电路，则应对导纳矩阵做以下修正：

(1) 增加非零非对角元素

$$Y_{ij} = -\frac{1}{\dot{K} z_T} \tag{1-36}$$

$$Y_{ji} = -\frac{1}{\mathring{K} z_T} \tag{1-37}$$

(2) 改变节点 i 的自导纳，其改变量为

$$\Delta Y_{ii} = \frac{1}{z_T} \tag{1-38}$$

(3) 改变节点 j 的自导纳，其改变量为

$$\Delta Y_{jj} = \frac{1}{K^2 z_T} \tag{1-39}$$

从式(1-36)、式(1-37)可以看出，由于 $Y_{ij} \neq Y_{ji}$，导纳矩阵不再是对称矩阵。但是，该矩阵的结构是对称的。

在现代电力系统分析中，往往需要研究不同接线方式情况下的运行状态，例如某台变压器或某条输电线路的投入或切除，对某些元件的参数进行修改等。由于改变一条支路的开合状态只影响该支路两端节点的自导纳及其互导纳，因此在这种情况下不必重新形成导纳矩阵，仅仅需要在原有导纳矩阵的基础上进行必要的修改就可以得到所要求的导纳矩阵。下面分几种情况进行介绍。

(1) 从原有网络引出一条新的支路，同时增加一个新的节点，见图 1-9(a)。

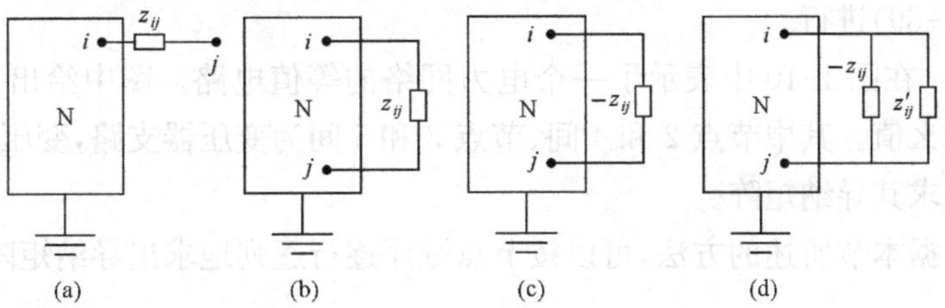

图 1-9　电力网络接线变更示意图

设 i 为原有网络 N 中任意一节点，j 为新增加节点，z_{ij} 为新增加的支路阻抗。由于增加了一个新的节点，因而导纳矩阵相应增加一阶。因为 j 点只有一条支路，所以

$$Y_{jj} = \frac{1}{z_{ij}}$$

并增加非对角元素

$$Y_{ij} = Y_{ji} = -\frac{1}{z_{ij}}$$

在这种情况下，原有网络 i 节点的自导纳应有如下的增量：

$$\Delta Y_{ii} = \frac{1}{z_{ij}}$$

(2) 在原有节点 i 和 j 间增加一条支路，见图 1-9(b)。

在这种情况下，虽增加了支路，但并不增加节点数，导纳矩阵的阶数不变。但是，与节点 i、j 有关的元素应作以下修正：

$$\left.\begin{aligned} \Delta Y_{ii} &= \frac{1}{z_{ij}} \\ \Delta Y_{jj} &= \frac{1}{z_{ij}} \\ \Delta Y_{ij} &= \Delta Y_{ji} = -\frac{1}{z_{ij}} \end{aligned}\right\} \tag{1-40}$$

(3) 在原有网络节点 i 和 j 间切除一条阻抗为 z_{ij} 的支路。

在这种情况下，相当于在节点 i 和 j 间追加一条阻抗为 $-z_{ij}$ 的支路，见图 1-9(c)。因此导纳矩阵有关元素应作以下修改：

$$\left.\begin{aligned} \Delta Y_{ii} &= -\frac{1}{z_{ij}} \\ \Delta Y_{jj} &= -\frac{1}{z_{ij}} \\ \Delta Y_{ij} &= \Delta Y_{ji} = \frac{1}{z_{ij}} \end{aligned}\right\} \tag{1-41}$$

(4) 原有网络节点 i 和 j 之间支路阻抗由 z_{ij} 改变为 z'_{ij}。

在这种情况下，可以看作首先在节点 i 和 j 间切除阻抗为 z_{ij} 的支路，然后再在节点 i 和 j 间追加阻抗为 z'_{ij} 的支路，如图 1-9(d)所示。根据式(1-40)和式(1-41)，可以求出在此情况下导纳矩阵有关元素的修正量。

应该指出，以上增加或切除的支路都是当作只有阻抗的线路来处理的，如果增加或切除的支路是变压器或移相器，则以上有关导纳矩阵元素的修改应按式(1-33)～(1-35)或式(1-36)～(1-39)进行。

【例 1-1】 在图 1-10 中表示了一个电力网络的等值电路。图中给出了支路阻抗和对地导纳的标幺值。其中节点 2 和 4 间、节点 3 和 5 间为变压器支路，变压器漏抗和变比如图所示。试求其导纳矩阵。

【解】 根据本节所述的方法，可以按节点顺序逐行逐列地求出导纳矩阵的有关元素。

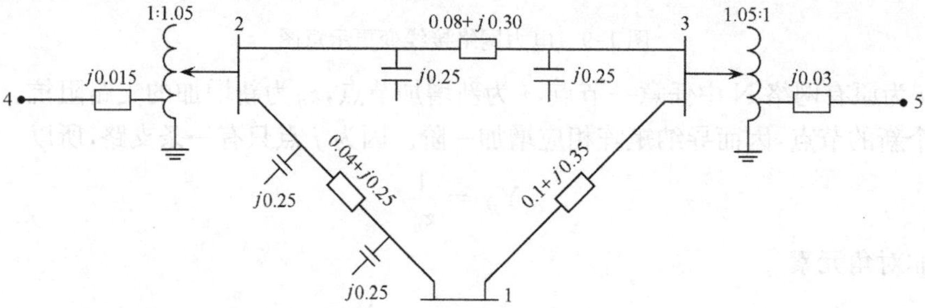

图 1-10 系统等值电路图

图 1-10 中接地支路(并联支路)标出的是导纳值，节点间支路(串联支路)标出的是阻抗值。由式(1-31)可以求出节点 1 的自导纳为

$$Y_{11} = y_{10} + y_{12} + y_{13} = j0.25 + \frac{1}{0.04 + j0.25} + \frac{1}{0.1 + j0.35}$$
$$= 1.378\,742 - j6.291\,665$$

与节点 1 有关的互导纳可根据式(1-32)求出：

$$Y_{21} = Y_{12} = -y_{12} = -\frac{1}{0.04 + j0.25} = -0.624\,025 + j3.900\,156$$

$$Y_{31} = Y_{13} = -y_{13} = -\frac{1}{0.1 + j0.35} = -0.754\,717 + j2.641\,509$$

支路 2-4 为变压器支路，采用图 1-4(a)的模拟电路，由式(1-31)和式(1-35)可以求出节点 2 的自导纳为

$$Y_{22} = y_{20} + y_{12} + y_{23} + \frac{y_{42}}{K_{42}^2}$$
$$= (j0.25 + j0.25) + \frac{1}{0.04 + j0.25} + \frac{1}{0.08 + j0.30} + \frac{1}{j0.015} \times \frac{1}{1.05^2}$$
$$= 1.453\,909 - j66.980\,82$$

与节点 2 有关的互导纳为

$$Y_{23}=Y_{32}=-\frac{1}{0.08+j0.30}=-0.829\ 876+j3.112\ 033$$

根据式(1-33)：

$$Y_{24}=Y_{42}=-\frac{y_{42}}{K_{42}}=-\frac{1}{j0.015}\times\frac{1}{1.05}=j63.492\ 06$$

用类似的方法可以求出导纳矩阵的其他元素。最后得到导纳矩阵为

$$\boldsymbol{Y}=\begin{bmatrix} \begin{matrix}1.378\ 742\\ -j6.291\ 665\end{matrix} & \begin{matrix}-0.924\ 024\\ +j3.900\ 156\end{matrix} & \begin{matrix}-0.754\ 717\\ +j2.641\ 509\end{matrix} & & \\ \begin{matrix}-0.240\ 24\\ +j3.900\ 156\end{matrix} & \begin{matrix}1.453\ 909\\ -j66.980\ 82\end{matrix} & \begin{matrix}-0.829\ 876\\ +j3.112\ 033\end{matrix} & \begin{matrix}0.000\ 000\\ +j63.192\ 06\end{matrix} & \\ \begin{matrix}-0.754\ 717\\ +j2.641\ 509\end{matrix} & \begin{matrix}-0.929\ 876\\ +j3.112\ 033\end{matrix} & \begin{matrix}1.584\ 596\\ -j35.737\ 86\end{matrix} & & \begin{matrix}0.000\ 000\\ +j31.746\ 03\end{matrix} \\ & \begin{matrix}0.000\ 000\\ +j63.492\ 06\end{matrix} & & \begin{matrix}0.000\ 000\\ -j66.666\ 67\end{matrix} & \\ & & \begin{matrix}0.000\ 000\\ +j31.746\ 03\end{matrix} & & \begin{matrix}0.000\ 000\\ -j33.333\ 33\end{matrix} \end{bmatrix}$$

矩阵中未标数字的元素为零元素。

1.3 电力网络方程求解方法

1.3.1 高斯消去法

目前，电力网络方程主要用高斯消去法求解[5,6]。计算机在电力系统应用的初期，曾经因为内存容量的限制采用过迭代法求解电力网络的线性方程组。迭代法的致命缺点是存在收敛性问题。因此，自从稀疏技术成功地在电力系统应用之后[7,8]，迭代法几乎完全为高斯消去法所代替。作为基础，本节介绍高斯消去法，以后将陆续介绍稀疏求解技术和稀疏向量技术。

高斯消去法求解线性方程组由消去运算和回代运算两部分组成。消去运算又叫前代运算，可以按行进行，也可按列进行。同样，回代运算可以按行进行，也可按列进行。通常采用"消去运算按列进行，回代运算按行进行"的方式较多。以下就介绍这种算法，其他算法可以触类旁通。

设有 n 阶线性方程组 $\boldsymbol{AX}=\boldsymbol{B}$。其中矩阵 $\boldsymbol{A}$ 和向量 $\boldsymbol{B}$ 的元素可以是实数或复数。例如电力网络的节点方程式(1-3)就是复数型的，而第 2 章中牛顿法潮流修正方程式就是实数型的。

由于消去运算只对 $\boldsymbol{A}$ 和 $\boldsymbol{B}$ 进行，因此，为了算法叙述方便，把 $\boldsymbol{B}$ 作为第 $n+1$ 列附在

$\boldsymbol{A}$ 之后，形成 $n\times(n+1)$ 阶增广矩阵：

$$\overline{\boldsymbol{A}}=[\boldsymbol{A}\quad \boldsymbol{B}]=\begin{bmatrix} a_{11} & a_{12} & \cdots & a_{1n} & b_1 \\ a_{21} & a_{22} & \cdots & a_{2n} & b_2 \\ \vdots & \vdots & & \vdots & \vdots \\ a_{n1} & a_{n2} & \cdots & a_{nn} & b_n \end{bmatrix}=\begin{bmatrix} a_{11} & a_{12} & \cdots & a_{1n} & a_{1,n+1} \\ a_{21} & a_{22} & \cdots & a_{2n} & a_{2,n+1} \\ \vdots & \vdots & & \vdots & \vdots \\ a_{n1} & a_{n2} & \cdots & a_{nn} & a_{n,n+1} \end{bmatrix}$$

为了方便讨论，上式中用 $a_{j,n+1}$ 替代了 $b_j(j=1,2,\cdots,n)$。

首先讨论按列消去过程，它的运算步骤如下：

第一步，消去第一列。

首先，把增广矩阵 $\overline{\boldsymbol{A}}$ 的第一行规格化为

$$1\quad a_{12}^{(1)}\quad a_{13}^{(1)}\quad \cdots\quad a_{1,n+1}^{(1)} \tag{1-42}$$

式中：

$$a_{1j}^{(1)}=\frac{a_{1j}}{a_{11}}\qquad (j=2,3,\cdots,n+1)$$

然后，用式(1-42)所表示的行消去 $\overline{\boldsymbol{A}}$ 的第一列对角线以下各元素 $a_{21},a_{31},\cdots,a_{n1}$，结果使 $\overline{\boldsymbol{A}}$ 的第 2～n 行其他元素化为

$$a_{ij}^{(1)}=a_{ij}-a_{i1}a_{1j}^{(1)}\qquad (j=2,3,\cdots,n+1;\quad i=2,3,\cdots,n)$$

式中：上标(1)表示该元素第一次运算的结果。这时矩阵 $\overline{\boldsymbol{A}}$ 变为 $\overline{\boldsymbol{A}}_1$：

$$\overline{\boldsymbol{A}}_1=[\boldsymbol{A}_1\quad \boldsymbol{B}_1]=\begin{bmatrix} 1 & a_{12}^{(1)} & \cdots & a_{1n}^{(1)} & a_{1,n+1}^{(1)} \\ & a_{22}^{(1)} & \cdots & a_{2n}^{(1)} & a_{2,n+1}^{(1)} \\ & \vdots & & \vdots & \vdots \\ & a_{n2}^{(1)} & \cdots & a_{nn}^{(1)} & a_{n,n+1}^{(1)} \end{bmatrix}$$

与之对应的方程组是 $\boldsymbol{A}_1\boldsymbol{X}=\boldsymbol{B}_1$，它与 $\boldsymbol{A}\boldsymbol{X}=\boldsymbol{B}$ 同解。矩阵未标出的元素为零，下同。

第二步，消去第二列。

首先，把增广矩阵 $\overline{\boldsymbol{A}}_1$ 的第二行规格化为

$$0\quad 1\quad a_{23}^{(2)}\quad \cdots\quad a_{2,n+1}^{(2)} \tag{1-43}$$

式中：

$$a_{2j}^{(2)}=a_{2j}^{(1)}/a_{22}^{(1)}\qquad (j=3,4,\cdots,n+1)$$

然后，用式(1-43)所表示的行消去 $\overline{\boldsymbol{A}}_1$ 的第二列对角线以下各元素 $a_{32}^{(1)},a_{42}^{(1)},\cdots,a_{n2}^{(1)}$，结果使 $\overline{\boldsymbol{A}}_1$ 的第 3～n 行其他元素化为

$$a_{ij}^{(2)}=a_{ij}^{(1)}-a_{i2}^{(1)}a_{2j}^{(2)}\qquad (j=3,4,\cdots,n+1;\quad i=3,4,\cdots,n)$$

式中：上标(2)表示该元素第二次运算的结果。这时矩阵 $\overline{\boldsymbol{A}}_1$ 变为 $\overline{\boldsymbol{A}}_2$：

$$\overline{\boldsymbol{A}}_2=[\boldsymbol{A}_2\quad \boldsymbol{B}_2]=\begin{bmatrix} 1 & a_{12}^{(1)} & a_{13}^{(1)} & \cdots & a_{1n}^{(1)} & a_{1,n+1}^{(1)} \\ & 1 & a_{23}^{(2)} & \cdots & a_{2n}^{(2)} & a_{2,n+1}^{(2)} \\ & & a_{33}^{(2)} & \cdots & a_{3n}^{(2)} & a_{3,n+1}^{(2)} \\ & & \vdots & & \vdots & \vdots \\ & & a_{n3}^{(2)} & \cdots & a_{nn}^{(2)} & a_{n,n+1}^{(2)} \end{bmatrix}$$

一般地，在消去第 k 列时要做以下的运算：

$$a_{kj}^{(k)} = a_{kj}^{(k-1)}/a_{kk}^{(k-1)} \qquad (j = k+1,\cdots,n+1) \tag{1-44}$$

$$a_{ij}^{(k)} = a_{ij}^{(k-1)} - a_{ik}^{(k-1)}a_{kj}^{(k)} \qquad (j = k+1,\cdots,n+1; i = k+1,\cdots,n) \tag{1-45}$$

经过对矩阵 $\overline{\mathbf{A}}$ 的 n 次消去运算，即 k 从 1 依次取到 n 按式(1-44)、式(1-45)运算，使矩阵 $\mathbf{A}$ 对角线以下的元素全部化为零，从而得到增广矩阵

$$\overline{\boldsymbol{A}}_n = [\boldsymbol{A}_n \quad \boldsymbol{B}_n] = \begin{bmatrix} 1 & a_{12}^{(1)} & a_{13}^{(1)} & \cdots & a_{1n}^{(1)} & a_{1,n+1}^{(1)} \\ & 1 & a_{23}^{(2)} & \cdots & a_{2n}^{(2)} & a_{2,n+1}^{(2)} \\ & & 1 & \cdots & a_{3n}^{(3)} & a_{3,n+1}^{(3)} \\ & & & \ddots & \vdots & \vdots \\ & & & & 1 & a_{n,n+1}^{(n)} \end{bmatrix} \tag{1-46}$$

与之对应的方程组是 $\boldsymbol{A}_n\boldsymbol{X}=\boldsymbol{B}_n$，即

$$\left.\begin{aligned} x_1 + a_{12}^{(1)}x_2 + a_{13}^{(1)}x_3 + \cdots + a_{1n}^{(1)}x_n &= a_{1,n+1}^{(1)} \\ x_2 + a_{23}^{(2)}x_3 + \cdots + a_{2n}^{(2)}x_n &= a_{2,n+1}^{(2)} \\ x_3 + \cdots + a_{3n}^{(3)}x_n &= a_{3,n+1}^{(3)} \\ &\vdots \\ x_n &= a_{n,n+1}^{(n)} \end{aligned}\right\} \tag{1-47}$$

它与原方程组 $\boldsymbol{AX}=\boldsymbol{B}$ 同解。

现在来讨论按行回代过程。对于方程组(1-47)，回代运算自下而上进行。首先由第 n 个方程可知

$$x_n = a_{n,n+1}^{(n)}$$

然后将 x_n 代入第 $n-1$ 个方程，解出

$$x_{n-1} = a_{n-1,n+1}^{(n-1)} - a_{n-1,n}^{(n-1)}x_n$$

再将 x_{n-1} 和 x_n 代入第 $n-2$ 个方程，可解出 x_{n-2}。一般地，把已求出的 $x_{i+1}, x_{i+2}, \cdots, x_n$ 代入第 i 个方程，即可求出

$$x_i = a_{i,n+1}^{(i)} - \sum_{j=i+1}^{n} a_{ij}^{(i)}x_j \qquad (i = n,\cdots,2,1) \tag{1-48}$$

式(1-48)就是按行回代的一般公式。

【例 1-2】 利用高斯消去法求解下列线性方程组：

$$\begin{aligned} &x_1 + 2x_2 + x_3 + x_4 = 5 \\ &2x_1 + x_2 = 3 \\ &x_1 + x_3 = 2 \\ &x_1 + x_4 = 2 \end{aligned}$$

【解】 由原方程组可写出其增广矩阵

$$\left[\begin{array}{cccc:c} (1) & 2 & 1 & 1 & 5 \\ 2 & 1 & 0 & 0 & 3 \\ 1 & 0 & 1 & 0 & 2 \\ 1 & 0 & 0 & 1 & 2 \end{array}\right]$$

首先按式(1-44)对第一行规格化，即用其对角元素 1 除第一行各元素，得到

$$\left[\begin{array}{cccc:c}1 & 2 & 1 & 1 & 5\\(2) & 1 & 0 & 0 & 3\\(1) & 0 & 1 & 0 & 2\\(1) & 0 & 0 & 1 & 2\end{array}\right]$$

然后按式(1-45)消去第一列，得到

$$\left[\begin{array}{cccc:c}1 & 2 & 1 & 1 & 5\\ & (-3) & -2 & -2 & -7\\ & -2 & 0 & -1 & -3\\ & -2 & -1 & 0 & -3\end{array}\right]$$

现在对第二列进行消去运算。先按式(1-44)对第二行规格化，即用其对角元素−3除第二行各元素：

$$\left[\begin{array}{cccc:c}1 & 2 & 1 & 1 & 5\\ & 1 & 2/3 & 2/3 & 7/3\\ & (-2) & 0 & -1 & -3\\ & (-2) & -1 & 0 & -3\end{array}\right]$$

然后按式(1-45)消去第二列，得到

$$\left[\begin{array}{cccc:c}1 & 2 & 1 & 1 & 5\\ & 1 & 2/3 & 2/3 & 7/3\\ & & (4/3) & 1/3 & 5/3\\ & & 1/3 & 4/3 & 5/3\end{array}\right]$$

现在对第三列进行消去运算。先按式(1-44)对第三行规格化，即用其对角元素 4/3 除第三行各元素：

$$\left[\begin{array}{cccc:c}1 & 2 & 1 & 1 & 5\\ & 1 & 2/3 & 2/3 & 7/3\\ & & 1 & 1/4 & 5/4\\ & & (1/3) & 4/3 & 5/3\end{array}\right]$$

然后按式(1-45)消去第三列，得到

$$\left[\begin{array}{cccc:c}1 & 2 & 1 & 1 & 5\\ & 1 & 2/3 & 2/3 & 7/3\\ & & 1 & 1/4 & 5/4\\ & & & (5/4) & 5/4\end{array}\right]$$

最后，按式(1-44)对第四行规格化，即用其对角元素 15/12 除第四行元素：

$$\left[\begin{array}{cccc:c}1 & 2 & 1 & 1 & 5\\ & 1 & 2/3 & 2/3 & 7/3\\ & & 1 & 1/4 & 5/4\\ & & & 1 & 1\end{array}\right]$$

这样，经消去运算后，我们得到原方程组的同解方程组为

$$
\begin{aligned}
x_1+2x_2+x_3+x_4&=5\\
x_2+\frac{2}{3}x_3+\frac{2}{3}x_4&=\frac{7}{3}\\
x_3+\frac{1}{4}x_4&=\frac{5}{4}\\
x_4&=1
\end{aligned}
$$

按式(1-48)对以上同解方程组进行回代运算,即可逐个求出 x_4,x_3,x_2,x_1:

$$
\begin{aligned}
x_4&=1\\
x_3&=\frac{5}{4}-\frac{1}{4}x_4=1\\
x_2&=\frac{7}{3}-\frac{2}{3}x_3-\frac{2}{3}x_4=1\\
x_1&=5-2x_2-x_3-x_4=1
\end{aligned}
$$

1.3.2 因子表和三角分解

在实际计算中,经常遇到这种情况:对于方程组需要多次求解,每次仅改变其常数项 **B**,而系数矩阵 **A** 是不变的。这时,为了提高计算速度,可以利用因子表求解。

因子表可以理解为高斯消去法解线性方程组的过程中对常数项 **B** 全部运算的一种记录表格。如前所述,高斯消去法分为消去过程和回代过程。回代过程的运算由对系数矩阵进行消去运算后得到的上三角矩阵元素确定,见式(1-46)。为了对常数项进行消去运算(又叫前代运算),还必须记录消去过程运算所需要的运算因子。消去过程中的运算又分为规格化运算和消去运算,以按列消去过程为例,由式(1-44)、式(1-45)可知,消去过程中对常数项 **B** 中的第 i 个元素 b_i(即 $a_{i,n+1}$)的运算包括

$$b_i^{(i)}=b_i^{(i-1)}/a_{ii}^{(i-1)} \qquad (i=1,2,\cdots,n) \tag{1-49}$$

$$b_i^{(k)}=b_i^{(k-1)}-a_{ik}^{(k-1)}b_k^{(k)} \qquad (k=1,2,\cdots,i-1) \tag{1-50}$$

将上式中的运算因子 $a_{i1},a_{i2}^{(1)},\cdots,a_{i,i-1}^{i-2}$ 及 $a_{ii}^{(i-1)}$ 逐行放在下三角部分,和式(1-46)的上三角矩阵元素合在一起,就得到了因子表

$$
\begin{matrix}
a_{11} & a_{12}^{(1)} & a_{13}^{(1)} & a_{14}^{(1)} & \cdots & a_{1n}^{(1)}\\
a_{21} & a_{22}^{(1)} & a_{23}^{(2)} & a_{24}^{(2)} & \cdots & a_{2n}^{(2)}\\
a_{31} & a_{32}^{(1)} & a_{33}^{(2)} & a_{34}^{(3)} & \cdots & a_{3n}^{(3)}\\
a_{41} & a_{42}^{(1)} & a_{43}^{(2)} & a_{44}^{(3)} & \cdots & a_{4n}^{(4)}\\
\vdots & \vdots & \vdots & \vdots & & \vdots\\
a_{n1} & a_{n2}^{(1)} & a_{n3}^{(2)} & a_{n4}^{(3)} & \cdots & a_{nn}^{(n-1)}
\end{matrix}
$$

其中下三角元素用来对常数项 **B** 进行消去(前代)运算,上三角矩阵元素用来进行消去回代运算。因子表也可以表示为如下形式:

$$
\begin{matrix}
d_{11} & u_{12} & u_{13} & u_{14} & \cdots & u_{1n}\\
l_{21} & d_{22} & u_{23} & u_{24} & \cdots & u_{2n}\\
l_{31} & l_{32} & d_{33} & u_{34} & \cdots & u_{3n}\\
l_{41} & l_{42} & l_{43} & d_{44} & \cdots & u_{4n}\\
\vdots & \vdots & \vdots & \vdots & & \vdots\\
l_{n1} & l_{n2} & l_{n3} & l_{n4} & \cdots & d_{nn}
\end{matrix} \tag{1-51}
$$

式中：

$$d_{ii} = a_{ii}^{(i-1)}$$
$$u_{ij} = a_{ij}^{(i)} \qquad (i < j)$$
$$l_{ij} = a_{ij}^{(j-1)} \qquad (j < i)$$

可以看出，因子表中下三角部分的元素就是系数矩阵在消去过程中曾用以进行运算的元素，因此只要把它们保留在原来的位置，并把对角元素取倒数就可以得到因子表的下三角部分。而因子表中上三角部分的元素就是系数矩阵在消去过程完成后的结果。

对于方程组，需要多次求解，每次仅改变其常数项 $\boldsymbol{B}$ 而系数矩阵 $\boldsymbol{A}$ 是不变的情况，应首先对其系数矩阵 $\boldsymbol{A}$ 进行消去运算，形成因子表。有了因子表，就可以对不同的常数项 $\boldsymbol{B}$ 求解。这时，可以直接应用因子表中的元素，用下面的公式代替式(1-49)、式(1-50)，进行消去运算：

$$b_i^{(i)} = b_i^{(i-1)}/d_{ii} \tag{1-52}$$

$$b_i^{(k)} = b_i^{(k-1)} - l_{ik}b_k^{(k)} \qquad (i = k+1,\cdots,n) \tag{1-53}$$

用以下公式代替式(1-48)进行回代运算：

$$x_n = b_n^{(n)}$$

$$x_i = b_i^{(i)} - \sum_{j=i+1}^{n} u_{ij}x_j \tag{1-54}$$

【例 1-3】 求出例 1-2 中线性方程组系数矩阵 $\boldsymbol{A}$ 的因子表，并用该因子表对下列常数项求解：

$$\boldsymbol{B} = [-1 \quad 1 \quad 2 \quad 0]^{\mathrm{T}}$$

【解】 对照例 1-2 的求解过程，即可写出系数矩阵 $\boldsymbol{A}$ 的因子表为

$$\begin{matrix} 1 & 2 & 1 & 1 \\ 2 & -3 & \frac{2}{3} & \frac{2}{3} \\ 1 & -2 & \frac{4}{3} & \frac{1}{4} \\ 1 & -2 & \frac{1}{3} & \frac{5}{4} \end{matrix} \quad \Longleftrightarrow \quad \begin{matrix} d_{11} & u_{12} & u_{13} & u_{14} \\ l_{21} & d_{22} & u_{23} & u_{24} \\ l_{31} & l_{32} & d_{33} & u_{34} \\ l_{41} & l_{42} & l_{43} & d_{44} \end{matrix}$$

上面因子表下三角部分的元素就是该例的系数矩阵消去过程中画括弧的数字(对角元素用倒数替代)；而因子表上三角部分就是该例中系数矩阵消去过程最终的上三角部分。

以下用此因子表下三角部分的元素对 $\boldsymbol{B}$ 按列消去。首先根据式(1-52)对 $b_1=-1$ 规格化，即用 d_{11} 除 b_1，得出

$$b_1^{(1)} = b_1/d_{11} = (-1)/1 = -1$$

然后用因子表下三角部分第一列元素，按照式(1-53)分别对 b_2、b_3、b_4 运算：

$$b_2^{(1)} = b_2 - l_{21}b_1^{(1)} = 1 - 2\times(-1) = 3$$
$$b_3^{(1)} = b_3 - l_{31}b_1^{(1)} = 2 - 1\times(-1) = 3$$
$$b_4^{(1)} = b_4 - l_{41}b_1^{(1)} = 0 - 1\times(-1) = 1$$

以上完成了第一列的消去运算，

$$B^{(1)} = [-1 \quad 3 \quad 3 \quad 1]^{\mathrm{T}}$$

现在再根据式(1-52)对 $b_2^{(1)}=3$ 规格化，即用 d_{22} 除 $b_2^{(1)}$，得出

$$b_2^{(2)} = b_2^{(1)}/d_{22} = 3/(-3) = -1$$

然后用因子表下三角部分第二列元素，按照式(1-53)分别对 $b_3^{(1)}$、$b_4^{(1)}$ 运算：

$$b_3^{(2)} = b_3^{(1)} - l_{32}b_2^{(2)} = 3-(-2)\times(-1) = 1$$

$$b_4^{(2)} = b_4^{(1)} - l_{42}b_2^{(2)} = 1-(-2)\times(-1) = -1$$

以上完成了第二列的消去运算，

$$B^{(2)} = [-1 \quad -1 \quad 1 \quad -1]^{\mathrm{T}}$$

现在再根据式(1-52)对 $b_3^{(2)}=1$ 规格化，即用 d_{33} 除 $b_3^{(2)}$，得出

$$b_3^{(3)} = b_3^{(2)}/d_{33} = 1\Big/\frac{4}{3} = \frac{3}{4}$$

然后用因子表下三角部分第三列元素，按照式(1-53)分别对 $b_4^{(2)}$ 运算：

$$b_4^{(3)} = b_4^{(2)} - l_{43}b_3^{(3)} = -1-\frac{1}{3}\times\frac{3}{4} = -\frac{5}{4}$$

以上完成了第三列的消去运算，

$$B^{(3)} = \left[-1 \quad -1 \quad \frac{3}{4} \quad -\frac{5}{4}\right]^{\mathrm{T}}$$

最后，再根据式(1-52)对 $b_4^{(3)}=-\frac{5}{4}$ 规格化，即用 d_{44} 除 $b_4^{(3)}$，得出

$$b_4^{(4)} = b_4^{(3)}/d_{44} = -\frac{4}{5}\Big/\frac{4}{5} = -1$$

以上完成了全部消去运算，

$$B^{(4)} = \left[-1 \quad -1 \quad \frac{3}{4} \quad -1\right]^{\mathrm{T}}$$

对照因子表，至此我们相当于得到了如下的同解方程组：

$$\begin{aligned} x_1 + 2x_2 + x_3 + x_4 &= -1 \\ x_2 + \frac{2}{3}x_3 + \frac{2}{3}x_4 &= -1 \\ x_3 + \frac{1}{4}x_4 &= \frac{3}{4} \\ x_4 &= -1 \end{aligned}$$

按照式(1-54)，利用因子表的上三角部分即可逐个求得各变量的值：

$$x_4 = b_4^{(4)} = -1$$

$$x_3 = b_3^{(3)} - u_{34}x_4 = \frac{3}{4} - \frac{1}{4}\times(-1) = 1$$

$$x_2 = b_2^{(2)} - u_{23}x_3 - u_{24}x_4 = -1 - \frac{2}{3}\times 1 - \frac{2}{3}\times(-1) = -1$$

$$\begin{aligned} x_1 &= b_1^{(1)} - u_{12}x_2 - u_{13}x_3 - u_{14}x_4 \\ &= -1-2\times(-1)-1\times 1-1\times(-1) = 1 \end{aligned}$$

应该指出，式(1-50)所示的因子表不仅可以用高斯消去法求出，而且可以用三角分解的方法求出。不难验证，上例中的因子表与其系数矩阵 $\boldsymbol{A}$ 有如下关系：

$$A = L'U \tag{1-55}$$

式中：

$$L' = \begin{bmatrix} 1 & 0 & 0 & 0 \\ 2 & -3 & 0 & 0 \\ 1 & -2 & \frac{4}{3} & 0 \\ 1 & -2 & \frac{1}{3} & \frac{5}{4} \end{bmatrix}, \quad U = \begin{bmatrix} 1 & 2 & 1 & 1 \\ 0 & 1 & \frac{2}{3} & \frac{2}{3} \\ 0 & 0 & 1 & \frac{1}{4} \\ 0 & 0 & 0 & 1 \end{bmatrix}$$

或者还可把 L' 进一步分解为

$$L' = LD \tag{1-56}$$

在上例中，只要用 L' 中各列对角元素除相应列的各非对角元素，即可得到 L；而 L' 的对角元素则构成 D，即

$$L = \begin{bmatrix} 1 & 0 & 0 & 0 \\ 2 & 1 & 0 & 0 \\ 1 & \frac{2}{3} & 1 & 0 \\ 1 & \frac{2}{3} & \frac{1}{4} & 1 \end{bmatrix}, \quad D = \begin{bmatrix} 1 & 0 & 0 & 0 \\ 0 & -3 & 0 & 0 \\ 0 & 0 & \frac{4}{3} & 0 \\ 0 & 0 & 0 & \frac{5}{4} \end{bmatrix}$$

这样，原系数矩阵 A 一般可以表示为

$$A = LDU \tag{1-57}$$

由上例中可以看出

$$L^{T} = U \quad 或 \quad U = L^{T} \tag{1-58}$$

这一现象并非偶然，可以证明当系数矩阵 A 为对称矩阵时，上式必然成立。

以下推导矩阵三角分解的递推公式。将式(1-55)展开：

$$\begin{bmatrix} a_{11} & a_{12} & a_{13} & \cdots & a_{1n} \\ a_{21} & a_{22} & a_{23} & \cdots & a_{2n} \\ a_{31} & a_{32} & a_{33} & \cdots & a_{3n} \\ \vdots & \vdots & \vdots & & \vdots \\ a_{n1} & a_{n2} & a_{n3} & \cdots & a_{nn} \end{bmatrix} = \begin{bmatrix} l'_{11} & & & & \\ l'_{21} & l'_{22} & & & \\ l'_{31} & l'_{32} & l'_{33} & & \\ \vdots & \vdots & \vdots & \ddots & \\ l'_{n1} & l'_{n2} & l'_{n3} & \cdots & l'_{nn} \end{bmatrix} \begin{bmatrix} 1 & u_{12} & u_{13} & \cdots & u_{1n} \\ & 1 & u_{23} & \cdots & u_{2n} \\ & & 1 & \cdots & u_{3n} \\ & & & \ddots & \vdots \\ & & & & 1 \end{bmatrix} \tag{1-59}$$

比较两边左上角第一个元素，可得

$$l'_{11} = a_{11}$$

比较两边第二行第一个元素和第二列前两个元素，可知

$$l'_{21} = a_{21}$$
$$l'_{11}u_{12} = a_{12}$$
$$l'_{21}u_{12} + l'_{22} = a_{22}$$

所以，可以递推出

$$l'_{21} = a_{21}$$
$$u_{12} = a_{12}/l'_{11}$$
$$l'_{22} = a_{12} - l'_{21}u_{12}$$

有如下的分解式：

$$\begin{bmatrix} a_{11} & a_{12} \\ a_{21} & a_{22} \end{bmatrix} = \begin{bmatrix} l'_{11} & \\ l'_{21} & l'_{22} \end{bmatrix} \begin{bmatrix} 1 & u_{12} \\ & 1 \end{bmatrix}$$

依此类推，如果已经求出了 $\boldsymbol{L}'$ 的前 $k-1$ 行和 $\boldsymbol{U}$ 的前 $k-1$ 列元素，则有

$$\begin{bmatrix} a_{11} & a_{12} & a_{13} & \cdots & a_{1,k-1} \\ a_{21} & a_{22} & a_{23} & \cdots & a_{2,k-1} \\ a_{31} & a_{32} & a_{33} & \cdots & a_{3,k-1} \\ \vdots & \vdots & \vdots & & \vdots \\ a_{k-1,1} & a_{k-1,2} & a_{k-1,3} & \cdots & a_{k-1,k-1} \end{bmatrix} = \begin{bmatrix} l'_{11} & & & & \\ l'_{21} & l'_{22} & & & \\ l'_{31} & l'_{32} & l'_{33} & & \\ \vdots & \vdots & \vdots & \ddots & \\ l'_{k-1,1} & l'_{k-1,2} & l'_{k-1,3} & \cdots & l'_{k-1,k-1} \end{bmatrix}$$

$$\cdot \begin{bmatrix} 1 & u_{12} & u_{13} & \cdots & u_{1,k-1} \\ & 1 & u_{23} & \cdots & u_{2,k-1} \\ & & 1 & \cdots & u_{3,k-1} \\ & & & \ddots & \vdots \\ & & & & 1 \end{bmatrix}$$

上式右边两个矩阵中的所有元素均已求出。逐个比较式两边第 k 行前 $k-1$ 元素和第 k 列前 k 个元素，即可求得 $\boldsymbol{L}'$ 的第 k 行和 $\boldsymbol{U}$ 的第 k 列元素：

$$\left.\begin{aligned} u_{ik} &= \frac{1}{l'_{ii}}\Big(a_{ik} - \sum_{p=1}^{i-1} l'_{ip} u_{pk}\Big) \qquad (i = 1,2,\cdots,k-1) \\ l'_{kj} &= a_{kj} - \sum_{p=1}^{j-1} l'_{kp} u_{pj} \qquad\qquad (j = 1,2,\cdots,k) \end{aligned}\right\} \tag{1-60}$$

这是一个递推公式，当 k 从 1 依次取到 n 时，可用它求得三角分解式 $\boldsymbol{A}=\boldsymbol{L}'\boldsymbol{U}$。进一步再用 $\boldsymbol{L}'$ 中各列对角元素除相应列的各非对角元素，即可得到 $\boldsymbol{L}$：

$$l_{kj} = \frac{1}{l_{jj}}\Big(a_{kj} - \sum_{p=1}^{j-1} l'_{kp} u_{pj}\Big) \qquad (k = j+1,\cdots,n) \tag{1-61}$$

而 $\boldsymbol{L}'$ 的对角元素则构成 $\boldsymbol{D}$，即 $d_{ii}=l'_{ii}$ $(i=1,2,\cdots,n)$。这样，我们就可将系数矩阵分解为 $\boldsymbol{A}=\boldsymbol{LDU}$ 的形式。特别值得注意的是，当系数矩阵 $\boldsymbol{A}$ 对称时，式(1-58)成立。

1.3.3 稀疏技术

由 1.3.2 节讨论可知，电力网络方程组求解的过程实际上就是顺序用因子表中的元素对常数项向量运算的过程。例 1-3 的因子表中共有 16 个元素：4 个对角元素，6 个下三角元素和 6 个上三角元素。因此，其求解过程共有 16 次乘加运算。由式(1-53)、式(1-54)可知，如果因子表中的某些元素为零，则相应的乘加运算可以省略。所谓稀疏技术就是充分利用电力网络方程组的稀疏特性，尽量减少不必要的计算以提高求解的效率。下面用例题说明。

【例 1-4】 试用稀疏技术求解例 1-2 的线性方程组。

【解】 为了充分利用方程组的稀疏特性，对于例 1-2 的线性方程组

$$
\begin{aligned}
x_1 \quad 2x_2 \quad x_3 \quad + x_4 &= 5 \\
2x_1 + x_2 \qquad\qquad &= 3 \\
x_1 \qquad + x_3 \qquad &= 2 \\
x_1 \qquad\qquad + x_4 &= 2
\end{aligned}
\tag{1-62}
$$

做如下的变换:

$$
x_1 = y_4, \quad x_2 = y_2, \quad x_3 = y_3, \quad x_4 = y_1 \tag{1-63}
$$

则原方程组变为

$$
\begin{aligned}
y_1 \qquad\qquad + y_4 &= 2 \\
y_2 \qquad + 2y_4 &= 3 \\
y_3 + y_4 &= 2 \\
y_1 + 2y_2 + y_3 + y_4 &= 5
\end{aligned}
\tag{1-64}
$$

用因子表的方法解该方程组,其系数矩阵为

$$
\begin{bmatrix}
(1) & 0 & 0 & 1 \\
0 & 1 & 0 & 2 \\
0 & 0 & 1 & 1 \\
(1) & 2 & 1 & 1
\end{bmatrix}
$$

首先对第一行规格化及对第一列消去。在这里仅有两次运算:一次规格化运算和一次消去运算,上式带括弧数字就是这两次运算的计算因子。对于 4×4 的系数矩阵而言,消去第一列本应包括一次规格化运算和三次消去运算,但由于上式中 a_{21} 和 a_{31} 均为零,故相应的运算即可免除。这样得到

$$
\begin{bmatrix}
1 & 0 & 0 & 1 \\
0 & (1) & 0 & 2 \\
0 & 0 & 1 & 1 \\
0 & (2) & 1 & 0
\end{bmatrix}
$$

然后对第二行规格化及对第二列消去。在这里也仅有两次运算:一次规格化运算和一次消去运算,上式带括弧数字就是这两次运算的计算因子。对于 4×4 的系数矩阵而言,消去第二列本应包括一次规格化运算和二次消去运算,但由于上式中 $a_{32}^{(1)}$ 为零,故相应的运算即可免除。这样得到

$$
\begin{bmatrix}
1 & 0 & 0 & 1 \\
0 & 1 & 0 & 2 \\
0 & 0 & (1) & 1 \\
0 & 0 & (1) & -4
\end{bmatrix}
$$

对第三行规格化及对第三列消去也有两次运算:一次规格化运算和一次消去运算,上式带括弧数字就是这两次运算的计算因子。消去后得到

$$
\begin{bmatrix}
1 & 0 & 0 & 1 \\
0 & 1 & 0 & 2 \\
0 & 0 & 1 & 1 \\
0 & 0 & 0 & (-5)
\end{bmatrix}
$$

因此,可以写出其系数矩阵的因子表

$$
\begin{matrix}
1 & 0 & 0 & 1 \\
0 & 1 & 0 & 2 \\
0 & 0 & 1 & 1 \\
1 & 2 & 1 & -5
\end{matrix}
$$

应当指出，以上因子表也可以用三角分解公式(1-60)、公式(1-61)求得，读者可自行验证。上述因子表含有6个零元素，因此求解时将减少6次乘加运算。以下我们对常数向量求解：

$$\boldsymbol{B} = [2 \quad 3 \quad 2 \quad 5]^{\mathrm{T}}$$

首先，用因子表下三角部分的元素对 $\boldsymbol{B}$ 按列消去。根据式(1-52)对 $b_1=2$ 规格化，即用 d_{11} 除 b_1，得出

$$b_1^{(1)} = b_1/d_{11} = 2/1 = 2$$

然后用因子表下三角部分第一列元素，按照式(1-53)分别对 b_2、b_3、b_4 运算。由于 l_{21}、l_{31} 均为零，故有

$$b_2^{(1)} = b_2 - l_{21}b_1^{(1)} = b_2 = 3$$

$$b_3^{(1)} = b_3 - l_{31}b_1^{(1)} = b_3 = 2$$

这两步计算完全可以免去，而只需做以下运算：

$$b_4^{(1)} = b_4 - l_{41}b_1^{(1)} = 5 - 1 \times 2 = 3$$

以上完成了第一列的消去运算，

$$\boldsymbol{B}^{(1)} = [2 \quad 3 \quad 2 \quad 3]^{\mathrm{T}}$$

现在再根据式(1-52)对 $b_2^{(1)}=3$ 规格化，即用 d_{22} 除 $b_2^{(1)}$，得出

$$b_2^{(2)} = b_2^{(1)}/d_{22} = 3/1 = 3$$

然后用因子表下三角部分第二列元素，按照式(1-53)分别对 $b_3^{(1)}$、$b_4^{(1)}$ 运算。由于 l_{32} 为零，故只进行与 l_{42} 有关的运算：

$$b_4^{(2)} = b_4^{(1)} - l_{42}b_2^{(2)} = 3 - 2 \times 3 = -3$$

以上完成了第二列的消去运算，

$$\boldsymbol{B}^{(2)} = [2 \quad 3 \quad 2 \quad -3]^{\mathrm{T}}$$

现在再根据式(1-52)对 $b_3^{(2)}=2$ 规格化，即用 d_{33} 除 $b_3^{(2)}$，得出

$$b_3^{(3)} = b_3^{(2)}/d_{33} = 2/1 = 2$$

然后用因子表下三角部分第三列元素，按照式(1-53)分别对 $b_4^{(2)}$ 运算：

$$b_4^{(3)} = b_4^{(2)} - l_{43}b_3^{(3)} = -3 - 1 \times 2 = -5$$

以上完成了第三列的消去运算，

$$\boldsymbol{B}^{(3)} = [2 \quad 3 \quad 2 \quad -5]^{\mathrm{T}}$$

最后，再根据式(1-52)对 $b_4^{(3)}=-5$ 规格化，即用 d_{44} 除 $b_4^{(3)}$，得出

$$b_4^{(4)} = b_4^{(3)}/d_{44} = -5/(-5) = 1$$

以上完成了全部消去运算，

$$\boldsymbol{B}^{(4)} = [2 \quad 3 \quad 2 \quad 1]^{\mathrm{T}}$$

对照因子表，至此我们相当于得到了如下的同解方程组：

$$\begin{aligned} y_1 \qquad\qquad + y_4 &= 2 \\ y_2 \qquad + 2y_4 &= 3 \\ y_3 + y_4 &= 2 \\ y_4 &= 1 \end{aligned}$$

按照式(1-54)，利用因子表的上三角部分即可逐个求得各变量的值。由于 u_{12}、u_{13}、u_{23} 为零，故回代过程可免除三次乘加运算：

$$y_4 = b_4^{(4)} = 1$$

$$y_3 = b_3^{(3)} - u_{34}y_4 = 2 - 1 \times 1 = 1$$

$$y_2 = b_2^{(2)} - u_{24}y_4 = 3 - 2 \times 1 = 1$$

$$y_1 = b_1^{(1)} - u_{14}y_4 = 2 - 1 \times 1 = 1$$

将以上解代入式(1-63)中即可得到原方程组(1-62)的解。

从这个例题可以看出，当线性方程组的稀疏特性得到充分利用时，不仅在形成因子表过程中减少了计算量，更重要的是减少了求解方程组时前代和回代的计算量。因子表中有多少零元素，就减少多少乘加的运算量。因此，在因子表中保持尽可能多的零元素数是提高算法效率的关键[9]。

1.3.4 稀疏向量法

1.3.3 节讨论的稀疏技术目前已被用于解决几乎所有大型电力网络的问题。以下将介绍可进一步提高计算速度的稀疏向量法[10]。

稀疏向量法主要用来解决线性代数方程组的右端向量仅有少量非零元素，或我们只对待求向量中个别元素感兴趣的情况。稀疏向量法很简单，但是节省的计算量和内存量却非常可观，可以避免所有不必要的计算。因此，在电力潮流分析的补偿法、短路故障分析、最优潮流以及静态安全分析等问题中有广泛的应用。

原则上讲，稀疏向量法可用于满矩阵或稀疏矩阵的线性方程组。本节主要介绍在稀疏矩阵线性方程组中的稀疏向量法。如前所述，在电力网络不包含移相器时，其导纳矩阵 $\boldsymbol{Y}$ 是对称的，当存在有移相器时，稀疏导纳矩阵只在结构上是对称的。节点电压方程为

$$\boldsymbol{YV} = \boldsymbol{I} \tag{1-65}$$

为了讨论的普遍性，假定 $\boldsymbol{Y}$ 是在结构上对称的 n 阶方阵。如前所述，可以经过三角分解表示为

$$\boldsymbol{Y} = \boldsymbol{LDU} \tag{1-66}$$

式中：$\boldsymbol{L}$ 和 $\boldsymbol{U}$ 分别为下三角阵和上三角阵；$\boldsymbol{D}$ 为对角矩阵。

利用以上表达方式求解方程组 $\boldsymbol{YV}=\boldsymbol{I}$ 是很方便的。例如，可以将方程组写成

$$\boldsymbol{LDUV} = \boldsymbol{I} \tag{1-67}$$

把上式分解为

$$\boldsymbol{LX} = \boldsymbol{I} \tag{1-68}$$

$$\boldsymbol{DW} = \boldsymbol{X} \tag{1-69}$$

$$\boldsymbol{UV} = \boldsymbol{W} \tag{1-70}$$

依次解式(1-68)～(1-70)就可求出 $\boldsymbol{V}$。当 $\boldsymbol{Y}$ 阵对称时，$\boldsymbol{L}$ 和 $\boldsymbol{U}$ 互为转置阵。当 $\boldsymbol{Y}$ 阵仅在结构上对称时，$\boldsymbol{L}$ 和 $\boldsymbol{U}$ 在结构上也是对称的。

现在可以把求解的消去过程表示为

$$\boldsymbol{W} = \boldsymbol{D}^{-1}\boldsymbol{L}^{-1}\boldsymbol{I} \tag{1-71}$$

回代过程表示为

$$\boldsymbol{V} = \boldsymbol{U}^{-1}\boldsymbol{W} \tag{1-72}$$

这些运算本来可以按行进行，也可以按列进行。但是在用稀疏向量法时，消去过程[式(1-71)]必须按列进行，而回代过程[式(1-72)]必须按行进行才能达到高效运算的目的。

对 $\boldsymbol{L}$ 和 $\boldsymbol{U}$ 可以有各种存储的方法。但是在用稀疏向量法时，存储的方案必须满足可以直接找出 $\boldsymbol{L}$ 阵各列中和 $\boldsymbol{U}$ 阵各行中最小足码的非零非对角元素。其实这也不是什么难事。

在很多情况下，独立向量 $\boldsymbol{I}$ 是稀疏的，但待求的 $\boldsymbol{V}$ 一般并无稀疏特性。在后文中，稀疏向量可以指稀疏向量 $\boldsymbol{I}$，或者指向量 $\boldsymbol{V}$ 中我们感兴趣的几个元素。

如果向量 $\boldsymbol{I}$ 是稀疏的，则在消去过程中只用 $\boldsymbol{L}$ 中某几列元素，称之为快速消去过程，以下简写为 FF。如果只需求向量 $\boldsymbol{V}$ 的几个元素，则在回代过程中只用 $\boldsymbol{U}$ 中某几行元素，称之为快速回代过程，以下简写为 FB。

【例 1-5】 求解如下线性方程组：

$$\begin{aligned}
V_1 \qquad\qquad\qquad + V_4 &= 0 \\
V_2 \qquad\quad + 2V_4 &= 1 \\
V_3 + V_4 &= 0 \\
V_1 + 2V_2 + V_3 + V_4 &= 0
\end{aligned}$$

【解】 此线性方程组的系数矩阵和例 1-4 中的式(1-64)一样，只是右端常数项是个稀疏向量：

$$\boldsymbol{I} = \boldsymbol{B} = [0 \quad 1 \quad 0 \quad 0]^{\mathrm{T}}$$

因此，此线性方程组的因子表也和式(1-64)相同：

$$\begin{matrix}
1 & 0 & 0 & 1 \\
0 & 1 & 0 & 2 \\
0 & 0 & 1 & 1 \\
1 & 2 & 1 & -5
\end{matrix}$$

将此因子表分解，容易得出

$$\boldsymbol{L} = \begin{bmatrix} 1 & & & \\ 0 & 1 & & \\ 0 & 0 & 1 & \\ 1 & 2 & 1 & 1 \end{bmatrix}, \quad \boldsymbol{D} = \begin{bmatrix} 1 & & & \\ & 1 & & \\ & & 1 & \\ & & & -5 \end{bmatrix}, \quad \boldsymbol{U} = \begin{bmatrix} 1 & 0 & 0 & 1 \\ & 1 & 0 & 2 \\ & & 1 & 1 \\ & & & 1 \end{bmatrix}$$

首先讨论消去过程。由消去公式(1-53)

$$b_i^{(k)} = b_i^{(k-1)} - l_{ik} b_k^{(k)} \qquad (i = k+1, \cdots, n)$$

可知，当 $b_k^{(k)}$ 为零时，所有与 $l_{ik}(i=k+1,\cdots,n)$ 有关的运算可以避免。换句话说，下三角阵中第 k 列元素可以忽略不用。在本例中，b_1 为零，故 $\boldsymbol{L}$ 中第一列元素可以跳过。因此，对该稀疏向量来说，消去过程应从第二列开始进行。消去过程同样包括规格化运算和消去运算。消去后，右端常数项的稀疏向量变为

$$\boldsymbol{B}' = [0 \quad 1 \quad 0 \quad -1]^{\mathrm{T}}$$

然后进行第三列的消去。由于$\boldsymbol{B}'$的第三个元素b_3'为零，故可以跳过$\boldsymbol{L}$中第三列元素，直接进入第四列的消去过程。这时只需用d_{44}对b_4'进行规格化运算，从而得到消去过程结束后的常数项向量：

$$\boldsymbol{B}'' = [0 \quad 1 \quad 0 \quad \frac{1}{5}]^{\mathrm{T}}$$

以下讨论回代过程。如前所述，在稀疏向量法中回代过程只有按行进行才能见效。如果在解向量$\boldsymbol{V}$中我们只对V_3感兴趣，则上三角阵$\boldsymbol{U}$中第一行和第二行元素有关运算完全可以免去。如果在解向量$\boldsymbol{V}$中我们只对V_2感兴趣，则上三角阵$\boldsymbol{U}$中第一行元素有关运算完全可以免去；此外，由于$b_3''=0$，故和$\boldsymbol{U}$中第三行元素有关运算完全也可以免去。因此，只用上三角阵$\boldsymbol{U}$中第二行元素$[0 \quad 1 \quad 0 \quad 2]$进行回代即可，即

$$V_2 = b_2'' - u_{24}b_4'' = 1 - 2\times\frac{1}{5} = \frac{3}{5}$$

由以上例题可以看出，稀疏向量法的关键在于找出FF和FB所需要进行运算的$\boldsymbol{L}$及$\boldsymbol{U}$的有效子集。FF的有效列子集与$\boldsymbol{L}$和$\boldsymbol{I}$的稀疏结构有关，FB的有效行子集与$\boldsymbol{U}$和$\boldsymbol{V}$的稀疏结构有关。

为了寻求FF有效列子集和提高稀疏矩阵运算的效率，可根据以上例题归纳出如下的简单算法：

(1) 对独立向量$\boldsymbol{I}$清零，将非零元素置入，形成初始$\boldsymbol{I}$。

(2) 在$\boldsymbol{I}$中向下搜索非零元素，将找到的最小非零元素的点号置入k。

(3) 用$\boldsymbol{L}$阵的第k列对$\boldsymbol{I}$进行消去过程运算。

(4) 当$k=n$时，终止。否则转到第(2)步。

这种算法保证在FF中只进行必要的非零元素的运算，但是该算法在清零和搜索上却做了大量不必要的运算。对FB有和上述类似的算法，但浪费的计算量可能更大。

为了避免上述计算量的浪费，关键是预先高效地找出因子化路径。一个稀疏向量的因子化路径是进行FF时用到$\boldsymbol{L}$的列数的顺序表。在线性方程求解过程中，对FF而言将采用前向顺序，对FB则采用逆向顺序。

当向量$\boldsymbol{I}$中只有一个非零元素时，称为单元素向量，设其点号为k，可用以下算法求得其相应的因子化路径：

(1) 令k为路径中第一个点号。

(2) 寻找$\boldsymbol{L}$阵的k列中(或$\boldsymbol{U}$阵的k行中)最小的非零元素的点号，将此点号置入k，并列入路径中。

(3) 如果$k=n$，结束，否则转到第(2)步。

单元素向量的因子化路径可由因子表指针数组直接确定。一般稀疏向量为单元素向量之和，其路径为各单元素向量路径的并集。对于稀疏系统而言，任何稀疏向量均有一个相应的因子化路径。

【例 1-6】 试求图1-11所示电力网络的因子化路径。

【解】 图1-11所示电力网络的导纳矩阵的结构如图1-12中黑点所示(图中只表示了下三角部分)。由于该电力网络共有21条支路，故共有21个黑点所代表的非对角元素。三角分解以后，增加了10个注入元素(图中用圆圈表示)。故因子表中共有31个元素。

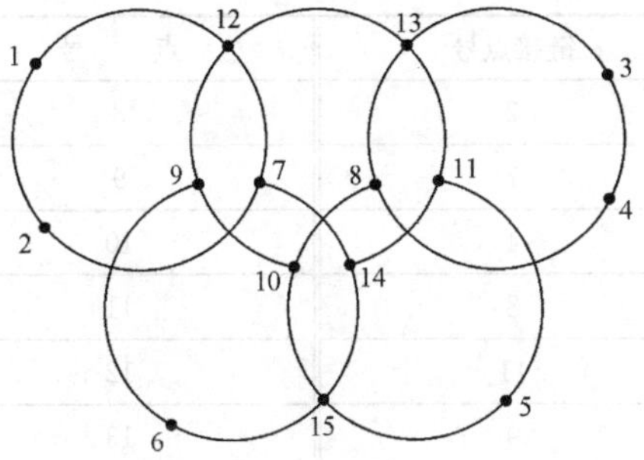

图 1-11　一个电力网络的接线图

由因子表的结构很容易确定单元素向量的因子化路径。例如：

$k=1$ 时，因子化路径为：$1 \to 2 \to 7 \to 12 \to 13 \to 14 \to 15$

$k=5$ 时，因子化路径为：$5 \to 11 \to 13 \to 14 \to 15$

$k=6$ 时，因子化路径为：$6 \to 9 \to 10 \to 12 \to 13 \to 14 \to 15$

等等。当稀疏向量为非单元素向量时，其路径为各单元素向量因子化路径的并集。对如下稀疏向量：

$$\boldsymbol{I} = [1\quad 0\quad 0\quad 0\quad 1\quad 0\quad 0\quad 0\quad 0\quad 0\quad 0\quad 0\quad 0\quad 0\quad 0]^{\mathrm{T}}$$

其因子化路径为上述 $k=1$ 及 $k=5$ 时因子化路径的并集：

$$1 \to 2 \to 7 \to 12 \to 5 \to 11 \to 13 \to 14 \to 15$$

为了找出所有因子化路径，对图 1-12 因子表结构可列出表 1-1 所示链接表。

	1	2	3	4	5	6	7	8	9	10	11	12	13	14	15
1	●														
2	●	●													
3			●												
4			●	●											
5					●										
6						●									
7		●					●								
8				●				●							
9						●			●						
10								●	●	●					
11					●						●				
12	●	○					●		●	○		●			
13			●	○				●		○	●	●	●		
14							●				●	○	○	●	
15					●	●			○	●	○	○	○	●	●

注：●——非零元素；　○——非零注入元素。

图 1-12　一个电力网络的因子表的结构图

表 1-1 因子表结构的链接表

点　　号	链接点号	点　　号	链接点号
1	2	8	10
2	7	9	10
3	4	10	12
4	8	11	13
5	11	12	13
6	9	13	14
7	12	14	15

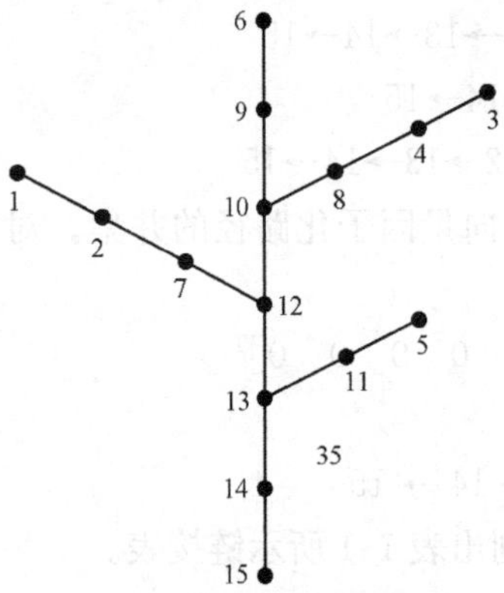

图 1-13　全部因子化路径图

由表 1-1 的因子表结构链接表可以得到因子化路径，如图 1-13 所示。利用此因子化路径就可以高效处理稀疏向量有关的问题。例如，想知道当在节点 5 注入电流 I_5（其他节点注入电流为零）时，节点 1 的电压是多少。为此，只需按以下因子路径进行消去：

$$5 \rightarrow 11 \rightarrow 13 \rightarrow 14 \rightarrow 15$$

按以下因子路径进行回代：

$$15 \rightarrow 14 \rightarrow 13 \rightarrow 12 \rightarrow 7 \rightarrow 2 \rightarrow 1$$

即可。以上求解过程只涉及 5 列上三角元素和 7 行上三角元素，计算效率明显提高。对于稀疏向量法来说，由于上述因子路径已预先求出，可直接应用，故省去了无谓的搜索和清零运算。

1.3.5　电力网络节点编号优化

目前电力系统计算程序中，在解电力网络节点方程 $\boldsymbol{I}=\boldsymbol{YV}$ 时，大多采用 1.3 节中介绍的直接解法。为了对网络方程反复求解，往往首先对导纳矩阵进行三角分解，然后就可以来对不同的右端常数项进行前代及回代运算，从而得到网络方程的解。

如前所述，导纳矩阵是零元素很多的稀疏矩阵，分解后得到的三角阵一般也是稀疏矩阵。通常，导纳矩阵非零元素的分布和分解后的三角阵是不同的，因为消去过程或分解过程中会产生新的非零元素，即注入元素。

消去过程中产生注入元素的原因，可以直观地用电路的星网变换来解释。如图 1-14 所示，在消去节点 1 以前的网络中，由于节点 l、i 及节点 l、j 间无直接联系，故可断定，在其导纳矩阵中 Y_{il} 及 Y_{lj} 为零元素，Y_{ij} 为非零元素。

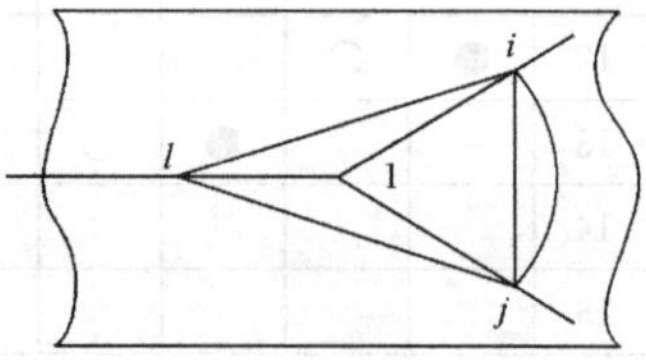

图 1-14　高斯消去法与星网变换的关系

当用高斯消去法消去导纳矩阵的第一列时，可以证明[2]，相当于用星网变换的原理消去节点 1。消去节点 1 之后，电力网络将要在节点 i、j，节点 i、l 及节点 l、j 之间出现新的支路。因此，在新网络的导纳矩阵中，Y_{il}、Y_{lj}、Y_{ij} 都是非零元素，这样在消去第一列的过程中就出现了两个注入元素。

一般地讲，当消去节点 k 时，以 k 为中心的星形网络将变为一个以与节点 k 直接联系的节点为顶点的网形网络。如果与节点 k 相连的节点数为 J_k，则网形网络的支路数应等于从 J_k 个节点中任意取两个节点的组合数 $\frac{1}{2}J_k(J_k-1)$。假设在节点 k 消去前，其周围 J_k 个节点间已有 D_k 条支路数，则在消去节点 k 后所增加的新支路数(即注入元素的个数)为

$$\Delta b_k = \frac{1}{2}J_K(J_K-1)-D_k \tag{1-73}$$

注入元素的多少与消去的顺序或节点编号有关。在图 1-15 中表示了一个简单电力网络的 4 种不同的节点编号方案和将导纳矩阵三角分解以后三角阵中出现注入元素的情况。显然，不同的节点编号方案所得到的注入元素的数目也不相同。

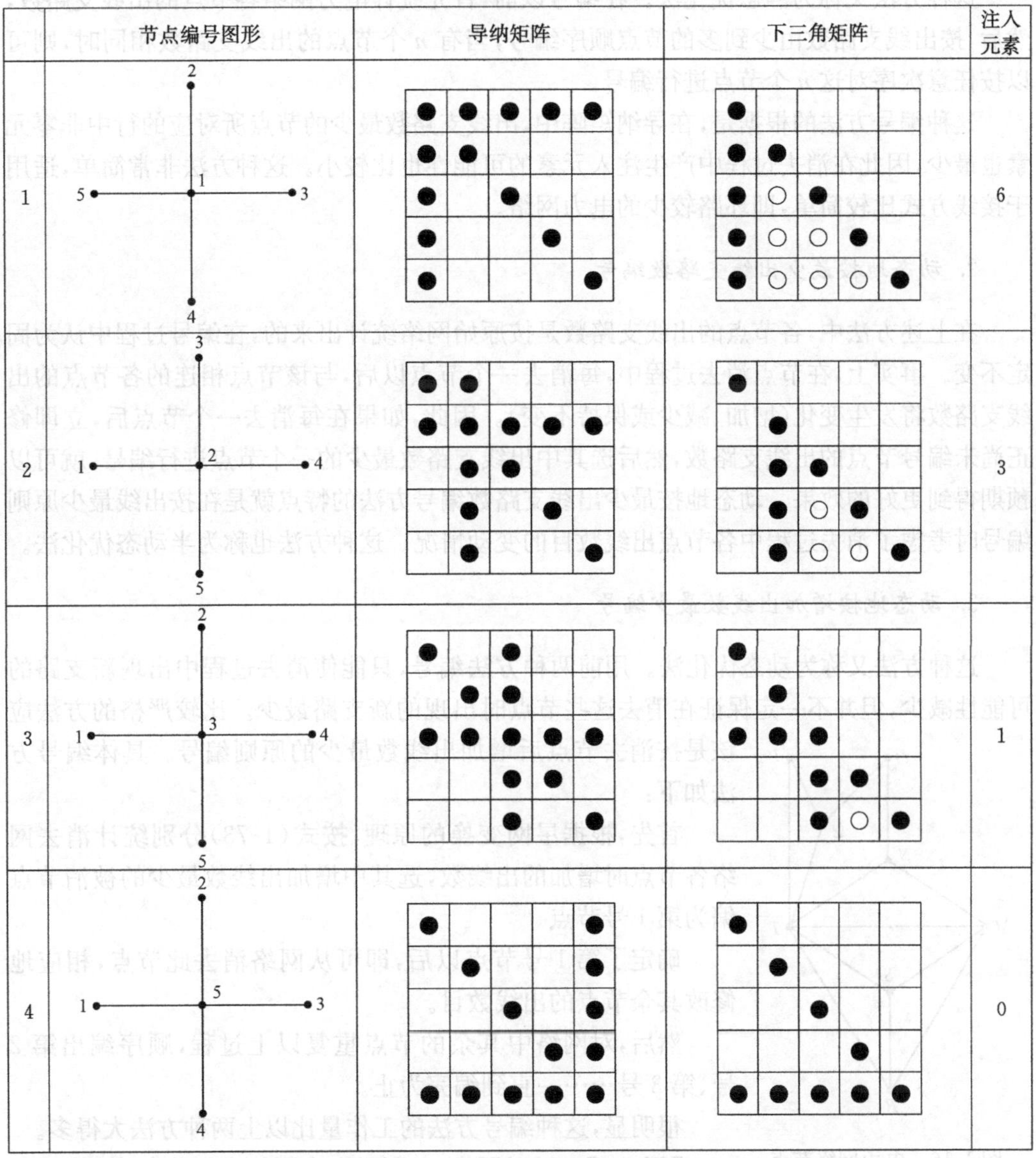

图 1-15 节点编号对注入元素的影响

所谓节点编号的优化，就是要寻求一种使注入元素数目最少的节点编号方式。为此，可以比较各种不同的节点编号方案在三角分解中出现的注入元素数目，从中选取注入元素最少的节点编号方案。但这样做需要分析非常多的方案，例如对仅有5个节点的电力网络来说，其编号的可能方案就有5！=120个。一般，对 n 个节点的电力网络来说，节点编号的可能方案就有 $n!$ 个，工作量非常大。因此，在实际计算工作中往往采取一些简化的方法，求出一个相对的节点编号优化方案，并不一定追求“最优”方案。

目前，节点编号优化的方法很多，大致可分以下3类：

1. 静态地按最少出线支路数编号

这种方法又称为静态优化法。在编号以前，首先统计电力网络各节点的出线支路数，然后，按出线支路数由少到多的节点顺序编号，当有 n 个节点的出线支路数相同时，则可以按任意次序对这 n 个节点进行编号。

这种编号方法的根据是，在导纳矩阵中，出线支路数最少的节点所对应的行中非零元素也最少，因此在消去过程中产生注入元素的可能性也比较小。这种方法非常简单，适用于接线方式比较简单，即环路较少的电力网络。

2. 动态地按最少出线支路数编号

在上述方法中，各节点的出线支路数是按原始网络统计出来的，在编号过程中认为固定不变。事实上，在节点消去过程中，每消去一个节点以后，与该节点相连的各节点的出线支路数将发生变化（增加、减少或保持不变）。因此，如果在每消去一个节点后，立即修正尚未编号节点的出线支路数，然后选其中出线支路数最少的一个节点进行编号，就可以预期得到更好的效果。动态地按最少出线支路数编号方法的特点就是在按出线最少原则编号时考虑了消去过程中各节点出线数目的变动情况。这种方法也称为半动态优化法。

3. 动态地按增加出线数最少编号

这种方法又称为动态优化法。用前两种方法编号，只能使消去过程中出现新支路的可能性减少，但并不一定保证在消去这些节点时出现的新支路最少。比较严格的方法应该是按消去节点后增加出线数最少的原则编号。具体编号方法如下：

首先，根据星网变换的原理，按式(1-73)分别统计消去网络各节点时增加的出线数，选其中增加出线数最少的被消节点编为第1号节点。

确定了第1号节点以后，即可从网络消去此节点，相应地修改其余节点的出线数目。

然后，对网络中其余的节点重复以上过程，顺序编出第2号、第3号……一直到编完为止。

很明显，这种编号方法的工作量比以上两种方法大得多。

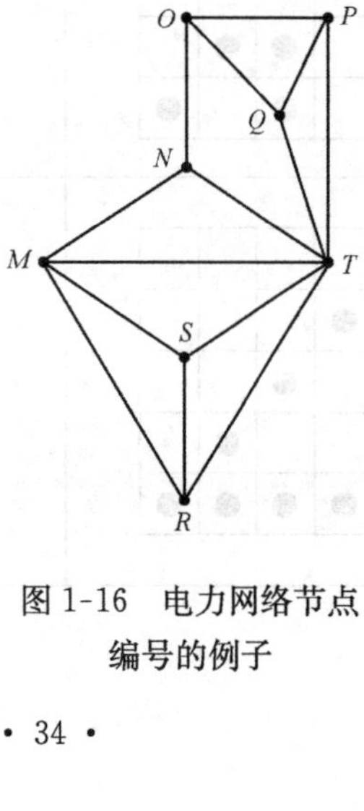

图1-16 电力网络节点编号的例子

【例1-7】 试对图1-16所示电力网络进行节点编号优化。

【解】 以下分别用3类节点优化编号方法进行编号。

(1) 用静态优化法编号。

图 1-16 所示电力网络共有 8 个节点,14 条支路。各节点出线数如表 1-2 所示。

表 1-2 图 1-16 电力网络各节点出线表

节 点	M	N	O	P	Q	R	S	T
出线数	4	3	3	3	3	3	3	6

按照各节点出线数进行编号的结果如图 1-17(a)所示。按照这种编号方案,在消去节点的过程中将出现 4 条新支路。即消去节点 1 时,出现新支路 2—7 和 2—8;在消去节点 2 时,出现新支路 3—7 和 4—7。对这样编号所形成的导纳矩阵进行三角分解以后,其下三角阵的结构如图 1-17(b)所示,其中 4 个注入元素 l_{72}、l_{73}、l_{74}、l_{82},和上面说的新增加的 4 条支路相对应。

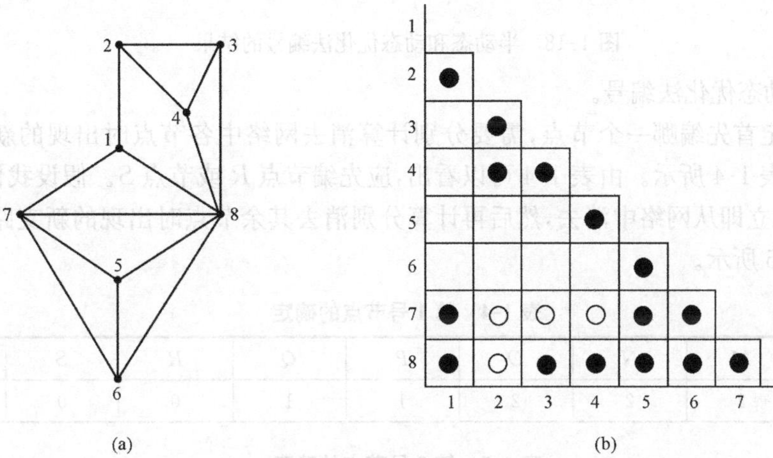

图 1-17 静态优化法编号的结果

(2) 用半动态优化法编号。

编号过程如表 1-3 所示。

编号结果如图 1-18(a)所示。按照这种编号方案,在节点的消去过程中共出现两条新支路,即在消去节点 1 时出现新支路 4—5 和 4—8。

表 1-3 半动态优化法编号过程

节点	M	N	O	P	Q	R	S	T	被编节点	节点号
各节点出线数的变化情况	4	(3)	3	3	3	3	3	6	N	13
	4		4	(3)	3	3	3	6	P	14
	4		3		(2)	3	3	5	Q	15
	4		(2)			3	3	4	O	16
	(3)					3	3	3	M	17
						(2)	2	2	R	18
							(1)	1	S	19
								(0)	T	20

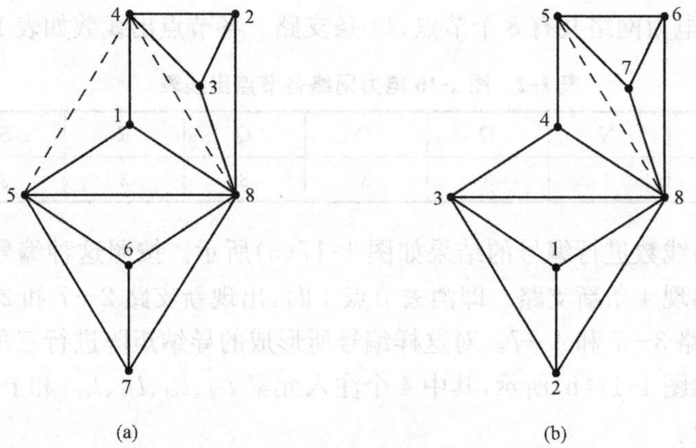

图 1-18　半动态和动态优化法编号的结果

(3) 用动态优化法编号。

为了确定首先编哪一个节点，需要分别计算消去网络中各节点时出现的新支路数。计算结果如表 1-4 所示。由表 1-4 可以看出，应先编节点 R 或节点 S。假设我们把 R 点编为 1 号，并立即从网络中消去，然后再计算分别消去其余节点时出现的新支路数，所得结果如表 1-5 所示。

表 1-4　第 1 号节点的确定

被消节点	M	N	O	P	Q	R	S	T
出现新支路数	2	2	2	1	1	0	0	10

表 1-5　第 2 号节点的确定

被消节点	M	N	O	P	Q	S	T
出现新支路数	1	2	2	1	1	0	7

由表 1-5 可以看出，应把节点 S 编为 2 号。把 S 消去后，再计算分别消去其余节点时出现的新支路数，可以确定把 M 点编为 3 号。这样继续下去，直到编完全部节点，结果如图 1-18(b)所示。按照这种编号方案，在消去节点的过程中只出现一条新支路 5—8。

由此可见，在复杂环形网络的情况下，用动态优化法进行节点编号的效果可能更好一些。

1.4　节点阻抗矩阵

1.4.1　节点阻抗矩阵的物理意义

如前所述，电力网络的节点方程式的一般形式为

$$\boldsymbol{I} = \boldsymbol{Y}\boldsymbol{V}$$

式中：$\boldsymbol{I}$ 为节点注入电流列向量，对通常电力系统分析问题来说为已知量；$\boldsymbol{V}$ 为节点电压列向量，在电力系统计算中通常作为待求量；$\boldsymbol{Y}$ 为节点导纳矩阵。

对于以上线性方程组，可以采用不同的方法求解，也可以用导纳矩阵的逆矩阵直接求解。如果令

$$\boldsymbol{Z} = \boldsymbol{Y}^{-1} \tag{1-74}$$

则以上节点电压方程式变为

$$\boldsymbol{V} = \boldsymbol{ZI} \tag{1-75}$$

或展开为

$$\left.\begin{aligned}
\dot{V}_1 &= Z_{11}\dot{I}_1 + Z_{12}\dot{I}_2 + \cdots + Z_{1i}\dot{I}_i + \cdots + Z_{1n}\dot{I}_n \\
\dot{V}_2 &= Z_{21}\dot{I}_1 + Z_{22}\dot{I}_2 + \cdots + Z_{2i}\dot{I}_i + \cdots + Z_{2n}\dot{I}_n \\
&\vdots \\
\dot{V}_i &= Z_{i1}\dot{I}_1 + Z_{i2}\dot{I}_2 + \cdots + Z_{ii}\dot{I}_i + \cdots + Z_{in}\dot{I}_n \\
&\vdots \\
\dot{V}_n &= Z_{n1}\dot{I}_1 + Z_{n2}\dot{I}_2 + \cdots + Z_{ni}\dot{I}_i + \cdots + Z_{nn}\dot{I}_n
\end{aligned}\right\} \tag{1-76}$$

对照式(1-75)、式(1-76)可知

$$\boldsymbol{Z} = \begin{bmatrix} Z_{11} & Z_{12} & \cdots & Z_{1i} & \cdots & Z_{1n} \\ Z_{21} & Z_{22} & \cdots & Z_{2i} & \cdots & Z_{2n} \\ \vdots & \vdots & & \vdots & & \vdots \\ Z_{i1} & Z_{i2} & \cdots & Z_{ii} & \cdots & Z_{in} \\ \vdots & \vdots & & \vdots & & \vdots \\ Z_{n1} & Z_{n2} & \cdots & Z_{ni} & \cdots & Z_{nn} \end{bmatrix} \tag{1-77}$$

这就是和节点导纳矩阵 $\boldsymbol{Y}$ 相对应的节点阻抗矩阵。显然，它是和导纳矩阵同阶的方阵。其中对角元素 Z_{ii} 称为节点 i 的自阻抗或输入阻抗，非对角元素 Z_{ij} 称为节点 i 和 j 间的互阻抗或转移阻抗。当注入电流已知时，由式(1-75)或式(1-76)可直接求得电力网络各节点的电压。

以下讨论阻抗矩阵各元素的物理意义。如果在电力网络节点 i 注入单位电流，而使其他节点全部开路，即令

$$\dot{I}_i = 1$$

$$\dot{I}_j = 0 \qquad (j = 1, 2, \cdots, n; j \neq i)$$

则由节点方程式(1-76)可知，在这种情况下

$$\begin{aligned}
\dot{V}_1 &= Z_{i1} \\
\dot{V}_2 &= Z_{i2} \\
&\vdots \\
\dot{V}_i &= Z_{ii} \\
&\vdots \\
\dot{V}_n &= Z_{in}
\end{aligned}$$

由此即可看出阻抗矩阵［见式(1-77)］第 i 列元素的物理意义：

(1) 阻抗矩阵对角元素 Z_{ii}，即节点 i 的自阻抗，在数值上等于节点 i 注入单位电流，

其他节点都在开路状态时，节点 i 的电压。因此，Z_{ii} 也可以看作当其他节点都开路时，从 i 节点向整个网络看进去的对地等值阻抗。只要网络有接地支路且节点 i 与电力网络相连，则 Z_{ii} 必为一非零的有限数值。

(2) 阻抗矩阵非对角元素 Z_{ij}，即节点 i 与节点 j 间的互阻抗，在数值上等于节点 i 注入单位电流，其他节点都在开路状态时，节点 j 的电压。由于在一个电力网络中各节点之间总是相互有电磁联系(包括间接的联系)的，因此当节点 i 向网络注入单位电流，而其他节点开路时，所有节点电压都不应为零[1)]。也就是说，互阻抗 Z_{ij} 都是非零元素，所以阻抗矩阵是一个满矩阵，即阻抗矩阵中没有零元素。

以阻抗矩阵为基础的节点方程可以由注入电流直接求出电力网络各节点的电压，曾在电力系统计算中获得广泛应用。但是，由于阻抗矩阵是满矩阵，要求计算机有较大的内存容量，同时也增加了运算次数，降低了计算速度，因而当系统规模变大时，阻抗矩阵的应用受到一定限制，这些问题将分别在以后各章中详细论述。

1.4.2 用节点导纳矩阵求节点阻抗矩阵

形成电力网络的节点阻抗矩阵要比导纳矩阵复杂，本节和下节将介绍两种常用的求阻抗矩阵的方法。

由第 1.2.2 节的讨论可知，电力网络的导纳矩阵很容易根据网络的接线及参数直接形成。因此，可以用导纳矩阵求逆的方法得到阻抗矩阵。矩阵求逆的方法很多，这里仅对解线性方程组的求逆方法做一补充介绍。

设导纳矩阵为 $\boldsymbol{Y}$，其对应的阻抗矩阵为 $\boldsymbol{Z}$，解线性方程

$$\boldsymbol{Y}\boldsymbol{Z}_j = \boldsymbol{B}_j \tag{1-78}$$

即可求出阻抗矩阵的第 j 列元素 $\boldsymbol{Z}_j$，式中 $\boldsymbol{B}_j$ 为一列向量：

$$\boldsymbol{B}_j = \begin{bmatrix} 0 \\ 0 \\ \vdots \\ 0 \\ 1 \\ 0 \\ \vdots \\ 0 \\ 0 \end{bmatrix} \leftarrow j$$

顺次令 $j=1,2,\cdots,n$，解式(1-78)即可按列求出阻抗矩阵 $\boldsymbol{Z}$ 的全部元素。由于在逐列求阻抗矩阵元素时，式(1-78)只改变其常数项 $\boldsymbol{B}_j$，而系数矩阵 $\boldsymbol{Y}$ 不变，因此解此方程组采用三角分解法最为有效(详见第 1.3.2 节)。

导纳矩阵是对称矩阵，可以将它分解为

$$\boldsymbol{Y} = \boldsymbol{L}\boldsymbol{D}\boldsymbol{L}^{\mathrm{T}}$$

式中：单位下三角矩阵 $\boldsymbol{L}$ 及对角矩阵 $\boldsymbol{D}$ 中各元素可由式(1-61)求出。这样，式(1-78)可

---

1) 在本书中，地不作为电力网络的节点。

改写为

$$\boldsymbol{LDL}^{\mathrm{T}}\boldsymbol{Z}_j = \boldsymbol{B}_j \tag{1-79}$$

令

$$\boldsymbol{L}^{\mathrm{T}}\boldsymbol{Z}_j = \boldsymbol{W}_j \tag{1-80}$$

$$\boldsymbol{DW}_j = \boldsymbol{X}_j \tag{1-81}$$

则由式(1-79)可得

$$\boldsymbol{LX}_j = \boldsymbol{B}_j \tag{1-82}$$

于是可以将解式(1-79)的过程分为以下 3 步：

(1) 利用式(1-82)解 $\boldsymbol{X}_j$。

把式(1-82)展开：

$$\begin{bmatrix} 1 & & & & & & \\ l_{21} & 1 & & & & & \\ l_{31} & l_{32} & 1 & & & & \\ \vdots & \vdots & \vdots & \ddots & & & \\ l_{j1} & l_{j2} & \cdots & l_{j,j-1} & 1 & & \\ \vdots & \vdots & & \vdots & \vdots & \ddots & \\ l_{n1} & l_{n2} & \cdots & l_{nj} & \cdots & l_{n,n-1} & 1 \end{bmatrix} \begin{bmatrix} x_1 \\ x_2 \\ x_3 \\ \vdots \\ x_j \\ \vdots \\ x_n \end{bmatrix} = \begin{bmatrix} 0 \\ 0 \\ \vdots \\ \vdots \\ 1 \\ 0 \\ \vdots \end{bmatrix} \tag{1-83}$$

由式(1-83)即可顺序求出 $x_1, x_2, \cdots, x_n$，这就是前代(消去)过程。

(2) 利用式(1-81)解 $\boldsymbol{W}_j$。

把式(1-81)展开：

$$\begin{bmatrix} d_1 & & & & & \\ & d_2 & & & & \\ & & d_3 & & & \\ & & & \ddots & & \\ & & & & d_j & & \\ & & & & & \ddots & \\ & & & & & & d_n \end{bmatrix} \begin{bmatrix} w_1 \\ w_2 \\ w_3 \\ \vdots \\ w_j \\ \vdots \\ w_n \end{bmatrix} = \begin{bmatrix} x_1 \\ x_2 \\ x_3 \\ \vdots \\ x_j \\ \vdots \\ x_n \end{bmatrix} \tag{1-84}$$

由式(1-84)即可顺序求出 $w_1, w_2, \cdots, w_n$，这就是规格化过程：

$$\left.\begin{aligned} w_1 &= \frac{x_1}{d_1} \\ w_2 &= \frac{x_2}{d_2} \\ &\vdots \\ w_j &= \frac{x_j}{d_j} \\ &\vdots \\ w_n &= \frac{x_n}{d_n} \end{aligned}\right\} \tag{1-85}$$

(3) 利用式(1-80)求 $\boldsymbol{Z}_j$。

把式(1-80)展开：

$$\begin{bmatrix} 1 & l_{21} & l_{31} & \cdots & l_{j1} & \cdots & l_{n1} \\ & 1 & l_{32} & \cdots & l_{j2} & \cdots & l_{n2} \\ & & \ddots & \vdots & \vdots & & \vdots \\ & & & 1 & \cdots & \cdots & l_{nj} \\ & & & & \ddots & \vdots & \vdots \\ & & & & & 1 & l_{n,n-1} \\ & & & & & & 1 \end{bmatrix} \begin{bmatrix} Z_{1j} \\ Z_{2j} \\ \vdots \\ Z_{jj} \\ \vdots \\ Z_{n-1,j} \\ Z_{nj} \end{bmatrix} = \begin{bmatrix} W_1 \\ W_2 \\ \vdots \\ W_j \\ \vdots \\ W_{n-1} \\ W_n \end{bmatrix} \tag{1-86}$$

由式(1-86)即可自下而上地求出 $Z_{nj}, Z_{n-1,j}, \cdots, Z_{jj}, \cdots, Z_{2j}, Z_{1j}$，这就是回代过程。

【例 1-8】 用三角分解法由导纳矩阵求例 1-1 所示电力网络的阻抗矩阵。

【解】 利用 1.3 节中式(1-61)对例 1-1 所形成的导纳矩阵进行三角分解：

$$d_1 = Y_{11} = 1.378\,742 - j6.291\,665$$

$$l_{21} = \frac{Y_{21}}{d_1} = \frac{-0.624\,202\,4 + j3.900\,156}{1.378\,742 - j64.571\,21} = 0.612\,227 + j0.034\,979$$

$$\begin{aligned} d_2 &= Y_{22} - l_{21}^2 d_1 \\ &= (1.453\,909 - j66.980\,82) - (0.612\,27 + j0.031\,979)^2 \\ &\quad \times (1.378\,742 - j6.291\,665) \\ &= 1.208\,288 - j64.571\,21 \end{aligned}$$

同样，可以用递推公式求出其他元素。最后将导纳矩阵分解为

$$\boldsymbol{L} = \begin{bmatrix} 1 & & & & \\ \begin{matrix}-0.612\,227\\+j0.034\,979\end{matrix} & 1 & & & \\ \begin{matrix}-0.425\,687\\-j0.026\,671\end{matrix} & \begin{matrix}-0.073\,971\\-j0.017\,193\end{matrix} & 1 & & \\ & \begin{matrix}-0.982\,943\\-j0.018\,393\end{matrix} & \begin{matrix}-0.137\,743\\-j0.027\,718\end{matrix} & 1 & \\ & & \begin{matrix}-0.924\,654\\+j0.027\,559\end{matrix} & \begin{matrix}-1.189\,287\\+j0.048\,151\end{matrix} & 1 \end{bmatrix}$$

$$\boldsymbol{D} = \begin{bmatrix} \begin{matrix}1.378\,742\\-j6.291\,665\end{matrix} & & & & \\ & \begin{matrix}1.208\,288\\-j64.571\,21\end{matrix} & & & \\ & & \begin{matrix}1.022\,377\\-j34.302\,37\end{matrix} & & \\ & & & \begin{matrix}0.887\,283\\-j3.640\,902\end{matrix} & \\ & & & & \begin{matrix}0.038\,964\\+j1.263\,678\end{matrix} \end{bmatrix}$$

以下首先求阻抗矩阵中的第一列元素 $\boldsymbol{Z}_1$。在这种情况下，式(1-83)应写为

$$\begin{bmatrix} 1 & & & & \\ -0.612\,227+j0.034\,979 & 1 & & & \\ -0.425\,687-j0.026\,671 & -0.073\,971-j0.017\,193 & 1 & & \\ & -0.982\,943-j0.018\,393 & -0.137\,743-j0.027\,718 & 1 & \\ & & -0.924\,654+j0.027\,559 & -1.189\,287+j0.048\,151 & 1 \end{bmatrix}\begin{bmatrix} x_1\\ x_2\\ x_3\\ x_4\\ x_5 \end{bmatrix}=\begin{bmatrix} 1\\ 0\\ 0\\ 0\\ 0 \end{bmatrix}$$

因此

$$\begin{aligned} x_1 &= 1 \\ x_2 &= 0-l_{21}x_1 = 0.612\,227-j0.034\,979 \\ x_3 &= 0-l_{31}x_1-l_{32}x_2 = 0.471\,576+j0.034\,609 \\ x_4 &= 0-l_{42}x_2-l_{43}x_3 = 0.665\,138-j0.027\,805 \\ x_5 &= 0-l_{53}x_3-l_{54}x_4 = 1.226\,700-j0.046\,890 \end{aligned}$$

由式(1-85)可知

$$\begin{aligned} w_1 &= \frac{x_1}{d_1} = \frac{1}{1.378\,742-j632.916\,65} = 0.033\,234+j0.151\,658 \\ w_2 &= \frac{x_2}{d_2} = \frac{0.612\,227-j0.034\,979}{1.208\,288-j64.571\,21} = -0.000\,719+j0.009\,468 \\ w_3 &= \frac{x_3}{d_3} = \frac{0.471\,576+j0.034\,609}{1.022\,377-j34.302\,37} = 0.000\,599+j0.013\,765 \\ w_4 &= \frac{x_4}{d_4} = \frac{0.665\,138-j0.027\,805}{0.887\,283-j3.640\,902} = 0.049\,233+j0.170\,687 \\ w_5 &= \frac{x_5}{d_5} = \frac{1.226\,700-j0.046\,890}{0.038\,94+j1.263\,678} = -0.006\,535-j0.970\,940 \end{aligned}$$

根据式(1-86)，利用下式进行回代：

$$\begin{bmatrix} 1 & -0.612\,227+j0.034\,979 & -0.425\,687-j0.026\,671 & & \\ & 1 & -0.073\,971-j0.017\,193 & -0.982\,943-j0.018\,393 & \\ & & 1 & -0.137\,743-j0.027\,718 & -0.924\,654+j0.027\,559 \\ & & & 1 & -1.189\,287+j0.048\,151 \\ & & & & 1 \end{bmatrix}\begin{bmatrix} Z_{11}\\ Z_{21}\\ Z_{31}\\ Z_{41}\\ Z_{51} \end{bmatrix}=\begin{bmatrix} 0.033\,234+j0.151\,658\\ -0.000\,719+j0.009\,468\\ 0.000\,599+j0.013\,765\\ 0.049\,233+j0.170\,687\\ -0.006\,535-j0.970\,940 \end{bmatrix}$$

即可求出阻抗矩阵的第一列元素：

$$Z_{51}=-0.006\,535-j0.970\,940$$

$$Z_{41}=-0.005\,290-j0.983\,725$$

$$Z_{31}=-0.006\,862-j1.019\,487$$

$$Z_{21}=-0.005\,555-j1.032\,911$$

$$Z_{11}=0.017\,972-j0.914\,690$$

用同样的方法，可以逐列求 $\boldsymbol{Z}_2$、$\boldsymbol{Z}_3$、$\boldsymbol{Z}_4$、$\boldsymbol{Z}_5$，从而求得整个阻抗矩阵。

$$\boldsymbol{Z}=\begin{bmatrix} \begin{matrix}0.017\,972\\-j0.914\,690\end{matrix} & \begin{matrix}-0.005\,555\\-j1.032\,911\end{matrix} & \begin{matrix}-0.006\,862\\-j1.019\,487\end{matrix} & \begin{matrix}-0.005\,290\\-j0.983\,725\end{matrix} & \begin{matrix}-0.006\,535\\-j0.970\,940\end{matrix} \\ \begin{matrix}-0.005\,555\\-j1.032\,911\end{matrix} & \begin{matrix}0.007\,781\\-j0.961\,291\end{matrix} & \begin{matrix}-0.010\,007\\-j1.037\,907\end{matrix} & \begin{matrix}0.007\,410\\-j0.918\,658\end{matrix} & \begin{matrix}-0.009\,530\\-j0.988\,482\end{matrix} \\ \begin{matrix}-0.006\,862\\-j1.019\,487\end{matrix} & \begin{matrix}-0.010\,007\\-j1.037\,907\end{matrix} & \begin{matrix}0.026\,875\\-j0.904\,700\end{matrix} & \begin{matrix}-0.009\,530\\-j0.988\,482\end{matrix} & \begin{matrix}0.025\,596\\-j0.861\,619\end{matrix} \\ \begin{matrix}-0.005\,290\\-j0.983\,725\end{matrix} & \begin{matrix}0.007\,410\\-j0.918\,658\end{matrix} & \begin{matrix}0.007\,410\\-j0.918\,658\end{matrix} & \begin{matrix}0.007\,057\\-j0.859\,912\end{matrix} & \begin{matrix}-0.009\,076\\-j0.941\,412\end{matrix} \\ \begin{matrix}-0.006\,535\\-j0.970\,940\end{matrix} & \begin{matrix}-0.009\,530\\-j0.988\,482\end{matrix} & \begin{matrix}-0.009\,530\\-j0.988\,482\end{matrix} & \begin{matrix}-0.009\,076\\-j0.941\,412\end{matrix} & \begin{matrix}0.024\,377\\-j0.790\,589\end{matrix} \end{bmatrix}$$

如前所述，阻抗矩阵中第 j 列元素，相当于从节点 j 注入单位电流，其余节点开路（即电流为零）时各节点的电压。因此，利用式(1-78)求阻抗矩阵第 j 列元素，实际上相当于求解电力网络节点方程

$$\boldsymbol{Y}\boldsymbol{V}=\boldsymbol{I}_j \tag{1-87}$$

式中：电流列向量 $\boldsymbol{I}_j$ 中除第 j 个元素为 1 以外，其余均为零元素。显然，由此式解出的 $\boldsymbol{V}$ 在数值上应等于 $\boldsymbol{Z}_j$。

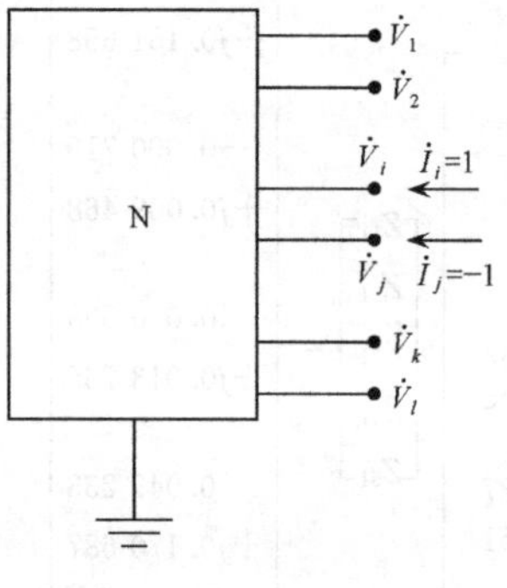

图 1-19　利用解网络方程的方法求节点对的输入阻抗及转移阻抗

应该指出，为了求出 n 个节点电力网络的阻抗矩阵，用上述方法需要解 n 次 n 阶的线性方程组，运算量很大。因此，一般只有在需求阻抗矩阵中某些个别元素的情况下，才宜于采用这种解网络节点方程的方法。在电力系统潮流及短路电流计算中，往往还用以上概念计算电力网络中某一对节点的输入阻抗及各节点对之间的转移阻抗。如图 1-19 所示，为了求 i、j 节点对的输入阻抗及该节点对与 k、l 节点对之间的转移阻抗，可向 i、j 两节点分别通入电流：

$$\dot{I}_i=1,\qquad \dot{I}_j=-1$$

而让其余节点开路。在这种情况下，解网络方程

$$\boldsymbol{YV} = \boldsymbol{F}_{ij} \tag{1-88}$$

式中：

$$\boldsymbol{F}_{ij} = \begin{bmatrix} 0 \\ \vdots \\ 1 \\ 0 \\ \vdots \\ -1 \\ 0 \\ \vdots \\ 0 \end{bmatrix} \begin{matrix} \\ \\ \leftarrow i \\ \\ \\ \leftarrow j \\ \\ \\ \\ \end{matrix}$$

可以求得系统各节点电压，从而可以计算 i、j 节点对的输入阻抗为

$$Z_{ij-ij} = \dot{V}_i - \dot{V}_j \tag{1-89}$$

i、j 节点对与 k、l 节点对之间的转移阻抗为

$$Z_{kl-ij} = \dot{V}_k - \dot{V}_l \tag{1-90}$$

1.4.3 用支路追加法求阻抗矩阵

以上论述了由导纳矩阵求阻抗矩阵的方法，下面介绍用支路追加法直接形成阻抗矩阵的方法。支路追加法在计算上比较直观，同时也容易实现网络接线变更时对阻抗矩阵的修正，因而得到广泛应用。

以下用图 1-20 所示的电力网络说明支路追加法形成阻抗矩阵的过程。

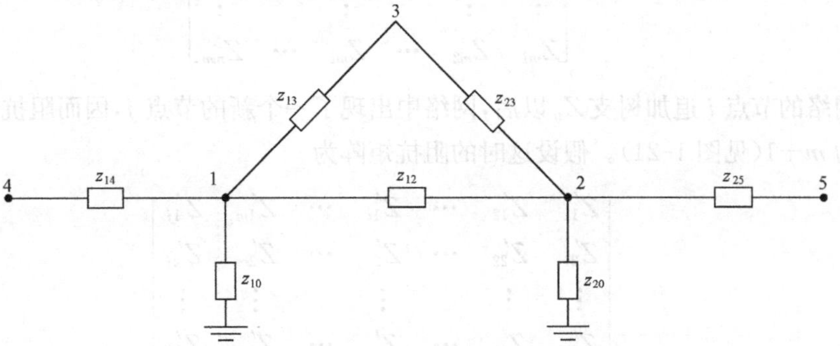

图 1-20　支路追加法形成阻抗矩阵的过程

在用支路追加法形成电力网络的阻抗矩阵时，应先由一个接地支路开始，形成一阶矩阵。在图 1-20 所示的接线图中，可以先用 z_{10} 形成一阶矩阵。

然后追加支路 z_{12}，这样在网络里就增加了节点 2。这种在追加支路时出现新节点的情况，称为追加“树支”。网络在追加树支时，其相应的阻抗矩阵的阶数应加 1，因而追加

树支 z_{12}后，阻抗矩阵变为二阶矩阵。

追加支路 z_{20}，这时并不出现新节点，只是给网络增加了一个环路，这种情况称为追加“链支”。网络在追加“链支”时，矩阵的阶不变，但其中元素的数值却发生变化。这样继续下去：

追加树支 z_{13}，增加节点 3，阻抗矩阵变为三阶；

追加树支 z_{14}，增加节点 4，阻抗矩阵变为四阶；

追加树支 z_{25}，增加节点 5，阻抗矩阵变为五阶；

追加链支 z_{23}，不增加节点，阻抗矩阵仍为五阶。

这样，当追加完电力网络全部支路以后，就最终形成了阻抗矩阵。

应该指出，以上支路追加的顺序并不是唯一的。如果把以上支路追加的顺序称为第一方案，那么也可以按以下次序追加支路：

树支 z_{10} → 树支 z_{20} → 链支 z_{12} → 树支 z_{13} → 链支 z_{23} → 树支 z_{14} → 树支 z_{25}

我们暂且把它称为第二方案，类似还可有第三方案等等。只要网络的节点编号不改变，最终形成的阻抗矩阵完全一样，与支路追加的次序无关，这一点读者不难验证。但是，支路追加的顺序对形成阻抗矩阵的运算量有很大的影响。下面分别讨论追加树支和追加链支对阻抗矩阵的影响。

1. 追加树支

设原电力网络有 m 个节点并已形成了 m 阶阻抗矩阵：

$$\boldsymbol{Z}_N=\begin{bmatrix} Z_{11} & Z_{12} & \cdots & Z_{1i} & \cdots & Z_{1m} \\ Z_{21} & Z_{22} & \cdots & Z_{2i} & \cdots & Z_{2m} \\ \vdots & \vdots & & \vdots & & \vdots \\ Z_{i1} & Z_{i2} & \cdots & Z_{ii} & \cdots & Z_{im} \\ \vdots & \vdots & & \vdots & & \vdots \\ Z_{m1} & Z_{m2} & \cdots & Z_{mi} & \cdots & Z_{mm} \end{bmatrix} \tag{1-91}$$

当在该网络的节点 i 追加树支 Z_{ij} 以后，网络中出现了一个新的节点 j，因而阻抗矩阵的阶数应变为 $m+1$（见图 1-21）。假设这时的阻抗矩阵为

$$\boldsymbol{Z}'_N=\left[\begin{array}{cccccc:c} Z'_{11} & Z'_{12} & \cdots & Z'_{1i} & \cdots & Z'_{1m} & Z'_{1j} \\ Z'_{21} & Z'_{22} & \cdots & Z'_{2i} & \cdots & Z'_{2m} & Z'_{2j} \\ \vdots & \vdots & & \vdots & & \vdots & \vdots \\ Z'_{i1} & Z'_{i2} & \cdots & Z'_{ii} & \cdots & Z'_{im} & Z'_{ij} \\ \vdots & \vdots & & \vdots & & \vdots & \vdots \\ Z'_{m1} & Z'_{m2} & \cdots & Z'_{mi} & \cdots & Z'_{mm} & Z'_{mj} \\ \vdots & \vdots & & \vdots & & \vdots & \vdots \\ Z'_{j1} & Z'_{j2} & \cdots & Z'_{ji} & \cdots & Z'_{jm} & Z'_{jj} \end{array}\right] \tag{1-92}$$

我们首先求当追加支路 z_{ij} 以后，式(1-92)中虚线内 m 阶矩阵中的元素。为了求其中

第一列元素：$Z'_{11},Z'_{21},\cdots,Z'_{i1},\cdots,Z'_{m1}$，根据阻抗矩阵元素的物理意义，可以在节点 1 注入单位电流，而让其余节点开路，如图 1-21(a)所示。显然，在这种情况下，节点 $1,2,\cdots,m$ 各点电压与有无支路 z_{ij} 无关，因此可以断定：

$$Z'_{11}=Z_{11},\quad Z'_{21}=Z_{21},\quad \cdots,\quad Z'_{i1}=Z_{i1},\quad \cdots,\quad Z'_{m1}=Z_{m1}$$

即 $\boldsymbol{Z}'_N$的第一列元素 $Z'_{11},Z'_{21},\cdots,Z'_{i1},\cdots,Z'_{m1}$就是式(1-91)中 $\boldsymbol{Z}_N$ 的第一列元素。同样可以证明 $\boldsymbol{Z}'_N$的第二列元素 $Z'_{12},Z'_{22},\cdots,Z'_{i2},\cdots,Z'_{m2}$就是 $\boldsymbol{Z}_N$ 的第二列元素。因此，可以推论式(1-92)中虚线内的 m 阶矩阵就是未追加支路 z_{ij} 时原来网络的阻抗矩阵。

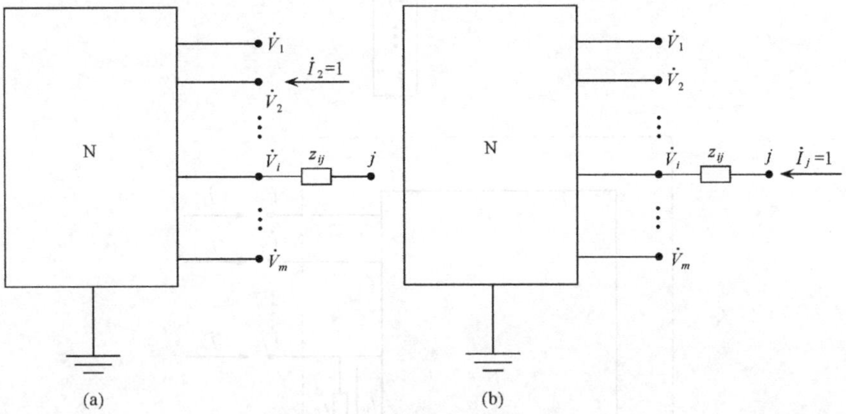

图 1-21 追加树支时的情况

以下求 $\boldsymbol{Z}'_N$的第 j 列元素。为此，可在节点 j 注入单位电流，而让其他节点开路，如图 1-21(b)所示。在这种情况下，节点 $1,2,\cdots,i,\cdots,m$ 的电压和在节点 i 注入单位电流而让其他节点开路时的情况应完全一样，因此

$$Z'_{1j}=Z_{1i},\quad Z'_{2j}=Z_{2i},\quad \cdots,\quad Z'_{ij}=Z_{ii},\quad \cdots,\quad Z'_{mj}=Z_{mi} \tag{1-93}$$

节点 j 的电压显然等于

$$\dot{V}_j=\dot{V}_i+z_{ij}\times 1$$

因而根据阻抗矩阵元素的物理意义可以得到

$$Z_{jj}=Z_{ii}+z_{ij} \tag{1-94}$$

由于阻抗矩阵的对称性，可以求得 $\boldsymbol{Z}'_N$中第 j 行非对角元素：

$$Z'_{j1}=Z_{1j},\quad Z'_{j2}=Z_{2j},\quad \cdots,\quad Z'_{ji}=Z_{ij},\quad \cdots,\quad Z'_{jm}=Z_{mj} \tag{1-95}$$

这样，就求得了追加树支 z_{ij} 以后网络阻抗矩阵的全部元素。由以上讨论可以看出当网络追加树支时，虽然阻抗矩阵增加了一阶，但形成新阻抗矩阵的运算量却非常小。

2. 追加链支

设原网络 N 的阻抗矩阵为 $\boldsymbol{Z}_N$，当在该网络节点 i、j 之间追加链支 z_{ij} 后阻抗矩阵变为 $\boldsymbol{Z}'_N$。由于在这种情况下并未增加新的节点，所以 $\boldsymbol{Z}'_N$的阶数和 $\boldsymbol{Z}_N$ 一样。现在要研究的问题是在追加链支 z_{ij} 后如何由 $\boldsymbol{Z}_N$ 求 $\boldsymbol{Z}'_N$中的各个元素。

如图 1-22 所示，设向新网络注入电流的列向量为 $\boldsymbol{I}$：

$$\boldsymbol{I}=\begin{bmatrix}\dot{I}_1\\ \dot{I}_2\\ \vdots\\ \dot{I}_i\\ \vdots\\ \dot{I}_j\\ \vdots\\ \dot{I}_m\end{bmatrix}$$

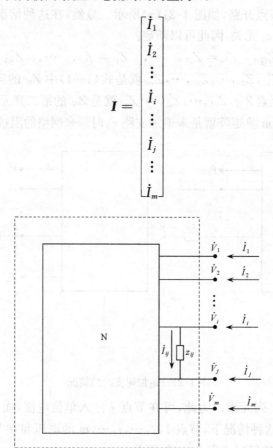

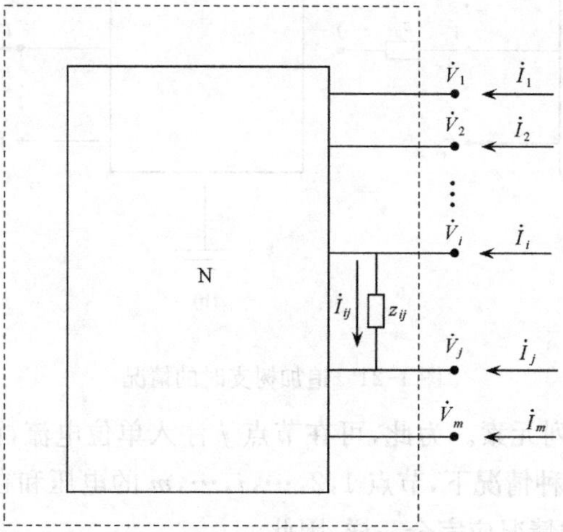

图 1-22　追加链支时的情况

节点电压的列向量为 $\boldsymbol{V}$：

$$\boldsymbol{V}=\begin{bmatrix}\dot{V}_1\\ \dot{V}_2\\ \vdots\\ \dot{V}_i\\ \vdots\\ \dot{V}_j\\ \vdots\\ \dot{V}_m\end{bmatrix}$$

则 $\boldsymbol{Z}_N'$ 应满足以下关系：

$$\boldsymbol{V}=\boldsymbol{Z}_N'\boldsymbol{I} \tag{1-96}$$

由图 1-22 可以看出，在这种情况下流入原网络 N 的节点电流应为

$$
\boldsymbol{I}' = \begin{bmatrix} \dot{I}_1 \\ \dot{I}_2 \\ \vdots \\ \dot{I}_i - \dot{I}_{ij} \\ \vdots \\ \dot{I}_j + \dot{I}_{ij} \\ \vdots \\ \dot{I}_m \end{bmatrix} = \boldsymbol{I} - \boldsymbol{A}_M \boldsymbol{I}_{ij} \tag{1-97}
$$

式中：$\boldsymbol{A}_M$ 为一个与链支和原网络连接情况有关的列矩阵。

$$
\boldsymbol{A}_M = \begin{bmatrix} 0 \\ \vdots \\ 1 \\ 0 \\ \vdots \\ -1 \\ 0 \\ \vdots \\ 0 \end{bmatrix} \begin{matrix} \\ \\ \leftarrow i \\ \\ \\ \leftarrow j \\ \\ \\ \\ \end{matrix} \tag{1-98}
$$

由原网络的节点方程可知

$$
\boldsymbol{V} = \boldsymbol{Z}_N \boldsymbol{I}' = \boldsymbol{Z}_N \boldsymbol{I} - \boldsymbol{Z}_N \boldsymbol{A}_M \dot{\boldsymbol{I}}_{ij} \tag{1-99}
$$

令

$$
\boldsymbol{Z}_N \boldsymbol{A}_M = \boldsymbol{Z}_L \tag{1-100}
$$

则知 $\boldsymbol{Z}_L$ 为列矩阵

$$
\boldsymbol{Z}_L = \begin{bmatrix} Z_{1i} - Z_{1j} \\ Z_{2i} - Z_{2j} \\ \vdots \\ Z_{ii} - Z_{ij} \\ \vdots \\ Z_{ji} - Z_{jj} \\ \vdots \\ Z_{mi} - Z_{mj} \end{bmatrix} \tag{1-101}
$$

式(1-99)可写为

$$
\boldsymbol{V} = \boldsymbol{Z}_N \boldsymbol{I} - \boldsymbol{Z}_L \dot{\boldsymbol{I}}_{ij} \tag{1-102}
$$

节点 i、j 间的电压差可用下式表示：

$$
\dot{V}_i - \dot{V}_j = z_{ij} \dot{I}_{ij} = \boldsymbol{A}_M^{\mathrm{T}} \boldsymbol{V} \tag{1-103}
$$

式中：$\boldsymbol{A}_M^{\mathrm{T}}$ 为 $\boldsymbol{A}_M$ 的转置矩阵。将式(1-102)代入式(1-103)，可以得到

$$z_{ij}\dot{I}_{ij} = \boldsymbol{A}_M^{\mathrm{T}}\boldsymbol{Z}_N\boldsymbol{I} - \boldsymbol{A}_M^{\mathrm{T}}\boldsymbol{Z}_L\dot{I}_{ij}$$

由此式即可解出 $\dot{I}_{ij}$：

$$\dot{I}_{ij} = \frac{1}{Z_{LL}}\boldsymbol{Z}_L^{\mathrm{T}}\boldsymbol{I} \tag{1-104}$$

式中：

$$Z_{LL} = \boldsymbol{A}_M^{\mathrm{T}}\boldsymbol{Z}_L + z_{ij} = Z_{ii} + Z_{jj} - 2Z_{ij} + z_{ij} \tag{1-105}$$

$$\boldsymbol{Z}_L^{\mathrm{T}} = \boldsymbol{A}_M^{\mathrm{T}}\boldsymbol{Z}_N = (\boldsymbol{Z}_N\boldsymbol{A}_M)^{\mathrm{T}}$$

将式(1-104)代入到式(1-102)可以得到

$$\boldsymbol{V} = \left(\boldsymbol{Z}_N - \frac{1}{Z_{LL}}\boldsymbol{Z}_L\boldsymbol{Z}_L^{\mathrm{T}}\right)\boldsymbol{I} \tag{1-106}$$

比较式(1-96)与式(1-106)即可得到追加链支 z_{ij} 以后，网络的阻抗矩阵为

$$\boldsymbol{Z}_N' = \boldsymbol{Z}_N - \frac{1}{Z_{LL}}\boldsymbol{Z}_L\boldsymbol{Z}_L^{\mathrm{T}} \tag{1-107}$$

将上式展开，即可得到新阻抗矩阵 $\boldsymbol{Z}_N'$ 中各元素的计算公式：

$$Z_{kl}' = Z_{kl} - \frac{Z_{Lk} - Z_{Ll}}{Z_{LL}} \qquad (k = 1,2,\cdots,m; l = 1,2,\cdots,m) \tag{1-108}$$

如前所述，在追加树支时运算量很小，但追加链支时必须按式(1-108)修正原阻抗矩阵的全部元素，运算量很大。在采用支路追加法时，形成阻抗矩阵的速度主要决定于追加链支所需要的运算量。支路追加的顺序对运算量有很大的影响。例如，对图 1-20 所示的网络来说，当追加支路的顺序采用前面所说的第一方案时，追加链支 z_{23} 需要对五阶矩阵的元素按式(1-108)进行修正，而按第二方案的顺序追加链支 z_{23} 时，只需要对三阶矩阵的元素进行修正。因此，为了减少追加链支过程的运算量，必须合理地安排支路追加的顺序，尽可能在矩阵阶数较小(即节点较少)的情况下追加链支。

以上讨论了追加树支和链支的一般情况。当用上述方法求阻抗矩阵时，对于变压器支路，可以采取图 1-4 所示的 Ⅱ 型等值电路，然后逐条追加这 3 条支路。这样，与追加支路相比，每个变压器都相当于增加了两条支路，而且在一般情况下，增加的这两条支路又都是链支，因而显著地增加了运算量。

下面介绍一种不用变压器 Ⅱ 型等值电路，直接追加变压器支路的方法。

首先讨论变压器是树支的情况。在图 1-23(a)中，变压器的漏抗是放在标准变比侧，即图 1-4(a)所示的模拟电路，当漏抗放在非标准变比侧时，可以用下述类似的方法推导出相应的计算公式。

设原网络 N 的阻抗矩阵为 $\boldsymbol{Z}_N$[见式(1-91)]，追加变压器树支以后，阻抗矩阵增加了一阶，变为 $\boldsymbol{Z}_N'$[见式(1-92)]。以下证明，在追加变压器支路后 $\boldsymbol{Z}_N'$ 中左上角 m 阶子矩阵就是原网络的阻抗矩阵 $\boldsymbol{Z}_N$。

事实上，如图 1-23(b)所示，当该变压器用它的等值电路来代替，节点 j 开路时，从节点 i 看变压器的 Ⅱ 型等值电路也是开路的，因为在这种情况下，节点 i、节点 j 和地构成的

回路的阻抗为

$$z_{ij0}=Kz_{ij}+\frac{K^2}{1-K}z_{ij}=\frac{K}{1-K}z_{ij}$$

而节点 i 和地之间的阻抗为 $z_{i0}=\dfrac{K}{1-K}z_{ij0}$。$z_{i0}$ 与 z_{ij0} 这两个回路阻抗并联以后的阻抗为无穷大。在追加变压器支路以后,当从原网络各节点注入单位电流时,电流在原网络中的分布将不发生变化,从而原网络各节点的电压也不应发生变化,这样就证明了以上的结论。

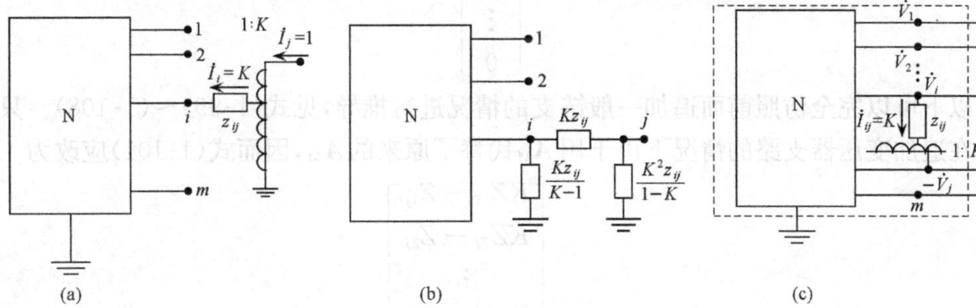

图 1-23　追加变压器支路

现在的问题是如何求 Z_N' 中新增加的元素。为此,可在节点 j 注入单位电流而让其余节点开路。如图 1-23(b) 所示,这时相当于从节点 i 侧向原网络通入电流 K,因此各节点的电压应为

$$\dot{V}_1=KZ_{1i},\quad \dot{V}_2=KZ_{2i},\quad \cdots,\quad \dot{V}_i=KZ_{ii},\quad \dot{V}_m=KZ_{mi}$$

节点 j 的电压为

$$\dot{V}_j=K(\dot{V}_i+Kz_{ij})=K^2(Z_{ii}+z_{ij})$$

这样就可以得到

$$Z_{1j}'=Kz_{1i},\quad Z_{2j}'=Kz_{2i},\quad \cdots,\quad Z_{ij}'=KZ_{ii},\quad \cdots,\quad Z_{mj}'=KZ_{mi} \tag{1-109}$$

$$Z_{jj}'=K^2(Z_{ii}+z_{ij}) \tag{1-110}$$

显然,当变比 $K=1$ 时,式(1-109)、式(1-110)就变成了式(1-93)、式(1-94)。

以下讨论追加变压器链支的情况。如图 1-23(c)所示,设向追加变压器支路以后的网络注入电流列向量 $\boldsymbol{I}$,则注入原网络的电流列向量应为

$$\boldsymbol{I}'=\begin{bmatrix}\dot{I}_1\\ \dot{I}_2\\ \vdots\\ \dot{I}_i-K\dot{I}_{ij}\\ \vdots\\ \dot{I}_j+\dot{I}_{ij}\\ \vdots\\ \dot{I}_m\end{bmatrix}=\boldsymbol{I}-\boldsymbol{A}_M'\boldsymbol{I}_{ij} \tag{1-111}$$

式中:$\boldsymbol{A}_M'$ 为列矩阵。

$$A'_M = \begin{bmatrix} 0 \\ \vdots \\ K \\ 0 \\ \vdots \\ -1 \\ 0 \\ \vdots \\ 0 \end{bmatrix} \begin{matrix} \\ \\ \leftarrow i \\ \\ \\ \leftarrow j \\ \\ \\ \\ \end{matrix}$$

以下可以完全仿照前面追加一般链支的情况进行推导,见式(1-99)~(1-108)。只是注意在追加变压器支路的情况下由于用$\boldsymbol{A}'_M$代替了原来的$\boldsymbol{A}_M$,因而式(1-101)应改为

$$\boldsymbol{Z}_L = \begin{bmatrix} KZ_{1i} - Z_{1j} \\ KZ_{2i} - Z_{2j} \\ \vdots \\ KZ_{ii} - Z_{ij} \\ \vdots \\ KZ_{ji} - Z_{jj} \\ \vdots \\ KZ_{mi} - Z_{mj} \end{bmatrix} \tag{1-112}$$

式(1-103)改写为

$$K\dot{V}_i - \dot{V}_j = K^2 z_{ij} \dot{I}_{ij} = \boldsymbol{A}'^{\mathrm{T}}_M \boldsymbol{V} \tag{1-113}$$

因而,式(1-105)相应地改写为

$$Z_{LL} = KZ_{Li} - Z_{Lj} + K^2 z_{ij} \tag{1-114}$$

当按式(1-112)、式(1-114)求得$\boldsymbol{Z}_L$、Z_{LL}后,即可根据式(1-108)修正原网络阻抗矩阵的全部元素。

总之,用支路追加法求阻抗矩阵的过程,就是不断追加支路的过程。因此当网络发生改变,需要增加支路时,可以直接用前面的公式实现阻抗矩阵的修改。如果需要切除某一阻抗为 z_{ij} 的支路,则向网络追加一个阻抗为$-z_{ij}$ 的支路即可。

【例 1-9】 用支路追加法形成图 1-10 所示电力网络的阻抗矩阵。

【解】 为了计算方便,先把图 1-10 中线路两端的对地电容都集中到相应节点上,并用对地容抗的形式表示,即得到图 1-24 的等值电路。

按图中的节点编号,可先排列出追加支路的顺序表:

追加支路顺序号	支路两端的节点号		阻 抗 值
	i	j	
①	0	1	$-j4$
②	0	2	$-j2$
③	1	2	$0.04+j0.25$
④	0	3	$-j4$
⑤	1	3	$0.1+j0.35$
⑥	2	3	$0.08+j0.30$
⑦	2	4	$j0.015$
⑧	3	5	$j0.03$

然后把支路追加的顺序号标志在网络接线图上，见图 1-24。

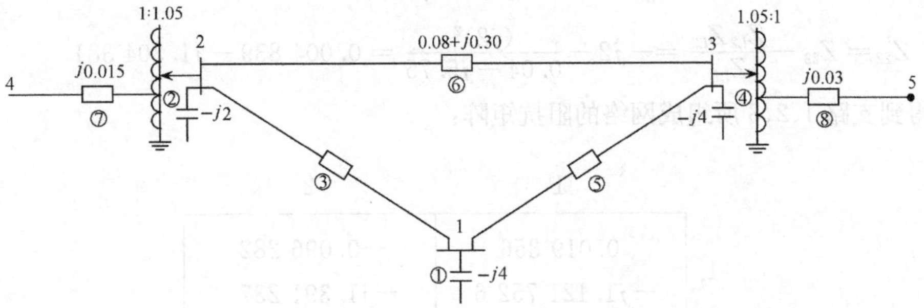

图 1-24　用支路追加法形成所示电力网络的阻抗矩阵

阻抗矩阵的形成过程如下：

(1) 首先取接地支路 z_{01} 形成一阶阻抗矩阵：z_{01} 的阻抗值为 $-j4$，于是形成

	1
1	$-j4$

(2) 追加支路②：z_{02} 为一树支，$i=0, j=2$。根据追加树支的原则，在这种情况下应形成二阶矩阵，新增加的元素应按式(1-93)及式(1-94)计算：

$$Z_{12}=Z_{21}=Z_{10},\qquad Z_{22}=Z_{00}+Z_{02}$$

由阻抗矩阵各元素的物理意义可以推断

$$Z_{10}=Z_{00}=0$$

因而

$$Z_{12}=Z_{21}=0,\qquad Z_{22}=Z_{02}=-j2$$

于是形成

	1	2
1	$-j4$	
2		$-j2$

(3) 追加支路③：z_{12} 为一链支，由式(1-101)可以求得

$$Z_{L1}=Z_{11}-Z_{12}=-j4$$
$$Z_{L2}=Z_{12}-Z_{22}=-j2$$

由式(1-105)可知

$$Z_{LL}=Z_{L1}-Z_{L2}+z_{12}=-j4-j2+0.04+j0.25=0.04-j5.75$$

以下可按式(1-108)修正二阶矩阵的全部元素：

$$Z'_{11}=Z_{11}-\frac{Z_{L1}Z_{L1}}{Z_{LL}}=-j4-\frac{(-j4)^2}{0.04-j5.75}=0.019\ 356-j1.217\ 526$$

$$Z'_{12}=Z'_{21}=Z_{12}-\frac{Z_{L2}Z_{L1}}{Z_{LL}}=0-\frac{j2\times(-j4)}{0.04-j5.75}=-0.096\,782-j1.301\,237$$

$$Z'_{22}=Z_{22}-\frac{Z_{L2}Z_{L2}}{Z_{LL}}=-j2-\frac{(j2)^2}{0.04-j5.75}=0.004\,839-j1.304\,381$$

于是得到支路 1、2、3 所组成网络的阻抗矩阵：

	1	2
1	0.019 356 $-j$1.121 752 6	−0.096 282 $-j$1.391 237
2	−0.096 282 $-j$1.391 237	0.004 839 $-j$1.304 381

(4) 追加支路④：z_{03}为接地树支，计算方法与(2)相同。结果得到如下的三阶矩阵：

	1	2	3
1	0.019 356 $-j$1.121 752 6	−0.096 282 $-j$1.391 237	
2	−0.096 282 $-j$1.391 237	0.004 839 $-j$1.304 381	
3			$-j4$

(5) 追加支路⑤和支路⑥：z_{13}和 z_{23}均为链支，因此矩阵的阶数不变，计算步骤与(3)相同。追加这两个链支以后，得到如下的三阶矩阵：

	1	2	3
1	0.017 972 $-j$0.914 690	−0.005 555 $-j$1.032 911	−0.006 862 $-j$1.019 487
2	−0.005 555 $-j$1.032 911	0.007 781 $-j$0.964 591	−0.010 007 $-j$1.037 907
3	−0.006 862 $-j$1.019 487	−0.010 007 $-j$1.037 907	0.026 875 $-j$0.904 700

(6) 追加支路⑦：z_{24}为变压器支路的树支，$i=2$，$j=4$。和图 1-23(a) 所示的情况不同，该变压器的非标准变比在 i 侧，不能直接用式(1-109)、式(1-110)进行计算。因此，在

计算以前,应将变压器支路 z_{24} 转变为图 1-23(c)的形式,如图 1-25 所示。

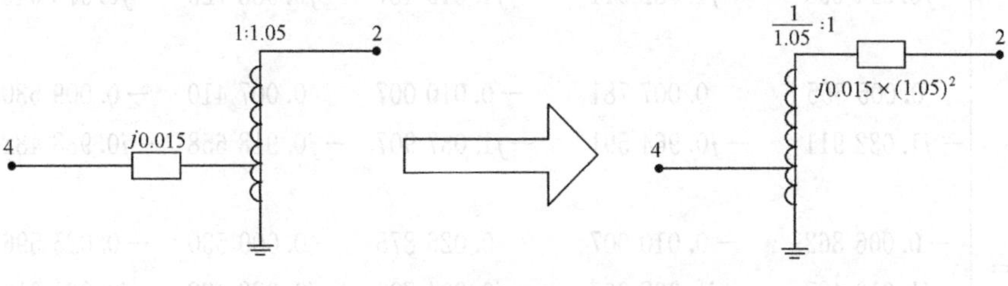

图 1-25 变压器的等值电路

这样,可以根据式(1-109)、式(1-110)来计算第四行和第四列的元素:

$$Z_{41}=Z_{14}=K'Z_{21}=\frac{1}{1.05}(-0.005\,555-j1.032\,911)=-0.005\,290-j0.983\,725$$

$$Z_{42}=Z_{24}=K'Z_{22}=\frac{1}{1.05}(-0.007\,781-j0.964\,591)$$

$$=0.007\,410-j0.918\,658$$

$$Z_{43}=Z_{34}=K'Z_{23}=\frac{1}{1.05}(-0.010\,007-j1.037\,907)$$

$$=-0.009\,530-j0.988\,482$$

$$Z_{44}=K'^{2}(Z_{22}+z'_{24})=\frac{1}{1.05^2}(-0.007\,781-j0.964\,591)+j0.015$$

$$=0.007\,057-j0.859\,912$$

这样就得到了四阶矩阵:

	1	2	3	4
1	0.017 972 −j0.914 690	−0.005 555 −j1.032 911	−0.006 862 −j1.019 487	−0.005 290 −j0.983 725
2	−0.005 555 −j1.032 911	0.007 781 −j0.964 591	−0.010 007 −j1.037 907	0.007 410 −j0.918 658
3	−0.006 862 −j1.019 487	−0.010 007 −j1.037 907	0.026 875 −j0.904 700	−0.009 530 −j0.988 482
4	−0.005 290 −j0.983 725	0.007 410 −j0.918 658	−0.009 530 −j0.988 482	0.007 057 −j0.859 912

(7) 追加支路⑧:z_{35} 也是变压器支路,$i=3$,$j=5$,非标准变比亦在 i 侧,因此计算步骤和(6)相同。最后得到阻抗矩阵为

$$
\boldsymbol{Z}=\begin{bmatrix}
0.017\,972 & -0.005\,555\,5 & -0.006\,862 & -0.005\,290 & -0.006\,535 \\
-j0.914\,690 & -j1.032\,911 & -j1.019\,487 & -j0.983\,725 & -j0.970\,940 \\
0.005\,555\,5 & 0.007\,781 & -0.010\,007 & 0.007\,410 & -0.009\,530 \\
-j1.032\,911 & -j0.964\,591 & -j1.037\,907 & -j0.918\,658 & -j0.988\,482 \\
-0.006\,862 & -0.010\,007 & 0.026\,875 & -0.009\,530 & -0.025\,596 \\
-j1.019\,487 & -j1.037\,907 & -j0.904\,700 & -j0.988\,482 & -j0.861\,619 \\
-0.005\,290 & 0.007\,410 & -0.009\,530 & 0.007\,057 & -0.009\,076 \\
-j0.983\,725 & -j0.918\,658 & -j0.988\,482 & -j0.859\,912 & -j0.941\,412 \\
-0.006\,535 & -0.009\,530 & -0.025\,596 & -0.009\,076 & 0.024\,377 \\
-j0.970\,940 & -j0.988\,482 & -j0.861\,619 & -j0.941\,412 & -j0.790\,589
\end{bmatrix}
$$

参 考 文 献

[1] 陈珩. 电力系统稳态分析. 2 版. 北京:水利电力出版社,1995

[2] 西安交通大学等. 电力系统计算. 北京:水利电力出版社,1978

[3] 邱关源. 电路. 4 版. 北京:高等教育出版社,1999

[4] 张伯明,陈寿孙. 高等电力网络分析. 北京:清华大学出版社,1996

[5] 居余马,胡金德,林翠琴,等. 线性代数. 北京:清华大学出版社,1995

[6] 栾汝书. 线性代数. 北京:高等教育出版社,1984

[7] W. F. Tinney, I. W. Waiker. Direct Solutions of Sparse Network Equation by Optimal Ordered Triangular Factorization. In:Proceedings of IEEE, Vol. 55 No. 11, pp. 1801～1809, 1967

[8] W. F. Tinney. Some Examples of Sparse Matrix Methods for Power System Problems. In:Proceedings of PSCC, 1969

[9] 王锡凡,施汉基. 结构对称的稀疏线性方程组的直接解. 西安交通大学学报, Vol. 15(4) Aug. 1981

[10] W. F. Tinney, V. Brandwajn, S. M. Chen. Sparse Vector Methods. IEEE Trans. Power Systems and Apparatus, Vol. 104, pp. 295～301, Feb. 1985

第2章 电力系统潮流计算

2.1 概 述

电力系统稳态分析是研究电力系统运行和规划方案最重要和最基本的手段,其任务是根据给定的发电运行方式及系统接线方式求解电力系统的稳态运行状况,包括各母线的电压、各元件中通过的功率等等。在电力系统运行方式和规划方案研究中,都需要进行稳态分析以比较运行方式或规划供电方案的可行性、可靠性和经济性。电力系统稳态分析得到的是一个系统的平衡运行状态,不涉及系统元件的动态属性和过渡过程。因此其数学模型不包含微分方程,是一组高阶数的非线性方程。电力系统的动态分析(见第5章、第6章)的主要目的是研究系统在各种干扰下的稳定性,属于动态安全分析,在其数学模型中包含微分方程。应该指出,电力系统的动态分析不仅在稳定运行方式分析的基础上进行,而且稳态分析的算法也是动态分析算法的基础。因此,熟悉稳态分析的原理和算法是掌握现代电力系统分析方法的关键。

电力系统稳态分析包括潮流计算(或潮流分析)和静态安全分析。潮流计算针对电力系统各正常运行方式,而静态安全分析则要研究各种运行方式下个别系统元件退出运行后系统的状况。其目的是校验系统是否能安全运行,即是否有过负荷的元件或电压过低的母线等。原则上讲,静态安全分析也可以用潮流计算来代替。但是一般静态安全分析需要校验的状态数非常多,用严格的潮流计算来分析这些状态往往计算量过大,因此不得不寻求一些特殊的算法以满足要求。本章的前半部分介绍潮流计算的模型和算法,后半部分讨论与静态安全分析有关的问题。

利用电子数字计算机进行电力系统潮流计算从20世纪50年代中期就已开始。此后,潮流计算曾采用了各种不同的方法,这些方法的发展主要是围绕着对潮流计算的一些基本要求进行的。对潮流计算的要求可以归纳为以下几点:

(1) 计算方法的可靠性或收敛性。

(2) 对计算速度和内存量的要求。

(3) 计算的方便性和灵活性。

电力系统潮流计算问题在数学上是一组多元非线性方程式的求解问题,其解法离不开迭代。因此,对潮流计算方法,首先要求它能可靠地收敛,并给出正确答案。随着电力系统不断扩大,潮流问题的方程式阶数越来越高(目前已达几千阶甚至超过1万阶),对这样规模的方程式并不是采用任何数学方法都能保证给出正确答案的。这种情况成为促使电力系统研究人员不断寻求新的更可靠方法的重要动力。

在用数字计算机解电力系统潮流问题的开始阶段,普遍采取以节点导纳矩阵为基础的高斯-赛德尔迭代法(以下简称导纳法)[1,2]。这个方法的原理比较简单,要求的数字计算机内存量也比较小,适应当时电子数字计算机制造水平和当时电力系统理论水平,但它的收敛性较差，当系统规模变大时，迭代次数急剧上升，往往出现迭代不收敛的情况。这就迫使电力系统计算人员转向以阻抗矩阵为基础的逐次代入法（以下简称阻抗法）[2,3]。

20 世纪 60 年代初，数字计算机已发展到第二代，计算机的内存和速度发生了很大的飞跃，从而为阻抗法的采用创造了条件。如第 1 章所述，阻抗矩阵是满矩阵，阻抗法要求数字计算机储存表征系统接线和参数的阻抗矩阵，这就需要较大的内存量。而且阻抗法每迭代一次都要求顺次取阻抗矩阵中的每一个元素进行运算，因此，每次迭代的运算量很大。

阻抗法改善了系统潮流计算问题的收敛性，解决了导纳法无法求解的一些系统的潮流计算，当时获得了广泛的应用，曾为我国电力系统设计、运行和研究作出了很大的贡献。

但是，阻抗法的主要缺点是占用计算机内存大，每次迭代的计算量大。当系统不断扩大时，这些缺点就更加突出。为了克服阻抗法在内存和速度方面的缺点，后来发展了以阻抗矩阵为基础的分块阻抗法[3,4]。这个方法把一个大系统分割为几个小的地区系统，在计算机内只需要存储各个地区系统的阻抗矩阵及它们之间连络线的阻抗，这样不仅大幅度地节省了内存容量，同时也提高了计算速度。

克服阻抗法缺点的另一途径是采用牛顿-拉弗森法（以下简称牛顿法）[5,6]。牛顿法是数学中解决非线性方程式的典型方法，有较好的收敛性。解决电力系统潮流计算问题是以导纳矩阵为基础的，因此，只要在迭代过程中尽可能保持方程式系数矩阵的稀疏性，就可以大大提高牛顿法潮流程序的效率。自从 20 世纪 60 年代中期利用了最佳顺序消去法[7]以后，牛顿法在收敛性、内存要求、速度方面都超过了阻抗法，成为直到目前仍在广泛采用的优秀方法。

20 世纪 70 年代以来，潮流计算方法通过不同的途径继续向前发展，其中最成功的方法是 P-Q 分解法[8]。这个方法，根据电力系统的特点，抓住主要矛盾，对纯数学的牛顿法进行了改造，在计算速度方面有明显的提高，迅速得到了推广。

近 20 多年来，潮流问题算法的研究仍非常活跃，但是大多数研究是围绕着改进牛顿法和 P-Q 分解法进行的[9~15]。此外，随着人工智能理论的发展，遗传算法、人工神经网络、模糊算法也逐渐引入潮流计算[16~19]。但是，到目前为止这些新模型和算法还不能取代牛顿法和 P-Q 分解法的地位。由于电力系统的不断扩大和对计算速度要求的不断提高，计算机的并行计算技术也引起一些研究人员的兴趣[20]，今后会成为重要的研究领域。

本章主要介绍当前通用的牛顿法和 P-Q 分解法。在本书后的附录中给出了 P-Q 分解法潮流程序的详细框图，供编制程序时参考。

最后还应指出，潮流计算的灵活性和方便性的要求，对数字计算机的应用也是一个很重要的问题。潮流程序的编制必须尽可能使计算人员在计算机计算的过程中加强对计算过程的监视和控制，并便于作各种修改和调整。电力系统潮流计算问题并不是单纯的计算问题，把它当做一个运行方式的调整问题可能更为确切。为了得到一个合理的运行方式，往往需要不断根据计算结果修改原始数据。在这个意义上，我们在编制潮流计算程序时，对使用的方便性和灵活性必须予以足够的重视。因此，除了要求计算方法尽可能适应各种修改、调整以外，还要注意输入和输出的方便性和灵活性，加强人机联系，做好界面，使计算人员能及时监视计算过程并方便地控制计算的进行。

2.2 潮流计算问题的数学模型

2.2.1 潮流计算问题的节点类型

电力系统由发电机、变压器、输电线路及负荷等构成。图 2-1 表示了一个简单电力系统的接线图。在进行电气计算时，系统中静止元件如变压器、输电线、并联电容器、电抗器等可以用 R、L、C 所组成的等值电路来模拟。因此，由这些静止元件所连成的电力网在潮流计算中可以看做是线性网络，并用相应的导纳矩阵或阻抗矩阵来描述。在潮流计算中发电机和负荷都作为非线性元件来处理，不能包括在线性网络部分，如图 2-1(b)所示。联络节点作为注入零功率的节点引出网络之外。

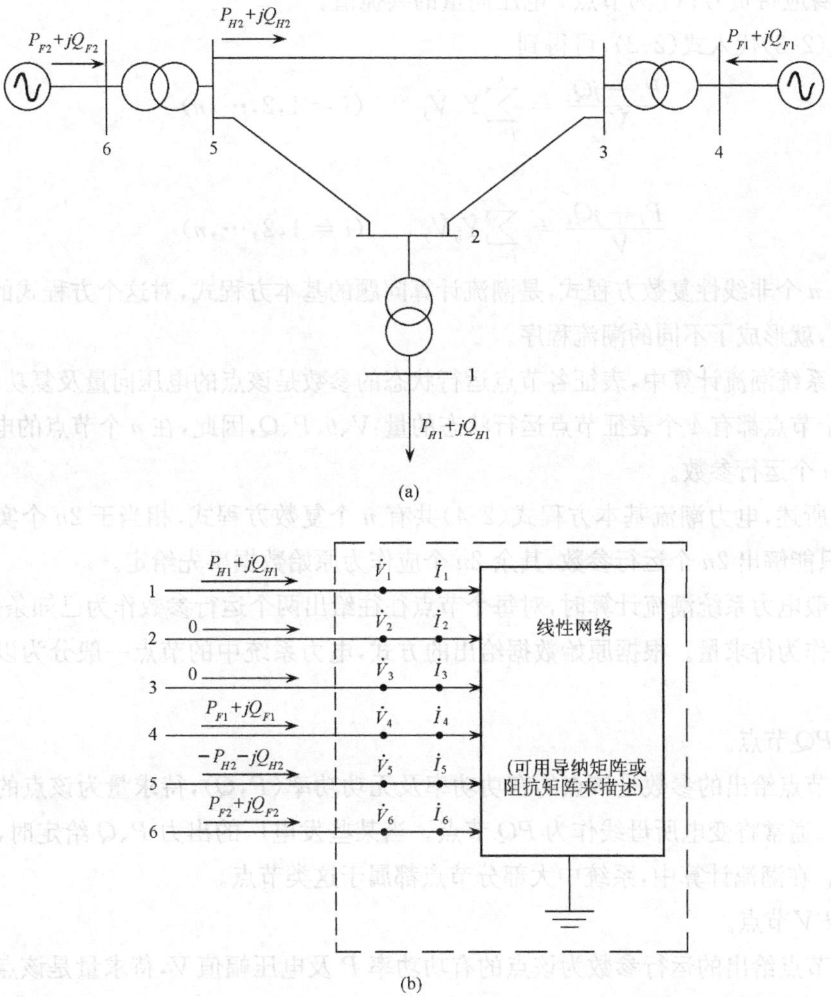

图 2-1 简单电力系统接线图

在图 2-1(b)中虚线所包括的线性网络部分，其节点电流与电压之间的关系可以通过节点方程式来描述：

$$\boldsymbol{I} = \boldsymbol{YV} \tag{2-1}$$

式(2-1)也可以写成展开的形式：

$$\dot{I}_i = \sum_{j=1}^{n} Y_{ij} \dot{V}_j \qquad (i = 1,2,\cdots,n) \tag{2-2}$$

式中：$\dot{I}_i$ 和 $\dot{V}_j$ 分别为节点 i 的注入电流及节点 j 的电压；Y_{ij} 为导纳矩阵元素；n 为系统节点数。

为了求解潮流问题，我们必须利用节点功率与电流之间的关系：

$$\dot{I}_i = \frac{P_i - jQ_i}{\hat{V}_i} \qquad (i = 1,2,\cdots,n) \tag{2-3}$$

式中：P_i、Q_i 分别为节点 i 向线性网络注入的有功功率和无功功率，当 i 点为负荷节点时，P_i、Q_i 本身应带负号；$\hat{V}_i$ 为节点 i 电压向量的共扼值。

将式(2-3)代入式(2-2)，可得到

$$\frac{P_i - jQ_i}{\hat{V}_i} = \sum_{j=1}^{n} Y_{ij} \dot{V}_j \qquad (i = 1,2,\cdots,n) \tag{2-4a}$$

或

$$\frac{P_i + jQ_i}{\dot{V}_i} = \sum_{j=1}^{n} \hat{Y}_{ij} \hat{V}_j \qquad (i = 1,2,\cdots,n) \tag{2-4b}$$

上式含有 n 个非线性复数方程式，是潮流计算问题的基本方程式，对这个方程式的不同应用和处理，就形成了不同的潮流程序。

电力系统潮流计算中，表征各节点运行状态的参数是该点的电压向量及复功率，也就是说，每个节点都有 4 个表征节点运行状态的量：V、θ、P、Q，因此，在 n 个节点的电力系统中共有 $4n$ 个运行参数。

如上所述，电力潮流基本方程式(2-4)共有 n 个复数方程式，相当于 $2n$ 个实数方程式，因此只能解出 $2n$ 个运行参数，其余 $2n$ 个应作为原始数据事先给定。

在一般电力系统潮流计算时，对每个节点往往给出两个运行参数作为已知条件，而另外两个则作为待求量。根据原始数据给出的方式，电力系统中的节点一般分为以下 3 种类型：

(1) PQ 节点。

这类节点给出的参数是该点的有功功率及无功功率(P,Q)，待求量为该点的电压向量(V,θ)。通常将变电所母线作为 PQ 节点。当某些发电厂的出力 P、Q 给定时，也作为 PQ 节点。在潮流计算中，系统中大部分节点都属于这类节点。

(2) PV 节点。

这类节点给出的运行参数为该点的有功功率 P 及电压幅值 V，待求量是该点的无功功率 Q 及电压向量的角度 θ。这种节点在运行中往往要有一定可调节的无功电源，用以维持给定的电压值。因此，这种节点是系统中可以调节电压的母线。通常选择有一定无功功率贮备的发电厂母线作为 PV 节点。当变电所有无功补偿设备时，也可以作为 PV 节点处理。

(3) 平衡节点。

在潮流计算中,这类节点一般在系统中只设一个。对这个节点,我们给定该点的电压幅值,并在计算中取该点电压向量的方向作为参考轴,相当于给定该点电压向量的角度为零度。因此,对这个节点给定的运行参数是 V 和 θ,故也可以称为 $V\theta$ 节点。对平衡节点来说,待求量是该点的有功功率 P 及无功功率 Q,整个系统的功率平衡由这一节点来完成。平衡节点一般选择在调频发电厂母线比较合理,但在计算时也可能按其他原则来选择。例如,为了提高导纳法潮流程序的收敛性,有时选择出线最多的发电厂母线作为平衡节点。

以上 3 种节点的给定量和待求量不同,在潮流计算中处理的方法也不一样。

2.2.2 节点功率方程式

如前所述,电力系统潮流计算可以概略地归结为由系统各节点给定的复功率求解各节点电压向量的问题,因此如果能把复功率表示为各节点电压向量的方程式,就可以利用求解非线性方程式的牛顿法解出系统各节点的电压向量。这一节我们首先推导节点功率的方程式。

节点电压向量可以表示为极坐标的形式,也可以表示为直角坐标的形式。与此相应,在潮流计算中节点功率方程式也有两种形式。

由式(2-4)可知,节点功率可表示为

$$P_i + jQ_i = \dot{V}_i \sum_{j\in i} \hat{Y}_{ij}\hat{V}_j \qquad (i=1,2,\cdots,n) \tag{2-5}$$

由于导纳矩阵是稀疏矩阵,上式 $\sum$ 号后一般并没有 n 项,也就是说,其中 j 并不取从 1 到 n 的全部下标。式中 $j\in i$ 表示 $\sum$ 号后的节点 j 都必须直接与 i 节点相连,并包括 $j=i$ 的情况。如果把上式中电压向量表示为极坐标的形式

$$\dot{V}_i = V_i e^{j\theta_i} \tag{2-6}$$

式中:V_i、θ_i 为节点 i 电压向量的幅值和角度。将导纳矩阵中元素表示为

$$Y_{ij} = G_{ij} + jB_{ij}$$

这样,式(2-5)可以写为

$$P_i + jQ_i = V_i e^{j\theta_i} \sum_{j\in i} (G_{ij} - jB_{ij}) V_j e^{-j\theta_j} \qquad (i=1,2,\cdots,n) \tag{2-7}$$

将上式中指数项合并,并考虑到以下关系:

$$e^{j\theta} = \cos\theta + j\sin\theta$$

可以得到

$$P_i + jQ_i = V_i \sum_{j\in i} V_j (G_{ij} - jB_{ij})(\cos\theta_{ij} + j\sin\theta_{ij}) \qquad (i=1,2,\cdots,n) \tag{2-8}$$

式中:$\theta_{ij} = \theta_i - \theta_j$,为 i、j 两节点电压的相角差。

将上式按实部和虚部展开,得到

$$\left.\begin{aligned} P_i &= V_i \sum_{j\in i} V_j (G_{ij}\cos\theta_{ij} + B_{ij}\sin\theta_{ij}) \\ Q_i &= V_i \sum_{j\in i} V_j (G_{ij}\sin\theta_{ij} - B_{ij}\cos\theta_{ij}) \end{aligned}\right\} \qquad (i=1,2,\cdots,n) \tag{2-9}$$

这就是功率的极坐标方程式。这个方程组不仅在牛顿法潮流程序中非常重要，在 2.4 节 P-Q 分解法潮流程序中也将起重要作用。

把上式中各节点的电压向量表示为直角坐标的形式：

$$\dot{V}_i = e_i + jf_i$$

式中：

$$e_i = V_i\cos\theta_i, \qquad f_i = V_i\sin\theta_i$$

则由式(2-5)就可以得到

$$\left.\begin{aligned} P_i &= e_i\sum_{j\in i}(G_{ij}e_j - B_{ij}f_j) + f_i\sum_{j\in i}(G_{ij}f_j + B_{ij}e_j) \\ Q_i &= f_i\sum_{j\in i}(G_{ij}e_j - B_{ij}f_j) - e_i\sum_{j\in i}(G_{ij}f_j + B_{ij}e_j) \end{aligned}\right\} \quad (i = 1,2,\cdots,n) \tag{2-10}$$

令式中

$$\left.\begin{aligned} \sum_{j\in i}(G_{ij}e_j - B_{ij}f_j) &= a_i \\ \sum_{j\in i}(G_{ij}f_j + B_{ij}e_j) &= b_i \end{aligned}\right\} \tag{2-11}$$

式中：a_i、b_i 实际上是节点 i 注入电流的实部和虚部。因此式(2-10)可以简写为

$$\left.\begin{aligned} P_i &= e_ia_i + f_ib_i \\ Q_i &= f_ia_i - e_ib_i \end{aligned}\right\} \quad (i = 1,2,\cdots,n) \tag{2-12}$$

这就是功率的直角坐标方程式。

无论式(2-9)或式(2-10)都是节点电压向量的非线性方程组。在潮流问题中，往往把它们写成以下的形式：

$$\left.\begin{aligned} \Delta P_i &= P_{is} - V_i\sum_{j\in i}V_j(G_{ij}\cos\theta_{ij} + B_{ij}\sin\theta_{ij}) = 0 \\ \Delta Q_i &= Q_{is} - V_i\sum_{j\in i}V_j(G_{ij}\sin\theta_{ij} - B_{ij}\cos\theta_{ij}) = 0 \end{aligned}\right\} \quad (i = 1,2,\cdots,n) \tag{2-13}$$

及

$$\left.\begin{aligned} \Delta P_i &= P_{is} - e_i\sum_{j\in i}(G_{ij}e_j - B_{ij}f_j) - f_i\sum_{j\in i}(G_{ij}f_j + B_{ij}e_j) = 0 \\ \Delta Q_i &= Q_{is} - f_i\sum_{j\in i}(G_{ij}e_j - B_{ij}f_j) + e_i\sum_{j\in i}(G_{ij}f_j + B_{ij}e_j) = 0 \end{aligned}\right\} \quad (i = 1,2,\cdots,n) \tag{2-14}$$

式(2-13)、式(2-14)中：P_{is}、Q_{is} 为节点 i 给定的有功功率及无功功率。由这两个公式，我们可以把电力系统潮流问题概略地归结为：对于给定的 P_{is}、Q_{is} $(i=1,2,\cdots,n)$ 寻求这样一组电压向量 V_i、θ_i 或 e_i、f_i $(i=1,2,\cdots,n)$，使按式(2-13)、式(2-14)所得到的功率误差 ΔP_i、ΔQ_i $(i=1,2,\cdots,n)$ 在容许范围以内。

最后应该指出，在某些情况下用节点注入电流[见式(2-2)]代替节点注入功率构成潮流模型可能开发出更有效的算法，见第 2.3 节。

2.3 潮流计算的牛顿法

2.3.1 牛顿法的基本概念

牛顿法(又称牛顿-拉弗森法)是解非线性方程式的有效方法。这个方法把非线性方程式的求解过程变成反复对相应的线性方程式的求解过程,通常称为逐次线性化过程,这是牛顿法的核心。我们以如下非线性方程式的求解过程为例来说明:

$$f(x)=0 \tag{2-15}$$

设 $x^{(0)}$ 为该方程式的初值,而真正解 x 在它的近旁:

$$x=x^{(0)}-\Delta x^{(0)} \tag{2-16}$$

式中:$\Delta x^{(0)}$ 为初值 $x^{(0)}$ 的修正量。如果求得 $\Delta x^{(0)}$,则由式(2-16)就可得到真正解 x。为此,将式

$$f(x^{(0)}-\Delta x^{(0)})=0 \tag{2-17}$$

按泰勒级数展开:

$$\begin{aligned} f(x^{(0)}-\Delta x^{(0)}) &= f(x^{(0)})-f'(x^{(0)})\Delta x^{(0)}+f''(x^{(0)})\frac{(\Delta x^{(0)})^2}{2!} \\ &\quad -\cdots+(-1)^n f^{(n)}(x^{(0)})\frac{(\Delta x^{(0)})^n}{n!}+\cdots \\ &=0 \end{aligned} \tag{2-18}$$

式中:$f'(x^{(0)}),\cdots,f^{(n)}(x^{(0)})$分别为函数 $f(x)$ 在 $x^{(0)}$ 处的一次导数至 n 次导数。当我们选择的初值比较好,即 $\Delta x^{(0)}$ 很小时,式(2-18)中包含的$(\Delta x^{(0)})^2$ 和更高阶次项可以略去不计。因此,式(2-18)可以简化为

$$f(x^{(0)})-f'(x^{(0)})\Delta x^{(0)}=0 \tag{2-19}$$

这是对于变量 $\Delta x^{(0)}$ 的线性方程式,以后称为修正方程式,用它可以求出修正量 $\Delta x^{(0)}$。

由于式(2-19)是式(2-18)简化的结果,所以由式(2-19)解出 $\Delta x^{(0)}$ 后,还不能得到方程式(2-15)的真正解。实际上,用 $\Delta x^{(0)}$ 对 $x^{(0)}$ 修正以后得到的 $x^{(1)}$:

$$x^{(1)}=x^{(0)}-\Delta x^{(0)} \tag{2-20}$$

只是向真正解更逼近了一些。现在如果再以 $x^{(1)}$ 作为初值,解式(2-19),

$$f(x^{(1)})-f'(x^{(1)})\Delta x^{(1)}=0$$

就能得到更趋近于真正解的 $x^{(2)}$:

$$x^{(2)}=x^{(1)}-\Delta x^{(1)} \tag{2-21}$$

这样反复下去,就构成了不断求解线性修正方程式的逐步线性化过程。第 t 次迭代时的修正方程式为

$$f(x^{(t)})-f'(x^{(t)})\Delta x^{(t)}=0 \tag{2-22}$$

或

$$f(x^{(t)})=f'(x^{(t)})\Delta x^{(t)} \tag{2-23}$$

上式左端可以看成是近似解 $x^{(t)}$ 引起的误差,当 $f(x^{(t)})\rightarrow 0$ 时,就满足了原方程式(2-15),因而 $x^{(t)}$ 就成为该方程式的解。式(2-22)中 $f'(x^{(t)})$是函数 $f(x)$在 $x^{(t)}$ 点的一次导数,也就是曲线在 $x^{(t)}$ 点的斜率,如图 2-2 所示。

$$\tan\alpha^{(t)} = f'(x^{(t)}) \tag{2-24}$$

修正量 $\Delta x^{(t)}$ 则由 $x^{(t)}$ 点的切线与横轴的交点来决定，由图 2-2 可以直观地看出牛顿法的求解过程。

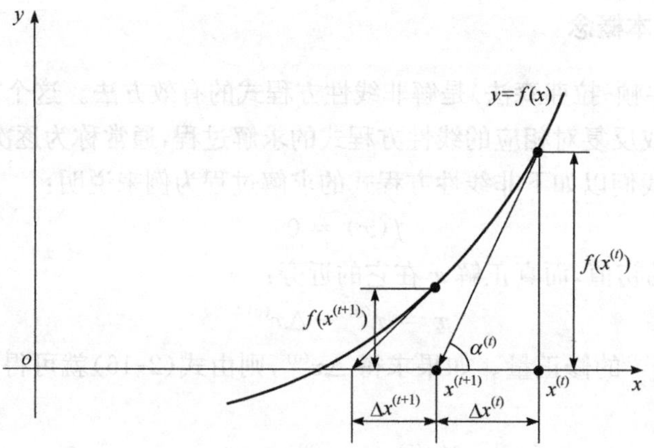

图 2-2　牛顿法的几何解释

现在把牛顿法推广到多变量非线性方程组的情况。设有变量 $x_1, x_2, \cdots, x_n$ 的非线性联立方程组：

$$\left.\begin{aligned} f_1(x_1, x_2, \cdots, x_n) &= 0 \\ f_2(x_1, x_2, \cdots, x_n) &= 0 \\ &\vdots \\ f_n(x_1, x_2, \cdots, x_n) &= 0 \end{aligned}\right\} \tag{2-25}$$

给定各变量初值 $x_1^{(0)}, x_2^{(0)}, \cdots, x_n^{(0)}$，假设 $\Delta x_1^{(0)}, \Delta x_2^{(0)}, \cdots, \Delta x_n^{(0)}$ 为其修正量，并使其满足

$$\left.\begin{aligned} f_1(x_1^{(0)} - \Delta x_1^{(0)}, x_2^{(0)} - \Delta x_2^{(0)}, \cdots, x_n^{(0)} - \Delta x_n^{(0)}) &= 0 \\ f_2(x_1^{(0)} - \Delta x_1^{(0)}, x_2^{(0)} - \Delta x_2^{(0)}, \cdots, x_n^{(0)} - \Delta x_n^{(0)}) &= 0 \\ &\vdots \\ f_n(x_1^{(0)} - \Delta x_1^{(0)}, x_2^{(0)} - \Delta x_2^{(0)}, \cdots, x_n^{(0)} - \Delta x_n^{(0)}) &= 0 \end{aligned}\right\} \tag{2-26}$$

对以上 n 个方程式分别按泰勒级数展开，当忽略包含 $\Delta x_1^{(0)}, \Delta x_2^{(0)}, \cdots, \Delta x_n^{(0)}$ 所组成的二次项和高次项时，可以得到

$$\left.\begin{aligned} f_1(x_1^{(0)}, x_2^{(0)}, \cdots, x_n^{(0)}) - \left[\frac{\partial f_1}{\partial x_1}\bigg|_0 \Delta x_1^{(0)} + \frac{\partial f_1}{\partial x_2}\bigg|_0 \Delta x_2^{(0)} + \cdots + \frac{\partial f_1}{\partial x_n}\bigg|_0 \Delta x_n^{(0)}\right] &= 0 \\ f_2(x_1^{(0)}, x_2^{(0)}, \cdots, x_n^{(0)}) - \left[\frac{\partial f_2}{\partial x_1}\bigg|_0 \Delta x_1^{(0)} + \frac{\partial f_2}{\partial x_2}\bigg|_0 \Delta x_2^{(0)} + \cdots + \frac{\partial f_2}{\partial x_n}\bigg|_0 \Delta x_n^{(0)}\right] &= 0 \\ &\vdots \\ f_n(x_1^{(0)}, x_2^{(0)}, \cdots, x_n^{(0)}) - \left[\frac{\partial f_n}{\partial x_1}\bigg|_0 \Delta x_1^{(0)} + \frac{\partial f_n}{\partial x_2}\bigg|_0 \Delta x_2^{(0)} + \cdots + \frac{\partial f_n}{\partial x_n}\bigg|_0 \Delta x_n^{(0)}\right] &= 0 \end{aligned}\right\} \tag{2-27}$$

式中：$\dfrac{\partial f_i}{\partial x_j}\bigg|_0$ 为函数 $f_i(x_1, x_2, \cdots, x_n)$ 对自变量 x_j 的偏导数在点 $(x_1^{(0)}, x_2^{(0)}, \cdots, x_n^{(0)})$ 处的值。

把式(2-27)写成矩阵的形式：

$$
\begin{bmatrix} f_1(x_1^{(0)},x_2^{(0)},\cdots,x_n^{(0)}) \\ f_2(x_1^{(0)},x_2^{(0)},\cdots,x_n^{(0)}) \\ \vdots \\ f_n(x_1^{(0)},x_2^{(0)},\cdots,x_n^{(0)}) \end{bmatrix} = \begin{bmatrix} \left.\frac{\partial f_1}{\partial x_1}\right|_0 & \left.\frac{\partial f_1}{\partial x_2}\right|_0 & \cdots & \left.\frac{\partial f_1}{\partial x_n}\right|_0 \\ \left.\frac{\partial f_2}{\partial x_1}\right|_0 & \left.\frac{\partial f_2}{\partial x_2}\right|_0 & \cdots & \left.\frac{\partial f_2}{\partial x_n}\right|_0 \\ & \vdots & & \\ \left.\frac{\partial f_n}{\partial x_1}\right|_0 & \left.\frac{\partial f_n}{\partial x_2}\right|_0 & \cdots & \left.\frac{\partial f_n}{\partial x_n}\right|_0 \end{bmatrix} \begin{bmatrix} \Delta x_1^{(0)} \\ \Delta x_2^{(0)} \\ \vdots \\ \Delta x_n^{(0)} \end{bmatrix} \tag{2-28}
$$

这是变量 $\Delta x_1^{(0)},\Delta x_2^{(0)},\cdots,\Delta x_n^{(0)}$ 的线性方程组，称为牛顿法的修正方程式，通过它可以解出 $\Delta x_1^{(0)},\Delta x_2^{(0)},\cdots,\Delta x_n^{(0)}$，并可以进一步求得

$$
\left.\begin{aligned} x_1^{(1)} &= x_1^{(0)} - \Delta x_1^{(0)} \\ x_2^{(1)} &= x_2^{(0)} - \Delta x_2^{(0)} \\ &\vdots \\ x_n^{(1)} &= x_n^{(0)} - \Delta x_n^{(0)} \end{aligned}\right\} \tag{2-29}
$$

式中 $x_1^{(1)},x_2^{(1)},\cdots,x_n^{(1)}$ 向真正解逼近了一步，如果再以它们作为初值重复解式(2-28)型修正方程式，并按式(2-29)对变量进行修正，就构成了牛顿法的迭代过程。

一般第 t 次迭代时的修正方程式为

$$
\begin{bmatrix} f_1(x_1^{(t)},x_2^{(t)},\cdots,x_n^{(t)}) \\ f_2(x_1^{(t)},x_2^{(t)},\cdots,x_n^{(t)}) \\ \vdots \\ f_n(x_1^{(t)},x_2^{(t)},\cdots,x_n^{(t)}) \end{bmatrix} = \begin{bmatrix} \left.\frac{\partial f_1}{\partial x_1}\right|_t & \left.\frac{\partial f_1}{\partial x_2}\right|_t & \cdots & \left.\frac{\partial f_1}{\partial x_n}\right|_t \\ \left.\frac{\partial f_2}{\partial x_1}\right|_t & \left.\frac{\partial f_2}{\partial x_2}\right|_t & \cdots & \left.\frac{\partial f_2}{\partial x_n}\right|_t \\ & \vdots & & \\ \left.\frac{\partial f_n}{\partial x_1}\right|_t & \left.\frac{\partial f_n}{\partial x_2}\right|_t & \cdots & \left.\frac{\partial f_n}{\partial x_n}\right|_t \end{bmatrix} \begin{bmatrix} \Delta x_1^{(t)} \\ \Delta x_2^{(t)} \\ \vdots \\ \Delta x_n^{(t)} \end{bmatrix} \tag{2-30}
$$

或者简写为

$$
\boldsymbol{F}(\boldsymbol{X}^{(t)}) = \boldsymbol{J}^{(t)} \Delta \boldsymbol{X}^{(t)} \tag{2-31}
$$

式中：

$$
\boldsymbol{F}(\boldsymbol{X}^{(t)}) = \begin{bmatrix} f_1(x_1^{(t)},x_2^{(t)},\cdots,x_n^{(t)}) \\ f_2(x_1^{(t)},x_2^{(t)},\cdots,x_n^{(t)}) \\ \vdots \\ f_n(x_1^{(t)},x_2^{(t)},\cdots,x_n^{(t)}) \end{bmatrix} \tag{2-32}
$$

为第 t 次迭代时函数的误差向量；

$$
\boldsymbol{J}^{(t)} = \begin{bmatrix} \left.\frac{\partial f_1}{\partial x_1}\right|_t & \left.\frac{\partial f_1}{\partial x_2}\right|_t & \cdots & \left.\frac{\partial f_1}{\partial x_n}\right|_t \\ \left.\frac{\partial f_2}{\partial x_1}\right|_t & \left.\frac{\partial f_2}{\partial x_2}\right|_t & \cdots & \left.\frac{\partial f_2}{\partial x_n}\right|_t \\ & \vdots & & \\ \left.\frac{\partial f_n}{\partial x_1}\right|_t & \left.\frac{\partial f_n}{\partial x_2}\right|_t & \cdots & \left.\frac{\partial f_n}{\partial x_n}\right|_t \end{bmatrix} \tag{2-33}
$$

称为第 t 次迭代时的雅可比矩阵；

$$\Delta \boldsymbol{X}^{(t)} = \begin{bmatrix} \Delta x_1^{(t)} \\ \Delta x_2^{(t)} \\ \vdots \\ \Delta x_n^{(t)} \end{bmatrix} \tag{2-34}$$

为第 t 次迭代时的修正量向量。

同样,也可以写出类似于式(2-29)的算式:

$$\boldsymbol{X}^{(t+1)} = \boldsymbol{X}^{(t)} - \Delta \boldsymbol{X}^{(t)} \tag{2-35}$$

这样,反复交替解式(2-31)及式(2-35)就可以使 $X^{(t+1)}$ 逐步趋近方程式的真正解。为了判断收敛情况,可采用以下两个不等式中的一个:

$$\| \Delta \boldsymbol{X}^{(t)} \| < \varepsilon_1 \tag{2-36}$$

$$\| \boldsymbol{F}(\boldsymbol{X}^{(t)}) \| < \varepsilon_2 \tag{2-37}$$

式中:$\| \Delta \boldsymbol{X}^{(t)} \|$ 及 $\| \boldsymbol{F}(\boldsymbol{X}^{(t)}) \|$ 分别表示向量 $\Delta \boldsymbol{X}^{(t)}$ 及 $\boldsymbol{F}(\boldsymbol{X}^{(t)})$ 的最大分量的绝对值;ε_1 和 ε_2 为预先给出的很小正数。

2.3.2 修正方程式

在第 2.3.1 节中我们推导了两种类型的功率方程式,它们在牛顿法潮流程序中都有应用[14]。虽然它们在迭代步骤上没有差别,但其修正方程式则各有特点。

当采用极坐标的数学模型[式(2-13)]时,待求量是各节点电压的幅值和角度 V_i、$\theta_i(i=1,2,\cdots,n)$。对 PV 节点来说,节点 i 电压幅值 V_i 是给定的,不再作为变量。同时,该点不能预先给定无功功率 Q_{is},这样,方程式中 ΔQ_i 也就失去了约束作用。因此,在迭代过程中应该取消与 PV 节点有关的无功功率方程式。只有当迭代结束后,即各节点电压向量求得以后,才利用这些方程式来求各 PV 节点应维持的无功功率。同样道理,由于平衡节点电压幅值及相角都是给定量,因此与平衡节点有关的方程式也不参与迭代过程。迭代结束后,我们利用平衡节点的功率方程式来确定其有功功率及无功功率。

设系统节点总数为 n,PV 节点共 r 个。为了叙述方便,我们把平衡节点排在最后,即设为第 n 节点,则潮流计算要解的方程式应包括

$$\left.\begin{aligned} \Delta P_1 &= P_{1s} - V_1 \sum_{j\in 1} V_j (G_{1j}\cos\theta_{1j} + B_{1j}\sin\theta_{1j}) = 0 \\ \Delta P_2 &= P_{2s} - V_2 \sum_{j\in 2} V_j (G_{2j}\cos\theta_{2j} + B_{2j}\sin\theta_{2j}) = 0 \\ &\vdots \\ \Delta P_{n-1} &= P_{n-1,s} - V_{n-1} \sum_{j\in (n-1)} V_j (G_{n-1,j}\cos\theta_{n-1,j} + B_{n-1,j}\sin\theta_{n-1,j}) = 0 \end{aligned}\right\} \tag{2-38}$$

此式中共包含 $n-1$ 个方程式;及

$$\left.\begin{aligned} \Delta Q_1 &= Q_{1s} - V_1 \sum_{j\in 1} V_j (G_{1j}\sin\theta_{1j} - B_{1j}\cos\theta_{1j}) = 0 \\ \Delta Q_2 &= Q_{2s} - V_2 \sum_{j\in 2} V_j (G_{2j}\sin\theta_{2j} - B_{2j}\cos\theta_{2j}) = 0 \\ &\vdots \\ \Delta Q_{n-1} &= Q_{n-1,s} - V_{n-1} \sum_{j\in (n-1)} V_j (G_{n-1,j}\sin\theta_{n-1,j} - B_{n-1,j}\cos\theta_{n-1,j}) = 0 \end{aligned}\right\} \tag{2-39}$$

此方程组共包括 $n-r-1$ 个方程式。以上方程式的待求量为各节点电压的角度 θ_i 及电压幅值 V_i，其中 θ_i 共有 $n-1$ 个。由于 V_i 中不包括 PV 节点的电压幅值，所以共有 $n-r-1$ 个。这样，未知量共有 $2n-r-2$ 个，恰好可由以上 $2n-r-2$ 个方程式求出。

将式(2-38)、式(2-39)按泰勒级数展开，略去高次项后，即可得到修正方程式

$$\begin{bmatrix} \Delta P_1 \\ \Delta P_2 \\ \vdots \\ \Delta P_{n-1} \\ \hdashline \Delta Q_1 \\ \Delta Q_2 \\ \vdots \\ \Delta Q_{n-1} \end{bmatrix} = \left[\begin{array}{cccc:cccc} H_{11} & H_{12} & \cdots & H_{1,n-1} & N_{11} & N_{12} & \cdots & N_{1,n-1} \\ H_{21} & H_{22} & \cdots & H_{2,n-1} & N_{21} & N_{22} & \cdots & N_{2,n-1} \\ \vdots & \vdots & & \vdots & \vdots & \vdots & & \vdots \\ H_{n-1,1} & H_{n-1,2} & \cdots & H_{n-1,n-1} & N_{n-1,1} & N_{n-1,2} & \cdots & N_{n-1,n-1} \\ \hdashline J_{11} & J_{12} & \cdots & J_{1,n-1} & L_{11} & L_{12} & \cdots & L_{1,n-1} \\ J_{21} & J_{22} & \cdots & J_{2,n-1} & L_{21} & L_{22} & \cdots & L_{2,n-1} \\ \vdots & \vdots & & \vdots & \vdots & \vdots & & \vdots \\ J_{n-1,1} & J_{n-1,2} & \cdots & J_{n-1,n-1} & L_{n-1,1} & L_{n-1,2} & \cdots & L_{n-1,n-1} \end{array}\right] \begin{bmatrix} \Delta\theta_1 \\ \Delta\theta_2 \\ \vdots \\ \Delta\theta_{n-1} \\ \hdashline \Delta V_1/V_1 \\ \Delta V_2/V_2 \\ \vdots \\ \Delta V_{n-1}/V_{n-1} \end{bmatrix} \tag{2-40}$$

式中电压幅值的修正量采用 $\Delta V_1/V_1, \Delta V_2/V_2, \cdots, \Delta V_{n-1}/V_{n-1}$ 的形式并没有什么特殊意义，只不过为了使雅可比矩阵中各元素具有比较相似的表达式。

利用简单的微分运算对式(2-13)或对式(2-38)、式(2-39)取偏导数，并注意式中 P_{is}、Q_{is} 均为常数，可以得到雅可比矩阵中各元素的表达式：

$$H_{ij} = \frac{\partial \Delta P_i}{\partial \theta_j} = -V_i V_j (G_{ij}\sin\theta_{ij} - B_{ij}\cos\theta_{ij}) \quad (j \neq i) \tag{2-41}$$

$$H_{ii} = \frac{\partial \Delta P_i}{\partial \theta_i} = V_i \sum_{\substack{j\in i \\ j\neq i}} V_j (G_{ij}\sin\theta_{ij} - B_{ij}\cos\theta_{ij}) \tag{2-42}$$

或

$$H_{ii} = V_i^2 B_{ii} + Q_i \tag{2-43}$$

$$N_{ij} = \frac{\partial \Delta P_i}{\partial V_j} V_j = -V_i V_j (G_{ij}\cos\theta_{ij} + B_{ij}\sin\theta_{ij}) \quad (j \neq i) \tag{2-44}$$

$$N_{ii} = \frac{\partial \Delta P_i}{\partial V_i} V_i = -V_i \sum_{\substack{j\in i \\ j\neq i}} V_j (G_{ij}\cos\theta_{ij} + B_{ij}\sin\theta_{ij}) - 2V_i^2 G_{ii} = -V_i^2 G_{ii} - P_i \tag{2-45}$$

$$J_{ij} = \frac{\partial \Delta P_i}{\partial \theta_j} V_j = V_i V_j (G_{ij}\cos\theta_{ij} + B_{ij}\sin\theta_{ij}) \quad (j \neq i) \tag{2-46}$$

$$J_{ii} = \frac{\partial \Delta P_i}{\partial \theta_j} V_i = -V_i \sum_{\substack{j\in i \\ j\neq i}} V_j (G_{ij}\cos\theta_{ij} + B_{ij}\sin\theta_{ij}) = V_i^2 G_{ii} - P_i \tag{2-47}$$

$$L_{ij} = \frac{\partial \Delta Q_i}{\partial V_j} V_j = -V_i V_j (G_{ij}\sin\theta_{ij} - B_{ij}\cos\theta_{ij}) \quad (j \neq i) \tag{2-48}$$

$$L_{ii} = \frac{\partial \Delta Q_i}{\partial V_i} V_i = -V_i \sum_{\substack{j\in i \\ j\neq i}} V_j (G_{ij}\sin\theta_{ij} - B_{ij}\cos\theta_{ij}) + 2V_i^2 B_{ii} = V_i^2 B_{ii} - Q_i \tag{2-49}$$

修正方程式(2-40)还可以写成更为简单的形式：

$$\begin{bmatrix} \boldsymbol{\Delta P} \\ \boldsymbol{\Delta Q} \end{bmatrix} = \begin{bmatrix} \boldsymbol{H} & \boldsymbol{N} \\ \boldsymbol{J} & \boldsymbol{L} \end{bmatrix} \begin{bmatrix} \boldsymbol{\Delta\theta} \\ \boldsymbol{\Delta V/V} \end{bmatrix} \tag{2-50}$$

对照式(2-40)可以看出式中各符号的意义。有时,为了程序上处理方便也可把修正方程式排成下列形式:

$$\begin{bmatrix} \Delta P_1 \\ \Delta Q_1 \\ \Delta P_2 \\ \Delta Q_2 \\ \vdots \\ \Delta P_{n-1} \\ \Delta Q_{n-1} \end{bmatrix} = \begin{bmatrix} H_{11} & N_{11} & H_{12} & N_{12} & \cdots & H_{1,n-1} & N_{1,n-1} \\ J_{11} & L_{11} & J_{12} & L_{12} & \cdots & J_{1,n-1} & L_{1,n-1} \\ H_{21} & N_{21} & H_{22} & N_{22} & \cdots & H_{2,n-1} & N_{2,n-1} \\ J_{21} & L_{21} & J_{22} & L_{22} & \cdots & J_{2,n-1} & L_{2,n-1} \\ \vdots & \vdots & \vdots & \vdots & & \vdots & \vdots \\ H_{n-1,1} & N_{n-1,1} & H_{n-1,2} & N_{n-1,2} & \cdots & H_{n-1,n-1} & N_{n-1,n-1} \\ J_{n-1,1} & L_{n-1,1} & J_{n-1,2} & L_{n-1,2} & \cdots & J_{n-1,n-1} & L_{n-1,n-1} \end{bmatrix} \begin{bmatrix} \Delta\theta_1 \\ \Delta V_1/V_1 \\ \Delta\theta_2 \\ \Delta V_2/V_2 \\ \vdots \\ \Delta\theta_{n-1} \\ \Delta V_{n-1}/V_{n-1} \end{bmatrix} \tag{2-51}$$

上式与式(2-40)在本质上并无任何不同。

当采用直角坐标时,潮流问题的待求量为各节点电压的实部和虚部两个分量 $e_1, f_1, e_2, f_2, \cdots, e_n, f_n$。由于平衡节点电压向量是给定的,因此待求量共 $2(n-1)$ 个,需要 $2(n-1)$ 个方程式。事实上,除平衡节点的功率方程式在迭代过程中没有约束作用以外,其余每个节点都可列出两个方程式。对 PQ 节点来说,P_{is}、Q_{is} 是给定的,因而可以写出

$$\left.\begin{aligned} \Delta P_i &= P_{is} - e_i \sum_{j\in i}(G_{ij}e_j - B_{ij}f_j) - f_i \sum_{j\in i}(G_{ij}f_j + B_{ij}e_j) = 0 \\ \Delta Q_i &= Q_{is} - f_i \sum_{j\in i}(G_{ij}e_j - B_{ij}f_j) + e_i \sum_{j\in i}(G_{ij}f_j + B_{ij}e_j) = 0 \end{aligned}\right\} \tag{2-52}$$

对 PV 节点来说,给定量是 P_{is}、V_{is},因此可以列出

$$\left.\begin{aligned} \Delta P_i &= P_{is} - e_i \sum_{j\in i}(G_{ij}e_j - B_{ij}f_j) - f_i \sum_{j\in i}(G_{ij}f_j + B_{ij}e_j) = 0 \\ \Delta V_i^2 &= V_{is}^2 - (e_i^2 + f_i^2) = 0 \end{aligned}\right\} \tag{2-53}$$

式(2-52)和式(2-53)共包括 $2(n-1)$ 个方程式。将它们按泰勒级数展开,略去高次项后,即可得到修正方程式,写成矩阵的形式如下:

$$\begin{bmatrix} \Delta P_1 \\ \Delta Q_1 \\ \Delta P_2 \\ \Delta Q_2 \\ \vdots \\ \Delta P_i \\ \Delta V_i^2 \\ \vdots \end{bmatrix} = \begin{bmatrix} \frac{\partial \Delta P_1}{\partial e_1} & \frac{\partial \Delta P_1}{\partial f_1} & \frac{\partial \Delta P_1}{\partial e_2} & \frac{\partial \Delta P_1}{\partial f_2} & \cdots & \frac{\partial \Delta P_1}{\partial e_i} & \frac{\partial \Delta P_1}{\partial f_i} & \cdots \\ \frac{\partial \Delta Q_1}{\partial e_1} & \frac{\partial \Delta Q_1}{\partial f_1} & \frac{\partial \Delta Q_1}{\partial e_2} & \frac{\partial \Delta Q_1}{\partial f_2} & \cdots & \frac{\partial \Delta Q_1}{\partial e_i} & \frac{\partial \Delta Q_1}{\partial f_i} & \cdots \\ \frac{\partial \Delta P_2}{\partial e_1} & \frac{\partial \Delta P_2}{\partial f_1} & \frac{\partial \Delta P_2}{\partial e_2} & \frac{\partial \Delta P_2}{\partial f_2} & \cdots & \frac{\partial \Delta P_2}{\partial e_i} & \frac{\partial \Delta P_2}{\partial f_i} & \cdots \\ \frac{\partial \Delta Q_2}{\partial e_1} & \frac{\partial \Delta Q_2}{\partial f_1} & \frac{\partial \Delta Q_2}{\partial e_2} & \frac{\partial \Delta Q_2}{\partial f_2} & \cdots & \frac{\partial \Delta Q_2}{\partial e_i} & \frac{\partial \Delta Q_2}{\partial f_i} & \cdots \\ \vdots & \vdots & \vdots & \vdots & & & & \\ \frac{\partial \Delta P_i}{\partial e_1} & \frac{\partial \Delta P_i}{\partial f_1} & \frac{\partial \Delta P_i}{\partial e_2} & \frac{\partial \Delta P_i}{\partial f_2} & \cdots & \frac{\partial \Delta P_i}{\partial e_i} & \frac{\partial \Delta P_i}{\partial f_i} & \cdots \\ 0 & 0 & 0 & 0 & \cdots & \frac{\partial \Delta V_i^2}{\partial e_i} & \frac{\partial \Delta V_i^2}{\partial f_i} & \cdots \\ \vdots & \vdots & \vdots & \vdots & & & & \end{bmatrix} \begin{bmatrix} \Delta e_1 \\ \Delta f_1 \\ \Delta e_2 \\ \Delta f_2 \\ \vdots \\ \Delta e_i \\ \Delta f_i \\ \vdots \end{bmatrix} \tag{2-54}$$

根据式(2-52)、式(2-53),利用简单的微分运算可以求得上式雅可比矩阵中各元素的表达式。当 $j \neq i$ 时,

$$\left.\begin{aligned}
\frac{\partial \Delta P_i}{\partial e_j} &= -\frac{\partial \Delta Q_i}{\partial f_j} = -(G_{ij}e_i + B_{ij}f_i) \\
\frac{\partial \Delta P_i}{\partial f_j} &= \frac{\partial \Delta Q_i}{\partial e_j} = B_{ij}e_i - G_{ij}f_i \\
\frac{\partial \Delta V_i^2}{\partial e_j} &= -\frac{\partial \Delta V_i^2}{\partial f_j} = 0
\end{aligned}\right\} \tag{2-55}$$

以上为非对角元素。当 $j=i$ 时,

$$\frac{\partial \Delta P_i}{\partial e_i} = -\sum_{j\in i}(G_{ij}e_j - B_{ij}f_j) - G_{ii}e_i - B_{ii}f_i$$

利用式(2-11)可以改写为

$$\frac{\partial \Delta P_i}{\partial e_i} = -a_i - G_{ii}e_i - B_{ii}f_i$$

同样得到

$$\left.\begin{aligned}
\frac{\partial \Delta Q_i}{\partial f_i} &= -\sum_{j\in i}(G_{ij}e_j - B_{ij}f_j) + G_{ii}e_i + B_{ii}f_i = -a_i + G_{ii}e_i + B_{ii}f_i \\
\frac{\partial \Delta P_i}{\partial f_i} &= -\sum_{j\in i}(G_{ij}f_j + B_{ij}e_j) + B_{ii}e_i - G_{ii}f_i = -b_i + B_{ii}e_i - G_{ii}f_i \\
\frac{\partial \Delta Q_i}{\partial e_i} &= \sum_{j\in i}(G_{ij}f_j + B_{ij}e_j) + B_{ii}e_i - G_{ii}f_i = b_i + B_{ii}e_i - G_{ii}f_i \\
\frac{\partial \Delta V_i^2}{\partial e_i} &= -2e_i \\
\frac{\partial \Delta V_i^2}{\partial f_i} &= -2f_i
\end{aligned}\right\} \tag{2-56}$$

以上得到的两种坐标系统修正方程式,是牛顿法潮流程序中需要反复求解的基本方程式。研究以上公式,可以看出这两种修正方程式有以下特点:

(1) 修正方程式(2-54)显然是 $2(n-1)$ 阶的,修正方程式(2-40)的阶数为 $2(n-1)-r$。由于系统中 PV 节点数(r)一般较少,所以也是接近 $2(n-1)$ 阶的方程组。

(2) 由两种坐标系统雅可比矩阵非对角元素的表示式(2-41)、式(2-44)、式(2-46)、式(2-48)以及式(2-55)可以看出,它们只与导纳矩阵中某一个元素有关。因此,当导纳矩阵中元素 Y_{ij} 为零时,修正方程式系数矩阵中相应元素也为零,即修正方程式系数矩阵与导纳矩阵具有相同的结构,因此修正方程式系数矩阵也是稀疏矩阵。

(3) 由雅可比矩阵各元素的表达式可以看出,两种坐标系统修正方程式的系数矩阵都是不对称的,例如很容易验证

$$\frac{\partial \Delta P_i}{\partial \theta_j} \neq \frac{\partial \Delta P_j}{\partial \theta_i}, \qquad \frac{\partial \Delta Q_i}{\partial V_j} \neq \frac{\partial \Delta Q_j}{\partial V_i}$$

以及

$$\frac{\partial \Delta P_i}{\partial e_j} \neq \frac{\partial \Delta P_j}{\partial e_i}, \qquad \frac{\partial \Delta Q_i}{\partial f_j} \neq \frac{\partial \Delta Q_j}{\partial f_i}$$

等等。

(4) 两种修正方程式的系数矩阵——雅可比矩阵中诸元素都是节点电压向量的函数,因此在迭代过程中,它们将随着各节点电压向量的变化而不断变化。这一点是影响牛顿法潮流程序计算效率最重要的因素,因为不仅每次迭代都要重新计算雅可比矩阵元素,而且还需重新进行三角分解。因此,对牛顿法潮流程序的改进,大多是针对这一问题。例如,文献[12]提出当采用直角坐标时,如果以注入电流[见式(2-4)]构成潮流方程,则其修正方程式的雅可比矩阵中非对角元素将为常数,从而提高求解效率。文献[13]则建议采用部分更新雅可比矩阵元素以减少运算量。限于篇幅,不再详述。

两种坐标系统的修正方程式给牛顿法潮流程序也带来一些差异。当采用极坐标表示式时,程序中对 PV 节点处理比较方便。当采用直角坐标时,在迭代过程中避免了三角函数的运算,因而每次迭代速度略快一些。一般说来,这些差异并不十分显著。在牛顿法潮流程序中,两种坐标系统都有应用。关于对两种坐标系统的修正方程式的比较,可参阅文献[14]。

目前广泛采用的 P-Q 分解法是从极坐标系统牛顿法潮流程序演化而来的,将在第2.4节中详细讨论。因此,下一节将主要根据直角坐标表示式 (2-54)型的修正方程式讨论牛顿法潮流程序。

2.3.3 牛顿法的求解过程

以下讨论用直角坐标形式的牛顿法潮流的求解过程。在牛顿法潮流程序中,电力网络是用导纳矩阵来描述的。由式(2-52)、式(2-53)、式(2-55)、式(2-56)可知,其中的运算都以导纳矩阵为基础,因此在程序中应首先形成导纳矩阵。牛顿法潮流求解过程大致分为以下几个步骤:

(1) 给定各节点电压初值 $e^{(0)}$、$f^{(0)}$。

(2) 将电压初值 $e^{(0)}$、$f^{(0)}$ 代入式(2-52)、式(2-53),求修正方程式的常数项 $\Delta P^{(0)}$、$\Delta Q^{(0)}$、$(\Delta V^2)^{(0)}$。

(3) 将电压初值代入式(2-55)、式(2-56)中求修正方程式系数矩阵(雅可比矩阵)各元素。

(4) 解修正方程式(2-54),求修正量 $\Delta e^{(0)}$、$\Delta f^{(0)}$。

(5) 修正各节点电压向量:

$$\left.\begin{aligned} e^{(1)} &= e^{(0)} - \Delta e^{(0)} \\ f^{(1)} &= f^{(0)} - \Delta f^{(0)} \end{aligned}\right\} \tag{2-57}$$

(6) 以 $e^{(1)}$、$f^{(1)}$ 代入式(2-52)、式(2-53)中求 $\Delta P^{(1)}$、$\Delta Q^{(1)}$、$(\Delta V^2)^{(1)}$。

(7) 校验是否收敛,如收敛,则进而求各支路潮流并打印输出计算结果,否则再以 $e^{(1)}$、$f^{(1)}$ 为初值,返回第(3)步骤进行下一次迭代。

牛顿法潮流程序的原理框图如图 2-3 所示。图 2-3 以及上述求解步骤只是从原理上简要地介绍了牛顿法的计算过程,它们和实际的应用程序还有一些差别。如前所述,牛顿法求解潮流问题的过程,实际上是不断形成并求解修正方程式的过程。如何处理修正方程式对于内存要求和计算速度有着决定性的影响,因此,在下一节具体讨论修正方程式的构成及解法以后，才能进一步给出牛顿法潮流程序的实用框图。

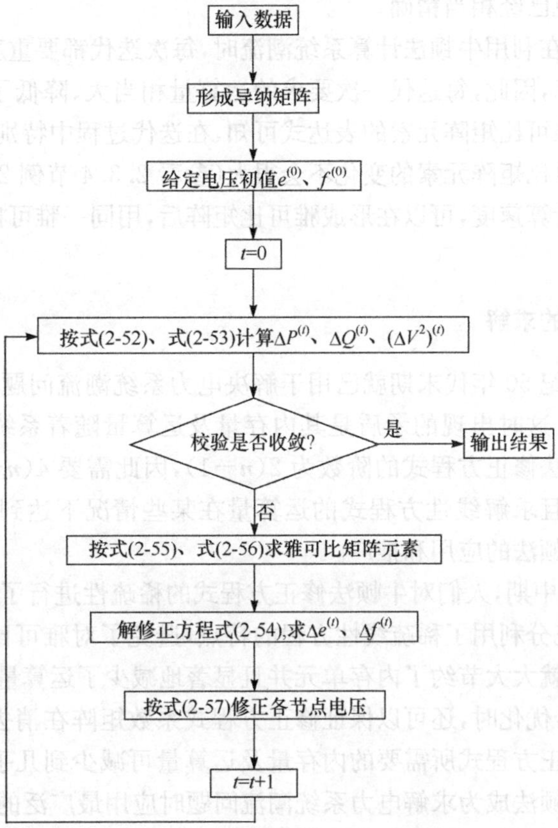

图 2-3　牛顿法潮流程序原理框图

现在我们仅就与修正方程式处理无关的问题作简单的介绍。

牛顿法的收敛性比较好，一般潮流计算通常迭代 6～7 次就能收敛到非常精确的解，而且迭代次数与电力系统规模关系不大。从理论上讲，牛顿法具有平方收敛的特性，但它对初始值要求比较高。当初始值选择得不恰当时，可能出现不收敛，或者收敛到实际电力系统无法运行的解。这种情况是牛顿法本身引起的。如前所述，牛顿法的实质是把非线性方程的求解转化为反复求解修正方程式的过程，这种“逐次线性化”是建立在 Δe、Δf 非常小，因而其高次项可以忽略不计的假定之上的。当初值和真正解相差较大时，高次项就不能忽略，从而牛顿法就失去了迭代的基础。

一般电力系统在正常运行情况下，各节点运行在额定电压附近，各节点电压相角差不会很大。在这时，初值采用“平启动”方式，即

$$e_i^{(0)} = 1.0, \qquad f_i^{(0)} = 0.0 \qquad (i-1,2,\cdots,n) \tag{2-58}$$

牛顿法都能给出比较满意的结果。在图 2-3 中，我们采用的收敛条件是

$$\| \Delta P^{(t)}, \Delta Q^{(t)} \| < \varepsilon \tag{2-59}$$

式中：$\| \Delta P^{(t)}, \Delta Q^{(t)} \|$ 表示向量 $\Delta P^{(t)}$、$\Delta Q^{(t)}$ 中最大分量的绝对值。这个收敛条件比较直观，用它可以直接控制最终结果的功率误差。当采用标幺值进行计算时，可以取 $\varepsilon = 10^{-4}$

或 10^{-3}，如果以 100MVA 作为基值，这就相当于有名值 0.01MVA 或 0.1MVA，这对实际电力系统计算来说已经相当精确。

由图 2-3 可知，在利用牛顿法计算系统潮流时，每次迭代都要重新形成雅可比矩阵并且对它进行消去运算，因此，每迭代一次要求的运算量相当大，降低了牛顿法潮流程序的计算速度。由前面雅可比矩阵元素的表达式可知，在迭代过程中特别是趋于收敛时，由于电压变化而引起雅可比矩阵元素的变化不会很大(参看 2.3.4 节例 2-1)，因此，为了提高牛顿法潮流程序的计算速度，可以在形成雅可比矩阵后，用同一雅可比矩阵连续进行几次迭代。

2.3.4 修正方程式的求解

牛顿法在 20 世纪 50 年代末期就已用于解决电力系统潮流问题，并采用了高斯消去法求解修正方程式。这时出现的矛盾是其内存量及运算量随着系统的扩大而急剧地增长。如前所述，牛顿法修正方程式的阶数为 $2(n-1)$，因此需要 $4(n-1)^2$ 个内存单元贮存整个系数矩阵，而且求解线性方程式的运算量在某些情况下达到 $[2(n-1)]^3$ 乘加运算，这样就限制了牛顿法的应用和推广。

20 世纪 60 年代中期，人们对牛顿法修正方程式的稀疏性进行了深入研究，在求解线性方程式的过程中充分利用了稀疏线性方程的特点，避免了对雅可比矩阵中大量零元素的贮存和运算，这样就大大节约了内存单元并且显著地减少了运算量，从而提高了计算速度。当采用节点编号优化时，还可以保证修正方程式系数矩阵在消去过程中增加的非零元素最少，使求解修正方程式所需要的内存量及运算量可减少到几乎与系统节点数目呈线性关系，从而使牛顿法成为求解电力系统潮流问题时应用最广泛的方法之一[7]。

下面我们以图 2-4 所示的简单系统为例，说明牛顿法潮流程序在求解修正方程式过程中的一些算法特点。图中节点 3 及节点 6 为发电机节点，其中节点 3 为 PV 节点，节点 6 为平衡节点，其余节点均为 PQ 节点。该系统的导纳矩阵结构如下：

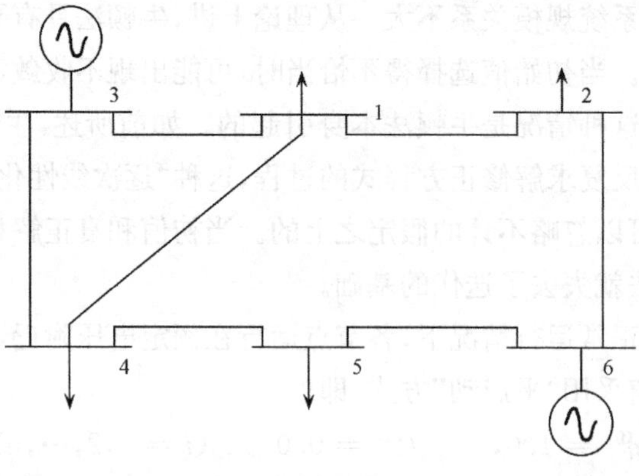

图 2-4　简单电力系统

$$
\begin{bmatrix}
Y_{11} & Y_{12} & Y_{13} & Y_{14} & & \\
Y_{21} & Y_{22} & & & & Y_{26} \\
Y_{31} & & Y_{33} & Y_{34} & & \\
Y_{41} & & Y_{43} & Y_{44} & Y_{45} & \\
 & & & Y_{54} & Y_{55} & Y_{56} \\
 & Y_{62} & & & Y_{65} & Y_{66}
\end{bmatrix}
$$

修正方程式中不包括与平衡节点有关的方程，因此修正方程式的形状应为

$$
\begin{bmatrix}
\Delta P_1 \\ \Delta Q_1 \\ \Delta P_2 \\ \Delta Q_2 \\ \Delta P_3 \\ \Delta V_3^2 \\ \Delta P_4 \\ \Delta Q_4 \\ \Delta P_5 \\ \Delta Q_5
\end{bmatrix}
=
\begin{bmatrix}
H_{11} & N_{11} & H_{12} & N_{12} & H_{13} & N_{13} & H_{14} & N_{14} & & \\
J_{11} & L_{11} & J_{12} & L_{12} & J_{13} & L_{13} & J_{14} & L_{14} & & \\
H_{21} & N_{21} & H_{22} & N_{22} & & & & & & \\
J_{21} & L_{21} & J_{22} & L_{22} & & & & & & \\
H_{31} & N_{31} & & & H_{33} & N_{33} & H_{34} & N_{34} & & \\
0 & 0 & & & J_{33} & L_{33} & 0 & 0 & & \\
H_{41} & N_{41} & & & H_{43} & N_{43} & H_{44} & N_{44} & H_{45} & N_{45} \\
J_{41} & L_{41} & & & J_{43} & L_{43} & J_{44} & L_{44} & J_{45} & L_{45} \\
 & & & & & & H_{54} & N_{54} & H_{55} & N_{55} \\
 & & & & & & J_{54} & L_{54} & J_{55} & L_{55}
\end{bmatrix}
\begin{bmatrix}
\Delta e_1 \\ \Delta f_1 \\ \Delta e_2 \\ \Delta f_2 \\ \Delta e_3 \\ \Delta f_3 \\ \Delta e_4 \\ \Delta f_4 \\ \Delta e_5 \\ \Delta f_5
\end{bmatrix}
\tag{2-60}
$$

式中：常数项 ΔP_i、ΔQ_i 可按式(2-52)求得：

$$
\left.
\begin{aligned}
\Delta P_i &= P_{is} - e_i \sum_{j\in i}(G_{ij}e_j - B_{ij}f_j) - f_i \sum_{j\in i}(G_{ij}f_j + B_{ij}e_j) \\
\Delta Q_i &= Q_{is} - f_i \sum_{j\in i}(G_{ij}e_j - B_{ij}f_j) + e_i \sum_{j\in i}(G_{ij}f_j + B_{ij}e_j)
\end{aligned}
\right\}
$$

或者写成

$$
\left.
\begin{aligned}
\Delta P_i &= P_{is} - (e_i a_i + f_i b_i) \\
\Delta Q_i &= Q_{is} - (f_i a_i - e_i b_i)
\end{aligned}
\right\}
\tag{2-61}
$$

由式(2-56)可知修正方程式中对角元素为

$$
\left.
\begin{aligned}
H_{ii} &= \frac{\partial \Delta P_i}{\partial e_i} = -a_i - (G_{ii}e_i + B_{ii}f_i) \\
N_{ii} &= \frac{\partial \Delta P_i}{\partial f_i} = -b_i + (B_{ii}e_i - G_{ii}f_i) \\
J_{ii} &= \frac{\partial \Delta Q_i}{\partial e_i} = b_i + (B_{ii}e_i - G_{ii}f_i) \\
L_{ii} &= \frac{\partial \Delta Q_i}{\partial f_i} = -a_i + (G_{ii}e_i + B_{ii}f_i)
\end{aligned}
\right\}
\tag{2-62}
$$

式(2-61)和式(2-62)中都含有节点 i 注入电流的分量 a_i、b_i，为了求 ΔP_i、ΔQ_i 及雅可比矩阵中对角元素 H_{ii}、N_{ii}、J_{ii}、L_{ii}，主要运算集中在求 a_i 及 b_i 上。节点 i 注入电流分量 a_i、b_i 只与 i 行导纳矩阵及相应节点的电压分量有关[式(2-11)]，因此，我们只要顺序取

导纳矩阵中的第 i 行各元素及相应节点的电压分量作简单的乘加运算，即可积累求和得到 a_i、b_i。

当 a_i、b_i 求出后，与节点 i 的电压分量按式(2-61)作乘加运算再与节点 i 给定的功率 P_{is}、Q_{is} 比较，就可得到 ΔP_i、ΔQ_i。

式(2-60)中雅可比矩阵非对角元素的表示式为

$$\left.\begin{aligned} H_{ij} &= \frac{\partial \Delta P_i}{\partial e_j} = -(G_{ij}e_i + B_{ij}f_i) \\ N_{ij} &= \frac{\partial \Delta P_i}{\partial f_j} = B_{ij}e_i - G_{ij}f_i \\ J_{ij} &= \frac{\partial \Delta Q_i}{\partial e_j} = B_{ij}e_i - G_{ij}f_i = N_{ij} \\ L_{ij} &= \frac{\partial \Delta Q_i}{\partial f_j} = G_{ij}e_i + B_{ij}f_i = -H_{ij} \end{aligned}\right\} \tag{2-63}$$

显然，非对角线元素只与导纳矩阵中相应的元素及该节点的电压分量有关。从对角元素的表达式(2-62)也可以看出，其中除了节点 i 注入电流分量 a_i、b_i 以外，也只有导纳矩阵中对角元素 $G_{ii}+jB_{ii}$，与该点电压分量 $e_{ii}+jf_i$ 乘加运算而得到的结果。

综上分析，使我们在程序的处理上能把形成修正方程式的过程变成逐行取导纳矩阵中元素并与相应节点电压分量作简单乘加运算的过程。

当节点 i 为 PV 节点时，ΔQ_i 的方程式要用 ΔV_i^2 的方程式来代替，其左端的常数项 ΔV_i^2 及雅可比矩阵元素 R_{ii}、S_{ii} 由式(2-53)、式(2-56)中有关公式可以求得

$$\left.\begin{aligned} R_{ii} &= \frac{\partial \Delta V_i^2}{\partial e_i} = -2e_i \\ S_{ii} &= \frac{\partial \Delta V_i^2}{\partial f_i} = -2f_i \end{aligned}\right\} \tag{2-64}$$

形成修正方程式是牛顿法潮流程序中很重要的一步，它对整个牛顿法程序的效率有很大的影响。因此，在编制程序时，必须对以上公式进行深入细致的分析，从中找出规律性的东西，尽量减少重复性的运算。

在利用高斯消去法求解修正方程时，通常是按行消去的。与式(2-60)对应的增广矩阵是

$$\left[\begin{array}{cccccccccc:c} H_{11} & N_{11} & H_{12} & N_{12} & H_{13} & N_{13} & H_{14} & N_{14} & & & \Delta P_1 \\ J_{11} & L_{11} & J_{12} & L_{12} & J_{13} & L_{13} & J_{14} & L_{14} & & & \Delta Q_1 \\ H_{21} & N_{21} & H_{22} & N_{22} & & & & & & & \Delta P_2 \\ J_{21} & L_{21} & J_{22} & L_{22} & & & & & & & \Delta Q_2 \\ H_{31} & N_{31} & & & H_{33} & N_{33} & H_{34} & N_{34} & & & \Delta P_3 \\ 0 & 0 & & & R_{33} & S_{33} & 0 & 0 & & & \Delta V_3^2 \\ H_{41} & N_{41} & & & H_{43} & N_{43} & H_{44} & N_{44} & H_{45} & N_{45} & \Delta P_4 \\ J_{41} & L_{41} & & & J_{43} & L_{43} & J_{44} & L_{44} & J_{45} & L_{45} & \Delta Q_4 \\ & & & & & & H_{54} & N_{54} & H_{55} & N_{55} & \Delta P_5 \\ & & & & & & J_{54} & L_{54} & J_{55} & L_{55} & \Delta Q_5 \end{array}\right]$$

消去与节点 1 及节点 2 有关的方程以后，增广矩阵演化如下所示：

$$
\left[\begin{array}{cccccccccc|c}
1 & N_{11}' & H_{12}' & N_{12}' & H_{13}' & N_{13}' & H_{14}' & N_{14}' & & & \Delta P_1' \\
 & 1 & J_{12}' & L_{12}' & J_{13}' & L_{13}' & J_{14}' & L_{14}' & & & \Delta Q_1' \\
 & & 1 & N_{22}' & H_{23}'' & N_{23}'' & H_{24}'' & N_{24}'' & & & \Delta P_2' \\
 & & & 1 & H_{23}'' & N_{23}'' & H_{24}'' & N_{24}'' & & & \Delta Q_2' \\
\hline
H_{31} & N_{31} & & & H_{33} & N_{33} & H_{34} & N_{34} & & & \Delta P_3 \\
 & & & & R_{33} & S_{33} & & & & & \Delta V_3^2 \\
H_{41} & N_{41} & & & H_{43} & N_{43} & H_{44} & N_{44} & H_{45} & N_{45} & \Delta P_4 \\
J_{41} & L_{41} & & & J_{43} & L_{43} & J_{44} & L_{44} & J_{45} & L_{45} & \Delta Q_4 \\
 & & & & & & H_{54} & N_{54} & H_{55} & N_{55} & \Delta P_5 \\
 & & & & & & J_{54} & L_{54} & J_{55} & L_{55} & \Delta Q_5
\end{array}\right]
$$

可以看出，当消去与节点 2 有关的方程式(第三行及第四行)时，所有运算与节点 3 及以后的方程式完全无关。因此，在按行消去过程中，可以采取形成一行立即消去一行的方式。式中 H_{23}''，N_{23}''，…，L_{24}'' 等带上标“″”元素为消去过程中新增加的非零元素。为了使消去过程中新增加的非零元素最少，在正式计算之前，应对节点编号进行优化(见第 1.3.5 节)。带上标“′”的元素表示该元素已参与了运算。由于在程序上采用边形成边消去边贮存的方式，因而对于新注入的非零元素不需要预留位置，从而使程序简化。

消去结束时，修正方程式的增广矩阵演化为

$$
\left[\begin{array}{cccccccccc|c}
1 & N_{11}' & H_{12}' & N_{12}' & H_{13}' & N_{13}' & H_{14}' & N_{14}' & & & \Delta P_1' \\
 & 1 & J_{12}' & L_{12}' & J_{13}' & L_{13}' & J_{14}' & L_{14}' & & & \Delta Q_1' \\
 & & 1 & N_{22}' & H_{23}'' & N_{23}'' & H_{24}'' & N_{24}'' & & & \Delta P_2' \\
 & & & 1 & J_{23}'' & L_{23}'' & J_{24}'' & L_{24}'' & & & \Delta Q_2' \\
 & & & & 1 & N_{33}' & H_{34}' & N_{34}' & & & \Delta P_3' \\
 & & & & & 1 & J_{34}'' & L_{34}'' & & & \Delta V_3'^2 \\
 & & & & & & 1 & N_{44}' & H_{45}' & N_{45}' & \Delta P_4' \\
 & & & & & & & 1 & J_{45}' & L_{45}' & \Delta Q_4' \\
 & & & & & & & & 1 & N_{55}' & \Delta Q_5' \\
 & & & & & & & & & 1 & \Delta Q_5'
\end{array}\right]
$$

最后，利用一般回代方法即可将 $\Delta P_1'$，$\Delta Q_1'$，…，$\Delta Q_5'$ 等演化为 Δe_1，Δf_1，…，Δe_5，Δf_5。

由以上的讨论可以得到图 2-5 所示的程序框图，它比图 2-4 更能反映实际程序。图中 R 表示平衡节点的点号。框图中的修正方程式的求解过程可以利用一般高斯消去法。

在程序中对修正方程式采取了按节点边形成边消去的过程，在形成雅可比矩阵元素的同时积累常数项，显著地减少了迭代过程的运算量。

【例 2-1】 利用牛顿法计算图 2-6 所示系统的潮流分布。

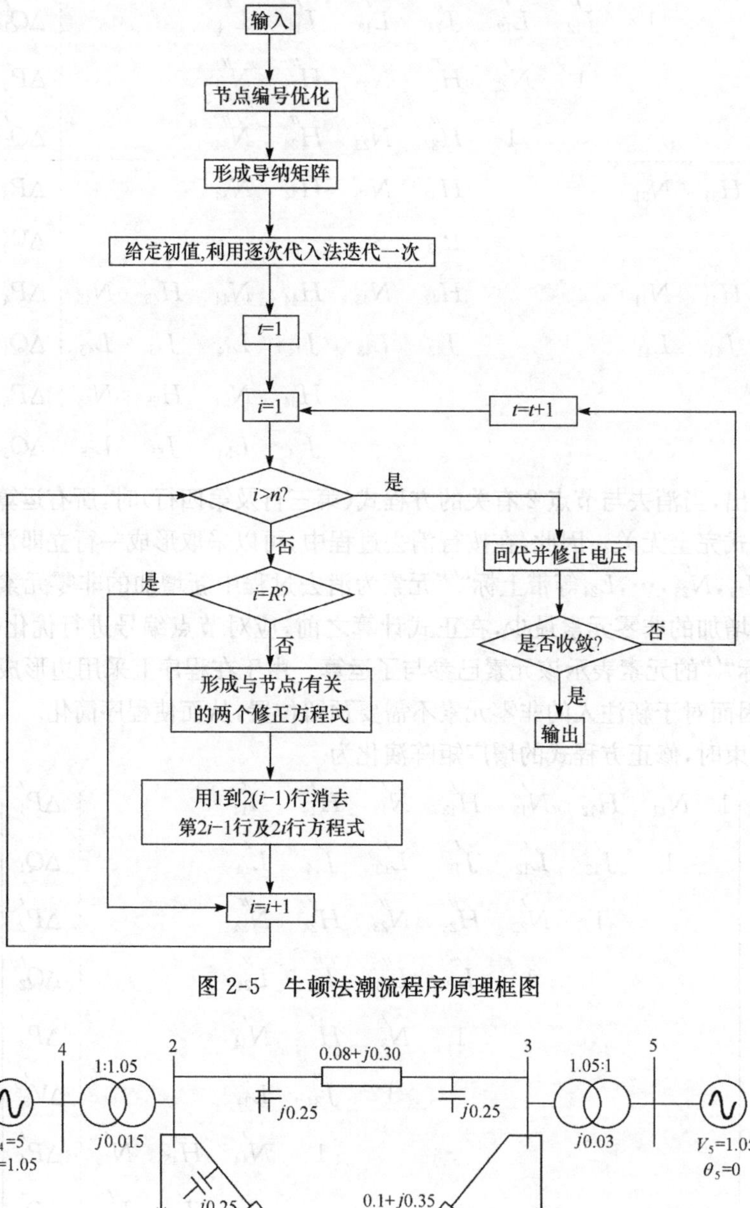

图 2-5　牛顿法潮流程序原理框图

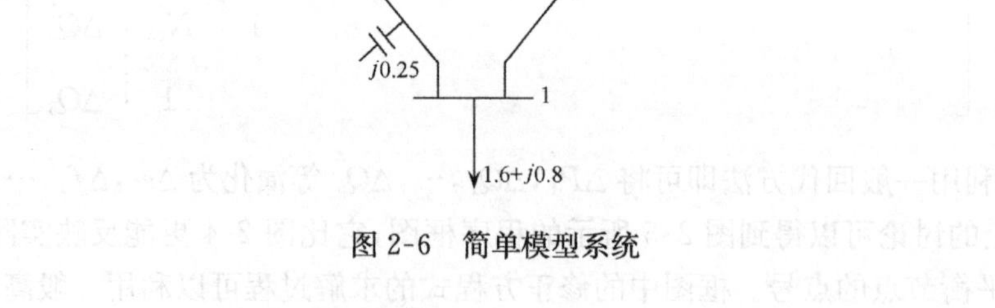

图 2-6　简单模型系统

【解】 按照图 2-5 所示牛顿法潮流程序原理框图进行计算。迭代计算以前的准备工作包括形成导纳矩阵和送电压初值。

由例 1-1 可知,该系统的导纳矩阵为

$$
\boldsymbol{Y}=\begin{bmatrix}
\begin{matrix}1.37874\\-j6.29166\end{matrix} & \begin{matrix}-0.62402\\+j3.90015\end{matrix} & \begin{matrix}-0.75471\\+j2.64150\end{matrix} & & \\
\begin{matrix}-0.62402\\+j3.90015\end{matrix} & \begin{matrix}1.45390\\-j66.98082\end{matrix} & \begin{matrix}-0.82987\\+j3.11203\end{matrix} & \begin{matrix}0.00000\\+j63.49206\end{matrix} & \\
\begin{matrix}-0.75471\\+j2.64150\end{matrix} & \begin{matrix}-0.82987\\+j3.11203\end{matrix} & \begin{matrix}1.58459\\-j35.73786\end{matrix} & & \begin{matrix}0.00000\\+j31.74603\end{matrix} \\
 & \begin{matrix}0.00000\\+j63.49206\end{matrix} & & \begin{matrix}0.00000\\-j66.66667\end{matrix} & \\
 & & \begin{matrix}0.00000\\+j31.74603\end{matrix} & & \begin{matrix}0.00000\\-j33.33333\end{matrix}
\end{bmatrix}
$$

各节点的电压初值如表 2-1 所示。

表 2-1 电压初值

节 点	1	2	3	4	5
$e^{(0)}$	1.000 00	1.000 00	1.000 00	1.050 00	1.050 00
$f^{(0)}$	0.000 00	0.000 00	0.000 00	0.000 00	0.000 00

根据式(2-52)、式(2-53)可建立修正方程式常数项(误差项)的算式:

$$
\begin{aligned}
\Delta P_1 &= P_{1s}-e_1[(G_{11}e_1-B_{11}f_1)+(G_{12}e_2-B_{12}f_2)+(G_{13}e_3-B_{13}f_3)]\\
&\quad -f_1[(G_{11}f_1+B_{11}e_1)+(G_{12}f_2+B_{12}e_2)+(G_{13}f_3+B_{13}e_3)]\\
\Delta Q_1 &= Q_{1s}-f_1[(G_{11}e_1-B_{11}f_1)+(G_{12}e_2-B_{12}f_2)+(G_{13}e_3-B_{13}f_3)]\\
&\quad +e_1[(G_{11}f_1+B_{11}e_1)+(G_{12}f_2+B_{12}e_2)+(G_{13}f_3+B_{13}e_3)]\\
&\ \ \vdots\\
\Delta P_4 &= P_{4s}-e_4[(G_{42}e_2-B_{42}f_2)+(G_{44}e_4-B_{44}f_4)]\\
&\quad -f_4[(G_{42}f_2+B_{42}e_2)+(G_{44}f_4+B_{44}e_4)]\\
\Delta V_4^2 &= V_{4s}^2-(e_4^2+f_4^2)
\end{aligned}
$$

根据式(2-55)、式(2-56)可以得到雅可比矩阵各元素的算式:

$$\frac{\partial \Delta P_1}{\partial e_1}=-[(G_{11}e_1-B_{11}f_1)+(G_{12}e_2-B_{12}f_2)+(G_{13}e_3-B_{13}f_3)]-G_{11}e_1-B_{11}f_1$$

$$\frac{\partial \Delta P_1}{\partial f_1}=-[(G_{11}f_1+B_{11}e_1)+(G_{12}f_2+B_{12}e_2)+(G_{13}f_3+B_{13}e_3)]+B_{11}e_1-G_{11}f_1$$

$$\frac{\partial \Delta P_1}{\partial e_2}=-(G_{12}e_1+B_{12}f_1)$$

$$\frac{\partial \Delta P_1}{\partial f_2}=B_{12}e_1-G_{12}f_1$$

$$\frac{\partial \Delta P_1}{\partial e_3} = -(G_{13}e_1 + B_{13}f_1)$$

$$\frac{\partial \Delta P_1}{\partial f_3} = B_{13}e_1 - G_{13}f_1$$

$$\frac{\partial \Delta Q_1}{\partial e_1} = [(G_{11}f_1 + B_{11}e_1) + (G_{12}f_2 + B_{12}e_2) + (G_{13}f_3 + B_{13}e_3)] + B_{11}e_1 - G_{11}f_1$$

$$\frac{\partial \Delta Q_1}{\partial f_1} = -[(G_{11}e_1 - B_{11}f_1) + (G_{12}e_2 - B_{12}f_2) + (G_{13}e_3 - B_{13}f_3)] + G_{11}e_1 + B_{11}f_1$$

$$\frac{\partial \Delta Q_1}{\partial e_2} = \frac{\partial \Delta P_1}{\partial f_2}$$

$$\frac{\partial \Delta Q_1}{\partial f_2} = -\frac{\partial \Delta P_1}{\partial e_2}$$

$$\frac{\partial \Delta Q_1}{\partial e_3} = \frac{\partial \Delta P_1}{\partial f_3}$$

$$\frac{\partial \Delta Q_1}{\partial f_3} = -\frac{\partial \Delta P_1}{\partial e_3}$$

$$\vdots$$

$$\frac{\partial \Delta P_4}{\partial e_4} = -[(G_{42}e_2 - B_{42}f_2) + (G_{44}e_4 - B_{44}f_4)] - G_{44}e_4 - B_{44}f_4$$

$$\frac{\partial \Delta P_4}{\partial f_4} = -[(G_{42}f_2 + B_{42}e_2) + (G_{44}f_4 + B_{44}e_4)] + B_{44}e_4 - G_{44}f_4$$

$$\frac{\partial \Delta V_4^2}{\partial e_4} = -2e_4$$

$$\frac{\partial \Delta V_4^2}{\partial f_4} = -2f_4$$

这样，按照式(2-60)，就可以得到第一次迭代时的修正方程式：

$$\begin{bmatrix}
-1.378\,74 & \mathbf{-6.541\,66} & 0.624\,02 & 3.900\,15 & 0.754\,71 & 2641\,50 & & \\
\mathbf{-6.041\,66} & 1.378\,74 & 3.900\,15 & -0.624\,02 & 2.641\,50 & -0.754\,71 & & \\
0.624\,02 & 3.900\,15 & -1.453\,90 & \mathbf{-73.678\,81} & 0.828\,97 & 3.112\,03 & 0.000\,00 & 63.492\,06 \\
3.900\,15 & 0.624\,02 & -60.028\,83 & 1.453\,90 & 3.112\,03 & -0.828\,97 & \mathbf{63.492\,06} & 0.000\,00 \\
-0.754\,71 & 2.641\,50 & 0.828\,97 & 3.112\,03 & -1.584\,59 & \mathbf{-39.986\,88} & & \\
2.641\,50 & -0.754\,71 & 3.112\,03 & -0.828\,97 & \mathbf{-32.388\,84} & 1.584\,59 & & \\
 & & 0.000\,00 & \mathbf{66.666\,66} & & & 0.000\,00 & -63.492\,06 \\
 & & 0.000\,00 & 0.000\,00 & & & \mathbf{-2.100\,00} & 0.000\,00
\end{bmatrix}$$

$$\cdot \begin{bmatrix} \Delta e_1 \\ \Delta f_1 \\ \Delta e_2 \\ \Delta f_2 \\ \Delta e_3 \\ \Delta f_3 \\ \Delta e_4 \\ \Delta f_4 \end{bmatrix} = \begin{bmatrix} -1.600\,00 \\ -0.550\,00 \\ -2.000\,00 \\ 5.697\,99 \\ -3.700\,00 \\ 2.049\,01 \\ 5.000\,00 \\ 0.000\,00 \end{bmatrix}$$

式中：黑体数字为雅可比矩阵中各行绝对值最大的元素。显然，按这种排列，各行最大元素都不在对角元素的位置上。

必须指出，这种情况的出现并非偶然。由上式可以看出，各行最大元素实际是$\frac{\partial \Delta P_i}{\partial f_i}$

和$\dfrac{\partial \Delta Q_i}{\partial e_i}$。这对高压电力系统来说是一种普遍现象,因为电力系统中有功功率主要和电压的横分量有关,无功功率主要和电压的纵分量有关。

为了减少计算过程的舍入误差,应该把最大元素排列在对角元素的位置上。为此,可以采用两种排列方法:一种是把各节点ΔQ的方程式与ΔP方程式对调,即对调上式中奇数行和偶数行的位置;另一种方法是把各节点待求量Δe、Δf对调,即对调上式中雅可比矩阵的奇数列与偶数列。

以下我们介绍对调方程式的方法,在这种情况下,上式可以重新排列为

$$
\begin{bmatrix}
\mathbf{-6.04166} & 1.37874 & 3.90015 & -0.62402 & 2.64150 & -0.75471 & & \\
-1.37874 & \mathbf{-6.54166} & 0.62402 & 3.90015 & 0.75471 & 2.64150 & & \\
3.90015 & 0.62402 & \mathbf{-60.28283} & 1.45390 & 3.11203 & -0.82897 & 63.49206 & 0.00000 \\
0.62402 & 3.90015 & -1.45390 & \mathbf{-73.67881} & 0.82897 & 3.11203 & 0.00000 & 63.49206 \\
2.64150 & -0.75471 & 3.11203 & -0.82897 & \mathbf{-32.38884} & 1.58459 & & \\
-0.75471 & 2.64150 & 0.82897 & 3.11203 & -1.58459 & \mathbf{-39.98688} & & \\
 & & & & & & \mathbf{-2.10000} & 0.00000 \\
 & & 0.00000 & 66.66666 & & & 0.00000 & -63.49206
\end{bmatrix}
\cdot
\begin{bmatrix}
\Delta e_1 \\ \Delta f_1 \\ \Delta e_2 \\ \Delta f_2 \\ \Delta e_3 \\ \Delta f_3 \\ \Delta e_4 \\ \Delta f_4
\end{bmatrix}
=
\begin{bmatrix}
-0.55000 \\ -1.60000 \\ 5.69799 \\ -2.00000 \\ 2.04901 \\ -3.70000 \\ 0.00000 \\ 5.00000
\end{bmatrix}
$$

这样,除第8行外各行最大元素都占据了对角元素的位置。

如本节所述,牛顿法潮流程序中,迭代过程就是修正方程式边形成边消去的过程(见图2-5)。因此,当形成第一个节点有关的方程式以后,我们得到相应的增广矩阵部分为

$$
\left[\begin{array}{cccccccc:c}
-6.04166 & 1.37874 & 3.90015 & -0.62402 & 2.64150 & -0.75471 & 0 & 0 & -0.55000 \\
-1.37874 & -6.54166 & 0.62402 & 3.90015 & 0.75471 & 2.64150 & 0 & 0 & -1.60000
\end{array}\right]
$$

立即对它进行消去运算,得到上三角矩阵的第一行与第二行:

$$
\left[\begin{array}{cccccccc:c}
1.00000 & -0.22820 & -0.64554 & 0.10328 & -0.43721 & 0.12491 & 0 & 0 & 0.09103 \\
 & 1.00000 & 0.03879 & -0.58961 & -0.02215 & -0.41038 & 0 & 0 & 0.21505
\end{array}\right]
$$

然后形成与第二节点有关的方程式,并得到相应的增广矩阵部分:

$$
\left[\begin{array}{cccccccc:c}
3.90015 & -0.62402 & -60.28283 & 1.45390 & 3.11203 & -0.82987 & 63.49206 & 0.0 & 5.69799 \\
0.62402 & 3.90015 & -1.45390 & -73.67881 & 0.82987 & 3.11203 & 0.0 & 63.49206 & -2.0
\end{array}\right]
$$

对它进行消去运算,得到上三角矩阵的第三行与第四行:

$$
\left[\begin{array}{cccccc:c}
1.00000 & -0.02090 & -0.08348 & 0.02090 & -1.09894 & 0.00000 & -0.09184 \\
 & 1.00000 & -0.01528 & -0.06609 & 0.01859 & -0.88943 & 0.04253
\end{array}\right]
$$

这样继续下去,消去过程结束后,可以得到整个上三角矩阵:

$$
\left[\begin{array}{cccccccc:c}
1.00000 & -0.22820 & -0.64554 & 0.10328 & -0.43721 & 0.12491 & & & 0.09103 \\
 & 1.00000 & 0.03879 & -0.58961 & -0.02215 & -0.41038 & & & 0.21505 \\
 & & 1.00000 & -0.02090 & -0.08348 & 0.02090 & -1.09894 & 0.00000 & -0.09148 \\
 & & & 1.00000 & -0.01528 & -0.06609 & 0.01850 & -0.88943 & 0.04253 \\
 & & & & 1.00000 & -0.03303 & -0.17246 & 0.03146 & -0.07548 \\
 & & & & 1.00000 & -0.02816 & -0.11194 & 0.12021 & \\
 & & & & & 1.00000 & 0.00000 & 0.00000 & \\
 & & & & & & 1.00000 & -0.45748 &
\end{array}\right]
$$

进行回代运算以后,就可以得到各节点电压的修正量:

$$\begin{bmatrix} \Delta e_1 \\ \Delta f_1 \\ \Delta e_2 \\ \Delta f_2 \\ \Delta e_3 \\ \Delta f_3 \\ \Delta e_4 \\ \Delta f_4 \end{bmatrix} = \begin{bmatrix} 0.033\,56 \\ 0.033\,48 \\ -0.105\,38 \\ -0.360\,70 \\ -0.058\,81 \\ 0.069\,00 \\ 0.000\,00 \\ -0.457\,48 \end{bmatrix}$$

修正各节点电压后，就求出第一次迭代后各节点的电压：

$$\begin{bmatrix} e_1 \\ f_1 \\ e_2 \\ f_2 \\ e_3 \\ f_3 \\ e_4 \\ f_4 \end{bmatrix} = \begin{bmatrix} 0.966\,43 \\ -0.334\,81 \\ 1.105\,33 \\ 0.360\,70 \\ 1.058\,81 \\ -0.669\,00 \\ 1.050\,00 \\ 0.457\,48 \end{bmatrix}$$

按以上计算步骤迭代下去，当收敛条件取 $\varepsilon = 10^{-6}$ 时，需要进行 5 次迭代。迭代过程中各节点电压及功率误差的变化情况如表 2-2 及表 2-3 所示。

表 2-2　迭代过程中节点电压的变化情况

迭代次数	e_1	f_1	e_2	f_2	e_3	f_3	e_4	f_4
1	0.966 43	−0.334 81	1.105 38	0.360 74	1.058 81	−0.069 00	1.050 00	0.457 48
2	0.873 65	−0.070 06	1.033 50	0.328 86	1.035 64	−0.076 94	0.976 94	0.389 19
3	0.859 47	−0.071 76	1.026 08	0.330 47	1.033 55	−0.077 37	0.974 64	0.390 61
4	0.859 15	−0.071 82	1.026 00	0.330 47	1.033 51	−0.077 38	0.974 61	0.390 67
5	0.859 15	−0.071 82	1.026 00	0.330 47	1.033 51	−0.077 38	0.974 61	0.390 67

表 2-3　迭代过程中节点功率误差的变化情况

迭代次数	ΔQ_1	ΔP_1	ΔQ_2	ΔP_2	ΔQ_3	ΔP_3	ΔP_4
1	−0.550 00	−1.600 00	5.697 99#	−2.000 00	2.049 01	−3.700 00	5.000 00
2	−0.072 63	−0.034 73	−6.008 81#	2.104 26	−0.371 44	0.049 04	−2.390 01
3	−0.025 69	−0.060 11	−0.411 59#	0.157 64	−0.009 24	0.003 29	−0.161 93
4	−0.000 78	−0.000 32	−0.003 0#	−0.000 54	−0.000 02	0.000 00	0.000 69
5	0.000 00	0.000 00	0.000 00	0.000 00	0.000 00	0.000 00	0.000 00

表 2-4　雅可比矩阵对角元素在迭代过程中的变化情况

迭代次数	$\frac{\partial \Delta Q_1}{\partial e_1}$	$\frac{\partial \Delta P_1}{\partial f_1}$	$\frac{\partial \Delta Q_2}{\partial e_2}$	$\frac{\partial \Delta P_2}{\partial f_2}$	$\frac{\partial \Delta Q_3}{\partial e_3}$	$\frac{\partial \Delta P_3}{\partial f_3}$	$\frac{\partial \Delta V_4^2}{\partial e_4}$	$\frac{\partial \Delta P_4}{\partial f_4}$
1	6.041 66	6.541 66	60.282 83	73.678 81	32.388 84	39.086 88	1.050 00	63.492 06
2	5.225 90	6.842 68	79.818 86	69.308 68	36.627 34	38.833 41	0.962 59	70.182 93
3	4.374 15	6.426 13	69.789 33	69.616 82	35.386 12	38.393 51	0.975 28	65.619 29
4	4.230 77	6.386 34	68.896 82	69.520 26	35.297 06	38.331 58	0.974 63	65.148 34
5	4.227 20	6.385 77	68.889 00	69.517 47	35.295 72	38.330 48	0.974 61	65.143 32

将表 2-3 中各次迭代过程中最大功率误差(即表中附“♯”号的数字)绘成曲线,可以显示出牛顿法的收敛特性,如图 2-7 所示。

在迭代过程中,特别是迭代趋近于收敛时,雅可比矩阵各元素变化不太显著。为了说明这个问题,我们在表 2-4 中列出了雅可比矩阵对角元素在迭代过程中的变化情况。

各节点电压向量的计算结果见表 2-5。

表 2-5　各节点电压向量的计算结果

节点号	电压幅值	电压角度/(°)
1	0.862 15	−4.778 51
2	1.077 91	17.853 53
3	1.036 41	−4.281 93
4	1.050 00	21.843 32
5	1.050 00	0.000 00

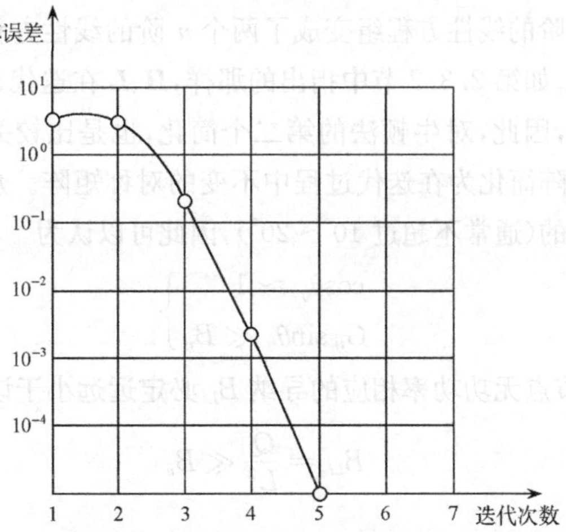

图 2-7　牛顿法迭代收敛特性

2.4 潮流计算的 P-Q 分解法

2.4.1 P-Q 分解法的基本原理

P-Q 分解法的基本思想是:把节点功率表示为电压向量的极坐标方程式,抓住主要矛盾,以有功功率误差作为修正电压向量角度的依据,以无功功率误差作为修正电压幅值的依据,把有功功率和无功功率迭代分开来进行[8]。以下我们讨论 P-Q 分解法是怎样从牛顿法的基础上演化出来的。

如前所述,牛顿法潮流程序的核心是求解修正方程式。当节点功率方程式采取极坐标表达式时,修正方程式为[式(2-50)]

$$\begin{bmatrix}\Delta \boldsymbol{P}\\ \Delta \boldsymbol{Q}\end{bmatrix}=\begin{bmatrix}\boldsymbol{H} & \boldsymbol{N}\\ \boldsymbol{J} & \boldsymbol{L}\end{bmatrix}\begin{bmatrix}\Delta \boldsymbol{\theta}\\ \Delta \boldsymbol{V}/\boldsymbol{V}\end{bmatrix} \tag{2-65}$$

或展开为

$$\begin{aligned}\Delta \boldsymbol{P} &= \boldsymbol{H}\Delta \boldsymbol{\theta}+\boldsymbol{N}\Delta \boldsymbol{V}/\boldsymbol{V}\\ \Delta \boldsymbol{Q} &= \boldsymbol{J}\Delta \boldsymbol{\theta}+\boldsymbol{L}\Delta \boldsymbol{V}/\boldsymbol{V}\end{aligned} \tag{2-66}$$

以上方程式是从数学上严格推导出来的,并没有考虑电力系统这个具体对象的特点。

我们知道,在高压电力系统中有功功率潮流主要与各节点电压向量的角度有关,无功功率潮流则主要受各节点电压幅值的影响。大量运算经验也告诉我们,式(2-66)中矩阵 **N** 及 **J** 中各元素的数值相对是很小的,因此对牛顿法的第一步简化是把有功功率和无功功率分解开来进行迭代,即将式(2-66)简化为

$$\left.\begin{aligned}\Delta \boldsymbol{P} &= \boldsymbol{H}\Delta \boldsymbol{\theta}\\ \Delta \boldsymbol{Q} &= \boldsymbol{L}\Delta \boldsymbol{V}/\boldsymbol{V}\end{aligned}\right\} \tag{2-67}$$

这样,由于把 $2n$ 阶的线性方程组变成了两个 n 阶的线性方程组,因而计算量和内存方面都有改善。但是,如第 2.3.2 节中指出的那样,**H**、**L** 在迭代过程中仍然不断变化,而且又都是不对称矩阵,因此,对牛顿法的第二个简化,也是比较关键的一个简化,就是把式(2-67)中的系数矩阵简化为在迭代过程中不变的对称矩阵。众所周知,一般线路两端电压的相角差是不大的(通常不超过 10°~20°),因此可以认为

$$\left.\begin{aligned}&\cos\theta_{ij}\approx 1\\ &G_{ij}\sin\theta_{ij}\ll B_{ij}\end{aligned}\right\} \tag{2-68}$$

此外,与系统各节点无功功率相应的导纳 B_{Li} 必定远远小于该节点自导纳的虚部,即

$$B_{Li}=\frac{Q_i}{L_i^2}\ll B_{ii}$$

因此

$$Q_i \ll V_i^2 B_{ii} \tag{2-69}$$

考虑到以上关系后,式(2-67)中系数矩阵中的元素表示式可以从式(2-41)、式(2-42)、式(2-48)、式(2-49)简化为

$$\left.\begin{aligned} H_{ii} &= V_i^2 B_{ii} \\ H_{ij} &= V_i V_j B_{ij} \\ L_{ii} &= V_i^2 B_{ii} \\ L_{ij} &= V_i V_j B_{ij} \end{aligned}\right\} \tag{2-70}$$

这样，式(2-67)中的系数矩阵可以表示为

$$\boldsymbol{H} = \boldsymbol{L} = \begin{bmatrix} V_1^2 B_{11} & V_1 V_2 B_{12} & \cdots & V_1 V_n B_{1n} \\ V_2 V_1 B_{21} & V_2^2 B_{22} & \cdots & V_2 V_n B_{2n} \\ \vdots & \vdots & & \vdots \\ V_n V_1 B_{n1} & V_n V_2 B_{n2} & \cdots & V_n^2 B_{nn} \end{bmatrix} \tag{2-71}$$

进一步可以把它们表示为以下矩阵的乘积：

$$\boldsymbol{H} = \boldsymbol{L} = \begin{bmatrix} V_1 & & & 0 \\ & V_2 & & \\ & & \ddots & \\ 0 & & & V_n \end{bmatrix} \begin{bmatrix} B_{11} & B_{12} & \cdots & B_{1n} \\ B_{21} & B_{22} & \cdots & B_{2n} \\ \vdots & \vdots & & \vdots \\ B_{n1} & B_{n2} & \cdots & B_{nn} \end{bmatrix} \begin{bmatrix} V_1 & & & 0 \\ & V_2 & & \\ & & \ddots & \\ 0 & & & V_n \end{bmatrix} \tag{2-72}$$

将式(2-72)代入式(2-67)中，并利用矩阵乘法结合律，可以把修正方程式变为

$$\begin{bmatrix} \Delta P_1 \\ \Delta P_2 \\ \vdots \\ \Delta P_n \end{bmatrix} = \begin{bmatrix} V_1 & & & 0 \\ & V_2 & & \\ & & \ddots & \\ 0 & & & V_n \end{bmatrix} \begin{bmatrix} B_{11} & B_{12} & \cdots & B_{1n} \\ B_{21} & B_{22} & \cdots & B_{2n} \\ \vdots & \vdots & & \vdots \\ B_{n1} & B_{n2} & \cdots & B_{nn} \end{bmatrix} \begin{bmatrix} V_1 \Delta\theta_1 \\ V_2 \Delta\theta_2 \\ \vdots \\ V_n \Delta\theta_n \end{bmatrix} \tag{2-73}$$

及

$$\begin{bmatrix} \Delta Q_1 \\ \Delta Q_2 \\ \vdots \\ \Delta Q_n \end{bmatrix} = \begin{bmatrix} V_1 & & & 0 \\ & V_2 & & \\ & & \ddots & \\ 0 & & & V_n \end{bmatrix} \begin{bmatrix} B_{11} & B_{12} & \cdots & B_{1n} \\ B_{21} & B_{22} & \cdots & B_{2n} \\ \vdots & \vdots & & \vdots \\ B_{n1} & B_{n2} & \cdots & B_{nn} \end{bmatrix} \begin{bmatrix} \Delta V_1 \\ \Delta V_2 \\ \vdots \\ \Delta V_n \end{bmatrix} \tag{2-74}$$

将以上两式的左右两侧用以下矩阵左乘：

$$\begin{bmatrix} V_1 & & & \\ & V_2 & & \\ & & \ddots & \\ & & & V_n \end{bmatrix}^{-1} = \begin{bmatrix} \dfrac{1}{V_1} & & & \\ & \dfrac{1}{V_2} & & \\ & & \ddots & \\ & & & \dfrac{1}{V_n} \end{bmatrix}$$

就可得到

$$\begin{bmatrix} \Delta P_1 / V_1 \\ \Delta P_2 / V_2 \\ \vdots \\ \Delta P_n / V_n \end{bmatrix} = \begin{bmatrix} B_{11} & B_{12} & \cdots & B_{1n} \\ B_{21} & B_{22} & \cdots & B_{2n} \\ \vdots & \vdots & & \vdots \\ B_{n1} & B_{n2} & \vdots & B_{nn} \end{bmatrix} \begin{bmatrix} V_1 \Delta\theta_1 \\ V_2 \Delta\theta_2 \\ \vdots \\ V_n \Delta\theta_n \end{bmatrix} \tag{2-75}$$

及

$$\begin{bmatrix} \Delta Q_1/V_1 \\ \Delta Q_2/V_2 \\ \vdots \\ \Delta Q_n/V_n \end{bmatrix} = \begin{bmatrix} B_{11} & B_{12} & \cdots & B_{1n} \\ B_{21} & B_{22} & \cdots & B_{2n} \\ \vdots & \vdots & & \vdots \\ B_{n1} & B_{n2} & \cdots & B_{nn} \end{bmatrix} \begin{bmatrix} \Delta V_1 \\ \Delta V_2 \\ \vdots \\ \Delta V_n \end{bmatrix} \tag{2-76}$$

以上两式就是 P-Q 分解法的修正方程式，其中系数矩阵只不过是系统导纳矩阵的虚部，因而是对称矩阵，而且在迭代过程中维持不变。它们与功率误差方程式(2-13)：

$$\Delta P_i = P_{is} - V_i \sum_{j\in i} V_j (G_{ij}\cos\theta_{ij} + B_{ij}\sin\theta_{ij}) \qquad (i = 1,2,\cdots,n) \tag{2-77}$$

$$\Delta Q_i = Q_{is} - V_i \sum_{j\in i} V_j (G_{ij}\sin\theta_{ij} - B_{ij}\cos\theta_{ij}) \qquad (i = 1,2,\cdots,n) \tag{2-78}$$

构成了 P-Q 分解法迭代过程中基本计算公式，其迭代步骤大致是：

(1) 给定各节点电压向量的电压初值 $\theta_i^{(0)}$、$V_i^{(0)}$。

(2) 根据式(2-77)计算各节点有功功率误差 ΔP_i，并求出 $\Delta P_i/V_i$。

(3) 解修正方程式(2-75)，并进而计算各节点电压向量角度的修正量 $\Delta\theta_i$。

(4) 修正各节点电压向量角度 θ_i：

$$\theta_i^{(t)} = \theta_i^{(t-1)} - \Delta\theta_i^{(t-1)} \tag{2-79}$$

(5) 根据式(2-78)计算各节点无功功率误差 ΔQ_i，并求出 $\Delta Q_i/V_i$。

(6) 解修正方程式(2-76)，求出各节点电压幅值的修正量 ΔV_i。

(7) 修正各节点电压幅值 V_i：

$$V_i^{(t)} = V_i^{(t-1)} - \Delta V_i^{(t-1)} \tag{2-80}$$

(8) 返回(2)进行迭代，直到各节点功率误差 ΔP_i 及 ΔQ_i 都满足收敛条件。

2.4.2 *P-Q* 分解法的修正方程式

P-Q 分解法与牛顿法潮流程序的主要差别表现在它们的修正方程式上。P-Q 分解法通过对电力系统具体特点的分析，对牛顿法修正方程式的雅可比矩阵进行了有效的简化和改进，得到式(2-75)、式(2-76)所示的修正方程式。归结起来，这两组方程式和牛顿法修正方程式(2-40)或式(2-54)相比，有以下 3 个特点：

(1) 式(2-75)、式(2-76)用两个 n 阶线性方程组代替了一个 $2n$ 阶线性方程组。

(2) 式(2-75)、式(2-76)中系数矩阵的所有元素在迭代过程中维持常数。

(3) 式(2-75)、式(2-76)中系数矩阵是对称矩阵。

特点(1)在提高计算速度和减少内存方面的作用是很明显的，不再叙述。

特点(2)使我们得到以下好处：首先，因为修正方程式的系数矩阵是导纳矩阵的虚部，因此在迭代过程中不必像牛顿法那样每次都要重新计算雅可比矩阵，这样不仅减少了运算量，而且也大大简化了程序；其次，由于系数矩阵在迭代过程中维持不变，因此在求解修正方程式时，不必每次都对系数矩阵进行消去运算，只需要在进入迭代过程以前，将系数矩阵用三角分解形成因子表，然后反复利用因子表对不同的常数项 $\Delta P/V$ 或 $\Delta Q/V$ 进行消去和回代运算，就可以迅速求得修正量，从而显著提高了迭代速度。

特点(3)可以使我们减少形成因子表时的运算量，而且由于对称矩阵三角分解后，其上三角矩阵和下三角矩阵有非常简单的关系，所以在计算机中可以只贮存上三角矩阵或下三角矩阵，从而也进一步节约了内存。

由于 P-Q 分解法大大提高了潮流计算的速度，所以不仅可用于离线计算，而且也可用于电力系统在线静态安全监视，从而得到了广泛应用。

P-Q 分解法所采取的一系列简化假定只影响了修正方程式的结构，也就是说只影响了迭代过程，但未影响最终结果。因为 P-Q 分解法和牛顿法都采用同样的数学模型[式(2-13)]，最后计算功率误差和判断收敛条件都是严格按照精确公式进行的，所以 P-Q 分解法和牛顿法一样都可以达到很高的精确度。

以上我们只是从 P-Q 分解法基本思路推导了它的修正方程式。表面看来，似乎式(2-75)和式(2-76)的系数矩阵是一样的，但在实际 P-Q 分解法程序中，两个修正方程式的系数矩阵并不相同。一般可以简写为

$$\Delta \boldsymbol{P}/\boldsymbol{V} = \boldsymbol{B}'\boldsymbol{V}\Delta\boldsymbol{\theta} \tag{2-81}$$

$$\Delta \boldsymbol{Q}/\boldsymbol{V} = \boldsymbol{B}''\Delta\boldsymbol{V} \tag{2-82}$$

式中：$\boldsymbol{V}$ 为以节点电压幅值为对角元素的对角矩阵。

为了改善 P-Q 分解法的收敛特性，$\boldsymbol{B}'$与$\boldsymbol{B}''$一般并不简单地是电力系统导纳矩阵的虚部。在实践中，对$\boldsymbol{B}'$与$\boldsymbol{B}''$的不同处理，就形成了不同的 P-Q 分解法。以下就讨论$\boldsymbol{B}'$与$\boldsymbol{B}''$的构成。

首先应该指出，$\boldsymbol{B}'$与$\boldsymbol{B}''$的阶数是不同的，$\boldsymbol{B}'$为 $n-1$ 阶，$\boldsymbol{B}''$低于 $n-1$ 阶。因为式(2-82)不包含与 PV 节点有关的方程式，因此，如果系统有 r 个 PV 节点，则$\boldsymbol{B}''$应为$n-r-1$ 阶。

如前所述，式(2-81)和式(2-82)是经过一系列简化之后得到的修正方程式。式(2-81)以有功功率误差为依据修正电压向量的角度；式(2-82)以无功功率误差为依据修正电压幅值。为了加速收敛，使它们能更有效地进行修正，可以考虑在$\boldsymbol{B}'$中尽量去掉那些与有功功率及电压向量角度无关或影响较小的因素。为此，我们以电力系统导纳矩阵的虚部作为$\boldsymbol{B}'$，但是去掉了充电电容和变压器非标准变比的影响。具体地说，$\boldsymbol{B}'$的非对角元素和对角元素分别按下式计算：

$$B'_{ij} = -\frac{x_{ij}}{r_{ij}^2 + x_{ij}^2}, \qquad B'_{ii} = \sum_{j\in i}\frac{x_{ij}}{r_{ij}^2 + x_{ij}^2} = \sum_{j\in i}B'_{ij} \tag{2-83}$$

式中：r_{ij}和x_{ij}分别为支路 ij 的电阻和感抗。

从概念上讲，应该在$\boldsymbol{B}''$中去掉那些对无功功率及电压幅值影响较小的因素，例如，应去掉输电线路电阻对$\boldsymbol{B}''$的影响。因此，$\boldsymbol{B}''$的非对角元素和对角元素分别按下式计算：

$$B''_{ij} = -\frac{1}{x_{ij}}, \qquad B''_{ii} = \sum_{j\in i}\frac{1}{x_{ij}} - b_{io} \tag{2-84}$$

式中：b_{io}为节点 i 的接地支路的电纳。

按式(2-83)及式(2-84)形成$\boldsymbol{B}'$与$\boldsymbol{B}''$的 P-Q 分解法通常又叫 BX 法，与该方法相对应的另一种方法是 XB 法。在 XB 法中，ΔP 与 $\Delta\theta$ 迭代用的$\boldsymbol{B}'$按式(2-84)计算；ΔQ 与 ΔV 迭代用的$\boldsymbol{B}''$按式(2-83)计算。虽然这两种方法的修正方程式不同，但是都具有良好的收敛特性。对 IEEE 的几个标准测试电力系统计算的收敛情况如表 2-6 所示，表中给

出的是收敛迭代次数。

表 2-6　*BX* 法与 *XB* 法收敛性的比较

节点数	牛顿法迭代次数	*BX* 法迭代次数	*XB* 法迭代次数
5	4	10	10
30	3	5	5
57	3	6	6
118	3	6	7

大量计算表明，*BX* 法与 *XB* 法在收敛性方面没有显著差别。这两种算法均有很好的收敛性，凡是牛顿法可以收敛的潮流问题，它们也可以收敛。文献[9]、[10]对 *P-Q* 分解法简化的实质作了一些解释；文献[19]针对 r/x 较高时可能出现的收敛性问题，提出了鲁棒快速分解潮流；文献[29]利用稀疏向量技术提高了 *P-Q* 分解法的求解速度。有兴趣的读者可以参考。

如前所述，*P-Q* 分解法改变了牛顿法迭代公式的结构，因此就改变了迭代过程的收敛特性。事实上，依一个不变的系数矩阵进行非线性方程组的求解迭代，在数学上属于"等斜率法"，其迭代过程是按几何级数收敛的，如画在对数坐标上，这种收敛特性基本上接近一条直线。而牛顿法是按平方收敛的，在对数坐标纸上基本上是一条抛物线。图 2-8 表示了两种方法的典型收敛特性。

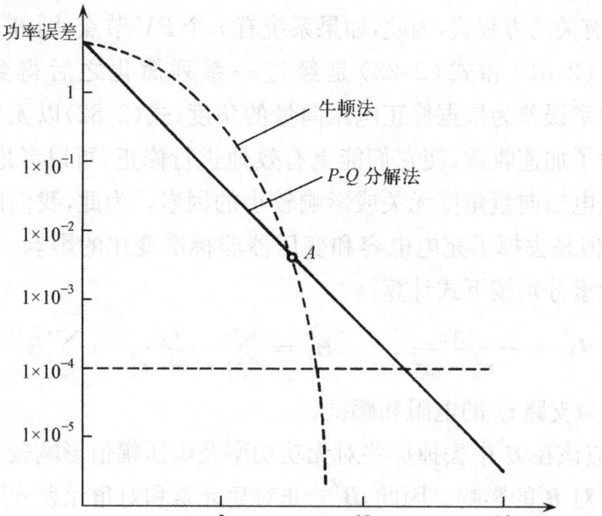

图 2-8　牛顿法与 *P-Q* 分解法的收敛性

由图 2-8 可以看出，牛顿法在开始时收敛得比较慢，当收敛到一定程度后，它的收敛速度就非常之快，而 *P-Q* 分解法几乎是按同一速度收敛的。我们给出的收敛条件如果小于图中 *A* 点相应的误差，那么 *P-Q* 分解法所需要的迭代次数要比牛顿法多几次。可以粗略地认为 *P-Q* 分解法的迭代次数与精确度的要求之间存在着线性关系。

虽然 P-Q 分解法比牛顿法所需的迭代次数多，但是每次迭代计算量却很小，因此P-Q分解法的计算速度比牛顿法有明显提高。例如，对 IEEE 的 118 节点电力系统而言，用 P-Q 分解法计算一次潮流需 CPU 时间大约 0.01s，而用牛顿法则需 0.1s。

2.4.3 P-Q 分解法潮流程序原理框图

在图 2-9 中表示了 P-Q 分解法潮流程序的基本原理框图，从中可以看出计算的大致过程和程序的逻辑结构(关于 P-Q 分解法潮流程序的细节问题，可以参看附录)。

首先对图中有关的符号加以说明：

t：迭代次数计数单元。

$K01$：是一个特征记数单元，只有“0”和“1”两种状态。当迭代有功功率时，为 0；当迭代无功功率时为 1。在迭代过程中，顺次迭代一次有功功率和一次无功功率才算进行了一次迭代，这时 $K01$ 变化一个周期，t 计数单元加 1。

ΔW：是功率误差的数值，其中包括有功功率误差及无功功率误差。当 $K01=0$ 时，$\Delta W(K01)$为有功功率误差；当 $K01=1$ 时，$\Delta W(K01)$为无功功率误差。

V：为电压向量数组，包括各节点电压的幅值及角度。当 $K01=0$ 时，$V(K01)$表示电压的角度；当 $K01=1$ 时，$V(K01)$表示电压的幅值。

ERM：寄存每次迭代过程中最大的功率误差，包括最大有功功率误差及最大无功功率误差。当 $K01=0$ 时，ERM($K01$)表示最大有功功率误差；当 $K01=1$ 时，ERM($K01$)表示最大无功功率误差。

ε：收敛条件，标幺值取 10^{-4}。

由图中可以看出，当输入信息及原始数据并对原始数据进行加工处理后，就可形成导纳矩阵。然后，根据式(2-83)求出 $\boldsymbol{B}'$，并对 $\boldsymbol{B}'$ 进行三角分解，形成第一个因子表(图 2-9 中框③)，这就为 P-Q 迭代时求解修正方程式(2-81)做好了准备。

根据式(2-84)，考虑输电线路的充电电容及非标准变比变压器的接地支路后，求出 $\boldsymbol{B}''$，并对它进行三角分解，形成第二个因子表(图 2-9 中框④)，这就为 Q-V 迭代时求解修正方程式(2-82)做好了准备。

应该指出，$\boldsymbol{B}'$ 和 $\boldsymbol{B}''$ 的形成可在形成导纳矩阵过程中同时进行。同时，在框②中导纳矩阵形成以后，应该把它贮存起来，以便在迭代时利用它按式(2-77)、式(2-78)计算功率误差。

图中框⑤～⑩属于迭代过程。迭代过程从送电压初值开始。

框⑤的任务是向各节点送电压初值。电压初值应按 PQ 节点及 PV 节点分别进行。一般对 PQ 节点来说其电压幅值可送系统平均电压；对 PV 节点来说，其电压幅值应送该节点要维持的电压值。各节点电压向量的角度初值可一律取零度。

框⑥建立了迭代的初始状态，迭代是由 P-θ 迭代开始的，因此 $K01$ 应置“0”。

图 2-9 所示的计算程序是按 1θ,$1V$ 方式进行迭代的，也就是说，首先进行一次 P-θ 迭代，然后进行一次 Q-V 迭代，之后再进行一次 P-θ 迭代……这样反复下去。

框⑦按照式(2-77)或式(2-78)计算各节点功率误差，并记录最大的功率误差 ERM($K01$)，以便校验是否收敛。

框⑧求解修正方程式，求出相应的修正量，并修正电压向量的角度或幅值。

框⑨的作用是建立下次迭代的状态并对迭代过程计数。

框⑩的作用是校验整个潮流计算是否收敛。当框中两个条件都满足时，就说明 $P\text{-}\theta$ 迭代及 $Q\text{-}V$ 迭代均已收敛，因而可以转出迭代过程，输出潮流计算结果，否则应转入以下迭代过程。

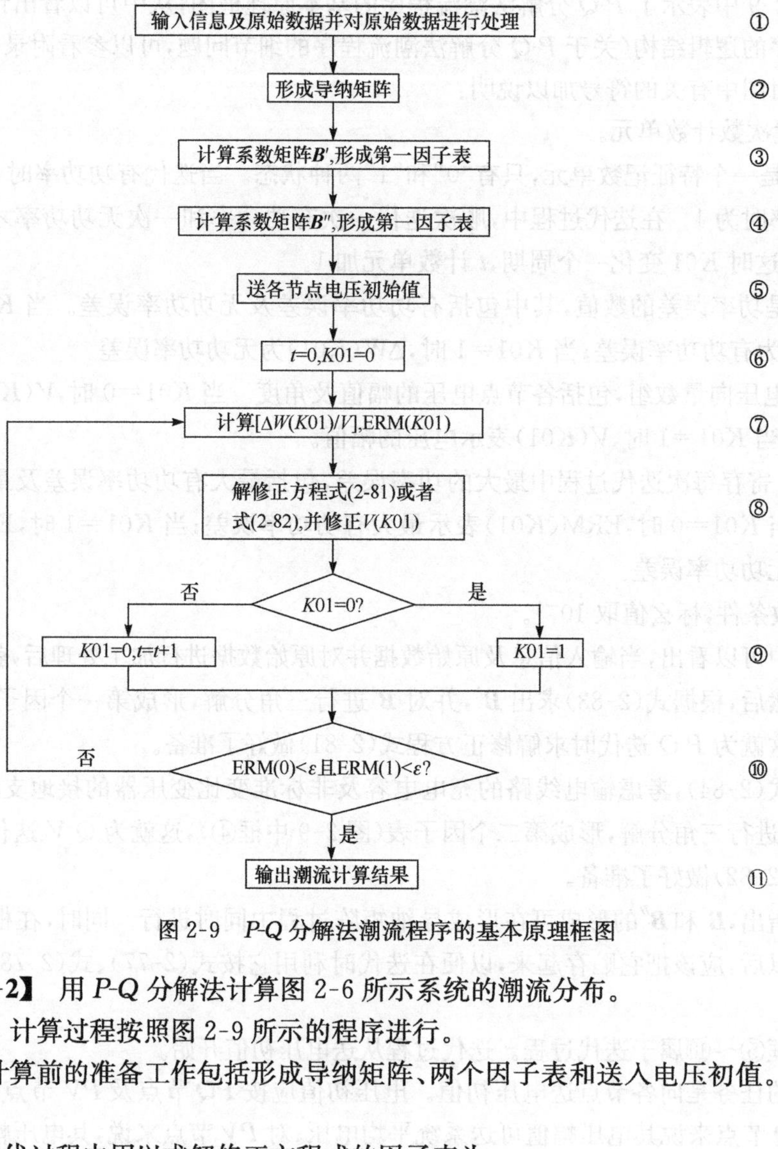

图 2-9　$P\text{-}Q$ 分解法潮流程序的基本原理框图

【例 2-2】 用 $P\text{-}Q$ 分解法计算图 2-6 所示系统的潮流分布。

【解】 计算过程按照图 2-9 所示的程序进行。

迭代计算前的准备工作包括形成导纳矩阵、两个因子表和送入电压初值。导纳矩阵见例 1-1。

$P\text{-}\theta$ 迭代过程中用以求解修正方程式的因子表为

$$\begin{bmatrix} -0.152\,86 & -0.596\,20 & -0.403\,79 & \\ & -0.014\,66 & -0.068\,74 & -0.931\,25 \\ & & -0.027\,69 & -0.120\,87 \\ & & & -0.260\,61 \end{bmatrix}$$

应该指出，在形成这个因子表时所用的 $\boldsymbol{B}'$ 应按式(2-83)求出。

Q-V 迭代过程中所用的因子表为

$$\begin{bmatrix} -0.151\,35 & -0.605\,41 & -0.432\,43 \\ & -0.015\,41 & -0.078\,04 \\ & & -0.028\,95 \end{bmatrix}$$

形成这个因子表所用的 $\boldsymbol{B}''$ 应按式(2-84)求出。但是由于 PV 节点及平衡节点不参与 Q-V 迭代过程，因此在 $\boldsymbol{B}''$ 中不包括与这些节点有关的元素，只留下如下三阶矩阵：

$$\boldsymbol{B}'' = \begin{bmatrix} -6.607\,14 & 4.000\,0 & 2.857\,14 \\ 4.000\,0 & -67.301\,97 & 3.333\,33 \\ 2.875\,14 & 3.333\,33 & -36.174\,80 \end{bmatrix}$$

对它进行消去运算，不难得到上面的因子表。

各节点电压初值和前面例 2-1 类似，只是在现在的情况下，电压向量采用极坐标表示法。系统平均运行电压取

$$V_0 = 1.000\,00$$

这样，各节点电压向量的初值为

$$V_1^{(0)} = V_2^{(0)} = V_3^{(0)} = 1.000\,00$$

$$V_4^{(0)} = V_5^{(0)} = 1.050\,00$$

$$\theta_1^{(0)} = \theta_2^{(0)} = \theta_3^{(0)} = \theta_4^{(0)} = \theta_5^{(0)} = 0$$

根据式(2-77)、式(2-78)，各节点功率误差的计算式为

$$\Delta P_1 = P_{1s} - V_1[V_1G_{11} + V_2(G_{12}\cos\theta_{12} + B_{12}\sin\theta_{12}) + V_3(G_{13}\cos\theta_{13} + B_{13}\sin\theta_{13})]$$

$$\Delta Q_1 = Q_{1s} - V_1[-V_1B_{11} + V_2(G_{12}\sin\theta_{12} - B_{12}\cos\theta_{12}) + V_3(G_{13}\sin\theta_{13} - B_{13}\cos\theta_{13})]$$

$$\vdots$$

$$\Delta P_4 = P_{4s} - V_4[V_2(G_{42}\cos\theta_{42} + B_{42}\sin\theta_{42}) + V_4G_{44}]$$

现在，我们进行第一次 P-θ 迭代计算。首先，根据上面功率误差计算式求出第一次迭代时各节点有功功率的误差

$$\Delta P^{(0)} = \begin{bmatrix} -1.600\,00 \\ -2.000\,00 \\ -3.700\,00 \\ 5.000\,00 \end{bmatrix}$$

这样就可以得到修正方程式的常数项

$$\left(\frac{\Delta P}{V}\right)^{(0)} = \begin{bmatrix} -1.600\,00 \\ -2.000\,00 \\ -3.700\,00 \\ 4.761\,90 \end{bmatrix}$$

用第一因子表对它进行消去回代运算以后，就得到各节点 θ 的修正量

$$\Delta\theta^{(0)} = \begin{bmatrix} 0.094\,55 \\ -0.305\,80 \\ 0.079\,94 \\ -0.380\,81 \end{bmatrix}$$

必须注意，在 P-θ 迭代过程中，利用第一因子表对常数项 $\Delta\boldsymbol{P}/\boldsymbol{V}$ 进行消去回代运算

后，应得到$\boldsymbol{V}_0\Delta\boldsymbol{\theta}$[见式(2-81)]，但本例题采用标幺值进行计算，且$\boldsymbol{V}_0=\boldsymbol{I}$，因此

$$\boldsymbol{V}_0\Delta\boldsymbol{\theta}^{(0)}=\Delta\boldsymbol{\theta}^{(0)}$$

对各节点电压向量角度进行修正以后，得到第一次迭代后的$\boldsymbol{\theta}$：

$$\boldsymbol{\theta}^{(1)}=\boldsymbol{\theta}^{(0)}-\Delta\boldsymbol{\theta}^{(0)}=\begin{bmatrix}-0.094\ 55\\0.305\ 80\\-0.079\ 94\\0.380\ 80\end{bmatrix}$$

然后进行Q-V迭代。各节点无功功率误差为

$$\Delta\boldsymbol{Q}^{(0)}=\begin{bmatrix}-1.112\ 84\\5.528\ 90\\1.412\ 42\end{bmatrix}$$

修正方程式的常数项：

$$\left(\frac{\Delta\boldsymbol{Q}}{\boldsymbol{V}}\right)^{(0)}=\begin{bmatrix}-1.112\ 84\\5.528\ 90\\1.412\ 42\end{bmatrix}$$

利用第二因子表对它进行消去回代运算，就得到各PQ节点电压修正量

$$\Delta\boldsymbol{V}^{(0)}=\begin{bmatrix}0.104\ 93\\-0.077\ 79\\-0.037\ 93\end{bmatrix}$$

根据式(2-80)修正各节点电压：

$$\boldsymbol{V}^{(1)}=\boldsymbol{V}^{(0)}-\Delta\boldsymbol{V}^{(0)}=\begin{bmatrix}0.890\ 57\\1.077\ 79\\1.037\ 93\end{bmatrix}$$

这样就完成了第一次迭代计算。

按照以上的计算步骤继续迭代下去，当收敛条件取$\varepsilon=10^{-5}$时，迭代10次收敛。迭代过程中各节点电压的变化情况列于表2-7中。

迭代过程中最大功率误差和电压误差的变化情况列于表2-8。

表2-7 迭代过程中各节点电压的变化情况

迭代次数	θ_1	V_1	θ_2	V_2	θ_3	V_3	θ_4
1	−0.094 55	0.895 07	0.305 80	1.077 79	−0.079 95	1.037 93	0.380 80
2	−0.082 27	0.871 58	0.307 28	1.078 57	−0.074 05	1.037 43	0.376 52
3	−0.082 39	0.865 12	0.310 48	1.078 13	−0.074 48	1.036 73	0.380 10
4	−0.083 16	0.863 09	0.311 17	1.077 98	−0.074 68	1.036 52	0.380 79
5	−0.083 32	0.862 44	0.311 52	1.077 94	−0.074 71	1.036 44	0.381 15
6	−0.083 39	0.862 22	0.311 62	1.077 92	−0.074 73	1.036 42	0.381 26
7	−0.083 41	0.862 15	0.311 66	1.077 91	−0.074 73	1.036 41	0.381 29
8	−0.083 42	0.862 13	0.311 67	1.077 91	−0.074 74	1.036 40	0.381 31
9	−0.083 42	0.862 12	0.311 67	1.077 91	−0.074 74	1.036 40	0.381 31
10	−0.083 42	0.862 12	0.311 68	1.077 91	−0.074 74	1.036 41	0.381 31

注：表中所列角度为弧度。

表 2-8　最大功率误差和电压误差的变化情况

迭代次数	ΔP_M	ΔQ_M	$\Delta \theta_M$	ΔV_M
1	5.000 00	5.528 90	0.380 80	0.104 93
2	0.383 91	0.159 16	0.012 28	0.023 48
3	0.026 60	0.033 98	0.003 58	0.006 47
4	0.008 98	0.010 54	0.000 77	0.002 02
5	0.002 79	0.003 39	0.000 36	0.000 66
6	0.000 95	0.001 11	0.000 11	0.000 22
7	0.000 31	0.000 37	0.000 04	0.000 07
8	0.000 10	0.000 12	0.000 01	0.000 02
9	0.000 03	0.000 04	0.000 00	0.000 01
10	0.000 01	0.000 01	0.000 00	0.000 00

P-Q 分解法在计算本例题时的收敛特性如图 2-10 所示。由图中可以看出，P-Q 分解法收敛特性在对数坐标上是接近直线的，在迭代的开始阶段它的收敛速度比牛顿法快一些。

图 2-10　P-Q 分解法的收敛特性

潮流计算结果表示在图 2-11 中，各支路潮流的计算方法可参看附录。

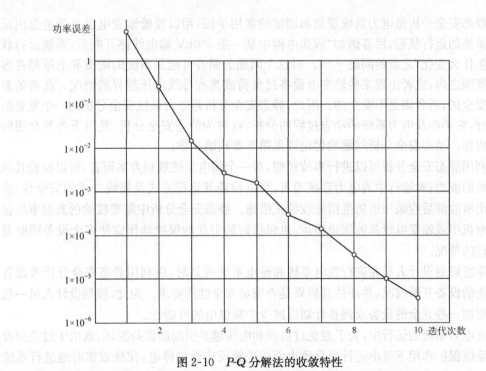

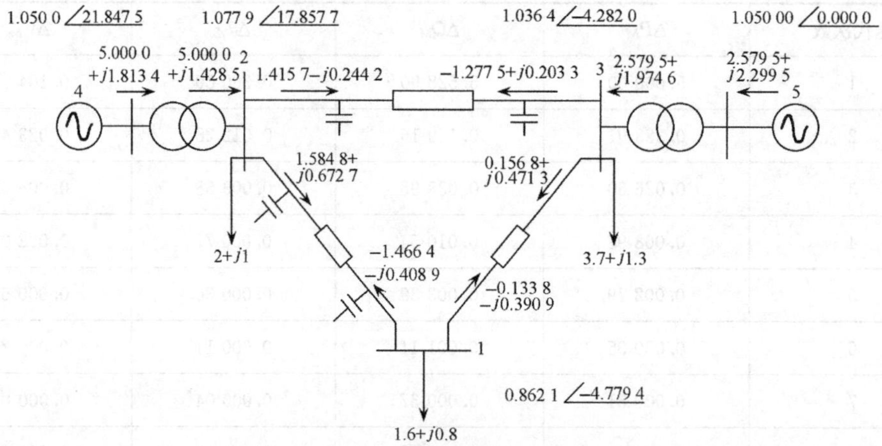

图 2-11　潮流计算结果

（图中各节点电压向量的角度均为度）

2.5　静态安全分析及补偿法

2.5.1　静态安全分析概述

静态安全分析是电力系统规划和调度的常用手段，用以校验输变电设备强迫退出运行后系统的运行状态，回答诸如“假如电网中某一条500kV输电线路开断后，系统运行状态发生什么变化”之类的问题[21,22]。对这个问题的回答可能是系统的潮流和电压都在容许的范围之内，或者出现某些输变电设备过负荷或某些母线电压越界的情况。前者的系统是安全的，后者则是不安全的。因此，静态安全分析是电力系统安全分析的一个重要组成部分，它不涉及电力系统的动态过程的分析，故称为静态安全分析，是以下各节介绍的主要内容。动态安全分析问题的讨论详见第6章到第8章。

利用静态安全分析可以进行事故预想，对一个输电系统规划方案而言，可以校验其承受事故的能力；对运行中的电力系统而言，可以检验其运行方式及接线方式的安全性，进而给出事故前后应采用的防范措施或校正措施。静态安全分析中需要校验的典型事故包括发电机组或输变电设备的强迫停运，也包括短路引起的保护动作致使多个设备同时退出运行的情况。

系统规划设计人员在进行发电系统和输电系统规划时，应利用静态安全分析考虑各种可能的设备开断情况，并评估其后果是否满足安全性的要求。为此，规划设计人员一般需要增加一些冗余的设备或调整计划以减少中断供电的可能性。

在电力系统的运行中，为了避免过负荷和电压越界引起的设备损坏，或由于过负荷设备在系统保护作用下退出运行而导致大面积连锁反应性的停电，在线或实时地进行系统静态安全分析非常重要[23,24]。特别是随着电力市场的进展，电力系统的发输配电各环节由统一管理、统一调度逐步转向双边合同交易和发电厂商的竞价上网，使系统运行出现了诸多不确定因素，对电力系统运行的安全监视和控制提出了更高的要求。

由于不涉及元件动态特性和电力系统的动态过程，静态安全分析实质上是电力系统运行的稳态分析问题，即潮流问题。也就是说，可以根据预想的事故，设想各种可能的设备开断情况，完成相应的潮流计算，即可得出系统是否安全的结论。但是，静态安全分析要求检验的预想事故数量非常大，而在线分析或实时分析又要在短时间内完成这些计算，因此，开发研究了许多专门用于静态安全分析的方法，如补偿法、直流潮流法及灵敏度分析法等，以下将分别介绍这些基本的方法。

2.5.2 补偿法

电力系统基本运行方式计算完毕以后，往往还要求系统运行人员或规划设计人员进行一些特殊运行方式的计算，以分析系统中某些支路开断以后系统的运行状态，以下简称断线运行方式。这对于确保电力系统可靠运行，合理安排检修计划都是非常必要的。

发电厂运行状态的变化，如发电厂之间出力的调整和某些发电厂退出运行等情况，在程序中都是比较容易模拟的。因为这时网络结构和网络参数均未发生变化，所以网络的阻抗矩阵、导纳矩阵以及 *P-Q* 分解法中的因子表都应和基本运行方式一样。因此，我们只要按照新的运行方式给定各发电厂的出力，就可以直接转入迭代程序。应该指出，在这种情况下不必重新送电压初值，利用基本运行方式求得的节点电压作为电压初值可能更有利于收敛。

当系统因故障或检修而开断线路或变压器时，要引起电网参数或局部系统结构发生变化，因此在这种情况下进行潮流计算时，要修改网络的阻抗矩阵或导纳矩阵。

对于牛顿法潮流程序来说，修正导纳矩阵以后，即可转入迭代程序(图 2-5)。

对于 *P-Q* 分解法来说，修改导纳矩阵以后，应该先转入形成因子表程序，然后再进行迭代计算(图 2-9)。在程序编制上这样处理比较简单，只需要增加修改导纳矩阵的程序，但是，由于需要重新形成因子表，因此计算速度较慢。

为了进一步发挥 *P-Q* 分解法的优点，提高计算速度，可以采用补偿法的原理[7]，在原有基本运行方式的因子表的基础上进行开断运行方式的计算。当潮流程序用作在线静态安全监视时，利用补偿法以加速顺序开断方式的检验就显得特别重要。

应该指出，补偿法的概念不仅应用于 *P-Q* 分解法潮流程序中，也广泛应用在短路电流、复杂故障以及动态稳定计算程序的网络处理上。以下首先介绍补偿法的基本原理，然后讨论如何利用补偿法进行开断运行方式的计算。

如图 2-12 所示，设网络 N 的导纳矩阵已经形成，并对它进行三角分解而得到因子表。现在的问题是，当向网络节点 i、j 之间追加阻抗 z_{ij} 时，如何根据已知的节点注入电流

$$\boldsymbol{I}=\begin{bmatrix}\dot{I}_1\\ \vdots\\ \dot{I}_i\\ \vdots\\ \dot{I}_j\\ \vdots\\ \dot{I}_n\end{bmatrix}$$

利用原电力网络 N 的因子表，求得新条件下的电压

$$\boldsymbol{V}=\begin{bmatrix}\dot{V}_1\\ \dot{V}_2\\ \vdots\\ \dot{V}_n\end{bmatrix}$$

如果我们能够求得流入原网络 N 的注入电流向量

$$\dot{\boldsymbol{I}}'=\begin{bmatrix}\dot{I}_1\\ \dot{I}_2\\ \vdots\\ \dot{I}_i+\dot{I}_{ij}\\ \vdots\\ \dot{I}_j-\dot{I}_{ij}\\ \vdots\\ \dot{I}_n\end{bmatrix} \tag{2-85}$$

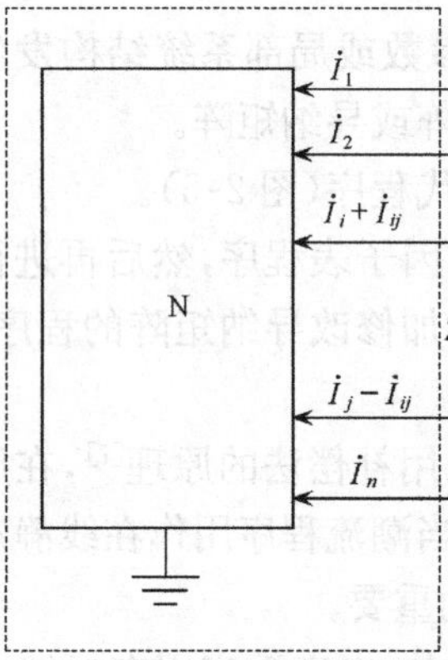

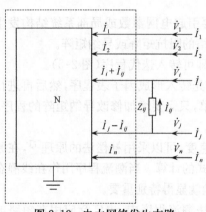

图 2-12　电力网络发生支路变化时的等效电路

那么利用原网络因子表对此 $\boldsymbol{I}'$ 进行消去回代运算就可以得到节点电压向量 $\boldsymbol{V}$。但是在各节点电压求出以前，追加支路 Z_{ij} 上通过的电流 $\dot{I}_{ij}$ 并不知道，因而也就不能直接利用 $\boldsymbol{I}'$ 求节点电压。

根据迭加原理，可以把图 2-12 所示网络拆为两个等值网络，如图 2-13(a)及(b)所示。节点电压向量 $\boldsymbol{V}$ 可以表示为

$$\boldsymbol{V}=\boldsymbol{V}^{(0)}+\boldsymbol{V}^{(1)} \tag{2-86}$$

式中：$\boldsymbol{V}^{(0)}$ 相当于没有追加支路，或追加支路开路的情况下各节点的电压向量，见图 2-13(a)。由于这种情况下各节点的注入电流 $\boldsymbol{I}$ 已知，因此利用原网络 N 的因子表可以求出

$$\boldsymbol{V}^{(0)}=\begin{bmatrix}\dot{V}_1^{(0)}\\ \dot{V}_2^{(0)}\\ \vdots\\ \dot{V}_i^{(0)}\\ \vdots\\ \dot{V}_j^{(0)}\\ \vdots\\ \dot{V}_n^{(0)}\end{bmatrix} \tag{2-87}$$

现在讨论如何求得图 2-13(b)中各节点电压 $\boldsymbol{V}^{(1)}$。在这个图中，向原网络注入的电流向量为

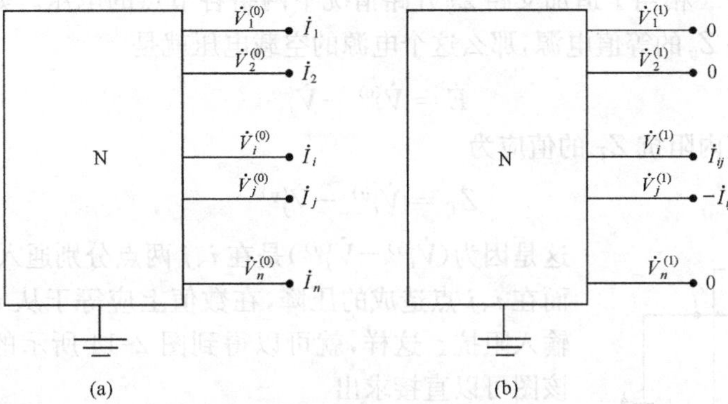

图 2-13　补偿法原理示意图

$$\boldsymbol{I}^{(1)}=\begin{bmatrix}0\\ \vdots\\ \dot{I}_{ij}\\ 0\\ \vdots\\ -\dot{I}_{ij}\\ 0\\ \vdots\end{bmatrix}=\dot{I}_{ij}\begin{bmatrix}0\\ \vdots\\ 1\\ 0\\ \vdots\\ -1\\ 0\\ \vdots\end{bmatrix}\begin{matrix}\\ \\ \leftarrow i\\ \\ \\ \leftarrow j\\ \\ \\ \end{matrix}\tag{2-88}$$

其中 $\dot{I}_{ij}$ 现在暂时还是未知量。但如果假定 $\dot{I}_{ij}=1$，则利用原网络因子表就可以求得当 $\dot{I}_{ij}$ 为单位电流时，网络各节点的电压

$$\boldsymbol{V}^{(ij)}=\begin{bmatrix}\dot{V}_1^{(ij)}\\ \dot{V}_2^{(ij)}\\ \vdots\\ \dot{V}_i^{(ij)}\\ \vdots\\ \dot{V}_j^{(ij)}\\ \vdots\\ \dot{V}_n^{(ij)}\end{bmatrix}\tag{2-89}$$

这样，如果能求出 $\dot{I}_{ij}$，那么由于网络是线性的，就可以按下式求得最终的电压向量：

$$\boldsymbol{V}=\begin{bmatrix}\dot{V}_1^{(0)}\\ \dot{V}_2^{(0)}\\ \vdots\\ \dot{V}_n^{(0)}\end{bmatrix}+\dot{I}_{ij}\begin{bmatrix}\dot{V}_1^{(ij)}\\ \dot{V}_2^{(ij)}\\ \vdots\\ \dot{V}_n^{(ij)}\end{bmatrix}\tag{2-90}$$

因此，现在的关键问题就在于如何求得 $\dot{I}_{ij}$。为此，需要利用等值发电机原理。

如上所述，$\boldsymbol{V}^{(0)}$相当于追加支路Z_{ij}开路情况下网络各节点的电压。如果现在把整个系统看成是支路Z_{ij}的等值电源，那么这个电源的空载电压就是

$$\dot{E}=\dot{V}_i^{(0)}-\dot{V}_j^{(0)} \tag{2-91}$$

电源的等值内阻抗Z_T的值应为

$$Z_T=\dot{V}_i^{(ij)}-\dot{V}_j^{(ij)} \tag{2-92}$$

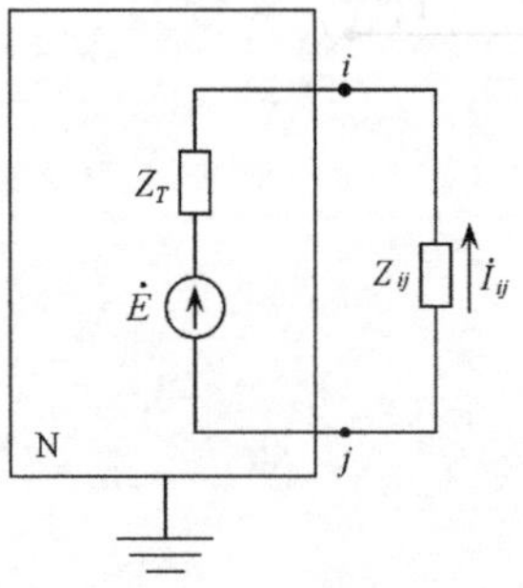

图 2-14　求电流$\dot{I}_{ij}$的等效电路

这是因为$(\dot{V}_i^{(ij)}-\dot{V}_j^{(ij)})$是在$i$、$j$两点分别通入正、负单位电流而在$i$、$j$点造成的压降，在数值上应等于从$i$、$j$点看进去的输入阻抗。这样，就可以得到图 2-14 所示的等值电路。由该图可以直接求出

$$\dot{I}_{ij}=-\frac{\dot{V}_i^{(0)}-\dot{V}_j^{(0)}}{Z'_{ij}} \tag{2-93}$$

式中：

$$Z'_{ij}=Z_T+Z_{ij} \tag{2-94}$$

将式(2-93)求得的$\dot{I}_{ij}$代入式(2-90)中，即可得到所需要的节点电压向量$\boldsymbol{V}$。

以上讨论了补偿法的基本原理。实用上，利用补偿法求解节点电压的过程可按以下步骤进行：

(1) 利用原网络的因子表对于单位电流向量

$$\dot{\boldsymbol{I}}_{ij}=\begin{bmatrix}0\\ \vdots\\ 1\\ 0\\ \vdots\\ -1\\ 0\\ \vdots\end{bmatrix}\begin{matrix}\\ \\ \leftarrow i\\ \\ \\ \leftarrow j\\ \\ \\ \end{matrix} \tag{2-95}$$

进行消去回代运算，求出$\boldsymbol{V}^{(ij)}$。

(2) 利用式(2-92)求等值发电机的内阻抗Z_T，并进而根据式(2-94)求Z'_{ij}。

(3) 利用原网络因子表对节点注入电流向量$\boldsymbol{I}$进行消去回代运算，求出$\boldsymbol{V}^{(0)}$，见图 2-13(a)。

(4) 根据式(2-93)求出流经追加支路Z_{ij}的电流$\dot{I}_{ij}$。

(5) 利用式(2-90)求出节点电压向量$\boldsymbol{V}$。

当网络发生一次变化或操作后，需要对不同的节点注入电流$\boldsymbol{I}$求解节点电压时，步骤(1)及(2)的运算只需要进行一次，把计算结果$\boldsymbol{V}^{(ij)}$、Z'_{ij}可以暂时贮存起来。这样，对不同的$\boldsymbol{I}$求$\boldsymbol{V}$时，只需要作步骤(3)～(5)的运算。因此利用补偿法求解网络节点电压和一般用因子表求解网络节点电压相比，在运算量上并没有显著的增加，但是形成一次因子表的运算量约为求解一次网络节点方程运算量的 10 倍左右，因此，当网络进行一次操作，要求反复求解网络方程的次数小于 5 次时，用补偿法比重新形成因子表要节约很大的运算量[8]。

补偿法在原理上也可用于网络同时进行两处或多处操作的情况，这时需要递归地套用以上的计算步骤，本书不再详述，有兴趣的读者可以参阅文献[3]。

以上介绍了补偿法的原理，下面我们讨论在 P-Q 分解法潮流程序中如何利用补偿法进行开断运行方式的计算。

对于式(2-81)、式(2-82)所示的修正方程式，可以分别看成是由“导纳矩阵”$\boldsymbol{B}'$ 及 $\boldsymbol{B}''$ 所描述网络的节点方程式，其注入电流分别为 $\Delta\boldsymbol{P}/\boldsymbol{V}$ 及 $\Delta\boldsymbol{Q}/\boldsymbol{V}$，待求的节点电压为 $\boldsymbol{V}_0\Delta\boldsymbol{\theta}$ 及 $\Delta\boldsymbol{V}$，这样就可以完全套用以上的计算过程。在这种情况下对 $\boldsymbol{B}'$ 及 $\boldsymbol{B}''$ 来说，图 2-12 中追加支路阻抗应分别为

$$Z'_{ij}=\frac{-1}{B_{ij}},\quad Z''_{ij}=-x_{ij} \tag{2-96}$$

当开断元件不是线路而是非标准变比的变压器时，式(2-95)的电流表示式应改写为

$$\boldsymbol{I}^{(ij)}=\begin{bmatrix}0\\ \vdots\\ n_T\\ 0\\ \vdots\\ -1\\ 0\\ \vdots\end{bmatrix}\begin{matrix}\\ \\ \leftarrow i\\ \\ \\ \leftarrow j\\ \\ \\ \end{matrix} \tag{2-97}$$

式中：n_T 为非标准变比，在 j 侧。这时式(2-91)～(2-93)相应地变为

$$\dot{E}=n_T\dot{V}_i^{(0)}-\dot{V}_j^{(0)} \tag{2-98}$$

$$Z_T=n_T\dot{V}_i^{(ij)}-\dot{V}_j^{(ij)} \tag{2-99}$$

$$\dot{I}_{ij}=\frac{n_T\dot{V}_i^{(0)}-\dot{V}_j^{(0)}}{Z'_{ij}} \tag{2-100}$$

式中：

$$Z'_{ij}=Z_T+Z_{ij}$$

必须注意，以上断线操作在式(2-96)中实际上只考虑了断开电线路和变压器的不接地支路。严格地讲，输电线路对地电容或非标准变比变压器接地支路也应同时断开，但是，这样就成为同时出现 3 处操作的情况，使计算复杂化。计算实践表明，在利用补偿法进行系统开断运行方式计算时，不计接地支路的影响，给计算带来的误差是很小的，完全可以忽略不计。

2.6 静态安全分析的直流潮流法

直流潮流模型把非线性电力系统潮流问题简化为线性电路问题，从而使分析计算非常方便。直流潮流模型的缺点是精确度差，只能校验过负荷，不能校验电压越界的情况。但直流潮流模型是线性模型，不仅计算快，适合处理断线分析，而且便于形成便于用线性规划求解的优化问题，因此，得到了广泛的应用。

2.6.1 直流潮流模型

式(2-9)给出的电力系统交流潮流的节点有功功率方程为

$$P_i = V_i \sum_{j \in i} V_j (G_{ij} \cos\theta_{ij} + B_{ij} \sin\theta_{ij}) \qquad (i = 1,2,\cdots,n) \tag{2-101}$$

支路有功潮流可表达为

$$P_{ij} = V_i V_j (G_{ij} \cos\theta_{ij} + B_{ij} \sin\theta_{ij}) - t_{ij} G_{ij} V_i^2 \tag{2-102}$$

式中：t_{ij} 为支路 ij 的变压器非标准变比；θ_{ij} 为支路 ij 两端节点电压的相角差；G_{ij}、B_{ij} 为节点导纳矩阵元素的实部与虚部。

$$\theta_{ij} = \theta_i - \theta_j \tag{2-103}$$

$$G_{ij} + jB_{ij} = -\frac{1}{r_{ij} + jx_{ij}} = \frac{-r_{ij}}{r_{ij}^2 + x_{ij}^2} + j\frac{x_{ij}}{r_{ij}^2 + x_{ij}^2}$$

式中：r_{ij}、x_{ij} 为支路 ij 的电阻和电抗，当 $i=j$ 时，

$$G_{ii} = -\sum_{\substack{j \in i \\ j \neq i}} G_{ij}$$

$$B_{ii} = -\sum_{\substack{j \in i \\ j \neq i}} B_{ij} \tag{2-104}$$

将式(2-101)根据 P-Q 分解法的简化条件进行简化，可得到如下的功率方程：

$$P^i = \sum_{j \in i} B_{ij} \theta_{ij} \qquad (i = 1,2,\cdots,n)$$

上式可进一步改写为

$$P_i = \sum_{j \in i} B_{ij} \theta_i - \sum_{j \in i} B_{ij} \theta_j \qquad (i = 1,2,\cdots,n)$$

由式(2-104)可知右端第一项应为0，因此可得

$$P_i = \sum_{j \in i} B_{ij} \theta_j \qquad (i = 1,2,\cdots,n) \tag{2-105}$$

在直流潮流模型中，通常没有上式中的负号。为此，我们定义

$$B_{ij} = -\frac{1}{x_{ij}} \tag{2-106}$$

因此，

$$B_{ii} = \sum_{\substack{j \in i \\ j \neq i}} \frac{1}{x_{ij}} \tag{2-107}$$

最后，得到直流潮流方程

$$P_i = \sum_{j \in i} B_{ij} \theta_j \qquad (i = 1,2,\cdots,n) \tag{2-108}$$

写成矩阵形式，为

$$\boldsymbol{P} = \boldsymbol{B\theta} \tag{2-109}$$

式中：$\boldsymbol{P}$ 为节点注入功率向量，其中元素 $P_i = P_{Gi} - P_{Di}$，这里 P_{Gi} 和 P_{Di} 分别为节点 i 的发电机出力和负荷；$\boldsymbol{\theta}$ 为节点电压相角向量；$\boldsymbol{B}$ 的元素由式(2-106)和式(2-107)构成。

式(2-109)也可写成另一种形式：

$$\boldsymbol{\theta} = \boldsymbol{XP} \tag{2-110}$$

式中：$\boldsymbol{X}$ 为 $\boldsymbol{B}$ 的逆矩阵：

$$\boldsymbol{X} = \boldsymbol{B}^{-1} \tag{2-111}$$

同样，将 P-Q 分解法的简化条件代入支路潮流方程式(2-102)，可以得到

$$P_{ij} = -B_{ij}\theta_{ij} = \frac{\theta_i - \theta_j}{x_{ij}} \tag{2-112}$$

将上式写成矩阵形式，即

$$\boldsymbol{P}_l = \boldsymbol{B}_l\boldsymbol{\Phi} \tag{2-113}$$

式中：$\boldsymbol{P}_l$ 为各支路有功功率潮流构成的向量；$\boldsymbol{\Phi}$ 为各支路两端相角差向量；$\boldsymbol{B}_l$ 为由各支路导纳组成的对角矩阵，设系统的支路数为 l，则 $\boldsymbol{B}_l$ 为 l 阶方阵。

设网络关联矩阵为 $\boldsymbol{A}$，则有

$$\boldsymbol{\Phi} = \boldsymbol{A}\boldsymbol{\theta} \tag{2-114}$$

式(2-109)、式(2-110)、式(2-113)均为线性方程，是直流潮流方程的基本形式。当系统运行方式及接线方式给定时，即得到关于 $\boldsymbol{\theta}$ 的方程(2-109)，通过三角分解或矩阵直接求逆可以由式(2-110)求出状态向量 $\boldsymbol{\theta}$，并进而由式(2-113)求出各支路的有功潮流。

2.6.2 直流潮流的断线模型

由以上讨论可以看出，应用直流潮流模型求解输电系统的状态和支路有功潮流非常简单。现在我们还要指出，由于模型是线性的，故可以快速进行追加和开断线路后的潮流计算。

设原输电系统网络的节点阻抗矩阵为 $\boldsymbol{X}$，支路 k 两端的节点为 i、j。这里的支路是指两节点间各线路的并联，线路是支路中的一个元件。当支路 k 增加一条电抗为 x_k 的线路(以下称追加线路 k)时，形成新的网络。根据1.4节的支路追加原理，新网络的节点阻抗矩阵 $\boldsymbol{X}'$ 应为[见式(1-107)]

$$\boldsymbol{X}' = \boldsymbol{X} - \frac{\boldsymbol{X}_L\boldsymbol{X}_L^{\mathrm{T}}}{\boldsymbol{X}_{LL}} \tag{2-115}$$

式中：

$$\boldsymbol{X}_L = \boldsymbol{X}\boldsymbol{e}_k$$

$$\boldsymbol{e}_k = \begin{bmatrix} 0 \\ \vdots \\ 1 \\ \vdots \\ -1 \\ 0 \\ \vdots \end{bmatrix} \begin{matrix} \\ \\ \leftarrow i \\ \\ \leftarrow j \\ \\ \\ \end{matrix} \tag{2-116}$$

$$\boldsymbol{X}' = \boldsymbol{X} - \frac{\boldsymbol{X}\boldsymbol{e}_k\boldsymbol{e}_k^{\mathrm{T}}\boldsymbol{X}}{x_k + \boldsymbol{e}_k^{\mathrm{T}}\boldsymbol{X}\boldsymbol{e}_k} \tag{2-117}$$

式(2-117)可以简写为

$$\boldsymbol{X}' = \boldsymbol{X} + \beta_k\boldsymbol{X}\boldsymbol{e}_k\boldsymbol{e}_k^{\mathrm{T}}\boldsymbol{X} \tag{2-118}$$

式中：

$$\beta_k = \frac{-1}{x_k + \chi_k} \tag{2-119}$$

式中：

$$\chi_k = \boldsymbol{e}_k^{\mathrm{T}}\boldsymbol{X}\boldsymbol{e}_k = X_{ii} + X_{jj} - 2X_{ij} \tag{2-120}$$

式中：X_{ii}、X_{jj}、X_{ij}均为$\boldsymbol{X}$中的元素。

由式(2-118)可知节点阻抗矩阵的修正量为

$$\Delta \boldsymbol{X} = \boldsymbol{X}' - \boldsymbol{X} = \beta_k \boldsymbol{X} \boldsymbol{e}_k \boldsymbol{e}_k^{\mathrm{T}} \boldsymbol{X} \tag{2-121}$$

根据式(2-121)和线性关系式(2-105)，在节点注入功率不变的情况下，我们可以直接得到追加线路k后的状态向量的增量为

$$\Delta \boldsymbol{\theta} = \Delta \boldsymbol{X} \boldsymbol{P} = \beta_k \boldsymbol{X} \boldsymbol{e}_k \varphi_k \tag{2-122}$$

式中：$\varphi_k = \boldsymbol{e}_k^{\mathrm{T}} \boldsymbol{\theta}$，为追加线路前支路$k$两端电压的相角差。新网络的状态向量为

$$\boldsymbol{\theta}' = \boldsymbol{\theta} + \Delta \boldsymbol{\theta} = \boldsymbol{\theta} + \beta_k \boldsymbol{X} \boldsymbol{e}_k \varphi_k \tag{2-123}$$

这样我们就得到了追加线路k后，阻抗矩阵和状态向量的修正公式(2-118)和式(2-123)。当网络去掉或断开支路k时只要将x_k换为$-x_k$，以上公式同样适用。

应该指出，当网络开断支路k使系统解列时，新的阻抗矩阵$\boldsymbol{X}'$不存在，这时式(2-119)中的β_k为无穷大，或$-x_k + \chi_k = 0$。因此，应用直流潮流模型可以方便地找出网络中那些开断后引起系统解列的线路，对于这些线路不能直接进行断线分析。

2.6.3 *N*－1检验与故障排序方法

目前比较常见的网络安全运行要求是满足$N-1$检验，即在全部N条线路中任意开断一条线路后，系统的各项运行指标均应满足给定的要求。在网络规划形成网络结构的初期，最重要的原则是使网络不出现过负荷，即网络能够满足安全的输送电力的要求，为此我们应进行逐条线路开断后的过负荷校验。当任意一条线路开断后能够引起系统其他线路出现过负荷或系统解列时，说明网络没有满足$N-1$检验。

严格的$N-1$检验需要对全部线路进行N次断线分析，计算工作量很大。实际上，网络中有一些线路在开断后并不引起系统过负荷，因此我们可根据各线路开断后引起系统过负荷的可能性进行故障排序，然后按照顺序依次对过负荷可能性较大的线路进行校验。当校验到某条线路开断后不引起过负荷时，则排在其后的线路就可以不再进行校验，从而可以显著地减少计算量，这个过程也称为故障选择。目前国内外已出现了不少故障排序方法[25,26]，这些方法评判系统事故的标准各不相同。本节将介绍一种以是否引起系统过负荷作为标准的故障排序方法。

为了综合反映系统的过负荷情况，定义标量函数PI(performance index)作为系统行为指标：

$$\mathrm{PI} = \sum_{l=1}^{L} \alpha_l w_l \left(\frac{P_l}{\overline{P}_l} \right)^2 \tag{2-124}$$

式中：P_l为线路l的有功潮流；$\overline{P}_l$为线路l的传输容量；α_l为支路l中的并联线路数；w_l为线路l的权系数，反映该线路故障对系统的影响；L为网络支路数。

由式(2-124)可以看出，当系统中没有过负荷时，$\dfrac{P_l}{\overline{P}_l}$均不大于1，PI指标较小。当系统中有过负荷时，过负荷线路的$\dfrac{P_l}{\overline{P}_l}$大于1，正指数将使PI指标变得很大。因此这个指标可以概括地反映系统安全性。为了突出地反映过负荷的情况，甚至可以用高次指数项代替式中的二次项。

通过分析PI指标对各线路导纳变化的灵敏度就可以反映出相应线路故障对系统安

全性的影响。当线路k故障时,PI 指标的变化量为

$$\Delta \mathrm{PI}_k = \frac{\partial \mathrm{PI}}{\partial B_k}\Delta B_k \tag{2-125}$$

式中:ΔB_k 即 B_k,为线路 k 的导纳。$\Delta \mathrm{PI}_k$ 的值越大,PI 值增加越多,说明线路 k 故障引起系统过负荷的可能性越大。

$\Delta \mathrm{PI}_k$ 可以用特勒根定理和伴随网络的方法进行计算,有兴趣的读者可参见文献[3]。以下我们将推导一个利用正常情况潮流计算结果的直接计算 $\Delta \mathrm{PI}_k$ 的公式。

设线路 k 开断后其他各线路潮流变为 $P_l'(l=1,2,\cdots,L;l\neq k)$,这时系统行为指标相应地变为

$$\mathrm{PI}' = \sum_{l=1}^{L}\alpha_l w_l\left(\frac{P_l'}{\overline{P}_l}\right)^2 \tag{2-126}$$

显然

$$\Delta \mathrm{PI}_k = \mathrm{PI}' - \mathrm{PI} \tag{2-127}$$

为了便于推导,我们将系统行为指标转化为相角的函数并用矩阵的形式表示。由式(2-113)可知

$$\boldsymbol{P}_l = \boldsymbol{B}_l\varphi_l \tag{2-128}$$

代入式(2-124)并定义

$$\mathrm{PI}_{\varphi} = \mathrm{PI} = \sum_{l=1}^{L}\alpha_l w_l\frac{(B_l\varphi_l)^2}{\overline{P}_l^2} = \varphi^{\mathrm{T}} w_d \varphi \tag{2-129}$$

式中:$\varphi^{\mathrm{T}}=[\varphi_1,\cdots,\varphi_k,\cdots,\varphi_L]$。

$$\boldsymbol{w}_d = \begin{bmatrix} \dfrac{\alpha_1 w_1 B_1^2}{\overline{P}_1^2} & & & & \\ & \ddots & & 0 & \\ & & \dfrac{\alpha_k w_k B_k^2}{\overline{P}_k^2} & & \\ & 0 & & \ddots & \\ & & & & \dfrac{\alpha_L w_L B_L^2}{\overline{P}_L^2} \end{bmatrix}$$

将式(2-114)代入式(2-129),后者可进一步表示为

$$\mathrm{PI}_{\varphi} = \boldsymbol{\theta}^{\mathrm{T}}\boldsymbol{A}^{\mathrm{T}}\boldsymbol{w}_d\boldsymbol{A}\boldsymbol{\theta} = \boldsymbol{\theta}^{\mathrm{T}}\boldsymbol{w}\boldsymbol{\theta} \tag{2-130}$$

式中:

$$\boldsymbol{w} = \boldsymbol{A}^{\mathrm{T}}\boldsymbol{w}_d\boldsymbol{A} \tag{2-131}$$

为一对称矩阵。由上式可知 $\boldsymbol{w}$ 具有与节点导纳矩阵 $\boldsymbol{B}$ 相同的结构,相当于以元素 $\alpha_l w_l B_l^2/\overline{P}_l^2$ 取代 B_l 按形成导纳矩阵的算法直接形成 $\boldsymbol{w}$。这样,PI_{φ}' 可表示为

$$\mathrm{PI}_{\varphi}' = \boldsymbol{\theta}'^{\mathrm{T}}\boldsymbol{w}\boldsymbol{\theta}' \tag{2-132}$$

式中:$\boldsymbol{\theta}'$ 为线路 k 开断后的节点电压相角向量。

式(2-132)包含了线路 k 的有关项,但新的系统行为指标 PI' 中不应当包含这一项,因此,

$$\mathrm{PI}' = \mathrm{PI}_{\varphi}' - w_k\frac{(B_k\varphi_k')^2}{\overline{P}_k^2} \tag{2-133}$$

将式(2-130)和式(2-133)代入式(2-127),可得

$$\Delta \mathrm{PI}_k = \mathrm{PI}_\varphi' - \mathrm{PI}_\varphi \frac{w_k B_k^2}{\overline{P}_k^2}(\varphi_k')^2 = \boldsymbol{\theta}'^{\mathrm{T}} \boldsymbol{w} \boldsymbol{\theta}' - \boldsymbol{\theta}^{\mathrm{T}} \boldsymbol{w} \boldsymbol{\theta} - \frac{w_k B_k^2}{\overline{P}_k^2}(\varphi_k')^2 \tag{2-134}$$

由式(2-123)可知

$$\boldsymbol{\theta}' = \boldsymbol{\theta} + \beta_k \boldsymbol{X} \boldsymbol{e}_k \varphi_k$$
$$\varphi_k' = \boldsymbol{e}_k \boldsymbol{\theta}' = (1 + \beta_k \chi_k)\varphi_k$$

将以上两式代入式(2-134),有

$$\begin{aligned}\Delta \mathrm{PI}_k &= (\boldsymbol{\theta} + \beta_k \boldsymbol{X} \boldsymbol{e}_k \varphi_k)^{\mathrm{T}} \boldsymbol{w} (\boldsymbol{\theta} + \beta_k \boldsymbol{X} \boldsymbol{e}_k \varphi_k) - \boldsymbol{\theta}^{\mathrm{T}} \boldsymbol{w} \boldsymbol{\theta} - \frac{w_k B_k^2}{\overline{P}_k^2}(1 + \beta_k \chi_k)^2 \varphi_k^2 \\ &= \beta_k \varphi_k (\boldsymbol{\theta}^{\mathrm{T}} \boldsymbol{w} \boldsymbol{X} \boldsymbol{e}_k + \boldsymbol{e}_k^{\mathrm{T}} \boldsymbol{X} \boldsymbol{w} \boldsymbol{\theta}) + \beta_k^2 \varphi_k^2 \boldsymbol{e}_k^{\mathrm{T}} \boldsymbol{X} \boldsymbol{w} \boldsymbol{X} \boldsymbol{e}_k - \frac{w_k B_k^2}{\overline{P}_k^2}(1 + \beta_k \chi_k)^2 \varphi_k^2 \end{aligned} \tag{2-135}$$

考虑到矩阵 $\boldsymbol{X}$ 和 $\boldsymbol{w}$ 的对称性,令

$$\left.\begin{aligned}\gamma_k &= \boldsymbol{\theta}^{\mathrm{T}} \boldsymbol{w} \boldsymbol{X} \boldsymbol{e}_k = \boldsymbol{e}_k^{\mathrm{T}} \boldsymbol{X} \boldsymbol{w} \boldsymbol{\theta} = \boldsymbol{e}_k^{\mathrm{T}} \boldsymbol{R} \\ \tau_k &= \boldsymbol{e}_k^{\mathrm{T}} \boldsymbol{X} \boldsymbol{w} \boldsymbol{X} \boldsymbol{e}_k = \boldsymbol{e}_k^{\mathrm{T}} \boldsymbol{T} \boldsymbol{e}_k \end{aligned}\right\} \tag{2-136}$$

式中:

$$\left.\begin{aligned}\boldsymbol{R} &= \boldsymbol{X} \boldsymbol{w} \boldsymbol{\theta} \\ \boldsymbol{T} &= \boldsymbol{X} \boldsymbol{w} \boldsymbol{X} \end{aligned}\right\} \tag{2-137}$$

将式(2-136)代入式(2-135),后式可简化为

$$\Delta \mathrm{PI}_k = 2\beta_k \varphi_k \gamma_k + \beta_k^2 \varphi_k^2 \tau_k - \frac{w_k B_k^2}{\overline{P}_k^2}(1 + \beta_k \chi_k)^2 \varphi_k^2 \tag{2-138}$$

对于开断线路 k 而言,以上各式中的 β_k 应为

$$\beta_k = \frac{-1}{-x_k + \chi_k} = \frac{B_k}{1 - B_k \chi_k}$$

将上式代入式(2-138),可以得到

$$\Delta \mathrm{PI}_k = \frac{2B_k \varphi_k \gamma_k}{1 - B_k \chi_k} + \frac{B_k^2 \varphi_k^2 \tau_k}{(1 - B_k \chi_k)^2} - \frac{w_k B_k^2 \varphi_k^2}{(1 - B_k \chi_k) P_k^2} \tag{2-139}$$

因为 $P_k = B_k \varphi_k$,所以

$$\Delta \mathrm{PI}_k = \frac{2P_k \gamma_k}{1 - B_k \chi_k} + \frac{P_k^2 \tau_k}{(1 - B_k \chi_k)^2} - \frac{w_k P_k^2}{(1 - B_k \chi_k) P_k^2} \tag{2-140}$$

式(2-138)~(2-140)只是表现形式不同,并无本质区别。这些公式中的各量均可由正常情况下的潮流计算数据求得。在已形成矩阵 $\boldsymbol{X}$、$\boldsymbol{w}$、$\boldsymbol{R}$、$\boldsymbol{T}$ 的情况下,用这些公式计算各条线路开断后的 ΔPI 值比较方便。

故障排序过程实际上是对所有线路按式(2-138)[或式(2-139)和式(2-140)]计算 ΔPI 值,并根据 ΔPI 从大到小排序。在断线分析时,首先对 ΔPI 值最大的线路进行开断后的潮流计算和检验,直到开断某条线路后不再引起系统过负荷为止,其余 ΔPI 值较小的线路引起系统过负荷的可能性很小,因而无需做断线分析。但是,采用这种系统行为指标可能存在一定的"遮蔽"现象,例如当有个别线路过负荷而其他线路潮流较小时,其 ΔPI 值可能小于没有过负荷但线路潮流都比较大时的 ΔPI 值,因而根据这个指标进行故障选

择排序可能会出现一定的误差。因此我们建议在实际应用时，应在连续校验几条线路故障都未引起系统过负荷的情况下才终止断线分析。

2.7 静态安全分析的灵敏度法

2.7.1 节点功率方程的线性化

第2.6节中介绍的直流潮流模型是一种简单而快速的静态安全分析方法，但这种方法只能进行有功潮流的计算，没有考虑电压和无功问题。采用潮流计算的 P-Q 分解法和补偿法进行断线分析可以同时给出有功潮流、无功潮流以及节点电压的估计。但为了使计算结果达到一定的精度，要求必须进行反复迭代，否则其计算结果，特别是电压及无功潮流的误差较大。我们将在本节介绍一种断线分析的灵敏度法[28]。这种方法将线路开断视为正常运行情况的一种扰动，从电力系统潮流方程的泰勒级数展开式出发，导出了灵敏度矩阵，以节点注入功率的增量模拟断线的影响，较好地解决了电力系统断线分析计算问题。这种方法简单明了，省去了大量的中间计算过程，显著提高了断线分析的效率。应用本方法既可以提供全面的系统运行指标（包括有功、无功潮流，节点电压、相角），又具有很高的计算精度和速度，因此是比较实用的静态安全分析方法。

网络断线分析还可以结合故障选择技术（见2.6.3节），以减少断线分析的次数，进一步提高静态安全的效率。

如前所述，电力系统节点功率方程为［见式(2-9)］

$$\left.\begin{aligned} P_{iS} &= V_i \sum_{j\in i} V_j (G_{ij}\cos\theta_{ij} + B_{ij}\sin\theta_{ij}) \\ Q_{iS} &= V_i \sum_{j\in i} V_j (G_{ij}\sin\theta_{ij} - B_{ij}\cos\theta_{ij}) \end{aligned}\right\} \quad (i = 1,2,\cdots,N) \tag{2-141}$$

式中：P_{iS}、Q_{iS}分别为节点 i 的有功和无功功率注入量；其余各量的意义与式(2-9)相同。

对于正常情况下的系统状态，式(2-141)可概括为

$$\boldsymbol{W}_0 = \boldsymbol{f}(\boldsymbol{X}_0,\boldsymbol{Y}_0) \tag{2-142}$$

式中：$\boldsymbol{W}_0$ 为正常情况下节点有功、无功注入功率向量；$\boldsymbol{X}_0$ 为正常情况下由节点电压、相角组成的状态向量；$\boldsymbol{Y}_0$ 为正常情况的网络参数。

若系统注入功率发生扰动为 $\Delta\boldsymbol{W}$，或网络发生变化 $\Delta\boldsymbol{Y}$，状态变量也必然会出现变化，设其变化量为 $\Delta\boldsymbol{X}$，并满足方程

$$\boldsymbol{W}_0 + \Delta\boldsymbol{W} = \boldsymbol{f}(\boldsymbol{X}_0 + \Delta\boldsymbol{X},\boldsymbol{Y}_0 + \Delta\boldsymbol{Y}) \tag{2-143}$$

将式(2-143)按泰勒级数展开，则有1)

$$\begin{aligned} \boldsymbol{W}_0 + \Delta\boldsymbol{W} - \boldsymbol{f}(\boldsymbol{X}_0,\boldsymbol{Y}_0) &+ \boldsymbol{f}'_x(\boldsymbol{X}_0,\boldsymbol{Y}_0)\Delta\boldsymbol{X} + \boldsymbol{f}'_y(\boldsymbol{X}_0,\boldsymbol{Y}_0)\Delta\boldsymbol{Y} + \frac{1}{2}[\boldsymbol{f}''_{xx}(\boldsymbol{X}_0,\boldsymbol{Y}_0)(\Delta\boldsymbol{X})^2 \\ &+ 2\boldsymbol{f}''_{xy}(\boldsymbol{X}_0,\boldsymbol{Y}_0)\Delta\boldsymbol{Y}\Delta\boldsymbol{X} + \boldsymbol{f}''_{yy}(\boldsymbol{X}_0,\boldsymbol{Y}_0)(\Delta\boldsymbol{Y})^2] + \cdots \end{aligned} \tag{2-144}$$

当扰动及状态改变量不大时，可以忽略$(\Delta\boldsymbol{X})^2$ 项及高次项，由于$\boldsymbol{f}(\boldsymbol{X},\boldsymbol{Y})$是$\boldsymbol{Y}$ 的线性

1) 为了叙述方便，式(2-144)没有严格按矩阵相乘格式表达。

函数，故 $f''_{yy}(\boldsymbol{X},\boldsymbol{Y})=0$。因此式(2-144)可简化为

$$\boldsymbol{W}_0+\Delta\boldsymbol{W}=\boldsymbol{f}(\boldsymbol{X}_0,\boldsymbol{Y}_0)+\boldsymbol{f}'_x(\boldsymbol{X}_0,\boldsymbol{Y}_0)\Delta\boldsymbol{X}+\boldsymbol{f}'_y(\boldsymbol{X}_0,\boldsymbol{Y}_0)\Delta\boldsymbol{Y}+\boldsymbol{f}''_{xy}(\boldsymbol{X}_0,\boldsymbol{Y}_0)\Delta\boldsymbol{Y}\Delta\boldsymbol{X}$$

将式(2-142)代入后，上式成为

$$\Delta\boldsymbol{W}=\boldsymbol{f}'_x(\boldsymbol{X}_0,\boldsymbol{Y}_0)\Delta\boldsymbol{X}+\boldsymbol{f}'_y(\boldsymbol{X}_0,\boldsymbol{Y}_0)\Delta\boldsymbol{Y}+\boldsymbol{f}''_{xy}(\boldsymbol{X}_0,\boldsymbol{Y}_0)\Delta\boldsymbol{Y}\Delta\boldsymbol{X} \tag{2-145}$$

由此可求出状态变量与节点功率扰动和网络结构变化的线性关系式为

$$\Delta\boldsymbol{X}=[\boldsymbol{f}'_x(\boldsymbol{X}_0,\boldsymbol{Y}_0)+\boldsymbol{f}'_{xy}(\boldsymbol{X}_0,\boldsymbol{Y}_0)\Delta\boldsymbol{Y}]^{-1}[\Delta\boldsymbol{W}-\boldsymbol{f}'_y(\boldsymbol{X}_0,\boldsymbol{Y}_0)\Delta\boldsymbol{Y}] \tag{2-146}$$

当不考虑网络结构变化时，$\Delta\boldsymbol{Y}=0$，式(2-146)成为

$$\Delta\boldsymbol{X}=[\boldsymbol{f}'_x(\boldsymbol{X}_0,\boldsymbol{Y}_0)]^{-1}\Delta\boldsymbol{W}=\boldsymbol{S}_0\Delta\boldsymbol{W} \tag{2-147}$$

式中：

$$\boldsymbol{f}'_x(\boldsymbol{X}_0,\boldsymbol{Y}_0)=\left.\frac{\partial\boldsymbol{f}(\boldsymbol{X},\boldsymbol{Y})}{\partial\boldsymbol{X}}\right|_{X=X_0,Y=Y_0}=\boldsymbol{J}_0$$

$\boldsymbol{J}_0$ 为潮流计算迭代结束时的雅可比矩阵；$\boldsymbol{S}_0$ 则称为灵敏度矩阵。因为在潮流计算时 $\boldsymbol{J}_0$ 已经进行了三角分解，所以 $\boldsymbol{S}_0$ 很容易通过回代运算求出。

当不考虑节点注入功率的扰动时，$\Delta\boldsymbol{W}=0$，式(2-146)变为

$$\Delta\boldsymbol{X}=[\boldsymbol{f}'_x(\boldsymbol{X}_0,\boldsymbol{Y}_0)+\boldsymbol{f}'_{xy}(\boldsymbol{X}_0,\boldsymbol{Y}_0)\Delta\boldsymbol{Y}]^{-1}[-\boldsymbol{f}'_y(\boldsymbol{X}_0,\boldsymbol{Y}_0)\Delta\boldsymbol{Y}] \tag{2-148}$$

或经过变换可改写成如下形式：

$$\begin{aligned}\Delta\boldsymbol{X}&=[\boldsymbol{f}'_x(\boldsymbol{X}_0,\boldsymbol{Y}_0)]^{-1}[\boldsymbol{I}+\boldsymbol{f}''_{xy}(\boldsymbol{X}_0,\boldsymbol{Y}_0)\Delta\boldsymbol{Y}\boldsymbol{f}'_x(\boldsymbol{X}_0,\boldsymbol{Y}_0)^{-1}]^{-1}[-\boldsymbol{f}'_y(\boldsymbol{X}_0,\boldsymbol{Y}_0)\Delta\boldsymbol{Y}]\\&=\boldsymbol{S}_0[\boldsymbol{I}+\boldsymbol{f}''_{xy}(\boldsymbol{X}_0,\boldsymbol{Y}_0)\Delta\boldsymbol{Y}\boldsymbol{f}'_x(\boldsymbol{X}_0,\boldsymbol{Y}_0)^{-1}]^{-1}[-\boldsymbol{f}'_y(\boldsymbol{X}_0,\boldsymbol{Y}_0)\Delta\boldsymbol{Y}]\end{aligned} \tag{2-149}$$

式中：$\boldsymbol{I}$ 为单位矩阵。

最后，我们得到

$$\Delta\boldsymbol{X}=\boldsymbol{S}_0\Delta\boldsymbol{W}_y \tag{2-150}$$

与式(2-147)相比，$\Delta\boldsymbol{W}_y$ 可看作是由于断线而引起的节点注入功率的扰动：

$$\Delta\boldsymbol{W}_y=[\boldsymbol{I}+\boldsymbol{f}'_{xy}(\boldsymbol{X}_0,\boldsymbol{Y}_0)\Delta\boldsymbol{Y}\boldsymbol{S}_0]^{-1}[-\boldsymbol{f}'_y(\boldsymbol{X}_0,\boldsymbol{Y}_0)\Delta\boldsymbol{Y}] \tag{2-151}$$

上式中右端各项均可由正常情况的潮流计算结果求出，因此断线分析模拟完全是在正常接线及正常运行方式的基础上进行的。为了校验各种断线时的系统运行情况，只要按式(2-151)求出相应的节点注入功率增量 $\Delta\boldsymbol{W}_y$，然后就可利用正常情况下的灵敏度矩阵由式(2-150)直接求出状态变量的修正量。修正后系统的状态变量为

$$\boldsymbol{X}=\boldsymbol{X}_0+\Delta\boldsymbol{X} \tag{2-152}$$

节点状态向量 $\boldsymbol{X}$ 已知后，即可按下式求出任意支路 ij 的潮流功率：

$$\left.\begin{aligned}P_{ij}&=V_iV_j(G_{ij}\cos\theta_{ij}+B_{ij}\sin\theta_{ij})-t_{ij}G_{ij}V_i^2\\Q_{ij}&=V_iV_j(G_{ij}\sin\theta_{ij}-B_{ij}\cos\theta_{ij})+(t_{ij}B_{ij}-b_{ij0})V_i^2\end{aligned}\right\} \tag{2-153}$$

式中：t_{ij} 为支路变比标幺值；b_{ij0} 为支路 ij 容纳的 1/2。

2.7.2 断线处节点注入功率增量的计算

断线分析的关键是按式(2-151)求出断线处节点注入功率增量 $\Delta\boldsymbol{W}_y$。静态安全校验主要是进行单线开断分析，但也可能涉及多回线开断的情况，下面我们仅讨论单线开断的情况。对多回线开断情况感兴趣的读者，可参见文献[28]。为叙述方便，暂时假定系统中

所有节点均为 PQ 节点，将式(2-151)简写为

$$\Delta \boldsymbol{W}_y = [\boldsymbol{I} + \boldsymbol{L}_0 \boldsymbol{S}_0]^{-1} \Delta \boldsymbol{W}_l \tag{2-154}$$

式中：

$$\boldsymbol{L}_0 = \boldsymbol{f}''_{xy}(\boldsymbol{X}_0, \boldsymbol{Y}_0) \Delta \boldsymbol{Y} \tag{2-155}$$

$$\Delta \boldsymbol{W}_l = -\boldsymbol{f}'_y(\boldsymbol{X}_0, \boldsymbol{Y}_0) \Delta \boldsymbol{Y} \tag{2-156}$$

$\Delta \boldsymbol{W}_l$ 与断线支路在正常运行情况下的潮流有关。

设系统中总的支路数为 b，断线支路两端节点为 ij，则在 b 阶向量 $\Delta \boldsymbol{Y}$ 中只有与支路 ij 对应的元素为非零元素，即

$$\Delta y_{ij} = - y_{ij} = - \sqrt{G_{ij}^2 + B_{ij}^2} \tag{2-157}$$

对于一个节点数为 N 的网络来说，式(2-156)中的 $\boldsymbol{f}'_y(\boldsymbol{X}_0, \boldsymbol{Y}_0)$ 为 $2N \times b$ 阶矩阵，由式(2-141)可知，只有节点 i 和 j 的注入功率和支路 ij 的导纳有直接关系，即只有求节点 i、j 的注入功率时才用到 G_{ij} 和 B_{ij}。所以该矩阵每列只有 4 个非零元素。

设支路 ij 的阻抗角为 α_{ij}，即

$$\begin{aligned} G_{ij} &= Y_{ij} \cos\alpha_{ij} \\ B_{ij} &= Y_{ij} \sin\alpha_{ij} \end{aligned}$$

则有

$$\begin{aligned} \frac{\partial G_{ij}}{\partial Y_{ij}} &= \cos\alpha_{ij} = \frac{G_{ij}}{Y_{ij}} \\ \frac{\partial B_{ij}}{\partial Y_{ij}} &= \sin\alpha_{ij} = \frac{B_{ij}}{Y_{ij}} \end{aligned}$$

利用以上关系和式(2-141)，可以求得

$$\left.\begin{aligned} \frac{\partial P_i}{\partial y_{ij}} &= \frac{V_i V_j (G_{ij} \cos\theta_{ij} + B_{ij} \sin\theta_{ij}) - t_{ij} G_{ij} V_i^2}{y_{ij}} \\ \frac{\partial Q_i}{\partial y_{ij}} &= \frac{V_i V_j (G_{ij} \sin\theta_{ij} - B_{ij} \cos\theta_{ij}) + (t_{ij} B_{ij} - b_{ij0}) V_i^2}{y_{ij}} \end{aligned}\right\}$$

将式(2-153)代入以上两式可得

$$\left.\begin{aligned} \frac{\partial P_i}{\partial y_{ij}} &= \frac{P_{ij}}{y_{ij}} \\ \frac{\partial Q_i}{\partial y_{ij}} &= \frac{Q_{ij}}{y_{ij}} \end{aligned}\right\} \tag{2-158}$$

同理可得到

$$\left.\begin{aligned} \frac{\partial P_j}{\partial y_{ij}} &= \frac{P_{ji}}{y_{ij}} \\ \frac{\partial Q_j}{\partial y_{ij}} &= \frac{Q_{ji}}{y_{ij}} \end{aligned}\right\} \tag{2-159}$$

式(2-158)和式(2-159)中的 4 个元素即为 $\boldsymbol{f}'_y(\boldsymbol{X}_0, \boldsymbol{Y}_0)$ 中对应于支路 ij 的 4 个非零元素，其他元素为

$$\left.\begin{aligned}\frac{\partial P_k}{\partial y_{ij}} &= 0 \\ \frac{\partial Q_k}{\partial y_{ij}} &= 0\end{aligned}\right\} \quad (k \notin \{i,j\}) \tag{2-160}$$

式中：$k \notin \{i,j\}$表示 k 不属于节点集$\{i,j\}$。

综合式(2-157)～(2-160)，可得出式(2-156)的简化形式为

$$\Delta \boldsymbol{W}_l = [0 \quad \cdots \quad 0 \quad P_{ij} \quad Q_{ij} \quad 0 \quad \cdots \quad 0 \quad P_{ji} \quad Q_{ji} \quad 0 \quad \cdots \quad 0] \tag{2-161}$$

式(2-155)中的 $\boldsymbol{L}_0$ 为 $2N \times 2N$ 阶方阵，$\boldsymbol{f}''_{xy}(\boldsymbol{X}_0, \boldsymbol{Y}_0)$是一个 $2N \times 2N \times b$ 阶矩阵，相当于用雅可比矩阵对各支路导纳元素求偏导，每条支路对应一个 $2N \times 2N$ 阶方阵，其结构如图 2-15 所示。

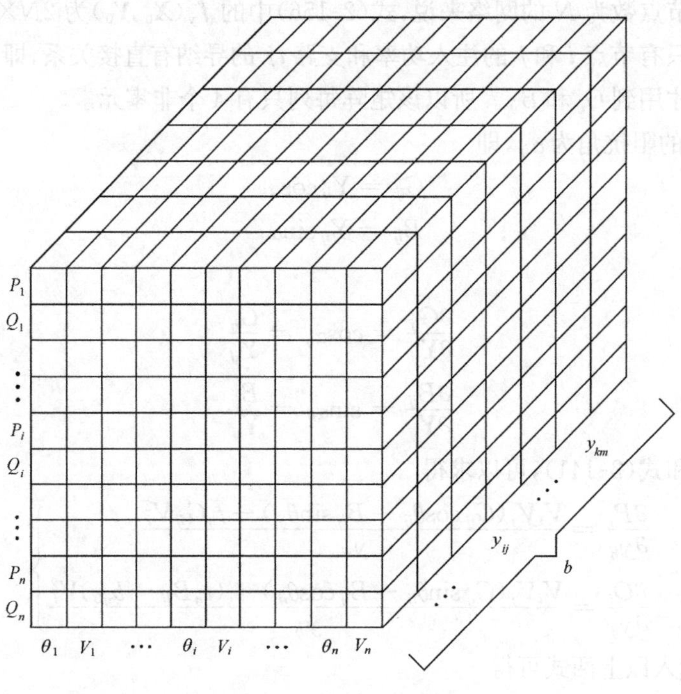

图 2-15　$\boldsymbol{f}''_{xy}(\boldsymbol{X}_0, \boldsymbol{Y}_0)$的矩阵结构

由于当 $k \notin \{i,j\}$且 $m \notin \{i,j\}$时有

$$\left.\begin{aligned}\frac{\partial^2 P_k}{\partial y_{ij} \partial \theta_m} &= 0 \\ \frac{\partial^2 Q_k}{\partial y_{ij} \partial \theta_m} &= 0 \\ V_m \frac{\partial^2 P_k}{\partial y_{ij} \partial V_m} &= 0 \\ V_m \frac{\partial^2 Q_k}{\partial y_{ij} \partial V_m} &= 0\end{aligned}\right\} \tag{2-162}$$

所以对每条支路来说，$2N \times 2N$ 阶矩阵中最多只有 16 个非零元素，它们由雅可比矩阵或由式(2-158)和式(2-159)求出：

$$\left.\begin{aligned}
\frac{\partial^2 P_i}{\partial y_{ij}\partial\theta_i} &= [V_iV_j(-G_{ij}\sin\theta_{ij}+B_{ij}\cos\theta_{ij})]/y_{ij} = -H_{ij}/y_{ij}\\
\frac{\partial^2 Q_i}{\partial y_{ij}\partial\theta_i} &= [V_iV_j(G_{ij}\cos\theta_{ij}+B_{ij}\sin\theta_{ij})]/y_{ij} = -J_{ij}/y_{ij}\\
V_i\frac{\partial^2 P_i}{\partial y_{ij}\partial V_i} &= [V_iV_j(G_{ij}\cos\theta_{ij}+B_{ij}\sin\theta_{ij})-2V_i^2G_{ij}t_{ij}]/y_{ij}\\
&= (2P_{ij}-N_{ij})/y_{ij}\\
V_i\frac{\partial^2 Q_i}{\partial y_{ij}\partial V_i} &= [V_iV_j(G_{ij}\sin\theta_{ij}-B_{ij}\cos\theta_{ij})+2V_i^2(B_{ij}t_{ij}-b_{ij0})]/y_{ij}\\
&= (2Q_{ij}-L_{ij})/y_{ij}\\
\frac{\partial^2 P_i}{\partial y_{ij}\partial\theta_j} &= H_{ij}/y_{ij}\\
\frac{\partial^2 Q_i}{\partial y_{ij}\partial\theta_j} &= J_{ij}/y_{ij}\\
V_j\frac{\partial^2 P_i}{\partial y_{ij}\partial V_j} &= N_{ij}/y_{ij}\\
V_j\frac{\partial^2 Q_i}{\partial y_{ij}\partial V_j} &= L_{ij}/y_{ij}
\end{aligned}\right\}\tag{2-163}$$

同理可对 P_j 及 Q_j 求出与式(2-163)类似的 8 个偏导数公式。

以上诸式中，H_{ij}、N_{ij}、J_{ij}、L_{ij} 均为雅可比矩阵的元素：

$$\left.\begin{aligned}
H_{ij} &= \frac{\partial P_i}{\partial\theta_j} = V_iV_j(G_{ij}\sin\theta_{ij}-B_{ij}\cos\theta_{ij})\\
N_{ij} &= V_j\frac{\partial P_i}{\partial V_j} = V_iV_j(G_{ij}\cos\theta_{ij}+B_{ij}\sin\theta_{ij})\\
J_{ij} &= \frac{\partial Q_i}{\partial\theta_j} = -V_iV_j(G_{ij}\cos\theta_{ij}+B_{ij}\sin\theta_{ij})\\
L_{ij} &= V_j\frac{\partial Q_i}{\partial V_j} = V_iV_j(G_{ij}\sin\theta_{ij}-B_{ij}\cos\theta_{ij})
\end{aligned}\right\}\quad (j\neq i)\tag{2-164}$$

由于 $\Delta\boldsymbol{Y}$ 中只有一个非零元素 $\Delta Y_{ij}=-y_{ij}$，所以式(2-155)变为

$$\boldsymbol{L}_0=\begin{bmatrix}
-H_{ij} & 2P_{ij}-N_{ij} & H_{ij} & N_{ij}\\
-J_{ij} & 2Q_{ij}-L_{ij} & J_{ij} & L_{ij}\\
H_{ji} & N_{ji} & -H_{ji} & 2P_{ji}-N_{ji}\\
J_{ji} & L_{ji} & -J_{ji} & 2Q_{ji}-L_{ji}
\end{bmatrix}\begin{matrix}\leftarrow 2i-1\\ \leftarrow 2i\\ \leftarrow 2j-1\\ \leftarrow 2j\end{matrix}\tag{2-165}$$

$$\begin{matrix}\uparrow & \uparrow & \uparrow & \uparrow\\ 2i-1 & 2i & 2j-1 & 2j\end{matrix}$$

式(2-165)中，只有对应于节点 i、j 两行两列交叉处 $2i-1$、$2i$、$2j-1$、$2j$ 有非零元素，其余元素均为零。

由以上讨论可知，在 $\Delta\boldsymbol{W}_l$ 及 $\boldsymbol{L}_0$ 中只有与断线端点有关的元素才是非零元素，故式(2-154)可以写成更紧凑的形式：

$$\begin{bmatrix}\Delta P_i\\ \Delta Q_i\\ \Delta P_j\\ \Delta Q_j\end{bmatrix}=\boldsymbol{H}^{-1}\begin{bmatrix}P_{ij}\\ Q_{ij}\\ P_{ji}\\ Q_{ji}\end{bmatrix}\tag{2-166}$$

式中：

$$\boldsymbol{H}=\begin{bmatrix}1&0&0&0\\0&1&0&0\\0&0&1&0\\0&0&0&1\end{bmatrix}+\begin{bmatrix}-H_{ij}&2P_{ij}-N_{ij}&H_{ij}&N_{ij}\\-J_{ij}&2Q_{ij}-L_{ij}&J_{ij}&L_{ij}\\H_{ji}&N_{ji}&-H_{ji}&2P_{ji}-N_{ji}\\J_{ji}&L_{ji}&-J_{ji}&2Q_{ji}-L_{ji}\end{bmatrix}$$

$$\cdot\begin{bmatrix}S_{ii}^{(1)}&S_{ii}^{(2)}&S_{ij}^{(1)}&S_{ij}^{(2)}\\S_{ii}^{(3)}&S_{ii}^{(4)}&S_{ij}^{(3)}&S_{ij}^{(4)}\\S_{ji}^{(1)}&S_{ji}^{(2)}&S_{jj}^{(1)}&S_{jj}^{(2)}\\S_{ji}^{(3)}&S_{ji}^{(4)}&S_{jj}^{(3)}&S_{jj}^{(4)}\end{bmatrix}\tag{2-167}$$

式中：$S_{ij}^{(1)}$、$S_{ij}^{(2)}$、$S_{ij}^{(3)}$，$S_{ij}^{(4)}$等为灵敏度矩阵中行和列都与断线端点有关的元素，且有

$$\left.\begin{aligned}S_{ij}^{(1)}&=\frac{\partial\theta_i}{\partial P_j}\\S_{ij}^{(2)}&=\frac{\partial\theta_i}{\partial Q_j}\\S_{ij}^{(3)}&=\frac{1}{V_i}\frac{\partial V_i}{\partial P_j}\\S_{ij}^{(4)}&=\frac{1}{V_i}\frac{\partial V_i}{\partial Q_j}\end{aligned}\right\}\tag{2-168}$$

式(2-166)中等式左边的向量表示断开线路 ij 时在节点 i、j 形成的节点注入功率增量，其他节点的增量为零。据此我们即可由式(2-150)求出各状态变量的修正量。

式(2-166)是断线分析的主要公式，式中右端各项均可由牛顿法正常潮流计算结果获得。在形成 $\boldsymbol{H}$ 矩阵时只需进行两个 4 阶方阵的运算[见式(2-167)]，因而可以非常简便地求出由于断线引起的注入功率增量，快速进行静态安全分析。

2.7.3 快速断线分析计算流程

快速断线分析方法的计算流程如图 2-16 所示。由图可知，在进行断线分析之前，首先要用牛顿法计算正常运行情况时的潮流，提供断线分析所需的数据。这些数据包括雅可比矩阵 $\boldsymbol{J}_0$、灵敏度矩阵 $\boldsymbol{S}_0$、正常情况下各节点电压相角和支路潮流等等。

断线分析计算包括 3 部分(以单线开断为例)：

(1) 按式(2-166)求出相应的节点注入功率增量，其中主要的计算是按式(2-167)求出 $\boldsymbol{H}$ 矩阵。

(2) 按式(2-150)求各节点状态变量的改变量，并按式(2-152)求出断线后新的状态变量。

(3) 按式(2-153)求出断线后各支路潮流功率。

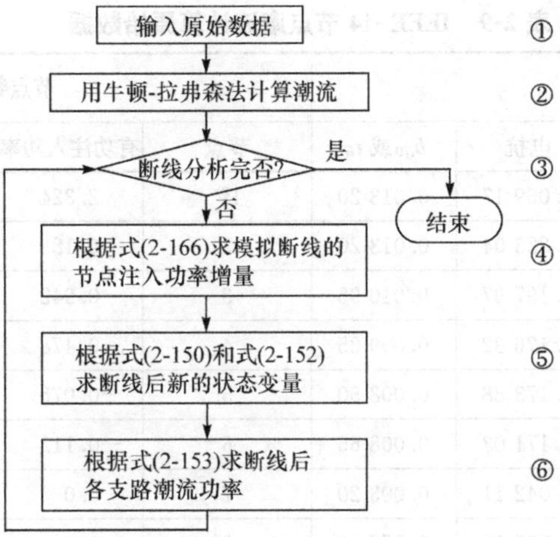

图 2-16　快速断线分析计算流程图

应当指出,当断线使系统分解成两个不相连的子系统时,式(2-167)中 $\boldsymbol{H}$ 矩阵的逆矩阵不存在,因而不能直接进行断线分析。

以上讨论我们曾假定所有节点均为 PQ 节点。实际上,当与断线相连的节点为 PV 节点时,在节点功率方程式(2-141)中只有一个与有功功率有关的方程,故断线分析只需计算该节点的有功功率增量,并认为无功功率增量为零,因此式(2-166)和式(2-167)中要除去与无功功率有关的行和列。当断线与系统平衡节点相连时,由于式(2-141)中不包含与平衡节点有关的方程,因此不求平衡节点注入功率的增量。这实际说明,PV 节点的无功注入功率和平衡节点的有功及无功注入功率本身就是不定的,所以求它们的增量没有意义。

在静态安全校验中,如果只分析断线对某些关键节点的状态变量和关键支路潮流的影响,那么在图 2-16 的后两框中可只对这些节点和支路求断线后的数值,从而可进一步减少计算量。

【例 2-3】 试对 IEEE-14 节点系统进行断线分析,并与牛顿-拉弗森法计算结果进行比较。表 2-9 给出了该系统的原始数据,其中有关数据已化为以 100MVA 为基准的标幺值。

【解】 根据断线分析计算流程图 2-16,可确定计算步骤如下:

(1) 用牛顿法计算正常情况下的交流潮流。

当精度为 0.000 1 时,对所给系统迭代 3 次可以收敛,其节点电压、相角及支路潮流均在表 2-10 中给出。

(2) 以断开线路 5—6 为例说明断线分析计算过程。

① 计算由于线路 5—6 开断而引起的节点注入功率增量。

首先根据式(2-167)形成 $\boldsymbol{H}$ 矩阵。

由正常情况潮流计算结果和雅可比矩阵及灵敏度矩阵元素可知[雅可比矩阵和灵敏度矩阵已由潮流计算获知,这里未列出,此外,雅可比矩阵元素也可由式(2-164)算出]。

表 2-9　IEEE-14 节点潮流计算原始数据

线路数据				节点数据			
两端节点	电阻	电抗	b_{ij0} 或 t_{ij}	节点	有功注入功率	无功注入功率	电压
1—2	0.019 38	0.059 17	0.013 20	1[2]	2.324	0.0	1.06
1—5	0.054 03	0.223 04	0.013 20	2	0.183	0.0	1.04
2—3	0.046 99	0.197 97	0.010 95	3	−0.942	0.0	1.01
2—4	0.058 11	0.176 32	0.009 35	4	−0.478	0.039	—[3]
2—5	0.056 95	0.173 88	0.008 50	5	−0.076	−0.016	—
3—4	0.067 01	0.171 03	0.008 65	6	−0.112	0.0	1.07
4—5	0.013 35	0.042 11	0.003 20	7	−0.0	0.0	—
4—7[1]	0.000 00	0.209 12	0.978 00	8	−0.0	0.0	1.09
4—9[1]	0.000 00	0.556 18	0.969 00	9	−0.295	0.046	—
5—6[1]	0.000 00	0.252 02	0.932 00	10	−0.090	−0.058	—
6—11	0.094 98	0.198 90	0.000 00	11	−0.035	−0.018	—
6—12	0.122 91	0.255 81	0.000 00	12	−0.061	−0.016	—
6—13	0.066 15	0.130 27	0.000 00	13	−0.135	−0.058	—
7—8	0.000 00	0.176 15	0.000 00	14	−0.149	−0.050	—
7—9	0.000 00	0.110 01	0.000 00				
9—10	0.031 81	0.084 50	0.000 00				
9—14	0.127 11	0.270 38	0.000 00				
10—11	0.082 05	0.192 07	0.000 00				
12—13	0.220 92	0.199 88	0.000 00				
13—14	0.170 93	0.348 02	0.000 00				

1) 表示为变压器支路；2) 表示节点 1 为松弛节点；3) “—”表示 PQ 节点，电压为未知数。

$$
\boldsymbol{H}=[\boldsymbol{I}+\boldsymbol{L}_0\boldsymbol{S}_0]=\begin{bmatrix}1&0&0&0\\0&1&0&0\\0&0&1&0\\0&0&0&1\end{bmatrix}+\begin{bmatrix}-4.619\,8&-0.441\,1&4.619\,8&-0.441\,1\\-0.441\,1&-4.861\,8&0.441\,1&4.619\,8\\4.619\,8&0.441\,1&-4.619\,8&0.441\,1\\-0.441\,1&4.619\,8&0.441\,1&-4.466\,0\end{bmatrix}
$$

$$
\cdot\begin{bmatrix}0.088\,23&-0.008\,15&0.083\,92&0.0\\0.015\,21&0.040\,41&0.016\,19&0.0\\0.086\,58&-0.001\,51&0.234\,19&0.0\\0.0&0.0&0.0&0.0\end{bmatrix}
$$

$$
=\begin{bmatrix}0.985\,65&0.012\,90&0.068\,706&0.0\\-0.074\,69&0.806\,47&-0.012\,41&0.0\\0.014\,35&-0.012\,90&0.312\,94&0.0\\0.069\,55&0.189\,62&0.141\,06&0.0\end{bmatrix}
$$

然后由式(2-166)计算断线处的节点注入功率增量为1)

$$\begin{bmatrix}\Delta P_5\\ \Delta Q_5\\ \Delta P_6\\ \Delta Q_6\end{bmatrix}=\boldsymbol{H}^{-1}\begin{bmatrix}P_{56}\\ Q_{56}\\ P_{65}\\ Q_{65}\end{bmatrix}=\begin{bmatrix}1.043\ 90 & -0.053\ 41 & -2.294\ 04 & 0.0\\ 0.096\ 01 & 1.235\ 85 & -0.161\ 79 & 0.0\\ -0.043\ 90 & 0.053\ 41 & 3.294\ 04 & 0.0\\ -0.084\ 62 & -0.238\ 16 & -0.274\ 42 & 0.0\end{bmatrix}$$

$$\cdot\begin{bmatrix}0.441\ 11\\ 0.120\ 13\\ -0.441\ 11\\ -0.076\ 89\end{bmatrix}=\begin{bmatrix}1.465\ 9\\ 0.263\ 3\\ -1.465\ 9\\ 0.054\ 9\end{bmatrix}$$

表 2-10 牛顿-拉弗森法潮流计算结果

支路潮流					节点电压		
两端节点	P_{ij}	Q_{ij}	P_{ji}	Q_{ji}	节点	幅位	相角
1—2	1.569 4	−0.189 3	−1.526 4	0.291 4	1	1.060 00	0.000 00
1—5	0.754 7	0.055 0	−0.727 1	0.030 5	2	1.045 00	−4.984 29
2—3	0.732 7	0.047 5	−0.709 5	0.027 3	3	1.010 00	−12.730 54
2—4	0.561 4	−0.004 1	−0.544 6	0.035 1	4	1.017 14	−10.308 72
2—5	0.415 2	0.025 9	−0.406 2	−0.016 4	5	1.018 73	−8.764 85
3—4	−0.232 5	0.045 5	0.236 3	−0.053 7	6	1.070 00	−14.219 00
4—5	−0.611 0	0.160 8	0.616 1	−0.151 1	7	1.061 28	−13.356 21
4—7	0.280 6	−0.098 3	−0.280 6	0.115 4	8	1.090 00	−13.356 21
4—9	0.160 7	−0.004 9	−0.160 7	0.017 9	9	1.055 71	−14.935 01
5—6	0.441 1	0.121 0	−0.441 1	−0.076 9	10	1.050 80	−15.094 01
6—11	0.073 7	0.036 1	−0.073 1	−0.034 9	11	1.056 81	−14.787 88
6—12	0.077 9	0.025 1	−0.077 2	−0.023 6	12	1.055 17	−15.073 69
6—13	0.177 6	0.072 4	−0.175 4	−0.068 2	13	1.050 35	−15.154 07
7—8	0.000 0	−0.173 0	0.000 0	0.177 7	14	1.035 39	−16.030 92
7—9	0.260 6	0.057 6	−0.280 5	−0.049 6			
9—10	0.521 2	0.041 8	−0.052 0	−0.041 4			
9—14	0.094 2	0.035 8	−0.093 0	−0.033 4			
10—11	−0.038 0	−0.016 6	0.038 1	0.016 9			
12—13	0.016 2	0.007 6	−0.016 1	−0.007 5			
13—14	0.056 5	0.017 8	−0.056 0	−0.016 6			

② 根据式(2-150)求各状态变量的改变量。

对节点 2 的相角而言，其改变量 $\Delta\theta_2$ 为

$$\Delta\theta_2=\begin{bmatrix}S_{25}^{(1)} & S_{25}^{(2)} & S_{26}^{(1)} & S_{26}^{(2)}\end{bmatrix}\begin{bmatrix}\Delta P_5\\ \Delta Q_5\\ \Delta P_6\\ \Delta Q_6\end{bmatrix}$$

1) 节点 6 为 PV 节点，计算时可降阶处理，但为了叙述方便，仍按满阵进行计算，其中 ΔQ_6 在以后的计算中不起作用。

$$=[0.038\,91\quad 0.001\,63\quad 0.040\,12\quad 0]\begin{bmatrix}1.465\,9\\0.263\,3\\-1.465\,9\\0.054\,9\end{bmatrix}=-0.001\,34$$

同理可求出其他节点状态变量的改变量。

③ 根据式(2-152)求出各节点断线后新的状态变量。

将正常情况的状态变量与②中求出的状态改变量对应相加即可获得线路 5—6 开断后各节点新的状态变量。其值如表 2-11 中的第 2、3 列所示。表 2-11 中的第 4、5 列给出了该线开断情况下直接采用牛顿法计算的结果,表中最后两列为两种方法计算结果之差的绝对值。

由表 2-11 可以得出电压的平均误差为 0.002 040,最大误差为 0.005 17。相角的平均误差为 0.006 54,最大误差为 0.012 65。因此应用这种方法可以取得很好的精度,但计算时间却只有牛顿-拉弗森法迭代一次所需时间的 1/7。

(3) 断开其他线路时的计算结果。

为全面考察断线分析方法的计算精度,在表 2-12 中列出了断开其他线路时的计算结果。通过计算可知,总的电压平均误差为 0.004 78,相角平均误差为 0.001 199。在计算中可以获知线路 5—6 开断时的误差最大,这也正是前面选择这条线路为例的缘由。有关支路的情况及误差分析可参阅文献[28]。

表 2-11　线路 5—6 开断后节点状态变量及误差

节点	断线分析方法		牛顿-拉弗森方法		计算误差	
	电压 (p.u.)	相角 /rad	电压 (p.u.)	相角 /rad	电压 (p.u.)	相角 /rad
1	1.060 00	0.000 00	1.060 00	0.000 00	0.000 00	0.000 00
2	1.045 00	−0.088 33	1.045 00	−0.089 65	0.000 00	0.001 32
3	1.010 00	−0.227 47	1.010 00	−0.229 92	0.000 00	0.002 54
4	1.019 86	−0.190 12	1.017 45	−0.192 57	0.002 40	0.002 45
5	1.027 96	−0.148 80	1.026 22	−0.150 79	0.001 73	0.001 20
6	1.070 00	−0.464 95	1.070 00	−0.477 60	0.000 00	0.012 65
7	1.068 61	−0.296 18	1.065 35	−0.301 08	0.003 26	0.005 91
8	1.090 00	−0.295 18	1.090 00	−0.301 08	0.000 00	0.006 91
9	1.072 30	−0.349 20	1.067 97	−0.366 61	0.004 33	0.007 41
10	1.066 08	−0.374 49	1.061 18	−0.382 59	0.004 91	0.008 13
11	1.066 15	−0.368 87	1.062 21	−0.431 25	0.003 94	0.010 02
12	1.055 34	−0.470 76	1.054 27	−0.483 13	0.001 08	0.012 37
13	1.054 21	−0.463 17	1.052 49	−0.474 88	0.001 72	0.011 71
14	1.047 23	−0.416 70	1.042 06	−0.424 94	0.005 17	0.009 18

表 2-12　IEEE-14 节点系统断线误差分析

断线端点	节点电压误差		节点相角误差	
	平均	最大	平均	最大
1—2	0.000 07	0.000 35	0.000 89	0.001 06
1—5	0.000 36	0.001 43	0.002 25	0.002 68
2—3	0.001 06	0.003 94	0.005 87	0.014 18
2—4	0.000 32	0.000 95	0.001 03	0.001 27
2—5	0.000 16	0.000 61	0.000 52	0.000 65
3—4	0.000 02	0.000 09	0.000 26	0.000 69
4—5	0.000 63	0.001 45	0.001 41	0.001 70
4—7	0.000 65	0.001 94	0.000 61	0.001 08
4—9	0.000 12	0.000 35	0.000 09	0.000 15
5—6	0.002 04	0.005 17	0.006 54	0.012 65
6—11	0.000 38	0.002 18	0.000 20	0.000 74
6—12	0.000 25	0.002 29	0.000 27	0.000 79
6—13	0.001 03	0.005 60	0.001 13	0.003 01
7—9	0.001 05	0.003 84	0.000 81	0.001 89
9—10	0.000 26	0.001 90	0.000 17	0.000 54
9—14	0.000 40	0.003 29	0.000 53	0.002 02
10—11	0.000 09	0.000 37	0.000 05	0.000 10
12—13	0.000 02	0.000 18	0.000 01	0.000 02
13—14	0.000 19	0.001 03	0.000 14	0.000 46

参 考 文 献

[1] G. W. Stagg, A. H. El-Abiad. Computer Methods in Power Systems. McGraw Hill, 1968

[2] 关根泰次. 电力系统解析理论. 东京:电气书院,1975

[3] 西安交通大学等. 电力系统计算. 北京:水利电力出版社,1978

[4] R. G. Andreich, H. E. Brown, H. H. Happ, C. E. Person. The Piecewise Solution of the Impedance Matrix Load Flow. IEEE Trans. Power Systems and Apparatus, Vol. PAS-87(10) pp. 1877～1882, Oct. 1968

[5] W. F. Tinney, C. E. Hart. Power Flow Solution by Newton's Method. IEEE Trans. Power System and Apparatus, Vol. 86, pp. 1449～1460, 1967

[6] 张伯明,陈寿孙. 高等电力网络分析. 北京:清华大学出版社,1996

[7] W. F. Tinney. Compensation Methods for Network Solutions by Optimal Ordered Triangular Factorization. IEEE Trans. Power System and Apparatus, Vol. 91, pp. 123～127, 1972

[8] B. Scott, O. Alsac. Fast Decoupled Load Flow. IEEE Trans. Power Systems and Apparatus, Vol. PAS-93(3), pp. 859～869, Mar. 1974

[9] R. Van Amerongen. A General-purpose Version of the Fast Decoupled Load Flow. IEEE Trans. Power Systems, Vol. 4, pp. 760～770, May 1989

[10] A. Monticeli, O. R. Savendra. Fast Decoupled Load Flow: Hypothesis, Derivations, and Testing. IEEE Trans. Power Systems, Vol. 5, pp. 1425～1431, Nov. 1990

[11] L. Wang, X. Rong Li. Robust Fast Decoupled Power Flow. IEEE Trans. Power Systems, Vol. 15, pp. 208～

215, Feb. 2000

[12] V. M. da Costa, N. Martins, J. L. Pereira. Developments in the Newton Raphson Power Flow Formulation Based on Current Injections. IEEE Trans. Power Systems, Vol. 14, pp. 1320～1326, Nov. 1999

[13] A. Semlyen, F. de Leon. Quasi-Newton Power Flow Using Partial Jacobian Updates. IEEE Trans. Power Systems, Vol. 16, pp. 332～339, Aug. 2001

[14] V. H. Quintana, N. Muller. Studies of Load Flow Method in Polar and Rectangular Coordinates. Electric Power System Research, Vol. 20, pp. 225～235, 1991

[15] Raymond P. Klump, Thomas J. Overbye. Techniques for Improving Power Flow Convergence. In: Vol. 1 of Proceedings of PES Summer Meeting, July 2000, Seattle U. S.

[16] K. L. LO, Y. J. Lin, W. H. Siew. Fuzzy-Logic Method for Adjustment of Variable Parameters in Load Flow Calculation. IEE Proc. -Genr. Transm. Distrib., Vol. 146, pp. 276～282, May 1999

[17] W. L. Chan, A. T. P. So, L. L. Lai. Initial Applications of Complex Artificial Neural Networks to Load-Flow Analysis. IEE Proc. -Genr. Transm. Distrib., Vol. 147, pp. 361～366, Nov. 2000

[18] T. Nguyen. Neural Network Load-Flow. IEE Proc. -Genr. Transm. Distrib., Vol. 142, pp. 51～58, Jan. 1995

[19] K. P. Wong, A. Li, T. M. Y. Law. Advanced Constrained Genetic Algorithm Load Flow Method. IEE Proc. Genr. Transm. Distrib., Vol. 146, pp. 609～616, Nov. 1999

[20] P. K. Mannava, L. Teeslink, A. R. Hasan. Evaluation of Efficiency of Parallelization of Power Flow Algorithms. In: Proceedings of the 40th Midwest Symposium on Circuit and Systems, Sacramento, California, U. S. A. August 1997, pp. 127～130

[21] 吴际舜. 电力系统静态安全分析. 上海：上海交通大学出版社，1988

[22] 邹森. 电力系统安全分析与控制. 北京：水利电力出版社，1995

[23] N. balu, T. Bertram, A. Bose, V. Brandwajn, G. Cauley, D. Curtice, A. Fouad, L. Fink, M. G. Lauby, B. F. Wollenberg, J. N. Wrubel. On-Line Power System Security Analysis. In: Proceedings of the IEEE, Vol. 80, pp. 262～282, Feb. 1992

[24] J. Carpentier. Static Security Assessment and Control: A Short Survey. Presented at the IEEE/NTUA Athens Power Tech Conference: Planning, Operation and Control of Today's Electric Power Systems. Athens, Greece, Sept. 5～8, 1993, pp. 1～9

[25] B. Stott, O. Alsac, F. L. Alvarado. Analytical and Computational Improvement in Performance Index Raking Algorithm for Networks. International Journal of Electrical Power and Energy Systems, Vol. 7, No. 3, pp. 154～160, July 1985

[26] T. A. Mikolinas, B. F. Wollenberg. An Advanced Contingency Selection Algorithm. IEEE Trans. Power Systems and Apparatus, Vol. 100, pp. 608～617, Feb. 1981

[27] V. Brandwajn. Efficient Bounding Method for Linear Contingency Analysis. IEEE Trans. Power Systems, Vol. 3, pp. 726～733, Feb. 1988

[28] 王锡凡，王秀丽. 实用电力系统静态安全分析. 西安交通大学学报，Vol. 22(1)，1988

[29] R. Bacher, W. F. Tenney. Faster Local Power Flow Solutions: the Zero Mismatch Approach. IEEE Trans. Power Systems, Vol. 4, pp. 1345～1354, Oct. 1989

[30] W. P. Luan, K. L. Lo, Y. X. Yu. NN-based Pattern Recognition Technique for Power System Security Assessment. In: Proceedings of the International Conference on Electric Utility Deregulation and Restructuring and Power Technologies 2000, City University, London, 4～7 April 2000

第3章 电力市场环境下的电力系统稳态分析

3.1 概　　述

从20世纪80年代以来，在世界范围内开始了电力工业改革的浪潮，其主要目的是打破垄断，开放电网，形成自由竞争的电力市场。

根据微观经济学中市场的理论，可以将电力市场定义为相互作用、使电能交换成为可能的买方和卖方的集合。应该指出，电力市场中的商品除了电能以外还包括各种辅助服务。辅助服务包括输送电能、提供备用、无功补偿及电压调节等，主要用来保证电力系统运行的可靠性及电能质量。

现在世界上已提出了多种电力工业改革方案，并在不同的国家实践。电力市场和其他市场相比的特殊之处在于电能的生产和消费是同时完成的，从而输电系统的存在是电力市场的显著标志[1]。输电服务由于其规模效益，一般具有天然垄断的性质。因此各国市场化的共同特点是“厂网分开”，由政府对输电部分进行适当的管制，保证电网开放，以便为发电和配售电创造一个公平的竞争环境。对输电部分处理的不同，形成了各国电力市场结构的特色。

图3-1表示了电力市场的主要组成部分[1]。发电厂商(G)、发电市场(PM)形成了市场的供给主体；用户(D)及零售商(R)构成了市场的需求主体。而电力市场的输电部分(transmission，T)又包括5个部分：输电设备所有者(transmission owner，TO)、独立系统调度机构(independent system operator，ISO)、辅助服务商家(ancillary service，AS)、电能交易机构(power exchange，PX)、交易协调商家(scheduler coordinator，SC)，现分别简述如下。

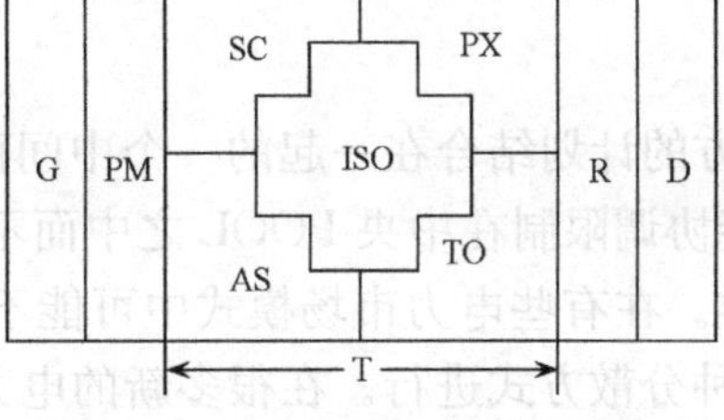

图3-1　电力市场的主要组成部分

1. 输电设备所有者(TO)

电网开放的前提是输电设备的所有者对输电系统的用户(包括发电厂商及电能用户)在准入和运用输电设备方面应平等对待，避免歧视。如果输电设备所有者在发电或供电上有任何切身利益，则难以实现上述要求，因此，一般应建立一个独立控制机构ISO来调度输电系统并提供输电服务，而输电设备的维修责任仍归输电设备所有者。

2. 独立系统调度机构(ISO)

ISO 调度输电网络并对所有输电用户提供服务。对 ISO 的基本要求是不从电力市场中赢利。因此,ISO 必须与电力市场的主体发电厂商及用户脱离。ISO 的职责和权力在不同的市场模式中很不相同,主要有:

(1) 制定运行规划/运行方式。

(2) 实施调度。

(3) 对电力系统进行控制与监测。

(4) 在线电网安全分析。

(5) 市场行政管理。

3. 电能交易机构(PX)

PX 的基本功能是在未来市场对电能的供求双方提供一个交易的场所。市场的周期可能是 1 小时到几个月。最常见的形式是一天前的市场,为每个运行日的前一天进行电能交易。根据市场的设计,一天前的市场可辅以较长周期的市场或小时前的市场。小时前的市场为运行前 1 到 2 个小时的电能交易提供可能。但是,PX 的最基本的功能是作为电能供需双方竞争的 POOL,并形成市场出清价(market clear price,MCP)。然后 MCP 就成为实现未来市场结算的依据。

以上 3 部分:TO、ISO 及 PX 给电力市场的交易提供一个平台,不能从交易中赢利。

4. 辅助服务商家(AS)

AS 为电力系统可靠运行提供所需的服务,主要是为输电系统安全可靠运行提供有功备用及无功电源。

根据市场结构,辅助服务商家可以在 PX 或 ISO 进行交易。辅助服务可以是以捆绑方式提供,也可分别按菜单提供。调节备用、旋转备用和补充运行备用(非旋转备用)等辅助服务可以由用户自己提供。

5. 交易协调商家(SC)

SC 是一个把电能供需方的计划结合在一起的一个中间商,但不必遵守 PX 的规则。有些市场模式中要求把电能协调限制在中央 POOL 之中而不允许其他 SC 进行操作,例如英格兰电力市场就是这样。在有些电力市场模式中可能不存在中央 POOL 或管制的交易机构,电能协调是用一种分散方式进行。在很多新的电力市场结构中,SC 是一个重要组成部分。

以上 5 个电力市场的组成部分在某些电力市场中不一定出现。在某些情况下可能会少一两个组成部分。在另一些情况下,两个或几个组成部分可能合为一个复合的组成部分。但是,其相应的职能是不可缺少的。例如挪威将 ISO 和 TO 结合,而英格兰将 ISO、TO 和 PX 结合成为 NGC(国家电网公司)。起初美国加利福尼亚州的电力市场结构式是将以上 5 个部分全部分开,但是 FERC(联邦能源管理委员会)在 2000 年的 Order No. 2000 中要求各地区成立 PX、ISO 和 TO 结合的 RTO(地区输电机构)。

电力市场的出现给电力系统研究提出了很多新的课题，包括经济方面的课题和技术方面的课题。

在经济方面，电价理论和交易机制是电力市场研究的核心。国外电力市场的理论研究起源于20世纪80年代末期学者对实时电价的研究[2,3]，从理论上证明了实时电价对合理配置资源的有效性。电价理论的研究应分为两个部分，即电能成本分析（电价预测）和电力市场中的电价形成机制。电能成本分析是电价预测的基础，对于电力市场的宏观控制、优化电力资源配置有决定性的影响。但电价的形成最终要通过市场机制。从理想市场运行来看，电力市场的出清电价应与电力系统电能的边际成本相对应。

电力交易可采取双边合同和竞价上网的形式。一般电力市场都包含这两种形式的交易。但是电力市场以何种形式为主，或这两种形式各占多大份额，应该根据具体情况进行分析。

竞价上网的方式和竞价策略是电力市场理论中的一个难点，有很强的随机性和实时性要求。该问题不仅与电力市场的经济效益有关，而且直接影响电力系统的安全性和可靠性。对一个发电厂商来说，竞价决策和其运行优化有密切关系，其竞争目标是要获取最大利润。发电厂商如何制定最优竞价策略，以及PX如何模拟和选择发电厂商以使电力用户的电能费用最小化的问题将涉及随机优化的模型和算法。

在技术方面，主要围绕电力市场环境下保证电力系统安全运行的问题。

在垄断环境下，整个电力系统的发电、输电、配电是统一管理和统一调度的，运行方式安排相对比较简单，系统运行的安全可靠容易得到保证。在电力市场环境下，电力交易瞬息万变，电力调度既要保证公平竞争，又要保证安全运行，这就给电力系统分析提出了新的挑战。例如，在电力市场条件下由于系统潮流可能与预测的很不一样，从而可能导致输电阻塞、电压崩溃及不稳定等问题。

输电阻塞是电力市场条件下系统运行的一个重要现象。从市场经济学的观点来看，双边交易最能体现市场自由竞争的效益，但这种交易模式会给电力系统的统一调度带来困难。最突出的问题就是电力网络某些部分可能趋于功率极限，而使电力系统运行承受很大的风险，这就是电力市场环境下的输电阻塞问题。缓解电力网络的阻塞是保证电力市场环境下电力系统安全运行的关键，首先要求用强有力的在线分析软件去发现隐患；其次在运行中如发现输电阻塞，则要用技术和经济的手段去迅速消除它。为此，不但需要频繁应用最优潮流软件以维持系统的安全、经济运行，还要发展快速评估系统各部分可用输电容量的算法。可用输电容量是电力市场运营的一个很重要的概念，是指电力网络可进一步增加电力交换的容量。

在电力市场情况下，潮流分析不但要给出各支路的功率，为了确定输电费用和处理输电阻塞问题，往往还要求给出各发电厂或电力用户的功率在各支路的功率中所占的份额。这样就引出了潮流追踪问题。

本章将讨论在电力市场环境下电力系统稳态分析方面的几个新进展，包括最优潮流及其在节点电价和输电阻塞处理方面的应用，潮流追踪和可用传输能力问题。这些模型和算法反映了电力市场环境下电力调度对决策支持系统的新要求。由于这是一个快速发展的领域，本章的内容还很不成熟，希望今后能不断完善。

3.2 电力系统最优潮流

电力系统最优潮流(optimal power flow,OPF)是法国学者 Carpentier[4] 在 20 世纪 60 年代提出的。OPF 问题是一个复杂的非线性规划问题,要求在满足特定的电力系统运行和安全约束条件下,通过调整系统中可利用控制手段实现预定目标最优的系统稳定运行状态。发展到今天,最优潮流应用领域已十分广泛,针对不同的应用,OPF 模型可以选择不同的控制变量、状态变量集合,不同的目标函数,以及不同的约束条件。

3.2.1 最优潮流模型

最优潮流模型是在以下前提条件下提出的:

(1) 各火电(核电)投入运行的机组已知(不解决机组开停问题)。

(2) 各水电机组的出力已定(由水库经济调度确定)。

(3) 电力网络结构确定(不受接线方式影响,不考虑网络重构问题)。

最优潮流问题在数学上是一个带约束的优化问题,其中主要构成包括变量集合、约束条件和目标函数,现在分别介绍如下。

OPF 模型中,变量主要分为两大类。一类是控制变量,是可以控制的自变量,通常包括各火电(核电)机组有功出力、各发电机/同步补偿机无功出力(或机端电压);移相器抽头位置、可调变压器抽头位置、并联电抗器/电容器容量;在某些紧急情况下,水电机组快速启动,某些负荷的卸载也可以作为控制的手段。另一类是状态变量,是控制变量的因变量,通常包括各节点电压和各支路功率等。

最优潮流考虑的系统约束条件有:

(1) 各节点有功功率和无功功率平衡约束。

(2) 各发电机有功出力上下界约束。

(3) 各发电机/同步补偿机无功出力上下界约束。

(4) 并联电抗器/电容器容量约束。

(5) 移相器抽头位置约束。

(6) 可调变压器抽头位置约束。

(7) 各节点电压幅值上下界约束。

(8) 各支路传输功率约束。

从数学观点来看,以上约束中(1)为等式约束,其余为不等式约束;(1)、(8)为变量函数约束,若在数学模型中节点电压采用直角坐标形式,(7)也属于变量函数约束,其余都属于简单变量约束;从约束的物理特性而言,(2)～(6)称为控制变量约束(硬约束),(7)、(8)称为状态变量约束(软约束)。

最优潮流有各式各样的目标函数,最常用的形式有以下两种:

(1) 系统运行成本最小。该目标函数一般表示为火电机组燃料费用最小,不考虑机组启动、停机等费用。其中机组成本耗费曲线是模型的关键问题,它不仅影响解的最优性,还制约求解方法的选取。通常机组燃料费用函数常用其有功出力的多项式表示,最高阶一般不大于 3。若阶数大于 3,目标函数将呈现非凸性,造成 OPF 收敛困难。

(2) 有功传输损耗最小。无功优化潮流通常以有功传输损耗最小为目标函数，它在减少系统有功损耗的同时，还能改善电压质量。

电力系统调度运行研究中常用的最优潮流一般以系统运行成本最小为目标，其数学模型如下：

目标函数：

$$\min \sum_{i \in S_G} (a_{2i} P_{Gi}^2 + a_{1i} P_{Gi} + a_{0i}) \tag{3-1}$$

式中：P_{Gi} 为第 i 台发电机的有功出力；a_{0i}、a_{1i}、a_{2i} 为其耗量特性曲线参数。

约束条件：

$$\left.\begin{aligned} P_{Gi} - P_{Di} - V_i \sum_{j=1}^{n} V_j (G_{ij} \cos\theta_{ij} + B_{ij} \sin\theta_{ij}) = 0 \\ Q_{Gi} - Q_{Di} + V_i \sum_{j=1}^{n} V_j (G_{ij} \sin\theta_{ij} - B_{ij} \cos\theta_{ij}) = 0 \end{aligned}\right\} \quad (i \in S_B) \tag{3-2}$$

$$\underline{P}_{Gi} \leqslant P_{Gi} \leqslant \overline{P}_{Gi} \qquad (i \in S_G) \tag{3-3}$$

$$\underline{Q}_{Ri} \leqslant Q_{Ri} \leqslant \overline{Q}_{Ri} \qquad (i \in S_R) \tag{3-4}$$

$$\underline{V}_i \leqslant V_i \leqslant \overline{V}_i \qquad (i \in S_B) \tag{3-5}$$

$$|P_l| = |P_{ij}| = |V_i V_j (G_{ij} \cos\theta_{ij} + B_{ij} \sin\theta_{ij}) - V_i^2 G_{ij}| \leqslant \overline{P}_l \qquad (l \in S_l) \tag{3-6}$$

以上模型中式(3-2)为等式约束（节电功率平衡方程）；式(3-3)～(3-6)为不等式约束，依次为电源有功出力上下界约束，无功源无功出力上下界约束，节点电压上下界约束，线路潮流约束。式中：S_B 为系统所有节点集合，S_G 为所有发电机集合，S_R 为所有无功源集合，S_l 为所有支路集合；P_{Gi}、Q_{Gi} 为发电机 i 的有功、无功出力；P_{Di}、Q_{Di} 为节点 i 的有功、无功负荷；V_i、θ_i 为节点 i 电压幅值与相角，$\theta_{ij}=\theta_i-\theta_j$；$G_{ij}$、$B_{ij}$ 为节点导纳矩阵第 i 行第 j 列元素的实部与虚部；P_l 为线路 l 的有功潮流，设线路 l 两端节点为 i、j。该模型采用的是节点电压极坐标的表示形式，当然也可以采用节点电压直角坐标的表示形式。

3.2.2 最优潮流的算法

至今已提出的求解最优潮流的模型和方法很多，归纳起来有非线性规划法、二次规划法、线性规划法、混合规划法以及近年出现的内点算法和人工智能方法等，现在分别叙述如下。

1. 非线性规划法(non-linear programming，NLP)

非线性规划问题的目标或约束函数呈现非线性特性，其约束条件可由等式和/或不等式约束组成。非线性规划分为无约束非线性规划和有约束非线性规划。有约束非线性规划方法的基本思想是利用拉格朗日乘子法或罚函数法建立增广目标函数，使有约束非线性规划问题先转化为无约束非线性规划问题，然后利用不同的数学优化方法求解。

非线性模型是最早的 OPF 数学表达形式。第一个成功的最优潮流算法是 Dommel 和 Tinney[5] 于 1968 年提出的简化梯度算法。这种算法建立在牛顿法潮流计算基础之上，独立变量取系统的控制变量，用罚函数处理违约的函数不等式约束，用拉格朗日乘子方法判别是否已到边界。但是用罚函数处理不等式约束会产生病态条件，导致收敛性变坏。为了提高算法的收敛性，文献[6]使用Fletcher-Powell算法修正步长，在优化过程的每一步均要检查收敛性，使收敛性得到了一定的改善，但由于梯度法本身的局限，优化过程仍存在振荡现象，影响效率。1970年，Sasson[7]在Tinney等工作的基础上研究牛顿法对于OPF收敛性能的改进，虽然克服了过去方法中的收敛振荡现象，但计算过程中海森伯矩阵的求解使算法对大型系统望而却步。转移罚函数法在求解约束非线性规划问题时能克服传统罚函数法海森伯矩阵病态的缺陷，1982年，Divi和Kesavan[8]在该方法中采用简化梯度概念和拟牛顿算法优化转移罚函数，改进了算法的收敛性和精确度，实验表明，与标准罚函数法相比，可节约30%的计算时间。紧接着，Talukdar等[9]发现运用拟牛顿变矩阵方法求解OPF问题有以下优点：①可直接处理OPF模型中的各种约束；②鲁棒性强，可起始于一个不可行解；③与同期其他算法比较，计算速度快了几倍。

与利用一阶信息的梯度法不同，牛顿法作为一种解决非线性问题的经典算法，直接满足KKT条件，不但利用了目标函数在搜索点的梯度，而且还利用了目标函数的二阶导数，考虑了梯度变化的趋势，具有二阶收敛性，速度更快。

2. *二次规划法*(quadratic programming，QP)

二次规划是非线性规划的特殊形式，它仅适于求解目标函数为二次形式，约束条件为线性表达式的问题。1973年，Reid和Hasdorf[10]首次提出用二次规划法求解经济调度问题，通过引入人工变量把费用函数(目标函数)近似为二次函数，利用泰勒级数展开把约束线性化，并采用线性规划中的Wolfe算法求得最优解，其中算法收敛并不受梯度步长和惩罚因子选择的影响，但是计算时间将随系统规模的增大而明显延长。1982年OPF二次规划法的研究取得了突破性进展，Burchett等[11]将原非线性规划模型分解为一系列二次规划子问题，运用增广拉格朗日法能从不可行点找到原问题的最优解以2000节点系统测试证明算法的速度和鲁棒性有了极大改善。二次规划法的优点是比较精确可靠，但其计算时间随变量和约束条件数目的增加而急剧延长，而且在求临界可行问题时会导致不收敛。

3. *线性规划法*(linear programming，LP)

线性规划法是电力系统最优潮流问题的另一大类求解方法。在这类方法中，通常把整个问题分解为有功功率和无功功率两个子优化问题，它们或者进行交替迭代求解，或者分别求解。在求解方法上，大都采用分段线性或逐次线性化逼近非线性规划问题，然后利用线性规划方法求解。1968年Wells[12]首次提出用线性规划法求解安全约束的经济调度问题，算法思想是将成本目标函数和约束条件线性化后用单纯形法求解。1970年，Shen和Laughton[13]提出对偶线性规划技术，采用修正单纯形法求解OPF问题，与非线性规划法相比显示出非常有前途的计算性能。

4. *混合规划法*

混合规划法是指针对OPF问题中有功优化子问题与无功优化子问题呈现不同的特性而选择两种或几种方法联合求解，例如，混合整数规划法、线性规划与二次规划混合法等。文献[14]首次提出一种线性和二次规划混合优化方法求解经济调度问题。文献[15]说明线性规划法对于可分离性凸目标函数的问题特别有效，而对不可分目标函数问题(如网损最小目标函数)的求解效果不尽如人意。具有二次收敛特性的二次规划和牛顿法能克服线性规划法存在的缺陷,但是在计算中需求拉格朗日函数的二次偏微分,如果有功优化子问题中发电费用目标函数是分段模型,或在考虑机组阀点负荷时,就显得无能为力了。实验证明采用不同规划方法分立求解有功、无功问题使优化过程更灵活,非常适合于EMS中在线应用。

5. 内点算法

线性规划算法可能是到目前为止应用最为广泛的算法,其中单纯形法(包括对偶单纯形法)是最主要、也是最常用的线性规划方法。单纯形法是根据线性规划的基本原理,把迭代限于可行域的各顶点上,由一个顶点开始,检查其最优性,否则转至能使目标值改善的另一个顶点,因此单纯形法的迭代次数随约束条件和变量数目的增加而迅速增加,在最坏情况下,单纯形法的迭代次数会按指数上升。

实际上早在Dantzig提出单纯形法之时,许多学者已在研究一种能在可行域内部寻优的方法,以克服顶点搜索法的组合计算复杂性。1954年,Frish提出了最早的内点法[16],它是一种仅限于求解无约束优化问题的障碍参数法。随后,1967年Huard[17]和Dikin[18]又分别提出基于多面体中心和变量仿射的内点法。但是在当时它们的应用效果无法与单纯形法相比,因此在20世纪70年代内点法的发展一度陷于低潮。随着线性代数技术的发展以及计算机计算能力和速度的提高,1984年,Karmarkar[19]提出了线性规划的一种新的内点算法,证明该算法具有多项式计算复杂性,该算法在求解大规模线性规划问题时,计算速度比单纯形法快50倍以上。随后,Gill将内点法的应用进一步推广到非线性规划领域[20]。

近年来,许多学者对Karmarkar算法进行了广泛深入的研究,一些新的变型算法相继出现,最有发展潜力的是路径跟踪法(path following),又称为跟踪中心轨迹法。该方法将对数壁垒函数与牛顿法结合起来应用到非线性规划问题,已从理论上证明具有多项式复杂性。该方法收敛迅速,鲁棒性强,对初值的选择不敏感,在求解电力系统优化问题中已得到广泛的应用。第3.2.3节将介绍内点法应用于求解最优潮流问题。

6. 人工智能方法

虽然非线性规划、线性规划等方法已逐渐克服了在不等式约束处理、计算速度、收敛性和初始点等方面的困难,但在对离散变量的处理上还没有完善的解决方案。近几年随着计算机和人工智能等技术的发展,不断有新的方法出现,模拟进化规划方法、模糊集理论、模拟退火算法等人工智能方法先后用于电力系统最优潮流问题。

模拟进化规划方法是模仿生物进化过程所得到的一类优化方法,进化规划和遗传算法是其中最主要的方法,它们主要用于无功优化,擅长处理离散变量。模拟进化优化方法属于随机优化方法,原理上可以以较大的概率找到优化问题的全局最优解。它具有全局收敛性、并行处理特性、通用性及鲁棒性等优点[21]。

模糊集理论也是近几年成功应用于电力系统问题的新思想。它适合于描述不确定性以及处理不同量纲、相互冲突的多目标优化问题,为解决具有可伸缩约束的多目标优化问题提供了新途径,因此在电力系统最优潮流中得到日益广泛的应用。文献[22]把约束条件分为硬约束和软约束两种，然后利用模糊集把软约束和目标函数模糊化，得到模糊OPF问题，然后再对OPF问题的目标函数进行修正，使其当最优解处于非模糊区域时能等效于常规的OPF问题，而且这种修正使得在目标函数中所有的控制变量都能显性地表示出来，有利于用逐次线性规划法求解。

模拟退火算法也可以视为一种进化优化方法，是一种有效的通用启发式随机搜索方法。算法思想来源于冶炼工业中熔融金属的退火过程，算法原理比较简单，只是对常规的迭代寻优算法进行一点修正，允许以一定的概率接受比前次解稍差的解作为当前解。文献[23]用模拟退火方法进行无功优化，理论上可以不同时地收敛到全局最优解，但运算时间比较长。

人工智能方法解决了寻找全局最优解的问题，能精确处理问题中离散变量，但由于这一类方法通常属于随机搜索方法，具有计算速度慢的先天缺陷，难以适应在线计算及电力市场的要求。

3.2.3 最优潮流问题的内点法

内点法最初的基本思路是希望寻优迭代过程始终在可行域内进行，因此，初始点应取在可行域内，并在可行域的边界设置"障碍"使迭代点接近边界时其目标函数值迅速增大，从而保证迭代点均为可行域的内点[24]。但是对于大规模实际问题而言，寻找可行初始点往往十分困难。为此许多学者长期以来致力于对内点算法初始"内点"条件的改进。以下介绍的跟踪中心轨迹内点法只要求在寻优过程中松弛变量和拉格朗日乘子满足简单的大于零或小于零的条件，即可代替原来必须在可行域内求解的要求，使计算过程大为简化。

为了便于讨论，把最优潮流模型[式(3-1)～(3-6)]简化为以下一般非线性优化模型：

$$\text{obj.}\quad \min f(\boldsymbol{x}) \tag{3-7}$$

$$\text{s.t.}\quad \boldsymbol{h}(\boldsymbol{x})=\boldsymbol{0} \tag{3-8}$$

$$\underline{\boldsymbol{g}}\leqslant \boldsymbol{g}(\boldsymbol{x})\leqslant \overline{\boldsymbol{g}} \tag{3-9}$$

其中：式(3-7)为目标函数，对应于最优潮流模型中式(3-1)，是一个非线性函数；式(3-8) $\boldsymbol{h}(\boldsymbol{x})=[h_1(\boldsymbol{x})\ \cdots\ h_m(\boldsymbol{x})]^{\mathrm{T}}$ 为非线性等式约束条件，对应于最优潮流模型中式(3-2)；式(3-9)中 $\boldsymbol{g}(\boldsymbol{x})=[g_1(\boldsymbol{x})\ \cdots\ g_r(\boldsymbol{x})]^{\mathrm{T}}$ 为非线性不等式约束，其上限为 $\overline{\boldsymbol{g}}=[\overline{g}_1\ \cdots\ \overline{g}_r]^{\mathrm{T}}$，下限为 $\underline{\boldsymbol{g}}=[\underline{g}_1\ \cdots\ \underline{g}_r]^{\mathrm{T}}$。在以上模型中共有 n 个变量，m 个等式约束，r 个不等式约束。跟踪中心轨迹内点法的基本思路如下。

首先，将不等式约束式(3-9)转化为等式约束：

$$\boldsymbol{g}(\boldsymbol{x})+\boldsymbol{u}=\overline{\boldsymbol{g}} \tag{3-10}$$

$$\boldsymbol{g}(\boldsymbol{x})-\boldsymbol{l}=\underline{\boldsymbol{g}} \tag{3-11}$$

其中松弛变量 $\boldsymbol{l}=[l_1\ \cdots\ l_r]^{\mathrm{T}}$，$\boldsymbol{u}=[u_1\ \cdots\ u_r]^{\mathrm{T}}$，应满足

$$\boldsymbol{u}>0,\quad \boldsymbol{l}>0 \tag{3-12}$$

这样，原问题变为优化问题 A：

$$\begin{aligned}\text{obj.}\quad & \min f(\boldsymbol{x})\\ \text{s.t.}\quad & \boldsymbol{h}(\boldsymbol{x})=\boldsymbol{0}\\ & \boldsymbol{g}(\boldsymbol{x})+\boldsymbol{u}=\overline{\boldsymbol{g}}\end{aligned}$$

$$\boldsymbol{g}(\boldsymbol{x})-\boldsymbol{l}=\underline{\boldsymbol{g}}$$

$$\boldsymbol{u}>0,\qquad \boldsymbol{l}>0$$

然后，把目标函数改造为障碍函数，该函数在可行域内应近似于原目标函数 $f(\boldsymbol{x})$，而在边界时变得很大。因此可得到优化问题 B：

$$\begin{aligned}
\text{obj.}\quad & \min f(\boldsymbol{x})-\mu\sum_{j=1}^{r}\log l_r-\mu\sum_{j=1}^{r}\log u_r \\
\text{s. t.}\quad & \boldsymbol{h}(\boldsymbol{x})=\boldsymbol{0} \\
& \boldsymbol{g}(\boldsymbol{x})+\boldsymbol{u}=\bar{\boldsymbol{g}} \\
& \boldsymbol{g}(\boldsymbol{x})-\boldsymbol{l}=\underline{\boldsymbol{g}}
\end{aligned}$$

其中扰动因子(或称障碍常数)$\mu>0$。当 l_i 或 $u_i(i=1,\cdots,r)$靠近边界时，以上函数趋于无穷大，因此满足以上障碍目标函数的极小解不可能在边界上找到，只能在满足式(3-12)时才可能得到最优解。这样，就通过目标函数的变换把含有不等式限制的优化问题 A 变成了只含等式限制的优化问题 B，因此可以直接用拉格朗日乘子法来求解。

优化问题 B 的拉格朗日函数为

$$\begin{aligned}
L=\ & \boldsymbol{f}(\boldsymbol{x})-\boldsymbol{y}^{\mathrm{T}}\boldsymbol{h}(\boldsymbol{x})-\boldsymbol{z}^{\mathrm{T}}[\boldsymbol{g}(x)-\boldsymbol{l}-\underline{\boldsymbol{g}}] \\
& -\boldsymbol{w}^{\mathrm{T}}[\boldsymbol{g}(x)+\boldsymbol{u}-\bar{\boldsymbol{g}}]-\mu\sum_{j=1}^{r}\log l_r-\mu\sum_{j=1}^{r}\log u_r
\end{aligned}\tag{3-13}$$

式中：$\boldsymbol{y}=[y_1\ \ \cdots\ \ y_m]$，$\boldsymbol{z}=[z_1\ \ \cdots\ \ z_r]$，$\boldsymbol{w}=[w_1\ \ \cdots\ \ w_r]$均为拉格朗日乘子。该问题极小值存在的必要条件是拉格朗日函数对所有变量及乘子的偏导数为 0：

$$L_x=\frac{\partial L}{\partial \boldsymbol{x}}\equiv\nabla_x\boldsymbol{f}(\boldsymbol{x})-\nabla_x\boldsymbol{h}(\boldsymbol{x})\boldsymbol{y}-\nabla_x\boldsymbol{g}(\boldsymbol{x})(\boldsymbol{z}+\boldsymbol{w})=0\tag{3-14}$$

$$L_y=\frac{\partial L}{\partial \boldsymbol{y}}\equiv\boldsymbol{h}(\boldsymbol{x})=0\tag{3-15}$$

$$L_z=\frac{\partial L}{\partial \boldsymbol{z}}\equiv\boldsymbol{g}(\boldsymbol{x})-\boldsymbol{l}-\underline{\boldsymbol{g}}=0\tag{3-16}$$

$$L_w=\frac{\partial L}{\partial \boldsymbol{w}}\equiv\boldsymbol{g}(\boldsymbol{x})+\boldsymbol{u}-\bar{\boldsymbol{g}}=0\tag{3-17}$$

$$L_l=\frac{\partial L}{\partial \boldsymbol{l}}=\boldsymbol{z}-\mu\boldsymbol{L}^{-1}\boldsymbol{e}\Longrightarrow\boldsymbol{L}_l^{\mu}=\boldsymbol{LZe}-\mu\boldsymbol{e}=0\tag{3-18}$$

$$L_u=\frac{\partial L}{\partial \boldsymbol{u}}=-\boldsymbol{w}-\mu\boldsymbol{U}^{-1}\boldsymbol{e}\Longrightarrow\boldsymbol{L}_u^{\mu}=\boldsymbol{UWe}+\mu\boldsymbol{e}=0\tag{3-19}$$

式中：$\boldsymbol{L}=\mathrm{diag}(l_1,\cdots,l_r)$，$\boldsymbol{U}=\mathrm{diag}(u_1,\cdots,u_r)$，$\boldsymbol{Z}=\mathrm{diag}(z_1,\cdots,z_r)$，$\boldsymbol{W}=\mathrm{diag}(w_1,\cdots,w_r)$。

由式(3-18)和式(3-19)可以解得

$$\mu=\frac{\boldsymbol{l}^{\mathrm{T}}\boldsymbol{z}-\boldsymbol{u}^{\mathrm{T}}\boldsymbol{w}}{2r}$$

定义

$$\mathrm{Gap}=\boldsymbol{l}^{\mathrm{T}}\boldsymbol{z}-\boldsymbol{u}^{\mathrm{T}}\boldsymbol{w}\tag{3-20}$$

可得

$$\mu = \frac{\text{Gap}}{2r} \tag{3-21}$$

式中:Gap 称为对偶间隙。Fiacco 和 McCormic[25] 证明在一定的条件下,如果 $\boldsymbol{x}^*$ 是优化问题 A 的最优解,当 μ 固定时,$\boldsymbol{x}(\mu)$是优化问题 B 的解,那么当 Gap→0,μ→0 时,产生的序列$\{\boldsymbol{x}(\mu)\}$收敛至 $\boldsymbol{x}^*$。由文献[26]发现,当目标函数中参数 μ 按式(3-21)取值时,算法的收敛性较差,建议采用

$$\mu = \sigma \frac{\text{Gap}}{2r} \tag{3-22}$$

式中:$\sigma \in (0,1)$称为中心参数,一般取 0.1,在大多数场合可获得较好的收敛效果。由于 $\mu>0$,$\boldsymbol{l}$、$\boldsymbol{u}>0$,由式(3-18)和式(3-19)可知道 $\boldsymbol{z}>0$,$\boldsymbol{w}<0$。

极值的必要条件[式(3-14)~(3-19)]是非线性方程组,可用牛顿-拉弗森法求解。为此将式(3-14)~(3-19)线性化得到修正方程组

$$-[\nabla_x^2 f(\boldsymbol{x})-\nabla_x^2 \boldsymbol{h}(\boldsymbol{x})\boldsymbol{y}-\nabla_x^2 \boldsymbol{g}(\boldsymbol{x})(\boldsymbol{z}+\boldsymbol{w})]\Delta\boldsymbol{x}+\nabla_x \boldsymbol{h}(\boldsymbol{x})\Delta\boldsymbol{y}+\nabla_x \boldsymbol{g}(\boldsymbol{x})(\Delta\boldsymbol{z}+\Delta\boldsymbol{w})=L_x \tag{3-23}$$

$$\nabla_x \boldsymbol{h}(\boldsymbol{x})^{\mathrm{T}}\Delta\boldsymbol{x} = -L_y \tag{3-24}$$

$$\nabla_x \boldsymbol{g}(\boldsymbol{x})^{\mathrm{T}}\Delta\boldsymbol{x} - \Delta\boldsymbol{l} = -L_z \tag{3-25}$$

$$\nabla_x \boldsymbol{g}(\boldsymbol{x})^{\mathrm{T}}\Delta\boldsymbol{x} + \Delta\boldsymbol{u} = -L_w \tag{3-26}$$

$$\boldsymbol{Z}\Delta\boldsymbol{l} + \boldsymbol{L}\Delta\boldsymbol{z} = -L_l^\mu \tag{3-27}$$

$$\boldsymbol{W}\Delta\boldsymbol{u} + \boldsymbol{U}\Delta\boldsymbol{w} = -L_u^\mu \tag{3-28}$$

写成矩阵形式

$$\begin{bmatrix} \boldsymbol{H} & \nabla_x \boldsymbol{h}(\boldsymbol{x}) & \nabla_x \boldsymbol{g}(\boldsymbol{x}) & \nabla_x \boldsymbol{g}(\boldsymbol{x}) & \boldsymbol{0} & \boldsymbol{0} \\ \nabla_x \boldsymbol{h}(\boldsymbol{x})^{\mathrm{T}} & \boldsymbol{0} & \boldsymbol{0} & \boldsymbol{0} & \boldsymbol{0} & \boldsymbol{0} \\ \nabla_x \boldsymbol{g}(\boldsymbol{x})^{\mathrm{T}} & \boldsymbol{0} & \boldsymbol{0} & \boldsymbol{0} & -\boldsymbol{I} & \boldsymbol{0} \\ \nabla_x \boldsymbol{g}(\boldsymbol{x})^{\mathrm{T}} & \boldsymbol{0} & \boldsymbol{0} & \boldsymbol{0} & \boldsymbol{0} & \boldsymbol{I} \\ \boldsymbol{0} & \boldsymbol{0} & \boldsymbol{L} & \boldsymbol{0} & \boldsymbol{Z} & \boldsymbol{0} \\ \boldsymbol{0} & \boldsymbol{0} & \boldsymbol{0} & \boldsymbol{U} & \boldsymbol{0} & \boldsymbol{W} \end{bmatrix} \begin{bmatrix} \Delta\boldsymbol{x} \\ \Delta\boldsymbol{y} \\ \Delta\boldsymbol{z} \\ \Delta\boldsymbol{w} \\ \Delta\boldsymbol{l} \\ \Delta\boldsymbol{u} \end{bmatrix} = \begin{bmatrix} L_x \\ -L_y \\ -L_z \\ -L_w \\ -L_l^\mu \\ -L_u^\mu \end{bmatrix} \tag{3-29}$$

式中:$\boldsymbol{H}=-[\nabla_x^2 f(\boldsymbol{x})-\nabla_x^2 \boldsymbol{h}(\boldsymbol{x})\boldsymbol{y}-\nabla_x^2 \boldsymbol{g}(\boldsymbol{x})(\boldsymbol{z}+\boldsymbol{w})]$。

由于修正方程(3-29)的系数矩阵是一个$(4r+m+n)\times(4r+m+n)$的方阵,因此求解该方程的计算量十分庞大,为简化计算,我们首先对方程组矩阵进行列交换得到

$$\begin{bmatrix} \boldsymbol{L} & \boldsymbol{Z} & \boldsymbol{0} & \boldsymbol{0} & \boldsymbol{0} & \boldsymbol{0} \\ \boldsymbol{0} & -\boldsymbol{I} & \boldsymbol{0} & \boldsymbol{0} & \nabla_x \boldsymbol{g}(\boldsymbol{x})^{\mathrm{T}} & \boldsymbol{0} \\ \boldsymbol{0} & \boldsymbol{0} & \boldsymbol{U} & \boldsymbol{W} & \boldsymbol{0} & \boldsymbol{0} \\ \boldsymbol{0} & \boldsymbol{0} & \boldsymbol{0} & \boldsymbol{I} & \nabla_x \boldsymbol{g}(\boldsymbol{x})^{\mathrm{T}} & \boldsymbol{0} \\ \nabla_x \boldsymbol{g}(\boldsymbol{x}) & \boldsymbol{0} & \nabla_x \boldsymbol{g}(\boldsymbol{x}) & \boldsymbol{0} & \boldsymbol{H} & \nabla_x \boldsymbol{h}(\boldsymbol{x}) \\ \boldsymbol{0} & \boldsymbol{0} & \boldsymbol{0} & \boldsymbol{0} & \nabla_x \boldsymbol{h}(\boldsymbol{x})^{\mathrm{T}} & \boldsymbol{0} \end{bmatrix} \begin{bmatrix} \Delta\boldsymbol{z} \\ \Delta\boldsymbol{l} \\ \Delta\boldsymbol{w} \\ \Delta\boldsymbol{u} \\ \Delta\boldsymbol{x} \\ \Delta\boldsymbol{y} \end{bmatrix} = \begin{bmatrix} -L_l^\mu \\ -L_z \\ -L_u^\mu \\ -L_w \\ L_x \\ -L_y \end{bmatrix}$$

然后对上式进行简单的变换可得

$$
\left[\begin{array}{cccc:cc}
I & L^{-1}Z & 0 & 0 & 0 & 0 \\
0 & I & 0 & 0 & -\nabla_x g(x)^{\mathrm{T}} & 0 \\
0 & 0 & I & U^{-1}w & 0 & 0 \\
0 & 0 & 0 & I & \nabla_x g(x)^{\mathrm{T}} & 0 \\
\hdashline
0 & 0 & 0 & 0 & H' & \nabla_x h(x) \\
\hdashline
0 & 0 & 0 & 0 & \nabla_x h(x)^{\mathrm{T}} & 0
\end{array}\right]
\begin{bmatrix} \Delta z \\ \Delta l \\ \Delta w \\ \Delta u \\ \Delta x \\ \Delta y \end{bmatrix}
=
\begin{bmatrix} -L^{-1}L_l^{\mu} \\ L_z \\ -U^{-1}L_u^{\mu} \\ -L_w \\ L_x' \\ -L_y \end{bmatrix}
\tag{3-30}
$$

式中：

$$
L_x' = L_x + \nabla_x g(x)[L^{-1}(L_l^{\mu} + ZL_z) + U^{-1}(L_u^{\mu} - WL_w)]
$$
$$
H' = H - \nabla_x g(x)[L^{-1}Z - U^{-1}W]\nabla_x g(x)^{\mathrm{T}}
$$

现在，我们只需对一个相对较小的$(m+n)\times(m+n)$对称矩阵[式(3-30)右下角块矩阵]进行 LDL^{T} 分解，剩余的计算量只是回代。这样，不仅减少计算量，同时简化了算法。

求解方程(3-30)得到第 k 次迭代的修正量，于是最优解的一个新的近似为

$$
x^{(k+1)} = x^{(k)} + \alpha_p \Delta x \tag{3-31}
$$
$$
l^{(k+1)} = l^{(k)} + \alpha_p \Delta l \tag{3-32}
$$
$$
u^{(k+1)} = u^{(k)} + \alpha_p \Delta u \tag{3-33}
$$
$$
y^{(k+1)} = y^{(k)} + \alpha_d \Delta y \tag{3-34}
$$
$$
z^{(k+1)} = z^{(k)} + \alpha_d \Delta z \tag{3-35}
$$
$$
w^{(k+1)} = w^{(k)} + \alpha_d \Delta w \tag{3-36}
$$

式中：α_p 和 α_d 为步长：

$$
\left.\begin{aligned}
\alpha_p &= 0.9995\min\left\{\min_i\left(\frac{-l_i}{\Delta l_i}, \Delta l_i < 0; \frac{-u_i}{\Delta u_i}, \Delta u_i < 0\right), 1\right\} \\
\alpha_d &= 0.9995\min\left\{\min_i\left(\frac{-z_i}{\Delta z_i}, \Delta z_i < 0; \frac{-w_i}{\Delta w_i}, \Delta w_i > 0\right), 1\right\}
\end{aligned}\right\} \quad (i = 1, 2, \cdots, r)
\tag{3-37}
$$

上式的取值保证迭代点严格满足式(3-12)。

最优潮流内点算法的流程图如图 3-2 所示。其中初始化部分包括：

(1) 设置松弛变量 l、u，保证 $l>0$，$u>0$。

(2) 设置拉格朗日乘子 z、w、y，满足 $z>0$，$w<0$，$y\neq 0$。

(3) 设优化问题各变量的初值。

(4) 取中心参数 $\sigma\in(0,1)$，给定计算精度 $\varepsilon=10^{-6}$，迭代次数初值 $k=0$，最大迭代次数 $K_{\max}=50$。

下面我们仅以图 2-6 的简单系统为例说明实现最优潮流内点算法的有关问题。

【例 3-1】 试求解图 2-6 的简单系统的最优潮流。

【解】 除由图 2-6 提供的系统母线负荷功率数据、线路参数和变压器支路参数数据、变压器变比数据(非标准变比在首端)之外，以下顺序给出线路传输功率边界(表 3-1)，发电机有功、无功出力上下界和燃料耗费曲线参数(表 3-2)(燃料耗费曲线所用有功功率变量为标幺值)。若不作说明，所有数据都是以标幺值形式给出，功率基准值为 100MVA，母线电压上下界分别为 1.1 和 0.9。

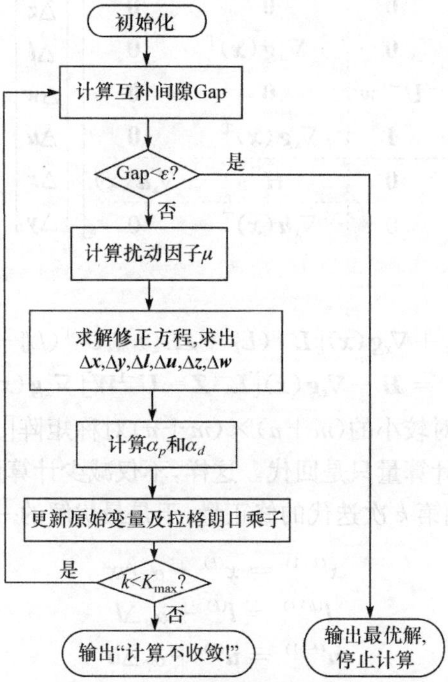

图 3-2　内点最优潮流算法流程框图

表 3-1　线路传输功率边界

支路号	首末端母线号	线路传输功率边界
1	1—2	2
2	1—3	0.65
3	2—3	2
4	2—4	6
5	3—5	5

表 3-2　发电机数据

发电机序号	母线号	出力上界		出力下界		燃料耗费曲线参数		
		有功	无功	有功	无功	二次系数	一次系数	常 数
1	4	8	3	1	−3	50.439 5	200.433 5	1 200.648 5
2	5	8	5	1	−2.1	200.55	500.746	1 857.201

首先，我们先列出该算例的数学模型和有关计算公式。在该算例中，共有 5 个节点，相应的状态变量为

$$\tilde{\boldsymbol{x}} = [\theta_1 \quad V_1 \quad \theta_2 \quad V_2 \quad \theta_3 \quad V_3 \quad \theta_4 \quad V_4 \quad \theta_5 \quad V_5]$$

系统中有 2 台发电机，没有其他无功源，因此控制变量为

$$\tilde{\boldsymbol{u}} = [P_{G1} \quad P_{G2} \quad Q_{R1} \quad Q_{R2}]$$

应该指出，此处发电机和无功源的编号与节点编号无关，是独立编号的。这是因为系统中一个节点可能接有多台发电机的缘故。因此系统中总变量共 14 个：

$$\boldsymbol{x} = \{P_{G1} \quad P_{G2} \quad Q_{R1} \quad Q_{R2} \quad \theta_1 \quad V_1 \quad \theta_2 \quad V_2 \quad \theta_3 \quad V_3 \quad \theta_4 \quad V_4 \quad \theta_5 \quad V_5\}$$

最优潮流的数学模型为：

目标函数：

$$\min(a_{21}P_{G1}^2 + a_{11}P_{G1} + a_{01}) + (a_{22}P_{G2}^2 + a_{12}P_{G2} + a_{02})$$

约束条件：

每个节点有 2 个潮流方程，共有 10 个等式约束条件。对非发电机节点：

$$\left.\begin{aligned} \Delta P_i &= -P_{Di} - V_i\sum_{j=1}^{5} V_j(G_{ij}\cos\theta_{ij} + B_{ij}\sin\theta_{ij}) = 0 \\ \Delta Q_i &= -Q_{Di} - V_i\sum_{j=1}^{5} V_j(G_{ij}\sin\theta_{ij} - B_{ij}\cos\theta_{ij}) = 0 \end{aligned}\right\} \quad (i = 1,2,3)$$

对发电机节点：

$$\left.\begin{aligned} \Delta P_i &= \sum_{k\in i} P_{Gk} - P_{Di} - V_i\sum_{j=1}^{5} V_j(G_{ij}\cos\theta_{ij} + B_{ij}\sin\theta_{ij}) = 0 \\ \Delta Q_i &= \sum_{k\in i} Q_{Gk} - Q_{Di} - V_i\sum_{j=1}^{5} V_j(G_{ij}\sin\theta_{ij} - B_{ij}\cos\theta_{ij}) = 0 \end{aligned}\right\} \quad (i = 4,5)$$

式中：$k\in i$ 表示第 k 台发电机接在节点 i 上，$k=1\in 4, k=2\in 5$。

不等式约束条件共有 14 个，分别为

$$\underline{P}_{Gi} \leqslant P_{Gi} \leqslant \overline{P}_{Gi} \quad (i = 1,2)$$

$$\underline{Q}_{Ri} \leqslant Q_{Ri} \leqslant \overline{Q}_{Ri} \quad (i = 1,2)$$

$$\underline{V}_i \leqslant V_i \leqslant \overline{V}_i \quad (i = 1,2,\cdots,5)$$

$$-\overline{P_{ij}} \leqslant P_{ij} \leqslant \overline{P_{ij}} \quad (\text{对所有 5 条支路})$$

式中：

$$P_{ij} = V_iV_j(G_{ij}\cos\theta_{ij} + B_{ij}\sin\theta_{ij}) - V_iG_{ij}$$

根据以上模型可以形成式(3-30)的修正方程。该方程式包括形成等式左边的系数矩阵和等式右边的常数项两部分。

(1) 形成系数矩阵。

式(3-30)中修正方程的系数矩阵主要由四大部分组成：等式约束雅可比矩阵 $\nabla_x \boldsymbol{h}(\boldsymbol{x})$，不等式约束雅可比矩阵 $\nabla_x \boldsymbol{g}(\boldsymbol{x})$，对角矩阵 $\boldsymbol{L}^{-1}\boldsymbol{Z}$、$\boldsymbol{U}^{-1}\boldsymbol{W}$ 和海森伯矩阵 $\boldsymbol{H}'$。以下分别进行讨论。

① 等式约束的雅可比矩阵：

$$\nabla_x \boldsymbol{h}(\boldsymbol{x}) = \begin{bmatrix} \dfrac{\partial \boldsymbol{h}}{\partial \boldsymbol{P}_G} \\ \dfrac{\partial \boldsymbol{h}}{\partial \boldsymbol{Q}_R} \\ \dfrac{\partial \boldsymbol{h}}{\partial \boldsymbol{\tilde{x}}} \end{bmatrix}_{14\times 10}$$

式中右端矩阵包含 3 个子矩阵：

$$
\frac{\partial \boldsymbol{h}}{\partial \boldsymbol{P}_G}=\begin{bmatrix}\dfrac{\partial \Delta P_1}{\partial P_{G1}} & \dfrac{\partial \Delta Q_1}{\partial P_{G1}} & \cdots & \dfrac{\partial \Delta P_5}{\partial P_{G1}} & \dfrac{\partial \Delta Q_5}{\partial P_{G1}} \\ \dfrac{\partial \Delta P_1}{\partial P_{G2}} & \dfrac{\partial \Delta Q_1}{\partial P_{G2}} & \cdots & \dfrac{\partial \Delta P_5}{\partial P_{G2}} & \dfrac{\partial \Delta Q_5}{\partial P_{G2}}\end{bmatrix}_{2\times 10}
$$

其中：

$$
\begin{cases}\dfrac{\partial \Delta Q_j}{\partial P_{Gi}}=0 \\ \dfrac{\partial \Delta P_j}{\partial P_{Gi}}=\begin{cases}1 & (i\in j) \\ 0 & (i\notin j)\end{cases}\end{cases}
$$

$$
\frac{\partial \boldsymbol{h}}{\partial \boldsymbol{Q}_R}=\begin{bmatrix}\dfrac{\partial \Delta P_1}{\partial Q_{R1}} & \dfrac{\partial \Delta Q_1}{\partial Q_{R1}} & \cdots & \dfrac{\partial \Delta P_5}{\partial Q_{R1}} & \dfrac{\partial \Delta Q_5}{\partial Q_{R1}} \\ \dfrac{\partial \Delta P_1}{\partial Q_{R2}} & \dfrac{\partial \Delta P_1}{\partial Q_{R2}} & \cdots & \dfrac{\partial \Delta P_5}{\partial Q_{R2}} & \dfrac{\partial \Delta P_5}{\partial Q_{R2}}\end{bmatrix}_{2\times 10}
$$

其中：

$$
\begin{cases}\dfrac{\partial \Delta P_j}{\partial Q_{Ri}}=0 \\ \dfrac{\partial \Delta Q_j}{\partial Q_{Ri}}=\begin{cases}1 & (i\in j) \\ 0 & (i\notin j)\end{cases}\end{cases}
$$

式中：i 为发电机的序号；j 为节点号；$i\in j$ 表示第 i 台发电机是接在节点 j 上的，反之用 $i\notin j$ 表示。

$$
\frac{\partial \boldsymbol{h}}{\partial \tilde{\boldsymbol{x}}}=\begin{bmatrix}\dfrac{\partial \Delta P_1}{\partial \theta_1} & \dfrac{\partial \Delta Q_1}{\partial \theta_1} & \cdots & \dfrac{\partial \Delta P_5}{\partial \theta_1} & \dfrac{\partial \Delta Q_5}{\partial \theta_1} \\ \dfrac{\partial \Delta P_1}{\partial V_1} & \dfrac{\partial \Delta Q_1}{\partial V_1} & \cdots & \dfrac{\partial \Delta P_5}{\partial V_1} & \dfrac{\partial \Delta Q_5}{\partial V_1} \\ \vdots & \vdots & & \vdots & \vdots \\ \dfrac{\partial \Delta P_1}{\partial \theta_5} & \dfrac{\partial \Delta Q_1}{\partial \theta_5} & \cdots & \dfrac{\partial \Delta P_5}{\partial \theta_5} & \dfrac{\partial \Delta Q_5}{\partial \theta_5} \\ \dfrac{\partial \Delta P_1}{\partial V_5} & \dfrac{\partial \Delta Q_1}{\partial V_5} & \cdots & \dfrac{\partial \Delta P_5}{\partial V_5} & \dfrac{\partial \Delta Q_5}{\partial V_5}\end{bmatrix}_{10\times 10} \quad \text{(潮流计算中的雅可比矩阵)}
$$

② 不等式约束的雅可比矩阵：

$$
\nabla_x \boldsymbol{g}(\boldsymbol{x})=\begin{bmatrix}\dfrac{\partial \boldsymbol{g}_1}{\partial \boldsymbol{P}_G} & \dfrac{\partial \boldsymbol{g}_2}{\partial \boldsymbol{P}_G} & \dfrac{\partial \boldsymbol{g}_3}{\partial \boldsymbol{P}_G} & \dfrac{\partial \boldsymbol{g}_4}{\partial \boldsymbol{P}_G} \\ \dfrac{\partial \boldsymbol{g}_1}{\partial \boldsymbol{Q}_R} & \dfrac{\partial \boldsymbol{g}_2}{\partial \boldsymbol{Q}_R} & \dfrac{\partial \boldsymbol{g}_3}{\partial \boldsymbol{Q}_R} & \dfrac{\partial \boldsymbol{g}_4}{\partial \boldsymbol{Q}_R} \\ \dfrac{\partial \boldsymbol{g}_1}{\partial \tilde{\boldsymbol{x}}} & \dfrac{\partial \boldsymbol{g}_2}{\partial \tilde{\boldsymbol{x}}} & \dfrac{\partial \boldsymbol{g}_3}{\partial \tilde{\boldsymbol{x}}} & \dfrac{\partial \boldsymbol{g}_4}{\partial \tilde{\boldsymbol{x}}}\end{bmatrix}_{14\times 14}
$$

式中：$\boldsymbol{g}_1$、$\boldsymbol{g}_2$、$\boldsymbol{g}_3$ 和 $\boldsymbol{g}_4$ 依次表示电源有功出力的上下界约束，无功电源无功出力的上下界约束，节点电压幅值的上下界约束和线路潮流约束。

$$
\frac{\partial \boldsymbol{g}_1}{\partial \boldsymbol{P}_G}=\boldsymbol{I}_{2\times 2}, \qquad \frac{\partial \boldsymbol{g}_1}{\partial \boldsymbol{Q}_R}=\boldsymbol{0}_{2\times 2}, \qquad \frac{\partial \boldsymbol{g}_1}{\partial \tilde{\boldsymbol{x}}}=\boldsymbol{0}_{10\times 2}
$$

$$
\frac{\partial \boldsymbol{g}_2}{\partial \boldsymbol{P}_G}=\boldsymbol{0}_{2\times 2}, \qquad \frac{\partial \boldsymbol{g}_2}{\partial \boldsymbol{Q}_R}=\boldsymbol{I}_{2\times 2}, \qquad \frac{\partial \boldsymbol{g}_2}{\partial \tilde{\boldsymbol{x}}}=\boldsymbol{0}_{10\times 2}
$$

$$\frac{\partial \boldsymbol{g}_3}{\partial \boldsymbol{P}_G} = \boldsymbol{0}_{2\times5}, \qquad \frac{\partial \boldsymbol{g}_3}{\partial \boldsymbol{Q}_R} = \boldsymbol{0}_{2\times5}$$

$$\frac{\partial \boldsymbol{g}_4}{\partial \boldsymbol{P}_G} = \boldsymbol{0}_{2\times5}, \qquad \frac{\partial \boldsymbol{g}_4}{\partial \boldsymbol{Q}_R} = \boldsymbol{0}_{2\times5}$$

$$\frac{\partial \boldsymbol{g}_3}{\partial \tilde{\boldsymbol{x}}} = \begin{bmatrix} 0 & 0 & \cdots & 0 & 0 \\ 1 & 0 & \cdots & 0 & 0 \\ \vdots & \vdots & & \vdots & \vdots \\ 0 & 0 & \cdots & 0 & 0 \\ 0 & 0 & \cdots & 0 & 1 \end{bmatrix}_{10\times5}$$

式中:第 $2i$ 行 i 列元素为 1,其余元素均为 0。

$$\frac{\partial \boldsymbol{g}_4}{\partial \tilde{\boldsymbol{x}}} = \begin{bmatrix} \frac{\partial g_{41}}{\partial \theta_1} & \frac{\partial g_{42}}{\partial \theta_1} & \cdots & \frac{\partial g_{45}}{\partial \theta_1} \\ \frac{\partial g_{41}}{\partial V_1} & \frac{\partial g_{42}}{\partial V_1} & \cdots & \frac{\partial g_{45}}{\partial V_1} \\ \vdots & \vdots & & \vdots \\ \frac{\partial g_{41}}{\partial \theta_5} & \frac{\partial g_{42}}{\partial \theta_5} & \cdots & \frac{\partial g_{45}}{\partial \theta_5} \\ \frac{\partial g_{41}}{\partial V_5} & \frac{\partial g_{42}}{\partial V_5} & \cdots & \frac{\partial g_{45}}{\partial V_5} \end{bmatrix}_{10\times5}$$

矩阵中的元素为

$$\frac{\partial p_{ij}}{\partial \theta_i} = -V_i V_j (G_{ij} \sin\theta_{ij} - B_{ij} \cos\theta_{ij})$$

$$\frac{\partial p_{ij}}{\partial \theta_j} = V_i V_j (G_{ij} \sin\theta_{ij} - B_{ij} \cos\theta_{ij})$$

$$\frac{\partial p_{ij}}{\partial V_i} = V_j (G_{ij} \cos\theta_{ij} + B_{ij} \sin\theta_{ij})$$

$$\frac{\partial p_{ij}}{\partial V_j} = V_i (G_{ij} \cos\theta_{ij} + B_{ij} \sin\theta_{ij})$$

③ 对角矩阵:

$$\boldsymbol{L}^{-1}\boldsymbol{Z} = \mathrm{diag}(z_1/l_1, \cdots, z_{14}/l_{14})$$

$$\boldsymbol{U}^{-1}\boldsymbol{W} = \mathrm{diag}(w_1/u_1, \cdots, w_{14}/u_{14})$$

④ 海森伯矩阵:

$$\boldsymbol{H}' = -\nabla_x^2 \boldsymbol{f}(\boldsymbol{x}) + \nabla_x^2 \boldsymbol{h}(\boldsymbol{x})\boldsymbol{y} + \nabla_x^2 \boldsymbol{g}(\boldsymbol{x})(\boldsymbol{z}+\boldsymbol{w}) - \nabla_x \boldsymbol{g}(\boldsymbol{x})[\boldsymbol{L}^{-1}\boldsymbol{Z} - \boldsymbol{U}^{-1}\boldsymbol{W}]\nabla_x \boldsymbol{g}(\boldsymbol{x})^{\mathrm{T}}$$

这是最复杂的部分,共包含 4 项。由以上推导已经可以得到其中第 4 项:

$$\nabla_x \boldsymbol{g}(\boldsymbol{x})[\boldsymbol{L}^{-1}\boldsymbol{Z} - \boldsymbol{U}^{-1}\boldsymbol{W}]\nabla_x \boldsymbol{g}(\boldsymbol{x})^{\mathrm{T}}$$

而其余 3 项是:目标函数的海森伯矩阵 $\nabla_x^2 \boldsymbol{f}(\boldsymbol{x})$、等式约束海森伯矩阵与拉格朗日乘子 $\boldsymbol{y}$ 的乘积 $\nabla_x^2 \boldsymbol{h}(\boldsymbol{x})\boldsymbol{y}$ 和不等式约束海森伯矩阵与拉格朗日乘子 $\boldsymbol{z}+\boldsymbol{w}$ 的乘积 $\nabla_x^2 \boldsymbol{g}(\boldsymbol{x})(\boldsymbol{z}+\boldsymbol{w})$,现分别讨论如下。

(a) 目标函数的海森伯矩阵:

$$\nabla_x^2 \boldsymbol{f}(\boldsymbol{x}) = \begin{bmatrix} 2\boldsymbol{A}_2 & \boldsymbol{0} & \boldsymbol{0} \\ \boldsymbol{0} & \boldsymbol{0} & \boldsymbol{0} \\ \boldsymbol{0} & \boldsymbol{0} & \boldsymbol{0} \end{bmatrix}_{14\times14}$$

式中：$\boldsymbol{A}_2$ 是以机组燃料费用的二次系数 $a_{2i}(i\in S_G)$ 为对角线的矩阵。

(b) 等式约束海森伯矩阵 $\nabla_x^2\boldsymbol{h}(\boldsymbol{x})$ 与拉格朗日乘子 $\boldsymbol{y}$ 的乘积 $\nabla_x^2\boldsymbol{h}(\boldsymbol{x})\boldsymbol{y}$ 可表示为

$$\sum_{i=1}^{n}\begin{bmatrix}\left(\dfrac{\partial^2\Delta P_i}{\partial\boldsymbol{P}_G^2}y_{2i-1}+\dfrac{\partial^2\Delta Q_i}{\partial\boldsymbol{P}_G^2}y_{2i}\right) & \left(\dfrac{\partial^2\Delta P_i}{\partial\boldsymbol{P}_G\partial\boldsymbol{Q}_R}y_{2i-1}+\dfrac{\partial^2\Delta Q_i}{\partial\boldsymbol{P}_G\partial\boldsymbol{Q}_R}y_{2i}\right) & \left(\dfrac{\partial^2\Delta P_i}{\partial\boldsymbol{P}_G\partial\tilde{\boldsymbol{x}}}y_{2i-1}+\dfrac{\partial^2\Delta Q_i}{\partial\boldsymbol{P}_G\partial\tilde{\boldsymbol{x}}}y_{2i}\right)\\ \left(\dfrac{\partial^2\Delta P_i}{\partial\boldsymbol{Q}_R\partial\boldsymbol{P}_G}y_{2i-1}+\dfrac{\partial^2\Delta Q_i}{\partial\boldsymbol{Q}_R\partial\boldsymbol{P}_G}y_{2i}\right) & \left(\dfrac{\partial^2\Delta P_i}{\partial\boldsymbol{Q}_R^2}y_{2i-1}+\dfrac{\partial^2\Delta Q_i}{\partial\boldsymbol{Q}_R^2}y_{2i}\right) & \left(\dfrac{\partial^2\Delta P_i}{\partial\boldsymbol{Q}_R\partial\tilde{\boldsymbol{x}}}y_{2i-1}+\dfrac{\partial^2\Delta Q_i}{\partial\boldsymbol{Q}_R\partial\tilde{\boldsymbol{x}}}y_{2i}\right)\\ \left(\dfrac{\partial^2\Delta P_i}{\partial\tilde{\boldsymbol{x}}\partial\boldsymbol{P}_G}y_{2i-1}+\dfrac{\partial^2\Delta Q_i}{\partial\tilde{\boldsymbol{x}}\partial\boldsymbol{P}_G}y_{2i}\right) & \left(\dfrac{\partial^2\Delta P_i}{\partial\tilde{\boldsymbol{x}}\partial\boldsymbol{Q}_R}y_{2i-1}+\dfrac{\partial^2\Delta Q_i}{\partial\tilde{\boldsymbol{x}}\partial\boldsymbol{Q}_R}y_{2i}\right) & \left(\dfrac{\partial^2\Delta P_i}{\partial\tilde{\boldsymbol{x}}^2}y_{2i-1}+\dfrac{\partial^2\Delta Q_i}{\partial\tilde{\boldsymbol{x}}^2}y_{2i}\right)\end{bmatrix}$$

$$=\begin{bmatrix}\boldsymbol{0}_{2\times2} & \boldsymbol{0}_{2\times2} & \boldsymbol{0}_{2\times10}\\ \boldsymbol{0}_{2\times2} & \boldsymbol{0}_{2\times2} & \boldsymbol{0}_{2\times10}\\ \boldsymbol{0}_{10\times2} & \boldsymbol{0}_{10\times2} & \boldsymbol{A}_{10\times10}\end{bmatrix}_{14\times14}$$

因此只需求其中 $\boldsymbol{A}=\sum_{i=1}^{5}(y_{2i-1}\boldsymbol{A}_{Pi}+y_{2i}\boldsymbol{A}_{Qi})$，为此首先应求出 $\boldsymbol{A}_{Pi}$ 和 $\boldsymbol{A}_{Qi}$：

$$\boldsymbol{A}_{Pi}=\begin{bmatrix}\dfrac{\partial^2\Delta P_i}{\partial\theta_1^2} & \dfrac{\partial^2\Delta P_i}{\partial\theta_1\partial V_1} & \cdots & \dfrac{\partial^2\Delta P_i}{\partial\theta_1\partial\theta_5} & \dfrac{\partial^2\Delta P_i}{\partial\theta_1\partial V_5}\\ \vdots & \vdots & & \vdots & \vdots\\ \dfrac{\partial^2\Delta P_i}{\partial V_5\partial\theta_1} & \dfrac{\partial^2\Delta P_i}{\partial V_5\partial V_1} & \cdots & \dfrac{\partial^2\Delta P_i}{\partial V_5\partial\theta_5} & \dfrac{\partial^2\Delta P_i}{\partial V_5^2}\end{bmatrix}$$

根据 ΔP_i 的表达式(见模型)可以得到矩阵中的元素，如

$$\frac{\partial^2\Delta P_i}{\partial\theta_i^2}=V_i\sum_{j\neq i}V_j(G_{ij}\cos\theta_{ij}+B_{ij}\sin\theta_{ij})$$

$$\frac{\partial^2\Delta P_i}{\partial\theta_i\partial\theta_j}=-V_iV_j(G_{ij}\cos\theta_{ij}+B_{ij}\sin\theta_{ij})$$

$$\frac{\partial^2\Delta P_i}{\partial\theta_i\partial V_i}=\sum_{j\neq i}V_j(G_{ij}\sin\theta_{ij}-B_{ij}\cos\theta_{ij})$$

$$\frac{\partial^2\Delta P_i}{\partial\theta_i\partial V_j}=V_i(G_{ij}\sin\theta_{ij}-B_{ij}\cos\theta_{ij})$$

等等。

同理，对于

$$\boldsymbol{A}_{Qi}=\begin{bmatrix}\dfrac{\partial^2\Delta Q_i}{\partial\theta_1^2} & \dfrac{\partial^2\Delta Q_i}{\partial\theta_1\partial V_1} & \cdots & \dfrac{\partial^2\Delta Q_i}{\partial\theta_1\partial\theta_5} & \dfrac{\partial^2\Delta Q_i}{\partial\theta_1\partial\theta_5}\\ \vdots & \vdots & & \vdots & \vdots\\ \dfrac{\partial^2\Delta Q_i}{\partial V_5\partial\theta_1} & \dfrac{\partial^2\Delta Q_i}{\partial V_5\partial V_1} & \cdots & \dfrac{\partial^2\Delta Q_i}{\partial V_5\partial\theta_5} & \dfrac{\partial^2\Delta Q_i}{\partial V_5^2}\end{bmatrix}$$

也可根据 ΔQ_i 的表达式(见模型)得到矩阵中的元素，如

$$\frac{\partial^2\Delta Q_i}{\partial\theta_i^2}=V_i\sum_{j\neq i}V_j(G_{ij}\sin\theta_{ij}-B_{ij}\cos\theta_{ij})$$

$$\frac{\partial^2\Delta Q_i}{\partial\theta_i\partial\theta_j}=-V_iV_j(G_{ij}\sin\theta_{ij}-B_{ij}\cos\theta_{ij})$$

$$\frac{\partial^2\Delta Q_i}{\partial\theta_i\partial V_i}=-\sum_{j\neq i}V_j(G_{ij}\cos\theta_{ij}+B_{ij}\sin\theta_{ij})$$

$$\frac{\partial^2 \Delta Q_i}{\partial\theta_i \partial V_j} = -V_i(G_{ij}\cos\theta_{ij} + B_{ij}\sin\theta_{ij})$$

等等。

综合以上公式，即可得到 $\boldsymbol{A}$ 中各元素为

$$\sum_{k=1}^{5}\left(\frac{\partial^2 \Delta P_k}{\partial\theta_i^2} y_{2k-1} + \frac{\partial^2 \Delta Q_k}{\partial\theta_i^2} y_{2k}\right) = V_i \sum_{j\neq i} V_j [G_{ij}(\cos\theta_{ij} y_{2i-1} + \sin\theta_{ij} y_{2i} + \cos\theta_{ij} y_{2j-1} - \sin\theta_{ij} y_{2j}) + B_{ij}(\sin\theta_{ij} y_{2i-1} - \cos\theta_{ij} y_{2i} - \sin\theta_{ij} y_{2j-1} - \cos\theta_{ij} y_{2j})]$$

$$\sum_{k=1}^{5}\left(\frac{\partial^2 \Delta P_k}{\partial\theta_i \partial V_i} y_{2k-1} + \frac{\partial^2 \Delta Q_k}{\partial\theta_i \partial V_i} y_{2k}\right) = \sum_{j\neq i} V_j [G_{ij}(\sin\theta_{ij} y_{2i-1} - \cos\theta_{ij} y_{2i} + \sin\theta_{ij} y_{2j-1} + \cos\theta_{ij} y_{2j}) + B_{ij}(-\cos\theta_{ij} y_{2i-1} - \sin\theta_{ij} y_{2i} + \cos\theta_{ij} y_{2j-1} - \sin\theta_{ij} y_{2j})]$$

$$\sum_{k=1}^{5}\left(\frac{\partial^2 \Delta P_k}{\partial\theta_i \partial\theta_j} y_{2k-1} + \frac{\partial^2 \Delta Q_k}{\partial\theta_i \partial\theta_j} y_{2k}\right) = V_i V_j [G_{ij}(-\cos\theta_{ij} y_{2i-1} - \sin\theta_{ij} y_{2i} - \cos\theta_{ij} y_{2j-1} + \sin\theta_{ij} y_{2j}) + B_{ij}(-\sin\theta_{ij} y_{2i-1} + \cos\theta_{ij} y_{2i} + \sin\theta_{ij} y_{2j-1} + \cos\theta_{ij} y_{2j})]$$

$$\sum_{k=1}^{5}\left(\frac{\partial^2 \Delta P_k}{\partial\theta_i \partial V_j} y_{2k-1} + \frac{\partial^2 \Delta Q_k}{\partial\theta_i \partial V_j} y_{2k}\right) = V_i [G_{ij}(\sin\theta_{ij} y_{2i-1} - \cos\theta_{ij} y_{2i} + \sin\theta_{ij} y_{2j-1} + \cos\theta_{ij} y_{2j}) + B_{ij}(-\cos\theta_{ij} y_{2i-1} - \sin\theta_{ij} y_{2i} + \cos\theta_{ij} y_{2j-1} - \sin\theta_{ij} y_{2j})]$$

$$\sum_{k=1}^{5}\left(\frac{\partial^2 \Delta P_k}{\partial V_i^2} y_{2k-1} + \frac{\partial^2 \Delta Q_k}{\partial V_i^2} y_{2k}\right) = -2(G_{ii} y_{2i-1} - B_{ii} y_{2i})$$

$$\sum_{k=1}^{5}\left(\frac{\partial^2 \Delta P_k}{\partial V_i \partial\theta_i} y_{2k-1} + \frac{\partial^2 \Delta Q_k}{\partial V_i \partial\theta_i} y_{2k}\right) = \sum_{j\neq i} \{V_j [G_{ij}(\sin\theta_{ij} y_{2i-1} - \cos\theta_{ij} y_{2i} + \sin\theta_{ij} y_{2j-1} + \cos\theta_{ij} y_{2j}) + B_{ij}(-\cos\theta_{ij} y_{2i-1} - \sin\theta_{ij} y_{2i} + \cos\theta_{ij} y_{2j-1} - \sin\theta_{ij} y_{2j})]\}$$

$$\sum_{k=1}^{5}\left(\frac{\partial^2 \Delta P_k}{\partial V_i \partial\theta_j} y_{2k-1} + \frac{\partial^2 \Delta Q_k}{\partial V_i \partial\theta_j} y_{2k}\right) = V_j [G_{ij}(-\sin\theta_{ij} y_{2i-1} + \cos\theta_{ij} y_{2i} - \sin\theta_{ij} y_{2j-1} - \cos\theta_{ij} y_{2j}) + B_{ij}(\cos\theta_{ij} y_{2i-1} + \sin\theta_{ij} y_{2i} - \cos\theta_{ij} y_{2j-1} + \sin\theta_{ij} y_{2j})]$$

$$\sum_{k=1}^{5}\left(\frac{\partial^2 \Delta P_k}{\partial V_i \partial V_j} y_{2k-1} + \frac{\partial^2 \Delta Q_k}{\partial V_i \partial V_j} y_{2k}\right) = -[G_{ij}(\cos\theta_{ij} y_{2i-1} + \sin\theta_{ij} y_{2i} + \cos\theta_{ij} y_{2j-1} - \sin\theta_{ij} y_{2j}) + B_{ij}(\sin\theta_{ij} y_{2i-1} - \cos\theta_{ij} y_{2i} - \sin\theta_{ij} y_{2j-1} - \cos\theta_{ij} y_{2j})]$$

(c) 不等式约束海森伯矩阵与拉格朗日乘子 $\boldsymbol{z}+\boldsymbol{w}$（设 $\boldsymbol{z}+\boldsymbol{w}=\boldsymbol{c}$）的乘积：

$\nabla_x^2 \boldsymbol{g}(\boldsymbol{x})(\boldsymbol{z}+\boldsymbol{w})$

$$= \sum_{i=1}^{2}\begin{bmatrix} \frac{\partial^2 g_{1i}}{\partial \boldsymbol{P}_G^2} c_i & \frac{\partial^2 g_{1i}}{\partial \boldsymbol{P}_G \partial \boldsymbol{Q}_R} c_i & \frac{\partial^2 g_{1i}}{\partial \boldsymbol{P}_G \partial \tilde{\boldsymbol{x}}} c_i \\ \frac{\partial^2 g_{1i}}{\partial \boldsymbol{Q}_R \partial \boldsymbol{P}_G} c_i & \frac{\partial^2 g_{1i}}{\partial \boldsymbol{Q}_R^2} c_i & \frac{\partial^2 g_{1i}}{\partial \boldsymbol{Q}_R \partial \tilde{\boldsymbol{x}}} c_i \\ \frac{\partial^2 g_{1i}}{\partial \tilde{\boldsymbol{x}} \partial \boldsymbol{P}_G} c_i & \frac{\partial^2 g_{1i}}{\partial \tilde{\boldsymbol{x}} \partial \boldsymbol{Q}_R} c_i & \frac{\partial^2 g_{1i}}{\partial \tilde{\boldsymbol{x}}^2} c_i \end{bmatrix} + \sum_{i=1}^{2}\begin{bmatrix} \frac{\partial^2 g_{2i}}{\partial \boldsymbol{P}_G^2} c_{2+i} & \frac{\partial^2 g_{2i}}{\partial \boldsymbol{P}_G \partial \boldsymbol{Q}_R} c_{2+i} & \frac{\partial^2 g_{2i}}{\partial \boldsymbol{P}_G \partial \tilde{\boldsymbol{x}}} c_{2+i} \\ \frac{\partial^2 g_{2i}}{\partial \boldsymbol{Q}_R \partial \boldsymbol{P}_G} c_{2+i} & \frac{\partial^2 g_{2i}}{\partial \boldsymbol{Q}_R^2} c_{2+i} & \frac{\partial^2 g_{2i}}{\partial \boldsymbol{Q}_R \partial \tilde{\boldsymbol{x}}} c_{2+i} \\ \frac{\partial^2 g_{2i}}{\partial \tilde{\boldsymbol{x}} \partial \boldsymbol{P}_G} c_{2+i} & \frac{\partial^2 g_{2i}}{\partial \tilde{\boldsymbol{x}} \partial \boldsymbol{P}_R} c_{2+i} & \frac{\partial^2 g_{2i}}{\partial \tilde{\boldsymbol{x}}^2} c_{2+i} \end{bmatrix}$$

$$+ \sum_{i=1}^{5}\begin{bmatrix} \frac{\partial^2 g_{3i}}{\partial \boldsymbol{P}_G^2} c_{2+2+i} & \frac{\partial^2 g_{3i}}{\partial \boldsymbol{P}_G \partial \boldsymbol{Q}_R} c_{2+2+i} & \frac{\partial^2 g_{3i}}{\partial \boldsymbol{P}_G \partial \tilde{\boldsymbol{x}}} c_{2+2+i} \\ \frac{\partial^2 g_{3i}}{\partial \boldsymbol{Q}_R \partial \boldsymbol{P}_G} c_{2+2+i} & \frac{\partial^2 g_{3i}}{\partial \boldsymbol{Q}_R^2} c_{2+2+i} & \frac{\partial^2 g_{3i}}{\partial \boldsymbol{Q}_R \partial \tilde{\boldsymbol{x}}} c_{2+2+i} \\ \frac{\partial^2 g_{3i}}{\partial \tilde{\boldsymbol{x}} \partial \boldsymbol{P}_G} c_{2+2+i} & \frac{\partial^2 g_{3i}}{\partial \tilde{\boldsymbol{x}} \partial \boldsymbol{Q}_R} c_{2+2+i} & \frac{\partial^2 g_{3i}}{\partial \tilde{\boldsymbol{x}}^2} c_{2+2+i} \end{bmatrix}$$

$$
+\sum_{i=1}^{5}\begin{bmatrix}\frac{\partial^2 g_{4i}}{\partial \boldsymbol{P}_G^2}c_{2+2+5+i} & \frac{\partial^2 g_{4i}}{\partial \boldsymbol{P}_G\partial \boldsymbol{Q}_R}c_{2+2+5+i} & \frac{\partial^2 g_{4i}}{\partial \boldsymbol{P}_G\partial \tilde{\boldsymbol{x}}}c_{2+2+5+i} \\ \frac{\partial^2 g_{4i}}{\partial \boldsymbol{Q}_R\partial \boldsymbol{P}_G}c_{2+2+5+i} & \frac{\partial^2 g_{4i}}{\partial \boldsymbol{Q}_R^2}c_{2+2+5+i} & \frac{\partial^2 g_{4i}}{\partial \boldsymbol{Q}_R\partial \tilde{\boldsymbol{x}}}c_{2+2+5+i} \\ \frac{\partial^2 g_{4i}}{\partial \tilde{\boldsymbol{x}}\partial \boldsymbol{P}_G}c_{2+2+5+i} & \frac{\partial^2 g_{4i}}{\partial \tilde{\boldsymbol{x}}\partial \boldsymbol{Q}_R}c_{2+2+5+i} & \frac{\partial^2 g_{4i}}{\partial \tilde{\boldsymbol{x}}^2}c_{2+2+5+i}\end{bmatrix}
$$

很明显，前 3 项矩阵中各元素均为 0，最后一项矩阵的元素按上式求解，在此不再详述。

(2) 形成常数项。

$\boldsymbol{L}_y$、$\boldsymbol{L}_z$、$\boldsymbol{L}_w$、$\boldsymbol{L}_l^\mu$ 和 $\boldsymbol{L}_u^\mu$ 根据式(3-15)～(3-19)都很容易求出。剩下的 $\boldsymbol{L}_x'$ 可表示为

$$
\begin{aligned}
\boldsymbol{L}_x' &= \nabla_x f(\boldsymbol{x}) - \nabla_x \boldsymbol{h}(\boldsymbol{x})\boldsymbol{y} - \nabla_x \boldsymbol{g}(\boldsymbol{x})(\boldsymbol{z}+\boldsymbol{w}) \\
&\quad + \nabla_x \boldsymbol{g}(\boldsymbol{x})[\boldsymbol{L}^{-1}(\boldsymbol{L}_l^\mu + \boldsymbol{Z}\boldsymbol{L}_z) + \boldsymbol{U}^{-1}(\boldsymbol{L}_u^\mu - \boldsymbol{W}\boldsymbol{L}_w)]
\end{aligned}
$$

当知道目标函数梯度矢量

$$
\nabla_x f(\boldsymbol{x}) = \begin{bmatrix}\frac{\partial f}{\partial \boldsymbol{P}_G} \\ \frac{\partial f}{\partial \boldsymbol{Q}_R} \\ \frac{\partial f}{\partial \tilde{\boldsymbol{x}}}\end{bmatrix}_{14\times 1} = \begin{bmatrix} 2a_{21}P_{G1}+a_{11} \\ 2a_{22}P_{G2}+a_{12} \\ \boldsymbol{0} \\ \boldsymbol{0}\end{bmatrix}
$$

之后，再根据以上等式和不等式约束雅可比矩阵的公式就可以求出 $\boldsymbol{L}_x'$。至此，与例题有关的公式已全部推导完毕。

以下我们对该算例的寻优过程用数字加以说明。设 4、5 节点发电机均能由算法调节其出力。在初始化过程中各变量初值是根据实际问题自行设置的，我们给出所用各变量的初值如下：节点电压 $V_i=1$，$\theta_i=0(i=1,2,3,4)$；平衡节点 $V_5=1.05$，$\theta_5=0$；发电机有功、无功出力和无功源无功出力均取其上下界的平均值；松弛变量 $l_i=1$，$u_i=1$，拉格朗日乘子 $z_i=1$，$w_i=-0.5(i=1,\cdots,14)$，$y_{2i-1}=1\times10^{-10}$，$y_{2i}=-1\times10^{-10}(i=1,2,3,4,5)$。按图 3-2 所示的流程计算，当收敛条件取 $\varepsilon=10^{-6}$ 时，需要进行 17 次迭代。表 3-3 到表 3-6 是第一次迭代 $\boldsymbol{L}_x$、$\boldsymbol{L}_y$、$\boldsymbol{L}_z$ 和 $\boldsymbol{L}_w$ 的值。

表 3-3 L_x 在第一次迭代后的取值

L_{x1}	L_{x2}	L_{x3}	L_{x4}	L_{x5}	L_{x6}	L_{x7}
653.889 0	2 305.196 0	−0.500 0	−0.500 0	0	−0.500 0	0
L_{x8}	L_{x9}	L_{x10}	L_{x11}	L_{x12}	L_{x13}	L_{x14}
−0.500 0	0	−0.500 0	0	−0.500 0	0	−0.500 0

表 3-4 L_y 在第一次迭代后的取值

L_{y1}	L_{y2}	L_{y3}	L_{y4}	L_{y5}
4.500 0	−3.174 6	4.500 0	−1.966 7	−1.600 0
L_{y6}	L_{y7}	L_{y8}	L_{y9}	L_{y10}
−0.550 0	−3.700	2.049 0	−2.000	2.523 4

表 3-5 L_z 在第一次迭代后的取值

L_{z1}	L_{z2}	L_{z3}	L_{z4}	L_{z5}	L_{z6}	L_{z7}	L_{z8}	L_{z9}	L_{z10}
2.500 0	2.500 0	2.000 0	2.550 0	−0.900	−0.850	−0.900	−0.900	−0.900	1.000 0
L_{z11}	L_{z12}	L_{z13}	L_{z14}	L_{z15}	L_{z16}	L_{z17}	L_{z18}	L_{z19}	
1.000 0	−0.350	−0.350	1.000 0	1.000 0	5.000 0	5.000 0	4.000 0	4.000 0	

表 3-6 L_w 在第一次迭代后的取值

L_{w1}	L_{w2}	L_{w3}	L_{w4}	L_{w5}	L_{w6}	L_{w7}	L_{w8}	L_{w9}	L_{w10}
−2.500	−2.500	−2.000	−2.550	0.900 0	0.950 0	0.900 0	0.900 0	0.900 0	−1.000
L_{w11}	L_{w12}	L_{w13}	L_{w14}	L_{w15}	L_{w16}	L_{w17}	L_{w18}	L_{w19}	
−1.000	0.350 0	0.350 0	−1.000	−1.000	−5.000	−5.000	−4.000	−4.000	

各次迭代过程各节点电压增量，有功源有功、无功源无功出力增量的变化情况如表 3-7 和表 3-8 所示。

表 3-7 迭代过程中各节点电压增量的变化情况

迭代次数	$\Delta\theta_1$	ΔV_1	$\Delta\theta_2$	ΔV_2	$\Delta\theta_3$
1	1.578×10^{-1}	4.392×10^{-1}	6.724×10^{-1}	5.668×10^{-1}	-2.796×10^{-2}
2	-1.508×10^{-1}	8.101×10^{-1}	-5.343×10^{-1}	3.873×10^{-1}	2.996×10^{-2}
3	-3.494×10^{-4}	-3.101×10^{-1}	7.388×10^{-2}	-2.867×10^{-1}	-1.149×10^{-2}
4	-2.866×10^{-2}	-3.042×10^{-1}	3.188×10^{-2}	-2.326×10^{-1}	-1.841×10^{-2}
5	-3.948×10^{-2}	-2.880×10^{-1}	1.980×10^{-2}	-1.623×10^{-1}	-2.304×10^{-2}
6	-4.262×10^{-2}	-2.322×10^{-1}	1.105×10^{-3}	-1.615×10^{-1}	-1.861×10^{-2}
7	-2.439×10^{-2}	-4.229×10^{-2}	-7.738×10^{-3}	-1.010×10^{-2}	-6.500×10^{-3}
8	-7.035×10^{-3}	-9.491×10^{-3}	-2.730×10^{-3}	-2.328×10^{-3}	-1.407×10^{-3}
9	-5.185×10^{-3}	2.251×10^{-3}	-5.593×10^{-3}	-2.221×10^{-3}	3.028×10^{-4}
10	-6.356×10^{-3}	-3.512×10^{-5}	-9.307×10^{-3}	6.195×10^{-3}	-1.037×10^{-3}
11	-4.284×10^{-2}	2.069×10^{-3}	-6.595×10^{-2}	-2.035×10^{-3}	-7.124×10^{-3}
12	-4.046×10^{-2}	1.932×10^{-3}	-6.229×10^{-2}	-1.932×10^{-3}	-6.742×10^{-3}
13	-1.846×10^{-2}	7.766×10^{-4}	-2.852×10^{-2}	-7.766×10^{-4}	-3.161×10^{-3}
14	-5.974×10^{-4}	3.890×10^{-7}	-9.428×10^{-4}	-3.830×10^{-7}	-1.206×10^{-4}
15	-9.147×10^{-7}	-1.847×10^{-9}	-1.432×10^{-7}	6.730×10^{-10}	-1.815×10^{-7}
16	1.507×10^{-9}	-1.920×10^{-10}	2.454×10^{-7}	1.560×10^{-10}	2.580×10^{-10}
17	1.990×10^{-10}	-1.940×10^{-11}	3.210×10^{-10}	1.580×10^{-11}	3.530×10^{-11}

续表

迭代次数	ΔV_3	$\Delta\theta_4$	ΔV_4	ΔV_5
1	4.444×10^{-1}	7.727×10^{-1}	4.637×10^{-1}	3.195×10^{-1}
2	1.185×10^{0}	-5.874×10^{-1}	3.009×10^{-1}	1.194×10^{0}
3	-9.723×10^{-2}	8.757×10^{-2}	-2.600×10^{-1}	-3.064×10^{-2}
4	-1.804×10^{-1}	4.053×10^{-2}	-2.020×10^{-1}	-1.361×10^{-1}
5	-2.549×10^{-1}	2.432×10^{-2}	-1.285×10^{-1}	-2.303×10^{-1}
6	-1.469×10^{-1}	5.845×10^{-3}	-1.371×10^{-1}	-1.173×10^{-1}
7	-1.812×10^{-2}	-7.739×10^{-3}	-4.859×10^{-3}	-1.298×10^{-2}
8	-5.358×10^{-4}	-2.734×10^{-3}	-1.305×10^{-3}	9.482×10^{-4}
9	1.783×10^{-2}	-5.521×10^{-3}	-2.950×10^{-3}	1.957×10^{-2}
10	2.122×10^{-5}	-1.045×10^{-2}	6.650×10^{-3}	-4.706×10^{-4}
11	2.206×10^{-3}	-6.978×10^{-2}	-3.451×10^{-3}	-2.184×10^{-3}
12	2.082×10^{-3}	-6.592×10^{-2}	-3.259×10^{-3}	-2.040×10^{-3}
13	9.166×10^{-4}	-3.023×10^{-2}	-1.306×10^{-3}	-8.197×10^{-4}
14	2.149×10^{-5}	-1.009×10^{-3}	8.609×10^{-7}	-4.108×10^{-7}
15	3.474×10^{-8}	-1.530×10^{-6}	4.715×10^{-9}	3.171×10^{-9}
16	9.749×10^{-11}	2.590×10^{-9}	2.353×10^{-10}	3.204×10^{-10}
17	8.141×10^{-12}	3.398×10^{-10}	2.357×10^{-11}	3.233×10^{-11}

表 3-8　迭代过程中有功源有功、无功源无功出力增量的变化情况

迭代次数	有功源有功出力增量		无功源无功出力增量	
	ΔP_{G1}	ΔP_{G2}	ΔQ_{G1}	ΔQ_{G2}
1	1.868×10^{0}	-3.568×10^{0}	-4.225×10^{-1}	-6.253×10^{-1}
2	1.926×10^{-2}	-7.906×10^{-1}	-6.139×10^{0}	3.959×10^{0}
3	5.205×10^{-1}	-5.646×10^{-1}	1.411×10^{0}	2.726×10^{0}
4	1.121×10^{-1}	-1.923×10^{-1}	1.793×10^{0}	1.442×10^{0}
5	-3.941×10^{-2}	-3.246×10^{-2}	2.107×10^{0}	2.068×10^{-1}
6	-6.956×10^{-2}	-1.318×10^{-2}	1.357×10^{0}	7.985×10^{-1}
7	-7.135×10^{-3}	1.597×10^{-2}	1.997×10^{-1}	6.519×10^{-2}
8	-2.662×10^{-3}	6.659×10^{-3}	3.086×10^{-2}	4.090×10^{-2}
9	-6.003×10^{-3}	7.330×10^{-3}	-9.541×10^{-2}	1.275×10^{-1}
10	-1.554×10^{-3}	-3.253×10^{-3}	3.206×10^{-2}	-3.285×10^{-2}
11	-3.016×10^{-1}	2.273×10^{-1}	-1.653×10^{-1}	-1.651×10^{-1}
12	-2.853×10^{-1}	2.156×10^{-1}	-1.550×10^{-1}	-1.546×10^{-1}
13	-1.323×10^{-1}	1.038×10^{-1}	-6.626×10^{-2}	-6.307×10^{-2}
14	-4.717×10^{-3}	4.584×10^{-3}	-1.069×10^{-4}	-2.733×10^{-4}
15	-7.174×10^{-6}	6.991×10^{-6}	9.323×10^{-9}	-3.002×10^{-7}
16	1.217×10^{-8}	-8.857×10^{-9}	7.474×10^{-9}	8.755×10^{-9}
17	1.596×10^{-9}	-1.251×10^{-9}	7.566×10^{-10}	9.026×10^{-10}

将各次迭代过程中 Gap 变化情况绘制成曲线，可以显示出跟踪中心轨迹内点法最优潮流的收敛特性，见图 3-3。

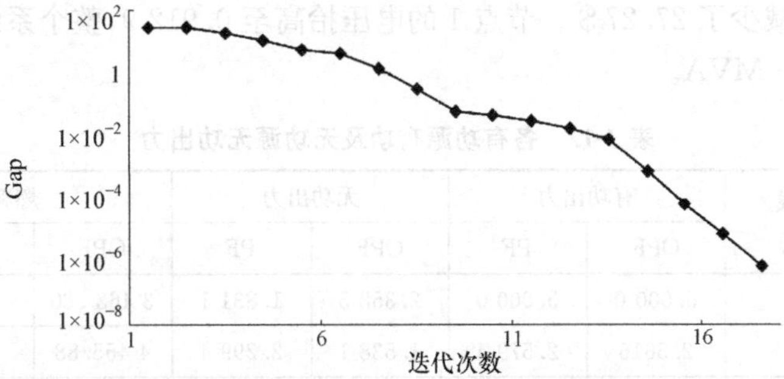

图 3-3　5 节点系统最优潮流内点法收敛特性

计算结果与原潮流计算结果比较见表 3-9～表 3-11。从表中看出，由于 4 机组比 5 机组的燃料耗费曲线系数小，因此 4 机组有功出力增加，5 机组有功出力减少。同时系统的网损、无功出力都有所增加。这是由于要将 1 节点电压抬高至其下界以满足不等式约束的要求而产生的副作用。但是网损的增加并不影响目标函数的优化，整个系统的燃料费用与不优化的潮流计算相比仍然减少了 243.76＄。

表 3-9　各有功源有功及无功源无功出力

发电机序号	母线序号	有功出力		无功出力		燃料费用/＄	
		OPF	PF	OPF	PF	OPF	PF
1	4	5.505 6	5.000 0	1.778 0	1.831 1	3 833.06	3 463.80
2	5	2.156 8	2.579 4	2.619 4	2.299 4	3 870.13	4 483.15
总计		7.662 4	7.579 4	4.397 4	4.130 5	7 703.19	7 946.95

表 3-10　各节点电压向量

母线序号	电压幅值		电压相角/rad	
	OPF	PF	OPF	PF
1	0.9000 0	0.862 2	−0.006 97	−0.083 40
2	1.100 00	1.077 9	0.404 91	0.311 60
3	1.081 75	1.036 4	−0.057 126	−0.074 73
4	1.069 70	1.050 00	0.478 67	0.311 60
5	1.100 00	1.050 00	0	0

表 3-11　支路有功功率

支路号	首末端母线号	支路有功功率			
		P_{ij}		P_{ji}	
		OPF	PF	OPF	PF
1	1-2	−1.606 4	−1.466 2	1.734 7	1.584 5
2	1-3	−0.006 4	−0.133 8	−0.020 3	0.156 9
3	2-3	1.770 9	1.415 5	−1.563 5	−1.277 4
4	2-4	−5.505 6	−5	5.505 6	5
5	3-5	−2.156 8	−2.579 4	2.156 8	2.579 4

如果固定发电机组 4 的有功出力为 5，最优潮流计算只能起到减小网损、优化系统无功的作用。从以下的结果可以看出，系统的网损减少了 0.017 8，即 1.78MW，从而整个系统的燃料费用减少了 27.27＄。节点 1 的电压抬高至 0.912 9，整个系统无功出力减少 0.233 9，即 23.39 MVA。

表 3-12　各有功源有功及无功源无功出力

发电机序号	母线序号	有功出力		无功出力		燃料费用/＄	
		OPF	PF	OPF	PF	OPF	PF
1	4	5.000 0	5.000 0	2.358 5	1.831 1	3 463 .80	3 463.80
2	5	2.5616	2.579 4	1.538 1	2.299 4	4 455.88	4 483.15
总计		7.561 6	7.579 4	3.896 6	4.130 5	7 919.68	7 946.95

表 3-13　各节点电压向量

母线序号	电压幅值		电压相角/rad	
	OPF	PF	OPF	PF
1	0.912 9	0.862 2	−0.069 17	−0.083 4
2	1.100 0	1.077 9	0.300 03	0.311 60
3	1.085 5	1.036 4	−0.067 87	−0.074 73
4	1.066 9	1.050 0	0.367 18	0.381 23
5	1.096 0	1.050 0	0	0

表 3-14　支路有功功率

支路号	首末端母线号	支路有功功率			
		P_{ij}		P_{ji}	
		OPF	PF	OPF	PF
1	1-2	−1.477 7	−1.466 2	1.584 0	1.584 5
2	1-3	−0.122 3	−0.133 8	0.144 8	0.156 9
3	2-3	1.416 0	1.415 5	−1.283 2	−1.277 4
4	2-4	−5	−5	5	5
5	3-5	−2.561 6	−2.579 4	2.561 6	2.579 4

3.3　最优潮流在电力市场中的应用

3.3.1　综述

最优潮流问题指的是在满足特定的系统运行和安全约束条件下，通过调整系统中可利用控制手段实现预定目标最优的系统稳定运行状态。它把电力系统经济调度和潮流计算有机地融合在一起，以潮流方程为基础，进行经济与安全（包括有功和无功）的全面优化，是一个大型的多约束非线性规划问题。利用 OPF 能将可靠性与电能质量量化成相应的经济指标，最终达到优化资源配置，降低发电、输电成本，提高对用户的服务质量的目标。很明显，最优潮流所具有的技术经济意义是传统潮流计算所无法实现的。20 世纪 90 年代世界范围内的电力工业改革，将经济性提高到一个新的高度，给最优潮流的研究注入了强劲的动力。无论是节点实时电价与辅助服务定价、输电费用计算、网络阻塞管理、可用传输能力(available transfer capability,ATC)估计等电力市场理论和实践中的重要课题，最优潮流都可以作为其理想的研究工具。

实时电价的概念是 1988 年由 Schweppe 等[27]引入电力系统的，它将经济学中达到全社会效益最优的边际成本定价理论应用到电能这一特殊商品，并强调了电能价格随时间、空间的不同而不同。它有严密的数学推导，但是由于历史局限，它还不能直接应用于当前的工程实际中[28,29]。

随着最优潮流技术的飞速发展和日趋实用化，基于最优潮流的实时电价理论和表达式被提了出来。文献[30]使用了改进 OPF 模型中有功价格响应来分析实时电价政策的作用，这是 OPF 应用于实时电价的首次尝试。文献[31]通过引入无功价格丰富了文献[30]的模型，并揭示出 OPF 模型中潮流方程对应的拉格朗日乘子与节点功率注入边际成本之间的关系，进一步证明了 OPF 是一种极具潜力的实时电价计算方法。

电力市场中辅助服务主要包括 AGC、热备用、冷备用、电压/无功支持和黑启动等。文献[32]讨论了旋转备用定价问题，这一模型通过将用户因断电而获得的赔偿费用加入到目标函数中以体现这样一个思想：由于发电容量或传输容量不足而造成的供电事故将导致社会总效益的减少。文献[33]研究了系统中各发电机组对系统功率平衡所起的作用，进而分析了能量平衡辅助服务的定价。文献[34]、[35]提出了基于修正最优潮流模型的一体化实时电价算法，给出了各拉格朗日乘子所包含的辅助服务的经济学信息。文献[36]通过考虑更多辅助服务以及电压质量，提出了一种更先进的最优潮流价格模型，并利用内点算法求解，最终将实时电价分解为 4 部分：①发电边际成本(即 OPF 中节点功率平衡方程对应的拉格朗日乘子)；②网损补偿费用；③有功、无功耦合关系；④安全服务费用，对于有功来说指的是阻塞管理费用，对于无功而言还应加上无功/电压支持服务费用。

“电网开放”是电力市场的一个重要特征。作为电力市场运营平台的输电网，其功能和角色发生了重大变化。如何在市场环境下准确地计算输电费用，是一个具有挑战性的新课题。在实行市场化的初始阶段，人们为了计算输电费用，提出了各种模型和算法。在 3.4 节我们将介绍一种潮流追踪法。文献[37]、[38]利用 OPF 的模型研究了一种拍卖“输电权”的机制。输电权概念的提出打破了以往研究输电费用的思路，跳出了物理意义的局限，认为 ISO 只需保证注入节点(如发电机或电力销售商)与输出节点(电力用户)之间的功率注入和输出，而无需关心网络中潮流的分布情况。采用基于拍卖机制的优先权保险服务方式出售输电权，输电网用户必须根据所需功率事先购买“使用权”，以免在输电网发生阻塞时执行电力交易合同出现困难。

在电力市场机制下，由于双边合同和多边合同的日益增多，系统的安全稳定运行越来越受到各方面的重视，输电阻塞成了影响系统安全运行的首要问题。

网络阻塞缓解可从以下几方面入手：①阻塞线路切换[39]；②调节变压器和调相器抽头[40]；③使用灵活交流输电系统[41]。这三方面都是从网络物理特性考虑的。在电力市场条件下，阻塞缓解研究的焦点是希望利用价格手段进行电力交易量的增加或削减，从而降低过载线路的潮流功率。由于市场模型、政治体制、技术发展状况等许多因素的不同，世界各国的电力市场采用了不同的阻塞管理方案，一般来说可将其划分为3大类，即交易合同的削减、输电容量预留和系统再调度。根据不同时间、不同情况采用这3种手段的结合是最有效的方法。文献[42]提出了一种阻塞管理OPF模型，依据发电厂和用户的调整报价，可以同时调整实时平衡市场下的发电机出力以及必要时削减部分短期双边合同量。文章应用改造的线性原对偶内点法求解OPF模型，目标函数是调整费用最小（详见3.3.2节）。

在电力市场环境下，为了最大限度地降低输电成本，输电网已不得不把其传输容量极限研究作为提高经济效益的主要手段。系统输电能力的估计不仅能指导系统调度人员的操作，保证系统安全可靠运行，具有技术方面的价值；同时输电能力也具有市场信号的作用，能为市场参与者进行决策提供参考。可用传输能力指的是在一定系统运行条件下，节点与节点之间（或一个区域与另一个区域之间）所有输电路径能可靠地转移或传输功率能力的量度（详见第3.5节）。可用传输能力也能作为一个优化问题来求解。文献[43]提出的算法使用直流模型，考虑了各种安全约束，利用线性规划的优化方法计算单个电源负荷母线组或输电走廊的ATC。然而系统中无功/电压水平直接影响着传输功率的提高，因此基于直流潮流模型的ATC计算不够准确。为此，文献[44]采用多层前馈神经网络方法求解以区域间最大输电容量为目标函数的交流OPF模型。文献[45]提出了“OPF+MAT（maximum allowable transfer）”的方案，它通过减少运行在接近稳定极限设备上的功率来满足系统稳定约束，然后将减少的功率在其他设备中优化配置以保证指定联络线路传输功率最大。

以上介绍了在电力市场环境下OPF的多种应用场合。实际上，OPF在电力市场中不同的功能，主要取决于不同的目标函数，不同的控制变量、状态变量，以及不同的约束条件的组合。具体比较参见表3-15。

表3-15　OPF在电力市场中的应用

电力市场中的应用领域	OPF数学模型扩展			
	目标函数	网络模型	特殊约束	特殊控制变量
实时电价计算	社会效益最大	DC/AC	发电机爬坡约束、相关备用约束	发电方与需求方报价（大部分为分段线性函数）
输电费用确定	发电成本最小/用户净收益最大	DC/AC	事故约束	发电出力、负荷功率、FACTS设备
网络阻塞管理	阻塞管理费用最小	DC/AC	各种运行约束、事故约束、稳定性约束	发电机出力增减量、双边合同削减量、FACTS设备
ATC计算	总输电容量最大	AC	事故约束、稳定性约束、随机操作约束	FACTS设备
辅助服务支持	辅助服务费用最小	DC	相关备用约束	发电侧备用容量（负荷侧的削减可看成一种形式的备用）
输电权分配	输电权拍卖收益最大	DC	相关报价约束、事故约束	供、需双方购买输电权的报价、FACTS设备

3.3.2 基于最优潮流的阻塞管理方法

起初,阻塞管理的基本思路就是在竞价市场和双边合同市场之外建立一个实时平衡交易市场,鼓励尽可能多的发电厂和电力用户参与市场竞争,协助调度部门修订调度计划,解决传输阻塞问题。但随着电力市场中双边合同数量的增加,产生了一个新问题,就是平衡市场中的电源可能逐渐难以满足阻塞管理的要求。因此,为了保证系统的安全运行,解决阻塞问题,就必须根据市场竞价修正某些双边合同,此时应调整与该合同有关的发电厂出力和电力用户的负荷。

利用最优潮流可以根据市场报价调整实时平衡市场中发电厂的出力,在必要时可通过竞价手段削减某些双边合同量。以下介绍一种根据思路建立的数学模型[34]。市场参与者提出增减出力报价,设目标函数为调整费用最小,应用改进的非线性原对偶内点法最优潮流可以有效地进行阻塞管理。

图 3-4 表示了一条发电机(厂)的有功调整竞价曲线。图中横坐标 P_i 表示发电机 i 的总有功出力,纵坐标 b_i 表示发电厂商的调整报价。其中 b_i^+ 表示要求发电机增加出力时的报价;b_i^- 表示要求发电机削减出力的报价;$b_i^{i,j}$ 表示要求削减节点 i、j 之间双边合同量时的报价;P_i^0 为初始有功出力;$P_i^{i,j}$ 为节点 i、j 间的双边合同量;$P_i^{\max}$ 和 $P_i^{\min}$ 分别为发电机 i 的有功出力上下限。

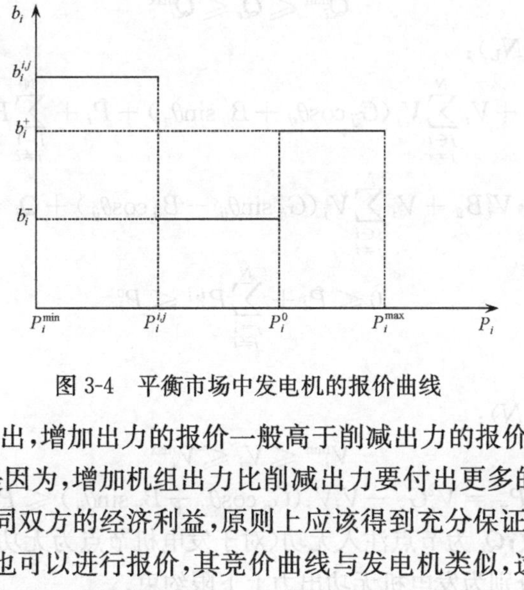

图 3-4 平衡市场中发电机的报价曲线

从图 3-4 中可以看出,增加出力的报价一般高于削减出力的报价,而双边合同削减量的报价是最高的。这是因为,增加机组出力比削减出力要付出更多的燃料费用。对双边合同而言,由于涉及合同双方的经济利益,原则上应该得到充分保证,因而削减合同量的报价最高。另外,用户也可以进行报价,其竞价曲线与发电机类似,这里只考虑削减负荷的情况(包括单独削减和双边合同的削减)。通常情况下,削减用户负荷的报价要高于机组出力的调整报价,这也是由经济利益决定的。

阻塞管理的数学模型的目标函数为

$$\min\sum_{i=1}^{N}\max[b_i^+(\hat{P}_i-\hat{P}_i^0),0,b_i^-(\hat{P}_i^0-\hat{P}_i)]+\sum_{i=1}^{N}\sum_{\substack{j=1\\j\neq i}}^{N}(b_i^{i,j}(P_i^{i,j}-P_i^{i,j0})) \tag{3-38}$$

式中的前一项表示发电机或负荷在平衡市场中的调整费用,因为增量报价 b_i^+ 与减量报价 b_i^- 是不同的(对于负荷只含 b_i^-),因而这一项是不定的,需要在迭代计算中视 $\hat{P}_i$ 的值

(是大于 $\hat{P}_i^0$ 还是小于 $\hat{P}_i^0$)来确定;后一项表示所有与节点 i 相关的双边合同的削减费用之和。需要指出的是,式(3-38)中的 $\hat{P}_i$、$\hat{P}_i^0$ 与图 3-4 中的 P_i、P_i^0 不同,前者表示节点总出力减去双边合同量的值,即为实时平衡市场中的出力,三者的关系可以表示为

$$\hat{P}_i = P_i - \sum_{\substack{j=1 \\ j\neq i}}^{N} P_i^{i,j} \tag{3-39}$$

阻塞管理的数学模型的约束条件包括:

对发电机节点($i\in N_G$):

$$\hat{P}_i + \sum_{\substack{j=1 \\ j\neq i}}^{N} P_i^{i,j} - \left[V_i^2 G_{ii} + V_i \sum_{\substack{j\in i \\ j\neq i}}^{N} V_j (G_{ij}\cos\theta_{ij} + B_{ij}\sin\theta_{ij})\right] = 0 \tag{3-40}$$

$$Q_i - \left[-V_i^2 B_{ii} + V_i \sum_{\substack{j\in i \\ j\neq i}}^{N} V_j (G_{ij}\sin\theta_{ij} - B_{ij}\cos\theta_{ij})\right] = 0 \tag{3-41}$$

$$P_i^{\min} \leqslant \hat{P}_i + \sum_{\substack{j=1 \\ j\neq i}}^{N} P_i^{i,j} \leqslant P_i^{\max} \tag{3-42}$$

$$0 \leqslant \sum_{\substack{j=1 \\ j\neq i}}^{N} P_i^{i,j} \leqslant P_i^0 \tag{3-43}$$

$$0 \leqslant \hat{P}_i \leqslant P_i^{\max} \tag{3-44}$$

$$Q_i^{\min} \leqslant Q_i \leqslant Q_i^{\max}$$

对负荷节点($i\in N_L$):

$$V_i^2 G_{ii} + V_i \sum_{\substack{j\in i \\ j\neq i}}^{N} V_j (G_{ij}\cos\theta_{ij} + B_{ij}\sin\theta_{ij}) + \hat{P}_i + \sum_{\substack{j=1 \\ j\neq i}}^{N} P_i^{i,j} = 0 \tag{3-45}$$

$$-V_i^2 B_{ii} + V_i \sum_{\substack{j\in i \\ j\neq i}}^{N} V_j (G_{ij}\sin\theta_{ij} - B_{ij}\cos\theta_{ij}) + Q_i = 0 \tag{3-46}$$

$$0 \leqslant \hat{P}_i + \sum_{\substack{j=1 \\ j\neq i}}^{N} P_i^{i,j} \leqslant P_i^0 \tag{3-47}$$

对所有节点($i\in N$):

$$V_i^{\min} \leqslant V_i \leqslant V_i^{\max} \tag{3-48}$$

$$P_{ij} = V_i^2 G_{ii} - V_i V_j (G_{ij}\cos\theta_{ij} + B_{ij}\sin\theta_{ij}) \leqslant P_{ij}^{\max} \tag{3-49}$$

式中:N_L 为负荷总数;Q_i 为节点注入无功(对于发电机节点为无功出力,对负荷节点为无功负荷);$Q_i^{\min}$、$Q_i^{\max}$ 分别为发电机无功出力上下限约束。

式(3-39)也表示负荷节点的功率情况,P_i 为节点总负荷,$\hat{P}_i$ 为该节点在平衡市场中的负荷(另一部分负荷通过双边合同获得)。

阻塞管理的目标函数是管理费用最小,当阻塞消除后,由调度管理中心付给各市场参与者。$\hat{P}_i$、$P_i^{i,j}$、Q_i 可以看做是优化过程的控制变量,是需要调整的;V_i、θ_i 为状态变量,其值由控制变量决定。调度管理中心要指定一个发电厂作为平衡节点,用以补偿网损。式(3-39) ~ (3-41)以及式(3-49)分别为发电机节点和负荷节点的功率平衡方程式,式(3-47)、式(3-48)以及式(3-43)、式(3-44)为变量的不等式约束,式(3-45)为线路有功潮

流约束,包括普通线路和变压器。

因为阻塞问题本身就是一个违反约束的典型情况,特别是线路容量约束属于函数不等式约束,需要把函数值严格限制在约束以内。采用内点法可以最大限度地发挥处理函数不等式约束的优势。

阻塞管理计算过程可简单归纳如下。

第一步:通过日竞价市场和双边合同市场的竞价行为得到初步的调度方案。

第二步:在实时平衡市场中进行阻塞管理报价,运行牛顿-拉弗森法潮流程序,得到各初始状态量。

第三步:检查是否有线路传输功率越限,如果有,继续第四步;若无,则输出结果,显示无阻塞现象,可以正常运行。

第四步:根据各市场参与者的报价运行阻塞管理程序。

第五步:得到优化的阻塞管理策略,输出结果。

【例 3-2】 采用 5 节点的简单系统说明上面提出的阻塞管理模型和算法的可行性。系统接线和初始潮流如图 3-5 所示。系统中有两台发电机(厂)G1 和 G2,3 个用户 L3、L4 和 L5,一个双边合同,合同功率值为 300MW,从 G2 流向 L5,这是在短期双边合同市场中形成的,其余的电源和负荷均由调度管理中心在日竞价市场中调度。在实时平衡市场中,G1、G2 和 L4 向处理函数不等式约束的良好性能提交自己增加和削减出力(负荷)的报价来参与实时阻塞管理中的竞争。双边合同交易方也向处理函数不等式约束的良好性能提出了自己的削减报价:

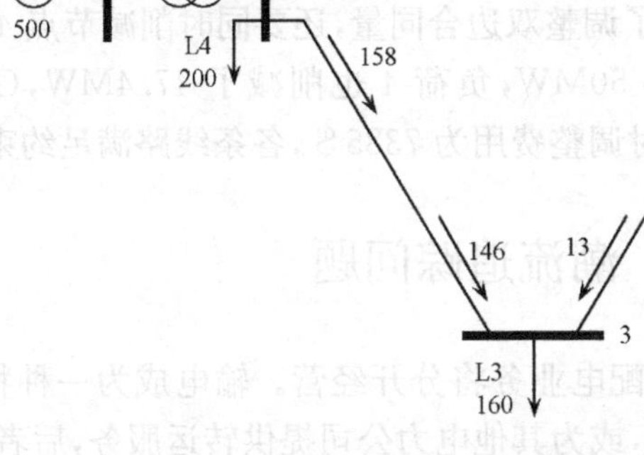

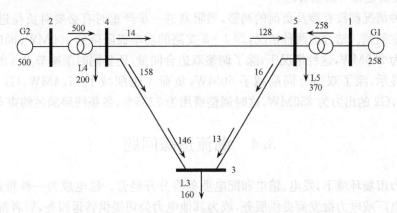

图 3-5 阻塞管理流程

$$b_1^+ = 20\,\$/\text{MW}, \qquad b_1^- = 8\,\$/\text{MW}$$

$$b_2^+ = 15\,\$/\text{MW}, \qquad b_2^- = 5\,\$/\text{MW}$$

$$b_4^- = 30\,\$/\text{MW}$$

$$P^{2,5} = 300\text{MW}, \qquad b^{2,5} = 50\,\$/\text{MW}$$

从各方报价可以看出,负荷削减的报价要高于发电机的报价,因为发电机更容易调整出力;而双边合同的削减价格远远高于以上两者,因为交易双方由于经济利益都不愿意削减合同量,因此只有在网络阻塞状况极其严重,而且仅靠实时平衡市场中的电源难以满足要求的情况下才削减双边合同量。

(1) 只调整发电机出力,不需调整双边合同和负荷。

假设出于某种原因支路 4—5 的功率极限降到 100MW,小于正常情况下的潮流功率值,即发生了阻塞。为了消除阻塞,运行阻塞管理程序,得到最经济的解决方案,把 G2 的出力减小到 308MW,把 G1 的出力提高到 441.8MW。计算结果显示,线路 4-6 之间的潮流功率是 100MW,其余的约束条件也都满足要求,全部的管理费用是 1 253 $。在这种情况下,L4 和双边合同都未进行调整,因为它们的报价远远高于发电机,而且只需调整发电机出力就可以解决这种情况的阻塞问题,这种选择是由优化算法本身决定的。

(2) 需要调整发电机出力和双边合同。

假设因为某种原因,线路 2—4 的功率极限降到 250MW,显然,G2 的输出功率被限制在 250MW,这样导致必须削减节点 2 和 5 之间的双边合同才能满足要求,因为 $P^{2,5}=300\text{MW}$。运行阻塞管理程序得到以下调整策略:

① 电机 G2 在实时平衡市场中削减 200MW;

② 削减双边合同 50MW,即 G2 和 L5 要同时削减 50MW,即 $P^{2,5}=250\text{MW}$,G2 的出力全部用于满足双边合同,在平衡市场中出力为 0;

③ 增加 G1 的出力至 442.5MW。

这种情况下总的调整费用为 7192 $,线路 2—5 的功率限制在 250MW,其余约束均满足安全要求。

(3) 负荷也参与阻塞管理。

前两种情况都没有涉及负荷的调整,当阻塞进一步严重时有必要对负荷进行削减才能解决阻塞问题。结合前两种情况,即 4—5 支路的功率极限降到 100MW,同时 2—4 的功率极限为 250MW,这种情况下,除了调整双边合同量,还要同时削减节点 4 的负荷 L4。计算结果显示,除了双边合同削减了 50MW,负荷 4 也削减了 47.4MW,G1 的出力为 392.9MW,G2 的出力为 250MW,这时调整费用为 7385 $,各条线路满足约束条件。

3.4 潮流追踪问题

在电力市场环境下,发电、输电和配电业务将分开经营。输电成为一种特殊的业务,向独立发电厂或电力批发商提供服务,或为其他电力公司提供转运服务,后者都成为输电系统的用户。这样,就会涉及定义对这些用户的服务项目和确定过网费等问题。在这种情况下,调度人员不仅要知道整个电力系统的潮流分布,而且要知道用户对电网输变电设备的利用份额是多少,网损应如何分摊等等。解决这些问题是度量输电服务的关键,对确定输电费用有直接影响。

当前国际上采用的确定过网费的方法有:只按输送的电能计费的邮票法;主观地规定用户的潮流流向的合同路径法;在假定其他输电业务都不存在的情况下,计算某一特定输电用户在电网中的潮流分布的兆瓦-公里法等[46]。这些方法都难以准确量度输电用户对输变电设备的实际利用情况,由此得到的过网费难以达到公平合理。更重要的是,这些过网费算法不能给输电用户以正确的信息,从而可能引起过负荷并危及电力系统的运行。

为此，必须能够准确分析各种运行状态下输电用户的潮流分布问题，这就是潮流追踪问题。

目前，已有一些文章对潮流追踪问题进行了研究。文献[47]提出了一种有功潮流追踪方法，可以求出从某一电源到某一负荷点的有功功率大小，也可以求出某一电源或某一负荷点功率占用某条输电线路的份额，从而可以进行相应的损耗分摊及投资回收分摊，但该方法只适应于无环网络。文献[48]提出了两条电流分解公理，解决了电路中各支路电流的构成和追踪等基尔霍夫定理没有涉及的问题。在此基础上，提出了有功潮流追踪的算法并应用于网损分摊及输电设备利用份额的分摊中[49,50]。这种方法可以考虑环形电网，克服了文献[47]的不足。文献[51]也是以有功潮流追踪为基础，利用边际成本法计算输电费用，包括固定成本、线损成本和阻塞成本。

本节介绍有功功率的追踪问题，这是过网费分析的基础理论。首先，归纳作为过网费潮流分析基础的两条电流分解公理，据此推导分摊网损和确定输变电设备利用份额的基本原则。其次，以图论为依据，引出一种电力系统输变电设备利用份额和网损分摊问题简单、高效、通用的算法。

在过网费计算中，网损分摊问题及输变电设备利用份额问题主要涉及有功潮流的一些量，因此为了简化叙述，在以下讨论中忽略无功潮流的影响。

如读者有兴趣进一步了解潮流追踪问题方面的进展，可以参阅文献[52]～[55]。

3.4.1 电流分解公理与网损分摊原则

迄今为止电路的研究都限于各电路元件的总电流及其相应的物理效应，未涉及这些电流的构成和效应的分摊问题。过去在电力系统的潮流计算中，我们也只关心输电线路及变压器中通过的总电流(功率)及相应的压降及功率损耗。但是，在研究过网费问题时，就不得不进一步对网络中各支路电流的组成及其对网络的影响进行分析计算。在这种情况下，仅用基尔霍夫电路定律已经不够。为了解决这类问题，首先应补充两条关于电流分解的公理[48,49]。

公理 1 电流分量沿支路不变。

设支路 k 通过电流 $I_{(k)}$，其中含有 L 个电流分量 $I_{(k)l}(l=1,2,\cdots,L)$ 1)：

$$I_{(k)}=\sum_{l=1}^{L} I_{(k)l} \tag{3-50}$$

该公理断言，所有电流分量 $I_{(k)l}$ 和总电流 $I_{(k)}$ 一样在该元件首末端不变。如果 $I'_{(k)l}$ 和 $I''_{(k)l}$ 分别表示支路 k 首末端电流分量，则有

$$I'_{(k)l}=I''_{(k)l}=I_{(k)l} \quad (l=1,2,\cdots,L) \tag{3-51}$$

这个公理可以由电源向电路元件首端注入的电荷应一个不少地从末端流出这一直观印象得到解释。由此公理可以得到两个推论。

在引入推论之前，先给出“利用份额”的定义。设支路电流 $I_{(k)}$ 中电流分量 $I_{(k)l}(l=1,2,\cdots,L)$ 分别由 L 个电源提供，则其中电源 l 对该元件的利用份额 $f_{(k)l}$ 为

1) 为了行文方便，本章有时用带括弧的支路序号 (k)，有时用支路的节点 ij 代表支路。

$$f_{(k)l}=\frac{I_{(k)l}}{\sum_{l=1}^{L}I_{(k)l}}=\frac{I_{(k)l}}{I_{(k)}} \tag{3-52}$$

推论 1　电源(或负荷)对各支路的利用份额在首末端相同。

在电力系统中常用功率代替电流。设元件首、末端电压分别用 V_S 和 V_R 表示，则元件首、末端的总功率为 $V_SI_{(k)}$ 和 $V_RI_{(k)}$，而电源 l 提供的首末端的功率为 $V_SI'_{(k)l}$ 和 $V_RI''_{(k)l}$。我们有

$$\frac{V_SI'_{(k)l}}{V_SI_{(k)}}=\frac{V_RI''_{(k)l}}{V_RI_{(k)}}=\frac{I_{(k)l}}{I_{(k)}}=f_{(k)l} \tag{3-53}$$

因此，当"利用份额"采用功率比值定义时，首末端的值也一样，等于相应电流的比值。在以后讨论中电流比值和功率比值也可以相互替代。

推论 2　支路上的功率损耗应按各电流分量的比例分摊。

支路 k 上的功率损耗 $\Delta P_{(k)}$ 可表示为

$$\Delta P_{(k)}=V_SI_{(k)}-V_RI_{(k)}=(V_S-V_R)\sum_{l=1}^{L}I_{(k)l} \tag{3-54}$$

由电流分量不变公理可知电流分量 $I_{(k)l}$ 引起的功率损耗为

$$\Delta P_{(k)l}=V_SI'_{(k)l}-V_RI''_{(k)l}=(V_S-V_R)I_{(k)l} \tag{3-55}$$

由式(3-54)、式(3-55)即可得到功率损耗按电流分量成比例分摊的结论：

$$\Delta P_{(k)l}=\Delta P_{(k)}\frac{I_{(k)l}}{\sum_{l=1}^{L}I_{(k)l}}=\Delta P_{(k)}\frac{I_{(k)l}}{I_{(k)}} \tag{3-56}$$

在研究配电网损耗分摊的文献中，也曾提出按电流平方分摊损耗的原则，即电流分量 $I_{(k)l}$ 应分摊的网损 $\Delta P'_{(k)l}$ 按下式计算：

$$\Delta P'_{(k)l}=\Delta P_{(k)}\frac{I^2_{(k)l}}{\sum_{l=1}^{L}I^2_{(k)l}} \tag{3-57}$$

我们认为这种分摊原则不合理，因为它可能使全局网损和电源分摊网损的增长趋势出现矛盾的情况。设想一个单位电流的电源 g 接入一条电流为 x 的输电线路，若线路电阻为 1，则由于该电源的接入使整个网损增加 $\delta\Delta P$：

$$\delta\Delta P=(1+x)^2-x^2=1+2x$$

该电源 g 按电流平方分摊的原则，应承担的网损为

$$\Delta P'_g=\frac{1}{1+x^2}(1+x)^2=1+\frac{2x}{1+x^2}$$

其极大值出现在 $x=1$ 时，$\Delta P'_g=2$。当 $x>1$ 时逐渐下降。且当 $x\to\infty$ 时，$\Delta P'_g=1$。因此，电源 g 引起的网损 $\delta\Delta P$ 愈大，其承担的网损反而愈小，显然不合理。而按电流分摊时，电源 g 应承担的网损为

$$\Delta P_g=\frac{1}{1+x}(1+x)^2=1+x$$

在这种情况下，ΔP_g 与 $\delta\Delta P$ 同步增长，从而使输电线路用户更关心整体网损的降低。

此外，按电流平方分摊网损将使电源对线路的利用份额在首末端不再保持一致，这将引起概念上和计算上的混乱。

公理 2　注入电流在同一节点各出线的分量与相应出线的总电流成比例。

设节点 i 有 L_o 条出线，其电流各为 $I_{(k)}(k=1,2,\cdots,L_o)$。该公理断言某电源在此节点注入电流 I_l 时，它在出线 k 中的电流分量 $I_{(k)l}$ 为

$$I_{(k)l}=I_l\frac{I_{(k)}}{\sum_{k=1}^{L_o}I_{(k)}} \tag{3-58}$$

这个公理可以理解为注入电流的电荷随机地分配到各出线，而分配到各出线的概率与其总电流成比例。在引出下一推论之前，先给出"节点网损"的定义。

定义　对于电网中节点 i 来说，从电源输电到该节点引起的全部网损叫做节点 i 的网损(以下用 δP_i 表示)。

当节点 i 的全部电能直接由电源通过线路送电时，节点 i 的网损就等于该节点所有进线的网损之和。

推论　各出线分摊节点网损的份额与其电流(或功率)成比例。

设节点 i 共有 L_i 条进线，只与电源相连，因此节点 i 的网损 δP_i 为

$$\delta P_i=\sum_{m=1}^{L_i}\Delta P_{(m)} \tag{3-59}$$

根据公理 1 的推论 2 及公理 2 可知，进线 m 的网损 ΔP_m 在出线 k 应分摊的损耗为

$$\Delta P_{(m)(k)}=\Delta P_{(m)}\frac{I_{(k)}}{\sum_{k=1}^{L_o}I_{(k)}}$$

式中：L_o 为节点 i 的出线数。出线 k 应分摊的总网损为

$$DP_{(k)}=\sum_{m=1}^{L_i}\Delta P_{(m)(k)}=\sum_{m=1}^{L_i}\Delta P_{(m)}\frac{I_{(k)}}{\sum_{k=1}^{L_o}I_{(k)}}=a_{i(k)}\delta P_i \tag{3-60}$$

式中：$a_{i(k)}$ 为分摊系数

$$a_{i(k)}=\frac{I_{(k)}}{\sum_{k=1}^{L_o}I_{(k)}}=\frac{P_{(k)}}{\sum_{k=1}^{L_o}P_{(k)}} \tag{3-61}$$

当节点 i 的进线不是全部直接与电源相连时，式(3-60)和式(3-61)亦可用递归的方法得到证明，在此不再赘述。

3.4.2　网损分摊问题的数学模型

在潮流计算之后，系统的总网损及各支路的功率损耗 ΔP_{ij} 已知，现在的问题是如何把网损分摊到各负荷或者各电源。以下首先讨论把网损分摊到负荷上的数学模型。

为了求出各负荷应分摊的网损，关键在于求出各节点的网损 $\delta P_i(i=1,2,\cdots,N)$。$\delta P_i$ 包括两部分：

(1) 进线集 $ji\in\Gamma_-(i)$ 中各线路网损 ΔP_{ij} 之和。

(2) 通过进线集 $ji\in\Gamma_-(i)$ 转送节点 j 的网损 δP_j 的部分。

对节点为 N 的系统来说，电网损耗平衡方程式有如下形式：

$$\delta P_i = \sum_{ji \in \Gamma_-(i)} (\Delta P_{ji} + a_{j(k)} \delta P_j) \qquad (i = 1,2,\cdots,N) \tag{3-62}$$

式中：$a_{j(k)}$ 为 δP_j 通过节点 j 的出线 ji 向节点 i 转移的网损的系数。支路 ji 的序号为 k。由式(3-61)可知

$$a_{j(k)} = \frac{P_{ji}}{\sum\limits_{ji \in \Gamma_+(j)} P_{ji} + P_j^{(L)}} \tag{3-63}$$

式中：$P_j^{(L)}$ 为节点 j 的负荷功率；$\Gamma_+(j)$表示节点 j 的出线集。

式(3-62)为 N 个线性方程组，包含 N 个未知数 $\delta P_i(i=1,2,\cdots,N)$，故可用一般线性方程解法求解。

在求出各节点网损 δP_j 之后，即可按下式求出各节点负荷应分摊的网损：

$$DP_j = \delta P_j \frac{P_j^{(L)}}{\sum\limits_{ji \in \Gamma_+(j)} P_{ij} + P_j^{(L)}} \tag{3-64}$$

当需要把网损分摊到电源上时，其算法类似。在这种情况下，网损的平衡方程式为

$$\delta P_i = \sum_{k=ij \in \Gamma_+(i)} (\Delta P_{ij} + a_{i(k)} \delta P_j) \quad (i = 1,2,\cdots,N) \tag{3-65}$$

式中：$a_{i(k)}$ 为 δP_j 通过节点 j 的进线 ij 向节点 i 转移的网损的系数，支路 ij 的序号为 k，

$$a_{i(k)} = \frac{P_{ij}}{\sum\limits_{ij \in \Gamma_-(j)} P_{ij} + P_j^{(G)}} \tag{3-66}$$

式中：$P_j^{(G)}$ 为节点 j 电源的功率。当求出各节点网损 δP_j 之后，就可按下式计算各电源分摊的网损：

$$DP_j = \delta P_j \frac{P_j^{(G)}}{\sum\limits_{ij \in \Gamma_-(j)} P_{ij} + P_j^{(G)}} \tag{3-67}$$

对上述的数学模型中方程组式(3-62)或式(3-65)可以用一般线性方程解法求解，得到各节点的网损 $\delta P_j(j=1,2,\cdots,N)$，然后再根据式(3-54)或式(3-67)求出各节点负荷或电源应分摊的网损 $DP_j(j=1,2,\cdots,N)$，但这样计算量大且不灵活。我们利用图论的理论开发了非常简单而有效的算法(理论详见 3.4.4 节)。现将对负荷分摊网损的算法叙述如下：

步骤 1：准备计算，其内容包括潮流计算，并根据潮流的方向形成 $\Gamma_+(j)$、$\Gamma_-(j)$、$d_+(j)$、$d_-(j)(j=1,2,\cdots,N)$。

步骤 2：搜寻 $d_-(j)=0$ 的节点 j，由于节点 j 无进线，故 $\delta P_j=0$，或已按式(3-62)累积完毕，δP_j 已知，作为待消去节点。

步骤 3：根据式(3-64)计算节点 j 的负荷应分摊的网损。

步骤 4：对 $ji \in \Gamma_+(j)$的所有节点 i 按式(3-62)累计 δP_i，并将节点 i 的进线数 $d_-(j)$ 减 1。

步骤 5：对 $d_-(j)$赋值-1，表示此节点已消去。

步骤 6：返回步骤 2，寻找下一个进线为 0 的节点，直至进线为 0 的节点全部消去。

现在仅以 IEEE 的 24 节点 RTS 系统[56]为例，介绍计算结果。该系统的潮流计算以

节点 23 作为平衡节点，其他电源均为 PV 节点。整个电力系统的网损为 40.731MW，标幺值为 0.407 31。

首先，我们把这些网损对系统中各负荷进行分摊。计算的消去顺序如表 3-16 所示。由表中可以看出，第一个消去的节点是节点 1，同时消去了支路 1、2、3；然后消去节点 2，同时消去支路 4、5；第三个消去的是节点 7，同时消去支路 11……如此下去，直到消去全部节点。最终得到各负荷的网损分摊(标幺值)情况，如表 3-17 所示。

表 3-16　网损向负荷分摊的计算过程

消去顺序	节点	支路	消去顺序	节点	支路	消去顺序	节点	支路
1	1	1, 2, 3	9	16	23, 28	17	24	7
2	2	4, 5	10	14	19	18	3	6
3	7	11	11	19	32	19	9	8, 12
4	22	30, 34	12	23	21, 22, 33	20	4	
5	21	25, 31	13	13	18, 20	21	8	13
6	15	24, 26	14	11	14, 16	22	10	9, 10
7	18	29	15	12	15, 17	23	5	
8	17	27	16	20		24	6	

由表 3-17 可以看出，由于各节点在电网中所处位置不同，其网损率相差很大(这里网损率是指各节点分摊的网损与该节点的负荷功率或电源功率之比)。目前，各系统对不同负荷均采用同一网损率的做法是不合理的。为了公平地确定过网费，在系统中应对不同负荷采用不同的网损率，这样可以促使系统电源与负荷的分布更加合理。

表 3-17　各负荷应分摊的网损及网损率

负荷节点	网损分摊	网损率	负荷节点	网损分摊	网损率
3	0.057 469	0.031 666	10	0.039 106	0.020 054
4	0.015 793	0.021 342	14	0.069 593	0.035 873
5	0.011 249	0.015 844	15	0.016 692	0.005 266
6	0.049 263	0.036 223	19	0.049 815	0.027 522
8	0.047 754	0.027 926	20	0.019 094	0.015 578
9	0.031 485	0.017 991	总计	0.407 310	—

当把网损向电源分摊时，最终得到的网损分摊情况列于表 3-18 之中。

表 3-18　各电源分摊的网损及网损率

电源节点	网损分摊	网损率	电源节点	网损分摊	网损率
1	0.012 743	0.006 673	16	0.017 297	0.011 159
2	0.025 549	0.025 773	18	0.036 400	0.009 100
7	0.052 097	0.017 366	21	0.073 100	0.018 275
13	0.052 158	0.009 135	22	0.105 882	0.035 294
15	0.017 548	0.011 321	23	0.014 536	0.002 202

3.4.3 输电设备利用份额问题

以下讨论用户对输电设备的利用份额的分析理论和算法。首先，以 3.4.1 节中两条电流分解公理为基础，建立了求解输电设备利用份额的数学模型。为了进行有效的求解，对潮流标注有向图的特性进行了研究。研究表明此类有向图上不可能存在有向回路。在此基础上开发了适合任何复杂网络结构的输电设备利用份额的计算方法。

在电力系统给定运行方式下，通过潮流计算可以求得各输电线路及变压器中（以下统称支路）的潮流。现在要讨论的问题是如何确定用户（独立电源或电力批发商）电力在电网中各支路的分布情况。

根据问题的性质，可以计算电源电力在电网各支路的分布，或者计算用户负荷电力在电网各支路的分布。以下我们主要讨论电源电力在电网各支路的分布，即确定电源对输电设备的利用份额。确定负荷对输电设备的利用份额的模型及算法完全类似。

设电力系统有 N 个节点，N_G 个电源，N_B 条支路。现在希望求出一个 $N_B \times N_G$ 的矩阵 $\boldsymbol{F}$，其中元素的定义为

$$f_{(k)m} = P_{(k)m}/P_{(k)} = I_{(k)m}/I_{(k)} \tag{3-68}$$

式中：$P_{(k)}$、$I_{(k)}$ 为支路 k 的有功潮流及电流；$P_{(k)m}$、$I_{(k)m}$ 为电源 m 通过支路 k 的有功潮流及电流。

因此，矩阵 $\boldsymbol{F}$ 的元素 $f_{(k)m}$ 即表示在给定运行方式下电源 m 利用支路 k 的份额。显然，

$$\sum_{m=1}^{N_G} f_{(k)m} = 1 \qquad (k = 1,2,\cdots,N_B) \tag{3-69}$$

为了建立这个问题的数学模型，必须要利用第 3.4.1 节中的公理。首先，由公理 1 可知，式(3-68)中电源 m 对支路 k 的利用份额 $f_{(k)m}$ 在该线路的首末端是一致的。因此式中功率 $P_{(k)m}$、$P\,(k)$ 和电流 $I_{(k)m}$、$I_{(k)}$ 既可取支路首端的值，也可取支路末端的值。第 3.4.1 节中公理 2 断言，注入电流在该节点各出线的分量与相应出线的电流成比例。用公式可表示为

$$I_{(k)m} = I_{mi}\,\frac{I_{(k)}}{I_i} \tag{3-70}$$

式中：I_{mi} 为电源 m 在节点 i 的注入电流；I_i 为节点 i 流出或注入的总电流。用节点 i 的电压相乘，将式(3-70)写为

$$P_{(k)m} = P_{mi}\,\frac{P_{(k)}}{P_i}$$

式中：P_{mi} 为 m 电源在节点 i 的注入功率；P_i 为节点 i 的注入总功率或流出的总功率。将上式代入式(3-68)可得

$$f_{(k)m} = \frac{P_{(k)m}}{P_{(k)}} = \frac{P_{mi}}{P_i} \tag{3-71}$$

因此，如果我们能求出各电源在各节点的注入功率 P_{mi}，就可以根据上式求出电源 m 对节点 i 各出线的利用份额。为此，应首先建立各电源功率与各节点总输入功率之间的关系。

对于一般 N 节点的系统的潮流分布，我们可以写出如下关系：

$$\boldsymbol{P}_g = \boldsymbol{AP}_n \tag{3-72}$$

式中：

$$\boldsymbol{P}_g = [P_{1g} \quad P_{2g} \quad \cdots \quad P_{ng}]^{\mathrm{T}}$$

$$\boldsymbol{P}_n = [P_1 \quad P_2 \quad \cdots \quad P_n]^{\mathrm{T}}$$

分别为节点电源功率矢量及节点的总输入功率矢量；$\boldsymbol{A}$ 为 $N\times N$ 阶方阵，其中元素定义为

$$a_{ij} = \begin{cases} 1 & (i=j) \\ P_{ij}/P_i & [ji \in \Gamma_-(i)] \\ 0 & (\text{其他}) \end{cases} \tag{3-73}$$

式中：$ji\in\Gamma_-(i)$表示支路 ji 为节点 i 的进线。

在电力系统潮流计算之后，各节点的总输入功率及各支路的潮流已知，故 $\boldsymbol{A}$ 阵各元素为已知数。求解式(3-72)得

$$\boldsymbol{P}_n = \boldsymbol{A}^{-1}\boldsymbol{P}_g \tag{3-74}$$

式中：$\boldsymbol{A}^{-1}$表达了各电源对各节点总输入功率的贡献。进一步可以写出各节点总输入功率与该节点各出线功率的关系：

$$\boldsymbol{P}_B = \boldsymbol{CP}_n \tag{3-75}$$

式中：$\boldsymbol{P}_B$ 为 N_B 维支路功率矢量：

$$\boldsymbol{P}_B = [P_{(1)} \quad P_{(2)} \quad \cdots \quad P_{(k)} \quad \cdots \quad P_{(N_B)}]^{\mathrm{T}}$$

其中元素均为各支路的首端潮流功率。$\boldsymbol{C}$ 为 $N_B\times N$ 阶矩阵，其元素的定义为

$$C_{(k)i} = \begin{cases} P_{(k)}/P_i & [k \in \Gamma_+(i)] \\ 0 & (\text{其他}) \end{cases} \tag{3-76}$$

其中 $k\in\Gamma_+(i)$表示支路 k 为节点 i 的出线。

将式(3-74)代入式(3-75)得

$$\boldsymbol{P}_B = \boldsymbol{CA}^{-1}\boldsymbol{P}_g = \boldsymbol{BP}_g \tag{3-77}$$

式中：

$$\boldsymbol{B} = \boldsymbol{CA}^{-1} \tag{3-78}$$

由式(3-77)可知，节点 i 的电源对支路 k 的有功潮流的贡献为

$$P_{(k)i} = b_{(k)i}P_{ig} \tag{3-79}$$

因此，根据式(3-53)即可求出节点 i 电源对支路 k 的利用份额

$$f_{(k)i} = P_{(k)i}/P_{(k)} = b_{(k)i}P_{ig}/P_{(k)} \tag{3-80}$$

综上所述，为了求 $\boldsymbol{F}$，首先应建立 $\boldsymbol{A}$ 并求逆，然后按式(3-78)求出矩阵 $\boldsymbol{B}$，最后根据式(3-80)求出 $\boldsymbol{F}$ 中的元素。

下节将介绍图论的方法。该方法不仅可以快速求出各电源对支路的利用份额，也可用来方便地解决第 3.4.2 节中的网损分摊问题。

3.4.4 图论方法

一个标注的潮流分布图是有向图，电网的接线图是相应的基图。不同运行方式的潮流方向不同，因而对应不同的有向图。电网各支路的方向由实际潮流的有功功率方向确

定。对每一支路而言有起点和终点。对每一个节点 i 而言有出线和进线，出线数用$d_+(i)$表示，进线数用 $d_-(i)$表示。出线支路集用 $\Gamma_+(i)$表示，进线支路集用 $\Gamma_-(i)$表示。

沿支路的方向前进可以形成有向道路。当有向道路的起点和终点为同一节点时成为有向回路。在潮流标注图中设 $R_{(k)}$、$X_{(k)}$、$P_{(k)}$、$Q_{(k)}$分别表示支路 k 的电阻、电抗和有功、无功潮流，我们提出如下定理：

定理 1 在电力系统标注潮流的有向图上，当沿有功潮流方向各支路满足 $P_{(k)}X_{(k)}$ $Q_{(k)}R_{(k)}$时，则该有向图不存在有功潮流的有向回路。

证明 采用反证法。如果存在有向回路 L，则沿该回路各支路首末端电压相角差之和为零：

$$\sum_{k\in L}\Delta\theta_{(k)}=0 \tag{3-81}$$

式中：$\Delta\theta_{(k)}$为支路 k 首末端电压相角差，可表示为

$$\Delta\theta_{(k)}=\arctan\left[\frac{(P_{(k)}X_{(k)}-Q_{(k)}R_{(k)})/V_{(k)}}{V_{(k)}+(P_{(k)}X_{(k)}+Q_{(k)}R_{(k)})/V_{(k)}}\right] \tag{3-82}$$

式中各电气量均取支路 k 的末端值。当 $P_{(k)}X_{(k)}>Q_{(k)}R_{(k)}$时，$\Delta\theta_{(k)}>0$，因此式(3-81)不成立，从而不可能存在有向回路。证毕。

应当指出，这是一个充分条件。也就是说，即使个别支路不满足此条件，也未必存在有向回路。一般潮流分布均能满足定理中 $P_{(k)}X_{(k)}>Q_{(k)}R_{(k)}$的条件。当有支路不满足此条件时，该支路的功率必然很小，在计算中可以忽略不计，假定此线路断开。

定理 2 当有向图中无有向回路时，至少有两个节点分别满足 $d_+(i)=0$ 和 $d_-(j)=0$。

证明 采用反证法。假设所有节点都有 $d_+(i)>0$，即每个节点都至少有一条出线。那么，从任意节点 n_1 出发，可沿其出线到下一节点 n_2，然后又沿 n_2 的出线到下一节点 n_3。这样下去可能出现两种情况：一种是无穷无尽地巡游下去，这对有限图来说是不可能的；另一种是存在有向回路，这和定理的前提矛盾。因此，至少有一个节点满足 $d_+(i)=0$。用类似的方法可以证明至少有一个节点满足 $d_-(j)=0$。证毕。

结合定理 1 和定理 2 可得到如下推论。

推论 在潮流标注的有向图上至少有一个节点无出线，至少有一个节点无进线。

在引出下一定理之前，先给出一个定义。设 i 为有向图 D 的一个节点，且 $d_-(i)=0$。消去节点 i 及出线集 $\Gamma_+(i)$的过程称为消去节点 i 的过程。

定理 3 有向图 D 不存在有向回路时，可通过消去过程去掉 D 的全部支路。

证明 设有向图的节点集为 V，有向支路集为 U。当有向图 $D(V, U)$不存在有向回路时，由定理 2 知至少有一个节点 i_1 满足 $d_-(i_1)=0$。对 i_1 实现消去过程去掉 $\Gamma_+(i_1)$中的支路。消去 i_1 后形成子图 $D'[V/i_1, U/\Gamma_+(i_1)]$。由于 $D\supset D'$，故 D' 仍不存在有向回路。因此，D' 中必有节点 i_2 满足 $d_-(i_2)=0$，从而可对 i_2 实现消去过程。这样下去，经过不大于节点数的递归消去过程就可以去掉 D 的全部支路。证毕。

以下用图 3-6 为例说明消去过程。如图 3-6(a)所示，该有向图不存在有向回路，并且 $d_-(1)=0$。因此，首先消去节点 1 及相应的出线(1)、(2)、(3)。消去节点 1 后形成子图 D' 如图 3-6(b)所示，此时，$d'_-(2)=0$。从而下一步可消去节点 2 及相应的出线(4)。消去

节点 2 后形成子图 D'' 如图 3-6(c)所示，此时，$d''_-(4)=0$，从而进一步可消去节点 4 及相应的出线(5)。至此消去过程全部结束。

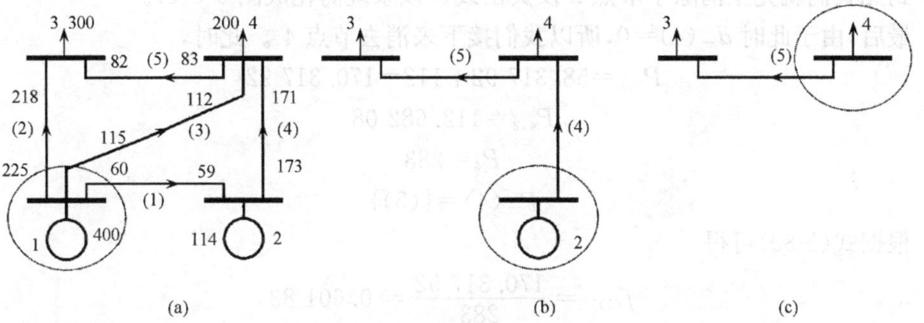

图 3-6　消去出线过程的例子

在以上消去过程中，顺次对满足 $d_-(i)=0$ 的节点消去 $\Gamma_+(i)$ 中的支路，称为消去出线过程。消去过程也可以顺次对满足 $d_+(i)=0$ 的节点消去 $\Gamma_-(i)$ 中的支路，称为消去进线过程。其相应的定义、定理和以上讨论类似，不再赘述。这两种消去过程是实现输电设备利用份额问题和网损分摊问题计算方法的基本框架。利用这两种算法可以把输电设备利用份额和网损分摊到电源，也可以分摊到用户。

为了解释这个算法，我们将用图 3-6(a)所示的简单系统来求解输电设备利用份额问题。图 3-6(a)上标注了这个系统的有功潮流。

首先消去节点 1，因为 $d_-(1)=0$。由图可知，$P_1=400$，$P_1^G=P_{1,1}=400$，$\Gamma_+(1)=\{(1),(2),(3)\}$，根据式(3-80)可得

$$f_{(1)1}=f_{(2)1}=f_{(3)1}=\frac{400}{400}=1$$

根据式(3-73)，将 $P_{1,1}$ 通过系数 a 转移至节点 2、3、4：

$$P_{2,1}=400\times\frac{59}{400}=59$$

$$P_{3,1}=400\times\frac{218}{400}=218$$

$$P_{4,1}=400\times\frac{112}{400}=112$$

这样一来就完全消除了节点 1 及其出线。该系统简化成图 3-6(b)。

由于此时 $d_-(2)=0$，因此现在应消去节点 2。由图可知，$P_2=173$，$P_{2,1}=59$，$P_{2,2}=114$，$\Gamma_+(2)=\{(4)\}$ 。根据式(3-71)可得

$$f_{(4)1}=\frac{59}{173}=0.341\,04$$

$$f_{(4)2}=\frac{114}{173}=0.658\,96$$

根据式(3-73)，将 $P_{2,1}$、$P_{2,2}$ 通过系数 a 转移至节点 4：

$$P_{4,1}=59\times\frac{171}{173}=58.317\,92$$

$$P_{4,2} = 114 \times \frac{171}{173} = 112.682\,08$$

到此我们就完全消除了节点 2 及其出线。该系统简化成图 3-6(c)。

最后，由于此时 $d_-(4)=0$，所以我们接下来消去节点 4 。此时，

$$P_{4,1}=58.317\,92+112=170.317\,92$$

$$P_{4,2}=112.682\,08$$

$$P_4=283$$

$$\Gamma_+(4)=\{(5)\}$$

根据式(3-80)可得

$$f_{(5)1} = \frac{170.317\,92}{283} = 0.601\,83$$

$$f_{(5)2} = \frac{112.682\,08}{283} = 0.398\,17$$

现在我们已完成了全部的消去过程。表 3-19 给出了该系统的分布系数。

表 3-19　图 3-6 系统分布系数

出线	节点 1	节点 2
(1)	1.0	0.0
(2)	1.0	0.0
(3)	1.0	0.0
(4)	0.341 04	0.658 96
(5)	0.601 83	0.398 17

3.5　输电系统可用传输能力

3.5.1　可用传输能力概述

电力系统输电能力对于整个系统的安全可靠性有着很大的影响。传统垂直管制环境下，区域间的输电能力仅仅是系统调度员调度时的一个参考信息，了解系统目前运行状态离各种约束的距离。而在电力市场环境下，系统运行不确定性增大，电能交易瞬息万变，支路过负荷、节点电压越限等故障更有可能发生。这就提出了如何准确、高效地计算输电网输电能力的问题。

电网输电能力计算的研究始于 20 世纪 70 年代，但直到 1996 年美国联邦能源委员会(FERC)颁布了“要求输电网的拥有者计算输电网区域间可用传输能力”的命令后，这方面的研究才受到众多工程人员和研究学者的注意[57]。其后，北美电力可靠性委员会(NERC)给出了 ATC 的定义[58]：ATC 是指在现有的输电合同基础之上，实际物理输电网络中剩余的、可用于商业使用的传输容量。此定义说明，电力市场环境下，电网输电能力的问题不再是原来意义下简单的区域功率交换能力，而是基于已有的输电合同，在保证系统安全可靠运行的条件下，区域间或点与点间可能增加输送的最大功率。它是在现有

的输电合同基础之上，实际输电网络保留输电能力的尺度，可以概念性地表示为

$$ATC = TTC - TRM - CBM - ETC$$

式中：TTC为最大输电能力，反映了在满足系统各种安全可靠性要求下，互联系统联络线上总的输电能力；TRM为输电可靠性裕度，反映了不确定因素对互联系统间输电能力的影响；CBM为容量效益裕度，反映了为保证ETC中不可撤销输电服务顺利执行时输电网络应当保留的输电能力；ETC为现有输电协议（包括零售用户服务）占用的输电能力。根据ETC合同的稳定程度，可以使用诸如“可撤销”和“不可撤销”、“计划”和“预约”传输来进一步描述输电合同。当互联网络间的输送电量过大，随机干扰危及系统运行安全时，需要削减部分输电业务。这时就引起了输电阻塞。

从上述ATC定义可以看出，不确定性因素对输电系统可用传输能力ATC的影响很大，例如线路和发电机故障都可能导致网络输电能力的急剧下降。因此，如何处理网络不确定性因素的影响，高效、较精确地计算ATC，既是ATC计算中的关键问题，也是目前ATC研究中急需解决的难点。

ATC用来评估未来一段时间（一小时、一天或更长）网络的额外输电能力。因此，ATC的计算值需要按要求的时间段进行更新。根据对网络输电能力预测时间的长短，ATC的计算分为在线ATC计算和离线ATC计算。

离线ATC计算时，网络的不确定性因素对ATC计算的准确度影响较大。一般来说，预测时间越长，不确定因素对ATC的影响越大。为了保证ATC的计算值在商业应用可接受的范围内，同时减小计算量和节约计算时间，一般采用概率性模型计算ATC。

在线ATC计算时，由于预测时间较短，只需从大量预想故障中选择一些可能是最严重的故障进行研究，这样计算量就大大减小了。因此，从实时应用的角度来看，在线ATC计算时一般选择确定性模型。

以下就这两类ATC的计算方法作简要的介绍。

1. 基于确定性模型的算法

目前基于确定性模型提出的算法主要有以下几种：

(1) 线性规划法[59]。该算法使用直流潮流模型，考虑各种安全约束条件，利用线性规划的方法计算ATC。由于算法基于直流潮流，忽略了电压和无功的影响，不适用于缺乏无功支持和有效电压控制的重负荷系统。此外，线性规划法随着系统规模的增大，计算时间急剧增加，因此也不适用于大系统的ATC计算。

(2) 连续潮流法(CPF)[60]。该方法基于连续潮流法可以跟踪潮流解轨迹的特点，从一个基准潮流出发，逐步增加研究区域间的送受电量，直到电压静态稳定极限，即系统的临界最大潮流点。它考虑了系统的电压、无功特性及其他非线性因素影响，计算结果较之线性规划法更精确。但由于CPF在负荷量和发电量增加时，采用的是一个公共负荷因子，忽略了发电和负荷的优化分布，可能导致ATC的计算值趋于保守。

(3) 最优潮流法(OPF)[61]。基于OPF的ATC计算是对应用CPF计算ATC的改进。OPF可以方便地处理各种系统约束及系统静态预想故障，对系统资源进行优化调度，非常适合于ATC的计算。CPF和OPF计算ATC时，或涉及非线性方程的处理，或

涉及系统资源的优化调度,计算速度非常慢。

(4) 分布因子法[62]。该方法又称灵敏度分析法,是针对 CPF 和 OPF 计算量过大的缺点提出的,它牺牲了一定的计算精度来换取较快的计算速度,求得近似的 ATC 值。

(5) 遗传算法[63]。该算法利用遗传算法能寻找全局最优解的特性,试图求得最优的区域间可用传输容量。其计算速度、计算精度一般要优于 CPF。

(6)在线系统传输容量估测软件包(TRACE)[64]。该软件包是 EPRI 组织联合一些电力公司于 1996 年后期开发出来,它也是第一个可用于实际系统的 ATC 应用软件。该软件包根据能量管理系统(EMS)的实时状态估计数据计算给定路径上的 ATC 和 TTC,以优化系统中的电能交易。软件中内嵌的预想故障快速捕获程序具有识别紧急预想故障的能力,因此非常适合在线 ATC 的计算。

在线 ATC 计算程序的运行机制如图 3-7 所示。它在能量管理系统(EMS)中与如下模块进行信息交换:状态估计(SE)、安全分析(SA)、实时运行规划(COP)和网络开放实时信息系统(OASIS)。由状态估计(SE)模块中获得系统当前运行状态;由安全分析(SA)模块中获得系统预想事故集;由实时运行规划(COP)模块中获得负荷预测、发电计划和故障设备信息。所计算的 ATC 值传送并发布到网络开放实时信息系统(OASIS)模块上。

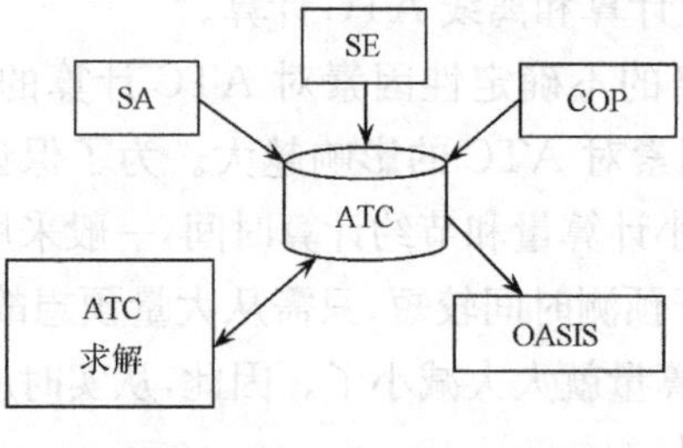

图 3-7 在线 ATC 的计算框架

电力市场环境下,进入电力行业进行竞争的企业既包括以前的电力公司,也有由其他行业转产到电力行业的新公司。为了保证电力市场的所有参与者都拥有平等的使用输电设备的权利和机会,需要公布相关的输电网络信息,因此引入了网络开放实时信息系统(OASIS)。传送至网络开放实时信息系统(OASIS)的主要内容包括:界面标识、运行日期和时间、约束设备列表、最大输电能力(TTC)及可用传输能力(ATC)。市场参与者通过公共媒体从 OASIS 上获得所关注系统的输电信息、ATC 等信息,促进了发电商的竞价,拓宽了电力用户的选择范围,有利于降低电能生产成本,提高电能供应质量。

2. 基于概率性模型的算法

离线 ATC 计算中,需要考虑数目庞大的不确定因素,若逐一地考虑不确定因素的影响,计算时间难以满足实时系统应用的要求。因此,一般基于概率性模型研究离线 ATC 的计算。

目前基于概率性模型提出的算法主要有以下 3 种:

(1) 随机规划法[65]。该算法考虑了 3 种不确定性因素:发电机故障、输电线路故障、负荷预测误差。前两种不确定性因素是服从两点分布的随机变量,负荷预测误差是服从正态分布的随机变量。计算 ATC 时,首先用 SPR(two-stage stochastic programming

with recourse)算法将离散变量连续化；然后基于 SPR 的计算结果，用 CCP(chance constrained programming)处理连续变量，求得概率意义下的 ATC。该方法涉及了概率潮流的计算、离散变量和连续变量的处理，计算速度不够理想。

(2) 枚举法[66]。该算法将系统状态枚举和优化算法结合计算 ATC。由于枚举法的指数时间特性使得这类方法无法用于大系统的 ATC 研究。

(3) 蒙特卡罗模拟法[67]。这类算法是将蒙特卡罗模拟法和优化算法结合求解 ATC，是对枚举法的改进。蒙特卡罗模拟法能方便地处理电网中数目庞大的不确定性因素，且计算时间不随系统规模或网络连接复杂程度的增加而急剧增加，因此该算法非常适合大系统离线 ATC 的研究。

基于概率模型计算 ATC 时，我们不仅可以得到 ATC 的期望值，而且根据 ATC 的样本值可以方便地绘出 ATC 的概率密度曲线和样本分布函数曲线，估计 ATC 的期望值在某一置信水平下的置信区间，及某项电力交易被削减的风险。ATC 的这些统计信息，一方面可以指导电力系统运行方式的安排；另一方面可以用于预测未来一段时期的电力交易价格，指导电力交易商的市场行为。

总之，ATC 计算中的关键问题是如何合理地处理不确定因素的影响，平衡计算精度和计算时间二者间的矛盾。在线 ATC 计算时考虑的不确定因素相对较少，可采用确定性模型；而离线计算 ATC 时由于需要考虑数量庞大的不确定因素，一般采用概率性模型。ATC 的计算，是电力市场研究中非常活跃的领域，发展相当快，相信随着电力市场的深入发展，将会提出更好的模型和算法用于 ATC 的计算。

以下我们介绍一种计算离线 ATC 的实用算法。该算法将蒙特卡罗模拟法和灵敏度分析法结合，求解输电网中发电机节点到负荷节点间的 ATC。该算法应用蒙特卡罗模拟法进行系统状态抽样，不仅有效地考虑不确定性因素对 ATC 的影响，而且还能获得大量的 ATC 统计信息；灵敏度分析法概念简单，计算容易，该算法应用灵敏度分析法处理 ATC 计算中所涉及的优化问题。该算法将蒙特卡罗模拟法和灵敏度分析法相结合，以较快的计算速度得到合理的 ATC 值，达到计算速度和计算精度的统一。

3.5.2 节介绍蒙特卡罗模拟法在 ATC 计算中的应用，3.5.3 节介绍如何应用灵敏度分析法求解系统某一运行状态下的 ATC。

3.5.2 蒙特卡罗模拟法在可用传输能力计算中的应用

这里我们结合 ATC 的计算，对蒙特卡罗模拟法作简要的介绍。

ATC 的计算过程一般由四个步骤组成：①系统状态选择；②系统状态评估；③计算 ATC；④统计 ATC 指标。蒙特卡罗模拟法是以概率理论和统计方法为基础的一种计算机模拟方法，它用抽样的方法进行状态选择，用统计的方法得到 ATC 指标。

在蒙特卡罗模拟法中，系统的状态是从设备概率分布函数中抽样确定的。然后，再对产生的状态进行评估。状态评估即是对每一抽样的状态进行潮流计算，判断系统是否出现故障，并根据要求进行系统状态校正，排除系统故障。在系统处于非故障状态下，计算 ATC。一个模拟序列表示一个实际的样本，系统的 ATC 指标是在积累了足够数目的样本后，对每次状态估计的 ATC 结果进行统计而得到的。

应用蒙特卡罗模拟法进行系统状态采样，一般离线 ATC 计算考虑 3 类不确定因素[65]:发电机随机故障、输电线路随机故障、节点负荷的随机波动。对于发电机和线路，认为这两类元件仅有运行和故障两种状态，其概率分布函数服从两点分布。对于负荷，认为各节点负荷的波动服从正态分布，即 $N(\mu,\sigma^2)$，参数 μ 是该分布的数学期望，一般为节点的负荷预测值；参数 σ 是该分布的标准方差，它描述了系统负荷实际值偏离预测值的程度，一般根据具体的输电系统给出其经验值。对于两状态设备，我们利用计算机产生一个服从均匀分布 $U(0,1)$ 的随机数，将此随机数与设备的故障率比较，确定该设备的状态：故障退出还是正常运行。而对于节点负荷，则产生一个服从标准正态分布 $N(0,1)$ 的随机数，利用此随机数修正已知的节点负荷预测值。系统中各设备的状态组成了系统的状态向量 $\boldsymbol{x}$，全部可能的状态 $\boldsymbol{x}$ 的集合 $\boldsymbol{X}$ 称为系统的状态空间。

对于每一个系统状态 $\boldsymbol{x}\in\boldsymbol{X}$，都存在与其状态 $\boldsymbol{x}$ 相对应的事件概率 $P(\boldsymbol{x})$。假设ATC($\boldsymbol{x}$)是对给定状态 $\boldsymbol{x}$ 的一次试验，试验目的是为了估计在给定设备状态下，输电系统区域间或节点间的可用传输能力 ATC。根据概率论理论，试验结果的期望值由下式表示：

$$E(\mathrm{ATC})=\sum_{\boldsymbol{x}\in\boldsymbol{X}}\mathrm{ATC}(\boldsymbol{x})\cdot P(\boldsymbol{x}) \tag{3-83}$$

试验函数 ATC($\boldsymbol{x}$)的期望值 $\hat{E}(\mathrm{ATC})$ 可由下式估计：

$$\hat{E}(\mathrm{ATC})=\frac{1}{N}\sum_{i=1}^{N}\mathrm{ATC}(x_i) \tag{3-84}$$

式中：x_i 是第 i 次的状态抽样值；N 是总的状态抽样次数；ATC(x_i)是第 i 次抽样值 x_i 状态下的 ATC 值。

从式(3-84)我们可以看出，$\hat{E}(\mathrm{ATC})$ 不是 $E(\mathrm{ATC})$ 的真值，只是其估计值。由于 x 和 ATC($\boldsymbol{x}$)都是随机变量，所以 $\hat{E}(\mathrm{ATC})$ 也是随机变量[$\hat{E}(\mathrm{ATC})$ 是对 ATC($\boldsymbol{x}$)的 N 次抽样结果的算术平均值]。估计值 $\hat{E}(\mathrm{ATC})$ 距离真值 $E(\mathrm{ATC})$ 的方差为

$$V[\hat{E}(\mathrm{ATC})]=\frac{V(\mathrm{ATC})}{N} \tag{3-85}$$

式中：$V(\mathrm{ATC})$ 是试验函数 ATC 的方差，它的估计值 $\hat{V}(\mathrm{ATC})$ 为

$$\hat{V}(\mathrm{ATC})=\frac{1}{(N-1)}\sum_{i=1}^{N}[\mathrm{ATC}(x_i)-\hat{E}(\mathrm{ATC})]^2 \tag{3-86}$$

方差 $\hat{V}(\mathrm{ATC})$ 描述了样本 ATC(x_i)的离散程度。根据概率理论，若样本的概率密度曲线的形状呈钟形，则期望值 $\hat{E}(\mathrm{ATC})$ 的置信度为 $1-2\alpha$ 的置信区间近似为

$$[\hat{E}(\mathrm{ATC})-u_\alpha\sqrt{\hat{V}(\mathrm{ATC})},\quad \hat{E}(\mathrm{ATC})+u_\alpha\sqrt{\hat{V}(\mathrm{ATC})}] \tag{3-87}$$

式中：u_α 表示标准正态分布 $N(0,1)$ 的上侧 α 分位数。α 和 u_α 的关系可从标准正态分布 $N(0,1)$ 的积分表中查到。

通常，我们用方差系数 β 来表示估计的误差：

$$\beta=\frac{\sqrt{V[\hat{E}(\mathrm{ATC})]}}{\hat{E}(\mathrm{ATC})}=\frac{\sqrt{V(\mathrm{ATC})/N}}{\hat{E}(\mathrm{ATC})} \tag{3-88}$$

式(3-88)表明，蒙特卡罗模拟法的计算量(抽样次数)几乎不受系统规模或复杂程度的影响，因此，该方法能高效地处理各种复杂因素，非常适用于大系统离线 ATC 的研究。而且，我们还可以看出，减小 ATC 的方差 $V(\mathrm{ATC})$ 或增加系统状态采样次数 N 均可减小方差系数 β，提高计算精度。

这里，我们给出一般情况下应用蒙特卡罗模拟法计算 ATC 的流程图，如图 3-8 所示。

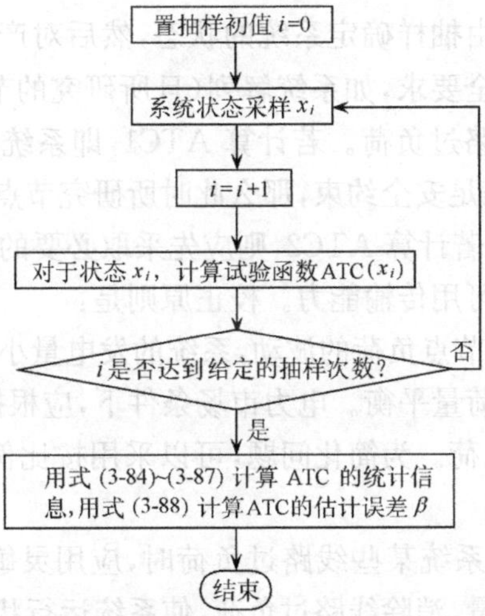

图 3-8　蒙特卡罗模拟法计算流程图

3.5.3　应用灵敏度分析法计算可用传输能力

灵敏度分析法是电力系统规划决策及运行控制中常用的方法。它通过分析某项运行指标与控制变量的关系来确定该变量对系统的影响，从而进一步提出改善该运行指标的措施。本算法基于线路有功潮流对节点注入有功的灵敏度关系，提出了应用灵敏度法分析指定节点间 ATC 的计算方法。

根据网络的直流潮流方程和支路潮流方程，易得节点功率注入量与支路潮流间的灵敏度关系式如下(设系统支路数为 b，节点数为 n)：

$$\Delta \boldsymbol{L}_k = \boldsymbol{S}' \Delta \boldsymbol{P} \tag{3-89}$$

$$\boldsymbol{S}' = \boldsymbol{B}_l \boldsymbol{A} \boldsymbol{B}^{-1} \tag{3-90}$$

式中：$\Delta \boldsymbol{L}_k$ 是支路有功潮流变化量构成的向量 $b \times 1$；$\Delta \boldsymbol{P}$ 是节点注入有功变化量构成的向量 $n \times 1$(包括了平衡节点的有功变化量)；$\boldsymbol{B}_l$ 是由支路导纳组成的对角矩阵 $b \times b$；$\boldsymbol{B}$ 是由节点导纳矩阵的虚部构成的方阵$(n-1)\times(n-1)$；$\boldsymbol{A}$ 是网络的支路-节点关联矩阵。

矩阵 $\boldsymbol{S}'$ 是$b\times(n-1)$阶的矩阵，称为灵敏度矩阵，它描述了线路有功潮流与节点(不包括平衡节点)注入功率间的关系；其元素 $S'_{k,i}$ 称为线路 k 对节点 i 的灵敏度系数，表示节点 i 上有功注入改变单位值时，支路 k 的有功潮流变化量为 $S'_{k,i}$。

由于矩阵 $\boldsymbol{S}'$ 是以平衡节点为参考点计算的，因此，我们将矩阵 $\boldsymbol{S}'$ 扩展为 $b\times n$ 阶的矩阵 $\boldsymbol{S}$，其中与平衡节点对应的那列元素均为 0。$\boldsymbol{S}$ 中的每个元素 $S_{k,i}$ 的含义与 $S'_{k,i}$ 相同。

利用灵敏度分析法，可以解决 ATC 计算中所遇到的如下问题：

(1) 进行系统状态校正。

(2) 系统其他节点注入功率不变情况下，计算指定节点间的可用传输能力(ATC1)。

(3) 系统发电机出力调整情况下，计算指定节点间的可用传输能力(ATC2)。

1. 应用灵敏度分析法进行系统状态校正

在蒙特卡罗模拟法中，由抽样确定系统的状态，然后对产生的状态 $\boldsymbol{x}_i$ 进行评估。若状态 $\boldsymbol{x}_i$ 不能满足系统的安全要求，如系统解列(且所研究的节点对不连通)、系统发电量与负荷量不平衡，或输电线路过负荷。若计算 ATC1，即系统其他节点的注入功率不变，由于此时的系统本身不能满足安全约束，那么此时所研究节点间无可用传输容量，无需计算，我们即可置 ATC1 为 0；若计算 ATC2，则应先采取必要的校正措施，使系统状态恢复正常，然后再计算节点间的可用传输能力。校正原则是：

(1) 由于发电机故障或节点负荷的波动，系统的发电量小于系统的负荷量时，削减系统的负荷量，使发电量与负荷量平衡。电力市场条件下，应根据市场各方已签署的电力买卖合同削减系统各节点的负荷。为简化问题，可以采用按比例削减各节点负荷的削减策略。

(2) 由于线路故障导致系统某些线路过负荷时，应用灵敏度分析法调整系统节点的有功注入，或削减系统负荷量，消除线路过负荷，使系统运行状态恢复正常。

通过分析“系统发电机出力变化”及“系统负荷削减”对减轻、消除线路过负荷的作用，我们提出了基于灵敏度分析的启发式算法。为使系统削减的负荷量最小，首先应通过调整发电机出力尽量消除线路过负荷。发电机出力的调整过程如下：

(1) 选择过负荷最严重的线路 k。

(2) 确定要调整的发电机节点 i、j。当线路 k 正方向过负荷时，削减具有正的最大灵敏度的发电机节点 i 的出力，增加具有负的最大灵敏度的发电机节点 j 的出力；当线路 k 负方向过负荷时，削减具有负的最大灵敏度的发电机节点 j 的出力，增加具有正的最大灵敏度的发电机节点 i 的出力。

(3) 确定节点 i、j 的发电机调整量 Δp。根据式(3-89)，为消除线路 k 上的过负荷，节点 i、j 的发电机调整量 Δp 应为

$$\Delta p = \frac{|L_k| - \overline{L_k}}{S_{k,j}^{+\max} - S_{k,i}^{-\max}} \tag{3-91}$$

式中：$S_{k,i}^{+\max}$ 表示具有正的最大灵敏度的发电机节点 i 的灵敏度；$S_{k,j}^{-\max}$ 表示具有负的最大灵敏度的发电机节点 j 的灵敏度。

如果根据式(3-91)确定的节点 i、j 的发电机出力调整量过大，违反了发电机出力上下限约束条件，或者使系统线路过负荷情况更严重，那么只能根据这些约束条件适当降低调整量 Δp，而线路 k 中剩余的过负荷量在后续的削减过程中最终会得到完全的消除。

(4) 调整发电机节点 i、j 的出力。

(5) 根据式(3-89)、式(3-90)更新线路潮流。

(6) 反复步骤(1)～(5)，直到调整发电机出力对消除线路过负荷不起作用为止。

然后，再削减系统的负荷量，以消除线路过负荷。削减方法与调整发电机出力的过程类似，这里不再详述。

2. 应用灵敏度分析法计算指定节点间的 ATC1

应用灵敏度分析法计算指定节点间 ATC1 的过程，即是寻找影响节点间可用传输能

力瓶颈支路的过程。对系统中所运行的任意一条输电支路，计算当其上的功率潮流处于容许传输容量极限值时，指定节点(A,B)上所允许的功率变化量。计算公式如下：

$$\Delta p_{g,A}=\Delta p_{l,B}=\begin{cases}\dfrac{\overline{L_k}-L_k}{S_{k,A}-S_{k,B}} & (S_{k,A}-S_{k,B}>0)\\ \dfrac{-\overline{L_k}-L_k}{S_{k,A}-S_{k,B}} & (S_{k,A}-S_{k,B}<0)\end{cases}\quad (k=1,\cdots,b)\quad (3\text{-}92)$$

式中：$\Delta p_{g,A}$表示A节点应增加的发电机出力；$\Delta p_{l,B}$表示B节点应增加的负荷值。

使“$\Delta p_{g,A}$或$\Delta p_{l,B}$”最小的支路k即是影响ATC1的瓶颈线路，对应地，最小的“$\Delta p_{g,A}$或$\Delta p_{l,B}$”即是所求的ATC1。

3. *应用灵敏度分析法计算指定节点间的ATC2*

调整系统发电机组的出力，可以增大指定节点间的可用传输能力。这里我们参考“应用灵敏度分析法进行系统状态校正”的方法，计算指定节点(A,B)间的可用传输能力ATC2。计算步骤如下：

(1) 增大节点A上的发电机出力Δp，使节点A上的所有发电机都处于最大出力状态，同时节点B上增加相同数量的负荷Δp。

(2) 根据式(3-89)、式(3-90)更新线路潮流，并判断系统是否出现过负荷。如果没有线路过负荷，则节点(A,B)间的可用传输能力ATC2就是Δp；否则，调整系统其他发电机节点间的机组出力，尽量消除线路过负荷。调整过程如“应用灵敏度分析法进行系统状态校正”中所示。如果调整系统其他发电机节点间的机组出力消除了线路过负荷，则节点(A,B)间的可用传输能力ATC2也是Δp，否则继续步骤(3)。

(3) 适当减少Δp，并恢复系统到原来的基准状态(即恢复系统各个发电机的原有出力)。然后，转到步骤(2)重新计算。

从上述ATC的计算过程可以看出，应用灵敏度分析法可以简洁、快速地确定指定节点间的ATC1，不涉及任何迭代过程；而ATC2的计算是一个发电机出力反复调整的迭代过程，其计算效率略低于ATC1。

蒙特卡罗模拟法和灵敏度分析法结合，计算指定节点间概率ATC的流程如图3-9所示。可分为5部分：

(1)原始数据输入，以确定系统运行方式及所研究的ATC内容。

(2) 系统状态选择。算法应用蒙特卡罗模拟法抽样系统状态。

(3) 系统状态评估及校正。算法应用直流潮流模型进行状态评估，应用灵敏度分析法进行状态校正。

(4) 计算指定节点间的ATC。算法应用灵敏度分析法求解ATC。(2)～(4)三部分形成一次抽样状态下，一个完整的ATC计算过程。反复(2)～(4)，直到系统的抽样次数达到预先的给定值。

(5) 统计所研究节点间的ATC及相关的网络信息。

【例3-3】 计算5节点系统中发电厂节点到负荷节点的ATC1。系统的网络拓扑和负荷数据如图3-10所示。

【解】 该系统由5个节点、7条支路构成，共9台发电机，总装机容量1164MW。假设系统负荷的实际值偏离预测值的方差 $\sigma^2=0.02$，即系统中每个节点的负荷波动服从正态分布 $N(u,0.02)$。系统状态抽样 100 00 次，方差系数 β 小于 0.002。节点 5 为系统的功率平衡节点。输入的原始数据如表 3-20、表 3-21 所示。

表 3-20 发电机数据

发电机编号	发电机所在节点号	发电机额定出力/MW	发电机实际出力/MW	发电机故障率
1	4	155	125	0.04
2	4	155	125	0.04
3	4	155	125	0.04
4	4	155	125	0.04
5	5	197	197	0.05
6	5	197	调频机	0.05
7	5	50	33	0.01
8	5	50	调频机	0.01
9	5	50	调频机	0.01

表 3-21 支路数据

支路编号	两端节点	支路电抗	支路容量/MW	支路故障率
1	1-2	0.250 0	305	0.000 438
2	1-3	0.350 0	175	0.000 582
3	2-3	0.300 0	305	0.000 445
4	2-4	0.030 0	400	0.001 653
5	2-4	0.030 0	400	0.001 653
6	3-5	0.030 0	400	0.001 653
7	3-5	0.030 0	400	0.001 653

按照图 3-9 所示流程图计算指定节点间的 ATC。计算前，所输入的原始数据包括：

(1) 系统运行方式参数：网络拓扑结构、系统元件参数、系统负荷水平及分布、发电机组分布及出力。这些参数如表 3-20、表 3-21 和图 3-10 所示。

(2) ATC 参数：需要计算 ATC 的发电机节点和负荷节点，ATC 的计算类型(ATC1 或 ATC2)。假定计算发电机厂节点 5 到负荷节点 2 的可用传输能力 ATC1。

然后，应用蒙特卡罗模拟法抽样系统状态 $\boldsymbol{x}_i$。对于每个设备，我们都用计算机产生一个随机数，利用此随机数确定该设备的状态。表 3-22～表 3-24 给出了某次系统状态选择过程中，对每个设备所生成的随机数及由随机数所确定设备的状态。系统中所有设备的状态组成了系统的状态向量 $\boldsymbol{x}_i$。

表 3-22 均匀分布 $U(0,1)$ 随机数所确定的发电机机组状态

发电机编号	1	2	3	4	5	6	7	8	9
$U(0,1)$分布随机数	0.038	0.531	0.435	0.371	0.332	0.286	0.774	0.509	0.977
发电机故障率	0.04	0.04	0.03	0.03	0.05	0.05	0.01	0.01	0.01
发电机状态	故障	运行	运行	运行	运行	运行	运行	运行	运行

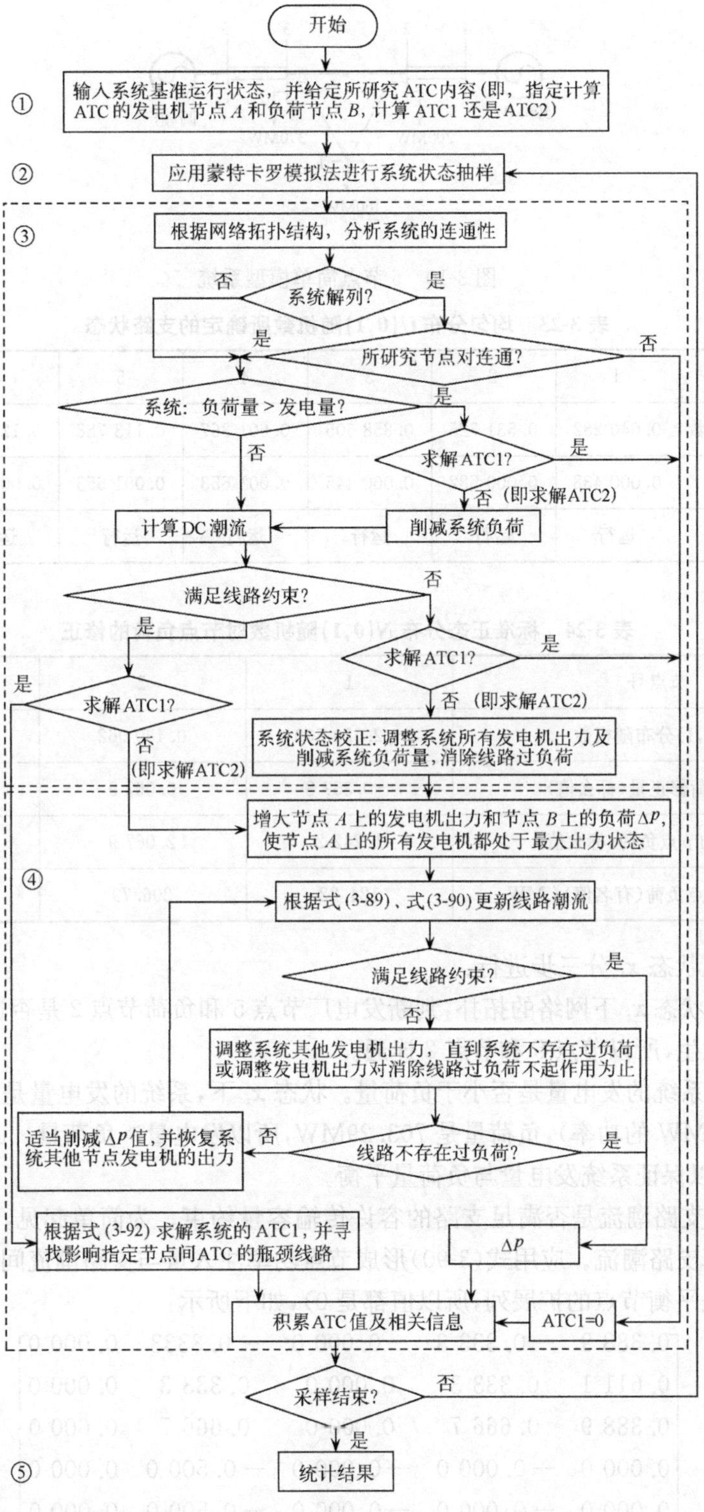

图 3-9　指定节点间 ATC 的计算流程图

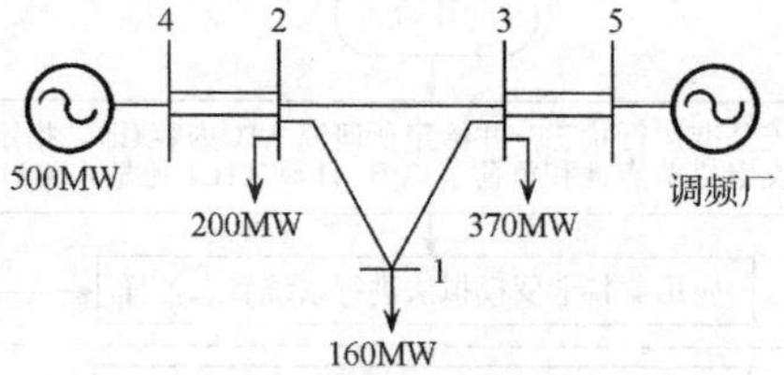

图 3-10　5 节点简单模型系统

表 3-23　均匀分布 $U(0,1)$ 随机数所确定的支路状态

支路编号	1	2	3	4	5	6	7
$U(0,1)$分布随机数	0.040 282	0.531 725	0.858 605	0.601 367	0.113 788	0.122 979	0.329 386
支路故障率	0.000 438	0.000 582	0.000 445	0.001 653	0.001 653	0.001 653	0.001 653
支路状态	运行	运行	运行	运行	运行	运行	运行

表 3-24　标准正态分布 $N(0,1)$ 随机数对节点负荷的修正

节点号	1	2	3
$N(0,1)$分布随机数	−2.529 600	0.480 062	0.161 125
节点负荷修正量(标幺值)	−0.357 8	0.067 9	0.022 8
修正后的节点负荷(标幺值)	1.242 2	2.067 9	3.722 8
修正后的节点负荷(有名值)/ MW	124.22	206.79	372.28

评估系统状态 $\boldsymbol{x}_i$ 分三步进行：

(1) 分析状态 $\boldsymbol{x}_i$ 下网络的拓扑，判断发电厂节点 5 和负荷节点 2 是否连通。显然，没有支路故障发生，所以节点 5 和节点 2 连通。

(2) 判断系统的发电量是否小于负荷量。状态 $\boldsymbol{x}_i$ 下，系统的发电量是 919MW(包括调频机组 297MW 的功率)，负荷量是 703.29MW，所以发电量>负荷量。此时，通过调频机组作用，可以保证系统发电量与负荷量平衡。

(3) 判断支路潮流是否满足支路的容许传输容量约束。为简单起见，这里应用直流潮流模型计算支路潮流。应用式(3-90)形成节点功率注入量与支路潮流间的灵敏度矩阵 $\boldsymbol{S}$(最后一列是平衡节点的扩展列，所以值都是 0)，如下所示：

$$\begin{bmatrix} 0.3889 & -0.3333 & -0.0000 & -0.3333 & 0.0000 \\ 0.6111 & 0.3333 & 0.0000 & 0.3333 & 0.0000 \\ 0.3889 & 0.6667 & 0.0000 & 0.6667 & 0.0000 \\ 0.0000 & -0.0000 & -0.0000 & -0.5000 & 0.0000 \\ 0.0000 & -0.0000 & -0.0000 & -0.5000 & 0.0000 \\ 0.5000 & 0.5000 & 0.5000 & 0.5000 & 0.0000 \\ 0.5000 & 0.5000 & 0.5000 & 0.5000 & 0.0000 \end{bmatrix}$$

应用式(3-89)计算系统各支路的潮流如下(单位:100MW):

$P_1 = -1.043\,804, P_2 = -0.198\,456, P_3 = 0.638\,305, P_4 = -1.875\,000,$

$P_5 = -1.875\,000, P_6 = -1.641\,469, P_7 = -1.641\,469$

这些支路潮流值均小于其容许传输容量约束。

上述系统状态评估过程中,若发生了所研究的发电机节点与负荷节点不连通,或系统的发电量小于负荷量,或支路潮流过负荷,则状态 $\boldsymbol{x}_i$ 下系统无法正常运行。此时,直接令 ATC1($\boldsymbol{x}_i$)=0,无需再应用灵敏度分析法计算 ATC1。显然,状态 $\boldsymbol{x}_i$ 下系统能正常运行。

应用灵敏度分析法计算节点 5 到节点 2 的可用传输能力 ATC1。根据式(3-92),估计各支路的潮流达到其容许传输容量约束值时,所允许的节点 5 和节点 2 的功率变化量(单位:100MW):

$$\Delta P_1 = \frac{3.050\,00-(-1.043\,804)}{0-(-0.333\,33)} = 12.281\,412$$

$$\Delta P_2 = \frac{-1.75(-0.198\,456)}{0-0.333\,33} = 4.654\,631$$

$$\Delta P_3 = \frac{-3.050\,00-(-0.638\,305)}{0-0.666\,66} = 5.532\,457$$

$$\Delta P_4 = \infty$$

$$\Delta P_5 = \infty$$

$$\Delta P_6 = \frac{-3.500\,00-(-1.641\,469)}{0-0.500\,00} = 6.717\,062$$

$$\Delta P_7 = \frac{-3.500\,00-(-1.641\,469)}{0-0.500\,00} = 6.717\,062$$

7 条支路中,由于支路 2 的容许传输容量约束,使得节点 5 和节点 2 的功率变化量的极限值不超过 465.46MW。然后,考虑节点 5 上机组的装机容量对这个变化量的约束作用:节点 5 上机组的装机容量是 544MW,机组出力是 328.29MW,因此这个节点上机组的最大出力变化量是 215.71MW(215.71<465.46)。综合线路约束和机组装机容量约束,节点 5 和节点 2 的功率变化极限值是 215.71MW。根据 ATC 的定义,功率变化量 215.71 MW 就是状态 $\boldsymbol{x}_i$ 下节点 5 到节点 2 的 ATC1,而称节点 5 上的发电机组为瓶颈设备。这里所谓的瓶颈设备,是指在计算 ATC1 时约束条件起作用的元件。瓶颈设备的信息对电力市场条件下系统的规划具有重要的参考价值。

我们计算了所有发电机节点和负荷节点间的概率 ATC1,如表 3-25 所示。例如,发电厂节点 5 到负荷节点 2 的可用输电能力 ATC1 的期望值是 273.00MW,方差是 80.67MW,ATC1 的抽样值以 97.5%的概率落在区间[139.89MW, 406.11MW],节点 5 的机组装机容量的约束条件起作用的概率是 93.52%。表 3-25 中的瓶颈设备数据说明:系统发电机的装机容量不足,是阻碍该系统节点间可用输电能力提高的主要因素。

对表中的数据需作两点解释:①由于节点负荷的波动,使得系统的负荷量降低时,所计算的 ATC1 可能大于系统在初始给定条件下所计算的 ATC1;②由于节点发电机装机容量的约束,导致所计算的 ATC1 样本分布形状不呈钟形,因此这里的置信区间不能由式(3-87)计算，而是根据具体的样本概率密度曲线统计得到的。

表 3-25　系统发电机节点到负荷节点的 ATC1(单位:MW)

发电机节点	负荷节点	基准状态下ATC1	$\hat{E}$(ATC1)	S(ATC1)	$\hat{E}$(ATC1)的置信度为97.5%的置信区间	瓶颈设备(起作用概率 P_M)
4	1	120.00	113.61	13.55	[88.80，120.00]	节点4上的发电厂(98.37%)
4	2	120.00	113.67	18.31	[88.80，120.00]	节点4上的发电厂(93.52%)
4	3	120.00	113.61	13.55	[88.80，120.00]	节点4上的发电厂(98.37%)
4	5	120.00	113.61	13.55	[88.80，120.00]	节点4上的发电厂(98.37%)
5	1	290.00	254.88	69.90	[139.67，354.38]	支路1—3(69.68%) 节点5上的发电厂(28.74%)
5	2	314.00	273.00	80.67	[139.89，406.11]	节点5上的发电厂(93.52%)
5	3	314.00	273.00	80.67	[139.89，406.11]	节点5上的发电厂(93.54%)
5	4	314.00	273.00	80.67	[139.89，406.11]	节点5上的发电厂(93.52%)

注：瓶颈设备起作用概率：$P_M=(N1/N\times100\%)$。式中：N 是系统总的抽样次数；N_1 是设备 M 的约束条件起作用的次数。

图 3-11 给出了节点 5 到节点 2 的 ATC1 概率密度曲线和样本分布函数曲线。分析样本分布函数曲线可得，节点 5 到节点 2 的可用输电能力小于其期望值 273.00MW 的概率为 24.24%。这个概率值同时也反映了这对节点间 273.00MW 的额外输电合同被削减的风险。显然，此风险值对电力市场下各交易商的电力买卖、电力输送等商业行为有着重要指导意义。

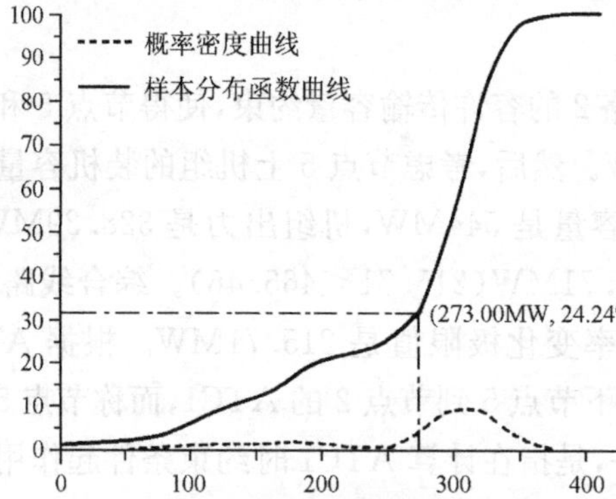

图 3-11　节点 5 到节点 2 的 ATC1

参 考 文 献

[1] Farrokh A. Ali Vojdani. Meet the Emerging Transmission Market Segments. IEEE Computer Application in Power, 1999,12(1)

[2] F. C. Schweppe, M. C. Caramanis, R. D. Tabors, R. E. Bohn. Spot Pricing of Electricity. Kluwer Academic Publishers, 1988

[3] 于尔铿等.电力市场.北京:中国电力出版社,1998
[4] J. Carpentier. Contribution álétude du Dispatching Économique. Bullletin de la Société Francaise des Electricients, Vol. 3, pp. 431～447, 1962
[5] H. W. Dommel, W. F. Tinney. Optimal Power Flow Solutions. IEEE Trans. on Power Apparatus and Systems, Vol. PAS—87, pp. 1866～1876, 1968
[6] Albert M. Sasson. Combined Use of the Parallel and Fletcher-powell Non-linear Programming Methods for Optimal Load Flows. IEEE Trans. on Power Apparatus and Systems, Vol. PAS-88, No. 10, pp. 1530～1537, 1969
[7] Albert M. Sasson. Decomposition Technique Applied to the Non-linear Programming Load Flow Method. IEEE Trans. on Power Apparatus and Systems, Vol. PAS-89, No. 1, pp. 78～82, 1970
[8] R. Divi, H. K. Kesavan. A Shifted Penalty Function Approach for Optimal Power Flow. IEEE Trans. on Power Apparatus and Systems, Vol. PAS-101, No. 9, pp. 3502～3512, 1982
[9] S. N. Talukdar, T. C. Giras, V. K. Kalyan. Decompositions for Optimal Power Flows. IEEE Trans. on Power Apparatus and Systems, Vol. PAS-102, No. 12, pp. 3877～3884, 1983
[10] G. F. Reid, L. Hasdorf. Economic Dispatch Using Quadratic Programming. IEEE Trans. on Power Apparatus and Systems, Vol. PAS—92, pp. 2015～2023, 1973
[11] R. C. Burchett, H. H. Happ, D. R. Vierath. Quadratically Convergent Optimal Power Flow. IEEE Trans. on Power Apparatus and Systems, Vol. 103, pp. 3267～3276, 1984
[12] D. W. Wells. Method for Economic Secure Loading of a Power Systems. Proceedings of IEEE, Vol. 115, No. 8, pp. 606～614, 1968
[13] C. M. Shen, M. A. Laughton. Power System Load Scheduling with Security Constraints Using Dual Linear Programming. Proceeding of IEEE, Vol. 117, No. 1, pp. 2117～2127, 1970
[14] N. Nabona, L. L. Ferris. Optimization of Economic Dispatch Through Quadratic and Linear Programming. Proceeding of IEEE, Vol. 120, No. 5, 1973
[15] Z. Yan, N. D. Xiang, B. M. Zhang, S. Y. Wang, T. S. Chung. A Hybrid Decoupled Approach to Optimal Power Flow. IEEE on Power Systems, Vol. 11, No. 2, pp. 947～954, 1996
[16] K. R. Frish. Principles of Linear Programming the Double Gradient Form of the Logarithmic Potential Method. Memorandum, Institute of Economics, University of Oslo, Oslo, Norway, 1954
[17] P. Huard. Resolution of Mathematical Programming with Nonlinear Constraints by the Method of Centers. Nonlinear Programming, Vol. 209～219,1967
[18] I. I. Dikin. Iterative Solution of Problems of Linear and Quadratic Programming. Soviet Mathematics, Vol. 8, pp. 674～675, 1967
[19] N . Karmarkar. A new Polynomial—time Algorithm for Linear Programming. Combinatorica, Vol. 4, pp. 373～395, 1984
[20] P. E. Gill, W. Murray, M. A. Saunders, et al. On the Projected Newton Barrier Methods for Linear Programming and an Equivalence to Karmarkar's Projective Method. Math. Programming, Vol. 36, pp. 183～209, 1986
[21] 文福拴,韩祯祥.模拟进化优化方法在电力系统的应用综述(连载). 电力系统自动化,Vol. 20, No. 1,2,3, 1996
[22] Xiaohong Guan, W.—H. Edwin Liu, Alex D. Papalexopoulos. Application of a Fuzzy Set Method in an Optimal Power Flow. Electric Power Systems Research, Vol. 34, pp. 11～18, 1995
[23] Y. T. Hsiao, C. C. Liu, H. D. Chiang, Y. L. Chen. A New Approach for Optimal VAR Sources Planning in Large Scale Electric Power Systems. IEEE Transactions on Power Systems, Vol. 8, No. 3, pp. 988～996, 1993
[24] K. R. Frisch. The Logarithmic Potential Method for Convex Programming. Istitute of Economics, University of Oslo, Norway, 1955
[25] A. Fiacco, MoCormic. Nonlinear Programming: Sequential Unconstrained Minimization Techniques. John Wi-

ley and Sons, New York, 1968
[26] Hua Wei, H. Sasaki, J. Kubokawa, et al. An Interior Point Nonlinear Programming for Optimal Power Flow Problems with a Novel Data Structure. IEEE Trans. on Power Systems, Vol. 13, No. 3, pp. 870～877,1998
[27] F. C. Schweppe, M. C. Caramanis, R. D. Tabors, et al. Spot Pricing of Electricity. MA: Kluwer Academic Publishers, Boston, 1988
[28] M. C. Carmanis, R. E. Bohn, F. C. Schweppe. Optimal Spot Pricing: Practice and Theory. IEEE Trans. on PAS, Vol. 101, No. 9, pp. 3234～3245, 1982
[29] M. C. Carmanis, R. E. Bohn, F. C. Schweppe. The Costs of Wheeling and Optimal Wheeling Rates. IEEE Trans. on Power Systems, Vol. 1, No. 1, pp. 63～73,1986
[30] D. Ray, F. Alvarado. Use of An Engineering Model for Economic Analysis in the Electricity Utility Industry. Presebted at the Advanced Workshop on Regulation and Public Utility Economics, May 25～27,1988
[31] M. L. Baughman, S. N. Siddiqi. Real Time Pricing of Reactive Power: Theory and Case Study Result. IEEE Trans on Power Systems, Vol. 6, No. 1, pp. 23～29, 1991
[32] S. N. Siddiqi, M. L. Baughman. Reliability Differentiated Pricing of Spinning Reserve. IEEE Trans. on Power Systems, Vol. 10, No. 3, pp. 1211～1218, 1993
[33] A. Zobian, M. D. Llic. Unbundling of Transmission and Ancillary Services. IEEE Trans . on Power Systems, Vol. 12, No. 2, pp. 539～558, 1997
[34] M. L. Baughman, S. N. Siddiqi, J. M. Zarnikau. Advanced Pricing in Electrical System. Part1: Theory. IEEE Trans. on Power Systems, Vol. 12, No. 1, pp. 489～495, 1997
[35] M. L. Baughman, S. N. Siddiqi, J. M. Zarnikau. Advanced Pricing in Electrical System. Part2: Implication. IEEE Trans. on Power Systems, Vol. 12, No. 1, pp. 496～502, 1997
[36] K. Xie, Y. H. Song, J. Stonham, et al. Decomposition Model and Interior Point Methods for Optimal Spot Pricing of Electricity in Deregulation Environments. IEEE Trans. on Power Systems, Vol. 15, No. 1, pp. 39～50, 2000
[37] C. N. Yu, M. D. Ilic. An Algorithm for Implementing Transmission Rights in Competitive Power Industry. Power Engineering Society Winter Meeting, IEEE, Vol. 3, pp. 1708～1714, 2000
[38] X. Wang, Y. H. Song, Q. Lu, et al. Series FACTS Devices in Financial Transmission Rights Auction for Congestion Management. IEEE Power Engineering Review, Vol. 21, No. 11, pp. 41～44, 2001
[39] R. Bacher, H. Glavitsch. Loss Reduction by Network Switching. IEEE Trans. on Power Systems, Vol. PWRS-3, No. 2, pp. 447～454, 1988
[40] R. Baldick, E. Kahn. Contract Paths, Phase Shifters and Efficient Electricity Trade. Power Engineering Society Winter Meeting, IEEE, Vol. 2, pp. 968～974, 2000
[41] S. Y. Ge, T. S. Chung, Y. K. Wong. A New Method to Incorporate FACTS Devices in Optimal Power Flow. Proceedings of EMPD(International Conference on Energy Management and Power Delivery) '98, Vol. 1, pp. 122～271, 1998
[42] X. Wang, Y. H. Song, Q. Lu. Primal-dual Interior Point Linear Programming Optimal Power Flow for Real-time Congestion Management. Power Engineering Society Winter Meeting, IEEE, Vol. 3, pp. 1643～1649, 2000
[43] G. Hamoud. Assessment of Available Transfer Capability of Transmission System. IEEE Transactions on Power System, Vol. 15, No. 1, pp. 27～32, 2000
[44] X. Luo, A. D. Patton, C. Singh. Real Power Transfer Capability Calculations Using Multi-layer Feed-forward Neutral Networks. IEEE Trans. On Power Systems, Vol. 15, No. 2, pp. 903～908, 2000
[45] M. Pavella, D. Ruiz-Vega, J. Giri, et al. An Integrated Scheme for On-line Static and Transient Stability Constrained ATC Calculations. Power Engineering Society Summer Meeting, IEEE, Vol. 1, pp. 273～276, 1999
[46] H. H. Happ. Costing of Wheeling Methodologies. IEEE Trans . on PWRS, 1994, Vol. 9(1), pp. 147-156
[47] D. S. Kirschen, R. N. Allan, G. Strbac, Contributions of Individual Generators to Loads and Flows. IEEE

Trans. On Power Systems, Vol. 12, No. 1, Feb. 1997
[48] 王锡凡,王秀丽.电流追踪问题.中国科学(E),2000,6(3)
[49] 王锡凡,王秀丽,郑斌.电力市场过网费的潮流分析基础——网损分摊问题.中国电力,1998(6)6～9
[50] 王锡凡,郑斌,王秀丽.电力市场过网费的潮流分析基础——输电设备利用份额问题.中国电力,1998(7)31～34
[51] J. Bialek. Topological Generation and Load Distribution Factors for Supplement Cost Allocation in Transmission Open Access. IEEE Trans. On PWRS, 1997, 12(3), pp. 1185～1193
[52] 蔡兴国,刘玉军.边际成本法在输电定价中的应用.电力系统自动化,2000,3(6),21～23
[53] D. S. Kirschen, G. Strbac. Tracing Active and Reactive Power between Generators and Loads Using Real and Imaginary Currents. IEEE Trans. on PWRS, 1999, 14(4), pp. 1312～1319
[54] 彭建春,江辉,成连生.复功率电源的支路功率分量理论.中国电机工程学报,2001(1)
[55] 李卫东,孙辉,武亚光.潮流追踪迭代算法.中国电机工程学报,2001(11)
[56] Reliability Test System Task Force. IEEE Reliability Test System-1996. IEEE Trans. on PWRS, 1999, 14(3):1010～1020
[57] Federal Energy Regulatory Commission. Open Access Same-time Information System (Formerly Real-time Information Networks) and Standards of Conduct. Docket No. RM95-9-000,Order889,1996
[58] Available Transfer Capability Definition and Determination. North American Electric Reliability Council, 1996
[59] G. Hamoud. Assessment of Available Transfer Capability of Transmission System. IEEE Trans. ATCions on Power System,2000,15(1):27～32
[60] G. C. Ejebe, J. G. Waight, M. Sanots-Nieto, W. F. Tinney. Available Transfer Capability Calculations. IEEE Transactions on Power System,1998,13(4):1521～1527
[61] X. Luo, A. D. Patton, C Singh. Real Power Transfer Capability Calculations Using Multi-layer feed-forward Neural Networks. IEEE Transactions on Power System,2000,15(2):903～908
[62] G. C. Ejebe, J. G. Waight, M. Sanots-Nieto, W. F. Tinney. Fast Calculation of Linear Available Transfer Capability. IEEE Transactions on Power System,2000,15(3):1112～1116
[63] M. Shaaban, Yixin Ni, F. Wu. Total Transfer Capability Calculations for Competitive Power Networks Using Genetic Algorithms. In:Proceedings of International Conference on DRPT,2000
[64] A. R. Vojdani. Computing Available Transmission Capability Using Trace. EPRI Power System Planning & Operation News,1995,1(1)
[65] Ying Xiao, Song Y H. Available Transfer Capability (ATC) Evaluation by Stochastic Programming. IEEE Power Engineering Review,2000,20(9):50～52
[66] Feng Xia, A. P. S. Meliopoulos. A Methodology for Probabilistic Simultaneous Transfer Capability Analysis. IEEE Transactions on Power Systems,1996,11(3):1269～1278
[67] A. B. Rodrigues, M. G. Da Silva. Solution of Simultaneous Transfer Capability Problem by Means of Monte Carlo Simulation and Primal-dual Interior-point Method. Proceedings. PowerCon 2000. International Conference on, Volume 2, 2000 : 1047～1052

第4章 高压直流输电与柔性输电

4.1 概　述

如何将大量的电能从发电厂输送到负荷中心一直是电力工程的重要研究课题。多年来,在努力提高传统电力系统输送能力的同时,电力科学工作者不断地探索各种新型的输电方式。多相输电的概念在1972年由美国学者提出。在输电过程中采用三相输电的整倍数相,如6、9、12相输电以大幅度地提高输送功率极限。多相输电的主要优点是相间电压较三相输电降低,从而可以减小线间距离,节省输电线路的占地。紧凑型输电的概念在1980年代由前苏联学者提出。它从优化输电线和杆塔结构着手,通过增加分裂导线的根数,优化导线排列,尽力使输电线附近的电场均匀,从而减小线路的线间距离,提高线路的自然功率。分频输电的概念在1995年由中国学者提出,目前仍在理论研究和模拟实验阶段。其基本思想是在电能的输送过程中降低频率以缩短输送的电气距离,例如采用三分之一倍工频。超导现象在1911年由荷兰科学家发现。超导输电是超导技术在电力工业中的应用,目前在国际上已能制造小容量的超导发电机、超导变压器和超导电缆,但是距离工业应用还有一段距离。无线输电是不用传输导线的输电方式,其概念提出的历史可以追溯到1899年特斯拉的实验。现代主要研究和有希望在未来实现工业化应用的无线输电方式包括微波输电、激光输电和真空管道输电。无线输电技术的研究已进行了30多年,但仍有大量而困难的技术问题需要解决,因而离工业应用的距离尚很遥远。

高压直流输电(high voltage direct current, HVDC)与柔性输电(flexible AC transmission system, FACTS)都是电力电子技术介入电能输送的技术。

在电力工业的萌芽阶段,以爱迪生(Thomas Alva Edison, 1847～1931)为代表的直流派力主整个电力系统从发电到输电都采用直流;以西屋(George Westinghouse, 1846～1914)为代表的交流派则主张发电和输电都采用交流。由于多台交流发电机同步运行问题的解决以及变压器、三相感应电动机的发明和完善,交流系统在经济技术上的优越性日益凸显,最终取得了主导地位。在发电和变压问题上,交流有明显的优越性,但是在输电问题上,直流自有其交流所没有的优点。和交流输电相比,直流输电有三个主要优点:①由于交流系统的同步稳定性问题,大容量长距离输送电能将使建设输电线路的投资大大增加。当输电距离足够长时,直流输电的经济性将优于交流输电。直流输电的经济性主要取决于换流站的造价。随着电力电子技术的进步,直流输电技术的关键元件换流阀的耐压值和过流量大大提高,造价大幅降低。②由于现代控制技术的发展,直流输电通过对换流器的控制可以快速地(时间为毫秒级)调整直流线路上的功率,从而提高交流系统的稳定性。③直流输电线路可以连接两个不同步或频率不同的交流系统。因而当数个大规模区域电力系统既要实现联网又要保持各自的相对独立时,采用直流线路或所谓背靠背直流系统进行连接是目前控制技术条件下最方便的方法。由于这三个主要优点,直流输电的竞争力日益提升。发展到今天,高压直流输电已愈来愈多地应用在世界各大电力系统中,使现代电力系统成为在交流系统中包含有直流输电系统的交直流混联系统。1990 年投入运行的葛洲坝到上海±500kV、1080km 高压直流输电线路是中国第一条大型直流输电线路工程。

对于新建设的输电线路,采用高压直流输电技术是解决长距离大容量输送电能的一个途径。但是对于已建成的交流输电线路,尽可能地提高其输送能力也是一个重要途径。由于已建成的电力网络中,交流输电线路条数远多于直流输电线路条数,因而对这些线路进行适当的技术改造,从而大幅度地提高它们的效力可能比建设新的输电线路在经济上更为可行。

柔性交流输电系统,亦称柔性输电技术或灵活输电技术,更常用的是直接按英文缩写称为 FACTS。其概念最初由美国学者亨高罗尼(N. G. Higorani)提出,约形成于 20 世纪 80 年代末[1,2,3]。公认的、严格的柔性输电技术的定义目前尚未有定论。柔性输电技术是利用大功率电力电子元器件构成的装置来控制或调节交流电力系统的运行参数和/或网络参数从而优化电力系统的运行状态,提高电力系统的输电能力的技术[4]。显然,直流输电技术也满足以上定义。但是,由于直流输电技术先已独立发展成一项专门的输电技术,故现今所谓的柔性输电技术不包括直流输电技术。

产生和应用柔性输电技术的背景主要有以下几点:电力负荷的不断增长使现有的输电系统在现有的运行控制技术下已不能满足长距离大容量输送电能的需要。由于环境保护的需要,架设新的输电线路受到线路走廊短缺的制约,因此,挖掘已有输电网络的潜力,提高其输送能力成为解决输电问题的一条重要途径。大功率电力电子元器件的制造技术日益发展,价格日趋低廉,使得用柔性输电技术来改造已有电力系统在经济上成为可能。计算技术和控制技术方面的快速发展和计算机的广泛应用,为柔性输电技术发挥其对电力系统快速、灵活的调整、控制作用提供了有力的支持。另外,电力系统运营机制的市场化使得电力系统的运行方式更加复杂多变,为尽可能地满足市场参与者各方面的技术经济要求,电力系统必须具有更强的自身调控能力。

对一个已建成的不包含柔性输电设备的传统电力系统而言,其输电线路的参数是固定的。系统在运行时可以调整、控制的主要是发电机的有功功率和无功功率。尽管传统电力系统中可以通过调整有载调压变压器的分接头(LTC)、串联补偿的电容值和并联补偿的电容(或电抗)值来改变系统的网络参数及开断或投入某条输电线路来改变网络的拓扑结构,但是由于相应的控制操作都通过机械装置完成,因而调整速度不能满足系统在暂态过程中的要求。相对于系统对发电机的各种快速调压、调速控制,系统对于输电网络基本上是没有调整手段的。由于传统电力系统不能灵活地调整输电网络的参数,系统中所有负荷及发电机出力确定以后,潮流分布完全由基尔霍夫电流、电压定理和欧姆定律所确定。这种潮流称为自由潮流。电力系统中的电源点及电力网络的建设过程是一个逐步发展的历史过程,因此,很难通过建设规划使系统对千变万化的运行方式都是合理的。事实上,对于已经存在的传统电力系统,自由潮流往往并不是技术经济指标最好的潮流分布。例如,当系统中存在电磁环网时,循环功率的存在使系统的网损增大。在并行潮流中,由于电流是按阻抗成反比分流,阻抗小的输电回路电流大,因此,经常发生一条线路已达到其热稳极限,而另一条线路尚未充分利用的情况。用调整系统中的发电机出力来优化系统的运行状态有时十分不便，甚至难以满足运行要求。输电线输送电能的热稳极限主要由导线截面决定。在传统电力系统中，通常只有较短的线路才可能达到热稳极限。输电线输送电能的另一个极限是交流系统同步运行的稳定极限。确定同步稳定极限的因素要比确定热稳极限的因素复杂得多，它与全系统的网络结构、运行方式、控制手段、线路在系统中的具体位置及事故地点和类型等有关。传统电力系统由于缺乏对输电网络的快速、灵活的控制手段，故线路的同步稳定极限通常小于、有时甚至远小于热稳极限。这就意味着，传统电力系统输送电能的能力并没有充分得到利用。柔性输电技术正是基于这一事实，在输电网络中引入由电力电子元器件构成的装置，以实现对输电网的快速、灵活地控制，从而与对发电机的各种快速控制相匹配以提高已有的输电网的输电能力。

传统的电力系统也试图对输电网络提供调整控制手段。如在系统中合适的位置采用串联电容补偿以减小线路电抗，安装并联电容器和/或电抗器、静止并联补偿器和有载调压变压器以控制节点电压，利用移相器以改变线路两端的电压相位差。但是由于这些设备不能快速、连续地调整自身的参数，因而由其提高系统的稳定极限从而增加的输送能力有限。

属于柔性输电技术的装置很多，文献[4]建议了与各种 FACTS 装置有关的术语及其定义。由于传统电力系统中已在串联补偿、并联补偿、移相器和有载调压变压器等设备的应用方面积累了一定的经验，目前相对比较成熟的几种柔性输电装置就是用电力电子元器件实现的上述几种装置。由于装置采用了电力电子元器件，因而可以在系统的暂态过程中按照预先设计好的控制策略通过快速、连续地调整自身的参数来控制系统的动态行为，从而达到提高系统稳定极限、增大系统输送能力的效果。近 20 年来，柔性输电技术不断发展，在实际电力系统中得到了越来越多的应用。中国也正在逐步发展和应用这些技术，如在河南省电网安装了静止无功发生器等等。

高压直流输电和柔性输电的基本特点都是控制十分迅速，因而当系统中含有 HVDC 线路和/或 FACTS 装置时，电力系统的稳态和动态调控手段都大大加强。显然，合适的控制策略对改善电力系统的动态特性极为重要。研究 HVDC 和 FACTS 在各种运行工况下的分析方法、控制技术及含有 HVDC 和 FACTS 的电力系统的潮流计算方法及控制策略因而也成为电力科学研究的一个重要领域。

本章将讨论直流输电系统和柔性输电系统的基本原理和数学模型，并介绍交直流混联电力系统和含有柔性输电装置的电力系统的潮流计算方法。

4.2 直流输电的基本原理与数学模型

本节将通过分析换流器的正常运行工况来介绍直流输电的基本原理和建立其数学模型。对换流器的不正常状态、换流器的保护、谐波问题及控制技术将不作讨论，对这些问题有兴趣的读者可参见文献[5]～[8]。

4.2.1 直流输电的基本概念

直流输电的基本原理接线图如图 4-1 所示。这是一个简单的直流输电系统，包括两个换流站 C1 及 C2 和直流线路。根据直流导线的正负极性，直流输电系统分为单极系统、双极系统和同极系统。图 4-1 所示的直流系统只有一根直流导线，通常为负极，另一根用大地替代，因此是单极系统。为了节省线路建设的投资，直流输电系统有时用单极接线方式。但是单极系统中的地电流受地质的影响，有时可能对其附近的地下设施产生不良影响，例如加速地下各种金属管道的腐蚀。为避免这种情况，可采用两根直流导线，一根为正极，另一根为负极，这就是双极接线。图 4-1 中的换流站由一个换流桥组成，为了提高直流线路的电压和减小换流器产生的谐波，常将多个换流桥串联而成为多桥换流器。多桥换流器的接线方式有双极和同极。图 4-2(a)和(b)分别给出了双极和同极接线方式。同极接线方式中所有导线有相同的极性。单极接线方式也常常作为双极和同极接线方式的第一期工程。一个换流站通常称为直流输电系统的一端。图 4-1 和图 4-2(a)、(b)所示的直流输电系统分别为单极两端系统、双极两端系统和同极两端系统。实际的直流输电系统可以是多端系统；多端直流系统用以连接三个及三个以上交流系统。图 4-2(c)为一个单极三端直流系统的接线。

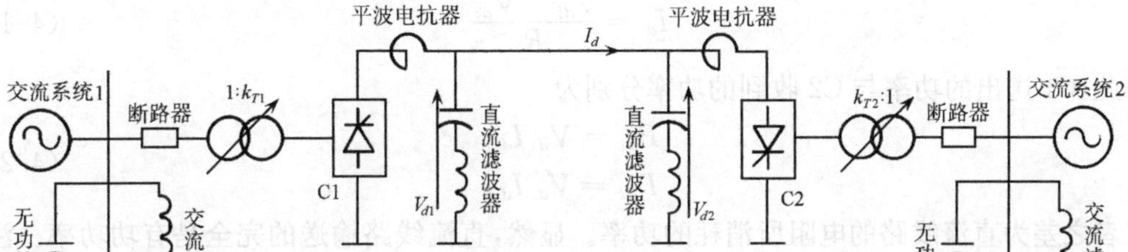

图 4-1　直流输电的基本原理接线图

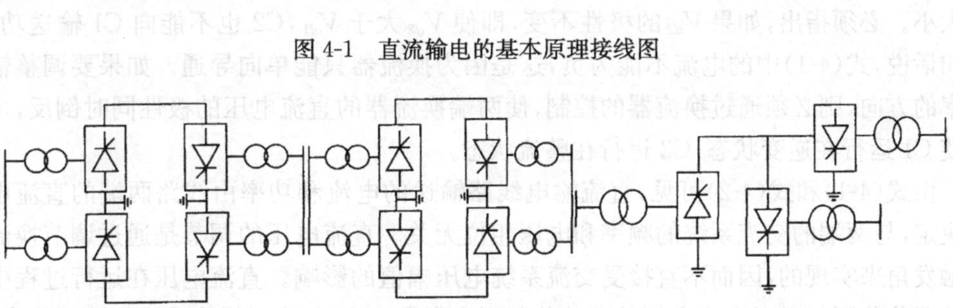

(a) 双极接线方式　(b) 同极接线方式　(c) 单极三端接线方式

图 4-2　直流输电的接线方式

换流站中的主要设备有：换流器、换流变压器、平波电抗器、交流滤波器、直流滤波器、无功补偿设备和断路器。换流器的功能是实现交流电与直流电之间的变换。把交流变为直流时称为整流器，反之称为逆变器。组成换流器的最基本元件是阀元件。现代高压直流输电系统所用的阀元件为普通晶闸管(thyristor)。在目前的制造水平下，晶闸管的额定电压约为 3～5kV，额定电流约为 2.5～3kA。由于阀元件的耐压值和过流量有限，换流器可由一个或多个换流桥串并联组成。用于直流输电的换流桥为三相桥式换流电路，如图 4-3 所示。一个换流桥有 6 个桥臂，桥臂由阀元件组成。换流桥的直流端与直流线路相连，交流端与换流变压器的二次绕组相连。换流变压器的一次绕组与交流电力系统相连。换流变压器与普通的电力变压器相同，但通常须带有有载调压分接头，从而可以通过调节换流变压器的变比方便地控制系统的运行状态。换流变压器的直流侧通常为三角形或星形中性点不接地接线，这样直流线路可以有独立于交流系统的电压参考点。换流器运行时，在其交流侧和直流侧都产生谐波电压和谐波电流。这些谐波分量影响电能质量，干扰无线通讯，因而必须安装参数合适的滤波器抑制这些谐波。平波电抗器的电感值很大，有时可达1H。其主要作用是减小直流线路中的谐波电压和谐波电流；避免逆变器的换相失败；保证直流电流在轻负荷时的连续；当直流线路发生短路时限制整流器中的短路电流峰值。另外，换流器在运行时需从交流系统吸收大量无功功率。稳态时吸收的无功功率约为直流线路输送的有功功率的50%，暂态过程中更多。因此，在换流站附近应有无功补偿装置为换流器提供无功电源。

直流输电是将电能由交流整流成直流输送，然后再逆变成交流接入交流系统。当交流系统1通过直流输电线路向交流系统2输送电能时，C1为整流运行状态，C2为逆变运行状态。因而C1相当于电源，C2为负载。设直流线路的电阻为R，可知线路电流

$$I_d = \frac{V_{d1} - V_{d2}}{R} \tag{4-1}$$

因此，C1送出的功率与C2收到的功率分别为

$$\left.\begin{aligned} P_{d1} &= V_{d1} I_d \\ P_{d2} &= V_{d2} I_d \end{aligned}\right\} \tag{4-2}$$

二者之差为直流线路的电阻所消耗的功率。显然，直流线路输送的完全是有功功率。注意逆变器C2的直流电压V_{d2}与直流电流I_d的方向相反，只要V_{d1}大于V_{d2}，就有满足式(4-1)的直流电流流过直流线路。因此通过调整直流电压的大小就可以调整输送功率的大小。必须指出，如果V_{d2}的极性不变，即使V_{d2}大于V_{d1}，C2也不能向C1输送功率。换句话说，式(4-1)中的电流不能为负，这是因为换流器只能单向导通。如果要调整输送功率的方向，则必须通过换流器的控制，使两端换流器的直流电压的极性同时倒反，也就是使C1运行在逆变状态，C2运行在整流状态。

由式(4-1)和式(4-2)可见，直流输电线路输送的电流和功率由线路两端的直流电压所决定，与两端的交流系统的频率和电压相位无关。直流电压的调节是通过调节换流桥的触发角来实现的，因而不直接受交流系统电压幅值的影响。直流电压在运行过程中允许的调节范围相对于交流电压的调节范围要大得多。这样，由于没有稳定问题的约束，直流输电方式可以长距离地输送大容量的电能；而交流输电方式在这种情况下则困难得多。在调节速度上，由于直流输电中的控制过程全部是由电子设备完成的，因而十分迅速。在电力系统暂态过程中，当快速地、大幅度地调节输送功率时，交流系统中的原动机并不立即承担全部的功率增量，只是系统的频率发生相应的变化。例如，增加输送功率，则交流系统1的频率将下降，交流系统2的频率将升高。这相当于把交流系统1中的所有旋转元件的转动动能的一部分转化为电能输送给交流系统2。最终由于交流系统1中的频率调节装置的动作，交流系统中的原动机出力增加，使频率恢复。在交流系统2需要紧急功率支援时，直流输电的这种快速调节特性是至关重要的。

以下我们介绍换流器的工作原理并推导一般换流器的基本方程。在推导中采用以下基本假定：

(1) 不考虑谐波及中性点偏移的影响，即认为交流系统是三相对称、频率单一的正弦

系统。

(2) 不考虑直流电流的纹波，即认为直流电流是恒流。

(3) 不计换流变压器的激磁阻抗和铜耗且不考虑换流变压器的饱和效应，即认为变压器是理想变压器。

(4) 不考虑直流线路的分布参数特性。

如果读者只对交直流混联系统的潮流计算方法感兴趣而并不关心换流器的工作原理和其基本方程的导出过程，则可以直接阅读图 4-15 和换流器基本方程(4-37)～(4-39)。

4.2.2 不计 L_c 时换流器的基本方程

图 4-3 所示为三相全波桥式换流器的等值电路及阀元件的符号。阀正常工作时只有导通和关断两种状态。阀从关断到导通必须同时具备两个条件：一是阳极电压高于阴极电压，或者说阀电压是正向的。二是在控制极上有触发所需的脉冲。当阀电压为正，但控制极未加触发脉冲时，阀仍然是关断状态。阀的这种正向阻断能力是一般二极管所不具备的。阀既经触发导通后，即便触发脉冲消失，阀仍保持导通状态。须当阀电流减小到零，且阀电压保持一段时间(毫秒级即可)非正，阀才从导通转入关断状态。阀在导通状态下，阳极与阴极之间只有很小的正向压降，因此，近似认为阀在通态下的等值电阻为零。阀在关断状态下，阳极与阴极之间可以承受很高的正向或反向电压而不导通(仅仅有很小的泄漏电流)，因此，近似认为阀在断态下的等值电阻为无穷大。忽略阀的通态正向压降和断态泄漏电流时，阀即为理想阀。

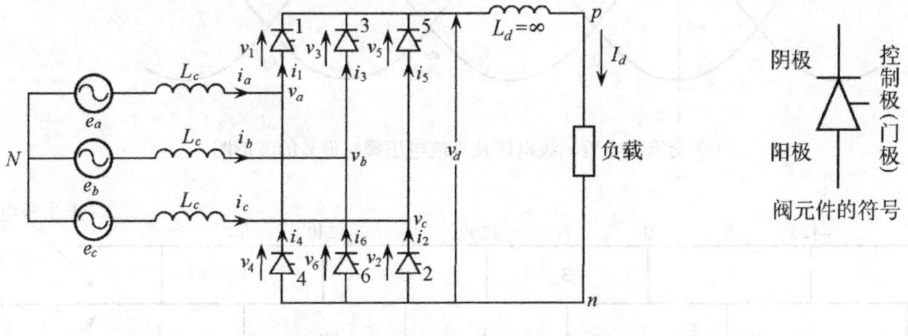

图 4-3 三相全波桥式换流器的等值电路及阀元件的符号

根据基本假定，交流系统(包括换流变压器)可用频率和电压恒定的理想电压源与电感 L_c 串联来等值。理想电压源的瞬时电压为

$$\left.\begin{aligned} e_a &= E_m\cos(\omega t+\pi/3) \\ e_b &= E_m\cos(\omega t-\pi/3) \\ e_c &= E_m\cos(\omega t-\pi) \end{aligned}\right\} \tag{4-3}$$

则线间电压为

$$\left.\begin{aligned} e_{ac} &= e_a-e_c=\sqrt{3}E_m\cos(\omega t+\pi/6) \\ e_{ba} &= e_b-e_a=\sqrt{3}E_m\cos(\omega t-\pi/2) \\ e_{cb} &= e_c-e_b=\sqrt{3}E_m\cos(\omega t+5\pi/6) \end{aligned}\right\} \tag{4-4}$$

图 4-4(a)给出了式(4-3)和式(4-4)的波形图。

首先分析触发延迟角 α 为零的情况。α 为零意味着一旦阀的阳极电压高于阀的阴极电压便立即在阀的控制极上加触发脉冲，由于不计 L_c 阀便即刻导通。在图 4-3 中，注意上半桥的阀的编号为 1、3、5，下半桥为 4、6、2。由下面的分析可以看出，这实际上是阀依次导通的顺序。由于阀 1、3、5 的阴极是连接在一起的，当 a 相的对地电压比 b、c 两相的对地电压高时，阀 1 首先导通。阀 1 一旦导通，由于不计阀的正向压降，则阀 3、5 的阴极电位等于相电压 e_a，分别高于阳极电压 e_b、e_c，故阀 3、5 为关断状态。同样，在下半桥阀 2、4 和 6 的阳极连接在一起，因此，当 c 相对地电压比 a、b 两相低时，阀 2 导通而阀 4、6 为关断状态。

从图 4-4(a)的波形图可以看出，当 $\omega t \in [-120°, 0°]$ 时，e_a 既大于 e_b 也大于 e_c，在此期间，上半桥中阀 1 是导通的。当 $\omega t \in [-60°, 60°]$ 时，e_c 既小于 e_a 也小于 e_b，在此期间，下半桥中阀 2 是导通的。当认为 L_c 为零时，换流器在正常工况下，上半桥和下半桥各仅有一个阀导通。因此，在 $\omega t \in [-60°, 0°]$ 期间，上半桥中的阀 1 和下半桥的阀 2 处于导通状态，而其他的阀都是关断状态。在此期间，上半桥的阴极电压为 e_a 而下半桥的阳极电压为 e_c。显然，直流回路的电源电压为 $e_{ac} = e_a - e_c$；交流电流 $i_a = -i_c = I_d$；$i_b = 0$。以下用同样的方法分析其他时段。

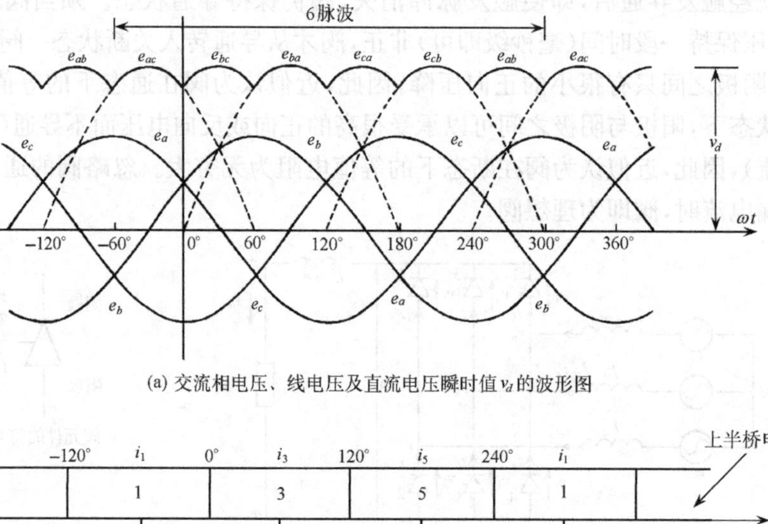

(a) 交流相电压、线电压及直流电压瞬时值 v_d 的波形图

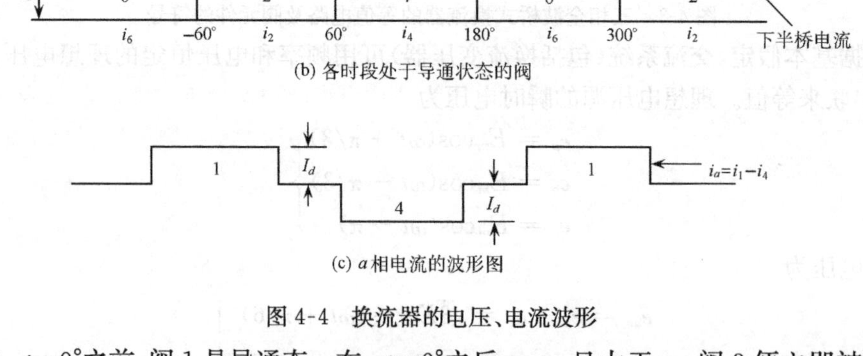

(b) 各时段处于导通状态的阀

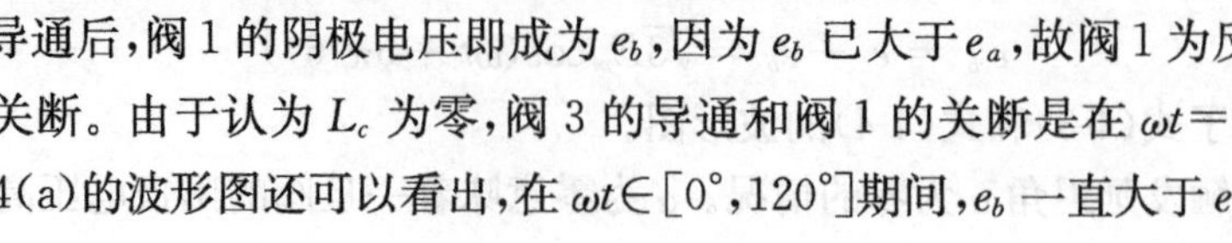

(c) a 相电流的波形图

图 4-4 换流器的电压、电流波形

在 $\omega t = 0°$ 之前，阀 1 是导通态。在 $\omega t = 0°$ 之后，e_b 一旦大于 e_a，阀 3 便立即被触发而导通。阀 3 导通后，阀 1 的阴极电压即成为 e_b，因为 e_b 已大于 e_a，故阀 1 为反向阀电压，所以阀 1 即被关断。由于认为 L_c 为零，阀 3 的导通和阀 1 的关断是在 $\omega t = 0°$ 时瞬间完成的。从图 4-4(a)的波形图还可以看出，在 $\omega t \in [0°, 120°]$ 期间，e_b 一直大于 e_a，故阀 3 一直

为导通态。注意到下半桥的导通状态，知在 $\omega t\in[0°,60°]$ 期间，换流器的上半桥为阀 3 导通，下半桥为阀 2 导通。直流回路电源电压为 $e_{bc}=e_b-e_c$；交流电流 $i_b=-i_c=I_d$；$i_a=0$。阀 1 从导通到关断和阀 3 从关断到导通称为换相，直流回路的电源电压从 e_{ac} 换成了 e_{bc}。

在 $\omega t=60°$ 之前，阀 2 是导通态。在 $\omega t=60°$ 之后，e_a 一旦小于 e_c，阀 4 便立即被触发而导通。阀 4 导通后，阀 2 的阳极电压即成为 e_a，因为 e_a 已小于 e_c，故阀 2 为反向阀电压，所以阀 2 即被关断。由于认为 L_c 为零，阀 4 的导通和阀 2 的关断是在 $\omega t=60°$ 时瞬间完成的。从图 4-4(a)的波形图可以看出，在 $\omega t\in[60°,180°]$ 期间，e_a 一直小于 e_c，故阀 4 一直为导通态。注意到上半桥的导通状态，知在 $\omega t\in[60°,120°]$ 期间，换流器的上半桥为阀 3 导通，下半桥为阀 4 导通。直流回路电源电压为 $e_{ba}=e_b-e_a$；交流电流 $i_b=-i_a=I_d$；$i_c=0$。

在 $\omega t=120°$ 之前，阀 3 是导通态。在 $\omega t=120°$ 之后，一旦 e_c 大于 e_b，阀 5 便立即被触发而导通，则阀 3 即被关断。在 $\omega t\in[120°,240°]$ 期间，阀 5 一直为导通态。那么在 $\omega t\in[120°,180°]$ 期间，换流器的上半桥为阀 5 导通，下半桥为阀 4 导通。直流回路电源电压为 $e_{ca}=e_c-e_a$；交流电流 $i_c=-i_a=I_d$；$i_b=0$。

在 $\omega t=180°$ 之前，阀 4 是导通态。在 $\omega t=180°$ 之后，一旦 e_b 小于 e_a，阀 6 便立即被触发而导通，则阀 4 即被关断。在 $\omega t\in[180°,300°]$ 期间，阀 6 一直为导通态。那么在 $\omega t\in[180°,240°]$ 期间，换流器的上半桥为阀 5 导通，下半桥为阀 6 导通。直流回路电源电压为 $e_{cb}=e_c-e_b$；交流电流 $i_c=-i_b=I_d$；$i_a=0$。

在 $\omega t=240°$ 之前，阀 5 是导通态。在 $\omega t=240°$ 之后，一旦 e_a 大于 e_c，阀 1 便立即被触发而导通，则阀 5 即被关断。在 $\omega t\in[240°,360°]$ 期间，阀 1 一直为导通态。那么在 $\omega t\in[240°,300°]$ 期间，换流器的上半桥为阀 1 导通，下半桥为阀 6 导通。直流回路电源电压为 $e_{ab}=e_a-e_b$；交流电流 $i_a=-i_b=I_d$；$i_c=0$。

如此循环往复。图 4-4(b)的上下两行分别对应于上下半桥中的阀。当一个阀从导通转为关断而另一个阀从关断转为导通的瞬间，直流回路电源即发生换相。如在 $\omega t=0°$ 时，阀 1 关断，阀 3 开通，直流回路电源电压从 $e_{ac}=e_a-e_c$ 换为 $e_{bc}=e_b-e_c$。由于 L_c 为零，换相是瞬时完成的，因而在任意时刻换流桥中只有两个编号相邻的阀处在导通状态，即上半桥一个，下半桥一个。当 L_c 不为零时，由于电感的存在，电流不能突变，因而换相不能瞬时完成。换相所需的时间所对应的电角度称为换相角 γ。换相角不为零的情况我们将在后面讨论。

由以上分析可以得到交流侧三相电流的波形图。图 4-4(c)给出了 a 相电流的波形图。由于平波电抗器与滤波器的作用且不计 L_c，故电流波形为矩形波。事实上 I_d 为直流电流的平均值，其大小将在后面分析。图 4-4(b)给出了各阀处于导通状态的时段。图 4-4(a)给出了直流电压瞬时值 v_d 的波形。v_d 为换流桥上半桥阴极和下半桥阳极之间的电压差。由上述分析可见，在交流系统的一个周期 $\omega t\in[0°,360°]$ 上，换流桥发生过 6 次换相，直流电压瞬时值 v_d 的波形有 6 次等间隔的脉动。因此，三相全波换流器也称为 6 脉冲换流器。脉动的直流电压 v_d 经傅里叶分解得到的直流分量即是直流电压 V_d。由傅里叶分解知，直流电压 V_d 是 v_d 的平均值。

由图 4-4(a)所示的直流电压瞬时值 v_d 的波形图，可以得到触发延迟角 α 为零且换相角 γ 也为零时直流电压的平均值，记为 V_{d0}：

$$V_{d0} = \frac{1}{2\pi}\int_{0^\circ}^{360^\circ} v_d \mathrm{d}\theta = \frac{3\sqrt{6}}{\pi}E \tag{4-5}$$

式中：E 为交流电源的相电压有效值。

以上分析了触发延迟角 α 为零时的直流电压与直流电流。如果在阀电压为正后，并不立即加门极触发电压，而是有一个时间延迟 τ_α，则称这段时间所对应的电角度 $\omega\tau_\alpha = \alpha$ 为触发延迟角。由图 4-4 所示的 $\alpha=0°$时的各阀的触发时刻，可知当 $\alpha \neq 0$ 时阀 3、4、5、6、2 和 1 导通的时刻所对应的电角度分别为：$0°+\alpha$、$60°+\alpha$、$120°+\alpha$、$180°+\alpha$、$240°+\alpha$ 和 $300°+\alpha$。当 $\alpha \neq 0$ 且不计 L_c 时，直流电压瞬时值 v_d 的波形如图 4-5(a)所示。各阀处于导通状态的时段标示在图 4-5(b)中。由阀导通的两个必要条件知，欲使阀从关断状态开通，触发延迟角 α 的范围须在[0°,180°]中。当触发延迟角 α 超出以上范围时，由交流电源的波形图可见，阀电压为负，因而阀不能被触发而开通。以阀 3 为例，注意阀 3 在开通之前阀 1 是导通状态，因而阀 3 的阴极电压为 e_a，阳极电压为 e_b。由图 4-4 中 e_a、e_b 的波形图可见，在 $\omega t \in (0°,180°)$ 上，e_b 大于 e_a，即阀 3 具有正向阀电压 e_{ba}。因此，只要 α 小于 180°，阀 3 即可被触发而导通。当 α 大于 180°时，由于 e_b 已小于 e_a，故阀 3 已不具备正向阀电压的条件，因而阀 3 不能被触发而导通。对于其他各阀可以有相同的分析。

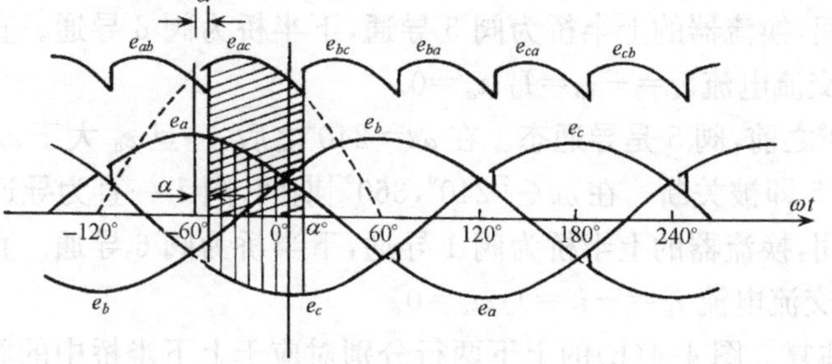

(a) 直流电压瞬时值 v_d 的波形

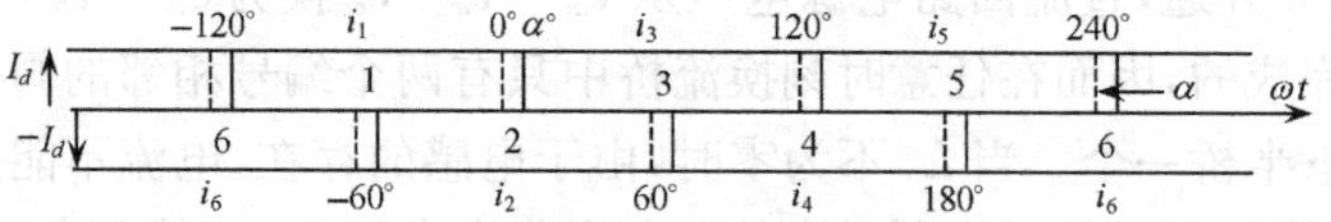

(b) 各阀处于导通状态的时段

图 4-5　$\alpha \neq 0$、$\gamma=0$ 时直流电压的波表成各阀处于导通状态的时段

根据图 4-5(a)，当触发延迟角 $\alpha \in [0°,180°]$时，直流电压的平均值为

$$V_d = \frac{1}{2\pi}\int_{-60°}^{300°} v_d \mathrm{d}\theta = \frac{6}{2\pi}\int_{-60°+\alpha}^{0°+\alpha} e_{ac} \mathrm{d}\theta = V_{d0}\cos\alpha \tag{4-6}$$

由上式可见，当触发延迟角 α 非零时，直流电压的平均值 V_d 小于 V_{d0}。当 α 从零增加到 90°时，V_d 的值从 V_{d0} 减小到 0；当 α 进一步从 90°增加到 180°时，V_d 的值从 0 减小到 $-V_{d0}$。直流电压为负值时，即 $\alpha \in [90°,180°]$时，由于阀的单向导通性，直流电流 I_d 的方向并没有改变。在这种情况下，直流电压与直流电流的乘积为负值，也就是说，换流器从交流系统吸收的功率为负值。在这种运行状态下，有功功率的实际流向是从直流系统到交流系统。当换流器向交流系统提供有功功率时，换流器把直流电能转换为交流电能送

进交流系统。换流器的这种运行状态被称为逆变。

以下通过分析交流电流 i_a 的基波分量 i_{a1} 与交流电源电压 e_a 的相位关系可以更清楚地看到换流器如何随触发延迟角 α 的增大而从整流状态进入逆变状态。

在目前的分析中，由于不计 L_c，故换相是瞬时完成的。比较图 4-4(b)和图 4-5(b)可以看出，无论触发延迟角 α 是否为零，每一个阀处于导通状态的时间所对应的电角度宽度均为 120°，即阀电流是宽度为 120°、幅值为 I_d 的矩形波。图 4-4(c)表示 α 为零时 a 相交流电流 i_a 的波形。注意 i_a 与交流电源 e_a 的相位关系。当 α 从零增大时，i_a 的波形不变，只是向右平移 α。按傅里叶级数分解，不难理解从矩形波 i_a 中分解出的基波分量 i_{a1} 的相位相对于交流电源 e_a 的相位滞后角度即为触发延迟角 α；而交流基波分量的有效值为

$$I = \frac{2}{\sqrt{2}\pi}\int_{-30^\circ}^{30^\circ} I_d \cos x \mathrm{d}x = \frac{\sqrt{6}}{\pi} I_d \tag{4-7}$$

由于已假定交直流两侧都有理想的滤波器，因此谐波功率为零。故不计换流器的功率损耗时，交流基波的有功功率与直流功率相等，从而有

$$3EI\cos\varphi = V_d I_d \tag{4-8}$$

式中：φ 为交流电压超前基波电流的相差，称为换流器的功率因数角。把式(4-7)和式(4-6)分别代入式(4-8)左右两端，有

$$3E\frac{\sqrt{6}}{\pi} I_d \cos\varphi = I_d \frac{3\sqrt{6}}{\pi} E\cos\alpha \tag{4-9}$$

即是

$$\cos\varphi = \cos\alpha \tag{4-10}$$

上式进一步表明交流电流的基波分量与交流电压的相位差正是触发延迟角 α。据上分析，交流系统的基波复功率为

$$P + jQ = \frac{3\sqrt{6}}{\pi} EI_d(\cos\alpha + j\sin\alpha) \tag{4-11}$$

由式(4-6)和式(4-7)可见，换流器把交流转换成直流或把直流转换成交流时，交流基波电流的有效值与直流电流的比值是固定的，而交直流的电压比值与换流器的触发延迟角有关。式(4-11)是交流系统经过换流器送进直流系统的复功率；换句话说，是直流系统从交流系统吸收的复功率。显见，这个功率受触发延迟角控制。当 $\alpha\in[0^\circ,90^\circ]$ 时，有功功率为正，这时换流器从交流系统吸收有功功率，即把交流电能转换为直流电能；而当 $\alpha\in[90^\circ,180^\circ]$ 时，有功功率为负，这时换流器向交流系统提供有功功率，即把直流电能转换为交流电能。另外，从式(4-11)还可见，尽管直流系统只输送有功功率，但在输送有功功率的同时，整流器(其 $\alpha\in[0^\circ,90^\circ]$)和逆变器(其 $\alpha\in[90^\circ,180^\circ]$)都从交流系统吸收无功功率。

4.2.3 计及 L_c 时换流器的基本方程

图 4-3 中的电感 L_c 是换流变压器的等值电感，实际系统中不为零。由于 L_c 的存在，相电流不能瞬时突变，因而换流器的供电电源从一相换到另一相时不能瞬时完成而需要一段时间 τ_γ。通常称 τ_γ 为换相期，换相期所对应的电角度 $\gamma=\omega\tau_\gamma$ 称为换相角。在换相期内，即将开通的阀中的电流从零逐渐增大至 I_d，而即将关断的阀的电流从 I_d 逐渐减小到零。正常运行下，换相角小于 60°；满载情况下换相角的典型值约为 15°～25°。对 $\gamma\in$

[0°,60°]的情况，换相期间换流器中有三个阀同时导通。其中，一个为非换相期导通状态，其阀电流为 I_d；一个为换相期即将导通状态，其阀电流正从零向 I_d 过渡；一个为换相期即将关断状态，其阀电流正从 I_d 向零过渡。在两个换相期之间换流器仍然是上半桥和下半桥各有一个阀处在导通状态。图 4-6(a)、(b)分别给出了触发延迟角 α 为零时，换相角 γ 为零和不为零两种情况下，换流器中阀的导通情况。图 4-6(b)中的斜线在 $\theta(=\omega t)$ 轴上的投影即是换相期所对应的换相角。由图显见，两次换相期开始的电角度之差为 60°；非换相期为 $60°-\gamma$。因此，若换相角 γ 大于 60°，非换相期将小于零。换句话说，一个换相期尚未结束，下一个换相期即又开始。这时换流器中将有 3 个以上的阀同时导通。这是不正常的运行工况。由于换相角的存在，直流电压的平均值将随直流电流的增大而有所减小。

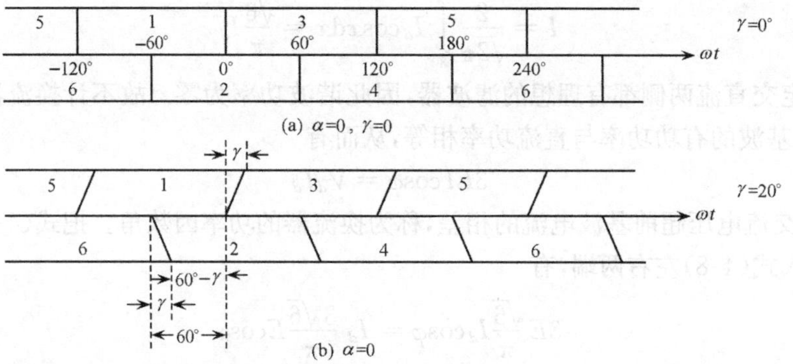

图 4-6　换流器中阀的导通情况

以下我们分析影响换相角大小的因素及换相角对直流电压的影响。

计及换相角后，使换流器正常工作的触发滞后角的变化范围有所减小。按交流电源波形分析，触发滞后角的变化范围为$[0°,180°-\gamma]$。后面我们将进一步解释其原因。

图 4-7 给出了滞后为 $\alpha\in[0°,180°-\gamma]$、换相角为 $\gamma\in[0°,60°]$时阀的导通情况。以阀 1 导通换相到阀 3 导通为例，当 $\omega t=0°+\alpha$ 时，阀 1 开始向阀 3 换相；当 $\omega t=0°+\alpha+\gamma=0°+\delta$ 时换相结束。这里 δ 为触发延迟角与换相角之和，称为熄弧角。注意到在换相开始时刻(即 $\omega t=\alpha$ 时)，阀 1 的阀电流 i_1 为 I_d，阀 3 的阀电流 i_3 为零；在换相结束时刻(即 $\omega t=\alpha+\gamma=\delta$ 时)i_1 为零而 i_3 为 I_d。在换相期间，即 $\omega t\in[\alpha,\delta]$，由图 4-7 可见，阀 1、2 和 3 同时导通，换流桥的等值电路如图 4-8 所示。

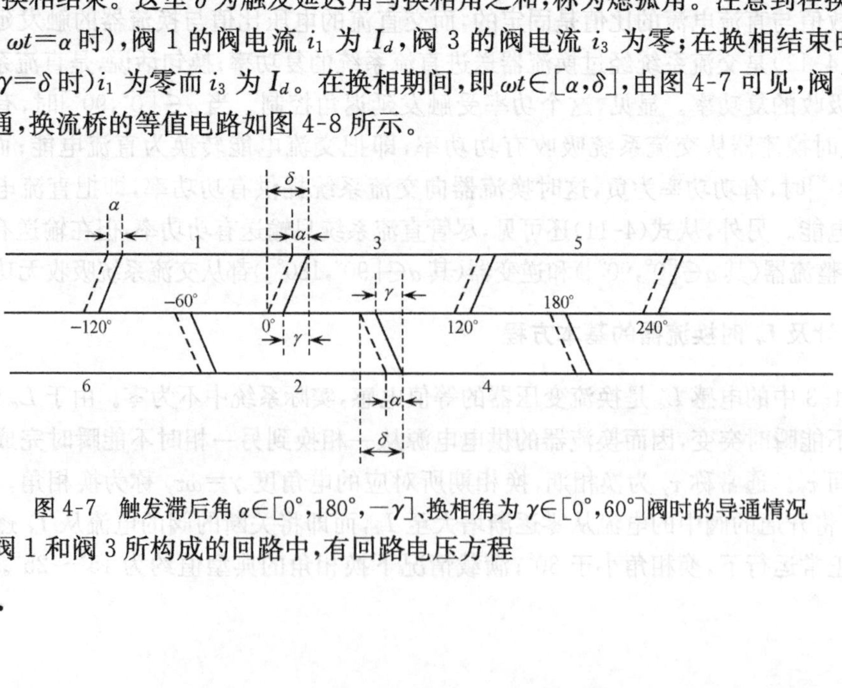

图 4-7　触发滞后角 $\alpha\in[0°,180°,-\gamma]$、换相角为 $\gamma\in[0°,60°]$阀时的导通情况

对阀 1 和阀 3 所构成的回路中，有回路电压方程

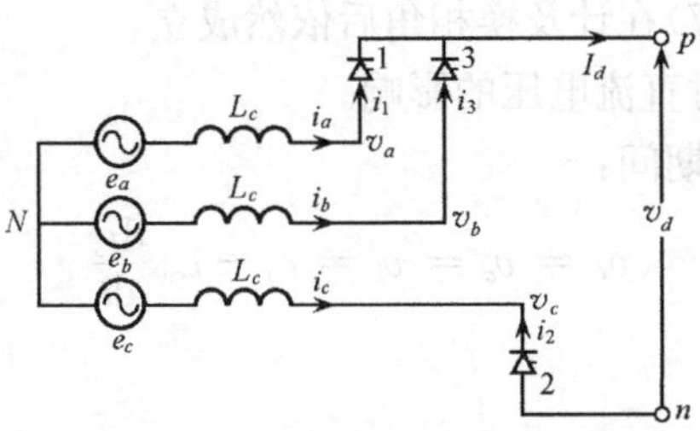

图 4-8　阀 1 向阀 3 换相时换流桥的等值电路图

$$e_b - e_a = L_c \frac{di_3}{dt} - L_c \frac{di_1}{dt}$$

称电压 e_b-e_a 为换相电压；电流 i_3 为换相电流。因为 $I_d=i_1+i_3$ 并结合式(4-5)，上式可改写为

$$\sqrt{3}E_m \sin\omega t = 2L_c \frac{di_3}{dt} \tag{4-12}$$

按照边界条件，可以解出电流 i_3：

$$\int_0^{i_3} di_3 = \int_{\alpha/\omega}^{t} \frac{\sqrt{3}E_m}{2L_c} \sin\omega t \, dt$$

$$i_3 = \frac{\sqrt{3}E_m}{2\omega L_c} \cos\omega t \Big|_t^{\alpha/\omega} = I_{s2}(\cos\alpha - \cos\omega t) \tag{4-13}$$

式中：

$$I_{s2} = \frac{\sqrt{3}E_m}{2\omega L_c} \tag{4-14}$$

顺便指出，由式(4-13)可见，换相电流中包含两个分量。其中第一项为常数分量，第二项为正弦分量。常数分量的大小与触发滞后角 α 有关，正弦分量的相位滞后于换相电压 e_{ba} 的角度为 90°。理解这一现象并不困难。由图 4-8 可见，在换相期，阀 1 与阀 3 同时导通，对交流系统而言相当于 a、b 两相经二倍的 L_c 短路，而换相电流 i_3 正是交流电源 e_b 的短路电流。常数分量是短路电流中的自由分量，其产生的机理是电感回路中的电流不能发生突变；正弦分量是短路电流中的强迫分量，由于短路回路是纯电感回路，所以正弦分量的相位滞后电源电压为 90°。I_{s2} 为短路电流强迫分量的峰值。因此，换流器的稳态工况就是：在换相期使交流系统两相短路；在非换相期使交流系统单相断线。

已知当 $\omega t=\alpha+\gamma=\delta$ 时，$i_3=I_d$，此时换相结束。因而换相角的大小反映了换相电流从零增加到 I_d 所需的时间。据此，由式(4-13)有

$$I_d = \frac{\sqrt{3}E_m}{2\omega L_c}[\cos\alpha - \cos(\alpha+\gamma)] \tag{4-15}$$

由上式可见，换相角 γ 与运行参数 I_d、E_m、α 和网络参数 L_c 有关：I_d 越大，则换相角越大；E_m 越大则换相角越小；当 $\alpha=0°$或接近 180°时，换相角随 α 变化到最大值；当 $\alpha=90°$时，换相角随 α 变化到最小值。此外，L_c 越大，换相角越大。当 L_c 趋于零时，换相角即趋于零，这就是我们在前面不计 L_c 时讨论的情况。必须指出，因为在换相期间，阀 1 与阀 3 的阀电流之和为 I_d，所以换相角的大小对直流电流 I_d 没有直接的影响，因而交流电流基波分

量与直流电流的关系式(4-7)在计及换相角后依然成立。

下面我们分析换相角对直流电压的影响。

由图 4-8 可见,在换相期间:

$$v_p = v_a = v_b = e_b - L_c \frac{\mathrm{d}i_3}{\mathrm{d}t}$$

由式(4-12)知

$$L_c \frac{\mathrm{d}i_3}{\mathrm{d}t} = \frac{\sqrt{3}E_m \sin\omega t}{2} = \frac{e_b - e_a}{2}$$

故有

$$v_p = v_a = v_b = e_b - \frac{e_b - e_a}{2} = \frac{e_a + e_b}{2}$$

注意,在不计换相角的情况下,阀一经触发,换流桥的阴极电压 v_p 就等于 e_b,但计及换相角之后,在换相期间,v_p 等于$(e_a + e_b)/2$,直到换相结束后,v_p 才等于 e_b。图 4-9 所示为阀

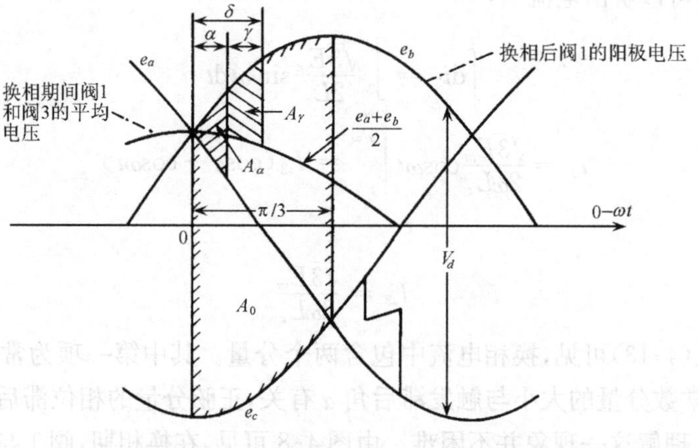

图 4-9 阀 1 向阀 3 换相时的电压波形

1 向阀 3 换相时的电压波形。此图中,在 $\omega t \in [0°, 60°]$上,注意以下三块面积:

$$A_0 = \int_{0°}^{60°} (e_b - e_c)\mathrm{d}\omega t = \int_{0°}^{60°} \sqrt{3}E_m \cos(\omega t - 30°)\mathrm{d}\omega t = \sqrt{3}E_m \tag{4-16}$$

$$A_\alpha = \int_{0°}^{\alpha} (e_b - e_a)\mathrm{d}\omega t = \int_{0°}^{\alpha} \sqrt{3}E_m \cos(\omega t - 90°)\mathrm{d}\omega t = \sqrt{3}E_m(1 - \cos\alpha) \tag{4-17}$$

$$A_\gamma = \int_{\alpha}^{\delta} \left(e_b - \frac{e_a + e_b}{2}\right)\mathrm{d}\omega t = \frac{1}{2}\int_{\alpha}^{\delta} (e_b - e_a)\mathrm{d}\omega t = \frac{\sqrt{3}}{2}E_m(\cos\alpha - \cos\delta) \tag{4-18}$$

由式(4-16)显见,无触发延迟且无换相角时,直流电压平均值为

$$V_{d0} = \frac{A_0}{(\pi/3)} = \frac{3\sqrt{3}}{\pi}E_m$$

与式(4-5)一致。由式(4-16)和式(4-17)显见,有触发延迟但无换相角时,直流电压平均值为

$$V_d = \frac{A_0 - A_\alpha}{(\pi/3)} = \frac{\sqrt{3}E_m\cos\alpha}{(\pi/3)} = V_{d0}\cos\alpha$$

与式(4-6)一致。由于换相角不为零，由图 4-9 可见，直流电压平均值将下降。在一个周期里，每隔 60°有一次换相，因此，由式(4-18)知因换相角引起的直流电压下降量为

$$\Delta V_d = \frac{6A_\gamma}{2\pi} = \frac{V_{d0}}{2}(\cos\alpha - \cos\delta) \tag{4-19}$$

在上式中，利用式(4-15)消去 $\cos\alpha - \cos\delta$ 可得

$$\Delta V_d = \frac{3}{\pi}\omega L_c I_d = R_\gamma I_d \tag{4-20}$$

式中：

$$R_\gamma = \frac{3}{\pi}\omega L_c = \frac{3}{\pi}X_c \tag{4-21}$$

R_γ 为等值换相电阻。必须指出，R_γ 并不具有真实电阻的全部意义。它不吸收有功功率，其大小体现了直流电压平均值随直流电流增大而减小的斜率。另外应注意，R_γ 是一个网络参数，即它不随运行状态的改变而变化。

这样，既考虑触发延迟角又考虑换相角时，直流电压平均值成为

$$V_d = \frac{A_0 - A_\alpha - A_\gamma}{(\pi/3)} = V_{d0}\cos\alpha - \Delta V_d = V_{d0}\cos\alpha - R_\gamma I_d \tag{4-22}$$

上式表明换流器的输出直流电压是触发延迟角 α、直流电流 I_d 及交流电源电压 E_m 的函数，因此，在直流输电系统运行中可以通过调节触发延迟角和交流系统的电压来控制直流电压的大小；由式(4-1)可知，两端换流器输出直流电压的改变，将决定直流电流 I_d 的大小。此外，由于参数 R_γ 的引入，换相角 γ 不显含在式(4-22)中，换相效应完全由换相电阻与直流电流的乘积表征。但必须注意，式(4-22)成立的前提条件是 $\alpha\in[0°, 180°-\gamma]$ 和 $\gamma\in[0°, 60°]$。因此，过大的直流电流可能使换相角超出 60°的约束而使换流器进入不正常运行状态。

前已述及，当不计换相角时，若 $\alpha\in[0°, 90°]$，则换流器为整流器；若 $\alpha\in[90°, 180°]$，则换流器为逆变器。当计及换相角后，把式(4-19)代入式(4-22)可得

$$V_d = V_{d0}\cos\alpha - \Delta V_d = \frac{V_{d0}}{2}(\cos\alpha + \cos\delta) \tag{4-23}$$

区分换流器为整流器还是逆变器的外特征为直流电压 V_d 的正负。记使 V_d 为零的触发延迟角为 α_t，则由上式有

$$V_d = \frac{V_{d0}}{2}[\cos\alpha_t + \cos(\alpha_t + \gamma)] = 0$$

解得

$$\alpha_t = \frac{\pi - \gamma}{2} \tag{4-24}$$

可见，计及换相角后，整流与逆变的分界触发延迟角从 90°下降了 γ/α。

前面已提到，计及换相角后，使换流器正常工作的触发滞后角 α 的变化范围下降。这里仍以阀 1 向阀 3 换相时为例来分析其原因。注意在阀 3 被触发之前由于阀 1 是导通状

态，所以阀 3 的阴极电压为 v_a。这样，阀 3 具备被触发而导通的条件为 v_b 大于 v_a。由图 4-9 可见，当 $\omega t\in[0°,180°]$时，有 $v_b>v_a$。由于换相角的存在，阀 3 被触发之后，阀 1 并不能立即关断，而是在 $\omega t=\delta=\alpha+\gamma$ 时才能关断。因此，为保证换相成功，即阀 1 可靠关断，熄弧角 δ 必须小于 180°。否则 v_b 将小于 v_a 而使阀 3 的阀电压再次为负，最终阀 3 又被关断而阀 1 继续开通。此即换相失败。据此，有 $0°\leqslant\alpha\leqslant180°-\gamma$。

4.2.4 换流器的等值电路

在对换流器的以上分析中，我们使用了触发延迟角 α、换相角 γ 和熄弧角 δ 等三个角度。工程分析时，为了更明确地区分换流器是整流器还是逆变器，用 α 和 δ 表示整流器，而用另外两个角度来表示逆变器，它们分别是触发超前角 β 和熄弧超前角 μ。换相角 γ 同时用于整流器与逆变器的分析。它们之间有以下关系：

$$\left.\begin{aligned}\beta&=\pi-\alpha\\ \mu&=\pi-\delta\\ \gamma&=\delta-\alpha=\beta-\mu\end{aligned}\right\}\tag{4-25}$$

当换流器为逆变器时，其 α 约在 90°与 180°之间，则 β 与 μ 约在 0°与 90°之间，这样，逆变器的触发超前角和熄弧超前角与整流器的触发延迟角具有接近的数值。对于整流器，前面分析所得到的各式可以直接应用；对于逆变器，把变换(4-25)代入式(4-22)，则有

$$V_d=V_{d0}\cos(\pi-\beta)-R_\gamma I_d=-(V_{d0}\cos\beta+R_\gamma I_d)\tag{4-26}$$

根据图 4-1，当换流器为整流器或逆变器时分别将其电压记为 V_{d1} 与 V_{d2}，并注意逆变器的电压参考方向与整流器的电压参考方向相反，因此

$$V_{d1}=V_{d0}\cos\alpha-R_\gamma I_d\tag{4-27}$$

$$V_{d2}=V_{d0}\cos\beta+R_\gamma I_d\tag{4-28}$$

由上式可得出换流器运行在整流状态和逆变状态时的等值电路，如图 4-10(a)、(b)。其中直流电压与直流电流都是平均值。注意无论换流器是整流状态还是逆变状态，其直流电流的参考方向总是从阀的阳极流向阴极。因而图 4-10(b)中的换相电阻 R_γ 带有负号。由式(4-5)知 V_{d0} 与交流系统电压有关；由式(4-1)确定直流电流。因此，直流系统的控制变量为交流系统电压与换流器触发角。式(4-28)中逆变器的控制变量用了触发超前角，整流器与逆变器的电压表达式不同。当逆变器用熄弧超前角表示时，两者的电压表达式具有相同的形式。为此，将式(4-25)代入式(4-23)，用熄弧超前角 μ 消去熄弧角 δ，得

$$V_d=\frac{V_{d0}}{2}(\cos\alpha-\cos\mu)$$

将上式代入式(4-24)消去变量 α，得到

$$-V_d=V_{d0}\cos\mu-R_\gamma I_d$$

由于逆变器的电压参考方向与整流器相反，即有

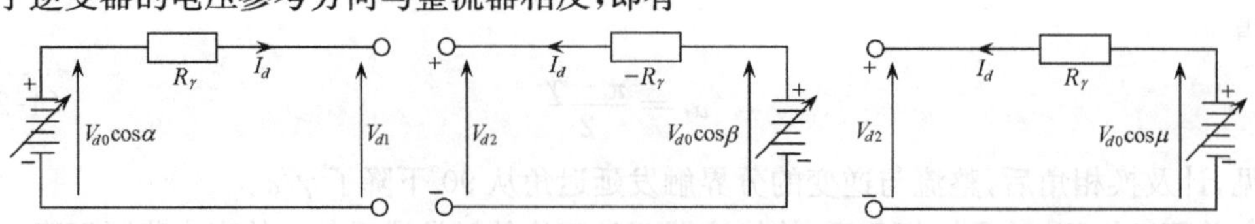

(a) 整流状态　　(b) 逆变状态，用触发超前角β表示　　(c) 逆变状态，用熄弧超前角μ表示

图 4-10　换流器的等值电路

$$V_{d2} = V_{d0}\cos\mu - R_\gamma I_d \tag{4-29}$$

对应于上式的换流器等值电路为式 4-10(c)。

图 4-11 给出了换流器运行在逆变状态时的电压波形和阀的导通图。

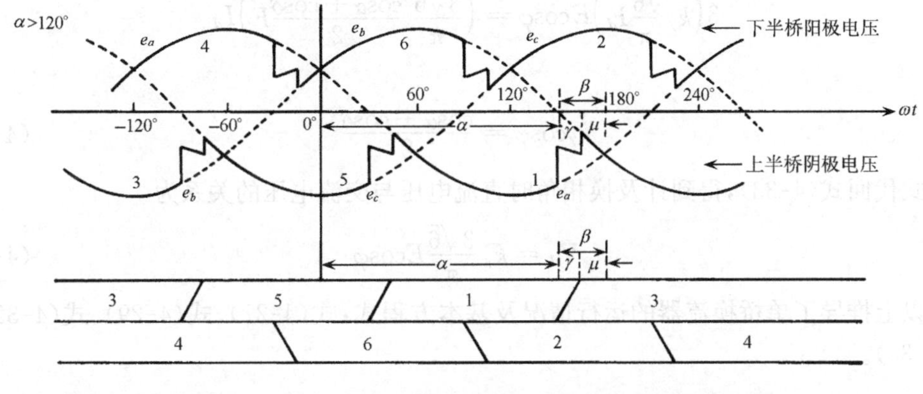

图 4-11　换流器运行在逆变状态时的电压波形和阀的导通图

下面我们推导计及换相角后，直流量与交流量的关系。

计及换相角后，交流电流的波形不再是矩形波。图 4-12 给出了 b 相交流电流的波形。其他两相电流的波形可以类推。其正值上升沿电流表达式为式(4-13)；其正值下降

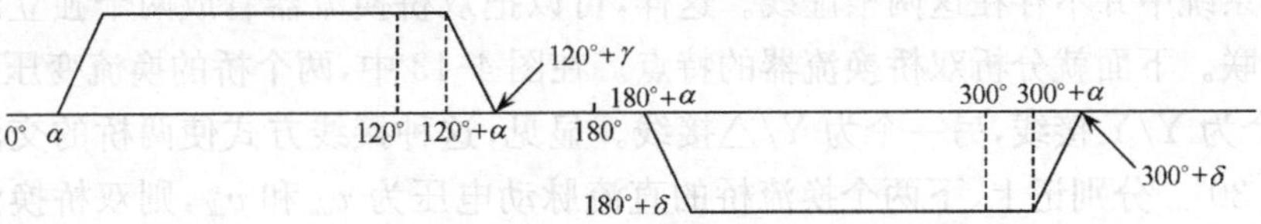

图 4-12　计及换相角后，b 相交流电流的波形

沿电流表达式为阀 3 与阀 5 换相时阀 3 的电流。由式(4-13)可以推得

$$i_5 = I_{s2}[\cos\alpha - \cos(\omega t - 120°)] \qquad (\omega t \in [120° + \alpha, 120° + \delta])$$

$$i_3 = I_d - i_5 = I_d - I_{s2}[\cos\alpha - \cos(\omega t - 120°)] \qquad (\omega t \in [120° + \alpha, 120° + \delta])$$

由傅里叶分解，可以求出计及换相角后交流电流的基波分量为

$$I = k(\alpha,\gamma)\frac{\sqrt{6}}{\pi}I_d \tag{4-30}$$

式中：

$$k(\alpha,\gamma) = \frac{1}{2}[\cos\alpha + \cos(\alpha+\gamma)]\sqrt{1 + [\gamma\csc\gamma\csc(2\alpha+\gamma) - \cot(2\alpha+\gamma)]^2} \tag{4-31}$$

在正常运行方式下，α 和 γ 的取值使得 $k(\alpha,\gamma)$ 的值接近于 1。因此，为简化分析，近似取 $k(\alpha,\gamma)$ 为常数 $k_\gamma=0.995$。这样，计及换相效应后，交流基波电流与直流电流的关系为

$$I = k_\gamma\frac{\sqrt{6}}{\pi}I_d \tag{4-32}$$

由式(4-23)及式(4-5)知，直流电压与交流电压之间的关系为

$$V_d = \frac{3\sqrt{6}}{\pi}\frac{\cos\alpha + \cos\delta}{2}E \tag{4-33}$$

与式(4-8)同理,交流有功率与直流功率相等,由式(4-32)与式(4-33),得

$$3\left(k_\gamma \frac{\sqrt{6}}{\pi}I_d\right)E\cos\varphi = \left(\frac{3\sqrt{6}}{\pi}\frac{\cos\alpha + \cos\delta}{2}E\right)I_d$$

因此

$$k_\gamma\cos\varphi = \frac{\cos\alpha + \cos\delta}{2} \tag{4-34}$$

将上式代回式(4-33),得到计及换相角时直流电压与交流电压的关系为

$$V_d = k_\gamma \frac{3\sqrt{6}}{\pi}E\cos\varphi \tag{4-35}$$

以上推导了单桥换流器的运行情况及基本方程式:式(4-27)、式(4-29)、式(4-32)和式(4-35)。

4.2.5 多桥换流器的情况

实际的高压直流输电系统中,为了得到更高的直流电压往往采用多桥换流器。多桥换流器通常用偶数个桥在直流侧相串而在交流侧相并的接线。图 4-13 给出了双桥换流器的接线,图中的虚线是为方便理解而画的。由于两根虚线的电流大小相等、方向相反,故在实际系统中并不存在这两根虚线。这样,可以把双桥换流器看成两个独立的单桥换流器相串联。下面就分析双桥换流器的特点。在图 4-13 中,两个桥的换流变压器的接线不同,一个为 Y/Y 接线,另一个为 Y/△接线。显见,这种接线方式使两桥的交流侧电压相位相差 30°。分别记上、下两个换流桥的直流脉动电压为 v_{du} 和 v_{dl},则双桥换流器的直流脉动电压 v_d 即为 v_{du} 与 v_{dl} 之和。据前分析已知 v_{du} 的波形为图 4-7(a),注意到下桥与上桥的交流电压相位相差 30°,因而 v_{dl} 的波形就是 v_{du} 的波形向右平移 30°。这样,v_d 的波形即为 v_{dl} 与 v_{du} 两个波形相加。显见,两个相位相差 30°的 6 脉动波形相加成为一个 12 脉动的波形且脉动幅值减小。不难理解,双桥换流器输出直流电压为两个单桥换流器的输出直流电压之和,因而双桥换流器与单桥换流器相比,其直流纹波电压得到改善。双桥换流器也称为 12 脉冲换流器。

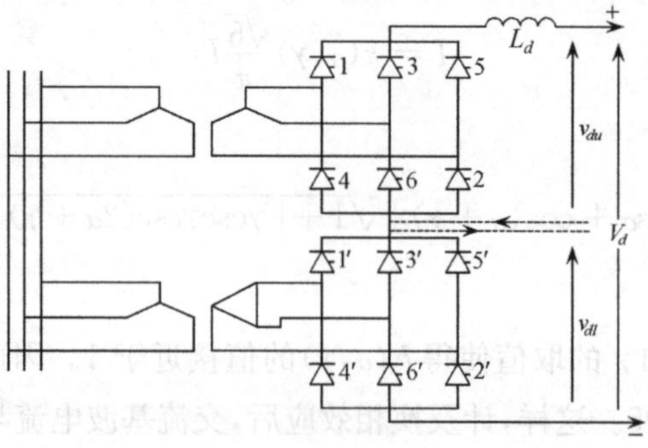

图 4-13 双桥换流器的接线示意图

现在进行交流侧电流的分析，显然上桥的电流波形就是图 4-4(c)；而下桥的换流变压器的二次侧线电流的波形就是上桥的电流波形向右平移 30°。由于变压器的接线为 Y/△，△接线的绕组的相电流是线电流的组合，即有

$$\left.\begin{aligned} i_{ap} &= (2i_{bl} + i_{cl})/3 \\ i_{cp} &= (2i_{bc} + i_{al})/3 \\ i_{cp} &= (2i_{al} + i_{bl})/3 \end{aligned}\right\} \tag{4-36}$$

式中：下标 p 与 l 分别表示相与线。换流变压器一次侧的电流波形与二次侧相电流具有相同的形状但相位向左平移 30°。仍以 a 相为例，图 4-14 给出了多桥换流器的交流电流波形。由图 4-14(c)显见，两桥的交流侧电流合成之后比单桥更接近于正弦波形。这将大大减小交流侧的谐波电流，从而节省交流侧滤波器的投资。类似上面对双桥换流器的分析，三桥、四桥换流器也称为 18、24 脉冲换流器，其直流电压脉动次数分别为 18、24。构成换流器的桥数越多，交流系统的谐波分量越少且谐波幅值越低，直流纹波电压也越小。但是，多于两桥的换流器的变压器接线方式和直流系统的运行控制十分复杂，因而较常用的还是 12 脉冲换流器 。

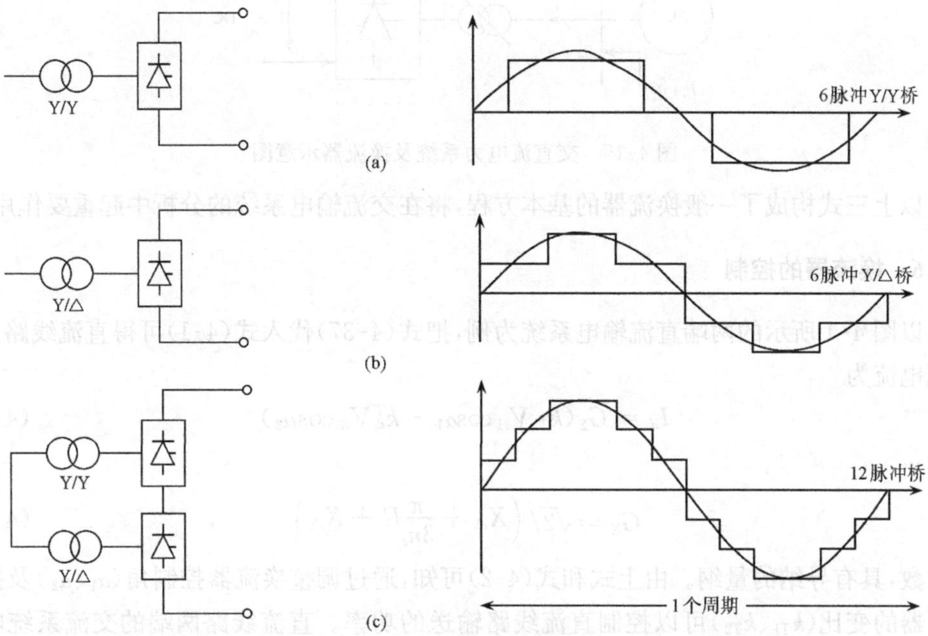

图 4-14　多桥换流器的交流电流波形

以下我们将多桥换流器分析得到的结论等值成单桥换流器，如图 4-15。图中：换流变压器已用理想变压器等值，k_T 为换流变压器的变比，换流变压器的等值电抗 X_c 直接反映在换流器基本方程中。V_t 和 I_t 分别为交流系统换流变压器一次侧线电压和线电流的基波分量；$P_{tdc}+jQ_{tdc}$ 为直流系统从交流系统抽出的功率；$P_{ts}+jQ_{ts}$ 为交流母线注入功率。设换流器由 n_t 个桥构成，则由上面对双桥换流器的分析，多桥换流器在直流侧输出的直流电压是各个单桥直流电压之和，在交流侧输入的交流电流基波分量为各个单桥的交流基波分量之和。另外必须指出，此前涉及的交流物理量都是换流变压器二次侧的物理量。

注意到式(4-5)中的 E 为换流变压器二次侧的相电压，因而有 $E=k_TV_t/\sqrt{3}$ 。这样，对应于单桥换流器的式 (4-27)、式 (4-29)、式(4-35)和式(4-32)，多桥换流器有

$$V_d = n_t(V_{d0}\cos\theta_d - R_\gamma I_d) = \frac{3\sqrt{2}}{\pi}n_t k_T V_t \cos\theta_d - \frac{3}{\pi}n_t X_c I_d \tag{4-37}$$

$$V_d = n_t\left(k_\gamma \frac{3\sqrt{6}}{\pi}E\cos\varphi\right) = \frac{3\sqrt{2}}{\pi}k_\gamma n_t k_T V_t \cos\varphi \tag{4-38}$$

$$I_t = k_\gamma n_t k_t \frac{\sqrt{6}}{\pi}I_d \tag{4-39}$$

注意式(4-37)已将整流器与逆变器的电压方程统一为一个表达式。泛称 θ_d 为换流器的控制角。具体地，对于整流器而言即是触发滞后角 α；对于逆变器而言则是熄弧超前角 μ。另外，必须注意，对于逆变器，式(4-37)对应的直流电压参考方向与整流器的相反，当不区分逆变器与整流器而统一按整流器的电压参考方向，即图 4-15 所示之方向时，由式(4-37)求出的数值应再人为地乘以"-1"以使与图 4-15 一致。

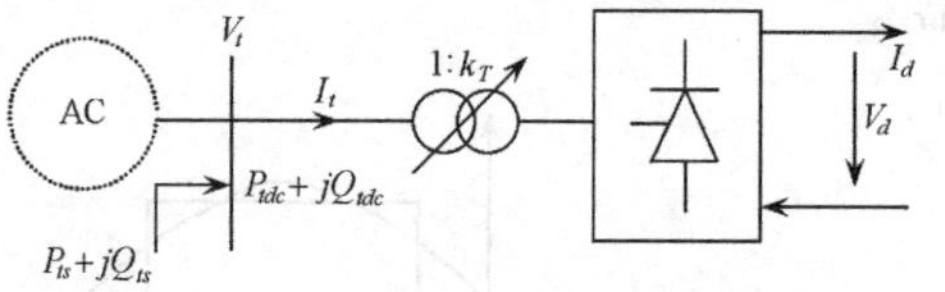

图 4-15　交直流电力系统及换流器示意图

以上三式构成了一般换流器的基本方程，将在交流输电系统的分析中起重要作用。

4.2.6　换流器的控制

以图 4-1 所示的两端直流输电系统为例，把式(4-37)代入式(4-1)可得直流线路上的直流电流为

$$I_d = G_\Sigma(k_{T1}V_{t1}\cos\alpha_1 - k_{t2}^T V_{t2}\cos\mu_2) \tag{4-40}$$

式中：

$$G_\Sigma = \sqrt{2}\Big/\left(X_{c1} + \frac{\pi}{3n_t}R + X_{c2}\right) \tag{4-41}$$

为常数，具有导纳的量纲。由上式和式(4-2)可知，通过调整换流器控制角(α_1、μ_2)及换流变压器的变比(k_{T1}、k_{T2})可以控制直流线路输送的功率。直流线路两端的交流系统电压 V_{t1}、V_{t2} 对直流线路的输送功率也直接产生影响，但是由于由交流系统采取调控措施来调整 V_{t1}、V_{t2} 远没有调整直流系统中换流器的触发角和换流变压器变比方便，因此，在电力系统需要快速调整直流输送功率时并不采用调整 V_{t1}、V_{t2} 的方法。调整换流变压器的变比是通过调整变压器的分接头实现的。值得指出的是，由于变压器制造工艺的要求，分接头是按级调整的，因而变比是一个离散变量。此外，分接头的调整是借助于机械装置实现的，一般调整一级大约需时 5～6s。换流器触发角的调整是由调整触发电路的电气参数实现的；而触发电路的电气参数可以人工整定也可以由按照一定的控制策略事先设计的控制器来调整。因此，触发角的调整速度非常快，大约在 1～10ms 的数量级。由于触发角的这种可快速调整的特性，使得直流输电可以快速地调整输送的功率，从而在交流系统

需要紧急功率支援时发挥重要的作用。在电力系统运行中，一般的控制过程是，首先由自动控制系统调整触发角(α_1、μ_2)而使整个电力系统快速地达到合适的运行状态；然后通过调整换流变压器的变比(k_{T1}、k_{T2})以使换流器的触发角运行在合适的值域；最后通过交流系统的优化调整(显然将涉及V_{t1}、V_{t2})使全系统运行在理想状态。

直流系统的稳态运行控制还应注意以下几个问题。

(1) 由于式(4-41)中G_Σ值很大，因此，系统运行时，交流系统电压V_{t1}、V_{t2}的微小变化可以引起直流电流的巨大变化。为防止直流电流大幅度地波动，快速地调整换流器的触发角以跟踪交流电压的变化是直流系统正常运行的必要条件。

(2) 换流器的稳态运行调整应尽可能使其直流电压在额定电压附近。尽管换流桥有较高的耐过电压能力，但是为确保整个直流系统的设备安全性，直流电压的运行值不宜长期高于额定值。另一方面，直流电压也不应过多地低于其额定值，因为对给定的直流输送功率，过低的直流电压将伴随较大的直流电流。由式(4-39)可见，交流系统的基波电流与直流电流成正比，因此，较大的直流电流直接增大直流线路上的功率损耗，同时还增大交流系统的功率损耗。此外，由式(4-15)可见，直流电流越大，换相角越大。由式(4-24)可见，大的换相角使触发角的变化范围减小。

(3) 换流器的稳态运行调整应使功率因数尽可能地高。高功率因数对系统的利益是显见的。首先可以减小在交流系统的无功补偿容量；其次可以充分利用换流器和换流变压器的容量传输较大的有功功率；再者可以降低系统的功率损耗。由式(4-34)可见，欲使功率因数高，对整流器而言应使触发延迟角小，对逆变器而言应使熄弧超前角小。这与尽量使换流器的直流电压运行在额定值附近的要求相一致。但是，实际运行时，对整流器，为确保阀在触发前具有足够的正向阀电压及为产生触发脉冲的回路提供能量，对触发延迟角α有一个最小值的约束，即$\alpha > \alpha_{\min}$。通常对50Hz的系统$\alpha_{\min}$约为5°。因此，正常运行时，为留有一定裕度，一般取α在15°～20°。同理，对逆变器必须确保阀被触发后有充足的时间使阀在正向阀电压下完成换相。由图4-11(b)可以看出，熄弧超前角μ为零是理论上的临界值。事实上，由于换相角γ的大小随交流系统电压及直流电流变化[参看式(4-15)]，因此，必须在熄弧超前角中留有一定裕度。这样，对熄弧超前角μ也有最小值约束，即$\mu > \mu_{\min}$。通常对50Hz的系统取$\mu_{\min}$为15°。

(4) 交直流电力系统的运行必须根据系统的运行要求对直流系统中各个换流器的控制方式加以指定。最常用的正常运行控制方式为：调整整流器的触发角使其直流电流为定值，即定电流控制方式；调整逆变器的触发角，使其熄弧超前角为常数，即定熄弧角控制方式。在潮流计算中一般考虑以下几种控制方式：

① 定电流控制。

$$I_d - I_{ds} = 0 \tag{4-42}$$

② 定电压控制。

$$V_d \quad V_{ds} = 0 \tag{4-43}$$

③ 定功率控制。

$$V_d I_d - P_{ds} = 0 \tag{4-44}$$

④ 定控制角控制。

$$\cos\theta_d - \cos\theta_{ds} = 0 \tag{4-45}$$

⑤ 定变比控制。

$$k_T - k_{Ts} = 0 \tag{4-46}$$

式中有下标 s 的量为指定常数。

以上通过推导换流器的基本方程(4-37)~(4-39)介绍了直流输电的基本概念。

4.3 交直流混联系统的潮流计算方法

当系统中含有直流输电系统时，在描述全系统的非线性代数方程中包含有与直流系统相关的变量，因而相应地也增加了描述直流系统的方程式。这样，潮流计算不能直接采用第 2 章所介绍的方法。但是，由于第 2 章所介绍的方法已十分成熟且应用广泛，目前采用的交直流混联系统的潮流计算方法多在这些方法的基础上形成，主要分为统一迭代法和交替迭代法两类。

统一迭代法[9~11]是以极坐标形式下的牛顿法为基础，将交流节点电压的幅值和相角与直流系统中的直流电压、直流电流、换流变压器变比、换流器的功率因数及换流器控制角统一进行迭代求解。这种方法具有良好的收敛特性，对于不同结构、参数的网络以及直流系统的各种控制方式的算例，都能可靠地求得收敛解。这种方法也称为联合求解法。

交替迭代法[12~15]是统一迭代法的简化。交替迭代法在迭代计算过程中，将交流系统方程和直流系统方程分别进行求解。在求解交流系统方程时，将直流系统用接在相应节点上的已知其有功和无功功率的负荷来等值。而在求解直流系统方程组时，将交流系统模拟成加在换流器交流母线上的一个恒定电压。

以下先确定换流器的基准值体系；然后建立交直流混联系统潮流计算的数学模型；再分别介绍统一迭代法与交替迭代法的具体计算流程。

4.3.1 标幺制下的换流器基本方程

在潮流计算中，由于交流系统采用了标幺制，所以直流系统也应与此相适应。为此，我们需将换流器的基本方程(4-37)~(4-39)化为标幺制以与交流系统相衔接。选择直流系统各物理量的基准值有不同的方法，因而导致标幺制下的方程在形式上稍有差异。在直流系统中，直流量的基准值用下标 dB 表示。由于不同物理量的基准值之间必须满足有名制下原有的关系，因而各物理量的基准值之间应满足基本关系

$$\left.\begin{aligned} V_{dB} &= R_{dB} I_{dB} \\ P_{dB} &= V_{dB} I_{dB} \end{aligned}\right\} \tag{4-47}$$

在上式涉及的 4 个基准值中可以人为选定两个，另外两个由上式导出。换流变压器一次侧的交流量的基准值用下标 B 表示，考虑到与交流系统的衔接，取

$$P_{dB} = S_B = \sqrt{3} V_B I_B \tag{4-48}$$

为使标幺制下换流器的基本方程具有简洁的形式，取

$$V_{dB} = \frac{3\sqrt{2}}{\pi} n_t k_{TB} V_B \tag{4-49}$$

式中：k_{TB}为换流变压器的基准变比即额定变比。

由式(4-47)导出直流电流与直流电阻的基准值

$$I_{dB}=\frac{P_{dB}}{V_{dB}}=\frac{\pi}{\sqrt{6}n_t k_{TB}}I_B \tag{4-50}$$

$$\left.\begin{aligned}R_{dB}&=\frac{V_{dB}}{I_{dB}}=\frac{3}{\pi}n_t X_{cB}\\X_{cB}&=\frac{6}{\pi}n_t k_{TB}^2 Z_B\end{aligned}\right\} \tag{4-51}$$

式(4-48)～(4-51)为本书采用的换流器的基准值体系。对式(4-37)～(4-39)两边同除相应的基准值，并用下标“*”来表示相应物理量的标幺值，则有

$$V_{d^*}=k_{T^*}V_{t^*}\cos\theta_d-X_{c^*}I_{d^*} \tag{4-52}$$

$$V_{d^*}=k_\gamma k_{T^*}V_{t^*}\cos\varphi \tag{4-53}$$

$$I_{t^*}=k_\gamma k_{T^*}I_{d^*} \tag{4-54}$$

为使方程的形式简洁而在式(4-52)中引入了常数记号X_{c^*}，但必须注意$X_{c^*}=X_c/X_{cB}\neq X_c/R_{dB}$。顺便指出，由于变量$\theta_d$与$\varphi$本身是无量纲的，故无基准值和标幺值。以上三式即组成了标幺制下的换流器基本方程。以下都是在标幺制下讨论，为行文方便将省去标幺值下标“*”。

4.3.2 潮流计算方程式

按照交流系统中的节点上是否接有换流变压器，把节点分为直流节点和纯交流节点。换流变压器的一次侧所连接的节点即称为直流节点，例如图4-15中电压为V_t的节点即为直流节点。显然，纯交流节点是指没有换流变压器与其相连的节点。设交流系统的节点总数为n，系统中的换流器个数为n_c，则因直流节点数与换流器个数相等，纯交流节点个数即为$n_a=n-n_c$。为叙述方便，系统节点编号的顺序为：前n_a个编号为纯交流节点；后n_c个编号为直流节点。

建立交直流混联系统潮流计算数学模型的基本思路为：首先将所有换流变压器及其后的直流系统用换流变压器从其所连接的直流节点抽出或注入的功率$P_{tdc}+jQ_{tdc}$等值(参看图4-15)，这样，在网络拓扑上，由于所有换流变压器及其后的直流系统已从系统中拆去，从而使混联系统成为一个纯交流网络。然后利用第1章介绍的方法形成这个纯交流网络的节点导纳矩阵。再利用第2章介绍的方法形成系统的节点功率方程式。顺便指出，拆去直流系统之后，网络在拓扑结构上可能分成几个独立的系统。如图4-1所示，假定交流系统1与交流系统2除以直流系统相连外再无其他连接，则拆去直流系统之后，网络在拓扑结构上就分成两个独立的系统。必须注意，这并不意味着这两个系统已经失去耦合而成为互相独立的两个系统。它们之间的耦合关系由各自的直流节点上的直流功率体现。因此，在生成节点导纳矩阵时，仍将它们统一作为一个系统。上述的处理方法同样适用于交流系统1与交流系统2为两个不同频率的系统的情况。因为对于潮流求解问题而言，频率只影响网络参数而并不显含在节点功率方程式中。在以下各式中，整流器直流电压的参考方向为从阳极指向阴极，逆变器相反；直流电流的参考方向总是从阀的阳极流向阴极。

1. 节点功率方程式

对于纯交流节点，其功率方程式与式(2-13)完全相同，即

$$\left.\begin{aligned}\Delta P_i = P_{is} - V_i\sum_{j\in i}V_j(G_{ij}\cos\theta_{ij} + B_{ij}\sin\theta_{ij}) = 0\\ \Delta Q_i = Q_{is} - V_i\sum_{j\in i}V_j(G_{ij}\sin\theta_{ij} - B_{ij}\cos\theta_{ij}) = 0\end{aligned}\right\}\tag{4-55}$$

注意上式中，j 可能是纯交流节点，也可能是直流 $i=1,2,\cdots,h_a$ 节点。

对于直流节点，设编号为 k 的换流变压器与节点 i 相连接，则其从该节点抽出的基波复功率为

$$P_{idc} + jQ_{idc} = V_iI_i(\cos\varphi_k + j\sin\varphi_k)$$

将式(4-54)代入上式可得

$$P_{idc} + jQ_{idc} = k_\gamma k_{Tk}V_iI_{dk}(\cos\varphi_k + j\sin\varphi_k)\tag{4-56}$$

由于已假定交直流两侧都有理想的滤波器，因此谐波功率为零。故不计换流器的功率损耗时，交流基波的有功功率与直流功率相等，从而可得上述抽出功率的另一种表达式

$$\left.\begin{aligned}P_{idc} &= V_{dk}I_{dk}\\ Q_{idc} &= V_{dk}I_{dk}\tan\varphi_k\end{aligned}\right\}\tag{4-57}$$

上述两种表达式是等价的。由于式(4-57)中不显含交流系统的节点电压，为了程序实现上的方便，以下我们将采用式(4-57)。直流节点的功率方程式与式(4-55)的区别是多出一项直流功率，即

$$\left.\begin{aligned}&\Delta P_i = P_{is} - V_i\sum_{j\in i}V_j(G_{ij}\cos\theta_{ij} + B_{ij}\sin\theta_{ij}) \pm V_{dk}I_{dk} = 0\\ &\Delta Q_i = Q_{is} - V_i\sum_{j\in i}V_j(G_{ij}\sin\theta_{ij} - B_{ij}\cos\theta_{ij}) \pm V_{dk}I_{dk}\tan\varphi_k = 0\\ &i = n_a + k\\ &k = 1,2,\cdots,n_c\end{aligned}\right\}\tag{4-58}$$

式中正负号分别对应逆变器和整流器。式(4-55)与式(4-58)共同组成了全系统的节点功率方程式。与传统潮流方程式(2-13)相比较，两者的区别只在于直流节点的功率方程式(4-58)中包含了新变量 V_{dk}、I_{dk} 和 φ_k，这样，未知数的个数多于方程式的个数。欲使潮流方程式可解，需补充新的方程如下。

2. 换流器基本方程

根据式(4-52)和式(4-53)，对换流器 k，有

$$\Delta d_{1k} = V_{dk} - k_{Tk}V_{n_a+k}\cos\theta_{dk} + X_{ck}I_{dk} = 0 \quad (k = 1,2,\cdots,n_c)\tag{4-59}$$

$$\Delta d_{2k} = V_{dk} - k_\gamma k_{Tk}V_{n_a+k}\cos\varphi_k = 0 \quad (k = 1,2,\cdots,n_c)\tag{4-60}$$

3. 直流网络方程

直流网络方程实际上是直流输电线路的数学模型，它描述直流电流与直流电压之间的关系。一般地，对于多端直流系统，注意直流电压和直流电流的参考方向，消去直流网

络中的联络节点后，不难列出

$$\Delta d_{3k} = \pm I_{dk} - \sum_{j=1}^{n_c} g_{dkj} V_{dj} = 0 \qquad (k = 1,2,\cdots,n_c) \tag{4-61}$$

式中：g_{dkj} 是消去联络节点后的直流网络的节点电导矩阵 $\boldsymbol{G}_d$ 的元素。由于直流网络中的联络节点已被消去，因而上式中涉及的直流电压、直流电流都是换流器输出的直流电压、直流电流。其中正负号分别对应于整流器和逆变器。

对于简单的两端直流系统（见图 4-1），根据式(4-1)并注意 $I_{d1} = I_{d2}$，可得其直流网络方程为

$$\begin{bmatrix} I_{d1} \\ -I_{d2} \end{bmatrix} = \begin{bmatrix} 1/R & -1/R \\ -1/R & 1/R \end{bmatrix} \begin{bmatrix} V_{d1} \\ V_{d2} \end{bmatrix} \tag{4-62}$$

顺便指出，当上述两端直流系统的两个换流器的电气距离很近时（如用直流系统连接两个不同频交流系统时的所谓背靠背直流系统），直流线路的电阻 R 接近于零。因而在忽略这个电阻时，式(4-62)即成为

$$\left.\begin{aligned} V_{d1} &= V_{d2} \\ I_{d1} &= I_{d2} \end{aligned}\right\}$$

为程序实现方便，对于背靠背直流系统，取 R 为足够小的值仍沿用式(4-62)作为其直流网络方程。

4. 控制方程

以上式(4-59)～(4-61)三个补充方程中又引出了两个新变量：换流变压器变比 k_{Tk} 和换流器控制角 θ_{dk}。因此，对每个换流器，可以由其指定的换流器控制方式，由式(4-42)～(4-46)直接给定两个变量从而直接消去两个未知数，使方程个数与未知数个数相等。但是，为了使程序具有通用性，通常把所选取的两个控制方程也作为补充方程。必须特别注意，每个换流器指定的两个变量应是独立的。例如，对图 4-1 所示的两端直流系统，若整流器采用定电流与定电压控制后，由于式(4-62)的约束，逆变器的直流电流与直流电压就已确定，因此，对逆变器必须另外指定两个变量。通常，对整流器采用定变比与定电流控制方式；对逆变器采用定变比与定控制角控制方式。一般地，把两个控制方程记为

$$\Delta d_{4k} = d_{4k}(I_{dk}, V_{dk}, \cos\theta_{dk}, k_{Tk}) = 0 \qquad (k = 1,2,\cdots,n_c) \tag{4-63}$$

$$\Delta d_{5k} = d_{5k}(I_{dk}, V_{dk}, \cos\theta_{dk}, k_{Tk}) = 0 \qquad (k = 1,2,\cdots,n_c) \tag{4-64}$$

由式(4-42)～(4-46)知，具体的控制方程中并不同时显含 I_{dk}、V_{dk}、k_{Tk} 和 $\cos\theta_{dk}$ 这 4 个变量。另外，注意到变量 θ_{dk} 在所涉及的方程中均以 $\cos\theta_{dk}$ 的形式出现，为降低方程式(4-59)和式(4-63)与式(4-64)的非线性度，并不直接以 θ_{dk} 为待求量，而以 $\cos\theta_{dk}$ 为待求量。

至此，节点功率方程式(4-55)、式(4-58)和补充方程式(4-59)～(4-61)、式(4-63)和式(4-64)共同组成了交直流混联系统的潮流方程式。与传统潮流计算方程式相比较，交直流混联系统的潮流计算问题除了要计算所有 n 个节点的节点电压幅值与相角外，还要计算 n_c 个换流器的直流电压、直流电流、控制角、换流变压器的变比和换流器的功率因数角。因此，每有一个换流器，将增加 5 个待求量，同时也增加 5 个方程。

以下介绍统一迭代法。算法与文献[9]、[10]基本原理类似，但采用的标幺制系统及近似条件不同。

4.3.3 潮流计算方程式的雅可比矩阵

从数学上讲，以上建立的潮流计算方程式与传统潮流计算方程式(2-13)并无本质上的区别，二者都是一组多元非线性代数方程。因此，在第2章中用于求解式(2-13)的牛顿法同样可用于求解混联系统的潮流计算方程。混联系统的潮流计算问题仅仅是传统潮流计算问题的扩展，其扩展方程为换流器方程、直流网络方程和控制方程。扩展变量为

$$\boldsymbol{X} = [\boldsymbol{V}_d^{\mathrm{T}} \quad \boldsymbol{I}_d^{\mathrm{T}} \quad \boldsymbol{K}_T^{\mathrm{T}} \quad \boldsymbol{W}_d^{\mathrm{T}} \quad \boldsymbol{\Phi}^{\mathrm{T}}]^{\mathrm{T}}$$

式中：

$$\boldsymbol{V}_d = [V_{d1} \quad V_{d2} \quad \cdots \quad V_{dn_c}]^{\mathrm{T}}$$

$$\boldsymbol{I}_d = [I_{d1} \quad I_{d2} \quad \cdots \quad I_{dn_c}]^{\mathrm{T}}$$

$$\boldsymbol{K}_T = [k_{T1} \quad k_{T2} \quad \cdots \quad k_{Tn_c}]^{\mathrm{T}}$$

$$\boldsymbol{W} = [w_1 \quad w_2 \quad \cdots \quad w_{n_c}]^{\mathrm{T}} = [\cos\theta_{d1} \quad \cos\theta_{d2} \quad \cdots \quad \cos\theta_{dn_c}]^{\mathrm{T}}$$

$$\boldsymbol{\Phi} = [\varphi_1 \quad \varphi_2 \quad \cdots \quad \varphi_{n_c}]^{\mathrm{T}}$$

分别将纯交流节点和直流节点的功率偏差记为列向量 $\Delta\boldsymbol{P}_a$ 和 $\Delta\boldsymbol{P}_t$；对应地，节点电压与相角也用同样的下标。则与式(2-40)相对应的混联系统的潮流计算修正方程式即为

$$\begin{bmatrix} \Delta\boldsymbol{P}_a \\ \Delta\boldsymbol{P}_t \\ \Delta\boldsymbol{Q}_a \\ \Delta\boldsymbol{Q}_t \\ \hdashline \Delta\boldsymbol{d}_1 \\ \Delta\boldsymbol{d}_2 \\ \Delta\boldsymbol{d}_3 \\ \Delta\boldsymbol{d}_4 \\ \Delta\boldsymbol{d}_5 \end{bmatrix} = \left[\begin{array}{cccc:ccccc} \boldsymbol{H}_{aa} & \boldsymbol{H}_{at} & \boldsymbol{N}_{aa} & \boldsymbol{N}_{at} & 0 & 0 & 0 & 0 & 0 \\ \boldsymbol{H}_{ta} & \boldsymbol{H}_{tt} & \boldsymbol{N}_{ta} & \boldsymbol{N}_{tt} & \boldsymbol{A}_{21} & \boldsymbol{A}_{22} & 0 & 0 & 0 \\ \boldsymbol{J}_{aa} & \boldsymbol{J}_{at} & \boldsymbol{L}_{aa} & \boldsymbol{L}_{at} & 0 & 0 & 0 & 0 & 0 \\ \boldsymbol{J}_{ta} & \boldsymbol{J}_{tt} & \boldsymbol{L}_{ta} & \boldsymbol{L}_{tt} & \boldsymbol{A}_{41} & \boldsymbol{A}_{42} & 0 & 0 & \boldsymbol{A}_{45} \\ \hdashline 0 & 0 & 0 & \boldsymbol{C}_{14} & \boldsymbol{F}_{11} & \boldsymbol{F}_{12} & \boldsymbol{F}_{13} & \boldsymbol{F}_{14} & 0 \\ 0 & 0 & 0 & \boldsymbol{C}_{24} & \boldsymbol{F}_{21} & 0 & \boldsymbol{F}_{23} & 0 & \boldsymbol{F}_{25} \\ 0 & 0 & 0 & 0 & \boldsymbol{F}_{31} & \boldsymbol{F}_{32} & 0 & 0 & 0 \\ 0 & 0 & 0 & 0 & \boldsymbol{F}_{41} & \boldsymbol{F}_{42} & \boldsymbol{F}_{43} & \boldsymbol{F}_{44} & \boldsymbol{F}_{45} \\ 0 & 0 & 0 & 0 & \boldsymbol{F}_{51} & \boldsymbol{F}_{52} & \boldsymbol{F}_{53} & \boldsymbol{F}_{54} & \boldsymbol{F}_{55} \end{array}\right] \begin{bmatrix} \Delta\boldsymbol{\theta}_a \\ \Delta\boldsymbol{\theta}_t \\ \Delta\boldsymbol{V}_a/\boldsymbol{V}_a \\ \Delta\boldsymbol{V}_t/\boldsymbol{V}_t \\ \hdashline \Delta\boldsymbol{V}_d \\ \Delta\boldsymbol{I}_d \\ \Delta\boldsymbol{K}_T \\ \Delta\boldsymbol{W} \\ \Delta\boldsymbol{\Phi} \end{bmatrix} \tag{4-65}$$

式中：

$$\Delta\boldsymbol{P}_a = [\Delta\boldsymbol{P}_1 \quad \Delta\boldsymbol{P}_2 \quad \cdots \quad \Delta\boldsymbol{P}_{n_a}]^{\mathrm{T}}$$

$$\Delta\boldsymbol{P}_t = [\Delta\boldsymbol{P}_{n_a+1} \quad \Delta\boldsymbol{P}_{n_a+2} \quad \cdots \quad \Delta\boldsymbol{P}_{n_a+n_c}]^{\mathrm{T}}$$

其余($\Delta\boldsymbol{Q}_a$，$\Delta\boldsymbol{Q}_t$)、($\Delta\boldsymbol{\theta}_a$，$\Delta\boldsymbol{\theta}_t$)和($\Delta\boldsymbol{V}_a/\boldsymbol{V}_a$，$\Delta\boldsymbol{V}_t/\boldsymbol{V}_t$)与($\Delta\boldsymbol{P}_a$，$\Delta\boldsymbol{P}_t$)有相同的表达结构。而

$$\Delta\boldsymbol{d}_m = [\Delta\boldsymbol{d}_{m1} \quad \Delta\boldsymbol{d}_{m2} \quad \cdots \quad \Delta\boldsymbol{d}_{mn_c}]^{\mathrm{T}} \qquad (m = 1,2,3,4,5)$$

可以看出以上各子矩阵的阶数。显见式(4-65)的系数矩阵(即混联系统潮流计算方程式的雅可比矩阵)的阶数比传统潮流计算时增广了 $5\times n_c$ 阶。这里系数矩阵的增广部分用子矩阵 $\boldsymbol{A}$、$\boldsymbol{C}$ 和 $\boldsymbol{F}$ 表示。

以下我们讨论雅可比矩阵各元素的具体表达式。

由于在节点功率方程(4-58)中附加的直流功率采用了式(4-57)的表达式，其中不显含交流节点电压幅值与相角，因此，对应于传统潮流计算方程式的雅可比矩阵的部分没有因为直流输电系统的加入而发生变化。即式(4-65)与式(2-50)中的子矩阵 $\boldsymbol{H}$、$\boldsymbol{N}$、$\boldsymbol{J}$ 和 $\boldsymbol{L}$ 形成方法完全一致，可直接用式(2-41)～(2-49)的表达式。记 $\boldsymbol{E}$ 为 n_c 阶单位矩阵，则由

以上建立的混联系统潮流计算方程和雅可比矩阵的定义，不难导得

$$\boldsymbol{A}_{21}=\frac{\partial\Delta\boldsymbol{P}_t}{\partial\boldsymbol{V}_d}=\mathrm{diag}[\pm I_{dk}] \tag{4-66}$$

$$\boldsymbol{A}_{22}=\frac{\partial\Delta\boldsymbol{P}_t}{\partial\boldsymbol{I}_d}=\mathrm{diag}[\pm V_{dk}] \tag{4-67}$$

$$\boldsymbol{A}_{41}=\frac{\partial\Delta\boldsymbol{Q}_t}{\partial\boldsymbol{V}_d}=\mathrm{diag}[\pm I_{dk}\tan\varphi_k] \tag{4-68}$$

$$\boldsymbol{A}_{42}=\frac{\partial\Delta\boldsymbol{Q}_t}{\partial\boldsymbol{I}_d}=\mathrm{diag}[\pm V_{dk}\tan\varphi_k] \tag{4-69}$$

$$\boldsymbol{A}_{45}=\frac{\partial\Delta\boldsymbol{Q}_t}{\partial\boldsymbol{\Phi}}=-\mathrm{diag}[V_{dk}I_{dk}\sec^2\varphi_k] \tag{4-70}$$

$$\boldsymbol{F}_{11}=\frac{\partial\Delta\boldsymbol{d}_1}{\partial\boldsymbol{V}_d}=\boldsymbol{E} \tag{4-71}$$

$$\boldsymbol{F}_{21}=\frac{\partial\Delta\boldsymbol{d}_2}{\partial\boldsymbol{V}_d}=\boldsymbol{E} \tag{4-72}$$

$$\boldsymbol{F}_{31}=\frac{\partial\Delta\boldsymbol{d}_3}{\partial\boldsymbol{V}_d}=-\boldsymbol{G}_d \tag{4-73}$$

$$\boldsymbol{F}_{12}=\frac{\partial\Delta\boldsymbol{d}_1}{\partial\boldsymbol{I}_d}=\mathrm{diag}[X_{ck}] \tag{4-74}$$

$$\boldsymbol{F}_{32}=\frac{\partial\Delta\boldsymbol{d}_3}{\partial\boldsymbol{I}_d}=\boldsymbol{E} \tag{4-75}$$

$$\boldsymbol{F}_{13}=\frac{\partial\Delta\boldsymbol{d}_1}{\partial\boldsymbol{K}_T}=-\mathrm{diag}[V_{n_a+k}w_k] \tag{4-76}$$

$$\boldsymbol{F}_{23}=\frac{\partial\Delta\boldsymbol{d}_2}{\partial\boldsymbol{K}_T}=-\mathrm{diag}[k_\gamma V_{n_a+k}\cos\varphi_k] \tag{4-77}$$

$$\boldsymbol{F}_{14}=\frac{\partial\Delta\boldsymbol{d}_1}{\partial\boldsymbol{W}}=-\mathrm{diag}[k_{Tk}V_{n_a+k}] \tag{4-78}$$

$$\boldsymbol{F}_{25}=\frac{\partial\Delta\boldsymbol{d}_2}{\partial\boldsymbol{\Phi}}=\mathrm{diag}[k_\gamma k_{Tk}V_{n_a+k}\sin\varphi_k] \tag{4-79}$$

$$\boldsymbol{C}_{14}=\frac{\partial\Delta\boldsymbol{d}_1}{\partial\boldsymbol{V}_t}\boldsymbol{V}_t=-\mathrm{diag}[k_{Tk}V_{n_a+k}w_k] \tag{4-80}$$

$$\boldsymbol{C}_{24}=\frac{\partial\Delta\boldsymbol{d}_2}{\partial\boldsymbol{V}_t}\boldsymbol{V}_t=-\mathrm{diag}[k_\gamma k_{Tk}V_{n_a+k}\cos\varphi_k] \tag{4-81}$$

当直流节点都是 PQ 节点时，以上各子矩阵均为 n_c 阶方阵，除 $\boldsymbol{F}_{31}$ 外都是对角矩阵。当某直流节点为 PV 节点时，由于这个节点的电压幅值为给定值，故 $\boldsymbol{C}_{14}$ 和 $\boldsymbol{C}_{24}$ 中应划去相应的列；而在 $\boldsymbol{A}_{41}$ 和 $\boldsymbol{A}_{42}$ 中应划去相应的行。子矩阵 $\boldsymbol{F}_{41}\sim\boldsymbol{F}_{45}$ 和 $\boldsymbol{F}_{51}\sim\boldsymbol{F}_{55}$ 与各换流器具体指定的控制方式有关，由于控制方程(4-42)～(4-46)都具有十分简单的形式，因此这 10 个子

矩阵是十分稀疏的。另外，由于逆变器直流电压与直流电流的参考方向为负载惯例，故在式(4-73)中，对应逆变器的行应另外乘以负号，如式(4-62)。

4.3.4 交直流系统统一迭代求解

混联系统的潮流问题可以按照牛顿法求解传统潮流的计算流程求解。对于 n 个节点的电压幅值与相角仍可按平启动的原则给出其迭代初值。这里，问题的特殊性在于扩展变量的迭代初值与运行约束。

(1) 扩展变量的迭代初值。扩展变量的迭代初值采用其估算值。对于每一个换流器可以按其预估或给定的直流功率由换流器基本方程估算扩展变量的初值。在估算时，对于已由换流器指定控制方式给出定值的量，即直接取其定值而将此变量作为常数。节点电压 V_i 的初值取为 1.0 或当节点 i 为 PV 节点时取其电压定值；换流器的功率因数取为 0.9。一般的估算过程为：由式(4-60)，若 V_{dk} 和 k_{Tk} 都未知，则取 k_{Tk} 的初值为 1.0 而求出 V_{dk}；若二者已知一个，则求出另一个；若二者均已知，则求出 $\cos\varphi_k$ 作为功率因数初值而放弃用 0.9 作初值。在式(4-59)中，若 I_{dk} 未知，则先由预估的直流功率 P_{idc} 由式(4-57)求出 I_{dk} 的值；I_{dk} 已知后可由式(4-59)求出 $\cos\theta_{dk}$ 作为 w_k 的初值。如果求出的 $\cos\theta_{dk}$ 的值大于 1.0 则取 w_k 的初值为 1.0。

(2) 扩展变量的运行约束与传统潮流计算中对越界变量的处理方法相类似，若某扩展变量越界，则将此变量限定在所越的界值上。注意前已述及，控制角有最小值约束，对应于 $w_k=\cos\theta_{dk}$ 的变换，则 w_k 应小于 $\arccos\theta_{dk\min}$；显然直流电压、直流电流有最大值约束，变压器变比有上下限。另外必须指出，变压器变比本身是离散变量，但在以上计算中是按连续变量处理的。

以下给出一个计算实例。

【例 4-1】 在中国电力科学研究院 22 节点交流电力系统的例题中，将连接节点 11 与 12 的交流线路更换为直流输电线路并将这两个节点上并联的电抗拆除，同时在节点 11 加装导纳标幺值为 2.1 的并联电容。这样，系统成为含有直流输电线路的交直流混联电力系统。交流网络参数及运行方式等信息可参见文献[16]。与节点 11 和 12 相连的换流器分别为整流器与逆变器。在所选的基准值体系下，直流系统的参数标幺值为：

整流侧与逆变侧换相电阻 $X_{c1}=X_{c2}=0.013$

直流线路等值电阻 $R=0.0388$

整流侧控制方式为：定功率 $P_{d1s}=1.5000$，定滞后触发角 $\theta_{d1s}=24.076\ 722°$

逆变侧控制方式为：定电压 $V_{d2s}=0.9384$，定超前熄弧角 $\theta_{d2s}=23.921\ 763°$

其中两个控制角的指定值是根据 P_{d1s} 和 V_{d2s} 的值由换流器的基本方程估算而来。

【解】 计算收敛精度取为 10^{-7}，经过 6 次迭代计算收敛。表 4-1 给出了直流系统待求量的迭代初值、首次修正量和计算结果。交流系统仍然采用平启动，节点电压幅值和相位的首次修正量及计算结果见表 4-2，发电机出力见表 4-3。本例题中，$n_a=20$，$n_c=2$。为方便读者对照计算，在表 4-4～表 4-6 中分别给出了由式(4-66)～(4-81)计算的雅可比矩阵中随迭代次数变化的子矩阵，其中行对应迭代次数。在表 4-6 的最后一列还给出了迭代过程中方程最大不平衡量的变化过程。

表 4-1　直流系统待求量的迭代初值和计算结果

变量	V_{d1}	I_{d1}	I_{d2}	k_{T1}	k_{T2}	φ_1	φ_2
初值	1.0	1.5	1.5	1.1167	1.0479	25.84	25.84
首次修正量	0.003 213	−0.004 820	−0.004 820	−0.259 360	−0.205 731	−0.000 195	−0.000 181
收敛结果	0.996 787	1.504 820	1.504 820	1.075 541	0.968 822	25.851 626	25.850 773

表 4-2　节点电压幅值和相位的首次修正量及计算结果

编号	幅值首次修正量	电压幅值	相位首次修正量	电压相位/(°)
1	0	1.000 000	0	0.000 000
2	0.171 522	1.001 466	−0.199 491	−13.276 629
3	0	1.000 000	−0.662 427	−44.374 704
4	0.186 650	1.075 011	−0.781 097	−50.745 285
5	0.212 412	1.082 932	−0.830 747	−53.235 448
6	0	1.000 000	−0.996 385	−61.912 589
7	0.098 329	1.032 401	−0.087 820	−5.792 449
8	0.163 159	0.989 666	−0.349 034	−21.919 869
9	0.197 603	1.011 737	−0.339 456	−21.216 795
10	0.192 879	1.008 865	−0.336 456	−21.048 396
11	0.235 392	1.035 012	−0.363 456	−22.530 067
12	0.196 246	1.081 710	−0.919 742	−57.786 277
13	0.140 774	1.038 286	−0.973 203	−60.623 546
14	0.185 513	1.072 252	−0.905 785	−57.052 315
15	0.184 172	1.071 083	−0.904 040	−56.959 662
16	0.135 222	1.034 340	−0.998 383	−62.023 810
17	0.103 337	1.009 691	−0.996 048	−61.893 466
18	0.152 140	1.027 601	−1.000 060	−61.986 817
19	0.175 063	1.063 661	−0.886 057	−56.012 024
20	0.130 301	1.031 666	−0.899 325	−56.754 068
21	0.149 355	1.049 062	−0.851 277	−54.233 866
22	0.121 953	1.057 067	−0.704 711	−46.667 219

表 4-3　发电机出力

编号	有功功率	无功功率
1	0.615 575	1.452 062
3	3.100 000	3.209 631
6	−0.010 000	−0.287 563

表 4-4　子矩阵 A_{21}、A_{22}、A_{41}、A_{42} 和 A_{45} 随迭代次数的变化过程

$A_{21}(11)$	$A_{21}(22)$	$A_{22}(11)$	$A_{22}(22)$	$A_{41}(11)$	$A_{41}(22)$	$A_{42}(11)$	$A_{42}(22)$	$A_{45}(11)$	$A_{45}(22)$
−1.500 00	1.500 00	−1.000 00	0.938 40	−0.726 43	0.726 43	−0.484 29	0.454 46	−1.851 80	1.737 73
−1.504 82	1.504 82	−0.996 79	0.938 40	−0.729 13	0.729 10	−0.482 97	0.454 67	−1.852 14	1.743 62
−1.504 82	1.504 82	−0.996 79	0.938 40	−0.729 13	0.729 10	−0.482 97	0.454 67	−1.852 14	1.743 62
−1.504 82	1.504 82	−0.996 79	0.938 40	−0.729 13	0.729 10	−0.482 97	0.454 67	−1.852 14	1.743 62
−1.504 82	1.504 82	−0.996 79	0.938 40	−0.729 13	0.729 10	−0.482 97	0.454 67	−1.852 14	1.743 62
−1.504 82	1.504 82	−0.996 79	0.938 40	−0.729 13	0.729 10	−0.482 97	0.454 67	−1.852 14	1.743 62
−1.504 82	1.504 82	−0.996 79	0.938 40	−0.729 13	0.729 10	−0.482 97	0.454 67	−1.852 14	1.743 62

表 4-5　子矩阵 F_{13}、F_{14}、F_{23} 和 F_{25} 随迭代次数的变化过程

$F_{13}(11)$	$F_{13}(22)$	$F_{14}(11)$	$F_{14}(22)$	$F_{23}(11)$	$F_{23}(22)$	$F_{25}(11)$	$F_{25}(22)$
−0.913 00	−0.914 10	−1.116 70	−1.047 90	−0.895 51	−0.895 51	0.484 30	0.454 46
−1.127 91	−1.093 49	−1.699 97	−1.499 65	−1.106 20	−1.071 16	0.737 55	0.650 62
−0.978 71	−1.001 28	−0.770 81	−0.843 82	−0.959 87	−0.980 83	0.334 42	0.366 09
−0.947 48	−0.989 22	−1.053 87	−1.025 31	−0.929 24	−0.969 02	0.457 24	0.444 83
−0.944 99	−0.988 79	−1.107 51	−1.047 10	−0.926 80	−0.968 60	0.480 51	0.454 28
−0.944 97	−0.988 79	−1.113 14	−1.047 98	−0.926 78	−0.968 60	0.482 95	0.454 66
−0.944 97	−0.988 79	−1.113 20	−1.047 99	−0.926 78	−0.968 60	0.482 97	0.454 67

表 4-6　子矩阵 C_{14}、C_{24} 和方程最大不平衡量随迭代次数的变化过程

迭代次序	$C_{14}(11)$	$C_{14}(22)$	$C_{24}(11)$	$C_{24}(22)$	最大不平衡量
0	−1.019 55	−0.957 89	−1.000 02	−0.938 41	1.000 060
1	−1.552 08	−1.370 83	−1.522 20	−1.342 84	0.657 005
2	−0.703 75	−0.771 34	−0.690 20	−0.755 58	0.296 465
3	−0.962 19	−0.937 24	−0.943 67	−0.918 10	0.054 497
4	−1.011 16	−0.957 15	−0.991 69	−0.937 61	0.005 467
5	−1.016 30	−0.957 96	−0.996 74	−0.938 39	0.000 056
6	−1.016 35	−0.957 96	−0.996 79	−0.938 40	0.000 000

以上介绍了用牛顿法计算混联系统潮流的基本原理。牛顿法具有良好的收敛特性，但是由于雅可比矩阵在迭代过程中需反复更新，因而降低计算效率。鉴于传统潮流计算中的 PQ 分解法实现了潮流计算的快速迭代，并注意到混联系统潮流计算方程式的雅可比矩阵的特点，不难想到，在混联系统的潮流计算中也采用类似的近似条件对混联系统的潮流计算进行简化以提高计算速度。简化的方法和构造的迭代流程有数种[11]，但基本思想大同小异。以下推导一种。为了兼顾收敛性与计算速度，以下的简化只采用了传统潮流计算中 PQ 分解法的近似条件。

当采用了 PQ 分解法的近似条件后，由式(2-81)、式(2-82)可将式(4-65)简化为以下三个低阶方程：

$$\Delta \boldsymbol{P}/\boldsymbol{V} = \boldsymbol{B}'\boldsymbol{V}\Delta\boldsymbol{\theta} + \boldsymbol{A}_1\Delta\boldsymbol{X} \tag{4-82}$$

$$\Delta \boldsymbol{Q}/\boldsymbol{V} = \boldsymbol{B}''\boldsymbol{V}\Delta + \boldsymbol{A}_2\Delta\boldsymbol{X} \tag{4-83}$$

$$\Delta \boldsymbol{D} = \boldsymbol{C}'\boldsymbol{V}_2\Delta + \boldsymbol{F}\Delta\boldsymbol{X} \tag{4-84}$$

式中：

$$\Delta\boldsymbol{X} = [\Delta\boldsymbol{V}_d^{\mathrm{T}} \quad \Delta\boldsymbol{I}_d^{\mathrm{T}} \quad \Delta\boldsymbol{K}_T^{\mathrm{T}} \quad \Delta\boldsymbol{W}^{\mathrm{T}} \quad \Delta\boldsymbol{\Phi}^{\mathrm{T}}]^{\mathrm{T}}$$

$$\Delta\boldsymbol{D} = [\Delta\boldsymbol{d}_1^{\mathrm{T}} \quad \Delta\boldsymbol{d}_2^{\mathrm{T}} \quad \Delta\boldsymbol{d}_3^{\mathrm{T}} \quad \Delta\boldsymbol{d}_4^{\mathrm{T}} \quad \Delta\boldsymbol{d}_5^{\mathrm{T}}]^{\mathrm{T}}$$

$$\boldsymbol{A}_1 = \begin{bmatrix} 0 & 0 & 0 & 0 & 0 \\ \boldsymbol{A}_{21} & \boldsymbol{A}_{22} & 0 & 0 & 0 \end{bmatrix} \tag{4-85}$$

$$\boldsymbol{A}_2 = \begin{bmatrix} 0 & 0 & 0 & 0 & 0 \\ \boldsymbol{A}_{41} & \boldsymbol{A}_{42} & 0 & 0 & \boldsymbol{A}_{45} \end{bmatrix} \tag{4-86}$$

$$\boldsymbol{C}'_2 = \begin{bmatrix} 0 & 0 & 0 & 0 & 0 \\ \boldsymbol{C}_{14}'^{\mathrm{T}} & \boldsymbol{C}_{24}'^{\mathrm{T}} & 0 & 0 & 0 \end{bmatrix}^{\mathrm{T}} \tag{4-87}$$

注意在式(4-84)中，电压修正量 ΔV_i 不像式(4-65)中那样除了 电压 V_i，因此，对应于式(4-80)和式(4-81)的偏导数中也不再乘 V_i。于是

$$\boldsymbol{C}'_{14} = \frac{\partial\Delta\boldsymbol{d}_1}{\partial\boldsymbol{V}_t} = -\operatorname{diag}[k_{Tk}w_k] \tag{4-88}$$

$$\boldsymbol{C}'_{24} = \frac{\partial\Delta\boldsymbol{d}_2}{\partial\boldsymbol{V}_t} = -\operatorname{diag}[k_\gamma k_{Tk}\cos\varphi_k] \tag{4-89}$$

由式(4-83)得

$$\Delta\boldsymbol{V} = \boldsymbol{B}''^{-1}(\Delta\boldsymbol{Q}/\boldsymbol{V} - \boldsymbol{A}_2\Delta\boldsymbol{X}) \tag{4-90}$$

代入式(4-84)，有

$$\Delta\boldsymbol{D} - \boldsymbol{C}'_2\boldsymbol{B}''^{-1}\Delta\boldsymbol{Q}/\boldsymbol{V} = (\boldsymbol{F} - \boldsymbol{C}'_2\boldsymbol{B}''^{-1}\boldsymbol{A}_2)\Delta\boldsymbol{X} \tag{4-91}$$

由式(4-91)解出 $\Delta\boldsymbol{X}$ 的值，然后分别代入式(4-90)和式(4-82)可求得 $\Delta\boldsymbol{V}$ 和 $\boldsymbol{V}\Delta\boldsymbol{\theta}$ 的值。令

$$\boldsymbol{B}''^{-1}\Delta\boldsymbol{Q}/\boldsymbol{V} = \boldsymbol{y}_q \tag{4-92}$$

$$\boldsymbol{B}''^{-1}\boldsymbol{A}_2 = \boldsymbol{Y}_A \tag{4-93}$$

则式(4-82)～(4-84)的求解过程为

$$\boldsymbol{B}''\boldsymbol{y}_q = \Delta\boldsymbol{Q}/\boldsymbol{V} \tag{4-94}$$

$$\boldsymbol{B}''\boldsymbol{Y}_A = \boldsymbol{A}_2 \tag{4-95}$$

$$\Delta\boldsymbol{D} - \boldsymbol{C}'_2\boldsymbol{y}_q = (\boldsymbol{F} - \boldsymbol{C}'_2\boldsymbol{Y}_A)\Delta\boldsymbol{X} \tag{4-96}$$

$$\Delta\boldsymbol{V} = \boldsymbol{y}_q - \boldsymbol{Y}_A\Delta\boldsymbol{X} \tag{4-97}$$

$$\boldsymbol{B}'\boldsymbol{V}\Delta\boldsymbol{\theta} = \Delta\boldsymbol{P}/\boldsymbol{V} - \boldsymbol{A}_1\Delta\boldsymbol{X} \tag{4-98}$$

图 4-16 给出了计算流程。以下对迭代一次的具体算法进行简单的分析。

由 2.4 节中的分析已知，矩阵 $\boldsymbol{B}''$ 和 $\boldsymbol{B}'$ 都是常数矩阵，它们在迭代开始前一次生成并将其三角分解。

(1) 由式(4-94)求出列向量 $\boldsymbol{y}_q$。显见，这一步与传统潮流计算中的 PQ 分解法方法与运算量完全一致。

(2) 由式(4-95)求出矩阵 $\boldsymbol{Y}_A$。矩阵 $\boldsymbol{A}_2$[见式(4-86)]随迭代次数变化,故每次迭代均需由式(4-68)～(4-70)形成 $\boldsymbol{A}_2$。由于 $\boldsymbol{A}_2$ 中的子矩阵 $\boldsymbol{A}_{31}$、$\boldsymbol{A}_{32}$ 和 $\boldsymbol{A}_{35}$ 为零矩阵,显见矩阵 $\boldsymbol{A}_2$ 是由 $3n_c$ 个只含有一个非零元的稀疏向量和 $2n_c$ 个零向量组成。因此,对应的 $\boldsymbol{Y}_A$ 中的子块 Y_{A13}、Y_{A23}、$\boldsymbol{Y}_{A14}$ 和 $\boldsymbol{Y}_{A24}$ 也为零矩阵[参看式(4-99)]。$\boldsymbol{Y}_A$ 的形成可以由第 2 章中介绍过的稀疏向量法快速完成。据前已知,若 n 维稀疏向量的第 l 个元素为唯一非零元,则对此稀疏向量的快速前代只需要 $(n-l+1)(n-l+2)/2$ 次乘法运算。因此为了节省计算量,应尽可能使 l 有较大的值。例如,由式(4-68)和式(4-86)知,对 $\boldsymbol{A}_2$ 的第 n_c 列进行快速前代时,相当于 $l=n$,因而只需进行一次乘法运算。为此,将纯交流节点的节点功率方程放在前边是必要的。也就是说,把直流节点的编号放在后边,从而使得组成 $\boldsymbol{A}_2$ 的各列中的唯一非零元的位置尽可能地处在列向量的下边。当然,当 n_c 不大时,系统节点编号的优化应主要以减小生成因子表的运算量为原则。

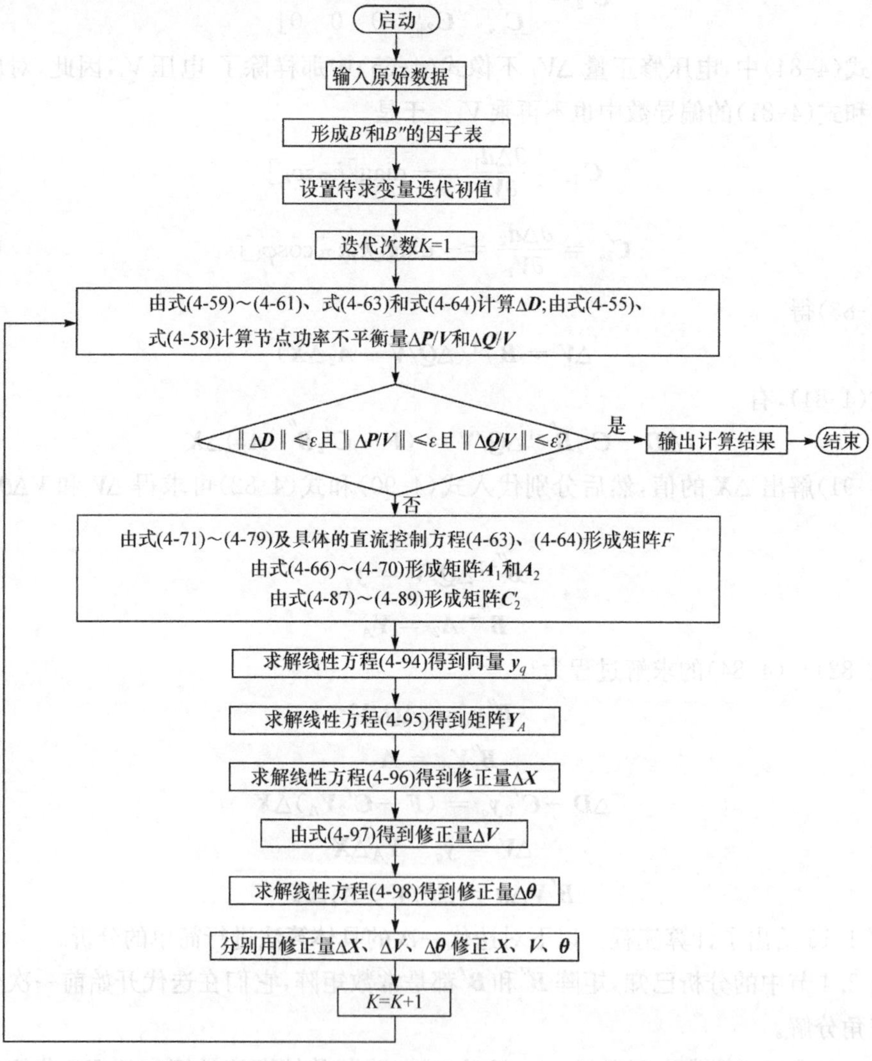

图 4-16　基于 PQ 分解的交直流混联系统潮流计算流程

(3) 形成式(4-96)的系数矩阵 $\boldsymbol{F}-\boldsymbol{C}_2'\boldsymbol{Y}_A$，其阶数为 $5n_c$。注意由式(4-87)～(4-89)知 $\boldsymbol{C}_2'$ 是高度稀疏的，将 $\boldsymbol{Y}_A$ 分块后左乘 $\boldsymbol{C}_2'$，有

$$\boldsymbol{C}_2'\boldsymbol{Y}_A=\begin{bmatrix}0 & 0 & 0 & 0 & 0\\ \boldsymbol{C}_{14}'^{\mathrm{T}} & \boldsymbol{C}_{24}'^{\mathrm{T}} & 0 & 0 & 0\end{bmatrix}^{\mathrm{T}}\begin{bmatrix}\boldsymbol{Y}_{A11} & \boldsymbol{Y}_{A12} & 0 & 0 & \boldsymbol{Y}_{A15}\\ \boldsymbol{Y}_{A21} & \boldsymbol{Y}_{A22} & 0 & 0 & \boldsymbol{Y}_{A25}\end{bmatrix}$$

显然，该矩阵的后 3 行为零，而前两行为

$$\begin{bmatrix}\boldsymbol{C}_{14}'\boldsymbol{Y}_{A21} & \boldsymbol{C}_{14}'\boldsymbol{Y}_{A22} & 0 & 0 & \boldsymbol{C}_{14}'\boldsymbol{Y}_{A25}\\ \boldsymbol{C}_{24}'\boldsymbol{Y}_{A21} & \boldsymbol{C}_{24}'\boldsymbol{Y}_{A22} & 0 & 0 & \boldsymbol{C}_{24}'\boldsymbol{Y}_{A25}\end{bmatrix} \tag{4-99}$$

其中，$\boldsymbol{Y}_A$ 中第一行与第二行的块矩阵的阶数分别为 n_a 行×n_c 列与 n_c 行×n_c 列。注意到 $\boldsymbol{C}_{14}'$ 与 $\boldsymbol{C}_{24}'$ 都是 n_c 阶对角阵，则

$$\left.\begin{aligned}&(\boldsymbol{C}_{i4}'\boldsymbol{Y}_{A2j})_{lm}=(\boldsymbol{C}_{i4}')_{ll}(\boldsymbol{Y}_{A2j})_{lm}\\ &i=1,2\\ &j=1,2,5\\ &l=1,2,\cdots,n_c\\ &m=1,2,\cdots,n_c\end{aligned}\right\} \tag{4-100}$$

列向量 $\boldsymbol{C}_2'\boldsymbol{y}_q$ 的计算如下：

$$\boldsymbol{C}_2'\boldsymbol{y}_g=\begin{bmatrix}0 & \boldsymbol{C}_{14}'\\ 0 & \boldsymbol{C}_{24}'\\ 0 & 0\\ 0 & 0\\ 0 & 0\end{bmatrix}\begin{bmatrix}\boldsymbol{y}_{q1}\\ \boldsymbol{y}_{q2}\end{bmatrix}=\begin{bmatrix}\boldsymbol{C}_{14}'\boldsymbol{y}_{q2}\\ \boldsymbol{C}_{24}'\boldsymbol{y}_{q2}\\ 0\\ 0\\ 0\end{bmatrix} \tag{4-101}$$

$$\left.\begin{aligned}&(\boldsymbol{C}_{i4}'\boldsymbol{y}_{q2})_l=(\boldsymbol{C}_{i4}')_{ll}(\boldsymbol{y}_{q2})_l\\ &i=1,2\\ &l=1,2,\cdots,n_c\end{aligned}\right\} \tag{4-102}$$

可见，列向量 $\boldsymbol{C}_2'\boldsymbol{y}_q$ 的 $5n_c$ 个元素中只有 $2n_c$ 个非零元。

(4) 形成式(4-98)中的列向量 $\boldsymbol{A}_1\Delta\boldsymbol{X}$。由式(4-85)，有

$$\begin{aligned}\boldsymbol{A}_1\Delta\boldsymbol{X}&=\begin{bmatrix}0 & 0 & 0 & 0 & 0\\ \boldsymbol{A}_{21} & \boldsymbol{A}_{22} & 0 & 0 & 0\end{bmatrix}[\Delta\boldsymbol{V}_d^{\mathrm{T}}\quad\Delta\boldsymbol{I}_d^{\mathrm{T}}\quad\Delta\boldsymbol{K}_T^{\mathrm{T}}\quad\Delta\boldsymbol{W}^{\mathrm{T}}\quad\Delta\boldsymbol{\Phi}^{\mathrm{T}}]^{\mathrm{T}}\\ &=\begin{bmatrix}0\\ \boldsymbol{A}_{21}\Delta\boldsymbol{V}_d+\boldsymbol{A}_{22}\Delta\boldsymbol{I}_d\end{bmatrix}\end{aligned} \tag{4-103}$$

由式(4-66)与式(4-67)得

$$(\boldsymbol{A}_{22}\Delta\boldsymbol{V}_d+\boldsymbol{A}_{21}\Delta\boldsymbol{I}_d)_k=-(I_{dk}\Delta V_{dk}+V_{dk}\Delta I_{dh})\qquad(k=1,2,\cdots,n_c) \tag{4-104}$$

以上介绍了混联系统的统一迭代求解法。

4.3.5 交直流系统交替迭代求解

交替迭代法是统一迭代法中 PQ 分解法的进一步简化。由换流器基本方程(4-52)、(4-53)可见，交流系统对直流系统的作用仅仅通过换流变压器一次侧电压 V_t 产生。也就是说，如果多端直流系统中所有换流器所对应的交流电压 V_t 已知，则直流系统的方程(4-59)～(4-61)、(4-63)和(4-64)中共有 $5n_c$ 个方程，包含 $5n_c$ 个待求量。因而，可以通过单独求解直流系统方程而获得这 $5n_c$ 个直流变量。由直流节点功率方程(4-58)可见，直流系统对交流系统的作用通过换流变压器从交流系统抽出或注入的功率 $P_{idc}+jQ_{idc}$ 产生，因此，如果每个换流器从交流系统抽出或注入的功率已知，则交流系统的潮流计算便与直流系统无关。理想的过程是，人为给定 n_c 个换流变压器一次侧电压值，记为

$$\boldsymbol{V}_t^{(0)}=[V_{n_a+1}^{(0)}\quad V_{n_a+2}^{(0)}\quad \cdots\quad V_{n_a+n_c}^{(0)}]$$

据此求解直流系统方程，解得直流变量 $\boldsymbol{X}^{(0)}$。用 $\boldsymbol{X}^{(0)}$ 代入式 (4-57)可得所有换流器功率 $\boldsymbol{P}_{dc}^{(0)}$、$\boldsymbol{Q}_{dc}^{(0)}$。将此换流器功率代入交流系统方程并进行传统潮流计算，得到收敛解 $\boldsymbol{V}^{(1)}=[\boldsymbol{V}_a^{(1)}\quad \boldsymbol{V}_t^{(1)}]$。理想地，其中 $\boldsymbol{V}_t^{(1)}$ 恰好与 $\boldsymbol{V}_t^{(0)}$ 相等，则计算结束。显然，一般地，$\boldsymbol{V}_t^{(1)}$ 并不恰好与 $\boldsymbol{V}_t^{(0)}$ 相等，因此，计算是一个迭代过程。

基于以上事实，交替迭代法在迭代计算过程中，将交流系统方程和直流系统方程分别进行求解。在求解交流系统方程时，将直流系统用接在相应节点上的已知其有功和无功功率的负荷来等值。而在求解直流系统方程组时，将交流系统模拟成加在换流器交流母线上的一个恒定电压。在每次迭代中，交流系统方程组的求解将为其后的直流系统方程组的求解提供换流器交流母线的电压值，而直流系统方程组的求解又为下一次迭代中交流系统方程组提供换流器的等值有功和无功负荷值。如此循环，直至收敛。必须指出，保证这种算法有可能收敛的数学基础是高斯-赛德尔迭代法。如果对交流系统和直流系统的求解都采用高斯-赛德尔迭代，那么该算法就属于完全的高斯-赛德尔迭代法。事实上，交替迭代法相当于不完全高斯赛-德尔迭代法。交替迭代法在求解交流系统方程时，通常采用牛顿法或 PQ 分解法；至于直流系统方程组，显然仍可以用牛顿法求解[12]，仅仅在交流系统与直流系统之间的耦合用高斯-赛德尔迭代法。

在以上假定下，在交流系统节点功率方程(4-58)中的直流功率作为已知常数，在直流系统的方程(4-59)～(4-61)、(4-63)和(4-64)中的交流电压作为已知常数，那么，式(4-65)中的子矩阵 $\boldsymbol{A}$ 与 $\boldsymbol{C}$ 都成为零矩阵，从而实现了交直流系统的解耦。进一步，在交流系统中采用 PQ 分解法，则混联系统的潮流求解就变成依次迭代求解下列三个方程组：

$$\Delta\boldsymbol{D}=\boldsymbol{F}\Delta\boldsymbol{X}\tag{4-105}$$

$$\Delta\boldsymbol{P}/\boldsymbol{V}=\boldsymbol{B}'\boldsymbol{V}\Delta\boldsymbol{\theta}\tag{4-106}$$

$$\Delta\boldsymbol{Q}/\boldsymbol{V}=\boldsymbol{B}''\Delta\boldsymbol{V}\tag{4-107}$$

将以上三式与式(4-82)～(4-84)比较，可以看出，交替迭代法相当于在统一迭代法中忽略子矩阵 $\boldsymbol{A}$ 和 $\boldsymbol{C}_2'$。图 4-17 是交直流混联电力系统潮流交替迭代法的计算流程图。图中 ε

是收敛精度控制值。整个计算的收敛解是使节点有功功率方程、节点无功功率方程和直流系统方程同时收敛的解。在迭代过程中，由于直流变量 **X** 确定换流器的有功、无功功率，所以直流变量一旦经过修正，则无论此前有功与无功方程是否收敛，都应重新校验在新 **X** 值下其是否收敛；由于直流方程仅与交流系统的节点电压幅值有关而与相角无关，所以电压幅值一旦经过修正，则无论此前直流方程和有功方程是否收敛，都应重新校验在新 **V** 值下其是否收敛；同理，相角修正之后应校验无功是否收敛。

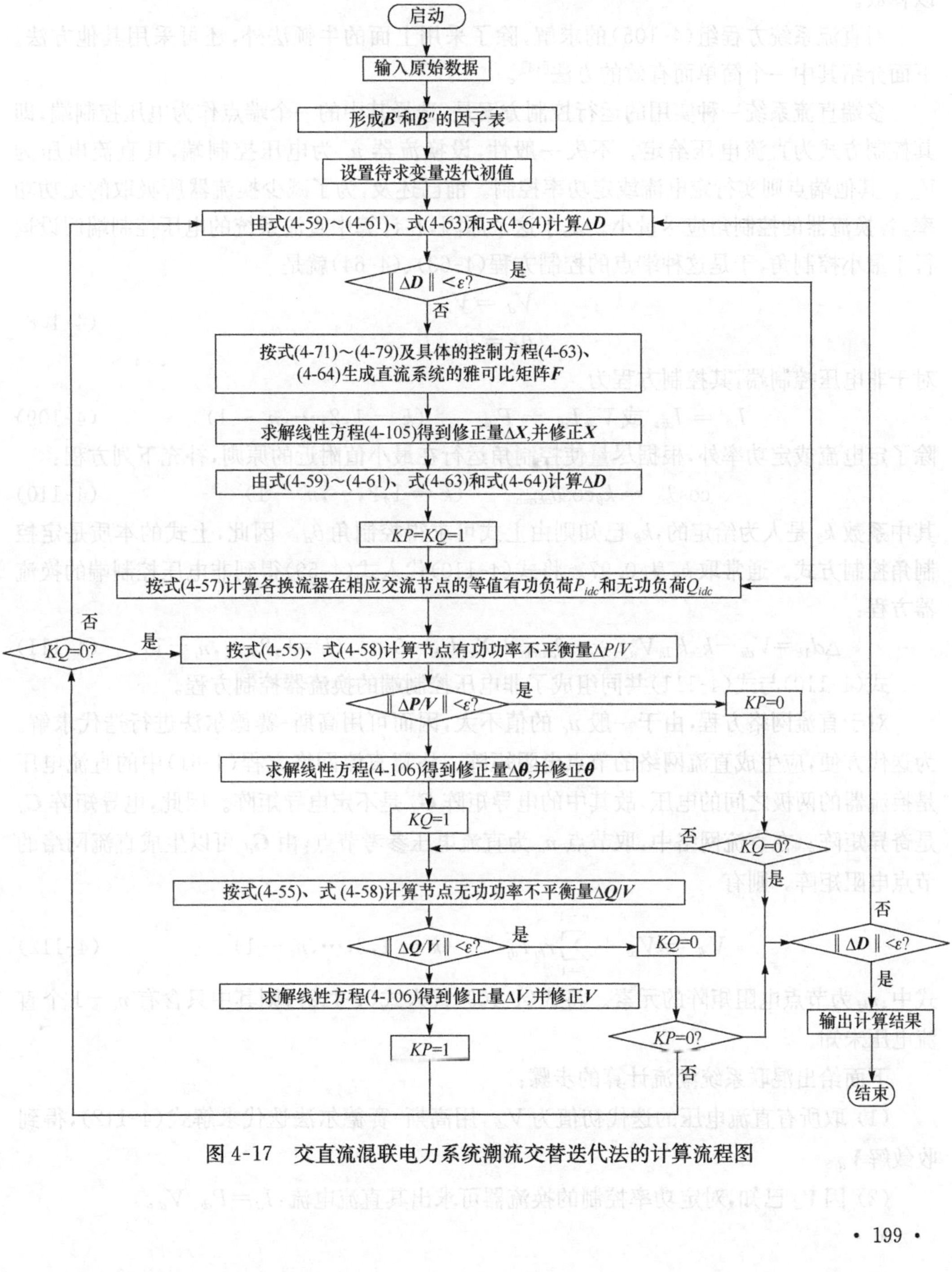

图 4-17　交直流混联电力系统潮流交替迭代法的计算流程图

在迭代计算过程中，某些直流变量可能超过其限值。因此，通常在程序中有处理越界的功能。越界处理可以采用各种不同的方法。例如若出现某一个换流变压器的变比 k_T 超过其上下调节范围，则由于多端直流系统在运行时，通常总有一端作为电压控制端。若 k_T 越上界，可以降低电压控制端的给定电压，否则便反之。又若出现某一个换流器的控制角 α 或 μ 低于其 $\alpha_{\min}$ 或 $\mu_{\min}$ 限值，则可将该换流器的控制方式改成定控制角方式，也即强制运行在该限值或另一个数值上，同时将该端点原来在控制方程中赋给定值的变量予以释放。

对直流系统方程组(4-105)的求解，除了采用上面的牛顿法外，还可采用其他方法。下面介绍其中一个简单而有效的方法[13]。

多端直流系统一种实用的运行控制方案是：选择其中的一个端点作为电压控制端，即其控制方式为直流电压给定。不失一般性，设换流器 n_c 为电压控制端，其直流电压为 V_{ds}。其他端点则实行定电流或定功率控制。前已述及，为了减少换流器所吸取的无功功率，各换流器的控制角应尽量小。基于这个原因，在计算中直流系统的电压控制端假设运行于最小控制角，于是这种端点的控制方程(4-63)、(4-64)就是

$$\left.\begin{aligned} V_d &= V_{ds} \\ \theta_d &= \theta_{d\min} \end{aligned}\right\} \tag{4-108}$$

对于非电压控制端，其控制方程为

$$I_{dk} = I_{dks} \text{ 或 } V_{dk} I_{dk} = P_{dks} \qquad (k = 1,2,\cdots,n_c - 1) \tag{4-109}$$

除了定电流或定功率外，根据尽量使控制角运行在最小值附近的原则，补充下列方程：

$$\cos\theta_{dk} = k_\theta \cos\theta_{dk\min} \qquad (k = 1,2,\cdots,n_c - 1) \tag{4-110}$$

其中系数 k_θ 是人为给定的，k_θ 已知则由上式可求得控制角 θ_d。因此，上式的本质是定控制角控制方式。通常取 k_θ 为 0.97。将式(4-110)代入式(4-59)得到非电压控制端的换流器方程：

$$\Delta d_{1k} = V_{dk} - k_{\theta k} k_{Tk} V_{n_a+k} \cos\theta_{dk\min} + X_{ck} I_{dk} = 0 \qquad (k=1,2,\cdots,n_c-1) \tag{4-111}$$

式(4-110)与式(4-111)共同组成了非电压控制端的换流器控制方程。

对于直流网络方程，由于一般 n_c 的值不大，因而可用高斯-赛德尔法进行迭代求解。为迭代方便，应生成直流网络的节点电阻矩阵。注意直流网络方程(4-61)中的直流电压是换流器的两极之间的电压，故其中的电导矩阵 $\boldsymbol{G}_d$ 是不定电导矩阵。因此，电导矩阵 $\boldsymbol{G}_d$ 是奇异矩阵。在直流网络中，取节点 n_c 为直流电压参考节点，由 $\boldsymbol{G}_d$ 可以生成直流网络的节点电阻矩阵。则有

$$V_{dk} = V_{ds} + \sum_{j=1}^{n_c-1} r_{kj} I_{dj} \qquad (k = 1,2,\cdots,n_c - 1) \tag{4-112}$$

式中：r_{kj} 为节点电阻矩阵的元素。将式(4-109)代入式(4-112)，则其中只含有 n_c-1 个直流电压未知。

下面给出混联系统潮流计算的步骤：

(1) 取所有直流电压的迭代初值为 V_{ds}，用高斯-赛德尔法迭代求解式(4-112)，得到收敛解 $\boldsymbol{V}_d$。

(2) 因 $\boldsymbol{V}_d$ 已知，对定功率控制的换流器可求出其直流电流：$I_d = P_{ds}/V_d$。

(3) 对每一个换流器，求其换流变压器二次侧的交流电压，即“k_TV_t”。具体求法为：对电压控制端，注意到式(4-108)及(2)的计算结果，其 V_d、I_d 和 θ_d 已知，由式(4-52)可得 k_TV_t；对非电压控制端，由式(4-111)可得 k_TV_t。

(4) 由式(4-53)可求所有换流器的功率因数 $\cos\varphi$。

(5) 由式(4-57)可求所有换流器的有功功率和无功功率。

(6) 由(5)中得到的所有换流器功率进行交流系统潮流计算，得到收敛解。

(7) 由(6)中得到的所有换流变压器一次侧交流电压 V_t 及(3)中得到的换流变压器二次侧的交流电压 k_TV_t 可求每个换流变压器的变比 k_T。

(8) 若求得的所有变比不超过其上下界，则计算结束。否则，转至(9)。

(9) 调整电压控制端的直流电压控制值 V_{ds}。具体方法为：在所有越界的变比中挑出越界量最大的一个，记为 $k_{T\text{worst}}$，设其变比上下界分别为 $k_{T\max}$ 和 $k_{T\min}$。若 $k_{T\text{worst}}>k_{T\max}$，则取新直流电压控制值为 $V_{ds}k_{T\max}/k_{T\text{worst}}$；否则取新直流电压控制值为 $V_{ds}k_{T\min}/k_{T\text{worst}}$。返回(1)。

以上是这种方法的主要步骤。该算法的基本特点是原理简单，程序设计容易。与采用牛顿法求解直流方程的方法相比，内存大大节省。当认为换流变压器变比是连续变量且不出现越界情况时，直流系统及交流系统潮流都只要算一次便可以得到最终结果。在上述算法的基础上，作一些必要的补充，就可适用于诸如定控制角控制、变压器变比 k_T 的分挡离散化调节等具有进一步要求的计算，但这时的迭代次数将有所增加。详细做法可参见文献[13]。

上面分别介绍了交直流混联电力系统潮流的两大类算法。统一迭代法完整地考虑了交、直流变量之间的耦合关系，对各种网络及运行条件的计算，均呈现良好的收敛特性。但其雅可比矩阵的阶数比纯交流系统的要大，对程序编制的要求高，占用内存较多，同时计算时间长。交替迭代法由于交、直流系统的潮流方程分开求解，因此整个程序可以利用现有任何一种交流潮流程序再加上直流系统潮流程序模块即可构成。另外，交替迭代法也更容易在计算中考虑直流变量的约束条件和运行方式的合理调整。但是，交替迭代法的收敛性不及统一迭代法。计算实践表明，当交流系统较强时，其收敛特性是令人满意的。但是当交流系统较弱时，其收敛性会变差，可能出现迭代次数明显增加甚至不收敛的现象。这是交替迭代法的缺点。顺便指出，这里所谓交流系统的强弱是相对于换流器的额定容量而言的。以换流器直流额定功率 P_{dcN} 为基准，从换流器交流侧母线处观察到的交流系统等值电抗的标幺值的倒数，通常称为短路比(SCR)。短路比越大则系统越强。弱交流系统(其短路比可小于 3)具有很大的等值电抗，所以换流器交流母线电压 V_t 对注入无功功率的变化非常敏感。而交替迭代法由于交流和直流系统方程组分开求解，在求解过程中分别把交直流系统的分界线上的 V_t 及 Q_{tdc} 近似地看成是恒定的，忽略了彼此的耦合。因此，如果交流系统较弱，也即 Q_{tdc} 的变化对 V_t 的影响较大，则在交替迭代过程中就容易导致 Q_{tdc} 和 V_t 之间的计算振荡[14]，从而影响收敛。为了使交替迭代法也能适用于弱交流系统的计算，陆续对其提出了一些改进算法[15]。因限于篇幅，对这些改进算法不再展开讨论。

4.4 直流输电系统的动态数学模型

前面我们介绍了直流输电系统的稳态数学模型。直流输电系统的暂态过程十分复杂。其主要原因为:①桥阀的触发脉冲是在离散的时间点上发出的。在暂态过程中,触发角受控制器的调节而不断地变化,因而对应的时间变量是一些间隔未必均匀的离散点,这样触发角在计算性质上属于离散变量。②在稳态分析中我们认为交流系统是对称的。由前面对换流器桥阀的稳态分析知,阀的通断状态与换相电压、触发脉冲发出的时刻和换相角的大小有关。当触发角或换相角过大时,将发生换相失败。在暂态过程中,交流系统的实际情况大多是不对称的。当换相电压严重不对称时,某些阀可能在其触发脉冲到来时阀电压尚为负值,从而不能正常导通。暂态过程中的直流输电系统,若考虑到换相电压和触发角都是变化的以及其他各种非常情况,则需要根据各个阀的实际通断状态列出微分方程,然后求解这些微分方程以确定各阀的下一个通断状态变化的时刻。③对于长距离的输电线路,还应考虑直流线路的分布参数特性。这种情况下,直流线路中电压、电流的变化将是波过程。

由于以上原因,要精确计算直流输电系统的暂态过程,需要求解既包含连续变量又包含离散变量的常微分和偏微分方程。从数学上讲,求解这类方程并无困难,早期的许多研究工作,如文献[17]~[19]都采用了比较详细的数学模型,但是计算量很大。因此,在满足工程计算对精度要求的前提下,应尽量简化直流系统的暂态数学模型。通常当直流线路连接的交流系统比较强时,在稳定性分析中直流系统可以采用较简单的模型;反之则需要较详细的模型。在大多数的电力系统稳定性分析中,仍然采用我们在推导直流系统稳态模型时的假定。这样,换流器的动态数学模型仍可用稳态数学模型,即式(4-52)~(4-54)。这里要介绍的是直流输电系统的控制系统的数学模型。

直流输电系统的控制器由电子线路构成,其基本工作原理为控制器输入控制信号,其输出作用于相控电路,经过脉冲发生装置改变换流器的触发角,从而实现对换流器工作状态的控制。采用不同的控制信号、不同的控制策略将导致不同的控制器结构和控制特性并导致直流系统乃至整个电力系统的动态特性不同。为了获得良好的运行特性,整流器与逆变器的调节特性应互相配合。前已述及,整流器的基本控制方式为定电流和定功率两种;逆变器的基本控制方式为定电压和定熄弧角两种。由于变比调整速度缓慢且是离散变量,因而并不经常性地变化,而是将其作为辅助调节手段来优化换流器的稳态工作点。图 4-18 给出了 4 种基本调节方式的控制器传递函数框图。

定电流调节方式的传递函数框图为图 4-18(a)。比较直流电流互感器的输出电流 I_d 与电流给定值 I_{dref},误差信号经放大或同时经过比例-积分环节后作用于移相控制电路来改变换流器的触发角,从而达到定电流的调节功能。

定功率调节方式的传递函数框图为图 4-18(b)。直流输电系统通常需要按计划输送功率,因而定功率调节方式是一个基本控制方式。当两侧交流系统电压波动不大时,使用定电流和定熄弧角即可满足定功率控制的要求。当考虑交流电压的波动时,实现精确的定功率控制可使用定电流和定电压调节方式。这两种调节方式都需要根据给定的功率和控制点的直流运行电压来设定电流定值,但是直流电压又与直流电流有关,因此,事先准确地给定电流值是困难的。为了解决这个问题,对于定功率控制需设置专门的调节装置。由于定电流控制调节速度快、能迅速地抑制过电流、避免换流器过载和整定方便等优点,功率调节装置一般不直接作用于相控电路而是以定电流控制为基础,作为定电流控制的一个附加输入。框图中,比较直流功率与其给定值,误差信号经放大后加到定电流控制器的输入端。这相当于动态地改变了定电流控制的电流整定值。

定电压与定熄弧角调节方式的传递函数框图分别如图 4-18(c)和(d)所示。将它们与图 4-18(a)相比可见,它们具有相同的结构,只是参数不同。顺便指出,熄弧角无法直接测量,而是间接通过测量阀电压和阀电流过零点的时间间隔来获得。

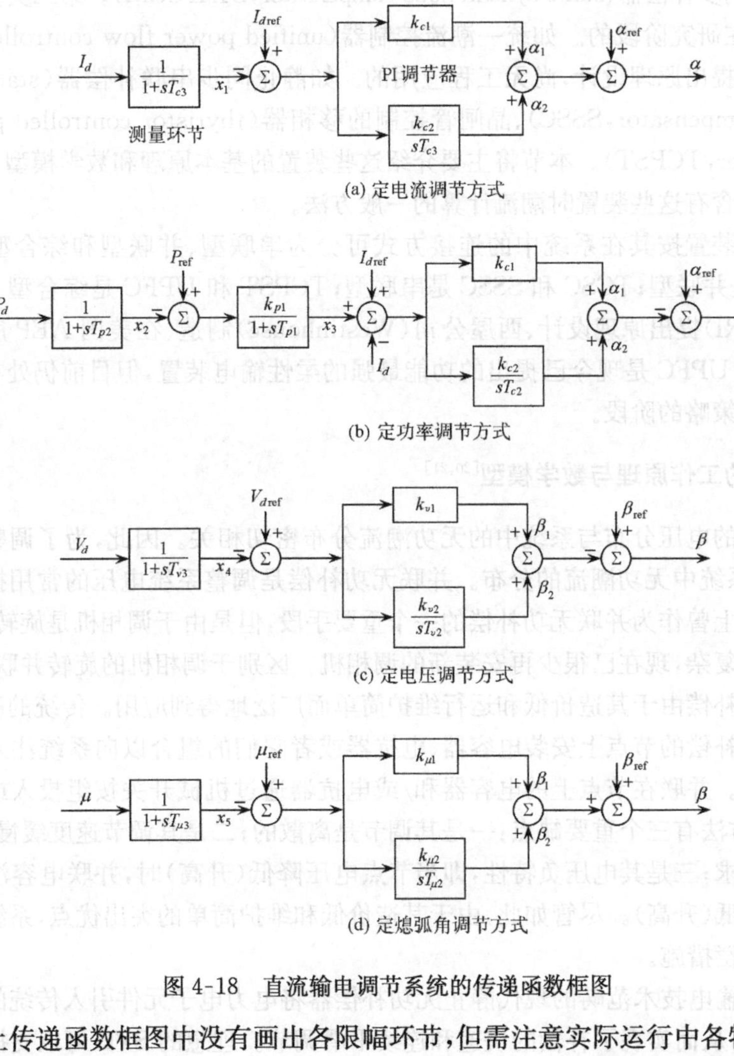

图 4-18　直流输电调节系统的传递函数框图

在以上传递函数框图中没有画出各限幅环节,但需注意实际运行中各物理量的约束。如整流器采用定电流调节方式时,常有最小触发角的约束;逆变器定电压调节时常有最小熄弧角的限制等。

应该指出,这里的控制器都是用于直流系统的内部调节,当需要通过内部调节,即调节直流系统的运行参数,来影响交流系统时,控制器的输入信号中可能附加有交流系统的运行参数,如某些线路的传输功率、某发电机的转速、系统频率等。这种调节即是交直流系统联合调节，也称为外部调节。交直流系统联合调节的控制策略、控制信号等问题是电力系统科学研究的一个重要领域。

4.5 柔性输电的基本原理与装置的数学模型

FACTS 技术的概念提出以后，大量的 FACTS 装置先后被提出。按技术的成熟程度可以划分为三类。第一类为已在实际工程中大量应用的。如静止无功补偿器(static var compensator，SVC)、晶闸管控制的串联补偿器(thyristor controlled series compensator，TCSC)、静止同步补偿器(static synchronous compensator，STATCOM)。第二类为已有工业样机，但仍处在研究阶段的。如统一潮流控制器(unified power flow controller，UPFC)。第三类为刚刚提出原理设计，尚无工程应用的。如静止同步串联补偿器(static synchronous series compensator，SSSC)、晶闸管控制的移相器(thyristor controlled phase shifting transformer，TCPST)。本节将主要介绍这些装置的基本原理和数学模型。在下一节介绍当系统中含有这些装置时潮流计算的一般方法。

柔性输电装置按其在系统中的连接方式可分为串联型、并联型和综合型。SVC 和 STATCOM 是并联型；TCSC 和 SSSC 是串联型；TCPST 和 UPFC 是综合型。由美国电力科学院(EPRI)提出原理设计、西屋公司(Westinhouse)制造、在美国 AEP 所属的电力系统试运行的 UPFC 是现今已提出的功能最强的柔性输电装置，但目前仍处在进一步研究其运行控制策略的阶段。

4.5.1 SVC 的工作原理与数学模型[20,21]

电力系统的电压分布与系统中的无功潮流分布密切相关。因此，为了调整系统的电压，必须调整系统中无功潮流的分布。并联无功补偿是调整系统电压的常用措施。同步调相机在历史上曾作为并联无功补偿的一个重要手段，但是由于调相机是旋转元件，其运行和维护十分复杂，现在已很少再安装新的调相机。区别于调相机的旋转并联无功补偿，静止并联无功补偿由于其造价低和运行维护简单而广泛地得到应用。传统的静止并联无功补偿是在被补偿的节点上安装电容器、电抗器或者它们的组合以向系统注入或从系统吸收无功功率。并联在节点上的电容器和/或电抗器通过机械开关按组投入或退出。因此，这种补偿方法有三个重要缺点：一是其调节是离散的；二是其调节速度缓慢，不能满足系统的动态要求；三是其电压负特性，即当节点电压降低(升高)时，并联电容注入系统的无功功率也降低(升高)。尽管如此，由于其造价低和维护简单的突出优点，系统中仍大量地采用这种补偿措施。

属于柔性输电技术范畴的现代静止无功补偿器将电力电子元件引入传统的静止并联无功补偿装置，从而实现了补偿的快速和连续平滑调节。理想的 SVC 可以支持所补偿的节点电压接近常数。良好的动、静态调节特性使 SVC 得到了广泛的应用。SVC 的构成形式有多种，但基本元件为晶闸管控制的电抗器(thyristor controlled reactor)和晶闸管投切的电容器(thyristo switched capacitor)。掌握了这种结构的 SVC 的工作原理则不难理解其他类型的 SVC。图 4-19 为这种 SVC 的原理示意图。为了降低 SVC 的造价，大多数 SVC 通过降压变压器并入系统。由于阀的控制作用，SVC 将产生谐波电流，因而为降低 SVC 对系统的谐波污染，SVC 中还应设有滤波器。对基波而言，滤波器呈容性，即向系统注入无功功率。图 4-20(a)、(b)分别表示 TCR 和 TSC 支路。下面我们分别分析 TCR 和 TSC 的控制原理。

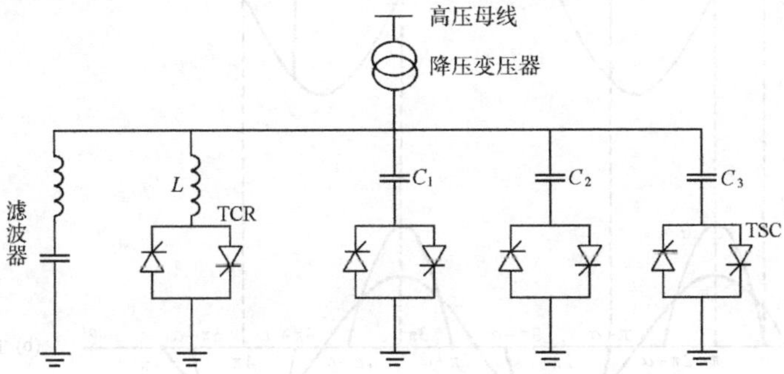

图 4-19　SVC 的原理示意图

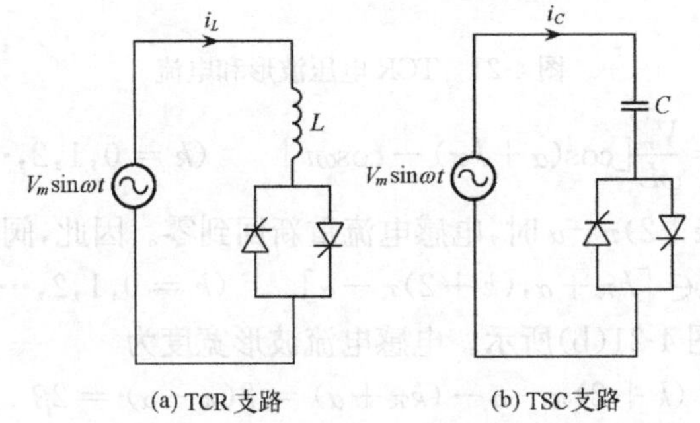

图 4-20　TCR 和 TSC 支路

TCR 支路由电抗器与两个背靠背连接的晶闸管相串联构成，控制元件为晶闸管。设加在 TCR 支路上的系统电压为正弦，其波形如图 4-21(a)所示，阀的触发延迟角为 $\alpha\in[\pi/2,\pi]$，则触发时刻为

$$\omega t=\alpha+k\pi\qquad(k=0,1,2,\cdots)$$

显然，当两阀都关断时，电感电流为零；而在阀导通期间，忽略电抗器的电阻，电感电流满足方程

$$L\frac{\mathrm{d}i_L}{\mathrm{d}t}=V_m\sin\omega t\tag{4-113}$$

式中：L 为电抗器的电感；V_m 为系统电压的幅值。其通解为

$$i_L=K-\frac{V_m}{\omega L}\cos\omega t\tag{4-114}$$

式中：K 为积分常数。注意到在阀触发时刻电感电流为零，则由上式可得

$$i_L=K-\frac{V_m}{\omega L}\cos(\alpha+k\pi)=0$$

解出 K 后代入式(4-114)可得电感电流

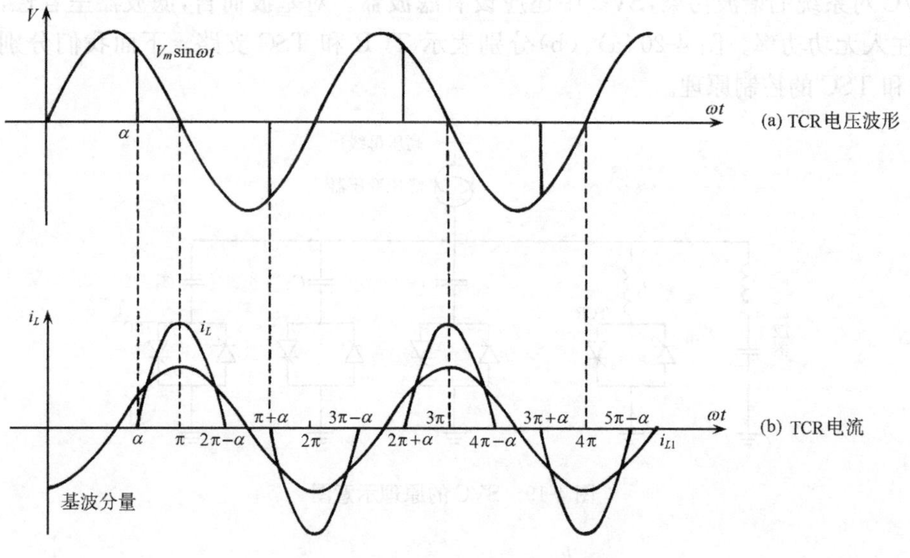

图 4-21　TCR 电压波形和电流

$$i_L = \frac{V_m}{\omega L}[\cos(\alpha + k\pi) - \cos\omega t] \qquad (k = 0,1,2,\cdots) \tag{4-115}$$

由上式可见，当 $\omega t=(k+2)\pi-\alpha$ 时，电感电流重新回到零。因此，阀的导通期为

$$\omega t \in [k\pi + \alpha, (k+2)\pi - \alpha] \qquad (k = 0,1,2,\cdots)$$

电感电流的波形图如图 4-21(b)所示。电感电流波形宽度为

$$(k+2)\pi - \alpha - (k\pi + \alpha) = 2(\pi - \alpha) = 2\beta$$

称 $\beta=\pi-\alpha$ 为导通角。

由电流波形可见，如欲使在任何时刻总有一个阀导通，则应有

$$(k+2)\pi - \alpha = (k+1)\pi + \alpha \qquad (k = 0,1,2,\cdots)$$

即当前一个阀关断的时刻后一个阀瞬时开通。可见，$\alpha=\pi/2$。这种运行模式相当于将电抗器直接并联在系统中。由波形图还可见，当触发角 α 从 $\pi/2$ 增大到 π 时，阀的导通区间宽度将由 π 下降到零。这时在任何时刻两个阀都处在截止状态。这种运行模式即相当于将电抗器退出运行。另外，当 α 小于 $\pi/2$ 时，已经处在导通状态的阀，其电流回到零点的时刻将大于尚未导通的阀的触发时刻，即

$$(k+2)\pi - \alpha > (k+1)\pi + \alpha$$

在这种情况下，当未导通的阀的触发脉冲发出时，由于已导通的阀尚未关断，故未导通阀的阀电压为零，因而不能被触发而导通。这样，两个阀中总有一个阀在任何时刻都是截止状态。这种状态将导致电感电流中的主要分量为直流分量。因而正常情况下，TCR 的触发角运行范围为 $\alpha\in[\pi/2,\pi]$。

由式(4-115)或波形图可见，由于阀的控制作用，电抗器中流过的电流发生畸变而不再是正弦量。调整触发角的大小将改变电流的峰值和导通区间的宽度。将电流进行傅里叶分解，其基波分量的幅值为

$$I_{L1} = \frac{2}{\pi}\int_{\alpha}^{2\pi-\alpha} \frac{V_m}{\omega L}(\cos\alpha - \cos\theta)\cos\theta \mathrm{d}\theta = \frac{V_m}{\pi\omega L}[2(\alpha - \pi) - \sin 2\alpha]$$

则基波分量瞬时值为

$$i_{L1} = I_{L1}\cos\omega t = \frac{V_m}{\pi\omega L}(2\beta - \sin2\beta)\sin(\omega t - \pi/2) \tag{4-116}$$

这样，TCR 支路的等值基波电抗为

$$X_L(\beta) = \frac{\pi\omega L}{2\beta - \sin2\beta} \quad \left(\beta \in \left[0, \frac{\pi}{2}\right]\right) \tag{4-117}$$

由上式可见，TCR 支路的等值基波电抗是导通角 β 或者说是触发角 α 的函数。调整触发角 α 可以平滑地调整并联在系统的等值电抗。TCR 从系统中吸收的无功功率为

$$Q_L = \dot{V}\dot{I}_{L1}^* = \frac{V^2}{X_L(\beta)} = \frac{2\beta - \sin2\beta}{\pi\omega L}V^2 \tag{4-118}$$

如图 4-20(b)所示，TSC 支路由电容器与两个反向并联的晶闸管相串联构成。TSC 支路的电源电压与 TCR 相同，其波形如图 4-21(a)所示。TSC 中通过对阀的控制使电容器只有两种运行状态：将电容器直接并联在系统中或将电容器退出运行。切除投运状态的电容器比较简单，只要停止对阀进行触发即可。注意阀从导通状态到自然关断时刻所对应的阀电流即电容电流为零，则此时电容电压为峰值，即为电源电压峰值。因此，停止对阀进行触发而在阀自然关断之后，忽略电容器的泄漏电流，电容电压将保持这个峰值。将电容器投入系统则应注意投入时刻的选择。选择触发时刻的原则是减小电容器投入时刻电容器中的冲激电流。注意到电容器上的电压初值，显然应在电源电压与电容电压相等的时刻，根据电压初值的正负触发两阀中对应的阀。这样，当电容器被投入之后电容电流的暂态分量为零。在电容器投入系统之后，为使在任何时刻总有一个阀是导通状态，则需触发角 $\alpha = \pi/2$。理想情况下，电容器投入之前的电压为电源峰值，取触发角 $\alpha = \pi/2$ 使电容器投入系统即无暂态过程。顺便指出，实际中投入电容器时刻电源电压与电容电压初值有可能并不完全相等，因而实际的 TSC 支路中还串有一个小电感以减小电容器的冲激电流。由以上分析可见，TSC 与机械式可投切电容器(MSC)的关键区别在于 TSC 的投切由阀的控制快速地完成，因此其动态特性可以满足系统控制的需要。

电容器在接通期间，向系统注入的无功功率为

$$Q_C = \omega CV^2 \tag{4-119}$$

式中：C 为电容器的电容。

这样，由式(4-118)和式(4-119)可得 SVC 向系统注入的无功功率为

$$Q_{SVC} = Q_C - Q_L = \left(\omega C - \frac{2\beta - \sin2\beta}{\pi\omega L}\right)V^2 \tag{4-120}$$

可见当 $\beta \in [0, \pi/2]$ 时，SVC 向系统注入的无功功率可以连续平滑地调节。为了扩大 SVC 的调节范围，根据补偿容量的需要，一个 SVC 中可以采用多个 TSC 支路。图 4-19 所示的 SVC 中就有三组 TSC。当三组电容器都投入时，式(4-120)中的 C 即为 $C_1 + C_2 + C_3$。为保证调整的连续性，通常 TCR 的容量略大于一组 TSC 的容量，即 $\omega C_1 < 1/(\omega L)$。

由式(4-120)可以看出，SVC 的等值电抗为

$$X_{SVC} = -\left(\omega C - \frac{2\beta - \sin2\beta}{\pi\omega L}\right)^{-1} = \frac{\pi\omega L}{2\beta - \sin2\beta - \pi\omega^2 LC} \tag{4-121}$$

SVC的等值伏安特性由TCR和TSC组合而成。由式(4-121)可见,在β从零增加到$\pi/2$的过程中,X_{SVC}将从容性最大值连续地变为感性最大值。通常,SVC的控制信号为其所并联节点的电压。图4-22给出了电压V变化时SVC的等值阻抗随β变化的示意图。在图4-22中,对应于β的每个值,将得到一条过原点的直线,直线的斜率即为X_{SVC}。设图中所示当系统电压特性为V_1时,采取的控制策略使TCR的导通角为$\beta_1=\pi/2$,这时SVC的等值电抗为感性最大,SVC的运行点在系统电压为V_1的特性曲线与β_1所对应的直线的交点为A;当系统电压特性为V_2时,TCR的导通角$\beta_2<\beta_1$,X_{SVC}减小,SVC的运行点相应移动;直至系统电压特性为V_6,导通角为$\beta_6=0$,这时SVC的等值电抗为容性最大,运行点为B。对于固定的并联电抗,相当于β不能调整,例如$\beta=\beta_1$,当系统电压从V_1降到V_6时,运行点将从A沿β_1对应的直线移动到C,这时系统的节点电压很低。对于同样的情况,SVC调整β为β_6,使运行点为B。显见,B点的运行电压高于C点的运行电压。系统电压在V_1到V_6间变化时,调整β使电压得到控制。所有的运行点构成了直线AB。显然,直线AB的斜率及其与电压轴的交点V_{ref}是由β的控制策略设定的。从控制节点电压的角度而言,直线AB的斜率为零最好,即所谓无差调节。但为了SVC本身运行的稳定性,通常采用有差调节而使直线AB的斜率为0.05左右。考虑了SVC的稳态控制策略后,其伏安特性如图4-23所示。

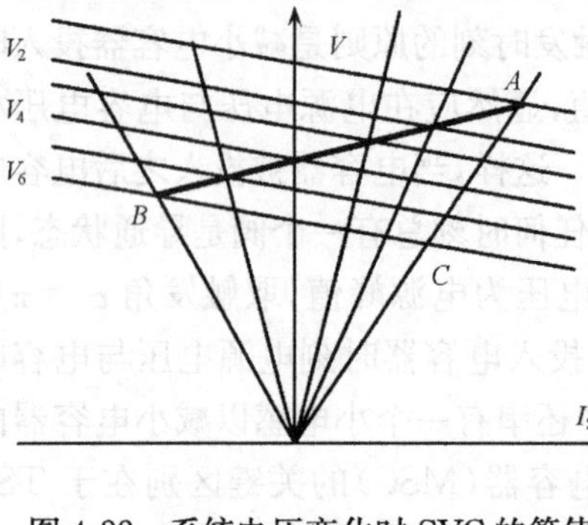

图4-22　系统电压变化时SVC的等值阻抗随β变化的示意图

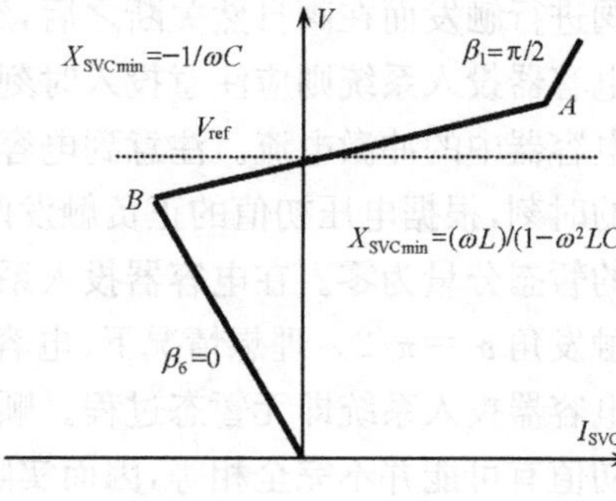

图4-23　SVC的伏安特性

这样,当系统电压在SVC的控制范围内变化时,SVC可以看成电源电压为V_{ref}和内电抗为X_e的同期调相机:

$$V = V_{ref} + X_e I_{SVC} \tag{4-122}$$

式中:X_e即是图4-23中直线AB的斜率;V及I_{SVC}分别为SVC的端电压及端电流。当系统电压的变化超出SVC的控制范围时,SVC即成为固定电抗,即X_{SVCmin}或X_{SVCmax}。

在电力系统稳定性分析和控制问题中,SVC可以看成并联在系统中的一个可变电纳,其电纳值由SVC的控制器决定。文献[21]给出了控制器的框图。

以上介绍了SVC的基本原理。实际应用中的SVC还应注意其电抗器、电容器的容量配置、控制策略、调整的灵活性、装置自身的保护、谐波的消除等问题。例如,实际的SVC运行时,其控制角α的运行范围应略小于$[\pi/2,\pi]$,以保证阀能可靠地被触发而导通和关断。

4.5.2 STATCOM 的工作原理与数学模型

STATCOM 也称为静止无功发生器(static var generator,SVG),其功能与 SVC 基本相同,但是运行范围更宽、调节速度更快。前已述及,SVC 的控制元件为晶闸管。晶闸管是半控型器件,只能在阀电流过零时关断。STATCOM 是用全控型器件实现的。文献[22]给出了用 GTO 实现的 STATCOM 的基本原理。目前已有不少 STATCOM 在实际系统中运行[23~25];中国也在 1996 年有±20MVar 的实验样机在河南省电力系统中运行[26]。

STATCOM 的原理接线如图 4-24 所示。其中控制元件为全控型阀元件 GTO。详细的 GTO 工作原理可以参见文献[27]。理想的 GTO 开关特性为:当阀有正向电压且在门极加正向控制电流时,阀即时开通。阀在导通状态下阀电阻为零。当在门极加负向控制电流时阀即时关断。阀在关断状态下阀电阻为无穷大。显见,GTO 与普通晶闸管的关键区别是其关断时刻是由门极控制而并不要求阀电流过零。由电力电子学[28]可知,图 4-24 所示的STATCOM 实际上为一个自换相的电压型三相全桥逆变器。电容器的直流电压相当于理想的直流电压源,为逆变器提供直流电压支撑。与 GTO 反向并联的普通二极管的作用是续流,即为交流侧向直流侧反馈能量时提供通道。逆变器在正常工作时通过 GTO 的通断将直流电压转换成与电网同频率的相位与幅值都可控制的交流电压。由于三相对称正弦电路的三相功率瞬时值之和为常数,因此各相的无功能量不是在电源与负载之间而是在相与相之间周期性交换。这样,将逆变器看作负载时其直流侧可以不设储能元件。但是,由于谐波的存在,各次谐波之间的交叉功率使得逆变器与交流系统之间仍有少量的无功能量交换,因此,逆变器直流侧电容既起到提供直流电压的作用又起到储能作用。电容器上储存的电场能量为

$$W = \frac{1}{2}CV_C^2$$

显然,若不考虑在电力系统动态过程中由上述能量支持交流系统时,电容 C 的值可以较小而 STATCOM 能为系统提供的无功容量要远大于此。后面我们可以看到 STATCOM 为系统提供的最大无功容量主要受逆变器的容量所限。所以与 SVC 相比较,STATCOM 的构成避免了采用体积庞大的电抗器和电容器。

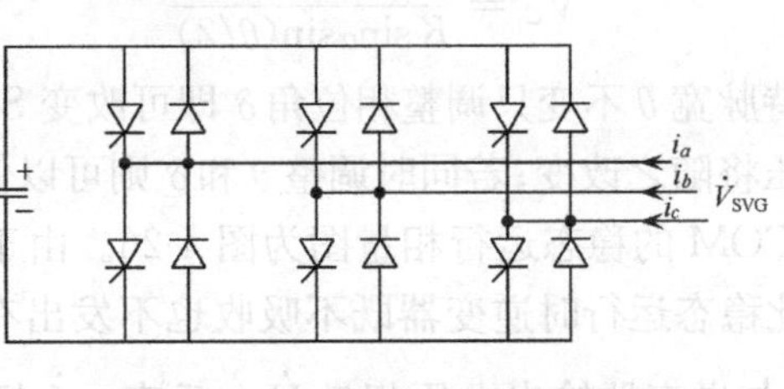

图 4-24 STATCOM 的原理

一般地,电压型逆变器的输出电压有三种控制模式,即移相调压、脉宽调制和直接调整直流电压源的电压。对于 STATCOM,由于直流侧电压是电容器的充电电压而不是直流电源,所以一般不通过调整直流电压来调整输出电压而是采用移相调压或脉宽调制。由于篇幅所限,这里不详细介绍逆变器的工作原理,有兴趣的读者可以参见文献[28]。由 GTO 的门极控制交流侧输出的电压方波的波宽(电压方波的波幅为直流电容器的电压)

记为 θ,则由傅里叶分解可得交流侧输出的基波电压幅值即为

$$V_{SVG} = KV_C \sin\frac{\theta}{2} \tag{4-123}$$

式中:K 为与逆变器的结构有关的常数;V_C 为电容器的直流电压;θ 为控制变量。

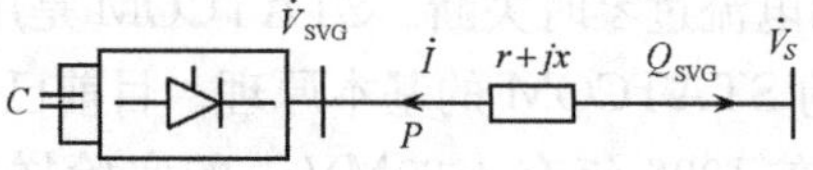

图 4-25　STATCOM 与系统的连接图

STATCOM 与系统的连接图如图 4-25 所示。由于 STATCOM 采用了电压型桥式电路,因此必须通过连接电抗器或变压器并入系统,连接电抗器的作用是将逆变器与交流母线这两个电压不等的电源连接;另一个作用是可以抑制电流中的高次谐波。因此其电感值并不需要很大。图中电抗等值变压器漏抗或连接电抗,电阻等值铜耗和 STATCOM 引起的有功损耗。STATCOM 被表示成一台理想同期调相机。以系统电压 V_s 为参考相量,则逆变器输出电压的基波分量幅值为 V_{SVG},设其相位滞后系统电压的角度为 δ。记 $y=1/\sqrt{r^2+x^2}$;$\alpha=\arctan(r/x)$,可以导得逆变器从系统吸收的有功功率为

$$P = V_s V_{SVG}/y\sin(\delta+\alpha) - V_{SVG}^2 y\sin\alpha \tag{4-124}$$

STATCOM 送入系统的无功功率为

$$\begin{aligned} Q_{SVG} &= \mathrm{Im}[-\dot{V}_s \dot{I}^*] = \mathrm{Im}\left[V_s \frac{V_{SVG}\angle\delta - V_s}{r-jx}\right] \\ &= V_s V_{SVG} y\cos(\delta-\alpha) - V_s^2 y\cos\alpha \end{aligned} \tag{4-125}$$

在稳态情况下,逆变器既不吸收也不发出有功功率。据此由式(4-124),令 P 为零可得

$$V_{SVG} = V_s \frac{\sin(\delta+\alpha)}{\sin\alpha} \tag{4-126}$$

将式(4-126)分别代入式(4-125)和式(4-123)得

$$Q_{SVG} = \frac{V_s^2}{2r}\sin 2\delta \tag{4-127}$$

$$V_C = \frac{V_s \sin(\delta+\alpha)}{K\sin\alpha\sin(\theta/2)} \tag{4-128}$$

由以上两式可见,若保持脉宽 θ 不变只调整相位角 δ 即可改变 STATCOM 向系统输入的无功功率,同时电容电压将随之改变;若同时调整 θ 和 δ 则可以使电容电压保持常数而只调整无功功率。STATCOM 的稳态运行相量图为图 4-26。由于已将逆变器的有功损耗归入等值电阻 r 中,因此稳态运行时逆变器既不吸收也不发出有功功率,这样,在相量图中补偿电流相量 $\dot{I}$ 总是与逆变器输出电压相量 $\dot{V}_{SVG}$ 垂直。$\dot{I}$ 超前 $\dot{V}_{SVG}$ 时向系统注入无功功率,反之则吸收无功功率。顺便指出,SVC 是通过调整其中的电感接入系统时间的长短来改变自身的等值电抗,STATCOM 则是通过调整其交流输出电压的幅值与相位。

由相量图知,STATCOM 送进系统的无功功率为

$$Q_{SVG} = \pm IV_s\cos\delta \tag{4-129}$$

在上式中注意角度 δ 是相量 $\dot{V}_{SVG}$ 滞后相量 $\dot{V}_s$ 的角度,δ 大于零对应于正号,δ 小于零对应

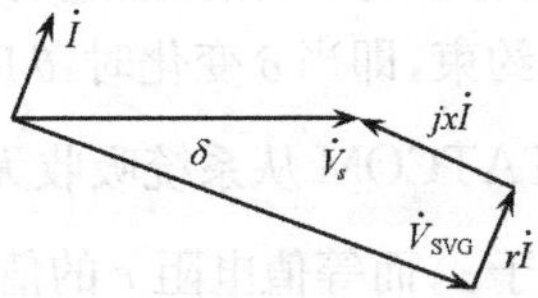

(a) STATCOM向系统注入无功功率

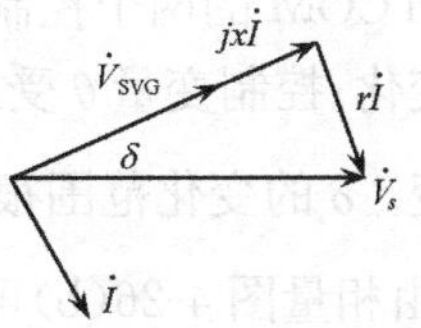

(b) STATCOM从系统吸收无功功率

图 4-26　STATCOM稳态运行相量图

于负号。将上式代入式(4-127)可得补偿电流的幅值为

$$I = \mp \frac{V_s}{r}\sin\delta \tag{4-130}$$

由相量图 4-26 可知,补偿电流的相角为±(π/2－δ),因而,补偿电流的有功分量和无功分量分别为

$$I_P = I\cos\left(\frac{\pi}{2}-\delta\right) = \frac{V_s}{r}\sin^2\delta = \frac{V_s}{2r}(1-\cos 2\delta) \tag{4-131}$$

$$I_Q = \mp I\sin\left(\frac{\pi}{2}-\delta\right) = \frac{V_s}{2r}\sin 2\delta \tag{4-132}$$

图 4-27 给出了 STATCOM 调整系统电压的示意图。系统电压 V_{s0} 在 STATCOM 输出电压为 V_{SVG0}、补偿电流为 I_0 时为电压设定值 V_{ref}。当系统运行条件变化使系统节点电压下降,则 STATCOM 加大 δ 以增加注入无功,这时补偿电流为 I_1,仍使节点电压为 V_{ref}。当系统运行条件变化使系统节点电压上升,则 STATCOM 减小 δ 以减小注入无功,这时补偿电流为 I_2,仍使节点电压为 V_{ref}。这里 STATCOM 通过其控制参数的调整使系统节点电压恒定。实际的 STATCOM 对节点电压的调整通常是有差的。由上面的分析可以得到 STATCOM 的运行特性如图 4-28,为近似矩形。其中电压、电流最大值的约束源于 STATCOM 的容量;控制电压定值由控制策略设定。将图 4-28 与 SVC 的倒三角形运行特性图 4-23 相比较,显见 STATCOM 的运行范围更大。

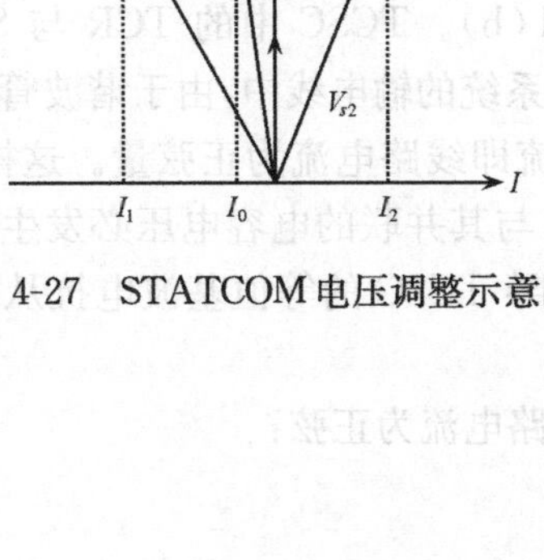

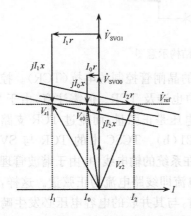

图 4-27　STATCOM电压调整示意图

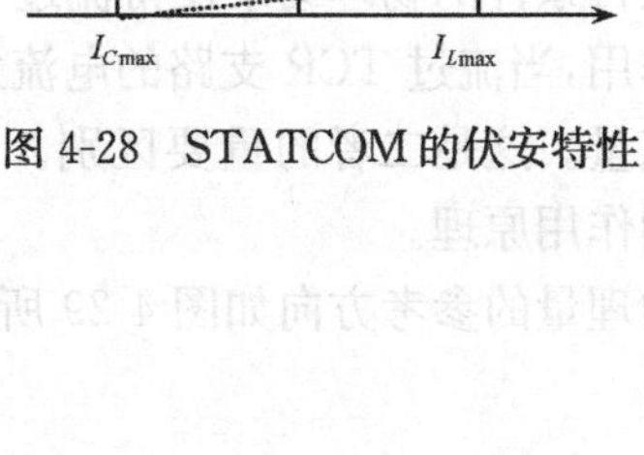

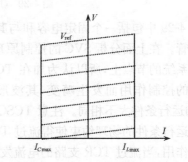

图 4-28　STATCOM的伏安特性

必须指出，STATCOM 的两个控制变量中，只有 δ 是自由的，通过调整 δ，补偿电流的幅值和相位都发生变化；控制变量 θ 受式(4-128)约束，即当 δ 变化时，θ 应随之而变，使电容电压保持基本不变。δ 的变化范围很小。当 STATCOM 从系统吸收无功功率时，$\dot{V}_s$ 滞后 $\dot{V}_{SVG}$ 的角度为 δ，由相量图 4-26(b)可见 δ 总小于 α，而等值电阻 r 的值相对于等值电抗 x 的值来说很小，因此，α 的值很小。当 STATCOM 向系统注入无功功率时，$\dot{V}_s$ 超前 $\dot{V}_{SVG}$ 的角度为 δ，由式(4-130)注意到电阻 r 的值不大，因此 δ 的值受补偿电流最大值的约束不会很大。因此由式(4-132)知无功补偿电流与 δ 近似为线性关系。顺便指出，近似分析时直接忽略电阻 r，则在式(4-124)和式(4-125)中令 α 和 δ 为零，可得

$$\left.\begin{aligned} P &= 0 \\ Q_{SVG} &= V_s \frac{V_{SVG} - V_s}{x} \end{aligned}\right\}$$

这时，STATCOM 的自由控制变量为 θ，V_{SVG} 由式(4-123)确定。显见，V_{SVG} 大于 V_s 则 STATCOM 向系统注入无功功率；反之则吸收无功功率。

在电力系统稳定性分析和控制问题中，由式(4-130)知，STATCOM 可以表示成并联在系统中的一个受控电流源，其幅值和相位由 STATCOM 的控制器决定。

4.5.3 TCSC 的工作原理与数学模型

TCSC 可以快速、连续地改变所补偿的输电线路的等值电抗，因而在一定的运行范围内，可以将此线路的输送功率控制为期望的常数。在暂态过程中，通过快速地改变线路等值电抗，从而提高系统的稳定性。最早的 TCSC 于 1991 年在美国投运。TCSC 的构造型式很多，但其原理结构如图 4-29 所示。

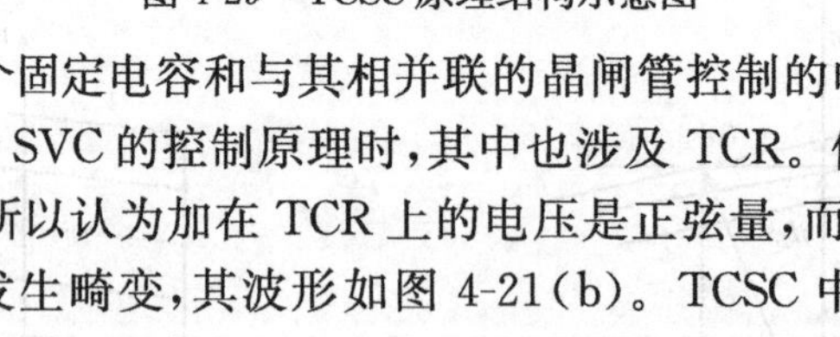

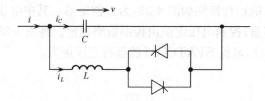

图 4-29　TCSC 原理结构示意图

图 4-29 中包括一个固定电容和与其相并联的晶闸管控制的电抗(TCR)。控制元件为晶闸管。在上面分析 SVC 的控制原理时，其中也涉及 TCR。但需注意，由于 SVC 是并联在系统的节点上，所以认为加在 TCR 上的电压是正弦量，而流过 TCR 支路的电流由于阀的控制作用而发生畸变，其波形如图 4-21(b)。TCSC 中的 TCR 与 SVC 中的 TCR 的运行条件大不相同。注意 TCSC 是串联在系统的输电线中，由于谐波管理的要求和系统运行条件的物理约束使得流过 TCSC 的电流即线路电流为正弦量。这样，由于阀的控制作用，当流过 TCR 支路的电流发生畸变时，与其并联的电容电压必发生畸变而成为非正弦量。这是二者的重要区别。下面我们推导 TCSC 的等值基波电抗从而可以理解其控制作用原理。

各物理量的参考方向如图 4-29 所示。其中线路电流为正弦：

$$i = I_m \sin\omega t \tag{4-133}$$

波形如图 4-30(a)所示。

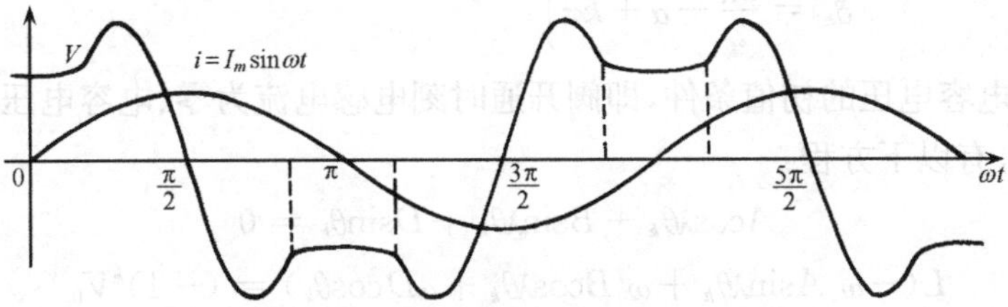

(a) TCSC 所在的线路电流与电容电压波形

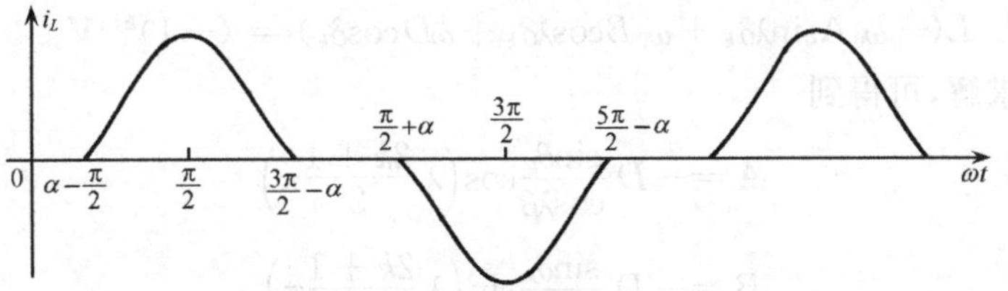

(b) 电感电流波形

图 4-30　TCSC 的电感电流与电容电压波形

假定电路已达稳态，显然当阀处在导通状态期间，由电路定理有以下方程：

$$\left.\begin{aligned} i &= i_L + i_C \\ v &= L\frac{\mathrm{d}i_L}{\mathrm{d}t} \\ i_C &= C\frac{\mathrm{d}v}{\mathrm{d}t} \end{aligned}\right\} \tag{4-134}$$

由上式可得

$$i_L + LC\frac{\mathrm{d}^2 i_L}{\mathrm{d}t^2} = I_m \sin\omega t \tag{4-135}$$

上式为关于电感电流的非齐次方程。其非齐次特解为二阶电路的稳态解，即为

$$\left.\begin{aligned} i_L^s &= D\sin\omega t \\ D &= \frac{\lambda^2}{\lambda^2 - 1} I_m \\ \lambda &= \omega_0/\omega \\ \omega_0 &= 1/\sqrt{LC} \end{aligned}\right\} \tag{4-136}$$

齐次通解为

$$i_L^f = A\cos\omega_0 t + B\sin\omega_0 t \tag{4-137}$$

式中：A、B 为待定积分常数。则式(4-135)的通解为

$$i_L = A\cos\omega_0 t + B\sin\omega_0 t + D\sin\omega t \tag{4-138}$$

记阀的触发角为 α 并设其值在$[\pi/2, \pi]$中。如图 4-30 所示，它是从电容电压过零点到触发脉冲发出时刻之间的电角度。在电路已达稳态的条件下，电感电流波形以电容电压过零点的时刻为轴左右对称，且阀导通时刻与关断时刻的电容电压大小相等、方向相反。据此，设阀开通及关断时刻的电容电压瞬时绝对值为 V_0，阀导通及关断时刻的电角度分别为

$$\left.\begin{aligned}\theta_k &= \alpha - \frac{\pi}{2} + k\pi \\ \delta_k &= \frac{3\pi}{2} - \alpha + k\pi\end{aligned}\right\} \quad (k = 0,1,2,\cdots) \tag{4-139}$$

由电感电流和电容电压的初值条件,即阀开通时刻电感电流为零、电容电压为 V_0[参看波形图 4-30(a)],有以下方程:

$$A\cos\lambda\theta_k + B\sin\lambda\theta_k + D\sin\theta_k = 0 \tag{4-140}$$

$$L(-\omega_0 A\sin\lambda\theta_k + \omega_0 B\cos\lambda\theta_k + \omega D\cos\theta_k) = (-1)^k V_0 \tag{4-141}$$

另由阀关断时刻的电容电压为 V_0,有

$$L(-\omega_0 A\sin\lambda\delta_k + \omega_0 B\cos\lambda\delta_k + \omega D\cos\delta_k) = (-1)^{k+1} V_0 \tag{4-142}$$

以上三式联立求解,可得到

$$A = -D\frac{\sin\theta_k}{\cos\lambda\beta}\cos\left(\lambda\frac{2k+1}{2}\pi\right) \tag{4-143}$$

$$B = -D\frac{\sin\theta_k}{\cos\lambda\beta}\sin\left(\lambda\frac{2k+1}{2}\pi\right) \tag{4-144}$$

$$V_0 = DL(\omega\sin\alpha + \omega_0\cos\alpha\tan\lambda\beta) \tag{4-145}$$

式中:$\beta=\pi-\alpha$ 称为导通角,其值在$[0,\pi/2]$中。将 A、B 代入式(4-138)中得到在阀导通期间的电感电流为

$$i_L = D\left[\sin\omega t + (-1)^k\frac{\cos\alpha}{\cos\lambda\beta}\cos\lambda\left(\omega t - \frac{\pi}{2} - k\pi\right)\right] \tag{4-146}$$

由式(4-134)得在阀导通期间的电容电压为

$$v = DL\left[\omega\cos\omega t - (-1)^k\frac{\cos\alpha}{\cos\lambda\beta}\omega_0\sin\lambda\left(\omega t - \frac{\pi}{2} - k\pi\right)\right] \tag{4-147}$$

阀导通的期间为

$$\omega t \in \left[\left(\alpha - \frac{\pi}{2} + k\pi\right), \left(\frac{3\pi}{2} - \alpha + k\pi\right)\right] \quad (k = 0,1,2,\cdots)$$

顺便指出,阀开通期间的电容电流为 $i_C=i+(-i_L)$。可见电容电流可以看作两个分量:一个分量为线路电流;另一个分量与电感电流大小相等、相位相反。

前边我们曾假定触发角 $\alpha\in[\pi/2,\pi]$,之所以如此假定,其原因与 SVC 中的 TCR 相同。由电感电流波形可见,如欲使在任何时刻总有一个阀导通,则应有

$$\frac{3\pi}{2} - \alpha + k\pi = \frac{\pi}{2} + \alpha + k\pi$$

即当前一个阀关断的时刻后一个阀瞬时开通。可见,$\alpha=\pi/2$。由式(4-146)知此时电感电流为

$$i_L = D\sin\omega t$$

这是电抗器直接与电容器相并联时电感上的电流。通常称这种运行模式为旁路模式。由波形图还可见,当触发角 α 从 $\pi/2$ 增大到 π 时,阀的导通区间宽度将由 π 下降到零,这时在任何时刻两个阀都处在截止状态。这种运行模式即相当于将电抗器退出运行,因而称为阻断模式。另外,当 α 小于 $\pi/2$ 时,已经处在导通状态的阀,其电流回到零点的时刻将大于尚未导通的阀的触发时刻,即

$$\frac{3\pi}{2}-\alpha+k\pi>\alpha-\frac{\pi}{2}+k\pi+\pi$$

在这种情况下,当未导通的阀的触发脉冲发出时,由于已导通的阀尚未关断,故未导通阀的阀电压为零,因而不能被触发而导通。这样,两个阀中总有一个阀在任何时刻都是截止状态。这种状态将导致电感电流中的主要分量为直流分量。因而正常情况下,TCSC 中的 TCR 的触发角运行范围也为 $\alpha\in[\pi/2,\pi]$。

在阀处于关断状态期间,即

$$\omega t\in\left[\left(\frac{\pi}{2}-\alpha+k\pi\right),\left(\alpha-\frac{\pi}{2}+k\pi\right)\right]\qquad(k=0,1,2,\cdots)$$

显然电感电流为零而电容电流即为线路电流,则电容电压满足

$$C\frac{\mathrm{d}v}{\mathrm{d}t}=I_m\sin\omega t$$

解得

$$v=K-\frac{I_m}{\omega C}\cos\omega t \tag{4-148}$$

由式(4-145)已知阀开通时刻电容电压的绝对值为 V_0,则在上式中取 $\omega t=\alpha-\pi/2+k\pi$ 为阀开通时刻,有

$$(-1)^kV_0=K-\frac{I_m}{\omega C}\cos\left(\alpha-\frac{\pi}{2}+k\pi\right)$$

得到积分常数 K,代入式(4-148)可得电容电压为

$$v=(-1)^k\left(\frac{I_m}{\omega C}\sin\alpha+V_0\right)-\frac{I_m}{\omega C}\cos\omega t \tag{4-149}$$

这样,式(4-147)和式(4-149)分别给出了阀开通与关断期间的电容电压。当 $\alpha\neq\pi/2$ 时,显然电容电压不是正弦量。图 4-30(a)和(b)分别给出了电容电压和电感电流的波形示意图。

对非正弦电容电压进行傅里叶分解,其基波分量的幅值为

$$\begin{aligned}V_1=&\frac{2}{\pi}\int_0^{\alpha-\pi/2}\left(\frac{I_m}{\omega C}\sin\alpha+V_0-\frac{I_m}{\omega C}\cos\theta\right)\cos\theta\mathrm{d}\theta\\&+\frac{2}{\pi}\int_{\alpha-\pi/2}^{3\pi/2-\alpha}DL\left[\omega\cos\omega t-\frac{\cos\alpha}{\cos\lambda\beta}\omega_0\sin\lambda\left(\omega t-\frac{\pi}{2}\right)\right]\cos\theta\mathrm{d}\theta\\&+\frac{2}{\pi}\int_{3\pi/2-\alpha}^{\pi}\left(-V_0-\frac{I_m}{\omega C}\sin\alpha-\frac{I_m}{\omega C}\cos\theta\right)\cos\theta\mathrm{d}\theta\end{aligned} \tag{4-150}$$

上式中第一项积分与第三项积分数值相等,二者之和为

$$F_1+F_3=\frac{4}{\pi}\left[-V_0\cos\alpha-\frac{I_m}{4\omega C}(2\alpha-\pi+\sin2\alpha)\right] \tag{4-151}$$

注意到式(4-136),第二项积分值为

$$F_2=\frac{2}{\pi}DL\left[\omega\beta+\frac{\omega}{2}\sin2\alpha-\frac{2\omega_0}{\lambda^2-1}(\lambda\tan\alpha+\tan\lambda\beta)\cos^2\alpha\right] \tag{4-152}$$

将式(4-145)代入式(4-151)并经整理,得 TCSC 的基波电抗为

$$X_{\mathrm{TCSC}}=\frac{V_1}{I_m}=\frac{F_1+F_3+F_2}{I_m}=K_\beta X_C \tag{4-153}$$

式中：

$$X_C = -1/\omega C \tag{4-154}$$

$$K_\beta = 1 + \frac{2}{\pi}\frac{\lambda^2}{\lambda^2-1}\left[\frac{2\cos^2\beta}{\lambda^2-1}(\lambda\tan\lambda\beta - \tan\beta) - \beta - \frac{\sin\beta}{2}\right] \tag{4-155}$$

由式(4-155)可见，调整阀的导通角将使串联在线路中的电抗 X_{TCSC} 发生变化，从而使得线路的等值阻抗成为一个可控参数。由于对阀的控制是由按一定的控制策略事先设计的控制器完成的，在其动态响应特性理想的条件下，可以使输电线的输电容量达到其热稳极限。

由于造价的原因，在 TCSC 中通常取 $\omega L < 1/\omega C$ 且使 λ^2 为 7 左右。当 $\lambda = 3$ 时，K_β-β 曲线如图 4-31 所示。可见，$\beta \in [0, \pi/2\lambda]$ 时，K_β 大于零，TCSC 为容抗；$\beta \in (\pi/2\lambda, \pi/2)$ 时，K_β 小于零，TCSC 为感抗。阻断模式下 $\beta = 0$，$K_\beta = 1$；旁路模式下 $\beta \to \pi/2$，$K_\beta \to 1/(1-\lambda^2)$。当 $\beta \to \pi/2\lambda$ 时，由于 $\tan\lambda\beta \to \infty$ 而使得 $K_\beta \to \infty$，这时将发生 LC 并联谐振。为防止在 TCSC 两端产生谐振过电压，禁止 β 在 $\pi/2\lambda$ 附近运行。

图 4-29 所示为 TCSC 的一个模块。实际的 TCSC 通常总是由多个模块串联组成，各模块具有独立的触发角，通过不同模块触发角的组合可使 TCSC 等值阻抗的变化范围更大、调整更平滑。为防止在运行中由于过电压、过电流而损坏 TCSC，TCSC 装置还有各种保护装置及相应的运行约束[29]。

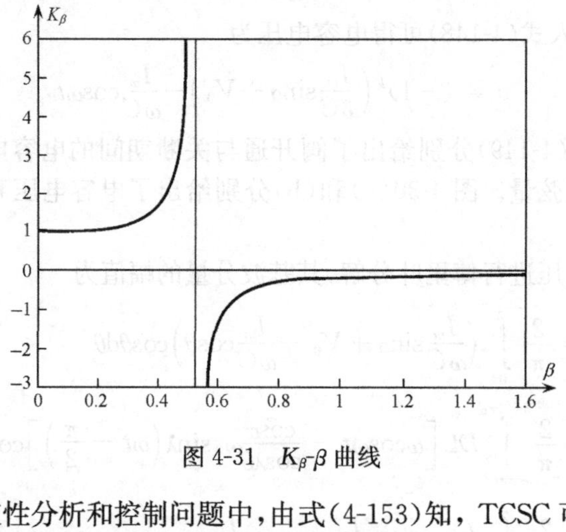

图 4-31 K_β-β 曲线

在电力系统稳定性分析和控制问题中，由式(4-153)知，TCSC 可以表示成串联在线路中的一个可变电抗，其容抗值由 TCSC 的控制器决定。

4.5.4 SSSC 的工作原理与数学模型

TCSC 是用半控型电力电子元件实现的串联补偿。用全控型元件实现串联补偿的方法有数种[30,31]，这里介绍采用 GTO 实现的电压型逆变器构成的串联补偿 SSSC。前边已介绍的 STATCOM 是将电压型逆变器经电抗器或变压器并联在系统中，SSSC 则是将电压型逆变器经变压器串联在线路中，忽略线路对地支路时，其原理接线如图 4-32 所示。图中 $r + jx$ 为线路电抗。注意这里的逆变器与 STATCOM 中的区别是在直流侧可能设有直流电源。若直流侧有直流电源，SSSC 既可以对交流系统补偿无功功率也可以补偿

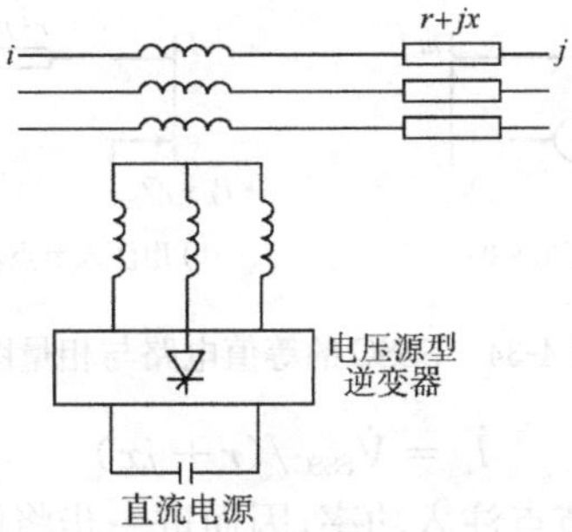

图 4-32　SSSC 原理接线

有功功率。当 SSSC 只为系统提供或吸收无功功率时，直流电源的容量较小或甚至不设直流电源(SSSC 的有功损耗由交流系统负担)。在介绍 STATCOM 时已知逆变器输出的交流电压幅值和相位都是可控的，因此，可以将 SSSC 串联在输电线路中的电压近似为理想电压源，如图 4-33(a)所示。记理想电压源的电压幅值为 V_{SSSC}，相位超前节点 l 的电压的角度为 δ，则相量图为图 4-33(b)。其中 φ 为 l 节点电压超前线路电流的角度。显见，

$$\dot{V}_l' = \dot{V}_l + \dot{V}_{SSSC} \tag{4-156}$$

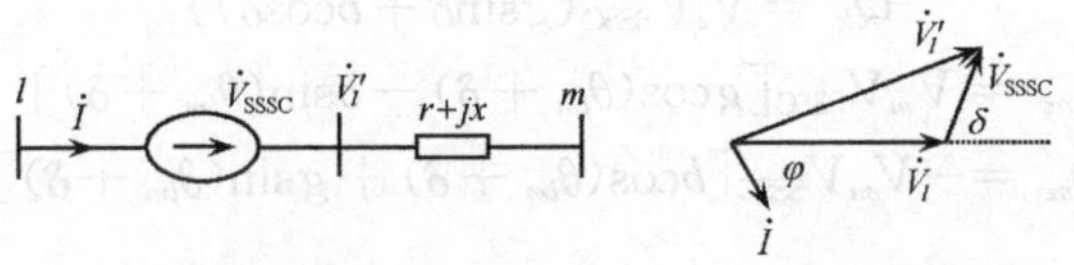

(a) SSSC的等值电路　　(b) SSSC的相量图

图 4-33　SSSC 的等值电路与相量图

对于单纯的无功功率补偿，可控制逆变器使相量 $\dot{V}_{SSSC}$ 与线路电流 $\dot{I}$ 垂直，即

$$\delta + \varphi = \pm \pi/2 \tag{4-157}$$

这样 SSSC 相当于在输电线路中串联了一个电抗，记其等值电抗为 X_{SSSC}，则有

$$\begin{gathered}\dot{V}_l - \dot{V}_l' = jX_{SSSC}\dot{I} = -\dot{V}_{SSSC} \\ X_{SSSC} = \mp V_{SSSC}/I\end{gathered} \tag{4-158}$$

式中：$\dot{V}_{SSSC}$ 超前 $\dot{I}$ 时为电容，取负号；反之为电感，取正号。在上式中，注意 V_{SSSC} 与线路电流无关而只受逆变器的控制，因此，调节 V_{SSSC} 就可调节等值电抗的大小。在系统分析中，一旦确定了 X_{SSSC} 的值，则线路电流可由下式求出：

$$\dot{I} = \frac{\dot{V}_l - \dot{V}_m}{r + j(x + X_{SSSC})} \tag{4-159}$$

则

$$\left.\begin{aligned} V_{SSSC} &= I\,|X_{SSSC}| \\ \delta &= \pm\frac{\pi}{2} - \varphi \end{aligned}\right\} \tag{4-160}$$

式中：当 $X_{SSSC} < 0$ 时，取正号；反之取负号。

一般地，当 $\dot{V}_{SSSC}$ 的相位任意时，图 4-33(a)的含源支路 l-m 由诺顿定理可以化为图 4-34(a)的电流源与阻抗并联的形式。其中电流源为

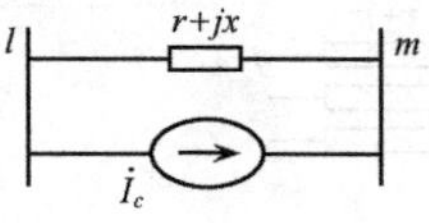

(a) 用电流源等值 SSSC

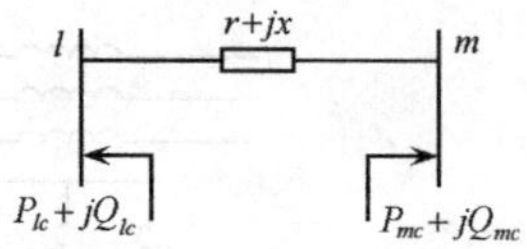

(b) 用注入节点功率等值 SSSC

图 4-34　SSSC 的等值电路与相量图

$$\dot{I}_c = \dot{V}_{SSSC}/(r+jx) \tag{4-161}$$

在电力系统分析中，通常采用节点注入功率，因而进一步将图 4-34(a)化为图 4-34(b)。

由式(4-161)知

$$\left.\begin{aligned} P_{lc}+jQ_{lc} &= -\dot{V}_l\dot{I}_c^* = -\dot{V}_l\left(\frac{\dot{V}_{SSSC}}{r+jx}\right)^* \\ P_{mc}+jQ_{mc} &= \dot{V}_m\dot{I}_c^* = \dot{V}_m\left(\frac{\dot{V}_{SSSC}}{r+jx}\right)^* \end{aligned}\right\}$$

注意 $\dot{V}_{SSSC}$ 的相位为 $\theta_l+\delta$，可得

$$\left.\begin{aligned} P_{lc} &= V_lV_{SSSC}(b\sin\delta - g\cos\delta) \\ Q_{lc} &= V_lV_{SSSC}(g\sin\delta + b\cos\delta) \end{aligned}\right\} \tag{4-162}$$

$$\left.\begin{aligned} P_{mc} &= V_mV_{SSSC}[g\cos(\theta_{lm}+\delta) - b\sin(\theta_{lm}+\delta)] \\ Q_{mc} &= -V_mV_{SSSC}[b\cos(\theta_{lm}+\delta) + g\sin(\theta_{lm}+\delta)] \end{aligned}\right\} \tag{4-163}$$

式中：

$$\left.\begin{aligned} g &= \frac{r}{r^2+x^2} \\ b &= \frac{-x}{r^2+x^2} \\ \theta_{lm} &= \theta_l - \theta_{lm} \end{aligned}\right\} \tag{4-164}$$

SSSC 发出的功率为

$$P_{SSSC}+jQ_{SSSC} = \dot{V}_{SSSC}\dot{I}^* = \dot{V}_{SSSC}\left(\frac{\dot{V}_{SSSC}+\dot{V}_l-\dot{V}_m}{r+jx}\right)^*$$

$$\begin{aligned} P_{SSSC} = {} & gV_{SSSC}^2 + gV_{SSSC}[V_l\cos\delta - V_m\cos(\theta_{lm}+\delta)] \\ & + bV_{SSSC}[V_l\sin\delta - V_m\sin(\theta_{lm}+\delta)] \end{aligned} \tag{4-165}$$

$$\begin{aligned} Q_{SSSC} = {} & -bV_{SSSC}^2 + gV_{SSSC}[V_l\sin\delta - V_m\sin(\theta_{lm}+\delta)] \\ & - bV_{SSSC}[V_l\cos\delta - V_m\cos(\theta_{lm}+\delta)] \end{aligned} \tag{4-166}$$

显然，对于纯无功功率补偿，P_{SSSC} 为零。忽略线路电阻，纯无功功率补偿时 δ 满足

$$V_l\sin\delta = V_m\sin(\theta_{lm}+\delta) \tag{4-167}$$

在式(4-166)中，由于 V_{SSSC} 的调整与线路电流 I 无直接关系，所以 SSSC 补偿的无功功率也与线路电流无直接关系。

从节点 l 流向节点 m 的功率为

$$P_{lm}+jQ_{lm}=\dot{V}_l\dot{I}^*=\dot{V}_l\left(\frac{\dot{V}_{SSSC}+\dot{V}_l-\dot{V}_m}{r+jx}\right)^*$$

$$\left.\begin{aligned}P_{lm}&=gV_l^2+gV_l[V_{SSSC}\cos\delta-V_m\cos\theta_{lm}]-bV_l[V_{SSSC}\sin\delta+V_m\sin\theta_{lm}]\\Q_{lm}&=-bV_l^2-gV_l[V_{SSSC}\sin\delta+V_m\sin\theta_{lm}]-bV_l[V_{SSSC}\cos\delta-V_m\cos\theta_{lm}]\end{aligned}\right\}\tag{4-168}$$

可见,线路功率受 SSSC 的两个参数的控制。但纯无功补偿时由于式(4-167)的约束,对电力系统而言,SSSC 只有一个独立控制变量,因而可以有一个控制目标。

在电力系统稳定性分析和控制问题中,SSSC 也表示成串联在线路中的一个电压源,其幅值与相位由 SSSC 的控制器决定。当纯无功补偿时,电压源的相位总与线路电流相垂直。

4.5.5 TCPST 的工作原理与数学模型

用机械开关通过切换变压器分接头实现的移相器在电力系统中已有较长的应用历史,这种移相器也称为串联加压器[32]。由于机械开关调整变压器分接头的速度十分缓慢,因而这种移相器只能用于电力系统的稳态调整。另外,机械开关的运行寿命短也是这种移相器的主要缺点。用晶闸管替换机械式切换开关可以实现移相器的快速调整从而使其应用范围大大扩展,具体实现的方案有多种[33,34],这里以其中比较简单的一种为例来介绍移相器的基本工作原理和数学模型。

图 4-35 给出了 TCPST 的一种原理接线。

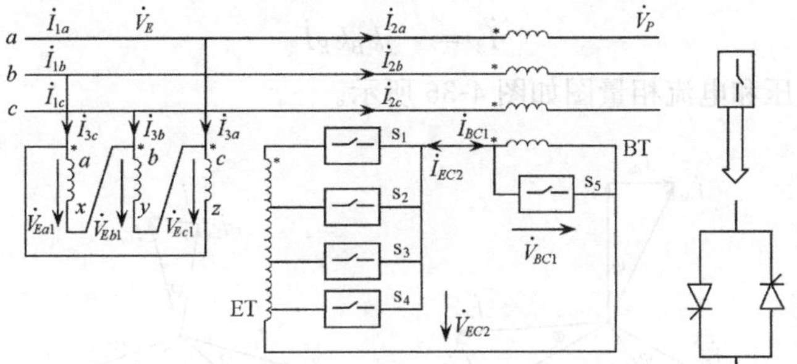

图 4-35 TCPST 的一种原理接线

移相器由并联变压器(ET)、串联变压器(BT) 和切换开关构成。并联变压器和串联变压器也分别称为激励变压器和加压变压器。图 4-35 中并联变压器的二次侧和串联变压器的一次侧只画出了 c 相,其他两相具有相同的结构。开关 S 由一对反向并联的晶闸管组成,与前面介绍的 TCSC 中的开关具有完全相同的工作原理。$S_1\sim S_5$ 在任何情况下只允许导通一个,其余断开。由图可以看出,并联变压器的变比随开关 $S_1\sim S_4$ 的导通情况变化。当 $S_1\sim S_4$ 都断开时,S_5 必须导通,将串联变压器的一次侧短路,以避免将串联变压器的激磁阻抗串进线路。

对于并联变压器,注意其一次侧的输入电压与线路相电压的对应关系为:并联变压器一次侧的 a、b 和 c 三相输入分别为线路的 b、c 和 a 相。由于并联变压器一次侧为△接线,按图中所示的记号,并联变压器一次侧绕组的相电压与线路相电压的关系为

$$\left.\begin{aligned}\dot{V}_{Ea1} &= \dot{V}_{Eb} - \dot{V}_{Ec} \\ \dot{V}_{Eb1} &= \dot{V}_{Ec} - \dot{V}_{Ea} \\ \dot{V}_{Ec1} &= \dot{V}_{Ea} - \dot{V}_{Eb}\end{aligned}\right\} \tag{4-169}$$

设并联和串联变压器的变比分别为 k_E 和 k_B，忽略变压器的电压损耗，则并联变压器二次侧绕组的相电压与线路相电压的关系为

$$\left.\begin{aligned}\dot{V}_{Ea2} &= k_E(\dot{V}_{Eb} - \dot{V}_{Ec})/\sqrt{3} = jk_E\dot{V}_{Ea} \\ \dot{V}_{Eb2} &= k_E(\dot{V}_{Ec} - \dot{V}_{Ea})/\sqrt{3} = jk_E\dot{V}_{Eb} \\ \dot{V}_{Ec2} &= k_E(\dot{V}_{Ea} - \dot{V}_{Eb})/\sqrt{3} = jk_E\dot{V}_{Ec}\end{aligned}\right\} \tag{4-170}$$

串联变压器的二次侧相电压即为

$$\left.\begin{aligned}\dot{V}_{Ba2} &= k_B\dot{V}_{Ba1} = k_B\dot{V}_{Ea2} = jk_Bk_E\dot{V}_{Ea} \\ \dot{V}_{Bb2} &= k_B\dot{V}_{Bb1} = k_B\dot{V}_{Eb2} = jk_Bk_E\dot{V}_{Eb} \\ \dot{V}_{Bc2} &= k_B\dot{V}_{Bc1} = k_B\dot{V}_{Ec2} = jk_Bk_E\dot{V}_{Ec}\end{aligned}\right\} \tag{4-171}$$

将上边三相统一写成单相表达式，即是

$$\dot{V}_B = jk_Bk_E\dot{V}_E \tag{4-172}$$

式中：$\dot{V}_E$ 和 $\dot{V}_B$ 分别为并联变压器的输入电压和串联变压器的输出电压。类似地，可以得到电流的关系式

$$\dot{I}_3 = -jk_Bk_E\dot{I}_2 \tag{4-173}$$

可得移相器的电压和电流相量图如图 4-36 所示。

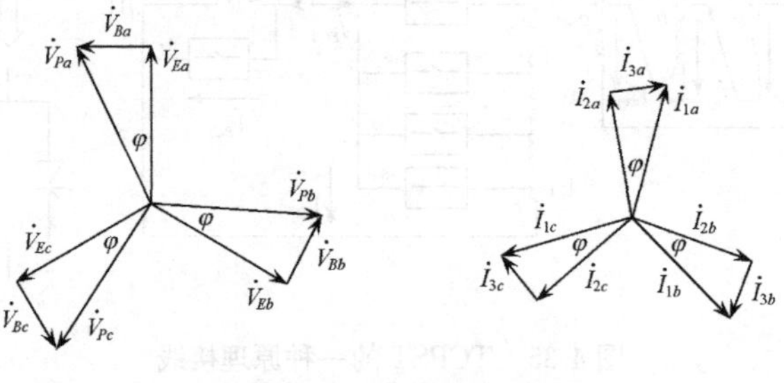

图 4-36　移相器的相量图

由图 4-35 及式(4-172)和式(4-173)可得

$$\dot{V}_P = \dot{V}_E + \dot{V}_B = (1 + jk_Bk_E)\dot{V}_E \tag{4-174}$$

$$\dot{I}_1 = \dot{I}_2 + \dot{I}_3 = (1 - jk_Bk_E)\dot{I}_2 \tag{4-175}$$

因此，可以将移相器看作一个具有复数变比的变压器，其复变比为

$$\left.\begin{aligned}\dot{K}_P &= \frac{\dot{V}_p}{\dot{V}_E} = 1 + jk_Bk_E = K_P\angle\varphi \\ \varphi &= \arctan k_Bk_E \\ K_P &= \sqrt{1 + (k_Bk_E)^2} = \sec\varphi\end{aligned}\right\} \tag{4-176}$$

由于并联变压器的变比 k_E 与开关 $S_1 \sim S_5$ 的运行状态有关，因而控制切换开关的状态可

以调整角度 φ。显然,角度 φ 的调整是离散的。注意 k_B 与 k_E 的积远小于 1,故 V_P 较 V_E 稍有增加,所以移相器的主要作用是使电压 V_E 的相位改变了 φ。

在电力系统稳定性分析和控制问题中,由式(4-174)和式(4-175)可知移相器可采用图 4-37 的等值电路。对于上面介绍的移相器,输出电压 $\dot{V}_B$ 总是垂直于 $\dot{V}_E$,因而这种移相器也称为 QBT(quadrature boosting transformer)。目前已提出可使串联电压源 $\dot{V}_B$ 的模值和相位都可以连续调整的移相器,因而在功能上更为方便。一般地,这种移相器的数学模型为图 4-37,控制参数为输出电压 $\dot{V}_B$ 的模值和相位。注意移相器是无源元件,忽略移相器自身的功率损耗,移相器输出的复功率与输入的复功率相等,故有

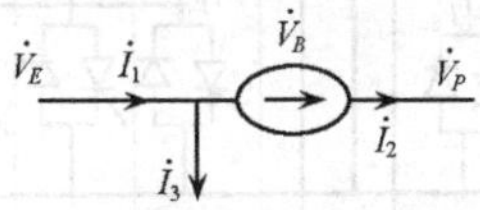

图 4-37 移相变压器的等值电路

$$\dot{V}_B\dot{I}_2^* = \dot{V}_E\dot{I}_3^* \tag{4-177}$$

即串联电压源发出的功率全部由并联电流源从系统吸收。因此

$$\frac{\dot{V}_B}{\dot{V}_E} = \frac{\dot{I}_3^*}{\dot{I}_B^*} = k\angle\varphi$$

式中:

$$k = \left|\frac{\dot{V}_B}{\dot{V}_E}\right|$$

调整 $\dot{V}_B$ 的模值和相位,即可控制 k 与 φ。这样,$\dot{V}_p$ 的相位与模值都是可控的,区别于 QBT,这里的独立控制变量有两个。这种移相器与 UPFC 十分相似,因而此处不再详细讨论。

4.5.6 UPFC 的工作原理与数学模型

前边介绍的几种 FACTS 装置都是只调节影响电力线输送功率的三个参数中的一个。TCSC 和 SSSC 补偿线路参数,SVC 和 STATCOM 控制节点电压的幅值,TCPST 调节节点电压的相位。UPFC[35]是以上几种 FACTS 装置在功能上的组合,可以同时调节以上三个参数。1998 年 6 月,第一台 UPFC 在美国 AEP 试运行,目前在其应用、控制策略等各方面仍处在研究阶段。UPFC 的原理结构如图 4-38 所示。

由图 4-38 可见,UPFC 相当于 STATCOM 与 SSSC 的组合,两个由 GTO 实现的电压型换流器共用一个直流电容,从而使 STATCOM 与 SSSC 发生耦合。

文献[36]推导了对称运行状态下,只计基波分量,换流器采用正弦脉宽调幅(sinusoid pulse width modulation,SPWM) 时,UPFC 的动态模型。以下介绍其结果。SPWM 的控制变量为调制比与正弦控制波形的相位。如图 4-38 所示,以变压器为界将 UPFC 分为交流系统侧与换流器侧。在换流器侧,两个换流器的输出电压为

$$\dot{V}_E = \frac{1}{2\sqrt{2}}m_E v_{dc}\angle\delta_E \qquad (m_E \in [0,1]) \tag{4-178}$$

$$\dot{V}_B = \frac{1}{2\sqrt{2}}m_B v_{dc}\angle\delta_B \qquad (m_B \in [0,1]) \tag{4-179}$$

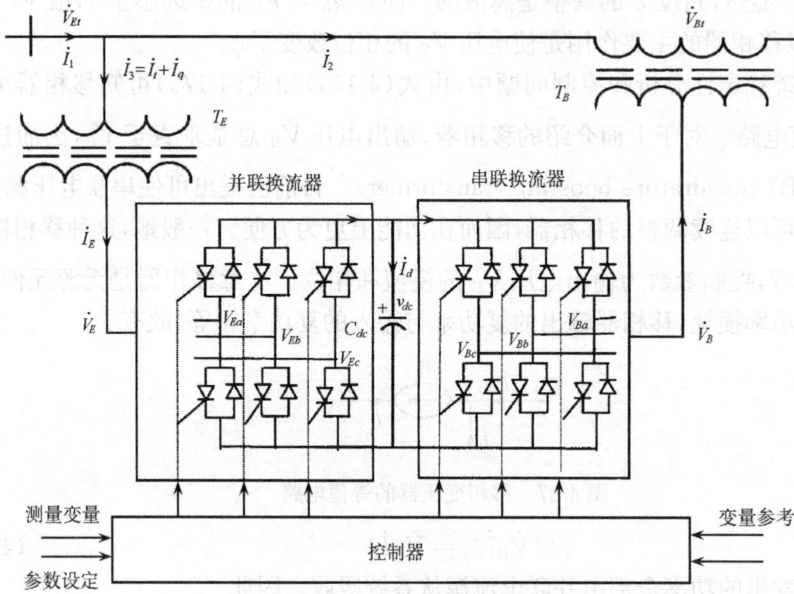

图 4-38　UPFC 的原理结构

式中：m_E、m_B 分别为并联和串联换流器的调制比；δ_E 和 δ_B 为正弦控制波形的相位；v_{dc} 为直流电容电压的瞬时值。不难理解直流电容上贮存的电场能量的变化率与换流器的有功功率之间有如下关系：

$$C_{dc}v_{dc}\frac{\mathrm{d}v_{dc}}{\mathrm{d}t}=\mathrm{Re}(\dot{V}_E\dot{I}_E^*-\dot{V}_B\dot{I}_B^*) \tag{4-180}$$

式中：$\dot{I}_E$ 和 $\dot{I}_B$ 为并联和串联换流器交流侧电流。在电力系统稳定性问题中，电力网络采用准稳态模型，与此相适应，由图 4-38 所示的参考方向，换流器的交流电流与交流端电压之间有如下关系：

$$(r_E+j\omega l_E)\dot{I}_E=\dot{V}_{Et}-\dot{V}_E \tag{4-181}$$

$$(r_B+j\omega l_B)\dot{I}_B=\dot{V}_B-\dot{V}_{Bt} \tag{4-182}$$

式中：阻抗 Z_B 和 Z_E 分别等值串联和并联变压器的阻抗及对应的换流器功率损耗；$\dot{V}_{Et}$ 和 $\dot{V}_{Bt}$ 分别为折算到换流器侧的 UPFC 的端电压。

下面将式(4-178)～(4-182)化为标幺制。为此需确定换流器侧的电压基准值。不失一般性，设在式(4-178)与式(4-179)中，当 v_{dc} 取其额定值 v_{dcN} 且调制比趋于 1 时，换流器输出电压幅值为其额定值。在设计 UPFC 的物理参数时，应有

$$\left.\begin{aligned}V'_{EN}&=T_EV_{EN}=T_E\left(\frac{\sqrt{2}}{4}\times1\times v_{dcN}\right)=k_EV_N\\V'_{BN}&=T_BV_{BN}=T_B\left(\frac{\sqrt{2}}{4}\times1\times v_{dcN}\right)=k_BV_N\end{aligned}\right\} \tag{4-183}$$

式中：T_E 和 T_B 分别为并联与串联变压器的变比；V_N 为交流侧电网的额定电压；V'_{EN} 与 V'_{BN} 为折算到交流侧的换流器输出电压额定值；k_E 和 k_B 为 UPFC 的两个参数。注意由于电网电压静态安全的约束，k_E 和 k_B 的值不能过大，例如 k_E 和 k_B 分别可以取 1.2 与 0.3。

因此，由上边两式可见，串联变压器与并联变压器的变比不等。由于在交流侧电网中已取电压基准值为 V_N，为与电网标幺制方程衔接并注意到式(4-183)，故在换流器侧分别取串、并联换流器输出电压的基准值为

$$V_{EB}=\frac{V_N}{T_E}=\frac{v_{dcN}}{2\sqrt{2}k_E} \tag{4-184}$$

$$V_{BB}=\frac{V_N}{T_B}=\frac{v_{dcN}}{2\sqrt{2}k_B} \tag{4-185}$$

据以上电压基准值可以得到相应的换流器侧的电流与阻抗基准值。直流电压的基准值取为 v_{dcN}。

这样，可以得到式(4-178)与式(4-179)在标幺制下的表达式

$$\dot{V}_{E*}=k_E m_E v_{dc_*}\angle\delta_E \qquad (m_E\in[0,1]) \tag{4-186}$$

$$\dot{V}_{B*}=k_B m_B v_{dc_*}\angle\delta_B \qquad (m_B\in[0,1]) \tag{4-187}$$

标幺制下式(4-181)与式(4-182)两式的形式不变。对式(4-180)两边同除功率基准值，则等式右边的形式不变，而等式左边为

$$\frac{C_{dc}v_{dc}}{S_B}\frac{\mathrm{d}v_{dc}}{\mathrm{d}t}=\frac{2}{S_B}\times\frac{1}{2}C_{dc}v_{dcN}^2\frac{v_{dc}}{v_{dcN}}\frac{\mathrm{d}(v_{dc}/v_{dcN})}{\mathrm{d}t}=v_{dc_*}T_u\frac{\mathrm{d}v_{dc_*}}{\mathrm{d}t}$$

式中：T_u 为 UPFC 的时间常数，其值为

$$T_u=\frac{2W}{S_B}=\frac{2}{S_B}\times\frac{1}{2}C_{dc}v_{dcN}^2 \tag{4-188}$$

可见 UPFC 时间常数的大小与功率基准值及直流电容贮存的额定电场能量有关。于是，标幺制下式 (4-180)成为

$$v_{dc^*}T_u\frac{\mathrm{d}v_{dc^*}}{\mathrm{d}t}=\mathrm{Re}(\dot{V}_E^*\dot{I}_E^*-\dot{V}_B\dot{I}_B^*) \tag{4-189}$$

依惯例，为行文方便，以下均以标幺制讨论且省去标幺值下标。在电力系统稳定性分析时需将 UPFC 的两个代数方程与系统网络方程联立，因而将式(4-186)与式(4-187)分别代入式(4-181)与式(4-182)和式(4-189)并将实虚部分开，得

$$\begin{bmatrix} r_E & -x_E \\ x_E & r_E \end{bmatrix}\begin{bmatrix} I_{Ex} \\ I_{Ey} \end{bmatrix}=\begin{bmatrix} V_{Etx} \\ V_{Ety} \end{bmatrix}-\begin{bmatrix} k_E m_E v_{dc}\cos\delta_E \\ k_E m_E v_{dc}\sin\delta_E \end{bmatrix} \tag{4-190}$$

$$\begin{bmatrix} r_B & -x_B \\ x_B & r_B \end{bmatrix}\begin{bmatrix} I_{Bx} \\ I_{By} \end{bmatrix}=\begin{bmatrix} k_B m_B v_{dc}\cos\delta_B \\ k_B m_B v_{dc}\sin\delta_B \end{bmatrix}-\begin{bmatrix} V_{Btx} \\ V_{Bty} \end{bmatrix} \tag{4-191}$$

$$T_u\frac{\mathrm{d}v_{dc}}{\mathrm{d}t}=k_E m_E(I_{Ex}\cos\delta_E+I_{Ey}\sin\delta_E)-k_B m_B(I_{Bx}\cos\delta_B+I_{By}\sin\delta_B) \tag{4-192}$$

式(4-190)～(4-192)共同构成了标幺制下的 UPFC 动态模型。

在稳态运行时，UPFC 作为无源元件，必须保持电容电压为常数，即

$$\mathrm{Re}(\dot{V}_E\dot{I}_E^*-\dot{V}_B\dot{I}_B^*)=0 \tag{4-193}$$

因此，在稳态情况下，UPFC 可以由两条阻抗与理想电压源串联的支路表示，如图 4-39(a)所示。$\dot{V}_B$ 和 $\dot{V}_E$ 通过构成并联和并联换流器的 GTO 门极控制信号调整。

并联支路电流 $\dot{I}_3$ 总可以分解为 $\dot{I}_t$ 和 $\dot{I}_q$ 两个分量(见图 4-39)：

$$\dot{I}_3=\frac{\dot{V}_{Et}-\dot{V}_E}{Z_E}=\dot{I}_t+\dot{I}_q \tag{4-194}$$

式中：$\dot{I}_t$ 和 $\dot{I}_q$ 两个分量分别与节点电压 $\dot{V}_{Et}$ 同相和垂直。则并联支路功率为

$$P_E = \mathrm{Re}(\dot{V}_{Et}\dot{I}_3^*) = \dot{V}_{Et}\dot{I}_t^* = \pm V_{Et}I_t \tag{4-195}$$

$$jQ_E = j\mathrm{Im}(\dot{V}_{Et}\dot{I}_3^*) = \dot{V}_{Et}\dot{I}_q^* = \pm jV_{Et}I_q \tag{4-196}$$

在式(4-195)中，电流与电压反相时取负号，反之则取正号；式(4-196)中，电流超前电压时取正号，反之则取负号。这样，对于并联支路，控制 $\dot{V}_E$ 的模值和相位，由式(4-194)即可得模值 I_t 与 I_q。由以上两式可见，I_q 是串联支路电流的无功分量，其作用即相当于 STATCOM，为系统提供并联无功补偿；I_t 是串联支路电流的有功分量，其作用是从交流系统吸收或向交流系统注入有功功率，以保证直流电压 V_{dc} 为常数，从而实现串联电压源 $\dot{V}_B$ 相位的 360°调整。串联电压源发出的功率为

$$S_B = P_B + jQ_B = \dot{V}_B\dot{I}_2^* \tag{4-197}$$

如果控制 $\dot{V}_B$ 的相位，使其垂直于线路电流，则显然这时串联电压源的作用相当于 SSSC 的串联补偿。一般地，$\dot{V}_B$ 的相位和模值可以任意调节，这是 TCPST 与 SSSC 做不到的。UPFC 具有这种功能是由于式(4-197)中的有功功率可以由并联支路提供。因此，当控制两个电压源的电压幅值与相角使式(4-193)成立，则意味着串联电压源发出或吸收的有功功率与并联电压源吸收或发出的有功功率相等。显然，这种情况下 UPFC 中直流电容贮存的电场能量既不增加也不减少，因而直流电压为常数。这就是 UPFC 的稳态运行状况。由以上分析可见，在稳态情况下，图 4-39 中各量有如下基本关系：

$$\dot{V}_p = \dot{V}_{Et} + \dot{V}_B - \dot{I}_2 Z_B \tag{4-198}$$

$$\dot{I}_2 = \dot{I}_1 - \dot{I}_t - \dot{I}_q \tag{4-199}$$

$$\dot{I}_t + \dot{I}_q = \frac{\dot{V}_{Et} - \dot{V}_E}{Z_E} \tag{4-200}$$

$$I_t = |\mathrm{Re}(\dot{V}_B\dot{I}_2^*)/V_{Et}| \tag{4-201}$$

$$\arg(\dot{I}_t) = \begin{cases} \arg(\dot{V}_{Et}) + 0 & [\mathrm{Re}(\dot{V}_B\dot{I}_2^*) \leqslant 0] \\ \arg(\dot{V}_{Et}) + \pi & [\mathrm{Re}(\dot{V}_B\dot{I}_2^*) < 0] \end{cases} \tag{4-202}$$

$$\arg(\dot{V}_{Et}) \pm \pi/2 \tag{4-203}$$

式中：arg 表示相角。在以上关系式中，式(4-201)和式(4-202)相当于式(4-193)。尽管电压源 $\dot{V}_B$ 和 $\dot{V}_E$ 的模值与相位都可以连续调节，但由于式(4-193)的约束，独立控制变量从

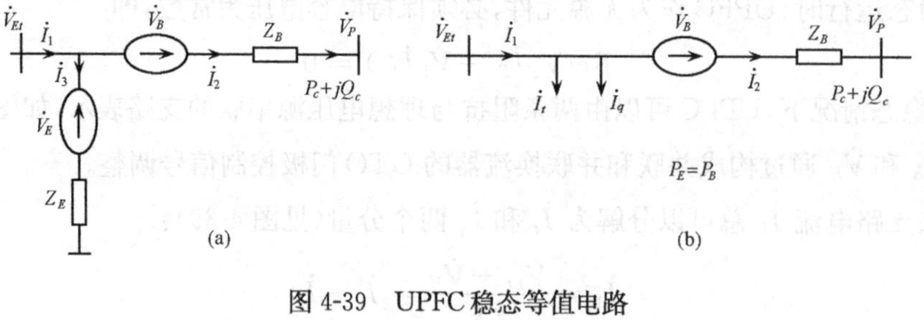

图 4-39　UPFC 稳态等值电路

4 个减少为 3 个，即

$$\left.\begin{aligned}0 \leqslant V_B \leqslant V_{B\max}\\0 \leqslant \varphi_B \leqslant 2\pi\\0 \leqslant I_q \leqslant I_{q\max}\end{aligned}\right\} \tag{4-204}$$

式中：φ_B 为串联电压源的相位角；$V_{B\max}$ 与 $I_{q\max}$ 是与 UPFC 额定容量有关的常数。UPFC 稳态运行的相量图如图 4-40 所示。为分析方便，在相量图中忽略了 Z_B 的作用。由相量图可以看出，由于输电线路中串入了 $\dot{V}_B$，对于该输电线路而言，节点电压从 $\dot{V}_{Et}$ 改变成了 $\dot{V}_p$。调节 $\dot{V}_B$ 可使 $\dot{V}_p$ 在图 4-40 中以 $\dot{V}_{Et}$ 为圆心的圆内运行，从而直接控制该线路的有功功率和无功功率。还应注意，由于 $\dot{I}_q$ 的并联补偿作用，$\dot{V}_{Et}$ 的模值也可以由 UPFC 调节。这样，一台 UPFC 有 3 个独立控制变量，可以同时控制 3 个运行变量：P_c、Q_c 和 V_{Et}。因而，UPFC 的稳态等值电路还可以用图 4-39(b)表示。

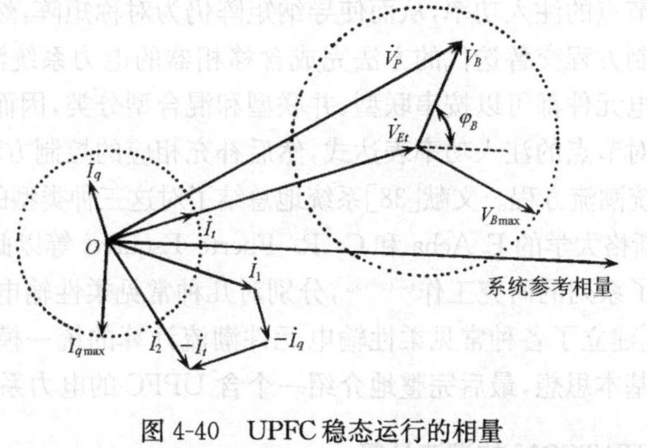

图 4-40　UPFC 稳态运行的相量

由前边对 STATCOM 和 SSSC 的分析知，二者在稳态运行时都需保持直流侧电压 V_C 为常数，因而，STATCOM 的换流器交流电压 V_{SVG} 与从系统抽出的交流电流垂直；SSSC 的换流器交流电压 V_{SSSC} 与输电线流过的交流电流垂直。这样 V_{SVG} 需满足式(4-126)而 V_{SSSC} 需满足式(4-160)。它们的相位都不能任意调整。在 UPFC 中，尽管在稳态运行时仍需保持直流电压为常数，但两个换流器由于直流电容的耦合，允许 STATCOM 从系统吸收有功功率然后经直流电容由 SSSC 送回系统，或者相反。这样，UPFC 中串联变压器输出电压 $\dot{V}_B$ 的模值和相位都可以任意调整；UPFC 中并联变压器支路除了对系统提供并联无功补偿外，还承担系统有功功率与串联变压器有功功率的交换。UPFC 与移相器在功能上的区别由式(4-193)与式(4-177)引起。在 UPFC 中 I_q 是自由变量，而在移相器中，由于式(4-177)的约束，并联支路从系统吸收的无功功率与有功功率都由串联支路重新注入系统。因而 UPFC 具有 STATCOM 的功能而移相器没有。

4.6　含柔性输电元件的电力系统潮流控制及潮流计算

以上介绍了常见的几种柔性输电元件的工作原理及数学模型。对含有柔性输电元件的电力系统，必须根据柔性输电元件的数学模型，建立系统的潮流方程及研究相应的求解方法。含柔性输电元件的电力系统潮流控制及潮流计算问题基本上可以分为以下两大类:第一类,根据具体的柔性输电元件的功能和系统运行的需要给出潮流控制目标,通过计算获得电力系统的潮流和柔性输电元件的控制参数。第二类,给定柔性输电元件的控制参数,通过计算获得系统的潮流。当柔性输电元件被用于直接控制其安装地点的运行参数,如节点电压的幅值、线路的有功和/或无功功率时,采用第一类;在优化系统运行状态时,柔性输电元件可以间接地控制非安装地点的运行参数,这时采用第二类。第二类问题多用于数学优化问题中,即通过对柔性输电元件参数的一系列调整使系统的运行状态满足一定的要求。与直流输电系统介入电力系统一样,柔性输电元件介入电力系统后也不改变潮流方程的数学性质,即描述系统的方程仍然是一组非线性代数方程。因此,在计算方法上也仍然以第2章介绍的牛顿法为基础。与交直流混联系统的潮流计算相类似,迭代也大致分为两种:即统一迭代法和交替迭代法。前已述及,柔性输电元件的种类很多,针对不同元件提出的潮流计算方法也很多。如文献[37]将移相器的串联控制作用等效为所在线路两端节点的注入功率,从而使导纳矩阵仍为对称矩阵,然后采用传统潮流计算方程与移相器控制方程交替迭代的方法完成含移相器的电力系统潮流计算。事实上,由于大部分柔性输电元件都可以按串联型、并联型和混合型分类,因而就都可以按其具体的数学模型导出其对节点的注入功率表达式,然后补充相应的控制方程,从而形成含柔性输电元件的电力系统潮流方程。文献[38]系统地总结了对这三种类型的柔性输电元件的处理方法。英国哥拉斯格大学的 E. Acha 和 C. R. Fuerte-Esquivel 等以此方法对含柔性输电元件的潮流计算作了系列的研究工作[39~43],分别对几种常见柔性输电元件进行了潮流计算。文献[44]、[45]建立了各种常见柔性输电元件潮流计算的统一模型。本节将选择性地介绍几个算法的基本思想,最后完整地介绍一个含 UPFC 的电力系统潮流计算方法。

4.6.1 含 SVC 与 STATCOM 的潮流计算

并联型装置的处理比较简单。前边已介绍过 SVC 与 STATCOM 的数学模型,在潮流计算中它们都可以看作一个并联在节点上的电容或电抗,向系统注入或从系统吸收无功功率。因此,在潮流计算中,将装有 SVC 或 STATCOM 的节点作为 PV 节点即可。SVC 或 STATCOM 的控制目标即是支撑该节点的电压幅值为 V_s。潮流获解后,维持 V_s 所需的该节点注入无功功率 Q_{in} 与节点电压的相位 δ_s 已知。对于 SVC,可由式(4-120)令 Q_{in} 等于 Q_{SVC} 求出导通角 β。对 STATCOM,在式(4-127)中令 Q_{in} 等于 Q_{SVG} 解出逆变器输出电压相位 δ(注意 δ 是逆变器输出电压滞后 δ_s 的角度);然后由式(4-128)可确定方波宽度 θ。另外必须注意校验装置的容量是否能够满足需要。通常容量约束由装置的最大正常许用电流给出。当所需电流大于许用电流值时,则表明装置在系统给定的运行方式下不能维持节点电压为 V_s。这时可将 SVC 或 STATCOM 的控制目标改为定无功功率输出,从而将装有该装置的节点设为 PQ 节点,重新计算潮流。

4.6.2 含 TCSC 的潮流计算

不失一般性,设在线路 l-m 中靠近节点 l 一端装有 TCSC,如图 4-41 所示。与线路 l-m 中不串联 TCSC 的系统相比,增加了节点 p。由 TCSC 的数学模型式(4-153)知,在潮流计算时可将 TCSC 作为一个可变电抗。由图 4-41 可以导出,经 TCSC 支路从节点 l 流

出的功率为

$$
\left.\begin{aligned}
P_{lp} &= \frac{V_l V_P}{X_{\text{TCSC}}}\sin\theta_{lp} \\
Q_{lp} &= \frac{V_l}{X_{\text{TCSC}}}(V_l - V_p\cos\theta_{lp})
\end{aligned}\right\} \tag{4-205}
$$

从节点 p 流出的功率为

$$
\left.\begin{aligned}
P_{pl} &= \frac{V_p V_l}{X_{\text{TCSC}}}\sin\theta_{pl} \\
Q_{pl} &= \frac{V_p}{X_{\text{TCSC}}}(V_p - V_l\cos\theta_{pl})
\end{aligned}\right\} \tag{4-206}
$$

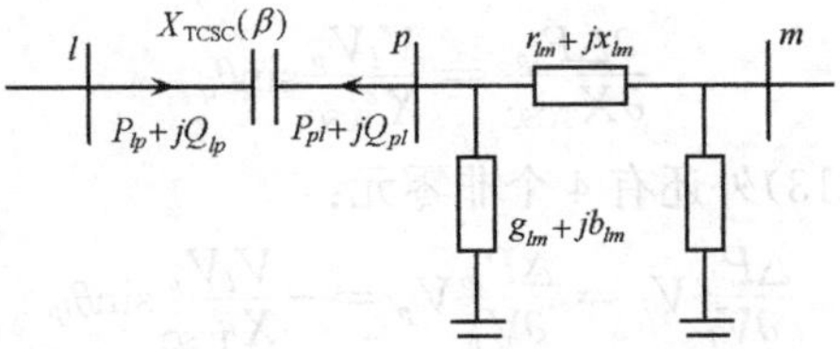

图 4-41　含 TCSC 的网络示意图

按照替代定理，可以将图 4-41 中的 TCSC 支路拆去，而用上边的节点注入功率等值。这样，网络中已不含 TCSC，因而可按照第 2 章介绍的方法生成其导纳矩阵。与不装 TCSC 潮流计算网络相比仅仅是增加了一个节点，因而相应的导纳矩阵增加一阶且节点 l 的自导纳和与节点 m 间的互导除去线路 l-m 的影响。对拆去 TCSC 支路之后的系统，按照式(2-13)可列出潮流计算方程，需注意在节点 l 和 p 上抽出的等值功率。由于等值功率是 X_{TCSC} 的函数，因此系统的未知数或者说控制变量增加了一个，这就需补充一个方程。通常是以线路上的有功功率为控制目标，即设定图 4-41 中 P_{lp} 为常数 P_c。这样系统的未知数增加一个，方程数也增加一个。顺便指出，理论上可以由 X_{TCSC} 控制系统中其他的运行量，但从控制效率和潮流计算的方便性而言以 TCSC 所在的线路有功功率为控制目标最好。据以上分析，注意到以上两式及节点 p 只与节点 m 相连，可得含 TCSC 的电力系统潮流计算方程。其中，不与 TCSC 直接相连的节点功率方程式与式(2-13)完全相同。即

$$
\left.\begin{aligned}
\Delta P_i &= P_{is} - V_i \sum_{j\in i} V_j (G_{ij}\cos\theta_{ij} + B_{ij}\sin\theta_{ij}) = 0 \\
\Delta Q_i &= Q_{is} - V_i \sum_{j\in i} V_j (G_{ij}\sin\theta_{ij} - B_{ij}\cos\theta_{ij}) = 0
\end{aligned}\right\} \quad (i = 1,2,\cdots,n; i \neq l,p) \tag{4-207}
$$

与 TCSC 直接相连的两个节点 l 和 p 的功率平衡方程式为

$$
\left.\begin{aligned}
\Delta P_l &= P_{ls} - P_c - V_l \sum_{j\in l} V_j (G_{lj}\cos\theta_{lj} + B_{lj}\sin\theta_{lj}) = 0 \\
\Delta Q_l &= Q_{ls} - \frac{V_l}{X_{\text{TCSC}}}(V_l - V_p\cos\theta_{lp}) - V_l \sum_{j\in l} V_j (G_{lj}\sin\theta_{lj} - B_{lj}\cos\theta_{lj}) = 0
\end{aligned}\right\} \tag{4-208}
$$

$$
\left.\begin{aligned}
\Delta P_p &= P_c - V_p V_m (G_{pm}\cos\theta_{pm} + B_{pm}\sin\theta_{pm}) = 0 \\
\Delta Q_p &= -\frac{V_p}{X_{\text{TCSC}}}(V_p - V_l\cos\theta_{pl}) - V_p V_m (G_{pm}\sin\theta_{pm} - B_{pm}\cos\theta_{pm}) = 0
\end{aligned}\right\} \tag{4-209}
$$

由于未知数 X_{TCSC} 而增补的方程为

$$\Delta P_{lp} = P_c - \frac{V_l V_p}{X_{TCSC}} \sin\theta_{lp} = 0 \tag{4-210}$$

这样,式(4-207)～(4-210)共同组成了含 TCSC 的潮流计算方程式。与式(2-13)相比,方程中增加了控制变量 X_{TCSC} 和控制目标方程(4-210)。因而雅可比矩阵的生成过程基本没有改变,只是增加了一行一列。注意到 X_{TCSC} 只出现在节点 l 和 p 的无功方程及控制目标方程中,因此,新增的一列中只有 3 个非零元,即

$$\frac{\partial \Delta Q_l}{\partial X_{TCSC}} = \frac{V_l}{X_{TCSC}^2}(V_l - V_p \cos\theta_{lp}) \tag{4-211}$$

$$\frac{\partial \Delta Q_p}{\partial X_{TCSC}} = \frac{V_p}{X_{TCSC}^2}(V_p - V_l \cos\theta_{pl}) \tag{4-212}$$

$$\frac{\partial \Delta P_{lp}}{\partial X_{TCSC}} = \frac{V_l V_p}{X_{TCSC}^2} \sin\theta_{lp} \tag{4-213}$$

增加的一行中除去式(4-213)外还有 4 个非零元:

$$\frac{\Delta P_{lp}}{\partial V_l} V_l = \frac{\Delta P_{lp}}{\partial V_p} V_p = -\frac{V_l V_p}{X_{TCSC}} \sin\theta_{lp} \tag{4-214}$$

$$\frac{\Delta P_{lp}}{\partial \theta_l} = -\frac{\Delta P_{lp}}{\partial \theta_p} = -\frac{V_l V_p}{X_{TCSC}} \cos\theta_{lp} \tag{4-215}$$

雅可比矩阵的其他元素与式(2-50)中的子矩阵 $\boldsymbol{H}$、$\boldsymbol{N}$、$\boldsymbol{J}$ 和 $\boldsymbol{L}$ 形成方法完全一致,可直接用式 (2-41)～(2-49)的表达式。

前面我们介绍的方法是以 X_{TCSC} 为控制变量的,潮流获解后,可由式(4-153)求解出导通角 β。也可以直接用导通角 β 或触发角 α 作为控制变量。若采用导通角 β 或触发角 α 作为控制变量,只需将对 X_{TCSC} 的有关偏导数再由式(4-153)对 β 链导一次即可。需要指出的是,求得的导通角必须躲开 TCSC 的谐振点;另外还需注意校验 TCSC 是否过载。如果不满足要求,则表明 TCSC 不能完成控制目标 P_c,因此,应适当调整 P_c 的数值。

无论是以 X_{TCSC} 还是以 β 或 α 为控制变量,都需要解决迭代初值问题。可以先根据 P_c 在式(4-210)中取电压为 1.0,相角差为 20°～30°估算出 X_{TCSC} 的值作为初值。若采用 β 或 α 为控制变量,则需进一步由式(4-153)估算 β 或 α 的初值。不合适的控制目标及初值都会使计算发散。

4.6.3 含 SSSC 的潮流计算

处理 SSSC 的基本思想与处理 TCSC 相同。但是由于 SSSC 自身有两个控制变量,即逆变器交流输出电压的幅值 V_{SSSC} 和相位 δ,因而相应地,方程数需增加两个。其中一个是对交流系统的控制目标,通常是设定 SSSC 所在线路的有功功率为某常数;另一个是 SSSC 自身的运行约束,即保持电容电压为额定常数。与 TCSC 的另一个区别是,SSSC 不需要增加节点。4.5 节在介绍 SSSC 数学模型时已推导了安装在线路 l-m 上的 SSSC 可以由图 4-34(b)等值,因此,网络的导纳矩阵与无 SSSC 时完全相同。由于 SSSC 的介入,只需分别在节点 l 和 m 的功率平衡方程中附加由式(4-162)和式(4-163)表示的与 SSSC 运行参数有关的注入功率。具体的潮流方程如下。

无附加注入功率的节点功率平衡方程与式(2-13)完全相同。根据图 4-34(b)及

式(4-162)和式(4-163),节点 l 和 m 的功率平衡方程为

$$\left.\begin{aligned}\Delta P_l &= P_{ts} + V_l V_{SSSC}(b\sin\delta - g\cos\delta) - V_l \sum_{j\in l} V_j(G_{lj}\cos\theta_{lj} + B_{lj}\sin\theta_{lj}) = 0\\ \Delta Q_l &= Q_{ts} + V_l V_{SSSC}(g\sin\delta + b\cos\delta) - V_l \sum_{j\in l} V_j(G_{tj}\sin\theta_{lj} - B_{lj}\cos\theta_{lj}) = 0\end{aligned}\right\}\tag{4-216}$$

$$\left.\begin{aligned}\Delta P_m =& P_{ms} + V_m V_{SSSC}[g\cos(\theta_{lm}+\delta) - b\sin(\theta_{lm}+\delta)]\\ &- V_m \sum_{j\in m} V_j(G_{mj}\cos\theta_{mj} + B_{mj}\sin\theta_{mj}) = 0\\ \Delta Q_m =& Q_{ms} - V_m V_{SSSC}[b\cos(\theta_{lm}+\delta) + g\sin(\theta_{lm}+\delta)]\\ &- V_m \sum_{j\in m} V_j(G_{mj}\sin\theta_{mj} - B_{mj}\cos\theta_{mj}) = 0\end{aligned}\right\}\tag{4-217}$$

SSSC 自身的运行约束,即式(4-165):

$$\begin{aligned}\Delta P_{SSSC} =& gV_{SSSC}^2 + gV_{SSSC}[V_l\cos\delta - V_m\cos(\theta_{lm}+\delta)]\\ &+ bV_{SSSC}[V_l\sin\delta - V_m\sin(\theta_{lm}+\delta)] = 0\end{aligned}\tag{4-218}$$

设定 SSSC 所在线路从节点 l 流向节点 m 的有功功率 P_c 作为控制目标。即式(4-168):

$$\begin{aligned}\Delta P_{lm} =& gV_l^2 + gV_l[V_{SSSC}\cos\delta - V_m\cos\theta_{lm}]\\ &- bV_l[V_{SSSC}\sin\delta + V_m\sin\theta_{lm}] - P_c = 0\end{aligned}\tag{4-219}$$

由以上潮流方程可以导出雅可比矩阵中增加的两行两列元素。对 V_{SSSC} 和 δ 的迭代初值可以由式(4-218)和式(4-219)进行估算。

以上是将 SSSC 作为串联在线路中的幅值与相位都可控的电压源处理。对于纯无功补偿,由式(4-158)也可以将 SSSC 看作串在线路中的可控电抗 X_{SSSC}。这样,还可以直接用上边计算 TCSC 等值电抗的算法来计算 SSSC 的等值电抗。SSSC 与 TCSC 的区别只在于自身控制的不同。TCSC 求出 X_{TCSC} 后需求控制角 α,而 SSSC 求出 X_{SSSC} 后需求 V_{SSSC} 和 δ。对于一定的运行方式和控制目标,求出 X_{SSSC} 后,注意线路电流与节点 l 的电压都已求好,因此可由式(4-158)求出 V_{SSSC},由式(4-157)求出 δ。

4.6.4 含 TCPST 的潮流计算

用复变比描述 TCPST 时,不难导得图 4-42(a)所示两端口网络的注入电流与节点电压的关系为

$$\begin{bmatrix}\dot{I}_l\\ \dot{I}_m\end{bmatrix} = \begin{bmatrix}\dfrac{1}{\dot{K}_P\dot{K}_P^*(r_{lm}+jx_{lm})} & \dfrac{-1}{\dot{K}_P(r_{lm}+jx_{lm})}\\ \dfrac{-1}{\dot{K}_P^*(r_{lm}+jx_{lm})} & \dfrac{1}{r_{lm}+jx_{lm}}\end{bmatrix}\begin{bmatrix}\dot{V}_l\\ \dot{V}_m\end{bmatrix}\tag{4-220}$$

显见其导纳矩阵为不对称矩阵。因此,当采用复变比描述移相器时,利用导纳矩阵对称性的潮流计算程序将不能直接应用。对于单纯的给定复变比求潮流分布问题,仍然可以按牛顿法或 P-Q 分解法进行求解,前者计算量几乎不增加,后者稍有增加。但是,当用移相器进行潮流控制时,由于每次迭代都要修正复变比,P-Q 分解法计算量节省的优势将完全丧失。这里介绍文献[37]提出的一种算法。该算法的基本思想是:将移相器用节点注入功率描述,从而使系统的导纳矩阵仍然是对称的。移相器的控制方程与潮流计算方程之

间采用交替迭代。这样,传统潮流计算的牛顿法和 P-Q 分解法都可以直接应用。以下首先推导移相器引起的附加注入功率。

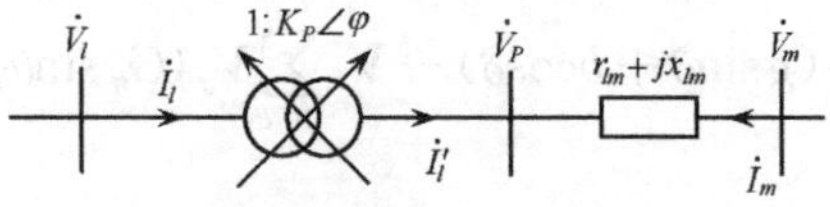

(a) 用复变比表示TCPST

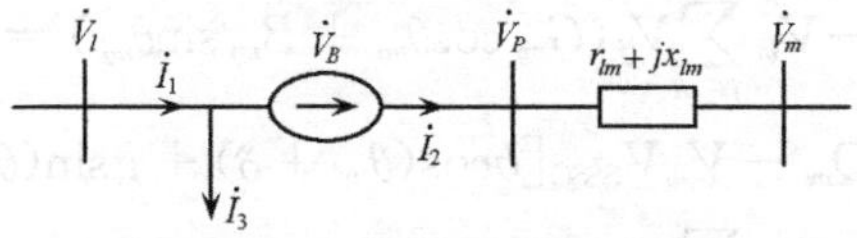

(b) 用串联电压源和并联电流源表示TCPST

图 4-42　含 TCPST 的网络示图意

移相器采用串联电压源和并联电流源的数学模型,如图 4-42(b)所示。由式(4-174)～(4-176)有

$$\left.\begin{aligned}\dot{V}_B &= jk_B k_E \dot{V}_l = j\dot{V}_l \tan\varphi \\ \dot{I}_3 &= -jk_B k_E \dot{I}_2 = -j\dot{I}_2 \tan\varphi\end{aligned}\right\} \tag{4-221}$$

由图 4-42(b)知

$$\dot{I}_2 = \frac{\dot{V}_l + \dot{V}_B - \dot{V}_m}{r_{lm} + jx_{lm}} \tag{4-222}$$

注意描述移相器控制作用的串联电压源 $\dot{V}_B$ 与线路阻抗 $r_{lm}+jx_{lm}$ 串联构成含源支路,因此先用诺顿定理将此含源支路化为支路阻抗与电流源并联,则由以上两式,可以得到在节点 m 的注入电流为

$$\dot{I}_{me} = \frac{j\dot{V}_l \tan\varphi}{r_{lm} + jx_{lm}}$$

在节点 l 的抽出电流为

$$\dot{I}_{le} = \frac{j\dot{V}_l \tan\varphi}{r_{lm} + jx_{lm}} \quad j\tan\varphi \frac{\dot{V}_l - \dot{V}_m + j\dot{V}_l \tan\varphi}{r_{lm} + jx_{lm}} = \frac{\tan\varphi}{r_{lm} + jx_{lm}}(\dot{V}_l \tan\varphi + j\dot{V}_m)$$

对应地,在节点 l 与 m 的注入功率分别为

$$\left.\begin{aligned}P_{le} &= -g_{lm}V_l^2 \tan^2\varphi + V_l V_m \tan\varphi(b_{lm}\cos\theta_{lm} - g_{lm}\sin\theta_{lm}) \\ Q_{le} &= b_{lm}V_l^2 \tan^2\varphi + V_l V_m \tan\varphi(g_{lm}\cos\theta_{lm} + b_{lm}\sin\theta_{lm})\end{aligned}\right\} \tag{4-223}$$

$$\left.\begin{aligned}P_{me} &= -V_m V_l \tan\varphi(b_{lm}\cos\theta_{ml} - g_{lm}\sin\theta_{ml}) \\ Q_{me} &= -V_l V_m \tan\varphi(g_{lm}\cos\theta_{ml} + b_{lm}\sin\theta_{ml})\end{aligned}\right\} \tag{4-224}$$

其中

$$g_{lm} + jb_{lm} = (r_{lm} + jx_{lm})^{-1}$$

经上述处理之后,网络中已无移相器,因而其导纳矩阵成为对称阵。这样,与前边处理 TCSC 和 SSSC 时的潮流计算方法相类似,含 TCSPT 的潮流计算方程式中,无附加注入功率的节点功率平衡方程与式(2-13)完全相同,而节点 l 和 m 的功率平衡方程为

$$\left.\begin{aligned}\Delta P_l &= P_{ls} + P_{le} - V_l \sum_{j\in l} V_j (G_{lj}\cos\theta_{lj} + B_{lj}\sin\theta_{lj}) = 0 \\ \Delta Q_l &= Q_{ls} + Q_{le} - V_l \sum_{j\in l} V_j (G_{lj}\sin\theta_{lj} - B_{lj}\cos\theta_{lj}) = 0\end{aligned}\right\} \tag{4-225}$$

$$\left.\begin{aligned}\Delta P_m &= P_{ms} + P_{me} - V_m \sum_{j\in m} V_j (G_{mj}\cos\theta_{mj} + B_{mj}\sin\theta_{mj}) = 0 \\ \Delta Q_m &= Q_{ms} + Q_{me} - V_m \sum_{j\in m} V_j (G_{mj}\sin\theta_{mj} - B_{mj}\cos\theta_{mj}) = 0\end{aligned}\right\} \tag{4-226}$$

注意节点附加注入功率中含有移相器的控制变量 φ,因而需以移相器的控制目标为补充方程。以从节点 l 流进移相器的有功功率 P_c 为控制目标,则有

$$\Delta P_{lm} = g_{lm}V_l^2\sec^2\varphi - V_lV_m[(g_{lm} - b_{lm}\tan\varphi)\cos\theta_{lm} - (b_{lm} + g_{lm}\tan\varphi)\sin\theta_{lm}] - P_c = 0 \tag{4-227}$$

用牛顿-拉弗森法可以对上述潮流方程式进行统一迭代。与无移相器时相比,并无本质区别。

当采用控制变量 φ 与其他变量交替迭代时,牛顿法和 PQ 分解法都可以采用。给定迭代初值 $\boldsymbol{V}^{(0)}$、$\boldsymbol{\theta}^{(0)}$ 和 $\varphi^{(0)}$,由式(4-223)和式(4-224)可求出附加的节点注入功率,则可以进行交流系统迭代获得 $\boldsymbol{V}^{(1)}$、$\boldsymbol{\theta}^{(1)}$;然后由线性化的式(4-227)求出 $\Delta\varphi^{(1)}$,即

$$\Delta\varphi^{(k+1)} = -[J_1^{(k)}\Delta V_l^{(k+1)} + J_2^{(k)}\Delta V_m^{(k+1)} + J_3^{(k)}\Delta\theta_l^{(k+1)} + J_4^{(k)}\Delta\theta_m^{(k+1)} - \Delta P_{lm}^{(k)}]/J_5^{(k)} \tag{4-228}$$

式中:

$$\left.\begin{aligned}J_1^{(k)} &= \frac{\partial \Delta P_{lm}}{\partial V_l}\bigg|_k \\ &= 2g_{lm}V_l^{(k)}\sec^2\varphi^{(k)} - V_m^{(k)}[(g_{lm} - b_{lm}\tan\varphi^{(k)})\cos\theta_{lm}^{(k)} - (b_{lm} + g_{lm}\tan\varphi^{(k)})\sin\theta_{lm}^{(k)}] \\ J_2^{(k)} &= \frac{\partial \Delta P_{lm}}{\partial V_m}\bigg|_k = -V_l^{(k)}[(g_{lm} - b_{lm}\tan\varphi^{(k)})\cos\theta_{lm}^{(k)} - (b_{lm} + g_{lm\varphi}\tan\varphi^{(k)})\sin\theta_{lm}^{(k)}] \\ J_3^{(k)} &= \frac{\partial \Delta P_{lm}}{\partial \theta_l}\bigg|_k = V_l^{(k)}V_m^{(k)}[(g_{lm} - b_{lm}\tan\varphi^{(k)})\sin\theta_{lm}^{(k)} + (b_{lm} - g_{lm}\tan\varphi^{(k)})\cos\theta_{lm}^{(k)}] \\ J_4^{(k)} &= \frac{\partial \Delta P_{lm}}{\partial \theta_m}\bigg|_k = -J_3^{(k)} \\ J_5^{(k)} &= \frac{\partial \Delta P_{lm}}{\partial \varphi}\bigg|_k = 2g_{lm}V_l^{(k)2}\sec^2\varphi^{(k)}\tan\varphi^{(k)} + V_l^{(k)}V_m^{(k)}\sec^2\varphi^{(k)}[b_{lm}\cos\theta_{lm}^{(k)} + g_{lm}\sin\theta_{lm}^{(k)}]\end{aligned}\right\} \tag{4-229}$$

则修正移相角 φ 后,即可进行下一次迭代,直至收敛。顺便指出,由于整体计算属于交替迭代法,整个计算较无移相器时的迭代次数有所增加。因此,可以对移相角的修正式采取加速技术以减少迭代次数,即

$$\varphi^{(k+1)} = \varphi^{(k)} + \beta\Delta\varphi^{(k+1)} \tag{4-230}$$

式中:系数 β 为加速因子。合适的加速因子值可以减少整个计算的迭代次数。文献[37]给出其算例的典型取值为 2.0～2.5。

移相角 φ 的迭代初值可以在式(4-227)中忽略线路的等值电导并认为节点电压为 1.0、相角差为零值进行估算。

顺便指出，为减小计算量，还可以对附加节点注入功率的表达式进行简化。文献[37]认为，考虑到在高压输电线路中，线路的等值电导远小于线路的等值电纳，因而忽略线路的等值电导；另外，由于 φ 值和节点电压相角差都不大，所以，忽略附加节点注入功率的无功分量而只计及有功分量。这样，式(4-223)和式(4-224)被简化成

$$\left.\begin{aligned} P_{le} &= V_l V_m b_{lm} \tan\varphi \cos\theta_{lm} \\ Q_{le} &= 0 \end{aligned}\right\} \tag{4-231}$$

$$\left.\begin{aligned} P_{me} &= V_m V_l b_{lm} \tan\varphi \cos\theta_{ml} \\ Q_{me} &= 0 \end{aligned}\right\} \tag{4-232}$$

4.6.5 含 UPFC 的潮流计算

前已述及，UPFC 可以同时控制节点电压和线路输送的有功及无功功率，因而 UPFC 提出以后很快引起了许多学者对其广泛的研究。含 UPFC 的电力系统潮流计算问题是研究这种系统其他问题首先要解决的问题。潮流计算的任务是：对于系统的某运行方式和 UPFC 的控制目标，计算系统所有节点电压的幅值与相角和 UPFC 的控制参数。文献[40]与[46]采用 UPFC 的控制目标方程与交流节点功率方程统一迭代的算法；文献[47]考虑了 UPFC 的容量约束，即串联电压源的电压和电流的幅值约束、两个换流器经过直流电容可以交换的最大有功功率约束。文献[48]与[49]都采用附加节点注入功率的基本方法，提出了 UPFC 与电力系统解耦的算法。这种算法可以方便地与传统的牛顿法潮流计算相结合，在迭代过程中对雅可比矩阵只进行少量的修正，因而完全保留了传统牛顿-拉弗森法潮流计算的收敛特性。计算中，由于 UPFC 能独立于其串联补偿而向系统提供并联补偿，故 UPFC 并联变压器所连接的节点电压幅值可以控制为定值，也可以将补偿的无功功率控制为定值；UPFC 的串联补偿可以同时控制两个运行变量，因而将 UPFC 所在线路输送的有功和无功功率控制为定值 P_c+jQ_c。这样，UPFC 连同其所在的输电线可以从系统中移去而代之以节点注入功率。在并联变压器连接的节点，等值 UPFC 的节点注入功率仅仅是该输电线两端节点电压的函数；而另一个节点注入功率即是控制目标常数 P_c+jQ_c。显见，这样处理 UPFC 以后，描述系统的潮流计算方程中不包含 UPFC 的控制参数，因而潮流计算与不含 UPFC 时基本相同。由于迭代计算过程无 UPFC 介入，与其他算法相比，该方法的主要优点在于不扩展雅可比矩阵且无需对 UPFC 的控制参数提供迭代初值。潮流计算完成后，可以按所导得的 UPFC 控制参数与其控制目标和节点电压的关系式求出控制参数。下面我们详细讨论这种算法[48]。

由图 4-39(b)所给出的稳态数学模型，不失一般性，忽略 UPFC 串联变压器的等值电抗 Z_B，设 UPFC 如图 4-43 接在系统中。注意在图 4-39(b)中的 Z_B 支路相当于图 4-43 中不计接地支路的情况。我们需要推导图 4-43 中节点 l 和 m 的注入功率表达式。

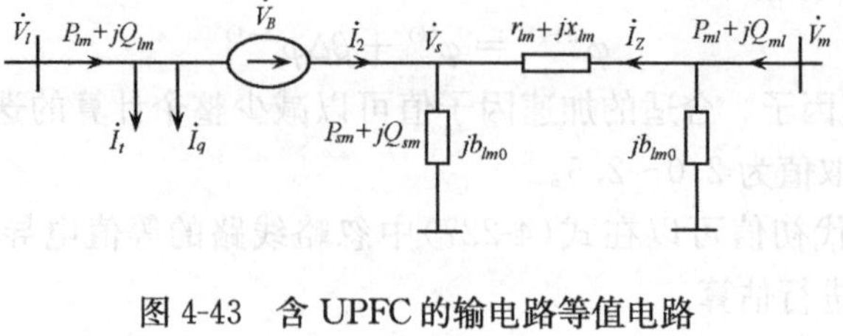

图 4-43　含 UPFC 的输电路等值电路

如图 4-43 所示，注意到电流与电压的相位关系，即式(4-201)～(4-203)，经 UPFC 从节点流向节点 m 的功率为

$$P_{lm}+jQ_{lm}=\dot{V}_l(\dot{I}_t+\dot{I}_q+\dot{I}_2)^*=\mathrm{Re}(\dot{V}_B\dot{I}_2^*)-jV_lI_q+\dot{V}_l\dot{I}_2^* \tag{4-233}$$

注意上式中变量 I_q 可以为负值。I_q 为正值时，对应相量 $\dot{I}_g$ 超前节点电压 $\dot{V}_l$ 的角度为 $\pi/2$；反之，则是滞后 $\pi/2$。对有功功率

$$P_{lm}=\mathrm{Re}(\dot{V}_B\dot{I}_2^*)+\mathrm{Re}(\dot{V}_l\dot{I}_2^*)=\mathrm{Re}\left(\dot{V}_B\frac{P_{sm}+jQ_{sm}}{\dot{V}_s}\right)+\mathrm{Re}\left(\dot{V}_l\frac{P_{sm}+jQ_{sm}}{\dot{V}_s}\right)$$

将上式展开并整理，得

$$P_{lm}=\frac{P_{sm}}{V_s}[V_B\cos(\varphi_B-\theta_s)+V_l\cos(\theta_l-\theta_s)]-\frac{Q_{sm}}{V_s}[V_B\sin(\varphi_B-\theta_s)+V_l\sin(\theta_l-\theta_s)]$$

由相量图 4-40 可以看出

$$V_B\cos(\varphi_B-\theta_s)+V_l\cos(\theta_l-\theta_s)=V_s$$
$$V_B\sin(\varphi_B-\theta_s)+V_l\sin(\theta_l-\theta_s)=0$$

所以

$$P_{lm}=P_{sm} \tag{4-234}$$

事实上，注意到 UPFC 既不吸收也不发出有功功率，可以直接写出上式。

设 UPFC 将线路输送功率控制为

$$P_{ml}+jQ_{ml}=P_c+jQ_c \tag{4-235}$$

式中：P_c 和 Q_c 为给定常数。那么线路阻抗上流过的电流为

$$\dot{I}_Z=\left(\frac{P_c+jQ_c}{\dot{V}_m}\right)^*-jb_{lm0}\dot{V}_m \tag{4-236}$$

考虑到线路电阻消耗的有功功率后，即可得到 P_{lm} 的表达式

$$\begin{aligned}P_{lm}=P_{sm}&=-(P_c-\dot{I}_Zr_{lm}\dot{I}_Z^*)\\&=\left(\frac{P_c^2+Q_c^2}{V_m^2}+b_{lm}^2+2b_{lm0}Q_cV_m^2\right)r_{lm}-P_c\end{aligned} \tag{4-237}$$

对无功功率，如图 4-43，由于

$$\begin{aligned}\dot{I}_2&=-(\dot{I}_Z-jb_{lm0}\dot{V}_s)=jb_{lm0}[\dot{V}_m-\dot{I}_Z(r_{lm}+jx_{lm})]-\dot{I}_Z\\&=jb_{lm0}\dot{V}_m-[(1-b_{lm0}x_{lm})+jb_{lm0}r_{lm}]\dot{I}_Z\end{aligned}$$

将式(4－236)代入上式，得

$$\dot{I}_2=-(F_1+jF_2)\dot{V}_m-(E_1+jE_2)/\dot{V}_m^* \tag{4-238}$$

式中：

$$\left.\begin{aligned}F_1&=C_Yb_{lm0}\\F_2&=-(1+C_X)b_{lm0}\\E_1&=C_XP_c+C_YQ_c\\E_2&=C_YP_c-C_XQ_c\\C_X&=1-b_{lm0}x_{lm}\\C_Y&=b_{lm0}r_{lm}\end{aligned}\right\} \tag{4-239}$$

则

$$Q_{lm} = -I_q V_l + \mathrm{Im}(\dot{V}_l \dot{I}_2^*)$$
$$= -V_l I_q - V_l[(E_1 V_m^{-1} + F_1 V_m)\sin\theta_{lm} - (E_2 V_m^{-1} + F_2 V_m)\cos\theta_{lm}] \tag{4-240}$$

从上边导得的式(4-237)和式(4-240)可见,UPFC 从节点 l 抽出的功率可以用节点电压和支路功率表达而与 UPFC 的控制参数 V_B 和 φ_B 无关。参数 I_q 的存在正体现了 UPFC 的并联补偿功能独立于线路潮流控制。经 UPFC 所在的线路从节点 m 抽出的功率被 UPFC控制为常数 P_c 和 Q_c。因此,用上述节点功率等值 UPFC 使潮流计算与 UPFC 完全解耦。解耦后系统的节点功率平衡方程与无 UPFC 时的唯一区别是在节点 l 和 m 的方程中有 UPFC 的附加注入功率

$$\left.\begin{aligned}\Delta P_l &= P_{ls} - P_{lm} - V_l \sum_{j\in l} V_j (G_{lj}\cos\theta_{lj} + B_{lj}\sin\theta_{lj}) = 0\\ \Delta Q_l &= Q_{ls} - Q_{lm} - V_l \sum_{j\in l} V_j (G_{lj}\sin\theta_{lj} - B_{lj}\cos\theta_{lj}) = 0\end{aligned}\right\} \tag{4-241}$$

$$\left.\begin{aligned}\Delta P_m &= P_{ms} - P_c - V_m \sum_{j\in m} V_j (G_{mj}\cos\theta_{mj} + B_{mj}\sin\theta_{mj}) = 0\\ \Delta Q_m &= Q_{ms} - Q_c - V_m \sum_{j\in m} V_j (G_{mj}\sin\theta_{mj} - B_{mj}\cos\theta_{mj}) = 0\end{aligned}\right\} \tag{4-242}$$

注意在节点 l 的无功方程中含有变量 I_q。当节点 l 的电压幅值受 UPFC 控制而为常数时,则节点 l 为 PV 节点,显然节点 l 的无功方程不参加迭代,在潮流获解后由此方程求出所需的 I_q。若节点 l 作为 PQ 节点时,I_q 取为定值。当不计 UPFC 所在线路的电阻且节点 l 为 PV 节点时,由式(4-237)可见 P_{lm}也成为常数 P_c,这时显然可用 PQ 分解法求解上边的潮流问题。一般地,当采用牛顿法时,在传统潮流计算以外,由于 UPFC 的介入而额外需做的工作有两项:由式(4-237)和式(4-240)计算附加节点功率;由下边的偏导数修正雅可比矩阵

$$\frac{\partial P_{lm}}{\partial V_m} V_m = 2r_{lm}\left(b_{lm0}^2 V_m^2 - \frac{P_c^2 + Q_c^2}{V_m^2}\right) \tag{4-243}$$

$$\frac{\partial Q_{lm}}{\partial V_l} V_l = -V_l I_q - V_l[(E_1 V_m^{-1} + F_1 V_m)\sin\theta_{lm} - (E_2 V_m^{-1} + F_2 V_m)\cos\theta_{lm}] = Q_{lm} \tag{4-244}$$

$$\frac{\partial Q_{lm}}{\partial V_m} V_m = V_l[(F_2 V_m - E_2 V_m^{-1})\cos\theta_{lm} - (F_1 V_m - E_1 V_m^{-1})\sin\theta_{lm}] \tag{4-245}$$

$$\frac{\partial Q_{lm}}{\partial \theta_l} = -V_l[(E_1 V_m^{-1} + F_1 V_m)\cos\theta_{lm} + (E_2 V_m^{-1} + F_2 V_m)\sin\theta_{lm}] \tag{4-246}$$

$$\frac{\partial Q_{lm}}{\partial \theta_m} = V_l[(E_1 V_m^{-1} + F_1 V_m)\cos\theta_{lm} + (E_2 V_m^{-1} + F_2 V_m)\sin\theta_{lm}] = -\frac{\partial Q_{lm}}{\partial \theta_l} \tag{4-247}$$

显见,一台 UPFC 最多只需修正雅可比矩阵的 5 个元素。大多数情况下节点 l 的电压幅值受 UPFC 控制而成为 PV 节点,这时只需按式(4-243)修正一个元素。

潮流计算收敛后,求 UPFC 的控制参数。前已述及 I_q 的获取方法,下面给出串联控制参数 V_B 和 φ_B 的求法。如图 4-43 所示,经 UPFC 所在的输电线路流出节点 m 的功率为

$$P_{ml} + jQ_{ml} = \dot{V}_m\left(\frac{\dot{V}_m - \dot{V}_l}{r_{lm} + jx_{lm}} + jb_{lm0}\right)^* - \dot{V}_m\left(\frac{\dot{V}_B}{r_{lm} + jx_{lm}}\right)^* = P_c + jQ_c \tag{4-248}$$

显见上式中只有 $\dot{V}_B$ 未知,令

$$P_f + jQ_f = \dot{V}_m\left(\frac{\dot{V}_m - \dot{V}_l}{r_{lm} + jx_{lm}} + jb_{lm0}\dot{V}_m\right)^* \tag{4-249}$$

$$P_e + jQ_e = (P_c - P_f) + j(Q_c - Q_f) = -\dot{V}_m\left(\frac{\dot{V}_B}{r_{lm} + jx_{lm}}\right)^* \tag{4-250}$$

则

$$\left.\begin{aligned} V_B &= \frac{\sqrt{(P_e^2 + Q_e^2)(r_{lm}^2 + x_{lm}^2)}}{V_m} \\ \varphi_B &= \arctan\left(\frac{Q_e}{-P_e}\right) - \arctan\left(\frac{x_{lm}}{r_{lm}}\right) + \theta_m \end{aligned}\right\} \tag{4-251}$$

顺便指出,由于*UPFC*的控制参数不参加迭代,因而无需进行初值估算。对交流潮流的计算仍是平启动。下面我们给出一个计算实例。

【例 4-2】 在图 2-6 的线路 1-2 安装 UPFC。UPFC 的并联节点为节点 1。系统运行方式仍如例 2-1。由图 2-11 知,在系统无 UPFC 时,节点 1 的电压幅值偏低而且线路 1—2 的负荷偏重。现在利用装设的 UPFC 对其进行控制。

【解】 为了对 UPFC 控制潮流时控制参数的变化过程有感性认识,我们给出 11 个控制方案下的解,并将其以曲线的形式给出。而对最后一个控制方案给出详细的中间结果。记控制目标序号为 k。节点 1 为 UPFC 支持的 PV 节点,则其电压定值为

$$V_1^{(k)} = V_1^{(0)} + (k-1)\tau \qquad (k = 1,2,\cdots,11)$$

式中:$V_1^{(0)}$ 为未加 UPFC 时的电压值,即 0.862 150 429 961;τ 为电压定值增加步长。当 k 为 11 时使节点 1 的电压控制为 1.0,则 $\tau=(1-0.862\ 150\ 429\ 961)/10.0$。

对线路 1—2 的功率,以无 UPFC 的线路功率为起点,逐步使其下降,最后将其减至原值的$\frac{1}{2}$,即

$$P_{21}^{(k)} + jQ_{21}^{(k)} = P_{21}^{(0)} + jQ_{21}^{(0)} - 0.05(k-1)(P_{21}^{(0)} + jQ_{21}^{(0)}) \qquad (k = 1,2,\cdots,11)$$

式中:$P_{21}^{(0)}+jQ_{21}^{(0)}=1.584\ 546\ 305\ 65+j0.672\ 556\ 301\ 908$ 为未加 UPFC 时线路 2-1 的输送功率。

计算忽略 UPFC 的串联阻抗且不考虑 UPFC 的容量约束,每个潮流在收敛精度控制为 10^{-8} 的条件下迭代 4 次收敛。图 4-44 给出了 11 个控制目标下的计算结果。k 为 11 时第一次迭代的修正方程为

$$\begin{bmatrix} \Delta P_1 \\ \Delta P_2 \\ \Delta Q_2 \\ \Delta P_3 \\ \Delta Q_3 \\ \Delta P_4 \end{bmatrix} = \begin{bmatrix} -2.641\ 509 & 0 & 0.054\ 262 & 2.641\ 509 & 0.754\ 717 & 0 \\ 0 & -69.778\ 700 & -0.829\ 876 & 3.112\ 033 & 0.829\ 876 & 66.666\ 667 \\ 0 & 0.829\ 876 & -56.882\ 630 & -0.829\ 876 & 3.112\ 033 & 0 \\ 2.641\ 509 & 3.112\ 033 & 0.829\ 876 & -39.086\ 876 & -1.584\ 592 & 0 \\ -0.754\ 717 & -0.829\ 876 & 3.112\ 033 & 1.584\ 592 & -32.388\ 841 & 0 \\ 0 & 66.666\ 667 & 0 & 0 & 0 & -66.666\ 667 \end{bmatrix}$$

$$
\cdot\begin{bmatrix}\Delta\theta_1\\ \Delta\theta_2\\ \Delta V_2/V_2\\ \Delta\theta_3\\ \Delta V_3/V_3\\ \Delta\theta_4\end{bmatrix}=\begin{bmatrix}-0.846\,584\\ -2.792\,273\\ 5.111\,757\\ -3.700\,000\\ 2.049\,017\\ 5.000\,000\end{bmatrix}
$$

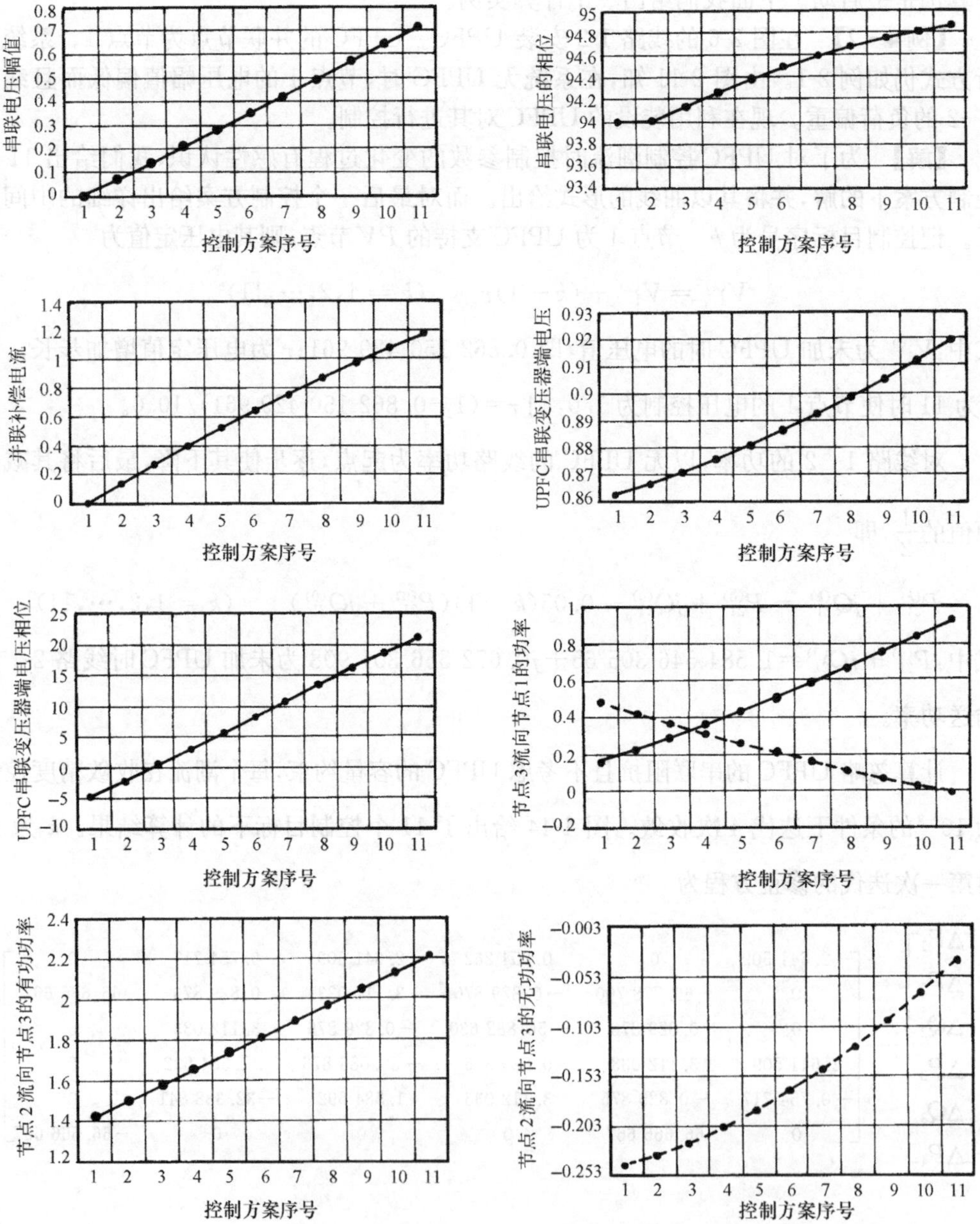

图 4-44　用 UPFC 控制线路输送功率时的潮流及控制参数计算结果

解得

$$[\Delta\theta_1 \quad \Delta\theta_2 \quad \Delta V_2/V_2 \quad \Delta\theta_3 \quad \Delta V_3/V_3 \quad \Delta\theta_4]^T$$
$$=[0.370\,561 \quad -0.628\,445 \quad -0.103\,464 \quad 0.069\,997 \quad -0.062\,312 \quad -0.703\,445]^T$$

最后解得的节点电压如表 4-7；各支路功率如表 4-8；节点 4 的发电机出力为 $P_{G4}+jQ_{G4}=5.0+j1.677\,010$，平衡机出力为 $P_{G5}+jQ_{G5}=2.753\,411+j2.397\,476$；UPFC 控制参数为：串联电压幅值 $V_B=0.712\,780$，串联电压相位 $\varphi_B=94.85°$，并联补偿电流 $I_q=1.167\,908$。

表 4-7 节点电压

节点	幅值	相位
1	1.000 000	−22.861 850
2	1.079 952	30.516 698
3	1.033 881	−4.582 555
4	1.050 000	34.498 953
5	1.050 000	0.000 000

表 4-8 支路功率

	i	j	P_{ij}	Q_{ij}	P_{ji}	Q_{ji}
控制器	1	2	−0.757 225 56	−1.093 049 8	0.792 273 08	0.336 278 10
线 路	1	3	−0.842 774 44	0.293 049 81	0.922 389 13	−0.014 398 38
线 路	2	3	2.207 726 9	−3.766 773 5	−1.868 977 7	0.749 175 57
变压器	2	4	−5.000 000 0	−1.298 610 4	5.000 000 0	1.677 009 9
变压器	3	5	−2.753 411 4	−2.034 777 2	2.753 411 4	2.397 475 5

参 考 文 献

[1] N. G. Higorani. High Power Electronics and Flexible AC Transmission System. Joint APC/IEEE Luncheon Speech, April 1988 at the American Power Conference 50th Annual Meeting in Chicago, Printed IEEE Power Engineering, July 1988

[2] N. G. Higorani. Power Electronics in Electric Utilities: Role of Power Electronics in Future Power Systems. Invited Paper, Proceedings of IEEE Special Issue, Vol. 76, No. 4, April 1988

[3] L. Gyugyi. Dynamic Compensation of AC Transmission Lines by Solid-state Synchronous Voltage Source. IEEE Transmission on Power Delivery, Vol. 9, No. 2, pp. 904～911, April 1994

[4] A-A. Edris et al. Proposed Terms and Definitions for Flexible AC Transmission System (FACTS). IEEE Transaction on Power Delivery, Vol. 12, No. 4, October 1997, pp. 1848～1853

[5] 浙江大学发电教研组直流输电科研组. 直流输电. 北京：水利电力出版社，1985

[6] 戴熙杰主编. 直流输电基础. 北京：水利电力出版社，1990

[7] 夏道止，沈赞埙编著. 高压直流输电系统的谐波分析及滤波. 北京：水利电力出版社，1994

[8] P. Kundur. Power System Stability and Control. New York: McGraw-Hill, 1994

[9] D. A. Braunagel, L. A. Kraft, J. L. Whysong. Inclusion of DC Converter and Transmission Equation Directly in a Newton Power Flow. IEEE Trans. PAS, 1976, 95(1), pp. 76～88

[10] J. Arrillaga, P. Bodger. Intergration of HVDC Links with Fast Decoupled Load Flow Solutions. Proc. IEE. 1977, 124(5), pp. 463～468

[11] Jos Arrillaga, Bruce Smith. AC-DC Power System Analysis. The Institute of Electrical Engineers, London UK, 1998

[12] J. Reeve, G. Fahmy, B. Stott. Versatile Load Flow Method for Multiterminal HVDC Systems. IEEE Trans. PAS,1977,96(3),pp. 925～932

[13] H. Fudeh, C. M. Ong. A Simple and Efficient AC-DC Load Flow Method for Miltiterminal DC Systems, IEEE Trans. PAS, 1981,100(11),pp. 4389～4396

[14] J. Arrillaga, C. P. Arnold,B. J. Harker. Computer Modeling of Electrical Power Systems. New York: John Wiley & Sons,1983

[15] T. Smed, G. Andersson, G. B. sheblé, L. L. Grigsby. A New Approach to AC/DC Power Flow. IEEE Trans. On Power Systems, Vol. 6, No. 3, pp. 1238～1244,August 1991

[16] 李汉香.电力系统潮流,短路电流,动态稳定等应用程序考评计算中的几个问题.电网技术,1984(1):51～63

[17] G. D. Breuer, J. F. Luini,C. C. Young. Studies of Large AC/DC Systems on the Digital Computer. IEEE Trans., Vol. PAS-85, pp. 1107～1115, November 1966

[18] J. F. Clifford, A. H. Schmidt. Digital Representation of a DC Transmission System and its Control. IEEE Trans., Vol. PAS-89, pp. 97～105, January 1970

[19] N. Sato, N. V. David, S. M. Chan, A. L. Burn,J. J. Vithayathil. Multiterminal HVDC System Representation in a Transient Stability Program. IEEE Trans., Vol. PAS-99, pp. 1927～1936, September/October 1980

[20] CIGRE Report: Static Var Compensators, Prepared by Working Group 38-01, Task Force No. 2 on SVC, Edited by I. A. Erimnez, 1986

[21] IEEE Special Stability Controls Working Group. Static Var Compensator Models for Power Flow and Dynamic Performance Simulation. IEEE Transactions on Power Systems, Vol. 9, No. 1, pp. 229～240,February 1994

[22] L. Gyugyi, N. G. Hinggorani, P. R. Nannery, N. Tai. Advanced Static Var Compensator Using Gate Turn-off Thyristors for Utilities Applications. CIGRE 1990 Session ,26th August～1st September

[23] Y. Sumi,Y. Harumoto, T. Hasegawa et al. New Static Var Control Using Force-commutated Inverters. IEEE Trans. Power Apparatus and Systems, 1981, 100(9), pp. 4216～4224

[24] C. W. Edwards, P. R. Nannery, Advanced Static Var Generator Employing GTO Thyristors. IEEE Trans. Power Delivery, 1988, 3(4),pp. 1622～1627

[25] C. Schauder,M. Gernhardt, E. Stacey et al. Development of a ±100Mvar Static Condensor for Voltage Control of Transmission Systems. IEEE Trans. Power Delivery, 1995, 10(3),pp. 1486～1496

[26] 刘文华,陈建业,王仲鸿.采用GTO的新型静止无功发生器.电力系统自动化,1997,21(3)

[27] 李序保,赵永健.电力电子器件及其应用.北京:机械工业出版社,2001

[28] 王兆安,黄俊.电力电子技术 2 版.北京:机械工业出版社,2000

[29] E. V. Larsen, K. Clark, S. A. Miske,Jr., J. Urbanek. Characteristics and Rating Consideration of Thyristor Controlled Series Compensation. IEEE Trans. On Power Delivery, Vol. 9,No. 2, pp. 992～1000,April 1994

[30] George G. Karady, Thomas H. Ortmeyer, Bruce R. Pilvelait. Dominic Maratukulam, Continuously Regulated Series Capacitor. IEEE Transactions on Power Delivery, Vol. 8, No. 3, pp. 1348～1355,July 1993

[31] Laszlo Gyugyi, Colin D. Schauder, Kalyan K. Sen. Static Synchronous Series Compensator: A Solid-state Approach to the Series Compensation of Transmission Lines. IEEE Transactions on Power Delivery, Vol. 12, No. 1,pp. 406～417,January 1997

[32] 陈珩.电力系统稳态分析.北京:水利电力出版社,1995

[33] Yong Hua Song, Allan T. Johns. Flexible AC Transmission Systems(FACTS),Printed in England by TJ Internationd Ltd., Padstow, Cornwall,1999

[34] S. Nyati, M. Eitzmann, J. Kappenmann, D. Van House,N. Mohan,A. Edris. Design Issues for a Single Core Transformer Thyristor Controlled Phase-angle Regulator. IEEE Transactions on Power Delivery, 10 (4),pp. 2013～2019,1995

[35] L. Gyugyi. A Unified Power Flow Control Concept for Flexible AC Transmission System. Fifth International Conference on AC and DC Power Transmission, London, 17～20 Sept. 1991

[36] A. Nabavi-Niaki, M. R. Iravani. Steady-state and Dynamic Models of Unified Power Flow Controller (UPFC) for Power System Studies. IEEE Trans. ,Vol. PWRS-11, No. 4, pp. 1937～1943, November 1996

[37] Z. X. Han. Phase Shift and Power Flow Control. IEEE Trans. on PAS, 1982, 101(10), pp. 3790～3795

[38] Douglas J. Gotham, G. T. Heydt. Power Flow Control and Studies for Systems with FACTS Devices. IEEE Transactions on Power Systems, Vol. 13, No. 1, pp. 60～65,January 1998

[39] C. R. Fuerte-Esquivel, E. Acha, H. Ambriz-Pérez. A Thyristor Controlled Series Compensator Model for the Power Flow Solution of Practical Power Networks. IEEE Transactions on Power Systems, Vol. 15, No. 1, pp. 58～64,February 2000

[40] C. R. Fuerte-Esquivel, E. Acha, H. Ambriz-Pérez. A Comprehensive Newton-Raphson UPFC for the Quadratic Power Flow Solution of Practical Power Networks. IEEE Transactions on Power Systems, Vol. 15, No. 1, pp. 102～109,February 2000

[41] H. Ambriz-Pérez, E. Acha, C. R. Fuerte-Esquivel. Advanced SVC Models for Newton-Raphson Load Flow and Newton Optimal Power Flow Studies. IEEE Transactions on Power Systems, Vol. 15, No. 1, pp. 129～946, February 2000

[42] C. R. Fuerte-Esquivel,E. Acha. A Newton-type Algorithm for the Controlpower Flow in Electrical Power Networks. IEEE Transactions on Power Systems, Vol. 12, No. 4, pp. 1474～1480,November 1997

[43] C. R. Fuerte-Esquivel, E. Acha. Newton-Raphson Algorithm for the Reliable Solution of Large Power Networks with Embedded FACTS Devices. IEE Proc. -Gener. Transm. Distrib. , Vol. 143, No. 5, pp. 447～454, September 1996

[44] 段献忠,陈金富,李晓露,等. 柔性交流输电系统的潮流计算. 中国电机工程学报,Vol. 18, No. 3: pp. 195～199, 1998

[45] S. Arabi,P. Kundur. A Versatile FACTS Device Model for Power Flow and Stability Simulations. IEEE Transactions on Power Systems, Vol. 11, No. 4, pp. 1944～1950,November 1996

[46] C. R. Fuerte-Esquivel,E. Acha. United Power Flow Controller: A Critical Comparison of Newton-Raphson UPFC Algorithm in Power Flow Studies. IEE Proc. -Gener. Transm. Distrib. , Vol. 144, No. 5, pp. 437～444, September 1997

[47] Jun-Yong Liu, Yong-Hua Song. Strategies for Handling UPFC Constraints in Steady-state Power Flow and Voltage Control. IEEE Transactions on Power Systems, Vol. 15, No. 2, pp. 566～571,May 2000

[48] Wanliang Fang, H. W. Ngan. Control Setting of Unified Power Flow Controllers through a Robust Load Flow Calculation. IEE Proc. -Gener. Transm. Distrib, Vol. 146, No. 4, pp. 365～369,July 1999

[49] Hongbo Sun, David C. Yu, Chunlei Luo. A Novel Method of Power Flow Analysis with Unified Power Flow Controller (UPFC), IEEE PES WM 2000, Vol. 4, pp . 2800～2805

第 5 章　发电机组与负荷的数学模型

5.1　概　　述

随着电力系统的规模持续增大，结构日益复杂，元件不断更新，电力系统运行对电力系统的分析、规划和控制的方法不断地提出新的、更高的要求。与此相适应的是计算工具和计算数学以及其他技术领域也在不断地进步，为研究电力系统提供了新的手段。现代电力系统分析目前大多是以电子数字计算机为计算工具，因而，建立描述电力系统的数学模型是研究分析电力系统各种专门问题的基础。把数学与客观物理系统联系起来的过程就是通常所说的建模过程。数学模型的正确性和准确性是保证计算结果的正确性和准确性的基本前提。

电力系统的过渡过程十分迅速，因而它对自动控制在客观上有很强的依赖性。现代电力系统，由于计算机和电子技术在控制领域的广泛应用，包括了种类繁多的自动装置，具有很高的自动化程度。如此庞大、复杂的系统，表现在描述它的数学方程方面是方程的极度非线性和高维数。分析任何复杂系统的一般方法是：由简单到复杂；由局部到全体。电力系统的分析计算也是如此。庞大而复杂的电力系统首先被分解为一个个独立的基本元件，如发电机、变压器、输电线、调速器和励磁调节器等等，然后运用电工理论和其他相关理论分别建立单个元件的数学模型。元件的数学模型是构造全系统的数学模型的基本砖石。有了各种元件的数学模型，进一步根据电力系统的专门知识和这些元件在一个具体系统中的具体联系，从而可以建立全系统的数学模型。对于同一个客观的系统，研究不同的问题，数学模型可能是不同的。从数学上讲，电力系统是一个非线性动力学系统。在研究这个非线性动力学系统的稳态行为时，涉及的是代数方程；在研究动态行为时，是微分方程（一般是常微分方程，某些特殊问题可能涉及偏微分方程）。在研究某些特殊问题时，模型参数可能还是时变的、变量为不连续的。另外，对计算结果的精度的要求不同，数学模型也可能不同。显然，定性分析的模型相对于定量分析的模型可以简单一些。计算精度与计算速度是在建立数学模型时应同时考虑的两个相互矛盾的要求。计算精度的要求越高，计算的工作量也就越大，从而完成计算所需要的时间就越长。反之，牺牲一定的计算精度，换取较快的计算速度是建立数学模型和构造计算方法时常用的方法。研究工作者的努力方向是建立一个在当代计算工具条件下既满足工程分析精度要求又满足工程分析速度要求的数学模型和求解方法。一般的情况总是精度与速度之间的折中。

数学模型的建立通常有两大问题：第一是确定描述对象的数学方程式。数学方程式的确定方法有两种：一种是分析法，即利用专门学科理论推演出描述系统的数学模型；另一种是利用实验或运行数据来识别数学模型，即自动控制理论中的系统辨识法。第二是参数的获取。无论是微分方程还是代数方程，方程中总含有各种物理参数。一般地，对于简单的元件，由其元件的设计参数按一定的物理关系可以导出模型参数。例如对于架空线路，按导线在空间的排列方式及导线的材料和导线所在的自然环境，由电磁场理论可以求出输电线路的 4 个等值参数:电阻、电抗、对地电容和对地电导。这种方法隶属于分析法。但是,对于复杂的元件或系统,设计参数与实际参数往往有一定的差别。例如发电机参数,由于实际运行工况千变万化,运行中电机的饱和效应、涡流效应、旋转效应等一系列机、电、磁和热能的复杂转换都会对参数值有或多或少的影响。因此,获取复杂元件或系统模型参数的方法除了理论推导外还有一个很重要的途径:参数估计法。参数估计法隶属于系统辨识法。系统辨识与参数估计是以实验或运行数据为基础来建立系统(元件)数学模型的一个专门研究领域。本书将不涉及这一方法,有兴趣的读者可以参见文献[1]。应该指出,分析法与系统辨识法并不是截然分开的,只是偏重不同。在分析法里也需要有系统的实验数据;在辨识法里也需要由分析法来设计试验。分析法与辨识法各有优缺点。当人们对系统有比较深入的了解时多用分析法,反之则用辨识法。

在第 1 章中介绍了电力网络的数学模型,在第 4 章中介绍了直流输电与柔性输电的数学模型。本章将在以下各节中介绍发电机组与负荷的数学模型。发电机组的数学模型包括同步电机、励磁调节系统和调速系统的数学模型。

5.2 同步电机的数学模型

电力系统中的电源是同步发电机。同步发电机的动态特性或者说动态数学模型是研究电力系统动态行为的基础。在研究建立同步电机的数学模型的近百年历史中有两个重要的里程碑。一个是 20 世纪 20 年代的双反应理论的建立[2,3];另一个是美国电气工程师帕克(Park)在 20 世纪 30 年代提出的帕克变换[4]。帕克在合适的理想化假设条件下,利用电机的双反应原理推导出了采用 $dq0$ 坐标系的同步电机基本方程。在近百年的发展过程中,同步机的数学模型基本上以帕克的工作为基础。在帕克之后提出的数学模型只是在模拟转子时采用的等值绕组的数目、用暂态和次暂态参数表示同步电机方程式时所采用的假设以及磁路饱和效应的处理方法等方面有所不同。这些数学模型在相关的书籍、文献中有详细的论述[5~15]。本节将详细地介绍目前在国内外比较广泛使用的数学模型。读者在阅读其他参考文献时需注意不同的作者可能采用不同的符号、不同的物理量的参考正方向、不同形式的坐标变换矩阵以及不同的基准值选择方法。

由同步电机的结构我们知道,转子上的励磁绕组是一个客观真实存在的绕组;而阻尼绕组则是电气上的等值绕组。对水轮发电机等凸极同步电机,阻尼绕组模拟了分布在转子上的阻尼条的阻尼作用;对汽轮发电机等隐极同步电机,阻尼绕组则模拟了整块转子铁芯中的由涡流所产生的阻尼作用。由于是电气上的等值绕组,因而可以用一个乃至多个绕组来等值。从理论上来讲,等值绕组的个数越多,模拟的精度就越高。采用较多的等值阻尼绕组,仅从建立同步机的数学模型的角度而言并不困难。但是采用过多的等值绕组将带来两个问题,一是使数学模型的微分方程阶数增高,从而使后续的求解计算量大大增加;二是很难准确地获取相关的电气参数。因此,除了在电机设计中有少量采用多个阻尼绕组来研究某些特殊问题的报告,在目前应用比较广泛的数学模型中,等值阻尼绕组的个数一般不超过 3 个。由于凸极机的转子阻尼条与隐极机的整块转子铁芯比起来,前者更接近于真实的绕组,以及在磁路上凸极机在转子的直轴(d 轴)、交轴(q 轴)两个方向的磁阻不同而隐极机相同,故对于凸极机,一般在转子的直轴和交轴上各采用一个等值阻尼绕组，分别记为D绕组和Q绕组；而对于隐极机，除了D、Q绕组外，在交轴上再增加一个等值阻尼绕组，记为g绕组。g绕组和Q绕组分别用于反映阻尼作用较强和较弱的涡流效应。

在电机学和文献[16]、[17]中已介绍过理想同步电机的假设条件，即认为同步电机的磁路对称且不饱和及空间磁势按正弦分布。下面我们先推导转子具有D、g和Q三个阻尼绕组的理想同步电机的数学模型，然后介绍计及电机铁芯磁路饱和效应的方法。顺便指出，所介绍的数学模型对于同步发电机、同步调相机和同步电动机都是适用的。

5.2.1 同步电机的基本方程

1. *原始方程式*

图 5-1(a)和(b)分别为同步电机的结构示意图和各绕组的电路图。为一般起见，考虑转子为凸极并具有D、g、Q三个阻尼绕组而将隐极电机或转子仅有D、Q阻尼绕组时分别处理为它的特殊情况。图中给出了本书所采用的定子三相绕组abc、转子励磁绕组f和阻尼绕组D、g、Q的电流、电压和磁轴的参考正方向。需特别注意的是，定子三相绕组磁轴的正方向分别与各绕组的正向电流所产生的磁通的方向相反；而转子各绕组磁轴的正方向与其正向电流所产生的磁通的方向相同；转子的q轴沿转子旋转方向超前d轴90°。另外，选定各绕组磁链的正方向与相应的磁轴正方向一致。

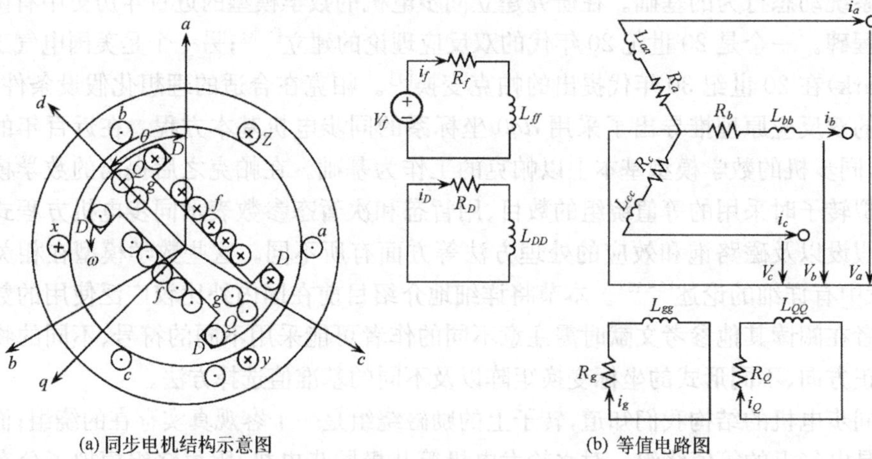

(a) 同步电机结构示意图　　(b) 等值电路图

图 5-1　同步电机结构和等值电路图（图中未标出绕组间的互感）

由图 5-1(b)并注意各物理量的参考正向，可以列出各绕组的电压平衡方程，即

$$\begin{bmatrix} v_a \\ v_b \\ v_c \\ v_f \\ 0 \\ 0 \\ 0 \end{bmatrix} = \begin{bmatrix} R_a & 0 & 0 & 0 & 0 & 0 & 0 \\ 0 & R_a & 0 & 0 & 0 & 0 & 0 \\ 0 & 0 & R_a & 0 & 0 & 0 & 0 \\ 0 & 0 & 0 & R_f & 0 & 0 & 0 \\ 0 & 0 & 0 & 0 & R_D & 0 & 0 \\ 0 & 0 & 0 & 0 & 0 & R_g & 0 \\ 0 & 0 & 0 & 0 & 0 & 0 & R_Q \end{bmatrix} \begin{bmatrix} -i_a \\ -i_b \\ -i_c \\ i_f \\ i_D \\ i_g \\ i_Q \end{bmatrix} + p \begin{bmatrix} \varphi_a \\ \varphi_b \\ \varphi_c \\ \varphi_f \\ \varphi_D \\ \varphi_g \\ \varphi_Q \end{bmatrix} \tag{5-1}$$

式中：$p=\dfrac{d}{dt}$为微分算子。

由于是理想同步电机，故不计磁路饱和效应，因而各绕组的磁链可以通过各绕组的自感 L 及绕组之间的互感 M 表示为下面的磁链方程：

$$\begin{bmatrix}\varphi_a\\ \varphi_b\\ \varphi_c\\ \varphi_f\\ \varphi_D\\ \varphi_g\\ \varphi_Q\end{bmatrix}=\begin{bmatrix}L_{aa} & M_{ab} & M_{ac} & M_{af} & M_{aD} & M_{ag} & M_{aQ}\\ M_{ba} & L_{bb} & M_{bc} & M_{bf} & M_{bD} & M_{bg} & M_{bQ}\\ M_{ca} & M_{cb} & L_{cc} & M_{cf} & M_{cD} & M_{cg} & M_{cQ}\\ M_{fa} & M_{fb} & M_{fc} & L_{ff} & M_{fD} & M_{fg} & M_{fQ}\\ M_{Da} & M_{Db} & M_{Dc} & M_{Df} & L_{DD} & M_{Dg} & M_{DQ}\\ M_{ga} & M_{gb} & M_{gc} & M_{gf} & M_{gD} & L_{gg} & M_{gQ}\\ M_{Qa} & M_{Qb} & M_{Qc} & M_{Qf} & M_{QD} & M_{Qg} & L_{QQ}\end{bmatrix}\begin{bmatrix}-i_a\\ -i_b\\ -i_c\\ i_f\\ i_D\\ i_g\\ i_Q\end{bmatrix}\tag{5-2}$$

由电工理论知，上式中的系数矩阵是对称矩阵。由图 5-1(a)并注意转子是旋转的，可以看出有些绕组的磁路的磁阻是随转子位置的改变而呈周期性变化的，因而这些绕组的自感及互感也是转子位置的函数。在理想同步电机的假设条件下，定子电流所产生的磁势及定子绕组与转子绕组间的互磁通在空间均按正弦规律分布。转子的位置由转子 d 轴与定子 a 相绕组磁轴之间的夹角 $\theta=\omega_0+\omega t$ 为表征，从而各绕组的自感和绕组间的互感可以表示如下[16,18]：

(1) 定子各相绕组的自感和定子绕组之间的互感。

$$\left.\begin{aligned}L_{aa}&=l_0+l_2\cos2\theta\\ L_{bb}&=l_0+l_2\cos2(\theta-2\pi/3)\\ L_{cc}&=l_0+l_2\cos2(\theta+2\pi/3)\end{aligned}\right\}\tag{5-3}$$

$$\left.\begin{aligned}M_{ab}&=-[m_0+m_2\cos2(\theta+\pi/6)]\\ M_{bc}&=-[m_0+m_2\cos2(\theta-\pi/2)]\\ M_{ca}&=-[m_0+m_2\cos2(\theta+5\pi/6)]\end{aligned}\right\}\tag{5-4}$$

顺便指出，在理想同步电机的条件下，可以证明 $l_2=m_2$[19]。另外，对于隐极电机，由于转子在旋转过程中与定子绕组自感及定子绕组间的互感相关的磁路的磁阻不发生变化，因而显然有 $l_2=m_2=0$，从而上边的自感和互感都是常数。

(2) 定子绕组与转子绕组之间的互感。

$$\left.\begin{aligned}M_{af}&=m_{af}\cos\theta\\ M_{bf}&=m_{af}\cos(\theta-2\pi/3)\\ M_{cf}&=m_{af}\cos(\theta+2\pi/3)\end{aligned}\right\},\quad\left.\begin{aligned}M_{aD}&=m_{aD}\cos\theta\\ M_{bD}&=m_{aD}\cos(\theta-2\pi/3)\\ M_{cD}&=m_{aD}\cos(\theta+2\pi/3)\end{aligned}\right\}\tag{5-5}$$

$$\left.\begin{aligned}M_{ag}&=-m_{ag}\sin\theta\\ M_{bg}&=-m_{ag}\sin(\theta-2\pi/3)\\ M_{cg}&=-m_{ag}\sin(\theta+2\pi/3)\end{aligned}\right\},\quad\left.\begin{aligned}M_{aQ}&=-m_{aQ}\sin\theta\\ M_{bQ}&=-m_{aQ}\sin(\theta-2\pi/3)\\ M_{cQ}&=-m_{aQ}\sin(\theta+2\pi/3)\end{aligned}\right\}\tag{5-6}$$

(3) 转子各绕组的自感和转子绕组之间的互感。

由于转子绕组随转子一起旋转，因而无论凸极机还是隐极机，这些绕组的磁路的磁阻都不因转子位置的改变而变化，这样转子绕组的自感及转子绕组之间的互感均为常数。注意到直轴上的 f、D 绕组与交轴上的 g、Q 绕组彼此正交，因而它们之间的互感为零，即

$$M_{fg} = M_{fQ} = M_{Dg} = M_{DQ} = 0 \tag{5-7}$$

2. $dq0$ 坐标系下的基本方程

由前面的分析已知:绕组的自感及绕组之间的互感不都是常数,其中一些是随转子位置而变化的。因而由式(5-1)和式(5-2)组成的以时间 t 为自变量的常微分方程是变系数的常微分方程。变系数和常系数的常微分方程,对前者的求解要比后者困难得多。因此人们希望能将上边的变系数常微分方程转化为常系数的常微分方程。为此,先后提出过数种坐标变换的方法[5]。帕克所提出的 $dq0$ 坐标系[4]是这类坐标变换中被普遍采用的一种。在 $dq0$ 坐标系中,磁链方程成为常系数方程,从而使得同步电机的数学模型成为常系数常微分方程。下面我们就介绍帕克变换的具体方法。

帕克变换将定子电流、电压和磁链的 abc 三相分量通过相同的坐标变换矩阵分别变换成 d、q 和 0 三个分量。其变换关系式可统一写成

$$\begin{bmatrix} A_d \\ A_q \\ A_0 \end{bmatrix} = \frac{2}{3}\begin{bmatrix} \cos\theta & \cos(\theta-2\pi/3) & \cos(\theta+2\pi/3) \\ -\sin\theta & -\sin(\theta-2\pi/3) & -\sin(\theta+2\pi/3) \\ 1/2 & 1/2 & 1/2 \end{bmatrix}\begin{bmatrix} A_a \\ A_b \\ A_c \end{bmatrix} \tag{5-8}$$

为行文方便,记上式为紧凑形式

$$\boldsymbol{A}_{dq0} = \boldsymbol{P}\boldsymbol{A}_{abc} \tag{5-9}$$

称矩阵 $\boldsymbol{P}$ 为帕克变换。可以得出帕克变换的逆变换为

$$\begin{bmatrix} A_a \\ A_b \\ A_c \end{bmatrix} = \begin{bmatrix} \cos\theta & -\sin\theta & 1 \\ \cos(\theta-2\pi/3) & -\sin(\theta-2\pi/3) & 1 \\ \cos(\theta+2\pi/3) & -\sin(\theta+2\pi/3) & 1 \end{bmatrix}\begin{bmatrix} A_d \\ A_q \\ A_0 \end{bmatrix} \tag{5-10}$$

或

$$\boldsymbol{A}_{abc} = \boldsymbol{P}^{-1}\boldsymbol{A}_{dq0} \tag{5-11}$$

式(5-8)~(5-11)中的符号 A 可分别代表电流、电压或磁链。即有以下各式成立:

$$\boldsymbol{i}_{dq0} = \boldsymbol{P}\boldsymbol{i}_{abc},\ \boldsymbol{v}_{dq0} = \boldsymbol{P}\boldsymbol{v}_{abc},\ \boldsymbol{\Psi}_{dq0} = \boldsymbol{P}\boldsymbol{\Psi}_{abc} \tag{5-12}$$

$$\boldsymbol{i}_{abc} = \boldsymbol{P}^{-1}\boldsymbol{i}_{dq0},\ \boldsymbol{v}_{abc} = \boldsymbol{P}^{-1}\boldsymbol{v}_{dq0},\ \boldsymbol{\Psi}_{abc} = \boldsymbol{P}^{-1}\boldsymbol{\Psi}_{dq0} \tag{5-13}$$

顺便指出,不同的作者所采用的坐标变换矩阵 $\boldsymbol{P}$,其元素可能不同。特别地,有的将它取为正交矩阵。

应用坐标变换关系式(5-12)和式(5-13),以及各绕组的自感和绕组间的互感表达式(5-3)~(5-7),可以将式(5-1)和式(5-2)变换成 $dq0$ 坐标系下的方程:

$$\begin{bmatrix} v_d \\ v_q \\ v_0 \\ v_f \\ 0 \\ 0 \\ 0 \end{bmatrix} = \begin{bmatrix} R_a & 0 & 0 & 0 & 0 & 0 & 0 \\ 0 & R_a & 0 & 0 & 0 & 0 & 0 \\ 0 & 0 & R_a & 0 & 0 & 0 & 0 \\ 0 & 0 & 0 & R_f & 0 & 0 & 0 \\ 0 & 0 & 0 & 0 & R_D & 0 & 0 \\ 0 & 0 & 0 & 0 & 0 & R_g & 0 \\ 0 & 0 & 0 & 0 & 0 & 0 & R_Q \end{bmatrix}\begin{bmatrix} -i_d \\ -i_q \\ -i_0 \\ i_f \\ i_D \\ i_g \\ i_Q \end{bmatrix} + p\begin{bmatrix} \varphi_d \\ \varphi_q \\ \varphi_0 \\ \varphi_f \\ \varphi_D \\ \varphi_g \\ \varphi_Q \end{bmatrix} - \begin{bmatrix} \omega\varphi_q \\ -\omega\varphi_d \\ 0 \\ 0 \\ 0 \\ 0 \\ 0 \end{bmatrix} \tag{5-14}$$

$$
\begin{bmatrix} \varphi_d \\ \varphi_q \\ \varphi_0 \\ \varphi_f \\ \varphi_D \\ \varphi_g \\ \varphi_Q \end{bmatrix} = \begin{bmatrix} L_d & 0 & 0 & m_{af} & m_{aD} & 0 & 0 \\ 0 & L_q & 0 & 0 & 0 & m_{ag} & m_{aQ} \\ 0 & 0 & L_0 & 0 & 0 & 0 & 0 \\ 3m_{af}/2 & 0 & 0 & L_f & m_{fD} & 0 & 0 \\ 3m_{aD}/2 & 0 & 0 & m_{fD} & L_D & 0 & 0 \\ 0 & 3m_{ag}/2 & 0 & 0 & 0 & L_g & m_{gQ} \\ 0 & 3m_{aQ}/2 & 0 & 0 & 0 & m_{gQ} & L_Q \end{bmatrix} \begin{bmatrix} -i_d \\ -i_q \\ -i_0 \\ i_f \\ i_D \\ i_g \\ i_Q \end{bmatrix} \tag{5-15}
$$

式中：

$$
\left.\begin{aligned} L_d &= l_0 + m_0 + 3l_2/2 \\ L_q &= l_0 + m_0 - 3l_2/2 \\ L_0 &= l_0 - 2m_0 \\ L_f &= L_{ff} \\ L_D &= L_{DD} \\ L_g &= L_{gg} \\ L_Q &= L_{QQ} \\ m_{fD} &= M_{fD} \\ m_{gQ} &= M_{gQ} \end{aligned}\right\} \tag{5-16}
$$

$\omega=\dfrac{\mathrm{d}\theta}{\mathrm{d}t}$为同步机的电角速度。

帕克变换实际上相当于将定子的三个相绕组用结构与它们相同的另外三个等值绕组——d 绕组、q 绕组和 0 绕组来代替。本质的区别在于 abc 三个相绕组的磁轴在空间是静止的，而 $dq0$ 绕组的磁轴在空间与转子同速旋转。d 绕组和 q 绕组的磁轴正方向分别与转子的 d 轴和 q 轴相同，用来反映定子三相绕组的电气量在 d 轴和 q 轴方向的行为；而 0 绕组用于反映定子三相中的零序分量。式(5-16)中的 L_d、L_q 和 L_0 依次为等值 d 绕组、q 绕组和 0 绕组的自感，它们依次对应于 d 轴同步电抗、q 轴同步电抗和 0 轴同步电抗。由式(5-16)可见，式(5-15)的系数矩阵是常数矩阵，因而描述同步电机的数学模型式(5-14)已被变换成常系数常微分方程。由式(5-14)可以看出，同步机定子绕组的电压由三部分组成：一是定子绕组电流流过定子绕组时，在定子绕组电阻上的压降；二是由于定子绕组的磁链随时间变化而感生的电势，这一部分电势通常称为同步机的变压器电势；三是由于同步机的旋转而产生的电势，这一部分电势通常称为同步机的发电机电势。数值上发电机电势远大于变压器电势。需要注意，式(5-15)的系数矩阵是不对称的，即定子 d、q 和 0 绕组与转子间的互感为不可逆。这是由变换引起的。如果将各转子绕组的电流分别用它们的 3/2 倍替换[11,17]，或者将 $\boldsymbol{P}$ 取为正交矩阵[13]，则这些互感即成为可逆的。顺便指出，由式(5-16)还可见，对于凸极机，$L_d > L_q$；对于隐极机，由于 $l_2=0$，有 $L_d=L_q$。注意到隐极机与凸极机的这一区别，从而可以将凸极机的数学模型直接用于隐极机。

当电流和电压取图 5-1(b)所示的参考正向时，三相定子绕组输出的总功率为

$$p_0 = v_a i_a + v_b i_b + v_c i_c = \boldsymbol{v}_{abc}^{\mathrm{T}} \boldsymbol{i}_{abc} \tag{5-17}$$

对上式进行坐标变换，由式(5-13)，可得 $dq0$ 坐标系下的定子绕组输出功率方程

$$p_0 = (\boldsymbol{P}^{-1}\ \boldsymbol{v}_{dq0})^{\mathrm{T}}(\boldsymbol{P}^{-1}\boldsymbol{i}_{dq0}) = \frac{3}{2}(v_d i_d + v_q i_q + 2v_0 i_0) \tag{5-18}$$

3. 标幺制下的同步电机方程

由于标幺制的诸多优点，在电力系统分析中普遍使用标幺制。同步电机的参数通常也都是用标幺值给出。因此我们需将有名制下的同步电机方程(5-14)、方程(5-15)转化为标幺制下的同步电机方程。在 4.3.1 节中介绍直流输电系统的标幺制基本方程时已述及：由于标幺制要求不同物理量的基准值之间必须满足有名制下原有的关系，因而总有一些物理量的基准值是人为取定的，而另一些基准值是由它们之间的物理关系导出的。显然，人为取定的基准值是不唯一的。基准值的取法不同将产生不同的标幺制系统。一般的原则是，在所取定的基准值下，使得到的标幺制方程尽可能地简单。本书介绍一种应用比较广泛的基准值系统——"单位励磁电压/单位定子电压"基值系统。仍用带有下标 B 的记号表示相应物理量的基准值；用下标"$*$"来表示相应物理量的标幺值。

首先人为取定同步机电转速的基准值为同步角频率(ω_s)。注意 $\omega t=\theta$，由于 θ 本身是无量纲的，故其无基准值可言。而时间 t 的基准值应满足 $\omega_B t_B=1$，则可导出时间的基准值。因而有

$$\left.\begin{aligned} \omega_B &= \omega_s \\ t_B &= 1/\omega_s \end{aligned}\right\} \tag{5-19}$$

在同步机定子侧，人为取定子电压、电流的幅值分别作为定子电压、电流的基准值。导出定子三相功率、阻抗和磁链的基准值为

$$S_B = 3\frac{V_B}{\sqrt{2}}\frac{I_B}{\sqrt{2}} = \frac{3}{2}V_B I_B \tag{5-20}$$

$$Z_B = \frac{V_B}{I_B} = \frac{3}{2}\frac{V_B^2}{S_B} \tag{5-21}$$

$$\varphi_B = \frac{Z_B}{\omega_B} I_B = Z_B I_B t_B = V_B t_B \tag{5-22}$$

顺便指出，S_B 和 Z_B 的取值与电力系统网络参数的标幺制系统是一致的。

在同步机转子侧的 f、D、g、和 Q 四个绕组中，按照在同一标幺制系统中，功率基准唯一的原则，有

$$V_{fB}I_{fB} = V_{DB}I_{DB} = V_{gB}I_{gB} = V_{QB}I_{QB} = \frac{3}{2}V_B I_B = S_B \tag{5-23}$$

由于上式的约束，转子每个绕组中的基准电压和基准电流可以人为取定一个，而另一个由

上式导出。此处暂不讨论人为取定哪一个及如何取。电压、电流的基准值确定之后，阻抗、磁链的基准值由下式确定：

$$\left.\begin{aligned} Z_{fB} &= V_{fB}/I_{fB} \\ Z_{DB} &= V_{DB}/I_{DB} \\ Z_{gB} &= V_{gB}/I_{gB} \\ Z_{QB} &= V_{QB}/I_{QB} \\ \varphi_{fB} &= V_{fB}t_B \\ \varphi_{DB} &= V_{DB}t_B \\ \varphi_{gB} &= V_{gB}t_B \\ \varphi_{QB} &= V_{QB}t_B \end{aligned}\right\} \tag{5-24}$$

下面我们将同步电机的基本方程(5-14)和(5-15)化为标幺制。在式(5-14)中的7个绕组电压平衡方程两边同除以各自的电压基准值并注意到式(5-19)～(5-24)给出的各基准值之间的关系，可以得出

$$\begin{bmatrix} v_{d*} \\ v_{q*} \\ v_{0*} \\ \hdashline v_{f*} \\ 0 \\ 0 \\ 0 \end{bmatrix} = \left[\begin{array}{ccc:cccc} R_{a*} & 0 & 0 & 0 & 0 & 0 & 0 \\ 0 & R_{a*} & 0 & 0 & 0 & 0 & 0 \\ 0 & 0 & R_{a*} & 0 & 0 & 0 & 0 \\ \hdashline 0 & 0 & 0 & R_{f*} & 0 & 0 & 0 \\ 0 & 0 & 0 & 0 & R_{D*} & 0 & 0 \\ 0 & 0 & 0 & 0 & 0 & R_{g*} & 0 \\ 0 & 0 & 0 & 0 & 0 & 0 & R_{Q*} \end{array}\right] \begin{bmatrix} -i_{d*} \\ -i_{q*} \\ -i_{0*} \\ \hdashline i_{f*} \\ i_{D*} \\ i_{g*} \\ i_{Q*} \end{bmatrix} + p_* \begin{bmatrix} \varphi_{d*} \\ \varphi_{q*} \\ \varphi_{0*} \\ \hdashline \varphi_{f*} \\ \varphi_{D*} \\ \varphi_{g*} \\ \varphi_{Q*} \end{bmatrix} - \begin{bmatrix} \omega_*\varphi_{q*} \\ -\omega_*\varphi_{d*} \\ 0 \\ \hdashline 0 \\ 0 \\ 0 \\ 0 \end{bmatrix} \tag{5-25}$$

式中：p_* 为标幺微分算子。

$$\left.\begin{aligned} p_* &= \frac{p}{\omega_B} = t_B\frac{\mathrm{d}}{\mathrm{d}t} = \frac{\mathrm{d}}{\mathrm{d}t_*} \\ R_{a*} &= R_a/Z_B \\ R_{f*} &= \frac{R_f}{Z_{fB}} = \frac{2}{3}\frac{R_f}{Z_B}\left(\frac{I_{fB}}{I_B}\right)^2 \\ R_{D*} &= \frac{R_D}{Z_{DB}} = \frac{2}{3}\frac{R_D}{Z_B}\left(\frac{I_{DB}}{I_B}\right)^2 \\ R_{g*} &= \frac{R_g}{Z_{gB}} = \frac{2}{3}\frac{R_g}{Z_B}\left(\frac{I_{gB}}{I_B}\right)^2 \\ R_{Q*} &= \frac{R_Q}{Z_{QB}} = \frac{2}{3}\frac{R_Q}{Z_B}\left(\frac{I_{QB}}{I_B}\right)^2 \end{aligned}\right\} \tag{5-26}$$

同法，在式(5-15)中的7个绕组的磁链方程两边同时除以各自的磁链基准值，也注意到式(5-19)～(5-24)给出的各基准值之间的关系，可以得出

$$\begin{bmatrix} \varphi_{d*} \\ \varphi_{q*} \\ \varphi_{0*} \\ \hline \varphi_{f*} \\ \varphi_{D*} \\ \varphi_{g*} \\ \varphi_{Q*} \end{bmatrix} = \left[\begin{array}{ccc|cccc} X_{d*} & 0 & 0 & X_{af*} & X_{aD*} & 0 & 0 \\ 0 & X_{q*} & 0 & 0 & 0 & X_{ag*} & X_{aQ*} \\ 0 & 0 & X_{0*} & 0 & 0 & 0 & 0 \\ \hline X_{af*} & 0 & 0 & X_{f*} & X_{fD*} & 0 & 0 \\ X_{aD*} & 0 & 0 & X_{fD*} & X_{D*} & 0 & 0 \\ 0 & X_{ag*} & 0 & 0 & 0 & X_{g*} & X_{gQ*} \\ 0 & X_{aQ*} & 0 & 0 & 0 & X_{gQ*} & X_{Q*} \end{array}\right] \begin{bmatrix} -i_{d*} \\ -i_{q*} \\ -i_{0*} \\ \hline i_{f*} \\ i_{D*} \\ i_{g*} \\ i_{Q*} \end{bmatrix} \tag{5-27}$$

式中：

$$\left.\begin{aligned} X_{d*} &= \omega_B L_d / Z_B \\ X_{q*} &= \omega_B L_q / Z_B \\ X_{0*} &= \omega_B L_0 / Z_B \\ X_{f*} &= \frac{\omega_B L_f}{Z_{fB}} = \frac{2}{3}\,\frac{\omega_B L_f}{Z_B}\left(\frac{I_{fB}}{I_B}\right)^2 \\ X_{D*} &= \frac{\omega_B L_D}{Z_{DB}} = \frac{2}{3}\,\frac{\omega_B L_D}{Z_B}\left(\frac{I_{DB}}{I_B}\right)^2 \\ X_{g*} &= \frac{\omega_B L_g}{Z_{gB}} = \frac{2}{3}\,\frac{\omega_B L_g}{Z_B}\left(\frac{I_{gB}}{I_B}\right)^2 \\ X_{Q*} &= \frac{\omega_B L_Q}{Z_{QB}} = \frac{2}{3}\,\frac{\omega_B L_Q}{Z_B}\left(\frac{I_{QB}}{I_B}\right)^2 \end{aligned}\right\} \tag{5-28a}$$

$$\left.\begin{aligned} X_{af*} &= \frac{\omega_B m_{af}}{Z_B}\frac{I_{fB}}{I_B} \\ X_{aD*} &= \frac{\omega_B m_{aD}}{Z_B}\frac{I_{DB}}{I_B} \\ X_{ag*} &= \frac{\omega_B m_{ag}}{Z_B}\frac{I_{gB}}{I_B} \\ X_{aQ*} &= \frac{\omega_B m_{aQ}}{Z_B}\frac{I_{QB}}{I_B} \\ X_{fD*} &= \frac{2}{3}\,\frac{\omega_B m_{fD}}{Z_B}\frac{I_{fB} I_{DB}}{I_B^2} \\ X_{gQ*} &= \frac{2}{3}\,\frac{\omega_B m_{gQ}}{Z_B}\frac{I_{gB} I_{QB}}{I_B^2} \end{aligned}\right\} \tag{5-28b}$$

另外，在式(5-18)两边同除 S_B，由式(5-20)可得标幺制下的同步机的输出功率

$$p_{o*} = v_{d*} i_{d*} + v_{q*} i_{q*} + 2v_{0*} i_{0*} \tag{5-29}$$

注意，标幺制下的同步电机方程(5-25)与有名制下的同步电机方程(5-14)具有相同的形式。但标幺制下的磁链方程(5-27)的系数矩阵是对称的，即转子与定子之间的互感在用标幺值表示时是可逆的。另外，注意到标幺制下，通过选择合适的电感基准值，总可以使电抗的标幺值与电感的标幺值相等。因此，磁链方程的系数矩阵也可以用电感的标幺值来表示。

5.2.2 用电机参数表示的同步电机方程

前面我们介绍了用标幺值表示的同步电机方程。以下为行文方便，如不特别指出，都是在标幺制下讨论，且省去标幺值下标“*”。

在同步电机基本方程(5-25)和(5-27)中，由式(5-26)和式(5-28)确定其 18 个参数。这 18 个参数我们称为同步电机的原始参数。这些参数的数值大小与同步电机的制造工艺、材料有很密切的关系。严格地讲，即使两台同型号的同步机，它们的参数也未必相等。通过分析计算来获取这些原始参数的准确值是十分困难的。因此，工程上通常将同步机的 18 个原始参数转换成 11 个由稳态、暂态和次暂态参数组成的一组参数，并称其为电机参数。电机参数可以通过电机实验直接获得。这 11 个电机参数分别是定子绕组的电阻(R_a)，交、直轴同步电抗(X_d、X_q)，交、直轴暂态电抗(X_d'、X_q')，和交、直轴次暂态电抗(X_d''、X_q'')以及 4 个时间常数(T_{d0}'、T_{q0}'、T_{d0}''、T_{q0}'')。可见，电机参数的个数少于原始参数的个数，因此从原始参数转化成电机参数时需要一些假设条件。

首先，由于定子绕组中的零轴分量电流 i_0 在空间产生的磁场为零，故对转子的电气量不产生任何影响。从同步机的基本方程(5-25)和(5-27)可以很容易地看出这一点，因而在式(5-25)和式(5-27)中可不必关心零轴分量的方程。这样，参数 X_0 也一并不予关心。这样，式(5-25)写成

$$\begin{bmatrix} v_d \\ v_f \\ 0 \end{bmatrix} = \begin{bmatrix} R_a & 0 & 0 \\ 0 & R_f & 0 \\ 0 & 0 & R_D \end{bmatrix} \begin{bmatrix} -i_d \\ i_f \\ i_D \end{bmatrix} + p \begin{bmatrix} \varphi_d \\ \varphi_f \\ \varphi_D \end{bmatrix} - \begin{bmatrix} \omega\varphi_q \\ 0 \\ 0 \end{bmatrix} \tag{5-30}$$

$$\begin{bmatrix} v_q \\ 0 \\ 0 \end{bmatrix} = \begin{bmatrix} R_a & 0 & 0 \\ 0 & R_g & 0 \\ 0 & 0 & R_Q \end{bmatrix} \begin{bmatrix} -i_q \\ i_g \\ i_Q \end{bmatrix} + p \begin{bmatrix} \varphi_q \\ \varphi_q \\ \varphi_Q \end{bmatrix} + \begin{bmatrix} \omega\varphi_d \\ 0 \\ 0 \end{bmatrix} \tag{5-31}$$

式(5-27)写成

$$\begin{bmatrix} \varphi_d \\ \varphi_f \\ \varphi_D \end{bmatrix} = \begin{bmatrix} X_d & X_{af} & X_{aD} \\ X_{af} & X_f & X_{fD} \\ X_{aD} & X_{fD} & X_D \end{bmatrix} \begin{bmatrix} -i_d \\ i_f \\ i_D \end{bmatrix} \tag{5-32}$$

$$\begin{bmatrix} \varphi_q \\ \varphi_g \\ \varphi_Q \end{bmatrix} = \begin{bmatrix} X_q & X_{ag} & X_{aQ} \\ X_{ag} & X_g & X_{gQ} \\ X_{aQ} & X_{gQ} & X_Q \end{bmatrix} \begin{bmatrix} -i_q \\ i_g \\ i_Q \end{bmatrix} \tag{5-33}$$

下面根据通常的电机参数的定义，导出电机参数与原始参数的关系，进而导出用电机参数表达的同步电机基本方程。

这里所采用的假设条件为：认为在式(5-32)、式(5-33)中的原始参数之间存在式(5-34)所表示的关系[20]：

$$\left.\begin{aligned} X_{af}X_D &= X_{aD}X_{fD} \\ X_{ag}X_Q &= X_{aQ}X_{gQ} \end{aligned}\right\} \tag{5-34}$$

对于 d 轴，电机参数与原始参数关系如下。

(1) d 轴同步电抗 X_d 的定义为：当 f、D 绕组开路时，令定子绕组中流过只含有 d 轴

分量的电流，此时测得的定子绕组电抗即是 X_d。由此定义知，在式(5-32)中，$i_f=i_D=0$，则有

$$\varphi_d=-X_d i_d$$

可见，原始参数 X_d 正是电机参数 X_d，即二者相同。

(2) d 轴暂态电抗 X_d' 的定义为：当 f 绕组短路、D 绕组开路时，令定子绕组中突然流过只含有 d 轴分量的电流，此时测得的定子绕组电抗即是 X_d'。由此定义知，由于 D 绕组开路，故有 $i_D=0$；由于 f 绕组短路，当定子中突然流过电流的瞬时，根据磁链守恒的原理，有 $\varphi_f=0$。这样在式(5-32)中，我们有

$$\left.\begin{aligned}\varphi_d&=-X_d i_d+X_{af} i_f\\ \varphi_f&=-X_{af} i_d+X_f i_f=0\end{aligned}\right\}$$

由上式消去 i_f，得

$$\varphi_d=-\left(X_d-\frac{X_{af}^2}{X_f}\right)i_d$$

可见

$$X_d'=\frac{\varphi_d}{-i_d}=X_d-\frac{X_{af}^2}{X_f}\tag{5-35}$$

(3) d 轴次暂态电抗 X_d'' 的定义为：当 f、D 绕组都短路时，令定子绕组中突然流过只含有 d 轴分量的电流，此时测得的定子绕组电抗即是 X_d''。由此定义，在式(5-32)中，$\varphi_f=\varphi_D=0$，即有

$$\left.\begin{aligned}\varphi_d&=-X_d i_d+X_{af} i_f+X_{aD} i_D\\ \varphi_f&=-X_{af} i_d+X_f i_f+X_{fD} i_D=0\\ \varphi_D&=-X_{aD} i_d+X_{fD} i_f+X_D i_D=0\end{aligned}\right\}$$

在上式中消去 i_f 和 i_D，得

$$\varphi_d=-\left(X_d-\frac{X_D X_{af}^2-2X_{af}X_{fD}X_{aD}+X_f X_{aD}^2}{X_D X_f-X_{fD}^2}\right)i_d$$

可见

$$X_d''=\frac{\varphi_d}{-i_d}=X_d-\frac{X_D X_{af}^2-2X_{af}X_{fD}X_{aD}+X_f X_{aD}^2}{X_D X_f-X_{fD}^2}\tag{5-36}$$

由前边的假设条件式(5-34)中的第一式解出 X_{fD} 并代入式(5-36)，得

$$X_d''=X_d-\frac{X_{aD}^2}{X_D}\tag{5-37}$$

(4) d 轴开路暂态时间常数 T_{d0}' 的定义为：当 d、D 绕组都开路时，f 绕组电流 i_f 的衰减时间常数。由定义可见，在式(5-30)和式(5-32)中，$i_d=i_D=0$，$\varphi_d=\varphi_D=0$，得

$$\left.\begin{aligned}v_f&=R_f i_f+p\varphi_f\\ \varphi_f&=X_f i_f\end{aligned}\right\}$$

注意在标幺制下 $X_f=L_f$，由上式得

$$v_f=R_f i_f+L_f\frac{\mathrm{d}i_f}{\mathrm{d}t}$$

显见

$$T_{d0}'=L_f/R_f=X_f/R_f\tag{5-38}$$

事实上，由于 d、D 绕组都开路，f 绕组成为一个孤立的绕组，因而其电流的衰减时间常数就是 f 绕组自身的时间常数。

(5) d 轴开路次暂态时间常数 T''_{d0} 的定义为：当 d 绕组开路、f 绕组短路时，D 绕组电流 i_D 的衰减时间常数。由定义可见，在式(5-30)和式(5-32)中，$i_d=0$，$v_f=0$，得

$$\left.\begin{aligned}R_f i_f + p\varphi_f &= 0\\ R_D i_D + p\varphi_D &= 0\\ \varphi_f &= X_f i_f + X_{fD} i_D\\ \varphi_D &= X_{fD} i_f + X_D i_D\end{aligned}\right\}$$

即是

$$\begin{bmatrix}X_f & X_{fD}\\ X_{fD} & X_D\end{bmatrix} p \begin{bmatrix}i_f\\ i_D\end{bmatrix} = \begin{bmatrix}-R_f & 0\\ 0 & -R_D\end{bmatrix}\begin{bmatrix}i_f\\ i_D\end{bmatrix}$$

显见这是一个二阶电路的情况，因而存在两个时间常数。考虑到 R_f 的值很小，因而近似认为 $R_f=0$ 并从上式中消去电流 i_f，得

$$\left(X_D - \frac{X_{fD}^2}{X_f}\right) p i_D = -R_D i_D$$

显见

$$T''_{d0} = \left(X_D - \frac{X_{fD}^2}{X_f}\right)\Big/ R_D \tag{5-39}$$

至此，我们得到了 d 轴的 5 个电机参数与原始参数之间的关系式。同法，根据 q 轴的各个电机参数的定义，由 q 轴的电压平衡方程(5-31)、磁链方程(5-33)与假定条件式(5-34)可以得到 q 轴的 5 个电机参数与原始参数之间的关系式。为阅读方便，下面将 11 个电机参数与 18 个原始参数的关系式一并列出如下(各式左边为电机参数，右边为原始参数)：

$$\left.\begin{aligned}R_a &= R_a\\ X_d &= X_d\\ X_q &= X_q\end{aligned}\right\} \tag{5-40a}$$

$$\left.\begin{aligned}X'_d &= X_d - \frac{X_{af}^2}{X_f}\\ X'_q &= X_q - \frac{X_{ag}^2}{X_g}\end{aligned}\right\} \tag{5-40b}$$

$$\left.\begin{aligned}X''_d &= X_d - \frac{X_{aD}^2}{X_D}\\ X''_q &= X_q - \frac{X_{aQ}^2}{X_Q}\end{aligned}\right\} \tag{5-40c}$$

$$\left.\begin{aligned}T'_{d0} &= X_f/R_f\\ T'_{q0} &= X_g/R_g\end{aligned}\right\} \tag{5-40d}$$

$$\left.\begin{aligned}T''_{d0} &= \left(X_D - \frac{X_{fD}^2}{X_f}\right)\Big/ R_D\\ T''_{q0} &= \left(X_Q - \frac{X_{gQ}^2}{X_g}\right)\Big/ R_Q\end{aligned}\right\} \tag{5-40e}$$

以上 11 个电机参数可以由电机实验方便地测得。值得指出的是，式(5-40)给出的电机参

数与原始参数之间的关系式依赖于所采用的假设条件(5-34)。采用不同的假设条件，电机参数与原始参数间将有不同的关系式，如文献[13]；而不同的关系式则导致用电机参数表示的同步机方程有不同的形式。另外需指出的是，电机参数的数值仅与电机参数的定义有关而与所采用的假设条件无关。

下面我们推导用电机参数表示的同步电机方程。为此引入与各转子绕组电流成正比的空载电势以及与转子各绕组磁链成正比的暂态、次暂态电势。它们分别定义为

空载电势：

$$\left.\begin{aligned} e_{q1} &= X_{af} i_f \\ e_{d1} &= -X_{ag} i_g \\ e_{q2} &= X_{aD} i_D \\ e_{d2} &= -X_{aQ} i_Q \end{aligned}\right\} \tag{5-41}$$

暂态电势：

$$\left.\begin{aligned} e_q' &= \frac{X_{af}}{X_f}\varphi_f \\ e_d' &= -\frac{X_{ag}}{X_g}\varphi_g \\ e_q'' &= \frac{X_{aD}}{X_D}\varphi_D \\ e_d'' &= -\frac{X_{aQ}}{X_Q}\varphi_Q \end{aligned}\right\} \tag{5-42}$$

在用原始参数表示的同步机基本方程(5-30)～(5-33)中，把所有转子绕组电流、转子绕组磁链用式(5-40)～(5-42)定义的电势表示，并注意到原始参数与电机参数的关系式(5-40)和所采用的假定条件式(5-34)，可以导出以下用电机参数表示的同步电机方程。

定子绕组磁链方程：

$$\left.\begin{aligned} \varphi_d &= -X_d i_d + e_{q1} + e_{q2} \\ \varphi_q &= -X_q i_q - e_{d1} - e_{d2} \end{aligned}\right\} \tag{5-43}$$

转子绕组磁链方程：

$$\left.\begin{aligned} e_q' &= -(X_d - X_d')i_d + e_{q1} + \frac{X_d - X_d'}{X_d - X_d''}e_{q2} \\ e_q'' &= -(X_d - X_d'')i_d + e_{q1} + e_{q2} \\ e_d' &= (X_q - X_q')i_q + e_{d1} + \frac{X_q - X_q'}{X_q - X_q''}e_{d2} \\ e_d'' &= (X_q - X_q'')i_q + e_{d1} + e_{d2} \end{aligned}\right\} \tag{5-44}$$

定子绕组电压平衡方程：

$$\left.\begin{aligned} v_d &= p\varphi_d - \omega\varphi_q - R_a i_d \\ v_q &= p\varphi_q + \omega\varphi_d - R_a i_q \end{aligned}\right\} \tag{5-45}$$

转子绕组电压平衡方程：

$$
\left.\begin{aligned}
T'_{d0}pe'_q &= E_{fq} - e_{q1} \\
T''_{d0}pe''_q &= -\frac{X'_d - X''_d}{X_d - X''_d}e_{q2} \\
T'_{q0}pe'_d &= -e_{d1} \\
T''_{q0}pe''_d &= -\frac{X'_q - X''_q}{X_q - X''_q}e_{d2}
\end{aligned}\right\} \tag{5-46}
$$

式中：

$$
E_{fq} = \frac{X_{af}}{R_f}v_f \tag{5-47}
$$

E_{fq} 的物理意义为同步机稳态空载时的定子电压。实际上，v_f/R_f 为与 v_f 相对应的假想稳态励磁电流，在暂态过程中它与实际的励磁电流 i_f 并不相等。由式(5-41)的定义显见，这一稳态励磁电流与 X_{af} 的乘积将得出空载电势，故称 E_{fq} 为假想空载电势。

由转子绕组磁链方程(5-44)解出代数变量 e_{q1}、e_{q2}、e_{d1} 和 e_{d2}，得

$$
\left.\begin{aligned}
e_{q1} &= \frac{X_d - X''_d}{X'_d - X''_d}e'_q - \frac{X_d - X'_d}{X'_d - X''_d}e''_q \\
e_{q2} &= -\frac{X_d - X''_d}{X'_d - X''_d}e'_q + \frac{X_d - X''_d}{X'_d - X''_d}e''_q + (X_d - X''_d)i_d \\
e_{d1} &= \frac{X_q - X''_q}{X'_q - X''_q}e'_d - \frac{X_q - X'_q}{X'_q - X''_q}e''_d \\
e_{d2} &= -\frac{X_q - X''_q}{X'_q - X''_q}e'_d + \frac{X_q - X''_q}{X'_q - X''_q}e''_d - (X_q - X''_q)i_q
\end{aligned}\right\} \tag{5-48}
$$

把式(5-48)代入式(5-43)、式(5-46)，消去其中的空载电势，得定子绕组磁链方程

$$
\left.\begin{aligned}
\varphi_d &= e''_q - X''_d i_d \\
\varphi_q &= -e''_d - X''_q i_q
\end{aligned}\right\} \tag{5-49}
$$

转子绕组电压平衡方程

$$
\left.\begin{aligned}
T'_{d0}pe'_q &= -\frac{X_d - X''_d}{X'_d - X''_d}e'_q + \frac{X_d - X'_d}{X'_d - X''_d}e''_q + E_{fq} \\
T''_{d0}pe''_q &= e'_q - e''_q - (X'_d - X''_d)i_d \\
T'_{q0}pe'_d &= -\frac{X_q - X''_q}{X'_q - X''_q}e'_d + \frac{X_q - X'_q}{X'_q - X''_q}e''_d \\
T''_{q0}pe''_d &= e'_d - e''_d + (X'_q - X''_q)i_q
\end{aligned}\right\} \tag{5-50}
$$

注意在式(5-47)中仍然含有原始参数 X_{af} 与 R_f。回避这两个原始参数的方法是：通过选择合适的基准值，使得在标幺制下有 $X_{af}=R_f$，从而有 $E_{fq}=v_f$。满足这种要求的基准值系统通常称为"单位励磁电压/单位定子电压"基准值系统。具体的方法介绍如下。

前已述及，在式(5-23)中，S_B 已由定子侧基准值取定；每个转子绕组需人为取定各自的基准电压或基准电流，然后由式(5-23)导出另一个基准值。"单位励磁电压/单位定子电压"基准值系统首先人为取定励磁绕组的基准电压 V_{fB}，然后由式(5-23)导出励磁绕组的基准电流 I_{fB}。V_{fB} 的具体值为，当同步电机稳态、空载且以同步速度旋转时，使得同步电机定子电压等于定子电压基准值时的励磁电压即为 V_{fB} 的取值。显然，按上述条件，

V_{fB}可以通过电机实验获取。由以上对V_{fB}的定义，在式(5-14)和式(5-15)中所涉及的电流中仅$i_f \neq 0$，可得

$$\left.\begin{aligned} v_d &= 0 \\ v_q &= \omega_B m_{af} i_f = V_B \\ v_f &= R_f i_f = V_{fB} \end{aligned}\right\}$$

解出V_{fB}，有

$$V_{fB} = \frac{R_f}{\omega_B m_{af}} V_B$$

注意 $Z_{fB} = V_{fB}/I_{fB}$，则

$$R_{f*} = \frac{R_f}{Z_{fB}} = R_f I_{fB} \frac{\omega_B m_{af}}{R_f V_B} = \frac{\omega_B m_{af}}{Z_B} \frac{I_{fB}}{I_B}$$

将上式与式(5-28)中的X_{af*}的表达式相比较，显见，有$R_{f*} = X_{f*}$成立。从而在标幺制下：

$$E_{fq} = \frac{X_{af}}{R_f} v_f = v_f \tag{5-51}$$

至此，我们得到了用11个电机参数表示的同步电机的数学模型，它由定子绕组电压平衡方程(5-45)、定子绕组磁链方程(5-49)和转子绕组电压平衡方程(5-50)组成。值得指出的是，该模型对转子各绕组除励磁绕组的基准值有明确规定外，各阻尼绕组的基准电压、基准电流的取值只要满足式(5-23)即可。此外，励磁绕组的电压v_f还受励磁系统的控制，故式(5-50)中E_{fq}的存在将引出同步电机励磁系统的方程。描述同步电机的励磁系统的数学模型将在5.3节讨论。

5.2.3 同步电机的简化数学模型

前面我们推导了转子采用f、g、D和Q四个绕组来等值的同步机数学模型；由式(5-50)可见，描述转子电磁暂态过程的微分方程有四阶。现代电力系统中，并列运行的同步发电机台数可高达千台以上，因而过高的微分方程阶数往往带来所谓“维数灾”问题，使分析计算实际上无法进行。因此，在实际应用中，常根据对分析计算不同的精度要求，对同步机的数学模型给予简化，而仅仅对一些需要特殊关心的同步机才采用较高阶的数学模型。同步机的简化模型按照对转子绕组的取舍分为三绕组模型、两绕组模型、不计阻尼绕组模型和e_q'为常数的模型以及所谓经典模型。这些简化模型都可以从四绕组转子模型中导出。为节省篇幅，此处不再给出详尽的推导。为方便读者使用，稍加说明而直接给出这些模型。

1. 三绕组转子模型(f、D、Q)

在凸极机中，转子q轴通常只考虑一个等值阻尼绕组Q，而认为g绕组不存在。这相当于在四绕组转子模型中令$i_g = \varphi_g = 0$。这样，在式(5-41)中即有$e_{d1} = 0$，在式(5-42)中即有$e_d' = 0$且$X_q' = X_q$，从而转子电压平衡方程降为三阶：

$$\left.\begin{aligned} T_{d0}' p e_q' &= -\frac{X_d - X_d''}{X_d' - X_d''} e_q' + \frac{X_d - X_d'}{X_d' - X_d''} e_q'' + E_{fq} \\ T_{d0}'' p e_q'' &= e_q' - e_q'' - (X_d' - X_d'') i_d \\ T_{q0}'' p e_d'' &= -e_d' + (X_q' - X_q'') i_q \end{aligned}\right\} \tag{5-52}$$

定子电压平衡方程及定子磁链方程的形式不发生变化。

2. 两绕组转子模型(f、g,亦称双轴模型)

只在 q 轴上考虑一个阻尼绕组 g,认为 D、Q 绕组不存在。相当于在四绕组转子模型中令 $i_D=i_Q=\varphi_D=\varphi_Q=0$。则在式(5-41)中即有 $e_{q2}=e_{d2}=0$,在式(5-42)中即有 $e''_q=e''_d=0$,从而定子绕组磁链方程为

$$\left.\begin{aligned}\varphi_d &= e'_q - X'_d i_d \\ \varphi_q &= -e'_d - X'_q i_q\end{aligned}\right\} \tag{5-53}$$

转子绕组电压平衡方程降为二阶:

$$\left.\begin{aligned}T'_{d0}pe'_q &= -e'_q - (X_d - X'_d)i_d + E_{fq} \\ T'_{q0}pe'_d &= -e'_d + (X_q - X'_q)i_q\end{aligned}\right\} \tag{5-54}$$

定子电压平衡方程的形式不发生变化。

3. 不计阻尼绕组的模型(f,亦称 e'_q 变化的模型)

不计阻尼绕组,相当于在四绕组转子模型中令 $i_D=i_Q=i_g=\varphi_D=\varphi_Q=\varphi_g=0$,则在式(5-41)中即有 $e_{d1}=e_{q2}=e_{d2}=0$,在式(5-42)中即有 $e'_d=e''_q=e''_d=0$,从而定子绕组磁链方程为

$$\left.\begin{aligned}\varphi_d &= e'_q - X'_d i_d \\ \varphi_q &= -X_q i_q\end{aligned}\right\} \tag{5-55}$$

转子电压平衡方程降为一阶:

$$T'_{d0}pe'_q = -e'_q - (X_d - X'_d)i_d + E_{fq} \tag{5-56}$$

定子电压平衡方程的形式不发生变化。

4. e'_q 为常数的模型

不计阻尼绕组且忽略励磁绕组的暂态过程,认为励磁调节器的控制作用使得式(5-56)右边恒为零。即 $e'_q \equiv (X'_d - X_d)i_d + E_{fq} =$ 常数。这样,同步电机的数学模型仅为定子电压平衡方程(5-45)和定子磁链方程(5-55)而不出现描述转子绕组的微分方程。e'_q 为常数的模型集中在同步电机转子运动方程中由同步电机的电磁转矩表达式来描述同步电机。

5. 经典模型

进一步在同步电机的电磁功率表达式中认为 $X'_d=X'_q$,使同步机电磁功率表达式更为简化。

以上从对转子绕组简化的角度对同步机模型进行了简化。在定子绕组电压平衡方程中,在进行电力系统稳定性分析时,通常有以下两个方面的简化。

(1) 忽略定子回路的电磁暂态过程。即在定子电压平衡方程式(5-45)中忽略因 φ_d 和 φ_q 随时间变化而产生的感应电动势。这样,定子电压平衡方程式成为

$$\left.\begin{aligned} v_d &= -\omega\varphi_q - R_a i_d \\ v_q &= \omega\varphi_d - R_a i_q \end{aligned}\right\} \tag{5-57}$$

对电力系统稳定性计算而言，这一简化是十分必要的。由定子绕组磁链方程(5-49)可见，定子绕组磁链对时间求导将涉及定子电流对时间求导。由于发电机定子绕组与电力网络相连，电力网络由电阻、电感和电容按照一定的拓扑规则连接而成，因而定子电流对时间求导将使描述电力网络的方程成为微分方程，从而使描述整个电力系统的数学模型的阶数大大增加。另外，当同步电机定子绕组和电力网络的电磁暂态过程不被忽略时，同步电机的定子电流中将包含高频分量。由于这些高频分量的存在，欲使计算有相应的精度，在数值积分时就要求有较小的积分步长。对于现代大型电力系统，微分方程阶数的增加和积分步长的减小都将使计算量增加到使分析计算无法进行的程度。事实上，由于电力网络中的电磁暂态过程相对于同步电机的机电暂态过程而言十分迅速，因而在电力系统稳定性分析中忽略其暂态过程对分析结果的影响甚小。在忽略定子回路的电磁暂态过程的条件下，由式(5-57)可见，同步电机的定子电压平衡方程式即成为代数方程，因而描述电力网络的方程也是代数方程，即通常所谓的稳态关系式。

(2) 在定子电压平衡方程式中，认为同步电机的转速 ω 恒为同步转速。标幺制下即恒取 $\omega=1$。注意，这并不是认为同步电机的转速在暂态过程中不发生变化，而仅仅是由于各种控制的作用，ω 的变化范围不大，因而由于 ω 的变化而引起的定子电压在数值上的变化很小。这一简化并不能在计算量上获得较大的节省，但是研究表明，在定子电压平衡方程中恒取 $\omega=1$ 可以部分地弥补忽略定子绕组电磁暂态过程所带来的误差[18]。这样，同步电机的定子电压平衡方程式成为

$$\left.\begin{aligned} v_d &= -\varphi_q - R_a i_d \\ v_q &= \varphi_d - R_a i_q \end{aligned}\right\} \tag{5-58}$$

5.2.4 同步电机的稳态方程和相量图

从数学上讲，所谓电力系统的暂态分析就是求解描述电力系统暂态行为的微分方程组。而电力系统的稳态运行点即是这个微分方程的定解条件。以下导出获取稳态运行点所需的公式，即通常所说的同步电机稳态方程式。

注意同步电机在稳态运行方式下，转子以同步转速旋转，各电气量对称且各阻尼绕组电流为零。由于各阻尼绕组电流为零，因而其相应的空载电势也为零，而其他绕组的电流 i_d、i_q、i_f 和对应于 i_f 的空载电势 e_{q1} 以及所有绕组的磁链都保持不变。为便于区别，用大写字母表示其相应电气量的稳态值。

1. 用同步电抗表示的稳态方程

由式(5-43)，有

$$\left.\begin{aligned} \Phi_d &= -X_d I_d + E_{q1} \\ \Phi_q &= -X_q I_q \end{aligned}\right\} \tag{5-59}$$

注意在稳态时，有

$$E_{q1} = X_{af} I_f = X_{af} \frac{V_f}{R_f} = E_{fq}$$

并将式(5-59)代入定子电压平衡方程(5-58)：

$$\left.\begin{aligned}E_{fq} &= V_q + R_a I_q + X_d I_d \\ 0 &= V_d + R_a I_d - X_q I_q\end{aligned}\right\} \tag{5-60}$$

在电力系统潮流计算完成以后，我们已知的是复平面下 x-y 坐标系的同步电机的机端电压 $\dot{V}_t$ 和机端电流 $\dot{I}_t$。欲得到同步电机自身 d-q 坐标系下的 V_d、V_q、I_d 和 I_q，需确定这两个坐标系之间的变换式，即确定二者之间的夹角。为此，将式(5-60)中的第一式乘 j 后加到第二式上，经整理可得

$$jE_{fq} - j(X_d - X_q)I_d = \dot{V}_t + (R_a + jX_q)\dot{I}_t$$

据上式定义虚构电势 $\dot{E}_Q$：

$$\dot{E}_Q = \dot{V}_t + (R_a + jX_q)\dot{I}_t \tag{5-61}$$

注意 $\dot{E}_Q$ 与 jE_{fq} 同方向，由相量图 5-2(a)可见，$\dot{E}_Q$ 与 x 轴的夹角 δ 即是 d-q 坐标系与 x-y 坐标系的夹角。因而由式(5-61)可以确定 δ，从而得到两个坐标系之间的变换式：

$$\begin{bmatrix}A_d \\ A_q\end{bmatrix} = \begin{bmatrix}\sin\delta & -\cos\delta \\ \cos\delta & \sin\delta\end{bmatrix}\begin{bmatrix}A_x \\ A_y\end{bmatrix} \tag{5-62}$$

$$\begin{bmatrix}A_x \\ A_y\end{bmatrix} = \begin{bmatrix}\sin\delta & \cos\delta \\ -\cos\delta & \sin\delta\end{bmatrix}\begin{bmatrix}A_d \\ A_q\end{bmatrix} \tag{5-63}$$

式中：A 表示电流、电压、磁链和各种电势。顺便指出，可以证明上边的坐标变换式不仅对稳态值成立，而且对瞬时值也成立。V_d、V_q、I_d 和 I_q 确定以后即可由式(5-60)求出微分状态变量 v_f 的初值 $V_f = E_{fq}$。

2. 用暂态电抗表示的稳态方程

由式(5-44)的第一、三两式，有

$$\left.\begin{aligned}E'_q &= -(X_d - X'_d)I_d + E_{q1} \\ E'_d &= (X_q - X'_q)I_q\end{aligned}\right\}$$

注意稳态时 $E_{q1} = E_{fq}$，将式(5-60)的第一、二两式分别代入上式的第一、二式以消去上式中含有同步电抗 X_d 和 X_q 的项，从而可得

$$\left.\begin{aligned}E'_q &= V_q + R_a I_q + X'_d I_d \\ E'_d &= V_d + R_a I_d - X'_q I_q\end{aligned}\right\} \tag{5-64}$$

3. 用次暂态电抗表示的稳态方程

由式(5-44)的第二、四两式，有

$$\left.\begin{aligned}E''_q &= -(X_d - X''_d)I_d + E_{q1} \\ E''_d &- (X_q - X''_q)I_q\end{aligned}\right\}$$

与式(5-64)的推导完全相同，得

$$\left.\begin{aligned}E''_q &= V_q + R_a I_q + X''_d I_d \\ E''_d &= V_d + R_a I_d - X''_q I_q\end{aligned}\right\} \tag{5-65}$$

式(5-60)、式(5-64)和式(5-65)构成了转子采用四绕组模型时的同步电机稳态方程。

由此三式可以确定所涉及的五个微分状态变量 v_f、e_q'、e_d'、e_d'' 和 e_q'' 的初值。对应于此三式的相量图见图 5-2。

当同步电机采用简化模型时，相应的微分状态变量初值可以直接从转子四绕组模型的稳态方程中获取。例如，当不计阻尼绕组时：

$$\left.\begin{aligned} E_{fq} &= V_q + R_a I_q + X_d I_d \\ 0 &= V_d + R_a I_d - X_q I_q \\ E_q' &= V_q + R_a I_q + X_d' I_d \end{aligned}\right\}$$

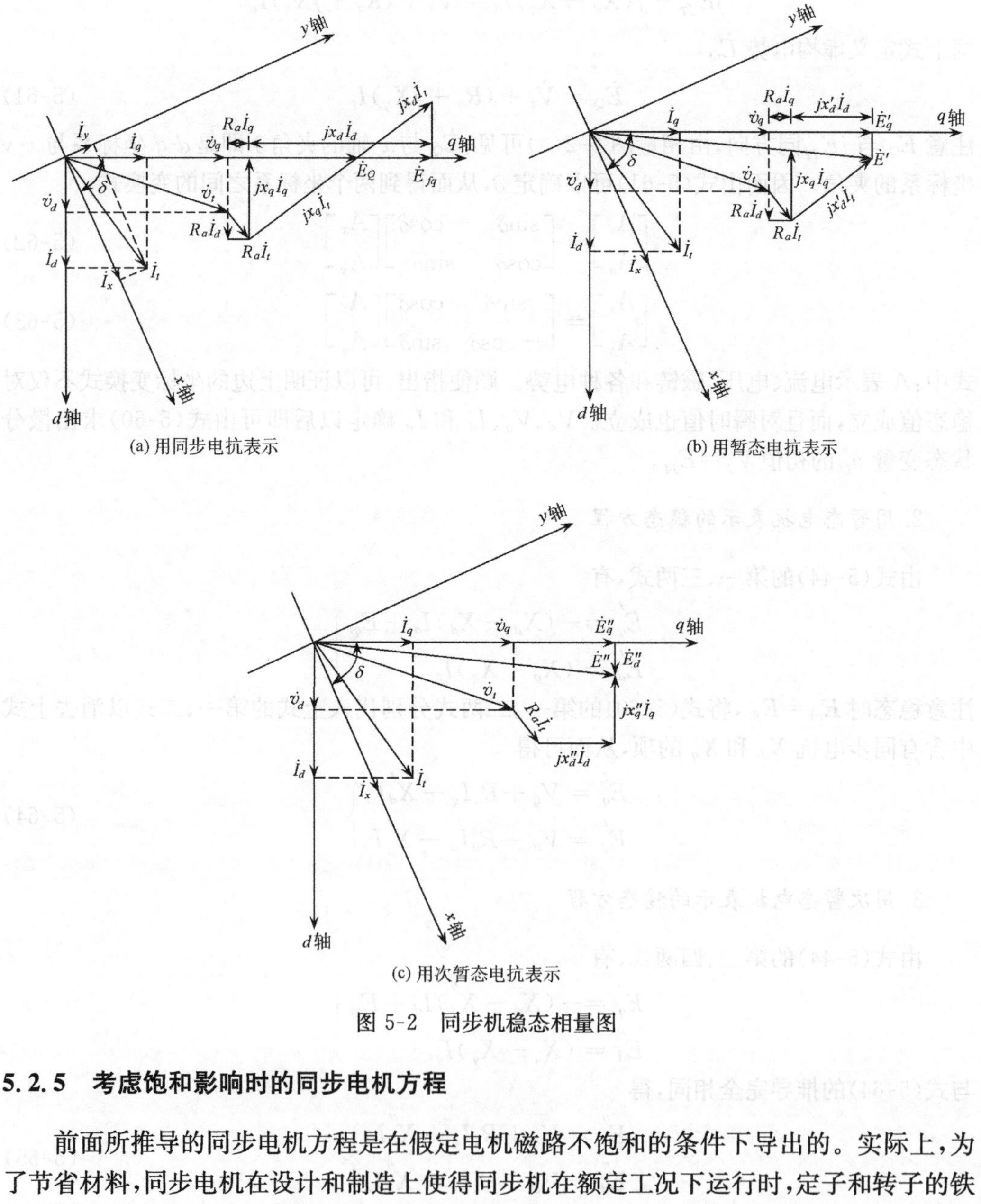

(a) 用同步电抗表示　(b) 用暂态电抗表示

(c) 用次暂态电抗表示

图 5-2　同步机稳态相量图

5.2.5　考虑饱和影响时的同步电机方程

前面所推导的同步电机方程是在假定电机磁路不饱和的条件下导出的。实际上，为了节省材料，同步电机在设计和制造上使得同步机在额定工况下运行时，定子和转子的铁芯已处于浅度饱和状态。在特殊工况下，如果磁通密度增大，饱和现象将愈趋明显和严重。在系统的规划及运行决策分析时，忽略饱和效应带来的误差不大。但在某些特殊情况下，例如在详细模拟励磁调节器及其限幅环节的暂态稳定分析中，机组的饱和效应可能显著地影响分析计算的精度。对磁路饱和效应的研究可以追溯到五六十年以前。详细地模拟磁路的饱和效应将使同步电机的数学模型十分复杂，主要原因是磁路的饱和程度与作用于电机气隙的总磁势有关。这就需要将 d 轴与 q 轴的磁势合成为气隙总磁势后再根据饱和曲线求出相应的磁通和磁链。而且即使气隙总磁势在空间严格按正弦分布，但由于各点的磁势不等，其饱和程度也各不相同，从而使气隙的磁通波形发生畸变。因而在工程上，在兼顾模型的简单性、参数的有效性和计算的精确性诸方面因素的同时，通常都进行一些适当的近似[21~24]。下面介绍在稳定性分析中常用的一种方法[22]。

所采用的假设条件为：

(1) 磁路饱和的影响简化为 d、q 轴分别考虑。d 轴和 q 轴磁路的磁阻，其差别仅在于两轴气隙长度的不同。

(2) 在同一轴下，饱和程度由保梯(Potier)电抗 X_p 后相应的保梯电压分量来决定。保梯电压越高，饱和程度越严重。d、q 轴的保梯电压分量分别为

$$\left.\begin{aligned} v_{dp} &= v_d + R_a i_d - X_p i_q \\ v_{qp} &= v_q + R_a i_q + X_p i_d \end{aligned}\right\} \tag{5-66}$$

另外，近似认为同一轴下的定子绕组和转子绕组的电压和磁链具有相同的饱和程度。

(3) 近似认为气隙磁通分布波形的畸变不影响各绕组的自感和互感以及相应电抗的不饱和值。

饱和程度的深浅用饱和系数来反映。对于 d 轴，饱和系数 S_d 可以根据电机的空载饱和特性来决定，这是因为 v_{qp} 相当于 d 轴合成气隙磁通在 q 绕组中所产生的电压。对于 v_{qp} 的某一取值，由图 5-3 所示的同步电机空载饱和特性可以得出相应的不饱和值 v_{qp0}，从而定义 S_d 为

$$S_d = f(v_{qp}) = \frac{v_{qp0}}{v_{qp}} - 1 \tag{5-67}$$

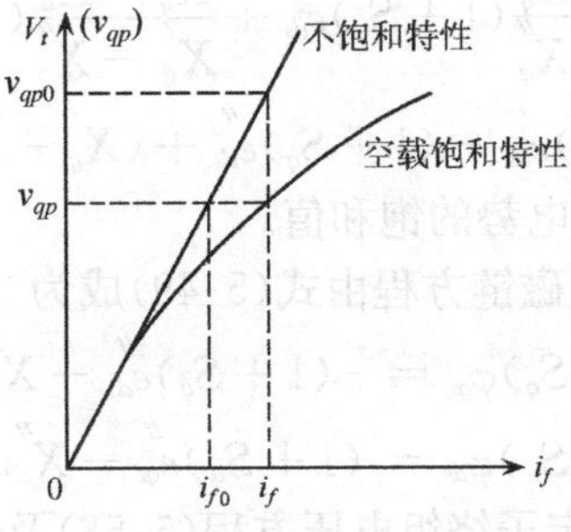

图 5-3　同步电机空载饱和特性

显然，S_d 的值越大，饱和度越深。S_d 为零时相当于未发生饱和。对于 q 轴，由于其饱和特性难于通过电机实验获得，故由上述假设条件(1)，其饱和系数 S_q 也按电机空载饱和特性来确定，将其值取为

$$S_q = \frac{X_q}{X_d} f(v_{dp}) \tag{5-68}$$

为了求得饱和系数，一种简单常用的方法是将图 5-3 中的空载饱和特性曲线用一个近似

的解析函数拟合，即

$$i_f = aV_t + bV_t^n$$

参数 a、b 和 n 的取值可参见文献[25]。显然，当 b 取值为零时即是不饱和特性曲线，为

$$i_{f0} = aV_t$$

于是，由图 5-3 中的三角形相似关系，有

$$S_d = \frac{v_{qp0}}{v_{qp}} - 1 = \frac{v_{qp0} - v_{qp}}{v_{qp}} = \frac{i_f - i_{f0}}{i_{f0}} = \frac{av_{qp} + bv_{qp}^n - av_{qp}}{av_{qp}} = \frac{b}{a}v_{qp}^{n-1}$$

即

$$S_d = cv_{qp}^{n-1} \tag{5-69}$$

式中：$c = b/a$。

同理，由式(5-68)，有

$$S_q = c\frac{X_q}{X_d}v_{dp}^{n-1} \tag{5-70}$$

下面讨论计及饱和效应时的同步电机转子绕组电压平衡方程、定子绕组磁链方程以及定子绕组电压平衡方程。由不计饱和效应的转子绕组电压平衡方程(5-50)的推导过程可知，该式的右端各项是转子绕组的电流流过其绕组时在绕组的等值电阻上引起的压降以及绕组的外施电压（即励磁绕组的激励电压 v_f），因而不存在饱和与否的问题。故当计及饱和效应时，在此式的右端仍用不饱和值。而此式的左端对应于转子各绕组的磁链随时间变化而引起的感应电压，显然当计及饱和效应时这些项应采用与实际磁链相对应的饱和值。按照前边的假定(2)并注意到式(5-67)，可知在 d 轴方向上，各电势和磁链的不饱和值与相应的饱和值之比都等于 $(1+S_d)$；类似地，对 q 轴则为$(1+S_q)$。因此，当计及饱和的影响时，同步电机的转子绕组电压平衡方程成为

$$\left.\begin{aligned}
T'_{d0}pe'_{qs} &= -\frac{X_d - X''_d}{X'_d - X''_d}(1+S_d)e'_{qs} + \frac{X_d - X'_d}{X'_d - X''_d}(1+S_d)e''_{qs} + E_{fq} \\
T''_{d0}pe''_{qs} &= (1+S_d)e'_{qs} - (1+S_d)e''_{qs} - (X'_d - X''_d)i_d \\
T'_{q0}pe'_{ds} &= -\frac{X_q - X''_q}{X'_q - X''_q}(1+S_q)e'_{ds} + \frac{X_q - X'_q}{X'_q - X''_q}(1+S_q)e''_{ds} \\
T''_{q0}pe''_{ds} &= (1+S_q)e'_{ds} - (1+S_q)e''_{ds} + (X'_q - X''_q)i_q
\end{aligned}\right\} \tag{5-71}$$

式中：各电势的下标 s 表示相应电势的饱和值。

计及饱和效应后，定子绕组磁链方程由式(5-49)成为

$$\left.\begin{aligned}
(1+S_q)\varphi_{qs} &= -(1+S_q)e''_{ds} - X''_q i_q \\
(1+S_d)\varphi_{ds} &= (1+S_d)e''_{qs} - X''_d i_d
\end{aligned}\right\} \tag{5-72}$$

由未计及饱和效应的同步电机定子绕组电压方程(5-58)及保梯电压的定义式(5-66)可以得出不饱和时保梯电压与定子绕组磁链的关系为

$$\left.\begin{aligned}
v_{dp0} &= -\varphi_q - X_p i_q \\
v_{qp0} &= \varphi_d + X_p i_d
\end{aligned}\right\} \tag{5-73}$$

由饱和值与不饱和值间的关系，有

$$\left.\begin{aligned}
(1+S_q)v_{dp} &= -(1+S_q)\varphi_{qs} - X_p i_q \\
(1+S_d)v_{qp} &= (1+S_d)\varphi_{ds} + X_p i_d
\end{aligned}\right\}$$

将式(5-72)代入上式即得饱和时保梯电压与电势的关系为

$$
\left.\begin{aligned}
v_{dp} &= e''_{ds} + \frac{X''_q - X_p}{1+S_q} i_q \\
v_{qp} &= e''_{qs} - \frac{X''_d - X_p}{1+S_d} i_d
\end{aligned}\right\} \tag{5-74}
$$

再将上式代入保梯电压定义式即得计及饱和效应时的定子绕组电压平衡方程为

$$
\left.\begin{aligned}
v_d &= e''_{ds} - R_a i_d + \left(\frac{X''_q - X_p}{1+S_q} + X_p\right) i_q \\
v_q &= e''_{qs} - R_a i_q - \left(\frac{X''_d - X_p}{1+S_d} + X_p\right) i_d
\end{aligned}\right\} \tag{5-75}
$$

式(5-66)、式(5-71)、式(5-72)和式(5-75)共同构成了计及饱和效应时的同步电机的数学模型。至此读者可以推导出计及饱和效应时的同步电机稳态方程。

另外，必须指出，在实际应用中，常假定定子漏磁链不饱和而将保梯电抗 X_p 的值取为绕组漏抗。

5.2.6 同步电机的转子运动方程式

1. 刚性转子情况下的转子运动方程式

当把原动机和发电机转子视为一个刚体时，整个发电机组的转子运动方程为[16,17]

$$
\left.\begin{aligned}
\frac{\mathrm{d}\delta}{\mathrm{d}t} &= (\omega_* - 1)\omega_s \\
T_J \frac{\mathrm{d}\omega_*}{\mathrm{d}t} &= T_{m*} - T_{e*}
\end{aligned}\right\} \tag{5-76}
$$

式中：

$$
T_J = 2W_k / S_B
$$

式中：δ 为发电机转子 q 轴与以同步速度旋转的系统参考轴 x 间的电角度，为无量纲纯数，习惯上将其以弧度(rad)计量；T_J 为发电机组的惯性时间常数，量纲为秒(s)；W_k 为转子在同步转速下的转动动能，量纲为焦耳(J)；S_B 为基准容量，量纲为伏安(VA)；T_{m*} 和 T_{e*} 分别为原动机的机械输出转矩和发电机的电磁转矩的标幺值，其基准值为 S_B/Ω_s[Ω_s 为转子的机械同步转速，量纲为弧度/秒(rad/s)]。T_{m*} 和 T_{e*} 的正方向分别取为与转子的旋转方向相同和相反。顺便指出，在国外的文献中，转子的机械惯性常用 $H=W_k/S_B$ 来表示。显见，在式(5-76)中，将 T_J 换成 $2H$ 即可。此外，有以下两个问题需要注意。

(1) 由于转矩与转速的乘积为该转矩的功率，且 $\Omega/\Omega_s=\omega/\omega_s=\omega_*$，故在标幺制下有

$$
\left.\begin{aligned}
P_{m*} &= T_{m*}\omega_* \\
P_{e*} &= T_{e*}\omega_*
\end{aligned}\right\} \tag{5-77}
$$

式中：P_{m*} 为原动机的机械输出功率；P_{e*} 为同步发电机的电磁功率。由于电力系统的各种稳定控制措施的作用，ω_* 的变化不大，因而为了节省计算量，有时在上式中直接将 ω_* 的值取为 1，从而认为转矩的标幺值与功率的标幺值相等。

(2) 转子在旋转中受到空气以及轴与轴承间的摩擦阻力，这些力对转子产生阻尼转矩，通常近似认为这个转矩的大小与转子的转速成正比并用风阻系数 D 与转速 ω_* 的积来反映。

考虑到以上两个因素，当时间变量也采用标幺值时，刚体转子的运动方程就是

$$\left.\begin{aligned}\frac{\mathrm{d}\delta}{\mathrm{d}t_*}&=\omega_*-1\\T_{J*}\frac{\mathrm{d}\omega_*}{\mathrm{d}t_*}&=-D\omega_*+P_{m*}-P_{e*}\end{aligned}\right\}\tag{5-78}$$

顺便指出，转子运动方程中涉及的机组的机械转矩或机械功率受机组的调速系统的控制，因而机械转矩或机械功率的出现将引出机组调速系统的方程。描述机组调速系统的数学模型将在 5.4 节讨论。

在式(5-78)中，实际上将发电机和原动机的转子合并在一起，看成是一个集中的刚性质量块。对于一般的暂态稳定性分析，这种处理方法不会引起明显的误差。但是，在分析电力系统次同步谐振问题时，对于大型汽轮发电机组，由于汽轮机由多级组成，整个机组转子轴的总长度可达数十米，转子轴客观存在的弹性便不能被忽略。通常把轴上的励磁机、发电机转子和各个汽缸的转子各自处理为一个集中的质量块，整个轴系的弹性处理为各质量块之间的扭簧的弹性。在考虑了弹性之后，各质量块在暂态过程中的转速就可能不同，因而质量块之间就会出现相对角位移。每一个质量块的转动方程共同构成发电机组的轴系方程。此处不再详细介绍轴系方程，有兴趣的读者可参见文献[26]、[27]。

2. 同步电机的电磁转矩和电磁功率

在转子运动方程(5-78)中涉及原动机的机械转矩(或功率)和同步机的电磁转矩(或功率)。前者由机组的原动机及机组的调速系统的数学模型来确定，我们在 5.4 节讨论。此处讨论电磁转矩及电磁功率的计算模型。同步机的电磁转矩反映同步机的定子与转子间通过电与磁的相互作用而对转子产生的力的作用。可以从理论上证明：电磁转矩等于各绕组储存的总磁场能量对转子角度的偏导数[4]，即

$$T_e=\frac{\partial W_F}{\partial\theta}\tag{5-79}$$

式中：θ 为同步机转子 d 轴与定子绕组 a 轴的夹角，参见图 5-1(a)；W_F 为同步机的定子三相绕组和转子各绕组所储存的磁场能量的总和，可表示为

$$W_F=-\frac{1}{2}(\varphi_a i_a+\varphi_b i_b+\varphi_c i_c)+\frac{1}{2}(\varphi_f i_f+\varphi_D i_D+\varphi_g i_g+\varphi_Q i_Q)\tag{5-80}$$

上式中的负号是因定子绕组电流的参考正向与其磁链的参考正向相反而引起。由式(5-2)～(5-7)，注意转矩的基准值为 $T_B=S_B/\Omega_B$，便可导出

$$T_{e*}=\varphi_{d*}i_{q*}-\varphi_{q*}i_{d*}\tag{5-81}$$

由上式可见，电磁转矩与定子的零轴分量无关，这是因为零轴磁通不与转子绕组相匝链。另外，虽然上式是在转子采用四绕组模型下导出的，但对转子采用其他更高阶或低阶的模型同样适用，只是推导过程稍有不同。

当转子采用四绕组模型时，将定子绕组磁链方程(5-49)代入式(5-81)即可得该模型下的电磁转矩表达式

$$T_{e*}=e''_{d*}i_{d*}+e''_{q*}i_{q*}-(X''_{d*}-X''_{q*})i_{d*}i_{q*}\tag{5-82}$$

由上边的表达式并注意到式(5-77)可以直接得到同步机的电磁功率表达式。但是这样得到的电磁功率表达式中含有微分状态变量 ω_*、e''_d 和 e''_q，从而使得在后续的求解过程中计

算量很大。为了解决这个问题，把定子绕组电压方程式(5-45)代入式(5-81)并注意式(5-77)，可以导出电磁功率的常用表达式

$$p_{e*}=v_{d*}i_{d*}+v_{q*}i_{q*}+R_{a*}(i_{d*}^2+i_{q*}^2)-i_{d*}p_*\varphi_{d*}-i_{q*}p_*\varphi_{q*} \quad (5\text{-}83)$$

显然 $R_{a*}(i_{d*}^2+i_{q*}^2)$ 为同步机的定子绕组铜耗。当忽略定子绕组的电磁暂态过程时，将上式与同步机的输出功率表达式(5-29)比较可知，这时的发电机电磁功率等于发电机的输出功率与发电机的定子绕组铜耗之和。顺便指出，式(5-83)也适用于转子不采用四绕组模型的情况以及计及饱和效应的情况。

5.3 发电机励磁系统的数学模型

在式(5-50)中含有变量 E_{fq}。由式(5-51)知，在"单位励磁电压/单位定子电压"基准值系统下，E_{fq} 等于发电机的励磁绕组电压 v_f。发电机励磁绕组电压受发电机励磁系统的控制，因此，必须建立发电机励磁系统的数学模型。

发电机励磁系统的基本功能是给发电机的励磁绕组提供合适的直流电流，以在发电机定子空间产生磁场。历史上，早期的励磁系统是通过手动控制来调节励磁绕组的电压以维持所需的发电机端电压和相应的无功出力。20 世纪 20 年代，人们初步认识到连续、快速地控制励磁电流对提高电力系统稳定性的积极作用。自此，各种励磁方式和自动励磁调节器先后被提出和采用。20 世纪 60 年代，电力系统稳定器的提出和应用进一步扩展了励磁控制系统对提高电力系统稳定性的作用。随着自动控制理论和计算机控制技术的发展，不断地有新的励磁调节器被提出。调节功能从单一的发电机机端电压控制发展到多功能的励磁控制；控制器的反馈信号从单一的机端电压偏差发展到以电压偏差为主，附加发电机电磁功率、发电机电角速度、系统频率、发电机定子电流、励磁电流或励磁电压的偏差以及它们的组合；控制策略从简单的比例反馈调节发展到比例-积分-微分调节，从线性励磁调节发展到自校正励磁调节、自适应励磁控制、模糊励磁控制等非线性励磁调节；在实现手段上，从早期的机电式或电磁式发展到晶体管式或集成电路式等模拟调节器，直到近代的基于微处理器或微型计算机的数字式励磁控制器。应用现代控制理论的设计思想[28]、由微型计算机实现的数字式励磁控制系统[29]是未来十数年的主要研究发展方向。

电力系统动态行为的精确分析离不开励磁系统的数学模型。对新型励磁控制器的理论设计首先要根据其数学模型进行仿真计算以确认其动态响应的效果是否理想。本书不讨论励磁调节器的设计原理，只介绍目前已广泛应用的励磁调节系统的数学模型。这些励磁系统的物理结构和工作原理可以参见文献[30]。对于各种相对比较新型的励磁控制器，例如线性最优励磁控制器(LOEC)、非线性最优励磁控制器(NOEC)[28]，由于它们尚处在理论研究或被实践检验的阶段，故本书也不作更深入的讨论。

一般的励磁系统的组成可以用图 5-4 表示。主励磁系统为发电机的励磁绕组提供励磁电流；励磁调节器用于对励磁电流进行调节或控制；发电机端电压测量与负载补偿环节测量发电机的端电压 $\dot{V}_t$ 并对发电机负载电流 $\dot{I}_t$ 进行补偿；辅助调节器对励磁调节器输入辅助控制信号，最常用的辅助调节器为电力系统稳定器。保护与限幅环节用以确保机组的各种运行参数不越过其限值。5.2 节已介绍了发电机的数学模型，下面我们将逐

框地介绍其他部分的用于电力系统稳定性分析的数学模型。这些数学模型适用于系统频率偏差不超过5%、振荡频率约在3Hz以内的工况。一般地讲,对于研究次同步谐振或其他轴系扭振问题,这些模型的精确性是不够的。

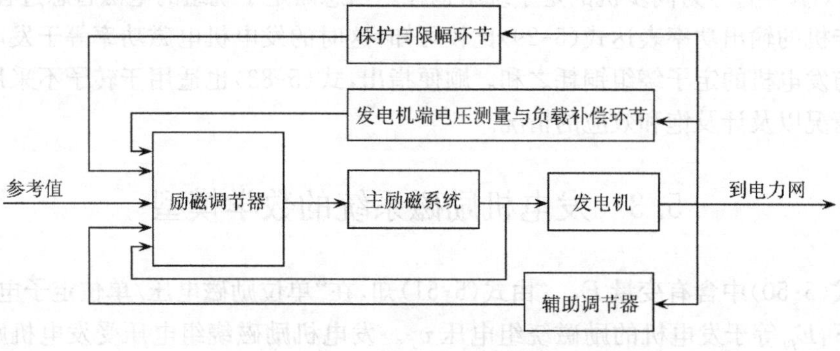

图 5-4　同步发电机的励磁控制系统

5.3.1　主励磁系统的数学模型

根据励磁电源的获取方式,励磁系统可以分为直流励磁机系统、交流励磁机系统和静止励磁系统三类。前两类也合称旋转励磁系统。以下分别介绍三类主励磁系统的数学模型。

1. *直流励磁机的数学模型*

直流励磁机由于运行维护成本过大,已不用于新建的大容量的发电机组。但是某些电力系统中仍可能有未退役的直流励磁机,因此仍有必要介绍其数学模型。作为一般的情况,讨论同时具有自励和他励的直流励磁机的数学模型。其原理接线如图 5-5 所示。图中,E 表示励磁机的电枢;R_{ef} 和 L_{ef}、R_{sf} 和 L_{sf} 分别为自励、他励绕组的电阻和自感;i_{ef}、i_{sf} 和 i_{cf} 分别为自励、他励和复励电流;v_{sf} 为他励绕组的外施电压;R_c 为可变调节电阻。为分析简单起见,认为他励绕组和自励绕组的匝数相同,或者认为他励绕组的匝数和参数已被折算到自励绕组侧。据此,可以列出下列电压平衡方程和不计磁路饱和效应的磁链方程:

$$\left.\begin{aligned} v_f &= R_c i_{ef} + R_{ef}(i_{cf} + i_{ef}) + p\varphi_{ef} \\ v_{sf} &= R_{sf} i_{sf} + p\varphi_{sf} \end{aligned}\right\} \tag{5-84}$$

$$\left.\begin{aligned} \varphi_{ef} &= L_{ef}(i_{cf} + i_{ef}) + M_{es} i_{sf} \\ \varphi_{sf} &= M_{es}(i_{cf} + i_{ef}) + L_{sf} i_{sf} \end{aligned}\right\} \tag{5-85}$$

在上面的磁链方程中,近似认为他励绕组和自励绕组完全耦合。这样,每个绕组的漏

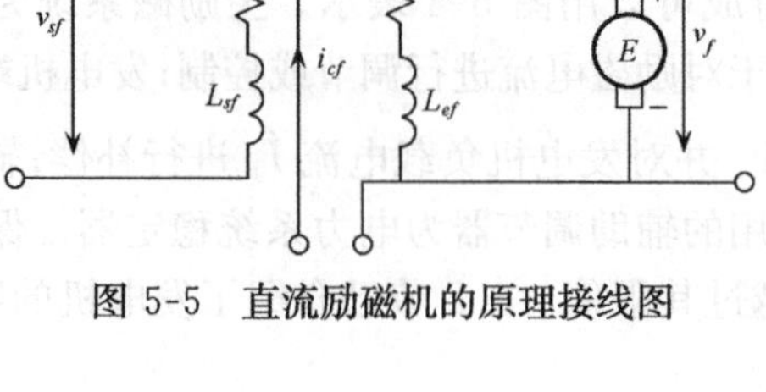

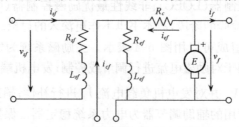

图 5-5　直流励磁机的原理接线图

抗为零,不饱和自感和绕组间的互感都相等,于是由式(5-85)得

$$\varphi_{L0}=\varphi_{ef}=\varphi_{sf}=Li_{f\Sigma} \tag{5-86}$$

式中:

$$\left.\begin{aligned}L&=L_{ef}=L_{sf}=M_{es}\\ i_{f\Sigma}&=i_{cf}+i_{ef}+i_{sf}\end{aligned}\right\} \tag{5-87}$$

φ_{L0}为不计磁路饱和效应时他励绕组和自励绕组的磁链;$i_{f\Sigma}$为直流机的总励磁电流。

计及磁路饱和效应后,实际的磁链 φ_L 与直流机的总励磁电流 $i_{f\Sigma}$之间的关系由图 5-6(a)所示的直流励磁机的饱和特性曲线来确定。类似于式(5-67),定义直流励磁机的饱和系数为

$$S_E=\frac{\varphi_{L0}}{\varphi_L}-1=\frac{i_{f\Sigma}}{i_{f\Sigma0}}-1 \tag{5-88}$$

如图 5-6 所示,式中 $i_{f\Sigma0}$是在不考虑饱和效应时,为了产生 φ_L 而需要的总励磁电流。S_E 的数值大小反映了直流励磁机饱和程度的深浅,描述了饱和磁链 φ_L 与不饱和磁链 φ_{L0}之间的关系。S_E 的具体数值通常由励磁机的负载特性曲线获取。如图 5-6(b),由于励磁机的负载是固定的,即发电机的励磁绕组,当忽略发电机励磁电流 i_f 在暂态过程中的变化对励磁机的电枢电压的影响时,可以近似地认为励磁机的输出电压与其内电势成正比。进一步忽略转速的变化,则磁链 φ_L 便与电压 v_f 成正比。据此,图 5-6(b)中的不饱和特性可以由下式表示:

$$v_{f0}=\beta i_{f\Sigma} \tag{5-89}$$

顺便指出,β 为励磁机的不饱和负载特性曲线的斜率,具有欧姆的量纲。由上式及式(5-86)可得

$$\varphi_{L0}=\frac{L}{\beta}v_{f0}$$

注意已知磁链 φ_L 与电压 v_f 成正比,故上式显然可以推广为

$$\varphi_L=\frac{L}{\beta}v_f \tag{5-90}$$

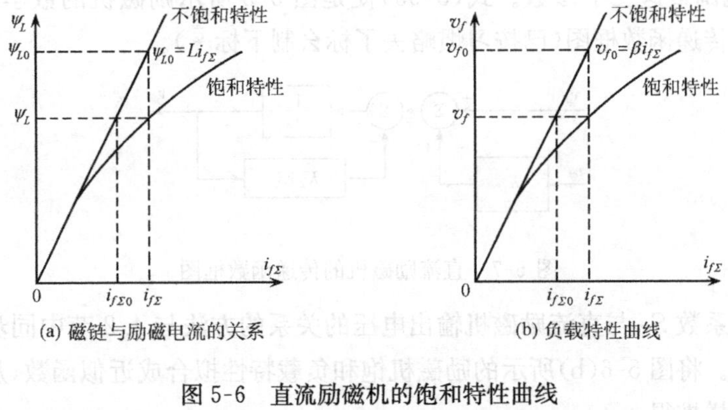

图 5-6　直流励磁机的饱和特性曲线

把式(5-84)的第一式两边同除以 R_c+R_{ef},第二式两边同除以 R_{sf},再将它们相加,注意到式(5-86)、式(5-87)和式(5-90),可以导出

$$\frac{v_f}{R_c+R_{ef}}+\frac{v_{sf}}{R_{sf}}=i_{f\Sigma}-\frac{R_c}{R_c+R_{ef}}i_{cf}+\frac{1}{\beta}\left(\frac{L}{R_c+R_{ef}}+\frac{L}{R_{sf}}\right)pv_f \tag{5-91}$$

由式(5-90)、式(5-88)和式(5-89)有

$$v_f = \frac{\beta}{L}\varphi_L = \frac{\beta}{L}\frac{\varphi_{L0}}{1+S_E} = \frac{\beta}{L}\frac{Li_{f\Sigma}}{1+S_E} = \frac{\beta i_{f\Sigma}}{1+S_E}$$

将上式代入式(5-91)以消去其中的变量 $i_{f\Sigma}$，经整理可得

$$\left[S_E + \left(1 - \frac{\beta}{R_c + R_{ef}}\right) + (T_{ef} + T_{sf})p\right]v_f = \frac{\beta}{R_{sf}}v_{sf} + \frac{\beta R_c}{R_c + R_{ef}}i_{cf} \tag{5-92}$$

式中：

$$\left.\begin{aligned} T_{ef} &= L/(R_c + R_{ef}) \\ T_{sf} &= L/R_{sf} \end{aligned}\right\} \tag{5-93}$$

T_{ef}和T_{sf}分别为自励绕组和他励绕组的时间常数，量纲为秒。式(5-92)是有名制下的励磁机输入量 v_{sf}、i_{cf}与输出量v_f 的关系。为与在 5.2 节中导得的标幺制下的发电机的数学模型联立，需将式(5-92)化成标幺制。注意，v_f 的基准值 V_{fB}已在 5.2 节中推导同步电机数学模型时取定，故此处不能另取。而 v_{sf} 和 i_{cf} 的基准值需要选取。为此首先将式(5-92)两边同除以 V_{fB}，显见当按下式选取励磁机的励磁电流和他励绕组电压基准值时，标幺制下的方程具有最简洁的形式。

$$\left.\begin{aligned} I_{f\Sigma B} &= V_{fB}/\beta \\ V_{sfB} &= R_{sf}V_{fB}/\beta \end{aligned}\right\} \tag{5-94}$$

式(5-92)的标幺制方程为

$$(S_E + K_E + T_E p)v_{f*} = v_{sf*} + K_{cf}i_{cf*} \tag{5-95}$$

式中：

$$\left.\begin{aligned} K_E &= 1 - \beta/(R_c + R_{ef}) \\ T_E &= T_{ef} + T_{sf} \\ K_{cf} &= R_c/(R_c + R_{ef}) \end{aligned}\right\} \tag{5-96}$$

K_E、T_E 和 K_{cf}分别称为励磁机的自励系数、时间常数和复励增益。顺便指出，调节电阻 R_c 可以适当地调整这三个参数。式(5-95)便是图 5-5 所示励磁机的数学模型。图 5-7 为与其对应的传递函数框图(已按习惯略去了标幺制下标 *)。

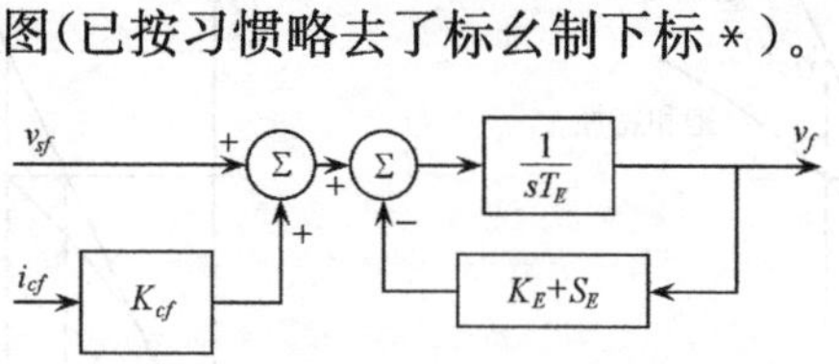

图 5-7 直流励磁机的传递函数框图

获取饱和系数 S_E 与直流励磁机输出电压的关系的方法与 4.2 节中同步电机考虑饱和的方法相同。将图 5-6(b)所示的励磁机饱和负载特性拟合成近似函数，从而可以像推导式(5-69)那样推得

$$S_E = a_E v_f^{n_E - 1}/b_E \tag{5-97}$$

下面讨论两种特殊情况。

(1) 无他励绕组。这种情况相当于 $R_{sf}=\infty$，$v_{sf}=0$。由式(5-93)和式(5-96)显见 $T_E=T_{ef}$。

(2) 仅有他励绕组。这种情况相当于 $R_c=\infty, i_{cf}=0$。由式(5-93)和式(5-96)显见 $T_E=T_{sf}$ 而 $K_E=1$。

2. 交流励磁机的数学模型

交流励磁机为同步电机。通常励磁机与发电机同轴旋转。励磁机定子的交流输出经三相不控或可控的桥式整流器整流后供给发电机的励磁绕组。整流器有静止型和旋转型两类。励磁机自身的励磁方式有他励和自励两种。根据不同的整流器安排方式及励磁机的励磁方式有各种组合。下边我们先讨论励磁机的数学模型,然后讨论整流器的模型。

交流励磁机多采用他励式励磁,这时交流励磁机的数学模型完全可以直接取用 5.2 节建立的同步电机数学模型。但是由于交流励磁机的负载就是发电机的励磁绕组,其运行工况相对于发电机要单纯得多,因而为节省分析计算的工作量,没有必要将励磁机像发电机一样详细地描述。通常是把同步机的数学模型经简化后用于描述励磁机。这样做的方法有多种,这里介绍一种简单而常用的方法。

注意励磁机的负载为发电机的励磁绕组,故励磁机的定子电流几乎是纯感性电流,据此,近似认为励磁机定子电流的交轴分量为零。在不计阻尼绕组的同步机数学模型中,忽略定子绕组的电阻,则由式(5-55)和式(5-58)可得励磁机的定子电压方程

$$\left.\begin{aligned} v_d &= 0 \\ v_q &= \varphi_d = e_q' - X_d' i_d \end{aligned}\right\} \tag{5-98}$$

在上式中进一步忽略励磁机定子电流对励磁机定子电压的影响,则知励磁机的定子电压与其暂态电势相等。在式(5-56)中,由于采用了"单位励磁电压/单位定子电压"的基准值系统,E_{fq} 与同步机的励磁绕组电压相等。由以上假设,记励磁机的励磁电压为 v_R,定子电压为 v_E,定子电流为 i_E,然后套用式(5-56)并用下标 E 表示励磁机相应的时间常数、同步电抗和暂态电抗,则可得不计饱和效应的励磁机的数学模型:

$$\left.\begin{aligned} T_E p v_E &= v_R - e_{qE} \\ e_{qE} &= v_E + (X_{dE} - X_{dE}') i_E \end{aligned}\right\} \tag{5-99}$$

当计及饱和效应后,仿照式(5-71)的导出,有

$$(1+S_E)v_E = e_{qE} - (X_{dE} - X_{dE}') i_E \tag{5-100}$$

其中励磁机的饱和系数 S_E 的推导与推导直流励磁机的饱和系数的方法相同,即将励磁机的饱和曲线拟合成近似的函数后得

$$S_E = a_E v_E^{n_E - 1} / b_E \tag{5-101}$$

注意交流励磁机的定子电压 v_E、定子电流 i_E 是经整流后才接入发电机的励磁绕组的。v_E 与 v_f 的关系放在整流器的数学模型中建立,此处先建立 i_E 与 i_f 的关系。

在励磁机经三相不控桥式整流器供给发电机励磁绕组的情况下,整流器的输出电流即是发电机的励磁电流 i_f,它与整流器的输入电流即励磁机的定子电流 i_E 近似为正比关系。于是将式(5-100)中的 $(X_{dE}-X_{dE}')i_E$ 换成 $K_D i_f$ 即可表示这种关系。这样,可以得到

$$\left.\begin{aligned} T_E p v_E &= v_R - e_{qE} \\ e_{qE} &= (1+S_E) v_E + K_D i_f \end{aligned}\right\} \tag{5-102}$$

据此,可用图 5-8 所示的传递函数框图来表示采用不控三相桥式整流的他励交流励磁机

的数学模型。

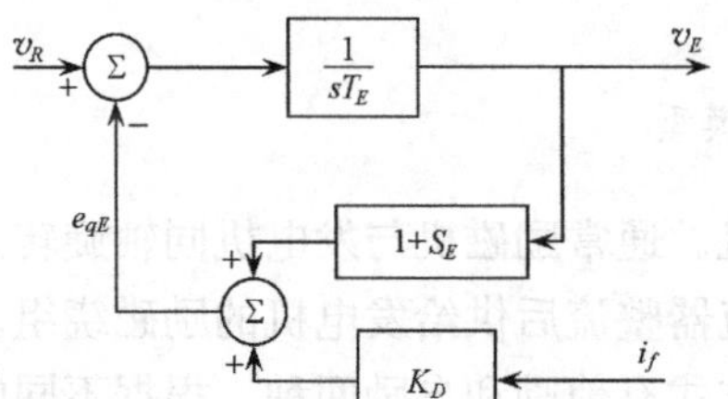

图 5-8 他励式交流励磁机的传递函数框图

当励磁机采用自励方式时，将式(5-102)和图 5-8 中的$(1+S_E)$换成(K_E+S_E)即可[31,32]。其中K_E为自励系数，其数值小于1。

注意交流励磁机是经整流器与同步发电机的励磁绕组相连接，故其定子、转子的电压、电流基准值的取值除必须满足 5.2 节在推导同步电机的数学模型时的规定外，还与整流器的数学模型有关。这些基准值的取法在后边讨论。

3. *功率整流器的数学模型*

用交流励磁机供给发电机励磁时，通常所用的整流器为三相桥式可控或不控整流电路。下面先介绍不控整流器的数学模型。整流器的输入为交流励磁机的定子电压v_E，其输出电压和电流分别为同步发电机的励磁电压v_f和励磁电流i_f。

准确模拟整流器的暂态过程是一项十分复杂的工作，工程实践表明也无此必要，因此一般都采用所谓准稳态数学模型，即虽然v_E、v_f和i_f在暂态过程中应满足整流器的暂态方程，但对于在数值解的过程中所确定的瞬时值来说，近似认为这些量之间服从整流器的稳态方程。实际上，这相当于将整流器的暂态过程近似处理成一系列连续的稳态过程。

整流器按照换相角γ小于、等于和大于60°区分为三种运行模式。当换相角γ小于60°并忽略谐波影响时，有名制下整流器的稳态方程为

$$V_f=\frac{3\sqrt{2}}{\pi}V_E-\frac{3X_\gamma}{\pi}I_f \tag{5-103}$$

式中：V_E为交流励磁机的定子线电压的有效值；X_γ为整流器的换相电抗，一般取为励磁机的次暂态电抗或负序电抗。顺便指出，对比式(4-37)可见，上式相当于把三相不控桥式整流器看作直流输电中的六脉冲整流器在触发角α为零时的情况，其中$3X_\gamma I_f/\pi$即反映了换相压降。

为了与发电机的数学模型相衔接，需将式(5-103)化为标幺制。为此，将式(5-103)两边同除发电机的励磁绕组电压基准值V_{fB}，可以得到

$$V_{f*}=F_{EX}V_{E*} \tag{5-104}$$

式中：

$$V_{E*}=\frac{3\sqrt{2}V_E}{\pi V_{fB}} \tag{5-105}$$

$$
\left.\begin{aligned}
F_{EX} &= 1 - I_N/\sqrt{3} \\
I_N &= K_C I_{f*}/V_{E*} \\
K_C &= \frac{X_\gamma}{\sqrt{3}\pi Z_{fB}}
\end{aligned}\right\} \tag{5-106}
$$

可见 K_C 是常数。必须指出，在式(5-106)中并不显含整流器的换相角 γ。事实上，当 γ 小于 60°时，I_N 的取值范围为(0，0.433)。可以证明，当换相角 γ 等于或大于 60°时，仍可用式(4-104)作为整流器的数学模型，但其中的 F_{EX} 与 I_N 的关系发生变化。当 I_N 在 0～1 的范围内，F_{EX} 的表达式可统一由下式给出：

$$
F_{EX} = \begin{cases} 1 - I_N/\sqrt{3} & (0 \leqslant I_N < 0.443) \\ \sqrt{0.75 - I_N^2} & (0.443 \leqslant I_N \leqslant 0.75) \\ \sqrt{3}(1 - I_N) & (0.75 < I_N < 1) \end{cases} \tag{5-107}
$$

必须指出，上述模型要求 I_N 非负且取值必须小于 1。如果由于某种原因使 I_N 的取值大于 1，则应将 F_{EX} 置零。由式(5-104)、式(5-106)和式(5-107)可以作出 F_{EX} 与 I_N 的关系曲线和整流器的传递函数框图，如图 5-9 所示。其中已按习惯略去了标幺制下标。

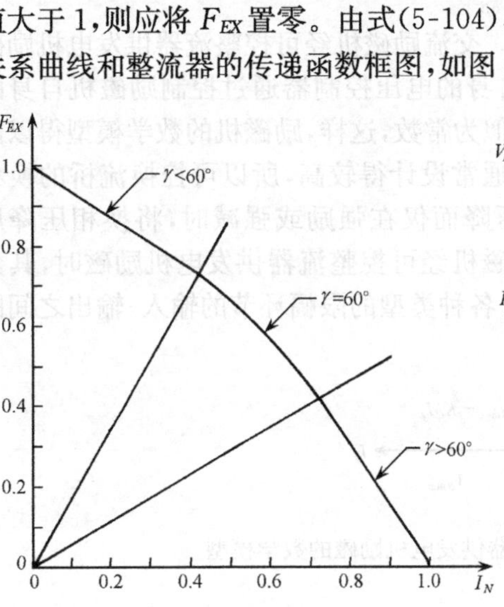

(a) F_{EX}-I_N 的关系曲线

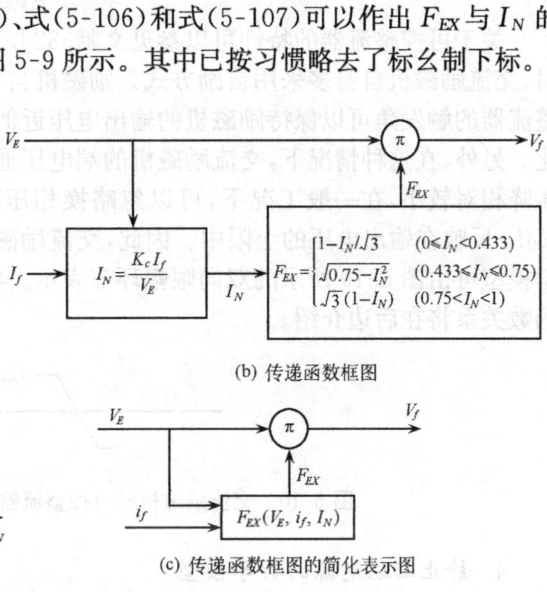

(b) 传递函数框图

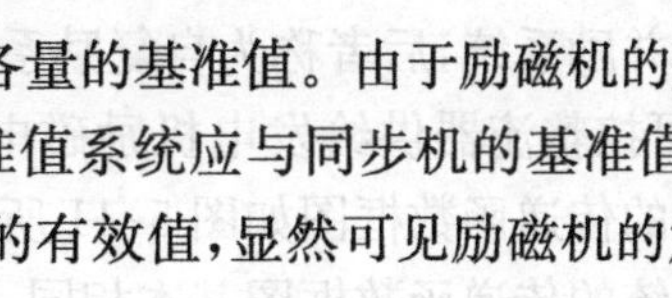

(c) 传递函数框图的简化表示图

图 5-9 功率整流器的数学模型

下面我们讨论交流励磁机的数学模型中的各量的基准值。由于励磁机的数学模型是直接套用了同步机的数学模型，故励磁机的基准值系统应与同步机的基准值系统一致。由式(5-105)并注意 V_E 是励磁机定子的线电压的有效值，显然可见励磁机的定子线电压的基准值，记为 V_{LEB}，为

$$
V_{LEB} = \frac{\pi}{3\sqrt{2}} V_{fB}
$$

据线电压与相电压的关系及有效值与幅值的关系，容易得到励磁机定子相电压幅值的基准值

$$
V_{EB} = \frac{\sqrt{2}}{\sqrt{3}} V_{LEB} = \frac{\pi}{3\sqrt{3}} V_{fB} \tag{5-108a}
$$

由式(5-20)得，交流励磁机的定子相电流的幅值的基准值为

$$I_{EB}=\frac{2\sqrt{3}S_B}{\pi V_{fB}} \tag{5-108b}$$

励磁机的励磁绕组的基准电压 V_{RB} 应按"单位励磁电压/单位定子电压"的原则通过电机实验获取。励磁机的励磁电流的基准值由式(5-23)可得，为

$$I_{RB}=S_B/V_{RB} \tag{5-109}$$

顺便指出，式(5-102)中的 $K_D i_f$ 反映了励磁机的负载效应。前边在推导式(5-102)时已指出，i_f 与 i_E 近似为正比关系，即有 $i_f=ki_E$ 成立，这里 k 为比例系数。由式(5-100)中右边第二项，有

$$(X_{dE*}-X'_{dE*})i_{E*}=\frac{X_{dE}-X'_{dE}}{Z_{EB}}\frac{i_E}{I_{EB}}=\frac{X_{dE}-X'_{dE}}{Z_{EB}}\frac{i_f}{kI_{EB}}=\frac{X_{dE}-X'_{dE}}{kZ_{EB}}\frac{I_{fB}}{I_{EB}}i_{f*}$$

可见，式(5-102)中的 K_D 由下式给出：

$$K_D=\frac{X_{dE}-X'_{dE}}{kV_{EB}}I_{fB} \tag{5-110}$$

关于可控整流器的特性可以参见文献[32]。交流励磁机经可控整流器供发电机励磁时，交流励磁机自身多采用自励方式。励磁机自身的电压控制器通过控制励磁机自身的整流器的触发角可以保持励磁机的输出电压近似为常数，这样，励磁机的数学模型得以简化。另外，在这种情况下，交流励磁机的端电压通常设计得较高，所以可控换流桥的换相压降相对较小，在一般工况下，可以忽略换相压降而仅在强励或强减时，将换相压降用 $K_C I_f$ 反映在输出电压的上限中。因此，交流励磁机经可控整流器供发电机励磁时，其数学模型可由图 5-10 所示的双向限幅环节表示。各种类型的限幅环节的输入-输出之间的函数关系将在后边介绍。

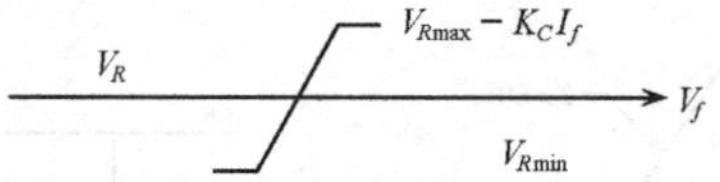

图 5-10 交流励磁机经可控整流器供发电机励磁的数学模型

4. *静止励磁电源的数学模型*

在静止励磁系统中，发电机的励磁电源取自发电机自身的端电压或端电压和端电流。前者称为自并励系统，后者称为自复励系统。在自并励系统中，发电机电压经励磁变压器降压后，经可控整流器供给发电机励磁电流。可控整流器的触发角由励磁调节器控制。自并励系统的传递函数框图如图 5-11 所示，显见它与图 5-10 所示的采用可控整流器的交流励磁系统的传递函数框图基本相同，这是因为二者在物理结构上的差别仅在于励磁电源不同，这一差别反映在励磁系统输出的限幅环节上。在自并励系统中，由于励磁电源是发电机本身，因而励磁系统的输出电压的上下限与发电机电压 V_t 有关，分别为 $V_tV_{R\max}-K_CI_f$ 和 $V_tV_{R\min}$，其中 $V_{R\max}$ 和 $V_{R\min}$ 分别对应于 V_t 为 1 时整流器空载电压的最大值和最小值。

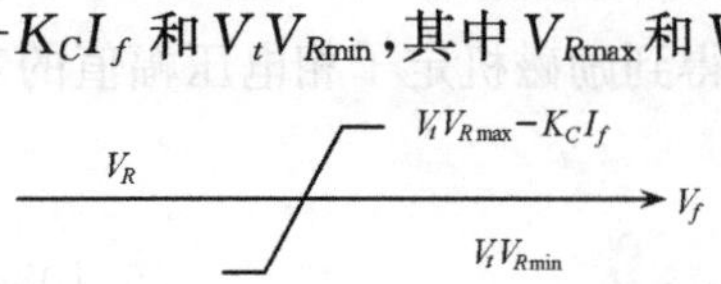

图 5-11 静止励磁电源的数学模型

在自复励系统中，可控整流器的电源由励磁变压器和励磁变流器同时供给，它们可以在整流前或整流

后串联或并联相加，类型较多，数学模型不再具体介绍，读者可以参见文献[31]～[34]。

5.3.2 电压测量与负载补偿环节

自动电压调节器的作用是控制发电机的端电压为理想值。电压测量环节把发电机的端电压 $\dot{V}_t$ 经降压、整流和滤波等环节后处理成一个直流信号。整个测量环节通常用一个一阶惯性环节来描述，其传递函数框图如图 5-12 所示。负载补偿环节的功能是对发电机负载电流 $\dot{I}_t$ 进行补偿以使稳态时负载发生变化仍能保持电压控制点的电压基本不变。阻抗 R_C+jX_C 模拟了所控制的电压点到发电机机端之间的阻抗。R_C 和 X_C 为正值时，电压控制点在发电机内部；反之，电压控制点在发电机之外。另外，电气距离很近的发电机之间的无功负载的自动分配与发电机的电压调差特性有关，而发电机的电压调差特性是通过调整参数 R_C 和 X_C 来实现的。为简化起见，R_C 经常被忽略而令其为零，这时 X_C 大于零则为正调差，即控制结果为负载电流越大，机端电压越高；反之，X_C 小于零则为负调差，即机端电压随负载增大而降低。在不进行负载补偿的情况下，参数 R_C、X_C 都取为零。电压测量环节和负载补偿环节可能有各自的时间常数，为简化模型起见，通常只用一个时间常数 T_R 来描述它们。T_R 被称为测量环节时间常数，其值一般小于 60ms，很多系统甚至接近于零，因此，计算中常近似取其值为零。输出电压 V_M 与设定的电压参考值 V_{ref} 相比较，所得的误差信号经放大后作为发电机励磁系统的控制信号。顺便指出，励磁调节器的电压参考值 V_{ref} 虽是人为设定的，但它表征了发电机的电压控制点的理想值并且必须满足整个系统的初始稳态运行工况。

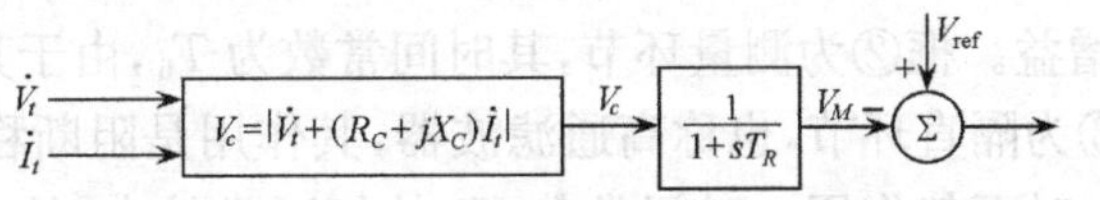

图 5-12 电压测量与负载补偿环节

5.3.3 幅值限制环节

在励磁系统的数学模型中，由于功能上的需要或者实际存在的饱和特性，有一些环节的输出幅值受到限制。限幅环节分为两种，即终端限制型（windup）和非终端限制型（non-windup）。限幅环节经常在积分环节、一阶惯性环节和超前-滞后环节中遇到。图 5-13(a)和(b)给出了积分环节中的这两种限幅环节的框图。下面我们以积分环节为例介绍它们的输入输出之间的关系。读者可以自行给出带终端限制和非终端限制的一阶惯性环节和超前-滞后环节的输入输出关系。

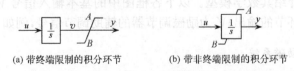

(a) 带终端限制的积分环节　　(b) 带非终端限制的积分环节

图 5-13 限幅环节

积分环节的方程为 $dv/dt=u$。但是注意两种限幅环节在限制作用上的区别。对于终端限制型，若变量 v 大于下界 B 且小于上界 A 时，输出变量 y 即为 v；若 v 大于或等于上界A时，输出变量y被限制为上界值A；若v小于或等于下界B时，输出变量y被限制为下界值B。注意变量v是不受限制的，而下一个环节的输出变量y是受限制的。只要v是越界的，输出变量y就被限制在界值上。对于非终端限制型，输出变量y是直接受限制的。若y在界内，则输入输出之间的关系是$dv/dt=u$；若y等于上界且有随时间增大的趋势，即$dy/dt>0$，则置$dy/dt=0$，且使y取上限值A；而当y等于下界且有随时间减小的趋势，即$dy/dt<0$，则置$dy/dt=0$，且使y取下限值B。非终端限制型限制环节的输出变量y被限制在界值时，只要输入变量u一改变正负号，y即立即进入界内。但是终端限制型则需v回到界内，输出变量y才能回到界内。

5.3.4 辅助调节器——电力系统稳定器的数学模型

电力系统稳定器(power system stabilizer，PSS)是广泛用于励磁控制的辅助调节器，其功能是抑制电力系统的低频振荡或增加系统阻尼。其基本原理是通过对励磁调节器提供一个辅助的控制信号而使发电机产生一个与转子电角速度偏差同相位的电磁转矩分量。其工作机理、参数选择和安装位置等问题，读者可参见文献[10]、[18]。PSS有数种形式，这里我们给出一种常用形式的传递函数框图，如图5-14。

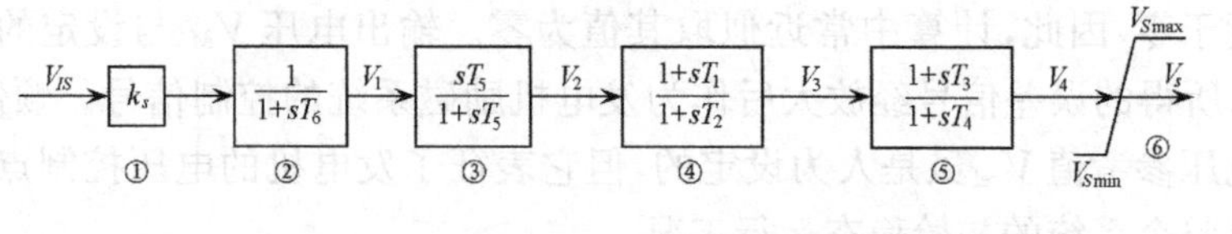

图5-14 电力系统稳定器的传递函数框图

框①为PSS的增益。框②为测量环节，其时间常数为T_6，由于其数值很小，可以忽略而取其值为零。框③为隔直环节，也称高通滤波器，其作用是阻断稳态输入信号，从而使PSS在系统稳态运行时不起作用。时间常数T_5的值通常较大，约为5s。框④和框⑤分别为两个超前-滞后环节。PSS至少应有一个超前-滞后环节，而且大多数情况下是一个。将时间常数T_3和T_4取为零时即相当于只有一个超前-滞后环节。框⑥为限幅环节。PSS的输入信号V_{IS}通常为发电机的电角速度、端电压、电磁功率、系统频率中的一个或者它们的组合。输出信号V_s作为励磁调节器的一个输入信号。PSS在系统中的安装位置及其参数必须正确选择才能起到积极作用。

5.3.5 励磁调节器的数学模型[31,33]

励磁调节器的作用是处理和放大输入的控制信号，从而生成合适的励磁控制信号。励磁调节器中通常包括功率放大环节、励磁系统稳定环节和幅值限制环节。下面我们结合具体的励磁系统介绍其数学模型。以下各框图中的基本输入信号V_M为图5-12中电压测量与负载补偿环节的输出；V_s为励磁调节器的辅助调节信号，例如PSS的输出信号。

1. 直流励磁机励磁系统

根据调节器的不同类型，分为可控相复励调节器、复式励磁加负载补偿和带可控硅调节器的直流机励磁系统等三种。前两种系统大多用于100MW及以下的小型机组，目前已逐渐淘汰。采用可控相复励调节器的励磁调节系统，其框图为图5-15。图中$\dot{V}_t$和$\dot{I}_t$

分别为发电机的机端电压和电流。框①反映相位复式励磁；框②和框③为负载补偿和测量环节；框④为综合放大环节；框⑤为限幅环节，其输入信号即是励磁机的复励电流；框⑥和框⑦为直流励磁机环节。为了改善励磁系统的性能，常通过框⑧所示的软负反馈环节对发电机励磁电压进行并联校正。运行控制中可以整定的参数为 K_V、K_I、R_C、X_C、K_E、K_A、T_A、K_F 和 T_F。对于调节器采用复励加负载补偿的励磁系统，仍可用图 5-15 表示，但需将其中的框①换成 I_t 的简单放大环节。

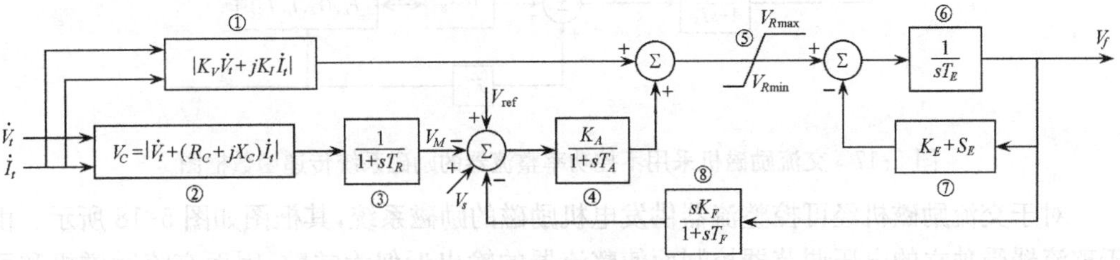

图 5-15　采用可控相复励调节器的直流励磁机励磁调节系统传递函数框图

采用可控硅调节器的直流机励磁系统，其框图为图 5-16。用时间常数 T_B 和 T_C 描述励磁调节器的固有等值时间常数，它们的值通常很小，因而也常常被略去而取其值为零。综合放大环节的时间常数和增益分别为 T_A 和 K_A。由于放大器的饱和特性及功率限制，因而放大器的框图带有非终端限制型限幅环节。V_F 为励磁电压软负反馈环节的输出，用以改善整个励磁调节系统的动态特性。V_R 为直流励磁机的励磁电压。运行控制中可以整定的参数为 R_C、X_C、k_E、K_A、T_A、K_F 和 T_F。

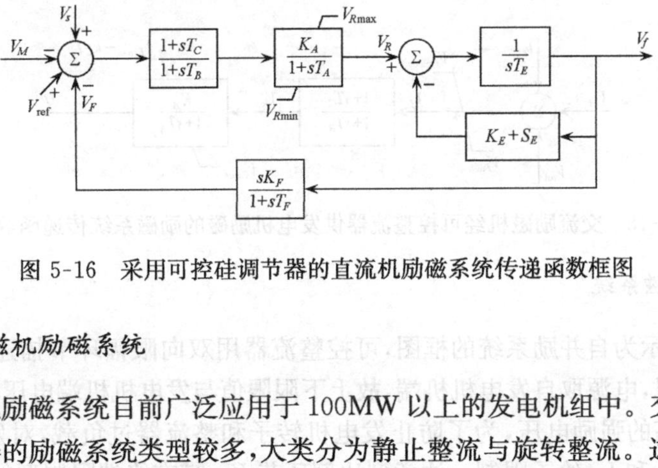

图 5-16　采用可控硅调节器的直流机励磁系统传递函数框图

2. *交流励磁机励磁系统*

交流励磁机励磁系统目前广泛应用于 100MW 以上的发电机组中。交流励磁机采用不控功率整流器的励磁系统类型较多，大类分为静止整流与旋转整流。这里介绍常用的一种，其框图如图 5-17 所示。其他类型可参见文献[31]。图中由 T_B、T_C、K_A、T_A、K_F 和 T_F 表征的三框属于励磁调节器部分，其意义与图 5-16 中的励磁调节器相同。图中并联校正环节的输入信号为交流励磁机的空载电势 e_{qE}［参看式(5-102)］，也有将发电机励磁电压 V_f 作为反馈输入的接线。励磁电流 I_f 作为励磁调节系统的一个输入信号并通过常数 K_D 来等值交流励磁机的负载效应。图中励磁机是他励式，当采用自励式时，$1+S_E$ 一框应改为 k_E+S_E，前已述及 k_E 和 S_E 分别为交流励磁机的自励系数和饱和系数。由于整流器的输入要求 V_E 非负，因而在励磁机的框图中，由 T_E 表征的积分环节带有终端限制型的单向限幅环节，以禁止励磁机的输出电压 V_E 为负值。运行控制中可以整定的参数为 R_C、X_C、k_E、K_A、T_A、K_F 和 T_F。

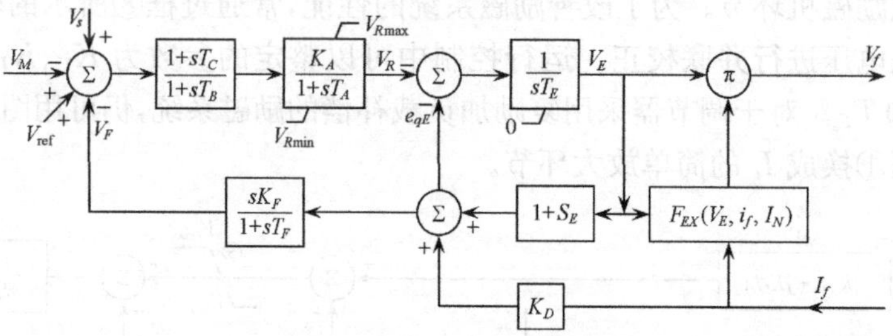

图 5-17　交流励磁机采用不控功率整流器的励磁系统传递函数框图

对于交流励磁机经可控整流器供发电机励磁的励磁系统，其框图如图 5-18 所示。由于整流器受独立的电压调节器控制而使整流器的输出近似为常数，因而交流励磁机和可控整流器的数学模型为图 5-10。在图 5-18 中已将其与系统的综合等值放大环节相结合，其中等值时间常数 T_A 和增益 K_A 描述了可控整流器自身及其调节器的动态特性。为改善系统的动态特性，在这种励磁系统中通常用串联校正环节而不用并联校正环节。串联校正环节的时间常数为 T_B 和 T_C。必须指出，可控整流器的负载被限制在使 I_N 非负且小于 0.433 的范围内[参看式(5-107)]。励磁系统的负载效应被反映在双向限幅环节的上限值中。运行控制中可以整定的参数为 R_C、X_C、K_A、T_A、T_C 和 T_B。顺便指出，此处因是独立的交流励磁机作为电源，故双向非终端限制型限幅环节的上下限限值与发电机机端电压无关。

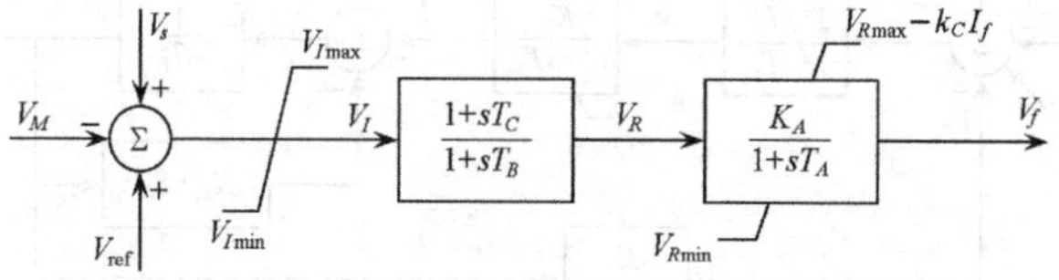

图 5-18　交流励磁机经可控整流器供发电机励磁的励磁系统传递函数框图

3. *静止励磁系统*

图 5-19 所示为自并励系统的框图，可控整流器用双向限幅环节描述。前已述及，对静止励磁的情况，电源取自发电机机端，故上下限限值与发电机机端电压有关。这种励磁系统可以有很高的强励电压，为了防止发电机转子和整流器过负载，对发电机励磁电流 I_f 由图中的 K_{LR} 和 I_{LR} 给予限制。注意到比例环节 K_{LR} 带有终端限制型的下限限幅，读者可以看出这种限制作用。如欲忽略这一环节，则令 K_{LR} 为零即可。K_A 和 T_A 分别为系统的综合等值增益和时间常数。图中同时给出了串联校正环节和并联校正环节，但通常二者只用其一。如用串联校正环节，则可置 K_F 为零；反之，采用并联校正时，图中串联校正环节的等值时间常数 T_B 和 T_C 同时置零。时间常数 T_{B1} 和 T_{C1} 顾及了系统动态增益的增加，通常 T_{C1} 的值大于 T_{B1} 的值。为简化模型起见，也可以忽略这一环节而同时取这两个时间常数为零。顺便指出，上述框图适用于采用全波可控整流桥的情况，当采用半波可控整流桥时，只需将出口处的双向限幅环节的下限限值取为零即可。运行控制中可以整定

的参数为 R_C、X_C、K_A、T_A、K_F、T_F、T_C、T_B、K_{LR} 和 I_{LR}。其他类型的静止励磁系统的传递函数框图可以参见文献[31]。

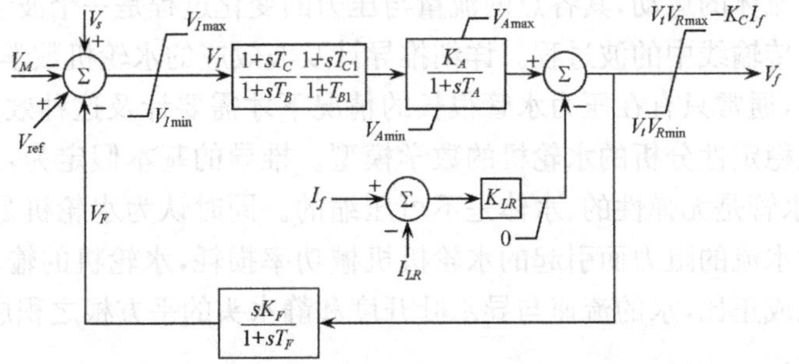

图 5-19　自并励静止励磁系统传递函数框图

5.4　原动机及调速系统的数学模型

在发电机的转子运动方程(5-78)中含有变量 P_m，为原动机的机械输出功率。P_m 与原动机的运行工况有关且受调速系统的控制。除风力、太阳能、潮汐发电外，用于大规模电能生产的原动机分为水轮机和汽轮机两种。水轮机是把水能转换成原动机的旋转动能，汽轮机是把水蒸气的热能转换成汽轮机的旋转动能。发电机则把原动机的旋转动能转换成电能。显然，转换功率的大小与水轮机导水叶开度、汽轮机进汽门开度的大小有关。假设发电机电磁功率不变，注意发电机的转子是由原动机拖动而与原动机同轴旋转的，当开度增大时，发电机转速将增加；反之，当开度减小时，转速将下降。因此，调节开度大小将起到调节原动机输出功率进而调节发电机转速的作用。不难理解，用于调节开度大小的主控制信号必是发电机的转速。由发电机的转子运动方程(5-78)可以看出，电力系统在稳态情况下发生扰动以后，电磁功率发生变化，从而打破了发电机电磁功率与原动机机械功率的平衡，引起发电机转速变化，转速的变化又引起调速系统的动作去调节水轮机导水叶或汽轮机进汽门的开度。开度的调节将改变原动机的机械功率。这样，扰动的发生就使系统进入了复杂的机械与电磁互相作用的暂态过程。因此，当计及调速系统的作用，即不认为 P_m 是常数时，定量地分析计算电力系统的机电暂态过程，必须建立原动机和调速系统的数学模型。

5.4.1　水轮机及其调速系统的数学模型

1. 水轮机的数学模型

水轮机的动态行为与其给水压力管道中的水流的动态特性密切相关。压力管道中的水流特性涉及水流的惯性、水体的可压缩性以及压力水管管壁的径向弹性等诸多因素。例如由于压力管道中水流的惯性，水轮机中的水流变化滞后于其导水叶开度的变化。即当导水叶开度突然增大时，导水叶处的流量将增大，但由于水流的惯性，管道中其他各点的流速不能立即增大，结果造成水轮机的进水压力短时间内不增反减，从而使水轮机的输入功率也不增加反而有所降低。反之，当导水叶开度突然关小时，水轮机的进水压力和输入功率将暂时增加，然后才减少。通常称这种现象为水锤效应。另外，在具有弹性的管道中输送的可压缩流体的运动，其各点的流量与压力的变化过程是一个波动过程，它类似于均匀分布参数的传输线中的波过程。详细推导计及波效应的水轮机数学模型涉及较多的流体力学的知识，通常只有在压力水管很长的情况下才需要计及这种效应。下面推导通常用于电力系统稳定性分析的水轮机的数学模型。推导的基本假定为，忽略水流的波效应，即认为压力水管是无弹性的、水体是不可压缩的。同时认为水轮机是理想的，即不计引水管管壁等对水流的阻力而引起的水轮机机械功率损耗，水轮机的输出功率与净水头和水流量的乘积成正比，水的流速与导水叶开度和静水头的平方根之积成正比。这样，有以下水力学方程：

$$U = K_U \mu \sqrt{H} \tag{5-111}$$

$$P_m = K_P H U \tag{5-112}$$

$$\frac{\mathrm{d}U}{\mathrm{d}t} = -\frac{g}{L}(H - H_0) \tag{5-113}$$

式中：U 为水的流速；K_U 为比例常数；H 为水轮机的净水头；μ 为导水叶开度；P_m 为水轮机的输出机械功率；K_p 为比例常数；g 为重力加速度常数；L 为压力引水管长度；H_0 为 H 的稳态初始值。

以初始运行点的各量作为基准值，将以上水力学方程化为标幺制（仍按惯例略去标幺制下标 *），有

$$U = \mu \sqrt{H} \tag{5-114}$$

$$P_m = HU \tag{5-115}$$

$$\frac{\mathrm{d}U}{\mathrm{d}t} = -\frac{1}{T_w s}(H - 1) \tag{5-116}$$

式中：

$$T_w = \frac{LU_0}{gH_0} \tag{5-117}$$

T_w 为等值水锤效应时间常数，其物理意义为，水头 H_0 将压力水管中的水从静止状态加速到流速为 U_0 所需要的时间。必须注意，这个时间常数的大小与 U_0 有关，即与水轮机的负载有关。负载越大则时间常数越大。通常满载情况下，设计制造使 T_w 的值在 0.5～4s 之间。

假定在初始稳态运行点由于负载的小扰动而使水轮机的运行点发生偏移，因而可将以上水力学方程在其稳态初始点线性化并取拉普拉斯变换，得

$$\Delta U = \sqrt{H_0}\Delta\mu + \frac{1}{2}\frac{\mu_0}{\sqrt{H_0}}\Delta H \tag{5-118}$$

$$\Delta P = H_0 \Delta U + U_0 \Delta H \tag{5-119}$$

$$T_w s \Delta U = -\Delta H \tag{5-120}$$

从以上三式中消去变量 ΔH 和 ΔU 并注意到标幺制下 H_0 的值为 1，得

$$\Delta P_m = \frac{1 - T_w s}{1 + 0.5 T_w s}\Delta\mu \tag{5-121}$$

上述模型称为水轮机的经典模型,其传递函数框图如图 5-20。

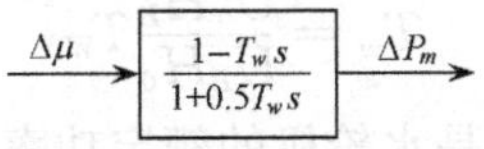

图 5-20　水轮机的经典模型传递函数框图

在电力系统稳定分析中,水轮机模型大多采用以上经典模型。由推导以上模型所采用的假定可知,经典模型适用于负载变化不大的情况。当负载变化范围较大时,上述模型可能带来较大的计算误差[35]。下面推导水轮机的非线性模型。基本假定与推导经典模型相同,但是考虑水轮机的机械功率损耗及由此引起的水轮机死区。在式(5-111)中的导水叶开度 μ 是不计水轮机因摩擦等因素引起的水轮机死区的理想导水叶开度,即认为当 μ 从 0 变化到 1 时,水轮机也从空载变为满载。考虑到水轮机的功率损耗之后,导水叶在从关闭到打开的最初一段需克服水轮机的静摩擦力而并不能使水轮机旋转起来。因此,我们必须把理想开度 μ 用实际开度 γ 表达。由图 5-21 可以看出二者间的关系为

$$\mu = A_t \gamma \tag{5-122}$$

式中:

$$A_t = \frac{1}{\gamma_{FL} - \gamma_{NL}} \tag{5-123}$$

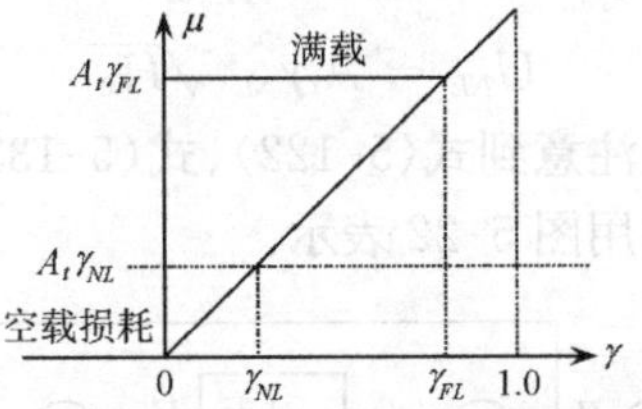

图 5-21　实际开度与理想开度之间的关系

实际开度为 γ_{NL} 时,水轮机仍为空载;为 γ_{FL} 时,水轮机为满载。考虑到水轮机的功率损耗之后,水力学方程(5-112)变为

$$P_m = K_p HU - P_L \tag{5-124}$$

$$P_L = K_p U_{NL} H \tag{5-125}$$

式中:P_L 为水轮机的空载损耗;U_{NL} 为水轮机由静止到旋转时的临界水流流速,显然此时对应的水轮机实际开度为 γ_{NL}。以水轮机的额定参数为基准值,把式(5-111)、式(5-113)、式(5-124)和式(5-125)化为标幺制,得

$$U = \mu \sqrt{H} \tag{5-126}$$

$$P_m = (U - U_{NL})H \tag{5-127}$$

$$\frac{\mathrm{d}U}{\mathrm{d}t} = -\frac{1}{T_W}(H - H_0) \tag{5-128}$$

式中:

$$T_W = \frac{LU_B}{gH_B} \tag{5-129}$$

T_W 为额定负载下的等值水锤效应时间常数。顺便指出,由式(5-117)知,任意负载下的

时间常数与额定负载下的时间常数之间的关系为

$$T_w = \frac{U_0 H_B}{U_B H_0} T_W \tag{5-130}$$

注意式(5-127)中功率基准值是水轮机的额定功率。为了与发电机模型相衔接，将式(5-127)的基准功率换算为发电机的额定功率 S_B：

$$P_m = P_r(U - U_{NL})H \tag{5-131}$$

$$P_r = P_B / S_B \tag{5-132}$$

把式(5-126)改写成

$$H = \left(\frac{U}{\mu}\right)^2 \tag{5-133}$$

由式(5-122)、式(5-133)，消去式(5-128)和式(5-131)中的 H 得

$$\frac{\mathrm{d}U}{\mathrm{d}t} = -\frac{1}{T_W}\left[\left(\frac{U}{A_t\gamma}\right)^2 - H_0\right] \tag{5-134}$$

$$P_m = P_r(U - U_{NL})\left(\frac{U}{A_t\gamma}\right)^2 \tag{5-135}$$

以上两式即为水轮机的非线性数学模型。其中 U_{NL} 按其物理意义知，当导水叶实际开度 γ 为 γ_{NL} 时，水流的加速度为零。由式(5-134)有

$$\left.\frac{\mathrm{d}U}{\mathrm{d}t}\right|_{U=U_{NL}} = -\frac{1}{T_W}\left[\left(\frac{U_{NL}}{A_t\gamma_{NL}}\right)^2 - H_0\right] = 0$$

$$U_{NL} = A_t\gamma_{NL}\sqrt{H_0} \tag{5-136}$$

通常 H_0 为 1，故 U_{NL} 为常数。注意到式(5-122)、式(5-133)、式(5-128)和式(5-131)，可以将水轮机的非线性数学模型用图 5-22 表示。

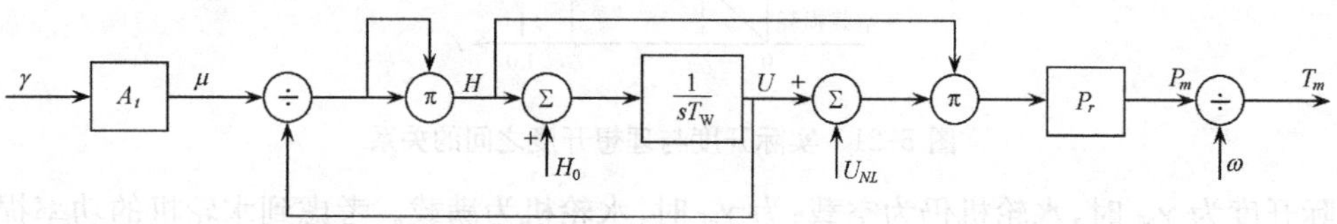

图 5-22 水轮机非线性数学模型的传递函数框图

2. *水轮机调速系统的数学模型*

水轮机调速器主要有机械液压式和电气液压式两种类型。虽然它们的实现方法不同，但作用原理相似，因而可以采用相同的数学模型。现代机组大多采用电气液压式调速器，但由于机械液压式调速器的工作原理更为直观，故我们仍以机械液压式调速器为例建立其数学模型。离心飞摆式调速器的原理结构如图 5-23 所示。下面给出标幺制下的调速器各元件的运动方程，其中各量的正方向已在图中标出，注意忽略压力油的压缩性，由图不难理解如下这些方程。

(1) 离心飞摆方程。离心飞摆的作用是测量发电机转速。注意飞摆套筒的相对位移记为 η。当转速升高时，由于离心力增大，飞摆张开，导致 η 减小；反之，当转速下降时，离心力减小，飞摆收紧，导致 η 增大。略去飞摆的质量和阻尼的作用，可以近似地认为 η 与转速偏差成正比，比例系数为 k_δ，则有

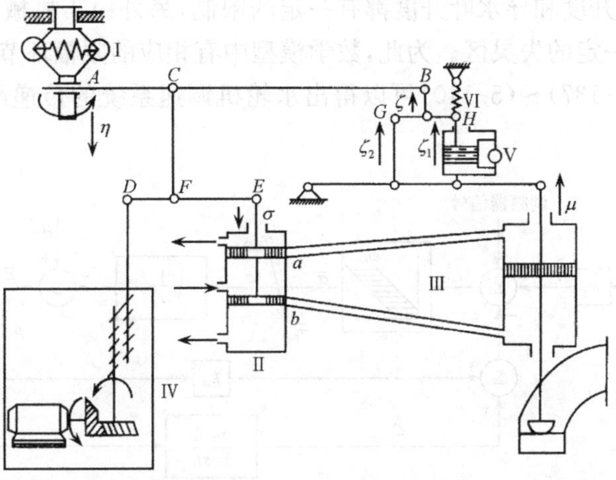

图 5-23　离心飞摆式调速器的原理结构示意图

Ⅰ.离心飞摆；Ⅱ.错油门(配压阀)；Ⅲ.油动机(接力器)；Ⅳ.调频器；Ⅴ.缓冲器；Ⅵ.弹簧

$$\eta = k_\delta(\omega_0 - \omega) \tag{5-137}$$

(2) 配压阀活塞方程。调频器不动作(即图 5-23 中点 D 固定)并忽略配压阀活塞的惯性时，配压阀活塞位移 σ 与点 B 的位移 ζ 间的关系为

$$\sigma = \eta - \zeta \tag{5-138}$$

(3) 接力器活塞方程。接力器活塞的位移 μ 显然是配压阀活塞位移 σ 对时间积分，也就是说接力器活塞的位移速度与配压阀活塞位移 σ 成正比。比例系数 T_s 称为接力器时间常数。于是有

$$T_s p\mu = \sigma \tag{5-139}$$

(4) 反馈方程。由图 5-23 可见，当 η 增大时，σ 随之增大，从而 μ 也增大；η 与 μ 的增大使 ζ 增大，而 ζ 的增大将使 σ 减小，从而使 μ 有所减小。所以 ζ 是反映对 μ 负反馈的位移量。ζ 的值由 ζ_1 和 ζ_2 两部分决定。由于弹簧与缓冲器的存在，ζ_1 是软反馈；显见 ζ_2 与 μ 成正比，故其是硬反馈。于是有

$$\zeta = \zeta_1 + \zeta_2 = \frac{k_\beta T_i s}{1 + T_i s}\mu + k_\alpha \mu \tag{5-140}$$

式中：$k_\alpha = \alpha/\delta, k_\beta = \beta/\delta, \delta = 1/k_\delta$。$k_\beta$ 和 T_i 分别为软反馈的增益和时间常数；k_α 为硬反馈增益；δ 称为测量元件的灵敏度；β 称为软反馈系数；α 称为调差系数。顺便指出，由于水流的惯性不能迅速跟上导水叶开度的变化，所以在发电机速度偏差变化较快时调速器必须对开度 μ 有一个大的负反馈，以减缓导水叶开度的变化，使水流和水轮机的输出功率的变化能跟进 μ 的变化。对于稳态情况下发电机速度的缓慢变化，则要求调速器尽快反应，因而负反馈环节的稳态增益应该较小。由式(5-140)可以看出，整个负反馈环节有较大的动态增益。如在 $t=0$ 时增益为 k_β 与 k_α 之和。软负反馈环节的时间常数较大，通常为 0.5～5s 左右。在稳态情况下软负反馈环节的稳态增益为零，故整个负反馈环节的稳态增益仅为硬反馈增益 k_α。硬负反馈增益使机组在稳态情况下具有一定的调差系数，即随机组负荷增大，机组转速有所降低。这样，并列运行的机组之间可以按一定的比例稳定地分配负荷，实现一次调频的功能。k_α 和 k_β 通常的取值分别为 0.04 和 0.4 左右。

配压阀活塞的开度和导水叶开度都有一定的限制，另外由于机械摩擦和机械间隙的存在，调速器存在一定的失灵区。为此，数学模型中有相应的限幅环节和反映失灵区的非线性环节。由式(5-137)～(5-140)可以得出水轮机调速系统的传递函数框图如图5-24所示。

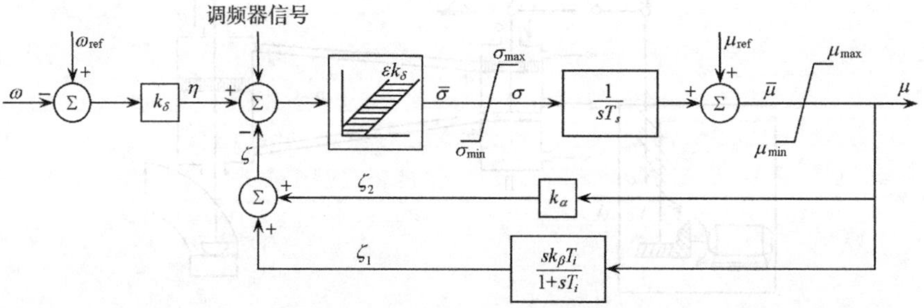

图 5-24　水轮机离心飞摆式调速系统的传递函数框图

电气液压式水轮机调速器的功能与机械液压式基本相同。但是在各个基本参数的调节上，电气液压式更为方便灵活。采用比例-积分-微分(PID)控制的电气液压式调速器的数学模型可以参见文献[35]～[37]。

5.4.2　汽轮机及其调速系统的数学模型

1. 汽轮机的数学模型

汽轮机的动态行为主要与蒸汽的容积效应有关。下面推导一般的蒸汽容积效应时间常数。如图5-25所示，流进和流出体积为$V(m^3)$的容器的水蒸气流量分别为Q_{in}和Q_{out}(kg/s)。不难理解以下关系：

$$\frac{dW}{dt}=V\frac{d\rho}{dt}=Q_{in}-Q_{out} \tag{5-141}$$

式中：W为容器中蒸汽的质量(kg)；ρ为蒸汽密度(kg/m^3)。

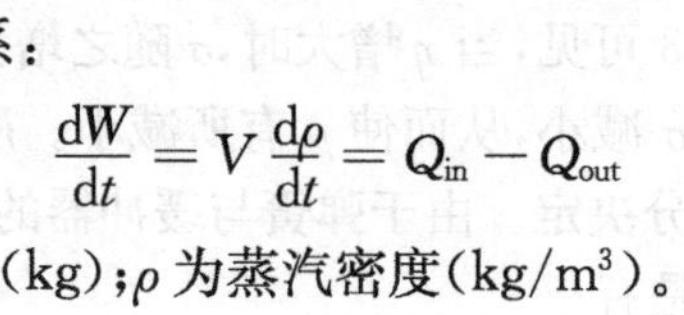

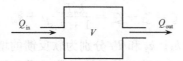

图 5-25　蒸汽容积

假定流出容器的蒸汽流量与容器内的蒸汽压力成正比，则有

$$Q_{out}=\frac{Q_N}{P_N}P \tag{5-142}$$

式中：P为容器内的蒸汽压力(kPa)；P_N为容器内蒸汽的额定压力(kPa)；Q_N为流出容器的蒸汽的额定流量(kg/s)。

在容器内蒸汽温度恒定的条件下，有下式成立：

$$\frac{d\rho}{dt}=\frac{dP}{dt}\frac{\partial\rho}{\partial P} \tag{5-143}$$

其中在给定温度下的蒸汽密度对蒸汽压力的变化率$\partial\rho/\partial P$可由蒸汽参数表获取，为一常数。由式(5-141)～(5-143)经拉普拉斯变换，可以导得

$$Q_{\text{out}} = \frac{1}{1+sT_V}Q_{\text{in}} \tag{5-144}$$

式中：

$$T_V = \frac{P_N}{Q_N}V\frac{\partial\rho}{\partial P} \tag{5-145}$$

称 T_V 为蒸汽容积效应时间常数(s)。由式(5-145)可见，容器的体积越大，则容积效应时间常数就越大。式(5-144)表明当进汽流量突然增大(或减小)时，由于容器内的压力不能立刻增大(或减小)，因而出汽流量不能立刻增大(或减小)。出汽流量的变化滞后于进汽流量的变化，这种现象就称为蒸汽的容积效应。

汽轮机在结构上有多种形式。现代大型汽轮机组都是由多个汽缸同时驱动一台发电机，多个汽缸按其工作蒸汽的额定压力的大小分别称为高压缸(HP)、中压缸(IP)和低压缸(LP)。中、小型机组汽轮机可以只有一个汽缸。为了提高热效率，现代汽轮机还有中间再热环节(RH)。图 5-26 为有中间再热环节的汽轮机原理结构示意图。

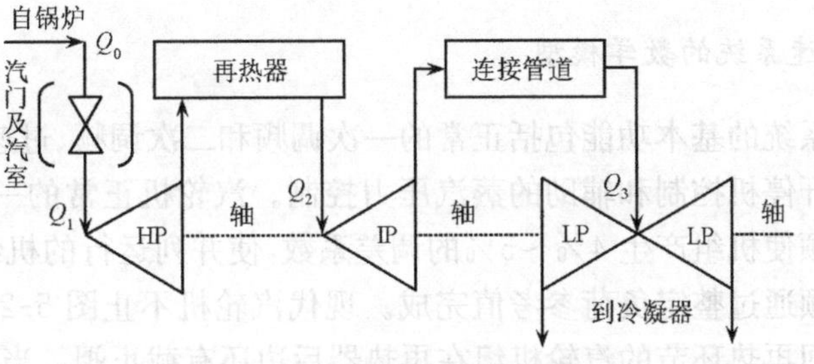

图 5-26　多级汽轮机结构原理图

由图 5-26 可见，锅炉中的高温高压蒸汽由汽门经汽室(steam chest)进入高压缸。注意汽门到高压缸喷嘴之间的导流管和汽室具有一定的体积。流出高压缸的蒸汽被送进中间再热器(reheater)升温，升温后的蒸汽进入中压缸。同样在高压缸出口到中压缸入口之间也有一定的体积。流出中压缸的蒸汽经连接管道(crossover)进入低压缸。显然，连接管道具有一定的体积。以上三部分体积引起的容积效应时间常数分别记为 T_{CH}、T_{RH}和 T_{CO}。T_{CH}大约在 0.2～0.3s 之间；中间再热环节的时间常数 T_{RH}很大，一般在 5～10s 之间；T_{CO}为 0.5s 左右。

汽轮机转子的输出机械转矩与喷嘴处蒸汽流量成正比，以图 5-25 为例，即与 Q_{out}成正比；另外近似认为高压缸进汽流量与汽门开度μ成正比；设高、中、低压缸的机械功率比例系数分别为F_{HP}、F_{IP}、F_{LP}且三系数之和为 1。一般 F_{HP}、F_{IP}、F_{LP}的取值分别为 0.3、0.3、0.4。由以上分析并取合适的基准值，即有图 5-26 所示的汽轮机在标幺制下的数学模型

$$\left.\begin{aligned} Q_1 &= \frac{1}{1+T_{\text{CH}}s}Q_0 \\ Q_2 &= \frac{1}{1+T_{\text{RH}}s}Q_1 \\ Q_3 &= \frac{1}{1+T_{\text{CO}}s}Q_2 \end{aligned}\right\} \tag{5-146}$$

$$\left.\begin{aligned}\mu &= Q_0\\ T_{mH} &= F_{HP}Q_1\\ T_{mI} &= F_{IP}Q_2\\ T_{mL} &= F_{LP}Q_3\\ T_m &= T_{mH}+T_{mI}+T_{mL}\\ F_{HP}+F_{IP}+F_{LP} &= 1\end{aligned}\right\} \tag{5-147}$$

式中：T_{mH}、T_{mI}、T_{mL}分别为高、中、低压缸输出机械转矩；流量 $Q_0 \sim Q_3$ 如图 5-26 所示。以上数学模型的传递函数框图为图 5-27。其他形式的汽轮机数学模型可参见文献[38]、[39]。

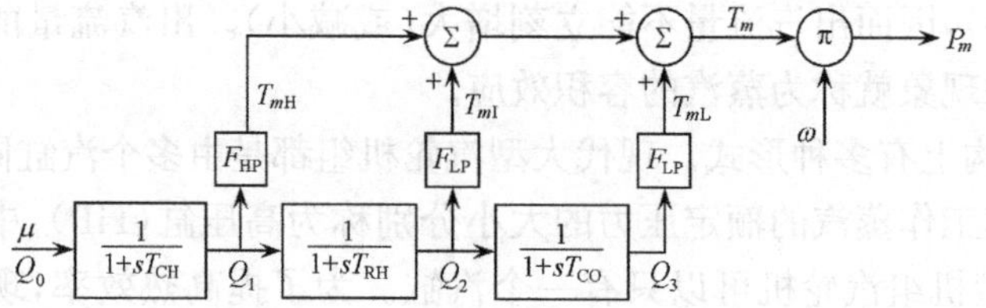

图 5-27　多级汽轮机的传递函数框图

2. 汽轮机调速系统的数学模型

汽轮机调速系统的基本功能包括正常的一次调频和二次调频、过速控制、过速切机以及正常情况下的开停机控制和辅助的蒸汽压力控制。汽轮机正常的一、二次调频与水轮机相似。一次调频使机组产生 4%～5%的调差系数，使并列运行的机组间能够稳定地分配负荷。二次调频通过整定负荷参考值完成。现代汽轮机不止图 5-26 中所示的一个阀门。例如具有中间再热环节的汽轮机组在再热器后边还有截止阀。当机组转速过高而需要紧急减小汽轮机的输入功率时，由于中间再热环节的蒸汽容积很大，只关闭汽轮机的汽门是不够的。在这种情况下通常是同时关闭汽门和截止阀。一次调频和二次调频都只调整汽轮机的主汽门，即图 5-26 中所示的汽门。在通常的电力系统稳定性分析中，只考虑对主汽门的控制而不考虑对其他阀门的控制。但当以汽门快关、紧急切机等作为稳定的控制手段时，则应考虑对所有阀门的控制。本书只介绍对主汽门的控制模型；对其他阀门的控制模型可以参见文献[38]、[40]。汽轮机调速系统大体可分为机械液压、电气液压和功率-频率电气液压调速器等三种类型。机械液压式调速器与前边介绍的水轮机离心飞摆式调速器动作原理基本相同，只是汽轮机调速系统无需软反馈环节而只用硬反馈，硬反馈系数为 1。这样，汽轮机机械液压式调速系统便可采用图 5-28 所示的传递函数框图。其中时间常数为 T_1 的惯性环节描述了调速器中错油门的惯性。T_1 的数值不是很大，故一般可以将此环节忽略不计。电气液压式调速器是用电子线路实现了机械液压式调速器中低功率输出的环节，即从转速测量到油动机前的机械部分。电气液压式较之机械液压式有更好的适应性和灵活性，响应速度也得到提高。为了使调速系统有更好的线性响应特性，还引入了蒸汽流量（或高压缸第一段的蒸汽压力）和油动机活塞位置的反馈回路。电气液压式调速系统的原理框图与传递函数框图如图 5-29 所示。

功率-频率电气液压调速器的原理框图和传递函数框图如图 5-30 所示。将发电机的频率和功率与给定的参考值进行比较，得到的误差信号经过综合放大后由 PID 校正，然

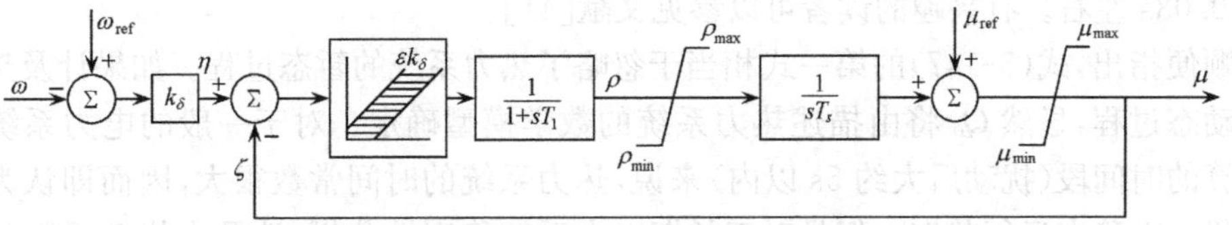

图 5-28　汽轮机机械液压式调速系统的传递函数框图

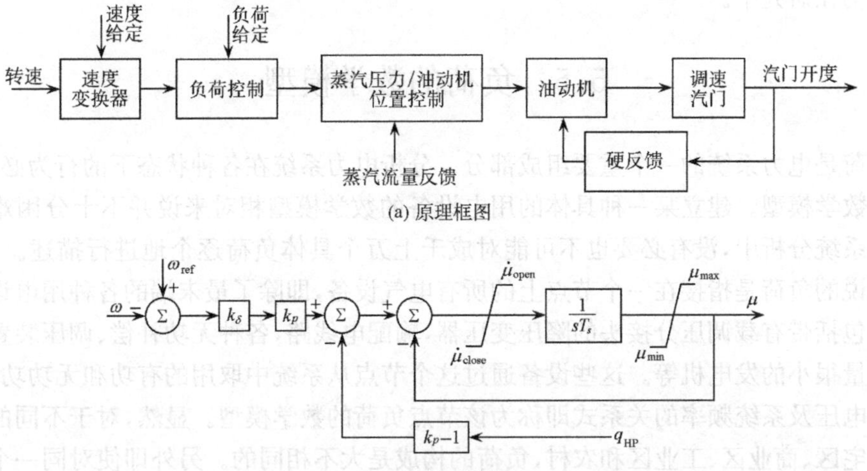

(a) 原理框图

(b) 传递函数框图

图 5-29　电气液压式调速系统

后通过电液转换器将电信号转换成液压信号去驱动继动器和油动机，从而调节汽轮机的汽门。图中 k_P、k_I 和 k_D 分别为比例、积分和微分环节的增益；T_{EL} 为电液转换器的时间常数；T_s 为接力器时间常数。

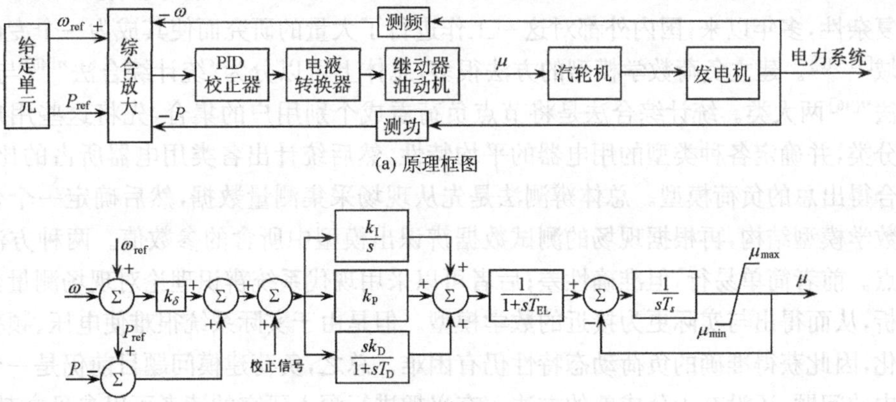

(a) 原理框图

(b) 传递函数框图

图 5-30　功率-频率电气液压调速器

值得指出的是，数字式汽轮机调速系统在近 20 年有一定的发展。数字式控制器与汽轮机汽门的操作机构之间由数字-模拟混合环节相连，控制功能由软件实现。数字式调速系统具有比电气液压式调速系统更灵活方便的功能，响应速度大大提高，调速器的时间常数在 0.03s 左右。有兴趣的读者可以参见文献[41]。

顺便指出，式(5-147)的第一式相当于忽略了热力系统的暂态过程。如果计及热力系统的动态过程，显然 Q_0 将由描述热力系统的数学模型确定。对于一般的电力系统稳定性计算的时间段(扰动后大约 5s 以内)来说，热力系统的时间常数很大，因而即认为热力系统仍处在稳态运行状态。但是对于长期电力系统稳定性分析(涉及大扰动后数分钟系统的动态行为)，热力系统(如锅炉等)的动态特性将起到重要的作用。热力系统的数学模型目前仍在研究中。

5.5 负荷的数学模型

负荷是电力系统的一个重要组成部分。分析电力系统在各种状态下的行为必须建立负荷的数学模型。建立某一种具体的用电设备的数学模型相对来说并不十分困难，但是在电力系统分析中，没有必要也不可能对成千上万个具体负荷逐个地进行描述。因而本节中所说的负荷是指接在一个节点上的所有电气设备，即除了最末端的各种用电设备外，还可能包括带有载调压分接头的降压变压器，输配电线路，各种无功补偿、调压装置，甚至一些容量很小的发电机等。这些设备通过这个节点从系统中取用的有功和无功功率与该节点的电压及系统频率的关系式即称为该节点负荷的数学模型。显然，对于不同的节点，例如住宅区、商业区、工业区和农村，负荷的构成是大不相同的。另外即使对同一个节点，在不同的时间，如一年中不同的季节、一周中不同的天、一天中不同的小时，负荷的构成也在变化。由于负荷的多样性、随机性和时变性，建立完全精确的数学模型是十分困难的工作。大量的研究表明，负荷的数学模型合适与否可明显地影响系统分析的结论。从系统运行分析与控制的角度讲，不恰当的负荷数学模型会使分析结果与实际不符，或偏保守而降低对系统的利用，或偏乐观而给系统带来潜在的危险。更困难的是，目前尚无法证明采用某种负荷模型对任何扰动都是保守的或者是乐观的。正因为建立负荷数学模型的重要性和复杂性，多年以来，国内外都对这一工作进行了大量的研究而使其成为一个专门的研究领域[42~45]。建立负荷数学模型的方法很多，总体上可以分为“统计综合法”[45]与“总体辨测法”[46]两大类。统计综合法是将节点负荷看成个别用户的集合，先将这些用户的用电器分类，并确定各种类型的用电器的平均特性，然后统计出各类用电器所占的比重，从而综合得出总的负荷模型。总体辨测法是先从现场采集测量数据，然后确定一个合适的负荷数学模型结构，再根据现场的测试数据辨识出模型中所含的参数值。两种方法各有优缺点。前者简单易行，但准确性差；后者可以采用现代系统辨识理论对现场测量数据进行分析，从而得出与实际更为接近的数学模型。但是由于实际系统很难使电压、频率大范围变化，因此获得准确的负荷动态特性仍有困难。总之，负荷建模问题目前仍是一个正在研究中的问题，还没有十分成熟的方法。有兴趣进行深入研究的读者可以参见文献[43]。

对负荷模型本身的分类方法很多。从模型是否反映负荷的动态特性来看，可以分为静态模型和动态模型。显然，静态模型是代数方程式而动态模型是微分方程式。从模型是否线性可分为线性模型与非线性模型。从模型是否与系统频率相关分为电压相关模型和频率相关模型。传统上将既与电压相关也与频率相关的模型归入频率相关模型。从模型的导出方式区分，可分为机理式模型和输入输出式模型。机理式模型有比较明确的物理意义，易于理解，多适用于负荷种类比较单一的情况；非机理式模型主要关心输入输出之间的数学关系。由于篇幅所限，本节下面介绍目前已常用的几种负荷模型。

最简单的负荷模型是将负荷用恒定阻抗模拟，即认为在暂态过程中负荷的等值阻抗保持不变，其数值由扰动前稳态情况下负荷所吸收的功率和负荷节点的电压来决定。这种模型十分粗略，但由于其简单，在计算精度要求不太高的情况下仍有广泛应用。

5.5.1 负荷的静态特性模型

负荷的静态特性是指当电压或频率变化比较缓慢时，负荷吸收的功率与电压或频率的关系。通常有以下几种形式：

1. *用多项式表示的负荷电压静特性和频率静特性*

不计频率变化，负荷吸收的功率与节点电压的关系为

$$\left.\begin{aligned}P_L &= P_{L0}\left[a_P\left(\frac{V_L}{V_{L0}}\right)^2+b_P\frac{V_L}{V_{L0}}+c_P\right]=P_{L0}(a_PV_{L*}^2+b_PV_{L*}+c_P)\\ Q_L &= Q_{L0}\left[a_Q\left(\frac{V_L}{V_{L0}}\right)^2+b_Q\frac{V_L}{V_{L0}}+c_Q\right]=Q_{L0}(a_QV_{L*}^2+b_QV_{L*}+c_Q)\end{aligned}\right\}\tag{5-148}$$

式中：P_{L0}、Q_{L0}和V_{L0}分别为扰动前稳态情况下负荷所吸收的有功、无功功率和节点电压。参数a_P、b_P、c_P、a_Q、b_Q和c_Q对于不同的节点取值是不同的，但显然应满足

$$\left.\begin{aligned}a_P+b_P+c_P=1\\ a_Q+b_Q+c_Q=1\end{aligned}\right\}\tag{5-149}$$

由式(5-148)显见，这种模型实际上相当于认为负荷由三部分组成。系数a、b和c分别表示了恒定阻抗(Z)、恒定电流(I)和恒定功率(P)部分在节点总负荷中所占的比例。因此这种负荷模型也称为负荷的ZIP模型。

由于暂态过程中系统频率的变化不大，所以负荷的频率静特性可用直线表示。不计电压变化时节点功率与系统频率的关系即为

$$\left.\begin{aligned}P_L &= P_{L0}\left(1+k_P\frac{f-f_0}{f_0}\right)\\ Q_L &= Q_{L0}\left(1+k_Q\frac{f-f_0}{f_0}\right)\end{aligned}\right\}\tag{5-150}$$

式中：P_{L0}、Q_{L0}和f_0分别为扰动前稳态情况下负荷所吸收的有功、无功功率和系统频率。参数k_P和k_Q对不同的节点取值不同，其物理意义显然是节点功率在稳态运行点对频率变化的导数，即

$$\left.\begin{aligned}k_P &= \frac{f_0}{P_{L0}}\frac{\mathrm{d}P_L}{\mathrm{d}f}\bigg|_{f=f_0}=\frac{\mathrm{d}P_{L*}}{\mathrm{d}f_*}\bigg|_{f=f_0}\\ k_Q &= \frac{f_0}{Q_{L0}}\frac{\mathrm{d}Q_L}{\mathrm{d}f}\bigg|_{f=f_0}=\frac{\mathrm{d}Q_{L*}}{\mathrm{d}f_*}\bigg|_{f=f0}\end{aligned}\right\}\tag{5-151}$$

当同时计及电压与频率的变化时，负荷的数学模型为以上两种模型在标幺制表达式下的乘积，即

$$\left.\begin{aligned}P_{L*} &= (a_PV_{L*}^2+b_PV_{L*}+c_P)(1+k_P\Delta f_*)\\ Q_{L*} &= (a_QV_{L*}^2+b_QV_{L*}+c_Q)(1+k_Q\Delta f_*)\end{aligned}\right\}\tag{5-152}$$

顺便指出，当用于系统计算时，必须注意对基准值进行折算，以使其与系统基准值一致。

2. *用指数形式表示的负荷电压静特性*

将负荷的电压静特性在稳态运行点附近表示成指数形式，不计频率变化的影响时，即为

$$\left.\begin{aligned} P_L &= P_{L0}\left(\frac{V_L}{V_{L0}}\right)^{\alpha} \\ Q_L &= Q_{L0}\left(\frac{V_L}{V_{L0}}\right)^{\beta} \end{aligned}\right\} \tag{5-153}$$

对于综合负荷，其中指数 α 的取值通常在 0.5～1.8；指数 β 的值随节点不同变化很大，典型值约为 1.5～6。

当同时计及频率变化的影响时，

$$\left.\begin{aligned} \frac{P_L}{P_{L0}} &= \left(\frac{V_L}{V_{L0}}\right)^{\alpha}\left(1+k_P\frac{f-f_0}{f_0}\right) \\ \frac{Q_L}{Q_{L0}} &= \left(\frac{V_L}{V_{L0}}\right)^{\beta}\left(1+k_Q\frac{f-f_0}{f_0}\right) \end{aligned}\right\} \tag{5-154}$$

必须指出，尽管负荷的静态模型由于其形式简单而在通常的电力系统稳定性计算中得到了广泛的应用，但是必须注意，当所涉及的节点电压幅值变化范围过大时，采用静态模型将使计算的误差过大。例如，由于放电性照明负荷在商业负荷中约占 20%以上，当电压标幺值低至 0.7 时，灯将熄灭，从而取用的功率为零；当电压恢复时，经过一个短时间的延迟，灯又点亮。有些感应电动机还设有低电压保护，当电压低到某定值时电动机将从电网中切除。另外，电压过高时变压器饱和现象使得无功功率对节点电压的幅值变化十分敏感。以上各种因素使得当电压大范围变化时静态模型将不再直接适用。常用的处理方法是在不同的电压范围采用不同的模型参数，或者当电压低于 0.3～0.7 时程序将负荷简单处理成恒定阻抗。负荷静态模型的其他代数式的形式可以参见文献[45]。

5.5.2 负荷的动态特性模型

当电压以较快的速度大范围变化时，采用纯静态负荷模型将带来较大的计算误差。尤其是对电压稳定性问题(亦称负荷稳定性问题)的研究，对负荷模型的精度要求很高。国内外对各种情况下，采用不同的负荷模型对计算结果的影响进行了大量的研究[47～52]。研究表明，对那些对负荷模型敏感的节点，必须采用动态模型。计算实践中经常把这种节点的负荷看成由两部分组成，一部分采用静态模型，另一部分采用动态模型。现代工业负荷的种类极其繁多，但占份额最大的是感应电动机。因此，负荷的动态特性主要由负荷中的感应电动机的暂态行为决定。下面介绍感应电机的数学模型。按其数学模型的详细程度可分为计及机电暂态过程和只计及机械暂态过程两种模型。容量大的与容量小的感应电机有明显不同的动态特性，容量小的只计机械暂态过程即可[42]。

1. *考虑感应电动机机械暂态过程的负荷动态特性模型*

这种模型忽略了负荷中感应电动机的电磁暂态过程而只计及感应电动机的机械暂态过程。对于一台感应电动机，由电机学原理[53]可知，其动态过程可以由图 5-31 所示的感

应电动机等值电路来模拟。

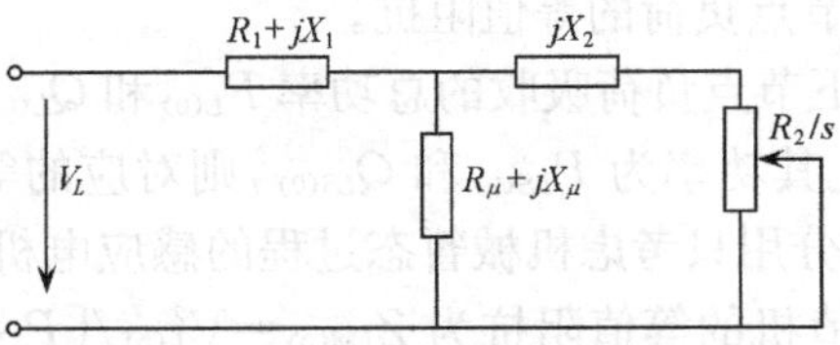

图 5-31 感应电动机的等值电路

图 5-31 中，X_1 和 X_2 分别为定子和转子的漏电抗；X_μ 为定子与转子间的互阻抗；R_2/s 为转子等值电阻。记系统频率和电机转速分别为 ω 和 ω_m，则图中电机的转差 $s=(\omega-\omega_m)/\omega=1-\omega_{m*}$ 服从电机的转子运动方程

$$T_{JM}\frac{ds}{dt}=T_{mM}-T_{eM} \tag{5-155}$$

式中：T_{JM} 为电机转子与机械负载的等值转动惯量；T_{mM} 和 T_{eM} 分别为电机的机械负载转矩与电磁转矩。上式的推导方法与同步发电机转子运动方程的推导方法相同，但需注意转矩的参考正向与同步发电机的相反。由上式可见，当负载转矩大于电磁转矩时感应电动机的转差增大，即转速下降。忽略电磁暂态过程时，感应电动机的电磁转矩可以表示为

$$T_{eM}=\frac{2T_{eM\max}}{\dfrac{s}{s_{cr}}+\dfrac{s_{cr}}{s}}\left(\frac{V_L}{V_{LN}}\right)^2 \tag{5-156}$$

式中：$T_{eM\max}$ 为感应电动机在额定电压下的最大电磁转矩；s_{cr} 为感应电动机静态稳定临界转差。对于确定的感应电动机，不计系统频率变化时，$T_{eM\max}$ 和 s_{cr} 为常数。V_L 和 V_{LN} 分别为感应电机的端电压和额定端电压。感应电机的机械转矩与机械负载的性质有关，通常是电机转速的函数，过去常用下式给出[54]：

$$T_{mM}=k[\alpha+(1-\alpha)(1-s)^{p_m}] \tag{5-157}$$

式中：α 为机械负载转矩中与感应电动机转速无关的部分所占的比例；p_m 为与机械负载特性有关的指数；k 为电动机的负荷率。为了使计算程序具有良好的灵活性和兼容性，目前常用的机械转矩表达式为多项式与指数式的和[42]：

$$\frac{T_{mM}}{T_{mM0}}=a_m\left(\frac{\omega_m}{\omega_{m0}}\right)^2+b_m\frac{\omega_m}{\omega_0}+c_m+d_m\left(\frac{\omega_m}{\omega_{m0}}\right)^\gamma \tag{5-158}$$

式中：T_{mM0} 和 ω_{m0} 分别为扰动发生前的机械转矩与电机转速；a_m、b_m、c_m、d_m 和 γ 为机械转矩的特征参数。注意参数 c_m 由下式求出：

$$c_m=1-(a_m+b_m+d_m) \tag{5-159}$$

由图 5-31 可以得出感应电动机的等值阻抗为

$$Z_M=R_1+jX_1+\frac{(R_\mu+jX_\mu)(R_2/s+jX_2)}{(R_\mu+R_2/s)+j(X_\mu+X_2)} \tag{5-160}$$

注意 Z_M 是电机转差的函数。以上感应电机的转子运动方程(5-155)、忽略电磁暂态过程的电磁转矩(5-156)、负荷机械转矩(5-157)或式(5-158)、式(5-159)以及等值阻抗(5-160)即组成了不计电磁暂态过程的感应电机的数学模型。模型的输入变量为节点电压和系统频率，输出变量为等值阻抗。也就是说，当 V_L 和 ω 随时间变化的规律已知，求解上述方程即可得到 s，从而可以得到任意时刻的等值阻抗 Z_M。

前已述及，节点负荷是指接在节点上的所有电气设备，由于设备种类十分庞杂，因而

其动态特性也十分复杂。下面介绍用典型感应电动机模拟节点负荷的简化方法。注意问题的关键是获得任意时刻节点负荷的等值阻抗。

(1) 将稳态运行情况下节点负荷吸收的总功率 $P_{L(0)}$ 和 $Q_{L(0)}$ 按一定比例分为两部分。一部分用静态模型模拟，记其功率为 $P_{LS(0)}$ 和 $Q_{LS(0)}$，则对应的等值阻抗为 $Z_{LS(0)}=V_{L(0)}^2/[P_{LS(0)}-jQ_{LS(0)}]$。另一部分用只考虑机械暂态过程的感应电机模拟，记等值机的功率为 $P_{LM(0)}$ 和 $Q_{LM(0)}$，则对应等值机的等值阻抗为 $Z_{LM(0)}=V_{L(0)}^2/[P_{LM(0)}-jQ_{LM(0)}]$。节点负荷的稳态等值阻抗为 $Z_{L(0)}=Z_{LS(0)}/\!/Z_{LM(0)}$，$/\!/$表示并联。

(2) 近似认为接在节点上的所有必须计及动态特性的设备都是某种典型感应电动机。这台典型机的模型参数即是：$s_{(0)}$、T_{JM}、$T_{eM\max}$、s_{cr}、R_1、X_1、R_2、X_2、R_μ、X_μ 及 k、α、p_m 或 a_m、b_m、d_m、γ。由式(5-160)可求出典型机的稳态等值阻抗 $Z_{M(0)}$。显然，典型机的稳态等值阻抗未必等于等值机的稳态等值阻抗。

(3) 注意在暂态过程中，节点电压幅值和系统频率都是随时间变化的，由某种计算方法，求解系统方程及典型机的转子运动方程(具体算法在第6、7章介绍)，可得 t 时刻典型机的转差 $s_{(t)}$、节点电压幅值 $V_{L(t)}$ 及系统频率 $\omega_{(t)}$，由式(5-160)可求出典型机在 t 时刻的等值阻抗 $Z_{M(t)}$；由负荷的静态模型可求出 t 时刻静态负荷的等值阻抗 $Z_{LS(t)}$。

(4) 认为在任何时刻等值机的等值阻抗与典型机的等值阻抗之比为常数。则等值机在 t 时刻的等值阻抗为

$$Z_{LM(t)}=(c_r+jc_i)Z_{M(t)} \tag{5-161}$$

式中的比例常数可由稳态条件求得：

$$c_r+jc_i=Z_{LM(0)}/Z_{M(0)} \tag{5-162}$$

至此可获得节点负荷在 t 时刻的等值阻抗

$$Z_{L(t)}=Z_{LS(t)}\ /\!/\ Z_{LM(t)} \tag{5-163}$$

2. 考虑感应电动机机电暂态过程的负荷动态特性模型

与前一种负荷模型相比，这种模型进一步考虑了感应电机转子绕组中的电磁暂态过程。与同步电机一样，由于定子绕组中的暂态过程十分迅速，感应电机也不计定子绕组的电磁暂态过程。计及转子绕组电磁暂态过程的感应电机方程的详细推导可以参见文献[18]、[39]。以下利用5.2节中建立的同步电机数学模型，给出一种简单的推导方法。

实际上，就电机的暂态过程方程而言，可以将感应电动机看成 d、q 轴完全对称的同步电机。因此，在某些电力系统暂态分析程序中，就将感应电动机和同步电机的模型统一处理。当感应电机单独处理时，为简单起见，在同步机数学模型中，不计次暂态过程，认为 f 绕组与 g 绕组结构完全相同但 f 绕组短路。在这些条件下，在同步机方程式(5-43)～(5-46)中，令 $X_d=X_q=X, X_d'=X_q'=X'$，$e_{q2}=e_{d2}=e_q''=e_d''=0$，$p\varphi_d=p\varphi_q=0$，$T_{d0}=T_{q0}'$，$\omega=1-s$，$R_a=R_1$，便可得标幺制下的感应电动机方程

$$\left.\begin{aligned}
v_q&=(1-s)(e_q'-X'i_d)-R_1i_q\\
v_d&=(1-s)(e_d'+X'\ i_q)-R_1i_d\\
T_{d0}'pe_q'&=-e_q'-(X-X')i_d\\
T_{d0}'pe_d'&=-e_d'+(X-X')i_q
\end{aligned}\right\} \tag{5-164}$$

上式中的电机参数 X、X' 和 T_{d0}' 可以由图5-31中的参数导出。由于 d、q 轴完全对称及 f

绕组与 g 绕组结构完全相同，在式(5-32)和式(5-33)中，显然有

$$X_{af} = X_{ag} = X_{\mu} \tag{5-165}$$

这样，对定子侧，按同步电抗的定义，可得

$$X = X_d = X_q = X_1 + X_{\mu} \tag{5-166}$$

同理，对转子侧，有

$$X_f = X_g = X_2 + X_{\mu} \tag{5-167}$$

将式(5-166)和式(5-167)代入式(5-40b)可得

$$X' = X_d' = X_q' = X_1 + \frac{X_2 X_{\mu}}{X_2 + X_{\mu}} \tag{5-168}$$

在式(5-30)和式(5-31)中涉及的电阻 $R_f = R_g$，将其记为 R_2。这样，将式(5-167)代入式(5-40d)可得

$$T_{d0}' = T_{q0}' = (X_2 + X_{\mu})/R_2 \tag{5-169}$$

式(5-164)可以得到简化。将其从电机自身的 d-q 坐标系由式(5-62)变换到系统的统一坐标系 x-y 下。注意式(5-62)，对时间的标幺值求导，有

$$p\begin{bmatrix} A_d \\ A_q \end{bmatrix} = \begin{bmatrix} \sin\delta & -\cos\delta \\ \cos\delta & \sin\delta \end{bmatrix} p\begin{bmatrix} A_x \\ A_y \end{bmatrix} + \begin{bmatrix} \cos\delta & \sin\delta \\ -\sin\delta & \cos\delta \end{bmatrix}\begin{bmatrix} A_x \\ A_y \end{bmatrix} p\delta \tag{5-170}$$

由 δ 的几何意义及式(5-78)知上式中 $p\delta = -s$。则式(5-164)在 x-y 坐标系下成为

$$\left.\begin{aligned} v_x &= (1-s)e_x' + (1-s)X' i_y - R_1 i_x \\ v_y &= (1-s)e_y' - (1-s)X' i_x - R_1 i_y \end{aligned}\right\} \tag{5-171}$$

$$\left.\begin{aligned} T_{d0}' p e_x' &= T_{d0}' s e_y' - e_x' + (X - X') i_y \\ T_{d0}' p e_y' &= -T_{d0}' s e_x' - e_y' - (X - X') i_x \end{aligned}\right\} \tag{5-172}$$

在准稳态的条件下，分别将式(5-171)和式(5-172)中的第二式乘 j 加到第一式上得

$$\dot{V}_L = (1-s)\dot{E}_M' - [R_1 + j(1-s)X']\dot{I}_M \tag{5-173}$$

$$T_{d0}' p\dot{E}_M' = -(1 + jsT_{d0}')\dot{E}_M' - j(X - X')\dot{I}_M \tag{5-174}$$

式中：$\dot{V}_L = V_x + jV_y$，$\dot{I}_M = I_x + jI_y$，$\dot{E}_M' = E_x' + jE_y'$。顺便指出，在同步发电机模型中，不计次暂态过程时，由于 d、q 轴不对称，故不能化成式(5-173)和式(5-174)的形式。

由式(5-81)、式(5-43)和式(5-44)，注意同步电机看作感应电机的条件，可得感应电机的电磁转矩

$$T_{eM} = -(e_q' i_q + e_d' i_d) = -(e_x' i_x + e_y' i_y) \tag{5-175}$$

式中的负号是电动机的电磁转矩参考正向与同步机的相反所致。必须指出，上边感应电机的模型由于沿用了发电机模型，因而电流的参考方向是流出电动机即流进节点。

这样，式(5-155)、式(5-173)～(5-175)和负载机械转矩(5-157)或(5-158)共同组成了考虑机电暂态过程的电动机数学模型。

对于节点综合负荷，仍可以用前述只考虑机械暂态过程时所介绍的方法进行处理。对典型机，注意到在稳态情况下 $p\dot{E}_M' = 0$，由式(5-173)和式(5-174)可以求出 $\dot{I}_{M(0)}$、$\dot{E}_{M(0)}'$，则典型机在稳态时的等值阻抗为 $Z_{M(0)} = -\dot{V}_{L(0)}/\dot{I}_{M(0)}$。等值机在稳态时的等值阻抗仍可用稳态时节点电压和相应的负荷功率求出。因而等值机与典型机阻抗比例常数可由式(5-162)求出。在暂态过程中，描述典型机的方程与系统方程联立求解，可得 $\dot{I}_{M(t)}$、

$\dot{V}_{L(t)}$，从而可得 $Z_{M(t)}$，进而可以分别由式(5-161)和式(5-163)求得等值机和综合负荷的等值阻抗。由于在暂态过程中，转差的变化在数值上对电机定子电压影响不大，因而为计算简单，在电机定子电压方程(5-173)中可忽略 s 而恒取其值为零。

感应电机典型参数可参见文献[25]、[42]、[55]。

负荷的动态数学模型还有其他形式，对于一些容量比较大的特殊负荷，还应单独建立它们的数学模型，例如大型的轧钢机、冶炼金属的电弧炉、电气机车、大型的温控设备、制氯厂、抽水蓄能电厂的同步电动机等等。在长期稳定性分析中，变压器饱和效应、有载调压变压器的调整、无功补偿电压调节器的动作、低频低压减载装置的动作等都应在模型中反映。总之，负荷的建模工作还是一个正在发展中的工作。

参 考 文 献

[1] 沈善德. 电力系统辨识. 北京：水利电力出版社，1995

[2] A. Blondel. The Two-reactio Method for Study of Oscillatory Phenomena in Coupled Alternators. Revue Générale de L'electricité, Vol. 13, pp. 235～251, February 1923; pp. 515～531, March 1923

[3] R. E Doherty, C. A. Nickle. Synchronous Machines Ⅰ and Ⅱ. AIEE Trans., Vol. 45, pp. 912～942, 1926

[4] R. H. Park. Two-reaction Theory of Synchronous Machines—Generalized Method of Analysis—Part. AIEE Trans., Vol. 48, pp. 716～727, 1929; Part Ⅱ, Vol. 52, pp. 352～355, 1933

[5] 陈珩. 同步电机运行基本理论与计算机算法. 北京：水利电力出版社，1992

[6] [美]康柯蒂亚著，曾继铎译. 同步电机理论与行为. 北京：高等教育出版社，1958

[7] C. Concordia. Synchronous Machine. Chichest, New york: John Wiley & Sons, 1951

[8] [美]安德逊，佛阿德著，电力系统的控制与稳定翻译组译. 电力系统的控制与稳定，第一卷. 北京：水利电力出版社，1979

[9] 余贻鑫，陈礼义. 电力系统的安全性和稳定性. 北京：科学出版社，1988

[10] [加拿大]余耀南著，何大愚，刘肇旭，周孝信译. 动态电力系统. 北京：水利电力出版社，1985

[11] 黄家裕，岑文辉. 同步电机基本理论及其动态行为分析. 上海：上海交通大学出版社，1989

[12] G. Shackshaft, P. B. Henser. Model of Generator Saturation for Use in Power System Studies. Proc. IEE, Vol. 126, No. 8, pp. 759-763, 1979

[13] [日]关根泰次著，蒋建民，金基圣，王仁洲译. 电力系统暂态解析论. 北京：机械工业出版社，1989

[14] G. R. Slemon. Magnetoelectric Devices. Chichest, New york: John Wiley & Sons, 1966

[15] A. E. Fitzgerald, C. Kingsley. Electric Machinery, Second Edition. New York: McGraw-Hill, 1961

[16] 李光琦. 电力系统暂态分析. 北京：水利电力出版社，1985

[17] 何仰赞，温增银，汪馥英，周勤慧. 电力系统分析(上、下)册. 武汉：华中理工大学出版社，1984，1985

[18] P. Kundur. Power System Stability and Control. New York: McGraw-Hill, 1994

[19] 刁士亮，柳中莲. 同步发电机组模型与电力系统稳定分析. 广州：华南理工大学出版社，1989

[20] D. W. Olive. Digital Simulation of Synchronous Machine Transients. IEEE Trans. Power Apparatus and Systems, Vol. 87, No. 8, 1968

[21] M. K. El-Sherbiny, A. M. El-Serafi. Analysis of Dynamic Performance of Saturated Machine and Analog Simulation. IEEE Trans. Power Apparatus and Systems, Vol. 101, No. 7, pp. 1899～1906, 1982

[22] D. W. Olive. New Techniques for the Calculation of Dynamic Stability. IEEE Trans. Power Apparatus and Systems, Vol. 85, No. 7, pp. 767～777, 1966

[23] T. J. Hammons, D. J. Winning. Comparisons of Synchronous Machine Models in the Study of the Transient Behaviour of Electrical Power Systems. Proc. Of IEE, Vol. 118, pp. 1442～1458, Oct. 1971

[24] J. Arrillage, C. P. Arnold, B. J. Harker. Computer Modeling of Electrical Power Systems. Chichester: Wiley, 1983

[25] 西安交通大学等. 电力系统计算. 北京：水利电力出版社，1978

[26] IEEE Committee Report, First Benchmark Model for Computer Simulation of Subsynchronous Resonance.

IEEE Trans. Power Apparatus and Systems, Vol. 96, No. 5, pp. 1565～1572, 1977
[27] 夏道止. 电力系统分析(下册). 北京:水利电力出版社,1995
[28] 卢强,孙元章. 电力系统非线性控制. 北京:科学出版社,1993
[29] 周双喜,李丹. 同步发电机数字式励磁调节器. 北京:中国电力出版社,1998
[30] 杨冠城. 电力系统自动装置原理. 北京:水利电力出版社,1986
[31] IEEE Power Engineering Society. IEEE Recommended Practice for Excitation System Models for Power System Stability Studies. IEEE Std 421. 5,1992
[32] 李基成. 现代同步发电机整流器励磁系统. 北京:水利电力出版社,1987
[33] 励磁系统数学模型专家组. 计算电力系统稳定用的励磁系统数学模型. 中国电机工程学报,1991,11(5):65～72
[34] 朱振青. 励磁控制与电力系统稳定. 北京:中国电力出版社,1994
[35] IEEE Working Group Report, Hydraulic Turbine and Turbine Control Models for System Dynamic Studies. IEEE Trans., Vol. PWRS-7, No. 1, pp. 167～179, February 1992
[36] D. G. Ramey, J. W. Skooglund. Detailed Hydrogovernor Representation for system Stability Stuies. IEEE Trans., Vol. PAS-89, pp. 106～112, January 1970
[37] M. Leum. The Development and Field Experience of a Transistor Eletric Governor for Hydro Turbines. IEEE Trans., Vol. PAS-85, pp. 393～400, April 1966
[38] IEEE Working Group Report, Dynamic Models for Fossil Fueled Steam Units Inpower System Studies. IEEE Trans., Vol. PWRS-6, No. 2, pp. 753～761, May 1991
[39] IEEE Committee Report, Dynamic Models for Steam and Hydro Turbines in Power System Studies. IEEE Trans., Vol. PAS-92(6), pp. 1904～1915, 1973
[40] P. Kundur, D. C. Lee, J. P. Bayne. Impact of Turbine Generator Overspeed Controls on Unit Performance under System Disturbance Conditions. IEEE Trans., Vol. PAS-104, pp. 1262～1267, June 1985
[41] M. S. Baldwin, D. P. McFadden. Power Systems Performance as Affected by Turbine-generator Controls Response during Frequency Disturbance. IEEE Trans., Vol. PAS-100, pp. 2846～2894, May 1981
[42] IEEE Task Force on Load Representation for Dynamic Performance. Standard Load Models for Power Flow and Dynamic Performance Simulation. IEEE Transactions on Power Systems, Vol. 10, No. 3, pp. 1302～1313, August 1995
[43] 鞠平,马大强. 电力系统负荷建模. 北京:水力电力出版社,1995
[44] IEEE Task Force on Load Representation for Dynamic Performance. Load Representation for Dynamic Performance Analysis. IEEE Transactions on Power Systems, Vol. 8, No. 2, pp. 472～482, May 1993
[45] IEEE Task Force on Load Representation for Dynamic Performance System Dynamic Performance Subcommittee, Power System Engineering Committee. Bibliography on Load Model for Power Flow and Dynamic Performance Simulation. IEEE Transactions on Power Systems, Vol. 10, No. 1, pp. 523～538, February 1995
[46] T. Dovan, T. S. Dillon, C. S. Berger, K. E. Forward. A Microcomputer Based On-line Identification Approach to Power System Dynamic Load Modelling. IEEE Transactions on Power Systems, Vol. PWRS-2, pp. 529～536 August 1987
[47] 贺仁睦. 负荷模型在电力系统计算中的作用及其发展. 华北电力学院学报,1985(3):1～8
[48] 鞠平,马大强. 电力负荷的动静特性对低频振荡阻尼的影响分析. 浙江大学学报,1989,23(5):750～760
[49] C. W. Talor. Concepts of Undervoltage Load Shedding for Voltage Stability. IEEE Transaction on Power Delivery, Vol. 7, No. 2, pp. 480～488, April 1982
[50] Wen-Shiow Kao, Chia-Jen Lin, Chiang-Tsang Huang, Yung-Tien Chen, Chiew-Yann Chiou. Comparison of Simulated Power System Dynamics Applying Various Load Models with Actual Recorded Data. Paper 93 WM 172-7, Presented at IEEE/PES, 1993, Winter Meeting
[51] Wen-Shiow Kao. The Effect of Load Models on Unstable Low-frequency Oscillation Damping in Taipower System Experience w/wo Power System Stabilizers. IEEE Transactions on Power Systems, Vol. 16, No. 3, pp. 463～472, August 2001
[52] A. Borghetti, R. Caldon, A. Mari, C. A. Nicci. On Dynamic Load Medels for Voltage Stability Studies. IEEE Transactions on Power Systems, Vol. 12, No. 1, pp. 293～303, February 1997
[53] 吴大榕. 电机学. 北京:水利电力出版社,1979
[54] 韩祯祥,戴熙杰译. 电力系统的数学模拟. 北京,中国工业出版社,1966
[55] F. Nozari, M. D. Kankam, W. W. Price. Aggregation of Induction Motors for Transient Stability Load Modeling. IEEE Transaction on Power Systems, Vol. 2, No. 4. pp. 1096～1103, November 1987

第6章　电力系统暂态稳定分析

6.1　概　述

在正常的稳态运行情况下，电力系统中各发电机组输出的电磁转矩和原动机输入的机械转矩平衡，因此所有发电机转子速度保持恒定。但是电力系统经常遭受到一些大干扰的冲击，例如发生各种短路故障，大容量发电机、大的负荷、重要输电设备的投入或切除等等。在遭受大的干扰后，系统中除了经历电磁暂态过程以外，也将经历机电暂态过程。事实上，由于系统的结构或参数发生了较大的变化，使得系统的潮流及各发电机的输出功率也随之发生变化，从而破坏了原动机和发电机之间的功率平衡，在发电机转轴上产生不平衡转矩，导致转子加速或减速。一般情况下，干扰后各发电机组的功率不平衡状况并不相同，加之各发电机转子的转动惯量也有所不同，使得各机组转速变化的情况各不相同。这样，发电机转子之间将产生相对运动，使得转子之间的相对角度发生变化，而转子之间相对角度的变化又反过来影响各发电机的输出功率，从而使各个发电机的功率、转速和转子之间的相对角度继续发生变化。

与此同时，由于发电机端电压和定子电流的变化，将引起励磁调节系统的调节过程；由于机组转速的变化，将引起调速系统的调节过程；由于电力网络中母线电压的变化，将引起负荷功率的变化；网络潮流的变化也将引起一些其他控制装置（如 SVC、TCSC、直流系统中的换流器）的调节过程，等等。所有这些变化都将直接或间接地影响发电机转轴上的功率平衡状况。

以上各种变化过程相互影响，形成了一个以各发电机转子机械运动和电磁功率变化为主体的机电暂态过程。

电力系统遭受大干扰后所发生的机电暂态过程可能有两种不同的结局。一种是各发电机转子之间的相对角度随时间的变化呈摇摆（或振荡）状态，且振荡幅值逐渐衰减，各发电机之间的相对运动将逐渐消失，从而系统过渡到一个新的稳态运行情况，各发电机仍然保持同步运行。这时，我们就称电力系统是暂态稳定的。另一种结局是在暂态过程中某些发电机转子之间始终存在着相对运动，使得转子间的相对角度随时间不断增大，最终导致这些发电机失去同步。这时称电力系统是暂态不稳定的。当一台发电机相对于系统中的其他机失去同步时，其转子将以高于或低于需要产生系统频率下电势的速度运行，旋转的定子磁场（相应于系统频率）与转子磁场之间的滑动将导致发电机输出功率、电流和电压发生大幅度摇摆，使得一些发电机和负荷被迫切除，严重情况下甚至导致系统的解列或瓦解。

电力系统正常运行的必要条件是所有发电机保持同步。因此，电力系统在大干扰下的稳定性分析，就是分析遭受大干扰后系统中各发电机维持同步运行的能力，常称为电力系统的暂态稳定分析。

上述对电力系统的暂态稳定分析通常仅涉及系统在短期内(约 10s 之内)的动态行为,然而有时我们还必须分析系统的中期(10s 直至几分钟)和长期(几分钟直至几十分钟)动态行为,这就涉及电力系统的中期和长期稳定性分析。

中期和长期稳定性主要关注在遭受到严重破坏时电力系统的动态响应。当电力系统遭受到严重破坏时,将导致系统的电压、频率和潮流发生重大偏移,因此必然涉及一些在短期暂态稳定分析时未曾考虑的慢过程、控制及保护的行为。对电压和频率发生大的偏移起作用的装置,其响应过程从几秒(如发电机控制与保护装置的响应)到几分钟(如原动机能量供应系统和负载电压调节器等装置的响应)。

进行长期稳定性分析的重点是与大范围系统破坏同时发生的较慢的、持续时间长的现象,以及由此引起的发电机与负荷的有功功率和无功功率显著的持续性失配。这些现象包括:锅炉的动态,水轮机的进水口和水管动态,自动发电控制(AGC),电厂和输电系统的控制与保护,变压器饱和,负荷和网络的非正常频率效应等。长期稳定通常关心系统对特大干扰的响应,这些干扰不属于正常系统设计准则的预想事故。在这种情况下,可能引发连锁事故及系统被分离成几个孤立的子系统。这时稳定分析要回答的问题是如何在负荷损失的情况下各孤岛能达到可以接受的平衡状态。

中期响应是指短期响应向长期响应的过渡。中期稳定研究的重点是各机之间的同步功率振荡,包括一些慢现象以及可能的大的电压和频率偏移[4]。

电力系统遭受大干扰是人们所不希望的,但事实上又是无法避免的。系统在遭受大干扰后失去稳定的后果往往非常严重,甚至是灾难性的。事实上电力系统遭受到的各种大干扰,诸如短路故障,大容量发电机、大的负荷、重要输电设备的投入或切除等都是以一定的概率随机地发生,因此系统的设计、运行方式的制定总是需要保证系统在合理选择的预想事故下能够保持稳定,而不能要求电力系统能承受所有干扰的冲击。由于各国对系统稳定性的要求不同,因此对预想事故的选择也就有不同的标准。我国对系统稳定性的要求反映在《电力系统安全稳定导则》[3]中。

判断电力系统在预想事故下能否稳定运行,需要进行暂态稳定分析。当系统不稳定时,还需要研究提高系统稳定的有效措施;当系统发生重大稳定破坏事故时,需要进行事故分析,找出系统的薄弱环节,并提出相应的对策。

下面首先讨论电力系统暂态稳定分析所用全系统数学模型的构成[1,2,4,6,25]。

在电力系统稳定分析中,各元件所采用的数学模型,不但与稳定分析结果的正确性直接相关,而且对稳定分析的复杂性有很大的影响。因此,选用适当的数学模型描述各元件的特性,使得稳定分析的结果满足合理的精度要求并且计算简单,是电力系统稳定分析中一个至关重要的问题。对于包含众多发电机、输电线路、负荷及各种控制装置的实际电力系统,考虑到任何冲击后果的复杂性,使得各元件的建模遇到很大的困难。所幸的是,各种现象时间常数的明显差别允许我们把注意力集中在影响暂态过程的关键元件和所研究区域。

在进行电力系统稳定分析时,由于在遭受干扰后电力网络的电磁暂态过程衰减很快,因此忽略其暂态过程是合理的。采用这种简化后,电力网络的模型中就仅包含代数方程。另外,在发电机定子电压方程中,$p\Psi_d$ 和 $p\Psi_q$ 反映了定子绕组本身的暂态过程,忽略这两项,意味着忽略了定子中的直流分量,因此定子中仅包含基频电气分量,定子电压方程也就变成代数方程。很明显，同时忽略发电机定子和电力网络的暂态过程，能够使得定子电压方程和网络方程保持一致，即均为代数方程，且仅包含基频电气分量，因而可以用稳态关系式描述，这样做显然还使全系统微分方程的数目大大减少，从而可提高系统稳定分析的效率。由于系统中所有的电气量在交流系统中是基波交流分量的有效值，故可用相量描述（用大写字母表示）；在直流系统中是直流分量的平均值。描述各元件电压、电流关系的方程都为代数方程（和潮流计算中的稳态方程相同）；由于系统中动态元件的存在，一些电气量表现出一定的动态特性。因此，在遭受干扰后，电力系统经历的整个暂态过程可以看成是各时刻的稳态量（正弦交流量）按一定动态特性的过渡，这时系统中的电压、电流、功率能够发生突变。这就是电力系统稳定分析常用的准稳态模型（quasi-steady state model）。

图 6-1 给出了用于电力系统稳定分析的全系统数学模型的构架。由图 6-1 可以看出，全部电力系统的表达式包括描述同步发电机、与同步发电机相关的励磁系统和原动机及其调速系统、负荷、其他动态装置等动态元件的数学模型及电力网络的数学模型。很明显，系统中的所有动态元件是相互独立的，是电力网络将它们联系在一起。

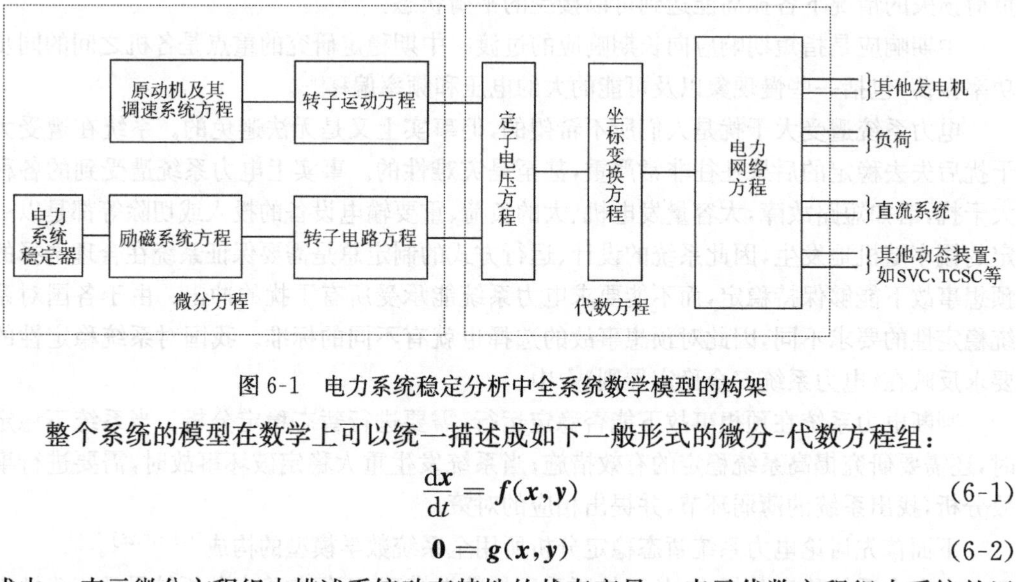

图 6-1　电力系统稳定分析中全系统数学模型的构架

整个系统的模型在数学上可以统一描述成如下一般形式的微分-代数方程组：

$$\frac{d\boldsymbol{x}}{dt} = \boldsymbol{f}(\boldsymbol{x}, \boldsymbol{y}) \tag{6-1}$$

$$\boldsymbol{0} = \boldsymbol{g}(\boldsymbol{x}, \boldsymbol{y}) \tag{6-2}$$

式中：$\boldsymbol{x}$ 表示微分方程组中描述系统动态特性的状态变量；$\boldsymbol{y}$ 表示代数方程组中系统的运行参量。

微分方程组(6-1)主要包括：

(1) 描述各同步发电机暂态和次暂态电势变化规律的微分方程。

(2) 描述各同步发电机转子运动的摇摆方程。

(3) 描述同步发电机组中励磁调节系统动态特性的微分方程。

(4) 描述同步发电机组中原动机及其调速系统动态特性的微分方程。

(5) 描述各感应电动机和同步电动机负荷动态特性的微分方程。

(6) 描述直流系统整流器和逆变器控制行为的微分方程。

(7) 描述其他动态装置（如 SVC、TCSC 等 FACTS 元件）动态特性的微分方程。

而代数方程组(6-2)主要包括：

(1) 电力网络方程，即描述在公共参考坐标系 x-y 下节点电压与节点注入电流之间的关系。

(2) 各同步发电机定子电压方程（建立在各自的 d-q 坐标系下）及 d-q 坐标系与 x-y 坐标系间联系的坐标变换方程。

(3) 各直流线路的电压方程。

(4) 负荷的电压静态特性方程等。

根据对计算结果精度要求的不同，可依据所研究问题的性质，本着抓住重点、忽略次要因素的原则使用相应复杂程度的元件数学模型。

目前，电力系统暂态稳定分析方法基本分为两种。第一种方法是数值积分方法，又称间接法[26~32]，其基本思想是用数值积分方法求出描述受扰运动微分方程组的时间解，然后用各发电机转子之间相对角度的变化判断系统的稳定性。数值积分法由于可以适应各种不同详细程度的元件数学模型，且分析结果准确、可靠，所以得到了广泛的实际应用，并一直作为一种标准方法来考察其他分析方法的正确性和精度。目前，利用数值积分法进行电力系统暂态稳定分析已经相当成熟，并已有许多商业性程序相继问世。如我国电力科学研究院编制的《交直流电力系统综合计算程序》，由 BPA 根据美国 WSCC 标准开发的暂态稳定分析程序，PTI 开发的 PSSE，美国 EPRI 的 ETMSP，TRACTEBEL/EDF 开发的 EUROSTAG，巴西 CEPEL 的 ANATEM 及联邦德国的 VISTA 程序[30]和比利时的 STAG 程序[31]等。这些程序除可用于分析故障后转子的摇摆过程外，还可用于各种动态行为分析，它们已成为规划和运行人员进行离线暂态稳定分析、安全备用配置、输电功率极限估计的有力工具。

另一种方法是直接法，它不需要求解微分方程组，而是通过构造一个类似于“能量”的标量函数，即李雅普诺夫函数，并通过检查该函数的时变性来确定非线性系统的稳定性质，因此它是一种定性的方法。由于构造李雅普诺夫函数比较困难，因此目前电力系统暂态稳定分析的直接法仅限于比较简单的数学模型，或用暂态能量函数近似李雅普诺夫函数，因此其分析结果尚不能令人完全满意。

本章首先介绍暂态稳定分析中全系统数学模型的构成和微分-代数方程组的数值求解方法，然后叙述各动态元件与电力网络的连接以及网络操作及故障的处理方法。接着对简单模型和带有 FACTS 元件的详细模型下的电力系统暂态稳定分析算法分别进行了详细论述。最后介绍暂态稳定分析的直接法。

6.2 暂态稳定分析数值求解方法[25]

电力系统的暂态稳定分析可以归结为微分-代数方程组的初值问题。本节我们首先介绍常微分方程的数值解法，然后讨论微分-代数方程组的数值解法，最后给出暂态稳定分析的基本流程。

6.2.1 常微分方程的数值解法[1,14~16]

1. 基本概念

考虑一阶微分方程

$$\frac{dx}{dt} = f(t,x), \qquad x(t_0) = x_0 \tag{6-3}$$

一般地讲，上式中 f 是 x、t 的非线性函数。在很多工程实际问题中，函数 f 中不显含时间变量 t，因此往往表现为以下的形式：

$$\frac{dx}{dt} = f(x), \qquad x(t_0) = x_0 \tag{6-4}$$

在电力系统稳定计算中，所有微分方程都不显含时间变量 t。

当式(6-4)中的 f 为 x 的线性函数时，可以很容易地得到微分方程解的解析表达式。例如，对微分方程式

$$\frac{dx}{dt} = x \tag{6-5}$$

可以求出它的通解为

$$x = Ae^t \tag{6-6}$$

式中：A 为积分常数。式(6-6)表示了一个曲线族。

根据初始条件 $x(t_0)=x_0$ 可以确定 x 随 t 变化规律的一条曲线。例如，当 $x(0)=1$ 时，从式(6-6)即可确定积分常数 $A=1$，这样就得到了确定的解(或积分曲线)

$$x = e^t \tag{6-7}$$

工程实际问题所表现出来的微分方程比较复杂，其函数往往是多元非线性的，因此一般不能用解析的形式求出像式(6-6)那样的通解，而只能用数值解法，即从已知的初始状态($t=t_0$，$x=x_0$)开始，利用某种数值积分公式离散地逐点求出时间序列 $t_n=t_0+nh$($n=1,2,\cdots$；h 为步长)相对应的函数的近似值 x_n。对微分方程的这种数值解法称为逐步积分法。

以下我们以欧拉法为例说明逐步积分法的基本概念。

设一阶微分方程式(6-3)在 $t_0=0$、$x(t_0)=x_0$ 时的准确解为

$$x = x(t) \tag{6-8}$$

这一函数曲线，即微分方程式(6-3)通过点$(0,x_0)$的积分曲线如图 6-2 所示。

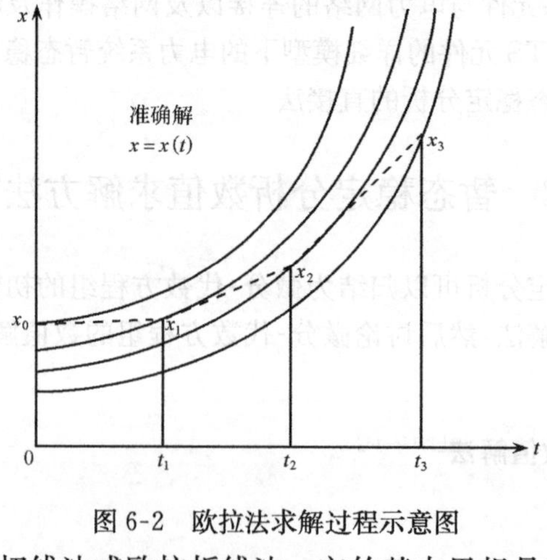

图 6-2　欧拉法求解过程示意图

欧拉法又称为欧拉切线法或欧拉折线法。它的基本思想是将积分曲线用折线来代替，而每段直线的斜率都由该段的初值代入式(6-3)求得。具体推算步骤如下：

对于第一段，在点$(0,x_0)$处曲线的斜率为

$$\left.\frac{dx}{dt}\right|_0 = f(x_0,0)$$

将第一段曲线用斜率为$\left.\frac{dx}{dt}\right|_0$的直线段来代替，则可以求出$t_1=h$($h$为步长)时$x$的增量为

$$\Delta x_1 = \left.\frac{dx}{dt}\right|_0 h$$

因此在$t_1=h$处，x的近似值应为

$$x_1 = x_0 + \Delta x_1 = x_0 + \left.\frac{dx}{dt}\right|_0 h$$

对于第二段，积分曲线将用另一段直线来代替，其斜率由该段的初值[即该段的起始点(t_1,x_1)]代入式(6-3)而得，即

$$\left.\frac{dx}{dt}\right|_1 = f(x_1,t_1)$$

这样便可以求出在$t_2=2h$处x的近似值

$$x_2 = x_1 + \left.\frac{dx}{dt}\right|_1 h$$

如图6-2所示。这样继续下去又可以推算出t_3处函数近似值x_3，等等。一般，对于第$n+1$点函数值的递推公式为

$$x_{n+1} = x_n + \left.\frac{dx}{dt}\right|_n h \qquad (n=0,1,2,\cdots) \tag{6-9}$$

现在我们来分析利用这个递推公式由(t_n,x_n)点推算(t_{n+1},x_{n+1})时带来的误差。为此可把积分函数式(6-8)在该点展开为泰勒级数

$$x_{n+1} = x_n + x'_n h + x''_n \frac{h^2}{2!} + \cdots + x_{\xi_n}^{(r)} \frac{h^r}{r!} \tag{6-10}$$

式中：x'_n、x''_n…分别为积分函数对自变量t的一阶导数、二阶导数……在$t=t_n$点的值。ξ_n为区间$[t_n,t_{n+1}]$中的某一数，$x_{\xi_n}^{(r)}$为泰勒级数的余项。当取$r=2$时，式(6-10)变为

$$x_{n+1} = x_n + x'_n h + x''_{\xi_n} \frac{h^2}{2!} \tag{6-11}$$

或者写为

$$x_{n+1} = x_n + \left.\frac{dx}{dt}\right|_n h + \left.\frac{d^2x}{dt^2}\right|_{\xi'_n} \frac{h^2}{2!} \tag{6-12}$$

这里ξ'_n仍为区间$[t_n,t_{n+1}]$中的某一数，一般$\xi'_n \neq \xi_n$。

显然，忽略式(6-12)中余项$\left.\frac{d^2x}{dt^2}\right|_{\xi'_n}\frac{h^2}{2!}$以后就得到欧拉法的递推公式(6-9)。因此，在由$n$点推算$n+1$点函数值时所引起的误差为

$$E_{n+1} = \left.\frac{d^2x}{dt^2}\right|_{\xi'_n} \frac{h^2}{2!} \tag{6-13}$$

设整个计算的区间$[0,t_m]$内，$\frac{d^2x}{dt^2}=f'(x,t)$的最大值为$M$，则误差$E_{n+1}$应满足

$$E_{n+1} \leqslant \frac{M}{2} h^2 \tag{6-14}$$

式中：M 值与步长 h 的选择无关。式(6-13)、式(6-14)中的误差 E_{n+1} 是由 n 点推算 $n+1$ 点函数值时引起的误差，称为局部截断误差。欧拉法的局部截断误差与 h^2 成比例，通常说它的局部截断误差是 $O(h^2)$ 阶的。

应该指出，在计算 x_{n+1} 以前，x_n 也是用同一递推公式求得的，所以 x_n 本身就有误差，因此在用式(6-9)计算 x_{n+1} 时，除了忽略余项而引起的局部截断误差以外，还应加上 x_n 误差的影响。这个误差叫做全局截断误差或简称截断误差，因此，由于欧拉法递推公式不精确而引起的误差要比式(6-13)、式(6-14)所表示的局部截断误差大。可以证明，欧拉法的全局截断误差是和步长 h 成比例的，或者说它是 $O(h)$ 阶的。

由以上讨论可以看出，为了减小欧拉法的计算误差，应该选择较小的步长 h。但绝不能由此得到步长愈小则计算误差愈小的结论，因为在以上的讨论中，我们完全没有考虑计算机本身由于有效位数的限制而引起的舍入误差。当取较小步长 h 时，将使运算量成反比地增加，从而使舍入误差的影响加大。如图 6-3 所示，图中 $h_{\min}$ 为最小误差所对应的步长，因此，我们不能单单用缩小步长的方法来减小误差。当计算精度要求较高时，必须选择更完善的计算方法。

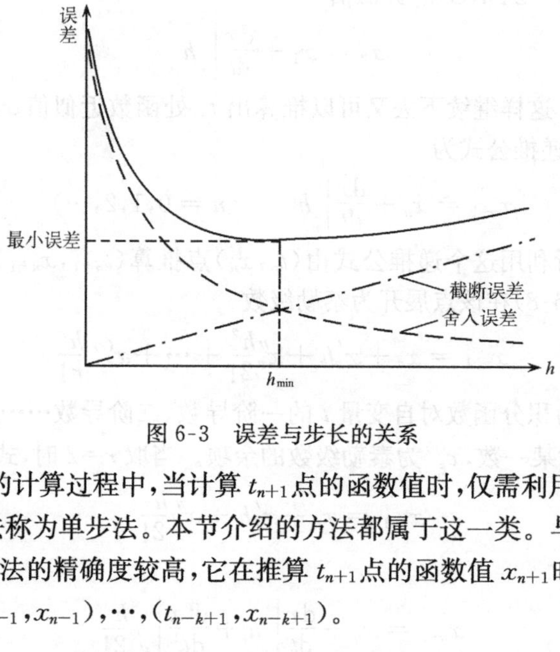

图 6-3　误差与步长的关系

在以上欧拉法的计算过程中，当计算 t_{n+1} 点的函数值时，仅需利用它的前一点 t_n 处的函数值 x_n，这种方法称为单步法。本节介绍的方法都属于这一类。与此对应的是多步法(或多值法)，这类方法的精确度较高，它在推算 t_{n+1} 点的函数值 x_{n+1} 时需要利用前面几点的数据：$(t_n, x_n), (t_{n-1}, x_{n-1}), \cdots, (t_{n-k+1}, x_{n-k+1})$。

2. 改进欧拉法

在应用欧拉法时，由各时段始点计算出的导数值 $\left.\frac{\mathrm{d}x}{\mathrm{d}t}\right|_n = f(x_n, t_n)$ 被用于 $[t_n, t_{n+1}]$ 的整个时段，即代替积分曲线的各折线段的斜率仅由相应时段的始点决定，因而给计算造成较大的误差。如果各折线段斜率取该时段始点导数值与终点导数值的平均值，我们就可以期望得到比较精确的计算结果。改进欧拉法就是根据这个原则提出来的计算方法。

对于一阶微分方程式(6-3)，设给定初值为 $t_0=0$ 时 $x(t_0)=x_0$，以下介绍改进欧拉法的具体步骤。

为了求 $t_1=h$ 时的函数值 x_1，首先用欧拉法求 x_1 的近似值：

$$x_1^{(0)} = x_0 + \left.\frac{\mathrm{d}x}{\mathrm{d}t}\right|_0 h \tag{6-15}$$

式中：

$$\left.\frac{\mathrm{d}x}{\mathrm{d}t}\right|_0 = f(x_0, t_0)$$

当 $x_1^{(0)}$ 由式(6-15)求得以后，即可将 $t_1, x_1^{(0)}$ 代入式(6-3)求出该时段末导数的近似值：

$$\left.\frac{\mathrm{d}x}{\mathrm{d}t}\right|_1^{(0)} = f(x_1^{(0)}, t_1)$$

然后就可以用 $\left.\frac{\mathrm{d}x}{\mathrm{d}t}\right|_0$ 和 $\left.\frac{\mathrm{d}x}{\mathrm{d}t}\right|_1^{(0)}$ 的平均值来求 x_1 改进值：

$$x_1^{(1)} = x_0 + \frac{\left.\frac{\mathrm{d}x}{\mathrm{d}t}\right|_0 + \left.\frac{\mathrm{d}x}{\mathrm{d}t}\right|_1^{(0)}}{2} h \tag{6-16}$$

这样求得的 $x_1^{(1)}$ 比单纯用欧拉法求得的 $x_1^{(0)}$ 更接近微分方程的正确解 x_1，其几何解释如图 6-4 所示。

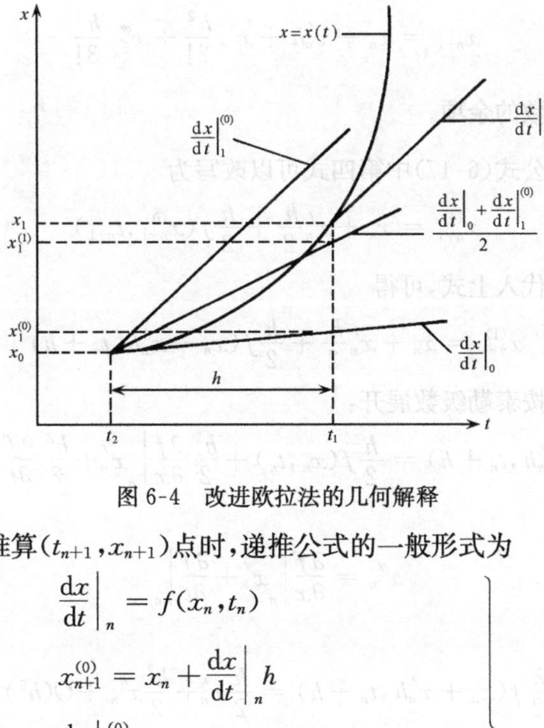

图 6-4　改进欧拉法的几何解释

当由 (t_n, x_n) 点推算 (t_{n+1}, x_{n+1}) 点时，递推公式的一般形式为

$$\left.\begin{aligned}
&\left.\frac{\mathrm{d}x}{\mathrm{d}t}\right|_n = f(x_n, t_n) \\
&x_{n+1}^{(0)} = x_n + \left.\frac{\mathrm{d}x}{\mathrm{d}t}\right|_n h \\
&\left.\frac{\mathrm{d}x}{\mathrm{d}t}\right|_{n+1}^{(0)} = f(x_{n+1}^{(0)}, t_{n+1}) \\
&x_{n+1} = x_{n+1}^{(1)} = x_n + \frac{\left.\frac{\mathrm{d}x}{\mathrm{d}t}\right|_n + \left.\frac{\mathrm{d}x}{\mathrm{d}t}\right|_{n+1}^{(0)}}{2} h
\end{aligned}\right\} \tag{6-17}$$

由式(6-17)中第二式及第四式消去 x_n，可将第四式改写为

$$x_{n+1} = x_{n+1}^{(0)} + \left.\frac{\mathrm{d}x}{\mathrm{d}t}\right|_{n+1}^{a} h \tag{6-18}$$

式中：

$$\left.\frac{\mathrm{d}x}{\mathrm{d}t}\right|_{n+1}^{a}=\frac{1}{2}\left(\left.\frac{\mathrm{d}x}{\mathrm{d}t}\right|_{n+1}^{(0)}-\left.\frac{\mathrm{d}x}{\mathrm{d}t}\right|_{n}\right)$$

这样,也可以把改进欧拉法的递推公式归结为以下形式:

$$\left.\begin{aligned}&\left.\frac{\mathrm{d}x}{\mathrm{d}t}\right|_{n}=f(x_n,t_n)\\&x_{n+1}^{(0)}=x_n+\left.\frac{\mathrm{d}x}{\mathrm{d}t}\right|_{n}h\\&\left.\frac{\mathrm{d}x}{\mathrm{d}t}\right|_{n+1}^{a}=\frac{1}{2}\left(f(x_{n+1}^{(0)},t_{n+1})-\left.\frac{\mathrm{d}x}{\mathrm{d}t}\right|_{n}\right)\\&x_{n+1}=x_{n+1}^{(1)}=x_{n+1}^{(0)}+\left.\frac{\mathrm{d}x}{\mathrm{d}t}\right|_{n+1}^{a}h\end{aligned}\right\}\tag{6-19}$$

当应用式(6-19)计算 x_{n+1} 时,其形式与 $x_{n+1}^{(0)}$ 的公式具有相同的形式,因此可以简化程序,并且在求得 $x_{n+1}^{(0)}$ 以后不必再记忆 x_n,因此也节省了内存单元。

以下讨论改进欧拉法递推公式的局部截断误差。

为此,仍需要利用式(6-10)的泰勒级数展开式

$$x_{n+1}=x_n+x_n'h+x''_n\frac{h^2}{2!}+x'''_{\xi_n}\frac{h^3}{3!}\tag{6-20}$$

式中:$x'''_{\xi_n}\frac{h^3}{3!}$为泰勒级数的余项。

改进欧拉法递推公式(6-17)中第四式可以改写为

$$x_{n+1}^{(1)}=x_n+x_n'\frac{h}{2}+\frac{h}{2}f(x_{n+1}^{(0)},t_{n+1})$$

将式(6-17)中第一式代入上式,可得

$$x_{n+1}^{(1)}=x_n+x_n'\frac{h}{2}+\frac{h}{2}f(x_n+x_n'h,t_n+h)\tag{6-21}$$

把上式中右端第三项按泰勒级数展开:

$$\frac{h}{2}f(x_n+x_n'h,t_n+h)=\frac{h}{2}f(x_n,t_n)+\frac{h^2}{2}\left.\frac{\partial f}{\partial x}\right|_{n}x_n'+\frac{h^2}{2}\left.\frac{\partial f}{\partial t}\right|_{n}+O(h^3)$$

因为

$$x''_n=\left.\frac{\partial f}{\partial x}\right|_{n}x_n'+\left.\frac{\partial f}{\partial t}\right|_{n}$$

所以

$$\frac{h}{2}f(x_n+x_n'h,t_n+h)=\frac{h}{2}x_n'+\frac{h^2}{2}x''_n+O(h^3)$$

将上式代入式(6-21)中,则得

$$x_{n+1}^{(1)}=x_n+x_n'h+x''_n\frac{h^2}{2}+O(h^3)\tag{6-22}$$

再把上式与式(6-20)相减,可知

$$E_{n+1}=x_{n+1}-x_{n+1}^{(1)}=x'''_{\xi_n}\frac{h^3}{3!}-O(h^3)$$

因此,改进欧拉法的局部截断误差是 $O(h^3)$ 阶的。同样可以证明改进欧拉法的全局截断误差是 $O(h^2)$ 阶的。

【例 6-1】 用改进欧拉法求解微分方程

$$\frac{dx}{dt} = x - \frac{2t}{x}$$

其初值为 $t_0=0, x_0=1$。

【解】 步长取 0.2。计算结果见下表：

n	t_n	x_n	$\left.\frac{dx}{dt}\right\|_n$	$x_{n+1}^{(0)}$	t_{n+1}	$\left.\frac{dx}{dt}\right\|_{n+1}^{0}$	$\frac{\left.\frac{dx}{dt}\right\|_n + \left.\frac{dx}{dt}\right\|_{n+1}^{(0)}}{2}$	x_n
0	0	1	1	1.2	0.2	0.866 7	0.933 3	1.186 67
1	0.2	1.186 67	0.849 59	1.356 58	0.4	0.766 9	0.808 3	1.348 32
2	0.4	1.348 32	0.754 99	1.499 32	0.6	0.699 0	0.727 0	1.493 72
3	0.6	1.493 72	0.690 36	1.631 79	0.8	0.651 3	0.670 8	1.627 88
4	0.8	1.627 88	0.645 00	1.756 90	1.0	0.618 5	0.631 8	1.754 30

这一微分方程的准确解为

$$x = \sqrt{2t+1}$$

当 $t=1$ 时，$x=1.732\ 05$，故误差为

$$|1.732\ 05 - 1.754\ 3| = 0.022\ 5$$

改进欧拉法也可以用来求解一阶微分方程组。例如，对于微分方程组

$$\left.\begin{aligned} \frac{dx}{dt} &= f_1(x,y,t) \\ \frac{dy}{dt} &= f_2(x,y,t) \end{aligned}\right\} \tag{6-23}$$

其初值为 t_0, x_0, y_0。当选定步长 h 以后，对于第一时段可以求出变量的近似值为

$$x_1^{(0)} = x_0 + \left.\frac{dx}{dt}\right|_0 h$$

$$y_1^{(0)} = y_0 + \left.\frac{dy}{dt}\right|_0 h$$

式中：

$$\left.\frac{dx}{dt}\right|_0 = f_1(x_0, y_0, t_0)$$

$$\left.\frac{dy}{dt}\right|_0 = f_2(x_0, y_0, t_0)$$

再由 $t_1=h, x_1^{(0)}, y_1^{(0)}$ 求出

$$\left.\frac{dx}{dt}\right|_1^{(0)} = f_1(x_1^{(0)}, y_1^{(0)}, t_1)$$

$$\left.\frac{dy}{dt}\right|_1^{(0)} = f_2(x_1^{(0)}, y_1^{(0)}, t_1)$$

这样，函数在 t 点的值应为

$$x_1 = x_0 + \frac{\left.\frac{\mathrm{d}x}{\mathrm{d}t}\right|_0 + \left.\frac{\mathrm{d}x}{\mathrm{d}t}\right|_1^{(0)}}{2}h = x_1^{(0)} + \left.\frac{\mathrm{d}x}{\mathrm{d}t}\right|_1^a h$$

$$y_1 = y_0 + \frac{\left.\frac{\mathrm{d}y}{\mathrm{d}t}\right|_0 + \left.\frac{\mathrm{d}y}{\mathrm{d}t}\right|_1^{(0)}}{2}h = y_1^{(0)} + \left.\frac{\mathrm{d}y}{\mathrm{d}t}\right|_1^a h$$

式中：

$$\left.\frac{\mathrm{d}x}{\mathrm{d}t}\right|_1^a = \frac{1}{2}\left(\left.\frac{\mathrm{d}x}{\mathrm{d}t}\right|_1^{(0)} - \left.\frac{\mathrm{d}x}{\mathrm{d}t}\right|_0\right)$$

$$\left.\frac{\mathrm{d}y}{\mathrm{d}t}\right|_1^a = \frac{1}{2}\left(\left.\frac{\mathrm{d}y}{\mathrm{d}t}\right|_1^{(0)} - \left.\frac{\mathrm{d}y}{\mathrm{d}t}\right|_0\right)$$

依次类推。

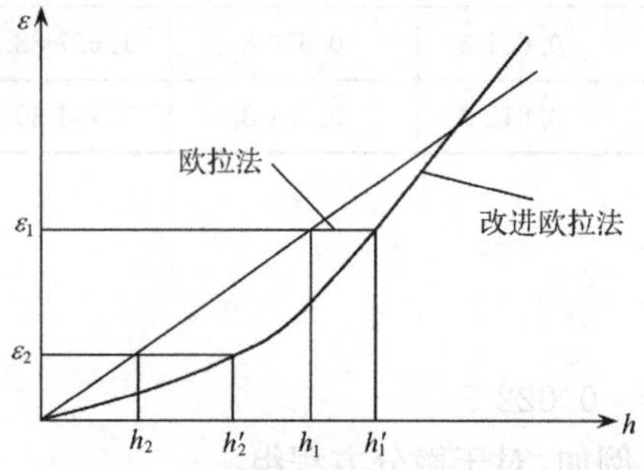

图 6-5　改进欧拉法与欧拉法的比较

由递推公式(6-17)可以看出，改进欧拉法计算一个时段所需要的运算量比欧拉法大一倍，但是如果步长一样，改进欧拉法的计算精确度却比欧拉法高。如上所述，改进欧拉法的截断误差是 $O(h^2)$ 阶的，而欧拉法是 $O(h)$ 阶的。如图 6-5 所示，当容许误差为 ε_1 时，改进欧拉法容许步长 h_1' 和欧拉法步长 h_1 相差不大，在这种情况下，用改进欧拉法的运算量比欧拉法要大。当容许误差为 ε_2 时，改进欧拉法的容许步长 h_2' 比欧拉法步长 h_2 相对大得多，显然当 $h_2' > 2h_2$ 时，改进欧拉法的总运算量比欧拉法要小。

3. 龙格-库塔法

改进欧拉法用$[t_n, t_{n+1}]$区间两点的导数(或斜率)推算 x_{n+1}，拟合了积分函数泰勒级数的前三项，从而使局部截断误差达到了 $O(h^3)$ 阶。这就启发人们去考虑：是否可利用$[t_n, t_{n+1}]$区间上更多点的导数去推算 x_{n+1}，以便拟合泰勒级数更多的项数？结论是肯定的。龙格-库塔法就是基于这种原理建立起来的微分方程数值解法。最常用的是四阶龙格-库塔法，这种方法用$[t_n, t_{n+1}]$区间四个点的导数去推算 x_{n+1}，从而拟合了泰勒级数的前五项：

$$x_{n+1} = x_n + x_n'h + x''_n\frac{h^2}{2!} + x_n^{(3)}\frac{h^3}{3!} + x_n^{(4)}\frac{h^4}{4!} + O(h^5)$$

因此，它的局部截断误差是 $O(h^5)$ 阶的，其全局截断误差是 $O(h^4)$ 阶的。

对于一阶微分方程式(6-3)，当利用四阶龙格-库塔法求解时，可以利用递推公式

$$\left.\begin{aligned} x_{n+1} &= x_n + \frac{1}{6}(k_1 + 2k_2 + 2k_3 + k_4) \\ k_1 &= hf(x_n, t_n) \\ k_2 &= hf\left(x_n + \frac{k_1}{2}, t_n + \frac{h}{2}\right) \\ k_3 &= hf\left(x_n + \frac{k_2}{2}, t_n + \frac{h}{2}\right) \\ k_4 &= hf(x_n + k_3, t_n + h) \end{aligned}\right\} \qquad (6\text{-}24)$$

求出 $x_1, x_2, x_3, \cdots$。

【例 6-2】 用四阶龙格-库塔法求解例 6-1 中的一阶微分方程。

【解】 步长取 $h=0.2$。计算过程及结果如下表所示：

t_n	x_n	k_1	$t_n+\frac{h}{2}$	$x_n+\frac{k_1}{2}$	k_2	$t_n+\frac{h}{2}$	$x_n+\frac{k_2}{2}$	k_3	t_n+h	x_n+k_3	k_4
0	1	0.2	0.1	1.1	0.183 636 4	0.1	1.091 818 2	0.181 727 4	0.2	1.181 727	0.168 647 8
0.2	1.183 229 2	0.169 834 2	0.3	1.267 746	0.158 893 0	0.3	1.262 676	0.157 499 0	0.4	1.340 728	0.148 807 4
0.4	1.341 666 8	0.149 078 8	0.5	1.416 026	0.142 018 8	0.5	1.412 676	0.140 960 0	0.6	1.482 627	0.134 650 6
0.6	1.483 281	0.134 852 8	0.7	1.550 707	0.129 578 6	0.7	1.548 070	0.128 743 6	0.8	1.612 025	0.123 897 0
0.8	1.612 513	0.124 054 6	0.9	1.674 541	0.119 924 0	0.9	1.672 475	0.119 245 2	1.0	1.731 759	0.115 372 8
1	1.732 141										

由以上计算结果可知，当采用龙格-库塔法时，函数值在 $t=1$ 时为 $x=1.732\ 141$，和准确解相比，其误差为

$$|1.732\ 05-1.732\ 141|=0.000\ 09$$

和例 6-1 相比精确度提高很显著。

应用龙格-库塔法也可以求解一阶微分方程组。例如，对于式(6-23)所示的微分方程，可按以下递推公式进行计算：

$$x_{n+1}=x_n+\frac{1}{6}(k_1+2k_2+2k_3+k_4)$$

$$y_{n+1}=y_n+\frac{1}{6}(l_1+2l_2+2l_3+l_4)$$

式中：

$$\left.\begin{aligned}
k_1&=hf_1(x_n,y_n,t_n)\\
k_2&=hf_1\left(x_n+\frac{k_1}{2},y_n+\frac{l_1}{2},t_n+\frac{h}{2}\right)\\
k_3&=hf_1\left(x_n+\frac{k_2}{2},y_n+\frac{l_2}{2},t_n+\frac{h}{2}\right)\\
k_4&=hf_1(x_n+k_3,y_n+l_3,t_n+h)
\end{aligned}\right\}$$

$$\left.\begin{aligned}
l_1&=hf_2(x_n,y_n,t_n)\\
l_2&=hf_2\left(x_n+\frac{k_1}{2},y_n+\frac{l_1}{2},t_n+\frac{h}{2}\right)\\
l_3&=hf_2\left(x_n+\frac{k_2}{2},y_n+\frac{l_2}{2},t_n+\frac{h}{2}\right)\\
l_4&=hf_2(x_n+k_3,y_n+l_3,t_n+h)
\end{aligned}\right\}$$

龙格-库塔法的精度较高，但运算量较大，为欧拉法的 4 倍。目前，当精度要求较高时，已逐步趋向于采用运算量较小的多步法来代替龙格-库塔法。龙格-库塔法往往只作为多步法起步时的一种辅助计算方法。

4. 隐式积分法

微分方程数值解法可以分为显式解法与隐式解法两大类。目前所介绍的方法都属于显式解法。分析它们的计算公式(6-9)、式(6-17)、式(6-24)即可看出,这些公式等号右端都是已知量,因此利用这些递推公式可以直接计算出相应时段终点的函数值 x_{n+1}。与此不同,微分方程的隐式解法不是给出递推公式,而是首先把微分方程化为差分方程,然后利用求解差分方程的方法确定函数值 x_{n+1}。

现在我们来介绍隐式梯形积分法。

对于微分方程式(6-3),当 t_n 处函数值 x_n 已知时,可以按下式求出 $t_{n+1}=t_n+h$ 处的函数值 x_{n+1}:

$$x_{n+1}=x_n+\int_{t_n}^{t_{n+1}} f(x,t)\mathrm{d}t \tag{6-25}$$

上式中的定积分相当于求图 6-6 中阴影部分的面积。当步长 h 足够小时,函数 $f(x,t)$ 在 t_n 到 t_{n+1} 之间的曲线可以近似地用直线来代替,如图中虚线所示。这样,阴影部分的面积就近似为梯形 $ABCD$ 的面积,因此式(6-25)可以改写为

$$x_{n+1}=x_n+\frac{h}{2}(f(x_n,t_n)+f(x_{n+1},t_{n+1})) \tag{6-26}$$

这就是隐式梯形积分法的差分方程。

显然,在这种情况下已不能简单地利用递推运算求出 x_{n+1},因为式(6-26)等号的右端也含有待求量 x_{n+1}。这时必须对式(6-26)采用求解代数方程式的方法去计算 x_{n+1}。

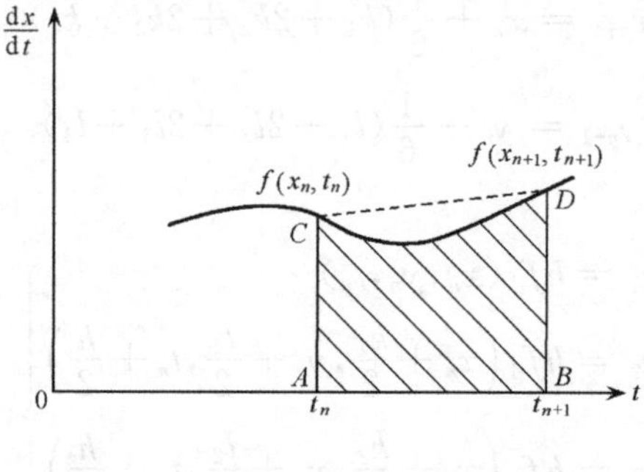

图 6-6 梯形积分法的几何解释

一般地说,微分方程隐式解法的特点就是把微分方程的求解问题转换成一系列代数方程的求解过程。例如,当初始值 t_0、x_0 给定时,根据式(6-26)可以得到第一时段的差分方程式

$$x_1=x_0+\frac{h}{2}(f(x_0,t_0)+f(x_1,t_0+h))$$

上式中只有 x_1 为未知数,因而利用求解代数方程式的方法即可求得 x_1。当 t_1、x_1 已知后,由式(6-26)又可得到第二时段的差分方程式

$$x_2=x_1+\frac{h}{2}(f(x_1,t_1)+f(x_2,t_1+h))$$

由上式又可解出 x_2,依此类推。

如果我们把 $f(x_n,t_n)$ 和 $f(x_{n+1},t_{n+1})$ 理解为积分曲线在 $[t_n,t_{n+1}]$ 区间始点和终点的

斜率，那么就有理由把隐式梯形积分法称为隐式改进欧拉法，也就是说，差分方程式(6-26)可以理解为改进欧拉法的隐式解法。实际上，隐式解法不限于改进欧拉法，前面介绍的欧拉法、龙格-库塔法以至多步法都可以采取隐式解法。例如，把欧拉法的递推公式(6-9)改为

$$x_{n+1} = x_n + x'_{n+1}h = x_n + f(x_{n+1}, t_{n+1})h \tag{6-27}$$

即把$[t_n, t_{n+1}]$区间始点的导数值x'_n改为终点的导数值x'_{n+1}，我们就得到了隐式欧拉法。式(6-27)就是隐式欧拉法的差分方程。

差分方程式(6-26)、式(6-27)可能是非线性的，因为微分方程式(6-3)中给出的函数$f(x,t)$可能是非线性的，因此，隐式解法比显式解法的求解过程要复杂一些。

顺便指出，隐式梯形积分法的截断误差可以解释为是由于以梯形面积代替阴影部分面积引起的(见图 6-6)。利用前面介绍的方法同样可以证明差分方程(6-26)的局部截断误差也是$O(h^3)$阶的。

隐式解法相对于显式解法来说的优点是可以采取较大的步长。这个问题涉及微分方程数值解的稳定性问题，读者可参看有关文献。我们在这里只用一个简单的例子来直观地说明这个问题。

设有一阶微分方程

$$\frac{dx}{dt} = -100x \tag{6-28}$$

初值为$t=0$时$x_0=1$。

对于这个微分方程，可以求出它的解析解为

$$x = e^{-100t}$$

这是一个按指数曲线衰减很快的函数，如图 6-7 所示。

当步长取$h=0.025$时，用欧拉法计算结果如下表所示：

时段顺序	t_n	x_n	x'_n	x'_nh
0	0.000	1	−100	−2.5
1	0.025	−1.5	150	3.75
2	0.050	2.25	−225	−5.625
3	0.075	−3.375		

可以看出，上表所列函数值随时间在作振荡的变化，而且振荡的幅值愈来愈大，如图 6-7 所示。从数学上来说，这种情况表示欧拉法数值解本身已经不稳定。

当采用隐式欧拉法计算时，就不会出现这种情况。首先将式(6-28)化为差分方程

$$x_{n+1} = x_n + x'_{n+1}h = x_n - 100x_{n+1}h$$

因此可以得到

$$x_{n+1} = \frac{x_n}{1+100h}$$

当$h=0.025$时上式变为

$$x_{n+1} = \frac{x_n}{3.5}$$

因此可以得到下表计算的结果：

时段顺序	t_n	x_n
0	0.000	1
1	0.025	$\frac{1}{3.5}$
2	0.050	$\left(\frac{1}{3.5}\right)^2$
3	0.075	$\left(\frac{1}{3.5}\right)^3$

上表所列函数值随时间单调衰减,如图 6-7 所示。

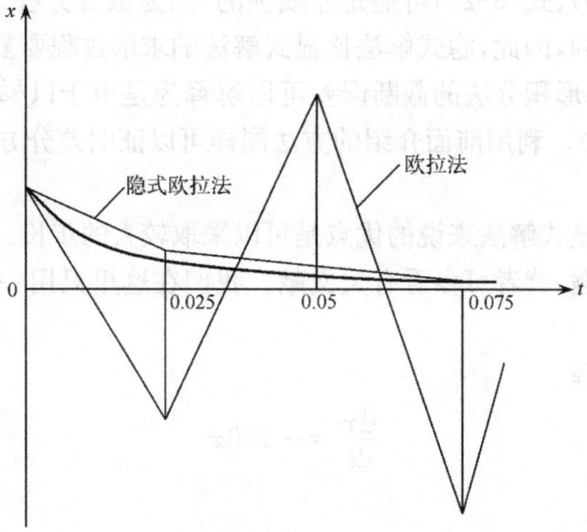

图 6-7　微分方程不同解法的图例

为了进一步说明以上现象与步长的关系,我们把微分方程式(6-28)写成更一般的形式

$$\frac{dx}{dt}=-\frac{x}{T} \tag{6-29}$$

式中:常数 T 具有时间的量纲,在工程上叫做时间常数。

当采用欧拉法时,将式(6-29)代入递推公式(6-9),得

$$x_{n+1}=x_n\left(1-\frac{h}{T}\right)$$

因此

$$x_{n+1}=x_0\left(1-\frac{h}{T}\right)^{n+1} \tag{6-30}$$

显然要使函数 x 成为单调衰减的函数,式(6-30)右端括弧中的值必须满足

$$0<1-\frac{h}{T}<1$$

因此,步长的选择应满足

$$h<T \tag{6-31}$$

对式(6-28)来说,在采用显式解法时,要得到合理的解步长的选择则必须满足 $h<0.01$。

对于隐式欧拉法来说,式(6-29)的差分方程为

$$x_{n+1}=x_n-\frac{h}{T}x_{n+1}$$

移项整理后可得

$$x_{n+1} = \left(\frac{1}{1+h/T}\right)x_n$$

因此我们有

$$x_{n+1} = x_0\left(\frac{1}{1+h/T}\right)^{n+1} \tag{6-32}$$

由上式可以看出，当采用隐式欧拉法时，选择任何步长都可以满足使函数 x 成为单调衰减函数的要求。

一般地说，在采用显式积分法时，步长的选择要受到微分方程中最小时间常数的限制，否则就会导致错误的计算结果。隐式积分法的步长则没有这个限制，容许选择较大的步长。

5. 常微分方程求解方法的选取

如前所述，常微分方程初值问题的数值解法可分为显式法和隐式法及单步法和多步法。在显式法中，积分公式可直接用于对每个微分方程进行求解，因此计算量小，但数值稳定性差；在隐式法中，各微分方程先被差分化，然后对导出的代数方程组联立求解，显然它的计算更复杂，然而可获得更高的数值稳定性。单步法仅用前一步的信息得到本步的解，因而它是自启动的，便于处理不连续的情况；多步法用前几步的信息得到本步的解，因而原理上效率更高，然而当发生不连续时需要重启动。至于采用何种数值积分公式求解微分方程，至少应从以下三个方面考虑：

(1) 方法的精度。

在用数值方法求解微分方程时至少存在两种误差，即舍入误差和截断误差。舍入误差的存在是由于计算机不能精确地表示浮点数所致，因而要减小舍入误差，唯一的办法是使用大字长的计算机。

解的真值与计算值之差主要由截断误差决定，它体现了方法的精度。截断误差的大小与所用的数值积分公式有关，显然方法的阶数越高，在同样的步长下其计算精度越高。另外，随着积分的逐步进行，局部截断误差也在不断积累，因此把某时刻解的真值与计算值之差称为累积截断误差。

(2) 方法的数值稳定性。

粗略地讲，积分方法的数值稳定性是关于在逐步积分过程中误差的传播问题。一个不稳定的方法是指误差趋向于不断地积累甚至放大，以至于可能淹没真解。一个稳定的方法对累积的误差不但不放大，有时甚至缩小。

有关积分方法数值稳定性的定义有很多，这里不作详细讨论。为比较起见，我们只粗略地将方法分为“很稳定”或“不很稳定”。一般情况下，隐式法相对于显式法有更好的数值稳定性。

(3) 对刚性方程的适应性。

微分方程组的刚性(stiffness)是指微分方程类似于代数方程病态的一种特性。一般情况下，如果微分方程组中最大时间常数与最小时间常数之比较大，我们就称该微分方程组为刚性的。更精确地讲，刚性是用线性化系统的最大特征值与最小特征值之比度量。

对于刚性问题，为了保证截断误差在安全的低数值，相对不太稳定的积分方法将需要很小的步长，从而准确地跟踪系统响应中变化快速的分量。而更稳定的积分方法由于每步可以承受更大的误差，为得到同样精度的解，可以采用较大的步长。

除了经典模型外，电力系统稳定分析中的微分方程组一般是刚性的，而且随着同步机模型详细程度的增加，时间常数的范围增大，刚性愈发明显。代数方程中也隐含刚性，特别是负荷为非阻抗形式时。另外，存在微分-代数方程的不连续性、发电机组中调节器的限幅环节等。

常微分方程初值问题的解法很多，但适合于电力系统应用的却较少，这主要由稳定分析中微分方程的特点决定。数值积分方法的选取主要从方法的计算速度、精度、数值稳定性、对刚性微分方程的适应性及计算的灵活性（处理不连续和限幅比较容易）等几个方面考虑。这方面的研究工作很多，而且已有许多方法得到应用，目前认为较满意的方法包括欧拉法、改进欧拉法、龙格-库塔法等显式方法，及隐式梯形法。这些方法大多出现在当前流行的生产级商业软件包中。

6.2.2 微分-代数方程组的数值解法

在进行电力系统暂态稳定分析时，需要寻求的是微分-代数方程组的联立解，这里的关键问题是微分方程组(6-1)和代数方程组(6-2)的交接处理。为此，我们可以采用交替求解法或联立求解法，现分别介绍如下。

1. 交替求解法

在这种方法中，数值积分方法用于微分方程组，可独立地求出 $\boldsymbol{x}$，单独求解代数方程组得到 $\boldsymbol{y}$。显然，积分方法和代数方程的求解方法可以相互独立。一般情况下，$\boldsymbol{x}$ 和 $\boldsymbol{y}$ 的求解按某种指定方式交替进行。在交替求解法中，微分方程组用显式法和隐式法求解也有所不同。下面给出在已知 t 时刻的量 $\boldsymbol{x}_{(t)}$ 和 $\boldsymbol{y}_{(t)}$，求 $t+\Delta t$ 时刻的量 $\boldsymbol{x}_{(t+\Delta t)}$ 和 $\boldsymbol{y}_{(t+\Delta t)}$ 的两个例子[按电力系统计算中的惯例，用下标(t)表示 t 时刻的计算值，而积分步长用 Δt 表示，下同]。

当用式(6-24)所示的显式四阶龙格-库塔法求解微分方程组时，计算步骤如下：

(1) 计算向量 $\boldsymbol{k}_1=\Delta t\boldsymbol{f}(\boldsymbol{x}_{(t)},\boldsymbol{y}_{(t)})$。

(2) 计算向量 $\boldsymbol{x}_1=\boldsymbol{x}_{(t)}+\dfrac{1}{2}\boldsymbol{k}_1$，然后求解代数方程组 $\boldsymbol{0}=\boldsymbol{g}(\boldsymbol{x}_1,\boldsymbol{y}_1)$ 得到 $\boldsymbol{y}_1$，最后计算向量 $\boldsymbol{k}_2=\Delta t\boldsymbol{f}(\boldsymbol{x}_1,\boldsymbol{y}_1)$。

(3) 计算向量 $\boldsymbol{x}_2=\boldsymbol{x}_{(t)}+\dfrac{1}{2}\boldsymbol{k}_2$，然后求解代数方程组 $\boldsymbol{0}=\boldsymbol{g}(\boldsymbol{x}_2,\boldsymbol{y}_2)$ 得到 $\boldsymbol{y}_2$，最后计算向量 $\boldsymbol{k}_3=\Delta t\boldsymbol{f}(\boldsymbol{x}_2,\boldsymbol{y}_2)$。

(4) 计算向量 $\boldsymbol{x}_3=\boldsymbol{x}_{(t)}+\boldsymbol{k}_3$，然后求解代数方程组 $\boldsymbol{0}=\boldsymbol{g}(\boldsymbol{x}_3,\boldsymbol{y}_3)$ 得到 $\boldsymbol{y}_3$，最后计算向量 $\boldsymbol{k}_4=\Delta t\boldsymbol{f}(\boldsymbol{x}_3,\boldsymbol{y}_3)$。

(5) 最后得到 $\boldsymbol{x}_{(t+\Delta t)}=\boldsymbol{x}_{(t)}+\dfrac{1}{6}(\boldsymbol{k}_1+2\boldsymbol{k}_2+2\boldsymbol{k}_3+\boldsymbol{k}_4)$，相应地求解代数方程组 $\boldsymbol{0}=\boldsymbol{g}(\boldsymbol{x}_{(t+\Delta t)},\boldsymbol{y}_{(t+\Delta t)})$ 得到 $\boldsymbol{y}_{(t+\Delta t)}$。

当用式(6-26)所示的隐式梯形法求解微分方程组时，整个计算工作为求如下方程的联立解：

$$x_{(t+\Delta t)} = x_{(t)} + \frac{\Delta t}{2}[f(x_{(t+\Delta t)}, y_{(t+\Delta t)}) + f(x_{(t)}, y_{(t)})] \tag{6-33}$$

$$0 = g(x_{(t+\Delta t)}, y_{(t+\Delta t)}) \tag{6-34}$$

对此，非线性方程组的交替迭代求解步骤为：

(1) 给定 $y_{(t+\Delta t)}$ 的初始估计值 $y_{(t+\Delta t)}^{[0]}$，应用式(6-33)得到 $x_{(t+\Delta t)}$ 的估计值 $x_{(t+\Delta t)}^{[0]}$，即求解方程

$$x_{(t+\Delta t)}^{[0]} = x_{(t)} + \frac{\Delta t}{2}[f(x_{(t+\Delta t)}^{[0]}, y_{(t+\Delta t)}^{[0]}) + f(x_{(t)}, y_{(t)})]$$

(2) 用 $x_{(t+\Delta t)}^{[0]}$ 和式(6-34)得到 $y_{(t+\Delta t)}$ 估计值的修正值 $y_{(t+\Delta t)}^{[1]}$，即求解代数方程

$$0 = g(x_{(t+\Delta t)}^{[0]}, y_{(t+\Delta t)}^{[1]})$$

(3) 用 $y_{(t+\Delta t)}^{[1]}$ 代替 $y_{(t+\Delta t)}^{[0]}$，返回步骤(1)，继续迭代，直至收敛。

为了给出良好的初值，从而使迭代次数减少，$y_{(t+\Delta t)}^{[0]}$ 可以取前一步的值，也可以用前几步的值通过外推得到。从以上的迭代序列可以看出，除非迭代次数无限大，否则最终得到的解 $x_{(t+\Delta t)}$ 和 $y_{(t+\Delta t)}$ 不会相一致，即它们不会以同样的精度同时满足式(6-33)和式(6-34)，由此造成的误差称为交接误差。显然，减少交接误差的唯一方法是增加迭代次数，但相应地增加了计算量。

2. 联立求解法

联立求解法一般针对微分方程用隐式积分法求解的情况。其基本过程为，先用隐式积分公式将微分方程组代数化，它和代数方程组一起形成联立非线性方程组，然后求解此非线性方程组，即可得到所要的解。显然，这种求解方法不存在交接误差。当应用隐式梯形积分公式时，联立求解法就是对式(6-33)和式(6-34)联立求解。联立求解的方法一般采用牛顿法，在求解中，为提高计算效率，应充分考虑方程的稀疏性。

6.2.3 暂态稳定分析的基本流程

分析电力系统暂态稳定的主要途径是通过对遭受大干扰后系统动态响应的计算得出系统是否稳定的结论。

事实上，在系统遭受干扰后的整个暂态过程中，描述系统动态特性的微分-代数方程组[式(6-1)和式(6-2)]实际上是非自治、不连续的。微分方程和代数方程的组成或/和内容在暂态过程中可能发生变化，即它们是“故障或操作”的内容及其发生时刻 t 的函数。系统可能发生的“故障或操作”有很多，例如，发生短路故障、切除输电设备、输电线路继电保护及自动重合闸的动作、串联电容的强行补偿以及制动电阻的投入或退出等，这些情况下电力网络的结构或/和参数将发生变化，因此需要在计算过程中相应地改变代数方程。又如，切除发电机、投入强行励磁、进行快速汽门控制等，将使发电机组有关元件的结构或/和参数发生变化，因此需要改变相应的微分方程。除了“故障或操作”外，一些调节系统限幅环节的存在也导致在暂态过程中微分方程和代数方程的不连续。

由于在不同时刻发生的各种“故障或操作”将导致微分-代数方程组不连续，这就使得运行参量 $y(t)$ 在“故障或操作”时刻发生突变，但根据微分方程解对初值的连续依赖性[13]可知，状态变量 $x(t)$ 在整个暂态过程中总是连续变化的。因此，在进行暂态稳定分析时，

可以根据“故障或操作”发生的时刻把整个暂态过程自然地划分为多个时段。在一个时段内，函数 $\boldsymbol{f}$ 和 $\boldsymbol{g}$ 的结构和形式是不随时间变化的，因而微分-代数方程组是自治的。显然，在一个时段的计算结束后(t_{-0}时刻)和下一时段的计算开始前(t_{+0}时刻)，应根据发生的“故障或操作”修改式(6-1)和式(6-2)的形式和内容，由于 $\boldsymbol{x}(t_{+0})=\boldsymbol{x}(t_{-0})$，这样就可以根据 $\boldsymbol{x}(t_{+0})$重新求解修改后的网络方程，从而得到 $\boldsymbol{y}(t_{+0})$。在得到新时段的微分-代数方程组及其初值 $\boldsymbol{x}(t_{+0})$、$\boldsymbol{y}(t_{+0})$后，就可以用 6.2.2 节中介绍的方法求解微分-代数方程组。

通常将系统遭受大干扰的时刻定为初始时刻(即 $t=0$s)，在对微分-代数方程组用某种数值方法的求解过程中，可以根据系统的运行状态利用适当的判据判断系统的稳定性。暂态稳定分析的基本流程如图 6-8 所示。

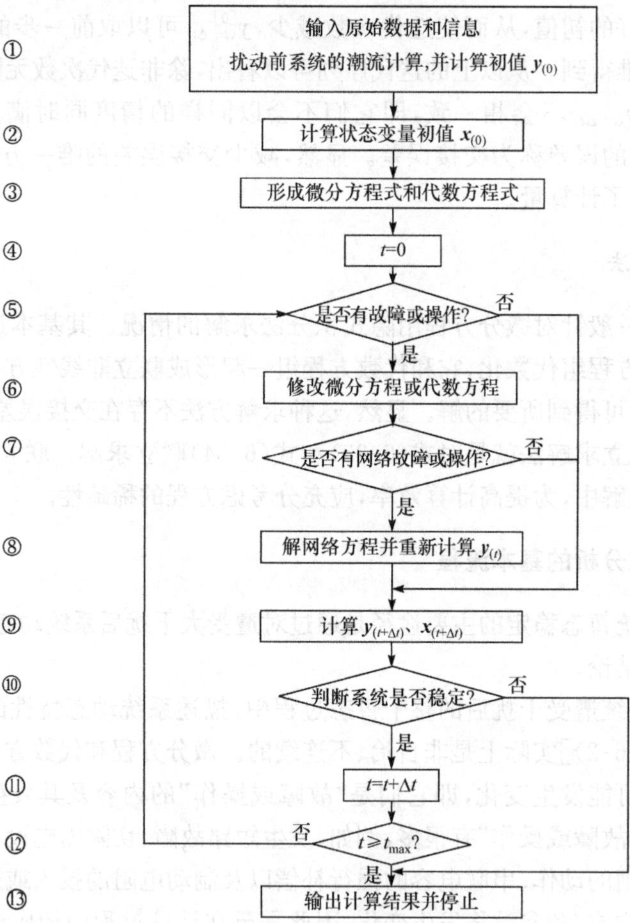

图 6-8　暂态稳定分析的基本流程

在进行暂态稳定分析前，首先应利用潮流计算程序算出干扰前系统的运行状态，即由潮流计算得到各节点的电压及注入功率，然后算出系统的运行参量 $\boldsymbol{y}_{(0)}$，并由此计算出状态变量的初始值 $\boldsymbol{x}_{(0)}$。见图 6-8 中的①、②两框。

框③是根据各元件所采用的数学模型形成相应的微分方程，并根据所用的求解方法形成相应的电力网络方程。应当注意的是，在暂态稳定计算中的网络模型和潮流计算中有所区别，前者应考虑发电机和负荷的影响。关于这一点在本章稍后有详细论述。

从框④开始，进入暂态过程计算。目前的大多数程序中，积分步长 Δt 取为固定不变的常数。假定暂态过程的计算已进行到 t 时刻，这时的 $\boldsymbol{x}_{(t)}$ 和 $\boldsymbol{y}_{(t)}$ 为已知量。在计算 $\boldsymbol{x}_{(t+\Delta t)}$ 和 $\boldsymbol{y}_{(t+\Delta t)}$ 时，应首先检查在 t 时刻系统有无故障或操作，如果有故障或操作，则需对微分或/和代数方程式进行修改，见图 6-8 中的⑤、⑥两框。而且当故障或操作发生在电力网络内时，系统的运行参量 $\boldsymbol{y}_{(t)}$ 可能发生突变，因此必须重新求解网络方程，以得到故障或操作后的运行参量 $\boldsymbol{y}_{(t+0)}$，见图 6-8 中⑦、⑧两框。由于状态变量不会发生突变，因此故障或操作前后的 $\boldsymbol{x}_{(t)}$ 和 $\boldsymbol{x}_{(t+0)}$ 相同。

框⑨是微分-代数方程组一步的计算，根据 $\boldsymbol{x}_{(t)}$ 和 $\boldsymbol{y}_{(t)}$ 采用交替求解法或联立求解法得到 $\boldsymbol{x}_{(t+\Delta t)}$ 和 $\boldsymbol{y}_{(t+\Delta t)}$ 的值。然后在框⑩中利用适当的判据（例如，可以采用任意两台发电机转子间的相对摇摆角超过 180°作为系统失稳的判据）进行系统稳定性的判断。如果系统失去稳定，则打印计算结果，并停止计算（框⑬）；否则，经框⑪将时间向前推进 Δt，进行下一步的计算，直至到达预定的时刻 $t_{\max}$（框⑫）。

$t_{\max}$ 大小与所研究问题的性质有关。当仅关心第一摇摆周期系统的稳定性时，通常取 $t_{\max}=1\sim1.5$s。这时的暂态稳定计算容许采用较多的简化。例如，可以忽略调速器的作用而假定原动机的机械功率保持不变；可以把励磁调节系统的作用近似考虑为在暂态过程中保持发电机暂态电势不变。这种简化模型下的暂态稳定计算将在 6.4 节中详细讨论。对于大规模互联电力系统，系统失去稳定的过程发展较慢，往往需要计算到几秒甚至十几秒才可能判断出系统是否稳定。这种情况下，必须用更复杂的模型来模拟系统的暂态过程，例如计及发电机组励磁调节系统和原动机调速系统的作用，考虑直流输电系统，考虑其他控制装置的作用等，这些将在 6.5 节中详细讨论。

最后需要指出的是，一个商业化的暂态稳定分析程序至少应满足以下基本要求：

(1) 有足够的准确度。整个暂态过程中发电机转子角度的最大相对误差应小于几个百分点。

(2) 算法可靠。数值积分方法的数值稳定性和任何迭代过程的收敛性要好。

(3) 占用内存少。使得一定容量的计算机可以进行大系统的计算。

(4) 使用灵活且容易维护。可以根据不同的需要组织相应的模型进行计算，模型修改容易。

这样，在程序的构成上需要在计算速度、精度、可靠性、内存占用、灵活性等方面之间进行综合权衡。

6.3 暂态稳定分析的网络数学模型及其求解方法

和潮流、短路计算中一样，电力网络的节点电压方程可用相量表示成

$$\boldsymbol{YV}=\boldsymbol{I} \tag{6-35}$$

式中：$\boldsymbol{I}$、$\boldsymbol{V}$ 分别为电力网络节点注入电流和节点电压组成的列向量；$\boldsymbol{Y}$ 为节点导纳矩阵。式(6-35)所描述的网络方程在形式上为线性方程组，其中的导纳矩阵 $\boldsymbol{Y}$ 仅由电力网络的结构和参数所决定。

在以后的计算中，经常把电力网络方程写成实数形式：

$$
\begin{bmatrix}
\begin{bmatrix} G_{11} & -B_{11} \\ B_{11} & G_{11} \end{bmatrix} & \cdots & \begin{bmatrix} G_{1i} & -B_{1i} \\ B_{1i} & G_{1i} \end{bmatrix} & \cdots & \begin{bmatrix} G_{1n} & -B_{1n} \\ B_{1n} & G_{1n} \end{bmatrix} \\
\vdots & & \vdots & & \vdots \\
\begin{bmatrix} G_{i1} & -B_{i1} \\ B_{i1} & G_{i1} \end{bmatrix} & \cdots & \begin{bmatrix} G_{ii} & -B_{ii} \\ B_{ii} & G_{ii} \end{bmatrix} & \cdots & \begin{bmatrix} G_{in} & -B_{in} \\ B_{in} & G_{in} \end{bmatrix} \\
\vdots & & \vdots & & \vdots \\
\begin{bmatrix} G_{n1} & -B_{n1} \\ B_{n1} & G_{n1} \end{bmatrix} & \cdots & \begin{bmatrix} G_{ni} & -B_{ni} \\ B_{ni} & G_{ni} \end{bmatrix} & \cdots & \begin{bmatrix} G_{nn} & -B_{nn} \\ B_{nn} & G_{nn} \end{bmatrix}
\end{bmatrix}
\begin{bmatrix}
\begin{bmatrix} V_{x1} \\ V_{y1} \end{bmatrix} \\ \vdots \\ \begin{bmatrix} V_{xi} \\ V_{yi} \end{bmatrix} \\ \vdots \\ \begin{bmatrix} V_{xn} \\ V_{yn} \end{bmatrix}
\end{bmatrix}
=
\begin{bmatrix}
\begin{bmatrix} I_{x1} \\ I_{y1} \end{bmatrix} \\ \vdots \\ \begin{bmatrix} I_{xi} \\ I_{yi} \end{bmatrix} \\ \vdots \\ \begin{bmatrix} I_{xn} \\ I_{yn} \end{bmatrix}
\end{bmatrix}
\tag{6-36}
$$

式中：n 为电力网络的节点数；G_{ij}、B_{ij} 分别表示网络导纳矩阵元素 Y_{ij} 的实部和虚部；I_{xi}、I_{yi} 和 V_{xi}、V_{yi} 分别表示节点注入电流和节点电压的实部和虚部。

在电力系统中，电力网络将系统中看起来相互独立的所有动态元件联系在一起。在暂态过程中的任一时刻，各动态元件注入网络的电流不但由其自身的特性决定，而且整个电力网络必须满足基尔霍夫定律。其中前者由各动态元件自身的代数方程描述，后者反映在电力网络方程中。因此，为了求解网络方程，需要列出各动态元件自身的代数方程，并对其进行处理，从而可以和网络方程联立求解。一般来说，各动态元件注入网络的电流是描述其动态行为的状态变量和相应节点电压的函数，推导出该函数的表达式，即是本节的主要工作。

此外，在暂态过程中系统发生的故障或操作会引起电力网络结构和参数的变化。特别地，当故障或操作为三相不对称时，网络方程除反映电力系统的正序网络以外还可能与负序网络及零序网络有关。这样在故障或操作情况下如何处理网络方程也成为暂态稳定计算中需要解决的问题。

6.3.1 各动态元件与网络的连接

1. 发电机与网络的连接

对于 5.2.2 节和 5.2.3 节中描述的各种同步电机模型，d-q 坐标系下的定子电压方程都可统一表示为

$$
\begin{bmatrix} V_d \\ V_q \end{bmatrix} = \begin{bmatrix} \overline{E}_d \\ \overline{E}_q \end{bmatrix} - \begin{bmatrix} R_a & -\overline{X}_q \\ \overline{X}_d & R_a \end{bmatrix} \begin{bmatrix} I_d \\ I_q \end{bmatrix} \tag{6-37}
$$

式中：$\overline{E}_d$、$\overline{E}_q$、$\overline{X}_d$、$\overline{X}_q$ 分别表示同步电机 d 轴和 q 轴的电势和电抗，随着同步电机所用模型的不同而不同，它们的取值可通过对比式(6-37)与原始定子电压方程而得到，如表 6-1 所示。

表 6-1 电机模型与参数对照表

模型 \ 参数	$\overline{E}_d$	$\overline{E}_q$	$\overline{X}_d$	$\overline{X}_q$
E'_q、E''_q、E'_d、E''_d 变化或 E'_q、E''_q、E''_d 变化	E''_d	E''_q	X''_d	X''_q
E'_q、E'_d变化	E'_d	E'_q	X'_d	X'_q
E'_q变化或 $E'_q=C$	0	E'_q	X'_d	X_q
$E'=E'_q=C, X_q=X'_d$	0	E'_q	X'_d	X'_d

把坐标变换式(5-62)用于式(6-37),可得到 x-y 坐标系下的定子电压方程

$$\begin{bmatrix}\sin\delta & -\cos\delta\\ \cos\delta & \sin\delta\end{bmatrix}\begin{bmatrix}V_x\\ V_y\end{bmatrix}=\begin{bmatrix}\overline{E}_d\\ \overline{E}_q\end{bmatrix}-\begin{bmatrix}R_a & -\overline{X}_q\\ \overline{X}_d & R_a\end{bmatrix}\begin{bmatrix}\sin\delta & -\cos\delta\\ \cos\delta & \sin\delta\end{bmatrix}\begin{bmatrix}I_x\\ I_y\end{bmatrix} \tag{6-38}$$

将式(6-38)加以整理,即为发电机节点注入电流的表达式

$$\begin{bmatrix}I_x\\ I_y\end{bmatrix}=\begin{bmatrix}g_x & b_x\\ b_y & g_y\end{bmatrix}\begin{bmatrix}\overline{E}_d\\ \overline{E}_q\end{bmatrix}-\begin{bmatrix}G_x & B_x\\ B_y & G_y\end{bmatrix}\begin{bmatrix}V_x\\ V_y\end{bmatrix} \tag{6-39}$$

式中:

$$\left.\begin{aligned}
g_x&=\frac{R_a\sin\delta-\overline{X}_d\cos\delta}{R_a^2+\overline{X}_d\overline{X}_q}, & b_x&=\frac{R_a\cos\delta+\overline{X}_q\sin\delta}{R_a^2+\overline{X}_d\overline{X}_q}\\
b_y&=\frac{-R_a\cos\delta-\overline{X}_d\sin\delta}{R_a^2+\overline{X}_d\overline{X}_q}, & g_y&=\frac{R_a\sin\delta-\overline{X}_q\cos\delta}{R_a^2+\overline{X}_d\overline{X}_q}\\
G_x&=\frac{R_a-(\overline{X}_d-\overline{X}_q)\sin\delta\cos\delta}{R_a^2+\overline{X}_d\overline{X}_q}, & B_x&=\frac{\overline{X}_d\cos^2\delta+\overline{X}_q\sin^2\delta}{R_a^2+\overline{X}_d\overline{X}_q}\\
B_y&=\frac{-\overline{X}_d\sin^2\delta-\overline{X}_q\cos^2\delta}{R_a^2+\overline{X}_d\overline{X}_q}, & G_y&=\frac{R_a+(\overline{X}_d-\overline{X}_q)\sin\delta\cos\delta}{R_a^2+\overline{X}_d\overline{X}_q}
\end{aligned}\right\} \tag{6-40}$$

将式(6-39)得到的注入电流表达式代入网络方程式(6-36),经整理后可以看出,一台发电机接入系统相当于在网络中的相应母线上接入一个电流源

$$\begin{bmatrix}I'_x\\ I'_y\end{bmatrix}=\begin{bmatrix}g_x & b_x\\ b_y & g_y\end{bmatrix}\begin{bmatrix}\overline{E}_d\\ \overline{E}_q\end{bmatrix}$$

这个电流也称为发电机的虚拟电流,并且网络导纳矩阵中的相应对角块上应加上矩阵

$$\begin{bmatrix}G_x & B_x\\ B_y & G_y\end{bmatrix}$$

由此可见,发电机接入系统后,在暂态过程中的任何时刻网络方程仍为线性方程,但其中的发电机虚拟注入电流及相应的导纳矩阵是发电机本身的状态量 $\overline{E}_d$、$\overline{E}_q$、δ 的函数,因此这个线性方程是时变的。

在同步电机采用简化模型时,相应的网络方程能够得到简化,方程可保持为 n 阶的复型方程。除非网络发生故障或操作,否则网络方程的系数矩阵为定常矩阵。这样在整个暂态过程中,为了求解网络方程,只需在网络发生故障或操作时对方程的系数矩阵重新进行三角分解。下面讨论两种同步电机采用简化模型时的网络方程。

当不计阻尼绕组影响时,同步电机模型对应于表 6-1 中 E'_q变化或 $E'_q=C$ 的情况。此时式(6-39)可改写为

$$\begin{bmatrix}I_x\\ I_y\end{bmatrix}=\begin{bmatrix}\dfrac{R_a-\dfrac{X'_d-X_q}{2}\sin2\delta}{R_a^2+X'_dX_q} & \dfrac{\dfrac{X'_d+X_q}{2}+\dfrac{X'_d-X_q}{2}\cos2\delta}{R_a^2+X'_dX_q}\\[2ex] \dfrac{-\dfrac{X'_d+X_q}{2}+\dfrac{X'_d-X_q}{2}\cos2\delta}{R_a^2+X'_dX_q} & \dfrac{R_a+\dfrac{X'_d-X_q}{2}\sin2\delta}{R_a^2+X'_dX_q}\end{bmatrix}\begin{bmatrix}E'_q\cos\delta-V_x\\ E'_q\sin\delta-V_y\end{bmatrix} \tag{6-41}$$

由此可以得到接在节点 i 的发电机注入电流的复数表达式

$$\dot{I}_i=\dot{I}'_i-Y'_i\dot{V}_i \tag{6-42}$$

式中：

$$Y'_i=\frac{R_{ai}-j\,\dfrac{1}{2}(X'_{di}+X_{qi})}{R_{ai}^2+X'_{di}X_{qi}} \tag{6-43}$$

$$\left.\begin{aligned}\dot{I}'_i&=\frac{R_{ai}-jX_{qi}}{R_{ai}^2+X'_{di}X_{qi}}\dot{E}'_{qi}-j\,\frac{\dfrac{1}{2}(X'_{di}-X_{qi})}{R_{ai}^2+X'_{di}X_{qi}}\mathrm{e}^{j2\delta_i}\dot{V}_i\\ \dot{E}'_{qi}&=E'_{qi}\mathrm{e}^{j\delta_i}\end{aligned}\right\} \tag{6-44}$$

式(6-42)可以用图 6-9 所示等值电路表示。其中 Y'_i称为发电机的虚拟导纳，其值仅由发电机本身的参数决定，可以把它并入电力网络中；$\dot{I}'_i$称为发电机的虚拟注入电流，它与发电机的端电压 $\dot{V}_i$ 有关。这就使得网络方程成为非线性方程，其求解必然要用迭代法，即首先给出电压 $\dot{V}_i$ 的初值，用式(6-44)算出 $\dot{I}'_i$，然后以 $\dot{I}'_i$为注入电流求解网络方程，得到 $\dot{V}_i$ 的修正值。继续迭代直到收敛为止。在正常时段计算时，一般迭代 2～3 次即可收敛，而在故障或操作的瞬间迭代次数要多一些[26]。

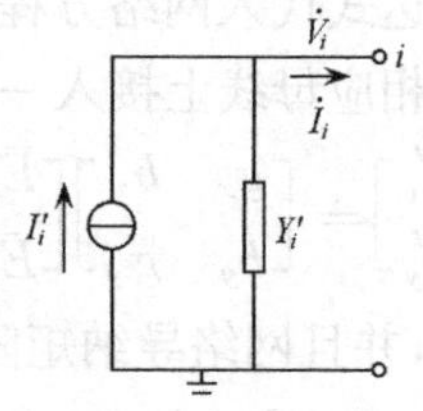

图 6-9　不计阻尼绕组影响时发电机的等值电路

当同步电机采用经典模型描述时，对应于不计阻尼绕组的影响并忽略凸极效应，同时认为暂态电抗 X'_d后的虚构电势E'在暂态过程中保持不变。这对应于表 6-1 中 $E'=E'_q=C, X_q=X'_d$的情况。相应地，根据式(6-42)～(6-44)可以得到

$$Y'_i=\frac{1}{R_{ai}+jX'_{di}} \tag{6-45}$$

$$\left.\begin{aligned}\dot{I}'_i&=\frac{1}{R_{ai}+jX'_{di}}\dot{E}'_i\\ \dot{E}'_i&=E'_i\mathrm{e}^{j\delta_i}\end{aligned}\right\} \tag{6-46}$$

显然这时发电机的虚拟注入电流 $\dot{I}'_i$与发电机的端电压 $\dot{V}_i$ 无关。因此只要把虚拟导纳Y'_i并入电力网络中，在任何积分步，$\dot{I}'_i$为已知量，可通过直接法求解网络方程得到节点电压。

2. 负荷与网络的连接

如果负荷接入网络，负荷性质的不同将会使对负荷与网络连接的处理有所区别。

(1) 当负荷用恒定阻抗模拟时，可将相应的等值导纳直接并入电力网络中的节点。

(2) 当按动态特性模拟负荷时，如果只考虑综合负荷中感应电动机的机械暂态过程，负荷仍可用阻抗来模拟。但这个阻抗不是恒定的，而是随感应电动机滑差 s 的变化在变化。因此，在暂态稳定计算过程中的每一时刻，都必须根据当时感应电动机的滑差重新计

算综合负荷的等值阻抗。这就使得网络导纳矩阵的对角元素在计算过程中不断变化。所以在求解网络方程时,每个时段都要对导纳矩阵重新进行三角分解。

(3) 当按动态特性模拟负荷时,如果只考虑综合负荷中感应电动机的机电暂态过程,可以按5.5.2节中所叙述的负荷动态模型将动态负荷用如图6-10所示的诺顿型等值电路描述。即把与负荷有关的阻抗 $R+jX$ 和 $K_M(r_1+jx')$ 并入网络,从而使负荷变为一个简单的电流源。这和前面对发电机与网络连接的处理类似。

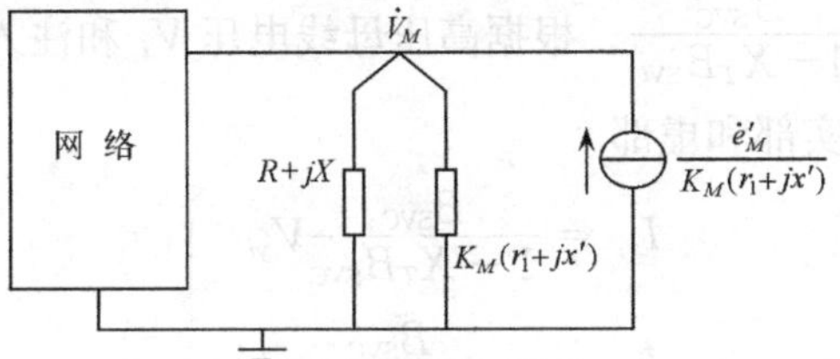

图6-10 负荷节点的处理

以上三种负荷模型下的电力网络方程都是线性的。

(4) 当按电压静态特性模拟负荷时,相应的节点注入电流是节点电压的非线性函数,导致电力网络方程成为非线性方程。根据式(5-148)和式(5-153)可知,负荷电压静特性的模拟有二次多项式和指数两种形式:

$$\left.\begin{aligned} P_i &= P_{i(0)}\left[a_P\left(\frac{V_i}{V_{i(0)}}\right)^2 + b_P\left(\frac{V_i}{V_{i(0)}}\right) + c_P\right] \\ Q_i &= Q_{i(0)}\left[a_Q\left(\frac{V_i}{V_{i(0)}}\right)^2 + b_Q\left(\frac{V_i}{V_{i(0)}}\right) + c_Q\right] \end{aligned}\right\}, \quad \left.\begin{aligned} P_i &= P_{i(0)}\left(\frac{V_i}{V_{i(0)}}\right)^m \\ Q_i &= Q_{i(0)}\left(\frac{V_i}{V_{i(0)}}\right)^n \end{aligned}\right\} \tag{6-47}$$

注意,式中的功率为负荷从电网吸收的功率。

根据节点电压、注入电流和注入功率的关系式

$$-P_i - jQ_i = \dot{V}_i \dot{I}_i = (V_{xi} + jV_{yi})(I_{xi} - jI_{yi})$$

容易得到负荷注入网络电流和相应节点电压之间的关系式。

当用二次多项式模拟负荷的电压静特性时,负荷注入网络电流的表达式为

$$\left.\begin{aligned} I_{xi} &= -\frac{P_{i(0)}a_P V_{xi} + Q_{i(0)}a_Q V_{yi}}{V_{i(0)}^2} - \frac{P_{i(0)}b_P V_{xi} + Q_{i(0)}b_Q V_{yi}}{V_{i(0)}\sqrt{V_{xi}^2 + V_{yi}^2}} - \frac{P_{i(0)}c_P V_{xi} + Q_{i(0)}c_Q V_{yi}}{V_{xi}^2 + V_{yi}^2} \\ I_{yi} &= \frac{Q_{i(0)}a_Q V_{xi} - P_{i(0)}a_P V_{yi}}{V_{i(0)}^2} + \frac{Q_{i(0)}b_Q V_{xi} - P_{i(0)}b_P V_{yi}}{V_{i(0)}\sqrt{V_{xi}^2 + V_{yi}^2}} + \frac{Q_{i(0)}c_Q V_{xi} - P_{i(0)}c_P V_{yi}}{V_{xi}^2 + V_{yi}^2} \end{aligned}\right\} \tag{6-48}$$

其中,也可以将负荷中与电压平方成正比的项以恒定导纳的形式并入网络中的节点 i,这时负荷注入网络电流的表达式就只剩下式(6-48)中的最后两项。

当用指数模拟负荷时,负荷注入网络电流的表达式为

$$\left.\begin{aligned} I_{xi} &= -\frac{P_{i(0)}V_i^{m-2}V_{xi}}{V_{(0)}^m} - \frac{Q_{i(0)}V_i^{n-2}V_{yi}}{V_{(0)}^n} \\ I_{yi} &= \frac{Q_{i(0)}V_i^{n-2}V_{xi}}{V_{(0)}^n} - \frac{P_{i(0)}V_i^{m-2}V_{yi}}{V_{(0)}^m} \end{aligned}\right\} \tag{6-49}$$

3. FACTS元件与网络的连接

这里我们仅对SVC和TCSC与网络的连接加以叙述,其他FACTS元件与网络的连接可按照同样的方法加以处理。

1) SVC

一般情况下,SVC经升压变压器接入所控制的高压母线上(设其节点号为i),这样,该接地支路的导纳为$j\dfrac{B_{SVC}}{1-X_T B_{SVC}}$。根据高压母线电压$\dot{V}_i$和注入其节点电流$\dot{I}_i$的关系式可以得到注入电流的实部和虚部

$$\left.\begin{aligned} I_{xi} &= \frac{B_{SVC}}{1-X_T B_{SVC}} V_{yi} \\ I_{yi} &= -\frac{B_{SVC}}{1-X_T B_{SVC}} V_{xi} \end{aligned}\right\} \tag{6-50}$$

式中:X_T为升压变压器的电抗;B_{SVC}为SVC的等值电纳;V_{xi}和V_{yi}分别为高压母线电压的实部和虚部。

2) TCSC

无论TCSC串联在线路中间的什么位置,总可以在TCSC两端设置两个虚拟节点i和j。这样,TCSC的作用相当于在节点i和节点j分别接入一个大小相等、方向相反的电流源,容易得到两端注入电流的表达式

$$\left.\begin{aligned} I_{xi} &= -I_{xj} = B_{TCSC}(V_{yi}-V_{yj}) \\ I_{yj} &= -I_{yi} = B_{TCSC}(V_{xi}-V_{xj}) \end{aligned}\right\} \tag{6-51}$$

式中:B_{TCSC}为TCSC的等值电纳;V_{xi}、V_{yi}和V_{xj}、V_{yj}分别为两端母线电压的实部和虚部。

4. 两端直流输电系统与网络的连接

用下标"d"代表直流侧,下标"R"和下标"I"分别代表整流侧和逆变侧(下同),借助于式(4-52)~(4-54)和式(4-57)(其中取$k_\gamma \approx 1$),可以分别写出整流器的稳态方程

$$\left.\begin{aligned} V_{dR} &= k_R V_R \cos\alpha - X_{cR} I_{dR} \\ V_{dR} &= k_R V_R \cos\varphi_R \\ I_R &= k_R I_{dR} \\ P_R &= V_{dR} I_{dR} = \sqrt{3} V_R I_R \cos\varphi_R \\ Q_R &= P_R \tan\varphi_R \end{aligned}\right\} \tag{6-52}$$

和逆变器的稳态方程

$$\left.\begin{aligned} V_{dI} &= k_I V_I \cos\beta + X_{cI} I_{dI} \\ V_{dI} &= k_I V_I \cos\varphi_I \\ I_I &= k_I I_{dI} \\ P_I &= V_{dI} I_{dI} = \sqrt{3} V_I I_I \cos\varphi_I \\ Q_I &= P_I \tan\varphi_I \end{aligned}\right\} \tag{6-53}$$

这样利用式(6-52)、式(6-53)可以把直流系统注入交流系统的功率表示为变量I_d、α、β、V_{xR}、V_{yR}、V_{xI}、V_{yI}的函数。

注入整流侧交流母线的功率可表示为

$$\left.\begin{aligned}\bar{P}_R &= -P_R = -V_{dR}I_{dR} = X_{cR}I_{dR}^2 - k_R I_{dR}\sqrt{V_{xR}^2+V_{yR}^2}\cos\alpha \\ \bar{Q}_R &= -Q_R = \bar{P}_R\frac{\sqrt{k_R^2V_R^2-V_{dR}^2}}{V_{dR}} = -I_{dR}\sqrt{k_R^2V_R^2-V_{dR}^2} \\ &= -I_{dR}\sqrt{k_R^2(V_{xR}^2+V_{yR}^2)\sin^2\alpha+2k_RX_{cR}I_{dR}\sqrt{V_{xR}^2+V_{yR}^2}\cos\alpha-X_{cR}^2I_{dR}^2}\end{aligned}\right\} \tag{6-54}$$

注入逆变侧交流母线的功率可表示为

$$\left.\begin{aligned}\bar{P}_I &= P_I = V_{dI}I_{dI} = X_{cI}I_{dI}^2 + k_I I_{dI}\sqrt{V_{xI}^2+V_{yI}^2}\cos\beta \\ \bar{Q}_I &= Q_I = P_I\frac{\sqrt{k_I^2V_I^2-V_{dI}^2}}{V_{dI}} = I_{dI}\sqrt{k_I^2V_I^2-V_{dI}^2} \\ &= I_{dI}\sqrt{k_I^2(V_{xI}^2+V_{yI}^2)\sin^2\beta-2k_IX_{cI}I_{dI}\sqrt{V_{xI}^2+V_{yI}^2}\cos\beta-X_{cI}^2I_{dI}^2}\end{aligned}\right\} \tag{6-55}$$

求得注入整流侧交流母线和注入逆变侧交流母线的电流为

$$\left.\begin{aligned}I_{xR} &= \frac{\bar{P}_RV_{xR}+\bar{Q}_RV_{yR}}{V_{xR}^2+V_{yR}^2},\quad I_{yR} = \frac{\bar{P}_RV_{yR}-\bar{Q}_RV_{xR}}{V_{xR}^2+V_{yR}^2} \\ I_{xI} &= \frac{\bar{P}_IV_{xI}+\bar{Q}_IV_{yI}}{V_{xI}^2+V_{yI}^2},\quad I_{yI} = \frac{\bar{P}_IV_{yI}-\bar{Q}_IV_{xI}}{V_{xI}^2+V_{yI}^2}\end{aligned}\right\} \tag{6-56}$$

将式(6-54)、式(6-55)代入式(6-56)消去 $\bar{P}_R$、$\bar{Q}_R$、$\bar{P}_I$、$\bar{Q}_I$ 后可知，注入电流 I_{xR}、I_{yR} 是变量 I_{dR}、α、V_{xR}、V_{yR} 的函数，而 I_{xI}、I_{yI} 是变量 I_{dI}、β、V_{xI}、V_{yI} 的函数。

6.3.2　网络操作及故障的处理[1]

电力网络中发生故障或操作时，需要通过修改网络导纳矩阵来反映相应的故障或操作。当故障或操作为对称时，例如，三相短路、元件的三相开断、串联电容的强行补偿和电气制动的投入或退出等，对应于网络中某些接地或不接地支路的参数发生变化，从而可以很容易地修改网络导纳矩阵。

电力网络中发生的短路和开断大部分是不对称的，因此需要用到对称分量法加以分析，这样除了涉及正序网络外，还涉及负序网络和零序网络的问题。但是，在电力系统稳定分析时，我们仅关心网络中节点电压和电流的正序分量，而对负序网络和零序网络中的电压和电流不感兴趣，它们的影响可以用在故障端口看进去的等值阻抗来模拟。

在用对称分量法分析不对称问题时，一般取 A 相作为基准相，这样各种短路或开断的边界条件都以 A 相的序分量表示。另外在发生短路或开断时，把和其他两相表现不同的相称为特殊相，即，单相接地短路时的特殊相为短路相；两相接地短路和两相短路时的特殊相为非短路相；单相开断时的特殊相为开断相；两相开断时的特殊相为非开断相。当发生短路或开断的特殊相就是 A 相时，根据边界条件可以将三个序网直接连成所谓的复合序网，这相当于在正序网络的故障端口处接入附加阻抗。附加阻抗的取值与故障类型有关，如表 6-2 和表 6-3 所示。这里所说的故障端口，在短路时指短路点和大地之间形成的端口，在开断时指开断形成的断口本身。这时同样可以很容易地修改正序网络导纳矩阵。

表 6-2　短路点的附加阻抗

短路类型	附加阻抗
单相接地短路	$Z_{\Sigma}^{(2)}+Z_{\Sigma}^{(0)}$
两相接地短路	$Z_{\Sigma}^{(2)}Z_{\Sigma}^{(0)}/(Z_{\Sigma}^{(2)}+Z_{\Sigma}^{(0)})$
两相短路	$Z_{\Sigma}^{(2)}$

注：$Z_{\Sigma}^{(2)}$ 为负序网中短路点的自阻抗，$Z_{\Sigma}^{(0)}$ 为零序网中短路点的自阻抗。

表 6-3　断线时断口的附加阻抗

断线类型	附加阻抗
单相断线	$Z^{(2)}Z^{(0)}/(Z^{(2)}+Z^{(0)})$
两相断线	$Z^{(2)}+Z^{(0)}$

注：$Z^{(2)}$ 为负序网中断口处的等值阻抗，$Z^{(0)}$ 为零序网中断口处的等值阻抗。

当发生短路或开断的特殊相不是 A 相时，边界条件中出现了复数算子 $a=e^{j120°}$，因此不能将三个序网直接连成复合序网，但我们可以通过在零序网络、正序网络和负序网络各设置 $1:n'^{(0)}$、$1:n'^{(1)}$ 及 $1:n'^{(2)}$ 的理想变压器后将它们相连。这里的理想变压器，其两侧的电压和电流具有同样的变比，从而使得变压器没有损耗。对不同的特殊相来说，理想变压器在不同的序网中有不同的变比，如表 6-4 所示。

表 6-4　理想变压器的变比

特殊相	序网		
	零序	正序	负序
A	1	1	1
B	1	a^2	a
C	1	a	a^2

在引入理想变压器以后，可以将电力系统中发生的各种不对称短路和开断依三序网的连接方式归纳为串联型故障和并联型故障。属于串联型故障的有单相接地短路、两相断线和串联电容单相击穿，这类故障的边界条件为：在理想变压器的非标准侧，各序网电压之和为零，各序网电流相等。属于并联型故障的有两相接地短路、单相断线和串联电容两相击穿，这类故障的边界条件为：在理想变压器的非标准侧，各序网电流之和为零，各序网电压相等。

在发生多重短路或/和开断，并且它们发生在非同名相时，可用类似于单重故障的处理方法修改正序网络导纳矩阵，但这时的附加阻抗要推广为综合阻抗矩阵。下面以单相接地短路和单相断线同时发生的情况为例说明综合阻抗矩阵的基本概念和处理方法。

设电力网络中 k 点发生单相接地短路（编号为 1），i、j 点之间发生单相断线（编号为 2），并且这两个故障发生在非同名相上。根据故障处三序分量的边界条件，可得到复合序网如图 6-11(a)所示。图中 $n_1'^{(1)}$、$n_2'^{(1)}$、$n_1'^{(2)}$、$n_2'^{(2)}$ 为理想变压器的变比，与故障的特殊相有关。为了数学上处理方便，将图 6-11(a)变为图 6-11(b)所示的复合序网。可以看出，两个复合序网中的变比有以下关系：

$$n_1^{(2)}=n_1'^{(2)}/n_1'^{(1)},n_2^{(2)}=n_2'^{(2)}/n_2'^{(1)},\quad n_1^{(0)}=1/n_1'^{(1)},n_2^{(0)}=1/n_2'^{(1)}$$

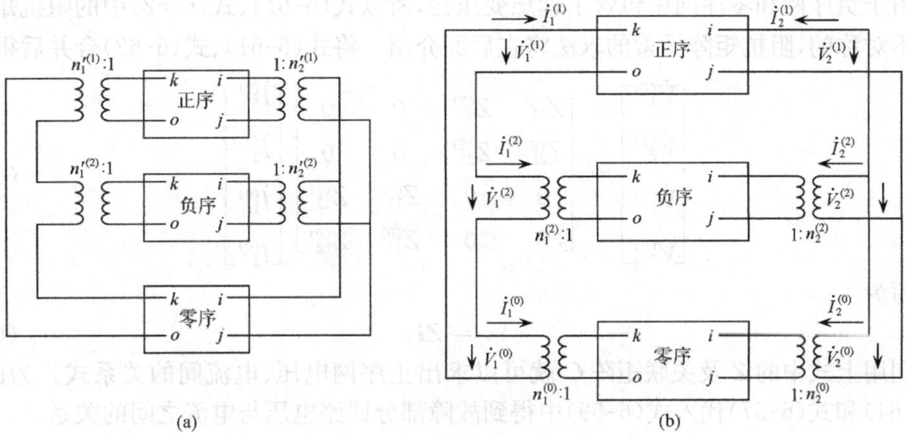

图 6-11 两重故障的复合序网图

下面我们根据复合序网图推导从正序网络故障端口向负序和零序网络看进去的阻抗矩阵 $\boldsymbol{Z}_f$，称此矩阵为多重故障的综合阻抗矩阵。

在图 6-11(b)中，左边单相接地短路部分形成一个回路，设其回路电流为 $\dot{I}_1^{(1)}$，右边单相断线部分形成两个独立回路，设其回路电流分别为 $\dot{I}_2^{(1)}$ 和 $\dot{I}_2^{(0)}$。这样负序、零序网络中故障端口电流 $\dot{I}_1^{(2)}$、$\dot{I}_2^{(2)}$、$\dot{I}_1^{(0)}$、$\dot{I}_2^{(0)}$ 可以用这些回路电流来表示：

$$\boldsymbol{I}_S = \boldsymbol{C}\boldsymbol{I}_L \tag{6-57}$$

式中：$\boldsymbol{C}$ 为与故障条件有关的关联矩阵；各向量和矩阵为

$$\boldsymbol{I}_S = \begin{bmatrix} \dot{I}_1^{(2)} \\ \dot{I}_2^{(2)} \\ \dot{I}_1^{(0)} \\ \dot{I}_2^{(0)} \end{bmatrix}, \quad \boldsymbol{I}_L = \begin{bmatrix} \dot{I}_1^{(1)} \\ \dot{I}_2^{(1)} \\ \dot{I}_2^{(0)} \end{bmatrix}, \quad \boldsymbol{C} = \begin{bmatrix} 1 & 0 & 0 \\ 0 & -1 & -1 \\ 1 & 0 & 0 \\ 0 & 0 & 1 \end{bmatrix} \tag{6-58}$$

另外，根据回路电压方程可以得到各序网故障端口电压关系

$$\boldsymbol{V}_L = \boldsymbol{C}^{\mathrm{T}}\boldsymbol{V}_S \tag{6-59}$$

式中：$\boldsymbol{C}^{\mathrm{T}}$ 为 $\boldsymbol{C}$ 的转置；各向量和矩阵为

$$\boldsymbol{V}_L = \begin{bmatrix} \dot{V}_{ok}^{(1)} \\ \dot{V}_{ji}^{(1)} \\ 0 \end{bmatrix}, \quad \boldsymbol{V}_S = \begin{bmatrix} \dot{V}_1^{(2)} \\ \dot{V}_2^{(2)} \\ \dot{V}_1^{(0)} \\ \dot{V}_2^{(0)} \end{bmatrix} \tag{6-60}$$

从变压器的非标准侧看进去，负序和零序网的端口电压、电流间的关系可以表示成

$$\begin{bmatrix} \dot{V}_1^{(2)} \\ \dot{V}_2^{(2)} \end{bmatrix} = \begin{bmatrix} Z_{11}^{(2)} & Z_{12}^{(2)} \\ Z_{21}^{(2)} & Z_{22}^{(2)} \end{bmatrix} \begin{bmatrix} \dot{I}_1^{(2)} \\ \dot{I}_2^{(2)} \end{bmatrix} \tag{6-61}$$

$$\begin{bmatrix} \dot{V}_1^{(0)} \\ \dot{V}_2^{(0)} \end{bmatrix} = \begin{bmatrix} Z_{11}^{(0)} & Z_{12}^{(0)} \\ Z_{21}^{(0)} & Z_{22}^{(0)} \end{bmatrix} \begin{bmatrix} \dot{I}_k^{(0)} \\ \dot{I}_i^{(0)} \end{bmatrix} \tag{6-62}$$

由于负序网和零序网中包含了理想变压器，所以式(6-61)、式(6-62)中的阻抗矩阵一般是不对称的，阻抗矩阵元素的求法将在后面介绍。将式(6-61)、式(6-62)合并后得到

$$\begin{bmatrix}\dot V_1^{(2)}\\ \dot V_2^{(2)}\\ \dot V_1^{(0)}\\ \dot V_2^{(0)}\end{bmatrix}=\begin{bmatrix}Z_{11}^{(2)} & Z_{12}^{(2)} & 0 & 0\\ Z_{21}^{(2)} & Z_{22}^{(2)} & 0 & 0\\ 0 & 0 & Z_{11}^{(0)} & Z_{12}^{(0)}\\ 0 & 0 & Z_{21}^{(0)} & Z_{22}^{(0)}\end{bmatrix}\begin{bmatrix}\dot I_1^{(2)}\\ \dot I_2^{(2)}\\ \dot I_1^{(0)}\\ \dot I_2^{(0)}\end{bmatrix} \tag{6-63}$$

或简写为

$$\boldsymbol{V}_s=\boldsymbol{ZI}_S \tag{6-64}$$

利用上式中的 $\boldsymbol{Z}$ 及关联矩阵 $\boldsymbol{C}$ 就可以求出正序网电压、电流间的关系式。为此，将式(6-64)和式(6-57)代入式(6-59)中得到故障部分回路电压与电流之间的关系

$$\boldsymbol{V}_L=\boldsymbol{Z}_L\boldsymbol{I}_L \tag{6-65}$$

式中：$\boldsymbol{Z}_L$ 称为回路阻抗矩阵：

$$\boldsymbol{Z}_L=\boldsymbol{C}^{\mathrm{T}}\boldsymbol{ZC} \tag{6-66}$$

在本例中

$$\boldsymbol{Z}_L=\begin{bmatrix}1 & 0 & 1 & 0\\ 0 & -1 & 0 & 0\\ 0 & -1 & 0 & 1\end{bmatrix}\begin{bmatrix}Z_{11}^{(2)} & Z_{12}^{(2)} & 0 & 0\\ Z_{21}^{(2)} & Z_{22}^{(2)} & 0 & 0\\ 0 & 0 & Z_{11}^{(0)} & Z_{12}^{(0)}\\ 0 & 0 & Z_{21}^{(0)} & Z_{22}^{(0)}\end{bmatrix}\begin{bmatrix}1 & 0 & 0\\ 0 & -1 & -1\\ 1 & 0 & 0\\ 0 & 0 & 1\end{bmatrix}=\begin{bmatrix}Z'_{11} & Z'_{12} & Z'_{13}\\ Z'_{21} & Z'_{22} & Z'_{23}\\ Z'_{31} & Z'_{32} & Z'_{33}\end{bmatrix} \tag{6-67}$$

式(6-65)中消去电流 $\dot I_2^{(0)}$ 后得到

$$\begin{bmatrix}\dot V_{ok}^{(1)}\\ \dot V_{ji}^{(1)}\end{bmatrix}=\begin{bmatrix}Z_{11} & Z_{12}\\ Z_{21} & Z_{22}\end{bmatrix}\begin{bmatrix}\dot I_1^{(1)}\\ \dot I_2^{(1)}\end{bmatrix} \tag{6-68}$$

式中：阻抗矩阵各元素 Z_{mn}（m、n 可取 1 或 2）可用下式求出：

$$Z_{mn}=Z'_{mn}-\frac{Z'_{m3}Z'_{3n}}{Z'_{33}} \tag{6-69}$$

式(6-68)可简写为

$$\boldsymbol{V}_f=\boldsymbol{Z}_f\boldsymbol{I}_f \tag{6-70}$$

至此就得到了从正序网络故障端口向负序和零序网络看进去的阻抗矩阵 $\boldsymbol{Z}_f$。

式(6-70)也可以写成综合导纳矩阵的形式

$$\boldsymbol{I}_f=\boldsymbol{Y}_f\boldsymbol{V}_f \tag{6-71}$$

式中：$\boldsymbol{Y}_f=\boldsymbol{Z}_f^{-1}$，这样得到 $\boldsymbol{Y}_f$ 后，就可以将其中的元素追加到正序网导纳矩阵的相应位置。在本例中，利用关系

$$\dot V_{ok}^{(1)}=-\dot V_k^{(1)},\quad \dot V_{ji}^{(1)}=\dot V_j^{(1)}-\dot V_i^{(1)},\quad \dot I_k^{(1)}=-\dot I_1^{(1)},\quad \dot I_i^{(1)}=-\dot I_2^{(1)},\quad \dot I_j^{(1)}=\dot I_2^{(1)} \tag{6-72}$$

和式(6-71)就可得到正序网络中节点 k、i、j 电压和注入电流间的关系

$$\begin{bmatrix}\dot I_k^{(1)}\\ \dot I_i^{(1)}\\ \dot I_j^{(1)}\end{bmatrix}=\begin{bmatrix}Y_{11} & Y_{12} & -Y_{12}\\ Y_{21} & Y_{22} & -Y_{22}\\ -Y_{21} & -Y_{22} & Y_{22}\end{bmatrix}\begin{bmatrix}\dot V_k^{(1)}\\ \dot V_i^{(1)}\\ \dot V_j^{(1)}\end{bmatrix} \tag{6-73}$$

总结上述处理，综合阻抗矩阵的计算包括以下三个过程：

(1) 形成负序、零序网络的故障端口阻抗矩阵[见式(6-63)]。

(2) 利用表示多重故障边界条件的关联矩阵，形成回路阻抗矩阵 $\boldsymbol{Z}_L$[见式(6-66)、式(6-67)]。

(3) 消去闭合回路，形成综合阻抗矩阵 $\boldsymbol{Z}_f$[见式(6-68)、式(6-69)]。

现将这三个过程分别叙述如下：

(1) 负序、零序网络故障端口阻抗矩阵的形成。

在进行电力系统暂态稳定分析时，应首先形成各序网的导纳矩阵，并对其进行三角分解得到相应的因子表。这样就可很容易地根据故障信息得到各序网故障端口的阻抗矩阵。

对负序网，从图 6-11(b)可以看出，只要在理想变压器的非标准侧向节点 k 注入单位电流，其他节点注入电流为零，即 $\dot{I}_k^{(2)}=1$，$\dot{I}_m^{(2)}=0$(m 属于除节点 k 外的所有节点)，求解包括理想变压器的负序网络方程，得到的电压 $\dot{V}_k^{(2)}$ 和 $\dot{V}_{ij}^{(2)}=\dot{V}_i^{(2)}-\dot{V}_j^{(2)}$ 在数值上即分别等于式(6-61)中阻抗矩阵第一列元素 $Z_{11}^{(2)}$ 和 $Z_{21}^{(2)}$。

但具体求解是这样的：在理想变压器的非标准侧向节点 k 注入单位电流等价于直接在负序网向节点 k 注入 $\dot{I}_k'^{(2)}=\hat{n}_1^{(2)}$ 的电流，利用负序网的因子表进行稀疏前代和稀疏回代运算，求得 $\dot{V}_k'^{(2)}$ 和 $\dot{V}_{ij}'^{(2)}=\dot{V}_i'^{(2)}-\dot{V}_j'^{(2)}$，然后乘以相应理想变压器的变比，得到 $\dot{V}_k^{(2)}=n_1^{(2)}\dot{V}_k'^{(2)}$，$\dot{V}_{ij}^{(2)}=n_2^{(2)}\dot{V}_{ij}'^{(2)}$。

同理，直接在负序网向节点 i 和节点 j 分别注入 $+\hat{n}_2^{(2)}$ 和 $-\hat{n}_2^{(2)}$ 的电流，利用负序网的因子表进行稀疏前代和稀疏回代运算，求得 $\dot{V}_k'^{(2)}$ 和 $\dot{V}_i'^{(2)}=\dot{V}_i'^{(2)}-\dot{V}_j'^{(2)}$，然后乘以相应理想变压器的变比，得到 $\dot{V}_k^{(2)}=n_1^{(2)}\dot{V}_k'^{(2)}$，$\dot{V}_{ij}'^{(2)}=n_2^{(2)}\dot{V}_{ij}'^{(2)}$，它们分别在数值上等于式(6-61)中阻抗矩阵第二列元素 $Z_{12}^{(2)}$ 和 $Z_{22}^{(2)}$。

对零序网，可用仿照负序网计算的同样方法得到式(6-62)中阻抗矩阵各元素。

(2) 由关联矩阵形成回路阻抗矩阵。

如前所述，串联型故障的复合序网由三个序网串联而成，因此只有一个独立回路。并联型故障的复合序网由三个序网并联而成，因此形成了两个独立回路。另外，我们把两相短路也作为一种特殊的并联型故障来处理。

由式(6-57)、式(6-59)可知，关联矩阵 $\boldsymbol{C}$ 表示复合序网边界回路电流与负序、零序网故障端口电流之间的关系，因此关联矩阵的行数应等于 $\boldsymbol{I}_S$ 的维数，即两倍故障重数(当发生两相短路时，在零序网设置一个空着的故障端口)。关联矩阵的列数应等于 $\boldsymbol{I}_L$ 的维数。一个串联型故障在关联矩阵 $\boldsymbol{C}$ 中占一列，其元素排列为

$$[\underbrace{0\cdots 0\,1\,0\cdots 0}_{\text{负序故障端口电流部分}}\quad\underbrace{0\cdots\ 0\ 1\ 0\ \cdots 0}_{\text{零序故障端口电流部分}}]^{\mathrm{T}}$$

其中非零元素的列号为该故障在所有故障中的排列顺序号。并联型故障在关联矩阵 $\boldsymbol{C}$ 中占两列，其元素配置为

$$\begin{bmatrix} 0\cdots 0\,-1\,0\cdots 0 & 0\cdots\cdots\cdots\cdots 0 \\ \underbrace{0\cdots 0\,1\,0\cdots 0}_{\text{负序故障端口电流部分}} & \underbrace{0\cdots\ 0\,1\,0\ \cdots 0}_{\text{零序故障端口电流部分}} \end{bmatrix}^{\mathrm{T}}$$

其中第一列描述负序网络与正序网络的连接情况，第二列描述零序网络与负序网络的连接情况。其中非零元素的列号为该故障在所有故障中的排列顺序号。对于两相短路来说，由于负序网络与零序网络之间没有回路相联系，因此关联矩阵只有上述第一列元素。

根据以上原则，我们可以很容易地根据故障的类型形成任意复杂故障边界条件的关联矩阵。例如，当系统发生三重故障，其编排顺序为单相接地短路、单相断线、两相短路，这时的关联矩阵为

$$
\boldsymbol{C}=\left[\begin{array}{c|cc|c}
1 & 0 & 0 & 0 \\
0 & -1 & -1 & 0 \\
0 & 0 & 0 & -1 \\
\hline
1 & 0 & 0 & 0 \\
0 & 0 & 1 & 0 \\
0 & 0 & 0 & 0
\end{array}\right]\begin{array}{l}
\left.\begin{array}{l}\\ \\ \\ \end{array}\right\}\text{负序部分} \\
\left.\begin{array}{l}\\ \\ \\ \end{array}\right\}\text{零序部分}
\end{array}
$$

单相接地　单相断线　两相短路

有了描述复杂故障边界条件的关联矩阵以后，就可以根据式(6-66)、式(6-67)求出复合序网的回路阻抗矩阵，这种矩阵乘积可经过一些简单的加减运算实现。

(3) 消去并联型故障的闭合回路，形成综合阻抗矩阵。

回路阻抗矩阵的阶数等于复合序网中独立的回路电流数。为最终形成综合阻抗矩阵，还必须把非正序电流消去[见式(6-68)、式(6-69)]。

6.4　简单模型下的暂态稳定分析

对于地区性的电力系统来说，一般失去暂态稳定的过程发展很快，通常分析系统遭受干扰后第一摇摆周期(1～1.5s)的机电暂态过程就可以判断系统是否能够维持稳定运行。这种情况下的暂态稳定分析中，由于调速系统的惯性，使得在短时间内原动机的功率不会发生很大变化，因此可以忽略调速系统的作用而假定原动机的功率保持不变；此外由于发电机励磁绕组的时间常数较大，这样在短时间内其磁链也不会发生显著变化，而对励磁调节系统的作用，可以用发电机暂态电势 E_q'或 E' 保持恒定来近似模拟，即认为在第一摇摆周期内，励磁绕组中自由电流分量的变化由励磁调节系统的作用所补偿，从而使励磁绕组的磁链 Ψ_f 在这段时间内保持不变。相应地，阻尼绕组的影响将略去不计。

简单模型下的暂态稳定分析程序在电力系统运行与规划中获得了广泛的应用，用它可以验证电力系统接线方式和运行方式的合理性，计算输电线路的最大输送功率，确定系统故障切除的临界时间，以及研究某些提高电力系统稳定措施的效果，等等。

对发电机、负荷及电力网络采用不同的数学模型可以构成各种简化的暂态稳定分析程序，采用何种组合要根据所研究问题的性质而定。为说明简化暂态稳定分析程序的原理和方法，下面介绍的简化暂态稳定分析程序，采用如下的数学模型和计算方法：

发电机：用发电机暂态电势 E_q'保持恒定来模拟。

负荷：较小的负荷用恒定阻抗模拟，较大的负荷考虑综合负荷电动机转子机械暂态过程。

电力网络：用导纳矩阵描述。

微分方程：用改进欧拉法求解。

网络方程：用直接法求解。

整个暂态稳定计算的基本过程仍如图 6-8 所示。下面给出机电暂态过程的计算的实现。

6.4.1 初值计算

在进行暂态稳定分析前，首先应根据潮流程序算出的干扰前系统运行状态确定微分方程求解所需的初值。在简单模型下的暂态稳定分析中，初值的计算包括干扰前瞬间发电机的暂态电势、转子角度、原动机的机械功率以及综合负荷电动机的滑差、等值电纳等。这些参数在系统受到干扰后的瞬间是不会发生突变的。以下各变量的下标(0)表示初值。

首先，我们介绍发电机的初值计算。

由潮流计算可得到干扰前各发电机的端电压 $\dot{V}_{(0)}=V_{x(0)}+jV_{y(0)}$ 和各发电机注入网络的功率 $S_{(0)}=P_{(0)}+jQ_{(0)}$，进而可以计算出发电机注入网络的电流为

$$\dot{I}_{(0)}=I_{x(0)}+jI_{y(0)}=\frac{\hat{S}_{(0)}}{\hat{\dot{V}}_{(0)}} \tag{6-74}$$

这样，根据式(5-61)就可求出虚构电势 $\dot{E}_{Q(0)}$，即

$$\dot{E}_{Q(0)}=E_{Qx(0)}+jE_{Qy(0)}=\dot{V}_{(0)}+(R_a+jX_q)\dot{I}_{(0)} \tag{6-75}$$

依此就可以确定发电机转子角度的初值

$$\delta_{(0)}=\arctan(E_{Qy(0)}/E_{Qx(0)}) \tag{6-76}$$

在系统稳态运行时，发电机转子以同步转速旋转，于是有

$$\omega_{(0)}=1 \tag{6-77}$$

利用坐标变换公式(5-62)，可以求出发电机定子电压和电流的 d、q 分量

$$\left.\begin{aligned}\begin{bmatrix}V_{d(0)}\\V_{q(0)}\end{bmatrix}&=\begin{bmatrix}\sin\delta_{(0)} & -\cos\delta_{(0)}\\ \cos\delta_{(0)} & \sin\delta_{(0)}\end{bmatrix}\begin{bmatrix}V_{x(0)}\\V_{y(0)}\end{bmatrix}\\ \begin{bmatrix}I_{d(0)}\\I_{q(0)}\end{bmatrix}&=\begin{bmatrix}\sin\delta_{(0)} & -\cos\delta_{(0)}\\ \cos\delta_{(0)} & \sin\delta_{(0)}\end{bmatrix}\begin{bmatrix}I_{x(0)}\\I_{y(0)}\end{bmatrix}\end{aligned}\right\} \tag{6-78}$$

然后根据式(5-64)可以算出暂态电势的值

$$E'_{q(0)}=V_{q(0)}+R_aI_{q(0)}+X'_dI_{d(0)} \tag{6-79}$$

另外，稳态运行时发电机的电磁功率 $P_{e(0)}$ 等于原动机的机械功率 $P_{m(0)}$，即有

$$P_{m(0)}=P_{e(0)}=P_{(0)}+(I_{x(0)}^2+I_{y(0)}^2)R_a \tag{6-80}$$

负荷初值的计算比较简单。

由潮流计算结果可知干扰前各负荷节点电压 $\dot{V}_{(0)}$ 和负荷所吸收的功率 $S_{(0)}$，据此容易得到负荷的等值导纳

$$Y_{(0)}=\frac{\hat{S}_{(0)}}{V_{(0)}^2} \tag{6-81}$$

当按恒定阻抗模拟负荷时，其等值导纳在整个暂态过程中保持不变，如前所述，可以将它包括在网络导纳矩阵里。对于考虑综合负荷电动机机械暂态过程的负荷，由于在扰动瞬

间电动机的滑差不能突变，因此负荷的等值导纳也不应突变，即扰动后瞬间负荷的等值导纳与正常运行情况下的等值导纳相同。

6.4.2 用直接法求解网络方程

在这种求解法中，网络方程用实数形式描述，如式(6-36)所示。进行机电暂态过程计算前，对于用恒定阻抗模拟的负荷，应首先将其等值导纳并入电力网络，从而得到考虑了恒定阻抗负荷后的电力网络方程，它在整个暂态过程中是保持不变的。

设电动机负荷接在网络中的节点 j。在暂态过程中各电动机的转差 s_j 是随时间变化的，可以根据某时刻的 s_j 由式(5-160)求出相应时刻电动机的实际阻抗

$$Z_{Mj}=\left[R_1+jX_1+\frac{(R_\mu+jX_\mu)(R_2/s_j+jX_2)}{(R_\mu+jX_\mu)+(R_2/s_j+jX_2)}\right]\frac{Z_{Mj(0)}}{Z_{M(0)}} \tag{6-82}$$

式中：$Z_{Mj(0)}$ 和 $Z_{M(0)}$ 分别为正常运行状态下全部感应电动机的等值阻抗和典型电动机的等值阻抗。与实际阻抗相应的导纳可写为

$$Y_{Mj}=\frac{1}{Z_{Mj}}=G_{Mj}+jB_{Mj} \tag{6-83}$$

设发电机接在网络中的节点 i。当发电机采用 E'_q 变化的模型时，可参照表 6-1 在式(6-39)中取 $\bar{E}_{di}=0, \bar{E}_{qi}=E'_{qi}, \bar{X}_{di}=X'_{di}, \bar{X}_{qi}=X_{qi}$ 得到发电机节点注入电流的表达式

$$\begin{bmatrix}I_{xi}\\I_{yi}\end{bmatrix}=\begin{bmatrix}b_{xi}\\g_{yi}\end{bmatrix}E'_{qi}-\begin{bmatrix}G_{xi} & B_{xi}\\B_{yi} & G_{yi}\end{bmatrix}\begin{bmatrix}V_{xi}\\V_{yi}\end{bmatrix} \tag{6-84}$$

其中的元素根据式(6-40)写为

$$\left.\begin{aligned}
b_{xi}&=\frac{R_{ai}\cos\delta_i+X_{qi}\sin\delta_i}{R_{ai}^2+X'_{di}X_{qi}}, & g_{yi}&=\frac{R_{ai}\sin\delta_i-X_{qi}\cos\delta_i}{R_{ai}^2+X'_{di}X_{qi}}\\
G_{xi}&=\frac{R_{ai}-(X'_{di}-X_{qi})\sin\delta_i\cos\delta_i}{R_{ai}^2+X'_{di}X_{qi}}, & B_{xi}&=\frac{X'_{di}\cos^2\delta_i+X_{qi}\sin^2\delta_i}{R_{ai}^2+X'_{di}X_{qi}}\\
B_{yi}&=\frac{-X'_{di}\sin^2\delta_i-X_{qi}\cos^2\delta_i}{R_{ai}^2+X'_{di}X_{qi}}, & G_{yi}&=\frac{R_{ai}+(X'_{di}-X_{qi})\sin\delta_i\cos\delta_i}{R_{ai}^2+X'_{di}X_{qi}}
\end{aligned}\right\} \tag{6-85}$$

将发电机节点注入电流的表达式(6-84)代入考虑了恒定阻抗负荷后的电力网络方程，并把电动机的等值导纳[式(6-83)]并入网络，即得到新的网络方程。很明显，新的网络方程只是对原网络方程的简单修改：导纳矩阵的相应对角块发生变化，电流向量中仅发电机节点有虚拟注入电流，其余节点的注入电流为零，即：

导纳矩阵的第 i 个对角块变为

$$\begin{bmatrix}G_{xi}+G_{ii} & B_{xi}-B_{ii}\\B_{yi}+B_{ii} & G_{yi}+G_{ii}\end{bmatrix} \tag{6-86}$$

第 j 个对角块变为

$$\begin{bmatrix}G_{Mj}+G_{jj} & -B_{Mj}-B_{jj}\\B_{Mj}+B_{jj} & G_{Mj}+G_{jj}\end{bmatrix} \tag{6-87}$$

发电机节点的虚拟注入电流为

$$\begin{bmatrix}I'_{xi}\\I'_{yi}\end{bmatrix}=\begin{bmatrix}b_{xi}\\g_{yi}\end{bmatrix}E'_{qi} \tag{6-88}$$

这样在每个积分步得到的线性方程组可以用高斯消去法或三角分解法直接求解，从而解

出此时刻网络各节点电压的实部和虚部 V_x、V_y。在得到发电机节点的电压后，即可按式(6-84)算出发电机节点的注入电流 I_x、I_y。

6.4.3 用改进欧拉法求解微分方程

简单模型下的暂态稳定分析中，全系统的微分方程式包括各发电机的转子运动方程式(5-76)和各典型综合负荷电动机的转子运动方程式(5-155)：

$$\left.\begin{aligned}\frac{d\delta_i}{dt} &= \omega_s(\omega_i - 1)\\ \frac{d\omega_i}{dt} &= \frac{1}{T_{Ji}}(P_{mi} - P_{ei})\\ \frac{ds_j}{dt} &= \frac{1}{T_{JMj}}(M_{mMj} - M_{eMj})\end{aligned}\right\} \tag{6-89}$$

假设电力系统的机电暂态过程已经计算到 t 时刻，现在我们围绕微分方程的求解方法来讨论 $t+\Delta t$ 时刻系统运行状态的计算过程。新的时段计算前总是先判断系统在 t 时刻有无故障或操作发生。若无故障或操作发生，则直接以 t 时刻系统状态作为初值求解微分方程；否则需要计算出故障或操作后电力网络的运行参数，用它和 t 时刻的状态变量作为初值求解微分方程。用改进欧拉法求解微分方程的步骤如下：

(1) 由 t 时刻各发电机的 $\delta_{i(t)}$ 和各电动机的 $s_{j(t)}$ 按6.4.2节的方法计算出系统所有节点的电压 $V_{x(t)}$、$V_{y(t)}$ 和发电机节点的注入电流 $I_{xi(t)}$、$I_{yi(t)}$。

(2) 根据式(6-17)，首先应求出状态量在 t 时刻的导数值，即

$$\left.\begin{aligned}\left.\frac{d\delta_i}{dt}\right|_t &= \omega_s(\omega_{i(t)} - 1)\\ \left.\frac{d\omega_i}{dt}\right|_t &= \frac{1}{T_{Ji}}(P_{mi} - P_{ei(t)})\\ \left.\frac{ds_j}{dt}\right|_t &= \frac{1}{T_{JMj}}(M_{mMj(t)} - M_{eMj(t)})\end{aligned}\right\} \tag{6-90}$$

其中，各发电机的电磁功率 $P_{ei(t)}$ 按下式计算：

$$P_{ei(t)} = (V_{xi(t)}I_{xi(t)} + V_{yi(t)}I_{yi(t)}) + (I_{xi(t)}^2 + I_{yi(t)}^2)R_{ai} \tag{6-91}$$

各电动机的机械转矩 $T_{mMj(t)}$ 和电磁转矩 $T_{eMj(t)}$ 可根据式(5-157)和式(5-156)求出：

$$\left.\begin{aligned}M_{mMj(t)} &= k[\alpha + (1-\alpha)(1-s_{j(t)})^2]\\ M_{eMj(t)} &= \frac{2M_{eMmax}}{\dfrac{s_{j(t)}}{S_{crj}} + \dfrac{s_{crj}}{s_{j(t)}}}\,\frac{V_{xj(t)}^2 + V_{yj(t)}^2}{V_{xj(0)}^2 + V_{yj(0)}^2}\end{aligned}\right\} \tag{6-92}$$

式中：$V_{xj(0)}$、$V_{yj(0)}$ 分别表示节点 j 在干扰前正常运行状态下电压的实部和虚部。

(3) 然后求出 $t+\Delta t$ 时刻状态量的初值估计，即

$$\left.\begin{aligned}\delta_{i(t+\Delta t)}^{[0]} &= \delta_{i(t)} + \left.\frac{d\delta_i}{dt}\right|_t \Delta t\\ \omega_{i(t+\Delta t)}^{[0]} &= \omega_{i(t)} + \left.\frac{d\omega_i}{dt}\right|_t \Delta t\\ s_{j(t+\Delta t)}^{[0]} &= s_{j(t)} + \left.\frac{ds_j}{dt}\right|_t \Delta t\end{aligned}\right\} \tag{6-93}$$

(4) 类似于第(1)步,由各发电机的 $\delta_{i(t+\Delta t)}^{[0]}$ 和各电动机的 $s_{j(t+\Delta t)}^{[0]}$ 按 6.4.2 节的方法计算出系统所有节点的电压 $V_{x(t+\Delta t)}^{[0]}$、$V_{y(t+\Delta t)}^{[0]}$ 和发电机节点的注入电流 $I_{xi(t+\Delta t)}^{[0]}$、$I_{yi(t+\Delta t)}^{[0]}$。

(5) 类似于第(2)步,应求出在 $t+\Delta t$ 时刻状态量初值估计的导数值 $\left.\frac{d\delta_i^{[0]}}{dt}\right|_{t+\Delta t}$、$\left.\frac{d\omega_i^{[0]}}{dt}\right|_{t+\Delta t}$、$\left.\frac{ds_j^{[0]}}{dt}\right|_{t+\Delta t}$。对此,只需在式(6-90)~(6-92)中将 $\omega_{i(t)}$、$P_{ei(t)}$、$M_{mMj(t)}$、$M_{eMj(t)}$ 分别换成 $\omega_{i(t+\Delta t)}^{[0]}$、$P_{ei(t+\Delta t)}^{[0]}$、$M_{mMj(t+\Delta t)}^{[0]}$、$M_{eMj(t+\Delta t)}^{[0]}$ 即可。而为了得到它们,还应把 $V_{xi(t)}$、$V_{yi(t)}$、$I_{xi(t)}$、$I_{yi(t)}$、$s_{j(t)}$、$V_{xj(t)}$、$V_{yj(t)}$ 分别换成 $V_{xi(t+\Delta t)}^{[0]}$、$V_{yi(t+\Delta t)}^{[0]}$、$I_{xi(t+\Delta t)}^{[0]}$、$I_{yi(t+\Delta t)}^{[0]}$ $s_{j(t)}$、$V_{xj(t+\Delta t)}^{[0]}$、$V_{yj(t+\Delta t)}^{[0]}$。

(6) 最后,求出各状态量在 $t+\Delta t$ 时刻的数值,即

$$\left.\begin{aligned}
\delta_{i(t+\Delta t)} &= \delta_{i(t)} + \frac{\Delta t}{2}\left[\left.\frac{d\delta_i}{dt}\right|_t + \left.\frac{d\delta_i^{[0]}}{dt}\right|_{t+\Delta t}\right] \\
\omega_{i(t+\Delta t)} &= \omega_{i(t)} + \frac{\Delta t}{2}\left[\left.\frac{d\omega_i}{dt}\right|_t + \left.\frac{d\omega_i^{[0]}}{dt}\right|_{t+\Delta t}\right] \\
s_{j(t+\Delta t)} &= s_{j(t)} + \frac{\Delta t}{2}\left[\left.\frac{ds_j}{dt}\right|_t + \left.\frac{ds_j^{[0]}}{dt}\right|_{t+\Delta t}\right]
\end{aligned}\right\} \tag{6-94}$$

【例 6-3】 考虑图 6-12 所示的 9 节点电力系统[5]。该系统有 3 台发电机、3 个负荷以及 9 条支路。支路数据和发电机参数分别列于表 6-5 和表 6-6,正常运行情况下的系统潮流如表 6-7 所示,系统频率为 60Hz。

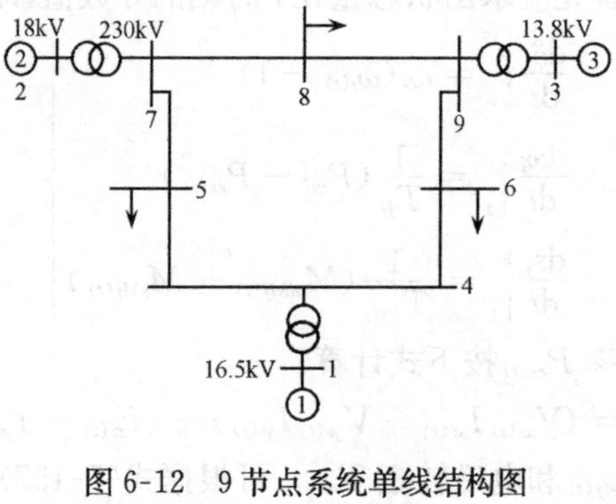

图 6-12 9 节点系统单线结构图

表 6-5 支路数据

首端母线名	末端母线名	电阻(标幺值)	电抗(标幺值)	容纳之半(标幺值)	变压器非标准变比
4	5	0.010	0.085	0.088	
4	6	0.017	0.092	0.079	
5	7	0.032	0.161	0.153	
6	9	0.039	0.170	0.179	
7	8	0.008 5	0.072	0.074 5	
8	9	0.011 9	0.100 8	0.104 5	
1	4	0.0	0.057 6		1.0
2	7	0.0	0.062 5		1.0
3	9	0.0	0.058 6		1.0

表 6-6 发电机数据

发电机	母线名	T_J	R_a	X_d	X'_d	X_q	X'_q	T'_{d0}	T'_{q0}	D
1	1	47.28	0.0	0.146 0	0.060 8	0.096 9	0.096 9	8.96		0.0
2	2	12.80	0.0	0.895 8	0.119 8	0.864 5	0.196 9	6.00	0.535	0.0
3	3	6.02	0.0	1.312 5	0.181 3	1.257 8	0.250 0	5.89	0.600	0.0

注:表中所有时间常数的单位为“s”,阻尼系数 D 及所有电阻、电抗均为“标幺值”。

表 6-7 正常运行情况下的系统潮流

母线名	电压		发电机		负荷	
	幅值	相角/(°)	有功功率	无功功率	有功功率	无功功率
1	1.040	0.000 0	0.716 4	0.270 5		
2	1.025 0	9.280 0	1.630 0	0.066 5		
3	1.025 0	4.664 8	0.850 0	−0.108 6		
4	1.025 8	−2.216 8				
5	0.995 6	−3.988 8			1.250 0	0.500 0
6	1.012 7	−3.687 4			0.900 0	0.300 0
7	1.025 8	3.719 7				
8	1.015 9	0.727 5			1.000 0	0.350 0
9	1.032 4	1.966 7				

【解】 下面针对该系统进行简单模型下的暂态稳定分析。干扰是在零秒线路 5—7 靠近母线 7 处发生三相接地短路,故障在 5 个周波(约 0.083 33s)由断开线路 5—7 而被消除。

各发电机用暂态电势 E'_q 保持恒定来模拟,各负荷用恒定阻抗模拟,电力网络用导纳矩阵描述,微分方程用改进欧拉法求解,网络方程用直接法求解。

根据图 6-8 中暂态稳定分析的基本过程和上节所介绍的方法及计算公式,暂态稳定分析可归纳如下:

(1) 初值计算。

根据式(6-81)计算各负荷的等值并联导纳,结果如下:

负荷(节点 5):1.260 99−j0.504 40

负荷(节点 6):0.877 65−j0.292 55

负荷(节点 8):0.968 98−j0.339 14

根据式(6-74)~(6-80)计算各发电机的暂态电势 E'_q、初始功角 $\delta_{(0)}$ 及其输入机械功率 $P_{m(0)}$,结果如表 6-8 所示。另外各发电机角速度的初值为 $\omega_{1(0)}=\omega_{2(0)}=\omega_{3(0)}=1$。在以下计算中,不计发电机凸极效应相当于在 $E'_q=C$ 模型中令 $X_q=X'_d$,即为发电机的经典模型。

表 6-8 发电机的 E'_q、$\delta_{(0)}$ 及 $P_{m(0)}$

发电机	不计凸极效应		计及凸极效应		$P_{m(0)}$
	E'_q	$\delta_{(0)}$	E'_q	$\delta_{(0)}$	
1	1.056 64	2.271 65	1.056 36	3.585 72	0.716 41
2	1.050 20	19.731 59	0.788 17	61.098 44	1.630 00
3	1.016 97	13.166 41	0.767 86	54.136 62	0.850 00

(2) 故障系统与故障后系统描述。

故障期间的电力网络相当于在 7 号母线处并联一条阻抗为零的接地支路，这时只要将正常情况下导纳矩阵 $\boldsymbol{Y}$ 中的对角元素 $\boldsymbol{Y}_{77}$ 改为无穷大(可以用大数模拟，例如在实际计算中取为 10^{20})，即可得到故障期间系统的节点导纳矩阵 $\boldsymbol{Y}_F$。

故障后的电力网络是切除线路 5—7 后的情况。由于线路 5—7 对导纳矩阵的贡献为

$$\boldsymbol{Y}_{l(5\text{-}7)} = \begin{array}{c} \\ 5 \\ \\ 7 \\ \\ \end{array}\begin{bmatrix} & \vdots & & \vdots & \\ \cdots & \dfrac{1}{r+jx}+jb & \cdots & -\dfrac{1}{r+jx} & \cdots \\ & \vdots & & \vdots & \\ \cdots & -\dfrac{1}{r+jx} & \cdots & \dfrac{1}{r+jx}+jb & \cdots \\ & \vdots & & \vdots & \end{bmatrix}$$

（矩阵上方列标号：5、7）

式中：$r=0.032$，$x=0.161$，$b=0.153$，因此故障后系统的节点导纳矩阵 $\boldsymbol{Y}_P=\boldsymbol{Y}-\boldsymbol{Y}_{l(5\text{-}7)}$。

(3) 微分-代数方程的数值积分。

我们仅计算从短路故障开始系统在 2s 内的暂态过程。这样，0～2s 的暂态过程可划分为两个自治系统，即 0～0.083 33s 的故障系统和 0.083 33～2s 的故障后系统。数值积分采用 0.001s 的步长。表 6-9 列出了不计凸极效应和计及凸极效应时各台发电机的 $\delta(t)$ 及最大相对摇摆角，后者也如图 6-13 所示。

表 6-9 各台发电机的 $\delta(t)$ 及最大相对摇摆角

时刻/s	不计凸极效应			计及凸极效应			$\bar{\delta}_2-\bar{\delta}_1$	$\tilde{\delta}_2-\tilde{\delta}_1$
	$\bar{\delta}_1$	$\bar{\delta}_2$	$\bar{\delta}_3$	$\tilde{\delta}_1$	$\tilde{\delta}_2$	$\tilde{\delta}_3$		
0.000 00	2.271 65	19.731 59	13.166 41	3.585 72	61.098 44	54.136 62	17.459 94	57.512 72
0.042 00	2.287 79	22.157 64	14.638 56	3.690 16	63.524 49	55.316 17	19.869 85	59.834 33
0.083 33	2.348 48	29.282 37	18.862 48	4.002 70	70.649 22	58.740 84	26.933 89	66.646 52
0.133 33	2.408 03	41.215 40	25.927 57	4.484 09	82.693 59	64.796 19	38.807 37	78.209 51
0.183 33	2.582 51	53.483 95	33.683 20	5.093 18	95.375 20	72.058 04	50.901 44	90.282 02
0.233 33	3.194 01	65.303 78	41.941 82	6.112 34	108.034 87	80.455 56	62.109 77	101.922 53
0.283 33	4.523 97	76.122 58	50.429 07	7.802 88	120.265 23	89.782 11	71.598 62	112.462 35
0.333 33	6.794 47	85.625 91	58.809 33	10.378 92	131.921 71	99.749 29	78.831 43	121.542 80
0.383 33	10.164 15	93.686 82	66.728 92	13.996 84	143.066 25	110.070 65	83.522 67	129.069 41
0.433 33	14.733 04	100.296 35	73.856 28	18.757 88	153.886 36	120.531 43	85.563 32	135.128 47

续表

时刻/s	不计凸极效应			计及凸极效应			$\bar{\delta}_2-\bar{\delta}_1$	$\tilde{\delta}_2-\tilde{\delta}_1$
	$\bar{\delta}_1$	$\bar{\delta}_2$	$\bar{\delta}_3$	$\tilde{\delta}_1$	$\tilde{\delta}_2$	$\tilde{\delta}_3$		
0.483 33	20.549 80	105.501 68	79.916 56	24.718 33	164.620 86	131.021 70	84.951 88	139.902 54
0.533 33	27.615 28	109.365 39	84.731 39	31.902 42	175.505 95	141.534 91	81.750 11	143.603 53
0.583 33	35.879 27	111.952 48	88.272 81	40.314 40	186.743 09	152.146 27	76.073 21	146.428 69
0.633 33	45.230 62	113.348 05	90.725 87	49.947 81	198.484 69	162.985 42	68.117 43	148.536 88
0.683 33	55.485 63	113.705 36	92.529 96	60.791 80	210.831 72	174.211 38	58.219 73	150.039 92
0.733 33	66.384 13	113.313 85	94.350 19	72.834 90	223.838 07	185.991 98	46.929 72	151.003 17
0.783 33	77.603 23	112.662 32	96.943 04	86.067 17	237.517 66	198.486 89	35.059 09	151.450 49
0.833 33	88.791 77	112.459 74	100.941 70	100.481 27	251.851 43	211.832 93	23.667 97	151.370 16
0.883 33	99.617 69	113.579 83	106.663 35	116.073 13	266.792 69	226.130 87	13.962 14	150.719 56
0.933 33	109.813 35	116.922 53	114.052 72	132.842 29	282.270 22	241.433 72	7.109 18	149.427 93
0.983 33	119.206 30	123.224 95	122.795 57	150.791 73	298.189 12	257.737 01	4.018 65	147.397 40
1.033 33	127.732 65	132.882 23	132.529 06	169.926 94	314.430 44	274.972 26	5.149 58	144.503 51
1.083 33	135.437 43	145.836 96	143.032 25	190.253 60	330.851 11	293.005 22	10.399 53	140.597 52
1.133 33	142.467 32	161.574 57	154.307 91	211.772 90	347.287 07	311.641 66	19.107 25	135.514 17
1.183 33	149.056 19	179.234 61	166.523 45	234.473 39	363.563 84	330.644 56	30.178 42	129.090 45
1.233 33	155.500 82	197.810 63	179.844 43	258.318 38	379.520 44	349.767 06	42.309 81	121.202 06
1.283 33	162.126 83	216.368 10	194.256 64	283.229 35	395.052 09	368.803 40	54.241 26	111.822 74
1.333 33	169.251 29	234.199 24	209.482 17	309.068 74	410.171 07	387.652 94	64.947 95	101.102 33
1.383 33	177.150 96	250.874 11	225.025 67	335.629 83	425.071 06	406.380 36	73.723 15	89.441 23
1.433 33	186.042 98	266.203 63	240.300 96	362.643 68	440.162 96	425.244 62	80.160 65	77.519 28
1.483 33	196.079 09	280.158 28	254.760 80	389.807 54	456.047 99	444.672 39	84.079 19	66.240 45
1.533 33	207.349 45	292.782 26	267.986 13	416.827 62	473.421 57	465.172 98	85.432 81	56.593 95
1.583 33	219.889 20	304.127 63	279.736 58	443.459 84	492.943 27	487.220 74	84.238 42	49.483 43
1.633 33	233.681 31	314.220 84	289.984 11	469.535 46	515.124 17	511.144 08	80.539 53	45.588 71
1.683 33	248.652 33	323.067 66	298.942 96	494.970 70	540.258 76	537.050 69	74.415 33	45.288 06
1.733 33	264.663 08	330.697 30	307.083 05	519.767 77	568.395 52	564.801 11	66.034 22	48.627 75
1.783 33	281.501 16	337.239 26	315.089 28	544.013 56	599.329 30	594.036 22	55.738 10	55.315 74
1.833 33	298.884 96	343.013 11	323.730 03	567.876 32	632.612 27	624.264 98	44.128 14	64.735 95
1.883 33	316.485 51	348.595 30	333.646 92	591.594 40	667.600 21	655.001 55	32.109 79	76.005 81
1.933 33	333.963 86	354.817 55	345.155 35	615.451 11	703.554 68	685.901 26	20.853 69	88.103 57
1.983 33	351.014 13	362.663 46	358.179 17	639.736 84	739.788 95	716.827 50	11.649 32	100.052 11

由图 6-13 可以看出，无论计及凸极效应还是不计凸极效应，系统都是暂态稳定的。在计及凸极效应的情况下，最大相对摇摆角为 $\delta_{21}=151.483\ 96^{\circ}$($t=0.801\ 33$s)。在不计凸极效应的情况下，最大相对摇摆角为 $\delta_{21}=85.657\ 88^{\circ}$($t=0.446\ 33$s)，而第二摆的角度 $\delta_{21}=85.433\ 78^{\circ}$($t=1.534\ 33$s)比第一摆的角度小。

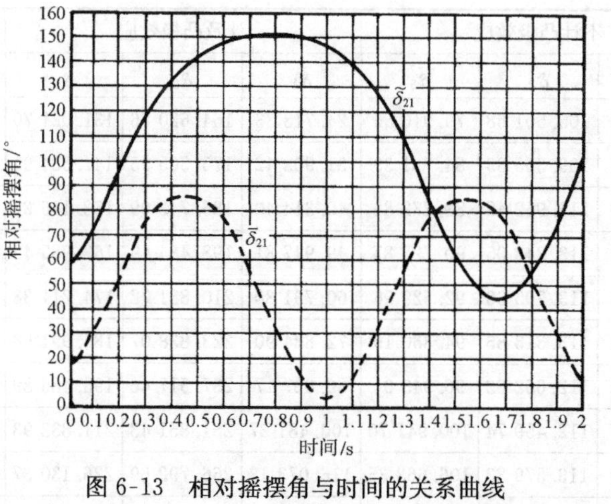

图 6-13　相对摇摆角与时间的关系曲线

最后，对不计凸极效应和计及凸极效应情况下的临界切除时间进行了计算。得到前者所对应的临界切除时间在 0.162～0.163s 之间，后者所对应的临界切除时间在 0.085～0.086s 之间。它们对应的摇摆曲线分别如图 6-14 和图 6-15 所示。

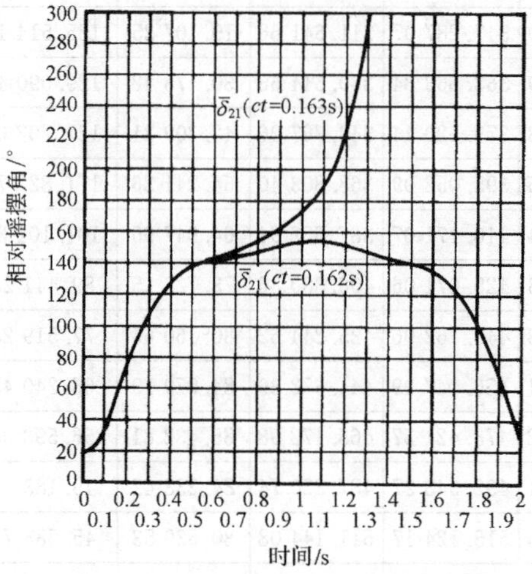

图 6-14　临界切除时间周围的相对摇摆角与时间的关系曲线(不计凸极效应)

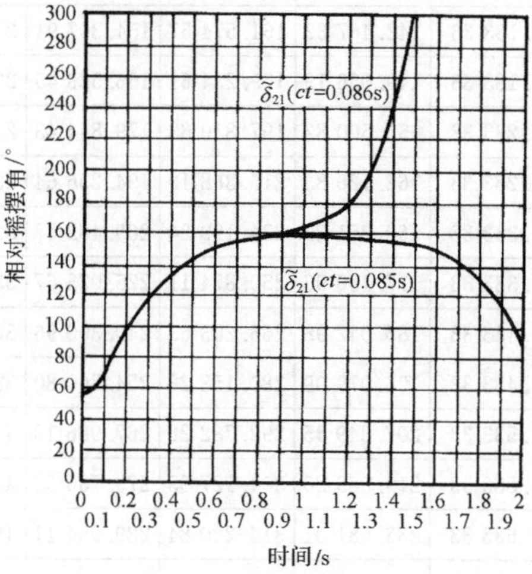

图 6-15　临界切除时间周围的相对摇摆角与时间的关系曲线(计及凸极效应)

6.4.4　经典模型下暂态稳定分析的数值积分方法[49,50]

在当今的 EMS(energy management system)中，为了评价系统运行的安全性，需要在限定的时间内对各种预想事故下系统的暂态稳定性进行在线评价。由于预想事故较多，为了满足在线动态安全评价的时间要求，需要每次暂态稳定分析有很快的速度。显然暂态稳定分析中传统的数值积分方法由于速度的限制已不能直接应用，而需要开发一些特殊的快速分析方法。

动态安全评价方法是近年来电力系统稳定分析领域研究的热点。早在1983年IEEE就成立了快速暂态稳定分析工作组，一直注视和引导着这一领域的研究工作。动态安全评价方法对计算速度要求很高，特别是在在线环境之下，虽然对结果的精度要求可适当放宽，但仍要求结果具有足够的可靠性。目前，提高在线动态安全评价速度的途径无非来自于以下几个方面：首先是对描述系统的数学模型加以简化，使得暂态稳定分析问题变得相对简单；其次是提出快速的暂态稳定分析方法。下面介绍一种在经典模型下暂态稳定分析的快速数值积分方法。

1. 电力系统的经典数学模型

对描述系统的数学模型作如下假设后即得到所谓的“经典模型”：

(1) 假定发电机输入机械功率在暂态过程中保持恒定，并忽略阻尼的作用。

(2) 认为在暂态过程中发电机暂态电势 E' 保持不变，并假定该电势的相角与发电机转子角度相一致。

(3) 负荷用恒定阻抗模拟。

在此情况下，第 i 台发电机的转子运动方程为

$$\left.\begin{aligned}\frac{\mathrm{d}\delta_i}{\mathrm{d}t}&=\omega_s(\omega_i-1)\\\frac{\mathrm{d}\omega_i}{\mathrm{d}t}&=\frac{1}{T_{Ji}}(P_{mi}-P_{ei})\end{aligned}\right\}\quad(i=1,2,\cdots,m)\tag{6-95}$$

由潮流结果可计算出各发电机的暂态电势

$$\dot{E}'_i=E'_i\angle\delta_{i(0)}=\dot{V}_{i(0)}+(R_{ai}+jX'_{di})\frac{P_{i(0)}-jQ_{i(0)}}{\hat{\dot{V}}_{i(0)}}\tag{6-96}$$

而由稳态运行情况可知

$$\omega_{i(0)}=1\tag{6-97}$$

根据6.3.1节中式(6-42)、式(6-45)、式(6-46)对发电机接入网络的处理，当把各发电机的虚拟导纳[如式(6-45)所示]并入电力网络，并将各负荷的等值导纳[如式(6-81)所示]并入电力网络后，网络方程式(6-35)将有所变化：导纳矩阵的对角元素应加上相应节点的发电机虚拟导纳或负荷等值导纳，右端电流向量中仅发电机节点有虚拟注入电流，其表达式如式(6-46)所示，而其余节点的注入电流为零。

容易得到发电机电磁功率的表达式为

$$P_{ei}=\mathrm{Re}\left(\dot{E}'_i\frac{\hat{\dot{E}}'_i-\hat{\dot{V}}_i}{R_{ai}-jX'_{di}}\right)\tag{6-98}$$

2. 电力网络方程的求解

首先对导纳矩阵 $\boldsymbol{Y}$(对称矩阵)进行三角分解：

$$\boldsymbol{Y}=\boldsymbol{U}^{\mathrm{T}}\boldsymbol{D}\boldsymbol{U}\tag{6-99}$$

式中：$\boldsymbol{U}$ 为单位上三角矩阵；$\boldsymbol{D}$ 为对角矩阵。

在做完以下前代和回代后，即可得到电压向量：

$$\boldsymbol{F}=\boldsymbol{D}^{-1}\boldsymbol{U}^{-\mathrm{T}}\boldsymbol{I}\tag{6-100}$$

$$\boldsymbol{V} = \boldsymbol{U}^{-1}\boldsymbol{F} \tag{6-101}$$

由于$\boldsymbol{I}$是稀疏向量，并且为了得到各发电机的电磁功率，只需要求出各发电机节点的电压，这样所要求的$\boldsymbol{V}$也为稀疏向量，因而网络方程的求解可以应用稀疏向量法进行快速前代和快速回代运算。一些中等规模系统的计算表明，采用稀疏向量法求解网络方程相对于执行满前代和满回代来说，可以节省大约1/3的计算量。

应用稀疏技术求解网络方程时，相当大的计算量在于对导纳矩阵的三角分解。在电力系统动态安全评价中，对于各种预想事故，故障期间和故障后的网络导纳矩阵各不相同。如果对这些导纳矩阵都分别进行三角分解，则需要花费大量的计算时间。然而，一般情况下，故障期间和故障后的网络导纳矩阵相对于故障前而言，只有少数矩阵元素有所变化，这样就可以采用补偿法求解修正后的网络方程，避免导纳矩阵的重复三角分解，从而可以大大减少计算量。

考虑网络方程

$$(\boldsymbol{Y} + \Delta\boldsymbol{Y})\boldsymbol{V} = \boldsymbol{I} \tag{6-102}$$

式中：$\boldsymbol{Y}$为故障前的网络导纳矩阵；$\Delta\boldsymbol{Y}$是由于故障或操作引起的对$\boldsymbol{Y}$的修正量，它可以进一步表示为

$$\Delta\boldsymbol{Y} = \boldsymbol{M}\delta\boldsymbol{y}\boldsymbol{M}^{\mathrm{T}} \tag{6-103}$$

式中：$\delta\boldsymbol{y}$为$q\times q$阶矩阵，它包含对$\boldsymbol{Y}$的修正信息，q通常为1或2；$\boldsymbol{M}$为$n\times q$阶与故障或操作有关的关联矩阵。

根据逆矩阵修正引理，对式(6-102)、式(6-103)，有

$$\boldsymbol{V} = (\boldsymbol{Y}^{-1} - \boldsymbol{Y}^{-1}\boldsymbol{M}\boldsymbol{C}\boldsymbol{M}^{T}\boldsymbol{Y}^{-1})\boldsymbol{I} \tag{6-104}$$

式中：$q\times q$阶矩阵$\boldsymbol{C}$为

$$\boldsymbol{C} = [(\delta\boldsymbol{y})^{-1} + \boldsymbol{Z}]^{-1} \tag{6-105}$$

而$q\times q$阶矩阵$\boldsymbol{Z}$为

$$\boldsymbol{Z} = \boldsymbol{M}^{\mathrm{T}}\boldsymbol{Y}^{-1}\boldsymbol{M} \tag{6-106}$$

这样，根据式(6-104)，并考虑式(6-99)，用中补法求解网络方程式(6-102)的步骤如下：

前置计算：

$$\left.\begin{array}{l} (1)\ \boldsymbol{W} = \boldsymbol{U}^{-\mathrm{T}}\boldsymbol{M} \\ (2)\ \widetilde{\boldsymbol{W}} = \boldsymbol{D}^{-1}\boldsymbol{W} \\ (3)\ \boldsymbol{Z} = \widetilde{\boldsymbol{W}}^{\mathrm{T}}\boldsymbol{W} \\ (4)\ \boldsymbol{C} = [(\delta\boldsymbol{y})^{-1} + \boldsymbol{Z}]^{-1} \end{array}\right\} \tag{6-107}$$

求解网络方程：

$$\left.\begin{array}{l} (1)\ \widetilde{\boldsymbol{F}} = \boldsymbol{U}^{-\mathrm{T}}\boldsymbol{I} \\ (2)\ \Delta\boldsymbol{F} = -\boldsymbol{W}\boldsymbol{C}\widetilde{\boldsymbol{W}}^{\mathrm{T}}\widetilde{\boldsymbol{F}} \\ (3)\ \boldsymbol{F} = \widetilde{\boldsymbol{F}} + \Delta\boldsymbol{F} \\ (4)\ \boldsymbol{V} = \boldsymbol{U}^{-1}\boldsymbol{D}^{-1}\boldsymbol{F} \end{array}\right\} \tag{6-108}$$

式(6-107)、式(6-108)中的前代和回代运算都采用稀疏向量法。

3. 二阶保守微分方程组的数值积分方法

式(6-95)所描述的微分方程组可以写成如下向量形式：

$$\frac{d^2\delta}{dt^2} = f(\delta) \tag{6-109}$$

式中：

$$\left.\begin{aligned} \delta &= [\delta_1 \quad \cdots \quad \delta_m]^T \\ f(\delta) &= [f_1(\delta) \quad \cdots \quad f_m(\delta)]^T \\ f_i(\delta) &= \frac{\omega_s}{T_{Ji}}(P_{mi} - P_{ei}) \end{aligned}\right\} \tag{6-110}$$

式(6-109)所示的二阶微分方程的右端函数中不显含一阶导数项，因此被称为二阶保守方程。与对两个一阶方程的求解相比，通过对方程的直接差分可使求解效率提高一倍。考虑 Stormer 和 Numerov 数值积分公式[16]：

$$\delta_{k+2} = 2\delta_{k+1} - \delta_k + h^2 f(\delta_{k+1}) \tag{6-111}$$

$$\delta_{k+2} = 2\delta_{k+1} - \delta_k + \frac{h^2}{12}[f(\delta_{k+2}) + 10f(\delta_{k+1}) + f(\delta_k)] \tag{6-112}$$

式(6-111)为显式二阶方法，而式(6-112)为隐式四阶方法。用式(6-111)求解微分方程组(6-109)时，由于方法阶数较低且数值稳定差，因而积分时需要较小的步长。用式(6-112)求解微分方程组(6-109)时，虽然方法有较高的阶数和较大的绝对稳定域，可以采用较大的积分步长，但每步求解一个非线性方程组，因而需要过多的运算量。然而，在对式(6-112)进行迭代求解时，如果能够提供良好的初值$\delta_{k+2}^{[0]}$，则可使收敛加快。因此，可以采用预估-校正法求解式(6-109)，显示法[式(6-111)]用作预估器，而隐式法[式(6-112)]用作校正器。

设 P、C 分别表示预估器和校正器的一次使用，E 表示计算函数 $f(\delta)$，则可以构造预估校正对 PECE。即从预估式中求出$\delta_{k+2}^{[0]}$，计算 $f_{k+2}^{[0]} = f(\delta_{k+2}^{[0]})$，代入校正式得到$\delta_{k+2}^{[1]}$，最后计算出 $f_{k+2}^{[1]} = f(\delta_{k+2}^{[1]})$。

上述方法属于多步法，其起步计算可以采用如下特殊形式的四阶龙格-库塔法[15]：

$$\left.\begin{aligned} \delta_{k+1} &= \delta_k + h\delta'_k + \frac{h^2}{6}(k_1 + 2k_2) \\ \delta'_{k+1} &= \delta'_k + \frac{h}{6}(k_1 + 4k_2 + k_3) \\ k_1 &= f(\delta_k) \\ k_2 &= f\left(\delta_k + \frac{h}{2}\delta'_k + \frac{h^2}{8}k_1\right) \\ k_3 &= f\left(\delta_k + h\delta'_k + \frac{h^2}{2}k_2\right) \end{aligned}\right\} \tag{6-113}$$

电力系统的经典模型仅在机电暂态的"第一摇摆周期"是合适的(大约干扰后的 1.5s 之内)，并且几乎不存在刚性问题，因此数值积分可以采用较大的步长(0.1～0.2s)。

6.5 含有 FACTS 的复杂模型暂态稳定分析

为了详细分析在遭受各种大干扰下大规模互联电力系统的暂态稳定性，并仔细分析各种控制装置对系统稳定性的影响，进而寻求改善电力系统稳定性的措施，在进行电力系统暂态稳定分析时需要采用详细的元件数学模型。

随着直流输电技术的发展，在一些远距离输电、海底电缆输电及系统互联中广泛采用直流输电系统；而近年来发展起来的柔性交流输电系统（Flexible AC Transmission System，FACTS）装置也在电力系统中得到广泛应用，它们不但能够改善系统的稳态运行特性，也在不同程度上明显改善电力系统的稳定性，使得输电线路的传输能力大大提高。大型发电机组原动机及其调速系统、励磁系统、PSS和其他的系统控制装置等对系统的稳定性也有明显的影响。这种规模不断变大、动态装置的类型和数量不断增多的电力系统，在遭受干扰后的动态行为将更为复杂，系统经历的机电暂态过程持续时间更长，系统失去稳定以前所经历的"振荡"过程可能长达几秒甚至十几秒。

在本节中，给出了当系统中包含多种动态元件，而各元件采用较为详细的数学模型时，大规模互联电力系统暂态稳定分析的基本方法。应当注意的是，它不是一个商用程序的实现，而是一个计算基本思想的介绍。

本节中考虑的动态元件的数学模型如下：同步发电机采用E'_q、E''_q、E'_d、E''_d变化，加上转子运动方程的六阶模型；水轮机及其调速系统；采用可控硅调节器的直流励磁机励磁系统；用发电机转速偏差作为输入的PSS；两端直流输电系统；FACTS中的SVC、TCSC；恒定阻抗或具有二次电压静特性的负荷等。当系统中的元件采用其他数学模型时，可用类似的方法加以考虑。

这种动态电力大系统中，由于各动态元件时间常数的差别很大，使得它成为一个典型的刚性系统。在用数值积分方法求解这类微分方程时，如果用显式方法，由于其稳定域较小，因而需要很小的积分步长；隐式梯形法是一个二阶方法，其稳定域在整个左半平面，因而采用隐式梯形法时可以取较大的积分步长。较早的暂态稳定分析程序中大多采用显式方法，例如四阶龙格-库塔法等；由于二阶隐式梯形法良好的数值稳定性和对刚性问题的适应性，加之控制装置对一些变量的限制使得数值积分不宜采用太大的积分步长，因而自从20世纪70年代以来，隐式梯形法得到了广泛的应用[26]，并成为迄今为止公认的最好方法。许多商用程序几乎都采用隐式梯形法，例如美国邦捏维尔电力公司（Bonneville Power Administration，BPA）的暂态稳定分析程序，我国电力科学研究院的《电力系统分析综合程序》等。在进行暂态稳定分析时，常采用定步长的隐式梯形法，步长一般可达0.01～0.02s甚至更长，而差分方程和代数方程既可采用联立求解法[1]，也可采用交替求解法[2]。

以下将介绍一个由隐式梯形法求解微分方程，而差分方程和代数方程采用牛顿法联立求解的复杂模型下大规模互联电力系统暂态稳定分析的数值方法。

6.5.1 发电机组的初值及差分方程

1. 发电机

同步发电机的数学模型包括转子运动方程和转子电磁暂态方程等微分方程，以及定子电压方程和电磁功率的表达式。根据式(5-1)～(5-4)，将这些方程重写如下。

转子运动方程：

$$\left.\begin{aligned}\frac{\mathrm{d}\delta}{\mathrm{d}t} &= \omega_s(\omega - 1)\\ \frac{\mathrm{d}\omega}{\mathrm{d}t} &= \frac{1}{T_J}(P_m - P_e - D\omega)\end{aligned}\right\} \tag{6-114}$$

转子电磁暂态方程：

$$\left.\begin{aligned}\frac{\mathrm{d}E'_q}{\mathrm{d}t} &= \frac{1}{T'_{d0}}[E_{fq} - k_d E'_q + (k_d - 1)E''_q]\\ \frac{\mathrm{d}E''_q}{\mathrm{d}t} &= \frac{1}{T''_{d0}}[E'_q - E''_q - (X'_d - X''_d)I_d]\\ \frac{\mathrm{d}E'_d}{\mathrm{d}t} &= \frac{1}{T'_{q0}}[-k_q E'_d + (k_q - 1)E''_d]\\ \frac{\mathrm{d}E''_d}{\mathrm{d}t} &= \frac{1}{T''_{q0}}[E'_d - E''_d + (X'_q - X''_q)I_q]\end{aligned}\right\} \tag{6-115}$$

式中：

$$k_d = \frac{X_d - X''_d}{X'_d - X''_d}, \qquad k_q = \frac{X_q - X''_q}{X'_q - X''_q}$$

定子电压方程：

$$\left.\begin{aligned}V_d &= E''_d - R_a I_d + X''_q I_q\\ V_q &= E''_q - X''_d I_d - R_a I_q\end{aligned}\right\} \tag{6-116}$$

电磁功率等于输出功率加上定子铜耗：

$$P_e = P_{\mathrm{out}} + |\dot{I}|^2 R_a = V_x I_x + V_y I_y + (I_x^2 + I_y^2)R_a \tag{6-117}$$

1）初值计算

可以根据潮流结果用式(6-74)～(6-78)计算出发电机的部分初值。并注意到在系统稳态运行时各阻尼绕组的电流都为零，于是可根据式(5-60)、式(5-64)、式(5-65)分别求出发电机空载电势、暂态电势和次暂态电势的初值：

$$E_{fq(0)} = V_{q(0)} + R_a I_{q(0)} + X_d I_{d(0)} \tag{6-118}$$

$$\left.\begin{aligned}E'_{q(0)} &= V_{q(0)} + R_a I_{q(0)} + X'_d I_{d(0)}\\ E'_{d(0)} &= V_{d(0)} + R_a I_{d(0)} - X'_q I_{q(0)}\end{aligned}\right\} \tag{6-119}$$

$$\left.\begin{aligned}E''_{q(0)} &= V_{q(0)} + R_a I_{q(0)} + X''_d I_{d(0)}\\ E''_{d(0)} &= V_{d(0)} + R_a I_{d(0)} - X''_q I_{q(0)}\end{aligned}\right\} \tag{6-120}$$

另外，稳态运行时发电机的电磁功率 $P_{e(0)}$ 可以由式(6-117)直接得到

$$P_{e(0)} = P_{(0)} + (I_{x(0)}^2 + I_{y(0)}^2)R_a \tag{6-121}$$

原动机的机械功率 $P_{m(0)}$，可在式(6-114)中令 $\frac{\mathrm{d}\omega}{\mathrm{d}t}=0$ 得到

$$P_{m(0)} = P_{e(0)} + D \tag{6-122}$$

2）差分方程

首先对发电机转子运动方程式(6-114)应用梯形积分公式，得

$$\delta_{(t+\Delta t)} = \delta_{(t)} + \frac{\omega_s \Delta t}{2}(\omega_{(t+\Delta t)} + \omega_{(t)} - 2) \tag{6-123}$$

$$\omega_{(t+\Delta t)} = \omega_{(t)} + \frac{\Delta t}{2T_J}(P_{m(t+\Delta t)} - P_{e(t+\Delta t)} - D\omega_{(t+\Delta t)} + P_{m(t)} - P_{e(t)} - D\omega_{(t)}) \tag{6-124}$$

从式(6-124)求出 $\omega_{(t+\Delta t)}$ 的表达式，然后将其代入式(6-123)中后可以得到

$$\delta_{(t+\Delta t)} = \alpha_J (P_{m(t+\Delta t)} - P_{e(t+\Delta t)}) + \delta_0 \tag{6-125}$$

式中：

$$\alpha_J = \frac{\omega_s (\Delta t)^2}{4T_J + 2D\Delta t} \tag{6-126}$$

$$\delta_0 = \delta_{(t)} + \alpha_J \left(P_{m(t)} - P_{e(t)} + \frac{4T_J}{\Delta t}\omega_{(t)} \right) - \omega_s \Delta t \tag{6-127}$$

式(6-126)的 α_J 与步长 Δt 和一些常数有关，如果取固定的步长，则在暂态过程中 α_J 为常数。至于式(6-127)中的 δ_0，它仅在差分方程(6-125)中为常数，而在不同时刻的值是不相同的。

在得到 $\delta_{(t+\Delta t)}$ 的值后，可依式(6-123)得到 $\omega_{(t+\Delta t)}$ 的值，即

$$\omega_{(t+\Delta t)} = \frac{2}{\omega_s \Delta t}(\delta_{(t+\Delta t)} - \delta_{(t)}) - \omega_{(t)} + 2 \tag{6-128}$$

然后对电磁暂态过程方程式(6-115)应用梯形积分公式，得

$$\left.\begin{aligned} E'_{q(t+\Delta t)} &= E'_{q(t)} + \frac{\Delta t}{2T'_{d0}}[E_{fq(t+\Delta t)} - k_d E'_{q(t+\Delta t)} + (k_d - 1)E''_{q(t+\Delta t)} + E_{fq(t)} - k_d E'_{q(t)} + (k_d - 1)E''_{q(t)}] \\ E''_{q(t+\Delta t)} &= E''_{q(t)} + \frac{\Delta t}{2T''_{d0}}[E'_{q(t+\Delta t)} - E''_{q(t+\Delta t)} - (X'_d - X''_d)I_{d(t+\Delta t)} + E'_{q(t)} - E''_{q(t)} - (X'_d - X''_d)I_{d(t)}] \end{aligned}\right\} \tag{6-129}$$

$$\left.\begin{aligned} E'_{d(t+\Delta t)} &= E'_{d(t)} + \frac{\Delta t}{2T'_{q0}}[-k_q E'_{d(t+\Delta t)} + (k_q - 1)E''_{d(t+\Delta t)} - k_q E'_{d(t)} + (k_q - 1)E''_{d(t)}] \\ E''_{d(t+\Delta t)} &= E''_{d(t)} + \frac{\Delta t}{2T''_{q0}}[E'_{d(t+\Delta t)} - E''_{d(t+\Delta t)} + (X'_q - X''_q)I_{q(t+\Delta t)} + E'_{d(t)} - E''_{d(t)} + (X'_q - X''_q)I_{q(t)}] \end{aligned}\right\} \tag{6-130}$$

在式(6-129)、式(6-130)中分别消去变量 $E'_{q(t+\Delta t)}$、$E'_{d(t+\Delta t)}$ 后可以得到

$$E''_{q(t+\Delta t)} = -\alpha''_d (X'_d - X''_d) I_{d(t+\Delta t)} + \alpha''_d \alpha_{d1} E_{fq(t+\Delta t)} + E''_{q0} \tag{6-131}$$

$$E''_{d(t+\Delta t)} = \alpha''_q (X'_q - X''_q) I_{q(t+\Delta t)} + E''_{d0} \tag{6-132}$$

式中：

$$\left.\begin{aligned} E''_{q0} &= \alpha''_d \left\{ \alpha_{d1} E_{fq(t)} - (X'_d - X''_d) I_{d(t)} + 2(1 - k_d \alpha_{d1}) E'_{q(t)} + [\alpha_{d1}(k_d - 1) + \frac{1}{\alpha_{d2}} - 2] E''_{q(t)} \right\} \\ E''_{d0} &= \alpha''_q \left\{ (X'_q - X''_q) I_{q(t)} + 2(1 - k_q \alpha_{q1}) E'_{d(t)} + [\alpha_{q1}(k_q - 1) + \frac{1}{\alpha_{q2}} - 2] E''_{d(t)} \right\} \end{aligned}\right\} \tag{6-133}$$

$$\left.\begin{aligned} &\alpha_{d1} = \frac{\Delta t}{2T'_{d0} + k_d \Delta t}, \quad \alpha_{q1} = \frac{\Delta t}{2T'_{q0} + k_q \Delta t} \\ &\alpha_{d2} = \frac{\Delta t}{2T''_{d0} + \Delta t}, \quad \alpha_{q2} = \frac{\Delta t}{2T''_{q0} + \Delta t} \\ &\alpha''_d = [\alpha_{d1}(1 - k_d) + 1/\alpha_{d2}]^{-1}, \quad \alpha''_q = [\alpha_{q1}(1 - k_q) + 1/\alpha_{q2}]^{-1} \end{aligned}\right\} \tag{6-134}$$

式(6-134)中的系数 α_{d1}、α_{d2}、α''_d、α_{q1}、α_{q2}、α''_q 在步长 Δt 固定时都为常数。而式(6-133)中的 E''_{q0} 和 E''_{d0} 都为已知的 t 时刻量，但它们在不同时刻的值是不相同的。

在求得 $E''_{q(t+\Delta t)}$ 和 $E''_{d(t+\Delta t)}$ 的值以后，可分别依式(6-129)和式(6-130)求出 $E'_{q(t+\Delta t)}$ 和 $E'_{d(t+\Delta t)}$ 的值，即

$$
\left.\begin{aligned}
E'_{q(t+\Delta t)} &= \alpha_{d1}\left[\frac{2T'_{d0}-k_d\Delta t}{\Delta t}E'_{q(t)}+E_{fq(t+\Delta t)}+E_{fq(t)}+(k_d-1)(E''_{q(t+\Delta t)}+E''_{q(t)})\right]\\
E'_{d(t+\Delta t)} &= \alpha_{q1}\left[\frac{2T'_{q0}-k_q\Delta t}{\Delta t}E'_{d(t)}+(k_q-1)(E''_{d(t+\Delta t)}+E''_{d(t)})\right]
\end{aligned}\right\}
\tag{6-135}
$$

2. *励磁系统及 PSS*

下面以图 5-16 所示的采用可控硅调节器的直流励磁机励磁系统为例，根据其传递函数框图列出相应的微分和代数方程。其中，忽略 R_C 的作用，忽略模拟电压调节器固有等值时间常数的量 T_B、T_C。另外，在“单位励磁电压/单位定子电压”基准值系统下，根据式(5-51)可知 $V_f=E_{fq}$。

测量滤波环节：

$$
\frac{\mathrm{d}V_M}{\mathrm{d}t}=\frac{1}{T_R}(V_C-V_M),\qquad V_C=|\dot{V}+jX_C\dot{I}|
\tag{6-136}
$$

软负反馈环节：

$$
\frac{\mathrm{d}(K_FE_{fq}-T_FV_F)}{\mathrm{d}t}=V_F
\tag{6-137}
$$

综合放大环节：

$$
\left.\begin{aligned}
&f=\frac{1}{T_A}[K_A(V_{\text{ref}}+V_S-V_M-V_F)-V_R]\\
&\text{当 } V_R=V_{R\max} \text{ 且 } f>0 \text{ 时}, \frac{\mathrm{d}V_R}{\mathrm{d}t}=0, V_R=V_{R\max}\\
&\text{当 } V_{R\min}<V_R<V_{R\max} \text{ 时}, \frac{\mathrm{d}V_R}{\mathrm{d}t}=f\\
&\text{当 } V_R=V_{R\min} \text{ 且 } f<0 \text{ 时}, \frac{\mathrm{d}V_R}{\mathrm{d}t}=0, V_R=V_{R\min}
\end{aligned}\right\}
\tag{6-138}
$$

励磁机：

$$
\frac{\mathrm{d}E_{fq}}{\mathrm{d}t}=\frac{1}{T_E}[V_R-(K_E+S_E)E_{fq}]
\tag{6-139}
$$

其中励磁机的饱和系数 S_E，既可以按式(5-101)所示的指数形式模拟，当采用“单位励磁电压/单位定子电压”基准系统时，式(5-101)可简写为

$$
S_E=C_EE_{fq}^{N_E-1}
\tag{6-140}
$$

也可以将其饱和特性逐段线性化，即用下列线性关系表示饱和特性：

$$
S_EE_{fq}=K_1E_{fq}-K_2
\tag{6-141}
$$

根据图 5-14 可列出 PSS 的微分方程

$$
\left.\begin{aligned}
&\frac{\mathrm{d}V_1}{\mathrm{d}t}=\frac{1}{T_6}(K_SV_{IS}-V_1)\\
&\frac{\mathrm{d}(V_1-V_2)}{\mathrm{d}t}=\frac{1}{T_5}V_2\\
&\frac{\mathrm{d}(T_1V_2-T_2V_3)}{\mathrm{d}t}=V_3-V_2\\
&\frac{\mathrm{d}(T_3V_3-T_4V_4)}{\mathrm{d}t}=V_4-V_3
\end{aligned}\right\}
\tag{6-142}
$$

PSS 输出的限制为

$$\left.\begin{array}{ll}\text{如果 } V_4 \geqslant V_{S\max} & V_S = V_{S\max} \\ \text{如果 } V_{S\min} < V_4 < V_{S\max}, & V_S = V_4 \\ \text{如果 } V_4 \leqslant V_{S\min}, & V_S = V_{S\min}\end{array}\right\} \tag{6-143}$$

1) 初值计算

励磁系统中各状态变量的初值，可以在其传递函数框图中令 $s=0$ 或可通过令相应的微分方程左端等于零而得到。由于在正常运行情况下调节系统或控制装置中的各受限制量一般不会超出其上、下限，因此在计算初值时可以不考虑各种限制的作用。下面我们给出上述励磁系统初值的计算方法，其他励磁系统的初值计算类似。

令式(6-139)左端等于零从而得到放大器输出的初值

$$V_{R(0)} = (S_{E(0)} + K_E)E_{fq(0)} \tag{6-144}$$

式中的饱和系数用式(6-140)求得，即 $S_{E(0)} = C_E E_{fq(0)}^{N_E-1}$。

令式(6-136)～(6-138)中微分方程左端等于零，可得到

$$\left.\begin{aligned} V_{F(0)} &= 0 \\ V_{M(0)} &= |\dot{V}_{(0)} + jX_C\dot{I}_{(0)}| \\ V_{\text{ref}} &= V_{M(0)} + \frac{V_{R(0)}}{K_A}\end{aligned}\right\} \tag{6-145}$$

令式(6-142)中各微分方程左端等于零，并考虑式(6-143)，即得到 PSS 的初值

$$\left.\begin{aligned} V_{S(0)} &= V_{4(0)} = V_{3(0)} = V_{2(0)} = 0 \\ V_{1(0)} &= K_S V_{IS(0)} = 0\end{aligned}\right\} \tag{6-146}$$

式中，由于 V_{IS} 一般取速度或功率的变化量，故初值为零。

2) 差分方程

对式(6-136)应用梯形积分公式可得测量滤波环节的差分方程

$$V_{M(t+\Delta t)} = \alpha_R V_{C(t+\Delta t)} + V_{M0} \tag{6-147}$$

式中：

$$\alpha_R = \frac{\Delta t}{2T_R + \Delta t} \tag{6-148}$$

$$V_{M0} = \alpha_R V_{C(t)} + \frac{2T_R - \Delta t}{2T_R + \Delta t} V_{M(t)} \tag{6-149}$$

$$\left.\begin{aligned} V_{C(t+\Delta t)} &= |\dot{V}_{(t+\Delta t)} + jX_C\dot{I}_{(t+\Delta t)}| \\ V_{C(t)} &= |\dot{V}_{(t)} + jX_C\dot{I}_{(t)}|\end{aligned}\right\} \tag{6-150}$$

对式(6-137)应用梯形积分公式可得软负反馈环节的差分方程

$$V_{F(t+\Delta t)} = \alpha_F E_{fq(t+\Delta t)} + V_{F0} \tag{6-151}$$

式中：

$$\alpha_F = \frac{2K_F}{2T_F + \Delta t} \tag{6-152}$$

$$V_{F0} = \frac{2T_F - \Delta t}{2T_F + \Delta t} V_{F(t)} - \alpha_F E_{fq(t)} \tag{6-153}$$

不考虑限制的作用时，对式(6-138)应用梯形积分公式可得综合放大环节的差分方程

$$V_{R(t+\Delta t)} = \alpha_A (V_{S(t+\Delta t)} - V_{M(t+\Delta t)} - V_{F(t+\Delta t)}) + V_{R0} \tag{6-154}$$

式中：

$$\alpha_A = \frac{K_A \Delta t}{2T_A + \Delta t} \tag{6-155}$$

$$V_{R0} = \alpha_A (2V_{\text{ref}} + V_{S(t)} - V_{M(t)} - V_{F(t)}) + \frac{2T_A - \Delta t}{2T_A + \Delta t} V_{R(t)} \tag{6-156}$$

将式(6-141)代入式(6-139)，应用梯形积分公式可得励磁机的差分方程

$$E_{fq(t+\Delta t)} = \alpha_E V_{R(t+\Delta t)} + V_{E0} \tag{6-157}$$

式中：

$$\alpha_E = \frac{\Delta t}{2T_E + (K_E + K_1)\Delta t} \tag{6-158}$$

$$V_{E0} = \alpha_E [V_{R(t)} - 2(K_E + K_1)E_{fq(t)} + 2K_2] + E_{fq(t)} \tag{6-159}$$

对式(6-142)应用梯形积分公式，得

$$\left.\begin{aligned} V_{1(t+\Delta t)} &= \alpha_1 V_{IS(t+\Delta t)} + V_{10} \\ V_{2(t+\Delta t)} &= \alpha_2 V_{1(t+\Delta t)} + V_{20} \\ V_{3(t+\Delta t)} &= \alpha_3 V_{2(t+\Delta t)} + V_{30} \\ V_{4(t+\Delta t)} &= \alpha_4 V_{3(t+\Delta t)} + V_{40} \end{aligned}\right\} \tag{6-160}$$

式中：

$$\alpha_1 = \frac{K_S \Delta t}{2T_6 + \Delta t},\ \alpha_2 = \frac{2T_5}{2T_5 + \Delta t},\ \alpha_3 = \frac{2T_1 + \Delta t}{2T_2 + \Delta t},\ \alpha_4 = \frac{2T_3 + \Delta t}{2T_4 + \Delta t} \tag{6-161}$$

$$\left.\begin{aligned} V_{10} &= \alpha_1 V_{IS(t)} + \frac{2T_6 - \Delta t}{2T_6 + \Delta t} V_{1(t)} \\ V_{20} &= \frac{2T_5 - \Delta t}{2T_5 + \Delta t} V_{2(t)} - \alpha_2 V_{1(t)} \\ V_{30} &= \frac{2T_2 - \Delta t}{2T_2 + \Delta t} V_{3(t)} - \frac{2T_1 - \Delta t}{2T_2 + \Delta t} V_{2(t)} \\ V_{40} &= \frac{2T_4 - \Delta t}{2T_4 + \Delta t} V_{4(t)} - \frac{2T_3 - \Delta t}{2T_4 + \Delta t} V_{3(t)} \end{aligned}\right\} \tag{6-162}$$

在式(6-160)中消去中间变量 $V_{1(t+\Delta t)}$、$V_{2(t+\Delta t)}$ 和 $V_{3(t+\Delta t)}$，得

$$V_{4(t+\Delta t)} = \alpha_4 \alpha_3 \alpha_2 \alpha_1 V_{IS(t+\Delta t)} + V_{40} + \alpha_4 [V_{30} + \alpha_3 (V_{20} + \alpha_2 V_{10})] \tag{6-163}$$

当 PSS 的输入为 $V_{IS} = \omega - \omega_s$ 时，显然 $V_{IS(t)} = \omega_{(t)} - \omega_s$。将 $V_{IS(t+\Delta t)} = \omega_{(t+\Delta t)} - \omega_s$ 代入式(6-163)，再利用式(6-128)消去变量 $\omega_{(t+\Delta t)}$，得

$$V_{4(t+\Delta t)} = \alpha_S \delta_{(t+\Delta t)} + V_{S0} \tag{6-164}$$

式中：

$$\alpha_S - \frac{2\alpha_4 \alpha_3 \alpha_2 \alpha_1}{\omega_s \Delta t} \tag{6-165}$$

$$V_{S0} = V_{40} + \alpha_4 [V_{30} + \alpha_3 (V_{20} + \alpha_2 V_{10})] - \alpha_S \delta_{(t)} + \alpha_4 \alpha_3 \alpha_2 \alpha_1 (2 - \omega_s - \omega_{(t)}) \tag{6-166}$$

当不考虑 PSS 的输出限制时，显然有

$$V_{S(t+\Delta t)} = V_{4(t+\Delta t)} \tag{6-167}$$

当 PSS 有其他输入信号时，类似以上推导，可得到相应的表达式。

在式(6-164)、式(6-167)、式(6-147)、式(6-151)、式(6-154)、式(6-157)中消去中间变量 $V_{4(t+\Delta t)}$、$V_{S(t+\Delta t)}$、$V_{M(t+\Delta t)}$、$V_{F(t+\Delta t)}$、$V_{R(t+\Delta t)}$ 后，便可得到各限制环节未起作用时励磁系统的差分方程

$$E_{fq(t+\Delta t)} = \beta_1 \delta_{(t+\Delta t)} - \beta_2 \mid \dot{V}_{(t+\Delta t)} + jX_C \dot{I}_{(t+\Delta t)} \mid + E_{fq0} \tag{6-168}$$

式中：

$$\beta_1 = \frac{\alpha_E \alpha_A \alpha_S}{1+\alpha_E \alpha_A \alpha_F},\quad \beta_2 = \frac{\alpha_E \alpha_A \alpha_R}{1+\alpha_E \alpha_A \alpha_F} \tag{6-169}$$

$$E_{fq0} = \frac{V_{E0} + \alpha_E [V_{R0} + \alpha_A (V_{S0} - V_{M0} - V_{F0})]}{1+\alpha_E \alpha_A \alpha_F} \tag{6-170}$$

3. *原动机及其调速系统*

下面以图 5-24 所示的水轮机及其调速系统为例，根据其传递函数框图列出相应的微分和代数方程。

离心飞摆机构：

$$\eta = K_\delta (\omega_{\text{ref}} - \omega) \tag{6-171}$$

配压阀：

失灵区的表达式为

$$\left.\begin{aligned} &\bar{\sigma} = 0 && \left(-\frac{\varepsilon K_\delta}{2} < \eta - \xi < \frac{\varepsilon K_\delta}{2}\right) \\ &\bar{\sigma} = \eta - \xi - \frac{\varepsilon K_\delta}{2} && \left(\eta - \xi \geqslant \frac{\varepsilon K_\delta}{2}\right) \\ &\bar{\sigma} = \eta - \xi + \frac{\varepsilon K_\delta}{2} && \left(\eta - \xi \leqslant -\frac{\varepsilon K_\delta}{2}\right) \end{aligned}\right\} \tag{6-172}$$

配压阀行程的限制为

$$\left.\begin{aligned} &\sigma = \bar{\sigma} && (\sigma_{\min} < \bar{\sigma} < \sigma_{\max}) \\ &\sigma = \sigma_{\max} && (\bar{\sigma} \geqslant \sigma_{\max}) \\ &\sigma = \sigma_{\min} && (\bar{\sigma} \leqslant \sigma_{\max}) \end{aligned}\right\} \tag{6-173}$$

伺服机构：

$$\frac{\mathrm{d}\bar{\mu}}{\mathrm{d}t} = \frac{\sigma}{T_S} \tag{6-174}$$

阀门开度的限制为

$$\left.\begin{aligned} &\mu = \bar{\mu} && (\mu_{\min} < \bar{\mu} < \mu_{\max}) \\ &\mu = \mu_{\max} && (\bar{\mu} \geqslant \mu_{\max}) \\ &\mu = \mu_{\min} && (\bar{\mu} \leqslant \mu_{\max}) \end{aligned}\right\} \tag{6-175}$$

反馈环节：

$$\frac{\mathrm{d}[\xi - (K_\beta + K_i)\mu]}{\mathrm{d}t} = \frac{1}{T_i}(K_i \mu - \xi) \tag{6-176}$$

水轮机：

$$\frac{\mathrm{d}(P_m + 2K_{mH}\mu)}{\mathrm{d}t} = \frac{2}{T_\omega}(K_{mH}\mu - P_m) \tag{6-177}$$

式中：参数 K_{mH} 为发电机额定功率与系统基准容量之比，即

$$K_{mH} = \frac{P_H(MW)}{S_B(MVA)} \tag{6-178}$$

一般情况下，原动机及其调速系统中的量纲均是以自身容量为基准的标幺值，引入参数 K_{mH} 可以使 P_m 和 P_e 一样都为系统统一基准 S_B 下的标幺值。

1）初值计算

与励磁系统的初值计算类似，原动机及其调速系统中各状态变量的初值，可以在其传递函数框图中令 $s=0$ 或可通过令相应的微分方程左端等于零而得到。不考虑测量失灵区以及各种限制的作用。令式(6-177)、式(6-176)、式(6-174)左端等于零，并利用式(6-171)、式(6-172)、式(6-173)、式(6-175)中的线性关系和式(6-77)，可得到各状态变量的初值

$$\left.\begin{aligned} &\mu_{(0)} = \bar{\mu}_{(0)} = \frac{P_{m(0)}}{K_{mH}}, \quad \eta_{(0)} = \xi_{(0)} = K_i\mu_{(0)}, \quad \sigma_{(0)} = \bar{\sigma}_{(0)} = 0 \\ &\omega_{\text{ref}} = \omega_{(0)} + \frac{\xi_{(0)}}{K_\delta} = 1 + \frac{\xi_{(0)}}{K_\delta} \end{aligned}\right\} \tag{6-179}$$

2）差分方程

根据式(6-171)可直接写出离心飞摆机构在 $t+\Delta t$ 时刻的方程

$$\eta_{(t+\Delta t)} = K_\delta(\omega_{\text{ref}} - \omega_{(t+\Delta t)}) \tag{6-180}$$

不考虑测量失灵区，根据式(6-172)可得到

$$\bar{\sigma}_{(t+\Delta t)} = \eta_{(t+\Delta t)} - \xi_{(t+\Delta t)} \tag{6-181}$$

不考虑配压阀行程限制，根据式(6-173)，显然有

$$\sigma_{(t+\Delta t)} = \bar{\sigma}_{(t+\Delta t)} \tag{6-182}$$

对式(6-174)应用梯形积分公式可得如下差分方程：

$$\bar{\mu}_{(t+\Delta t)} = \alpha_S\sigma_{(t+\Delta t)} + \mu_0 \tag{6-183}$$

式中：

$$\alpha_S = \frac{\Delta t}{2T_S} \tag{6-184}$$

$$\mu_0 = \alpha_S\sigma_{(t)} + \bar{\mu}_{(t)} \tag{6-185}$$

不考虑阀门开度的限制，根据式(6-175)，显然有

$$\mu_{(t+\Delta t)} = \bar{\mu}_{(t+\Delta t)} \tag{6-186}$$

对式(6-176)应用梯形积分公式可得反馈环节的差分方程

$$\xi_{(t+\Delta t)} = \alpha_i\mu_{(t+\Delta t)} + \xi_0 \tag{6-187}$$

式中：

$$\alpha_i = K_i + \frac{2T_iK_\beta}{2T_i + \Delta t} \tag{6-188}$$

$$\xi_0 = \frac{2T_i - \Delta t}{2T_i + \Delta t}(\xi_{(t)} - K_i\mu_{(t)}) - \frac{2T_iK_\beta}{2T_i + \Delta t}\mu_{(t)} \tag{6-189}$$

对式(6-177)应用梯形积分公式可得水轮机的差分方程

$$P_{m(t+\Delta t)} = -\alpha_H\mu_{(t+\Delta t)} + P_0 \tag{6-190}$$

式中：

$$\alpha_H = \frac{K_{mH}(2T_\omega - \Delta t)}{T_\omega + \Delta t} \tag{6-191}$$

$$P_0 = \frac{T_\omega - \Delta t}{T_\omega + \Delta t} P_{m(t)} + \frac{K_{mH}(2T_\omega + \Delta t)}{T_\omega + \Delta t} \mu_{(t)} \tag{6-192}$$

在式(6-180)～(6-183)、式(6-186)、式(6-187)、式(6-190)中消去中间变量 $\eta_{(t+\Delta t)}$、$\bar{\sigma}_{(t+\Delta t)}$、$\sigma_{(t+\Delta t)}$、$\bar{\mu}_{(t+\Delta t)}$、$\mu_{(t+\Delta t)}$、$\xi_{(t+\Delta t)}$，并考虑式(6-128)，消去变量 $\omega_{(t+\Delta t)}$，便可得到 $t+\Delta t$ 时刻各限制环节未起作用时水轮机及其调速系统的差分方程

$$P_{m(t+\Delta t)} = \beta_3 \delta_{(t+\Delta t)} + P_{m0} \tag{6-193}$$

式中：

$$\beta_3 = \frac{2\alpha_H \alpha_S K_\delta}{(1+\alpha_S \alpha_i)\omega_s \Delta t} \tag{6-194}$$

$$P_{m0} = P_0 - \beta_3 \delta_{(t)} + \frac{\alpha_H [\alpha_S K_\delta (2 - \omega_{\mathrm{ref}} - \omega_{(t)}) + \alpha_S \xi_0 - \mu_0]}{1 + \alpha_S \alpha_i} \tag{6-195}$$

最后，将 $P_{e(t+\Delta t)}$ 的表达式(6-117)和 $P_{m(t+\Delta t)}$ 的差分方程式(6-193)代入式(6-125)，将 $E_{fq(t+\Delta t)}$ 的差分方程式(6-168)代入式(6-131)，它们和式(6-132)一起组成 $t+\Delta t$ 时刻发电机组的差分方程式。将其中的 d-q 坐标系下的定子电流转换到 x-y 坐标系下，为简单起见，并省略其中关于时间的下标$(t+\Delta t)$，得

$$\left.\begin{aligned}
&(1-\alpha_J\beta_3)\delta + \alpha_J[V_x I_x + V_y I_y + R_a(I_x^2 + I_y^2)] - \alpha_J P_{m0} - \delta_0 = 0 \\
&E''_q + \alpha''_d (X'_d - X''_d)(I_x \sin\delta - I_y \cos\delta) - \alpha''_d \alpha_{d1} \beta_1 \delta \\
&\quad + \alpha''_d \alpha_{d1} \beta_2 \sqrt{(V_x - X_C I_y)^2 + (V_y + X_C I_x)^2} - \alpha''_d \alpha_{d1} E_{fq0} - E''_{q0} = 0 \\
&E''_d - \alpha''_q (X'_q - X''_q)(I_x \cos\delta + I_y \sin\delta) - E''_{d0} = 0
\end{aligned}\right\} \tag{6-196}$$

式(6-196)中包含三个方程式，第一个方程式反映了发电机的机械运动，后两个方程式反映了发电机转子绕组的电磁暂态过程。根据式(6-39)，发电机注入电流 I_x、I_y 是 V_x、V_y、δ、E''_q、E''_d 的函数[具体可参见式(6-258)]，因此可消去 I_x、I_y，则这三个方程实际包含三个状态变量 δ、E''_q、E''_d 和两个运行参量 V_x、V_y。

6.5.2 FACTS 及直流输电系统的初值及差分方程

1. SVC

这里我们仅给出由固定电容器(fixed capacitor，FC)和晶闸管控制的电抗器(thyristor-controlled reactor，TCR)并联组成的 SVC。为简单起见，我们以比例调节器型 SVC 为例，其传递函数框图如图 6-16 所示。

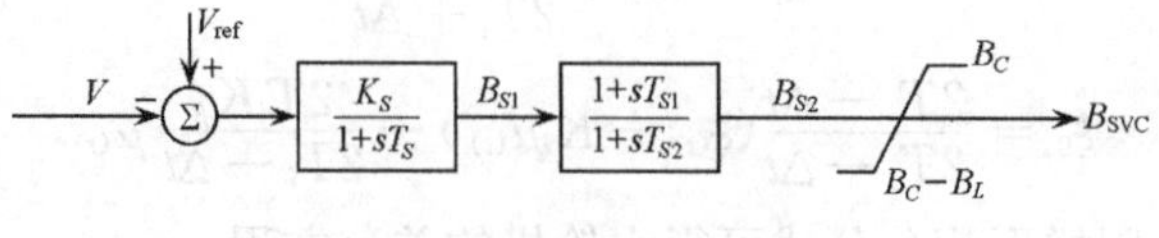

图 6-16　SVC 的简单模型

SVC 一般经升压变压器接入高压系统，通过对晶闸管触发角 α 的控制来改变 TCR

的等效电纳，从而改变 SVC 的等值电纳 B_{SVC}，使高压母线的电压 V 达到指定值 V_{ref}，其数学模型可按框图 6-16 直接写出：

$$\left.\begin{aligned}\frac{\mathrm{d}B_{S1}}{\mathrm{d}t}&=\frac{1}{T_S}[K_S(V_{ref}-V)-B_{S1}]\\\frac{\mathrm{d}(T_{S2}B_{S2}-T_{S1}B_{S1})}{\mathrm{d}t}&=B_{S1}-B_{S2}\end{aligned}\right\}\tag{6-197}$$

SVC 输出的限制为

$$\left.\begin{aligned}&当\ B_C-B_L<B_{S2}<B_C\ 时，\quad B_{SVC}=B_{S2}\\&当\ B_{S2}\geqslant B_C\ 时，\quad B_{SVC}=B_C\\&当\ B_{S2}\leqslant B_C-B_L\ 时，\quad B_{SVC}=B_C-B_L\end{aligned}\right\}\tag{6-198}$$

式中：$B_C=\omega C$ 为固定电容器的电纳；$B_L=1/\omega L$ 为电抗器的电纳；输出 B_{SVC}为 SVC 的等值电纳。SVC 输出限制环节的上限对应于晶闸管完全关断，而下限对应于晶闸管完全导通。B_{SVC}在限制范围之内则是晶闸管处于部分导通的情况。

1）初值计算

虽然 SVC 接在升压变压器的低压母线上，但它仍可看成是接在高压母线上的无功电源，用它来功率控制高压母线的电压。因此，在潮流计算时，可以将高压母线的节点处理成 PV 型节点（$P=0,V=V^{SP}$）。由潮流计算结果可知高压母线的电压 $\dot{V}_{(0)}=V^{SP}\angle\theta_{(0)}$ 以及 SVC 注入高压母线的功率 $S_{(0)}=jQ_{(0)}$。设升压变压器的电抗为 X_T，则 SVC 注入高压母线的功率可表示为

$$Q_{(0)}=\frac{V_{(0)}^2}{\dfrac{1}{B_{SVC(0)}}-X_T}\tag{6-199}$$

令式(6-197)中的两式左端等于零，再考虑式(6-198)和式(6-199)，即可得到 SVC 的初值

$$\left.\begin{aligned}B_{SVC(0)}&=B_{S2(0)}=B_{S1(0)}=\frac{1}{X_T+\dfrac{V_{(0)}^2}{Q_{(0)}}}\\V_{ref}&=V^{SP}+\frac{B_{SVC(0)}}{K_S}\end{aligned}\right\}\tag{6-200}$$

2）差分方程

对式(6-197)的第一式应用梯形积分公式，得

$$B_{S1(t+\Delta t)}=-\nu_1V_{(t+\Delta t)}+B_{S10}\tag{6-201}$$

式中：

$$\nu_1=\frac{K_S\Delta t}{2T_S+\Delta t}\tag{6-202}$$

$$B_{S10}=\nu_1(2V_{ref}-V_{(t)})+\frac{2T_S-\Delta t}{2T_S+\Delta t}B_{S1(t)}\tag{6-203}$$

对式(6-197)的第二式应用梯形积分公式，并利用式(6-201)消去 $B_{S1(t+\Delta t)}$，得

$$B_{S2(t+\Delta t)}=B_{SVC0}-\nu_S\sqrt{V_{x(t+\Delta t)}^2+V_{y(t+\Delta t)}^2}\tag{6-204}$$

式中：

$$\nu_S=\nu_1\frac{2T_{S1}+\Delta t}{2T_{S2}+\Delta t}\tag{6-205}$$

$$B_{SVC0} = \frac{2T_{S1} + \Delta t}{2T_{S2} + \Delta t} B_{S10} + \frac{2T_{S2} - \Delta t}{2T_{S2} + \Delta t} B_{S2(t)} - \frac{2T_{S1} - \Delta t}{2T_{S2} + \Delta t} B_{S1(t)} \tag{6-206}$$

当不考虑 SVC 的输出限制时，显然有 $B_{S(t+\Delta t)} = B_{S2(t+\Delta t)}$，因此得到

$$B_{SVC(t+\Delta t)} = B_{SVC0} - \nu_S \sqrt{V_{x(t+\Delta t)}^2 + V_{y(t+\Delta t)}^2} \tag{6-207}$$

2. TCSC

晶闸管控制的串联补偿器(thyristor-controlled series compensator，TCSC)串联在输电线路上，通过控制其等值电纳 B_{TCSC} 改变线路的等值电抗。这里我们仅列出由 FC 和 TCR 并联实现的 TCSC 的数学模型(类似于 SVC)：

$$\left.\begin{aligned} \frac{dB_{T1}}{dt} &= \frac{1}{T_T}[K_T(P_{ref} - P_T) - B_{T1}] \\ \frac{d(T_{T2}B_{T2} - T_{T1}B_{T1})}{dt} &= B_{T1} - B_{T2} \end{aligned}\right\} \tag{6-208}$$

式中：输入信号 P_T 为 TCSC 安装处流过的有功功率。

TCSC 输出的限制为

$$\left.\begin{aligned} B_{TCSC} &= B_{T2} \quad & (B_{TCSC}^{min} < B_{T2} < B_{TCSC}^{max}) \\ B_{TCSC} &= B_{TCSC}^{max} \quad & (B_{T2} \geqslant B_{TCSC}^{max}) \\ B_{TCSC} &= B_{TCSC}^{min} \quad & (B_{T2} \leqslant B_{TCSC}^{min}) \end{aligned}\right\} \tag{6-209}$$

式中：输出 B_{TCSC} 为 TCSC 的等值电纳，B_{TCSC}^{max} 和 B_{TCSC}^{min} 的取值与 L 和 C 的大小有关，具体数值可按式(4-153)～(4-155)计算。

1) 初值计算

由潮流计算可得到 $B_{TCSC(0)}$，$P_{T(0)} = P^{SP}$，类似于 SVC 初值的计算方法可得到

$$\left.\begin{aligned} B_{TCSC(0)} &= B_{T2(0)} = B_{T1(0)} \\ P_{ref} &= P_{T(0)} + \frac{B_{TCSC(0)}}{K_T} \end{aligned}\right\} \tag{6-210}$$

2) 差分方程

如果 TCSC 的量测量 P_T 为从节点 i 流向节点 j 的有功功率，容易得到 P_T 的表达式

$$P_T = B_{TCSC}(V_{xi}V_{yj} - V_{yi}V_{xj}) \tag{6-211}$$

对式(6-208)的第一式应用梯形积分公式，得

$$B_{T1(t+\Delta t)} = -\zeta_1 P_{T(t+\Delta t)} + B_{T10} \tag{6-212}$$

式中：

$$\zeta_1 = \frac{K_T \Delta t}{2T_T + \Delta t} \tag{6-213}$$

$$B_{T10} = \zeta_1(2P_{ref} - P_{T(t)}) + \frac{2T_T - \Delta t}{2T_T + \Delta t} B_{T1(t)} \tag{6-214}$$

对式(6-208)的第二式应用梯形积分公式，并利用式(6-212)和式(6-211)消去 $B_{T1(t+\Delta t)}$ 和 $P_{T(t+\Delta t)}$，可得到

$$[1 + \zeta_T(V_{xi(t+\Delta t)}V_{yj(t+\Delta t)} - V_{yi(t+\Delta t)}V_{xj(t+\Delta t)})]B_{T2(t+\Delta t)} - B_{TCSC0} = 0 \tag{6-215}$$

式中：

$$\zeta_T = \zeta_1 \frac{2T_{T1} + \Delta t}{2T_{T2} + \Delta t} \tag{6-216}$$

$$B_{\text{TCSC0}} = \frac{2T_{T1} + \Delta t}{2T_{T2} + \Delta t} B_{T10} + \frac{2T_{T2} - \Delta t}{2T_{T2} + \Delta t} B_{T2(t)} - \frac{2T_{T1} - \Delta t}{2T_{T2} + \Delta t} B_{T1(t)} \tag{6-217}$$

当不考虑 TCSC 的输出限制时，显然有 $B_{\text{TCSC}(t+\Delta t)} = B_{T2(t+\Delta t)}$，因此得到

$$[1 + \zeta_T (V_{xi(t+\Delta t)} V_{yj(t+\Delta t)} - V_{yi(t+\Delta t)} V_{xj(t+\Delta t)})] B_{\text{TCSC}(t+\Delta t)} - B_{\text{TCSC0}} = 0 \tag{6-218}$$

3. 两端直流输电系统

在稳定分析中，交流系统的网络方程用正序分量表示，这隐含了对直流系统模型的基本限制，特别是不能正确预测换相失败。换相失败可能来自于逆变器附近严重的三相故障，逆变器交流侧的不对称故障，或在动态过压情况下换流变压器的饱和。

早期的直流系统模型一般考虑线路和换流器控制的动态特性。最近几年，有使用简单模型的趋势。常用的直流系统模型有以下两种，即简单模型和准稳态模型。

1）简单模型

遥远的直流系统对稳定分析的结果无明显的影响，故可采用很简单的模型：用在换流器的交流母线注入恒定的有功和无功功率来模拟直流系统。

更实际的模型是所谓的稳态模型（steady-state model）。这时根据式（4-2），直流线路用电阻电路的代数方程表示：

$$V_{dR} = V_{dI} + R_{dc} I_d \tag{6-219}$$

式中：R_{dc} 表示直流线路的电阻。

注意到 $I_{dR} = I_{dI} = I_d$，并利用式（6-52）、式（6-53）消去式（6-219）中的 V_{dR}、V_{dI}，得

$$RI_d = k_R V_R \cos\alpha - k_I V_I \cos\beta \tag{6-220}$$

式中：

$$R = R_{dc} + X_{cR} + X_{cI} \tag{6-221}$$

认为极性控制行为是即时的，即对各种控制功能的模拟，只表示它们的作用，而不体现它们硬件的实际特性。这个模型以代数方程的形式出现，交、直流系统的交接与潮流计算中的交接相同。

2）准稳态模型

如果直流输电系统两端中任意一端的交流短路水平较低，则直流系统中元件的动态性能将影响交流系统的稳定性，从而要求暂态稳定分析中使用较为精确的直流输电模型。

在准稳态模型中，换流器特性仍用直流分量的平均值与基频交流分量的有效值之间的关系方程表示。这时，直流线路的模拟可根据不同的精度要求采用不同的模型。最简单的直流线路模型和稳态模型中一样，如式（6-220）所示。进一步更详细的直流线路模型可用 R-L 电路模拟：

$$L \frac{\mathrm{d}I_d}{\mathrm{d}t} + RI_d = k_R V_R \cos\alpha - k_I V_I \cos\beta \tag{6-222}$$

式中：R 如式（6-221）所示，另外

$$L = L_{dc} + L_R + L_I \tag{6-223}$$

其中，L_{dc}、L_R、L_I 分别为直流线路、两端平波电抗器的电感。

对于控制系统，以整流器采用定电流控制方式、逆变器采用定电压控制方式为例，由图 4-18 所示的传递函数框图可以列出相应的微分方程

$$\left.\begin{aligned}\frac{\mathrm{d}x_1}{\mathrm{d}t} &= \frac{1}{T_{c3}}(I_d - x_1)\\ \frac{\mathrm{d}(K_{c1}x_1 - \bar{\alpha})}{\mathrm{d}t} &= \frac{K_{c2}}{T_{c2}}(I_{d\mathrm{ref}} - x_1)\end{aligned}\right\} \tag{6-224}$$

滞后触发角的限制为

$$\left.\begin{aligned}\alpha &= \bar{\alpha} \qquad (\alpha_{\min} < \bar{\alpha} < \alpha_{\max})\\ \alpha &= \alpha_{\max} \qquad (\bar{\alpha} \geqslant \alpha_{\max})\\ \alpha &= \alpha_{\min} \qquad (\bar{\alpha} \leqslant \alpha_{\min})\end{aligned}\right\} \tag{6-225}$$

$$\left.\begin{aligned}\frac{\mathrm{d}x_4}{\mathrm{d}t} &= \frac{1}{T_{v3}}(V_{dI} - x_4)\\ \frac{\mathrm{d}(K_{v1}x_4 - \bar{\beta})}{\mathrm{d}t} &= \frac{K_{v2}}{T_{v2}}(V_{d\mathrm{ref}} - x_4)\end{aligned}\right\} \tag{6-226}$$

超前触发角的限制为

$$\left.\begin{aligned}\beta &= \bar{\beta} \qquad (\beta_{\min} < \bar{\beta} < \beta_{\max})\\ \beta &= \beta_{\max} \qquad (\bar{\beta} \geqslant \beta_{\max})\\ \beta &= \beta_{\min} \qquad (\bar{\beta} \leqslant \beta_{\min})\end{aligned}\right\} \tag{6-227}$$

1) 初值计算

当整流器采用定电流控制方式、逆变器采用定电压控制方式时，有 $I_{d(0)} = I_d^{SP}$ 和 $V_{dI(0)} = V_{dI}^{SP}$，由潮流计算结果可得 $V_{R(0)}$、$V_{I(0)}$。根据式(6-224)～(6-227)，并考虑式(6-219)或式(6-222)和式(6-52)、式(6-53)可以得到

$$\left.\begin{aligned}I_{d\mathrm{ref}} &= x_{1(0)} = I_{d(0)}\\ \alpha_{(0)} &= \bar{\alpha}_{(0)} = \cos^{-1}\left[\frac{V_{dI(0)} + (R_{dc} + X_{cR})I_{d(0)}}{k_R V_{R(0)}}\right]\\ V_{d\mathrm{ref}} &= x_{4(0)} = V_{dI(0)}\\ \beta_{(0)} &= \bar{\beta}_{(0)} = \cos^{-1}\left(\frac{V_{dI(0)} - X_{cI}I_{d(0)}}{k_I V_{I(0)}}\right)\end{aligned}\right\} \tag{6-228}$$

2) 差分方程

对式(6-224)的第一式应用梯形公式可得

$$x_{1(t+\Delta t)} = \gamma_1 I_{d(t+\Delta t)} + x_{10} \tag{6-229}$$

式中：

$$\gamma_1 = \frac{\Delta t}{2T_{c3} + \Delta t} \tag{6-230}$$

$$x_{10} = \gamma_1 I_{d(t)} + \frac{2T_{c3} - \Delta t}{2T_{c3} + \Delta t}x_{1(t)} \tag{6-231}$$

对式(6-224)的第二式应用梯形公式，并利用式(6-229)消去 $x_{1(t+\Delta t)}$，得

$$\bar{\alpha}_{(t+\Delta t)} = \gamma_2 I_{d(t+\Delta t)} + \alpha_0 \tag{6-232}$$

式中：

$$\gamma_2 = \gamma_1\left(K_{c1} + \frac{K_{c2}\Delta t}{2T_{c2}}\right) \tag{6-233}$$

$$\alpha_0 = \left(K_{c1} + \frac{K_{c2}\Delta t}{2T_{c2}}\right)x_{10} + \bar{\alpha}_{(t)} - \frac{K_{c2}\Delta t}{T_{c2}}I_{dref} - \left(K_{c1} - \frac{K_{c2}\Delta t}{2T_{c2}}\right)x_{1(t)} \tag{6-234}$$

不考虑对触发角 α 的限制时，显然有

$$\alpha_{(t+\Delta t)} = \bar{\alpha}_{(t+\Delta t)} \tag{6-235}$$

对式(6-226)的第一式应用梯形公式可得

$$x_{4(t+\Delta t)} = \gamma_3 V_{dI(t+\Delta t)} + x_{40} \tag{6-236}$$

式中：

$$\gamma_3 = \frac{\Delta t}{2T_{v3} + \Delta t} \tag{6-237}$$

$$x_{40} = \gamma_3 V_{dI(t)} + \frac{2T_{v3} - \Delta t}{2T_{v3} + \Delta t}x_{4(t)} \tag{6-238}$$

对式(6-226)的第二式应用梯形公式，利用式(6-236)消去 $x_{4(t+\Delta t)}$，并考虑式(6-53)的第一式从而消去 $V_{dI(t+\Delta t)}$，整理后得到

$$\bar{\beta}_{(t+\Delta t)} = \gamma_4 V_{I(t+\Delta t)}\cos\beta_{(t+\Delta t)} + \gamma_5 I_{d(t+\Delta t)} + \beta_0 \tag{6-239}$$

式中：

$$\gamma_4 = \frac{\gamma_3}{n_1}\left(K_{v1} + \frac{K_{v2}\Delta t}{2T_{v2}}\right), \qquad \gamma_5 = \gamma_4 n_I R_{cI} \tag{6-240}$$

$$\beta_0 = \left(K_{v1} + \frac{K_{v2}\Delta t}{2T_{v2}}\right)x_{40} + \bar{\beta}_{(t)} - \frac{K_{v2}\Delta t}{T_{v2}}V_{dref} - \left(K_{v1} - \frac{K_{v2}\Delta t}{2T_{v2}}\right)x_{4(t)} \tag{6-241}$$

不考虑对触发角 β 的限制时，显然有

$$\beta_{(t+\Delta t)} = \bar{\beta}_{(t+\Delta t)} \tag{6-242}$$

在准稳态模型下，不考虑和考虑直流线路的暂态过程将得到不同的差分方程。

当不考虑直流线路的暂态过程时，直流线路采用式(6-220)所示模型，可以将 I_d 表达成变量 α、β、V_{xR}、V_{yR}、V_{xI}、V_{yI} 的函数：

$$I_d = \frac{k_R}{R}\sqrt{V_{xR}^2 + V_{yR}^2}\cos\alpha - \frac{k_I}{R}\sqrt{V_{xI}^2 + V_{yI}^2}\cos\beta \tag{6-243}$$

在式(6-232)、式(6-235)、式 (6-243)中消去 $\bar{\alpha}_{(t+\Delta t)}$ 和 $I_{d(t+\Delta t)}$，即得到不考虑对 α 的限制时整流器采用恒定电流控制的差分方程

$$\begin{aligned}\alpha_{(t+\Delta t)} &- \rho_1\sqrt{V_{xR(t+\Delta t)}^2 + V_{yR(t+\Delta t)}^2}\cos\alpha_{(t+\Delta t)} \\ &+ \rho_2\sqrt{V_{xI(t+\Delta t)}^2 + V_{yI(t+\Delta t)}^2}\cos\beta_{(t+\Delta t)} - \alpha_0 = 0\end{aligned} \tag{6-244}$$

式中：

$$\rho_1 = \frac{k_R}{R}\gamma_2, \qquad \rho_2 = \frac{k_I}{R}\gamma_2 \tag{6-245}$$

同样，在式(6-239)、式(6-242)、式(6 243)中消去 $\beta_{(t+\Delta t)}$ 和 $I_{d(t+\Delta t)}$，即得到不考虑对 β 的限制时逆变器采用恒定电压控制的差分方程

$$\begin{aligned}\beta_{(t+\Delta t)} &- \rho_3\sqrt{V_{xR(t+\Delta t)}^2 + V_{yR(t+\Delta t)}^2}\cos\alpha_{(t+\Delta t)} \\ &- \rho_4\sqrt{V_{xI(t+\Delta t)}^2 + V_{yI(t+\Delta t)}^2}\cos\beta_{(t+\Delta t)} - \beta_0 = 0\end{aligned} \tag{6-246}$$

式中：

$$\rho_3 = \frac{k_R}{R}\gamma_5, \qquad \rho_4 = \gamma_4 - \frac{k_I}{R}\gamma_5 \tag{6-247}$$

当考虑直流线路暂态过程时，直流线路采用式(6-222)所示模型，对其应用梯形公式，得

$$I_{d(t+\Delta t)} = \gamma_6 V_{R(t+\Delta t)} \cos\alpha_{(t+\Delta t)} - \gamma_7 V_{I(t+\Delta t)} \cos\beta_{(t+\Delta t)} + I_{d0} \tag{6-248}$$

式中：

$$\gamma_6 = \frac{k_R \Delta t}{2L + R\Delta t}, \qquad \gamma_7 = \gamma_6 \frac{k_I}{k_R} \tag{6-249}$$

$$I_{d0} = \gamma_6 V_{R(t)} \cos\alpha_{(t)} - \gamma_7 V_{I(t)} \cos\beta_{(t)} + \frac{2L - R\Delta t}{2L + R\Delta t} I_{d(t)} \tag{6-250}$$

在式(6-232)、式(6-235)、式(6-248)中消去 $\bar{\alpha}_{(t+\Delta t)}$ 和 $I_{d(t+\Delta t)}$，即得到不考虑对 α 的限制时整流器采用恒定电流控制的差分方程

$$\begin{aligned} \alpha_{(t+\Delta t)} &- \rho_5 \sqrt{V_{xR(t+\Delta t)}^2 + V_{yR(t+\Delta t)}^2} \cos\alpha_{(t+\Delta t)} \\ &+ \rho_6 \sqrt{V_{xI(t+\Delta t)}^2 + V_{yI(t+\Delta t)}^2} \cos\beta_{(t+\Delta t)} - u_0 = 0 \end{aligned} \tag{6-251}$$

式中：

$$\rho_5 = \gamma_2 \gamma_6, \qquad \rho_6 = \gamma_2 \gamma_7 \tag{6-252}$$

$$u_0 = \alpha_0 + \gamma_2 I_{d0} \tag{6-253}$$

同样，在式(6-239)、式(6-242)、式(6-248)中消去 $\bar{\beta}_{(t+\Delta t)}$ 和 $I_{d(t+\Delta t)}$，即得到不考虑对 β 的限制时逆变器采用恒定电压控制的差分方程

$$\begin{aligned} \beta_{(t+\Delta t)} &- \rho_7 \sqrt{V_{xR(t+\Delta t)}^2 + V_{yR(t+\Delta t)}^2} \cos\alpha_{(t+\Delta t)} \\ &- \rho_8 \sqrt{V_{xI(t+\Delta t)}^2 + V_{yI(t+\Delta t)}^2} \cos\beta_{(t+\Delta t)} - v_0 = 0 \end{aligned} \tag{6-254}$$

式中：

$$\rho_7 = \gamma_5 \gamma_6, \qquad \rho_8 = \gamma_4 - \gamma_5 \gamma_7 \tag{6-255}$$

$$v_0 = \beta_0 + \gamma_5 I_{d0} \tag{6-256}$$

6.5.3 电力网络方程的形成

电力网络方程的实数形式如式(6-36)所示。在暂态稳定计算时，我们把电力网络中的节点分为三种类型，即有动态元件并联的节点（包括发电机节点、SVC 节点、负荷节点等）、有动态元件串联的节点（包括两端直流系统交流母线的节点、TCSC 的两端节点等）及联络节点或故障节点。把 6.3.1 节中得到的各动态元件注入电力网络的电流表达式代入网络方程，并按 6.3.2 节完成对故障或操作的处理，即可得到用于求解的网络方程。

1. 有动态元件并联的节点

如果动态元件并联在节点 i，则节点 i 网络方程为

$$\left.\begin{aligned} \Delta I_{xi} &= I_{xi} - \sum_{k\in i} (G_{ik} V_{xk} - B_{ik} V_{yk}) = 0 \\ \Delta I_{yi} &= I_{yi} - \sum_{k\in i} (G_{ik} V_{yk} + B_{ik} V_{xk}) = 0 \end{aligned}\right\} \tag{6-257}$$

节点 i 注入电流 I_{xi}、I_{yi} 的表达式取决于所接入的动态元件。

1）接入发电机

注意到发电机采用 E'_q、E''_q、E'_d、E''_d 变化的模型，因此对照表 6-1 对式(6-40)中元素取相应的值，这时发电机节点的注入电流表达式(6-39)重写为

$$\left.\begin{aligned}I_{xi} &= \frac{1}{R_{ai}^2 + X''_{di}X''_{qi}}\{(R_{ai}\cos\delta_i + X''_{qi}\sin\delta_i)E''_{qi} + (R_{ai}\sin\delta_i - X''_{di}\cos\delta_i)E''_{di} \\ &\quad - [R_{ai} - (X''_{di} - X''_{qi})\sin\delta_i\cos\delta_i]V_{xi} - (X''_{di}\cos^2\delta_i + X''_{qi}\sin^2\delta_i)V_{yi}\} \\ I_{yi} &= \frac{1}{R_{ai}^2 + X''_{di}X''_{qi}}\{(R_{ai}\sin\delta_i - X''_{qi}\cos\delta_i)E''_{qi} - (R_{ai}\cos\delta_i + X''_{di}\sin\delta_i)E''_{di} \\ &\quad + (X''_{di}\sin^2\delta_i + X''_{qi}\cos^2\delta_i)V_{xi} - [R_{ai} + (X''_{di} - X''_{qi})\sin\delta_i\cos\delta_i]V_{yi}\}\end{aligned}\right\} \tag{6-258}$$

2）接入负荷

如 6.3.1 节所述，如果是恒定阻抗负荷，可直接并入电力网络。当按电压的二次多项式模拟负荷静特性时，可以直接将式(6-48)所示的电流注入网络，也可以首先将非线性负荷的恒定阻抗部分并入电力网络，负荷的其余部分取式(6-48)的后两项电流注入网络；当按电压的指数形式模拟负荷静特性时，可以直接将式(6-49)所示的电流注入网络。

3）接入 SVC

SVC 的注入电流表达式如式(6-50)所示。

2. 有动态元件串联的节点

如果动态元件串联在节点 i 和节点 j 之间，则节点 i、j 的网络方程为

$$\left.\begin{aligned}\Delta I_{xi} &= I_{xi} - \sum_{k\in i}(G_{ik}V_{xk} - B_{ik}V_{yk}) = 0 \\ \Delta I_{yi} &= I_{yi} - \sum_{k\in i}(G_{ik}V_{yk} + B_{ik}V_{xk}) = 0 \\ \Delta I_{xj} &= I_{xj} - \sum_{k\in j}(G_{jk}V_{xk} - B_{jk}V_{yk}) = 0 \\ \Delta I_{yj} &= I_{yj} - \sum_{k\in j}(G_{jk}V_{yk} + B_{jk}V_{xk}) = 0\end{aligned}\right\} \tag{6-259}$$

节点 i 的注入电流 I_{xi}、I_{yi} 及节点 j 的注入电流 I_{xj}、I_{yj} 随串联的动态元件的不同有不同的表达式。

1）串联 TCSC

这时 I_{xi}、I_{yi} 及 I_{xj}、I_{yj} 的表达式如式(6-51)所示。

2）串联直流系统

在采用交直流系统联立求解时，直流系统注入两端交流系统母线电流 I_{xi}、I_{yi} 及 I_{xj}、I_{yj} 的表达式如式(6-56)所示。其中的功率表达式(6-54)、式(6-55)中，直流电流 I_d 可用式(6-243)或式(6-248)代替，从而使得注入网络的电流仅为变量 α、β、V_{xR}、V_{yR}、V_{xI}、V_{yI} 的函数。

3. 联络节点或故障节点

联络节点是指注入电流恒为零的节点。如前所述，当采用综合阻抗矩阵的概念处理

系统故障时，任何形式的故障都可以用修改正序网络导纳矩阵的方法模拟。这样，在扩展了的正序网络的故障点上就不会再有其他序网来的注入电流，因此我们也可以把故障节点作为联络节点处理。故障节点或联络节点（节点号为 f）的网络方程为

$$\left.\begin{aligned}\Delta I_{xf} &= 0-\sum_{k\in f}(G_{fk}V_{xk}-B_{fk}V_{yk})=0\\ \Delta I_{yf} &= 0-\sum_{k\in f}(G_{fk}V_{yk}+B_{fk}V_{xk})=0\end{aligned}\right\}\tag{6-260}$$

6.5.4 差分方程与网络方程的联立求解

上面已列出了 $t+\Delta t$ 时刻电力系统的所有方程，包括电力网络方程和各动态元件的差分方程。其中，待求的变量包括：电力系统的运行参量，即电力网络中所有节点的电压 V_x、V_y；所有动态元件的状态变量，例如对每台发电机为 δ、E''_q、E''_d，对每个 SVC 为 B_{SVC}，对每个 TCSC 为 B_{TCSC}，对每个两端直流输电系统为 α、β。设电力网络共有 n 个节点，其中装有 n_G 台发电机、n_S 个 SVC、n_T 个 TCSC、n_D 个两端直流输电系统，显然总的待求变量数为 $2n+3n_G+n_S+n_T+2n_D$，而相应的方程数与变量数恰好相同，因此可以进行求解。

总体来讲，网络方程式(6-257)、式(6-259)、式(6-260)，发电机差分方程式(6-196)，SVC 的方程式(6-207)，TCSC 的方程式(6-218)，两端直流系统的差分方程式(6-244)、式(6-246)或式(6-251)、式(6-254)一起构成了一个非线性方程组。网络方程式中的注入电流、各动态元件的差分方程式是随时间变化的，而网络方程中的其余部分除了在干扰（对“故障或操作”的泛称）发生时刻有变化外，在两次干扰之间具有同样的形式。当干扰发生而需要求出干扰后的运行状态时，仅需要求解网络方程，此时方程中注入电流表达式中动态元件的状态量 δ、E''_q、E''_d、B_{SVC}、B_{TCSC}、α、β 应取干扰前瞬间的值。这样，对由网络方程式和各动态元件的差分方程式组成非线性方程组不断进行求解，就递推出电力系统在不同时刻的运行状态。

值得注意的是，以上在推导 $t+\Delta t$ 时刻各动态元件的差分方程时，没有考虑各控制器中各种限制环节的作用。考虑各种限制环节作用后各动态元件的差分方程将在 6.5.6 节中讨论。

上述非线性方程组一般采用牛顿法求解。由于牛顿法本身已为大家所熟知，故这里仅简要介绍求解的基本步骤：

(1) 给出 $t+\Delta t$ 时刻各发电机状态变量 δ、E''_q、E''_d 的初值，各 SVC 状态变量 B_{SVC} 的初值，各 TCSC 状态变量 B_{TCSC} 的初值，各两端直流系统状态变量 α、β 的初值，以及电力网络各节点电压 V_x、V_y 的初值。这些初值可直接取为 t 时刻的值，也可以由前一步或前几步的值通过外推得到。

(2) 对于由各发电机组的差分方程、各 SVC 的差分方程、各 TCSC 的差分方程、各两端直流输电系统的差分方程以及网络方程组成的非线性方程组，按步骤(1)中给出的初值，先求出雅可比矩阵和残差量的值，然后解线性方程组得到各变量的修正量，进而修正各变量。

(3) 判断是否收敛。若收敛，结束；不收敛时，返回步骤(2)继续迭代，直到收敛为止。

(4) 在得到 $t+\Delta t$ 时刻网络各节点电压、各参与联立求解的状态变量的值后，还要按 6.5.1 节和 6.5.2 节中导出的其他差分方程或代数方程计算该时刻各动态元件的其他变

量的值，以资下个时段求解使用。注意，在计算其他变量的过程中应考虑各环节的限制。

6.5.5 交、直流系统的交替求解

由于直流系统准稳态模型中包含的动态比与交流系统模型有关的动态快得多，因此为了详细分析直流系统的行为，在用数值积分法求解时，需要采用比交流系统中所用的积分步长 Δt 小得多的积分步长 $\Delta\tau$（例如 BPA 的暂态稳定程序中取 $m=\Delta t/\Delta\tau=8$）求解直流系统方程，两者在时间上的关系如图 6-17 所示。对于交流系统从 t 到 $t+\Delta t$ 的一个步长内，交流系统和直流系统暂态过程计算的配合可以采用交替迭代法，它在原理上类似于交直流潮流计算所采用的交替迭代求解法。

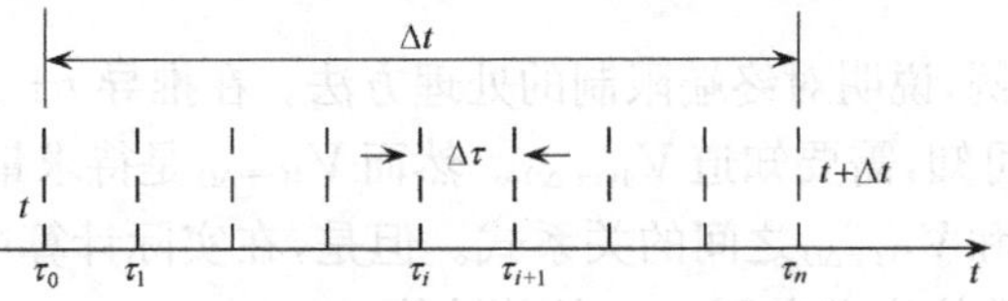

图 6-17 交、直流系统积分步长之间的关系

设已知 t 时刻和 $t+\Delta t$ 时刻换流器交流母线的电压为 $V_{R(t)}$、$V_{I(t)}$、$V_{R(t+\Delta t)}$、$V_{I(t+\Delta t)}$，在计算时可以认为它们在 Δt 内线性变化，因此可得到 τ_k 时刻的电压

$$\left.\begin{aligned}V_{R(\tau_k)} &= V_{R(t)} + k(V_{R(t+\Delta t)} - V_{R(t)})/m \\ V_{I(\tau_k)} &= V_{I(t)} + k(V_{I(t+\Delta t)} - V_{I(t)})/m\end{aligned}\right\} \quad (k=0,1,2,\cdots,m) \tag{6-261}$$

在已知 τ_k 时刻直流系统的状态，用隐式梯形法计算 $\tau_k+\Delta\tau$ 时刻的状态时，只要在式(6-229)～(6-256)中把 t 换成 τ_k，把 Δt 换成 $\Delta\tau$，就可得到 $\tau_k+\Delta\tau$ 时刻两端直流系统的差分方程。

注意到在计算 $\tau+\Delta\tau$ 的状态时，$\alpha_{(\tau)}$、$\beta_{(\tau)}$、$V_{R(\tau)}$、$V_{I(\tau)}$ 已知，而 $V_{R(\tau+\Delta\tau)}$、$V_{I(\tau+\Delta\tau)}$ 可用式(6-261)求出，因此可通过求解方程式(6-244)、式(6-246)或式(6-251)、式(6-254)得到 $\alpha_{(\tau+\Delta\tau)}$、$\beta_{(\tau+\Delta\tau)}$。此方程组为非线性方程组，因此需要用迭代法求解。这样，经过 m 步后可得到 $\alpha_{(t+\Delta t)}$、$\beta_{(t+\Delta t)}$。

交、直流系统的交替迭代解法可归结为：

(1) 给出 $t+\Delta t$ 时刻各发电机状态变量 δ、E_q''、E_d''，各 SVC 状态变量 B_{SVC}，各 TCSC 状态变量 B_{TCSC} 的初值，以及电力网络各节点电压 V_x、V_y 的初值。

(2) 按以上方法求解直流系统方程，得到 $\alpha_{(t+\Delta t)}$、$\beta_{(t+\Delta t)}$，据此用式(6-243)或式(6-248)算出 $I_{d(t+\Delta t)}$，进而用式(6-52)、式(6-53)算出各注入功率，最后用式(6-56)求出直流系统注入交流系统的电流 $I_{xR(t+\Delta t)}$、$I_{yR(t+\Delta t)}$、$I_{xI(t+\Delta t)}$、$I_{yI(t+\Delta t)}$。

(3) 用 6.5.4 节的方法求解交流系统，得到各发电机状态变量 δ、E_q''、E_d''，各 SVC 状态变量 B_{SVC}，各 TCSC 状态变量 B_{TCSC} 及电力网络各节点电压 V_x、V_y 的修正值。

(4) 判断是否收敛。若收敛，结束；不收敛时，返回步骤(2)继续迭代，直到收敛为止。

(5) 在得到 $t+\Delta t$ 时刻网络各节点电压、各参与联立求解的状态变量的值后，还要按 6.5.1 节和 6.5.2 节中导出的其他差分方程或代数方程计算该时刻各动态元件的其他变量的值，以资下个时段求解使用。注意，在计算其他变量的过程中应考虑各环节的限制。

6.5.6 数值求解过程中一些特殊问题的处理

在电力系统机电暂态过程的数值求解中，一些特殊问题需要妥善处理。例如，对控制器中的各种限制如何考虑；当采用定步长积分时，积分时刻与网络故障或操作时刻不重合时如何处理等等。本节主要讨论这两类问题的处理方法。

1. 控制器中各种限制的处理

控制器中的限制一般分为终端限制和非终端限制，在机电暂态过程计算中对它们的处理也有所不同。

1) 励磁调节器

首先以 PSS 为例，说明对终端限制的处理方法。在推导 $t+\Delta t$ 时刻 PSS 的差分方程时，根据式(6-143)可知，需要知道 $V_{4(t+\Delta t)}$。然而 $V_{4(t+\Delta t)}$ 是待求量，由于存在限制环节，因此无法得到 $V_{4(t+\Delta t)}$ 和 $V_{S(t+\Delta t)}$ 之间的关系式。但是，在实际计算中，我们可以根据微分方程式(6-142)，利用欧拉法求出 $V_{4(t+\Delta t)}$ 的估计值：

$$\begin{aligned}V_{4(t+\Delta t)}^{[0]}=V_{4(t)}+\frac{\Delta t}{T_4}\Big[&\frac{T_3T_1}{T_6T_2}(K_SV_{IS(t)}-V_{1(t)})+\frac{T_3}{T_2}\Big(1-\frac{T_1}{T_5}\Big)V_{2(t)}\\&+\Big(1-\frac{T_3}{T_2}\Big)V_{3(t)}-V_{4(t)}\Big]\end{aligned}\tag{6-262}$$

然后根据式(6-143)判断 $V_{4(t+\Delta t)}^{[0]}$ 是否越限，如果越限，则 $V_{S(t+\Delta t)}$ 取相应的固定值：

$$\left.\begin{aligned}V_{S(t+\Delta t)}^{[C]}&=V_{Smax}\quad(V_{4(t+\Delta t)}^{[0]}\geqslant V_{Smax})\\V_{S(t+\Delta t)}^{[C]}&=V_{Smin}\quad(V_{4(t+\Delta t)}^{[0]}\leqslant V_{Smin})\end{aligned}\right\}\tag{6-263}$$

另外，式(6-138)所描述的励磁系统的综合放大环节是一个非终端限制环节。以此为例说明对非终端限制的处理方法。

当 $V_{Rmin}<V_{R(t)}<V_{Rmax}$ 时，首先计算 $V_{R(t+\Delta t)}$ 的估计值

$$V_{R(t+\Delta t)}^{[0]}=V_{R(t)}+\Delta tf_{(t)}\tag{6-264}$$

然后利用式(6-138)判断 $V_{R(t+\Delta t)}$ 是否到达限制的边界上，如果到达边界，则 $V_{R(t+\Delta t)}$ 取相应的固定值：

$$\left.\begin{aligned}&\text{当 }V_{Rmin}<V_{R(t)}<V_{Rmax}\text{ 但 }V_{R(t+\Delta t)}^{[0]}\geqslant V_{Rmax}\\&\text{或当 }V_{R(t)}=V_{Rmax}\text{ 且 }f_{(t)}>0\end{aligned}\right\}\text{时，}V_{R(t+\Delta t)}^{[C]}=V_{Rmax}\tag{6-265}$$

$$\left.\begin{aligned}&\text{当 }V_{Rmin}<V_{R(t)}<V_{Rmax}\text{ 但 }V_{R(t+\Delta t)}^{[0]}\leqslant V_{Rmin}\\&\text{或当 }V_{R(t)}=V_{Rmin}\text{ 且 }f_{(t)}<0\end{aligned}\right\}\text{时，}V_{R(t+\Delta t)}^{[C]}=V_{Rmin}\tag{6-266}$$

当判断出电压放大器的限制起作用时，将 $V_{R(t+\Delta t)}^{[C]}$ 代入式(6-157)，便可直接得到取固定值的励磁系统输出

$$E_{fq(t+\Delta t)}^{[C]}=\alpha_EV_{R(t+\Delta t)}^{[C]}+V_{E0}\tag{6-267}$$

由上式代替式(6-168)，显然发电机组差分方程式(6-196)中的第二式将变为

$$E''_q+\alpha''_d(X'_d-X''_d)(I_x\sin\delta-I_y\cos\delta)-\alpha''_d\alpha_{d1}E_{fq}^{[C]}-E''_{q0}=0\tag{6-268}$$

当判断出电压放大器的限制不起作用，而按式(6-263)判断出 PSS 的输出限制起作用时，励磁系统的差分方程将由式(6-168)变为

$$E_{fq(t+\Delta t)}=-\beta_2\left|\dot V_{(t+\Delta t)}+jX_C\dot I_{(t+\Delta t)}\right|+E_{fq0}\tag{6-269}$$

注意，式中的 E_{fq0} 按式(6-170)计算时，需要将其中的 V_{S0} 换为固定值 $V_{S(t+\Delta t)}^{[C]}$。这样，发电机组差分方程式(6-196)中的第二式将变为

$$E''_q + \alpha''_d (X'_d - X''_d)(I_x \sin\delta - I_y \cos\delta) + \alpha''_d \alpha_{d1} \beta_2 \sqrt{(V_x - X_C I_y)^2 + (V_y + X_C I_x)^2} - \alpha''_d \alpha_{d1} E_{fq0} - E''_{q0} = 0 \tag{6-270}$$

2) 调速器

对于发电机的调速系统，在暂态稳定分析中一般不考虑测量失灵区的影响。配压阀行程限制和阀门开度限制都属于终端限制，因此可用前述类似方法处理。

首先根据微分方程式(6-174)，利用欧拉法得到 $\mu_{(t+\Delta t)}$ 的估计值

$$\bar{\mu}_{(t+\Delta t)}^{[0]} = \bar{\mu}_{(t)} + \frac{\Delta t}{T_S} \sigma_{(t)} \tag{6-271}$$

然后根据式(6-175)判断 $\bar{\mu}_{(t+\Delta t)}^{[0]}$ 是否越限，如果越限，则 $\mu_{(t+\Delta t)}$ 取相应的固定值：

$$\left.\begin{aligned} \mu_{(t+\Delta t)}^{[C]} &= \mu_{\max} \qquad (\bar{\mu}_{(t+\Delta t)}^{[0]} \geqslant \mu_{\max}) \\ \mu_{(t+\Delta t)}^{[C]} &= \mu_{\min} \qquad (\bar{\mu}_{(t+\Delta t)}^{[0]} \leqslant \mu_{\min}) \end{aligned}\right\} \tag{6-272}$$

当判断出阀门开度限制起作用时，将 $\mu_{(t+\Delta t)}^{[C]}$ 代入式(6-190)便可直接得到取固定值的 $P_{m(t+\Delta t)}^{[C]}$：

$$P_{m(t+\Delta t)}^{[C]} = -\alpha_H \mu_{(t+\Delta t)}^{[0]} + P_0 \tag{6-273}$$

相应地，发电机组差分方程式(6-196)中的第一式将变为

$$\delta + \alpha_J [V_x I_x + V_y I_y + R_a (I_x^2 + I_y^2)] - \alpha_J P_m^{[C]} - \delta_0 = 0 \tag{6-274}$$

当判断出阀门限制不起作用时，就要判断配压阀行程的限制是否起作用。这时，先根据微分方程式(6-114)，利用欧拉法得到 $\omega_{(t+\Delta t)}$ 的估计值

$$\omega_{(t+\Delta t)}^{[0]} = \omega_{(t)} + \frac{\Delta t}{T_J} (P_{m(t)} - P_{e(t)} - D\omega_{(t)}) \tag{6-275}$$

然后利用式(6-180)计算 $\eta_{(t+\Delta t)}$ 的估计值，并利用式(6-187)计算 $\xi_{(t+\Delta t)}$ 的估计值，从而按式(6-181)得到 $\bar{\sigma}_{(t+\Delta t)}$ 的估计值：

$$\left.\begin{aligned} \eta_{(t+\Delta t)}^{[0]} &= K_\delta (\omega_{\text{ref}} - \omega_{(t+\Delta t)}^{[0]}) \\ \xi_{(t+\Delta t)}^{[0]} &= \alpha_i \mu_{(t+\Delta t)}^{[0]} + \xi_0 \\ \bar{\sigma}_{(t+\Delta t)}^{[0]} &= \eta_{(t+\Delta t)}^{[0]} - \xi_{(t+\Delta t)}^{[0]} \end{aligned}\right\} \tag{6-276}$$

这样便可利用式(6-173)判断 $\bar{\sigma}_{(t+\Delta t)}^{[0]}$ 是否越限，如果越限，则 $\sigma_{(t+\Delta t)}$ 取相应的固定值：

$$\left.\begin{aligned} \sigma_{(t+\Delta t)}^{[C]} &= \sigma_{\max} \qquad (\bar{\sigma}_{(t+\Delta t)}^{[0]} \geqslant \sigma_{\max}) \\ \sigma_{(t+\Delta t)}^{[C]} &= \sigma_{\min} \qquad (\bar{\sigma}_{(t+\Delta t)}^{[0]} \leqslant \sigma_{\min}) \end{aligned}\right\} \tag{6-277}$$

如果配压阀行程的限制起作用，将 $\sigma_{(t+\Delta t)}^{[C]}$ 代入式(5-162)、式(5-165)、式(5-169)可直接推得取固定值的 $P_{m(t+\Delta t)}^{[C]}$：

$$P_{m(t+\Delta t)}^{[C]} = P_0 - \alpha_H (\alpha_S \sigma_{(t+\Delta t)} + \mu_0) \tag{6-278}$$

相应地，发电机组差分方程式(6-196)中的第一式将变为

$$\delta + \alpha_J [V_x I_x + V_y I_y + R_a (I_x^2 + I_y^2)] - \alpha_J P_m^{[C]} - \delta_0 = 0 \tag{6-279}$$

3) SVC 和 TCSC

与上面对终端限制的处理方法相同。对 SVC，首先根据微分方程式(6-197)，利用欧

拉法得到 $B_{S2(t+\Delta t)}$ 的估计值

$$B_{S2(t+\Delta t)}^{[0]}=B_{S2(t)}+\frac{\Delta t}{T_{S2}}\Big[\frac{T_{S1}K_S}{T_S}(V_{\mathrm{ref}}-V_{(t)})+\frac{T_S-T_{S1}}{T_S}B_{S1(t)}-B_{S2(t)}\Big] \tag{6-280}$$

然后利用式(6-198)判断 $B_{S2(t+\Delta t)}^{[0]}$ 是否越限，如果越限，则 $B_{\mathrm{SVC}(t+\Delta t)}$ 取相应的固定值：

$$\left.\begin{array}{ll}\text{当 } B_{S2(t+\Delta t)}^{[0]}\geqslant B_C \text{ 时，} & B_{\mathrm{SVC}(t+\Delta t)}^{[C]}=B_C\\ \text{当 } B_{S2(t+\Delta t)}^{[0]}\leqslant B_C-B_L \text{ 时，} & B_{\mathrm{SVC}(t+\Delta t)}^{[C]}=B_C-B_L\end{array}\right\} \tag{6-281}$$

同样，对 TCSC，首先根据微分方程式(6-208)，利用欧拉法得到 $B_{T2(t+\Delta t)}$ 的估计值

$$B_{T2(t+\Delta t)}^{[0]}=B_{T2(t)}+\frac{\Delta t}{T_{T2}}\Big[\frac{T_{T1}K_T}{T_T}(P_{\mathrm{ref}}-P_{T(t)})+\frac{T_T-T_{T1}}{T_T}B_{T1(t)}-B_{T2(t)}\Big] \tag{6-282}$$

然后利用式(6-209)判断 $B_{T2(t+\Delta t)}^{[0]}$ 是否越限，如果越限，则 $B_{\mathrm{TCSC}(t+\Delta t)}$ 取相应的固定值：

$$\left.\begin{array}{l}\text{当 } B_{T2(t+\Delta t)}^{[0]}\geqslant B_{\mathrm{TCSC}}^{\max} \text{ 时，} B_{\mathrm{TCSC}(t+\Delta t)}^{[C]}=B_{\mathrm{TCSC}}^{\max}\\ \text{当 } B_{T2(t+\Delta t)}^{[0]}\leqslant B_{\mathrm{TCSC}}^{\min} \text{ 时，} B_{\mathrm{TCSC}(t+\Delta t)}^{[C]}=B_{\mathrm{TCSC}}^{\min}\end{array}\right\} \tag{6-283}$$

4) 两端直流系统

首先根据微分方程式(6-224)，利用欧拉法得到 $\bar{\alpha}_{(t+\Delta t)}$ 的估计值

$$\bar{\alpha}_{(t+\Delta t)}^{[0]}=\bar{\alpha}_{(t)}+\Delta t\Big[\frac{K_{c1}}{T_{c3}}I_{d(t)}+\Big(\frac{K_{c2}}{T_{c2}}-\frac{K_{c1}}{T_{c3}}\Big)x_{1(t)}-\frac{K_{c2}}{T_{c2}}I_{d\mathrm{ref}}\Big] \tag{6-284}$$

然后利用式(6-225)判断 $\bar{\alpha}_{(t+\Delta t)}^{[0]}$ 是否越限，如果越限，则 $\alpha_{(t+\Delta t)}$ 取相应的固定值：

$$\left.\begin{array}{l}\text{当 } \bar{\alpha}_{(t+\Delta t)}^{[0]}\geqslant \alpha_{\max} \text{ 时，} \alpha_{(t+\Delta t)}^{[C]}=\alpha_{\max}\\ \text{当 } \bar{\alpha}_{(t+\Delta t)}^{[0]}\leqslant \alpha_{\min} \text{ 时，} \alpha_{(t+\Delta t)}^{[C]}=\alpha_{\min}\end{array}\right\} \tag{6-285}$$

进而根据微分方程式(6-226)，利用欧拉法得到 $\bar{\beta}_{(t+\Delta t)}$ 的估计值

$$\bar{\beta}_{(t+\Delta t)}^{[0]}=\bar{\beta}_{(t)}+\Delta t\Big[\frac{K_{v1}}{T_{v3}}V_{dI(t)}+\Big(\frac{K_{v2}}{T_{v2}}-\frac{K_{v1}}{T_{v3}}\Big)x_{4(t)}-\frac{K_{v2}}{T_{v2}}V_{d\mathrm{ref}}\Big] \tag{6-286}$$

然后利用式(6-227)判断 $\bar{\beta}_{(t+\Delta t)}^{[0]}$ 是否越限，如果越限，则 $\beta_{(t+\Delta t)}$ 取相应的固定值：

$$\left.\begin{array}{l}\text{当 } \bar{\beta}_{(t+\Delta t)}^{[0]}\geqslant \beta_{\max} \text{ 时，} \beta_{(t+\Delta t)}^{[C]}=\beta_{\max}\\ \text{当 } \bar{\beta}_{(t+\Delta t)}^{[0]}\leqslant \beta_{\min} \text{ 时，} \beta_{(t+\Delta t)}^{[C]}=\beta_{\min}\end{array}\right\} \tag{6-287}$$

2. 积分时刻与网络故障或操作时刻不重合时的处理

设网络故障或操作将在 t_2 时刻发生，而由固定步长 Δt 的隐式梯形法把机电暂态过程已计算到 t_1 时刻，并且 $t_1<t_2<(t_1+\Delta t)$。如果按固定步长继续积分下去，将会跨越网络故障或操作。

处理这种问题有多种方法，一种很直观的处理方法是采用新的积分步长进行机电暂态过程计算，即基于 t_1 时刻的系统状态求解 t_2 时刻的系统状态时，采用的积分步长为 t_2-t_1。此后可重新用固定步长积分，直至同类情况发生为止。这种处理方法原理简单，但要注意在差分方程中一些与 Δt 有关的常数需重新计算。

另外，也有从 t_1 时刻开始改用其他显式积分方法求解微分方程到 t_2 时刻的处理方法。

6.6 暂态稳定分析的直接法

直接法，顾名思义就是不需要借助于各状态变量的时间响应来判断系统的稳定性，通

过对特定函数的数值计算结果直接判断系统稳定性的方法。因而，一般来说直接法可避免对描述系统动态特性的微分方程进行数值积分的繁重工作。为此，本节首先介绍电力系统暂态稳定问题的数学基础，然后论述暂态稳定分析的直接法。

6.6.1 暂态稳定问题直接法的数学基础[9~12]

稳定性理论是研究动态系统中的过程(包括平衡点)相对于干扰是否具有自我保持能力的理论。定性地说，如果一个系统在靠近其期望的运行点的某处开始运动，且该系统以后永远保持在此点附近运动，那么所描述的系统就是稳定的。研究非线性系统稳定性的最有用和一般的方法是李雅普诺夫稳定性理论。

1) 非线性系统和平衡点

考虑用微分方程描述的一般非线性自治系统

$$\frac{\mathrm{d}\boldsymbol{x}}{\mathrm{d}t}=\boldsymbol{f}(\boldsymbol{x}) \tag{6-288}$$

式中：$\boldsymbol{x}=[x_1\quad x_2\quad \cdots\quad x_n]^{\mathrm{T}}$；$\boldsymbol{f}(\boldsymbol{x})=[f_1(\boldsymbol{x})\quad f_2(\boldsymbol{x})\quad \cdots\quad f_n(\boldsymbol{x})]^{\mathrm{T}}$。状态向量的一个特定值也叫做一个点。方程(6-288)的一个解 $\boldsymbol{x}(t)$ 通常对应于状态空间内时间 t 从 0 变到无穷大时的一条曲线，这条曲线一般也叫状态轨线或系统轨线。

定义 1 如果系统在 t_0 时刻的状态是 $\boldsymbol{x}_e$，并且在无任何输入或干扰情况下，对一切 $t\geqslant t_0$，有 $\boldsymbol{x}(t)=\boldsymbol{x}_e$，那么称 $\boldsymbol{x}_e$ 为动态系统的一个平衡点(或平衡状态)。

很明显，平衡点 $\boldsymbol{x}_e$ 是式(6-288)的一个未受干扰的解，这意味对 $t\geqslant t_0$，$\boldsymbol{f}(\boldsymbol{x}_e)=\boldsymbol{0}$。显然非线性动态系统可能存在多个(甚至无穷多个)平衡点。

如果我们感兴趣的平衡点为 $\boldsymbol{x}_e$，那么通过引入一个新的向量

$$\Delta\boldsymbol{x}=\boldsymbol{x}-\boldsymbol{x}_e \tag{6-289}$$

并把 $\boldsymbol{x}=\Delta\boldsymbol{x}+\boldsymbol{x}_e$ 代入式(6-288)，可得到关于状态向量 $\Delta\boldsymbol{x}$ 的方程

$$\frac{\mathrm{d}\Delta\boldsymbol{x}}{\mathrm{d}t}=\boldsymbol{f}(\Delta\boldsymbol{x}+\boldsymbol{x}_e) \tag{6-290}$$

显然，式(6-288)的解 $\boldsymbol{x}=\boldsymbol{x}_e$ 对应于式(6-290)的平凡解 $\Delta\boldsymbol{x}=\boldsymbol{0}$(原点)。因此，不失一般性，要研究式(6-288)在平衡点 $\boldsymbol{x}_e$ 的稳定性，今后只研究式(6-290)在原点的稳定性就够了。

2) 稳定性的概念

下面首先给出系统稳定和不稳定的基本概念。

定义 2 原点是稳定平衡点。如果对于任意给定的值 $\varepsilon>0$，存在数 $\delta(\varepsilon,t_0)>0$，使得当 $\|\Delta\boldsymbol{x}(t_0)\|<\delta$ 时，对一切 $t>t_0$，系统的运动 $\Delta\boldsymbol{x}(t)$ 满足 $\|\Delta\boldsymbol{x}(t)\|<\varepsilon$。

这个稳定性的定义也叫李雅普诺夫意义下的稳定性。具有这样的稳定性在本质上意味着，若系统在足够靠近原点处开始运动，则该系统轨线就可以保持在任意地接近原点的一个邻域内。更确切地说，假如我们想让状态轨线保持在原点的 ε 邻域内，只要限定初始干扰的范数小于 δ。注意，这时必然有 $\delta\leqslant\varepsilon$。

定义 3 原点是渐近稳定平衡点。如果(a)它是稳定的，并且如果(b)存在数 $\delta'(t_0)>0$，使得当 $\|\Delta\boldsymbol{x}(t_0)\|<\delta'(t_0)$ 时，系统的运动满足 $\lim\limits_{t\to\infty}\|\Delta\boldsymbol{x}(t)\|=0$。

渐近稳定性意味着，若系统在足够靠近原点处开始运动，则该系统轨线最终收敛于原点。$\delta'(t_0)$ 叫做平衡点的吸引域。

以上的定义是为了表征系统的局部特性而做出的，即在平衡点附近启动后状态将怎样演变。当初始状态与平衡点有一定的距离时，局部性质几乎不能提供任何有关系统运动的信息。

在电力系统遭受到一些大的干扰后，将往往伴随着一系列干扰的发生。例如，某条输电线路上发生短路故障，保护装置的动作将使得输电线路在很短的时间后退出运行；当有自动重合装置时，可能使得输电线路相继退出、投入、再退出运行情况的发生。此外，为了使得电力系统不失去稳定或提高系统的稳定性，其间还可能伴随着切除发电机、切除负荷、投入强行励磁、快关汽门等控制措施。因此，判断系统是否暂态稳定，是判断最后一个干扰发生后，系统最终能否过渡到一个可以接受的稳定平衡点。这里，我们之所以强调稳定平衡点是可以接受的原因是，事实上，实际电力系统运行要求系统的电压、频率等电气量在指定的范围内，如果它们的值超出指定范围，一些自动装置便会有相应的动作，系统又要经历新的暂态过程。

实际上，最后一个干扰发生后的系统(称为干扰后系统)是一个自治系统，如果系统在经历了一系列干扰并在最后一个干扰发生前瞬间的状态为 $\boldsymbol{x}(t_k)$，那么在干扰发生后，系统将以 $\boldsymbol{x}(t_k)$ 为初值进入在干扰后系统中的自由运动。假设干扰后系统存在稳定平衡点 $\boldsymbol{x}_s$，而且系统的自由运动最终能收敛于 $\boldsymbol{x}_s$，那么电力系统是暂态稳定的，否则，是暂态不稳定的。因此，电力系统的暂态稳定性本质上属于渐近稳定性的范畴。按照上述关于系统稳定性的定义 2，虽然从数学意义上有限范围内的振荡是稳定的，但是我们仍然把它排除在电力系统稳定的行列之外。这显然是符合实际的，因为一个连续振荡的系统对于供电者和用电者来说都是不合要求的。

另外，电力系统的暂态稳定性分析也可以看成对干扰后系统稳定平衡点 $\boldsymbol{x}_s$ 吸引域的求取，当 $\boldsymbol{x}(t_k)$ 在 $\boldsymbol{x}_s$ 的吸引域之内时，系统是暂态稳定的，否则是暂态不稳定的。这里值得注意的是，一个暂态稳定的系统，首先是干扰后系统应存在稳定平衡点(否则不可能稳定)，并且受扰系统能够逐渐过渡到该平衡点。

6.6.2 暂态稳定分析的直接法[35,37～40]

1. 概述

设正常运行的系统在 t_f 时刻发生故障，t_{cl} 时刻故障被切除。将 t_f 时刻以前的系统称为故障前系统(prefault system)，时间间隔 $[t_f, t_{cl}]$ 内的系统称为故障系统(fault-on system)，t_{cl} 时刻以后的系统称为故障后系统(postfault system)。假设故障后系统存在一个满足运行约束的渐近稳定平衡点(stable equilibrium point，SEP)$\boldsymbol{x}_s$。暂态稳定分析的直接法就是直接判断开始于故障后系统的初始状态 $\boldsymbol{x}_{cl}$ 是否落入 $\boldsymbol{x}_s$ 的吸引域(稳定域)之内。如果 $\boldsymbol{x}_{cl}$ 落入 $\boldsymbol{x}_s$ 的吸引域之内，则随着时间的推移，系统状态将会趋向于 $\boldsymbol{x}_s$，这时系统是渐近稳定的。反之，如果 $\boldsymbol{x}_{cl}$ 在 $\boldsymbol{x}_s$ 的吸引域之外，则系统是不稳定的。在用直接法分析系统的暂态稳定性时，常作如下假设：

(1) 故障前系统的 SEP$\boldsymbol{x}_s^{\mathrm{pre}}$ 和故障后系统的 SEP$\boldsymbol{x}_s$ 充分接近。

(2) 故障前系统的 SEP$\boldsymbol{x}_s^{\mathrm{pre}}$ 在故障后系统 SEP$\boldsymbol{x}_s$ 的吸引域内。

直接法是基于所建立的能量函数 $V(\boldsymbol{x})$ 判定系统暂态稳定性的方法。通过比较故障切除时刻的系统能量与故障后系统的临界能量得出故障后系统是否稳定的结论。系统开始运行于 $\boldsymbol{x}_s^{\mathrm{pre}}$，当故障发生后，系统的平衡状态将被打破，导致各同步发电机加速或减速。在故障期间，系统离开 $\boldsymbol{x}_s^{\mathrm{pre}}$ 并获得动能和势能，故障切除时刻系统获得的总能量称为暂态能量，可表示为 $V(\boldsymbol{x}_{cl})$。当故障切除后，系统将带着这个能量进入在故障后系统中的自由运动，系统能否稳定取决于故障后系统吸收暂态能量的能力，如果故障后系统能够将 $V(\boldsymbol{x}_{cl})$ 中的动能完全转化为势能，我们就说系统是暂态稳定的，否则是暂态不稳定的。故障后系统吸收的能量有一个最大值，称为临界能量(critical energy) V_{cr}，它与系统的不稳定平衡点(unstable equilibrium point，UEP) $\boldsymbol{x}_u$ 有关。如果能求出 $\boldsymbol{x}_{cl}$ 和 $\boldsymbol{x}_u$，并进而得到 $V(\boldsymbol{x}_{cl})$ 和 V_{cr}，那么就可通过比较 $V(\boldsymbol{x}_{cl})$ 和 V_{cr} 来判断系统的稳定性。差值 $V_{cr}-V(\boldsymbol{x}_{cl})$ 是系统相对稳定程度的很好度量，称为暂态能量裕度(transient energy margin，TEM)。这时的直接法称为暂态能量函数(transient energy function，TEF)法。

用直接法分析多机电力系统的暂态稳定性始于 20 世纪 60 年代中期。借助于 Moore 和 Anderson 针对一类非线性系统提出的构造李雅普诺夫函数的一般方法，当时曾提出了一些用于暂态稳定分析的能量函数。但同时发现，只有在忽略各发电机内电势节点之间的转移电导时，这些能量函数才是李雅普诺夫函数。迄今为止，针对多机电力系统的暂态稳定分析，当考虑转移电导时，还没有找到严格的李雅普诺夫函数。由于转移电导不容忽略，因此后来所有的直接法都不是严格的李雅普诺夫意义下的直接法。

我们知道，李雅普诺夫第二定理只是判断系统稳定性的充分条件，即如果判断出系统是稳定的，则系统肯定稳定，而当判断出系统不稳定时，不能说系统肯定不稳定，因此可以肯定这种方法是保守的。而用考虑转移电导时的能量函数来判断系统的稳定性，其结果是保守还是冒进则不得而知。

关于临界能量 V_{cr} 的求取，曾提出过许多方法。早期大多使用“最近不稳定平衡点法”，其结果更趋保守。后来曾提出与故障轨线有关的“控制不稳定平衡点法”[41]，但其求解遇到数值困难。文献[43] 提出的“BCU 法”是目前求取临界能量的较好方法。

用于单机无穷大(OMIB)系统时，TEF 法完全等价于著名的“等面积定则”。这就促成了“扩展等面积定则”法(extended equal area criterion，EEAC)的问世[45,46]。EEAC 法的基本思想是，将系统中的多台发电机按照一定的规则划分为各自同步的两群，这样就可以将多机系统等值成两机系统，进而变换成一个 OMIB，然后用“等面积定则”判断系统的暂态稳定性。当暂态过程中系统表现为明显的两机群摇摆模式时，这种方法是相当有效的。在用 EEAC 法分析多摇摆模式问题时，发现分群困难并且群内同调不好，从而影响 EEAC 法分析结果的可靠性和精度，于是出现了动态 EEAC，即 DEEAC[48]。DEEAC 法通过大步长数值积分得到多机系统的运动轨迹，在各离散点上按实际的运动轨迹动态地修正 EEAC 的等值两机系统的功率曲线参数。另外，在 DEEAC 的工程实现中还配有辨识临界机群的智能化方法。所有这些改进都使得 EEAC 法不断地向良好的方向发展。虽然 EEAC 法迄今未得到国际学术界的普遍认可，但在国外及国内几个实际系统的多种运行方式的各种故障的穷尽式考核中，对第一摆稳定性可靠的分析结果是有目共睹的。要详细了解 EEAC 的原理及实现，可参考相关专著[36]。

用直接法分析电力系统的暂态稳定性大多在经典模型下进行，电力系统的经典模型在 6.4.4 节中已有论述。下面我们首先给出在经典模型下以系统惯性中心作为参考时各发电机的转子运动方程和相应的其他方程，然后导出多机系统的暂态能量函数并给出了一些临界能量的求取方法，最后讨论了直接法的应用和局限性。

2. 多机系统的经典数学模型

各发电机的转子运动方程如式(6-95)所示。各发电机可以表示为$R_a+jX'_d$后的电压源$\dot{E}'=E'\angle\delta$，将其接入电力网络，将各负荷的等值导纳并入网络，形成电力网络方程。在网络方程中消去除发电机内节点外的所有其他节点，得

$$\boldsymbol{Y}_R\boldsymbol{E}_G=\boldsymbol{I}_G \tag{6-291}$$

式中：$\boldsymbol{Y}_R$ 是收缩后的网络导纳矩阵；$\boldsymbol{E}_G$ 是由各发电机暂态电势 $\dot{E}'$ 组成的向量；$\boldsymbol{I}_G$ 是由各发电机注入电流组成的向量。

如果系统中有 m 台发电机，则各发电机的电磁功率可表示为

$$\begin{aligned}P_{ei}&=\mathrm{Re}(\dot{E}'_i\hat{\dot{I}}_i)=\mathrm{Re}(\dot{E}'_i\sum_{j=1}^{m}\hat{Y}_{ij}\hat{\dot{E}}'_j)\\&=E_i'^2G_{ii}+\sum_{\substack{j=1\\j\neq i}}^{m}(C_{ij}\sin\delta_{ij}+D_{ij}\cos\delta_{ij})\end{aligned} \tag{6-292}$$

式中：

$$\left.\begin{aligned}Y_{ij}&=Y_{ji}=G_{ij}+jB_{ij}\\C_{ij}&=C_{ji}=E'_iE'_jB_{ij}\\D_{ij}&=D_{ji}=E'_iE'_jG_{ij}\end{aligned}\right\}\quad(i,j=1,2,\cdots,m;j\neq i) \tag{6-293}$$

注意，C_{ij}、D_{ij} 在故障期间和故障后为不同的常数。

在 TEF 法中，常取系统的惯性中心(center of inertia，COI)作为参考。COI 的定义如下：

$$\left.\begin{aligned}\delta_{\mathrm{COI}}&=\frac{1}{T_{J\mathrm{COI}}}\sum_{i=1}^{m}T_{Ji}\delta_i\\\omega_{\mathrm{COI}}&=\frac{1}{T_{J\mathrm{COI}}}\sum_{i=1}^{m}T_{Ji}\omega_i\\T_{J\mathrm{COI}}&=\sum_{i=1}^{m}T_{Ji}\end{aligned}\right\} \tag{6-294}$$

各发电机相对于惯性中心的运动可表示为

$$\left.\begin{aligned}\tilde{\delta}_i&=\delta_i-\delta_{\mathrm{COI}}\\\tilde{\omega}_i&=\omega_i-\omega_{\mathrm{COI}}\end{aligned}\right\} \tag{6-295}$$

显然，δ_{COI} 和 ω_{COI} 在暂态过程中将随时间发生变化。根据式(6-294)、式(6-295)、式(6-95)容易推得

$$\left.\begin{aligned}\frac{\mathrm{d}\delta_{\mathrm{COI}}}{\mathrm{d}t}&=\omega_s(\omega_{\mathrm{COI}}-1)\\T_{J\mathrm{COI}}\frac{\mathrm{d}\omega_{\mathrm{COI}}}{\mathrm{d}t}&=P_{\mathrm{COI}}\end{aligned}\right\} \tag{6-296}$$

式中：

$$\left.\begin{aligned}P_{COI} &= \sum_{i=1}^{m}(P'_{mi}-P_i)\\P'_{mi} &= P_{mi}-E_i'^2G_{ii}\\P_i &= \sum_{\substack{j=1\\j\neq i}}^{m}(C_{ij}\sin\tilde{\delta}_{ij}+D_{ij}\cos\tilde{\delta}_{ij})\end{aligned}\right\}\tag{6-297}$$

由式(6-295)、式(6-296)、式(6-95)可导出以COI作为参考时各发电机的转子运动方程

$$\left.\begin{aligned}\frac{d\tilde{\delta}_i}{dt} &= \omega_s\tilde{\omega}_i\\T_{Ji}\frac{d\tilde{\omega}_i}{dt} &= P'_{mi}-P_i-\frac{T_{Ji}}{T_{JCOI}}P_{COI}\end{aligned}\right\}\tag{6-298}$$

3. 多机系统的暂态能量函数

将变量 $\tilde{\delta}_1,\tilde{\delta}_2,\cdots,\tilde{\delta}_m$ 和变量 $\tilde{\omega}_1,\tilde{\omega}_2,\cdots,\tilde{\omega}_m$ 组成的向量表示为$(\tilde{\delta},\tilde{\omega})$。令式(6-298)左端为零,即得到求解故障后系统平衡点的非线性方程组

$$\left.\begin{aligned}f_i(\tilde{\delta}) &= P'_{mi}-P_i-\frac{T_{Ji}}{T_{JCOI}}P_{COI}=0\\\tilde{\omega}_i &= 0\end{aligned}\right\}\quad(i=1,2,\cdots,m)\tag{6-299}$$

式(6-299)可能有多个解,其中一个解为SEP,其他解为不稳定平衡点UEP。由于平衡点处的$\tilde{\omega}=\mathbf{0}$,因此系统的SEP和UEP可分别表示为$(\tilde{\delta}^s,\mathbf{0})$和$(\tilde{\delta}^u,\mathbf{0})$。

根据式(6-298),在第二式的左右两端分别乘以 $\omega_s\tilde{\omega}_i dt$ 和 $d\tilde{\delta}_i$,再对所有发电机求和得

$$\begin{aligned}\sum_{i=1}^{m}T_{Ji}\omega_s\tilde{\omega}_i d\tilde{\omega}_i &= \sum_{i=1}^{m}P'_{mi}d\tilde{\delta}_i-\sum_{i=1}^{m}\sum_{\substack{j=1\\j\neq i}}^{m}C_{ij}\sin\tilde{\delta}_{ij}d\tilde{\delta}_i\\&\quad-\sum_{i=1}^{m}\sum_{\substack{j=1\\j\neq i}}^{m}D_{ij}\cos\tilde{\delta}_{ij}d\tilde{\delta}_i-\sum_{i=1}^{m}\frac{T_{Ji}}{T_{JCOI}}P_{COI}d\tilde{\delta}_i\end{aligned}\tag{6-300}$$

上式中右端的第二和第三项可另行表示,第四项为零:

$$\left.\begin{aligned}&\sum_{i=1}^{m}\sum_{\substack{j=1\\j\neq i}}^{m}C_{ij}\sin\tilde{\delta}_{ij}d\tilde{\delta}_i=\sum_{i=1}^{m-1}\sum_{j=i+1}^{m}C_{ij}\sin\tilde{\delta}_{ij}d\tilde{\delta}_{ij}\\&\sum_{i=1}^{m}\sum_{\substack{j=1\\j\neq i}}^{m}D_{ij}\cos\tilde{\delta}_{ij}d\tilde{\delta}_i=\sum_{i=1}^{m-1}\sum_{j=i+1}^{m}D_{ij}\cos\tilde{\delta}_{ij}d(\tilde{\delta}_i+\tilde{\delta}_j)\\&\sum_{i=1}^{m}\frac{T_{Ji}}{T_{JCOI}}P_{COI}d\tilde{\delta}_i=P_{COI}\sum_{i=1}^{m}\frac{T_{Ji}}{T_{JCOI}}\omega_s\tilde{\omega}_i dt=P_{COI}\sum_{i=1}^{m}\frac{T_{Ji}}{T_{JCOI}}\omega_s(\omega_i-\omega_{COI})dt=0\end{aligned}\right\}\tag{6-301}$$

利用式(6-301),积分式(6-300),得

$$\frac{\omega_s}{2}\sum_{i=1}^{m}T_{Ji}\tilde{\omega}_i^2-\sum_{i=1}^{m}P'_{mi}\tilde{\delta}_i-\sum_{i=1}^{m-1}\sum_{j=i+1}^{m}C_{ij}\cos\tilde{\delta}_{ij}+\sum_{i=1}^{m-1}\sum_{j=i+1}^{m}D_{ij}\int\cos\tilde{\delta}_{ij}d(\tilde{\delta}_i+\tilde{\delta}_j)=C\tag{6-302}$$

式中：C 为积分常数。上式说明沿着同一条轨迹，系统的总能量保持不变。因此，可以定义故障后系统在运动轨迹上的任意一点($\tilde{\delta}$,$\tilde{\omega}$)处相对于 SEP($\tilde{\delta}^s$,$\mathbf{0}$)的暂态能量函数为

$$V = \frac{\omega_s}{2}\sum_{i=1}^{m} T_{Ji}\tilde{\omega}_i^2 - \sum_{i=1}^{m} P'_{mi}(\tilde{\delta}_i - \tilde{\delta}_i^s) - \sum_{i=1}^{m-1}\sum_{j=i+1}^{m} C_{ij}(\cos\tilde{\delta}_{ij} - \cos\tilde{\delta}_{ij}^s)$$

$$+ \sum_{i=1}^{m-1}\sum_{j=i+1}^{m}\int_{\tilde{\delta}_i^s+\tilde{\delta}_j^s}^{\tilde{\delta}_i+\tilde{\delta}_j} D_{ij}\cos\tilde{\delta}_{ij}\,\mathrm{d}(\tilde{\delta}_i + \tilde{\delta}_j) \tag{6-303}$$

式中：第一项是动能；第二项是位能；第三项是磁能，它是网络中所有支路存储的能量；第四项是耗散能量，它是网络中所有支路消耗的能量。后三项我们统一称为势能。显然，动能 V_{ke} 仅是各发电机转速的函数，而势能 V_{pe} 仅是各发电机功角的函数。

值得注意的是，式(6-303)中最后一项仅在已知系统的运动轨线后才可计算，而直接法又恰好是希望避免对运动轨线的计算。因此，在势能计算时不得不做近似处理，一种简单的处理方法是取积分路径为从$\tilde{\delta}^s$ 到$\tilde{\delta}$ 的直线，即

$$\tilde{\delta}_i = \tilde{\delta}_i^s + K_i t \qquad (i = 1,2,\cdots,m) \tag{6-304}$$

根据以上假设，容易得到

$$\left.\begin{aligned} \mathrm{d}(\tilde{\delta}_i + \tilde{\delta}_j) &= (K_i + K_j)\mathrm{d}t \\ \mathrm{d}(\tilde{\delta}_i - \tilde{\delta}_j) &= \mathrm{d}\tilde{\delta}_{ij} = (K_i - K_j)\mathrm{d}t \end{aligned}\right\} \tag{6-305}$$

由式(6-305)，并利用式(6-304)，得

$$\mathrm{d}(\tilde{\delta}_i + \tilde{\delta}_j) = \frac{K_i + K_j}{K_i - K_j}\mathrm{d}\tilde{\delta}_{ij} = \frac{\tilde{\delta}_i + \tilde{\delta}_j - (\tilde{\delta}_i^s + \tilde{\delta}_j^s)}{\tilde{\delta}_{ij} \quad \tilde{\delta}_{ij}^s}\mathrm{d}\tilde{\delta}_{ij} \tag{6-306}$$

这样就得到如下近似表达式：

$$\int_{\tilde{\delta}_i^s+\tilde{\delta}_j^s}^{\tilde{\delta}_i+\tilde{\delta}_j} D_{ij}\cos\tilde{\delta}_{ij}\,\mathrm{d}(\tilde{\delta}_i + \tilde{\delta}_j) = D_{ij}\frac{\tilde{\delta}_i + \tilde{\delta}_j - (\tilde{\delta}_i^s + \tilde{\delta}_j^s)}{\tilde{\delta}_{ij} - \tilde{\delta}_{ij}^s}(\sin\tilde{\delta}_{ij} - \sin\tilde{\delta}_{ij}^s) \tag{6-307}$$

将上式代入式(6-303)，即得到目前比较广泛使用的暂态能量表达式

$$V = \frac{\omega_s}{2}\sum_{i=1}^{m} T_{Ji}\tilde{\omega}_i^2 - \sum_{i=1}^{m} P'_{mi}(\tilde{\delta}_i - \tilde{\delta}_i^s) - \sum_{i=1}^{m-1}\sum_{j=i+1}^{m} C_{ij}(\cos\tilde{\delta}_{ij} - \cos\tilde{\delta}_{ij}^s)$$

$$+ \sum_{i=1}^{m-1}\sum_{j=i+1}^{m} D_{ij}\frac{\tilde{\delta}_i + \tilde{\delta}_j - (\tilde{\delta}_i^s + \tilde{\delta}_j^s)}{\tilde{\delta}_{ij} - \tilde{\delta}_{ij}^s}(\sin\tilde{\delta}_{ij} - \sin\tilde{\delta}_{ij}^s) \tag{6-308}$$

这样，暂态稳定评价的直接法包含以下步骤：

(1) 将($\tilde{\delta}^u$,$\mathbf{0}$)代入式(6-308)计算故障后的临界能量 V_{cr}。

(2) 将($\tilde{\delta}_{cl}$,$\tilde{\omega}_{cl}$)代入式(6-308)计算故障切除时刻系统的暂态能量 V_{cl}。

(3) 计算能量裕度 $V_{tem}=V_{cr}-V_{cl}$。如果 $V_{tem}>0$，则系统是暂态稳定的。

可以应用数值积分方法计算出故障切除时刻各发电机的状态($\tilde{\delta}_{cl}$,$\tilde{\omega}_{cl}$)；根据前面的假设，$\boldsymbol{x}_s^{\mathrm{pre}}$ 和 $\boldsymbol{x}_s$ 充分接近，因此以 $\boldsymbol{x}_s^{\mathrm{pre}}$ 为初值，用牛顿法求解方程式(6-299)容易得到 $\boldsymbol{x}_s$。

4. 临界能量的求取

V_{cr} 为系统 UEP 相对于 SEP 的势能，它的计算是 TEF 法中最困难的工作，下面介绍

几种求取 V_{cr} 的方法。

1）最近不稳定平衡点法（the closest UEP approach）

TEF 用于暂态稳定分析的早期，大多用以下方法确定系统最小的 V_{cr}：

(1) 计算出所有的 UEP。

(2) 计算与每一个 UEP 有关的系统势能。

(3) 用最小的势能作为系统的 V_{cr}。

显然，这样得到的 V_{cr} 与系统中发生的故障类型和地点无关，即与故障轨迹无关，造成对系统稳定性的分析结果过于保守。

2）控制不稳定平衡点法（the controlling UEP approach，CUEP）[41,35,37,38]

用这种方法计算 V_{cr} 时考虑故障的类型和发生的地点，因而对最近不稳定平衡点法的保守性有很大程度的改进。这种方法的依据是观察到所有临界稳定情况的系统故障轨线到达那些与系统分离边界有关的 UEP 附近。CUEP 法的本质是，用通过 CUEP 的恒定能量界面去近似故障轨迹指向的稳定边界（控制不稳定平衡点的稳定流形）的相关部分。因此，该方法也称为相关不稳定平衡点法（the relevant UEP approach）。这种方法的计算过程大致分为两步进行，即干扰模态的识别和 CUEP 的计算。

干扰模态（mode of disturbance，MOD）的识别是指辨识在给定干扰下受扰严重的发电机。如果干扰严重到足以使系统失稳，那么相对于其他发电机来说，这些发电机更容易失去同步。识别干扰模态的一种简单方法是进行数值积分，找出率先失去同步的发电机。可以通过求解如下极小化问题：

$$\min_{\tilde{\delta}} = \sum_{i=1}^{m} f_i^2(\tilde{\delta}) \tag{6-309}$$

计算系统的 CUEP。其中，用基于干扰模态的近似 UEP 作为初值。

3）BCU 法（the boundary of stability-region-based controlling UEP method）[43,44]

CUEP 法在求解 UEP 时面临严重的收敛性问题，特别是当初值不很接近 CUEP 时。BCU 法能够发现与故障轨线有关的、准确的 CUEP，并且具有可靠的理论基础。此外，这种方法的计算速度也较快。

在 BCU 法中，SEP 的稳定域对于暂态稳定分析是非常重要的。将所研究的电力系统描述为如式(6-288)所示。假设 $\boldsymbol{x}_s$ 是式(6-288)系统的一个渐近 SEP[即在 $\boldsymbol{x}_s$ 处 $\boldsymbol{f}(\boldsymbol{x})$ 的雅可比矩阵的所有特征值都具有负实部]，那么存在一个包含 $\boldsymbol{x}_s$ 的域 $A(\boldsymbol{x}_s)$，在这个域内出发的任意轨线随着时间的推移将收敛于 $\boldsymbol{x}_s$。称域 $A(\boldsymbol{x}_s)$ 为 $\boldsymbol{x}_s$ 的稳定域。$A(\boldsymbol{x}_s)$ 的边界，表示为 $\partial A(\boldsymbol{x}_s)$，称为 $\boldsymbol{x}_s$ 的稳定边界。

BCU 法是基于原始电力系统的稳定域边界与一个简化系统（或梯度系统）的稳定域边界之间的关系来实现的。它把稳定域边界定义为边界上所有 UEP 稳定流形的交集，从边界上一点出发的任何轨线，随着时间的推移将收敛于某一个 UEP。利用这个性质，BCU 法通过计算相关简化系统的 CUEP 来计算原始系统的 CUEP，简化系统的 CUEP 计算起来相对容易且计算量小。对于经典的电力系统模型[式(6-95)]，其简化系统（故障后）被定义为

$$\frac{\mathrm{d}\widetilde{\delta}_i}{\mathrm{d}t}=P'_{mi}-P_i-\frac{T_{Ji}}{T_{JCOI}}P_{COI}=f_i \tag{6-310}$$

显然,简化系统式(6-310)的平衡点与原始系统式(6-95)的平衡点相同。BCU 法计算 CUEP 的基本步骤如下:

(1) 对于给定的系统和预想事故,沿着持续故障轨线($\widetilde{\delta}(t)$,$\widetilde{\delta}(t)$)寻找离开简化系统稳定域边界的点$\widetilde{\delta}^*$,即逸出点(exit point)。其有效的计算方法是,用数值积分方法计算系统的故障轨线($\widetilde{\delta}(t)$,$\widetilde{\omega}(t)$),直到投影轨线$\widetilde{\delta}(t)$使得 $V_p(\cdot)$出现首次局部最大。

(2) 把逸出点$\widetilde{\delta}^*$ 作为初始条件,用数值积分方法求解故障后的简化系统,找到使得 $\sum\limits_{i=1}^{m}\|f_i\|$ 到达首次局部最小的点$\widetilde{\delta}_o^*$。

(3) 以$\widetilde{\delta}_o^*$ 为初值,用鲁棒性好的数值方法求解方程$\sum\limits_{i=1}^{m}\|f_i\|=0$,得到$\widetilde{\delta}_{co}^*$。

(4) 把($\widetilde{\delta}_{co}^*$,0)作为原始系统关于故障轨线的 CUEP。

5. 直接法的应用和局限性

对于 6.4.4 节所提及的动态安全评价,应用直接法有很多优点。直接法除了可以避免对故障后系统费时的数值积分外,还可以提供度量系统稳定程度的定量指标。当需要比较不同规划方案的相对稳定程度或需要快速算出稳定极限或需要得到提高系统暂态稳定的措施时,这些附加的信息相当有用。这些用途使得直接法具有很大的吸引力。

另外,直接法也可用于在电力系统规划、制定运行方式时,对预想事故集进行筛选,过滤掉一些明显稳定或不稳定的事故,对其余的少量事故进行详细的暂态稳定分析。

尽管直接法在近年来取得了长足的进展,但对模型的限制和计算结果的可靠性仍然是其工业化应用的主要障碍。众所周知,两机系统的 TEF 分析等价于著名的"等面积定则",而目前一些实用的 TEF 法大多是两机系统 TEF 分析的直接或间接推广,特别是暂态能量的计算与故障轨线有关,这当然影响其计算结果的可靠性。另外,CUEP 求取中繁重的计算量以及差的收敛性可能使得直接法比一般的数值积分法更慢。

当前,暂态稳定分析的混合法似乎是一种较好的选择,即在数值积分过程中计算暂态能量,从而得到更多的反映系统稳定性的信息。

参 考 文 献

[1] 西安交通大学等合编. 电力系统计算. 北京:水利电力出版社,1978

[2] 夏道止. 电力系统分析(下册). 北京:水利电力出版社,1995

[3] 中华人民共和国水利电力部. 电力系统安全稳定导则. 北京:水利电力出版社,1983

[4] P. Kunder. Power System Stability and Control. McGraw-Hill, Inc. 1994

[5] P. M. Anderson, A. A. Fouad. Power System Control and Stability. Ames, Iowa: The Iowa State University Press, 1977

[6] J. Arrillaga, C. P. Arnold. Computer Analysis of Power Systems. John Wiley & Sons Ltd., 1990
[7] Yong Hua Song, Allan T. Johns. Flexible AC Transmission Systems (FACTS), The Institution of Electrical Engineers. London, United Kingdom, 1999
[8] J. A. Momoh, M. E. El-Hawary. Electric Systems, Dynamics and Stability with Artificial Intelligence Applications. Dalhousie University, Halifax, Nova Scotia, Canada, 2000
[9] William L. Brogan. Modern Control Theory. Prentice Hall, Englewood Cliffs, New Jersey, 1991
[10] J. J. E. Slotine, Weiping Li. Applied Nonlinear Control. Prentice Hall, Inc. 1991
[11] 廖晓昕.稳定性的理论、方法和应用.武汉:华中理工大学出版社,1999
[12] 黄琳.稳定性理论.北京:北京大学出版社,1992
[13] 金福临,李训经. 常微分方程. 上海:上海科技出版社,1979
[14] C. W. Gear. Numerical Initial Value Problems in Ordinary Differential Equations. Prentice-Hall, Inc. Englewood Cliffs, New Jersey, 1971
[15] L. Lapidus, J. H. Seinfeld. Numerical Solution of Ordinary Differential Equations. New York: Academic Press, 1971
[16] J. D. Lambert. Computational Methods in Ordinary Differential Equations. New York: John Wiley & Sons, 1973
[17] IEEE Guide for Synchronous Generator Modeling Practices in Stability Analyses. IEEE Std 1110～1991
[18] C. Concordia, S. Ihara. Load Representation in Power System Stability Studies, IEEE Trans. Vol. PAS-101, pp. 969～977, 1982
[19] CIGRE Task Force 38-01-02. Static Var Compensators, 1986
[20] IEEE Special Stability Controls Working Group, Static Var Compensator Models for Power Flow and Dynamic Performance Simulation. IEEE Trans., Vol. PWRS-9, pp. 229～240, 1994
[21] J. J. Paserba, et al. A Thyristor Controlled Series Compensation Model for Power System Stability Analysis. IEEE Trans., Vol. PWRD-10, No. 3, pp. 1471～1478, 1995
[22] B. K. Johnson. HVDC Models Used in Stability Studies. IEEE Trans., Vol. PWRD-4, No. 2, pp. 1153～1163, 1989
[23] S. Aribi, P. Kundur, J. H. Sawada. Appropriate HVDC Transmission Simulation Models for Various Power System Stability Studies. IEEE Trans., Vol. PWRS-13, No. 4, pp. 1292～1297, 1998
[24] S. Aribi, P. Kundur. A Versatile FACTS Device Model for Power Flow and Stability Simulations. IEEE Trans., Vol. PWRS-11, No. 4, pp. 1944～1950, 1996
[25] B. Stott. Power System Dynamic Response Calculations. Proceedings of the IEEE, Vol. 67, No. 2, 1979
[26] H. W. Dommel, N. Sato. Fast Transient Stability Solutions. IEEE Trans., Vol. PAS-91, pp. 1643～1650, 1972
[27] M. M. Adibi, P. M. Hirsch. Solution Methods for Transient and Dynamic Stability. Proceedings of the IEEE, Vol. 62, No. 7, pp. 951～958, 1974
[28] G. Gross, A. R. Bergen. A Class New Multistep Integration Algorithms for the Computation of Power System Dynamical Response. IEEE Transactions on Power and Apparatus and Systems, Vol. 96, No. 1, pp. 293～305, 1977
[29] R. B. I. Johnson, M. J. Short, B. J. Cory. Improved Simulation Techniques for Power System Dynamics. IEEE Trans., Vol. PWRS-3, No. 4, pp. 1691～1698, 1988
[30] H. L. Fuller, P. M. Hirsch, M. B. Lambie. Variable Integration Step Transient Analysis: VISTA. IEEE PICA Conference, pp. 277～284, 1973
[31] M. Stubble, et al. STAG—A New Unified Software Program for the Study of the Dynamic Behaviour of Electric Power Systems. IEEE PES Winter Meeting, Feb. 1988

[32] D. G. Chapman, J. B. Davies, F. L. Alvarado, R. H. Lasseter. Programs for the Study of HVDC Systems. IEEE Trans., Vol. PWRD-3, No. 3, pp. 1182～1188, 1988

[33] Reliability Concepts in Bulk Power Electric Systems. North American Electric Reliability Council, 1985

[34] N. Balu, et al. On-line Power System Security Analysis. Proceedings of the IEEE, Vol. 80, No. 2, pp. 262～280, 1992

[35] 刘笙,汪静.电力系统暂态稳定的能量函数分析.上海:上海交通大学出版社,1996

[36] 薛禹胜.运动稳定性量化理论——非自治非线性多刚体系统的稳定性分析.南京:江苏科学技术出版社,1999

[37] M. A. Pai. Energy Function Analysis for Power System Stability. Kluwer Academic Publishers, 1989

[38] A. A. Fouad, V. Vittal. Power System Transient Stability Analysis: Using the Transient Energy Function Method. Englewood Cliffs, NJ: Prentice-Hall, 1991

[39] H. D. Chiang, C. C. Chu, G. Cauley. Direct Stability Analysis of Power Systems Using Energy Functions: Theory, Applications, and Perspective. Proceedings of the IEEE, Vol. 83, No. 11, pp. 1497～1529, 1995

[40] A. S. Pedroso. Comparisons Between Current Method and Fast Transient Stability Methods. Colloquium of CIGRE Study Committee 38, September 1993

[41] T. Athay, R. Podmore, S. Virmani. A Practical Method for the Direct Analysis of Transient Stability. IEEE Transactions on Power and Apparatus and Systems, Vol. 98, No. 2, pp. 573～584, 1979

[42] A. A. Fouad, V. Vittal. The Transient Energy Function Method. International Journal Electrical Power and Energy Systems, Vol. 10, No. 4, pp. 233～246, 1988

[43] H. D. Chiang, C. C. Chu. A BCU Method for Direct Analysis of Power System Transient Stability. IEEE Trans. on Power Systems, Vol. 9, No. 3, pp. 1194～1208, 1994

[44] H. D. Chiang, C. C. Chu. Theoretical Foundation of the BCU Method for Direct Stability Analysis of Metwork-reduction Power System Model with Small Transfer Conductances. IEEE Trans. on Circuit and Systems—I: Fundamental Theory and Applications, Vol. CAS-42, No. 5, pp. 252～265, 1995

[45] Y. Xue, Th. Van Cutsem, M. Ribbens-Pavella. A Simple Direct Method for Fast Transient Stability Assessment of Large Power Systems. IEEE Trans. on Power Systems, Vol. 3, No. 2, pp. 400～412, 1988

[46] Y. Xue, Th. Van Cutsem, M. Ribbens-Pavella. Extended Equal Area Criterion Justifications, Generalizations, Applications. IEEE Trans. on Power Systems, Vol. 4, No. 1, pp. 44～52, 1989

[47] Y. Xue, et al. Extended Equal Area Criterion Revisited. IEEE Trans. on Power Systems, Vol. 7, No. 3, pp. 1012～1022, 1992

[48] 薛禹胜. DEEAC的理论证明——四论暂态能量直接法.电力系统自动化,Vol. 7, No. 3:1012～1022, 1992

[49] 杜正春,甘德强,刘玉田,夏道止.电力系统在线动态安全评价的一种快速数值积分方法.中国电机工程学报,Vol. 16, No. 1:29～32, 1996

[50] 杜正春.电力系统在线动态安全评价方法的研究.西安交通大学博士学位论文,1993

第 7 章　电力系统小干扰稳定分析

7.1　概　　述

电力系统在运行过程中无时不遭受到一些小的干扰，例如负荷的随机变化及随后的发电机组调节；因风吹引起架空线路线间距离变化从而导致线路等值电抗的变化，等等。这些现象随时都在发生。和第 6 章所述的大干扰不同，小干扰的发生一般不会引起系统结构的变化。电力系统小干扰稳定分析研究遭受小干扰后电力系统的稳定性。

系统在小干扰作用下所产生的振荡如果能够被抑制，以至于在相当长的时间以后，系统状态的偏移足够小，则系统是稳定的。相反，如果振荡的幅值不断增大或无限地维持下去，则系统是不稳定的。遭受小干扰后的系统是否稳定与很多因素有关，主要包括：初始运行状态，输电系统中各元件联系的紧密程度，以及各种控制装置的特性等等。由于电力系统运行过程中难以避免小干扰的存在，一个小干扰不稳定的系统在实际中难以正常运行。换言之，正常运行的电力系统首先应该是小干扰稳定的。因此，进行电力系统的小干扰稳定分析，判断系统在指定运行方式下是否稳定，也是电力系统分析中最基本和最重要的任务。

虽然我们可以用第 6 章介绍的方法分析系统在遭受小干扰后的动态响应，进而判断系统的稳定性，然而利用这种方法进行电力系统的小干扰稳定分析，除了计算速度慢之外，最大的缺点是当得出系统不稳定的结论后，不能对系统不稳定的现象和原因进行深入的分析。李雅普诺夫线性化方法为分析遭受小干扰后系统的稳定性提供了更为有力的工具。借助于线性系统特征分析的丰富成果，李雅普诺夫线性化方法在电力系统小干扰稳定分析中获得了广泛的应用。

下面我们首先介绍电力系统小干扰稳定分析的数学基础。

李雅普诺夫线性化方法与非线性系统的局部稳定性有关。从直观上来理解，非线性系统在小范围内运动时应当与它的线性化近似具有相似的特性。

将式(6-290)所描述的非线性系统在原点泰勒展开，得

$$\frac{\mathrm{d}\Delta \boldsymbol{x}}{\mathrm{d}t} = \boldsymbol{A}\Delta \boldsymbol{x} + \boldsymbol{h}(\Delta \boldsymbol{x}) \tag{7-1}$$

式中：$\boldsymbol{A} = \left.\frac{\partial \boldsymbol{f}(\boldsymbol{x}_e + \Delta \boldsymbol{x})}{\partial \Delta \boldsymbol{x}}\right|_{\Delta \boldsymbol{x}=\boldsymbol{0}} = \left.\frac{\partial \boldsymbol{f}(\boldsymbol{x})}{\partial \boldsymbol{x}}\right|_{\boldsymbol{x}=\boldsymbol{x}_e}$。如果 $\boldsymbol{h}(\Delta \boldsymbol{x})$ 在 $\Delta \boldsymbol{x}=\boldsymbol{0}$ 的邻域内是 $\Delta \boldsymbol{x}$ 的高阶无穷小量，则往往可以用线性系统

$$\frac{\mathrm{d}\Delta \boldsymbol{x}}{\mathrm{d}t} = \boldsymbol{A}\Delta \boldsymbol{x} \tag{7-2}$$

的稳定性来研究式(6-288) 所描述的非线性系统在点 $\boldsymbol{x}_e$ 的稳定性[1]：

(1) 如果线性化后的系统渐近稳定，即当 $\boldsymbol{A}$ 的所有特征值的实部均为负，那么实际的非线性系统在平衡点是渐近稳定的。

(2) 如果线性化后的系统不稳定，即当 $\boldsymbol{A}$ 的所有特征值中至少有一个实部为正，那么实际的非线性系统在平衡点是不稳定的。

(3) 如果线性化后的系统临界稳定，即当 $\boldsymbol{A}$ 的所有特征值中无实部为正的特征值，但至少有一个实部为零的特征值，那么不能从线性近似中得出关于实际非线性系统稳定性的任何结论。

显然，李雅普诺夫线性化方法的基本思想是，从非线性系统的线性逼近稳定性质得出非线性系统在一个平衡点附近的局部稳定性的结论。

在进行电力系统的小干扰稳定分析时，我们总是假设正常运行的系统(运行在平衡点 $\boldsymbol{x}=\boldsymbol{x}_e$ 或 $\Delta\boldsymbol{x}=\boldsymbol{0}$)在 $t=t_0$ 时刻遭受瞬时干扰，系统的状态在该时刻由 $\boldsymbol{0}$ 点转移至 $\Delta\boldsymbol{x}(t_0)$。这个 $\Delta\boldsymbol{x}(t_0)$ 就是干扰消失后系统自由运动的初始状态。由于干扰足够小，$\Delta\boldsymbol{x}(t_0)$ 处于 $\Delta\boldsymbol{x}=\boldsymbol{0}$ 的一个足够小的邻域内，从而使得 $\boldsymbol{h}(\Delta\boldsymbol{x})$ 在 $\Delta\boldsymbol{x}=0$ 的邻域内是 $\Delta\boldsymbol{x}$ 的高阶无穷小量。因此，根据李雅普诺夫线性化理论，可以用线性化系统的稳定性来研究实际非线性电力系统的稳定性。为此，将描述电力系统动态特性的微分-代数方程式(6-1)、式(6-2)在稳态运行点($\boldsymbol{x}_{(0)}$, $\boldsymbol{y}_{(0)}$)线性化，得

$$\begin{bmatrix} \mathrm{d}\Delta\boldsymbol{x}/\mathrm{d}t \\ \boldsymbol{0} \end{bmatrix} = \begin{bmatrix} \widetilde{\boldsymbol{A}} & \widetilde{\boldsymbol{B}} \\ \widetilde{\boldsymbol{C}} & \widetilde{\boldsymbol{D}} \end{bmatrix} \begin{bmatrix} \Delta\boldsymbol{x} \\ \Delta\boldsymbol{y} \end{bmatrix} \tag{7-3}$$

式中：

$$\widetilde{\boldsymbol{A}} = \begin{bmatrix} \dfrac{\partial f_1}{\partial x_1} & \cdots & \dfrac{\partial f_1}{\partial x_n} \\ \vdots & & \vdots \\ \dfrac{\partial f_n}{\partial x_1} & \cdots & \dfrac{\partial f_n}{\partial x_n} \end{bmatrix}_{\substack{\boldsymbol{x}=\boldsymbol{x}_{(0)} \\ \boldsymbol{y}=\boldsymbol{y}_{(0)}}}, \quad \widetilde{\boldsymbol{B}} = \begin{bmatrix} \dfrac{\partial f_1}{\partial y_1} & \cdots & \dfrac{\partial f_1}{\partial y_m} \\ \vdots & & \vdots \\ \dfrac{\partial f_n}{\partial y_1} & \cdots & \dfrac{\partial f_n}{\partial y_m} \end{bmatrix}_{\substack{\boldsymbol{x}=\boldsymbol{x}_{(0)} \\ \boldsymbol{y}=\boldsymbol{y}_{(0)}}}$$

$$\widetilde{\boldsymbol{C}} = \begin{bmatrix} \dfrac{\partial g_1}{\partial x_1} & \cdots & \dfrac{\partial g_1}{\partial x_n} \\ \vdots & & \vdots \\ \dfrac{\partial g_m}{\partial x_1} & \cdots & \dfrac{\partial g_m}{\partial x_n} \end{bmatrix}_{\substack{\boldsymbol{x}=\boldsymbol{x}_{(0)} \\ \boldsymbol{y}=\boldsymbol{y}_{(0)}}}, \quad \widetilde{\boldsymbol{D}} = \begin{bmatrix} \dfrac{\partial g_1}{\partial y_1} & \cdots & \dfrac{\partial g_1}{\partial y_m} \\ \vdots & & \vdots \\ \dfrac{\partial g_m}{\partial y_1} & \cdots & \dfrac{\partial g_m}{\partial y_m} \end{bmatrix}_{\substack{\boldsymbol{x}=\boldsymbol{x}_{(0)} \\ \boldsymbol{y}=\boldsymbol{y}_{(0)}}}$$

记 $\mathbb{R}$ 表示实数集合，$\mathbb{R}^n$ 表示 n 维实向量空间，$\mathbb{R}^{m\times n}$ 为所有 m 行 n 列实数矩阵组成的向量空间。定义 $\mathbb{R}^n$ 等于 $\mathbb{R}^{n\times 1}$，即 $\mathbb{R}^n$ 中的元素是列向量；另一方面，$\mathbb{R}^{1\times n}$ 中的元素是行向量。显然，上式中 $\widetilde{\boldsymbol{A}}\in\mathbb{R}^{n\times n}$，$\widetilde{\boldsymbol{B}}\in\mathbb{R}^{n\times m}$，$\widetilde{\boldsymbol{C}}\in\mathbb{R}^{m\times n}$，$\widetilde{\boldsymbol{D}}\in\mathbb{R}^{m\times m}$。

在式(7-3)中消去运行向量 $\Delta\boldsymbol{y}$，得到

$$\frac{\mathrm{d}\Delta\boldsymbol{x}}{\mathrm{d}t} = \boldsymbol{A}\Delta\boldsymbol{x} \tag{7-4}$$

式中：

$$\boldsymbol{A} = \widetilde{\boldsymbol{A}} - \widetilde{\boldsymbol{B}}\widetilde{\boldsymbol{D}}^{-1}\widetilde{\boldsymbol{C}} \tag{7-5}$$

矩阵 $\boldsymbol{A}\in\mathbb{R}^{n\times n}$，通常被称为状态矩阵或系数矩阵。

由此可见，小干扰稳定性分析实际上是研究电力系统的局部特性，即干扰前平衡点的渐近稳定性。显然，应用李雅普诺夫线性化方法研究电力系统小干扰稳定性的理论基础是干扰应足够微小。因此我们说这样的干扰为小干扰，当此干扰作用于系统后，暂态过程中系统的状态变量只有很小的变化，线性化系统的渐近稳定性能够保证实际非线性系统的某种渐近稳定性。

至此，我们知道，稳态运行情况下的电力系统遭受到足够小的干扰后，可能出现两种不同的结局：一种结局是，随着时间的推移干扰逐渐趋近于零（即有扰运动趋近于无扰运动，对应于矩阵 $\boldsymbol{A}$ 的所有特征值都具有负实部），我们称系统在此稳态运行情况下是渐进稳定的，显然受扰后的系统最终将回到受扰前的稳态运行情况；另一种结局是，无论初始干扰如何小，干扰 $\Delta\boldsymbol{x}$ 都将随着时间的推移无限增大（对应于矩阵 $\boldsymbol{A}$ 至少有一个实部为正的特征值），显然系统在此稳态运行情况下是不稳定的。对于实际运行的电力系统来说，分析临界情况下的系统稳定性并无多大意义，可以视它为系统小干扰稳定极限的情况。

最后需要说明的是，前面在研究系统的稳定性时，假设干扰是瞬时性的，即系统的状态在瞬时由 $\Delta\boldsymbol{x}=\boldsymbol{0}$ 转移至 $\Delta\boldsymbol{x}(t_0)$，并且引起变化的干扰消失。这同样适用于研究永久性干扰下系统的稳定性，即此时我们可以把它考虑成研究系统在新的平衡点遭受瞬时性干扰的稳定性。

另外，对一些给定的小干扰不稳定或阻尼不足的运行方式，可以通过特征分析方法得到一些控制参数和反映系统稳定性的特征值之间的关系，进而得出提高系统小干扰稳定性的最佳方案。因而进行电力系统的小干扰稳定分析显得尤为重要。

这样，电力系统在某种稳态运行情况下受到小的干扰后，系统的稳定性分析可归结为

(1) 计算给定稳态运行情况下各变量的稳态值。

(2) 将描述系统动态行为的非线性微分-代数方程在稳态值附近线性化，得到线性微分-代数方程。

(3) 求出线性微分-代数方程的状态矩阵 $\boldsymbol{A}$，根据其特征值的性质判别系统的稳定性。

以上讨论的小干扰稳定问题主要涉及发电机组之间的机电振荡，这时我们将发电机组看成是集中的刚体质量块。然而，实际的大型汽轮发电机组的转子具有很复杂的机械结构，它是由几个主要的质量块，如各个汽缸的转子、发电机转子、励磁机转子等，通过有限刚性的轴系连接而成。当发电机受到干扰后，考虑到各质量块之间的弹性，它们在暂态过程中的转速将各不相同，从而导致各质量块之间发生扭（转）振（荡）(torsional oscillation)。由于各质量块的转动惯量小于发电机组总的转动惯量，因此各质量块之间扭振的频率要高于发电机组之间机电振荡的频率，这个频率一般在十几到四十几赫兹之间，因此也常将这种振荡称为次同步振荡(subsynchronous oscillation，SSO)。

次同步振荡发生后，在发电机组轴系中各质量块之间将产生扭力矩，轴系反复承受扭力矩会造成疲劳积累，从而降低轴系的使用寿命；当扭力矩超过一定限度后会造成大轴出现裂纹甚至断裂。系统出现的次同步振荡主要与励磁控制、调速器、HVDC 控制及串联

电容器补偿的输电线路的相互作用有关。进行电力系统的次同步振荡分析时，首先应建立汽轮发电机组的轴系模型；另外，由于扭振的频率较高，故系统中各元件不能再采用准稳态模型，而应计及系统的电磁暂态过程。对次同步振荡的详细分析已超出了本书的既定范围，有关电力系统次同步振荡分析的模型及方法，有兴趣的读者可参见文献[5]、[6]。

本章首先推导出电力系统各动态元件的线性化方程，并给出了全系统线性化方程的形成方法和小干扰稳定计算的基本步骤，接着讨论了小干扰稳定分析中的特征值问题和电力系统振荡分析方法，最后介绍了大规模电力系统小干扰稳定分析的几种特殊方法。

7.2 电力系统动态元件的线性化方程

在进行电力系统小干扰稳定分析时，需要将各动态元件的方程线性化，下面我们推导各动态元件的线性化方程。在进行线性化时，通常不考虑所有控制装置中限制环节的作用。其原因是，在正常的稳态运行情况下，控制装置中状态变量的稳态值一般在其限制环节的限制之内。当干扰足够小时，各状态变量的变化也足够小，使得其变化范围不会超出其限制环节的限制。至于一些控制装置中的失灵区，一般认为失灵区很小，可以忽略不计；而当失灵区很大时，可以认为整个控制系统不起作用。

7.2.1 同步发电机组的线性化方程

1. 同步发电机组各部分的线性化方程

1) 同步电机

对式(6-114)～(6-116)描述的同步电机方程，在给定的稳态运行情况下，系统各变量的稳态值 $\delta_{(0)}$、$\omega_{(0)}$、$E'_{q(0)}$、$E''_{q(0)}$、$E'_{d(0)}$、$E''_{d(0)}$、$I_{d(0)}$、$I_{q(0)}$、$V_{d(0)}$、$V_{q(0)}$、$P_{m(0)}$、$P_{e(0)}$、$E_{fq(0)}$ 可按式(6-74)～(6-78)和式(6-118)～(6-122)算出。将各方程在稳态值附近线性化，可得到同步电机的线性化方程

$$\left.\begin{aligned}
&\frac{d\Delta\delta}{dt}=\omega_s\Delta\omega\\
&\frac{d\Delta\omega}{dt}=\frac{1}{T_J}\{-D\Delta\omega-I_{q(0)}\Delta E''_q-I_{d(0)}\Delta E''_d+\Delta P_m\\
&\qquad -[E''_{d(0)}-(X''_d-X''_q)I_{q(0)}]\Delta I_d-[E''_{q(0)}-(X''_d-X''_q)I_{d(0)}]\Delta I_q\}\\
&\frac{d\Delta E'_q}{dt}=\frac{1}{T'_{d0}}[-k_d\Delta E'_q+(k_d-1)\Delta E''_q+\Delta E_{fq}]\\
&\frac{d\Delta E''_q}{dt}=\frac{1}{T''_{d0}}[\Delta E'_q-\Delta E''_q-(X'_d-X''_d)\Delta I_d]\\
&\frac{d\Delta E'_d}{dt}=\frac{1}{T'_{q0}}[-k_q\Delta E'_d+(k_q-1)\Delta E''_d]\\
&\frac{d\Delta E''_d}{dt}=\frac{1}{T''_{q0}}[\Delta E'_d-\Delta E''_d+(X'_q-X''_q)\Delta I_q]
\end{aligned}\right\}\tag{7-6}$$

$$\left.\begin{aligned}\Delta V_d &= \Delta E''_d - R_a \Delta I_d + X''_q \Delta I_q \\ \Delta V_q &= \Delta E''_q - X''_d \Delta I_d - R_a \Delta I_q\end{aligned}\right\} \tag{7-7}$$

2) 励磁系统

以图 5-16 所示的采用可控硅调节器的直流励磁机励磁系统为例，根据式(6-136)～(6-140)，可以推导出其线性化方程。

对测量滤波环节，由于 $V_C = |\dot{V} + jX_C \dot{I}|$。根据坐标变换式(5-63)，发电机端电压和电流用它们的 d、q 分量可表示为

$$\dot{V} = (V_d + jV_q)\mathrm{e}^{j(\delta-\pi/2)}, \qquad \dot{I} = (I_d + jI_q)\mathrm{e}^{j(\delta-\pi/2)} \tag{7-8}$$

这时显然有

$$\begin{aligned}V_C &= |\,[(V_d + jV_q) + jX_C(I_d + jI_q)]\mathrm{e}^{j(\delta-\pi/2)}\,| \\ &= |\,(V_d + jV_q) + jX_C(I_d + jI_q)\,| \\ &= \sqrt{(V_d - X_C I_q)^2 + (V_q + X_C I_d)^2}\end{aligned} \tag{7-9}$$

将上式在稳态值附近线性化可得到

$$\Delta V_C = K_{cd}(\Delta V_d - X_C \Delta I_q) + K_{cq}(\Delta V_q + X_C \Delta I_d) \tag{7-10}$$

式中：

$$\left.\begin{aligned}K_{cd} &= (V_{d(0)} - X_C I_{q(0)})/V_{C(0)} \\ K_{cq} &= (V_{q(0)} + X_C I_{d(0)})/V_{C(0)} \\ V_{C(0)} &= \sqrt{(V_{d(0)} - X_C I_{q(0)})^2 + (V_{q(0)} + X_C I_{d(0)})^2}\end{aligned}\right\} \tag{7-11}$$

对式(6-136)线性化，并将式(7-10)代入其中，从而消去 ΔV_C，即得到测量滤波环节的线性化方程

$$\frac{\mathrm{d}\Delta V_M}{\mathrm{d}t} = \frac{1}{T_R}(-\Delta V_M + K_{cq} X_C \Delta I_d - K_{cd} X_C \Delta I_q + K_{cd} \Delta V_d + K_{cq} \Delta V_q) \tag{7-12}$$

用式(6-140)模拟励磁机的饱和特性，将式(6-139)在稳态运行点线性化，可得到励磁机的线性化方程

$$\frac{\mathrm{d}\Delta E_{fq}}{\mathrm{d}t} = \frac{1}{T_E}[-(K_E + n_E c_E E_{fq(0)}^{n_E-1})\Delta E_{fq} + \Delta V_R] \tag{7-13}$$

最后，将式(6-137)、式(6-138)的线性化方程和式(7-12)、式(7-13)一起，并经整理后得到整个直流励磁机励磁系统的线性化方程

$$\left.\begin{aligned}
\frac{d\Delta E_{fq}}{dt} &= -\frac{K_E + n_E c_E E_{fq(0)}^{n_E-1}}{T_E}\Delta E_{fq} + \frac{1}{T_E}\Delta V_R \\
\frac{d\Delta V_R}{dt} &= -\frac{1}{T_A}\Delta V_R - \frac{K_A}{T_A}\Delta V_F - \frac{K_A}{T_A}\Delta V_M + \frac{K_A}{T_A}\Delta V_S \\
\frac{d\Delta V_F}{dt} &= -\frac{K_F(K_E + n_E c_E E_{fq(0)}^{n_E-1})}{T_E T_F}\Delta E_{fq} + \frac{K_F}{T_E T_F}\Delta V_R - \frac{1}{T_F}\Delta V_F \\
\frac{d\Delta V_M}{dt} &= -\frac{1}{T_R}\Delta V_M + \frac{K_{cq}X_C}{T_R}\Delta I_d - \frac{K_{cd}X_C}{T_R}\Delta I_q + \frac{K_{cd}}{T_R}\Delta V_d + \frac{K_{cq}}{T_R}\Delta V_q
\end{aligned}\right\} \tag{7-14}$$

3) PSS

对于图 5-14 所示的电力系统稳定器，根据式(6-142)、式(6-143)，当输入为转速偏差，即 $V_{IS}=\omega-\omega_s$ 时，可依次列出如下线性化方程：

$$\left.\begin{aligned}
\frac{d\Delta V_1}{dt} &= \frac{K_S}{T_6}\Delta\omega - \frac{1}{T_6}\Delta V_1 \\
\frac{d(\Delta V_1 - \Delta V_2)}{dt} &= \frac{1}{T_5}\Delta V_2 \\
\frac{d(T_1\Delta V_2 - T_2\Delta V_3)}{dt} &= \Delta V_3 - \Delta V_2 \\
\frac{d(T_3\Delta V_3 - T_4\Delta V_S)}{dt} &= \Delta V_S - \Delta V_3
\end{aligned}\right\} \tag{7-15}$$

上式经适当整理后，可得到 PSS 线性化方程的状态表达式

$$\left.\begin{aligned}
\frac{d\Delta V_1}{dt} &= \frac{K_S}{T_6}\Delta\omega - \frac{1}{T_6}\Delta V_1 \\
\frac{d\Delta V_2}{dt} &= \frac{K_S}{T_6}\Delta\omega - \frac{1}{T_6}\Delta V_1 - \frac{1}{T_5}\Delta V_2 \\
\frac{d\Delta V_3}{dt} &= \frac{K_S T_1}{T_2 T_6}\Delta\omega - \frac{T_1}{T_2 T_6}\Delta V_1 - \frac{T_1 - T_5}{T_2 T_5}\Delta V_2 - \frac{1}{T_2}\Delta V_3 \\
\frac{d\Delta V_S}{dt} &= \frac{K_S T_1 T_3}{T_2 T_4 T_6}\Delta\omega - \frac{T_1 T_3}{T_2 T_4 T_6}\Delta V_1 - \frac{T_3(T_1 - T_5)}{T_2 T_4 T_5}\Delta V_2 - \frac{T_3 - T_2}{T_2 T_4}\Delta V_3 - \frac{1}{T_4}\Delta V_S
\end{aligned}\right\} \tag{7-16}$$

4) 原动机及调速系统

对如图 5-24 所示的水轮机及其调速系统，可以根据式(6-171)～(6-177)得到其线性化方程

$$\left.\begin{aligned}
\frac{d\Delta\mu}{dt} &= -\frac{K_\delta}{T_S}\Delta\omega - \frac{1}{T_S}\Delta\xi \\
\frac{d\Delta\xi}{dt} &= -\frac{K_\delta(K_i + K_\beta)}{T_S}\Delta\omega + \frac{K_i}{T_i}\Delta\mu - \left(\frac{1}{T_i} + \frac{K_i + K_\beta}{T_S}\right)\Delta\xi \\
\frac{d\Delta P_m}{dt} &= \frac{2K_{mH}K_\delta}{T_S}\Delta\omega + \frac{2K_{mH}}{T_\omega}\Delta\mu + \frac{2K_{mH}}{T_S}\Delta\xi - \frac{2}{T_\omega}\Delta P_m
\end{aligned}\right\} \tag{7-17}$$

2. 同步发电机组线性化方程的矩阵描述及坐标变换

1) 发电机组方程的矩阵描述

当发电机组采用式(7-6)、式(7-7)、式(7-9)、式(7-15)、式(7-17)描述时，将其中的

状态变量按如下顺序组成向量：

$$\Delta \boldsymbol{x}_g = [\Delta\delta \quad \Delta\omega \quad \Delta E_q' \quad \Delta E_q'' \quad \Delta E_d' \quad \Delta E_d'' \quad \Delta E_{fq} \quad \Delta V_R \quad \Delta V_F \quad \Delta V_M \quad \Delta V_1 \quad \Delta V_2 \quad \Delta V_3 \quad \Delta V_S \quad \Delta\mu \quad \Delta\xi \quad \Delta P_m]^{\mathrm{T}} \tag{7-18}$$

并定义

$$\Delta \boldsymbol{V}_{dqg} = [\Delta V_d \quad \Delta V_q]^{\mathrm{T}}, \qquad \Delta \boldsymbol{I}_{dqg} = [\Delta I_d \quad \Delta I_q]^{\mathrm{T}} \tag{7-19}$$

这时各发电机组微分方程式的线性化方程写成如下矩阵形式：

$$\frac{\mathrm{d}\Delta \boldsymbol{x}_g}{\mathrm{d}t} = \bar{\boldsymbol{A}}_g \Delta \boldsymbol{x}_g + \bar{\boldsymbol{B}}_{Ig} \Delta \boldsymbol{I}_{dqg} + \bar{\boldsymbol{B}}_{Vg} \Delta \boldsymbol{V}_{dqg} \tag{7-20}$$

而定子电压方程式的线性化方程表示为

$$\Delta \boldsymbol{V}_{dqg} = \bar{\boldsymbol{P}}_g \Delta \boldsymbol{x}_g + \bar{\boldsymbol{Z}}_g \Delta \boldsymbol{I}_{dqg} \tag{7-21}$$

以上两式中系数矩阵 $\bar{\boldsymbol{A}}_g$、$\bar{\boldsymbol{B}}_{Ig}$、$\bar{\boldsymbol{B}}_{Vg}$、$\bar{\boldsymbol{P}}_g$、$\bar{\boldsymbol{Z}}_g$ 的元素可以很容易地通过比较式(7-20)和式(7-6)、式(7-9)、式(7-15)、式(7-17)及比较式(7-12)和式(7-7)而得到，即

$$\bar{\boldsymbol{B}}_{Ig} = \left[\begin{array}{c|c}
 & \\
\dfrac{(X_d''-X_q'')I_{q(0)}-E_{d(0)}''}{T_J} & \dfrac{(X_d''-X_q'')I_{d(0)}-E_{q(0)}''}{T_J} \\
 & \\
\dfrac{X_d''-X_d'}{T_{d0}''} & \\
 & \\
 & \dfrac{X_q'-X_q''}{T_{q0}''} \\
\hline
 & \\
 & \\
 & \\
\dfrac{K_{cq}X_C}{T_R} & -\dfrac{K_{cd}X_C}{T_R} \\
\hline
 & \\
 & \\
 & \\
\hline
 & \\
 & \\
 & \\
\end{array}\right], \quad
\bar{\boldsymbol{B}}_{Vg} = \left[\begin{array}{c|c}
 & \\
 & \\
 & \\
 & \\
 & \\
 & \\
\hline
 & \\
 & \\
 & \\
\dfrac{K_{cd}}{T_R} & \dfrac{K_{cq}}{T_R} \\
\hline
 & \\
 & \\
 & \\
\hline
 & \\
 & \\
\end{array}\right]$$

$$\bar{\boldsymbol{P}}_g = \left[\begin{array}{cccccc|cc|ccccc|ccc}
 & & & & & 1 & & & & & & & & & & \\
\hline
 & & & 1 & & & & & & & & & & & & \\
\end{array}\right]$$

$$\bar{\boldsymbol{Z}}_g = \begin{bmatrix} -R_a & X_q'' \\ -X_d'' & -R_a \end{bmatrix}$$

在同步电机、励磁系统、原动机及其调速系统等采用其他模型时，同上原理，总可以先写出各自的线性化方程，然后表示成式(7-20)、式(7-21)的形式。另外还需注意，式(7-18)中各状态变量的排序并不是一成不变的，不同的排序下有相应的矩阵。

2) 坐标变换

式(7-20)和式(7-21)中的 $\Delta \boldsymbol{V}_{dqg}$ 和 $\Delta \boldsymbol{I}_{dqg}$ 为各发电机本身 d、q 轴电压和电流分量的偏差，

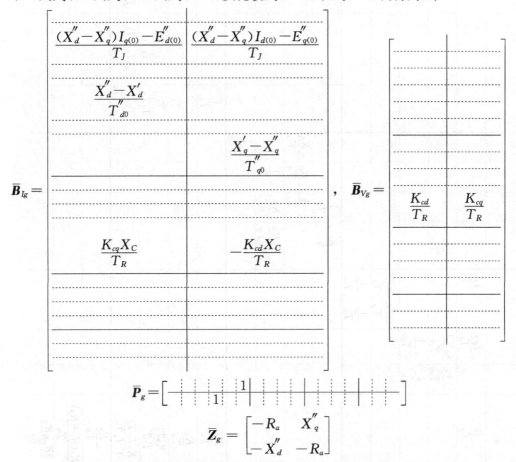

$\overline{\boldsymbol{A}}_g=$

	ω_s															
	$-\frac{D}{T_J}$		$-\frac{I_{q(0)}}{T_J}$		$-\frac{I_{d(0)}}{T_J}$											$\frac{1}{T_J}$
		$-\frac{k_d}{T'_{d0}}$	$\frac{k_d-1}{T'_{d0}}$			$\frac{1}{T'_{d0}}$										
		$\frac{1}{T''_{d0}}$	$-\frac{1}{T''_{d0}}$													
				$-\frac{k_q}{T'_{q0}}$	$\frac{k_q-1}{T'_{q0}}$											
				$\frac{1}{T''_{q0}}$	$\frac{1}{T''_{q0}}$											
						$-\frac{K'_E}{T_E}$	$\frac{1}{T_E}$									
							$-\frac{1}{T_A}$	$-\frac{K_A}{T_A}$	$-\frac{K_A}{T_A}$				$\frac{K_A}{T_A}$			
						$-\frac{K_F K'_E}{T_E T_F}$	$\frac{K_F}{T_E T_F}$	$-\frac{1}{T_F}$								
									$-\frac{1}{T_R}$							
	$\frac{K_S}{T_6}$									$-\frac{1}{T_6}$						
	$\frac{K_S}{T_6}$									$-\frac{1}{T_6}$	$-\frac{1}{T_5}$					
	$\frac{K_S T_1}{T_2 T_6}$									$-\frac{T_1}{T_2 T_6}$	$\frac{T_5-T_1}{T_2 T_5}$	$-\frac{1}{T_2}$				
	$\frac{K_S T_1 T_3}{T_2 T_4 T_6}$									$-\frac{T_1 T_3}{T_2 T_4 T_6}$	$\frac{T_3(T_5-T_1)}{T_2 T_4 T_5}$	$\frac{T_2-T_3}{T_2 T_4}$	$-\frac{1}{T_4}$			
	$-\frac{K_\delta}{T_S}$														$-\frac{1}{T_S}$	
	$-\frac{K_\delta(K_i+K_\beta)}{T_S}$													$\frac{K_i}{T_i}$	$-\left(\frac{1}{T_i}+\frac{K_i+K_\beta}{T_S}\right)$	
	$\frac{2K_{mH}K_\delta}{T_S}$													$\frac{2K_{mH}}{T_\omega}$	$\frac{2K_{mH}}{T_S}$	$-\frac{2}{T_\omega}$

因此必须把它们转换成统一的同步旋转坐标参考轴 x-y 下的相应分量，以便将它们和电力网络联系起来。

对于发电机端电压，由坐标变换式(5-62)可知

$$\begin{bmatrix} V_d \\ V_q \end{bmatrix} = \begin{bmatrix} \sin\delta & -\cos\delta \\ \cos\delta & \sin\delta \end{bmatrix} \begin{bmatrix} V_x \\ V_y \end{bmatrix} \tag{7-22}$$

稳态值 $V_{d(0)}$、$V_{q(0)}$、$V_{x(0)}$、$V_{y(0)}$ 和 $\delta_{(0)}$ 也应满足式(7-22)，即

$$\begin{bmatrix} V_{d(0)} \\ V_{q(0)} \end{bmatrix} = \begin{bmatrix} \sin\delta_{(0)} & -\cos\delta_{(0)} \\ \cos\delta_{(0)} & \sin\delta_{(0)} \end{bmatrix} \begin{bmatrix} V_{x(0)} \\ V_{y(0)} \end{bmatrix} \tag{7-23}$$

将式(7-22)在稳态值附近线性化，得

$$\begin{bmatrix} \Delta V_d \\ \Delta V_q \end{bmatrix} = \begin{bmatrix} \sin\delta_{(0)} & -\cos\delta_{(0)} \\ \cos\delta_{(0)} & \sin\delta_{(0)} \end{bmatrix} \begin{bmatrix} \Delta V_x \\ \Delta V_y \end{bmatrix} + \begin{bmatrix} \cos\delta_{(0)} & \sin\delta_{(0)} \\ -\sin\delta_{(0)} & \cos\delta_{(0)} \end{bmatrix} \begin{bmatrix} V_{x(0)} \\ V_{y(0)} \end{bmatrix} \Delta\delta \tag{7-24}$$

利用式(7-23)，式(7-24)可另写为

$$\begin{bmatrix} \Delta V_d \\ \Delta V_q \end{bmatrix} = \begin{bmatrix} \sin\delta_{(0)} & -\cos\delta_{(0)} \\ \cos\delta_{(0)} & \sin\delta_{(0)} \end{bmatrix} \begin{bmatrix} \Delta V_x \\ \Delta V_y \end{bmatrix} + \begin{bmatrix} V_{q(0)} \\ -V_{d(0)} \end{bmatrix} \Delta\delta \tag{7-25}$$

简写成

$$\Delta \boldsymbol{V}_{dqg} = \boldsymbol{T}_{g(0)} \Delta \boldsymbol{V}_g + \boldsymbol{R}_{Vg} \Delta \boldsymbol{x}_g \tag{7-26}$$

式中：

$$\Delta \boldsymbol{V}_g = \begin{bmatrix} \Delta V_x \\ \Delta V_y \end{bmatrix}, \quad \boldsymbol{R}_{Vg} = \begin{bmatrix} V_{q(0)} & 0 & \cdots & 0 \\ -V_{d(0)} & 0 & \cdots & 0 \end{bmatrix}, \quad \boldsymbol{T}_{g(0)} = \begin{bmatrix} \sin\delta_{(0)} & -\cos\delta_{(0)} \\ \cos\delta_{(0)} & \sin\delta_{(0)} \end{bmatrix}$$

很明显，$\boldsymbol{T}_{g(0)}$ 为正交矩阵，即满足

$$\boldsymbol{T}_{g(0)}^{-1} = \boldsymbol{T}_{g(0)}^{\mathrm{T}} \tag{7-27}$$

同理，对发电机电流也可得到以下关系：

$$\Delta \boldsymbol{I}_{dqg} = \boldsymbol{T}_{g(0)} \Delta \boldsymbol{I}_g + \boldsymbol{R}_{Ig} \Delta \boldsymbol{x}_g \tag{7-28}$$

式中：

$$\Delta \boldsymbol{I}_g = \begin{bmatrix} \Delta I_x \\ \Delta I_y \end{bmatrix}, \quad \boldsymbol{R}_{Ig} = \begin{bmatrix} I_{q(0)} & 0 & \cdots & 0 \\ -I_{d(0)} & 0 & \cdots & 0 \end{bmatrix}$$

将式(7-26)和式(7-28)代入式(7-21)消去 $\Delta \boldsymbol{V}_{dqg}$ 和 $\Delta \boldsymbol{I}_{dqg}$，可以得到

$$\Delta \boldsymbol{I}_g = \boldsymbol{C}_g \Delta \boldsymbol{x}_g + \boldsymbol{D}_g \Delta \boldsymbol{V}_g \tag{7-29}$$

式中：

$$\left.\begin{aligned} \boldsymbol{C}_g &= \boldsymbol{T}_{g(0)}^{\mathrm{T}} [\boldsymbol{Z}_g^{-1} (\boldsymbol{R}_{Vg} - \boldsymbol{P}_g) - \boldsymbol{R}_{Ig}] \\ \boldsymbol{D}_g &= \boldsymbol{T}_{g(0)}^{\mathrm{T}} \boldsymbol{Z}_g^{-1} \boldsymbol{T}_{g(0)} \end{aligned}\right\} \tag{7-30}$$

将式(7-26)和式(7-28)代入式(7-20)消去 $\Delta \boldsymbol{V}_{dqg}$ 和 $\Delta \boldsymbol{I}_{dqg}$，并利用式(7-29)、式(7-30)消去 $\Delta \boldsymbol{I}_g$，可以得到

$$\frac{\mathrm{d}\Delta \boldsymbol{x}_g}{\mathrm{d}t} = \boldsymbol{A}_g \Delta \boldsymbol{x}_g + \boldsymbol{B}_g \Delta \boldsymbol{V}_g \tag{7-31}$$

式中：

$$\left.\begin{aligned}\boldsymbol{A}_g &= \bar{\boldsymbol{A}}_g + \bar{\boldsymbol{B}}_{Ig}\boldsymbol{Z}_g^{-1}(\boldsymbol{R}_{Vg} - \bar{\boldsymbol{P}}_g) + \bar{\boldsymbol{B}}_{Vg}\boldsymbol{R}_{Vg} \\ \boldsymbol{B}_g &= (\bar{\boldsymbol{B}}_{Ig}\boldsymbol{Z}_g^{-1} + \bar{\boldsymbol{B}}_{Vg})\boldsymbol{T}_{g(0)}\end{aligned}\right\} \tag{7-32}$$

式(7-31)和式(7-29)便组成每个发电机组的线性化方程，它类似于一般线性定常系统的状态方程和输出方程。

7.2.2 负荷的线性化方程

在小干扰稳定性分析中，负荷大都采用电压静态特性模型。如果要考虑一些感应电动机负荷，可以用类似于推导同步电机线性化方程的方法得到感应电动机的线性化方程。

无论采用什么形式模拟负荷的电压静特性，负荷节点注入电流与节点电压的偏差关系总可以写成如下形式：

$$\Delta \boldsymbol{I}_l = \boldsymbol{Y}_l \Delta \boldsymbol{V}_l \tag{7-33}$$

式中：

$$\Delta \boldsymbol{I}_l = \begin{bmatrix}\Delta I_x \\ \Delta I_y\end{bmatrix}, \quad \boldsymbol{Y}_l = \begin{bmatrix}G_{xx} & B_{xy} \\ -B_{yx} & G_{yy}\end{bmatrix}, \quad \Delta \boldsymbol{V}_l = \begin{bmatrix}\Delta V_x \\ \Delta V_y\end{bmatrix} \tag{7-34}$$

其中的系数可由负荷节点注入电流与节点电压的关系式求得，即

$$\left.\begin{aligned}G_{xx} &= \frac{\partial I_x}{\partial V_x}\bigg|_{\substack{V_x=V_{x(0)}\\V_y=V_{y(0)}}}, \quad B_{xy} = \frac{\partial I_x}{\partial V_y}\bigg|_{\substack{V_x=V_{x(0)}\\V_y=V_{y(0)}}} \\ B_{yx} &= -\frac{\partial I_y}{\partial V_x}\bigg|_{\substack{V_x=V_{x(0)}\\V_y=V_{y(0)}}}, \quad G_{yy} = \frac{\partial I_y}{\partial V_y}\bigg|_{\substack{V_x=V_{x(0)}\\V_y=V_{y(0)}}}\end{aligned}\right\} \tag{7-35}$$

当采用二次多项式模拟负荷的电压静特性时，可以利用如式(6-48)所示的负荷节点注入电流与节点电压的关系和式(7-35)直接求出式(7-34)中的有关系数：

$$\left.\begin{aligned}G_{xx} &= \frac{P_{(0)}V_{x(0)}^2(b_P + 2c_P) + Q_{(0)}V_{x(0)}V_{y(0)}(b_Q + 2c_Q)}{V_{(0)}^4} - \frac{P_{(0)}}{V_{(0)}^2} \\ B_{xy} &= \frac{Q_{(0)}V_{y(0)}^2(b_Q + 2c_Q) + P_{(0)}V_{x(0)}V_{y(0)}(b_P + 2c_P)}{V_{(0)}^4} - \frac{Q_{(0)}}{V_{(0)}^2} \\ B_{yx} &= \frac{Q_{(0)}V_{x(0)}^2(b_Q + 2c_Q) - P_{(0)}V_{x(0)}V_{y(0)}(b_P + 2c_P)}{V_{(0)}^4} - \frac{Q_{(0)}}{V_{(0)}^2} \\ G_{yy} &= \frac{P_{(0)}V_{y(0)}^2(b_P + 2c_P) - Q_{(0)}V_{x(0)}V_{y(0)}(b_Q + 2c_Q)}{V_{(0)}^4} - \frac{P_{(0)}}{V_{(0)}^2}\end{aligned}\right\} \tag{7-36}$$

当采用指数形式模拟负荷的电压静特性时，可以利用如式(6-49)所示的负荷节点注入电流与节点电压的关系和式(7-35)直接求出式(7-34)中的有关系数：

$$\left.\begin{aligned}G_{xx}&=\frac{P_{(0)}}{V_{(0)}^2}\Big[(2-m)\frac{V_{x(0)}^2}{V_{(0)}^2}-1\Big]+\frac{Q_{(0)}}{V_{(0)}^2}\Big[(2-n)\frac{V_{x(0)}V_{y(0)}}{V_{(0)}^2}\Big]\\B_{xy}&=\frac{Q_{(0)}}{V_{(0)}^2}\Big[(2-n)\frac{V_{y(0)}^2}{V_{(0)}^2}-1\Big]+\frac{P_{(0)}}{V_{(0)}^2}\Big[(2-m)\frac{V_{x(0)}V_{y(0)}}{V_{(0)}^2}\Big]\\B_{yx}&=\frac{Q_{(0)}}{V_{(0)}^2}\Big[(2-n)\frac{V_{x(0)}^2}{V_{(0)}^2}-1\Big]-\frac{P_{(0)}}{V_{(0)}^2}\Big[(2-m)\frac{V_{x(0)}V_{y(0)}}{V_{(0)}^2}\Big]\\G_{yy}&=\frac{P_{(0)}}{V_{(0)}^2}\Big[(2-m)\frac{V_{y(0)}^2}{V_{(0)}^2}-1\Big]-\frac{Q_{(0)}}{V_{(0)}^2}\Big[(2-n)\frac{V_{x(0)}V_{y(0)}}{V_{(0)}^2}\Big]\end{aligned}\right\}\tag{7-37}$$

特别地，当对负荷的电压静特性缺少足够的信息时，通常可以接受的负荷模型是：负荷的有功功率用恒定电流（即取 $m=1$）、无功功率用恒定阻抗（即取 $n=2$）模拟。

7.2.3 FACTS 元件的线性化方程

1) SVC

从式(6-197)、式(6-198)可以直接得到如下线性化方程：

$$\left.\begin{aligned}\frac{\mathrm{d}\Delta B_{S1}}{\mathrm{d}t}&=-\frac{K_S}{T_S}\Delta V-\frac{1}{T_S}\Delta B_{S1}\\\frac{\mathrm{d}(T_{S2}\Delta B_{SVC}-T_{S1}\Delta B_{S1})}{\mathrm{d}t}&=\Delta B_{S1}-\Delta B_{SVC}\end{aligned}\right\}\tag{7-38}$$

由于 $V^2=V_x^2+V_y^2$，将它线性化，得

$$\Delta V=\frac{V_{x(0)}}{V_{(0)}}\Delta V_x+\frac{V_{y(0)}}{V_{(0)}}\Delta V_y\tag{7-39}$$

将上式代入式(7-38)，经整理后得

$$\frac{\mathrm{d}\Delta\boldsymbol{x}_s}{\mathrm{d}t}=\boldsymbol{A}_s\Delta\boldsymbol{x}_s+\boldsymbol{B}_s\Delta\boldsymbol{V}_s\tag{7-40}$$

式中：

$$\left.\begin{aligned}&\Delta\boldsymbol{x}_s=\begin{bmatrix}\Delta B_{S1}\\\Delta B_{SVC}\end{bmatrix},\qquad\Delta\boldsymbol{V}_s=\begin{bmatrix}\Delta V_x\\\Delta V_y\end{bmatrix}\\&\boldsymbol{A}_s=\begin{bmatrix}-\dfrac{1}{T_S}&0\\\dfrac{T_S-T_{S1}}{T_ST_{S2}}&-\dfrac{1}{T_{S1}}\end{bmatrix},\qquad\boldsymbol{B}_s=-\frac{K_S}{T_SV_{(0)}}\begin{bmatrix}V_{x(0)}&V_{y(0)}\\\dfrac{T_{S1}}{T_{S2}}V_{x(0)}&\dfrac{T_{S1}}{T_{S2}}V_{y(0)}\end{bmatrix}\end{aligned}\right\}\tag{7-41}$$

另外，根据式(6-50)可直接得到 SVC 注入电流和节点电压间的偏差关系

$$\Delta\boldsymbol{I}_s=\boldsymbol{C}_s\Delta\boldsymbol{x}_s+\boldsymbol{D}_s\Delta\boldsymbol{V}_s\tag{7-42}$$

式中：

$$\left.\begin{aligned}&\Delta\boldsymbol{I}_s=\begin{bmatrix}\Delta I_x\\\Delta I_y\end{bmatrix},\qquad\Delta\boldsymbol{V}_s=\begin{bmatrix}\Delta V_x\\\Delta V_y\end{bmatrix}\\&\boldsymbol{C}_s=\frac{1}{(1-X_TB_{SVC(0)})^2}\begin{bmatrix}0&V_{y(0)}\\0&-V_{x(0)}\end{bmatrix},\quad\boldsymbol{D}_s=\frac{B_{SVC(0)}}{1-X_TB_{SVC(0)}}\begin{bmatrix}0&1\\-1&0\end{bmatrix}\end{aligned}\right\}\tag{7-43}$$

这样式(7-40)、式(7-42)便组成了 SVC 的全部线性化方程式。

2) TCSC

从式(6-208)、式(6-209)可以直接得到如下线性化方程：

$$\left.\begin{aligned}\frac{\mathrm{d}\Delta B_{T1}}{\mathrm{d}t}&=-\frac{K_T}{T_T}\Delta P_T-\frac{1}{T_T}\Delta B_{T1}\\\frac{\mathrm{d}(T_{T2}\Delta B_{\mathrm{TCSC}}-T_{T1}\Delta B_{T1})}{\mathrm{d}t}&=\Delta B_{T1}-\Delta B_{\mathrm{TCSC}}\end{aligned}\right\}\tag{7-44}$$

根据式(6-211)可以得到

$$\begin{aligned}\Delta P_T=&(V_{xi(0)}V_{yj(0)}-V_{yi(0)}V_{xj(0)})\Delta B_{\mathrm{TCSC}}+B_{\mathrm{TCSC}(0)}V_{yj(0)}\Delta V_{xi}-B_{\mathrm{TCSC}(0)}V_{xj(0)}\Delta V_{yi}\\&-B_{\mathrm{TCSC}(0)}V_{yi(0)}\Delta V_{xj}+B_{\mathrm{TCSC}(0)}V_{xi(0)}\Delta V_{yj}\end{aligned}\tag{7-45}$$

将上式代入式(7-44)，并经整理后得

$$\frac{\mathrm{d}\Delta \boldsymbol{x}_t}{\mathrm{d}t}=\boldsymbol{A}_t\Delta\boldsymbol{x}_t+\boldsymbol{B}_t\Delta\boldsymbol{V}_t\tag{7-46}$$

式中：

$$\left.\begin{aligned}&\Delta\boldsymbol{x}_t=\begin{bmatrix}\Delta B_{T1}\\\Delta B_{\mathrm{TCSC}}\end{bmatrix},\quad \Delta\boldsymbol{V}_t=[\Delta V_{xi}\quad\Delta V_{yi}\quad\Delta V_{xj}\quad\Delta V_{yj}]^{\mathrm{T}}\\&\boldsymbol{A}_t=\begin{bmatrix}-\dfrac{1}{T_T}&\dfrac{K_T}{T_T}(V_{yi(0)}V_{xj(0)}-V_{xi(0)}V_{yj(0)})\\\dfrac{1}{T_{T2}}-\dfrac{T_{T1}}{T_{T2}}\dfrac{1}{T_T}&\dfrac{T_{T1}}{T_{T2}}\dfrac{K_T}{T_T}(V_{yi(0)}V_{xj(0)}-V_{xi(0)}V_{yj(0)})-\dfrac{1}{T_{T2}}\end{bmatrix}\\&\boldsymbol{B}_t=\frac{K_TB_{\mathrm{TCSC}(0)}}{T_T}\begin{bmatrix}-V_{yj(0)}&V_{xj(0)}&V_{yi(0)}&-V_{xi(0)}\\-\dfrac{T_{T1}}{T_{T2}}V_{yj(0)}&\dfrac{T_{T1}}{T_{T2}}V_{xj(0)}&\dfrac{T_{T1}}{T_{T2}}V_{yi(0)}&-\dfrac{T_{T1}}{T_{T2}}V_{xi(0)}\end{bmatrix}\end{aligned}\right\}\tag{7-47}$$

另外，根据式(6-51)可直接得到 TCSC 注入电流和节点电压间的偏差关系

$$\Delta\boldsymbol{I}_t=\boldsymbol{C}_t\Delta\boldsymbol{x}_t+\boldsymbol{D}_t\Delta\boldsymbol{V}_t\tag{7-48}$$

式中：

$$\left.\begin{aligned}&\Delta\boldsymbol{I}_t=[\Delta I_{xi}\quad\Delta I_{yi}\quad\Delta I_{xj}\quad\Delta I_{yj}]^{\mathrm{T}}\\&\boldsymbol{C}_t=\begin{bmatrix}0&V_{yi(0)}-V_{yj(0)}\\0&V_{xj(0)}-V_{xi(0)}\\0&V_{yj(0)}-V_{yi(0)}\\0&V_{xi(0)}-V_{xj(0)}\end{bmatrix},\quad\boldsymbol{D}_t=B_{\mathrm{TCSC}(0)}\begin{bmatrix}0&1&0&-1\\-1&0&1&0\\0&-1&0&1\\1&0&-1&0\end{bmatrix}\end{aligned}\right\}\tag{7-49}$$

这样式(7-46)、式(7-48)便组成了 TCSC 的全部线性化方程式。

7.2.4 直流输电系统的线性化方程

当考虑直流线路的暂态过程时，直流线路以及整流器和逆变器的控制方程如式(6-222)、式(6-224)～(6-227)所示，利用式(6-53)中的第一式消去式(6-226)中的 V_{dI}，在忽略对 α、β 限制的情况下，可得到它们在稳态值附近的线性化方程

$$
\left.\begin{aligned}
\frac{d\Delta I_d}{dt} &= -\frac{R}{L}\Delta I_d - \frac{k_R V_{R(0)}\sin\alpha_{(0)}}{L}\Delta\alpha + \frac{k_I V_{I(0)}\sin\beta_{(0)}}{L}\Delta\beta \\
&\quad + \frac{k_R\cos\alpha_{(0)}}{L}\Delta V_R - \frac{k_I\cos\beta_{(0)}}{L}\Delta V_I \\
\frac{d\Delta x_1}{dt} &= \frac{1}{T_{c3}}(\Delta I_d - \Delta x_1) \\
\frac{d(K_{c1}\Delta x_1 - \Delta\alpha)}{dt} &= -\frac{K_{c2}}{T_{c2}}\Delta x_1 \\
\frac{d\Delta x_4}{dt} &= \frac{X_{cI}}{T_{v3}}\Delta I_d - \frac{1}{T_{v3}}\Delta x_4 - \frac{k_I V_{I(0)}\sin\beta_{(0)}}{T_{v3}}\Delta\beta + \frac{k_I\cos\beta_{(0)}}{T_{v3}}\Delta V_I \\
\frac{d(K_{v1}\Delta x_4 - \Delta\beta)}{dt} &= -\frac{K_{v2}}{T_{v2}}\Delta x_4
\end{aligned}\right\} \tag{7-50}
$$

整流器和逆变器交流母线电压的幅值与其 x、y 分量间的关系为

$$V_R^2 = V_{xR}^2 + V_{yR}^2, \qquad V_I^2 = V_{xI}^2 + V_{yI}^2$$

将上式在稳态值附近线性化，得

$$
\left.\begin{aligned}
\Delta V_R &= \frac{V_{xR(0)}}{V_{R(0)}}\Delta V_{xR} + \frac{V_{yR(0)}}{V_{R(0)}}\Delta V_{yR} \\
\Delta V_I &= \frac{V_{xI(0)}}{V_{I(0)}}\Delta V_{xI} + \frac{V_{yI(0)}}{V_{I(0)}}\Delta V_{yI}
\end{aligned}\right\} \tag{7-51}
$$

将式(7-51)代入式(7-50)消去 ΔV_R 和 ΔV_I，并经整理后可得

$$\frac{d\Delta \boldsymbol{x}_d}{dt} = \boldsymbol{A}_d\Delta\boldsymbol{x}_d + \boldsymbol{B}_d\Delta\boldsymbol{V}_d \tag{7-52}$$

式中：

$$
\left.\begin{aligned}
\Delta\boldsymbol{x}_d &= [\Delta I_d \quad \Delta x_1 \quad \Delta x_4 \quad \Delta\alpha \quad \Delta\beta]^{\mathrm{T}} \\
\Delta\boldsymbol{V}_d &= [\Delta V_{xR} \quad \Delta V_{yR} \quad \Delta V_{xI} \quad \Delta V_{yI}]^{\mathrm{T}}
\end{aligned}\right\} \tag{7-53}
$$

式中的系数矩阵 $\boldsymbol{A}_d$、$\boldsymbol{B}_d$ 通过对照式(7-52)和原方程容易得到。

两端直流输电系统的代数方程可以由换流器交直流两侧的功率关系及电流关系推得。对于整流器，将有功功率关系式

$$V_{xR}I_{xR} + V_{yR}I_{yR} = X_{cR}I_d^2 - k_R I_d V_R\cos\alpha \tag{7-54}$$

在稳态值附近线性化，得

$$
\begin{aligned}
V_{xR(0)}\Delta I_{xR} + V_{yR(0)}\Delta I_{yR} &= -I_{xR(0)}\Delta V_{xR} - I_{yR(0)}\Delta V_{yR} + 2X_{cR}I_{d(0)}\Delta I_d \\
&\quad - k_R V_{R(0)}\cos\alpha_{(0)}\Delta I_d - k_R I_{d(0)}\cos\alpha_{(0)}\Delta V_R \\
&\quad + k_R I_{d(0)}V_{R(0)}\sin\alpha_{(0)}\Delta\alpha
\end{aligned} \tag{7-55}
$$

另外，将式(6-52)中第三式两端平方，得

$$I_R^2 = I_{xR}^2 + I_{yR}^2 = k_R^2 I_d^2 \tag{7-56}$$

上式的线性化方程为

$$I_{xR(0)}\Delta I_{xR} + I_{yR(0)}\Delta I_{yR} = k_R^2 I_{d(0)}\Delta I_d \tag{7-57}$$

将式(7-51)代入式(7-55)中消去 ΔV_R，并注意到整流器注入交流系统的无功功率 $Q_{R(0)} = V_{yR(0)}I_{xR(0)} - V_{xR(0)}I_{yR(0)}$ 总不为零，于是可以从式(7-55)、式(7-57)中解出节点注入电流的偏差，并写成如下矩阵形式：

$$\Delta\boldsymbol{I}_R = \boldsymbol{C}_R\Delta\boldsymbol{x}_d + \boldsymbol{D}_R\Delta\boldsymbol{V}_R \tag{7-58}$$

式中：

$$
\left.\begin{aligned}
&\Delta \boldsymbol{I}_R=\begin{bmatrix}\Delta I_{xR}\\ \Delta I_{yR}\end{bmatrix},\qquad \Delta \boldsymbol{V}_R=\begin{bmatrix}\Delta V_{xR}\\ \Delta V_{yR}\end{bmatrix}\\
&\boldsymbol{C}_R=\frac{1}{V_{xR(0)}I_{yR(0)}-V_{yR(0)}I_{xR(0)}}\begin{bmatrix}C_{11} & 0 & 0 & C_{14} & 0\\ C_{21} & 0 & 0 & C_{24} & 0\end{bmatrix}\\
&C_{11}=2X_{cR}I_{d(0)}I_{yR(0)}-k_R V_{R(0)}I_{yR(0)}\cos\alpha_{(0)}-k_R^2 I_{d(0)}V_{yR(0)}\\
&C_{14}=k_R V_{R(0)}I_{yR(0)}I_{d(0)}\sin\alpha_{(0)}\\
&C_{21}=-2X_{cR}I_{d(0)}I_{xR(0)}+k_R V_{R(0)}I_{xR(0)}\cos\alpha_{(0)}+k_R^2 I_{d(0)}V_{xR(0)}\\
&C_{24}=-k_R V_{R(0)}I_{xR(0)}I_{d(0)}\sin\alpha_{(0)}\\
&\boldsymbol{D}_R=\frac{1}{V_{xR(0)}I_{yR(0)}-V_{yR(0)}I_{xR(0)}}\begin{bmatrix}-D_{11} & -D_{12}\\ D_{21} & D_{22}\end{bmatrix}\\
&D_{11}=I_{yR(0)}\left(I_{xR(0)}+\frac{k_R V_{xR(0)}I_{d(0)}\cos\alpha_{(0)}}{V_{R(0)}}\right)\\
&D_{12}=I_{yR(0)}\left(I_{yR(0)}+\frac{k_R V_{yR(0)}I_{d(0)}\cos\alpha_{(0)}}{V_{R(0)}}\right)\\
&D_{21}=I_{xR(0)}\left(I_{xR(0)}+\frac{k_R V_{xR(0)}I_{d(0)}\cos\alpha_{(0)}}{V_{R(0)}}\right)\\
&D_{22}=I_{xR(0)}\left(I_{yR(0)}+\frac{k_R V_{yR(0)}I_{d(0)}\cos\alpha_{(0)}}{V_{R(0)}}\right)
\end{aligned}\right\}\tag{7-59}
$$

对于逆变器，将有功功率关系式

$$V_{xI}I_{xI}+V_{yI}I_{yI}=X_{cI}I_d^2+k_I I_d V_I\cos\beta \tag{7-60}$$

在稳态值附近线性化，得

$$
\begin{aligned}
V_{xI(0)}\Delta I_{xI}+V_{yI(0)}\Delta I_{yI}=&-I_{xI(0)}\Delta V_{xI}-I_{yI(0)}\Delta V_{yI}+2X_{cI}I_{d(0)}\Delta I_d+k_I V_{I(0)}\cos\beta_{(0)}\Delta I_d\\
&+k_I I_{d(0)}\cos\beta_{(0)}\Delta V_I-k_I I_{d(0)}V_{I(0)}\sin\beta_{(0)}\Delta\beta
\end{aligned}\tag{7-61}
$$

同样，将式(6-53)中第三式的两端平方，得到的线性化方程为

$$I_{xI(0)}\Delta I_{xI}+I_{yI(0)}\Delta I_{yI}=k_I^2 I_{d(0)}\Delta I_d \tag{7-62}$$

同理，将式(7-51)代入式(7-61)中消去 ΔV_I，式(7-61)、式(7-62)表示的电流、电压偏差关系式可以写成如下矩阵形式：

$$\Delta \boldsymbol{I}_I=\boldsymbol{C}_I\Delta \boldsymbol{x}_d+\boldsymbol{D}_I\Delta \boldsymbol{V}_I \tag{7-63}$$

式中：

$$\Delta \boldsymbol{I}_I=\begin{bmatrix}\Delta I_{xI}\\ \Delta I_{yI}\end{bmatrix},\qquad \Delta \boldsymbol{V}_I=\begin{bmatrix}\Delta V_{xI}\\ \Delta V_{yI}\end{bmatrix}\tag{7-64}$$

式(7-58)、式(7-63)组成了直流系统的代数方程

$$\Delta \boldsymbol{I}_d=\boldsymbol{C}_d\Delta \boldsymbol{x}_d+\boldsymbol{D}_d\Delta \boldsymbol{V}_d \tag{7-65}$$

式中：

$$\Delta \boldsymbol{I}_d=\begin{bmatrix}\Delta \boldsymbol{I}_R\\ \Delta \boldsymbol{I}_I\end{bmatrix},\qquad \Delta \boldsymbol{V}_d=\begin{bmatrix}\Delta \boldsymbol{V}_R\\ \Delta \boldsymbol{V}_I\end{bmatrix},\qquad \boldsymbol{C}_d=\begin{bmatrix}\boldsymbol{C}_R\\ \boldsymbol{C}_I\end{bmatrix},\qquad \boldsymbol{D}_d=\begin{bmatrix}\boldsymbol{D}_R & \boldsymbol{0}\\ \boldsymbol{0} & \boldsymbol{D}_I\end{bmatrix}\tag{7-66}$$

当直流系统采用其他数学模型时，用同样的方法可导出形如式(7-52)、式(7-65)所示的线性化方程。

7.3 小干扰稳定分析的步骤

7.3.1 网络方程

为了叙述方便，将网络方程式(6-36)写成分块矩阵形式，并注意到网络方程本身是线性的，因而可以直接写出在 x-y 坐标下节点注入电流偏差与节点电压偏差之间的线性化方程

$$\begin{bmatrix}\Delta \boldsymbol{I}_1\\ \vdots\\ \Delta \boldsymbol{I}_i\\ \vdots\\ \Delta \boldsymbol{I}_n\end{bmatrix}=\begin{bmatrix}\boldsymbol{Y}_{11} & \cdots & \boldsymbol{Y}_{1i} & \cdots & \boldsymbol{Y}_{1n}\\ \vdots & & \vdots & & \vdots\\ \boldsymbol{Y}_{i1} & \cdots & \boldsymbol{Y}_{ii} & \cdots & \boldsymbol{Y}_{in}\\ \vdots & & \vdots & & \vdots\\ \boldsymbol{Y}_{n1} & \cdots & \boldsymbol{Y}_{ni} & \cdots & \boldsymbol{Y}_{nn}\end{bmatrix}\begin{bmatrix}\Delta \boldsymbol{V}_1\\ \vdots\\ \Delta \boldsymbol{V}_i\\ \vdots\\ \Delta \boldsymbol{V}_n\end{bmatrix} \tag{7-67}$$

式中：

$$\Delta \boldsymbol{I}_i=\begin{bmatrix}\Delta I_{xi}\\ \Delta I_{yi}\end{bmatrix},\qquad \Delta \boldsymbol{V}_i=\begin{bmatrix}\Delta V_{xi}\\ \Delta V_{yi}\end{bmatrix},\qquad \boldsymbol{Y}_{ij}=\begin{bmatrix}G_{ij} & -B_{ij}\\ B_{ij} & G_{ij}\end{bmatrix}\qquad (i,j=1,2,\cdots,n) \tag{7-68}$$

对各负荷节点，把式(7-33)给出的注入电流偏差与节点电压偏差关系代入上式，即可消去负荷节点的电流偏差。设负荷接在节点 i，则消去该负荷后的网络方程仅是对原网络方程(7-67)的简单修正：节点 i 的电流偏差变为零，导纳矩阵中的第 i 个对角块变为 $\boldsymbol{Y}_{ii}-\boldsymbol{Y}_{Li}$，而其他内容不变。

不失一般性，假定网络中节点编号的次序为：先是各发电机所在节点，然后是各 SVC 所在节点，接下来是各 TCSC 的两端节点，再是各直流输电系统交流母线节点(先编整流侧节点，后编逆变侧节点)，最后是其他节点。消去所有负荷节点的电流偏差后，网络方程可写成如下分块矩阵形式：

$$\begin{bmatrix}\Delta \boldsymbol{I}_G\\ \Delta \boldsymbol{I}_S\\ \Delta \boldsymbol{I}_T\\ \Delta \boldsymbol{I}_D\\ \boldsymbol{0}\end{bmatrix}=\begin{bmatrix}\boldsymbol{Y}_{GG} & \boldsymbol{Y}_{GS} & \boldsymbol{Y}_{GT} & \boldsymbol{Y}_{GD} & \boldsymbol{Y}_{GL}\\ \boldsymbol{Y}_{SG} & \boldsymbol{Y}_{SS} & \boldsymbol{Y}_{ST} & \boldsymbol{Y}_{SD} & \boldsymbol{Y}_{SL}\\ \boldsymbol{Y}_{TG} & \boldsymbol{Y}_{TS} & \boldsymbol{Y}_{TT} & \boldsymbol{Y}_{TD} & \boldsymbol{Y}_{TL}\\ \boldsymbol{Y}_{DG} & \boldsymbol{Y}_{DS} & \boldsymbol{Y}_{DT} & \boldsymbol{Y}_{DD} & \boldsymbol{Y}_{DL}\\ \boldsymbol{Y}_{LG} & \boldsymbol{Y}_{LS} & \boldsymbol{Y}_{LT} & \boldsymbol{Y}_{LD} & \boldsymbol{Y}_{LL}\end{bmatrix}\begin{bmatrix}\Delta \boldsymbol{V}_G\\ \Delta \boldsymbol{V}_S\\ \Delta \boldsymbol{V}_T\\ \Delta \boldsymbol{V}_D\\ \Delta \boldsymbol{V}_L\end{bmatrix} \tag{7-69}$$

式中：$\Delta \boldsymbol{I}_G$ 和 $\Delta \boldsymbol{V}_G$ 分别为由全部发电机节点注入电流和节点电压偏差组成的向量；$\Delta \boldsymbol{I}_S$ 和 $\Delta \boldsymbol{V}_S$ 分别为由全部 SVC 节点注入电流和节点电压偏差组成的向量；$\Delta \boldsymbol{I}_T$ 和 $\Delta \boldsymbol{V}_T$ 分别为由全部 TCSC 节点注入电流和节点电压偏差组成的向量；$\Delta \boldsymbol{I}_D$ 和 $\Delta \boldsymbol{V}_D$ 分别为由全部换流器交流母线节点注入电流和节点电压偏差组成的向量；$\Delta \boldsymbol{V}_L$ 为其他节点电压偏差组成的向量。这些向量可表示为

$$\left.\begin{aligned}&\Delta\boldsymbol{I}_G=[\Delta\boldsymbol{I}_{g1}\quad\Delta\boldsymbol{I}_{g2}\quad\cdots]^{\mathrm{T}},\quad\Delta\boldsymbol{V}_G=[\Delta\boldsymbol{V}_{g1}\quad\Delta\boldsymbol{V}_{g2}\quad\cdots]^{\mathrm{T}}\\&\Delta\boldsymbol{I}_S=[\Delta\boldsymbol{I}_{s1}\quad\Delta\boldsymbol{I}_{s2}\quad\cdots]^{\mathrm{T}},\quad\Delta\boldsymbol{V}_S=[\Delta\boldsymbol{V}_{s1}\quad\Delta\boldsymbol{V}_{s2}\quad\cdots]^{\mathrm{T}}\\&\Delta\boldsymbol{I}_T=[\Delta\boldsymbol{I}_{t1}\quad\Delta\boldsymbol{I}_{t2}\quad\cdots]^{\mathrm{T}},\quad\Delta\boldsymbol{V}_T=[\Delta\boldsymbol{V}_{t1}\quad\Delta\boldsymbol{V}_{t2}\quad\cdots]^{\mathrm{T}}\\&\Delta\boldsymbol{I}_D=[\Delta\boldsymbol{I}_{d1}\quad\Delta\boldsymbol{I}_{d2}\quad\cdots]^{\mathrm{T}},\quad\Delta\boldsymbol{V}_D=[\Delta\boldsymbol{V}_{d1}\quad\Delta\boldsymbol{V}_{d2}\quad\cdots]^{\mathrm{T}}\\&\Delta\boldsymbol{V}_L=[\Delta\boldsymbol{V}_1\quad\Delta\boldsymbol{V}_2\quad\cdots]^{\mathrm{T}}\end{aligned}\right\}\tag{7-70}$$

7.3.2 全系统线性化微分方程的形成

由各发电机组的方程式(7-31)、式(7-29)可以组成全部发电机组的方程式

$$\frac{\mathrm{d}\Delta\boldsymbol{x}_G}{\mathrm{d}t}=\boldsymbol{A}_G\Delta\boldsymbol{x}_G+\boldsymbol{B}_G\Delta\boldsymbol{V}_G\tag{7-71}$$

$$\Delta\boldsymbol{I}_G=\boldsymbol{C}_G\Delta\boldsymbol{x}_G+\boldsymbol{D}_G\Delta\boldsymbol{V}_G\tag{7-72}$$

式中：

$$\left.\begin{aligned}&\boldsymbol{A}_G=\mathrm{diag}\{\boldsymbol{A}_{g1}\quad\boldsymbol{A}_{g2}\quad\cdots\},\quad\boldsymbol{B}_G=\mathrm{diag}\{\boldsymbol{B}_{g1}\quad\boldsymbol{B}_{g2}\quad\cdots\}\\&\boldsymbol{C}_G=\mathrm{diag}\{\boldsymbol{C}_{g1}\quad\boldsymbol{C}_{g2}\quad\cdots\},\quad\boldsymbol{D}_G=\mathrm{diag}\{\boldsymbol{D}_{g1}\quad\boldsymbol{D}_{g2}\quad\cdots\}\end{aligned}\right\}\tag{7-73}$$

由各 SVC 的方程式(7-40)、式(7-42)可以组成全部 SVC 的方程式

$$\frac{\mathrm{d}\Delta\boldsymbol{x}_S}{\mathrm{d}t}=\boldsymbol{A}_S\Delta\boldsymbol{x}_S+\boldsymbol{B}_S\Delta\boldsymbol{V}_H\tag{7-74}$$

$$\Delta\boldsymbol{I}_S=\boldsymbol{C}_S\Delta\boldsymbol{x}_S+\boldsymbol{D}_S\Delta\boldsymbol{V}_S\tag{7-75}$$

式中：

$$\left.\begin{aligned}&\boldsymbol{A}_S=\mathrm{diag}\{\boldsymbol{A}_{s1}\quad\boldsymbol{A}_{s2}\quad\cdots\},\quad\boldsymbol{B}_S=\mathrm{diag}\{\boldsymbol{B}_{s1}\quad\boldsymbol{B}_{s2}\quad\cdots\}\\&\boldsymbol{C}_S=\mathrm{diag}\{\boldsymbol{C}_{s1}\quad\boldsymbol{C}_{s2}\quad\cdots\},\quad\boldsymbol{D}_S=\mathrm{diag}\{\boldsymbol{D}_{s1}\quad\boldsymbol{D}_{s2}\quad\cdots\}\end{aligned}\right\}\tag{7-76}$$

由各 TCSC 的方程式(7-46)、式(7-48)可以组成全部 TCSC 的方程式

$$\frac{\mathrm{d}\Delta\boldsymbol{x}_T}{\mathrm{d}t}=\boldsymbol{A}_T\Delta\boldsymbol{x}_T+\boldsymbol{B}_T\Delta\boldsymbol{V}_T\tag{7-77}$$

$$\Delta\boldsymbol{I}_T=\boldsymbol{C}_T\Delta\boldsymbol{x}_T+\boldsymbol{D}_T\Delta\boldsymbol{V}_T\tag{7-78}$$

式中：

$$\left.\begin{aligned}&\boldsymbol{A}_T=\mathrm{diag}\{\boldsymbol{A}_{t1}\quad\boldsymbol{A}_{t2}\quad\cdots\},\quad\boldsymbol{B}_T=\mathrm{diag}\{\boldsymbol{B}_{t1}\quad\boldsymbol{B}_{t2}\quad\cdots\}\\&\boldsymbol{C}_T=\mathrm{diag}\{\boldsymbol{C}_{t1}\quad\boldsymbol{C}_{t2}\quad\cdots\},\quad\boldsymbol{D}_T=\mathrm{diag}\{\boldsymbol{D}_{t1}\quad\boldsymbol{D}_{t2}\quad\cdots\}\end{aligned}\right\}\tag{7-79}$$

由各两端直流输电系统的方程式(7-52)、式(7-65)可以组成全部两端直流输电系统的方程式

$$\frac{\mathrm{d}\Delta\boldsymbol{x}_D}{\mathrm{d}t}=\boldsymbol{A}_D\Delta\boldsymbol{x}_D+\boldsymbol{B}_D\Delta\boldsymbol{V}_D\tag{7-80}$$

$$\Delta\boldsymbol{I}_D=\boldsymbol{C}_D\Delta\boldsymbol{x}_D+\boldsymbol{D}_D\Delta\boldsymbol{V}_D\tag{7-81}$$

式中：

$$\left.\begin{aligned}&\boldsymbol{A}_D=\mathrm{diag}\{\boldsymbol{A}_{d1}\quad\boldsymbol{A}_{d2}\quad\cdots\},\quad\boldsymbol{B}_D=\mathrm{diag}\{\boldsymbol{B}_{d1}\quad\boldsymbol{B}_{d2}\quad\cdots\}\\&\boldsymbol{C}_D=\mathrm{diag}\{\boldsymbol{C}_{d1}\quad\boldsymbol{C}_{d2}\quad\cdots\},\quad\boldsymbol{D}_D=\mathrm{diag}\{\boldsymbol{D}_{d1}\quad\boldsymbol{D}_{d2}\quad\cdots\}\end{aligned}\right\}\tag{7-82}$$

将式(7-72)、式(7-75)、式(7-78)、式(7-81)代入式(7-69)消去 $\Delta\boldsymbol{I}_G$、$\Delta\boldsymbol{I}_S$、$\Delta\boldsymbol{I}_T$、$\Delta\boldsymbol{I}_D$，所得结果与式(7-71)、式(7-74)、式(7-77)、式(7-80)一起组成如式(7-3)所示的矩阵关

系式，其中：

$$\left.\begin{aligned}&\left.\begin{aligned}\Delta\boldsymbol{x}&=[\Delta\boldsymbol{x}_G\quad\Delta\boldsymbol{x}_S\quad\Delta\boldsymbol{x}_T\quad\Delta\boldsymbol{x}_D]^{\mathrm{T}}\\\Delta\boldsymbol{y}&=[\Delta\boldsymbol{V}_G\quad\Delta\boldsymbol{V}_S\quad\Delta\boldsymbol{V}_T\quad\Delta\boldsymbol{V}_D\quad\Delta\boldsymbol{V}_L]^{\mathrm{T}}\end{aligned}\right\}\\&\widetilde{\boldsymbol{A}}=\begin{bmatrix}\boldsymbol{A}_G&\boldsymbol{0}&\boldsymbol{0}&\boldsymbol{0}\\\boldsymbol{0}&\boldsymbol{A}_S&\boldsymbol{0}&\boldsymbol{0}\\\boldsymbol{0}&\boldsymbol{0}&\boldsymbol{A}_T&\boldsymbol{0}\\\boldsymbol{0}&\boldsymbol{0}&\boldsymbol{0}&\boldsymbol{A}_D\end{bmatrix}\\&\widetilde{\boldsymbol{B}}=\begin{bmatrix}\boldsymbol{B}_G&\boldsymbol{0}&\boldsymbol{0}&\boldsymbol{0}&\boldsymbol{0}\\\boldsymbol{0}&\boldsymbol{B}_S&\boldsymbol{0}&\boldsymbol{0}&\boldsymbol{0}\\\boldsymbol{0}&\boldsymbol{0}&\boldsymbol{B}_T&\boldsymbol{0}&\boldsymbol{0}\\\boldsymbol{0}&\boldsymbol{0}&\boldsymbol{0}&\boldsymbol{B}_D&\boldsymbol{0}\end{bmatrix}\\&\widetilde{\boldsymbol{C}}=\begin{bmatrix}-\boldsymbol{C}_G&\boldsymbol{0}&\boldsymbol{0}&\boldsymbol{0}\\\boldsymbol{0}&-\boldsymbol{C}_S&\boldsymbol{0}&\boldsymbol{0}\\\boldsymbol{0}&\boldsymbol{0}&-\boldsymbol{C}_T&\boldsymbol{0}\\\boldsymbol{0}&\boldsymbol{0}&\boldsymbol{0}&-\boldsymbol{C}_D\\\boldsymbol{0}&\boldsymbol{0}&\boldsymbol{0}&\boldsymbol{0}\end{bmatrix}\\&\widetilde{\boldsymbol{D}}=\begin{bmatrix}\boldsymbol{Y}_{GG}-\boldsymbol{D}_G&\boldsymbol{Y}_{GS}&\boldsymbol{Y}_{GT}&\boldsymbol{Y}_{GD}&\boldsymbol{Y}_{GL}\\\boldsymbol{Y}_{SG}&\boldsymbol{Y}_{SS}-\boldsymbol{D}_S&\boldsymbol{Y}_{ST}&\boldsymbol{Y}_{SD}&\boldsymbol{Y}_{SL}\\\boldsymbol{Y}_{TG}&\boldsymbol{Y}_{TS}&\boldsymbol{Y}_{TT}-\boldsymbol{D}_T&\boldsymbol{Y}_{TD}&\boldsymbol{Y}_{TL}\\\boldsymbol{Y}_{DG}&\boldsymbol{Y}_{DS}&\boldsymbol{Y}_{DT}&\boldsymbol{Y}_{DD}-\boldsymbol{D}_D&\boldsymbol{Y}_{DL}\\\boldsymbol{Y}_{LG}&\boldsymbol{Y}_{LS}&\boldsymbol{Y}_{LT}&\boldsymbol{Y}_{LD}&\boldsymbol{Y}_{LL}\end{bmatrix}\end{aligned}\right\}\tag{7-83}$$

显然，$\widetilde{\boldsymbol{A}}$、$\widetilde{\boldsymbol{B}}$、$\widetilde{\boldsymbol{C}}$分别为分块稀疏矩阵，而$\widetilde{\boldsymbol{D}}$和导纳矩阵具有同样的稀疏结构。

用式(7-83)中的矩阵$\widetilde{\boldsymbol{A}}$、$\widetilde{\boldsymbol{B}}$、$\widetilde{\boldsymbol{C}}$、$\widetilde{\boldsymbol{D}}$，根据式(7-5)即可得到状态矩阵$\boldsymbol{A}$。至此已经得到电力系统在稳态运行点的线性化方程式。

最后，有必要说明以下几个问题：

(1) 如果线性化后的系统渐近稳定，即如果$\boldsymbol{A}$的所有特征值的实部均为负，那么实际的非线性系统在平衡点是渐近稳定的。

(2) 形成矩阵$\boldsymbol{A}$的方法，在已有的各种商业化程序中可能各不相同，以上仅给出其中的一种形成方法，旨在介绍形成$\boldsymbol{A}$阵的原理和技巧[4~7,9,10]。式(7-83)中矩阵$\widetilde{\boldsymbol{A}}$、$\widetilde{\boldsymbol{B}}$、$\widetilde{\boldsymbol{C}}$、$\widetilde{\boldsymbol{D}}$的形式多种多样，它与状态变量的次序安排、网络方程的形式、各动态元件的代数方程和网络方程的协调处理方法等有关。不同的方法将影响到程序实现的复杂性和灵活性，但并不影响其特征值的计算结果。

(3) 以上方程的形成中考虑了发电机组、SVC、TCSC、两端直流输电系统，对电力系统中的其他动态元件可作类似处理。例如，对并联动态元件(如感应电动机负荷等)，可以仿照以上对发电机的处理方法得到其线性化方程；对多端直流输电系统，可以仿照以上对两端直流输电系统的处理方法得到其线性化方程。然后按规定的顺序将它们安排在整个系统的方程中。

(4) 按照以上方法形成的系数矩阵 **A** 将必定有一个零特征值。其存在的理由是各发电机转子的绝对角度不是唯一的，换言之，系统中存在一个冗余的转子角度。事实上，由于各发电机间的功率分配取决于各发电机转子角度的相对值，如果各发电机转子的绝对角度都加上一个固定的值，并不改变各发电机间的功率分配，因而不影响系统的稳定性。若要摒除零特征值，只需选定任意一台发电机的转子角度作为参考，用其余机与该机转子的相对角度作为新的状态变量即可，这时矩阵 **A** 和相应的状态变量都将降低一阶。

(5) 另外还需注意，当系统中所有发电机的转矩都与转速的变化无关，即摇摆方程的右端无阻尼项且不考虑调速器的作用时，矩阵 **A** 还将存在一个零特征值。同样，要摒除这个零特征值，只需选定任意一台发电机的转速作为参考，用其余机与该机转速的相对值作为新的状态变量即可，这时矩阵 **A** 和相应的状态变量也都将降低一阶。

在明白了零特征值的来历后，可以在后面的计算步骤(5)和(6)中不作任何处理，仅需在计算结果中去除零特征值即可。然而应当注意，由于潮流和特征计算的误差，理论上的零特征值在实际上是很小的特征值。

7.3.3 小干扰稳定分析程序的组成

按照前面介绍的内容和方法，可以构成含有 FACTS(例如 SVC、TCSC)的交直流系统的小干扰稳定分析程序。其基本计算过程如下：

(1) 对给定的系统稳态运行情况进行潮流计算，求出系统各节点电压、电流和功率。

(2) 形成式(7-67)中的导纳矩阵。

(3) 已知各负荷的功率及负荷节点电压的稳态值为 $P_{(0)}$、$Q_{(0)}$、$V_{x(0)}$、$V_{y(0)}$。根据负荷电压静特性参数，应用式(7-36)或式(7-37)求出式(7-34)中的矩阵元素 G_{xx}、B_{xy}、B_{yx}、G_{yy}，用它们修改导纳矩阵中对应于各负荷节点的对角子块。

(4) 首先由式(6-74)～(6-78)和式(6-118)～(6-122)计算出各发电机组中所有变量的初值，然后分别形成式(7-20)和式(7-21)中的矩阵 $\overline{\boldsymbol{A}}_g$、$\boldsymbol{B}_{Ig}$、$\boldsymbol{B}_{Vg}$、$\boldsymbol{P}_g$、$\boldsymbol{Z}_g$ 及式(7-26)和式(7-28)中的矩阵 $\boldsymbol{T}_{g(0)}$、$\boldsymbol{R}_{Vg}$、$\boldsymbol{R}_{Ig}$。然后应用式(7-30)和式(7-32)求出矩阵 $\boldsymbol{C}_g$、$\boldsymbol{D}_g$、$\boldsymbol{A}_g$、$\boldsymbol{B}_g$，从而得到各发电机组的线性化方程。对其他动态元件，用同样的方法可得到其线性化方程中的系数矩阵。直至得出系统中所有动态元件的线性化方程。

(5) 按照式(7-71)～(7-83)形成矩阵 $\widetilde{\boldsymbol{A}}$、$\widetilde{\boldsymbol{B}}$、$\widetilde{\boldsymbol{C}}$、$\widetilde{\boldsymbol{D}}$，再应用式(7-5)计算出系统的状态矩阵 **A**。

(6) 应用 *QR* 法计算矩阵 **A** 的全部特征值[2~4]，从而判断系统在所给定的稳态运行情况下的小干扰稳定性。计算矩阵 **A** 全部特征值的 *QR* 法将在下节介绍。

【例 7-1】 9 节点电力系统的单线图、支路数据、发电机参数、正常运行情况下的系统潮流分别如图 6-12、表 6-5、表 6-6、表 6-7 所示。系统频率为 60Hz。

各负荷均用恒定阻抗模拟。发电机 1 采用经典模型，发电机 2 和 3 采用双轴模型。发电机 2 和 3 均装有自并励静止励磁系统，其参数如下：

$$X_C=0,\quad K_A=200,\quad T_R=0.03\text{s},\quad T_A=0.02\text{s},\quad T_B=10.0\text{s},\quad T_C=1.0\text{s}$$

另外，各发电机的阻尼系数 D_i 均取为 1.0。

下面研究在正常运行情况下系统的小干扰稳定性。为简单起见，在以下的矩阵中“空白”表示数 0 或适当维数的 **0** 矩阵。

【解】 (1) 利用潮流结果，根据式(6-74)～(6-78)和式(6-118)～(6-122)计算出各发电机变量的初值，如表 7-1 所示。负荷的等值导纳见例 6-1，直接并入电力网络。

表 7-1　各发电机变量的初值

序号	$\delta_{(0)}$	$V_{q(0)}$	$V_{d(0)}$	$I_{q(0)}$	$I_{d(0)}$	$E_{fq(0)}$	$E'_{q(0)}$	$E'_{d(0)}$
1	2.271 65	1.039 18	0.041 22	0.678 01	0.287 16		1.056 64	
2	61.098 44	0.633 61	0.805 71	0.931 99	1.290 15	1.789 32	0.788 17	0.622 20
3	54.136 62	0.666 07	0.779 09	0.619 41	0.561 47	1.402 99	0.767 86	0.624 24

(2) 根据 7.2.1 节的方法得到各发电机组的线性化方程。

发电机 1：可以算出式(7-20)、式(7-21)、式(7-26)、式(7-28)中的系数矩阵为

$$\overline{\boldsymbol{A}}_1=\begin{matrix}\Delta\delta_1\\ \Delta\omega_1\end{matrix}\begin{bmatrix}0.0 & 376.991\,12\\ 0.0 & -0.021\,15\end{bmatrix},\quad \overline{\boldsymbol{B}}_{I1}=\begin{bmatrix}0.0 & 0.0\\ 0.0 & -0.022\,35\end{bmatrix},\quad \overline{\boldsymbol{B}}_{V1}=\begin{bmatrix}0.0 & 0.0\\ 0.0 & 0.0\end{bmatrix}$$

$$\overline{\boldsymbol{P}}_1=\begin{bmatrix}0.0 & 0.0\\ 0.0 & 0.0\end{bmatrix},\quad \boldsymbol{Z}_1=\begin{bmatrix}0.0 & 0.0608\\ -0.0608 & 0.0\end{bmatrix}$$

$$\boldsymbol{T}_{1(0)}=\begin{bmatrix}0.039\,64 & -0.999\,21\\ 0.999\,21 & 0.039\,64\end{bmatrix},\quad \boldsymbol{R}_{V1}=\begin{bmatrix}1.039\,18 & 0.0\\ -0.041\,22 & 0.0\end{bmatrix}$$

$$\boldsymbol{R}_{I1}=\begin{bmatrix}0.678\,01 & 0.0\\ -0.287\,16 & 0.0\end{bmatrix}$$

最后，根据式(7-32)、式(7-30)和以上矩阵计算出发电机组线性化方程(7-31)、(7-29)中的矩阵：

$$\boldsymbol{A}_1=\begin{bmatrix}0.0 & 376.991\,12\\ -0.381\,98 & -0.021\,15\end{bmatrix},\quad \boldsymbol{B}_1=\begin{bmatrix}0.0 & 0.0\\ -0.014\,57 & 0.367\,29\end{bmatrix}$$

$$\boldsymbol{C}_1=\begin{bmatrix}17.365\,32 & 0.0\\ 0.688\,86 & 0.0\end{bmatrix},\quad \boldsymbol{D}_1=\begin{bmatrix}0.0 & -16.447\,37\\ 16.447\,37 & 0.0\end{bmatrix}$$

发电机 2：同上原理得到发电机 2 线性化方程的系数矩阵：

$$\overline{\boldsymbol{A}}_2=\begin{matrix}\Delta\delta_2\\ \Delta\omega_2\\ \Delta E'_{q2}\\ \Delta E'_{d2}\\ \Delta E_{fq2}\\ \Delta V_{R2}\\ \Delta V_{M2}\end{matrix}\begin{bmatrix} & 376.991\,12 & & & & & \\ & -0.078\,13 & -0.072\,81 & -0.100\,79 & & & \\ & & -0.166\,67 & & 0.166\,67 & & \\ & & & -1.869\,16 & & & \\ & & & & -0.100\,00 & -4.900\,00 & -1\,000.0\\ & & & & & -50.0000 & -10\,000.0\\ & & & & & & -33.333\,33\end{bmatrix}$$

$$\overline{\boldsymbol{B}}_{I2}=\begin{bmatrix} & \\ -0.054\,22 & -0.069\,35\\ -0.129\,33 & \\ & 1.247\,85\\ & \\ & \\ & \end{bmatrix},\quad \overline{\boldsymbol{B}}_{V2}=\begin{bmatrix} & \\ & \\ & \\ & \\ & \\ & \\ 26.201\,86 & 20.605\,18\end{bmatrix}$$

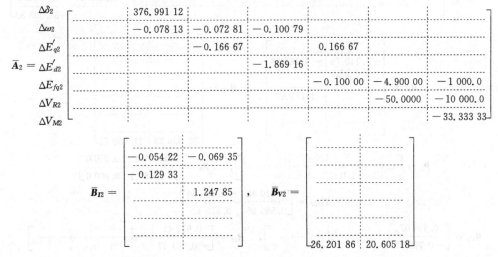

$$\bar{\boldsymbol{P}}_2 = \begin{bmatrix} & & & 1.0 & & & \\ & & 1.0 & & & & \end{bmatrix}, \quad \bar{\boldsymbol{Z}}_2 = \begin{bmatrix} 0.0000 & 0.1969 \\ -0.1198 & 0.0000 \end{bmatrix}$$

$$\boldsymbol{T}_{2(0)} = \begin{bmatrix} 0.87545 & -0.48331 \\ 0.48331 & 0.87545 \end{bmatrix}$$

$$\boldsymbol{R}_{V2} = \begin{bmatrix} 0.63361 & & & & & & \\ -0.80571 & & & & & & \end{bmatrix}, \quad \boldsymbol{R}_{I2} = \begin{bmatrix} 0.93199 & & & & & & \\ -1.29015 & & & & & & \end{bmatrix}$$

$$\boldsymbol{A}_2 = \begin{bmatrix} & 376.99112 & & & & & \\ -0.58783 & -0.07813 & -0.52542 & 0.25140 & & & \\ -0.86982 & & -1.24624 & & 0.16667 & & \\ 4.01549 & & & -8.20664 & & & \\ & & & & -0.10000 & -4.90000 & -1000.0 \\ & & & & & -50.0000 & -10000.0 \\ & & & & & & -33.33333 \end{bmatrix}$$

$$\boldsymbol{B}_2 = \begin{bmatrix} & \\ -0.08958 & 0.56646 \\ 0.52177 & 0.94512 \\ 5.54816 & -3.06294 \\ & \\ & \\ 32.89707 & 5.37531 \end{bmatrix}$$

$$\boldsymbol{C}_2 = \begin{bmatrix} 7.25066 & 7.30761 & -2.45458 & & & & \\ 1.14659 & -4.03428 & -4.44617 & & & & \end{bmatrix}$$

$$\boldsymbol{D}_2 = \begin{bmatrix} -1.38295 & -7.58377 \\ 5.84220 & 1.38295 \end{bmatrix}$$

发电机 3:同上原理得到发电机 3 线性化方程的系数矩阵：

$$\bar{\boldsymbol{A}}_3 = \begin{matrix} \Delta\delta_3 \\ \Delta\omega_3 \\ \Delta E'_{q3} \\ \Delta E'_{d3} \\ \Delta E_{fq3} \\ \Delta V_{R3} \\ \Delta V_{M3} \end{matrix} \begin{bmatrix} & 376.99112 & & & & & \\ & -0.16611 & -0.10289 & -0.09327 & & & \\ & & -0.16978 & & 0.16978 & & \\ & & & -1.66667 & & & \\ & & & & -0.10000 & -4.90000 & -1000.0 \\ & & & & & -50.0000 & -10000.0 \\ & & & & & & -33.33333 \end{bmatrix}$$

$$\bar{\boldsymbol{B}}_{I3} = \begin{bmatrix} & \\ -0.11076 & -0.13396 \\ -0.19205 & \\ & 1.67967 \\ & \\ & \\ & \end{bmatrix}, \quad \bar{\boldsymbol{B}}_{V3} = \begin{bmatrix} & \\ & \\ & \\ & \\ & \\ & \\ 25.33623 & 21.66071 \end{bmatrix}$$

$$\bar{\boldsymbol{P}}_3 = \begin{bmatrix} & & & 1.0 & & & \\ & & 1.0 & & & & \end{bmatrix}, \quad \bar{\boldsymbol{Z}}_3 = \begin{bmatrix} 0.0000 & 0.2500 \\ -0.1813 & 0.0000 \end{bmatrix}$$

$$\boldsymbol{T}_{3(0)} = \begin{bmatrix} 0.81042 & -0.58586 \\ 0.58586 & 0.81042 \end{bmatrix}$$

$$\boldsymbol{R}_{V3} = \begin{bmatrix} 0.66607 & & & & & & \\ -0.77907 & & & & & & \end{bmatrix}, \quad \boldsymbol{R}_{I3} = \begin{bmatrix} 0.61941 & & & & & & \\ -0.56147 & & & & & & \end{bmatrix}$$

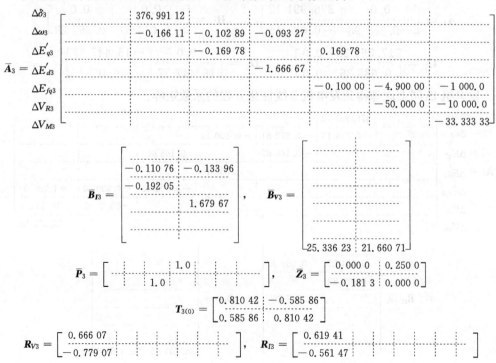

$$
\boldsymbol{A}_3=\begin{bmatrix}
 & 376.991\,12 & & & & & \\
-0.832\,88 & -0.166\,11 & -0.713\,83 & 0.442\,57 & & & \\
-0.825\,30 & & -1.229\,10 & & 0.169\,78 & & \\
4.475\,08 & & & -8.385\,33 & & & \\
 & & & & -0.100\,00 & -4.900\,00 & -1\,000.0 \\
 & & & & & -50.000\,0 & -10\,000.0 \\
 & & & & & & -33.333\,33
\end{bmatrix}
$$

$$
\boldsymbol{B}_3=\begin{bmatrix}
 & \\
-0.076\,33 & 0.809\,03 \\
0.620\,61 & 0.858\,49 \\
5.444\,92 & -3.936\,16 \\
 & \\
 & \\
33.222\,92 & 2.710\,85
\end{bmatrix}
$$

$$
\boldsymbol{C}_3=\begin{bmatrix}
4.870\,39 & & 4.470\,03 & -2.343\,42 & & & \\
0.459\,51 & & -3.231\,41 & -3.241\,66 & & &
\end{bmatrix},\quad
\boldsymbol{D}_3=\begin{bmatrix}
-0.719\,64 & -4.995\,48 \\
4.520\,23 & 0.719\,64
\end{bmatrix}
$$

(3) 系统的线性化方程。

显然,式(7-3)中的矩阵[见式(7-83)]为

$$
\widetilde{\boldsymbol{A}}=\boldsymbol{A}_G,\quad \widetilde{\boldsymbol{B}}=[\boldsymbol{B}_G \quad \boldsymbol{0}],\quad \widetilde{\boldsymbol{C}}=\begin{bmatrix}-\boldsymbol{C}_G\\ \boldsymbol{0}\end{bmatrix},\quad \widetilde{\boldsymbol{D}}=\begin{bmatrix}\boldsymbol{Y}_{GG}-\boldsymbol{D}_G & \boldsymbol{Y}_{GL}\\ \boldsymbol{Y}_{LG} & \boldsymbol{Y}_{LL}\end{bmatrix}
$$

$$
\boldsymbol{A}_G=\begin{bmatrix}\boldsymbol{A}_1 & \boldsymbol{0} & \boldsymbol{0}\\ \boldsymbol{0} & \boldsymbol{A}_2 & \boldsymbol{0}\\ \boldsymbol{0} & \boldsymbol{0} & \boldsymbol{A}_3\end{bmatrix},\qquad
\boldsymbol{B}_G=\begin{bmatrix}\boldsymbol{B}_1 & \boldsymbol{0} & \boldsymbol{0}\\ \boldsymbol{0} & \boldsymbol{B}_2 & \boldsymbol{0}\\ \boldsymbol{0} & \boldsymbol{0} & \boldsymbol{B}_3\end{bmatrix}
$$

$$
\boldsymbol{C}_G=\begin{bmatrix}\boldsymbol{C}_1 & \boldsymbol{0} & \boldsymbol{0}\\ \boldsymbol{0} & \boldsymbol{C}_2 & \boldsymbol{0}\\ \boldsymbol{0} & \boldsymbol{0} & \boldsymbol{C}_3\end{bmatrix},\qquad
\boldsymbol{D}_G=\begin{bmatrix}\boldsymbol{D}_1 & \boldsymbol{0} & \boldsymbol{0}\\ \boldsymbol{0} & \boldsymbol{D}_2 & \boldsymbol{0}\\ \boldsymbol{0} & \boldsymbol{0} & \boldsymbol{D}_3\end{bmatrix}
$$

$$
\boldsymbol{Y}_{GG}-\boldsymbol{D}_G=\begin{bmatrix}
 & 33.808\,48 & & & & \\
-33.808\,48 & & & & & \\
 & & 1.382\,95 & 23.583\,77 & & \\
 & & -21.842\,20 & -1.382\,95 & & \\
 & & & & 0.719\,64 & 22.060\,33 \\
 & & & & -21.585\,08 & -0.719\,64
\end{bmatrix}
$$

$$
\boldsymbol{Y}_{LG}=\begin{bmatrix}
 & -17.361\,11 & & & & \\
17.361\,11 & & & & & \\
 & & & & & \\
 & & & & & \\
 & & & & & \\
 & & & & & \\
 & & & -16.000\,00 & & \\
 & & 16.000\,00 & & & \\
 & & & & & \\
 & & & & & \\
 & & & & & -17.064\,85 \\
 & & & & 17.064\,85 &
\end{bmatrix}
$$

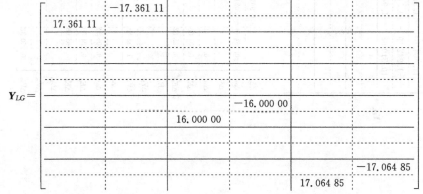

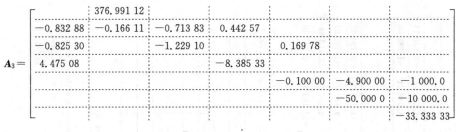

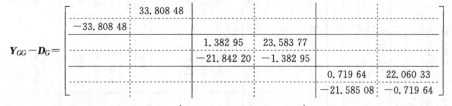

$Y_{LL}=$

3.307 38	39.308 89	−1.365 19	−11.604 10	−1.942 19	−10.510 68						
−39.308 89	3.307 38	11.604 10	−1.365 19	10.510 68	−1.942 19						
−1.365 19	−11.604 10	**3.813 79**	**17.842 63**			−1.187 60	−5.975 13				
11.604 10	−1.365 19	**−17.842 63**	**3.813 79**			5.975 13	−1.187 60				
−1.942 19	−10.510 68			**4.101 85**	**16.133 48**					−1.282 01	−5.588 24
10.510 68	−1.942 19			**−16.133 48**	**4.101 85**					5.588 24	−1.282 01
		−1.187 60	−5.975 13			2.804 73	35.445 61	−1.617 12	−13.697 98		
		5.975 13	−1.187 60			−35.445 61	2.804 73	13.697 98	−1.617 12		
						−1.617 12	−13.697 98	**3.741 19**	**23.642 39**	−1.155 09	−9.784 27
						13.697 98	−1.617 12	**−23.642 39**	**3.741 19**	9.784 27	−1.155 09
				−1.282 01	−5.588 24			−1.155 09	−9.784 27	2.437 10	32.153 86
				5.588 24	−1.282 01			9.784 27	−1.155 09	−32.153 86	2.437 10

$A=$

$\Delta\delta_1$		376.991 12														
$\Delta\omega_1$	−0.062 44	−0.021 15	0.035 18		0.024 85	−0.020 20				0.027 26		0.017 75	−0.019 13			
$\Delta\delta_2$				376.991 12												
$\Delta\omega_2$	0.119 24		−0.199 05	−0.078 13	−0.245 71	0.032 12				0.079 82		0.035 53	−0.069 60			
$\Delta E'_{q2}$	0.201 08		−0.324 11		−0.520 72	−0.047 50	0.166 67			0.123 03		0.134 28	−0.041 54			
$\Delta E'_{d2}$	−0.628 62		1.136 69		0.440 18	−4.619 25				−0.508 07		0.373 74	0.939 04			
ΔE_{fq2}							−0.100 00	−4.900 00	−1000.0							
ΔV_{R2}								−50.0	−10 000.0							
ΔV_{M2}	1.238 83		−1.486 47		15.667 5	113.925 22			−33.333 33	0.247 64		4.108 04	3.089 61			
$\Delta\delta_3$											376.991 12					
$\Delta\omega_3$	0.206 54		0.177 77		0.109 37	−0.114 76				−0.384 32	−0.166 11	−0.400 80	0.145 17			
$\Delta E'_{q3}$	0.224 59		0.160 72		0.211 60	−0.015 61				−0.385 31		−0.625 89	−0.046 85	0.169 78		
$\Delta E'_{d3}$	−0.965 68		−1.066 80		0.158 77	1.325 99				2.032 48		0.437 05	−4.995 08			
ΔE_{fq3}														−0.100 00	−4.900 00	−1 000.0
ΔV_{R3}															−50.0	−10.000 0
ΔV_{M3}	0.950 82		−0.736 52		4.925 56	4.681 10				−0.214 29		13.982 29	11.826 83			−33.333 3

$$
\boldsymbol{Y}_{GL}=\left[\begin{array}{cc|cc|cc|cc|cc|cc}
 & -17.361\,11 & & & & & & & & & & \\
17.361\,11 & & & & & & & & & & & \\
\hline
 & & & & & & & -16.000\,00 & & & & \\
 & & & & & & 16.000\,00 & & & & & \\
\hline
 & & & & & & & & & & & -17.064\,85 \\
 & & & & & & & & & & 17.064\,85 &
\end{array}\right]
$$

根据式(7-5)可得到状态矩阵

$$
\boldsymbol{A}=\boldsymbol{A}_G-[\boldsymbol{B}_G\quad \boldsymbol{0}]\begin{bmatrix}\boldsymbol{Y}_{GG}-\boldsymbol{D}_G & \boldsymbol{Y}_{GL}\\ \boldsymbol{Y}_{LG} & \boldsymbol{Y}_{LL}\end{bmatrix}^{-1}\begin{bmatrix}-\boldsymbol{C}_G\\ \boldsymbol{0}\end{bmatrix}=\boldsymbol{A}_G+\boldsymbol{B}_G[\boldsymbol{Y}_{GG}-\boldsymbol{D}_G-\boldsymbol{Y}_{GL}\boldsymbol{Y}_{LL}^{-1}\boldsymbol{Y}_{LG}]^{-1}\boldsymbol{C}_G
$$

4) 状态矩阵 $\boldsymbol{A}$ 的特征值和相应的特征向量。

应用 QR 法求得 $\boldsymbol{A}$ 的全部特征值为

$\lambda_1=-53.052\,99$，$\lambda_2=-51.802\,17$，$\lambda_3=-30.417\,62$，$\lambda_4=-28.214\,01$

$\lambda_{5,6}=-0.754\,97\mp \mathrm{j}12.863\,70$，$\lambda_{7,8}=-0.151\,54\mp \mathrm{j}8.671\,25$

$\lambda_9=-5.582\,05$，$\lambda_{10}=-3.722\,76$

$\lambda_{11,12}=-1.137\,01\mp \mathrm{j}0.915\,40$，$\lambda_{13,14}=-0.484\,32\mp \mathrm{j}0.657\,417$

$\lambda_{15}=-0.045\,71$，$\lambda_{16}=0.000\,00$

显然，除了我们已知的零特征值外，系统的其他所有特征值都具有负实部，因此系统在给定的运行方式下是小干扰稳定的。

7.4 小干扰稳定分析的特征值问题

既然遭受小干扰后非线性系统的稳定性可由其线性化系统的稳定性决定，而线性系统的稳定性又由状态矩阵 $\boldsymbol{A}$ 的特征值决定，因此下面我们简单介绍状态矩阵 $\boldsymbol{A}$ 的特征分析方法[2,3,6]，从而为进行电力系统的小干扰稳定性分析打下基础。

由上节可见，状态矩阵 $\boldsymbol{A}$ 是一个实不对称矩阵，因此后面的讨论一般仅限于 $\boldsymbol{A}\in\mathbb{R}^{n\times n}$。另外，在下面的论述中要涉及复数及复矩阵的计算，记 $\mathbb{C}$ 表示复数集合，$\mathbb{C}^n$ 表示 n 维复向量空间(列向量)，$\mathbb{C}^{m\times n}$ 为所有 m 行 n 列复数矩阵组成的向量空间。复矩阵的标乘、相加、相乘是与实矩阵完全相对应的。但是，转置在复情形下是转置共轭(用上标 H 表示)，即 $\boldsymbol{C}=\boldsymbol{A}^{\mathrm{H}}\Rightarrow c_{ij}=\bar{a}_{ji}$。$n$ 维复向量 $\boldsymbol{x}$ 和 $\boldsymbol{y}$ 的点积是 $s=\boldsymbol{x}^{\mathrm{H}}\boldsymbol{y}=\sum\limits_{i=1}^{n}\bar{x}_i y_i$。另外，在 p 范数意义下的单位向量(或规范化向量)是指满足于 $\|\boldsymbol{x}\|_p=1$ 的向量 $\boldsymbol{x}$。例如在 1、2 和无穷范数意义下的单位向量 $\boldsymbol{x}$ 分别为

$$
\left.\begin{aligned}
&\|\boldsymbol{x}\|_1=|x_1|+\cdots+|x_n|=1\\
&\|\boldsymbol{x}\|_2=\sqrt{|x_1|^2+\cdots+|x_n|^2}=\sqrt{\boldsymbol{x}^{\mathrm{H}}\boldsymbol{x}}=1\\
&\|\boldsymbol{x}\|_\infty=\max_{1\leqslant i\leqslant n}|x_i|=1
\end{aligned}\right\}\tag{7-84}
$$

将任一向量变为单位向量的过程称为向量的归一化。

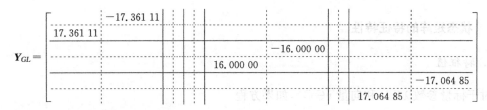

7.4.1 状态矩阵的特征特性

1. 特征值

对于标量参数 $\lambda \in \mathbb{C}$ 和向量 $\boldsymbol{v} \in \mathbb{C}^n$，如果方程

$$\boldsymbol{A}\boldsymbol{v} = \lambda \boldsymbol{v} \tag{7-85}$$

有非退化解(即 $\boldsymbol{v} \neq \boldsymbol{0}$)，则称 λ 为矩阵 $\boldsymbol{A}$ 的特征值。

要计算特征值，方程(7-85)可写成如下形式：

$$(\boldsymbol{A} - \lambda \boldsymbol{I})\boldsymbol{v} = \boldsymbol{0} \tag{7-86}$$

它具有非退化解的充分必要条件是

$$\det(\boldsymbol{A} - \lambda \boldsymbol{I}) = \boldsymbol{0} \tag{7-87}$$

展开上式左端的行列式，得到显式的多项式方程

$$\alpha_0 + \alpha_1 \lambda + \cdots + \alpha_{n-1}\lambda^{n-1} + (-1)^n \lambda^n = 0 \tag{7-88}$$

该方程称为矩阵 $\boldsymbol{A}$ 的特征方程，方程左端的多项式称为特征多项式。因为 λ^n 的系数不为零，所以此方程共有 n 个根，这些根的集合称为谱，记为 $\lambda(\boldsymbol{A})$。如果 $\lambda(\boldsymbol{A}) = \{\lambda_1, \cdots, \lambda_n\}$，则有

$$\det(\boldsymbol{A}) = \lambda_1 \lambda_2 \cdots \lambda_n$$

而且，如果我们定义 $\boldsymbol{A}$ 的追迹为

$$\operatorname{tr}(\boldsymbol{A}) = \sum_{i=1}^{n} a_{ii}$$

可以证明 $\operatorname{tr}(\boldsymbol{A}) = \lambda_1 + \lambda_2 + \cdots + \lambda_n$。

实不对称矩阵 $\boldsymbol{A}$ 的特征值既可能是实数，也可能是复数，并且复特征值总是以共轭对的形式出现。另外，相似矩阵的特征值相同，转置矩阵的特征值不变。

2. 特征向量

对任一特征值 λ_i，满足方程

$$\boldsymbol{A}\boldsymbol{v}_i = \lambda_i \boldsymbol{v}_i \qquad (i = 1, 2, \cdots, n) \tag{7-89}$$

的非零向量 $\boldsymbol{v}_i \in \mathbb{C}^n$ 称为矩阵 $\boldsymbol{A}$ 关于特征值 λ_i 的右特征向量。由于该方程为齐次方程，因而 $k\boldsymbol{v}_i$(k 为标量)也是以上方程的解，即同样是矩阵 $\boldsymbol{A}$ 关于特征值 λ_i 的右特征向量。除非特别声明，以后提到的“特征向量”均指“右特征向量”。一个特征向量定义了一个一维子空间，这个子空间用矩阵 $\boldsymbol{A}$ 左乘保持不变性。

同样，满足方程

$$\boldsymbol{A}^{\mathrm{T}}\boldsymbol{u}_i = \lambda_i \boldsymbol{u}_i \qquad (i = 1, 2, \cdots, n) \tag{7-90}$$

的非零向量 $\boldsymbol{u}_i \in \mathbb{C}^n$，称为矩阵 $\boldsymbol{A}^{\mathrm{T}}$ 关于特征值 λ_i 的右特征向量。方程(7-90)两边转置，得

$$\boldsymbol{u}_i^{\mathrm{T}}\boldsymbol{A} = \lambda_i \boldsymbol{u}_i^{\mathrm{T}} \qquad (i = 1, 2, \cdots, n) \tag{7-91}$$

称行向量 $\boldsymbol{u}_i^{\mathrm{T}}$ 为矩阵 $\boldsymbol{A}$ 关于特征值 λ_i 的左特征向量。

为了简明地表达矩阵 $\boldsymbol{A}$ 的特征特性，将 $\boldsymbol{A}$ 的所有特征值组成对角矩阵 $\boldsymbol{\Lambda}$，相应的右

特征向量按列组成矩阵 $\boldsymbol{X}_R$，相应的左特征向量按行组成矩阵 $\boldsymbol{X}_L$，即

$$\left.\begin{aligned}\boldsymbol{\Lambda} &= \mathrm{diag}\{\lambda_1 \quad \lambda_2 \quad \cdots \quad \lambda_n\} \\ \boldsymbol{X}_R &= [\boldsymbol{v}_1 \quad \boldsymbol{v}_2 \quad \cdots \quad \boldsymbol{v}_n] \\ \boldsymbol{X}_L &= [\boldsymbol{u}_1 \quad \boldsymbol{u}_2 \quad \cdots \quad \boldsymbol{u}_n]^{\mathrm{T}}\end{aligned}\right\} \tag{7-92}$$

以上三个 n 阶方阵称为模态矩阵。

利用式(7-92)，方程(7-89)和(7-91)可表示成如下矩阵形式：

$$\left.\begin{aligned}\boldsymbol{A}\boldsymbol{X}_R &= \boldsymbol{X}_R\boldsymbol{\Lambda} \\ \boldsymbol{X}_L\boldsymbol{A} &= \boldsymbol{\Lambda}\boldsymbol{X}_L\end{aligned}\right\} \tag{7-93}$$

在上式中，前一式两边左乘 $\boldsymbol{X}_L$，后一式两边右乘 $\boldsymbol{X}_R$，即可得到以下关系式：

$$(\boldsymbol{X}_L\boldsymbol{X}_R)\boldsymbol{\Lambda} = \boldsymbol{\Lambda}(\boldsymbol{X}_L\boldsymbol{X}_R) \tag{7-94}$$

或写成

$$\lambda_j\boldsymbol{u}_i^{\mathrm{T}}\boldsymbol{v}_j = \lambda_i\boldsymbol{u}_i^{\mathrm{T}}\boldsymbol{v}_j \qquad (i,j = 1,2,\cdots,n)$$

显然，相应于不同特征值的左、右特征向量是正交的；相应于同一特征值的左、右特征向量的乘积为一非零常数，通过对左、右特征向量的归一化处理总可以使这个常数为 1。即有

$$\boldsymbol{u}_i^{\mathrm{T}}\boldsymbol{v}_j = \begin{cases}0 & (i \neq j) \\ 1 & (i = j)\end{cases} \tag{7-95}$$

注意，$\boldsymbol{u}_i^{\mathrm{T}}\boldsymbol{v}_j$ 并不是通常理解的内积。上式的矩阵形式为

$$\boldsymbol{X}_L\boldsymbol{X}_R = \boldsymbol{I}, \qquad \boldsymbol{X}_L^{-1} = \boldsymbol{X}_R \tag{7-96}$$

根据式(7-93)和式(7-96)可得

$$\boldsymbol{X}_R^{-1}\boldsymbol{A}\boldsymbol{X}_R = \boldsymbol{\Lambda} \tag{7-97}$$

3. 动态系统的自由运动

由状态方程(7-4)可看出，每个状态变量的变化率都是所有状态变量的线性和。由于状态之间的耦合，很难对系统的运动有一个明晰的概念。

为了消去状态变量间的耦合，引入一个新的状态向量 $\boldsymbol{z}$，它和原始状态向量 $\Delta\boldsymbol{x}$ 间的关系定义为

$$\Delta\boldsymbol{x} = \boldsymbol{X}_R\boldsymbol{z} \tag{7-98}$$

把上式代入方程(7-4)，并考虑式(7-97)，状态方程即可改写为

$$\frac{\mathrm{d}\boldsymbol{z}}{\mathrm{d}t} = \boldsymbol{\Lambda}\boldsymbol{z} \tag{7-99}$$

它和原方程的差别在于：$\boldsymbol{\Lambda}$ 为对角阵，而 $\boldsymbol{A}$ 一般不是对角阵。方程(7-99)表示 n 个解耦的一阶方程

$$\frac{\mathrm{d}z_i}{\mathrm{d}t} = \lambda_i z_i \qquad (i = 1,2,\cdots,n) \tag{7-100}$$

它的时域解为

$$z_i(t) = z_i(0)\mathrm{e}^{\lambda_i t} \tag{7-101}$$

式中：z_i 的初值 $z_i(0)$ 可根据式(7-98)用 $\boldsymbol{u}_i^{\mathrm{T}}$ 和 $\Delta\boldsymbol{x}(0)$ 表示，即

$$z_i(0) = \boldsymbol{u}_i^{\mathrm{T}}\Delta\boldsymbol{x}(0) \tag{7-102}$$

将式(7-101)、式(7-102)代入变换式(7-98),可得到原始状态向量的时域解

$$\Delta \boldsymbol{x} = \sum_{i=1}^{n} \boldsymbol{v}_i z_i(0) \mathrm{e}^{\lambda_i t}$$

其中第 i 个状态变量的时域解为

$$\Delta x_i(t) = v_{i1} z_1(0) \mathrm{e}^{\lambda_1 t} + v_{i2} z_2(0) \mathrm{e}^{\lambda_2 t} + \cdots + v_{in} z_n(0) \mathrm{e}^{\lambda_n t} \quad (i = 1, 2, \cdots, n) \tag{7-103}$$

式中:v_{ik} 表示向量 $\boldsymbol{v}_k$ 的第 i 个元素。式(7-103)给出了用特征值、左特征向量和右特征向量表示系统自由运动时间响应的表达式。特征值 λ_i 对应于系统的第 i 个模态(Mode),与之相应的时间特性为 $\mathrm{e}^{\lambda_i t}$,这样系统自由运动的时间响应就可以说成是 n 个模态的线性和。

因此,系统的稳定性可以由特征值决定:

(1) 一个实特征值相应于一个非振荡模态。负实特征值表示衰减模态,其绝对值越大,则衰减越快;正实特征值表示非周期性不稳定。与实特征值有关的特征向量和 $z(0)$ 都具有实数值。

(2) 复特征值总是以共轭对的形式出现,即

$$\lambda = \sigma \pm j\omega \tag{7-104}$$

每对复特征值相应于一个振荡模态。与复特征值有关的特征向量和 $z(0)$ 都具有复数值。因此

$$(a + jb)\mathrm{e}^{(\sigma - j\omega)t} + (a - jb)\mathrm{e}^{(\sigma + j\omega)t} = \mathrm{e}^{\sigma t}(2a\cos\omega t + 2b\sin\omega t)$$

具有这样的形式:

$$\mathrm{e}^{\sigma t}\sin(\omega t + \theta)$$

显然,特征值的实部刻画了系统对振荡的阻尼,而虚部则指出了振荡的频率。负实部表示衰减振荡;正实部表示增幅振荡。振荡的频率(Hz)为

$$f = \frac{\omega}{2\pi} \tag{7-105}$$

定义阻尼比为

$$\zeta = \frac{-\sigma}{\sqrt{\sigma^2 + \omega^2}} \tag{7-106}$$

它决定了振荡幅值的衰减率和衰减特性。

7.4.2 线性系统的模态分析

1. 模态与特征向量

前面已经讨论了系统的时间响应,向量 $\Delta \boldsymbol{x}$ 和 $\boldsymbol{z}$ 的关系为

$$\left.\begin{aligned} \Delta \boldsymbol{x}(t) &= \boldsymbol{X}_R \boldsymbol{z}(t) = [\boldsymbol{v}_1 \quad \boldsymbol{v}_2 \quad \cdots \quad \boldsymbol{v}_n] \boldsymbol{z}(t) = \sum_{i=1}^{n} \boldsymbol{v}_i z_i(t) \\ \boldsymbol{z}(t) &= \boldsymbol{X}_L \Delta \boldsymbol{x}(t) = [\boldsymbol{u}_1 \quad \boldsymbol{u}_2 \quad \cdots \quad \boldsymbol{u}_n]^{\mathrm{T}} \Delta \boldsymbol{x}(t) \end{aligned}\right\} \tag{7-107}$$

变量 $\Delta x_1, \Delta x_2, \cdots, \Delta x_n$ 是表示系统动态性能的原始状态变量。变量 $z_1, z_2, \cdots, z_n$ 是变换

后的状态变量，每一个变量仅对应于系统的一个模态。

从方程(7-107)的第一式可以看出，右特征向量呈现出模态的表现形式，即当特定的模态被激活时，各状态变量的相对活动情况。例如，右特征向量 $\boldsymbol{v}_i$ 中的第 k 个元素 v_{ki} 给出了状态变量 x_k 在第 i 个模态中的活动程度。

$\boldsymbol{v}_i$ 中各元素的模值表征了 n 个状态变量在第 i 个模态中的活动程度，而各元素的角度则表征了各状态变量关于该模态的相位移。

从方程(7-107)的第二式可以看出，左特征向量 $\boldsymbol{u}_i^{\mathrm{T}}$ 确定呈现第 i 个模态时原始状态变量的组合方式。这样，右特征向量 $\boldsymbol{v}_i$ 中的第 k 个元素度量变量 x_k 在第 i 个模态中的活动，而左特征向量 $\boldsymbol{u}_i^{\mathrm{T}}$ 中的第 k 个元素加权这个活动对第 i 个模态的贡献。

2. 特征值灵敏度

我们首先考查特征值对状态矩阵 $\boldsymbol{A}$ 各元素 a_{kj} ($\boldsymbol{A}$ 的 k 行、j 列元素)的灵敏度。将方程(7-89)两边对 a_{kj} 求偏导数，得

$$\frac{\partial \boldsymbol{A}}{\partial a_{kj}}\boldsymbol{v}_i + \boldsymbol{A}\frac{\partial \boldsymbol{v}_i}{\partial a_{kj}} = \frac{\partial \lambda_i}{\partial a_{kj}}\boldsymbol{v}_i + \lambda_i\frac{\partial \boldsymbol{v}_i}{\partial a_{kj}} \tag{7-108}$$

上式两边左乘行向量 $\boldsymbol{u}_i^{\mathrm{T}}$，并考虑式(7-91)、式(7-95)，可得到

$$\frac{\partial \lambda_i}{\partial a_{kj}} = \boldsymbol{u}_i^{\mathrm{T}}\frac{\partial \boldsymbol{A}}{\partial a_{kj}}\boldsymbol{v}_i \tag{7-109}$$

显然，$\partial \boldsymbol{A}/\partial a_{kj}$ 中除第 k 行、j 列的元素为 1 外，其余元素都为零，因此

$$\frac{\partial \lambda_i}{\partial a_{kj}} = u_{ki}v_{ji} \tag{7-110}$$

式中：v_{ji} 表示向量 $\boldsymbol{v}_i$ 的第 j 个元素；u_{ki} 表示向量 $\boldsymbol{u}_i$ 的第 k 个元素。

设 α 是标量，$\boldsymbol{A}(\alpha)$ 是由元素 $a_{kj}(\alpha)$ 组成的 n 阶方阵，如果对一切的 k 和 j，$a_{kj}(\alpha)$ 都是可微函数，则

$$\frac{\mathrm{d}\boldsymbol{A}(\alpha)}{\mathrm{d}\alpha} = \frac{\mathrm{d}a_{kj}(\alpha)}{\mathrm{d}\alpha} \tag{7-111}$$

这样，仿照以上推导可得到特征值对标量 α 的灵敏度

$$\frac{\partial \lambda_i}{\partial \alpha} = \boldsymbol{u}_i^{\mathrm{T}}\frac{\partial \boldsymbol{A}}{\partial \alpha}\boldsymbol{v}_i \tag{7-112}$$

3. 参与因子(participation factor)

为了确定状态变量和模态之间的关系，把右特征向量和左特征向量结合起来，形成如下的参与矩阵(participation matrix)$\boldsymbol{P}$，用它来度量状态变量与模态之间的关联程度：

$$\boldsymbol{P} = \begin{matrix} \\ \Delta x_1 \\ \vdots \\ \Delta x_k \\ \vdots \\ \Delta x_n \end{matrix}\begin{matrix} \begin{matrix} \lambda_1 & \qquad & \lambda_i & \qquad & \lambda_n \end{matrix} \\ \begin{bmatrix} u_{11}v_{11} & \cdots & u_{1i}v_{1i} & \cdots & u_{1n}v_{1n} \\ \vdots & & \vdots & & \vdots \\ u_{k1}v_{k1} & \cdots & u_{ki}v_{ki} & \cdots & u_{kn}v_{kn} \\ \vdots & & \vdots & & \vdots \\ u_{n1}v_{n1} & \cdots & u_{ni}v_{ni} & \cdots & u_{nn}v_{nn} \end{bmatrix} \end{matrix} \tag{7-113}$$

称参与矩阵 $\boldsymbol{P}$ 的元素 $p_{ki}=u_{ki}v_{ki}$ 为参与因子[12]，它度量了第 i 个模态与第 k 个状态变量 Δx_k 的相互参与程度。称矩阵 $\boldsymbol{P}$ 的第 i 列 $\boldsymbol{p}_i$ 为第 i 个模态的参与向量。由于 v_{ki} 度量 Δx_k 在第 i 个模态中的活动状况，而 u_{ki} 加权这个活动对模态的贡献，因此它们的乘积 p_{ki} 即可度量净参与程度。左、右特征向量相应元素的乘积导致 p_{ki} 是无量纲的，即独立于特征向量单位的选择。

设 $\Delta\boldsymbol{x}(0)=\boldsymbol{e}_k$，即 $\Delta x_k(0)=1$ 且 $\Delta x_{j\neq k}(0)=0$，则由式(7-102)得 $z_i(0)=u_{ki}$，根据式(7-103)可得

$$\Delta x_k(t)=\sum_{i=1}^{n}v_{ki}u_{ki}\mathrm{e}^{\lambda_i t}=\sum_{i=1}^{n}p_{ki}\mathrm{e}^{\lambda_i t} \tag{7-114}$$

这个方程表明，被初值 $\Delta x_k(0)=1$ 激活的第 i 个模态，以系数 p_{ki} 参与在响应 $\Delta x_k(t)$ 中，参与因子由此而得名。

对于所有的模态或所有的状态变量，有

$$\sum_{i=1}^{n}p_{ki}=\sum_{k=1}^{n}p_{ki}=1 \tag{7-115}$$

上式不难得到证明。在式(7-114)中令 $t=0$，容易得到矩阵 $\boldsymbol{P}$ 的第 k 行元素之和为 1；而矩阵 $\boldsymbol{P}$ 的第 i 列元素之和等于 $\boldsymbol{u}_i^{\mathrm{T}}\boldsymbol{v}_i$，根据式(7-95)可知其值为 1。

另外，参看式(7-110)可知，参与因子 p_{ki} 实际上等于特征值 λ_i 对状态矩阵 $\boldsymbol{A}$ 的对角元素 a_{kk} 的灵敏度：

$$p_{ki}=\frac{\partial\lambda_i}{\partial a_{kk}} \tag{7-116}$$

7.4.3 特征值的计算

1. *QR* 法

计算一般矩阵全部特征值的数值方法中，当首推双位移 *QR* 法，它是 J. G. F. Francis 在 1962 年提出来的。这种方法具有鲁棒性强、收敛速度快等特点，是迄今为止最有效的特征求解方法。

对于给定的 $\boldsymbol{A}\in\mathbb{R}^{n\times n}$ 和正交阵 $\boldsymbol{Q}_0\in\mathbb{R}^{n\times n}$，考虑如下迭代：

$$\left.\begin{aligned}\boldsymbol{A}_0&=\boldsymbol{Q}_0^{\mathrm{T}}\boldsymbol{A}\boldsymbol{Q}_0\\ \boldsymbol{A}_{k-1}&=\boldsymbol{Q}_k\boldsymbol{R}_k(QR\ \text{分解})\\ \boldsymbol{A}_k&=\boldsymbol{R}_k\boldsymbol{Q}_k\end{aligned}\right\}\qquad(k=1,2,\cdots) \tag{7-117}$$

其中，每个 $\boldsymbol{Q}_k\in\mathbb{R}^{n\times n}$ 都是正交阵，每个 $\boldsymbol{R}_k\in\mathbb{R}^{n\times n}$ 都是上三角阵。由归纳法可得

$$\boldsymbol{A}_k=(\boldsymbol{Q}_0\boldsymbol{Q}_1\cdots\boldsymbol{Q}_k)^{\mathrm{T}}\boldsymbol{A}(\boldsymbol{Q}_0\boldsymbol{Q}_1\cdots\boldsymbol{Q}_k) \tag{7-118}$$

这样，每个 $\boldsymbol{A}_k$ 都与 $\boldsymbol{A}$ 相似。由于 $\boldsymbol{A}$ 有复特征值，因此 $\boldsymbol{A}_k$ 不会收敛到严格的、“特征值暴露”的三角阵，而只能满足于计算称为实 Schur 分解的另一种分解。

对角均为 1×1 块或 2×2 块的分块上三角阵称为拟上三角阵（upper quasi-triangular）。实 Schur 分解相当于将矩阵实归约为一个拟上三角阵。若 $\boldsymbol{A}\in\mathbb{R}^{n\times n}$，则存在一个正交阵 $\boldsymbol{Q}\in\mathbb{R}^{n\times n}$ 使得

$$
\boldsymbol{Q}^{\mathrm{T}}\boldsymbol{A}\boldsymbol{Q}=\begin{bmatrix}\boldsymbol{R}_{11} & \boldsymbol{R}_{12} & \cdots & \boldsymbol{R}_{1m}\\ \boldsymbol{0} & \boldsymbol{R}_{22} & \cdots & \boldsymbol{R}_{2m}\\ \vdots & \vdots & & \vdots\\ \boldsymbol{0} & \boldsymbol{0} & \cdots & \boldsymbol{R}_{mm}\end{bmatrix} \tag{7-119}
$$

其中每个 $\boldsymbol{R}_{ii}$ 是 1×1 矩阵或 2×2 矩阵。若是 1×1 的，其元素就是 $\boldsymbol{A}$ 的特征值；若是 2×2 的，$\boldsymbol{R}_{ii}$ 的特征值是 $\boldsymbol{A}$ 的一对共轭的复特征值。

为了有效实现实 Schur 分解，选取式(7-117)中的初始正交相似变换阵 $\boldsymbol{Q}_0$，使得 $\boldsymbol{A}_0$ 为上海森伯矩阵，这样一次迭代的计算量将从 $O(n^3)$ 减小到 $O(n^2)$。

一个上海森伯矩阵是这样的矩阵，在其对角线下，除去第一个次对角线上元素之外的其他所有元素为零。例如，对于 6×6 的情形，非零元素是

$$
\begin{bmatrix}\times & \times & \times & \times & \times & \times\\ \times & \times & \times & \times & \times & \times\\ & \times & \times & \times & \times & \times\\ & & \times & \times & \times & \times\\ & & & \times & \times & \times\\ & & & & \times & \times\end{bmatrix}
$$

至此，能够一眼看出，这样一种形式可以通过一系列豪斯霍尔德(Householder)变换得到，每一次变换将矩阵一列中的相应元素化为零。由于豪斯霍尔德变换为对称正交相似变换，所以得到的上海森伯矩阵与原矩阵具有相同的特征值。

要详细了解 *QR* 法的原理和算法实现，可参阅各种有关数值分析的教科书和专著。目前，用双位移 *QR* 法计算一般矩阵全部特征值，在一般的大、中型计算机中也都有标准的库程序供用户调用。

最后，我们应注意到，如果 $\boldsymbol{A}$ 中的元素数值差别很大，当实施某种迭代算法时，可能导致计算的特征值误差过大。特征值对舍入误差的敏感程度可以通过平衡来减小。由于数值过程中导致的特征系统的误差一般是与矩阵的欧几里得范数成正比，而平衡的思想就是：用相似变换将矩阵对应的行和列的范数变得相接近，从而在不改变特征值的前提下使矩阵的总范数减小。

平衡的实现是通过 $O(n^2)$ 运算确定对角阵 $\boldsymbol{D}$，使得若

$$
\widetilde{\boldsymbol{A}}=\boldsymbol{D}^{-1}\boldsymbol{A}\boldsymbol{D}=[\boldsymbol{c}_1\quad \boldsymbol{c}_2\quad \cdots\quad \boldsymbol{c}_n]=[\boldsymbol{r}_1\quad \boldsymbol{r}_2\quad \cdots\quad \boldsymbol{r}_n]^{\mathrm{T}} \tag{7-120}
$$

则 $\|\boldsymbol{r}_i\|_\infty\approx\|\boldsymbol{c}_i\|_\infty,i=1,2,\cdots,n$。对角阵 $\boldsymbol{D}$ 选成具有形式 $\boldsymbol{D}=\mathrm{diag}\{b^{i_1},b^{i_2},\cdots,b^{i_n}\}$，其中 b 是浮点基数，这样计算 $\widetilde{\boldsymbol{A}}$ 就可以没有舍入误差。当 $\boldsymbol{A}$ 被平衡后，计算的特征值常常会更精确。

2. *幂法*(the power method)

一般矩阵特征值问题的库程序都能够把矩阵的全部特征值和特征向量一并求出。但在实际应用中，往往不需要计算矩阵 $\boldsymbol{A}$ 的全部特征值，而只需求出模数最大的特征值(通常称为主特征值，dominant eigenvalue)。幂法是计算矩阵主特征值和相应特征向量的一

种非常有效的迭代方法。

设 $\boldsymbol{A} \in \mathbb{C}^{n\times n}$ 可对角化且 $\boldsymbol{X}^{-1}\boldsymbol{A}\boldsymbol{X}=\mathrm{diag}(\lambda_1,\lambda_2,\cdots,\lambda_n)$，其中 $\boldsymbol{X}=[\boldsymbol{x}_1 \quad \boldsymbol{x}_2 \quad \cdots \quad \boldsymbol{x}_n]$，$|\lambda_1|>|\lambda_2|\geqslant\cdots\geqslant|\lambda_n|$。给定 2 范数下的单位初始向量 $\boldsymbol{v}^{(0)}\in\mathbb{C}^n$，幂法产生如下向量序列 $\boldsymbol{v}^{(k)}$：

$$\left.\begin{aligned} \boldsymbol{z}^{(k)} &= \boldsymbol{A}\boldsymbol{v}^{(k-1)} \\ \boldsymbol{v}^{(k)} &= \boldsymbol{z}^{(k)}/\|\boldsymbol{z}^{(k)}\|_2 \\ \lambda^{(k)} &= [\boldsymbol{v}^{(k)}]^{\mathrm{H}}\boldsymbol{A}\boldsymbol{v}^{(k)} \end{aligned}\right\} \quad (k=1,2,\cdots) \tag{7-121}$$

显然，以上迭代中得到的向量序列 $\boldsymbol{v}^{(k)}$ 都是 2 范数下的单位向量。

由于

$$\mathrm{dist}(\mathrm{span}\{\boldsymbol{v}^{(k)}\},\mathrm{span}\{\boldsymbol{x}_1\})=O\left(\left|\frac{\lambda_2}{\lambda_1}\right|^k\right)$$

并且

$$|\lambda_1-\lambda^{(k)}|=O\left(\left|\frac{\lambda_2}{\lambda_1}\right|^k\right)$$

显然，只要 $|\lambda_2|/|\lambda_1|<1$，当 $k\to\infty$ 时，

$$\lambda^{(k)}\to\lambda_1, \qquad \boldsymbol{v}^{(k)}\to\boldsymbol{x}_1 \tag{7-122}$$

我们说幂法是线性收敛的方法，其有用性取决于比值 $|\lambda_2|/|\lambda_1|$，因为它反映收敛速率。

在用幂法求得 $\boldsymbol{A}$ 的主特征值后，我们可以利用“收缩技术”(deflation technique)得到 $\boldsymbol{A}$ 的剩余特征值。收缩方法有多种，但数值稳定的方法并不是很多，下面我们介绍一种以相似变换为基础的收缩方法。

设 λ_1、$\boldsymbol{v}_1$ 已知，可以找到一个豪斯霍尔德矩阵 $\boldsymbol{H}_1$，使 $\boldsymbol{H}_1\boldsymbol{v}_1=k_1\boldsymbol{e}_1$，且 $k_1\neq 0$。由 $\boldsymbol{A}_1\boldsymbol{v}_1=\lambda_1\boldsymbol{v}_1$，给出 $\boldsymbol{H}_1\boldsymbol{A}_1(\boldsymbol{H}_1^{-1}\boldsymbol{H}_1)\boldsymbol{v}_1=\lambda_1\boldsymbol{H}_1\boldsymbol{v}_1$，显然，$\boldsymbol{H}_1\boldsymbol{A}_1\boldsymbol{H}_1^{-1}\boldsymbol{e}_1=\lambda_1\boldsymbol{e}_1$，即 $\boldsymbol{H}_1\boldsymbol{A}_1\boldsymbol{H}_1^{-1}$ 的第一列为 $\lambda_1\boldsymbol{e}_1$，记

$$\boldsymbol{A}_2=\boldsymbol{H}_1\boldsymbol{A}_1\boldsymbol{H}_1^{-1}=\begin{bmatrix}\lambda_1 & \boldsymbol{b}_1^{\mathrm{T}} \\ \boldsymbol{0} & \boldsymbol{B}_2\end{bmatrix} \tag{7-123}$$

式中：$\boldsymbol{B}_2$ 为 $n-1$ 阶方阵，它显然有特征值 $\lambda_2,\cdots,\lambda_n$。在 $|\lambda_2|>|\lambda_3|$ 条件下，可用幂法求出 $\boldsymbol{B}_2$ 的主特征值 λ_2 和相应的特征向量 $\boldsymbol{y}_2$，其中 $\boldsymbol{B}_2\boldsymbol{y}_2=\lambda_2\boldsymbol{y}_2$。设 $\boldsymbol{A}_2\boldsymbol{z}_2=\lambda_2\boldsymbol{z}_2$，为求出 $\boldsymbol{z}_2$，设 α 为待定常数，$\boldsymbol{y}$ 为 $n-1$ 维向量，则

$$\boldsymbol{z}_2=\begin{bmatrix}\alpha \\ \boldsymbol{y}\end{bmatrix}$$

$$\left.\begin{aligned} \lambda_1\alpha+\boldsymbol{b}_1^{\mathrm{T}}\boldsymbol{y} &= \lambda_2\,\alpha \\ \boldsymbol{B}_2\boldsymbol{y} &= \lambda_2\boldsymbol{y} \end{aligned}\right\}$$

因为 $\lambda_1\neq\lambda_2$，可取 $\boldsymbol{y}=\boldsymbol{y}_2$，$\alpha=\dfrac{\boldsymbol{b}_1^{\mathrm{T}}\boldsymbol{y}}{\lambda_2-\lambda_1}$，这样就求出 $\boldsymbol{z}_2$。而 $\boldsymbol{v}_2=\boldsymbol{H}_1^{-1}\boldsymbol{z}_2$ 就是 $\boldsymbol{A}$ 关于 λ_2 的特征向量。

按以上方法和豪斯霍尔德矩阵的应用，应有

$$
\left.\begin{aligned}
k_1 &= -\operatorname{sgn}(\boldsymbol{e}_1^{\mathrm{T}}\boldsymbol{v}_1)\,\|\boldsymbol{v}_1\|_2 \\
\beta &= [\,\|\boldsymbol{v}_1\|_2(\|\boldsymbol{v}_1\|_2 + |\boldsymbol{e}_1^{\mathrm{T}}\boldsymbol{v}_1|)]^{-1} \\
\boldsymbol{u} &= \boldsymbol{v}_1 - k_1\boldsymbol{e}_1 \\
\boldsymbol{A}_2 &= \boldsymbol{H}_1\boldsymbol{A}_1\boldsymbol{H}_1^{-1} = (\boldsymbol{I}-\beta\boldsymbol{u}\boldsymbol{u}^{\mathrm{T}})\boldsymbol{A}_1(\boldsymbol{I}-\beta\boldsymbol{u}\boldsymbol{u}^{\mathrm{T}})
\end{aligned}\right\}
\tag{7-124}
$$

求出 λ_2、$\boldsymbol{v}_2$ 后，可对 $\boldsymbol{B}_2$ 继续收缩，计算其他特征值和特征向量。理论上只要 $\boldsymbol{A}$ 按模排列的前若干个特征值按模分离便可求出它们。这种收缩方法的缺点是改变了原矩阵的元素，使得当 $\boldsymbol{A}$ 是稀疏矩阵时，收缩过程将使矩阵的稀疏性不再保持。

最后应该指出的是，用幂法计算矩阵 $\boldsymbol{A}$ 的主特征值和相应特征向量的程序实现并非以上叙述的那么简单。在前面，我们仅讨论了 $\boldsymbol{A}$ 的主特征值 λ_1 是实数且是单重的情形。实际上，λ_1 还可能出现其他几种情形：λ_1 为 r 重实特征值；λ_1 和 λ_2 为模数相同但符号相反的实特征值；λ_1 和 λ_2 为一对共轭复特征值。$\boldsymbol{A}$ 的特征值出现这些不同的情形时，幂法的实现将稍有不同，其详细讨论可参见文献[2]。

3. *反幂法*(the inverse power method)

我们知道，非奇异矩阵 $\boldsymbol{A}$ 的逆阵 $\boldsymbol{A}^{-1}$ 的特征值是 $\boldsymbol{A}$ 的特征值的倒数。因此，$\boldsymbol{A}^{-1}$ 的主特征值的倒数便是 $\boldsymbol{A}$ 的模数最小的特征值。把幂法用于矩阵 $\boldsymbol{A}^{-1}$，得到的方法称为反幂法(或逆迭代法)，它可以用来计算非奇异矩阵 $\boldsymbol{A}$ 的模数最小的特征值及相应的特征向量。

给定 2 范数下的单位初始向量 $\boldsymbol{v}^{(0)} \in \mathbb{C}^n$，则反幂法产生如下迭代序列：

$$
\left.\begin{aligned}
\boldsymbol{A}\boldsymbol{z}^{(k)} &= \boldsymbol{v}^{(k-1)} \\
\boldsymbol{v}^{(k)} &= \boldsymbol{z}^{(k)}/\|\boldsymbol{z}^{(k)}\|_2 \\
\lambda^{(k)} &= [\boldsymbol{v}^{(k)}]^{\mathrm{H}}\boldsymbol{A}\boldsymbol{v}^{(k)}
\end{aligned}\right\}\quad (k=1,2,\cdots)
\tag{7-125}
$$

当 $k\to\infty$ 时，

$$
\lambda^{(k)} \to \frac{1}{\lambda_n}, \quad \boldsymbol{v}^{(k)} \to \boldsymbol{x}_n
\tag{7-126}
$$

反幂法的一种更有用的形式是把幂法用于矩阵 $(\boldsymbol{A}-\tau\boldsymbol{I})^{-1}$，其中 τ 为实常数或复常数。给定 2 范数下的单位初始向量 $\boldsymbol{v}^{(0)} \in \mathbb{C}^n$，其迭代过程如下：

$$
\left.\begin{aligned}
(\boldsymbol{A}-\tau\boldsymbol{I})\boldsymbol{z}^{(k)} &= \boldsymbol{v}^{(k-1)} \\
\boldsymbol{v}^{(k)} &= \boldsymbol{z}^{(k)}/\|\boldsymbol{z}^{(k)}\|_2 \\
\lambda^{(k)} &= [\boldsymbol{v}^{(k)}]^{\mathrm{H}}\boldsymbol{A}\boldsymbol{v}^{(k)}
\end{aligned}\right\}\quad (k=1,2,\cdots)
\tag{7-127}
$$

当 $k\to\infty$ 时，

$$
\left.\begin{aligned}
&\lambda^{(k)} \to \frac{1}{\lambda_p - \tau} \\
&\tau + \frac{1}{\lambda^{(k)}} \to \lambda_p \\
&\boldsymbol{v}^{(k)} \to \boldsymbol{x}_p
\end{aligned}\right\}
\tag{7-128}
$$

式中：λ_p 为矩阵 $\boldsymbol{A}$ 的所有特征值中最靠近数 τ 的特征值；而 $\boldsymbol{x}_p$ 为相应的特征向量。对式(7-128)需要作如下解释：

由于非奇异矩阵 $\boldsymbol{A}-\tau\boldsymbol{I}$ 的特征值为 $\lambda_j-\tau(j=1,2,\cdots,n)$，因此与矩阵 $(\boldsymbol{A}-\tau\boldsymbol{I})^{-1}$ 相对

应的特征值为$\frac{1}{\lambda_j-\tau}(j=1,2,\cdots,n)$。对矩阵$(\boldsymbol{A}-\tau\boldsymbol{I})^{-1}$应用幂法即可得到模数最大的特征值$\frac{1}{\lambda_p-\tau}$，这意味着$\lambda_p-\tau$的模数最小，或$\lambda_p$最靠近数$\tau$。

这样，如果我们想要得到矩阵$\boldsymbol{A}$的离τ最近的特征值和相应的特征向量，可应用式(7-127)所示的反幂法。反幂法的另外一个用途是，如果知道矩阵$\boldsymbol{A}$的某特征值的近似值τ，应用反幂法可求出相应的特征向量，并能改善特征值的精度。

在实际求解式(7-127)时，可先对$\boldsymbol{A}-\tau\boldsymbol{I}$进行三角分解：

$$\boldsymbol{A}-\tau\boldsymbol{I}=\boldsymbol{L}\boldsymbol{U}$$

式中：$\boldsymbol{L}$为单位下三角矩阵；$\boldsymbol{U}$为上三角矩阵。此时求解方程成为

$$\boldsymbol{L}\boldsymbol{U}\boldsymbol{z}^{(k)}=\boldsymbol{v}^{(k-1)}$$

从而，每次迭代只需做简单的前代和回代即可。

7.4.4 稀疏特征求解方法

在小干扰稳定分析中，电力系统的动态特性由式(7-3)所示的线性微分-代数方程描述，由式(7-83)可知，其中的矩阵$\widetilde{\boldsymbol{A}}$、$\widetilde{\boldsymbol{B}}$、$\widetilde{\boldsymbol{C}}$、$\widetilde{\boldsymbol{D}}$都为稀疏矩阵。当用式(7-5)得到矩阵$\boldsymbol{A}$，进而计算其特征值时，我们发现矩阵$\boldsymbol{A}$几乎完全失去稀疏性。由于著名的$QR$法不能稀疏实现，因此在用$QR$法计算$\boldsymbol{A}$的特征值时，$\boldsymbol{A}$是否稀疏无关紧要。但是，在用其他迭代方法(例如，幂法、反幂法或后面介绍的子空间法)计算矩阵$\boldsymbol{A}$的部分特征值时，如果能够充分利用原始矩阵的稀疏性，直接从式(7-3)中求得$\boldsymbol{A}$的特征值，则可大大提高特征值计算的效率。

对于$\boldsymbol{A}$的特征值λ，满足方程

$$\begin{bmatrix}\widetilde{\boldsymbol{A}} & \widetilde{\boldsymbol{B}}\\ \widetilde{\boldsymbol{C}} & \widetilde{\boldsymbol{D}}\end{bmatrix}\begin{bmatrix}\boldsymbol{v}\\ \boldsymbol{w}\end{bmatrix}=\lambda\begin{bmatrix}\boldsymbol{v}\\ \boldsymbol{0}\end{bmatrix}\tag{7-129}$$

的非零向量$\boldsymbol{v}\in\mathbb{C}^n$就是矩阵$\boldsymbol{A}$关于特征值$\lambda$的右特征向量。上式最左侧的矩阵称为增广状态矩阵。

上述结论不难得到证明。事实上，在式(7-129)中可得$\boldsymbol{w}=-\widetilde{\boldsymbol{D}}^{-1}\widetilde{\boldsymbol{C}}\boldsymbol{v}$，然后消去$\boldsymbol{w}$，并利用式(7-5)，容易得到

$$(\widetilde{\boldsymbol{A}}-\widetilde{\boldsymbol{B}}\widetilde{\boldsymbol{D}}^{-1}\widetilde{\boldsymbol{C}})\boldsymbol{v}=\boldsymbol{A}\boldsymbol{v}=\lambda\boldsymbol{v}\tag{7-130}$$

这样，我们就可通过对式(7-129)所示的增广状态矩阵方程直接求解，在不破坏系统稀疏性的前提下，得到矩阵$\boldsymbol{A}$的特征值和特征向量。下面描述幂法和反幂法的稀疏实现，并给出特征值对标量α灵敏度的稀疏表达式。

1. 幂法迭代式(7-121)的稀疏实现

由于方程

$$\begin{bmatrix}\boldsymbol{z}^{(k)}\\ \boldsymbol{0}\end{bmatrix}=\begin{bmatrix}\widetilde{\boldsymbol{A}} & \widetilde{\boldsymbol{B}}\\ \widetilde{\boldsymbol{C}} & \widetilde{\boldsymbol{D}}\end{bmatrix}\begin{bmatrix}\boldsymbol{v}^{(k-1)}\\ \boldsymbol{w}^{(k-1)}\end{bmatrix}$$

所表达的$\boldsymbol{z}^{(k)}$与$\boldsymbol{v}^{(k-1)}$之间的关系等价于$\boldsymbol{z}^{(k)}=\boldsymbol{A}\boldsymbol{v}^{(k-1)}$，因此，可将式(7-121)中第一式的

计算用下式替换：

$$\left.\begin{aligned}\tilde{\boldsymbol{D}}\boldsymbol{w}^{(k-1)} &= -\tilde{\boldsymbol{C}}\boldsymbol{v}^{(k-1)} \\ \boldsymbol{z}^{(k)} &= \tilde{\boldsymbol{A}}\boldsymbol{v}^{(k-1)} + \tilde{\boldsymbol{B}}\boldsymbol{w}^{(k-1)}\end{aligned}\right\} \tag{7-131}$$

在实施式(7-121)的迭代前，仅对 $\tilde{\boldsymbol{D}}$ 作一次稀疏三角分解，即 $\tilde{\boldsymbol{D}}=\boldsymbol{LU}$，则每步迭代中对式(7-131)的计算仅是一些稀疏矩阵与向量相乘及两个三角方程的求解。

2. *反幂法迭代式(7-127)的稀疏实现*

由于方程

$$\begin{bmatrix}\tilde{\boldsymbol{A}}-\tau\boldsymbol{I} & \tilde{\boldsymbol{B}} \\ \tilde{\boldsymbol{C}} & \tilde{\boldsymbol{D}}\end{bmatrix}\begin{bmatrix}\boldsymbol{z}^{(k)} \\ \boldsymbol{w}^{(k)}\end{bmatrix}=\begin{bmatrix}\boldsymbol{v}^{(k-1)} \\ \boldsymbol{0}\end{bmatrix} \tag{7-132}$$

所表达的 $\boldsymbol{z}^{(k)}$ 与 $\boldsymbol{v}^{(k-1)}$ 之间的关系等价于 $(\boldsymbol{A}-\tau\boldsymbol{I})\boldsymbol{z}^{(k)}=\boldsymbol{v}^{(k-1)}$，因此，可将式(7-127)中第一式的求解用求解式(7-132)替换，从而得到所需要的向量 $\boldsymbol{z}^{(k)}$。

对于给定的数 τ，首先计算矩阵 $\tilde{\boldsymbol{D}}^{*}=\tilde{\boldsymbol{D}}-\tilde{\boldsymbol{C}}(\tilde{\boldsymbol{A}}-\tau\boldsymbol{I})^{-1}\tilde{\boldsymbol{B}}$，并作稀疏三角分解 $\tilde{\boldsymbol{D}}^{*}=\boldsymbol{LU}$。注意到 $(\tilde{\boldsymbol{A}}-\tau\boldsymbol{I})$ 为分块对角矩阵（一个动态元件对应于一个对角块），因此 $(\tilde{\boldsymbol{A}}-\tau\boldsymbol{I})^{-1}$ 可通过对各对角块分别直接求逆得到。另外可以看出，$\tilde{\boldsymbol{D}}^{*}$ 与 $\tilde{\boldsymbol{D}}$ 有同样的稀疏结构（2×2 的分块稀疏阵）。这样，方程(7-132)的求解步骤可以归纳如下：

(1) 求解方程得到 $\boldsymbol{w}^{(k)}$，即

$$\tilde{\boldsymbol{D}}^{*}\boldsymbol{w}^{(k)}=-\tilde{\boldsymbol{C}}(\tilde{\boldsymbol{A}}-\tau\boldsymbol{I})^{-1}\boldsymbol{v}^{(k-1)}$$

(2) 计算

$$\boldsymbol{z}^{(k)}=(\tilde{\boldsymbol{A}}-\tau\boldsymbol{I})^{-1}(\boldsymbol{v}^{(k-1)}-\tilde{\boldsymbol{B}}\boldsymbol{w}^{(k)})$$

3. *特征值对标量 α 灵敏度的稀疏表达式*

类似于式(7-129)，对左特征向量，有

$$[\boldsymbol{u}^{\mathrm{T}} \quad \boldsymbol{y}^{\mathrm{T}}]\begin{bmatrix}\tilde{\boldsymbol{A}} & \tilde{\boldsymbol{B}} \\ \tilde{\boldsymbol{C}} & \tilde{\boldsymbol{D}}\end{bmatrix}=\lambda[\boldsymbol{u}^{\mathrm{T}} \quad \boldsymbol{0}] \tag{7-133}$$

这样，仿照前面的推导容易得到

$$\frac{\partial\lambda_i}{\partial\alpha}=[\boldsymbol{u}_i^{\mathrm{T}} \quad \boldsymbol{y}_i^{\mathrm{T}}]\begin{bmatrix}\dfrac{\partial\tilde{\boldsymbol{A}}}{\partial\alpha} & \dfrac{\partial\tilde{\boldsymbol{B}}}{\partial\alpha} \\ \dfrac{\partial\tilde{\boldsymbol{C}}}{\partial\alpha} & \dfrac{\partial\tilde{\boldsymbol{D}}}{\partial\alpha}\end{bmatrix}\begin{bmatrix}\boldsymbol{v}_i \\ \boldsymbol{w}_i\end{bmatrix} \tag{7-134}$$

7.4.5 特征值灵敏度分析的应用

在电力系统运行情况分析和控制器的设计中，往往需要分析系统中的某些参数（诸如控制器的放大倍数和时间常数等）对系统稳定性的影响，以便适当选择或调整这些参数，使系统由不稳定变为稳定，或进一步提高系统的稳定程度。

由于系统的状态矩阵 $\boldsymbol{A}$ 是系统中某一参数 α 的函数，即 $\boldsymbol{A}(\alpha)$，因此，$\boldsymbol{A}$ 的任一特征值 λ_i 也是参数 α 的函数，即 $\lambda_i(\alpha)$，$i=1,2,\cdots,n$。当改变参数 α 时，$\lambda_i(\alpha)$ 将发生相应的变化，$\lambda_i(\alpha)$ 的变化即反映了参数 α 的变化对系统稳定性的影响。

设参数 α 从 $\alpha_{(0)}$ 变为 $\alpha_{(0)}+\Delta\alpha$，则对应的系统特征值从 $\lambda_i(\alpha_{(0)})$ 变为 $\lambda_i(\alpha_{(0)}+\Delta\alpha)$。将

$\lambda_i(\alpha_{(0)}+\Delta\alpha)$在$\alpha_{(0)}$泰勒展开，即

$$\lambda_i(\alpha_{(0)}+\Delta\alpha)=\lambda_i(\alpha_{(0)})+\left.\frac{\partial\lambda_i(\alpha)}{\partial\alpha}\right|_{\alpha=\alpha_{(0)}}\Delta\alpha+\left.\frac{\partial^2\lambda_i(\alpha)}{\partial\alpha^2}\right|_{\alpha=\alpha_{(0)}}(\Delta\alpha)^2+\cdots$$

在$\Delta\alpha$很小时，λ_i的变化可近似为

$$\Delta\lambda_i(\alpha_{(0)},\Delta\alpha)=\lambda_i(\alpha_{(0)}+\Delta\alpha)-\lambda_i(\alpha_{(0)})=\left.\frac{\partial\lambda_i(\alpha)}{\partial\alpha}\right|_{\alpha=\alpha_{(0)}}\Delta\alpha \tag{7-135}$$

式中：偏导数$\partial\lambda_i/\partial\alpha$就是特征值$\lambda_i$对参数$\alpha$的一阶灵敏度，简称特征值灵敏度。这样，如果能求出$\partial\lambda_i/\partial\alpha$，则可以根据所希望得到的特征值变化$\Delta\lambda_i$来近似地决定$\Delta\alpha$。

特征值λ_i对参数α的一阶灵敏度计算可归纳如下：

(1) 置$\alpha=\alpha_{(0)}$，形成状态矩阵$\boldsymbol{A}(\alpha_{(0)})$。

(2) 计算$\boldsymbol{A}(\alpha_{(0)})$的特征值$\lambda_i$和相应的左、右特征向量$\boldsymbol{u}_i^{\mathrm{T}}$和$\boldsymbol{v}_i$，使$\boldsymbol{u}_i^{\mathrm{T}}\boldsymbol{v}_i=1$。

(3) 计算$\left.\dfrac{\partial\boldsymbol{A}(\alpha)}{\partial\alpha}\right|_{\alpha=\alpha_{(0)}}$。

(4) $\dfrac{\partial\lambda_i(\alpha)}{\partial\alpha}=\boldsymbol{u}_i^{\mathrm{T}}\left.\dfrac{\partial\boldsymbol{A}(\alpha)}{\partial\alpha}\right|_{\alpha=\alpha_{(0)}}\boldsymbol{v}_i$。

其中对于$\dfrac{\partial\boldsymbol{A}(\alpha)}{\partial\alpha}$的计算，下面以$\alpha$为PSS的放大倍数$K_S$、相位环节的时间常数$T_1$、$T_2$、$T_3$、$T_4$为例加以说明。在发电机组$g$的方程式(7-20)、式(7-21)中，除了$\overline{\boldsymbol{A}}_g$与$\alpha$有关外，$\overline{\boldsymbol{B}}_{Ig}$、$\overline{\boldsymbol{B}}_{Vg}$、$\overline{\boldsymbol{P}}_g$、$\overline{\boldsymbol{Z}}_g$都与$\alpha$无关。另外，$\boldsymbol{R}_{Ig}$、$\boldsymbol{R}_{Vg}$、$\boldsymbol{T}_{g(0)}$也都与$\alpha$无关。因此，根据式(7-30)、式(7-32)可得

$$\frac{\partial\boldsymbol{A}_g}{\partial\alpha}=\frac{\partial\overline{\boldsymbol{A}}_g}{\partial\alpha},\qquad\frac{\partial\boldsymbol{B}_g}{\partial\alpha}=\frac{\partial\boldsymbol{C}_g}{\partial\alpha}=\frac{\partial\boldsymbol{D}_g}{\partial\alpha}=\boldsymbol{0}$$

其中的矩阵$\dfrac{\partial\overline{\boldsymbol{A}}_g}{\partial\alpha}$可以由式(7-20)所示的矩阵$\overline{\boldsymbol{A}}_g$求出。

显然，在全系统的方程式中，由式(7-83)可求出

$$\frac{\partial\widetilde{\boldsymbol{A}}}{\partial\alpha}=\begin{bmatrix}\dfrac{\partial\boldsymbol{A}_G}{\partial\alpha} & \boldsymbol{0} & \boldsymbol{0} & \boldsymbol{0}\\ \boldsymbol{0} & \boldsymbol{0} & \boldsymbol{0} & \boldsymbol{0}\\ \boldsymbol{0} & \boldsymbol{0} & \boldsymbol{0} & \boldsymbol{0}\\ \boldsymbol{0} & \boldsymbol{0} & \boldsymbol{0} & \boldsymbol{0}\end{bmatrix},\qquad\frac{\partial\widetilde{\boldsymbol{B}}}{\partial\alpha}=\boldsymbol{0},\qquad\frac{\partial\widetilde{\boldsymbol{C}}}{\partial\alpha}=\boldsymbol{0},\qquad\frac{\partial\widetilde{\boldsymbol{D}}}{\partial\alpha}=\boldsymbol{0}$$

其中的$\partial\boldsymbol{A}_G/\partial\alpha$可由式(7-73)求出。另外，根据式(7-5)和上式可得

$$\frac{\partial\boldsymbol{A}}{\partial\alpha}=\frac{\partial\widetilde{\boldsymbol{A}}}{\partial\alpha}$$

矩阵$\boldsymbol{A}$对于其他参数的偏倒数也可以类似地求出。值得注意的是，在推导过程中必须仔细观察参数α与该元件方程有关矩阵$\boldsymbol{A}_i$、$\boldsymbol{B}_i$、$\boldsymbol{C}_i$、$\boldsymbol{D}_i$之间的关系，从而防止遗漏和错误。

在特征值灵敏度分析方面，除了以上介绍的特征值对参数的灵敏度外，目前还提出了特征值对运行方式的灵敏度；为了提高特征值对参数灵敏度的计算精度，还提出了特征值对参数的二阶灵敏度，并提出了一些有效的计算方法。有关这些方面的成果可参见文献[34]～[37]。

7.5 电力系统的振荡分析

没有控制的电力系统是不能运行的。运行调度人员可以通过对发电机功率的控制(包括一些其他控制装置的投切)来满足各种预定的负荷需求。而系统中的一些自动控制装置(例如,发电机的调速器、励磁调节器,HVDC的控制,FACTS元件的控制等)则是在系统遭受到干扰后承担着快速调节的任务,从而使得系统的频率和电压保持在设计的限值之内。

20世纪中叶,电力工业界发现将各区域电力系统互联可以获得更高的可靠性和经济性,至今50年来,电力系统规模发展得越来越大。在20世纪60年代,北美刚刚建立起来的大型互联系统便遭受到增幅振荡,从而破坏了大型系统间的并联运行。研究发现,各区域电力系统之间大多通过长距离输电线路互联,这种大型的弱耦合系统本身固有的对振荡的薄弱阻尼是产生这种现象的主要原因,而高放大倍数的快速励磁系统则进一步加重了负阻尼的状况。工程师们认识到,通过给励磁系统引入适当的控制信号(PSS)可以使系统的阻尼得到加强。北美电力系统的经验表明,这个方案对于克服增幅振荡是非常成功的。增幅振荡妨碍了各区域电力系统的互联。一些互联的电力系统,为了避免增幅振荡的发生,不得不输送很少的功率,从而使得互联变得没有多少实际意义;一些互联的电力系统,为了避免增幅振荡的发生,不得不采用低放大倍数的励磁调节器。因此,直到异步HVDC互联方案产生前,一些系统干脆放弃互联。

在20世纪40年代,人们已经认识到励磁控制可以增加同步发电机的稳定极限。从另一个角度去看这个问题,就是允许发电机在较高的电抗下运行。励磁系统在某些情况下改善电力系统动态性能所取得的成功,加之其控制速度快、效率高,使得电力系统工程师们对它的控制能力寄予了更高的期望。但是应该明白,励磁系统的控制效果是有限的,Concordia早就警告说:"我们不能指望用越来越强大的励磁系统来无限制地继续补偿电抗的增加"[7]。快速励磁系统的确能够改善同步转矩,从而提高系统在第一摇摆周期的暂态稳定性。然而,快速励磁系统一般是高放大倍数的负反馈系统,它对第一摇摆周期以后系统振荡的阻尼影响很小,有时甚至减小系统对振荡的阻尼。在系统呈现负阻尼特性时,快速励磁系统(特别是高放大倍数时)通常是增大负阻尼,从而恶化系统的运行情况。

对于由m台发电机组成的互联电力系统来说,一般认为系统中机电振荡模态的总数为$m-1$。根据对实际系统振荡的现场记录[48]和大量的仿真结果,将电力系统出现的振荡按振荡所涉及的范围及振荡频率大小大致分为两种类型[6,8]:局部模态(local modes)和区域之间模态(interarea modes):

(1) 局部模态涉及一个发电厂内的发电机组与电力系统其他部分之间的摇摆。由于发电机转子的惯性常数较大,因此这种模态振荡的频率大致在1~2Hz范围内。

(2) 区域之间模态涉及系统中一个区域内的多台发电机与另一个区域内的多台发电机之间的摇摆。联系薄弱的互联系统中接近耦合的两台或多台发电机之间常发生这种振荡。由于各区域的等值发电机具有更大的惯性常数,因此这种模态要比局部模态振荡的频率还要低,大致在0.1~0.7Hz范围内。当系统表现为两群发电机之间振荡时,振荡的频率大致在0.1~0.3Hz范围内;当系统表现为多群发电机之间的振荡时,振荡的频率大致在0.4~0.7Hz范围内。

这两种类型的机电振荡，由于振荡频率较低，因此，也常称为电力系统的低频振荡。遭受小干扰的电力系统，除了机电振荡模态外，系统中的振荡还涉及控制模态和扭振模态。扭振模态在前面已经提及；控制模态涉及系统中的各种控制装置。由于控制装置的调节速度较快，时间常数非常小，因此控制模态的振荡频率一般很高。这里我们仅关注电力系统的机电振荡模态，有关控制模态和扭振模态的分析和控制已超出本书的研究范围。

小的干扰能够引发电力系统发生低频机电振荡，只要所有的振荡模态是衰减的，系统就是小干扰稳定的。但是，在实际电力系统中，一般认为机电振荡模态的阻尼比大于0.05我们才可以接受系统的这种运行状态。然而这并不是硬性的、固定不变的原则。如果随着系统运行方式变化，模态变化很小，较低的阻尼比(例如，0.03)也是可以接受的[8]。

当今实际电力系统的小干扰不稳定大多数是由于阻尼不足而引发的振荡。1969年，Demello和Concordia[37]针对单机无穷大系统研究了可控硅励磁系统的作用，得到了系统小干扰稳定的条件，即电压调节器增益和引入发电机转速变化信号的传递函数特性应满足一定的要求。它清楚地揭示了单机无穷大系统增幅振荡发生的原因，为电力系统稳定器(PSS)的设计提供了坚实的理论基础。基于这种分析的原理和思想，研究人员将其推广到多机系统的局部振荡模态分析，并进一步推广到互联大系统区域之间振荡模态的分析。然而，应该特别指出的是，这种简单的推广经常是不合适的。

事实上，由于干扰所引发的增幅振荡受着许多因素的影响，大规模多机电力系统是一个典型的非线性动力学系统。网络的拓扑和参数、动态元件的特性、运行方式、各种控制器的控制策略及其参数等都对振荡过程起着重要的作用。要分析清楚电力系统发生增幅机电振荡的原因，并得到克服增幅振荡的有效措施是相当困难的。随着现代社会人们对经济性提出更高的要求，特别是电力系统正朝着市场化方向发展，要求电力系统在现有网络上承担着越来越多的负荷。然而，系统运行的经济性和安全性构成了一对矛盾。当受扰前的系统在较轻的负载下运行时，发电机的阻尼绕组能够产生与转子速度变化成正比的转矩，一般情况下它们能够完全吸收系统振荡所产生的能量，使得振荡幅值不断衰减，这时电力系统是小干扰稳定的。而当干扰前的系统在较重的负载下运行时，发电机的阻尼绕组不能完全吸收系统振荡所产生的能量，这时振荡幅值不断增长，电力系统是小干扰不稳定的。另外，为了提高功率传输能力并改善暂态稳定性和一些其他性能，电力系统中加装了大量的、各种类型的控制器，其中的一些控制器由于采用了不适当的控制策略和参数，各控制器之间的配合不协调使得它们对振荡的作用发生冲突等等，这些都将导致系统发生增幅振荡。电力系统的振荡分析的目的皆在得到影响振荡模态的关键因素，从而为有效地抑制振荡打下基础。

【例 7-2】 例7-1已计算出状态矩阵的所有特征值，下面我们将对系统的振荡模态进行分析。几个振荡模态的振荡频率和阻尼比如表7-2所示，相应的左、右特征向量和参与向量如表7-3和表7-4所示。

表 7-2　振荡模态的振荡频率和阻尼比

	$\lambda_{5,6}$	$\lambda_{7,8}$	$\lambda_{11,12}$	$\lambda_{13,14}$
f	2.047 32	1.380 07	0.145 69	0.104 63
ξ	0.058 59	0.017 47	0.778 93	0.593 13

表 7-3　振荡模态的左、右特征向量和参与向量

	λ_6						λ_8					
	$\boldsymbol{u}_6$		$\boldsymbol{v}_6$		$\boldsymbol{p}_6$		$\boldsymbol{u}_8$		$\boldsymbol{v}_8$		$\boldsymbol{p}_8$	
	模值	辐角/(°)	模值	辐角/(°)	模值	辐角/(°)	模值	辐角/(°)	模值	辐角/(°)	模值	辐角/(°)
$\Delta\delta_1$	0.011 37	−90.60	0.005 32	96.02	0.014 70	−5.10	0.023 00	90.86	0.040 52	155.40	0.439 55	2.47
$\Delta\omega_1$	0.332 68	176.13	**0.000 18**	**−170.62**	**0.014 70**	−5.00	1.000 00	0.00	**0.000 93**	**−113.60**	**0.439 57**	2.61
$\Delta\delta_2$	0.022 81	−85.77	0.035 27	99.66	0.195 68	3.36	0.018 71	−89.81	0.113 32	−26.92	0.999 88	−0.52
$\Delta\omega_2$	0.667 69	−178.79	**0.001 21**	**−166.98**	**0.195 74**	3.71	0.813 46	179.71	**0.002 61**	**64.08**	**1.000 0**	0.00
$\Delta E'_{q2}$	0.021 24	−85.82	0.001 56	−162.26	0.008 08	101.41	0.025 67	−77.72	0.002 65	48.13	0.032 12	86.62
$\Delta E'_{d2}$	0.008 88	110.43	0.006 88	36.04	0.014 85	135.95	0.004 13	42.44	0.012 86	−91.43	0.025 06	67.22
ΔE_{fq2}	0.000 28	−178.73	0.036 10	72.77	0.002 41	−116.48	0.000 49	−168.06	0.100 48	−5.93	0.023 37	−57.78
ΔV_{R2}	0.000 03	−13.37	0.361 41	76.77	0.002 33	52.88	0.000 05	2.07	1.000 00	0.00	0.022 53	118.28
ΔV_{M2}	0.001 98	53.99	0.001 84	−88.59	0.000 89	−45.12	0.002 48	71.83	0.005 06	−170.13	0.005 91	17.92
$\Delta\delta_3$	0.034 16	92.62	0.120 30	−82.84	0.999 33	−0.74	0.004 30	−86.22	0.061 44	−23.80	0.124 56	6.19
$\Delta\omega_3$	1.000 00	0.00	**0.004 11**	**10.52**	**1.000 0**	0.00	0.186 92	−176.13	**0.001 41**	**67.20**	**0.124 58**	7.29
$\Delta E'_{q3}$	0.035 34	94.07	0.004 11	−12.05	0.035 36	71.50	0.008 70	−68.23	0.000 54	19.43	0.002 22	67.42
$\Delta E'_{d3}$	0.013 02	−78.12	0.020 94	−152.38	0.066 32	118.98	0.002 57	−12.05	0.005 13	−94.98	0.006 21	9.19
ΔE_{fq3}	0.000 47	1.15	0.099 89	−4.01	0.011 32	−13.38	0.000 17	−158.57	0.071 02	−6.82	0.005 70	−49.18
ΔV_{R3}	0.000 05	166.51	1.0000	0.00	0.010 91	155.99	0.000 02	11.56	0.706 81	−0.89	0.005 50	126.88
ΔV_{M3}	0.003 36	−126.13	0.005 09	−165.36	0.004 16	57.99	0.000 86	81.33	0.003 58	−171.02	0.001 44	26.52

表 7-4　振荡模态的左、右特征向量和参与向量

	λ_{12}						λ_{14}					
	$\boldsymbol{u}_{12}$		$\boldsymbol{v}_{12}$		$\boldsymbol{p}_{12}$		$\boldsymbol{u}_{14}$		$\boldsymbol{v}_{14}$		$\boldsymbol{p}_{14}$	
	模值	辐角/(°)	模值	辐角/(°)	模值	辐角/(°)	模值	辐角/(°)	模值	辐角/(°)	模值	辐角/(°)
$\Delta\delta_1$	0.003 83	140.64	0.050 71	85.09	0.044 08	150.68	0.000 49	−146.95	0.040 62	106.90	0.001 59	−74.61
$\Delta\omega_1$	1.000 00	0.00	**0.000 20**	**−133.74**	**0.044 58**	151.21	0.230 71	87.88	**0.000 09**	**−126.72**	**0.001 62**	−73.39
$\Delta\delta_2$	0.002 40	−31.48	0.053 34	73.44	0.029 11	−33.09	0.001 94	−49.58	0.046 27	122.47	0.007 15	38.33
$\Delta\omega_2$	0.647 34	−170.64	**0.000 21**	**−145.39**	**0.030 36**	−31.08	0.945 44	−171.29	**0.000 10**	**−111.15**	**0.007 56**	43.00
$\Delta E'_{q2}$	0.364 58	34.69	0.008 12	−178.71	0.672 47	140.93	0.432 08	38.37	0.012 02	0.10	0.414 22	3.91
$\Delta E'_{d2}$	0.153 80	156.74	0.000 66	−13.57	0.023 17	68.12	0.084 90	153.90	0.005 28	171.90	0.035 77	−68.77
ΔE_{fq2}	0.043 93	−103.88	0.066 92	−40.05	0.667 40	141.02	0.094 57	−81.94	0.053 19	115.53	0.401 08	−0.97
ΔV_{R2}	0.004 40	75.05	1.000 00	0.00	**1.000 00**	0.00	0.009 36	97.30	0.484 73	−176.05	0.361 71	−113.31
ΔV_{M2}	0.025 83	171.93	0.004 89	−178.93	0.028 66	−82.04	0.048 56	148.04	0.002 40	4.71	0.009 30	118.19
$\Delta\delta_3$	0.001 49	−52.19	0.052 86	75.02	0.017 82	−52.22	0.001 94	115.83	0.040 28	63.91	0.006 22	145.17
$\Delta\omega_3$	0.419 46	171.13	**0.000 21**	**−143.82**	**0.019 49**	−47.74	1.000 00	0.00	**0.000 09**	**−169.72**	**0.006 96**	155.72
$\Delta E'_{q3}$	0.165 00	42.95	0.006 85	−177.95	0.256 77	149.95	0.502 72	−141.75	0.024 94	176.31	**1.000 00**	0.00
$\Delta E'_{d3}$	0.103 80	156.78	0.000 99	−11.69	0.023 43	70.04	0.140 05	−30.18	0.012 76	−12.20	0.142 46	−76.95
ΔE_{fq3}	0.020 25	−95.61	0.055 90	−39.27	0.257 02	150.07	0.112 08	97.94	0.109 72	−68.42	0.980 69	−5.04
ΔV_{R3}	0.002 03	83.32	0.835 32	0.78	0.385 11	9.05	0.011 09	−82.82	1.000 00	0.00	0.884 42	−117.38
ΔV_{M3}	0.011 91	−179.80	0.004 08	−178.14	0.011 04	−72.99	0.057 56	−32.08	0.004 95	−179.24	0.022 73	114.12

【解】 下面我们根据表 7-3 和表 7-4(其中的所有向量都规范化为无穷范数下的单位向量)进行模态分析。首先利用指定模态的参与向量辨识机电振荡模态:如果参与向量中模值最大的分量与发电机的转速有关,我们就说该模态为机电振荡模态。然后,我们依赖于右特征向量观察模态的表现形式:考察右特征向量与各发电机转速有关的分量,模值相差不大、方向基本相同的一组分量说明相应的发电机同群,不同群之间相应的分量方向基本相反。局部模态的右特征向量由与一台机或连接很近的一群发电机有关的几个变量所支配,区域之间模态的右特征向量分量更平均地分布于系统的所有区域。

对于振荡模态 $\lambda_{5,6}$,其参与向量中模值最大的元素对应于 $\Delta\omega_3$,因此属于机电振荡模态。另外,在右特征向量中,对应于 $\Delta\omega_1$、$\Delta\omega_2$ 的分量模值较小(分别为 0.000 18 和 0.001 21),方向基本相同(辐角分别为$-$170.62°和$-$166.98°);对应于 $\Delta\omega_3$ 的分量,模值较大(为 0.004 11),方向(辐角为 10.52°)和上述两个分量的方向基本相反。因此,该模态表现为发电机 1 和 2 与发电机 3 之间的机电振荡,振荡的频率为 2.047 32Hz,属于局部振荡模态。

同样,对于振荡模态 $\lambda_{7,8}$,其参与向量中模值最大的元素对应于 $\Delta\omega_2$,因此属于机电振荡模态。另外,在右特征向量中,对应于 $\Delta\omega_2$、$\Delta\omega_3$ 的分量模值较大(分别为 0.002 61 和 0.001 41),方向基本相同(辐角分别为 64.08°和 67.20°);对应于 $\Delta\omega_1$ 的分量,模值较小(为 0.000 93),方向(辐角为$-$113.60°)和上述两个分量的方向基本相反。因此,该模态表现为发电机 1 与发电机 2 和发电机 3 之间的机电振荡,振荡的频率为 1.380 07Hz,也属于局部振荡模态。该模态虽然是稳定的,但阻尼比(0.017 47)不足,表现为振荡衰减的动态品质较差。

对于振荡模态 $\lambda_{11,12}$,其参与向量中模值最大的元素对应于 ΔV_{R2};对于振荡模态 $\lambda_{13,14}$,其参与向量中模值最大的元素对应于 $\Delta E'_{q3}$。因此说明这些振荡模态不属于机电振荡模态,而是控制模态。

【例 7-3】 我们以 New England 39 节点、10 机简化系统为例说明电力系统振荡分析的过程[40]。其中 10 台发电机分别在 30~39 号节点,39 节点的发电机为一台等值机,30~38 号节点的发电机分别装有快速静止励磁系统。

【解】 通过前面介绍的方法得到系统在稳态运行点的线性化方程,进而可计算出状态矩阵的所有特征值。9 个与机电振荡有关的特征值阻尼不足,其中的一些特征值具有正实部。对于两个特征值 $0.102\,2\pm j7.215$(模态 1)和 $0.037\pm j4.301$(模态 2),其相应的右特征向量中对应于各发电机转速的分量如表 7-5 所示。

由表 7-5 可以看出,第一个模态的特征向量中,有三个分量的模值较大(用黑体标出),并且前一个分量的方向(辐角为 0°)和后两个分量的方向(辐角约为 170°)基本相反,从而说明该模态主要表现为发电机 30 与发电机 35 和 36 之间的机电振荡,振荡的频率为 $7.215/2\pi=1.148$Hz,因此属于局部振荡模态。第二个模态的特征向量中,除了发电机 39 对应分量的模值较小外,其他各发电机对应分量的模值差别不大,并且前 9 个分量的方向(辐角约为 0°)和后一个分量的方向(辐角约为$-$180°)基本相反,从而说明该模态主要表现为发电机 30~38 与发电机 39(等值机,可以看成一个区域)之间的机电振荡,振荡的频率为 $4.301/2\pi=0.685$Hz,因此属于区域之间振荡模态。

表 7-5　右特征向量中对应于各发电机转速的分量

发电机号	模态 1		模态 2	
	模值	辐角/(°)	模值	辐角/(°)
30	**1.0**	0.0	0.557 4	−9.9
31	0.140 8	−44.5	0.475 7	−3.4
32	0.079 7	241.9	0.520 8	−5.5
33	0.185 1	152.3	0.760 1	−5.3
34	0.477 7	−32.1	1.0	0.0
35	**0.793 5**	170.2	0.796 1	−5.7
36	**0.779 7**	170.5	0.797 7	−6.8
37	0.346 8	10.1	0.508 4	−12.4
38	0.166 4	111.4	0.669 4	−3.3
39	0.017 0	191.3	**0.405 2**	−179.6

参与向量除了用于辨识机电振荡外，还表示发电机控制机电振荡的相对价值。例如，参与向量的转子速度分量表明了特征值对作用于发电机轴系机械阻尼变化的灵敏度。如果参与向量中某台发电机速度分量为零，那么安装在该发电机上的 PSS 对该模态的阻尼无任何影响；如果参与向量中一些发电机的速度分量为正且数值较大时，说明这些发电机是安装 PSS 的很好候选位置，这样能够非常有效地增加对该模态的阻尼。表 7-6 是参与向量中对应于各发电机转速的分量。从表 7-6 中可以看出，对于局部模态，发电机 30 的分量最大，但发电机 35、36 的分量之和与发电机 30 的分量几乎相等；对于区域之间模态，发电机 39 的分量最大。在发电机 30 施加控制和在发电机 35、36 同时施加控制对于模态 1 阻尼的影响几乎是等价的；对于模态 2，在发电机 39 施加控制似乎效果最好，但由于该机为等值机，因而无法施加控制。发电机 30～38 的分量之和大致与发电机 39 的分量相等，这意味着在发电机 30～38 同时施加控制可以提供与在发电机 39 施加控制同样的阻尼。另外，值得注意的是，虽然有些发电机的参与因子较大，但当该机容量很小时，在该机上施加控制对机电振荡阻尼的影响甚微。因此，在容量较大的发电机上施加控制比在容量较小的发电机上施加控制，对于增加对振荡的阻尼来说，效果要好得多。

表 7-6　参与向量中对应于各发电机转速的分量

发电机号	30	31	32	33	34	35	36	37	38	39
模态 1	**1.0**	0.01	0.005	0.02	0.13	**0.42**	**0.43**	0.07	0.02	0.001
模态 2	0.17	0.09	0.12	0.22	0.33	0.26	0.21	0.07	0.18	**1.0**

注：表中的数值是按文献[40]中的图形估计的。

7.6　大规模电力系统小干扰稳定分析的特殊方法

在电力系统小干扰稳定分析中，状态矩阵 $\boldsymbol{A}$ 一般是实不对称的稠密矩阵。现今大多数小干扰稳定分析都是使用著名的 *QR* 法计算 $\boldsymbol{A}$ 的全部特征值，进而判断系统的稳定性。

基于计算 $\boldsymbol{A}$ 的全部特征值的传统小干扰稳定分析方法有以下优势：

(1) 根据全部特征值能够清楚地分离并确定所有的模态。

(2) 用特征向量能够容易地确定各模态的表现以及模态和状态变量之间的关系。

虽然著名的 QR 法鲁棒性好、收敛速度快，但在用于电力系统小干扰稳定分析时有许多固有的缺点。首先，QR 法是一种基于稠密矩阵实现的特征求解方法，占用计算机内存大；另外，当矩阵 $\boldsymbol{A}$ 的维数特别大时，受计算机字长限制而产生的舍入误差的影响，QR 迭代可能不收敛，有时即使收敛，误差也可能淹没真解，这些都将导致求解失败。计算经验表明，用 QR 法有效地进行特征求解的矩阵一般为几百至一千阶，因而其应用只能局限于小型电力系统。

现代电力系统不断朝着大规模的方向发展，系统规模可达上万个母线和几千个动态元件。以每个动态元件平均用 10 个状态变量描述来考虑，系统中总的状态变量可达几万个，这显然已超出传统的 QR 法有效地进行特征求解的范围。因而，需要一些针对超大规模系统特征求解的特殊方法，即能够求得系统全部特征值中我们所选择的特征子集，从而判断系统的稳定性或对系统的一些模态进行详细的分析，找出不稳定的机电振荡产生的原因，为抑制振荡的控制器设计打下基础。

目前，选择特征子集的求解方法大致分为两类：一类是降阶方法[11~16]。它首先将原系统降阶，使得降阶系统的特征值属于原系统的特征值，从而以较小的计算量对降阶系统进行特征求解，得到我们需要的特征子集。另一类则是直接在原系统中求得选择特征子集的特殊方法。如式(7-3)和式(7-83)所示，大规模电力系统小干扰稳定分析中所形成的增广状态矩阵是一个非常稀疏的矩阵，因此在计算选择特征子集时，我们应该充分利用稀疏矩阵技术，从而减少所用的计算机内存和计算费用。几十来，计算数学界对大型稀疏实不对称矩阵选择特征子集计算问题进行了广泛深入的研究，并提出了许多有用的方法[3,18~20]。近十几年来，电力工业界已将这些方法用于超大规模系统的小干扰稳定分析特别是振荡分析[5,6,9,17,21~32]，并借助于线性系统模态分析的成果研究振荡发生的原因和影响振荡的主要因素以及有效地抑制电力系统振荡的理论和方法[33~47]。

本节首先介绍一种降阶选择模态分析法，然后介绍几种大型稀疏实不对称矩阵选择特征子集直接计算的数学方法，并将它们和电力系统的小干扰稳定分析，特别是振荡分析联系起来。

7.6.1 降阶选择模态分析法[5,6,11~13,16]

1. 基本原理

对于式(7-3)所描述的线性微分-代数方程组，将状态变量 $\Delta\boldsymbol{x}$ 按预定的原则分成 $\Delta\boldsymbol{x}_1$（维数为 n_1）和 $\Delta\boldsymbol{x}_2$（维数为 n_2），相应的方程改写为如下分块矩阵形式：

$$\begin{bmatrix} \mathrm{d}\Delta\boldsymbol{x}_1/\mathrm{d}t \\ \mathrm{d}\Delta\boldsymbol{x}_2/\mathrm{d}t \\ \boldsymbol{0} \end{bmatrix} = \begin{bmatrix} \widetilde{\boldsymbol{A}}_{11} & \widetilde{\boldsymbol{A}}_{12} & \widetilde{\boldsymbol{B}}_1 \\ \widetilde{\boldsymbol{A}}_{21} & \widetilde{\boldsymbol{A}}_{22} & \widetilde{\boldsymbol{B}}_2 \\ \widetilde{\boldsymbol{C}}_1 & \widetilde{\boldsymbol{C}}_2 & \widetilde{\boldsymbol{D}} \end{bmatrix} \begin{bmatrix} \Delta\boldsymbol{x}_1 \\ \Delta\boldsymbol{x}_2 \\ \Delta\boldsymbol{y} \end{bmatrix} \tag{7-136}$$

对上式进行拉普拉斯变换，然后消去 $\Delta\boldsymbol{x}_2$ 和 $\Delta\boldsymbol{y}$，得

$$s\Delta \boldsymbol{x}_1 = \boldsymbol{A}_r(s)\Delta \boldsymbol{x}_1 \tag{7-137}$$

式中：

$$\left.\begin{aligned} &\boldsymbol{A}_r(s) = \boldsymbol{A}_1 - \boldsymbol{B}_1\boldsymbol{D}_1^{-1}(s)\boldsymbol{C}_1 \\ &\boldsymbol{A}_1 = \widetilde{\boldsymbol{A}}_{11} \\ &\boldsymbol{B}_1 = [\widetilde{\boldsymbol{A}}_{12} \quad \widetilde{\boldsymbol{B}}_1] \\ &\boldsymbol{C}_1 = \begin{bmatrix} \widetilde{\boldsymbol{A}}_{21} \\ \widetilde{\boldsymbol{C}}_1 \end{bmatrix} \\ &\boldsymbol{D}_1(s) = \begin{bmatrix} \widetilde{\boldsymbol{A}}_{22} - s\boldsymbol{I} & \widetilde{\boldsymbol{B}}_2 \\ \widetilde{\boldsymbol{C}}_2 & \widetilde{\boldsymbol{D}} \end{bmatrix} \end{aligned}\right\} \tag{7-138}$$

如果将 $\boldsymbol{D}_1(s)$ 当成一个常数矩阵，降阶系统(7-137)必然满足

$$[\boldsymbol{A}_r(s) - \lambda_i \boldsymbol{I}]\boldsymbol{v}_i = 0 \qquad (i = 1,2,\cdots,n_1) \tag{7-139}$$

其特征方程为

$$\det[\boldsymbol{A}_r(s) - s\boldsymbol{I}] = 0 \tag{7-140}$$

下面我们分析式(7-140)的根与原系统特征根之间的关系。为此，首先引出分块矩阵行列式的 Schur's 公式：

(1) 如果方阵 $\boldsymbol{J}$ 被分割成 $\begin{bmatrix} \boldsymbol{A} & \boldsymbol{B} \\ \boldsymbol{C} & \boldsymbol{D} \end{bmatrix}$，其中 $\boldsymbol{A}$、$\boldsymbol{D}$ 都为方阵，并且如果 $\det\boldsymbol{D} \neq 0$，则有 $\det\boldsymbol{J} = \det\boldsymbol{D}\det(\boldsymbol{A} - \boldsymbol{B}\boldsymbol{D}^{-1}\boldsymbol{C})$。

(2) 如果 $\boldsymbol{A}$、$\boldsymbol{B}$ 为同阶方阵，则 $\det\boldsymbol{AB} = \det\boldsymbol{A}\det\boldsymbol{B}$。

据此可得

$$\begin{aligned} &\det\boldsymbol{D}_1(s)\det[\boldsymbol{A}_r(s) - s\boldsymbol{I}] = \det\boldsymbol{D}_1(s)\det[\boldsymbol{A}_1 - s\boldsymbol{I} - \boldsymbol{B}_1\boldsymbol{D}_1^{-1}(s)\boldsymbol{C}_1] \\ &= \det\begin{bmatrix} \boldsymbol{A}_1 - s\boldsymbol{I} & \boldsymbol{B}_1 \\ \boldsymbol{C}_1 & \boldsymbol{D}_1(s) \end{bmatrix} = \det\begin{bmatrix} \widetilde{\boldsymbol{A}}_{11} - s\boldsymbol{I} & \widetilde{\boldsymbol{A}}_{12} & \widetilde{\boldsymbol{B}}_1 \\ \widetilde{\boldsymbol{A}}_{21} & \widetilde{\boldsymbol{A}}_{22} - s\boldsymbol{I} & \widetilde{\boldsymbol{B}}_2 \\ \widetilde{\boldsymbol{C}}_1 & \widetilde{\boldsymbol{C}}_2 & \widetilde{\boldsymbol{D}} \end{bmatrix} = \det\begin{bmatrix} \widetilde{\boldsymbol{A}} - s\boldsymbol{I} & \widetilde{\boldsymbol{B}} \\ \widetilde{\boldsymbol{C}} & \widetilde{\boldsymbol{D}} \end{bmatrix} \\ &= \det\widetilde{\boldsymbol{D}}\det[\widetilde{\boldsymbol{A}} - s\boldsymbol{I} - \widetilde{\boldsymbol{B}}\widetilde{\boldsymbol{D}}^{-1}\widetilde{\boldsymbol{C}}] = \det\widetilde{\boldsymbol{D}}\det[\boldsymbol{A} - s\boldsymbol{I}] \end{aligned} \tag{7-141}$$

这样，只要

$$\det\widetilde{\boldsymbol{D}} \neq 0 \text{ 且 } \det\boldsymbol{D}_1(s) \neq 0 \tag{7-142}$$

式(7-140)的根必定就是原系统的特征根。这意味着求解降阶系统式(7-137)～(7-140)可以得到原系统的部分特征值。由于 $\boldsymbol{A}_r(s)$ 是随 s 的变化而变化的，因此式(7-140)的求解将不得不采用迭代方法。

2. AESOPS 算法

AESOPS 是英文 Analysis of Essentially Spontaneous Oscillations in Power Systems 的缩写，它属于一类基于合理的工程判断而非基于严格数学理论的进行机电振荡分析的巧妙方法。AESOPS 的基本思想是，在一台指定发电机（该发电机有时也被称为"受扰发电机"）转轴上施以具有复正弦形式的附加转矩，迫使线性动态系统产生振荡。类似于频率响应法的原理，求出关于机电振荡模态的一对复共轭特征值，附加转矩表示特征值的初

始估计。在稳态情况下，线性化系统中所有变量与附加转矩具有同样的复正弦形式，通过求解相应的复代数方程组就可计算出系统的复频率响应。一般来讲，对指定发电机施以附加转矩所得到的特征值，表示指定发电机有较大参与的一个系统振荡模态。如果指定发电机有几个主导振荡模态，各模态的获得与附加转矩的初值有关。

AESOPS 最初提出于 1982 年[13]，后经对算法的不断改进[16]，使其逐步趋于完善，现已成为 EPRI 开发的小干扰稳定程序(SSSP)包的一个重要组成部分[9]。

设式(7-136)中的 $\Delta \boldsymbol{x}_1$ 仅包含指定发电机的状态变量 $\Delta\delta$ 和 $\Delta\omega$，指定发电机施以附加转矩 ΔT_m 后，与式(7-136)对应的方程变为

$$\begin{bmatrix} \mathrm{d}\Delta \boldsymbol{x}_1/\mathrm{d}t \\ \mathrm{d}\Delta \boldsymbol{x}_2/\mathrm{d}t \\ \boldsymbol{0} \end{bmatrix} = \begin{bmatrix} \widetilde{\boldsymbol{A}}_{11} & \widetilde{\boldsymbol{A}}_{12} & \widetilde{\boldsymbol{B}}_1 \\ \widetilde{\boldsymbol{A}}_{21} & \widetilde{\boldsymbol{A}}_{22} & \widetilde{\boldsymbol{B}}_2 \\ \widetilde{\boldsymbol{C}}_1 & \widetilde{\boldsymbol{C}}_2 & \widetilde{\boldsymbol{D}} \end{bmatrix} \begin{bmatrix} \Delta \boldsymbol{x}_1 \\ \Delta \boldsymbol{x}_2 \\ \Delta \boldsymbol{y} \end{bmatrix} + \begin{bmatrix} \Delta \boldsymbol{T} \\ \boldsymbol{0} \\ \boldsymbol{0} \end{bmatrix} \tag{7-143}$$

式中：

$$\Delta \boldsymbol{x}_1 = \begin{bmatrix} \Delta\delta \\ \Delta\omega \end{bmatrix}, \quad \Delta \boldsymbol{T} = \begin{bmatrix} 0 \\ \Delta T_m / T_J \end{bmatrix} \tag{7-144}$$

对式(7-143)作拉普拉斯变换，然后消去 $\Delta \boldsymbol{x}_2$ 和 $\Delta \boldsymbol{y}$，得

$$s\Delta \boldsymbol{x}_1 = \boldsymbol{A}_r(s)\Delta \boldsymbol{x}_1 + \Delta \boldsymbol{T} \tag{7-145}$$

式(7-6)的第一式经拉普拉斯变换后得

$$s\Delta\delta = \omega_s \Delta\omega \tag{7-146}$$

它应该就是式(7-145)的第一式。因此，式(7-145)可表示为

$$\begin{bmatrix} s\Delta\delta \\ s\Delta\omega \end{bmatrix} = \begin{bmatrix} 0 & \omega_s \\ -\dfrac{K_S(s)}{T_J\omega_s} & -\dfrac{K_D(S)}{T_J} \end{bmatrix} \begin{bmatrix} \Delta\delta \\ \Delta\omega \end{bmatrix} + \begin{bmatrix} 0 \\ \Delta T_m / T_J \end{bmatrix} \tag{7-147}$$

消去上式中的变量 $\Delta\delta$，得

$$\Delta T_m(s) = \left[T_J s + K_D(s) + \frac{K_S(s)}{s} \right] \Delta\omega \tag{7-148}$$

容易证明，当 $\Delta\omega \neq 0$ 时，方程

$$T_J s + K_D(s) + \frac{K_S(s)}{s} = 0 \tag{7-149}$$

的全部零点就是降阶系统的特征值。因此，降阶系统的特征值就可以看做是当 $\Delta\omega \neq 0$ 时，迫使 ΔT_m 为零的 s 的取值。AESOPS 算法就是要确定式(7-149)的零点。取 $\Delta\omega = 1.0 + j0$，通过迭代求解，可以得到 ΔT_m 趋近于零时 s 的值，即相应的特征值。

当使用牛顿法时，迭代公式为

$$s^{(k+1)} = s^{(k)} - \frac{\Delta T_m(s^{(k)})}{\left. \dfrac{\mathrm{d}\Delta T_m(s)}{\mathrm{d}s} \right|_{s=s^{(k)}}} \tag{7-150}$$

其中的导数可由式(7-148)导出：

$$\frac{\mathrm{d}\Delta T_m(s)}{\mathrm{d}s} = \left[T_J + \frac{\mathrm{d}K_D(s)}{\mathrm{d}s} + \frac{1}{s}\frac{\mathrm{d}K_S(s)}{\mathrm{d}s} - \frac{K_S(s)}{s^2} \right] \Delta\omega \tag{7-151}$$

从式(7-149)可得 $-K_S(s)/s^2 = T_J + K_D(s)/s$，代入上式，并认为 $K_D(s)$、$\mathrm{d}K_D(s)/\mathrm{d}s$、

$dK_S(s)/ds$足够小而将它们忽略，这样式(7-151)所表示的导数可近似表示为

$$\frac{d\Delta T_m(s)}{ds} \approx 2T_J\Delta\omega \tag{7-152}$$

对于涉及多台发电机的振荡模态，$dK_D(s)/ds$、$dK_S(s)/ds$ 并不是很小，这就导致在每次迭代中对特征值的过修正。因此，常使用一个等值惯性常数 T_{Jeq}，使得系统中所有发电机因速度变化产生的动能之和等于 T_{Jeq} 与指定发电机速度变化平方的乘积，即

$$T_{Jeq} = \sum_{i=1}^{m} T_{Ji}(\Delta\omega_i)^2 \tag{7-153}$$

这样，迭代式(7-150)变为

$$s^{(k+1)} = s^{(k)} - \frac{\Delta T_m(s^{(k)})}{2T_{Jeq}^{(k)}} \tag{7-154}$$

下面我们讨论 AESOPS 算法的具体实现。按式(7-154)进行迭代时，需要计算出指定发电机的附加转矩 $\Delta T_m(s^{(k)})$ 和由该附加转矩引起的所有其他发电机的速度变化(从而得到 $T_{Jeq}^{(k)}$)。这些计算取决于系统中所有动态元件的状态方程和电力网络方程。由 7.2 节可知，任意一个动态元件的线性化微分-代数方程都可统一表示成

$$\left.\begin{aligned}\frac{d\Delta \boldsymbol{x}_i}{dt} &= \boldsymbol{A}_i\Delta\boldsymbol{x}_i + \boldsymbol{B}_i\Delta\boldsymbol{V}_i \\ \Delta\boldsymbol{I}_i &= \boldsymbol{C}_i\Delta\boldsymbol{x}_i + \boldsymbol{D}_i\Delta\boldsymbol{V}_i\end{aligned}\right\} \tag{7-155}$$

对上式中的第一式作拉普拉斯变换，得

$$\Delta\boldsymbol{x}_i = (s\boldsymbol{I} - \boldsymbol{A}_i)^{-1}\boldsymbol{B}_i\Delta\boldsymbol{V}_i \tag{7-156}$$

将式(7-156)代入式(7-155)的第二式，得

$$\Delta\boldsymbol{I}_i = \boldsymbol{Y}_{ie}(s)\Delta\boldsymbol{V}_i \tag{7-157}$$

式中：

$$\begin{aligned}\boldsymbol{Y}_{ie}(s) &= \boldsymbol{C}_i(s\boldsymbol{I} - \boldsymbol{A}_i)^{-1}\boldsymbol{B}_i + \boldsymbol{D}_i \\ &= \boldsymbol{C}_i(\boldsymbol{X}_{Ri}s\boldsymbol{X}_{Li} - \boldsymbol{X}_{Ri}\boldsymbol{\Lambda}_i\boldsymbol{X}_{Li})^{-1}\boldsymbol{B}_i + \boldsymbol{D}_i \\ &= \boldsymbol{C}_i\boldsymbol{X}_{Ri}(s\boldsymbol{I} - \boldsymbol{\Lambda}_i)^{-1}\boldsymbol{X}_{Li}\boldsymbol{B}_i + \boldsymbol{D}_i\end{aligned} \tag{7-158}$$

式中：$\boldsymbol{\Lambda}_i$ 为矩阵 $\boldsymbol{A}_i$ 的所有特征值组成的对角模态矩阵；$\boldsymbol{X}_{Ri}$ 和 $\boldsymbol{X}_{Li}$ 分别为相应的右特征向量按列及相应的左特征向量按行组成的模态矩阵。只要得到矩阵 $\boldsymbol{A}_i$ 的所有特征值和相应的左、右特征向量，式(7-158)的计算将变得非常简单。

对指定的发电机 k 施以附加转矩 ΔT_m，将状态变量划分为 $\Delta\delta$、$\Delta\omega$ 及 $\Delta\boldsymbol{x}_r$ 三部分，则系统的微分方程可表示为

$$\begin{bmatrix} d\Delta\delta/dt \\ d\Delta\omega/dt \\ d\Delta\boldsymbol{x}_r/dt \end{bmatrix} = \begin{bmatrix} \boldsymbol{0} & \omega_s & \boldsymbol{0} \\ a_{11} & a_{12} & \boldsymbol{a}_{1r}^{T} \\ \boldsymbol{a}_{r1} & \boldsymbol{a}_{r2} & \boldsymbol{A}_{rr} \end{bmatrix} \begin{bmatrix} \Delta\delta \\ \Delta\omega \\ \Delta\boldsymbol{x}_r \end{bmatrix} + \begin{bmatrix} \boldsymbol{0} \\ \boldsymbol{b}_1^{T} \\ \boldsymbol{B}_r \end{bmatrix} \Delta\boldsymbol{V}_k + \begin{bmatrix} 0 \\ 1/T_J \\ \boldsymbol{0} \end{bmatrix} \Delta T_m \tag{7-159}$$

发电机 k 的代数方程可表示为

$$\Delta\boldsymbol{I}_k = [\boldsymbol{c}_1 \quad \boldsymbol{c}_2 \quad \boldsymbol{C}_r] \begin{bmatrix} \Delta\delta \\ \Delta\omega \\ \Delta\boldsymbol{x}_r \end{bmatrix} + \boldsymbol{D}_k\Delta\boldsymbol{V}_k \tag{7-160}$$

对式(7-159)进行拉普拉斯变换，并注意到 $\Delta\omega=1.0+j0$。然后消去 $\Delta\delta$ 和 $\Delta\boldsymbol{x}_r$，得到 $\Delta T_m(s)$ 和 $\Delta\boldsymbol{I}_k(s)$ 的表达式：

$$\Delta T_m = T_J\left[s - a_{12} - \frac{a_{11}\omega_s}{s} + \boldsymbol{a}_{1r}^{\mathrm{T}}(s\boldsymbol{I}-\boldsymbol{A}_{rr})^{-1}\left(\frac{\boldsymbol{a}_{r1}\omega_s}{s}+\boldsymbol{a}_{r2}\right)\right] - T_J[\boldsymbol{b}_1^{\mathrm{T}} + \boldsymbol{a}_{1r}^{\mathrm{T}}(s\boldsymbol{I}-\boldsymbol{A}_{rr})^{-1}\boldsymbol{B}_r]\Delta\boldsymbol{V}_k \tag{7-161}$$

$$\Delta\boldsymbol{I}_k = \Delta\boldsymbol{I}_{ke}(s) + \boldsymbol{Y}_{ke}(s)\Delta\boldsymbol{V}_k \tag{7-162}$$

式中：

$$\Delta\boldsymbol{I}_{ke}(s) = \boldsymbol{c}_2 + \frac{\boldsymbol{c}_1\omega_s}{s} + \boldsymbol{C}_r(s\boldsymbol{I}-\boldsymbol{A}_{rr})^{-1}\left(\boldsymbol{a}_{r2}+\frac{\boldsymbol{a}_{r1}\omega_s}{s}\right) \tag{7-163}$$

$$\boldsymbol{Y}_{ke}(s) = \boldsymbol{C}_r(s\boldsymbol{I}-\boldsymbol{A}_{rr})^{-1}\boldsymbol{B}_r + \boldsymbol{D}_k \tag{7-164}$$

其中，式(7-161)、式(7-163)、式(7-164)中 $(s\boldsymbol{I}-\boldsymbol{A}_{rr})^{-1}$ 的计算可仿照式(7-158)中 $(s\boldsymbol{I}-\boldsymbol{A}_i)^{-1}$ 的计算。

根据式(7-157)和式(7-162)，将系统中全部动态元件的代数方程统一表示为

$$\Delta\boldsymbol{I}_D = \Delta\boldsymbol{I}_{De}(s) + \boldsymbol{Y}_{De}(s)\Delta\boldsymbol{V}_D \tag{7-165}$$

式中：

$$\Delta\boldsymbol{I}_D = \begin{bmatrix}\Delta\boldsymbol{I}_1\\ \vdots\\ \Delta\boldsymbol{I}_k\\ \vdots\\ \Delta\boldsymbol{I}_m\end{bmatrix},\quad \Delta\boldsymbol{I}_{De}(s) = \begin{bmatrix}\boldsymbol{0}\\ \vdots\\ \Delta\boldsymbol{I}_{ke}(s)\\ \vdots\\ \boldsymbol{0}\end{bmatrix},\quad \Delta\boldsymbol{V}_D = \begin{bmatrix}\Delta\boldsymbol{V}_1\\ \vdots\\ \Delta\boldsymbol{V}_k\\ \vdots\\ \Delta\boldsymbol{V}_m\end{bmatrix} \tag{7-166}$$

$$\boldsymbol{Y}_{De}(s) = \mathrm{diag}\{\boldsymbol{Y}_{1e}(s),\cdots,\boldsymbol{Y}_{ke}(s),\cdots,\boldsymbol{Y}_{me}(s)\}$$

电力网络方程可表示为

$$\begin{bmatrix}\Delta\boldsymbol{I}_D\\ \boldsymbol{0}\end{bmatrix} = \begin{bmatrix}\boldsymbol{Y}_{DD} & \boldsymbol{Y}_{DL}\\ \boldsymbol{Y}_{LD} & \boldsymbol{Y}_{LL}\end{bmatrix}\begin{bmatrix}\Delta\boldsymbol{V}_D\\ \Delta\boldsymbol{V}_L\end{bmatrix} \tag{7-167}$$

式中：下标 D 和下标 L 分别表示有动态元件和无动态元件的系统节点。将式(7-165)代入网络方程式(7-167)，从而消去 $\Delta\boldsymbol{I}_D$，得

$$\begin{bmatrix}\Delta\boldsymbol{I}_{De}(s)\\ \boldsymbol{0}\end{bmatrix} = \begin{bmatrix}\boldsymbol{Y}_{DD}-\boldsymbol{Y}_{De}(s) & \boldsymbol{Y}_{DL}\\ \boldsymbol{Y}_{LD} & \boldsymbol{Y}_{LL}\end{bmatrix}\begin{bmatrix}\Delta\boldsymbol{V}_D\\ \Delta\boldsymbol{V}_L\end{bmatrix} \tag{7-168}$$

现将 AESOPS 算法的计算步骤归纳如下：

(1) 形成各动态元件的模型 $\boldsymbol{A}_i$、$\boldsymbol{B}_i$、$\boldsymbol{C}_i$、$\boldsymbol{D}_i$。用 QR 法计算 $\boldsymbol{A}_i$ 的全部特征值和相应的左、右特征向量。

(2) 给定 s 的初始估计值 $s^{(0)}$。

(3) 用式(7-163)、式(7-164)计算指定发电机的 $\Delta\boldsymbol{I}_{ke}(s)$ 和 $\boldsymbol{Y}_{ke}(s)$，并用式(7-158)计算其他动态元件的 $\boldsymbol{Y}_{ie}(s)$。

(4) 求解方程(7-168)，得到各节点电压 $\Delta\boldsymbol{V}$。

(5) 用式(7-161)计算指定发电机的附加转矩 ΔT_m，用式(7-156)计算所有其他发电机的 $\Delta\omega_i$，最后用式(7-153)计算 T_{Jeq}。

(6) 用式(7-154)计算 s 的改进值。

(7) 如果修正量 Δs 小于指定的误差，则迭代收敛；否则，转向步骤(3)。

由上述计算步骤可以看出，AESOPS 算法每经一轮迭代，便可得到一个机电振荡模态，其中仅求解唯一的代数方程(7-168)。它不需要形成全系统的状态矩阵 $\boldsymbol{A}$，仅形成每个动态元件的状态方程，并可通过很小规模的特征求解计算出每个动态元件的 $\boldsymbol{Y}_{ie}(s)$。代数方程(7-168)的系数矩阵是高度稀疏的，因此可以利用稀疏求解技术高效地进行求解。显然，这种方法计算速度快，且不受系统规模的限制。

AESOPS 算法的缺点是，受扰发电机的选取和 s 初值的确定没有系统化的方法。因此，除非关键模态的一般特性事先知道，否则要发现所有的关键模态，需要进行大量的试探，这样就不能保证一些关键模态不被遗漏。这种方法最适合于跟踪指定模态随系统运行方式的改变而变化的情况。

7.6.2 选择特征分析的序贯法和子空间法

本节首先介绍两类计算矩阵 $\boldsymbol{A}\in\mathbb{R}^{n\times n}$ 的一个或一组模数最大的特征值的方法：序贯法(sequential method)和子空间法(subspace method)；然后介绍将矩阵 $\boldsymbol{A}$ 变换为矩阵 $\boldsymbol{S}$ 的两种预处理技术，从而通过计算 $\boldsymbol{S}$ 的一个或一组模数最大的特征值得到 $\boldsymbol{A}$ 的一个或一组选择的特征值。

1. 序贯法

通过对矩阵不断的收缩处理，按模数从大到小的顺序一个一个地求出矩阵特征值和与之相应的特征向量的方法称为序贯法。序贯法主要有：幂法、Rayleigh 商迭代(Rayleigh quotient iterations，RQI)法和牛顿法。幂法在前面已有详细论述，这里主要介绍 Rayleigh 商迭代法和牛顿法。

1) RQI[2,3,27]

设 $\boldsymbol{v}$ 是一给定非零 n 维向量，我们可以选择 λ 使得 $\|\boldsymbol{Av}-\lambda\boldsymbol{v}\|_2$ 达到最小。事实上，

$$\begin{aligned}\|\boldsymbol{Av}-\lambda\boldsymbol{v}\|_2^2 &= (\boldsymbol{Av}-\lambda\boldsymbol{v})^{\mathrm{H}}(\boldsymbol{Av}-\lambda\boldsymbol{v})\\ &= (\boldsymbol{Av})^{\mathrm{H}}(\boldsymbol{Av})-\frac{(\boldsymbol{v}^{\mathrm{H}}\boldsymbol{Av})^{\mathrm{H}}(\boldsymbol{v}^{\mathrm{H}}\boldsymbol{Av})}{\boldsymbol{v}^{\mathrm{H}}\boldsymbol{v}}+\boldsymbol{v}^{\mathrm{H}}\boldsymbol{v}\left(\lambda-\frac{\boldsymbol{v}^{\mathrm{H}}\boldsymbol{Av}}{\boldsymbol{v}^{\mathrm{H}}\boldsymbol{v}}\right)^{\mathrm{H}}\left(\lambda-\frac{\boldsymbol{v}^{\mathrm{H}}\boldsymbol{Av}}{\boldsymbol{v}^{\mathrm{H}}\boldsymbol{v}}\right)\end{aligned}$$

显然，当

$$\lambda = r(\boldsymbol{v}) = \frac{\boldsymbol{v}^{\mathrm{H}}\boldsymbol{Av}}{\boldsymbol{v}^{\mathrm{H}}\boldsymbol{v}} \tag{7-169}$$

时，达到最小值。纯量 $r(\boldsymbol{v})$ 称为对应于 $\boldsymbol{v}$ 的 Rayleigh 商。显然，若 $\boldsymbol{v}$ 是 $\boldsymbol{A}$ 近似的特征向量，则 $r(\boldsymbol{v})$ 是其对应特征值的较好估计。把这个思想与反幂法结合就得到 RQI：

$$\left.\begin{array}{l}\text{给定 } \boldsymbol{v}^{(0)},\ \|\boldsymbol{v}^{(0)}\|_2=1\\ \text{对 } k=0,1,\cdots\\ \tau^{(k)}=r(\boldsymbol{v}^{(k)})\\ \text{求解}(\boldsymbol{A}-\tau^{(k)}\boldsymbol{I})\boldsymbol{z}^{(k+1)}=\boldsymbol{v}^{(k)}\text{，得 }\boldsymbol{z}^{(k+1)}\\ \qquad \boldsymbol{v}^{(k+1)}=\boldsymbol{z}^{(k+1)}/\|\boldsymbol{z}^{(k+1)}\|_2\\ \text{结束}\end{array}\right\} \tag{7-170}$$

RQI 是一种点位移方法，在每次迭代中需要矩阵的重新分解，因而其计算量将大大增加。RQI 几乎总能收敛，并且可以证明，如果 $\boldsymbol{A}$ 是对称的，则 RQI 在解的邻域内立方收敛。同样，如果 $\boldsymbol{A}$ 非对称，设 $\boldsymbol{u}^{\mathrm{H}}$、$\boldsymbol{v}$ 分别为 $\boldsymbol{A}$ 关于同一特征值近似的左、右特征向量，我们期望对于定义为

$$r(\boldsymbol{u}^{\mathrm{H}},\boldsymbol{v})=\frac{\boldsymbol{u}^{\mathrm{H}}\boldsymbol{A}\boldsymbol{v}}{\boldsymbol{u}^{\mathrm{H}}\boldsymbol{v}} \tag{7-171}$$

的 $r(\boldsymbol{u}^{\mathrm{H}},\boldsymbol{v})$，向量 $\boldsymbol{A}\boldsymbol{v}-r(\boldsymbol{u}^{\mathrm{H}},\boldsymbol{v})\boldsymbol{v}$ 和 $\boldsymbol{A}^{\mathrm{H}}\boldsymbol{u}-r(\boldsymbol{u}^{\mathrm{H}},\boldsymbol{v})\boldsymbol{u}$ 都是小量，$r(\boldsymbol{u}^{\mathrm{H}},\boldsymbol{v})$ 是特征值更好的近似。一般将 $r(\boldsymbol{u}^{\mathrm{H}},\boldsymbol{v})$ 称为对应于 $\boldsymbol{u}^{\mathrm{H}}$、$\boldsymbol{v}$ 的“广义 Rayleigh 商”。这样，RQI 也能立方收敛。

2) 牛顿法[21]

我们还可以将特征分析问题看成如下方程的解：

$$\boldsymbol{f}(\lambda,\boldsymbol{v})=\boldsymbol{A}\boldsymbol{v}-\lambda\boldsymbol{v}=\boldsymbol{0} \tag{7-172}$$

其中对 $\boldsymbol{v}$ 有一些规范化约束，从而保证特征对有唯一解。可以用牛顿法求解上述方程组。给定 $\lambda^{(0)}$ 和 $\boldsymbol{v}^{(0)}$，规定向量 $\boldsymbol{v}^{(0)}$ 中的最大元素为 1（例如，第一个元素），并且这个元素在以后的迭代中保持不变。将式(7-172)线性化，即得到牛顿迭代式

$$\boldsymbol{f}(\lambda^{(k)},\boldsymbol{v}^{(k)})+\left.\frac{\partial \boldsymbol{f}}{\partial \lambda}\right|_k\Delta\lambda^{(k)}+\left.\frac{\partial \boldsymbol{f}}{\partial \boldsymbol{v}}\right|_k\Delta\boldsymbol{v}^{(k)}=\boldsymbol{0}$$

或

$$-\boldsymbol{v}^{(k)}\Delta\lambda^{(k)}+(\boldsymbol{A}-\lambda^{(k)}\boldsymbol{I})\Delta\boldsymbol{v}^{(k)}=-\boldsymbol{f}^{(k)}$$

它可以写成如下矩阵形式：

$$\boldsymbol{B}^{(k)}\Delta\tilde{\boldsymbol{v}}^{(k)}=-\boldsymbol{f}^{(k)} \tag{7-173}$$

其中，向量 $\Delta\tilde{\boldsymbol{v}}^{(k)}$ 除第一个元素用 $\Delta\lambda^{(k)}$ 替换外，就是向量 $\Delta\boldsymbol{v}^{(k)}$；矩阵 $\boldsymbol{B}^{(k)}$ 除第一列用 $-\boldsymbol{v}^{(k)}$ 替换外，就是矩阵 $\boldsymbol{A}-\lambda^{(k)}\boldsymbol{I}$。$\lambda$ 和 $\boldsymbol{v}$ 的修正式为

$$\left.\begin{aligned}&\lambda^{(k+1)}=\lambda^{(k)}+\Delta\lambda^{(k)}=\lambda^{(k)}+\Delta\tilde{v}_1^{(k)}\\&v_i^{(k+1)}=v_i^{(k)}+\Delta v_i^{(k)}=v_i^{(k)}+\Delta\tilde{v}_i^{(k)}\qquad(i=2,3,\cdots,n)\end{aligned}\right\} \tag{7-174}$$

用牛顿法求解特征问题也可以稀疏实现，此时式(7-172)变成

$$\boldsymbol{f}(\lambda,\boldsymbol{v},\boldsymbol{w})=\begin{bmatrix}\tilde{\boldsymbol{A}}-\lambda\boldsymbol{I} & \tilde{\boldsymbol{B}}\\ \tilde{\boldsymbol{C}} & \tilde{\boldsymbol{D}}\end{bmatrix}\begin{bmatrix}\boldsymbol{v}\\ \boldsymbol{w}\end{bmatrix}=\boldsymbol{0} \tag{7-175}$$

其线性化方程为

$$\begin{bmatrix}\tilde{\boldsymbol{A}}-\lambda^{(k)}\boldsymbol{I} & \tilde{\boldsymbol{B}}\\ \tilde{\boldsymbol{C}} & \tilde{\boldsymbol{D}}\end{bmatrix}\begin{bmatrix}\Delta\boldsymbol{v}^{(k)}\\ \Delta\boldsymbol{w}^{(k)}\end{bmatrix}+\begin{bmatrix}-\boldsymbol{v}^{(k)}\\ \boldsymbol{0}\end{bmatrix}\Delta\lambda^{(k)}=-\boldsymbol{f}^{(k)} \tag{7-176}$$

将上式中最左边的矩阵简写为 $\boldsymbol{J}^{(k)}$。同上理由，规定向量 $\boldsymbol{v}^{(0)}$ 中的最大元素为 1（例如，第一个元素），并且在以后的迭代中保持不变。这样，式(7-176)可写成如下矩阵形式：

$$\tilde{\boldsymbol{J}}^{(k)}\begin{bmatrix}\Delta\tilde{\boldsymbol{v}}^{(k)}\\ \Delta\boldsymbol{w}^{(k)}\end{bmatrix}=-\boldsymbol{f}^{(k)} \tag{7-177}$$

其中，向量 $\Delta\tilde{\boldsymbol{v}}^{(k)}$ 除第一个元素用 $\Delta\lambda^{(k)}$ 替换外，就是向量 $\Delta\boldsymbol{v}^{(k)}$；矩阵 $\tilde{\boldsymbol{J}}^{(k)}$ 除第一列用式(7-176)中 $\Delta\lambda^{(k)}$ 的系数向量替换外，就是矩阵 $\boldsymbol{J}^{(k)}$。

由于 $\tilde{\boldsymbol{J}}^{(k)}$ 破坏了 $\boldsymbol{J}^{(k)}$ 的稀疏结构，为了提高式(7-177)的求解效率，将 $\tilde{\boldsymbol{J}}^{(k)}$ 表示成

$$\tilde{\boldsymbol{J}}^{(k)}=\boldsymbol{J}^{(k)}+\boldsymbol{g}^{(k)}\boldsymbol{e}^{\mathrm{T}} \tag{7-178}$$

式中：向量 $\boldsymbol{g}^{(k)}$ 为 $\Delta\lambda^{(k)}$ 的系数向量与 $\boldsymbol{J}^{(k)}$ 中的第一列向量之差；$\boldsymbol{e}^{\mathrm{T}}=[1\quad 0\quad \cdots\quad 0]$。利用 Sherman-Morrison 公式，可得式(7-177)的解

$$\begin{bmatrix}\Delta\tilde{\boldsymbol{v}}^{(k)}\\ \Delta\boldsymbol{w}^{(k)}\end{bmatrix}=-[\boldsymbol{J}^{(k)}]^{-1}\boldsymbol{f}^{(k)}+\frac{[\boldsymbol{J}^{(k)}]^{-1}\boldsymbol{g}^{(k)}\boldsymbol{e}^{\mathrm{T}}[\boldsymbol{J}^{(k)}]^{-1}\boldsymbol{f}^{(k)}}{1+\boldsymbol{e}^{\mathrm{T}}[\boldsymbol{J}^{(k)}]^{-1}\boldsymbol{g}^{(k)}} \tag{7-179}$$

只要对 $\boldsymbol{J}^{(k)}$ 作稀疏三角分解，上式容易通过前代、回代计算之。

以上介绍的三种序贯法中，幂法鲁棒性好，但收敛很慢；与之相反，RQI 和牛顿法收敛很快，但由于每步修正特征值，因此需要矩阵的多次三角分解，使得计算量很大。牛顿法由于其二次收敛性而颇具吸引力，但它需要良好的初值，用幂法进行几步迭代的结果作为牛顿法的初值，不失为一种很好的选择。

2. 子空间法

同时计算矩阵的一组模数最大的特征值和相应特征向量的方法称为子空间法。对于非对称矩阵的特征子集计算，下面介绍两种性能良好的子空间法：同时迭代法（simultaneous iteration algorithm）和 Arnoldi 方法。

1）同时迭代法[18,19,22]

同时迭代法是幂法的一个直接推广，它可用来计算高维不变子空间。设 r 为指定的整数，满足 $1\leqslant r<n$。给定 $n\times r$ 阶列正交矩阵 $\boldsymbol{Q}_0$，如下迭代产生一系列的列正交矩阵 $\{\boldsymbol{Q}_k\}\subseteq\mathbb{C}^{n\times r}$：

$$\left.\begin{aligned}\boldsymbol{Z}_k&=\boldsymbol{A}\boldsymbol{Q}_{k-1}\\ \boldsymbol{Q}_k\boldsymbol{R}_k&=\boldsymbol{Z}_k(QR\ 分解)\end{aligned}\right\}\quad(k=1,2,\cdots) \tag{7-180}$$

因此这种迭代也称为正交迭代。在合理的假设下，上述迭代中产生的子空间按 $|\lambda_{r+1}/\lambda_r|^k$ 正比例收敛于 $\boldsymbol{A}$ 的按模数递减的前 r 个特征值所对应的不变子空间。

上述正交迭代中每次需要矩阵的正交分解，因而计算量很大。下面给出一种不需要向量正交化的不对称同时迭代法（lopsided simultaneous iteration algorithm，LOPSI）[18]。LOPSI 的每次迭代包括矩阵的左乘及重新定向，最后是归一化和误差检验。

设 $\boldsymbol{A}\in\mathbb{R}^{n\times n}$ 的特征值 λ_i 满足

$$|\lambda_1|\geqslant|\lambda_2|\geqslant\cdots\geqslant|\lambda_n|$$

定义

$$\boldsymbol{\Lambda}=\begin{bmatrix}\boldsymbol{\Lambda}_a & \boldsymbol{0}\\ \boldsymbol{0} & \boldsymbol{\Lambda}_b\end{bmatrix}$$

式中：

$$\boldsymbol{\Lambda}_a=\mathrm{diag}(\lambda_1,\cdots,\lambda_m),\qquad \boldsymbol{\Lambda}_b=\mathrm{diag}(\lambda_{m+1},\cdots,\lambda_n)$$

$\boldsymbol{A}$ 的 n 个右特征向量按列组成矩阵

$$\boldsymbol{Q}=[\boldsymbol{Q}_a\ \ \boldsymbol{Q}_b]=[\boldsymbol{q}_1\ \ \cdots\ \ \boldsymbol{q}_m\mid\boldsymbol{q}_{m+1}\ \ \cdots\ \ \boldsymbol{q}_n]$$

这样，可得到

$$\boldsymbol{A}\boldsymbol{Q}_a=\boldsymbol{Q}_a\boldsymbol{\Lambda}_a,\qquad \boldsymbol{A}\boldsymbol{Q}_b=\boldsymbol{Q}_b\boldsymbol{\Lambda}_b \tag{7-181}$$

假设我们开始用 $m\,(m>r)$ 个独立的单位试探向量组成矩阵 $\boldsymbol{U}$，即 $\boldsymbol{U}=$

$[\boldsymbol{u}_1 \quad \boldsymbol{u}_2 \quad \cdots \quad \boldsymbol{u}_m] \in \mathbb{C}^{n\times m}$，$\boldsymbol{U}$ 左乘 $\boldsymbol{A}$，得

$$\boldsymbol{V} = \boldsymbol{AU} \tag{7-182}$$

式中：$\boldsymbol{V}=[\boldsymbol{v}_1, \boldsymbol{v}_2, \cdots, \boldsymbol{v}_m] \in \mathbb{C}^{n\times m}$。$\boldsymbol{U}$ 可以被表示成特征向量的线性和：

$$\boldsymbol{U} = \boldsymbol{Q}_a\boldsymbol{C}_a + \boldsymbol{Q}_b\boldsymbol{C}_b \tag{7-183}$$

式中：$\boldsymbol{C}_a \in \mathbb{C}^{m\times m}$、$\boldsymbol{C}_b \in \mathbb{C}^{(n-m)\times m}$ 分别为系数矩阵。由式(7-181)～(7-183)可得

$$\boldsymbol{V} = \boldsymbol{Q}_a\boldsymbol{\Lambda}_a\boldsymbol{C}_a + \boldsymbol{Q}_b\boldsymbol{\Lambda}_b\boldsymbol{C}_b \tag{7-184}$$

注意到 $\boldsymbol{Q}_b$ 对 $\boldsymbol{V}$ 的贡献相对地小于对 $\boldsymbol{U}$ 的贡献，经过一定次数的迭代后，可假设 $\boldsymbol{C}_b$ 比 $\boldsymbol{C}_a$ 小得多。

重新定向处理涉及矩阵 $\boldsymbol{B} \in \mathbb{C}^{m\times m}$ 的完全特征求解，$\boldsymbol{B}$ 是如下方程的解：

$$\boldsymbol{GB} = \boldsymbol{H} \tag{7-185}$$

式中：$\boldsymbol{G}=\boldsymbol{U}^{\mathrm{H}}\boldsymbol{U}$，$\boldsymbol{H}=\boldsymbol{U}^{\mathrm{H}}\boldsymbol{V}$。将式(7-183)、式(7-184)的 $\boldsymbol{U}$ 和 $\boldsymbol{V}$ 代入式(7-185)，并忽略系数 $\boldsymbol{C}_b$，得

$$\boldsymbol{U}^{\mathrm{H}}\boldsymbol{Q}_a\boldsymbol{C}_a\boldsymbol{B} \cong \boldsymbol{U}^{\mathrm{H}}\boldsymbol{Q}_a\boldsymbol{\Lambda}_a\boldsymbol{C}_a \tag{7-186}$$

只要 $\boldsymbol{U}^{\mathrm{H}}\boldsymbol{Q}_a$ 非奇异，从式(7-186)就可得到

$$\boldsymbol{C}_a\boldsymbol{B} \cong \boldsymbol{\Lambda}_a\boldsymbol{C}_a \tag{7-187}$$

上式表明，$\boldsymbol{B}$ 的所有左特征向量按行组成的矩阵是 $\boldsymbol{C}_a$ 的近似，而 $\boldsymbol{B}$ 的特征值是 $\boldsymbol{\Lambda}_a$ 的近似。如果 $\boldsymbol{P}$ 是 $\boldsymbol{B}$ 的所有右特征向量按列组成的矩阵，那么 $\boldsymbol{P} \cong \boldsymbol{C}_a^{-1}$，因此

$$\boldsymbol{W} = \boldsymbol{VP} \cong \boldsymbol{Q}_a\boldsymbol{\Lambda}_a + \boldsymbol{Q}_b\boldsymbol{\Lambda}_b\boldsymbol{C}_b\boldsymbol{C}_a^{-1} \tag{7-188}$$

就给出了矩阵 $\boldsymbol{A}$ 的右特征向量的改进。

需要得到矩阵 $\boldsymbol{A}$ 的前 $r(r \ll n)$ 个模数递减的特征值和相应的特征向量，LOPSI 的迭代步骤如下：

① 指定参加迭代的子空间的维数 $m(m>r)$，构造 m 个独立的、单位初始试探向量，并组成矩阵 $\boldsymbol{U}^{(1)}=[\boldsymbol{u}_1 \quad \boldsymbol{u}_2 \quad \cdots \quad \boldsymbol{u}_m]$。置 $k=1$。

② 确定矩阵 $\boldsymbol{A}$ 连续左乘的次数 l。

③ 计算 $\boldsymbol{V}^{(k)}=\boldsymbol{A}^l\boldsymbol{U}^{(k)}$。

④ 计算 $\boldsymbol{G}^{(k)}=[\boldsymbol{U}^{(k)}]^{\mathrm{H}}\boldsymbol{U}^{(k)}$ 和 $\boldsymbol{H}^{(k)}=[\boldsymbol{U}^{(k)}]^{\mathrm{H}}\boldsymbol{V}^{(k)}$。

⑤ 求解方程 $\boldsymbol{G}^{(k)}\boldsymbol{B}^{(k)}=\boldsymbol{H}^{(k)}$ 得到 $\boldsymbol{B}^{(k)}$。

⑥ 用 QR 法计算 $\boldsymbol{B}^{(k)}$ 的特征值和特征向量，并将 $\boldsymbol{B}^{(k)}$ 的特征值按模数递减排序，即 $\boldsymbol{\Lambda}_{\boldsymbol{B}^{(k)}}=\mathrm{diag}\{\lambda_1^{(k)}, \lambda_2^{(k)}, \cdots, \lambda_r^{(k)}, \lambda_{r+1}^{(k)}, \cdots, \lambda_m^{(k)}\}$，其中 $|\lambda_1^{(k)}| \geqslant |\lambda_2^{(k)}| \geqslant \cdots \geqslant |\lambda_m^{(k)}|$，相应的特征向量按特征值的顺序逐列排放组成矩阵 $\boldsymbol{P}^{(k)}$。

⑦ 计算 $\boldsymbol{U}^{(k+1)}=\boldsymbol{V}^{(k)}\boldsymbol{P}^{(k)}$，并将 $\boldsymbol{U}^{(k+1)}$ 逐列归一化。

⑧ 收敛判断。比较 $\boldsymbol{\Lambda}_{\boldsymbol{B}^{(k)}}$ 和 $\boldsymbol{\Lambda}_{\boldsymbol{B}^{(k-1)}}$ ($\boldsymbol{\Lambda}_{\boldsymbol{B}^{(0)}}=\boldsymbol{0}$)的前 r 个特征值，或比较 $\boldsymbol{U}^{(k+1)}$ 和 $\boldsymbol{U}^{(k)}$ 的前 r 个列向量。如果

$$\max\{|\lambda_i^{(k)}-\lambda_i^{(k-1)}|, i=1,2,\cdots,r\} \leqslant \varepsilon_1$$

或

$$\max\{\|\boldsymbol{u}_i^{(k+1)}-\boldsymbol{u}_i^{(k)}\|, i=1,2,\cdots,r\} \leqslant \varepsilon_2$$

则收敛。否则，置 $k=k+1$，返回步骤②。

对 LOPSI 算法的实施作如下说明：

(1) 注意到参加迭代的子空间维数 m 要大于需要计算的模数递减的特征值的个数 r,其中多出的 $m-r$ 个向量称为防卫向量(guard vector)。由于前 r 个特征值中的第 r 个特征值收敛最慢,即决定收敛速率的值 $|\lambda_{m+1}|/|\lambda_r|$ 最大。要使收敛加快,应使 $|\lambda_{m+1}|/|\lambda_r|$ 减小,相应地应使 m 增大。显然,m 越大,$|\lambda_{m+1}|/|\lambda_r|$ 越小,但过大的 m 将使计算量大大增加,一般取 $m=2r$,从总体上来说可达到计算量和收敛速度的较好权衡。

(2) 一般在[$-1.0,1.0$]内产生 $n\times m$ 个均匀分布的随机数,并由此组成矩阵,各列经归一化后即得到 $\boldsymbol{U}^{(1)}$,这样基本上能够保证 m 个试探向量的独立性。

(3) 由于算法的收敛率主要由左乘淘汰下部特征向量的速度支配,因此大部分迭代可以省略重新定向处理,从而减少总的计算量。连续左乘的次数 $1\leqslant l\leqslant l_{\max}$,$l=1$ 时为基本迭代,$l>1$ 时为快速迭代,一般取 $l_{\max}=10$。l 可以取固定值,也可以按文献[18]中给出的方法决定。

(4) 一般总期望主导特征向量首先收敛。因此,开始总是对 $\boldsymbol{u}_1^{(k)}$ 进行收敛判断,一旦 $\boldsymbol{u}_1^{(k)}$ 收敛,就将它"锁定"(locked),然后计算出 $\boldsymbol{v}_1^{(k)}$,并在后续的迭代中保持 $\boldsymbol{u}_1=\boldsymbol{u}_1^{(k)}$,$\boldsymbol{v}_1=\boldsymbol{v}_1^{(k)}$ 不变。下次将仅对 $\boldsymbol{u}_2^{(k)}$ 进行收敛判断。一般地说,当判定 $\boldsymbol{U}^{(k)}$ 的前 $j-1$ 个向量已经收敛,它们将被锁定,仅对 $\boldsymbol{u}_j^{(k)}$ 进行收敛判断。这样一直迭代下去,直到 $j=r$,并且 $\boldsymbol{u}_r^{(k)}$ 收敛,计算结束。使用这种被称为"锁定向量"(locking vector)的技术,使得步骤③和步骤④中一些向量的内积不必重新计算,因而可节省计算时间。

2) Arnoldi 方法[3,20]

如果矩阵 $\boldsymbol{A}\in\mathbb{R}^{n\times n}$ 非对称,则正交三对角化 $\boldsymbol{Q}^{\mathrm{T}}\boldsymbol{A}\boldsymbol{Q}=\boldsymbol{T}$ 一般不存在。Arnoldi 方法的基本思想是,一列一列地产生正交阵 $\boldsymbol{Q}$,使得 $\boldsymbol{Q}^{\mathrm{T}}\boldsymbol{A}\boldsymbol{Q}=\boldsymbol{H}$ 为上海森伯矩阵。设 $\boldsymbol{Q}=[\boldsymbol{q}_1,\boldsymbol{q}_2,\cdots,\boldsymbol{q}_n]$,比较 $\boldsymbol{A}\boldsymbol{Q}=\boldsymbol{Q}\boldsymbol{H}$ 两边的列可得

$$\boldsymbol{A}\boldsymbol{q}_m=\sum_{i=1}^{m+1}h_{i,m}\boldsymbol{q}_i\qquad(1\leqslant m\leqslant n-1)\tag{7-189}$$

把上式右端的最后一项分离出来可得

$$h_{m+1,m}\boldsymbol{q}_{m+1}=\boldsymbol{A}\boldsymbol{q}_m-\sum_{i=1}^{m}h_{im}\boldsymbol{q}_i\equiv\boldsymbol{r}_m\tag{7-190}$$

式中:$h_{i,m}=\boldsymbol{q}_i^{\mathrm{T}}\boldsymbol{A}\boldsymbol{q}_m$,$i=1,2,\cdots,m$。由此可知,若 $\boldsymbol{r}_m\neq\boldsymbol{0}$,则 $\boldsymbol{q}_{m+1}$ 可通过下式来确定:

$$\boldsymbol{q}_{m+1}=\boldsymbol{r}_m/h_{m+1,m}\tag{7-191}$$

式中:$h_{m+1,m}=\|\boldsymbol{r}_m\|_2$。这些方程定义了 Arnoldi 算法。假定 $\boldsymbol{q}_1$ 为给定的单位 $\|\cdot\|_2$ 范数初始向量,称$[\boldsymbol{q}_1\quad\boldsymbol{q}_2\quad\cdots\quad\boldsymbol{q}]_m$ 为 Arnoldi 向量,它们构成了 Krylov 子空间 $\boldsymbol{K}(\boldsymbol{A},\boldsymbol{q},m)$ 的一组标准正交基:

$$\mathrm{span}\{\boldsymbol{q}_1,\boldsymbol{q}_2,\cdots,\boldsymbol{q}_n\}=\mathrm{span}\{\boldsymbol{q}_1,\boldsymbol{A}\boldsymbol{q}_1,\cdots,\boldsymbol{A}^{m-1}\boldsymbol{q}_1\}\tag{7-192}$$

迭代 m 步以后,算法的运行情况可用第 m 步 Arnoldi 分解来概括:

$$\boldsymbol{A}\boldsymbol{Q}_m=\boldsymbol{Q}_m\boldsymbol{H}_m+\boldsymbol{r}_m\boldsymbol{e}_m^{\mathrm{T}}\tag{7-193}$$

式中:

$$\boldsymbol{Q}_m=[\boldsymbol{q}_1\quad\boldsymbol{q}_2\quad\cdots\quad\boldsymbol{q}_m],\qquad\boldsymbol{e}_m^{\mathrm{T}}=[0\quad0\quad\cdots\quad1]$$

$$\boldsymbol{H}_m = \begin{bmatrix} h_{1,1} & h_{1,2} & \cdots & \cdots & h_{1,m} \\ h_{2,1} & h_{2,2} & \cdots & \cdots & h_{2,m} \\ & h_{3,2} & \ddots & \ddots & \vdots \\ & \vdots & \vdots & & \vdots \\ 0 & \cdots & \cdots & h_{m,m-1} & h_{m,m} \end{bmatrix}$$

如果 $\boldsymbol{r}_m=\boldsymbol{0}$,则由 $\boldsymbol{Q}_m$ 的列组成了一个不变子空间,且 $\lambda(\boldsymbol{H}_m)\subseteq\lambda(\boldsymbol{A})$。问题是如何从海森伯阵 $\boldsymbol{H}_m$ 和 Arnoldi 向量组成的矩阵 $\boldsymbol{Q}_m$ 中提取有关 $\boldsymbol{A}$ 的特征信息。

若 $\boldsymbol{y}$ 为 $\boldsymbol{H}_m$ 的单位特征向量,有 $\boldsymbol{H}_m\boldsymbol{y}=\lambda\boldsymbol{y}$,则从式(7-193)可得

$$(\boldsymbol{A}-\lambda\boldsymbol{I})\boldsymbol{x}=\boldsymbol{e}_m^{\mathrm{T}}\boldsymbol{y}\boldsymbol{r}_m \tag{7-194}$$

式中:$\boldsymbol{x}=\boldsymbol{Q}_m\boldsymbol{y}$。我们称 λ 为里茨值,$\boldsymbol{x}$ 为相应的里茨向量。数 $|\boldsymbol{e}_m^{\mathrm{T}}\boldsymbol{y}|\,\|\boldsymbol{r}_m\|_2$ 的大小可用来衡量误差界。

需要得到矩阵 $\boldsymbol{A}$ 的前 $r(r\ll n)$ 个模数递减的特征值和相应的特征向量,Arnoldi 方法如下:

① 初始化。选取步数 $m(m>r)$,给定 2 范数单位初始向量 $\boldsymbol{q}_1$。

② Arnoldi 步骤:

For $j=1,2,\cdots,m$
    $\boldsymbol{w}=\boldsymbol{r}_j=\boldsymbol{A}\boldsymbol{q}_j$
    For $i=1,2,\cdots,j$
        $h_{i,j}=\boldsymbol{q}_i^{\mathrm{T}}\boldsymbol{w}$
        $\boldsymbol{r}_j=\boldsymbol{r}_j-h_{i,j}\boldsymbol{q}_i$
    end
    $h_{j+1,j}=\|\boldsymbol{r}_j\|_2$
    $\boldsymbol{q}_{j+1}=\boldsymbol{r}_j/h_{j+1,j}$
end

置 $\boldsymbol{Q}_m=[\boldsymbol{q}_1\quad \boldsymbol{q}_2\quad \cdots\quad \boldsymbol{q}_m]$

③ 特征值计算。用 QR 法计算上海森伯矩阵 $\boldsymbol{H}_m=\{h_{i,j}\}$ 的特征值和特征向量。将 $\boldsymbol{H}_m$ 的特征值按模数递减排序,即:$\boldsymbol{\Lambda}_{\boldsymbol{H}_m}=\mathrm{diag}\{\lambda_1,\lambda_2,\cdots,\lambda_r,\lambda_{r+1},\cdots,\lambda_m\}$,其中 $|\lambda_1|\geqslant|\lambda_2|\geqslant\cdots\geqslant|\lambda_m|$,相应的特征向量按特征值的顺序逐列排放组成矩阵 $\boldsymbol{P}$。

④ 置 $\boldsymbol{Q}_m\Leftarrow\boldsymbol{Q}_m\boldsymbol{P}$,并将 $\boldsymbol{Q}_m$ 逐列归一化为 2 范数单位向量。

⑤ 收敛判断。如果 $\max\{\|\boldsymbol{A}\boldsymbol{q}_i-\lambda_i\boldsymbol{q}_i\|,i=1,2,\cdots,r\}\leqslant\varepsilon$,则收敛,退出;否则继续。

⑥ 重启动。新的初始向量取为 $\boldsymbol{q}_1^{\mathrm{new}}=\beta\sum_{i=1}^{r}\alpha_i\boldsymbol{q}_i$,其中 $\alpha_i=\|\boldsymbol{A}\boldsymbol{q}_i-\lambda_i\boldsymbol{q}_i\|$,$\beta$ 为向量的归一化系数。返回步骤②。

对 Arnoldi 方法的实施作如下说明:

(1) 一般在[-1.0,1.0]间产生 n 个均匀分布的随机数并组成向量,经归一化后即可作为初始向量 $\boldsymbol{q}_1$。m 大于 r 的理由与 LOPSI 算法中的理由类似。

(2)"锁定向量"技术在 Arnoldi 方法中也可使用,从而节省计算时间。

(3) 迭代过程中,矩阵 Q_m 容易失去正交性,这将使方法的收敛性很差。因此需要对 Q_m 重新正交化,按步骤⑥的公式计算重新正交化的初始向量,可使 Arnoldi 方法的收敛性大大提高。

3. 预处理(preconditioning)

预处理是通过某种线性变换将矩阵 $\boldsymbol{A}$ 变换为矩阵 $\boldsymbol{S}$,将 $\boldsymbol{A}$ 的一些关键特征值映射为 $\boldsymbol{S}$ 的一些主特征值,并且特征向量保持不变。这样,我们就可以利用前面介绍的方法计算 $\boldsymbol{S}$ 的一些主特征值,并通过反变换得到 $\boldsymbol{A}$ 的一些关键特征值。下面介绍两种线性变换,即位移求逆变换(shift-invert transformation)和凯莱(Cayley)变换[27]。

1) 位移求逆变换

这是一种最常用线性变换,即

$$\boldsymbol{S} = (\boldsymbol{A} - s\boldsymbol{I})^{-1} \tag{7-195}$$

式中:s 称为点位移量,它可以是实数或复数。

我们首先分析矩阵 $\boldsymbol{A}$ 和矩阵 $\boldsymbol{S}$ 的特征值和相应特征向量之间的关系。设矩阵 $\boldsymbol{A}$ 的特征值和与之相应的特征向量分别为 λ_A、$\boldsymbol{v}_A$,矩阵 $\boldsymbol{S}$ 的特征值和与之相应的特征向量分别为 λ_S、$\boldsymbol{v}_S$,显然

$$\boldsymbol{A}\boldsymbol{v}_A = \lambda_A \boldsymbol{v}_A \tag{7-196}$$

$$\boldsymbol{S}\boldsymbol{v}_S = \lambda_S \boldsymbol{v}_S \tag{7-197}$$

式(7-196)两端同时减去向量 $s\boldsymbol{v}_A$,并经整理后得

$$(\boldsymbol{A} - s\boldsymbol{I})^{-1}\boldsymbol{v}_A = \frac{1}{\lambda_A - s}\boldsymbol{v}_A \tag{7-198}$$

比较式(7-197)和式(7-198)可以看出

$$\lambda_S = \frac{1}{\lambda_A - s}, \quad \lambda_A = s + \frac{1}{\lambda_S}, \quad \boldsymbol{v}_S = \boldsymbol{v}_A \tag{7-199}$$

显然,这种变换将 $\boldsymbol{A}$ 的最靠近 s 的特征值映射为 $\boldsymbol{S}$ 的模数最大的特征值,并且特征向量不变。如果用序贯法或子空间法能够求出 $\boldsymbol{S}$ 的前 r 个模数递减的特征值,则它们是 $\boldsymbol{A}$ 的到 s 的距离由近到远的 r 个特征值。这显然适应于我们所需要的选择特征分析。

很明显,将 $\boldsymbol{S}$ 用于幂法就是前面介绍的反幂法。这种变换也可以用于 RQI 和牛顿法的每次迭代中,不过这时位移量 s 是变化的。由于采用这种变换增大了映射的特征值之间的距离,因而提高了特征求解方法的收敛性,这是它的优点。其缺点是,当 $\boldsymbol{A}$ 是实矩阵,而位移 s 为复数时,需要复数运算。另外,在用于电力系统时,为了得到所有的关键特征值,需要多次位移从而扫描整个虚轴,这就不可避免地需要做一些冗余计算,并且在理论上不能保证一些关键特征值不被遗漏。

2) 凯莱变换

取复常数 s_1 和 $s_2(s_1 \neq s_2)$,凯莱变换是这样的线性变换:

$$\boldsymbol{S} = (\boldsymbol{A} - s_1\boldsymbol{I})(\boldsymbol{A} - s_2\boldsymbol{I})^{-1} \tag{7-200}$$

为简单起见,在实际应用中一般取 s_1 和 s_2 为实常数(以后如无特殊说明,均设 s_1 和 s_2 为实常数且 $s_2 > s_1$)。

不难得到采用凯莱变换后的矩阵 $\boldsymbol{S}$ 和原始矩阵 $\boldsymbol{A}$ 的特征值和相应特征向量之间的关系。式(7-196)两端分别同时与向量 $s_1\boldsymbol{v_A}$ 相减和与向量 $s_2\boldsymbol{v_A}$ 相减,得

$$\left.\begin{aligned}(\boldsymbol{A}-s_1\boldsymbol{I})\boldsymbol{v_A}&=(\lambda_A-s_1)\boldsymbol{v_A}\\(\boldsymbol{A}-s_2\boldsymbol{I})\boldsymbol{v_A}&=(\lambda_A-s_2)\boldsymbol{v_A}\end{aligned}\right\}\tag{7-201}$$

由上式容易得到

$$(\boldsymbol{A}-s_1\boldsymbol{I})(\boldsymbol{A}-s_2\boldsymbol{I})^{-1}\boldsymbol{v_A}=\frac{\lambda_A-s_1}{\lambda_A-s_2}\boldsymbol{v_A}\tag{7-202}$$

比较式(7-197)和式(7-202)可以看出

$$\lambda_S=\frac{\lambda_A-s_1}{\lambda_A-s_2},\qquad \lambda_A=\frac{s_2\lambda_S-s_1}{\lambda_S-1},\qquad \boldsymbol{v_S}=\boldsymbol{v_A}\tag{7-203}$$

令 $\lambda_A=\sigma+j\omega$,将它代入式(7-203),可得

$$|\lambda_S|=\sqrt{\frac{(\sigma-s_1)^2+\omega^2}{(\sigma-s_2)^2+\omega^2}}\tag{7-204}$$

显然

$$|\lambda_S|\begin{cases}<1 & \left(\sigma<\dfrac{s_1+s_2}{2}\right)\\[2ex] =1 & \left(\sigma=\dfrac{s_1+s_2}{2}\right)\\[2ex] >1 & \left(\sigma>\dfrac{s_1+s_2}{2}\right)\end{cases}\tag{7-205}$$

因此,凯莱变换将复平面上横坐标为 $\dfrac{s_1+s_2}{2}$ 的直线(称为对称轴)映射到单位圆上,对称轴右侧的复平面映射到单位圆以外,对称轴左侧的复平面映射到单位圆以内,如图 7-1 所示。并且特征向量保持不变。

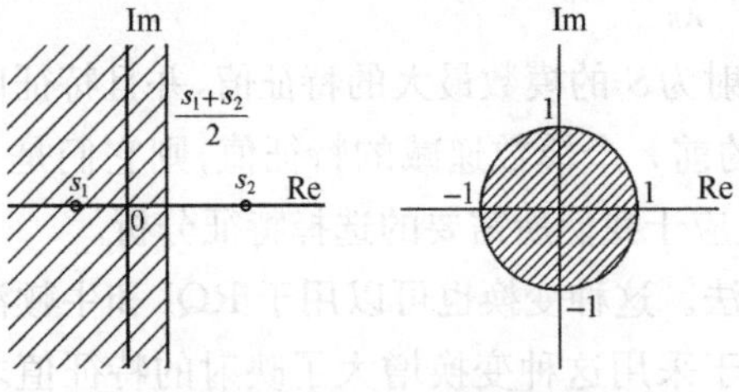

(a) 矩阵 A 的频域　　(b) 矩阵 S 的频域

图 7-1　实凯莱变换前后的频域

现在,计算矩阵 $\boldsymbol{A}$ 的位于对称轴右侧的所有特征值可以这样进行:用序贯法一个一个地或用子空间法一次求出矩阵 $\boldsymbol{S}$ 的模数大于 1 的全部特征值,然后可通过式(7-203)计算出矩阵 $\boldsymbol{A}$ 的对应特征值。和位移求逆变换相比,只需一次凯莱变换就可计算 $\boldsymbol{A}$ 的所有关键特征值,相应地仅需一次矩阵分解。

当取 $s_2=-s_1=h(>0)$,即得到所谓的 S 矩阵法[17]。显然这时的对称轴就是虚轴,变换将虚轴映射到单位圆上,右半复平面映射到单位圆以外,左半复平面映射到单位圆以内。设 $\lambda_{S\max}$ 为矩阵 $\boldsymbol{S}$ 模数最大的特征值,由式(7-205)可知,当 $|\lambda_{S\max}|<1$ 时,说明矩阵 $\boldsymbol{A}$ 的全部特征值都具有负实部;当 $|\lambda_{S\max}|>1$ 时,说明矩阵 $\boldsymbol{A}$ 的全部特征值中至少有一个特征值具有正实部;当 $|\lambda_{S\max}|=1$ 时,说明矩阵 $\boldsymbol{A}$ 无正实部的特征值,但至少有一个实部为零的特征值。以上三种情况分别对应于系统稳定、不稳定和临界。因此,只要求出矩阵 $\boldsymbol{S}$ 模数最大的特征值 $\lambda_{S\max}$,便可判断系统的小干扰稳定性。由此可见,S 矩阵法对于单纯地进行小干扰稳定性判断来说是非常有效的。

凯莱变换的诸多优点并不能掩盖其缺点。首先，这种变换减小了映射后特征值之间的距离，因而降低了特征求解方法的收敛性；其次，由于 $\boldsymbol{A}$ 的一对复特征值模数相同，一些实部、虚部完全不同的特征值也可能模数相同，因而导致 $\boldsymbol{S}$ 中可能有很多模数相同的特征值，使得 $\boldsymbol{S}$ 的按模数递减的特征值求解困难。

在实际应用中，我们不仅关心系统是否稳定，还想要清楚地知道 $\boldsymbol{A}$ 的最右端（实部最大）的特征值，特别是在进行低频振荡分析时，关心那些具有负阻尼（实部为正）或阻尼不足（实部为负，但接近虚轴）的特征值。对此，一种自然的想法是用某种方法能够得到 S 的模数递减的部分特征值，并用式(7-203)计算出 $\boldsymbol{A}$ 的相应特征值。但遗憾的是，$\boldsymbol{A}$ 的从右到左的特征值和 $\boldsymbol{S}$ 的按模数递减的特征值并不存在一一对应的关系。对此，一种可行的方案是选择合适的 s_1 和 s_2，使对称轴右侧的全部特征值包含我们所关心的特征值，这样只要求出 $\boldsymbol{S}$ 的模数大于 1 的所有特征值，通过反变换就可得到我们所关心的特征值。显然，这种方案可能计算出许多 ω 很大的特征值，对于进行低频振荡分析来说，这些特征值并不是我们所关心的，因而这种方案可能包含大量的冗余计算。另外，如果想要得到 $\boldsymbol{A}$ 的最右端（实部最大）的特征值，通过试探总可得到合适的 s_1 和 s_2，使得对称轴右侧仅有一个特征值，这样就将 $\boldsymbol{A}$ 的实部最大的特征值映射为 $\boldsymbol{S}$ 的主特征值。

对凯莱变换后的矩阵 $\boldsymbol{S}$，用幂法求其主特征值和相应的特征向量时有以下迭代式：

$$\boldsymbol{z}^{(k)} = \boldsymbol{S}\boldsymbol{v}^{(k-1)} \tag{7-206}$$

直接计算出 $\boldsymbol{S}$，进而实施式(7-206)的迭代是不经济的。受文献[24]的启发，下面介绍一种简单、有效的迭代方案。根据式(7-200)可得

$$\begin{aligned}\boldsymbol{S}^{-1} &= (\boldsymbol{A}-s_2\boldsymbol{I})(\boldsymbol{A}-s_1\boldsymbol{I})^{-1} = [(\boldsymbol{A}-s_1\boldsymbol{I})+(s_1-s_2)\boldsymbol{I}](\boldsymbol{A}-s_1\boldsymbol{I})^{-1}\\ &= \boldsymbol{I}+(s_1-s_2)(\boldsymbol{A}-s_1\boldsymbol{I})^{-1} = (\boldsymbol{A}-s_1)^{-1}[(\boldsymbol{A}-s_1\boldsymbol{I})+(s_1-s_2)\boldsymbol{I}]\\ &= (\boldsymbol{A}-s_1\boldsymbol{I})^{-1}(\boldsymbol{A}-s_2\boldsymbol{I})\end{aligned}$$

因此，式(7-206)可改写为

$$(\boldsymbol{A}-s_1\boldsymbol{I})^{-1}(\boldsymbol{A}-s_2\boldsymbol{I})\boldsymbol{z}^{(k)} = \boldsymbol{v}^{(k-1)} \tag{7-207}$$

上式两端左乘$(\boldsymbol{A}-s_1\boldsymbol{I})$，得

$$(\boldsymbol{A}-s_2\boldsymbol{I})\boldsymbol{z}^{(k)} = (\boldsymbol{A}-s_1\boldsymbol{I})\boldsymbol{v}^{(k-1)} = (\boldsymbol{A}-s_2\boldsymbol{I})\boldsymbol{v}^{(k-1)}+(s_2-s_1)\boldsymbol{v}^{(k-1)} \tag{7-208}$$

经整理后可写成

$$(\boldsymbol{A}-s_2\boldsymbol{I})(\boldsymbol{z}^{(k)}-\boldsymbol{v}^{(k-1)}) = (s_2-s_1)\boldsymbol{v}^{(k-1)} \tag{7-209}$$

这样，式(7-206)的求解可归结为

$$\left.\begin{aligned}(\boldsymbol{A}-s_2\boldsymbol{I})\boldsymbol{y}^{(k)} &= (s_2-s_1)\boldsymbol{v}^{(k-1)}\\ \boldsymbol{z}^{(k)} &= \boldsymbol{y}^{(k)}+\boldsymbol{v}^{(k-1)}\end{aligned}\right\} \tag{7-210}$$

另外，由于

$$\boldsymbol{S} = [(\boldsymbol{A}-s_2\boldsymbol{I})+(s_2-s_1)\boldsymbol{I}](\boldsymbol{A}-s_2\boldsymbol{I})^{-1} = \boldsymbol{I}+(s_2-s_1)(\boldsymbol{A}-s_2\boldsymbol{I})^{-1}$$

因此，在幂法的迭代式(7-121)中：

$$\begin{aligned}\lambda^{(k)} &= [\boldsymbol{v}^{(k)}]^{\mathrm{H}}\boldsymbol{S}\boldsymbol{v}^{(k)} = [\boldsymbol{v}^{(k)}]^{\mathrm{H}}[\boldsymbol{v}^{(k)}+(s_2-s_1)(\boldsymbol{A}-s_2\boldsymbol{I})^{-1}\boldsymbol{v}^{(k)}]\\ &= 1+[\boldsymbol{v}^{(k)}]^{\mathrm{H}}(s_2-s_1)(\boldsymbol{A}-s_2\boldsymbol{I})^{-1}\boldsymbol{v}^{(k)}\end{aligned}$$

用幂法计算矩阵 $\boldsymbol{S}$ 的主特征值和相应特征向量的迭代式如下：

$$
\left.\begin{aligned}
(\boldsymbol{A}-s_2\boldsymbol{I})\boldsymbol{y}^{(k)} &= (s_2-s_1)\boldsymbol{v}^{(k-1)}\\
\boldsymbol{z}^{(k)} &= \boldsymbol{y}^{(k)}+\boldsymbol{v}^{(k-1)}\\
\boldsymbol{v}^{(k)} &= \boldsymbol{z}^{(k)}/\|\boldsymbol{z}^{(k)}\|_2\\
\lambda^{(k)} &= 1+[\boldsymbol{v}^{(k)}]^{\mathrm{H}}(s_2-s_1)(\boldsymbol{A}-s_2\boldsymbol{I})^{-1}\boldsymbol{v}^{(k)}
\end{aligned}\right\}\quad (k=1,2,\cdots) \qquad (7\text{-}211)
$$

值得注意的是，在式(7-211)每步迭代的最后，计算出的向量$(s_2-s_1)(\boldsymbol{A}-s_2\boldsymbol{I})^{-1}\boldsymbol{v}^{(k)}$就是下一步所要计算的向量$\boldsymbol{y}^{(k+1)}$。另外，利用7.4.4节介绍的方法，容易得到迭代式(7-211)的稀疏实现。

参 考 文 献

[1] 廖晓昕. 稳定性的理论、方法和应用. 武汉：华中理工大学出版社，1999

[2] J. H. Wilkinson. The Algebraic Eigenvalue Problem. Oxford，England；Clarendon Press，1965

[3] G. H. Golub，C. F. Van Loan. Matrix Computations，Third Edition，The Johns Hopkins University Press，1996

[4] 西安交通大学等合编. 电力系统计算. 北京：水利电力出版社，1978

[5] 夏道止. 电力系统分析(下册). 北京：水利电力出版社，1995

[6] P. Kunder. Power System Stability and Control. McGraw-Hill，Inc. 1994

[7] P. M. Anderson，A. A. Fouad. Power System Control and Stability. Ames，Iowa：The Iowa State University Press，1977

[8] Graham Rogers. Power System Oscillations. Kluwer Academic Publishers，2000

[9] P. Kundur，G. J. Rogers，D. Y. Wong，L. Wang，M. G. Lauby. A Comprehensive Computer Program Package for Small Signal Stability Analysis of Power Systems. IEEE Transactions on Power Systems，Vol. 5，No. 4，pp. 1076～1083，1990

[10] S. Aribi，G. J. Rogers，D. Y. Wong，P. Kundur，M. G. Lauby. Small Signal Stability Analysis of SVC and HVDC in AC Power Systems. IEEE Trans.，Vol. PWRS-6，No. 3，pp. 1147～1153，1991

[11] I. J. Perez-Arriaga，G. C. Verghese，F. C. Schweppe. Selective Modal Analysis with Applications to Electric Power Systems，Part I：Heuristic Introduction，Part II：The Dynamic Stability Problem. IEEE Transactions on Power Apparatus and Systems，Vol. 101，No. 9，pp. 3117～3134，1982

[12] J. L. Sancha，I. J. Perez-Arriaga. Selective Modal Analysis of Electric Power System Oscillatory Instability. IEEE Transactions on Power Systems，Vol. 3，No. 2，pp. 429～438，1988

[13] R. T. Byerly，R. J. Bennon，D. E. Sherman. Eigenvalue Analysis of Synchronizing Power Flow Oscillations in Large Electric Power Systems. IEEE Transactions on Power Apparatus and Systems，Vol. 101，No. 1，pp. 235～243，1982

[14] N. Martins. Efficient Eigenvalue and Frequency Response Methods Applied to Power System Small-signal Stability Studies. IEEE Transactions on Power Systems，Vol. 1，No. 1，pp. 217～226，1986

[15] D. Y. Wong，G. J. Rogers，B. Porretta，P. Kundur. Eigenvalue Analysis of Very Large Power Systems. IEEE Transactions on Power Systems，Vol. 3，No. 2，pp. 472～480，1988

[16] P. W. Sauer，C. Rajagopalan，M. P. Pai. An Explanation and Generalization of the AESOPS and PEALS Algorithms. IEEE Transactions on Power Systems，Vol. 6，No. 1，pp. 293～299，1991

[17] N. Uchida，T. Nagao. A New Eigen-analysis Method of Steady-state Stability Studies for Large Power Systems：S Matrix Method. IEEE Transactions on Power Systems，Vol. 3，No. 2，pp. 706～714，1988

[18] W. J. Stewart，A. Jennings. A Simultaneous Iteration Algorithm for Real Matrices. ACM Transactions on

Mathematical Software, Vol. 7, No. 2, pp. 184～198, 1981

[19] S. Duff, J. A. Scott. Computing Selected Eigenvalues of Sparse Unsymmetric Matrices Using Subspace Iteration. ACM Transactions on Mathematical Software, Vol. 19, No. 2, pp. 137～159, 1993

[20] J. A. Scott. An Arnoldi Code for Computing Selected Eigenvalues of Sparse, Real, Unsymmetric Matrices. ACM Transactions on Mathematical Software, Vol. 21, No. 4, pp. 432～475, 1995

[21] A. Semlyen, L. Wang. Sequential Computation of the Complete Eigensystem for the Study Zone in Small Signal Stability Analysis of Large Power Systems. IEEE Transactions on Power Systems, Vol. 3, No. 2, pp. 715～725, 1988

[22] L. Wang, A. Semlyen. Application of Sparse Eigenvalue Techniques to the Small Signal Stability Analysis of Large Power Systems. IEEE Transactions on Power Systems, Vol. 5, No. 4, pp. 635～642, 1990

[23] D. J. Stadnicki, J. E. Van Ness. Invariant Subspace Method for Eigenvalue Computation. IEEE Transactions on Power Systems, Vol. 8, No. 2, pp. 572～580, 1993

[24] N. Mori, J. Kanno, S. Tsuzuki. A Sparsed-oriented Techniques for Power System Small Signal Stability Analysis with a Precondition Conjugate Residual Method. IEEE Transactions on Power Systems, Vol. 8, No. 3, pp. 1150～1158, 1993

[25] G. Angelidis, A. Semlyen. Efficient Calculation of Critical Eigenvalue Clusters in the Small Signal Stability Analysis of Large Power Systems. IEEE Transactions on Power Systems, Vol. 10, No. 1, pp. 427～432, 1995

[26] L. T. G. Lima, L. H. Bezerra, C. Tomei, N. Martins. New Methods for Fast Small-signal Stability Assessment of Large Scale Power Systems. IEEE Transactions on Power Systems, Vol. 10, No. 4, pp. 1979～1985, 1995

[27] G. Angelidis, A. Semlyen. Improved Methodologies for the Calculation of Critical Eigenvalues in Small Signal Stability Analysis. IEEE Transactions on Power Systems, Vol. 11, No. 3, pp. 1209～1217, 1996

[28] J. M. Campagnolo, N. Martins, D. M. Falcao. Refactored Bi-Iteration: A High Performance Eigensolution Method for Large Power System Matrices. IEEE Transactions on Power Systems, Vol. 11, No. 3, pp. 1228～1235, 1996

[29] N. Martins, L. T. G. Lima, H. J. C. P. Pinto. Computing Dominant Poles of Power System Transfer Functions. IEEE Transactions on Power Systems, Vol. 11, No. 1, pp. 162～1170, 1996

[30] N. Martins. The Dominant Pole Spectrum Eigenslover. IEEE Transactions on Power Systems, Vol. 12, No. 1, pp. 245～254, 1997

[31] J. M. Campagnolo, N. Martins, et al. Fast Small-signal Stability Assessment Using Parallel Processing. IEEE Transactions on Power Systems, Vol. 9, No. 2, pp. 949～956, 1994

[32] J. M. Campagnolo, N. Martins, D. M. Falcao. An Efficient and Robust Eigenvalue Method for Small-signal Stability Assessment in Parallel Computers. IEEE Transactions on Power Systems, Vol. 10, No. 1, pp. 506～511, 1995

[33] V. Ajjarapu. Reducibility and Eigenvalue Sensitivity for Identifying Critical Generations in Multimachine Power Systems. IEEE Transactions on Power Systems, Vol. 5, No. 3, pp. 712～719, 1990

[34] T. Smed. Feasible Eigenvalue Sensitivity for Large Power Systems. IEEE Transactions on Power Systems, Vol. 8, No. 2, pp. 555～563, 1993

[35] H. K. Nam, Y. K. Kim. A New Eigen-sensitivity Theory of Augmented Matrix and its Applications to Power System Stability. IEEE Transactions on Power Systems, Vol. 15, No. 1, pp. 363～369, 2000

[36] K. W. Wang, C. Y. Chung. Multimachine Eigenvalue Sensitivities of Power System Parameters. IEEE Transactions on Power Systems, Vol. 15, No. 2, pp. 741～747, 2000

[37] F. P. Demello, C. Concordia. Concepts of Synchronous Machine Stability as Affected by Excitation Control. IEEE Transactions on Power Apparatus and Systems, Vol. 88, No. 4, pp. 316～329, 1969

[38] P. Kundur, D. C. Lee, H. M. Zein-el-din. Power System Stabilizers for Thermal Units: Analytical Techniques and On-site Validation. IEEE Transactions on Power Apparatus and Systems, Vol. 100, No. 1, pp. 81～89, 1981

[39] M. Klein, G. J. Rogers, P. Kundur. A Fundamental Study of Inter-area Oscillations in Power Systems. IEEE Transactions on Power Systems, Vol. 6, No. 3, pp. 914～921, 1991

[40] G. Rogers. Demystifying Power System Oscillations. IEEE Computer Application in Power, Vol. 9, No. 3, pp. 30～35, 1996

[41] J. Hauer, et al. Keeping an Eye on Power System Dynamics. IEEE Computer Application in Power, Vol. 10, No. 4, pp. 50～54, 1997

[42] G. Rogers. Power System Structure and Oscillations. IEEE Computer Application in Power, Vol. 12, No. 2, pp. 14,16,18,20,21, 1999

[43] S. K. Starrett, A. A. Fouad. Nonlinear Measures of Mode-machine Participation. IEEE Transactions on Power Systems, Vol. 13, No. 2, pp. 389～394, 1998

[44] F. L. Pagola, I. J. P. Arriaga, G. C. Verghese. On Sensitivity, Residues and Participations: Applications to Oscillatory Stability Analysis and Control. IEEE Transactions on Power Systems, Vol. 4, No. 1, pp. 278～285, 1989

[45] M. Klein, G. J. Rogers, S. Moorty, P. Kundur. Analytical Investigation of Factors Influencing Power System Stabilizers Performance. IEEE Transactions on Energy Conversion, Vol. 7, No. 3, pp. 382～390, 1992

[46] P. Kundur, M. Klein, G. J. Rogers, M. S. Zywno. Application of Power System Stabilizers for Enhancement of Overall System Stability. IEEE Transactions on Power Systems, Vol. 4, No. 2, pp. 614～626, 1989

[47] L. Xu, S. Ahmed-Zaid. Tuning of Power System Controllers Using Symbolic Eigensensitivity Analysis and Linear Programming. IEEE Trans., Vol. PWRS-10, No. 1, pp. 314～322, 1995

[48] J. F. Hauer, F. Vakili. A Oscillation Detector Used in the BPA Power System Disturbance Monitor. IEEE Transactions on Power Systems, Vol. 5, No. 1, pp. 74～79, 1990

第8章　电力系统的电压稳定性分析

8.1　概　述

20世纪70年代以来，世界上许多国家的电力系统相继发生了电压崩溃事故，造成了巨大的经济损失和社会影响。例如，1978年12月19日法国电力系统发生的电压崩溃事故，失去负荷29GW和100GWh，直接经济损失达2亿到3亿美元；1987年7月23日东京电力系统的电压崩溃事故，导致失去8 168 MW的负荷，涉及2 800多万用户；1973年7月12日我国大连地区的电网因电压崩溃而造成大面积停电事故。因此，电网电压稳定性问题引起了世界各国电力工业界和学术界的极大重视，并进行了大量的研究工作。IEEE和CIGRE等学术组织也相继成立了专门工作小组，从不同侧面对电压稳定性问题进行调查和研究。目前，在越来越多的电力系统中，电压不稳定已成为系统正常运行的最大威胁，人们已将系统的电压稳定性和热过载、功角稳定性等放在同等重要的地位加以研究和考虑。

电压稳定性，是指正常运行情况下或遭受干扰后电力系统维持所有母线电压在可以接受的稳态值的能力。

当一些干扰发生时，例如负荷增加或系统状态变化引起电压不可控制地增高或下降时，系统进入电压不稳定状态。引起电压不稳定的主要原因是电力系统没有满足无功功率需求的能力。问题的核心常常是由于有功和无功功率流过感应电抗时产生的电压降。

判断电压稳定的准则是，在正常运行情况下，对于系统中的每个母线，母线电压的幅值随着该母线注入无功功率的增加而升高。如果系统中至少有一个母线，其母线电压的幅值随着该母线注入无功功率的增加而降低，则该系统是电压不稳定的。这显然和我们通常对于提高母线电压所采取的无功补偿控制措施是相一致的。

电压崩溃(voltage collapse)比电压稳定性要复杂得多，它常常是系统发生一系列事件后导致一些母线电压持续性降低，其中夹杂着电压不稳定和功角不稳定。这里应当指出的是，网络中的母线电压逐渐降低与功角失步有着一定的关系，在功角失步过程中，电压降低只是功角失步的结果而不是其发生的原因。但是与电压不稳定有关的电压崩溃发生时，功角稳定并不是问题的焦点。

总体来讲，某些运行状况下的电力系统，在遭受干扰后的几秒或几分钟内，系统中一些母线电压可能经历大幅度、持续性降低，从而使得系统的完整性遭到破坏，功率不能正常地传送给用户。这种灾变称为系统电压不稳定，其灾难性后果则是电压崩溃。

通过较长时间的研究，人们正在逐渐认识电网电压稳定性的动态本质和电压崩溃的机理，并提出了一些有关电压稳定性的分析方法和防止电压崩溃的对策。

起初人们观察到，发生电压不稳定或电压崩溃时的系统负荷较大，因此直观地将电压崩溃的原因归结为系统过载。但这种解释是含糊不清的，它没有回答一个至关重要的问题，即："当系统过载时，电压崩溃是如何发生的？"。后来的研究工作主要集中在分析电压崩溃的机理，从而为系统的电压控制器设计提供理论基础。

现代大型互联电力系统中一般总包含从遥远发电厂到负荷中心的长距离输电线路，并且各子系统之间的联系薄弱，当有功和无功功率流过具有电感特性的输电线路时，会产生较大的电压降落，这就使得系统的电压控制面临挑战。电力系统中一般有两种基本的电压控制方式。一种是借助于励磁控制器调整发电机的端电压。然而当输电线路很长时，这种控制方式对于改善负荷电压的效果并不明显。因此，要使负荷电压维持在正常的水平，就需要其他的电压控制器。通常在负荷点附近加装并联电容器，从而可以补偿交流电流的感性分量。另一种是通过控制有载调压(under-load tap changing，ULTC)变压器的分接头来调整负荷电压。然而，所有电压控制器都存在限值。正常运行情况下，在控制器未达其限值之前，所有母线电压能够维持在指定的电压水平。而在一些严重情况下，例如重要的输电线路停运、重负荷等，控制器可能达到其限值。系统的电压控制显然是一个动态过程，各控制器自身的时间常数大约在几秒到几分钟之间。在实际系统中，由于包含众多的控制器且网络结构庞大，负荷也随电压或频率的波动而变化，因此这个动态过程是相当复杂的。当电压低于一定水平时，各种保护装置还可能动作，从而切除一些设备和/或断开网络的一些联系。所有这些事件的综合后果可能使得系统电压逐渐降低，即发生电压崩溃。总体来讲，输电网络的强度，系统传送功率的水平，负荷特性，各种无功电压控制装置的特性和限制及其协调等等，都对系统的电压不稳定甚至电压崩溃起着重要的作用。

电力系统是典型的动态系统，它可以用微分-代数方程加以描述。由于通常意义上的"稳定性"是针对动态系统而言的，因此毫无疑问，和功角稳定性一样，系统的电压稳定性也属于一类动态系统的稳定性问题。在前面研究系统的功角稳定性时，我们关注的是在遭受干扰后发电机的转子运动规律。而在系统的电压稳定性分析时，则主要关注负荷点电压的行为，因此有时又将电压稳定性称为负荷稳定性。

关于电压稳定性的定义、研究方法等方面的问题，国际上已召开了多次专家讨论会，CIGRE、IEEE也出版了相应的专题报告[4~10]，但迄今为止还没有公认的关于电压稳定性的准确定义。一般地讲，电压稳定性，是指正常运行情况下的电力系统遭受干扰后系统维持所有母线电压在可以接受的稳态值的能力。在当前的研究中，为了便于分析，和功角稳定性一样，也常将电压稳定性划分为小干扰电压稳定性和大干扰电压稳定性：

(1) 小干扰电压稳定性，是指在遭受小的干扰(例如负荷的变化等)后系统控制电压的能力。这种形式的稳定性主要由系统的负荷特性、各种连续控制和指定时刻的离散控制所决定。

判断系统小干扰电压稳定的准则是，对于给定运行情况下系统中的每个母线，母线电压的数值随着该母线注入无功功率的增加而升高。如果系统中至少有一个母线，其母线电压的数值随着该母线注入无功功率的增加而降低，则该系统是电压不稳定的。换言之，如果所有母线的 V-Q 灵敏度为正，则系统是电压稳定的；如果至少一个母线的 V-Q 灵敏度为负，则系统是电压不稳定的。

(2) 大干扰电压稳定性，是指在遭受大的干扰(例如网络故障、切除发电机或其他输电设备等)后系统控制电压的能力。这个能力主要由系统的负荷特性、各种连续和离散控制以及保护的相互作用所决定。

对于给定的干扰和随后的系统控制措施,如果系统中所有母线的电压能够保持在可以接受的水平,我们就说系统是大干扰电压稳定的。

电压稳定或电压崩溃常常被人们看做是电力系统的"稳态生存能力"问题,即系统"平衡点"的存在性问题,因此静态(潮流)分析方法可有效地用于确定系统的"稳定极限",识别影响"稳定"的因素,并且考察系统在各种运行情况和预想事故后的电压"稳定性"。然而,必须清楚地认识到,由于静态分析方法未涉及系统的动态,因而所得到的"极限"通常只是"功率极限"而非"电压稳定极限"。

要研究系统遭受小干扰下的电压稳定性,必须考虑系统中各种动态元件的作用。而要研究系统遭受大干扰下的电压稳定性,由于电压失稳或崩溃的过程相当缓慢,需要在充分长的时间内考察系统中各种动态元件的作用,以便捕捉到一些装置,如ULTC、发电机励磁电流限制等之间的相互影响,因此需要对系统的动态过程进行较长时间的仿真。

值得注意的是,电压不稳定现象并不总是孤立地发生。功角不稳定和电压不稳定的发生常常交织在一起,一般情况下其中的一种占据主导地位,但并不易区分。然而,人为地将功角稳定性和电压稳定性区分开来,对于充分了解系统不稳定的原因,进而制定系统的运行方式和稳定控制策略是相当重要的。

电力系统的电压稳定性是一个相当复杂的问题。迄今为止,电压稳定性问题从概念到分析方法还处于形成阶段,各个研究者从不同的侧面提出了许多有关电压稳定性的分析方法和控制策略,但这方面的研究工作离成熟还有相当的距离,因此成为目前电力系统稳定问题研究的热点。要了解近年来电压稳定性分析和控制的更多内容,可参阅相关著作[1~3]和教材[11,12]以及近年来有关电压稳定问题研究的文献综述[13]。

本章首先以一个简单的辐射系统为例,说明电压不稳定的现象及其物理解释和其中涉及的一些基本概念。然后介绍了复杂系统电压稳定性的动态分析方法和三种静态分析方法。最后,对电力系统电压稳定分析方法进行了展望。

8.2 电压不稳定现象及其物理解释

下面以恒定电压源(假定为同步发电机的行为)通过输电线路和有载调压变压器(ULTC)供应负荷的简单系统为例,说明电压不稳定的现象和其中的一些基本概念。

1. 电力网络的特性

如图8-1所示,电源电压为 $\dot{E}_S=E_S$,变压器的非标准变比为 k,输电线路阻抗为 $Z_L\angle\theta$,负荷阻抗为 $Z_D\angle\varphi$。

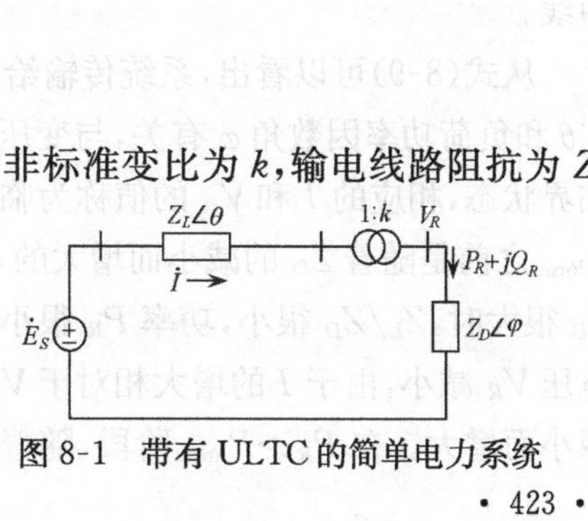

图8-1 带有ULTC的简单电力系统

可以计算出线路电流为

$$\dot{I}=\frac{E_S}{Z_L\angle\theta+\frac{1}{k^2}Z_D\angle\varphi}\tag{8-1}$$

线路电流的幅值可表示为

$$I=\frac{k^2E_S}{\sqrt{k^4Z_L^2+2k^2Z_LZ_D\cos(\theta-\varphi)+Z_D^2}} \tag{8-2}$$

则电流幅值的规格化表达式为

$$I/I_{SC}=\frac{k^2x}{\sqrt{1+[2k^2\cos(\theta-\varphi)]x+k^4x^2}} \tag{8-3}$$

式中：

$$x=\frac{Z_L}{Z_D},\qquad I_{SC}=E_S/Z_L \tag{8-4}$$

受端电压为

$$\dot{V}_R=\frac{\dot{I}}{k}Z_D\angle\varphi \tag{8-5}$$

受端电压幅值的规格化表达式为

$$V_R/E_S=\frac{k}{\sqrt{1+[2k^2\cos(\theta-\varphi)]x+k^4x^2}} \tag{8-6}$$

传输功率为

$$P_R+jQ_R=\dot{V}_R\frac{\hat{I}}{k}=\frac{I^2Z_D}{k^2}(\cos\varphi+j\sin\varphi) \tag{8-7}$$

由上式可得

$$P_R=\frac{k^2E_S^2\cos\varphi}{Z_L}\frac{x}{1+[2k^2\cos(\theta-\varphi)]x+k^4x^2},\qquad Q_R=P_R\tan\varphi \tag{8-8}$$

当负荷阻抗 Z_D 变化时，功率 P_R、Q_R 存在极大值。由 $\frac{\mathrm{d}P_R}{\mathrm{d}x}=0$ 可得，当 $x=\frac{1}{k^2}$，即当 $Z_D=k^2Z_L$ 时，功率达到极大值：

$$P_{R\max}=\frac{E_S^2\cos\varphi}{2Z_L[1+\cos(\theta-\varphi)]},\qquad Q_{R\max}=P_{R\max}\tan\varphi \tag{8-9}$$

它也就是系统能够传输的极限功率。

P_R 和 Q_R 的规格化表达式为

$$P_R/P_{R\max}=Q_R/Q_{R\max}=\frac{2k^2[1+\cos(\theta-\varphi)]x}{1+[2k^2\cos(\theta-\varphi)]x+k^4x^2} \tag{8-10}$$

图 8-2 给出了当 $\tan\theta=10$、$\cos\varphi=0.95$、$k=1$ 时，I/I_{SC}、V_R/E_S、$P_R/P_{R\max}$ 随 Z_L/Z_D 变化的曲线。

从式(8-9)可以看出，系统传输给负荷的最大功率 $P_{R\max}$ 与电源电压 E_S、线路阻抗 $Z_L\angle\theta$ 和负荷功率因数角 φ 有关，与变压器的变比 k 无关。达到 $P_{R\max}$ 的系统运行状态称为临界状态，相应的 I 和 V_R 的值称为临界值。另外，由图 8-2 可以看出，P_R 在到达最大值 $P_{R\max}$ 之前是随着 Z_D 的减小而增大的，之后随着 Z_D 的减小而减小。在 $P_R<P_{R\max}$ 阶段，当 Z_D 很大时，Z_L/Z_D 很小，功率 P_R 很小；随着 Z_D 的减小，相应地 Z_L/Z_D 增大，电流 I 增大，电压 V_R 减小，由于 I 的增大相对于 V_R 的减小来说占据主导地位，因此功率 P_R 随 Z_D 的减小而增大。在 $P_R>P_{R\max}$ 阶段，随着 Z_D 继续减小，电流 I 继续增大，电压 V_R 继续减小，

这时 V_R 的减小相对于 I 的增大来说占据主导地位，因此功率 P_R 随 Z_D 的减小而减小。

对于给定的传输功率 P_R（例如 $P_R/P_{R\max}=0.8$），由图 8-2 可以看出，系统存在两个不同的运行点，它们分别对应于两个不同的 Z_D。左边的点相应于正常运行状态，右边的点由于其处于低电压和大电流，因而属于不正常（我们不希望的）运行状态。

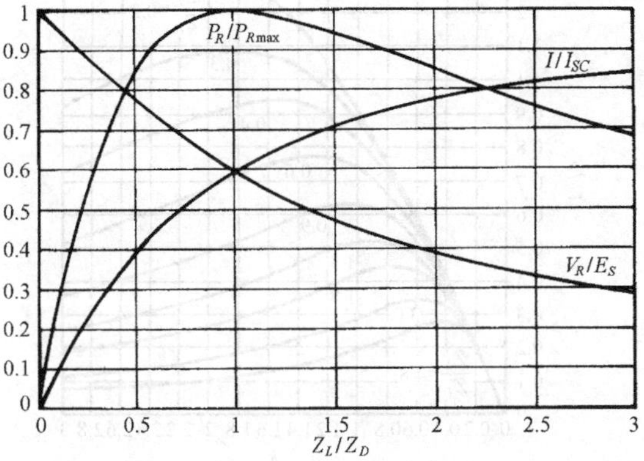

图 8-2　电压、电流、功率与负荷阻抗间的关系曲线

2. 电压不稳定现象及其物理解释

系统的电压不稳定现象有多种表现形式。

首先，当负荷需求大于系统能够传输的最大功率 $P_{R\max}$ 时，试图通过减小负荷阻抗从而使负荷获得更大功率的控制是不稳定的。这时，负荷电压是否持续降低取决于负荷的电压特性。对于具有恒定阻抗特性的负荷来说，系统将会稳定在较之正常电压低的电压水平。事实上，根据以上分析可知，随着负荷阻抗的不断减小，负荷电压不断降低，负荷功率不断减小，直至负荷功率和电压趋于零。

另外，当负荷需求大于 $P_{R\max}$ 时，负荷电压较低，如果试图通过调整 ULTC 变压器的分接头从而增加变比 k，使得较低的负荷电压回到指定范围内的控制，将使得本来很低的负荷电压进一步降低，因此这种试图恢复负荷电压的控制也将导致系统的电压不稳定。下面我们将针对变压器分接头控制所产生的电压不稳定现象进行详细的分析[14]。

变压器分接头调整（即调整非标准变比 k）的目标是，使得负荷母线电压保持在预定的水平。在实际情况下，变比 k 是不连续的。然而由于 k 的每一步变化引起电压的变化较小，并且在这里我们仅从原理上说明变比调整的作用，因此，假设依赖于变比 k 变化实现的负荷电压控制用如下连续的微分方程描述：

$$\frac{dk}{dt}=\frac{1}{T}(V_0-V_R) \tag{8-11}$$

式中：T 是 ULTC 的时间常数；V_0 为参考电压。

从式(8-6)可以看出，当其他量保持恒定不变时，V_R/E_S 对于变比 k 来说存在极大值。令 $d(V_R/E_S)/dk=0$，得到当 $k=\frac{1}{\sqrt{x}}=\sqrt{\frac{Z_D}{Z_L}}$ 时，V_R/E_S 达到最大值

$$(V_R/E_S)_{\max}=\frac{1}{\sqrt{2x[1+\cos(\theta-\varphi)]}} \tag{8-12}$$

这意味着，在一定的负荷下，变压器分接头 k 的变化对负荷电压的调整是有限的，负荷电压的最大值与变比 k 无关，仅取决于电源电压、线路阻抗和负荷阻抗。图 8-3 给出了当 $\tan\theta=10$、$\cos\varphi=0.95$ 时，不同负荷 $x=Z_L/Z_D$ 下 V_R/E_S 随变比 k 变化的曲线。

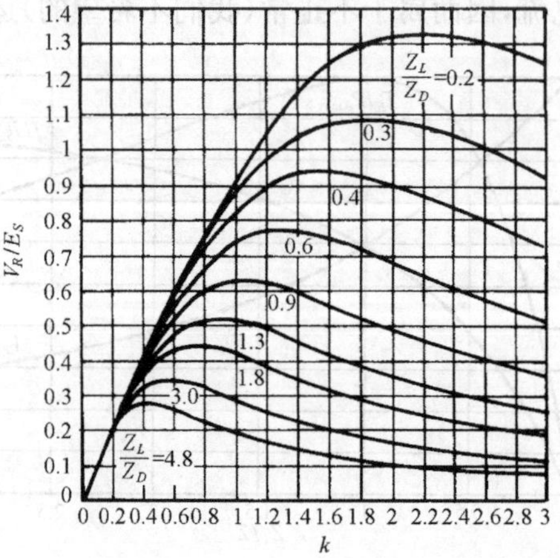

图 8-3　不同 Z_L/Z_D 下 V_R/E_S 随变比 k 变化的曲线

将式(8-6)中的 V_R 代入式(8-11)，得

$$\frac{\mathrm{d}k}{\mathrm{d}t}=\frac{1}{T}\left(V_0-\frac{kE_S}{\sqrt{1+2k^2x\cos(\theta-\varphi)+k^4x^2}}\right) \tag{8-13}$$

动态系统式(8-13)的平衡点可由 $\mathrm{d}k/\mathrm{d}t=0$ 得到

$$k_{10}=\sqrt{\frac{E_S^2-2V_0^2x\cos(\theta-\varphi)-\sqrt{[E_S^2-2V_0^2x\cos(\theta-\varphi)]^2-4V_0^4x^2}}{2V_0^2x^2}} \tag{8-14}$$

$$k_{20}=\sqrt{\frac{E_S^2-2V_0^2x\cos(\theta-\varphi)+\sqrt{[E_S^2-2V_0^2x\cos(\theta-\varphi)]^2-4V_0^4x^2}}{2V_0^2x^2}} \tag{8-15}$$

在我们的研究中，仅关心正实值的变比 k_{10}、k_{20}。由式(8-14)、式(8-15)可知，k 有正实值的必要条件是

$$[E_S^2-2V_0^2x\cos(\theta-\varphi)]^2\geqslant 4V_0^4x^2 \tag{8-16}$$

或简写为

$$\frac{V_0}{E_S}\leqslant\frac{1}{\sqrt{2[1+\cos(\theta-\varphi)]x}} \tag{8-17}$$

当等式成立时，存在唯一的变比 $k_{10}=k_{20}=\dfrac{1}{\sqrt{x}}$，此时负荷电压达到最大值，如式(8-12)所示。对于任意的负荷功率因数角 φ，$0\leqslant\varphi\leqslant\pi/2$，由于式(8-17)右端的最小值为$\dfrac{1}{2\sqrt{x}}$，因此只要

$$\frac{V_0}{E_S}\leqslant\frac{1}{2\sqrt{x}} \tag{8-18}$$

那么，无论负荷是感性的、容性的还是纯电阻的，不等式(8-17)总是成立的。这时，除等式的情形发生外，式(8-13)总有两个正实平衡点 k_{10}、k_{20}，其中 $k_{10}<k_{20}$。图 8-4 给出了当

$\tan\theta=10$、$\cos\varphi=0.95$、$V_0/E_S=0.9$ 时，不同 Z_L/Z_D 下$\dfrac{T}{E_S}\dfrac{\mathrm{d}k}{\mathrm{d}t}$随变比 k 变化的曲线。

从图 8-3 和图 8-4 可以看出，当 $x=Z_L/Z_D=0.6$ 时，式(8-17)中的不等式不能得到满足，因此变比 k 无实数解，即控制系统无平衡点。这时变比的调整使负荷电压达到的最大值为 0.77[由式(8-12)算出]，它小于参考电压 0.9。无论初始位置在何处，变比 k 的变化率总是大于零的，从而使得负荷电压崩溃。当 $x=0.3$ 或 $x=0.4$ 时，式(8-17)中的不等式能够得到满足，因此变比 k 有两个实数解 k_{10}、k_{20}，即控制系统存在两个平衡点。这时变比的调整使负荷电压达到的最大值分别为 1.089 和 0.943，它们都超过参考电压 0.9。当变比的初始位置在$(0, k_{20})$范围内时，系统总能收敛到 k_{10}，从而说明 k_{10}是稳定平衡点；当变比的初始位置在(k_{20}, ∞)范围内时，变比 k 的变化率总是大于零的，使得变比 k 继续增大，负荷电压继续减小，负荷电压崩溃，从而说明 k_{20}是不稳定平衡点。最后应该指出的是，实际的变压器分接头仅在有限范围内变化，变比在达到 $k_{\max}$后将不再变化，从而不再影响系统的电压。

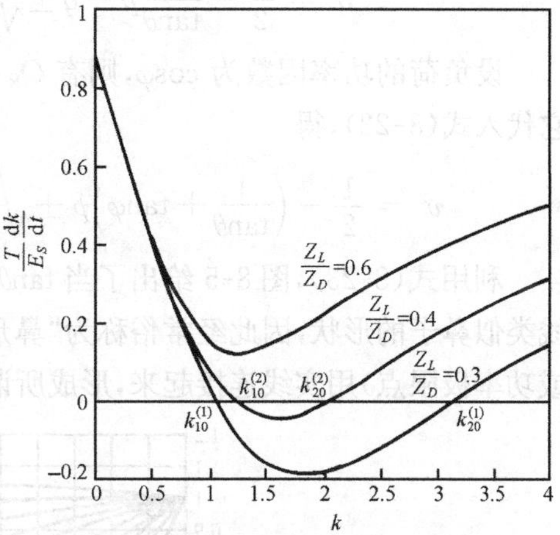

图 8-4 不同 Z_L/Z_D 下变比的变化率随变比 k 变化的曲线

3. 鼻形曲线

在大多数的论证(或工业实践)中，常用电压与有功或无功功率的关系曲线，即 p-v(或 q-v)曲线来判断系统的电压稳定性。对于图 8-1 所示的简单系统，当 $k=1$ 时，负荷获得的功率或输电线路传输的功率(受端功率)可表示为

$$P_R+jQ_R=\dot{V}_R\hat{\dot{I}}=\dot{V}_R\frac{E_S-\hat{\dot{V}}_R}{Z_L\angle-\theta}=\frac{V_RE_S\cos\theta_R-V_R^2+jV_RE_S\sin\theta_R}{\dfrac{X_L}{\tan\theta}-jX_L}$$

由上式可得

$$\left.\begin{aligned}v\cos\theta_R&=v^2+\frac{p}{\tan\theta}+q\\ v\sin\theta_R&=\frac{q}{\tan\theta}-p\end{aligned}\right\}\tag{8-19}$$

式中：

$$p=\frac{P_RX_L}{E_S^2},\qquad q=\frac{Q_RX_L}{E_S^2},\qquad v=\frac{V_R}{E_S}\tag{8-20}$$

显然，式(8-20)中定义的三个变量 p、q、v 都是无量纲的。在式(8-19)中消去变量 θ_R，可得到变量 p、q、v 之间的关系式

$$v^4+\left(\frac{2}{\tan\theta}p+2q-1\right)v^2+\left(1+\frac{1}{\tan^2\theta}\right)(p^2+q^2)=0\tag{8-21}$$

由式(8-21)可解得

$$v^2=\frac{1}{2}-\frac{1}{\tan\theta}p-q\pm\sqrt{\frac{1}{4}-\frac{1}{\tan\theta}p-q-\left(p-\frac{1}{\tan\theta}q\right)^2}\tag{8-22}$$

设负荷的功率因数为 $\cos\varphi$,则有 $Q_R=P_R\tan\varphi$,根据式(8-20)可推得 $q=p\tan\varphi$,并将它代入式(8-22),得

$$v^2=\frac{1}{2}-\left(\frac{1}{\tan\theta}+\tan\varphi\right)p\pm\sqrt{\frac{1}{4}-\left(\frac{1}{\tan\theta}+\tan\varphi\right)p-\left(1-\frac{\tan\varphi}{\tan\theta}\right)^2p^2}\tag{8-23}$$

利用式(8-23),图 8-5 给出了当 $\tan\theta=10$ 时,不同的 $\tan\varphi$ 下系统的 p-v 曲线,因为曲线类似鼻子的形状,因此经常俗称为"鼻形曲线"。将不同 $\tan\varphi$ 下的鼻尖点(也称为拐点或功率极限点)用实线连接起来,形成所谓的临界运行轨线。

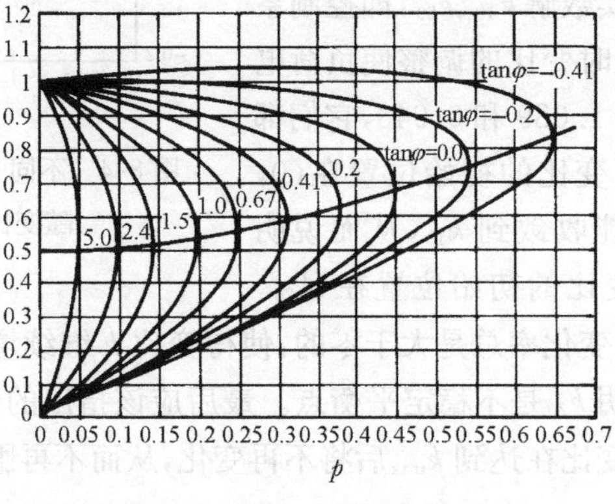

图 8-5 系统的 v-p 特性曲线

考虑到 $q=p\tan\varphi$,将式(8-21)另写成如下形式:

$$(1+\tan^2\varphi)\left(1+\frac{1}{\tan^2\theta}\right)p^2+2v^2\left(\tan\varphi+\frac{1}{\tan\theta}\right)p+v^4-v^2=0\tag{8-24}$$

由上式可解得

$$p=\frac{-\left(\tan\varphi+\frac{1}{\tan\theta}\right)v^2+v\sqrt{(1+\tan^2\varphi)\left(1+\frac{1}{\tan^2\theta}\right)-\left(1-\frac{\tan\varphi}{\tan\theta}\right)^2v^2}}{(1+\tan^2\varphi)\left(1+\frac{1}{\tan^2\theta}\right)}\tag{8-25}$$

这就是系统的 P-V 关系式。显然,上式中的 p 存在极大值。由 $\frac{\mathrm{d}p}{\mathrm{d}v}=0$,得到临界电压值为

$$v_{\text{crit}}=\frac{\sqrt{(1+\tan^2\varphi)\left(1+\frac{1}{\tan^2\theta}\right)\pm\left|\tan\varphi+\frac{1}{\tan\theta}\right|\sqrt{(1+\tan^2\varphi)\left(1+\frac{1}{\tan^2\theta}\right)}}}{\sqrt{2}\left|1-\frac{\tan\varphi}{\tan\theta}\right|}\tag{8-26}$$

表 8-1 给出了当 $\tan\theta=10$ 时,不同 $\tan\varphi$ 下的临界电压值和相应的最大功率。在 $\tan\varphi=(-0.41,-0.2)$时,式(8-26)中的±号取正号;$\tan\varphi$ 为其他值时,式(8-26)中的±号取负号。

从图 8-5 中可以看出,对应于有功负荷 p 下的系统存在两个运行点,即高值电压和低值电压解。我们以感性负荷(例如 $\tan\varphi=0.2$)为例对这两个运行点加以分析。

表 8-1 不同负荷功率因数下的临界电压值和最大功率

$\tan\varphi$	−0.41	−0.2	0.0	0.2	0.41	0.67	1.0	1.5	2.4	5.0
v_{crit}	0.836 5	0.744 4	0.674 4	0.621 9	0.583 3	0.552 7	0.530 9	0.515 3	0.505 5	0.500 6
p_{max}	0.644 2	0.540 6	0.452 5	0.377 4	0.313 2	0.252 6	0.198 3	0.146 6	0.097 8	0.048 9

在 $v>v_{crit}$ 部分，负荷母线电压是随负荷的增加而降低的。假如在这个区域运行的系统遭受小干扰的冲击，例如当负荷增大时，电压随之降低，由于一般情况下负荷功率是随负荷点电压的降低而减少的，因而这又促使电压回升；当负荷减小时，电压随之升高，负荷功率随负荷点电压的升高而增大又将促使电压下降。因而在这个区域运行的系统是属于小干扰稳定的。

在 $v<v_{crit}$ 部分，负荷母线电压是随负荷的减小而降低的。假如在这个区域运行的系统遭受小干扰的冲击，例如当负荷增大时，电压随之升高，由于一般情况下负荷功率是随负荷点电压的升高而增加的，因而这又促使电压继续升高，在跨过拐点后稳定到 $v>v_{crit}$ 部分的稳态运行点；当负荷减小时，电压随之降低，负荷功率随负荷点电压的降低而减小又将促使电压继续下降。因而在这个区域运行的系统是属于小干扰不稳定的。

实际上，电压稳定性取决于负荷母线功率的变化对母线电压的影响，它可以根据注入负荷母线的无功功率与母线电压之间的关系曲线，即 q-v 曲线加以考察。为此，将式(8-21)另表示为

$$\left(1+\frac{1}{\tan^2\theta}\right)q^2+2v^2q+\left(1+\frac{1}{\tan^2\theta}\right)p^2+\left(\frac{2}{\tan\theta}p-1\right)v^2+v^4=0 \qquad (8\text{-}27)$$

由于 $q>0$ 表示受端(负荷或无功补偿装置)吸收的感性无功功率为正，因此 $-q>0$ 表示受端注入母线的感性无功功率为正。当取 $\tan\theta=10$ 时，由式(8-27)可得到不同的 p 值(线路传输恒定的有功功率)下系统的 q-v 曲线，如图 8-6 所示。

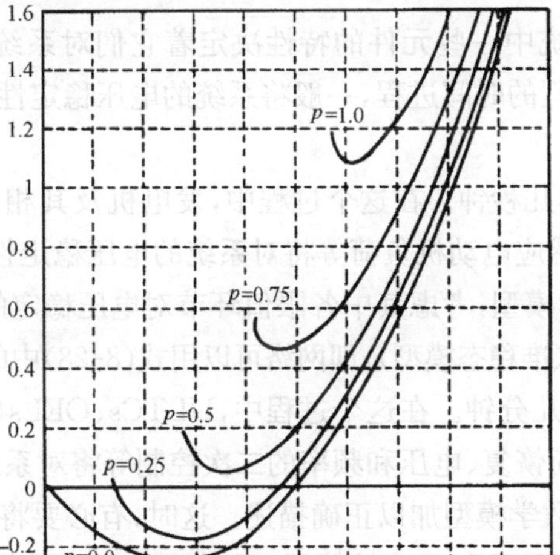

图 8-6 系统的 q-v 特性曲线

由图 8-6 可以看出，系统 q-v 曲线的上升部分表示增加注入负荷母线的感性无功功

率可使节点的电压升高，这和一般的系统无功电压控制的原理相一致，因此系统是电压稳定的；而 q-v 曲线的下降部分表示增加注入负荷母线的感性无功功率反而使节点的电压降低，这和一般的系统无功电压控制的原理相悖，因此系统是电压不稳定的。q-v 曲线的最低点为临界运行点，这时的母线电压称为临界电压。显然，系统传输的有功功率越大（p 大），临界电压越高，例如在 $p=1$ 时，临界电压高达 $v_{crit}=1.2$。

根据上述分析，只要得到负荷节点在恒定功率因数下的 P-V 曲线，或得到恒定 p 下的 q-v 曲线，就可以判断系统的电压稳定性。类似地，也可以画出恒定 q 下的 p-v 曲线，恒定功率因数下的 q-v 曲线。

简单地说，电压不稳定是由于系统试图运行到超过其传输的最大功率造成的。这可能是由于剧烈的负荷增加，更实际的是由于大干扰的发生使得线路的阻抗 Z_L 增加（例如，双回输电线路跳开一回），并且/或者由于电源电压 E_S 降低到一定程度使得干扰前的负荷需求不再得到满足。

8.3 复杂系统电压稳定性分析的数学模型

如前所述，电力系统的电压稳定性问题从本质上说属于动态系统的稳定性问题。电压稳定性分析的数学模型和暂态稳定分析所用的数学模型基本相同，可以用如下微分-代数方程组描述：

$$\left.\begin{aligned}\frac{\mathrm{d}\boldsymbol{x}}{\mathrm{d}t} &= \boldsymbol{f}(\boldsymbol{x},\boldsymbol{V})\\ \boldsymbol{I}(\boldsymbol{x},\boldsymbol{V}) &= \boldsymbol{Y}\boldsymbol{V}\end{aligned}\right\} \tag{8-28}$$

式中：$\boldsymbol{x}$ 是系统的状态向量；$\boldsymbol{V}$ 是节点电压向量；$\boldsymbol{I}$ 是节点注入电流向量；$\boldsymbol{Y}$ 是系统的节点导纳矩阵。

值得注意的是，电力系统中一些元件的特性决定着它们对系统电压稳定性的影响。在遭受干扰后，根据动态过程的时间进程，一般将系统的电压稳定性划分为短期电压稳定性和长期电压稳定性。

短期动态过程大约持续几秒钟。在这个过程中，发电机及其相应的励磁调节系统和调速系统、SVCs、HVDCs、感应电动机负荷等将对系统的电压稳定性起主要作用，因此必须详细描述这些元件的数学模型，考虑其中各限值环节对电压稳定的明显影响。这时，假设电力网络的响应是瞬时的（准稳态模型），即网络可以用式(8-28)中的代数方程加以描述。

长期动态过程大约持续几分钟。在这个过程中，ULTCs、OELs（overexcitation limiter）、可操作并联电容器、负荷恢复、电压和频率的二次控制等将对系统的电压稳定性起主要作用，因此必须对它们的数学模型加以正确描述。这时，有必要将电力网络扩展到电压薄弱的区域，从而能够反映 ULTC、无功补偿器、子系统中电压调节器等的作用。另外，需要考虑自动发电控制（AGC）的作用。由于紧急事故将导致发电功率和负荷功率严重失配，原动机调速器及辅助联络线频率偏差控制的作用可以改变系统的发电功率，这些行为有时候会损害电压稳定性，因此必须合适地表示这些功能。最后还需考虑各种保护与控制的作用，包括发电机组及输电网络的保护和控制。例如，发电机励磁保护、电枢绕组过流保护、输电线路过流保护、电容器箱控制、移相变压器、低压减载装置等。

由于负荷的行为对系统的电压稳定性有重大影响,因此建立适当并且准确的负荷模型(电压大范围变化)是相当重要的[15]。

在短期动态过程中,很难将系统的功角和电压不稳定区分开来。然而,存在一些纯电压不稳定的情况。例如,假设图 8-1 系统中的负荷为感应电动机,并且输电线路为双回线。当一条线路停运时,系统的最大传输功率将下降。如果它小于电动机试图恢复的功率,电动机将停转,负荷电压崩溃。

8.4 复杂系统的电压稳定性分析

对于式(8-28)所描述的微分-代数方程,可以像第 6 章那样直接利用数值积分方法进行求解。由于同时需要考虑表示导致电压崩溃的“系统较慢动态”的特殊模型,因此研究时间大约持续几分钟至十几分钟。这里,微分方程组的刚性明显高于暂态稳定分析模型的刚性,因此使用隐式积分方法将更为合适。一般情况下,注意考虑上述元件模型,并使用通常的中、长期电力系统稳定分析程序就可以分析实际复杂系统的电压稳定性。

使用通常的中、长期电力系统稳定分析程序分析实际复杂系统的电压稳定性无疑是很好的并值得推荐的方法,然而其计算的复杂性和太长的计算时间令人难以接受。近年来,已提出许多种进行复杂系统电压稳定性分析的实用方法。静态分析方法的原理在 8.2 节中已有简述,它通过求得 p-v 曲线(或 q-v 曲线)来判断系统的电压稳定性,并将曲线上的拐点(“鼻尖”点或功率最大点)视为电压稳定极限情况。此外还提出了一些动态分析方法。例如,应用分歧理论研究电压稳定性,其理论基础是动态系统的临界点与鞍点分歧点相一致。文献[16]对近年来这方面的研究工作进行了综述,并介绍了鞍点分歧点和霍普夫(Hopf)分歧点的各种计算方法。文献[17]、[18]提出了应用特征分析方法研究电压稳定性。为了求得电压稳定极限,可以按照指定的过渡方式将系统的运行状态不断恶化,对各运行方式下线性化系统进行特征分析,出现实部为正特征值的系统状态便是电压稳定的极限运行情况。

在以上所提方法中,静态方法由于未涉及系统的动态,因而所得到的极限通常只是功率极限而非电压稳定极限。动态分析方法由于是以 Lyapunov 稳定性理论作为基础,理应加以应用。但在现有的基于分歧理论的方法中,多数不考虑微分方程的作用,因而和静态方法无本质区别。应用特征分析方法则遇到“维数灾”问题。文献[19]提出了一种通过比较两种雅可比矩阵行列式符号来判断系统电压小干扰稳定的方法,它不但具有严格的理论基础,而且不需要特征值计算。但是由于基于动态方法所判断的系统不稳定并不能被确认为电压不稳定,以及一些其他方面的原因,加之现有的静态分析方法较为成熟并在一些实际系统中得到应用,因此,下面仅介绍几种电压稳定性分析的静态方法。

电压稳定性常被看作为系统稳态生存能力问题。在状态变量时域轨线上的任何时刻,假设各状态变量对时间的导数为零,它们的取值适合于那个时刻的系统状态。这样整个系统方程就简化为纯代数方程,因此能够用静态方法加以分析。

电压稳定性研究的初期,电力工业界大多采用传统的潮流程序进行电压稳定性的静态分析，通过计算指定负荷节点的 p-v 和 q-v 曲线来判断稳定性。一般来说，在常规的模型下进行大量的潮流计算即可得到这些曲线，并且这些工作可以完全用程序自动完成。但这样做不但非常费时，并且不易得到查明稳定问题原因的有用信息。另外，由于一般是对每个母线单独进行考虑，这样可能扭曲系统的稳定状况。因此，必须谨慎地选择进行 p-v和 q-v 分析的母线，从而获得完整的系统信息。在实际电力系统中，常将指定区域内趋向于电压不稳定的母线电压作为区域内总有功功率的函数，其中各个母线的负荷按事先给定的规则变化（例如，相同的功率因数、统一的比例因子），相应的发电功率也按各发电机功率成比例增加。

对于大型电力系统，可以通过一系列的潮流计算得到指定母线电压和注入母线无功功率之间的关系曲线，即 q-v 曲线。具体可按如下方法实施：假定指定母线装有虚拟同步补偿机，即该母线为无功功率松弛的"PV 母线"，对于不同的电压进行一系列的潮流计算，从而得到补偿机的无功功率。由于在临界点及其附近常规潮流难以收敛，因而借助于常规的潮流方法一般不能得到完整的 p-v 曲线，潮流分析的延拓法[20,21]为得到完整的v-p 曲线提供了有力的工具。

文献[22]给出了基于 V-Q 灵敏度方法的实际应用。文献[23]提出的模态分析方法也已用于实际系统的电压稳定性分析。这两种方法的优点是它们从全系统的角度给出了与电压稳定性有关的信息，并能识别出存在问题的区域。另外，模态分析方法还能够提供关于不稳定机理的信息。这里考虑 V-Q 灵敏度分析的主要理由是它可作为模态分析的铺垫。

8.4.1 延拓潮流

我们常用 p-v 和 q-v 曲线来分析电力系统的电压稳定性和电压崩溃。总体来讲，这些曲线实际上反映了电力系统随负荷和发电机功率变化的稳态行为。如果将系统中的这些变化用某个参数的变化反映，则电力系统稳态行为的数学模型成为包含单参数 λ 的潮流方程

$$\boldsymbol{f}(\boldsymbol{x},\lambda) = \boldsymbol{0} \tag{8-29}$$

式中：$\boldsymbol{f}\in\mathbb{R}^n$，$\boldsymbol{x}\in\mathbb{R}^n$，$\lambda\in\mathbb{R}$，向量 $\boldsymbol{x}$ 中包含系统中所有母线电压的幅值和相角。如前所述，用常规潮流程序可计算出基本潮流解（$\boldsymbol{x}^{(0)}$，$\lambda^{(0)}$），我们的目的是要得到在参数 λ 变化范围内潮流的解路径（$\boldsymbol{x}^{(i)}$，$\lambda^{(i)}$）。一般来说，潮流方程的个数为 $n=2n_1+n_2$，其中 n_1、n_2 分别为系统中的 PQ 和 PV 母线数。

动态电力系统一般在一个稳定平衡点运行。随着负荷和发电机功率的缓慢变化，平衡点改变位置但仍保持为稳定平衡点。这种情况下系统的稳定平衡点表示为 $\boldsymbol{x}_s(\lambda)$，它反映了稳定平衡点是随参数 λ 的变化而变化的。但是，λ 的变化也会引起稳定平衡点分歧。系统(8-29)失去稳定的一种典型情况是，随着参数 λ 的变化，稳定平衡点 $\boldsymbol{x}_s(\lambda)$和不稳定平衡点 $\boldsymbol{x}_u(\lambda)$在鞍点分歧点重合并且消失。

p-v 和 q-v 曲线的"鼻尖"就是鞍点分歧点。随着参数 λ 的缓慢变化，在系统的状态到达"鼻尖"以前，式(8-29)的雅可比矩阵的所有特征值都具有负实部；在"鼻尖"，雅可比矩阵有一个零特征值，或者说奇异。一般情况下，当系统状态接近于"鼻尖"时，潮流解方程

变为病态方程，常规的牛顿法潮流难以收敛。

延拓法(continuation method)，有时也称为曲线跟踪或路径跟随，是产生一般非线性代数方程组随参数变化的解曲线的有效工具。延拓潮流(continuation power flow，CPFLOW)使用延拓法跟踪负荷和发电机功率变化情况下电力系统的稳态行为。它通过求解增广潮流方程得到穿越雅可比矩阵奇异点(“鼻尖”点)的解曲线，并且不会碰到病态的数值困难。

延拓潮流使用预估-校正方案找出随负荷参数变化的潮流解路径，如图 8-7 所示。从已知的基本解(A)开始，利用切线预估器估计指定负荷增加模式下的解(B)，然后在固定负荷下使用常规的潮流程序校正估计值，从而得到准确的解(C)。此后，基于新的切线预估器预估负荷进一步增加后的母线电压。如果新估计的负荷(D)超出准确解下的最大负荷，则在固定负荷下的校正将不收敛。这时，在固定电压下实施校正，从而得到准确解(E)。其中，引入的负荷参数对避免潮流雅可比矩阵出现奇异起着主要作用。

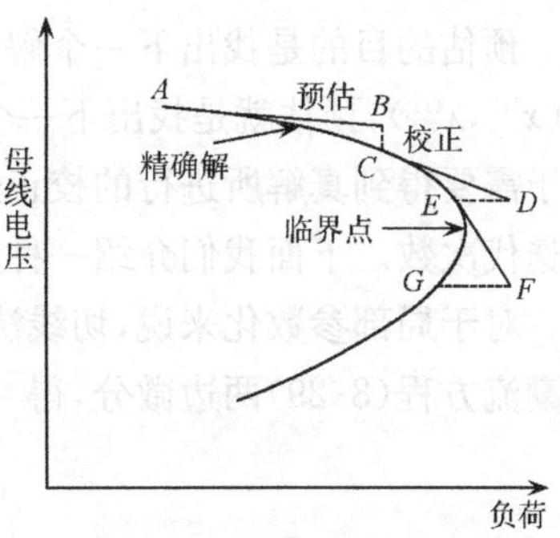

图 8-7　延拓潮流计算过程示意图

1. 引入参数的潮流方程

为了反映负荷和发电功率的变化，将参数 λ 引入潮流方程，使得

$$0 \leqslant \lambda \leqslant \lambda_{\text{critical}} \tag{8-30}$$

其中，$\lambda=0$ 相应于基本负荷，$\lambda=\lambda_{\text{critical}}$ 相应于临界负荷。这样，负荷功率的变化可以用下式模拟：

$$\begin{aligned} P_{Li} &= P_{Li(0)} + \lambda(k_{Li} S_{\Delta\text{base}} \cos\varphi_i) \\ Q_{Li} &= Q_{Li(0)} + \lambda(k_{Li} S_{\Delta\text{base}} \sin\varphi_i) \end{aligned} \tag{8-31}$$

式中：$P_{Li(0)}$、$Q_{Li(0)}$ 分别表示母线 i 的基本负荷；k_{Li} 指定了随着 λ 变化，母线 i 负荷变化率的乘子；φ_i 为母线 i 负荷变化的功率因数角；$S_{\Delta\text{base}}$ 为规定 λ 适当比例的视在功率。另外，发电机有功出力也修正为

$$P_{Gi} = P_{Gi(0)}(1 + \lambda k_{Gi}) \tag{8-32}$$

式中：$P_{Gi(0)}$ 是母线 i 发电机的基本有功出力；k_{Gi} 用于指定发电机有功出力随 λ 变化的常数。

注意，对系统中的任意母线来说，k_{Li}、k_{Gi} 和 φ_i 被唯一地指定。这就允许负荷和发电机出力随 λ 变化而变化。

2. 延拓潮流求解

延拓法的实现有四个基本要素：参数化、预估、校正、步长控制。

1)参数化(parameterization)

参数化是确定解曲线上单个解的数学方法，使得“下一个”解或“上一个”解可以定量化。参数化有三种不同的形式：

(1) 使用控制参数 λ 的物理参数化，这时步长为 $\Delta\lambda$。

(2) 局部参数化，它使用控制参数 λ 或状态向量 $\boldsymbol{x}$ 中的任意分量 x_k 将解曲线参数化，这时步长为 $\Delta\lambda$ 或 Δx_k。

(3) 弧长参数化，它使用沿着解曲线的弧长进行参数化，这时的步长 Δs 满足

$$\sum_{i=1}^{n}[x_i - x_i(s)]^2 + [\lambda - \lambda(s)]^2 = (\Delta s)^2 \tag{8-33}$$

2)预估

预估的目的是找出下一个解的近似。假设在延拓过程中的第 i 步，已知式(8-29)的解($\boldsymbol{x}^{(i)},\lambda^{(i)}$)，预估就是找出下一个解($\boldsymbol{x}^{(i+1)},\lambda^{(i+1)}$)的近似解($\tilde{\boldsymbol{x}}^{(i+1)},\tilde{\lambda}^{(i+1)}$)。预估的质量对于需要得到真解所进行的校正迭代次数有很大的影响，好的预估可以减少校正所需要的迭代次数。下面我们介绍一种进行预估的切线法。

对于局部参数化来说，切线法需要计算各状态变量和参数的微分。为此，在当前步处对潮流方程(8-29)两边微分，得

$$\mathrm{d}\boldsymbol{f} = \frac{\partial \boldsymbol{f}}{\partial \boldsymbol{x}}\mathrm{d}\boldsymbol{x} + \frac{\partial \boldsymbol{f}}{\partial \boldsymbol{\lambda}}\mathrm{d}\lambda = \boldsymbol{0}$$

或写成

$$\begin{bmatrix} \dfrac{\partial \boldsymbol{f}}{\partial \boldsymbol{x}} & \dfrac{\partial \boldsymbol{f}}{\partial \lambda} \end{bmatrix} \begin{bmatrix} \mathrm{d}\boldsymbol{x} \\ \mathrm{d}\lambda \end{bmatrix} = \boldsymbol{0} \tag{8-34}$$

要从上述线性方程组中得到我们想要的切向量，需要添加一个方程。可以通过指定切向量中的某一个分量为+1或−1解决这个问题，选定的这个分量称为延拓参数。这时潮流方程变为

$$\begin{bmatrix} \dfrac{\partial \boldsymbol{f}}{\partial \boldsymbol{x}} & \dfrac{\partial \boldsymbol{f}}{\partial \lambda} \\ & \boldsymbol{e}_k \end{bmatrix} \begin{bmatrix} \mathrm{d}\boldsymbol{x} \\ \mathrm{d}\lambda \end{bmatrix} = \begin{bmatrix} \boldsymbol{0} \\ \pm 1 \end{bmatrix} \tag{8-35}$$

式中：$\boldsymbol{e}_k$ 表示与方程组维数匹配的行向量，除第 k 个元素为 1 外其余元素都为零。

开始，将负荷参数 λ 选定为延拓参数，切向量中相应的分量设置为+1。在后续的预估步中，一般将切向量中分量最大(绝对值最大)的状态变量选定为延拓参数，其斜率的符号决定切向量中相应分量的符号。

一旦从式(8-35)解得切向量，则可以按下式进行解的预估：

$$\begin{bmatrix} \tilde{\boldsymbol{x}}^{(i+1)} \\ \tilde{\lambda}^{(i+1)} \end{bmatrix} = \begin{bmatrix} \boldsymbol{x}^{(i)} \\ \lambda^{(i)} \end{bmatrix} + h \begin{bmatrix} \mathrm{d}\boldsymbol{x} \\ \mathrm{d}\lambda \end{bmatrix} \tag{8-36}$$

式中：h 为步长。选择步长的目的是为了使得预估的解在校正器的收敛域内。

对于弧长参数化来说，切线法需要计算各状态变量和参数对弧长的导数

$$\frac{\mathrm{d}x_1}{\mathrm{d}s}, \cdots, \frac{\mathrm{d}x_n}{\mathrm{d}s}, \frac{\mathrm{d}x_{n+1}}{\mathrm{d}s}$$

其中设 $x_{n+1}=\lambda$。要得到这些导数，将潮流方程(8-29)两边对 s 微分，得

$$\mathrm{d}\boldsymbol{f} = \frac{\partial \boldsymbol{f}}{\partial \boldsymbol{x}}\frac{\mathrm{d}\boldsymbol{x}}{\mathrm{d}s} + \frac{\partial \boldsymbol{f}}{\partial x_{n+1}}\frac{\mathrm{d}x_{n+1}}{\mathrm{d}s} = \boldsymbol{0}$$

或写成

$$Df\begin{bmatrix}\dfrac{\mathrm{d}\boldsymbol{x}}{\mathrm{d}s}\\ \dfrac{\mathrm{d}x_{n+1}}{\mathrm{d}s}\end{bmatrix}=\mathbf{0} \tag{8-37}$$

式中：矩阵 Df 为

$$Df=\begin{bmatrix}\dfrac{\partial f_1}{\partial x_1} & \cdots & \dfrac{\partial f_1}{\partial x_k} & \cdots & \dfrac{\partial f_1}{\partial x_{n+1}}\\ \vdots & & \vdots & & \vdots\\ \dfrac{\partial f_k}{\partial x_1} & \cdots & \dfrac{\partial f_k}{\partial x_k} & \cdots & \dfrac{\partial f_k}{\partial x_{n+1}}\\ \vdots & & \vdots & & \vdots\\ \dfrac{\partial f_n}{\partial x_1} & \cdots & \dfrac{\partial f_n}{\partial x_k} & \cdots & \dfrac{\partial f_n}{\partial x_{n+1}}\end{bmatrix} \tag{8-38}$$

要从上述线性方程组中得到我们想要的切向量，需要添加一个方程。这个方程可以取为保持切向量是 2 范数下的单位向量，即

$$\left(\frac{\mathrm{d}x_1}{\mathrm{d}s}\right)^2+\cdots+\left(\frac{\mathrm{d}x_n}{\mathrm{d}s}\right)^2+\left(\frac{\mathrm{d}x_{n+1}}{\mathrm{d}s}\right)^2=1 \tag{8-39}$$

显然，式(8-33)就是上式的增量表达式。

式(8-37)和式(8-39)联立求解即可得到我们需要的切向量。由于式(8-37)是线性的而式(8-39)是非线性的，因而有效地求解此联立方程组需要用到特殊的方法：

假定对某个 k，$1\leqslant k\leqslant n+1$，有

$$\frac{\mathrm{d}x_k}{\mathrm{d}s}\neq 0$$

并将其他 $\mathrm{d}x_i/\mathrm{d}s$ 用系数 β_i 和 $\mathrm{d}x_k/\mathrm{d}s$ 表示为

$$\frac{\mathrm{d}x_i}{\mathrm{d}s}=\beta_i\frac{\mathrm{d}x_k}{\mathrm{d}s}\qquad(i\neq k;i=1,\cdots,n+1) \tag{8-40}$$

将式(8-40)代入式(8-39)，得

$$\left(\frac{\mathrm{d}x_k}{\mathrm{d}s}\right)^2=\left(1+\sum_{i=1,i\neq k}^{n+1}\beta_i^2\right)^{-1} \tag{8-41}$$

下面用 $\boldsymbol{b}_k$ 表示 Df 的第 k 列，Df_k 表示 Df 除去 $\boldsymbol{b}_k$ 后得到的矩阵，并假定 Df_k 非奇异。这样，用式(8-37)对变量

$$\frac{\mathrm{d}x_1}{\mathrm{d}s},\cdots,\frac{\mathrm{d}x_{k-1}}{\mathrm{d}s},\frac{\mathrm{d}x_{k+1}}{\mathrm{d}s},\cdots,\frac{\mathrm{d}x_{n+1}}{\mathrm{d}s}$$

的求解变为按方程

$$Df_k[\beta_1\quad\cdots\quad\beta_{k-1}\quad\beta_{k+1}\quad\cdots\quad\beta_{n+1}]^{\mathrm{T}}=-\boldsymbol{b}_k \tag{8-42}$$

求解系数 β_i。这样就可以用式(8-41)和式(8-40)计算切向量。

一旦获得切向量，就可以按下式进行解的预估：

$$\tilde{x}_j^{(i+1)}=x_j^{(i)}+h\frac{\mathrm{d}x_j}{\mathrm{d}s}\qquad(j=1,\cdots,n+1) \tag{8-43}$$

式中：h 为步长。

3)校正

以预估得到的近似解($\tilde{\boldsymbol{x}}^{(i+1)}$,$\tilde{\lambda}^{(i+1)}$)作为初值就可进行解的校正。

对于局部参数化来说,用一个方程增广原始的潮流方程(8-29),这个方程固定延拓参数的值。这样,新的方程成为

$$\begin{bmatrix} \boldsymbol{f}(\boldsymbol{x},\lambda) \\ x_k - \tilde{x}_k \end{bmatrix} = \boldsymbol{0} \tag{8-44}$$

式中:x_k 是延拓参数。对常规的牛顿法潮流程序稍加修正就可用于方程组(8-44)的求解。附加方程保证在临界点潮流方程雅可比矩阵非奇异。在临界点以外同样可以继续使用延拓法,从而得到相应于 p-v 曲线下半段的解。

切向量中关于 λ 的分量 $\mathrm{d}\lambda$,在 p-v 曲线的上半段为正,临界点为零,超过临界点时为负。这样,$\mathrm{d}\lambda$ 的符号将指明临界点是否到达。

如果延拓参数是负荷增加的,那么在 p-v 平面上将是垂直校正(例如,图 8-7 中的 BC 段);另一方面,如果电压幅值为延拓参数,校正将是水平的(例如,图 8-7 中的 DE 段)。

对于弧长参数化来说,校正是对式(8-29)和式(8-33)进行联立求解。可以采用任何非线性方程组的有效求解方法,例如牛顿法进行联立方程组的求解。在校正过程中,式(8-33)中的 Δs 取固定值,可以将预估值($\tilde{\boldsymbol{x}}^{(i+1)}$,$\tilde{\lambda}^{(i+1)}$)代入式(8-33)得到固定的 Δs。

4)步长控制

延拓法中影响计算效率的一个关键因素是步长控制。将步长选定为很小的常数在延拓法中是安全的。然而,这样常导致计算效率低下,例如在解曲线的平坦部分需要太多的步数。同样,不适当的大步长可能使得预估值远离真解,导致校正迭代次数增加甚至不收敛。理想的情况是,通过跟踪解曲线的形状来确定步长的大小:在解曲线的平坦部分采用较大的步长,在非平坦部分采用较小的步长。但遗憾的是我们事先并不知道解曲线的形状,因此步数控制困难。

现在一般采用的步长控制策略是对每个变量 x_i 设置上限 $h_{\max}$。沿着弧长 s 的实际步长 h 这样选择:

$$h\frac{\mathrm{d}x_i}{\mathrm{d}s} \leqslant h_{\max,i} \qquad (i = 1,\cdots,n+1) \tag{8-45}$$

在实际的电力系统中,$h_{\max,i}$将按其变量的物理意义加以确定。

3. 延拓潮流的实现

在延拓过程中,切向量描述了在修正点解路径的方向,即系统负荷的变化引起状态变量的变化。因此,元素 $\mathrm{d}V$ 对于系统中"薄弱母线"的辨识是非常有用的,即将系统负荷的变化引起电压幅值有较大变化的母线认定为系统电压薄弱的母线,据此可以选定所要研究的母线。

为了得到研究母线的 p-v 曲线,一般从系统的基本状态开始,用常规潮流程序计算负荷不断增加情况下的潮流解,直至潮流不收敛。从前一步开始,使用延拓法潮流程序计算潮流。一般情况下,常规潮流可以计算至临界点,要得到临界点以后的潮流解必须使用延拓法。

8.4.2 V-Q 灵敏度分析

在稳态情况下，电力系统中功率、电压之间关系的线性化方程可表示为

$$\begin{bmatrix}\Delta \boldsymbol{P}\\ \Delta \boldsymbol{Q}\end{bmatrix}=\begin{bmatrix}\boldsymbol{J}_{P\theta} & \boldsymbol{J}_{PV}\\ \boldsymbol{J}_{Q\theta} & \boldsymbol{J}_{QV}\end{bmatrix}\begin{bmatrix}\Delta \boldsymbol{\theta}\\ \Delta \boldsymbol{V}\end{bmatrix} \tag{8-46}$$

式中：$\Delta \boldsymbol{P}$ 为节点有功功率的增量；$\Delta \boldsymbol{Q}$ 为节点无功功率的增量；$\Delta \boldsymbol{\theta}$ 为节点电压相角的增量；$\Delta \boldsymbol{V}$ 为节点电压幅值的增量。

雅可比矩阵的各元素给出了功率与节点电压之间的灵敏度。

当传统的潮流模型用于电压稳定性分析时，式(8-46)中的雅可比矩阵与牛顿法潮流求解中的雅可比矩阵相同。由于系统中的一些动态元件的特性对电压稳定性有着很大的影响，因此有必要详细考虑动态元件的稳态模型。对于所有的动态元件，当 $\mathrm{d}\Delta \boldsymbol{x}/\mathrm{d}t=\boldsymbol{0}$ 时，其功率和电压之间的线性关系式为

$$\begin{bmatrix}\Delta \boldsymbol{P}_d\\ \Delta \boldsymbol{Q}_d\end{bmatrix}=\begin{bmatrix}\boldsymbol{A}_{11} & \boldsymbol{A}_{12}\\ \boldsymbol{A}_{21} & \boldsymbol{A}_{22}\end{bmatrix}\begin{bmatrix}\Delta \boldsymbol{\theta}_d\\ \Delta \boldsymbol{V}_d\end{bmatrix} \tag{8-47}$$

式中：$\Delta \boldsymbol{P}_d$ 为动态元件输出有功功率的增量；$\Delta \boldsymbol{Q}_d$ 为动态元件输出无功功率的增量；$\Delta \boldsymbol{\theta}_d$ 为动态元件电压相角的增量；$\Delta \boldsymbol{V}_d$ 为动态元件电压幅值的增量。

式(8-46)中涉及动态元件的各项用 $\boldsymbol{A}_{11}$、$\boldsymbol{A}_{12}$、$\boldsymbol{A}_{21}$、$\boldsymbol{A}_{22}$ 加以修正，从而形成系统的雅可比矩阵。

系统的电压稳定性受 P 和 Q 的影响。然而，在每个运行点，我们可以保持 P 为常数，从而得到考虑 Q 和 V 增量关系的电压稳定性，这类似于 q-v 曲线法。虽然在公式中忽略了 P 的增量，但在 Q 和 V 增量关系中还是包含了系统负荷或功率传送水平变化的影响。基于上述考虑，在式(8-46)中设 $\Delta \boldsymbol{P}=\boldsymbol{0}$，得到

$$\Delta \boldsymbol{Q}=\boldsymbol{J}_R \Delta \boldsymbol{V} \tag{8-48}$$

式中：

$$\boldsymbol{J}_R=\boldsymbol{J}_{QV}-\boldsymbol{J}_{Q\theta}\boldsymbol{J}_{P\theta}^{-1}\boldsymbol{J}_{PV} \tag{8-49}$$

矩阵 $\boldsymbol{J}_R$ 是收缩了的系统雅可比矩阵，它直接反映了母线电压和母线注入无功功率之间的关系。在系统稳态方程中消去有功功率和相角，允许我们将注意力集中在研究系统的无功需求和供应问题及其最小计算量的方法。可以将式(8-48)另表示为

$$\Delta \boldsymbol{V}=\boldsymbol{J}_R^{-1}\Delta \boldsymbol{Q} \tag{8-50}$$

式中：$\boldsymbol{J}_R^{-1}$ 是收缩的 V-Q 雅可比矩阵，它的第 i 个对角元素是节点 i 的 V-Q 灵敏度。为了提高计算效率，一般并不算出矩阵 $\boldsymbol{J}_R^{-1}$，而是通过直接求解式(8-48)得到各个节点的 V-Q 灵敏度。

一个节点的 V-Q 灵敏度表示在给定运行点 q-v 曲线的斜率。V-Q 灵敏度为正，表示稳定运行；灵敏度越小，系统越稳定。随着灵敏度的增加，系统的稳定程度降低。相反，V-Q 灵敏度为负，表示不稳定运行；很小的负的灵敏度表示很不稳定的运行。由于 V-Q 关系的非线性特性，灵敏度数值并不能度量不同运行情况下系统的相对稳定程度。

8.4.3 *Q-V* 模态分析

系统的电压稳定性也可以通过计算收缩的系统雅可比矩阵 $\boldsymbol{J}_R$ 的特征值和特征向量来确定。根据式(7-96)、式(7-97),矩阵 $\boldsymbol{J}_R$ 可表示为

$$\boldsymbol{J}_R = \boldsymbol{X}_R\boldsymbol{\Lambda}\boldsymbol{X}_L \tag{8-51}$$

式中:$\boldsymbol{\Lambda}$ 为矩阵 $\boldsymbol{J}_R$ 的所有特征值组成的对角模态矩阵;$\boldsymbol{X}_R$ 为矩阵 $\boldsymbol{J}_R$ 的所有右特征向量按列组成的模态矩阵;$\boldsymbol{X}_L$ 为矩阵 $\boldsymbol{J}_R$ 的所有左特征向量按行组成的模态矩阵。根据式(8-51)可得

$$\boldsymbol{J}_R^{-1} = \boldsymbol{X}_R\boldsymbol{\Lambda}^{-1}\boldsymbol{X}_L \tag{8-52}$$

将上式代入式(8-50),得

$$\Delta\boldsymbol{V} = \boldsymbol{X}_R\boldsymbol{\Lambda}^{-1}\boldsymbol{X}_L\Delta\boldsymbol{Q} \tag{8-53}$$

或展开为

$$\Delta\boldsymbol{V} = [\boldsymbol{v}_1 \quad \boldsymbol{v}_2 \quad \cdots \quad \boldsymbol{v}_n]\begin{bmatrix} \frac{1}{\lambda_1} & 0 & \cdots & 0 \\ 0 & \frac{1}{\lambda_2} & \cdots & 0 \\ \vdots & \vdots & & \vdots \\ 0 & 0 & \cdots & \frac{1}{\lambda_n} \end{bmatrix}\begin{bmatrix} \boldsymbol{u}_1^{\mathrm{T}} \\ \boldsymbol{u}_1^{\mathrm{T}} \\ \vdots \\ \boldsymbol{u}_n^{\mathrm{T}} \end{bmatrix}\Delta\boldsymbol{Q} \tag{8-54}$$

$$= \sum_{i=1}^{n}\frac{\boldsymbol{v}_i\boldsymbol{u}_i^{\mathrm{T}}}{\lambda_i}\Delta\boldsymbol{Q}$$

式中:$\boldsymbol{v}_i$、$\boldsymbol{u}_i^{\mathrm{T}}$ 分别为矩阵 $\boldsymbol{J}_R$ 的特征值 λ_i 所对应的右特征向量和左特征向量,它们一起定义了 *Q-V* 响应的第 i 个模态。

由于 $\boldsymbol{X}_R^{-1}=\boldsymbol{X}_L$,我们把式(8-53)另写为

$$\boldsymbol{X}_L\Delta\boldsymbol{V} = \boldsymbol{\Lambda}^{-1}\boldsymbol{X}_L\Delta\boldsymbol{Q} \tag{8-55}$$

或

$$\boldsymbol{V}_m = \boldsymbol{\Lambda}^{-1}\boldsymbol{Q}_m \tag{8-56}$$

式中:$\boldsymbol{V}_m=\boldsymbol{X}_L\Delta\boldsymbol{V}$ 称为模态电压变化向量;$\boldsymbol{Q}_m=\boldsymbol{X}_L\Delta\boldsymbol{Q}$ 称为模态无功功率变化向量。

式(8-50)和式(8-56)的差别在于,$\boldsymbol{\Lambda}^{-1}$ 是对角矩阵,而 $\boldsymbol{J}_R^{-1}$ 一般是非对角矩阵。式(8-56)表示无耦合的 n 个一阶方程,这样对于第 i 个模态,有

$$\boldsymbol{V}_{mi} = \frac{1}{\lambda_i}\boldsymbol{Q}_{mi} \tag{8-57}$$

如果 $\lambda_i>0$,即第 i 个模态电压与第 i 个模态无功功率的变化方向相同,说明系统是电压稳定的。如果 $\lambda_i<0$,即第 i 个模态电压与第 i 个模态无功功率的变化方向相反,说明系统是电压不稳定的。第 i 个模态电压变化的数值等于 λ_i 的倒数与第 i 个模态无功功率变化的乘积,因此 λ_i 的数值决定着第 i 个模态电压的稳定程度。正的 λ_i 数值越小,第 i 个模态电压越接近于不稳定。当 $\lambda_i=0$ 时,由于模态无功功率的任何变化将导致模态电压的无限变化,从而使得第 i 个模态电压崩溃。

现在我们考察节点 V-Q 灵敏度与 $\boldsymbol{J}_R$ 特征值之间的关系。在式(8-54)中，设 $\Delta\boldsymbol{Q}=\boldsymbol{e}_k$，$\boldsymbol{e}_k$ 表示除第 k 个元素为 1 外其余元素为零的向量，这样，

$$\Delta\boldsymbol{V}=\sum_{i=1}^{n}\frac{u_{ki}}{\lambda_i}\boldsymbol{v}_i \tag{8-58}$$

式中：u_{ki} 为 $\boldsymbol{u}_i$ 的第 k 个元素。

节点 k 的 V-Q 灵敏度可表示为

$$\frac{\partial V_k}{\partial Q_k}=\sum_{i=1}^{n}\frac{u_{ki}v_{ki}}{\lambda_i}=\sum_{i=1}^{n}\frac{p_{ki}}{\lambda_i} \tag{8-59}$$

从上式可以看出，V-Q 灵敏度并不能识别单个的电压崩溃模态，它仅提供电压无功变化的所有模态联合作用的信息。

如果忽略输电网络的电阻，矩阵 $\boldsymbol{J}_R$ 将成为对称矩阵，其特征值和特征向量也都为实的，并且左、右特征向量相等。

特征值的数值可以提供接近不稳定的相对测度，但由于问题的非线性，使它不能提供绝对测度。这类似于小干扰稳定分析中的阻尼因子，仅表示阻尼的程度，而不是稳定裕度的绝对测度。应用模态分析可以帮助确定系统的稳定程度，并得到负荷或功率传输水平的裕度。当系统到达电压稳定的临界点时，模态分析有助于识别电压稳定的临界区域以及参与每个模态的元件。

母线 k 在模态 i 中的相对参与程度可以用母线参与因子度量：

$$p_{ki}=u_{ki}v_{ki} \tag{8-60}$$

从式(8-59)可以看出，p_{ki} 决定了 λ_i 对母线 k 的 V-Q 灵敏度的贡献。

母线参与因子确定了每个模态涉及的区域。一般来说，可以将所有模态划分为两种类型。第一种类型的模态是，少量的母线有较大的参与因子，而其他母线的参与因子几乎为零，从而表明这种模态是局部模态。第二种类型的模态是，大量的母线有较小的、程度几乎相同的参与因子，而其他母线的参与因子几乎为零，从而表明这种模态不是局部模态。

8.5　电压稳定性分析方法讨论和展望

在电力系统运行过程中的某个时段，人们观察到一些母线电压持续降低甚至发生电压崩溃。类比于传统的同步稳定性，将此现象称之为电力系统的电压稳定问题。电力系统是用微分方程加以描述的典型动态系统，从 6.6.1 节可知，“稳定性”一词用来度量时间趋于无穷时微分方程解的性态。由此可见，正常运行的电力系统(处于一个平衡点)遭受到干扰的冲击后，观察其运动轨线，在各发电机的相对功角变化不是很大但一些母线电压却降低到不能满足负荷的电压需求并有持续降低的趋势时，我们就说此时的电力系统是电压不稳定的，其严重的后果则是发生电压崩溃。由此可见，电力系统的电压稳定性问题在本质上属于动态问题是毫无疑问的，用基于微分方程的动态方法分析电力系统的电压稳定性是贴切的。

在电力系统的电压稳定性分析中，目前流行很广的基于潮流方程的静态分析方法的存在不仅是由于历史的渊源，而且也是对电压稳定问题的简化或浅显解释。事实上，用潮

流方程描述的电力系统可以看成系统运行过程中的一个断面，静态方法可以给出任何变化发生后系统状态（平衡点）的存在性，即潮流是否存在可行解。没有潮流可行解说明系统在遭受干扰后无平衡点，显然系统必将是不稳定的。然而即使遭受干扰后系统存在平衡点，系统能否过渡到这个平衡点（即系统是否稳定）则与系统中各元件的动态特性以及电力网络的结构和参数紧密相关。可以看出静态分析方法将原本是一个复杂的微分方程解的性态研究看成是简单的非线性代数方程实数解的存在性研究，这是其价值所在；不能反映各元件的动态特性则是其弊端所在。至此我们可以得出这样的结论，静态电压稳定分析方法将电力系统的潮流极限作为静态电压稳定的临界点，这仅是电压稳定的必要条件而非充分条件，因而其结果大多是乐观的，例如 1987 年 7 月 23 日东京电力系统的电压崩溃事故发生时系统远没有达到潮流极限点。

动态分析方法是基于微分方程的时域解来判断电力系统的电压稳定性。其中各元件所采用的数学模型，不但与分析结果的正确性直接相关，而且对稳定分析的复杂性有很大的影响。因此，选用适当的数学模型描述各元件的特性，使得稳定分析的结果既满足合理的精度要求又简化计算，是电压稳定性分析中一个至关重要的问题。为了建立适合于电力系统电压稳定性分析的元件模型，不妨先对同步稳定性分析中各元件的建模历程作一简单回顾。同步稳定性分析中我们关注的是发电机的转子运动规律，因此可以对一些电磁运行参量的变化规律作某些近似的假设，例如忽略电力网络和发电机定子绕组的电磁暂态过程，使得定子电压方程和电力网络方程都变为代数方程，或者说在遭受干扰后的暂态过程中网络中仅包含正弦基波分量。这种模型是本着抓住主要矛盾并协调模拟物理过程的准确性和模型复杂性的结果。同样，在电压稳定性分析中我们关注的是各母线电压的变化规律，因此可以对一些对电压影响较小的物理量的变化规律作某些近似的假设，从而在模型准确性和复杂性之间取得合理折中。当今电压稳定性分析中的很多方法还没有经历模型由复杂到简单的提炼过程，其基于简单模型的分析结果是令人生疑的。

一种理性的思路是，首先研究单个复杂、准确的元件模型对电压变化规律的影响，然后研究多个复杂、准确的元件模型对电压变化规律的综合影响，从中抓住主要矛盾，简化模型，达到分析的简单性和结果准确性的综合权衡。这方面的工作可参看电压稳定性问题文献综述[13]中的有关文章。很多文献的大量仿真结果表明，系统中无功功率的平衡、发电机过励磁限制、ULTC 的动态和负荷的动态特性与电压崩溃关系密切。这些结论目前已得到了学术界和工业界的普遍认可。迄今为止，描述负荷特性的数学模型还不够成熟，特别是在电压有较大变化时还很不完善。负荷模型已成为当前电压稳定性分析的关键和瓶颈。另外，大多数无功控制装置都安装在低压网，因此应该将研究的电力网络扩展到低压网，从而能够详细考虑 ULTC、补偿电容器等无功控制装置的作用，并使得负荷模型的建立更加简单和准确。还有一个疑问需要明确回答，即电力网络的“准稳态模型”是否适合于研究电力系统的电压稳定性。

知道电压是否稳定还不是最终目的。在分析出系统电压稳定时，需要知道电压稳定裕度的大小，明确系统电压稳定的程度；更重要的是在分析出系统电压不稳定时，提出改善系统电压稳定的控制策略。为此，需要深入研究电压不稳定和电压崩溃发生的机理和物理过程，找出系统电压稳定性的薄弱环节和制约系统电压稳定性的关键因素，从而提出防止系统电压失稳的对策和/或控制装置，提出电压失稳后的应对措施。

电压稳定性分析中的建模似乎遇到了一些困难，但只要仔细分析和研究各种因素的影响和作用，抓住各元件特性的物理本质，得出简单、有效的模型总是有希望的。例如，各种现象时间常数的明显差别允许我们把注意力集中在影响电压变化的关键元件和所研究区域。

目前，电压稳定分析所用的模型和方法多种多样，研究人员从不同的角度研究电力系统的电压稳定性问题，有助于对电压稳定性问题的深刻认识。随着大量的学者介入电压稳定性研究，电压稳定性问题的概念形成、恰当数学模型的建立、失稳机理的正确解释以及有效控制措施的提出将是指日可待的。

参 考 文 献

[1] P. Kunder. Power System Stability and Control. McGraw-Hill, Inc. 1994

[2] C. W. Taylor. Power System Voltage Stability. New York: McGraw-Hill, 1994

[3] T. Van Cutsem, C. Vournas. Voltage Stability of Electric Power Systems. Norwell, MA

[4] Modeling of Voltage Collapse Including Dynamic Phenomena. CIGRE Publication, CIGRE Task Force 38-02-10, 1993

[5] Indices Predicting Voltage Collapse Including Dynamic Phenomena. CIGRE Publication, CIGRE Task Force 38-02-11, 1994

[6] Criteria and Countermeasures for Voltage Collapse. CIGRE Publication, CIGRE Task Force 38-02-12, 1994

[7] Protection Against Voltage Collapse. CIGRE Publication, CIGRE Working Group 34-08, 1998

[8] Voltage Stability of Power Systems: Concepts, Analytical Tools, and Industry Experience. IEEE Working Group on Voltage Stability. IEEE Special Publication 90TH0358-2-PWR, 1990

[9] Suggested Techniques for Voltage Stability Analysis. IEEE Working Group on Voltage Stability, IEEE Special Publication 93TH0620-5-PWR, 1993

[10] Voltage Collapse Mitigation. IEEE Working Group K12, IEEE Power System Relaying Committee, 1996

[11] T. V. Cutsem. Voltage Instability: Phenomena, Countermeasures, and Analysis Methods. Proceedings of the IEEE, Vol. 88, No. 2, pp. 208～227, 2000

[12] K. T. Vu, C. C. Liu, C. W. Taylor, et al. Voltage Instability: Mechanisms and Control Strategies. Proceedings of the IEEE, Vol. 83, No. 11, pp. 1442～1455, 1995

[13] V. Ajjarapu, B. Lee. Bibliography on Voltage Stability. IEEE Transactions on Power Systems, Vol. 13, No. 1, pp. 115～125, 1998

[14] C. C. Liu, K. T. Vu. Analysis of Tap-changer Dynamics and Construction of Voltage Stability Regions. IEEE Transactions on Circuit and Systems, Vol. 36, No. 4, pp. 575～590, 1989

[15] D. J. Hill. Nonlinear Dynamic Load Models with Recovery for Voltage Stability Studies. IEEE Transactions on Power Systems, Vol. 8, No. 1, pp. 166～176, 1993

[16] H. G. Kwatny, R. F. Fishcl, C. O. Nwankpa. Local Bifurcation in Power Systems: Theory, Computation, and Application. Proceedings of IEEE, Vol. 83, No. 11, Nov. pp. 1456～1482, 1995

[17] C. Rajabopalan, B. Lesieutre, P. W. Sauer, M. A. Pai. Dynamic Aspects of Voltage/Power Characteristics. IEEE Transactions on Power Systems, Vol. 7, No. 3, pp. 990～1000, Aug. 1992

[18] K. R. Padiyar, S. S. Rao. Dynamic Analysis of Voltage Instability in AC-DC Systems. Int. of Electrical Pow-

er and Energy Systems, Vol. 18, No. 1, pp. 11～18, 1996
[19] 吴涛,王伟胜,王建全,夏道止. 用计及机组动态时的潮流雅可比矩阵计算电压稳定极限. 电力系统自动化, Vol. 21, No. 4:13～17, 1997
[20] V. Ajjarapu, C. Christy. The Continuation Power Flow: A Tool for Steady State Voltage Stability Analysis. IEEE Transactions on Power Systems, Vol. 7, No. 1, pp. 416～423, 1992
[21] H. D. Chiang, A. J. Flueck, K. S. Shah, N. Balu. CPFLOW: A Practical Tool for Tracing Power System Steady-state Stationary Behavior due to Load and Generation Variations. IEEE Transactions on Power Systems, Vol. 10, No. 1, pp. 623～630, 1995
[22] N. Flatabo, R. Ognedal, T. Carlsen. Voltage Stability Condition in a Power Transmission System Calculated by Sensitivity Methods. IEEE Transactions on Power Systems, Vol. 5, No. 4, pp. 1286～1293, 1990
[23] B. Gao, G. K. Morison, P. Kundur. Voltage Stability Evaluation Using Modal Analysis. IEEE Transactions on Power Systems, Vol. 7, No. 4, pp. 1529～1542, 1992

附录　P-Q 分解法潮流程序

在这个附录里，我们将通过对 P-Q 分解法潮流程序的介绍，使读者对如何编写电力系统计算程序建立一个比较完整具体的概念。

P-Q 分解法潮流程序的原理和特点已在第 2.4 节中叙述。这里将说明编制其中各分框程序的一些细节，包括原始数据的输入，稀疏导纳矩阵的形成，因子表的形成(即导纳矩阵的三角分解过程、节点注入功率的计算方法、迭代过程以及潮流输出程序)。把这里介绍的细框图按照第 2.4 节中原理图组织起来，就可以形成一个完整的潮流计算程序。但是本附录的主要目的不在这里，而是希望通过这些具体程序细框图的介绍，使尚未编制过电力系统计算程序的读者掌握一些电力系统程序设计的基本原则和思路。关于网络稀疏线性方程求解的原理和技巧必须特别注意，因为这一部分程序比较复杂而又最常用，处理的好坏对于节约内存和提高运算速度影响很大。应该指出，本附录所介绍的稀疏线性网络的处理技巧，并不是唯一的，但作为举例，掌握了一种方法，就不难理解其他方法和技巧，甚至读者在实践中可以创造出更好的方法。

F.1　原始数据的输入

如前所述，目前计算机的速度和计算方法已经使我们能很快地得到计算结果，但是上机以前的准备工作却非常耗费时间，而且也容易出错。因此在作程序设计时，必须尽可能减轻上机前的准备工作，尽可能利用计算机代替人工烦琐的工作。在这里，原始数据的填写格式是很关键的一个环节，它与程序使用的方便性和灵活性有着直接的关系。

原始数据输入格式的设计，主要应从使用的角度出发，原则是简单明了，便于修改。

计算一个中等规模电力系统的潮流问题，至少也有几百个原始数据，输入格式简单明了就可以减轻数据填写的工作量，并减少或避免程序使用者在填写数据时发生错误。如前所述，电力系统潮流计算往往需要进行多种运行方式的调整和比较，因此在数据格式上考虑计算过程中修改数据的方便性就显得非常重要。

当前，我们还不能说已经有一套最佳的潮流计算数据格式，但在实践中只要不断总结经验，就会使数据格式日趋完善。

以下所介绍的潮流程序中将用到 4 个信息：

N：系统节点的总数；

Nb：系统中支路数，即输电线路条数、变压器数的总和；

Ng：发电机节点总数；

Nl：负荷节点总数。

除以上 4 个信息以外，还要输入两个单个数据：

$V0$：系统平均电压，在迭代过程中，以它作为电压的初值；

$epsilon$：迭代收敛所要求的精确度。

潮流计算所需要的原始数据，可以归纳为以下几个数组：

支路数据数组 *Branch*，定义为一个结构数组，结构有 5 个数据成员，对应于每条支路的 5 个数据。该数组定义为

```
struct Branch_Type
{
int i,j;
double R,X,YK;
}Branch[Nb];
```

注意在C语言的程序实现中，数组可定义为固定长度的静态数组，也可以采用指针动态分配内存。这里为了叙述简洁，把数组的定义写成以变量作为长度的形式，并且假设数组的下标从1开始，由于C语言中数组的下标是从0开始的，因此在说明数组或动态分配内存时，要多分配一个单元内存，即如下形式：

```
Branch=new struct Branch_Type[Nb+1];
```

以下各数组的定义与此类似。

当支路为输电线路时，这 5 个数据成员分别表示：

i：输电线路一端的节点号；

j：输电线路另一端的节点号；

R：输电线路的电阻；

X：输电线路的电抗；

Y_0：输电线路充电电容的容纳。

如图 F-1(a)所示。

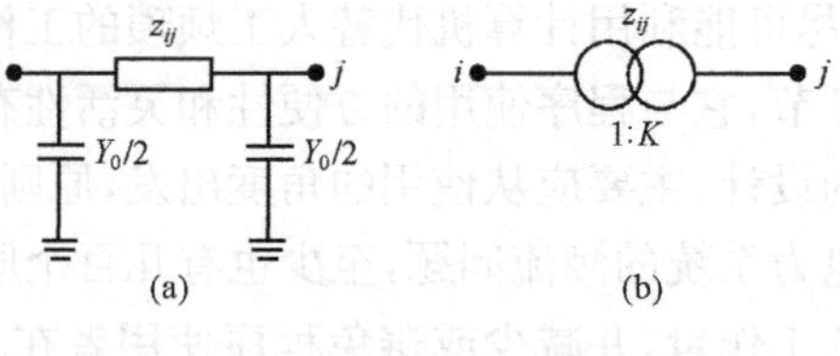

图 F-1　网络支路的等值电路

当支路为变压器时，数据为：

i：变压器一端的节点号；

j：变压器另一端的节点号，这两个节点号有一个带有负号，作为变压器支路的标志；

R_T：变压器的电阻；

X_T：变压器的电抗(R_T 和 X_T 都是归算到变压器标准变比侧的数值)；

K：变压器的非标准变比(设在节点号为负的一侧)。

变压器的模拟电路如图 F-1(b)所示。

在实用的潮流计算程序中，对 *Branch* 数组中数据的输入次序应该不加限制，这样便于数据的填写和修改。输入以后，在计算机内对数据再进行排队和整理。但是，以下为了叙述简单，我们省去数据的排队和整理部分。因此要求支路数据按以下次序排列：

(1)支路两端节点号应把小号排在前边，大号排在后边。

(2)各支路按其小节点号的顺序排列。

这种排列方式适合形成导纳矩阵的上三角部分。

发电机节点和负荷节点数据分别定义为结构数组，结构有 4 个数据成员，其内容是相同的。发电机节点数据定义为：

```
struct Generator_Type
{
double P,Q;
int i;
double V;
}Generator[Ng];
```

负荷节点数据定义为：

```
struct Load_Type
{
double P, Q;
int i;
double V;
} Load[Nl];
```

对于发电机节点，P、Q 应填正号；对于负荷节点，P、Q 应填负号[1)]。

对于发电机节点和负荷节点，若为 PQ 节点，这些数据成员分别表示：

P：节点的有功功率；

Q：节点的无功功率；

i：节点编号；

V：该节点正常运行电压。

当节点为 PV 节点时，数据成员分别表示：

P：节点的有功功率；

Q_{max}：节点无功功率的上限；

i：节点编号；

$-V_s$：节点需要维持的电压，负号是 PV 节点的标志。

在节点数据输入计算机后，为了提高计算效率，应统计 PV 节点的总数 Npv，并形成 PV 节点数组。PV 节点数组定义为结构数组：

```
struct PVNode_Type
{
double V;
int i;
}PVNode[Npv];
```

---

1) 在有些程序中，负荷节点的功率 P、Q 也填正号，然后在计算时自动转为负号。

每个 PV 节点有两个数据，第一个数据为 PV 节点的给定电压 V，第二个数据为相应的节点号 i。在形成 PV 数组的同时，应把发电机节点或负荷节点数组中 V 前面的负号去掉。

最后还应指出，在这里介绍的程序中，要求把系统的平衡节点排在最后，即作为第 N 个节点，同时还要求这个节点为负荷节点。如果平衡节点没有负荷，则该节点的负荷功率填零。这样就保证了节点 N 既是发电机节点，又是 PV 节点，又是负荷节点。这样要求的目的主要为了简化程序，去掉一些判断。

F.2 稀疏导纳矩阵的形成

F.2.1 基本公式

关于导纳矩阵在第 1 章中已有详细的论述，这里仅就与程序有关的基本公式归纳如下。

当电力系统中 i、j 两点间输电线路的阻抗为 z_{ij} 时，节点 i、j 之间互导纳为

$$Y_{ij} = -\frac{1}{z_{ij}} = -y_{ij} \tag{F-1}$$

式中：y_{ij} 是阻抗 z_{ij} 的倒数，即输电线串联支路的导纳；Y_{ij} 是导纳矩阵中 i 行 j 列的非对角元素。

由于导纳矩阵的对称性，一般

$$Y_{ji} = Y_{ij}$$

支路 i、j 对导纳矩阵中 i、j 两行对角元素的影响可表示为如下的增量：

$$\Delta Y_{ii} = \Delta Y_{jj} = \frac{1}{z_{ij}} = y_{ij} \tag{F-2}$$

这里导纳矩阵对角元素 Y_{ii} 和 Y_{jj} 也就是节点 i、j 的自导纳。

当节点 i 连有导纳为 Y_{0i} 的接地支路时，它对导纳矩阵的影响仅仅使 i 行对角元素增加如下的分量：

$$\Delta Y_{ii} = Y_{0i} \tag{F-3}$$

当 i、j 两节点间的支路是非标准变比的变压器时[如图 F-2(a)所示]，我们可用 Π 型

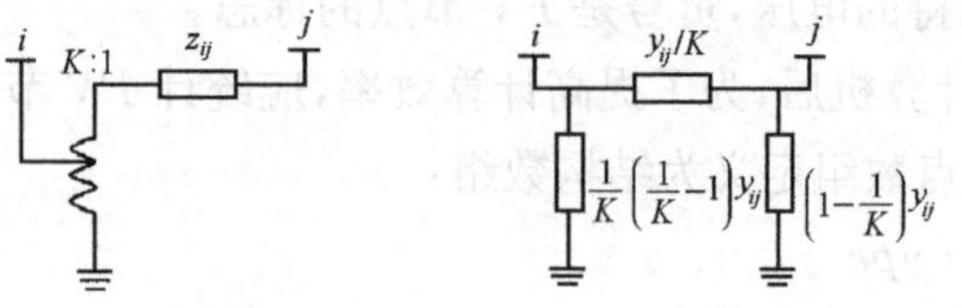

图 F-2 变压器的等值电路

等值电路来模拟[见图 F-2(b)]，因而 i、j 之间互导纳可按下式计算：

$$Y_{ij} = -\frac{1}{Kz_{ij}} = -\frac{1}{K}y_{ij} \tag{F-4}$$

j 点自导纳分别有如下的增量：

$$\Delta Y_{ii} = \frac{1}{K^2} y_{ij} \tag{F-5}$$

$$\Delta Y_{jj} = y_{ij} \tag{F-6}$$

F.2.2 稀疏导纳矩阵的处理

由第 1.2.1 节可知，电力系统导纳矩阵不仅具有对称性，而且具有稀疏性。当 i、j 节点之间没有直接联系时，导纳矩阵中非对角元素 Y_{ij} 及 Y_{ji} 应为零。

对于图 F-3 所示的简单电力网络，它的导纳矩阵结构应为

$$\begin{bmatrix} Y_{11} & & Y_{13} & & Y_{15} \\ & Y_{22} & & Y_{24} & \\ Y_{31} & & Y_{33} & Y_{34} & Y_{35} \\ & Y_{42} & Y_{43} & Y_{44} & \\ Y_{51} & & Y_{53} & & Y_{55} \end{bmatrix}$$

由于导纳矩阵的对称性，在计算机中可以只储存其上三角部分或下三角部分，在我们所介绍的程序中，将储存导纳矩阵的上三角部分及对角元素，因此，其中每个非对角元素 Y_{ij} 的下标都应满足 $i<j$。

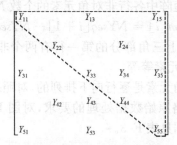

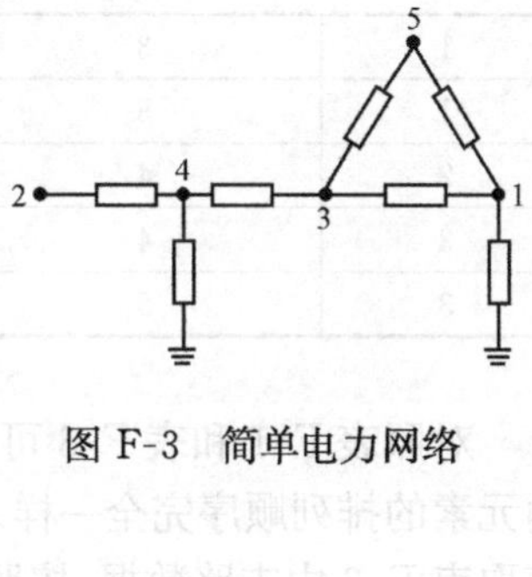

图 F-3 简单电力网络

对角元素按节点编号顺序存放在对角元素结构数组中：

```
struct Yii_Type
{
double G, B;
}Yii[N];
```

其中 G 存放对角元素的实部，B 存放对角元素的虚部，每个数组的元素个数与系统节点数相等。

由上面的矩阵结构和图 F-3 的网络接线可以看出，上三角矩阵中非对角元素和系统中不接地支路一一对应，非对角元素的个数等于网络中不接地支路数 N_b。为了节约内存和提高计算速度，在计算机内存中只储存非零元素，把非零非对角元素“挤实”在一起。为了识别非对角元素的行号和列号，我们在每个元素后存放相应的列下标。对上例来说，非对角元素在内存中可以如表 F-1 存放。

表 F-1 非对角元素的存放

G_{13}	B_{13}	3
G_{15}	B_{15}	5
G_{24}	B_{24}	4
G_{34}	B_{34}	4
G_{35}	B_{35}	5

这个数组定义为

```
struct Yij_Type
{
double G, B;
int j;
}Yij[Nb];
```

按照这样排列，取一个互导纳，例如 $G_{24}+jB_{24}$，就可以同时把该元素的列号(4)取出来，但是如何判断该元素的行号？这还需要借助于数组 $NYseq[N]$。数组 $NYseq[N]$ 按导纳矩阵行号顺序存放各行非对角元素的首地址(严格地说，存放的是各行第一个非对角元素在导纳矩阵非对角元素中的顺序号)。对于图 F-3 所示简单电力网络的导纳矩阵来说，$NYseq[N]$ 数组共有 5 个数(为网络节点数或导纳矩阵的阶数)，其内容见表 F-2。

表 F-2　导纳矩阵行号顺序存放时各行非对角元素的首地址

1	3	4	6	6

由表 F-2 可以知道导纳矩阵中各行非对角元素的个数 $NYsum[i]$。一般我们有

$$NYsum[i]=NYseq[i+1]-NYseq[i] \tag{F-7}$$

因而由表 F-2 可知，导纳矩阵上三角部分的第一行有两个非对角元素，第二行有一个非对角元素，第四行没有非对角元素等等。

由于表 F-1 所示的非对角元素是逐行向下排列的，对照表 F-2 就很容易判断出各非对角元素的行号。按照对支路原始数据处理的要求，对图 F-3 所示的简单电力网络来说，支路数组 *Branch* 中的数据见表 F-3。

表 F-3　支路数组数据

1	3	R_{13}	X_{13}	Y_{013}
1	5	R_{15}	X_{15}	Y_{015}
2	4	R_{24}	X_{24}	Y_{024}
3	4	R_{34}	X_{34}	Y_{034}
3	5	R_{35}	X_{35}	Y_{035}

对照表 F-1 和表 F-3 可以看出，表 F-3 中支路排列的顺序和表 F-1 中导纳矩阵非对角元素的排列顺序完全一样。此外，表 F-3 中第二列就是表 F-1 中列下标，因此，只要顺序取表 F-3 中支路数据，按照式(F-1)求出倒数取负号之后，连同该支路的大节点号(即列下标)顺序送入 Yij 数组(即表 F-1)中，就形成了导纳矩阵的上三角部分。

F.2.3　导纳矩阵形成过程及框图

在本程序中，适应 *P-Q* 分解法的需要，导纳矩阵分为两步形成。

第一步只用不接地支路构成导纳矩阵，不考虑接地支路(包括变压器非标准变比)的影响。这里同时形成两个导纳矩阵，即通常意义上的系统导纳矩阵 Y 和不考虑输电线路电阻的系统导纳矩阵 Y'，以适应 *BX* 和 *XB* 法不同的要求，这两个导纳矩阵实际上只是半成品。Y 主要用来形成 *BX* 法所要求的第一个因子表(FB_1)和 *XB* 法所要求的第二个因子表(FB_2)。当该因子表形成以后，就在半成品的基础上把接地支路及变压器非标准变比的影响加进去，形成完整的系统导纳矩阵。其中 Y' 用来形成 *BX* 法第二个因子表(FB_2)和 *XB* 法的第一个因子表(FB_1)，而 Y 将在整个迭代求解过程及线路潮流计算过程中发挥作用。

只考虑不接地支路构成导纳矩阵的程序框图如图 F-4 所示。整个形成过程需要把不接地支路扫描一遍，对每条不接地支路做两方面工作。首先把阻抗求倒数并取负号后连同大节点号送到导纳矩阵非对角元素数组 Yij(对应于 Y)和 $Yij1$(对应于 Y')中形成非对角元素，然后把阻抗的倒数累加到该支路两端节点的自导纳上去[见式(F-2)]。

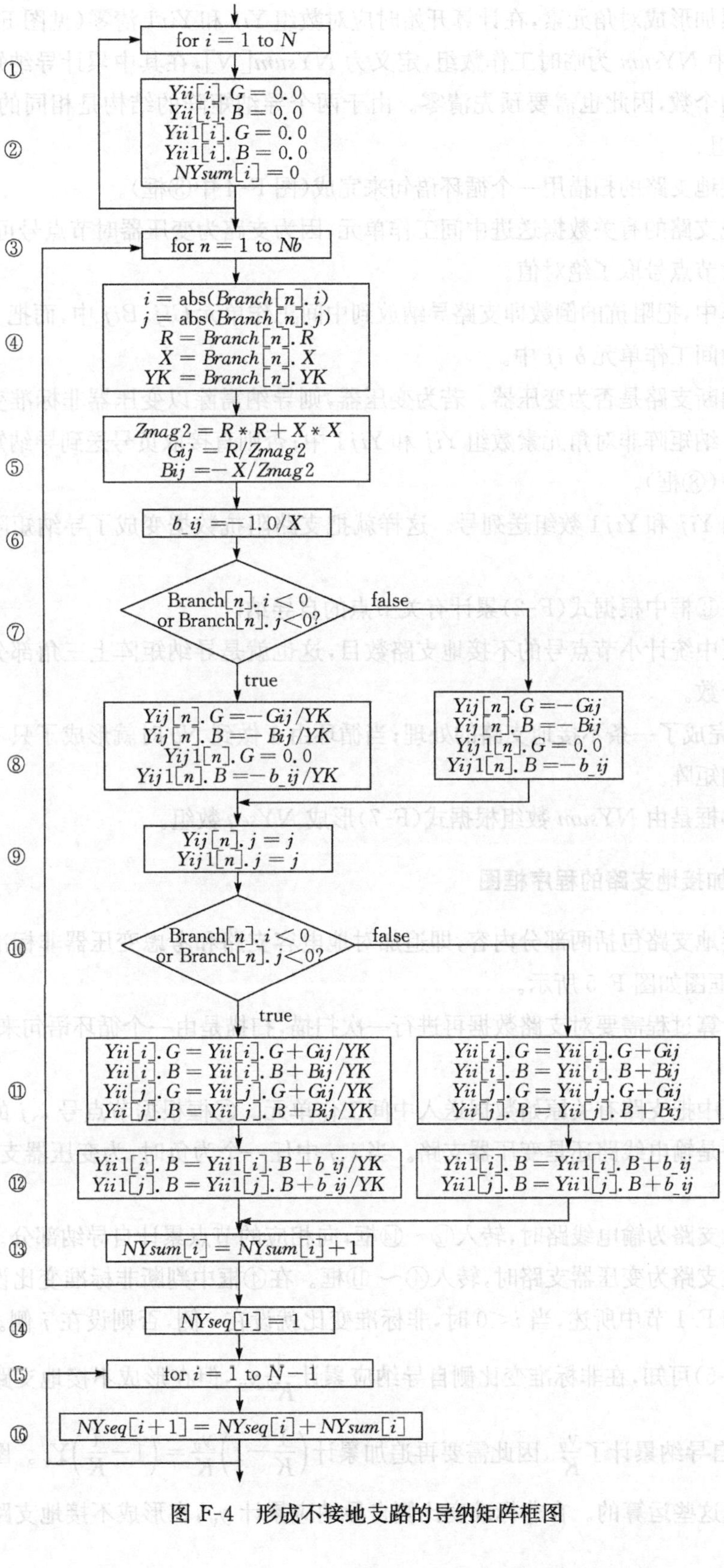

for i = 1 to N
①
Yii[i].G = 0.0
Yii[i].B = 0.0
Yii1[i].G = 0.0
Yii1[i].B = 0.0
NYsum[i] = 0
②
for n = 1 to Nb
③
i = abs(Branch[n].i)
j = abs(Branch[n].j)
R = Branch[n].R
X = Branch[n].X
YK = Branch[n].YK
④
Zmag2 = R * R + X * X
Gij = R/Zmag2
Bij = −X/Zmag2
⑤
b_ij = −1.0/X
⑥
Branch[n].i < 0
or Branch[n].j < 0?
⑦
false
true
Yij[n].G = −Gij/YK
Yij[n].B = −Bij/YK
Yij1[n].G = 0.0
Yij1[n].B = −b_ij/YK
Yij[n].G = −Gij
Yij[n].B = −Bij
Yij1[n].G = 0.0
Yij1[n].B = −b_ij
⑧
Yij[n].j = j
Yij1[n].j = j
⑨
Branch[n].i < 0
or Branch[n].j < 0?
⑩
false
true
Yii[i].G = Yii[i].G + Gij/YK
Yii[i].B = Yii[i].B + Bij/YK
Yii[j].G = Yii[j].G + Gij/YK
Yii[j].B = Yii[j].B + Bij/YK
Yii[i].G = Yii[i].G + Gij
Yii[i].B = Yii[i].B + Bij
Yii[j].G = Yii[j].G + Gij
Yii[j].B = Yii[j].B + Bij
⑪
Yii1[i].B = Yii1[i].B + b_ij/YK
Yii1[j].B = Yii1[j].B + b_ij/YK
Yii1[i].B = Yii1[i].B + b_ij
Yii1[j].B = Yii1[j].B + b_ij
⑫
NYsum[i] = NYsum[i] + 1
⑬
NYseq[1] = 1
⑭
for i = 1 to N − 1
⑮
NYseq[i + 1] = NYseq[i] + NYsum[i]
⑯

图 F-4 形成不接地支路的导纳矩阵框图

为了累加形成对角元素，在计算开始时应对数组 Yii 和 $Yii1$ 清零(见图 F-4 中①、②框)。②框中 $NYsum$ 为临时工作数组，定义为 $NYsum[N]$，在其中累计导纳矩阵各行非对角元素的个数，因此也需要预先清零。由于两个导纳矩阵的结构是相同的，共用一个 $NYsum$ 数组。

对不接地支路的扫描用一个循环语句来完成(图 F-4 中③框)。

④框把支路的有关数据送进中间工作单元，因为支路为变压器时节点号可能为负，所以在这里对节点号取了绝对值。

在⑤框中，把阻抗的倒数即支路导纳放到中间工作单元 Gij、Bij 中，而把支路电抗的倒数放到中间工作单元 b_ij 中。

⑦框判断支路是否为变压器。若为变压器，则导纳需除以变压器非标准变比后再取负号送到导纳矩阵非对角元素数组 Yij 和 $Yij1$ 中；否则直接取负号送到导纳矩阵非对角元素数组中(⑧框)。

⑨框向 Yij 和 $Yij1$ 数组送列号。这样就把支路阻抗数据变成了导纳矩阵的上三角部分。

在⑩～⑫框中根据式(F-2)累计有关节点的自导纳。

在⑬框中统计小节点号的不接地支路数目，这也就是导纳矩阵上三角部分每行非对角元素的个数。

至此，完成了一条不接地支路的处理；当循环由 1 做到 Nb 时就形成了只考虑不接地支路的导纳矩阵。

⑭～⑯框是由 $NYsum$ 数组根据式(F-7)形成 $NYseq$ 数组。

F.2.4 追加接地支路的程序框图

追加接地支路包括两部分内容，即追加对地电容支路和考虑变压器非标准变比的影响，其程序框图如图 F-5 所示。

整个计算过程需要对支路数据再进行一次扫描，扫描是由一个循环语句来控制(图中①框)。

在②框中把支路有关原始数据送入中间工作单元。③框根据节点号 i、j 的符号判断所取的支路是输电线路还是变压器支路。当 i、j 中任一个为负时，为变压器支路，否则为输电线路。

当所取支路为输电线路时，转入⑫～⑭框，向相应的节点累计自导纳部分。

当所取支路为变压器支路时，转入④～ ⑪框。在④框中判断非标准变比设在支路的哪一侧。如 F.1 节中所述，当 $i<0$ 时，非标准变比就设在 i 侧，否则设在 j 侧。由图 F-2(b)及式(F-5)可知，在非标准变比侧自导纳应累计$\frac{1}{K^2}y_{ij}$，但在形成不接地支路的导纳矩阵时，该点自导纳累计了$\frac{y_{ij}}{K}$，因此需要再追加累计$\left(\frac{1}{K}-1\right)\frac{y_{ij}}{K}=\left(1-\frac{1}{K}\right)Y_{ij}$。图中⑥～⑨框就是完成这些运算的。在非标准变比侧自导纳应累计 y_{ij}，在形成不接地支路的导纳矩

阵时,该点自导纳同样累计了 $\dfrac{y_{ij}}{K}$,因此需要再追加累计 $(K-1)\dfrac{y_{ij}}{K}=(1-K)Y_{ij}$,在⑩框和

⑪框中完成这些运算。

这样,顺次把支路数据扫描、处理一遍,就形成了描述网络的完整的导纳矩阵。

① for $n = 1$ to Nb

② $i = Branch[n].i$
$j = Branch[n].j$
$YK = Branch[n].YK$

③ $i < 0$ or $j < 0$? —— false ——

④ $i < 0$? —— false ——
true

⑤ $j = \mathrm{abs}(i)$ | $j = \mathrm{abs}(j)$

⑥ $Gij = Yij[n].G$
$Bij = Yij[n].B$ | $Gij = Yij[n].G$
$Bij = Yij[n].B$

⑦ $b\_ij = Yij1[n].B$ | $b\_ij = Yij1[n].B$

⑧ $Yii[i].G = Yii[i].G +$
$\quad (1.0 - 1.0/YK) * Gij$
$Yii[i].B = Yii[i].B +$
$\quad (1.0 - 1.0/YK) * Bij$ | $Yii[j].G = Yii[j].G +$
$\quad (1.0 - 1.0/YK) * Gij$
$Yii[j].B = Yii[j].B +$
$\quad (1.0 - 1.0/YK) * Bij$

⑨ $Yii1[i].B = Yii1[i].B +$
$\quad (1.0 - 1.0/YK) * b\_ij$ | $Yii1[j].B = Yii1[j].B +$
$\quad (1.0 - 1.0/YK) * b\_ij$

⑩ $Yii[j].G = Yii[j].G +$
$\quad (1.0 - YK) * Gij$
$Yii[j].B = Yii[j].B +$
$\quad (1.0 - YK) * Bij$ | $Yii[i].G = Yii[i].G +$
$\quad (1.0 - YK) * Gij$
$Yii[i].B = Yii[i].B +$
$\quad (1.0 - YK) * Bij$

⑪ $Yii1[j].B = Yii1[j].B +$
$\quad (1.0 - YK) * b\_ij$ | $Yii1[i].B = Yii1[i].B +$
$\quad (1.0 - YK) * b\_ij$

⑫ $Bij = YK/2.0$
$b\_ij = YK/2.0$

⑬ $Yii[i].B = Yii[i].B + Bij$
$Yii[j].B = Yii[j].B + Bij$

⑭ $Yii1[i].B = Yii1[i].B + b\_ij$
$Yii1[j].B = Yii1[j].B + b\_ij$

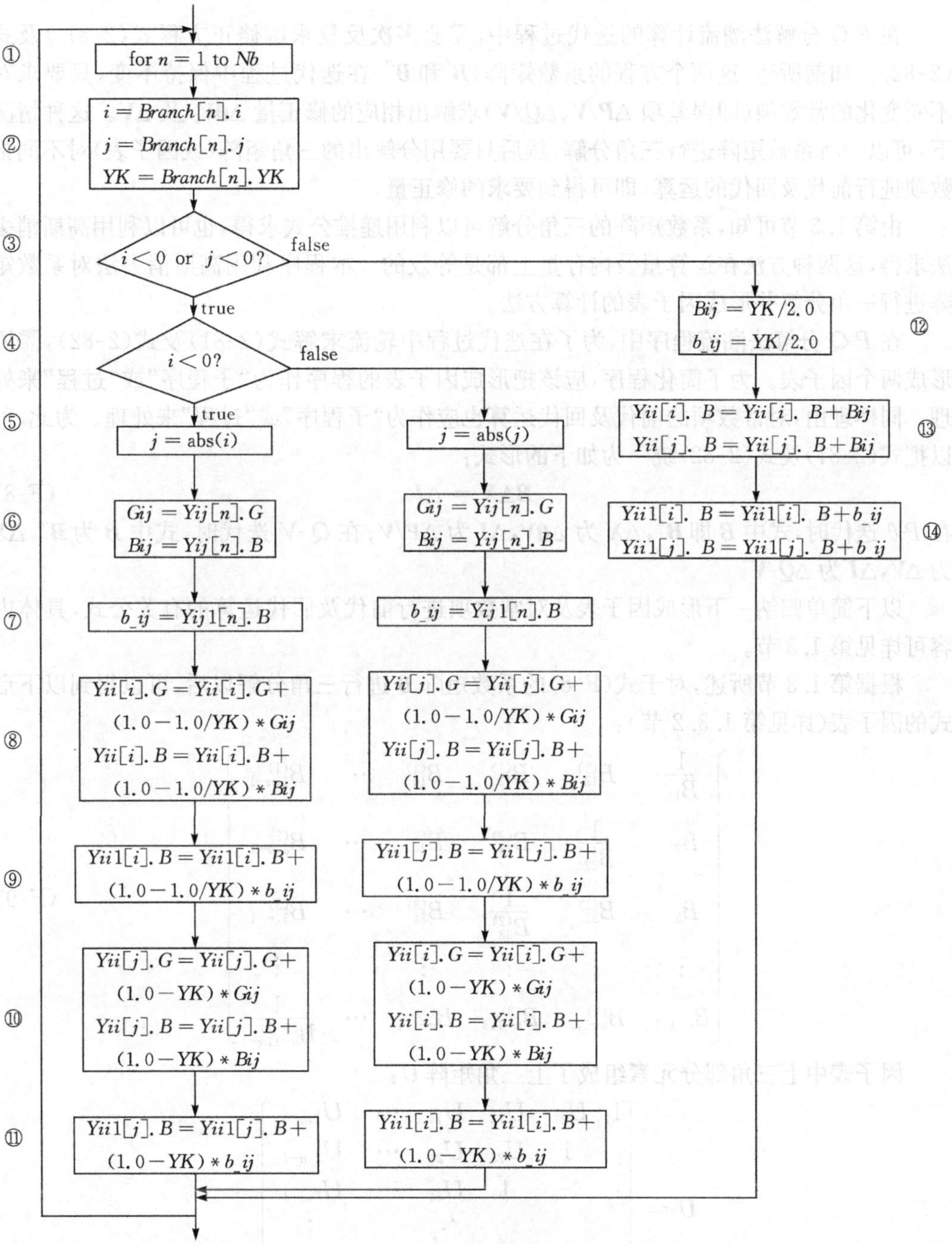

图 F-5　追加接地支路框图

F.3　稀疏系数矩阵线性方程式的求解

F.3.1　修正方程式的解法及计算公式

在 P-Q 分解法潮流计算的迭代过程中，需要多次反复求解修正方程式(2-81)及式(2-82)。如前所述，这两个方程的系数矩阵($\boldsymbol{B}'$和$\boldsymbol{B}''$)在迭代过程中保持不变，只要求对不断变化的常数项(即误差项 $\Delta\boldsymbol{P}/\boldsymbol{V}$、$\Delta\boldsymbol{Q}/\boldsymbol{V}$)求解出相应的修正量 $\Delta\boldsymbol{\theta}\boldsymbol{V}_0$ 及 $\Delta\boldsymbol{V}$。这种情况下，可以先将系数矩阵进行三角分解，然后只要用分解出的三角矩阵(或因子表)对不同常数项进行前代及回代的运算，即可得到要求的修正量。

由第 1.3 节可知，系数矩阵的三角分解可以利用递推公式求得，也可以利用高斯消去法求得，这两种方法在运算量及内存量上都是等效的。本程序利用高斯消去法对系数矩阵进行三角分解并形成因子表的计算方法。

在 P-Q 分解法潮流程序中，为了在迭代过程中轮流求解式(2-81)及式(2-82)，需要形成两个因子表。为了简化程序，应该把形成因子表的程序作为"子程序"或"过程"来处理。同样理由，对常数项的前代及回代运算也应作为"子程序"或"过程"来处理。为此，可以把式(2-81)及式(2-82)统一为如下的形式：

$$\boldsymbol{B}\Delta\boldsymbol{X} = \Delta\boldsymbol{I} \tag{F-8}$$

在 P-θ 迭代时，式中 $\boldsymbol{B}$ 即 $\boldsymbol{B}'$，$\Delta\boldsymbol{X}$ 为 $\Delta\boldsymbol{\theta}\boldsymbol{V}$，$\Delta\boldsymbol{I}$ 为 $\Delta\boldsymbol{P}/\boldsymbol{V}$；在 Q-V 迭代时，式中 $\boldsymbol{B}$ 为 $\boldsymbol{B}''$，$\Delta\boldsymbol{X}$ 为 $\Delta\boldsymbol{V}$，$\Delta\boldsymbol{I}$ 为 $\Delta\boldsymbol{Q}/\boldsymbol{V}$。

以下简单归纳一下形成因子表及对常数项进行前代及回代运算的有关公式，具体内容可详见第 1.3 节。

根据第 1.3 节所述，对于式(F-8)的系数矩阵 $\boldsymbol{B}$ 进行三角分解以后，可以得到以下形式的因子表(详见第 1.3.2 节)：

$$\begin{bmatrix} \dfrac{1}{B_{11}} & B_{12}^{(1)} & B_{13}^{(1)} & B_{14}^{(1)} & \cdots & B_{1,n-1}^{(1)} \\ B_{21} & \dfrac{1}{B_{22}^{(1)}} & B_{23}^{(2)} & B_{24}^{(2)} & \cdots & B_{2,n-1}^{(2)} \\ B_{31} & B_{32}^{(1)} & \dfrac{1}{B_{33}^{(2)}} & B_{34}^{(3)} & \cdots & B_{3,n-1}^{(3)} \\ \vdots & \vdots & \vdots & \vdots & & \vdots \\ B_{n-1,1} & B_{n-1,2}^{(1)} & B_{n-1,3}^{(2)} & B_{n-1,4}^{(3)} & \cdots & \dfrac{1}{B_{n-1,n-1}^{(n-2)}} \end{bmatrix} \tag{F-9}$$

因子表中上三角部分元素组成了上三角矩阵 $\boldsymbol{U}$：

$$\boldsymbol{U} = \begin{bmatrix} 1 & U_{12} & U_{13} & U_{14} & \cdots & U_{1,n-1} \\ & 1 & U_{23} & U_{24} & \cdots & U_{2,n-1} \\ & & 1 & U_{34} & \cdots & U_{3,n-1} \\ & & & \ddots & & \vdots \\ & & & & 1 & U_{n-2,n-1} \\ & & & & & 1 \end{bmatrix}$$

其中元素

$$U_{ij} = B_{ij}^{(i)} \qquad (i < j) \tag{F-10}$$

因子表中对角元素组成了对角矩阵 $\boldsymbol{D}$：

$$\boldsymbol{D} = \begin{bmatrix} D_{11} & & & & \\ & D_{22} & & & \\ & & D_{33} & & \\ & & & \ddots & \\ & & & & D_{n-1,n-1} \end{bmatrix}$$

其中元素

$$D_{ii} = \frac{1}{B_{ii}^{(i-1)}} \tag{F-11}$$

式(F-10)中 $B_{ij}^{(i)}$ 为因子表中上三角部分 i 行 j 列元素，其上标(i)表示此元素由原来系数矩阵元素 B_{ij} 经过 i 次运算得来。这 i 次运算中包括 $i-1$ 次消去运算及一次规格化运算[见式(1-44)及式(1-45)]：

$$B_{ij}^{(k)} = B_{ij}^{(k-1)} - B_{ik}^{(k-1)} B_{kj}^{(k)} = B_{ij}^{(k-1)} - B_{ik}^{(k-1)} U_{kj}$$
$$(k = 1,2,\cdots,i-1; j = k+1,k+2,\cdots,n-1) \tag{F-12}$$

$$B_{ij}^{(i)} = \frac{B_{ij}^{(i-1)}}{B_{ii}^{(i-1)}} \qquad (j = i+1,i+2,\cdots,n-1) \tag{F-13}$$

如第 1.3.2 节所述，由于系数矩阵 $\boldsymbol{B}$ 为对称矩阵，在因子表中不需要保留其下三角部分。在形成因子表的过程中需要用到下三角部分的元素 $B_{ik}^{(k-1)}$ $(k<i)$时，可以按下式由上三角矩阵相应的元素求出：

$$B_{ik}^{(k-1)} = B_{ki}^{(k)} B_{kk}^{(k-1)} = U_{ki} \frac{1}{D_{kk}} \tag{F-14}$$

利用式(F-11)～(F-14)就可以由对称系数 B 有规律地计算出因子表的所有元素。其具体计算步骤可参看第 1.3.2 节。

对式(F-8)来说，当系数矩阵为对称矩阵时，其具体计算公式为：

$$\Delta I_j^{(i)} = \Delta I_j^{(j-1)} - U_{ij} \Delta I_i^{(i-1)} \qquad (j = 2,3,\cdots,n-1; i = 1,2,\cdots,j-1) \tag{F-15}$$

$$\Delta I_j^{(j)} = D_{jj} \Delta I_j^{(j-1)} \tag{F-16}$$

显然，顺次取因子表各元素参加一次运算就完成了前代过程的计算。回代过程的计算公式为

$$\Delta x_i = \Delta I_i^{(i)} - \sum_{j=i+1}^{n-1} U_{ij} \Delta x_j \qquad (j = n-1,n-2,\cdots,1) \tag{F-17}$$

具体计算步骤可参看第 1.3.2 节。

F.3.2 因子表形成程序框图

由第 2.4.2 节可知，式(F-8)中系数矩阵 $\boldsymbol{B}$ 和导纳矩阵具有同样的结构和稀疏性，因而在一般情况下因子表的上三角矩阵 $\boldsymbol{U}$ 也是稀疏的。但由于在消去过程中可能会增加一些新的非零元素，所以 $\boldsymbol{U}$ 和 $\boldsymbol{B}$ 的结构不完全相同。为了节约内存和提高计算速度，在因子表中将不保留零元素，而把上三角矩阵中非零元素紧凑地排列在一起，对每个上三角矩阵 $\boldsymbol{U}$ 的非零元素都附一个列下标，并对其中每一行都给出非零元素的数目。

以下按照框图(图 F-6)来说明形成因子表的具体过程。

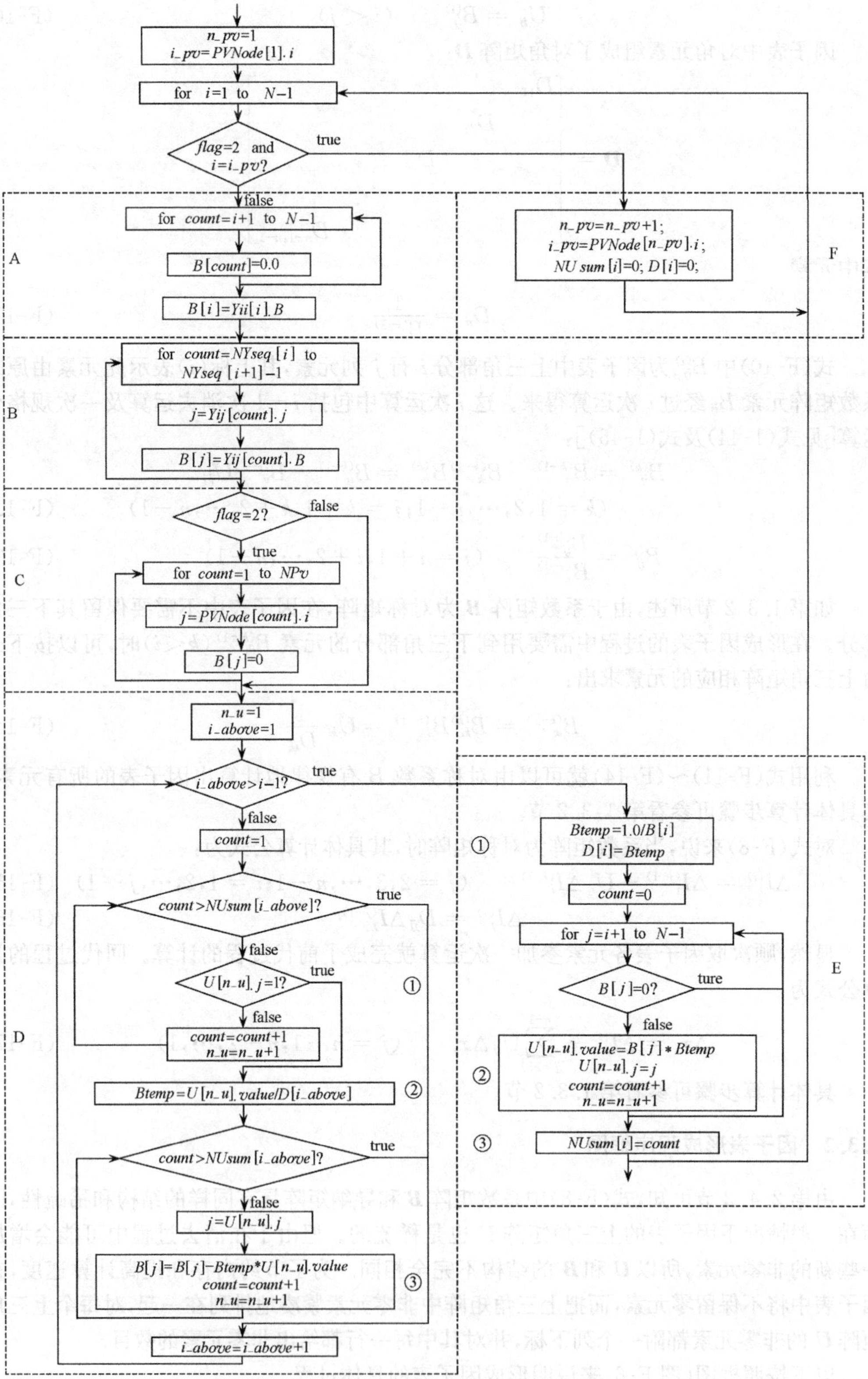
n_pv=1
i_pv=PVNode[1].i
for i=1 to N−1
flag=2 and i=i_pv?
true
false
for count=i+1 to N−1
B[count]=0.0
B[i]=Yii[i].B
A
n_pv=n_pv+1;
i_pv=PVNode[n_pv].i;
NU sum[i]=0; D[i]=0;
F
for count=NYseq[i] to NYseq[i+1]−1
j=Yij[count].j
B[j]=Yij[count].B
B
flag=2?
false
true
for count=1 to NPv
j=PVNode[count].i
B[j]=0
C
n_u=1
i_above=1
i_above>i−1?
true
false
count=1
count>NUsum[i_above]?
true
false
U[n_u].j=1?
true
false
count=count+1
n_u=n_u+1
Btemp=U[n_u].value/D[i_above]
count>NUsum[i_above]?
true
false
j=U[n_u].j
B[j]=B[j]−Btemp*U[n_u].value
count=count+1
n_u=n_u+1
i_above=i_above+1
D
①
②
③
Btemp=1.0/B[i]
D[i]=Btemp
count=0
for j=i+1 to N−1
B[j]=0?
ture
false
U[n_u].value=B[j]*Btemp
U[n_u].j=j
count=count+1
n_u=n_u+1
NUsum[i]=count
E

图 F-6　形成因子表框图

首先对框图中符号作一说明。

flag：是一个标识变量，当 $flag=1$ 时，该框图所表示的程序形成第一个因子表 FB_1（与 $\boldsymbol{B}'$ 相对应）。当 $flag=2$ 时，形成第二个因子表 FB_2（与 $\boldsymbol{B}''$ 相对应）。*flag* 应在该子程序调用前根据主程序要求置 1 或置 2，作为参数传给子程序。

n_pv：为 *PV* 节点数组的计数变量，在形成第二个因子表时，用它可以判断系数矩阵中应该去掉哪些列和哪些行。

i：为因子表正在形成的行号变量。

count：是临时计数变量。

j：为列下标变量。

n_u：是因子表上三角矩阵元素计数变量。

i_above：为消去行号计数变量（*i* 是被消行号计数变量，因子表按行消去过程中，*i_above* 依次取 *i* 行上面的 1 到 $i-1$ 行）。

i_pv：为 *PV* 节点的节点号变量。

Btemp：为临时变量。

形成因子表所需要的原始数据可由以下数组取得，这些数组的定义及内容详见 F.1 节和 F.2 节：

Load：负荷功率数组。

PVNode：*PV* 节点数组。

Yij：导纳矩阵非对角元素数组。

NYseq：导纳矩阵各行非对角元素的首地址数组。

Yii：导纳矩阵对角元素数组。

alfa：负荷静态特性数组。

形成的因子表将存放在以下数组中：

NUsum：存放因子表上三角矩阵各行非对角元素数。

D：存放因子表的对角元素。

U：存放因子表上三角矩阵元素，定义为结构数组：

```
struct U_Type
{
double value;
int j;
};
```

其中 *value* 存放该元素的数值，*j* 存放该元素的列下标。

最后，在框图中还有一个很重要的工作数组 $B[N]$，形成因子表的运算主要在这个数组中进行。

现在分别介绍框图中各部分的作用。

图 F-6 中 A、B、C 三部分的作用是“传送”，通过这三部分的工作把系数矩阵中待消行（*i* 行）的元素按其下标稀疏地排列在工作数组 *B* 中。D 框的作用是把工作数组 *B* 中的待消行元素按照式(F-12)进行消去运算。最后通过 E 框的工作把数组 *B* 中的元素按式(F-13)进行规格化，并把数组 *B* 中非零元素搜集起来，紧密地排列到 *U* 数组中去。

这样，从第一行($i=1$)做到第 $N-1$ 行($i=N-1$)，就形成了完整的因子表。整个计

算过程是以行号 i 为循环变量的。

以下我们将详细讨论图 F-6 中各细框的工作情况。首先介绍当 $flag=1$ 时，即形成第一因子表 FB_1 时的工作情况。

A 框把工作数组 B 从 $i+1$ 到 $N-1$ 单元全部充零，并把导纳矩阵对角元素的虚部送到 B 数组的第 i 个单元。B 框把导纳矩阵非对角元素的虚部按其列下标送到 B 数组的相应单元中去。在 $flag=1$ 时，程序不执行 C 框中的运算，直接转入 D 框。

至此，系数矩阵的第 i 行元素已稀疏地按其列下标排列在 B 数组中。以下将在 D 框中按行对工作数组(即待消行 i)中的元素进行消去运算。

一般地说，在形成因子表第 i 行各元素时，工作数组应该与 $i-1$ 行以前已形成的各行因子表元素进行消去运算。因此，在 D 框中安排了消去行号 $i\_above=1$ 到 $i\_above=i-1$ 的循环过程。该框开始时，对 n_u 赋值 1，为顺序取用因子表上三角矩阵已形成各元素做好准备。

由于因子表及系数矩阵 B 都具有稀疏的特性，消去过程比较复杂，以下用图 F-7 所示的例子来说明。

图 F-7 中因子表的第一行及第二行已经形成。为了清楚起见，在图 F-7 中已将这两行因子表元素展开排列，实际上在数组 U 中它们是密集排列的(见图 F-8)。

在图 F-7 所示的例子中，第一行有三个非对角元素，第二行有三个非对角元素。由式(F-10)可知，图中各元素的具体意义为

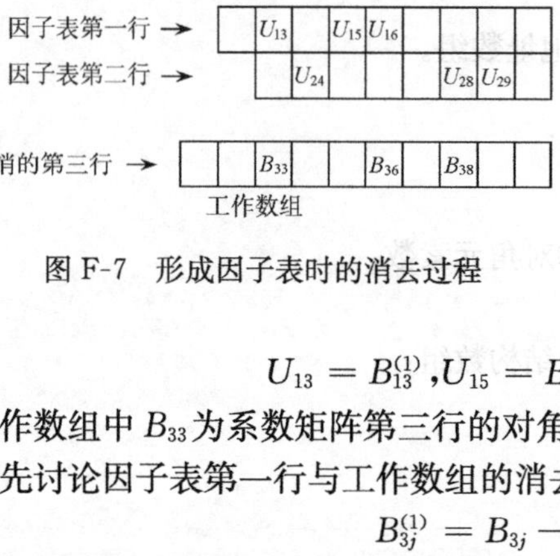

图 F-7　形成因子表时的消去过程

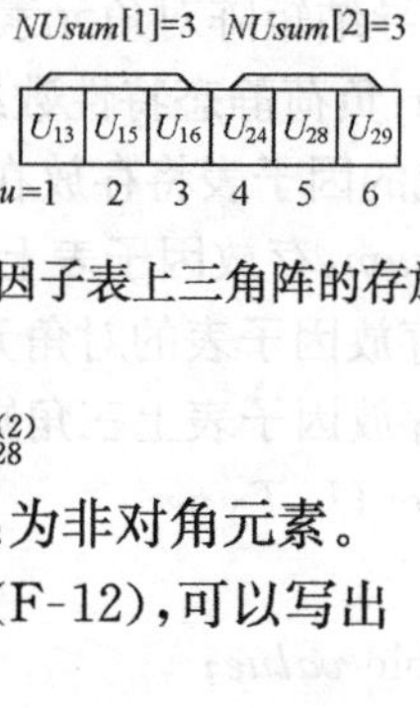

图 F-8　因子表上三角阵的存放形式

$$U_{13}=B_{13}^{(1)},U_{15}=B_{15}^{(1)},\cdots,U_{28}=B_{28}^{(2)}$$

工作数组中 B_{33} 为系数矩阵第三行的对角元素，B_{36} 及 B_{38} 为非对角元素。

首先讨论因子表第一行与工作数组的消去过程。根据式(F-12)，可以写出

$$B_{3j}^{(1)}=B_{3j}-B_{31}\times B_{1j}^{(1)}$$

式中：下标 j 应该由待消行号 3 开始，即 $j=3,4,\cdots$。因为系数矩阵是对称矩阵，如上所述，在因子表中不必保留下三角部分，因此上式中 B_{31} 还必须利用式(F-14)求出：

$$B_{31}=\frac{1}{D_{11}}\times B_{13}^{(1)}=\frac{1}{D_{11}}\times U_{13}$$

得到 B_{31} 后，就可以进行消去运算。先从 $j=3$，即对角元素做起：

$$B_{33}^{(1)}=B_{33}-B_{31}\times B_{13}^{(1)}=B_{33}-B_{31}\times U_{13} \tag{F-18}$$

当 $j=4$ 时：

$$B_{34}^{(1)}=B_{34}-B_{31}\times B_{14}^{(1)}=B_{34}-B_{31}\times U_{14} \tag{F-19}$$

但在图 F-7 所示的例子中 U_{14} 是零元素，因此上式变为

$$B_{34}^{(1)}=B_{34}$$

这样，式(F-19)所表示的运算对工作数组(即待消行)中的元素没有任何影响。因此，在

第一行与第三行进行消去运算时，只需要从因子表第一行中列下标为 3 的元素开始，顺次取以后的元素(见图 F-8)，按照其列下标与工作数组中相应的元素进行消去运算。在本例中，除了按式(F-18)进行计算以外，还应进行以下两次运算：

$$\left.\begin{aligned} B_{35}^{(1)} &= B_{35} - B_{31} \times U_{15} \\ B_{36}^{(1)} &= B_{36} - B_{31} \times U_{16} \end{aligned}\right\} \tag{F-20}$$

式(F-20)中，B_{35} 为零(见图 F-7)，即系数矩阵中 B_{35} 为零元素，但与第一行进行消去运算后变成了非零元素，因而在工作数组(即待消行)中出现了一个注入元素。

现在讨论第二行对第三行的消去运算。根据式(F-12)，消去过程的计算公式应为

$$B_{3j}^{(2)} = B_{3j}^{(1)} - B_{32}^{(1)} \times B_{2j}^{(2)} \tag{F-21}$$

式中：

$$B_{32}^{(1)} = \frac{1}{D_{22}} \times B_{23}^{(2)} = \frac{1}{D_{22}} \times U_{23}$$

由图 F-7 可知，在该例中 $U_{23}=0$，因此 $B_{32}^{(1)}$ 也等于零，这样式(F-21)变为

$$B_{3j}^{(2)} = B_{3j}^{(1)}$$

也就是说，由于 U_{23} 是零元素，因此第二行不必对第三行进行消去运算。在一般情况下，当工作数组中待消行号为 i，而第 $i'(i'<i)$ 行中没有下标为 i 的元素时，即可省去 i' 行对 i 行的消去运算过程。

在图 F-6 的 D 框中，为了判断 i' 行是否需要对工作数组中的待消行进行消去运算，必须对因子表 i' 行中元素逐个检查其列下标是否等于待消行的行号 i (D 框中①)。当查到列下标等于 i 的元素时，首先按照式(F-14)求出 $B_{i,i'}^{(i'-1)}$ (D 框中②)，然后用该行剩余元素(包括列下标为 i 的元素)按列下标对工作数组中相应的元素进行消去运算(D 框中③)。如果在因子表的 i' 行中没有列下标为 i 的元素，那么 D 框中①一直检查到底，直接转入 $i'+1$ 行对 i 行的消去过程。

图 F-6 中 E 框的作用是最终形成因子表的第 i 行。首先形成因子表的对角元素(E 框中①)，然后按式(F-13)对工作数组中非零元素进行规格化计算，并把这些元素及其下标顺序排列到因子表上三角矩阵数组 U 中。E 框中②、③累计并形成因子表第 i 行非零非对角元素的个数。至此因子表的第 i 行元素全部形成。

以下讨论形成第二个因子表的特点。

由 P-Q 分解法的基本原理可知，第二个因子表是在 Q-V 迭代过程中求解修正方程式(2-82)用的。如第 3 章中所述，当系统中有 r 个 PV 节点时，式(2-82)的系数矩阵就要去掉与 PV 节点有关的 r 行和 r 列。这样系数矩阵就降为 $N-r$ 阶。因此第二个因子表的上三角矩阵实质上也应该是 $N-r$ 阶。

在图 F-6 中，F 框的作用是在形成第二个因子表时跳过与 PV 节点有关的行，C 框的作用是去掉与 PV 节点有关的列，这样第二个因子表的上三角矩阵实际上就降为 $N-r$ 阶。

关于形成因子表的过程就介绍到这里。

最后还应指出，对于稀疏矩阵进行三角分解(或形成因子表)有各种不同的方法。以

上介绍的程序采用了工作数组 B 作为运算的中间环节，这种方法便于注入元素的处理，也比较容易理解。但是这种方法要求在 A 框中增加对工作数组清零及在 E 框中对工作数组判断零的运算，这样使因子表形成的速度略慢一些。不过在 P-Q 分解法潮流程序中，对修正方程式系数矩阵的三角分解（或形成因子表）只进行两次，因此对整个计算速度没有显著的影响。

F.3.3 线性方程组的求解过程与框图

对系数矩阵进行三角分解并形成因子表以后，即可利用式(F-15)～(F-17)对线性方程组不同的常数项进行前代和回代运算，从而求得相应的解。

以下举例说明程序框图 F-9 是如何实现对线性方程组进行求解的。在这里应该特别注意因子表稀疏性的影响。

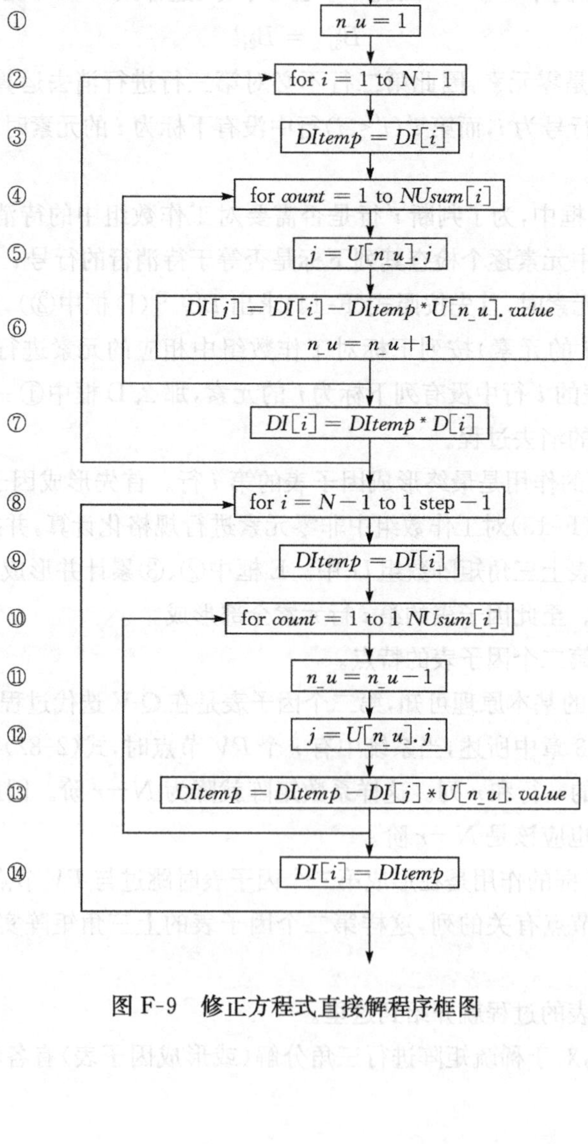

①
n_u = 1
②
for i = 1 to N−1
③
DItemp = DI[i]
④
for count = 1 to NUsum[i]
⑤
j = U[n_u].j
⑥
DI[j] = DI[i] − DItemp * U[n_u].value
n_u = n_u + 1
⑦
DI[i] = DItemp * D[i]
⑧
for i = N−1 to 1 step −1
⑨
DItemp = DI[i]
⑩
for count = 1 to 1 NUsum[i]
⑪
n_u = n_u − 1
⑫
j = U[n_u].j
⑬
DItemp = DItemp − DI[j] * U[n_u].value
⑭
DI[i] = DItemp

图 F-9 修正方程式直接解程序框图

设有五阶线性方程组，其因子表结构如图 F-10 所示。因子表上三角矩阵元素是按行存放的，所以在应用时按行取用也比较方便。在前代过程中先取因子表的第一行元素进行运算，即令 $i=1$，这样式(F-15)变为

$$\Delta I_j^{(1)} = \Delta I_j - U_{1j}\Delta I_1 \qquad (j = 2,3,4,5)$$

具体计算为

$$\left.\begin{aligned}\Delta I_2^{(1)} &= \Delta I_2 - U_{12}\Delta I_1\\ \Delta I_3^{(1)} &= \Delta I_3 - U_{13}\Delta I_1\\ \Delta I_4^{(1)} &= \Delta I_4 - U_{14}\Delta I_1 = \Delta I_4\\ \Delta I_5^{(1)} &= \Delta I_5 - U_{15}\Delta I_1\end{aligned}\right\} \tag{F-22}$$

显然，由于本例中 $U_{14}=0$(见图 F-10)，因此对 ΔI_4 就可以省去以上的运算。因此，以上运算只有 3 次(即 $j=2,3,5$)是有实际意义的。在用 ΔI_1 对其他常数项进行计算以后，即可按式(F-16)进行规格化运算：

$$\Delta I_1^{(1)} = D_{11}\Delta I_1$$

$$\boldsymbol{D}=\begin{bmatrix}D_{11}\\ D_{22}\\ D_{33}\\ D_{44}\\ D_{55}\end{bmatrix},\quad \boldsymbol{U}=\begin{bmatrix}U_{12} & U_{13} & & U_{15}\\ & U_{23} & & U_{25}\\ & & U_{34} & U_{35}\\ & & & U_{45}\\ & & & \end{bmatrix}$$

图 F-10　因子表结构举例

然后，再取因子表上三角矩阵第二行元素进行运算，即令 $i=2$，这时式(F-15)变为

$$\Delta I_j^{(2)} = \Delta I_j^{(1)} - U_{2j}\Delta I_2^{(1)} \qquad (j = 3,4,5)$$

具体计算为

$$\left.\begin{aligned}\Delta I_3^{(2)} &= \Delta I_3^{(1)} - U_{23}\Delta I_2^{(1)}\\ \Delta I_4^{(2)} &= \Delta I_4^{(1)} - U_{24}\Delta I_2^{(1)} = \Delta I_4^{(1)}\\ \Delta I_5^{(2)} &= \Delta I_5^{(1)} - U_{25}\Delta I_2^{(1)}\end{aligned}\right\} \tag{F-23}$$

由于本例中 $U_{24}=0$(见图 F-10)，因此对 ΔI_4 又可以省去以上的运算。因此，以上运算只有两次(即 $j=3,5$)是有实际意义的。

进行以上运算以后，又可以对第二个常数项 $\Delta I_2^{(1)}$ 进行规格化运算：

$$\Delta I_2^{(2)} = D_{22}\Delta I_2^{(1)}$$

由以上的讨论，我们可以对前代过程的运算归纳出以下的规律：

(1) 顺次取因子表上三角矩阵中第 i 行(i 由 1 到 $N-1$)元素参加运算，每行的运算次数等于因子表中该行非零非对角元素的数目。

(2) 参加运算的元素由所取因子表元素的行号(i)及列号(j)来确定，其计算内容为

$$\Delta I_j = \Delta I_j - U_{ij}\Delta I_i$$

(3) 当因子表 i 行元素运算结束以后，即可对常数项第 i 个元素进行规格化运算：

$$\Delta I_i = D_{ii}\Delta I_i$$

根据以上规律，可以看出图 F-9 中①～⑦框的意义。

图 F-9 中⑧～⑭框执行回代运算，程序结构和①～⑦框相似，但有两点不同：

(1) 回代过程运算是从后向前做的，因此⑧框的循环是从 $N-1$ 到 1。同时，因子表上三角矩阵元素也是倒取的，它的地址仍由 n_u 控制。在前代过程中 U 阵中的元素是顺取的，前代过程结束后，n_u 所记的地址恰好超过了最后一个元素的位置。因此在回代过程中，在取 U 阵元素时，只要每次向前移一个单元(见图 F-9 中⑪框)，就可以得到计算所要求的元素。

(2) 回代过程计算公式的内容和前代过程不同：

$$\Delta I_i = \Delta I_i - U_{ij}\Delta I_j$$

可以看出，前代过程实际上是按列消去过程，回代过程则是按行计算的。

回代结束后，$\Delta \boldsymbol{I}$ 数组中的内容就是线性方程组的解。

F.4 迭代过程中节点功率的计算

F.4.1 基本公式分析

在迭代过程中需要不断根据迭代出来的电压值计算各节点的功率，然后与给定的功率比较，以判断是否收敛。当不收敛时，还要以两者的差值求出修正方程式[式(2-81)、式(2-82)]的常数项，以便进行迭代计算。节点功率计算量在整个迭代过程中占很大比重，因此，节点功率的计算速度对整个 P-Q 分解法潮流程序的效率有较大的影响。

如第 2.2.2 节所述，节点功率的计算公式在电压的极坐标系统中应为

$$\left.\begin{aligned} P_i &= V_i \sum_{j\in i} V_j (G_{ij}\cos\theta_{ij} + B_{ij}\sin\theta_{ij}) \\ Q_i &= V_i \sum_{j\in i} V_j (G_{ij}\sin\theta_{ij} - B_{ij}\cos\theta_{ij}) \end{aligned}\right\} \tag{F-24}$$

式中：$j \in i$ 表示 $\sum$ 后面的 j 点应与 i 节点相连，并包括 $j = i$ 的情况。

必须注意，在上式中，并没有 $j>i$ 的限制，也就是说，式中导纳矩阵中的元素不仅要考虑上三角矩阵中的元素，还要考虑对角元素及下三角矩阵中的元素，即应考虑以下 3 种情况：

(1) $j>i$。

(2) $j<i$。

(3) $j=i$。

为了便于讨论，现在把 $j=i$ 的情况从式(F-24) $\sum$ 号后面分离出来，这样可以得到

$$\left.\begin{aligned} P_i &= V_i^2 G_{ii} + V_i \sum_{\substack{j\in i\\ j\neq i}} V_j (G_{ij}\cos\theta_{ij} + B_{ij}\sin\theta_{ij}) \\ Q_i &= V_i^2 (-B_{ii}) + V_i \sum_{\substack{j\in i\\ j\neq i}} V_j (G_{ij}\sin\theta_{ij} - B_{ij}\cos\theta_{ij}) \end{aligned}\right\} \tag{F-25}$$

如前所述，由于导纳矩阵的对称性，我们在计算机内存中只存放了导纳矩阵的上三角部分，因此，根据上式进行计算时，只能从导纳矩阵的非对角元素数组中取出 $j>i$ 的非对角元素，而不能直接取出 $j<i$ 的元素。

由图 F-11 可以看出，为了取得 $j<i$ 的元素，可以根据导纳矩阵对称的性质，取上三角矩阵中对称的元素，如 Y_{i1} 可用 Y_{1i} 代替，Y_{i2} 可用 Y_{2i} 代替等等。这就要求按列取一部分元素。由于导纳矩阵稀疏而不规则，取这种元素需要顺序检查 i 行以前所有元素的列号，从而使计算速度受到影响，程序也比较烦琐。因此，应该寻找新的计算途径。

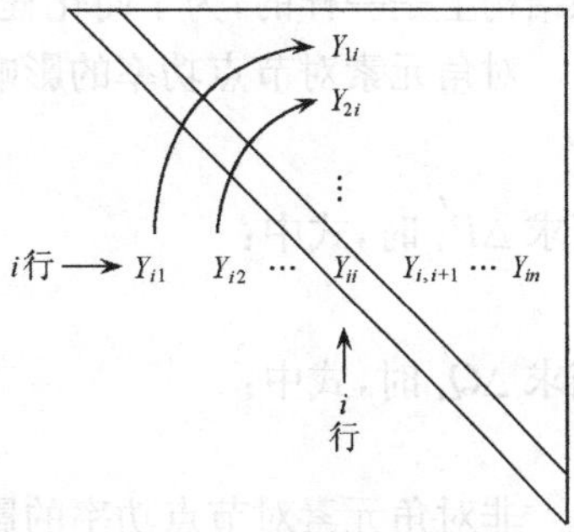

图 F-11　导纳矩阵的结构

由式(F-25)可以看出，导纳矩阵对角元素 G_{ii}、B_{ii} 只对节点 i 的注入功率有影响：

$$\left.\begin{aligned}\Delta P'_i &= V_i^2 \times G_{ii} \\ \Delta Q'_i &= V_i^2 \times (-B_{ii})\end{aligned}\right\} \tag{F-26}$$

式中：$\Delta P'_i$、$\Delta Q'_i$ 分别为对角元素 G_{ii}、B_{ii} 对节点 i 注入功率的影响。因此，在求从节点 1 到节点 n 各节点功率的整个过程中，导纳矩阵对角元素只起一次作用。

但是，导纳矩阵的非对角元素 G_{ij} 及 B_{ij} 不仅在计算节点 i 的注入功率时起作用：

$$\left.\begin{aligned}\Delta P''_i &= V_i V_j (G_{ij}\cos\theta_{ij} + B_{ij}\sin\theta_{ij}) \\ \Delta Q''_i &= V_i V_j (G_{ij}\sin\theta_{ij} - B_{ij}\cos\theta_{ij})\end{aligned}\right\} \tag{F-27}$$

而且，在求 j 点注入功率时也起作用。事实上，由式(F-25)可知

$$\left.\begin{aligned}\Delta P''_j &= V_j V_i (G_{ji}\cos\theta_{ji} + B_{ji}\sin\theta_{ji}) \\ \Delta Q''_j &= V_j V_i (G_{ji}\sin\theta_{ji} + B_{ji}\cos\theta_{ji})\end{aligned}\right\} \tag{F-28}$$

由于导纳矩阵的对称性：

$$G_{ji} = G_{ij}, \qquad B_{ji} = B_{ij}$$

又因

$$\cos\theta_{ji} = \cos\theta_{ij}, \qquad \sin\theta_{ji} = -\sin\theta_{ij}$$

因此，式(F-28)可以改写为

$$\left.\begin{aligned}\Delta P''_i &= V_i V_j (G_{ij}\cos\theta_{ij} - B_{ij}\sin\theta_{ij}) \\ \Delta Q''_i &= V_i V_j (-G_{ij}\sin\theta_{ij} - B_{ij}\cos\theta_{ij})\end{aligned}\right\} \tag{F-29}$$

式(F-29)与式(F-27)除了等号右边某些项的符号不同以外，其结构完全一样。

通过以上的讨论，使我们有可能在程序中，不必按节点一个一个分别求其注入功率，而是把全部节点注入功率的计算包括在一个统一的积累过程中。为此，可以顺序取导纳矩阵中的非对角元素，分别按照式(F-27)及式(F-29)同时积累 i 点与 j 点的注入功率，取对角元素按照式(F-26)只积累相应点的节点功率。这样，对导纳矩阵所有元素扫描一遍，就得到了各节点的注入功率。

F.4.2　节点功率的计算过程及框图

P-Q 分解法的主要特点是 P-θ 和 Q-V 分别轮流进行迭代，因此，求节点功率的程序也要求轮流计算节点有功功率及节点无功功率。

由式(F-26)、式(F-27)、式(F-29)可以看出，有功功率的积累公式和无功功率的公式

在结构上是一样的，为了简化程序可以把它们统一为以下的计算公式：

对角元素对节点功率的影响：

$$\Delta W'_i = V_i^2 \times A_i \tag{F-30}$$

当求 $\Delta P'_i$ 时，式中：

$$A_i = G_{ii}[i] \tag{F-31}$$

当求 $\Delta Q'_i$ 时，式中：

$$A_i = -B_{ii}[i] \tag{F-32}$$

非对角元素对节点功率的影响：

$$\Delta W''_i = V_i V_j (A_i \cos\theta_{ij} + B_i \sin\theta_{ij}) \tag{F-33}$$

$$\Delta W'''_j = V_i V_j (A_i \cos\theta_{ij} - B_i \sin\theta_{ij}) \tag{F-34}$$

当求有功功率时：

$$A_i = G_{ij}, \qquad B_i = B_{ij} \tag{F-35}$$

当求无功功率时：

$$A_i = -B_{ij}, \qquad B_i = G_{ij} \tag{F-36}$$

现在我们来讨论计算节点功率的程序框图（见图 F-12）。首先，对图中符号作一简单说明。

NodalPower：存放节点功率的数组，每个节点占两个单元，分别存放 P_i 和 Q_i。该数组定义为 *NodalPower*[*N*][2]。

flag：是一个标识变量，当进行 P-θ 迭代时，*flag* 应置“1”，*NodalPower*[*i*][*k*]即节点 i 的有功功率。当进行 Q-V 迭代时，*flag* 应置“2”，*NodalPower*[*i*][*k*]即为节点 i 的无功功率。

NodalVoltage：节点电压数组，定义为

```
struct NoadlVoltage_Type
{
double V, theta;
}NodalVoltage[N];
```

V 为节点电压幅值，*theta* 为节点电压相角。

Yii、*Yij*、*NYseq* 存放导纳矩阵（详见 F. 2 节）。

应该特别指出，图中有两个函数 sin 和 cos，它们分别表示正弦函数和余弦函数，具体的程序设计语言可能有不同的表示方法。

在程序中为了累计各节点功率，在正式计算以前应将功率数组 *NodalPower* 的相应单元清零，图 F-12 中①、②两框执行这个运算。当进行 P-θ 迭代时，*flag* 在主程序中置“1”，因此②框中即为 *NodalPower*[*i*][1]，所以在②框中将各节点存放有功功率的单元清零。同样道理，当进行 Q-V 迭代时，②框中将各节点存放无功功率的单元清零。

由于计算节点功率的过程以扫描导纳矩阵为主要途径，因此程序包括两重循环。i 循环的主要作用是控制行号并累计对角元素对该节点（与行号对应）功率的影响。图中⑥、⑦框与式(F-31)、式(F-32)及式(F-30)相对应。n 循环的作用是按行取导纳矩阵非对角元素，并累计这些元素对有关节点功率的影响。图中⑪框与式(F-35)、式(F-36)相对应。⑬框与式(F-33)、式(F-34)相对应。

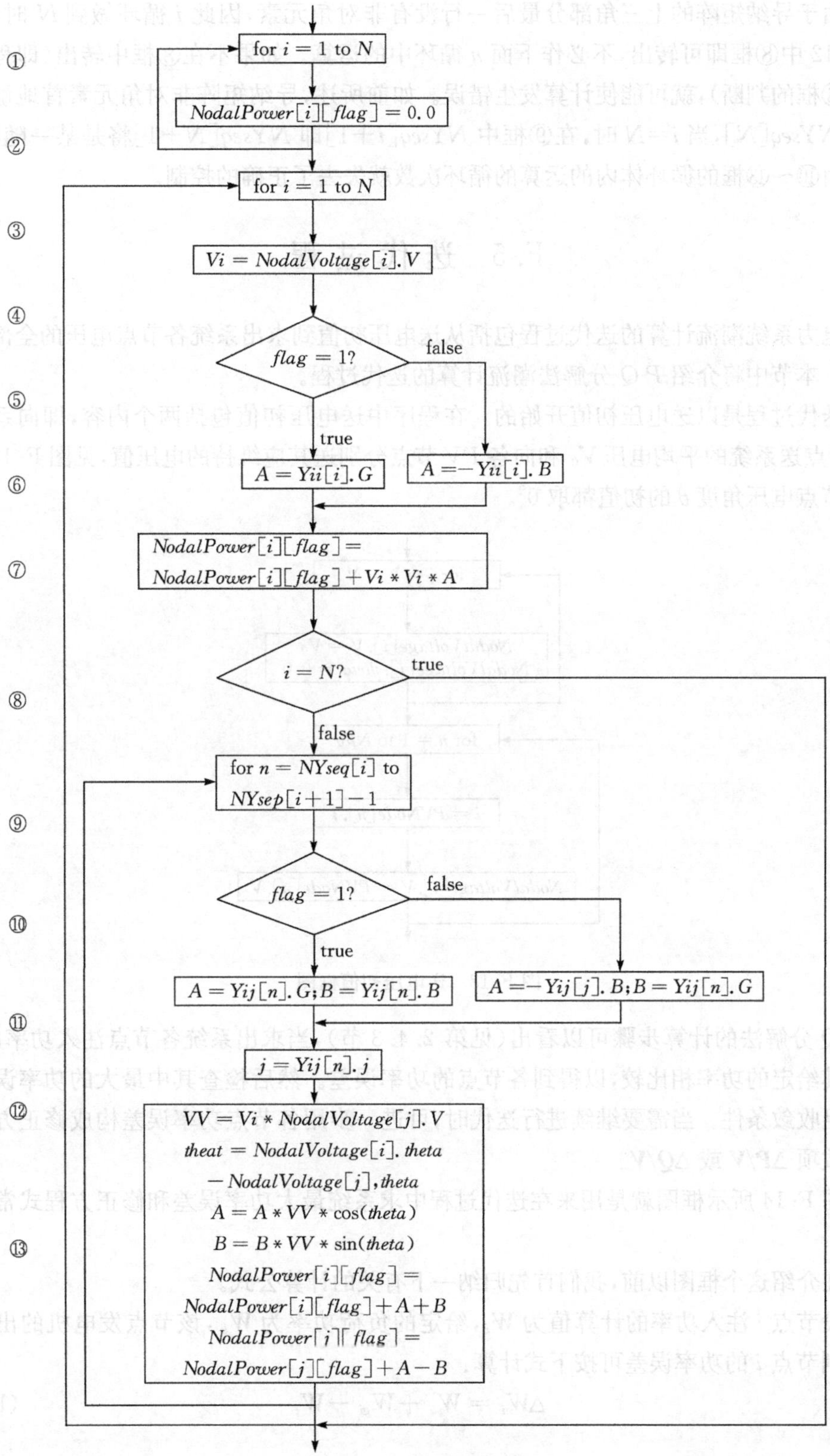

①
for i = 1 to N
NodalPower[i][flag] = 0.0
②
for i = 1 to N
③
Vi = NodalVoltage[i].V
④
flag = 1?
false
⑤
true
A = Yii[i].G
A =− Yii[i].B
⑥
NodalPower[i][flag] =
NodalPower[i][flag] + Vi * Vi * A
⑦
i = N?
true
⑧
false
for n = NYseq[i] to
NYsep[i+1] − 1
⑨
flag = 1?
false
⑩
true
A = Yij[n].G; B = Yij[n].B
A =− Yij[j].B; B = Yij[n].G
⑪
j = Yij[n].j
⑫
VV = Vi * NodalVoltage[j].V
theat = NodalVoltage[i].theta
− NodalVoltage[j],theta
A = A * VV * cos(theta)
B = B * VV * sin(theta)
⑬
NodalPower[i][flag] =
NodalPower[i][flag] + A + B
NodalPower[j][flag] =
NodalPower[j][flag] + A − B

图 F-12 计算节点功率框图

由于导纳矩阵的上三角部分最后一行没有非对角元素，因此 i 循环做到 N 时，在框图 F-12 中⑧框即可转出，不必作下面 n 循环中的运算。如果不在⑧框中转出(即程序中不设⑧框的判断)，就可能使计算发生错误。如前所述，导纳矩阵非对角元素首地址的定义为 $NYseq[N]$，当 $i=N$ 时，在⑨框中 $NYseq[i+1]$即 $NYseq[N+1]$将是某一随机数，因此由⑩～⑬框的循环体内的运算的循环次数就失去了正确的控制。

F.5 迭代过程

电力系统潮流计算的迭代过程包括从送电压初值到求出系统各节点电压的全部计算过程。本节中将介绍 *P-Q* 分解法潮流计算的迭代过程。

迭代过程是以送电压初值开始的。在程序中送电压初值包括两个内容，即向系统各 *PQ* 节点送系统的平均电压 V_0 和向各 *PV* 节点分别送其应维持的电压值，见图 F-13。所有各节点电压角度 θ 的初值都取 0°。

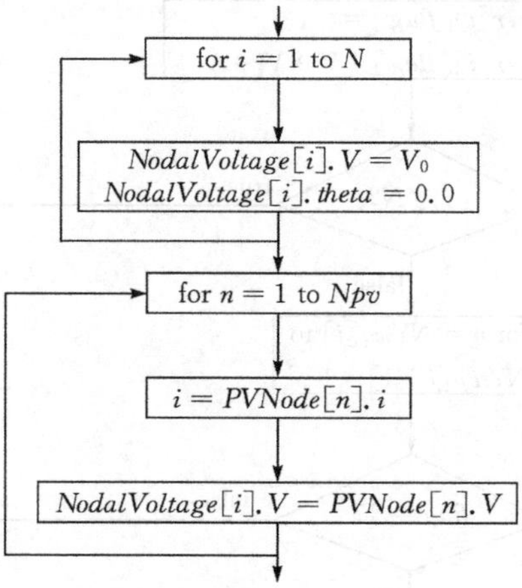

for i = 1 to N
NodalVoltage[i].V = V0
NodalVoltage[i].theta = 0.0
for n = 1 to Npv
i = PVNode[n].i
NodalVoltage[i].V = PVNode[n].V

图 F-13　送电压初值框图

由 *P-Q* 分解法的计算步骤可以看出(见第 2.4.3 节)，当求出系统各节点注入功率后，应该与其给定的功率相比较，以得到各节点的功率误差。然后检查其中最大的功率误差是否满足收敛条件。当需要继续进行迭代时，可进一步用各节点功率误差构成修正方程式的常数项 $\Delta \boldsymbol{P}/\boldsymbol{V}$ 或 $\Delta \boldsymbol{Q}/\boldsymbol{V}$。

图 F-14 所示框图就是用来在迭代过程中求系统最大功率误差和修正方程式常数项的。

在介绍这个框图以前，我们首先归纳一下有关的计算公式。

设节点 i 注入功率的计算值为 W_i，给定的负荷功率为 W_{li}，该节点发电机的出力为 W_{gi}，则节点 i 的功率误差可按下式计算：

$$\Delta W_i = W_{li} + W_{gi} - W_i \tag{F-37}$$

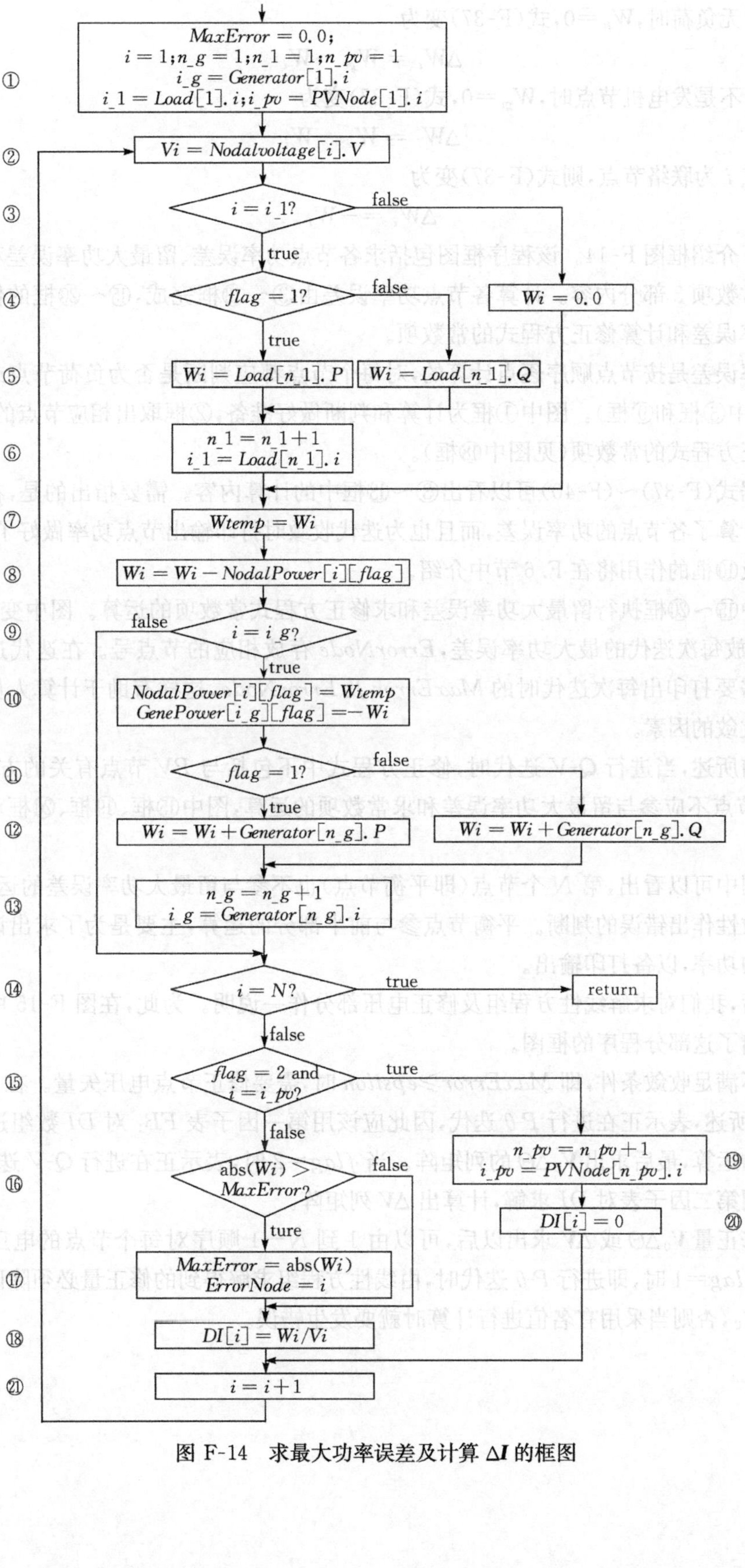
MaxError = 0.0;
i = 1;n_g = 1;n_1 = 1;n_pv = 1
i_g = Generator[1].i
i_1 = Load[1].i;i_pv = PVNode[1].i
①
Vi = Nodalvoltage[i].V
②
i = i_1?
③
false
true
flag = 1?
④
Wi = 0.0
true
Wi = Load[n_1].P
Wi = Load[n_1].Q
⑤
n_1 = n_1+1
i_1 = Load[n_1].i
⑥
Wtemp = Wi
⑦
Wi = Wi − NodalPower[i][flag]
⑧
i = i_g?
⑨
NodalPower[i][flag] = Wtemp
GenePower[i_g][flag] =− Wi
⑩
flag = 1?
⑪
Wi = Wi + Generator[n_g].P
Wi = Wi + Generator[n_g].Q
⑫
n_g = n_g+1
i_g = Generator[n_g].i
⑬
i = N?
⑭
return
flag = 2 and
i = i_pv?
⑮
ture
n_pv = n_pv+1
i_pv = PVNode[n_pv].i
⑲
abs(Wi) >
MaxError?
⑯
DI[i] = 0
⑳
MaxError = abs(Wi)
ErrorNode = i
⑰
DI[i] = Wi/Vi
⑱
i = i+1
㉑

图 F-14　求最大功率误差及计算 $\Delta \boldsymbol{I}$ 的框图

当节点 i 无负荷时，$W_{li}=0$，式(F-37)变为

$$\Delta W_i = W_{gi} - W_i \tag{F-38}$$

当节点 i 不是发电机节点时，$W_{gi}=0$，式(F-37)变为

$$\Delta W_i = W_{li} - W_i \tag{F-39}$$

如果节点 i 为联络节点，则式(F-37)变为

$$\Delta W_i = - W_i \tag{F-40}$$

以下介绍框图 F-14。该程序框图包括求各节点功率误差、留最大功率误差和求修正方程式常数项 3 部分内容。计算各节点功率误差由③～⑬框完成，⑮～⑳框的作用是留最大功率误差和计算修正方程式的常数项。

功率误差是按节点顺序逐点计算的，对每个节点都应判断是否为负荷节点或发电机节点(图中③框和⑨框)。图中①框为计算和判断做好准备，②框取出相应节点的电压，用于求修正方程式的常数项(见图中⑱框)。

根据式(F-37)～(F-40)可以看出③～⑬框中的计算内容。需要指出的是，在这些框中不但计算了各节点的功率误差，而且也为迭代收敛时打印输出节点功率做好了准备，其中⑦框及⑩框的作用将在 F.6 节中介绍。

图中⑮～⑳框执行留最大功率误差和求修正方程式常数项的运算。图中变量 *MaxError* 存放每次迭代的最大功率误差，*ErrorNode* 存放相应的节点号。在迭代过程中可以根据需要打印出每次迭代时的 *MaxError* 及 *ErrorNode*，这样有助于计算人员分析影响迭代收敛的因素。

如前所述，当进行 Q-V 迭代时，修正方程式中不包括与 PV 节点有关的方程式，因此，PV 节点不应参与留最大功率误差和求常数项的运算，图中⑮框、⑲框、⑳框对此作了处理。

由图中可以看出，第 N 个节点(即平衡节点)也不参与留最大功率误差的运算，以避免对收敛性作出错误的判断。平衡节点参与前半部分的运算，主要是为了求出该节点实际发出的功率，以备打印输出。

最后，我们对求解线性方程组及修正电压部分作一说明。为此，在图 F-15 中比较详细地画出了这部分程序的框图。

当不满足收敛条件，即 $MaxError \geqslant epsilon$ 时，需要修正节点电压矢量。在 $flag=1$ 时，如前所述，表示正在进行 P-θ 迭代，因此应该用第一因子表 FB_1 对 DI 数组进行前代和回代的运算，最后求出 $\mathbf{V}_0\Delta\boldsymbol{\Theta}$ 的列矩阵。当 $flag=2$ 时，表示正在进行 Q-V 迭代，这时就应该用第二因子表对 DI 求解，计算出 $\Delta\mathbf{V}$ 列矩阵。

当修正量 $\mathbf{V}_0\Delta\boldsymbol{\Theta}$ 或 $\Delta\mathbf{V}$ 求出以后，可以由 1 到 $N-1$ 顺序对每个节点的电压进行修正。当 $flag=1$ 时，即进行 P-θ 迭代时，由线性方程组求解得到的修正量必须除以系统平均电压 V_0，否则当采用有名值进行计算时就要发生错误。

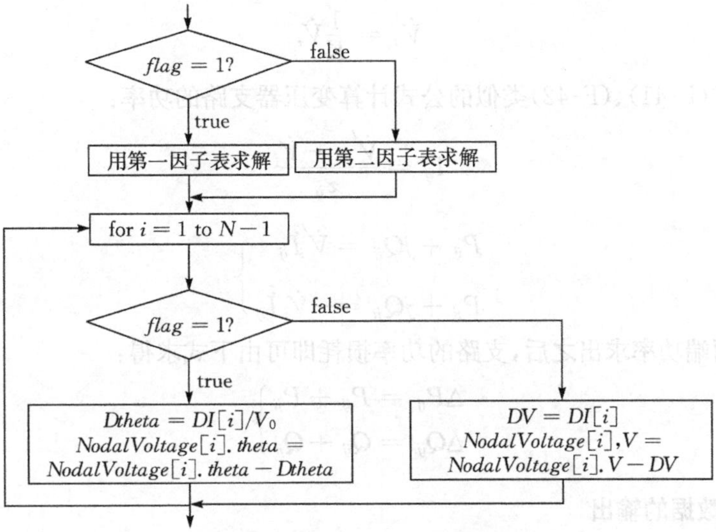

flag = 1?
false
true
用第一因子表求解
用第二因子表求解
for i = 1 to N − 1
flag = 1?
false
true
Dtheta = DI[i]/V0
NodalVoltage[i]. theta =
NodalVoltage[i]. theta − Dtheta
DV = DI[i]
NodalVoltage[i].V =
NodalVoltage[i]. V − DV

图 F-15　修正电压程序框图

F.6　支路功率计算与输出程序

F.6.1　支路功率计算

潮流计算程序的各种不同解法的区别主要表现在如何求出节点电压的过程。当节点电压求出以后，计算支路功率的方法对各种潮流计算程序都是一致的。因此以下介绍的计算公式不仅用于 P-Q 分解法，同样也适用于阻抗法或牛顿法潮流计算程序。

首先我们讨论支路为输电线路的情况。其等值电路如图 F-1(a)所示。当两端电压 $\dot{V}_i$、$\dot{V}_j$ 已知时，流经的电流为

$$\dot{I}_{ij} = \frac{\dot{V}_i - \dot{V}_j}{z_{ij}} \tag{F-41}$$

因此输电线路两端的功率分别为

$$\left.\begin{aligned} P_{ij} + jQ'_{ij} &= \dot{V}_i \hat{I}_{ij} \\ P_{ji} + jQ'_{ji} &= -\dot{V}_j \hat{I}_{ij} \end{aligned}\right\} \tag{F-42}$$

由于输电线路两端有等值对地电容，所以从节点 i、j 流入线路的无功功率还应减去线路的充电功率：

$$\left.\begin{aligned} Q_{ij} &= Q'_{ij} - \frac{Y_0}{2}V_i^2 \\ Q_{ji} &= Q'_{ji} - \frac{Y_0}{2}V_j^2 \end{aligned}\right\} \tag{F-43}$$

当不接地支路为变压器时，其模拟电路如图 F-2(a)所示。由于图中理想变压器没有损耗，所以从节点 i、j 流入变压器的功率就是流经支路阻抗 z_{ij} 的功率。因此只要把非标准变比侧电压折算到标准变比侧：

$$\dot{V}'_i = \frac{1}{K}\dot{V}_i \tag{F-44}$$

就可以按照式(F-41)、(F-42)类似的公式计算变压器支路的功率：

$$\dot{I}_{ij} = \frac{\dot{V}'_i - \dot{V}_j}{z_{ij}} \tag{F-41$'$}$$

$$\left.\begin{aligned} P_{ij} + jQ_{ij} &= \dot{V}'_i \hat{I}_{ij} \\ P_{ji} + jQ_{ji} &= -\dot{V}_i \hat{I}_{ij} \end{aligned}\right\} \tag{F-42$'$}$$

当支路两端功率求出之后，支路的功率损耗即可由下式求得：

$$\left.\begin{aligned} \Delta P_{ij} &= P_{ij} + P_{ji} \\ \Delta Q_{ij} &= Q_{ij} + Q_{ji} \end{aligned}\right\} \tag{F-45}$$

F.6.2 节点数据的输出

节点数据输出的程序框图如图 F-16 所示，由图中可以看出节点数据的输出是按节点编号顺序进行的。输出的形式如表 F-4 所示。

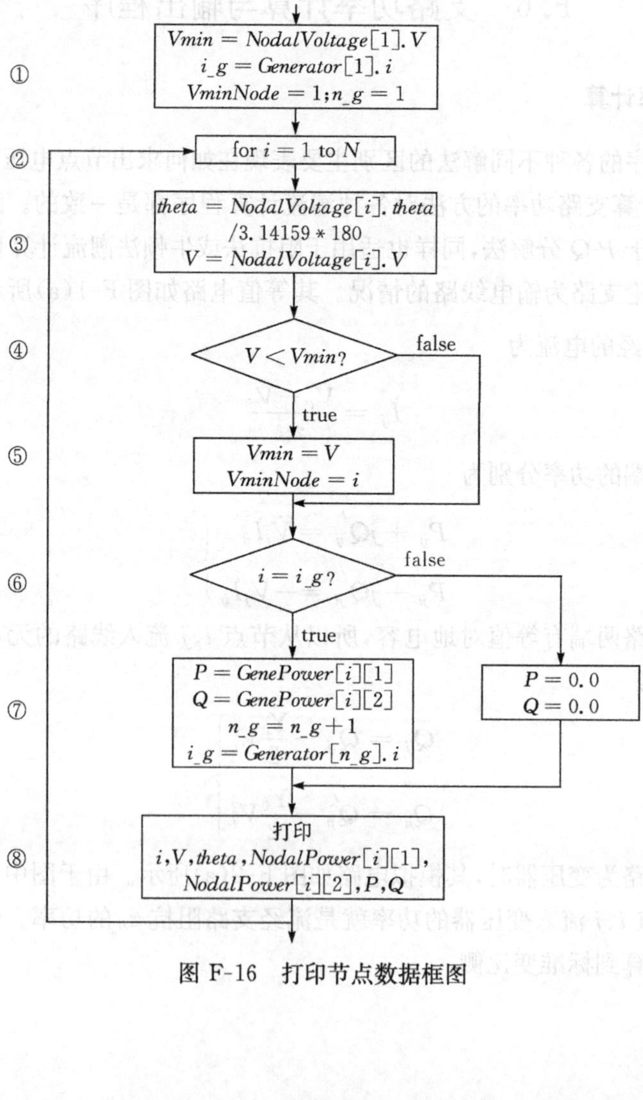

①
Vmin = NodalVoltage[1].V
i_g = Generator[1].i
VminNode = 1;n_g = 1
②
for i = 1 to N
③
theta = NodalVoltage[i].theta
/3.14159 * 180
V = NodalVoltage[i].V
④
V < Vmin?
false
true
⑤
Vmin = V
VminNode = i
⑥
i = i_g?
false
true
⑦
P = GenePower[i][1]
Q = GenePower[i][2]
n_g = n_g + 1
i_g = Generator[n_g].i
P = 0.0
Q = 0.0
⑧
打印
i,V,theta,NodalPower[i][1],
NodalPower[i][2],P,Q

图 F-16 打印节点数据框图

表中第一行中 i 为节点号，V 代表节点电压的模值，θ 表示节点电压的角度，P_l、Q_l 分别代表该节点负荷的有功功率及无功功率，P_g、Q_g 表示该节点发电机的有功功率及无功功率。表 F-4 中的数据就是例 2-2 的计算结果(见图 2-11)。

表 F-4 计算结果

i	V	θ	P_l	Q_l	P_g	Q_g
1	0.862	−4.780	−1.600	−0.800	0.000	0.000
2	1.078	17.858	−2.000	−1.000	0.000	0.000
3	1.036	−4.282	−3.700	−1.300	0.000	0.000
4	1.050	21.847	0.000	0.000	5.000	1.813
5	1.050	0.000	0.000	0.000	2.579	2.299

在框图 F-16 中除了对每个节点打印表 F-4 所列的 7 个数据(图中⑧框)以外，还顺次检查系统各节点的电压值以寻求系统电压最低值及其节点号(图中③、④、⑤框)，最后将在全系统数据中打印出来(见第 F.6.3 节图 F.17 中⑮框)，为运行、计算人员分析运行方式提供参考数据。

当节点为发电机节点时，应输出打印发电机的有功功率(P_g)及无功功率(Q_g)，这些数据是从 *GenePower* 数组中取得的(图 F-16 中⑦框)，该数组定义为 *GenePower*[N_g][2]。在迭代过程中发电机的实际功率都已送到了 *GenePower* 数组中，见 F.5 节中图 F-⑭的⑩框。

各节点负荷功率(联络节点也作为零功率的负荷节点)是从节点功率数组 *Nodal-Power* 中取得的(见图 F-16 中⑧框)。*NodalPower* 数组中的数据是图 F-12 所示程序计算的结果，当节点不是发电机节点时，其中存放的就是相应节点的实际负荷功率。当节点既是负荷节点又是发电机节点时，其中存放着该节点发电机功率与负荷功率之差。为了打印输出这种节点的负荷功率，在图 F-14 中⑦、⑩框执行了向 *NodalPower* 数组中送负荷功率的运算。这样，每次迭代结束后，*NodalPower* 数组中存放的全都是节点的实际负荷功率。

F.6.3 支路数据的输出

支路数据输出的程序框图如图 F-17 所示。由图中②框可以看出，支路数据的计算和输出是按原始支路数据逐条进行的。支路数据的输出形式如表 F-5 所示。

表 F-5 中第一行字母 i、j 表示支路两端的节点号，P_{ij}、Q_{ij}、P_{ji}、Q_{ji} 分别表示支路首末端的有功功率及无功功率。表中所列数字是例 2-2 的计算结果(参看图 2-11)。

现在我们介绍框图 F-17。

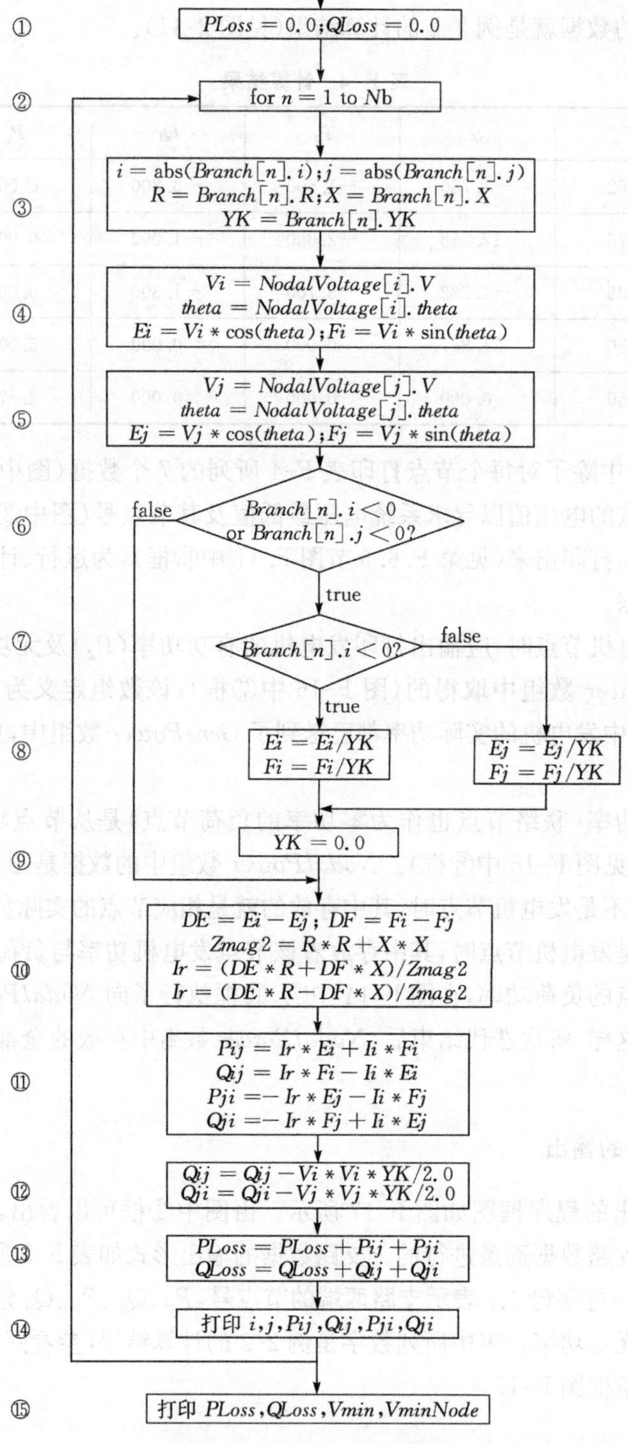
①
PLoss = 0.0; QLoss = 0.0
②
for n = 1 to Nb
③
i = abs(Branch[n].i); j = abs(Branch[n].j)
R = Branch[n].R; X = Branch[n].X
YK = Branch[n].YK
④
Vi = NodalVoltage[i].V
theta = NodalVoltage[i].theta
Ei = Vi * cos(theta); Fi = Vi * sin(theta)
⑤
Vj = NodalVoltage[j].V
theta = NodalVoltage[j].theta
Ej = Vj * cos(theta); Fj = Vj * sin(theta)
⑥
Branch[n].i < 0
or Branch[n].j < 0?
false
true
⑦
Branch[n].i < 0?
false
true
⑧
Ei = Ei/YK
Fi = Fi/YK
Ej = Ej/YK
Fj = Fj/YK
⑨
YK = 0.0
⑩
DE = Ei − Ej; DF = Fi − Fj
Zmag2 = R * R + X * X
Ir = (DE * R + DF * X)/Zmag2
Ir = (DE * R − DF * X)/Zmag2
⑪
Pij = Ir * Ei + Ii * Fi
Qij = Ir * Fi − Ii * Ei
Pji = − Ir * Ej − Ii * Fj
Qji = − Ir * Fj + Ii * Ej
⑫
Qij = Qij − Vi * Vi * YK/2.0
Qji = Qji − Vj * Vj * YK/2.0
⑬
PLoss = PLoss + Pij + Pji
QLoss = QLoss + Qij + Qji
⑭
打印 i, j, Pij, Qij, Pji, Qji
⑮
打印 PLoss, QLoss, Vmin, VminNode

图 F-17 打印支路数据框图

表 F-5　支路数据输出

i	j	P_{ij}	Q_{ij}	P_{ji}	Q_{ji}
1	2	−1.466	−0.409	1.585	0.673
1	3	−0.134	−0.391	0.157	0.471
2	3	1.416	−0.244	−1.277	0.203
2	4	−5.000	−1.428	5.000	1.813
3	5	−2.579	−1.975	2.579	2.299

①框中 *PLoss* 和 *QLoss* 将存放系统总网损的有功部分和无功部分，为了累计系统的网损，在①框中首先对 *PLoss* 和 *QLoss* 清零。

②框控制循环次数，顺次对原始支路数据扫描一遍。

③框取支路数据，将支路数据送入中间工作单元。

④、⑤框将支路两端节点电压取出并化为直角坐标系统。

⑥框判断所取支路是否为变压器支路。当所取支路为变压器支路时，在⑦框中进一步判断非标准变比设在哪一侧，然后按式(F-44)折算电压(图中⑧框)。

⑩～⑫框按式(F-41)、式(F-42)计算支路功率，⑫框按式(F-43)计入输电线路的充电功率。当所取支路为变压器时，在⑨框中 *YK* 已清零，因此⑫框对变压器支路没有影响。

⑬框按照式(F-45)累计全系统的网损。

⑭框打印一条支路的计算结果。

当系统所有支路数据输出打印结束后，即可打印全系统的运行数据：系统总网损 *PLoss*、*QLoss*，系统最低电压及其节点号 *Vmin*、*VminNode*。根据需要也可以输出系统其他数据，如系统总发电机出力、系统总负荷等。

至此，潮流计算全部结束。